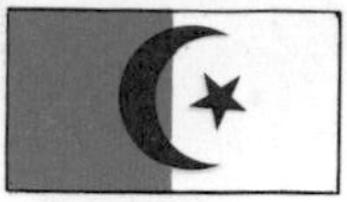

1
2
3
4
5
6
7
8
9
10
11
12
13
14
15
16
17
18

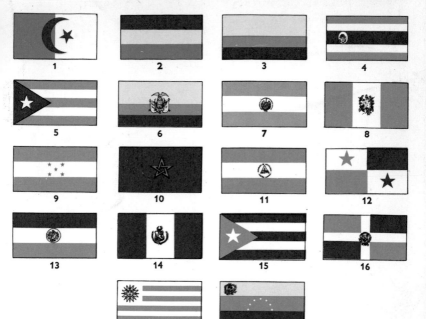

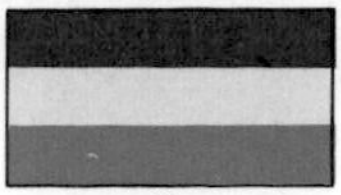

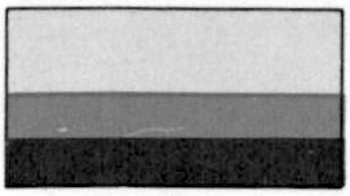

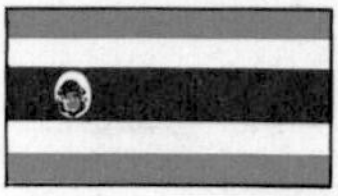

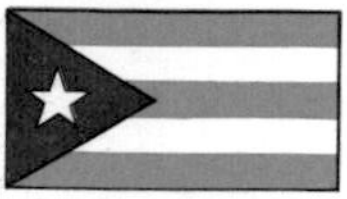

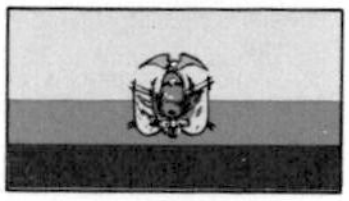

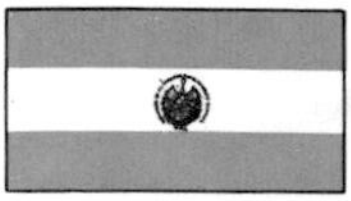

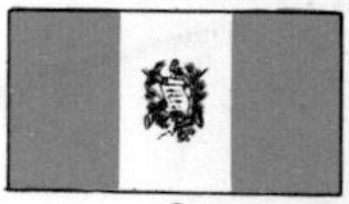

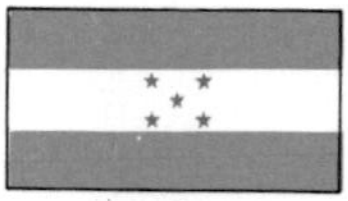

1 Argelia *f*
2 Bolivia *f*
3 Colombia *f*
4 Costa Rica *f*
5 Cuba *f*
6 Ecuador *m*
7 El Salvador
8 Guatemala *f*
9 Honduras *m*
10 Marruecos *m*
11 Nicaragua *f*
12 Panamá *m*
13 Paraguay *m*
14 Perú *m*
15 Puerto Rico *m*
16 República *f* Dominicana
17 Uruguay *m*
18 Venezuela *f*

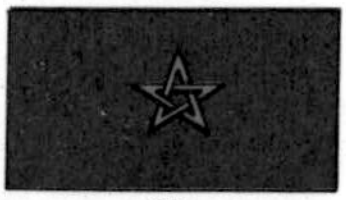

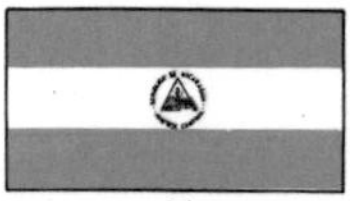

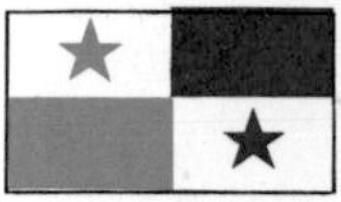

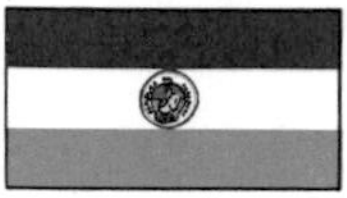

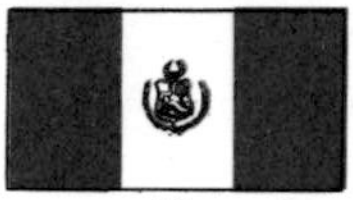

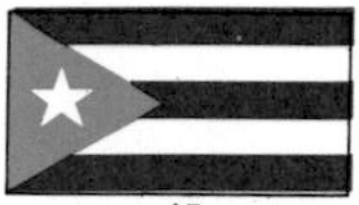

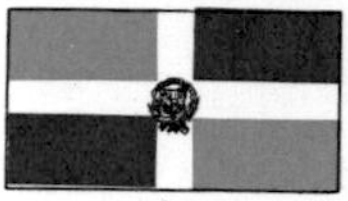

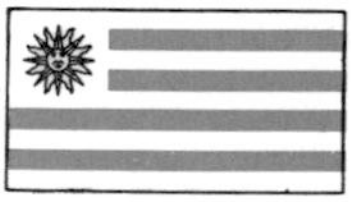

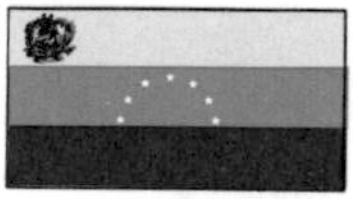

Para otras banderas, véase lámina 14

DUDEN ESPAÑOL

DUDEN ESPAÑOL

Diccionario por la imagen

**Editado por la redacción
del Bibliographisches Institut, Mannheim,
y la Editorial Juventud, S. A., Barcelona**

2.ª edición corregida

EDITORIAL JUVENTUD, S. A.
BARCELONA

792 páginas con
360 láminas en negro y
8 en colores; índice con 25.000 palabras

ADVERTENCIA DEL EDITOR ESPAÑOL

Es posible que a los lectores de habla española les resulten desconocidos algunos objetos cuyas ilustraciones figuran en este libro. Son, sin embargo, objetos que existen en otros países y que pueden ser designados con un nombre a propósito. Los usuarios del DUDEN ESPAÑOL hallarán interesante comparar la Alemania de los cuadros con su propio país.
Puede extrañarnos, por ejemplo, que haya un objeto destinado a calentar la cerveza inmediatamente antes de servirla al consumidor o que, en Alemania, el sombrero de copa sea el distintivo más característico del deshollinador. Pero estas y otras pequeñas diferencias aumentan la utilidad práctica de la obra, que en nada desmerece por ello, pues se demuestra así que, aunque la similitud prevalezca en los objetos pertenecientes a los campos más variados del saber y de la vida ordinaria, representables de una manera idéntica en los diversos países de un universo común, hay peculiaridades nacionales que se conservan y que deben ser conocidas por el lector culto.
Al final de este volumen, hemos colocado la lista de los colaboradores, traductores, consejeros y especialistas que nos han ayudado en el trabajo considerable que ha constituido preparar esta edición española del nuevo DUDEN; a todos ellos, así como a la señorita Gisela Preuss y al señor Weith, del Bibliographisches Institut, nos complace hacerles presente la expresión de nuestro agradecimiento.

Schutzumschlag und Einband: Hans Hug, Stuttgart
Gesamtherstellung: Klambt-Druck GmbH, Speyer
(Satz: Zechnersche Buchdruckerei, Speyer)
Printed in Germany
F

PREFACIO

Cuando en 1936 el Bibliographisches Institut publicó un diccionario por imágenes de la lengua alemana, creó con él, por vez primera, un manual que abarcaba en su léxico todos los campos de las cosas representables. Como era la primera obra de esta índole, constituyó un éxito mundial y se tradujo y adaptó a numerosos idiomas.

En los veinticinco años largos que han transcurrido desde entonces, los términos técnicos no sólo han cambiado en gran manera, sino han aumentado mucho. Por esto se hacía necesaria una revisión a fondo. Este trabajo equivalió casi a una redacción totalmente nueva, para que el diccionario por imágenes pudiese quedar a la altura de los tiempos.

Además de ser una traducción fiel y minuciosa del texto alemán de la obra original (*Duden-Bildwörterbuch*, 1958), el DUDEN ESPAÑOL tiene la ventaja, para los lectores de habla española, de contener en sus listas de palabras numerosos términos empleados usualmente en las distintas repúblicas hispanoamericanas.

Idéntico en sus ilustraciones a la edición original, así como a la inglesa (*The English Duden*, 1960), a la francesa (*Duden Français*, 1962) y a las que se publicarán en otros idiomas, el DUDEN ESPAÑOL puede ser un magnífico intrumento de trabajo para los estudiantes de idiomas que necesiten conocer la equivalencia extranjera de términos técnicos que no suelen figurar en diccionarios usuales.

En el diccionario DUDEN, palabras e imágenes se distribuyen, siempre que ha sido posible, en grupos especializados, ya que sólo de esta forma el concepto de la palabra aislada se hace claro y sencillo a la vez.

El diccionario va precedido por un índice de tablas en el que el léxico de la lengua española, representado por imágenes, queda distribuido en quince grupos. En el registro final de vocablos, todos los conceptos procedentes de las ilustraciones están colocados en orden alfabético. De este modo, el lector tiene dos posibilidades de localizar el concepto que busca.

La ventaja de este diccionario, sobre los que no ilustran cada palabra con una imagen, se pone de relieve cuando pensamos en la enorme frecuencia con que de un término (que sospechamos que existe, pero que ignoramos cómo se llama) sólo tenemos la vaga idea de que es algo relacionado, por ejemplo, con la industria del vidrio o con las artes gráficas. En el grupo correspondiente, catalogado en el Indice de Materias, hallaremos las indicaciones precisas para localizar la representación gráfica y la denominación concreta del objeto que nos interesa. A la inversa, el registro alfabético nos mandará al cuadro donde veremos, "pintada" y encajada en su ambiente, la palabra cuya ortografía conocemos, pero cuyo significado ignoramos o aparece oscuro en un diccionario usual.

Indice de Materias

Atomo, Universo, Tierra lámina

Atomo I 1
Atomo II 2
Atomo III 3
Atmósfera 4
Astronomía I 5
Astronomía II 6
Astronomía III 7
Meteorología I (ciencia del tiempo) . 8
Meteorología II (ciencia del tiempo) y Climatología 9
Instrumentos meteorológicos 10
Geografía general I 11
Geografía general II 12
Geografía general III 13
Banderas 14
Mapa I 15
Mapa II 16

Hombre y Hogar

Socorros de urgencia 17
El hombre I 18
El hombre II 19
El hombre III 20
El hombre IV 21
El hombre V 22
Cuidado de enfermos I 23
Cuidado de enfermos II 24
Cultura física 25
El médico 26
El dentista 27
El hospital I 28
El hospital II 29
Aseo y ajuar del bebé 30
Trajes de niño 31
Trajes de señora (vestidos de mujer) 32
Ropa interior y ropa de estar por casa 33
Trajes de caballero (trajes de hombre) 34
Peinados y barbas 35
Sombreros (prendas de cabeza) . . . 36
Accesorios de vestir 37
Joyas 38
Casa y tipos de casas 39
Tejado y sótano para la caldera de calefacción 40
La cocina I 41
La cocina II 42
El vestíbulo 43
La sala de estar y de música 44
El comedor 45
La mesa servida 46
El despacho 47
El dormitorio 48
La habitación de los niños 49
Jardín de la infancia (colegio de párvulos) 50
El cuarto de baño y el cuarto de aseo 51
El cuarto de desahogo 52
Patio y lavadero 53
El jardín 54
El huerto 55

Horticultura, Agricultura y Silvicultura

Plantas de salón 56
Propagación de las plantas 57
Utiles de jardinería 58
Hortalizas 59
Frutas de baya y de pepita 60
Frutas de hueso y nuez 61
Flores de jardín 62
Malas hierbas 63
Granja 64
Agricultura 65
Herramientas agrícolas 66
Maquinaria agrícola I 67
Maquinaria agrícola II 68
Frutos del campo 69
Plantas forrajeras 70
Razas de perros 71
El caballo I 72
El caballo II 73
Animales domésticos 74
La granja avícola 75
La cría de ganado 76
Industria lechera 77
Abejas y Apicultura 78
Jardinería y Horticultura 79
Vinicultura 80

Plagas del jardín y del campo . . . 81
Plagas forestales 82
La lucha contra las plagas del campo 83
Silvicultura I 84
Silvicultura II 85

Caza y Pesca

Caza 86
Armas de caza, equipo de caza . . . 87
Caza (piezas de caza) 88
La pesca en agua dulce y el deporte de la pesca con anzuelo 89
La pesca marítima, la pesca de la ballena 90

Artes y Oficios

Molinos 91
Fábrica de malta y de cerveza I . . . 92
Fábrica de cerveza II 93
El matadero 94
Despiece 95
Carnicería 96
Panadería 97
Tienda de ultramarinos 98
Zapatero 99
Calzado 100
Labores femeninas 101
Modista 102
El peluquero para señoras 103
El peluquero (barbero) 104
Tabaco y útiles de fumador 105
Orfebre y platero 106
Relojero y relojes 107
Optico 108
Instrumentos ópticos I 109
Instrumentos ópticos II 110
Fotografía I 111
Fotografía II 112
Construcción I 113
Construcción II 114
El carpintero de obra 115
El tejado, las uniones de madera . . 116
Tejados y tejadores 117
Construcción de suelos, techos y escaleras 118
Hojalatero 119
Instalador-electricista 120
Pintor y empapelador 121
Vidriero 122
Talabartero 123
Tapicero 124
Cordelero 125
Tonelero 126
Carpintero 127
Carpintería mecánica 128
Tornero en madera 129
Cestero (canastero) 130
Carretero 131
Herrero 132
Forja industrial 133
Cerrajero 134
Soldador 135
Perfiles, tornillos y partes de máquinas 136

Industria

La mina I 137
La mina II 138
Petróleo 139
Taller metalúrgico (fábrica siderúrgica) 140
Fundería y laminadero de hierro . . 141
Máquinas – herramientas I 142
Máquinas – herramientas II 143
Oficina técnica 144
Fábrica 145
Central eléctrica I 146
Central eléctrica II 147
Fábrica de gas 148
Aserradero 149
Cantera 150
Horno de ladrillos (fábrica de ladrillos, ladrillar) 151
Fábrica de cemento 152
Fábrica de cal 153
Fabricación de porcelana 154
Fabricación de vidrio 155
Hilatura de algodón I 156
Hilatura de algodón II 157
Tejeduría (tisaje) I 158
Tejeduría (tisaje) II 159
Fabricación de géneros de punto (tricotaje) 160
Tintura y blanqueo de la materia textil 161
Apresto y acabado de textiles 162
Materias primas textiles I 163
Materias primas textiles II 164
Teoría de tejidos (ligamentos) . . . 165
Lavado al vapor 166
Fabricación de papel I 167
Fabricación de papel II 168

Industrias Gráficas

Sección de cajistas I 169
Sección de cajistas II 170
Reproducción fotográfica (reproducción fotomecánica) . . . 171
Galvanoplastia y fabricación de clisés 172

Insolación de hueco offset 173
La máquina de imprimir en offset . 174
Tipografía 175
Huecograbado (rotograbado) 176
Encuadernación I 177
Encuadernación II 178

Transportes y Comunicaciones

Coches de caballos 179
Bicicleta I 180
Bicicleta II 181
Motocicleta (moto) 182
Motosillas (escúteres) y coches-cabina (cochecitos) 183
Motores de combustión interna . . . 184
Automóvil I 185
Automóvil II 186
Turismos (coches de turismo) . . . 187
Autobuses 188
Camiones 189
La estación de servicio (estación de aprovisionamiento) 190
Mantenimiento del coche 191
Herramientas para reparaciones de automóviles 192
Tranvía 193
Corte transversal de una calle . . . 194
Limpieza de calles 195
Construcción de carreteras I 196
Construcción de carreteras II 197
Líneas férreas 198
La explotación de ferrocarriles . . . 199
El vestíbulo de la estación de ferrocarril 200
El andén 201
La estación de mercancías 202
Trenes (ferrocarriles) I 203
Trenes (ferrocarriles) II 204
Trenes (ferrocarriles) III 205
Trenes (ferrocarriles) IV 206
Trenes (ferrocarriles) V 207
Trenes (ferrocarriles) VI 208
Ferrocarriles de montaña 209
Puentes 210
Río e ingeniería fluvial 211
Obras hidráulicas 212
Tipos de barcos históricos 213
El barco de vela I 214
El barco de vela II 215
Tipos de barcos 216
Construcción naval 217
Motonave 218
Navegación 219
Puerto I 220
Puerto II 221
Barcos de guerra I 222
Barcos de guerra II 223
Recuperación de buques naufragados y salvamento de náufragos 224
Tipos de aeroplano I 225
Tipos de aeroplano II, Globo, Dirigible 226
Motores de aviación 227
La cabina del piloto, mandos del avión, paracaídas 228
Cohetes y vuelo de cohetes 229
Aeropuerto y radionavegación . . . 230
Correos I 231
Correos II 232
Teléfono y telegrafía 233
Radiodifusión I (Radio) 234
Radiodifusión II (Radio) 235
Televisión I 236
Televisión II 237

Oficina, Banco, Bolsa

Oficina I 238
Oficina II 239
Oficina III 240
Oficina IV 241
Banco 242
Bolsa 243

Estado y Ciudad

Dinero (monedas y billetes) 244
Banderas y gallardetes 245
Heráldica, coronas 246
Policía 247
Administración de Justicia 248
Escuela 249
Universidad 250
Elecciones 251
Ciudad I 252
Ciudad II 253
Abastecimiento de agua 254
Servicio de incendios 255
Grandes almacenes 256
Parque 257
La plaza de juegos infantiles 258

Viaje y Recreación

Hotel 259
Restaurante I 260
Restaurante II 261
Balneario 262
Ruleta 263
Billar 264
Juegos de tablero y de sociedad . . 265
Camping 266
Baños de playa 267

Deportes

El deporte de la natación 268
Deportes acuáticos I 269
Deportes acuáticos II 270

El deporte del vuelo sin motor . . . 271
El deporte hípico (la equitación deportiva) 272
Carreras de bicicletas y de vehículos de motor 273
Juegos de pelota I 274
Juegos de pelota II 275
Juegos de pelota III 276
Esgrima 277
Ejercicios gimnásticos I 278
Ejercicios gimnásticos II 279
Atletismo ligero 280
Atletismo pesado 281
Alpinismo 282
Deportes de invierno I 283
Deportes de invierno II 284
Deportes de invierno III 285
Paisaje de invierno 286
Diversas clases de deportes 287

Diversiones y Música

Baile 288
Carnaval 289
Circo 290
La feria (el parque de atracciones) . . 291
Cinematografía I 292
Cinematografía II 293
Cinematografía III 294
Cinematografía IV 295
Teatro I 296
Teatro II 297
Teatro III 298
Signos musicales I 299
Signos musicales II 300
Instrumentos musicales I 301
Instrumentos musicales II 302
Instrumentos musicales III 303
Instrumentos musicales IV 304
Instrumentos musicales V 305
Instrumentos musicales VI 306

Ciencias, Religión, Artes

Figuras de fábula (leyenda) y mito . 307
Mitología clásica grecorromana . . . 308
Prehistoria 309
Caballería 310
Iglesia I 311
Iglesia II 312
Iglesia III 313
Monasterio, hábitos y vestiduras . . 314
Arte I 315
Arte II 316
Arte III 317
Arte IV 318
Arte V 319
Colores 320
El estudio de pintor y de dibujante . 321
El taller (estudio) del escultor . . . 322
Artes gráficas 323
Escritura I 324
Escritura II 325
Matemáticas I 326
Matemáticas II 327
Geometría I 328
Geometría II 329
Cristales, Cristalografía 330
Aparatos para la enseñanza de Física I 331
Aparatos para la enseñanza de Física II 332
Química I 333
Química II 334
Etnología I 335
Etnología II 336
Etnología III 337
Trajes (modas en vestidos) 338

Animales y Plantas

El parque zoológico (Zoo) 339
Invertebrados 340
Insectos domésticos, dañinos y parásitos 341
Articulados 342
Aves 343
Pájaros indígenas 344
Pájaros exóticos 345
Sílvidos 346
Aves de presa (aves de rapiña) . . . 347
Mariposas 348
Fauna abisal 349
Peces, batracios y reptiles 350
Mamíferos I 351
Mamíferos II 352
Mamíferos III 353
Botánica general 354
Arboles de hoja caduca 355
Coníferas 356
Arbustos y árboles ornamentales I . 357
Arbustos y árboles ornamentales II . 358
Flores de prados y linderos I 359
Flores de prados y linderos II . . . 360
Plantas de bosques, marjales y páramos 361
Plantas alpinas, acuáticas y de pantano 362
Plantas venenosas 363
Plantas medicinales 364
Hongos comestibles 365
Plantas estimulantes y especias tropicales 366
Plantas industriales 367
Frutos meridionales 368
página
Indicaciones para el uso del libro . . 672
Indicaciones para el uso del índice . 673
Indices 673

1 Atomo I

1-4 modelo *m* de un átomo,
1 y 2 el núcleo atómico:
1 el protón [positivo]
2 el neutrón [sin carga eléctrica, neutro];
3 el electrón [negativo]
4 la órbita del electrón [la que forma la corteza electrónica];

5-8 modelo *m* de un isótopo correspondiente al átomo 1-4
[radiactivo]:
5 el protón
6 el neutrón
7 el electrón
8 la órbita del electrón;

9-12 la desintegración espontánea de un átomo
[radiactividad]:
9 el núcleo atómico
10 la radiación alfa (emisión de partículas *f* alfa) [núcleo de helio]
11 la radiación beta (emisión de partículas *f* beta) [electrones]
12 la radiación gamma (los rayos X);

13-17 la fisión nuclear:
13 el núcleo atómico
14 el bombardeo por neutrón *m*
15 dos nuevos núcleos *m* atómicos
16 los neutrones liberados [generación de calor]
17 radiación *f* de rayos *m* parecidos a los rayos X (parecidos a los rayos Roentgen, radiación gamma);

18-21 la reacción en cadena *f*:
18 el neutrón que rompe el núcleo atómico
19 el núcleo atómico antes de la fisión
20 los fragmentos del núcleo roto
21 neutrones *m* liberados por la fisión, que siguen rompiendo otros núcleos *m* atómicos;

22-30 la reacción controlada en cadena *f*:
22 el núcleo atómico de un elemento fisionable
23 el bombardeo por neutrón *m*
24 el neutrón liberado, que rompe otro núcleo *m* atómico
25 dos nuevos núcleos *m* atómicos
26 el moderador, una capa amortiguadora de grafito *m*
27 los neutrones liberados [generación de calor]
28 la extracción de calor *m* [producción de energía]
29 la radiación de rayos *m* parecidos a los rayos X (parecidos a los rayos Roentgen)
30 la cubierta protectora de hormigón *m* o de plomo *m*;

31-46 la pila atómica (el reactor atómico, reactor nuclear, la pila de reacción *f*, pila de grafito *m*):
31 la cubierta protectora de hormigón *m*
32 la cámara de aire *m*
33 el canal de aire *m* (el conducto de aire)
34 el moderador
35 el tubo refrigerador
36 el tubo para los radioisótopos
37 el costado para la carga
38 el orificio para la carga
39 la varilla de uranio *m* (varilla de carga *f*) [el combustible de la pila]
40 el físico atómico (físico nuclear)
41 el técnico
42 la galería, una pasarela izable para cargar la pila
43 la escalera
44 el orificio para los radioisótopos
45 la varilla de control *m* de una aleación de cadmio *m* o boro *m*
46 el motor de la varilla de control *m*;

47 la bomba atómica:
48 el plutonio o los isótopos de uranio *m*
49 el contador de tiempo *m*
50 el reflector de berilio *m*

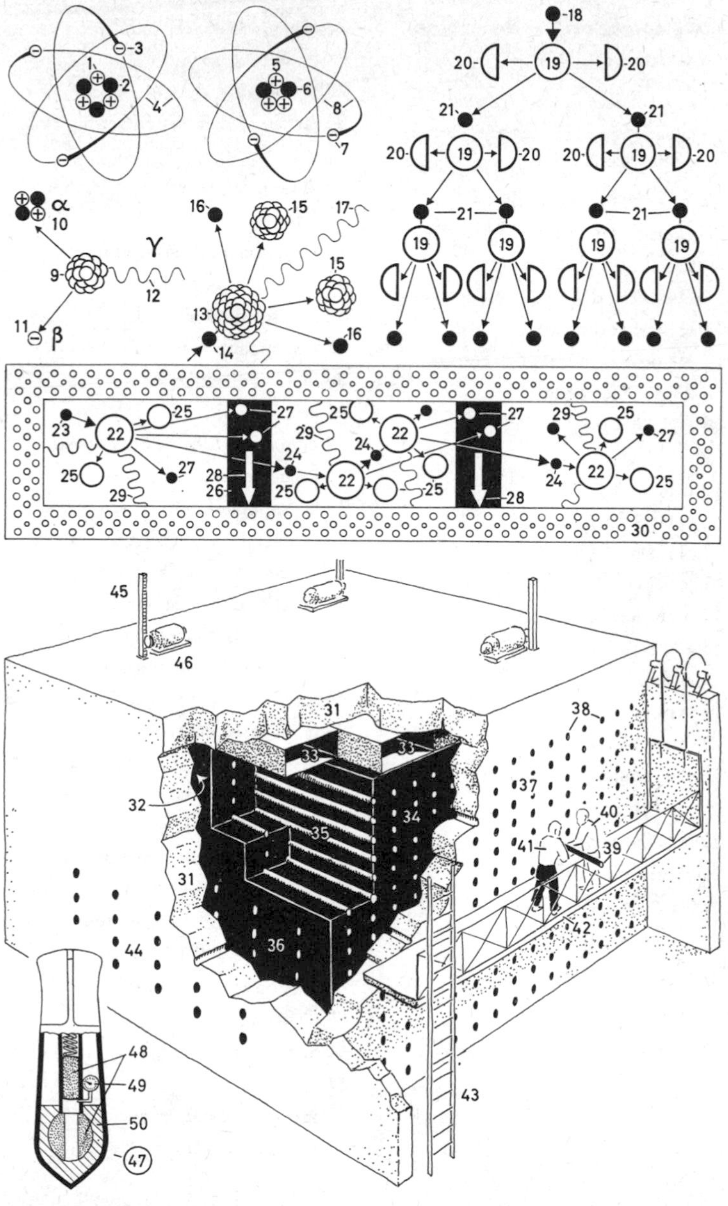

1-23 contadores *m* **de radiactividad** *f*,

1 el contador detector de radiactividad *f* para protegerse de las radiaciones:
2 la cámara de ionización *f*
3 el electrodo interior
4 el selector de alcance *m*
5 el estuche de los instrumentos
6 el disco indicador
7 el botón de puesta *f* en cero *m*;
8-23 dosímetros *m*,
8 el dosímetro de película *f*:
9 el filtro
10 la película;
11 el dosímetro anular:
12 el filtro
13 la película
14 la cubierta con el filtro;
15 el dosímetro de bolsillo *m*:
16 el ocular
17 la cámara de ionización *f*
18 el sujetador;
19 el contador de tubo *m* (contador Geiger):
20 la cubierta del tubo contador
21 el tubo contador
22 el estuche del instrumento
23 el selector de alcance *m*;
24 la cámara de nieblas *f* de Wilson:
25 la chapa de compresión *f*;
26 la fotografía en la cámara de nieblas *f*:
27 la estela de niebla *f* de una partícula alfa;
28 el aparato de telerradiación *f* de cobalto *m*:
29 la columna soporte
30 las cuerdas de sustentación *f* (los cables de guía *f*)
31 el tambor protector antirradiactivo
32 la corredera de la cubierta
33 el diafragma laminar
34 el visor de la luz
35 el dispositivo pendular
36 la mesa de irradiación *f*
37 el rail guía;
38 el manipulador de bola *f* (manipulador):
39 la empuñadura
40 la aleta del seguro (la palanca de inmovilización *f*)
41 la articulación de bola *f*
42 la barra de dirección *f*
43 el dispositivo de sujeción *f*
44 las pinzas de sujeción *f*
45 la pantalla con ranuras *f*
46 la pared protectora antirradiactiva, un muro protector de plomo *m* [en sección];
47 el brazo de sujeción *f* de un manipulador gemelo (de un manipulador master-slave, las tenazas de control *m* a distancia *f*):
48 el protector del polvo;
49 el cosmotrón:
50 la zona de peligro *m*
51 la magneto
52 las bombas para el vaciado de la cámara de vacío *m*

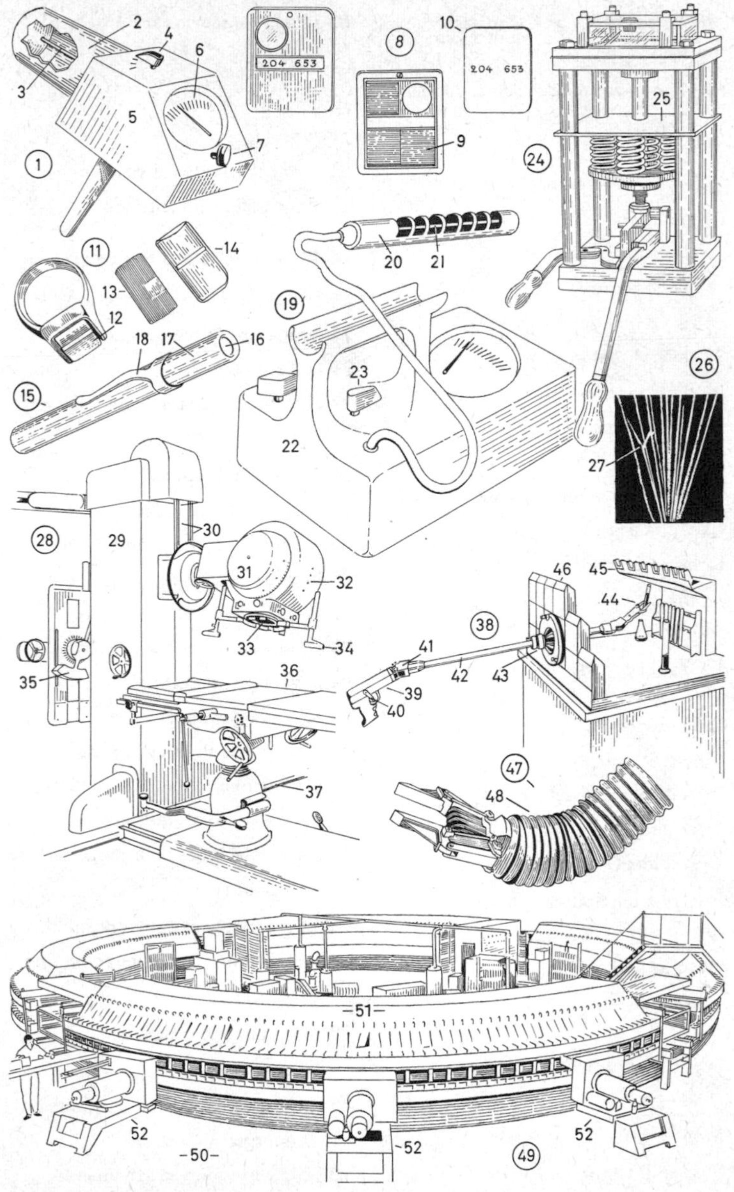
1
2
3
4
5
6
7
204 653
8
9
10
204 653
11
12
13
14
15
16
17
18
19
20
21
22
23
24
25
26
27
28
29
30
31
32
33
34
35
36
37
38
39
40
41
42
43
44
45
46
47
48
49
50
51
52

1-23 reactores *m* atómicos,

1-11 el reactor de agua *f* hirviente:

1 la capa protectora contra la radiación
2 el tanque lleno de agua *f*
3 el combustible atómico
4 las varillas de control *m*
5 el vapor de agua *f*
6 el turbogenerador
7 el intercambiador de calor *m*
8 la entrada de vapor *m*
9 la entrada de agua *f* fría
10 el condensador
11 la corriente de vuelta *f* de agua *f* fría;

12-16 el reactor homogéneo:

12 el reactor
13 el reflector
14 la disolución del reactor, un metal líquido
15 la caldera
16 el combustible calentado;

17-19 el reactor de sodio-grafito *m*:

17 la varilla de combustible *m* atómico
18 el grafito
19 el sodio líquido caliente;

20-23 el reactor experimental modelo:

20 el uranio 238
21 el uranio 235
22 el metal líquido caliente
23 el metal líquido enfriado;

24-42 el ciclo ideal del reactor:

24 el reactor de agua *f* a presión *f*
25 la caja (el tanque del reactor)
26 la disolución de uranio *m*
27 el serpentín de refrigeración *f* del agua *f*
28 la entrada de agua *f* fría
29 la salida de agua *f* fría
30 el vapor a alta presión *f*
31 la toma de agua *f*
32 el turbogenerador de electricidad *f*
33 la estación de energía *f* eléctrica
34 el vapor de la turbina
35 la salida de vapor *m*
36 la conducción de agua *f* caliente
37 el edificio calentado a distancia *f*
38 las instalaciones químicas
39 las instalaciones de separación *f* de isótopos *m*
40-42 aprovechamiento *m* del plutonio conseguido para generación *f* de energía *f*:
40 plutonio *m* para navegación *f* y vuelo *m*
41 plutonio *m* para el abastecimiento de energía *f*
42 plutonio *m* para el armamento

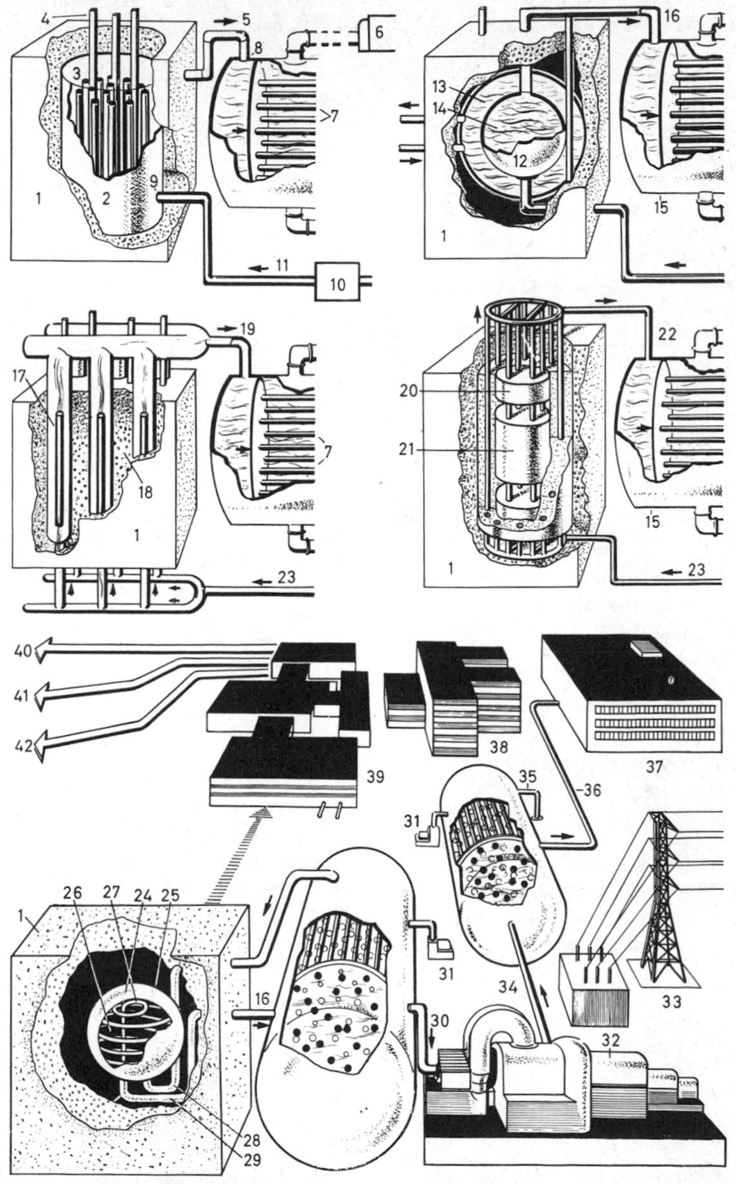
4
5
6
8
3
7
9
1
2
11
10
16
13
14
12
15
1
19
17
18
7
1
23
22
20
21
15
1
23
40
41
42
39
38
37
36
35
31
26
27
24
25
1
31
34
33
16
30
32
28
29

4 Atmósfera

1-10 la Tierra:

1 la corteza terrestre (litosfera)
2 la montaña más alta [8882 m.]
3 el volcán
4 la humareda del Krakatoa [30 km.]
5 la mina más profunda [2800 m.]
6 la perforación petrolífera más profunda [6170 m.]
7 nubes *f*
8 el nivel del mar
9 la inmersión de Houot y Willm [4050 m.]
10 la fosa marina más profunda (10899 m.];

11-15 la distribución de las capas atmosféricas (de la atmósfera):

11 la troposfera
12 la estratosfera
13 la ionosfera
14 la exosfera
15 la quimosfera;

16-19 las capas de reflexión *f* para las ondas de radio *f*:

16 la capa D
17 la capa E
18 la capa F_1 de día *m*
19 la capa F_2 de noche *f*;
20 la onda larga (baja frecuencia)
21 la onda media (frecuencia media)
22 la onda corta (alta frecuencia)
23 la onda extracorta (los enlaces por radar *m* Tierra-Luna, con altísima frecuencia *f*)
24 los rayos ultravioletas
25 los rayos infrarrojos
26 los límites del crepúsculo

27-34 la ultrarradiación (los rayos cósmicos):

27 la partícula cósmica (partícula de rayo *m* cósmico)
28 la fisión nuclear
29 el protón
30 el neutrón
31 el mesón π
32 el mesón μ
33 el electrón
34 el punto final de la trayectoria de los electrones;
35 luces *f* polares (luz del Norte, luz del Sur)
36 nubes *f* nocturnas luminosas
37 el meteorito

38-47 el vuelo a través de la atmósfera:

38 el techo de los aviones de propulsión *f* a chorro *m* [16000 m.]
39 Bell X-1A [27500 m.]
40 la ascensión en globo *m* de Piccard [16940 m.]
41 el globo estratosférico "Explorer II", EE.UU. [23490 m.]
42 y 43 globos *m* sondas [no tripulados]
44 la ascensión de diversos cohetes *m*
45-47 la subida de un cohete de dos escalones *m* (de dos pisos *m*) ["Bumper-Wac"]:
45 el escalón 1 ["V 2"]
46 la separación de los escalones
47 el escalón 2 ["Wac Corporal"];

48-58 el vuelo en el espacio cósmico:

48 satélite *m* experimental
49 la órbita del satélite terrestre
50 la dirección del vuelo
51 la fuerza centrífuga
52 la fuerza centrípeta
53 gran satélite *m* con instrumentos *m* y animales *m* de prueba *f*
54 la estación cósmica tripulada (estación exterior)
55 la órbita de la estación exterior
56 el escalón final alado de un cohete satélite tripulado de varios escalones *m*
57 las partes de una nave espacial, para el vuelo extraatmosférico
58 la escala de temperaturas *f* [azul = frío, rojo hasta amarillo = caliente]

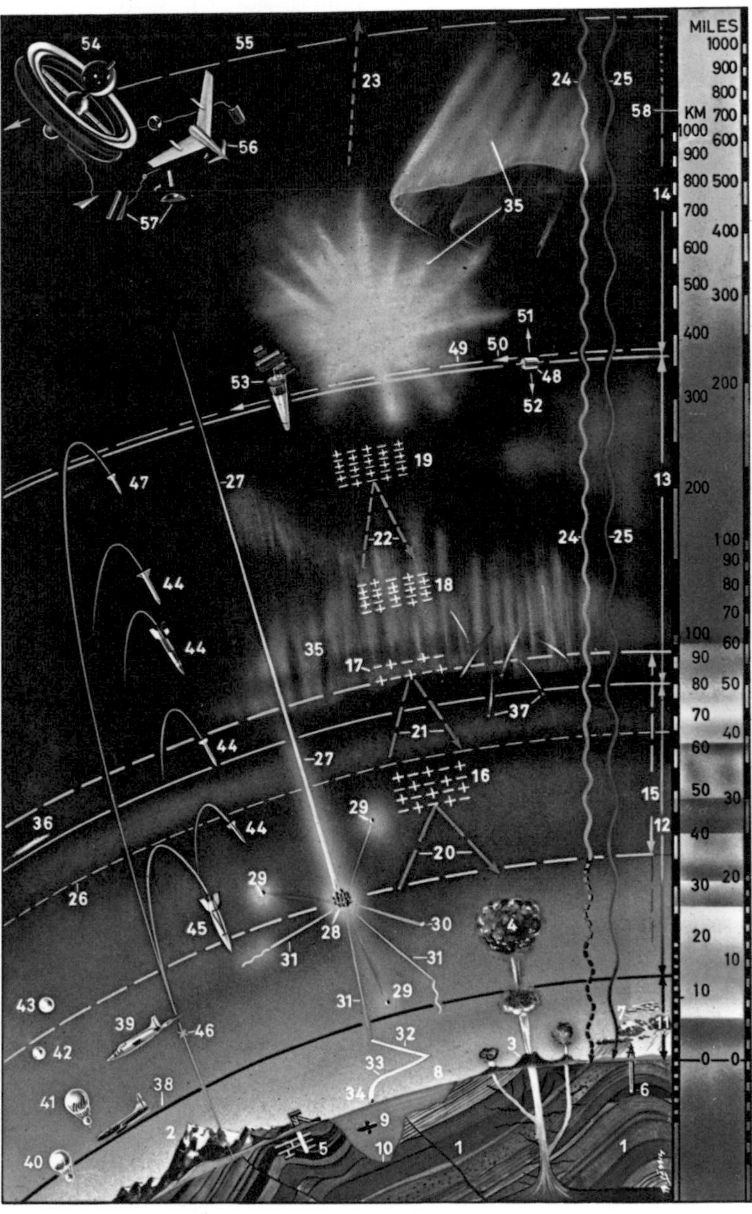
MILES
1000
900
800
700
600
500
400
300
200
100
90
80
70
60
50
40
30
20
10
KM
1000
900
800
700
600
500
400
300
200
100
90
80
70
60
50
40
30
20
10
0

1-35 mapa *m* astronómico del cielo septentrional de estrellas *f* fijas (del hemisferio norte de estrellas fijas), un mapa del firmamento,

1-8 distribución *f* de la bóveda celeste:

1 el polo celeste con la Estrella Polar (Estrella del Norte)

2 la eclíptica (órbita aparente anual del Sol)

3 el ecuador celeste (la línea equinoccial)

4 el trópico de Cáncer *m*

5 el círculo límite de las estrellas circumpolares

6 y **7** los puntos equinocciales (la igualdad del día y de la noche, el equinoccio):

6 el punto de la primavera (primer punto de Aries *m*, punto vernal, principio de la primavera)

7 el punto de otoño *m* (primer punto de Libra *f*, el equinoccio de otoño);

8 el solsticio de verano *m* (solsticio estival);

9-48 constelaciones *f* (agrupaciones de estrellas *f* fijas, de estrellas en figuras *f*) **y nombres *m* de estrellas:**

9 el Aguila *f* (*Aquila*) con la estrella principal Altaír

10 Pegaso *m* (*Pegasus*)

11 la Ballena (*Cetus*) con Mira, una estrella variable

12 Erídano *m* (río *Eridanus*)

13 Orión *m* con Rigel, Betelgeuse y Bellatrix

14 el Can Mayor (*Canis Maior*) con Sirio *m*, una estrella de 1.ª magnitud *f*

15 el Can Menor (*Canis Minor*) con Proción

16 la Hidra (*Hydra*)

17 el León (*Leo*) con Régulo

18 la Virgen (*Virgo*) con Espiga (*Spica*)

19 *Libra* (la Balanza)

20 la Serpiente (*Serpens*)

21 Hércules *m*

22 la Lira (*Lyra*) con Vega

23 el Cisne (*Cygnus*) con Deneb o Arided

24 Andrómeda *f*

25 Tauro *m* (*Taurus*, el Toro) con Aldebarán

26 las Pléyades (Siete Estrellas), un grupo de estrellas abierto

27 el Cochero (*Auriga*) con la Cabra (*Capella*)

28 *Gemini* (los Gemelos) con Cástor y Pólux

29 la Osa Mayor (el Gran Carro, *Ursa Maior*) con la estrella doble Mizar y Alcor

30 el Boyero (*Bootes*) con Arturo

31 Corona *f* Boreal

32 el Dragón (*Draco*)

33 Casiopea *f*

34 la Osa Menor (el Pequeño Carro, *Ursa Minor*) con la Estrella Polar

35 la Vía Láctea (el Camino de Santiago) [una galaxia];

36-48 el hemisferio celeste austral:

36 Capricornio *m* (*Capricornus*)

37 Sagitario *m* (*Sagittarius*, Arquero *m*)

38 Escorpión *m* (*Scorpius*, *Scorpio*)

39 Centauro *m* (*Centaurus*)

40 Triángulo *m* Austral (*Triangulum Australe*)

41 el Pavo Real (*Pavo*)

42 la Grulla (*Grus*)

43 Octante *m* (*Octans*)

44 la Cruz del Sur (*Crux; Amér. Central, Col., Méj., P. Rico:* la Cruz de Mayo)

45 el Navío Argos

46 la Quilla (*Carina*)

47 el Pintor (*Pictor*, Caballete *m*, *Machina Pictoris*)

48 la Red (*Reticulum*)

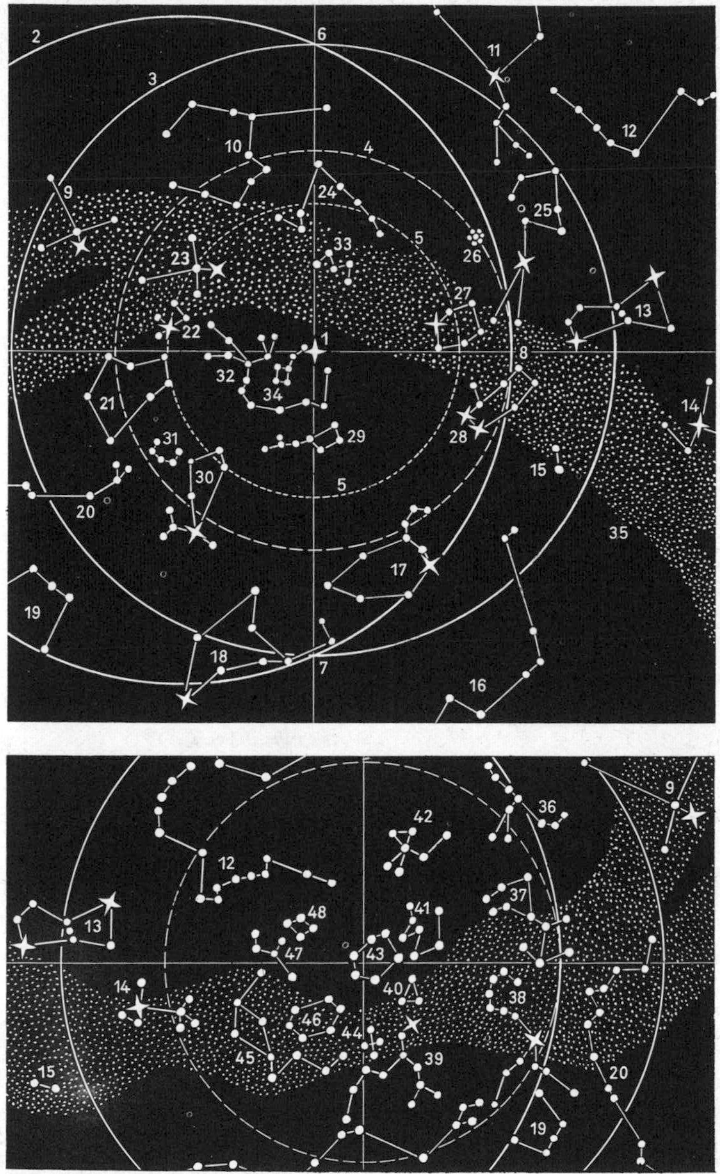
2
6
11
3
12
10
4
9
24
25
33
5
26
23
27
13
22
1
8
32
34
21
14
28
31
29
15
30
5
20
35
17
19
18
7
16
9
36
42
12
37
48
41
13
47
43
14
40
38
46
44
45
39
20
15
19

1-51 estudio *m* de los astros:

1 el firmamento (cielo estrellado, cielo, los hemisferios celestes, la bóveda celeste)

2-11 el observatorio astronómico (observatorio),

2-7 el telescopio de espejo *m* (telescopio de reflexión *f*):

2 el tubo de celosía *f*

3 el ocular, a veces, una cámara para fotografiar los astros (Astrofotografía *f*)

4 el espejo (espejo cóncavo, espejo parabólico)

5 el eje horario (eje polar)

6 el eje de declinación *f*

7 los soportes;

8 la cúpula giratoria

9 la abertura de observación *f*

10 el puesto de observación *f* del astrónomo

11 los railes-guía circulares de la corredera;

12-14 el planetario:

12 la cúpula fija

13 el firmamento artificial

14 el proyector;

15-20 la torre de Einstein,

15-18 el celostato :

15 los espejos

16 la torre de madera *f*

17 el rayo de luz *f*

18 el espejo inferior;

19 el espacio termoconstante (espacio de temperatura *f* invariable)

20 laboratorios *m* para investigaciones *f* de la luz del Sol y de las estrellas (Física *f* solar, Astrofísica *f*, Análisis *m* Espectral) y para la Teoría de la Relatividad de Einstein;

21-31 el sistema planetario (sistema solar, las órbitas de los planetas alrededor del Sol) y **los signos de los planetas** (los símbolos de los planetas):

21 el Sol

22-31 los planetas:

22 Mercurio *m*

23 Venus *f*

24 la Tierra y la Luna, un satélite

25 Marte *m* y 2 satélites *m*

26 los planetoides (asteroides, pequeños planetas, restos de planetas)

27 Júpiter *m* y 12 satélites *m*

28 Saturno *m* y 9 satélites *m*

29 Urano *m* y 5 satélites *m*

30 Neptuno *m* y 2 satélites *m*

31 Plutón *m*;

32-43 los signos del Zodíaco (los símbolos del Zodíaco):

32 Aries *m* (*Aries*, el Carnero)

33 Tauro *m* (*Taurus*, el Toro)

34 *Gemini* (los Gemelos)

35 Cáncer *m* (*Cancer*, el Cangrejo)

36 *Leo* (el León)

37 la Virgen (*Virgo*)

38 *Libra* (la Balanza)

39 el Escorpión (*Scorpius*, *Scorpio*)

40 Sagitario *m* (*Sagittarius*, el Arquero)

41 Capricornio *m* (*Capricornus*)

42 Acuario *m* (*Aquarius*, el Aguador)

43 *Piscis* (los Peces);

44-46 nebulosa *f* en espiral *f*:

44 el núcleo de la nebulosa en espiral *f*

45 las ramas de la espiral (los brazos de la espiral)

46 el diámetro de la nebulosa en espiral *f*;

47-50 perfil *m* esquemático de la Vía Láctea:

47 el núcleo del sistema de la Vía Láctea

48 la posición aproximada de nuestro sistema solar

49 la zona límite formada por nebulosas *f* oscuras

50 el espesor (la profundidad);

51 la gran **nebulosa Orión,** una nebulosa gaseosa

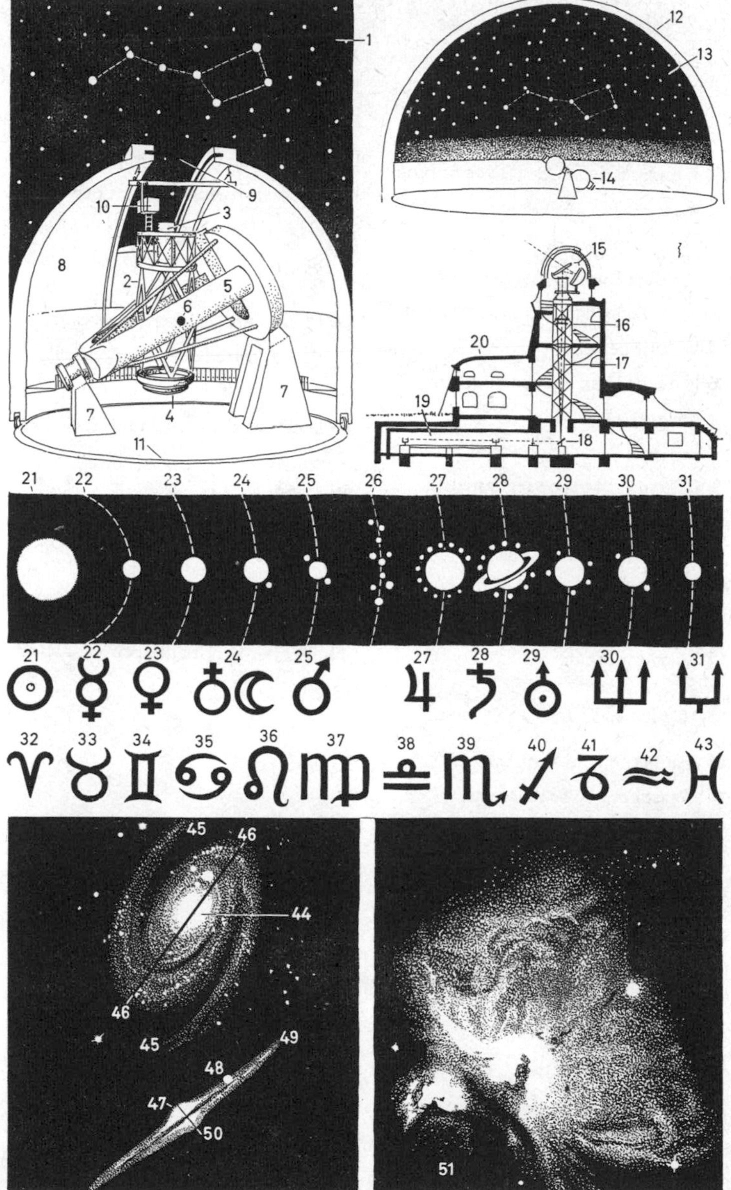
1
2
3
4
5
6
7
8
9
10
11
12
13
14
15
16
17
18
19
20
21
22
23
24
25
26
27
28
29
30
31
32
33
34
35
36
37
38
39
40
41
42
43
44
45
46
47
48
49
50
51

1-12 la Luna:

1 la órbita lunar (translación o traslación de la Luna alrededor de la Tierra)
2-7 las fases de la Luna (los cambios de Luna):
2 la Luna nueva
3 la media Luna (Luna creciente)
4 la media Luna (el cuarto creciente)
5 la Luna llena
6 la media Luna (el cuarto menguante)
7 la media Luna (Luna menguante);
8 la Tierra (el globo terráqueo)
9 la dirección de los rayos del Sol
10 la superficie de la Luna:
11 un mar de la Luna (mar lunar), una llanura seca
12 un cráter lunar;

13-18 planetas *m*,

13 la superficie de Marte *m*:
14 el casquete polar de Marte *m*
15 los llamados canales de Marte *m*;
16 Saturno *m*:
17 los anillos de Saturno *m*
18 bandas *f* en la atmósfera de Saturno *m*;

19-23 el Sol:

19 el disco solar (la esfera solar)
20 las manchas solares
21 torbellinos *m* en las proximidades de las manchas solares
22 la corona (corona solar) que en un eclipse completo de Sol *m* o con instrumentos *m* especiales puede observarse en el borde solar
23 las protuberancias (nubes de gas *m* de formación *f* eruptiva);
24 el borde lunar en un eclipse total de Sol *m*

25 **el cometa** (la estrella de cabellera *f*, estrella de cola *f*, estrella de rabo *m*):
26 la cabeza del cometa (el núcleo del cometa)
27 la cola del cometa;

28 **la estrella fugaz** (el meteorito, el aerolito, el bólido):
29 el meteorito (aerolito, bólido)
30 el cráter producido por un meteorito

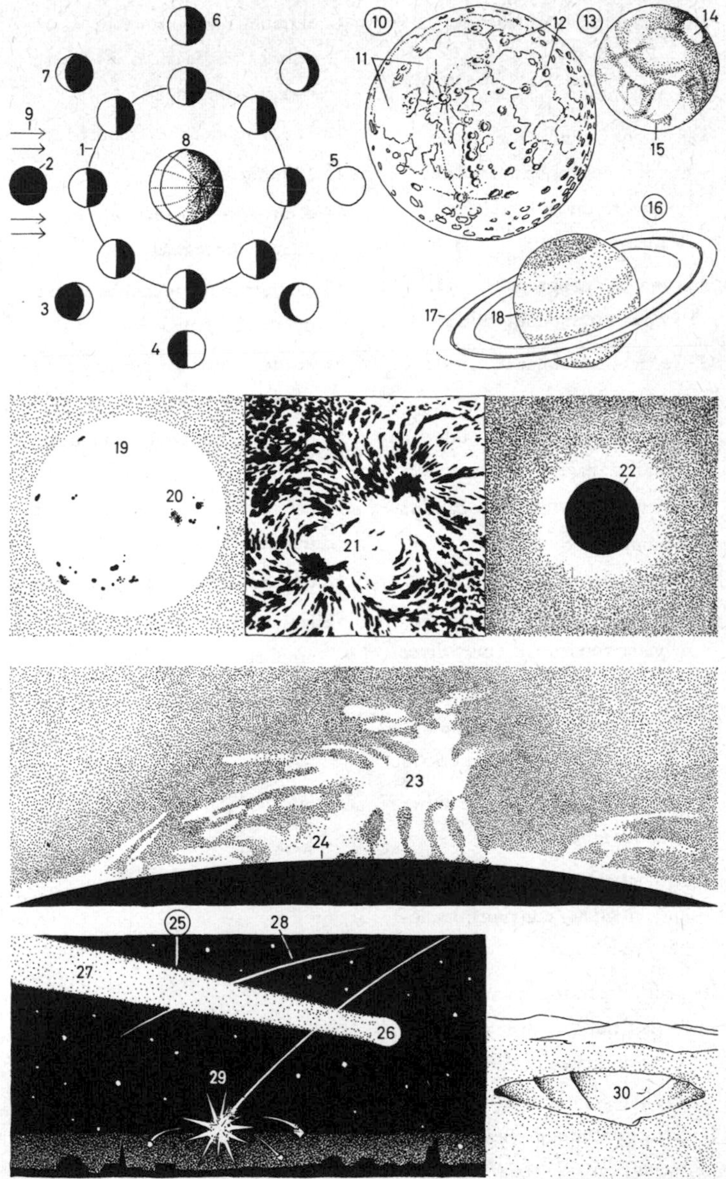
1
2
3
4
5
6
7
8
9
10
11
12
13
14
15
16
17
18
19
20
21
22
23
24
25
26
27
28
29
30

1-19 las nubes y el tiempo,

1-4 las nubes de masas *f* de aire *m* homogéneas:

1 el cúmulo (cumulus, cumulus humilis), una nube fluida (conjunto *m* de nubes bajas, de nubes de buen tiempo *m*)

2 el cumulus congestus, un conjunto de nubes *f* muy flúidas

3 el estratocúmulo, una serie de nubes *f* bajas y en capas *f*

4 el estrato (la niebla alta), una capa de nubes *f* bajas y homogéneas;

5-12 las nubes de un frente cálido:

5 el frente cálido

6 el cirro (cirrus), una nube alta o muy alta de agujas *f* de hielo *m*, delgada, con formas *f* muy diversas

7 el cirroestrato, una nube de agujas *f* de hielo *m* en forma *f* de velo *m*

8 el altoestrato, una capa de nubes *f* de altura *f* media

9 el altoestrato precipitante, una nube en capas *f* con precipitaciones *f* en la altura

10 el nimboestrato, una nube de lluvia *f*, nube de formación *f* vertical muy marcada, de la que caen precipitaciones *f* (lluvia o nieve *f*)

11 el fractoestrato, jirones *m* de nubes *f* debajo del nimboestrato

12 el fractocúmulo, unos jirones de nubes *f* flúidas como el 11, pero con protuberancias *f*;

13-17 las nubes en un frente frío:

13 el frente frío

14 el cirrocúmulo, una nube finamente aborregada

15 el altocúmulo, una nube espesamente aborregada

16 el altocúmulo castellano y el altocúmulo floccus, variantes *f* del 15

17 el cúmulonimbo, una nube fluida vertical muy marcada, asociada con las nubes de tormenta *f* pertenecientes al grupo 1-4;

18 y **19** las formas de precipitación *f*:

18 la lluvia constante o la nevada amplia, una precipitación uniforme

19 el chubasco (aguacero, chaparrón), una precipitación irregular (precipitaciones locales)

flecha negra = aire frío;
flecha blanca = aire caliente

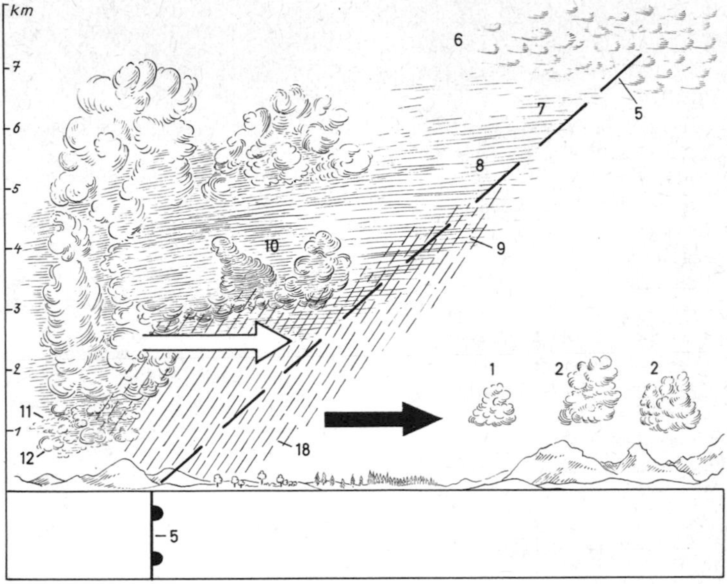

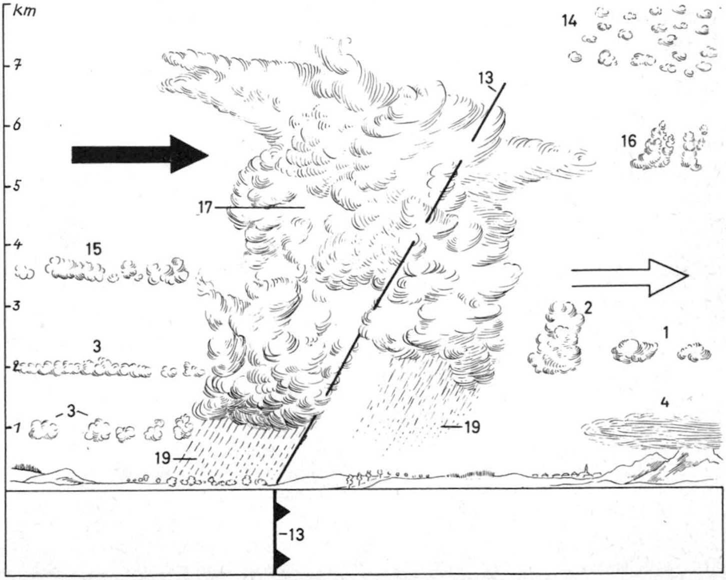

9 Meteorología II (ciencia del tiempo) y Climatología

1-39 el mapa meteorológico:

1 la isobara (línea que une los puntos de igual presión *f* atmosférica al nivel del mar)

2 la pliobara (isobara de más de 1000 mb.)

3 la miobara (isobara de menos de 1000 mb.)

4 la indicación de la presión atmosférica en milibares *m* (en milibarios *m*, mb.)

5 el área *f* de baja presión *f* (el ciclón, la depresión)

6 el área *f* de alta presión *f* (el anticiclón)

7 una estación para la observación del tiempo (estación meteorológica) o un barco para la observación del tiempo (barco meteorológico)

8 la temperatura

9-19 la representación del viento:

9 la flecha que señala la dirección del viento

10 el trazo que indica la fuerza del viento

11 la calma

12 1-2 nudos *m*

13 3-7 nudos *m*

14 8-12 nudos *m*

15 13-17 nudos *m*

16 18-22 nudos *m*

17 23-27 nudos *m*

18 28-32 nudos *m*

19 58-62 nudos *m*;

20-24 grado *m* de nubosidad *f*:

20 despejado (sereno)

21 casi despejado

22 semicubierto

23 nuboso

24 cubierto;

25-29 frentes *m* y corrientes *f* de aire *m*:

25 la oclusión

26 el frente cálido

27 el frente frío

28 la corriente de aire *m* cálido

29 la corriente de aire *m* frío;

30-39 fenómenos *m* meteorológicos (fenómenos atmosféricos):

30 el área *f* de precipitaciones *f*

31 niebla *f*

32 lluvia *f*

33 llovizna *f* (lluvia fina)

34 nevada *f*

35 nieve *f* granulada (nevisca, cellisca)

36 granizo *m*

37 chubasco *m* (aguacero, chaparrón)

38 tormenta *f* (tempestad)

39 relampagueo *m*;

40-58 el mapa climático:

40 la isoterma (línea que une los puntos de igual temperatura *f* media)

41 la isoterma cero (línea que une todos los puntos que tienen una temperatura media anual de 0°)

42 la isoquímena (línea que une los puntos de igual temperatura *f* invernal)

43 la isótera (línea que une los puntos de igual temperatura *f* estival)

44 la isohelia (línea que une los puntos de igual insolación *f*)

45 la isoyeta (línea que une los puntos de igual cantidad *f* de lluvia *f*);

46-52 los sistemas de vientos *m*,

46 y **47** las zonas de calmas *f*:

46 las zonas de calmas *f* ecuatoriales

47 las zonas de calmas *f* subtropicales (calmas de Cáncer *m* y calmas de Capricornio *m*);

48 el alisio del Nordeste (NE.)

49 el alisio del Sudeste (SE.)

50 las zonas de los vientos variables del Oeste

51 las zonas de los vientos polares

52 el monzón de verano *m*;

53-58 los climas de la Tierra:

53 el clima ecuatorial: la zona de lluvias *f* tropicales

54 las dos zonas secas: las zonas desérticas y esteparias

55 las dos zonas lluviosas templadas

56 el clima boreal (clima de nieve *f* y bosque *m*);

57 y **58** los climas polares:

57 el clima de tundra *f*

58 el clima del hielo eterno

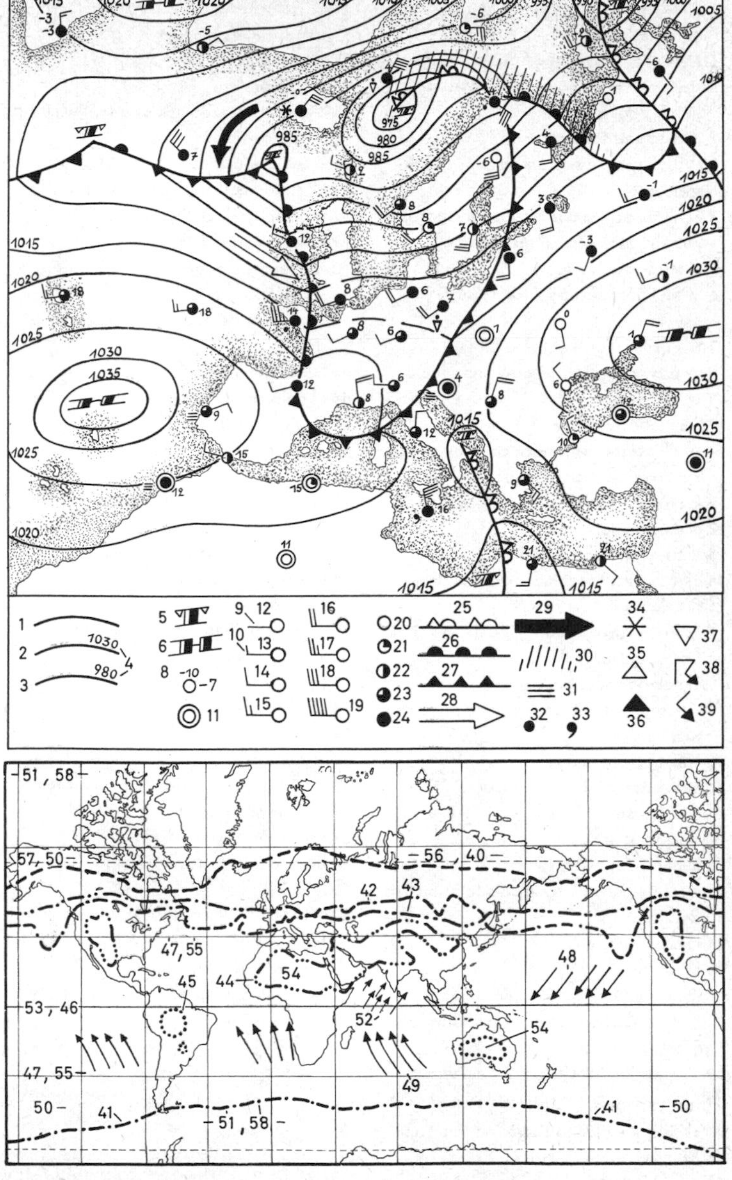

1015
1020
1025
1030
1035
985
980
975
1 2 3 4 5 6 7 8 9 10 11 12 13 14 15 16 17 18 19 20 21 22 23 24 25 26 27 28 29 30 31 32 33 34 35 36 37 38 39
51, 58
57, 50
56, 40
42
43
47, 55
45
44
54
48
53, 46
52
49
50
41

10 Instrumentos meteorológicos

1-18 instrumentos *m* para medir la presión atmosférica,
1 el barómetro de mercurio *m*, un barómetro de sifón *m*, un barómetro de columna *f* líquida:
2 la columna de mercurio *m*
3 la escala en milibares *m* (escala en milímetros *m*);
4 el barógrafo de una estación meteorológica, un barómetro registrador:
5 el tambor (cilindro)
6 la serie de cápsulas *f* (de cajas *f*) aneroides
7 la palanca (varilla) registradora;
8 el barómetro (barómetro aneroide):
9 el indicador
10 el muelle (resorte)
11 la caja cerrada metálica en la que se ha hecho el vacío casi completo
12 la conexión entre la caja y el muelle
13 el soporte del muelle
14 la base inferior
15 el dispositivo regulador del muelle
16 la palanca
17 la varilla de conexión *f* giratoria (el pivote regulador)
18 el muelle en espiral *f*;
19 el termógrafo de una estación meteorológica:
20 el tambor (cilindro)
21 la palanca (varilla) registradora
22 el elemento de medición *f* (elemento sensitivo);
23 el higrómetro (higrómetro de cabello *m*), un aparato para medir la humedad del aire:
24 el cabello
25 la escala
26 el indicador (la aguja indicadora);
27 el anemómetro (aparato medidor del viento):
28 el contador de la velocidad del viento
29 la cruz de paletillas *f* hemiesféricas
30 el indicador de la dirección del viento
31 la veleta;
32 el psicrómetro de aspiración *f* (psicrómetro de Assmann):
33 el termómetro "seco"
34 el termómetro "húmedo"
35 el tubo para proteger las ampollas contra los rayos solares
36 el tubo aspirante;
37 el pluviómetro (medidor de lluvia *f*):
38 el colector de la lluvia
39 el recipiente colector de lluvia *f*
40 la probeta graduada
41 las paletas para licuar la nieve;
42 el pluviógrafo (pluviómetro registrador):
43 la caja protectora
44 el colector de la lluvia
45 el sombrerete contra la lluvia
46 el dispositivo registrador
47 el tubo sifón;
48 el pirheliómetro de disco *m* de plata *f*, un instrumento para medir la energía de los rayos solares:
49 el disco de plata *f*
50 el termómetro
51 el revestimiento aislante de madera *f*
52 el tubo, con diafragma *m*;
53 la garita termométrica:
54 el higrógrafo
55 el termógrafo
56 el psicrómetro
57 y **58** termómetros *m* para medir temperaturas *f* extremas:
57 el termómetro de máxima *f*
58 el termómetro de mínima *f*;
59 la radiosonda:
60 el balón de hidrógeno *m*
61 las hojas metálicas para la localización por radar *m*
62 la caja de instrumentos *m* con la emisora de onda *f* corta

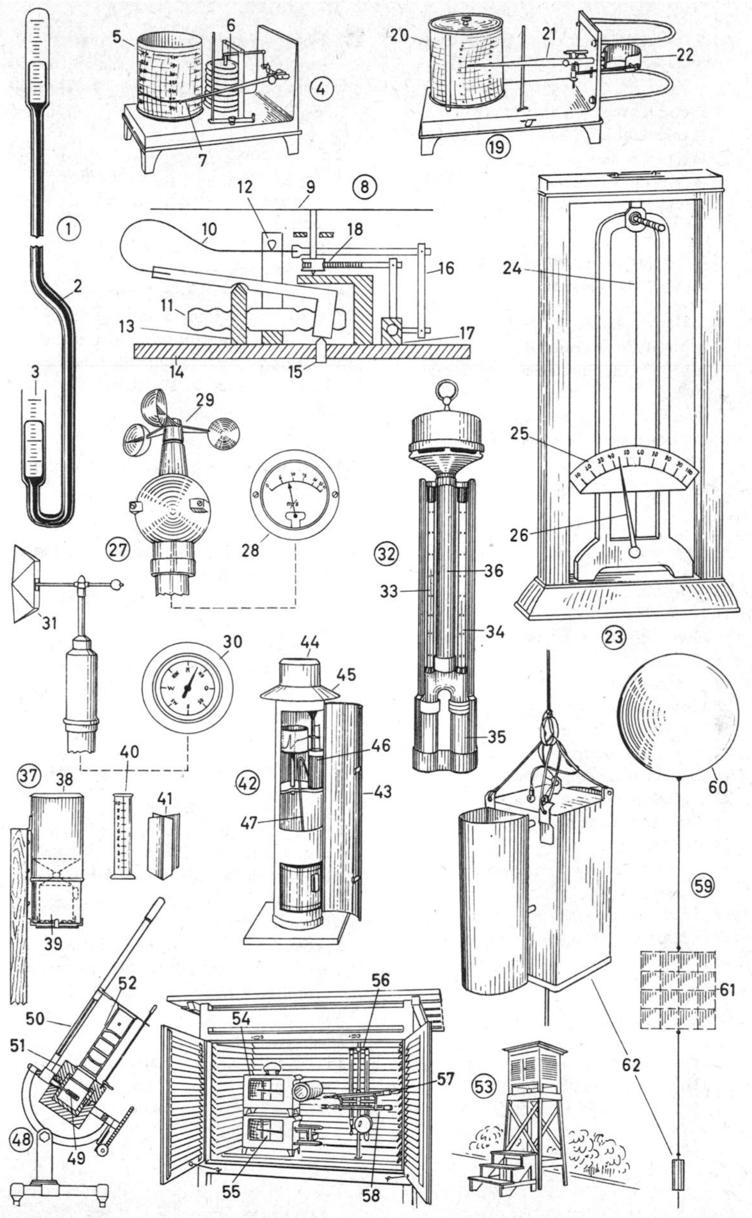
1
2
3
4
5
6
7
8
9
10
11
12
13
14
15
16
17
18
19
20
21
22
23
24
25
26
27
28
29
30
31
32
33
34
35
36
37
38
39
40
41
42
43
44
45
46
47
48
49
50
51
52
53
54
55
56
57
58
59
60
61
62

11 Geografía general I

1-5 la estructura en capas *f* de la Tierra:

1 la corteza terrestre (litosfera)
2 la zona fluida
3 la capa inferior
4 la capa intermedia
5 el núcleo (núcleo terrestre);

6-12 la curva hipsométrica de la superficie terrestre:

6 la altura máxima
7 la plataforma continental
8 la plataforma submarina superior (el "schelf")
9 la vertiente continental
10 la plataforma submarina inferior
11 el nivel del mar
12 la fosa submarina;

13-20 el volcanismo:

13 el volcán en escudo *m*
14 la meseta de lava *f*
15 el volcán activo, un volcán compuesto:
16 el cráter
17 la chimenea
18 la corriente de lava *f*
19 la toba (los fragmentos volcánicos)
20 el volcán subterráneo;
21 el géiser (surtidor termal):
22 el surtidor de agua *f* y vapor *m*
23 las terrazas de geiserita *f*;
24 el cono
25 el "maar" [lago *m* de origen *m* volcánico]:
26 el depósito de toba *f*
27 la escoria (brecha) de la chimenea
28 la chimenea del volcán apagado;

29-31 el magmatismo plutónico:

29 el batolito (la roca de profundidad *f*)
30 el lacolito, una intrusión
31 el yacimiento de mena *f*;

32-38 el terremoto (*clases*: el terremoto tectónico, terremoto volcánico, terremoto por hundimiento *m*) **y la sismología:**

32 el hipocentro (foco del terremoto)
33 el epicentro (punto de la superficie terrestre situado en la vertical del hipocentro)
34 la profundidad del foco
35 la propagación de la onda
36 las ondas superficiales (ondas sísmicas)
37 la isosísmica (línea de unión *f* de los lugares de la misma intensidad sísmica)
38 la región epicentral (el área *f* de las mayores vibraciones o los mayores choques sísmicos);

39 el sismógrafo horizontal (sismómetro):

40 el amortiguador magnético
41 el botón de ajuste *m* para la oscilación propia del péndulo
42 la articulación del muelle para la suspensión del péndulo
43 la masa pendular (masa estacionaria)
44 los carretes de inducción *f* para la corriente indicadora del galvanómetro registrador;

45-54 efectos *m* de los terremotos:

45 la catarata (cascada)
46 el desprendimiento de tierras *f* (el deslizamiento de terreno *m*):
47 el área *f* de depósitos *m* de detritos *m* (el talud detrítico)
48 la concavidad;
49 la fisura en forma *f* de embudo *m*
50 el desplazamiento de tierras *f* (la grieta)
51 el desbordamiento de fango *m* (el cono de fango)
52 la fisura (hendidura)
53 la ola sísmica de un maremoto (el "tsunami")
54 la playa alzada (terraza de la playa)

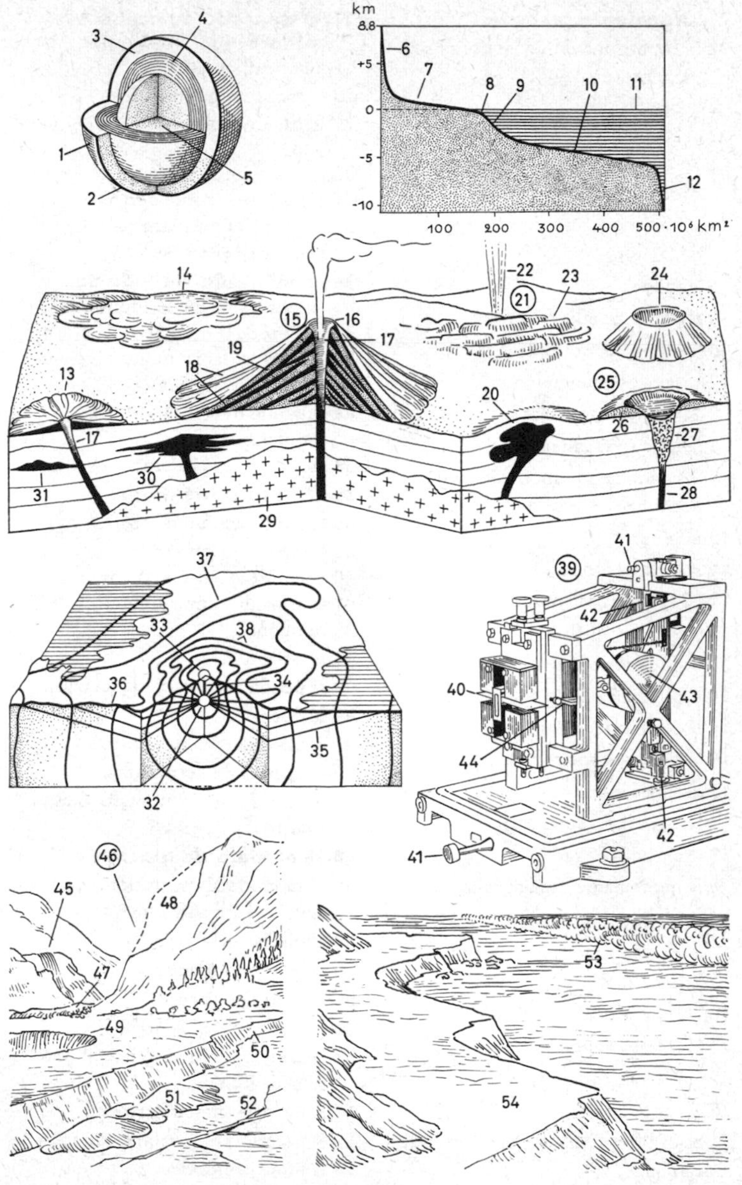

1
2
3
4
5
km
8,8
+5
0
-5
-10
6
7
8
9
10
11
12
100
200
300
400
500 · 10⁶ km²
13
14
15
16
17
18
19
20
21
22
23
24
25
26
27
28
29
30
31
32
33
34
35
36
37
38
39
40
41
42
43
44
45
46
47
48
49
50
51
52
53
54

1-33 geología *f*,
1 la estratificación de las rocas sedimentarias:
2 la orientación
3 el buzamiento;
4-20 los movimientos orogénicos,
4-11 las montañas de bloques *m* de fallas *f*,
4 la falla:
5 el plano de falla *f*
6 la altura (el salto) de la falla;
7 la falla oblicua inversa
8-11 fallas *f* complejas:
8 la falla en escalera *f*
9 los bloques de montaña *f* en declive *m*
10 el horst
11 la fosa tectónica;
12-20 los pliegues orogénicos:
12 el pliegue vertical
13 el pliegue oblicuo
14 el pliegue corrido
15 el pliegue tendido
16 la cresta (el anticlinal)
17 el eje de la cresta
18 la hoyada (el sinclinal)
19 el eje de la hoyada
20 la montaña plegada de fallas *f*;
21 el agua *f* **subterránea** a presión *f* (agua subterránea artesiana):
22 la capa portadora del agua *f*
23 el estrato impermeable
24 la zona de captación *f*
25 el tubo del pozo
26 el surtidor de agua *f*, un pozo artesiano;
27 el depósito de aceite *m* **mineral** (de petróleo *m*) en un anticlinal:
28 el estrato impermeable
29 la capa porosa como roca *f* depósito
30 el gas natural, un casquete de gas
31 el petróleo (aceite mineral)
32 el agua *f* (agua marginal)
33 la torre de perforación *f*;
34 la montaña secundaria (montaña de media altura *f*):
35 la cima de la montaña
36 la cresta de la montaña (*Amér. Merid.:* la cuchilla)
37 la pendiente (cuesta) de la montaña
38 la fuente de la ladera;
39-47 la alta montaña:
39 la cordillera, un macizo de montañas *f*
40 la cima (cumbre, el pico)
41 la espalda (antecumbre) de la montaña
42 el collado
43 la pendiente escarpada (el tajo)
44 la quebrada
45 el talud detrítico
46 el camino de herradura *f*
47 el paso (paso de montaña *f*, el puerto);
48-56 el hielo de glaciar *m*:
48 el circo de alimentación *f* (el névé, el banco de nieve *f*)
49 el glaciar del valle
50 la grieta del glaciar
51 la boca del glaciar
52 el arroyo del glaciar
53 la morena (morrena) lateral (morena de muralla *f*)
54 la morena (morrena) media
55 la morena (morrena) terminal
56 la mesa del glaciar

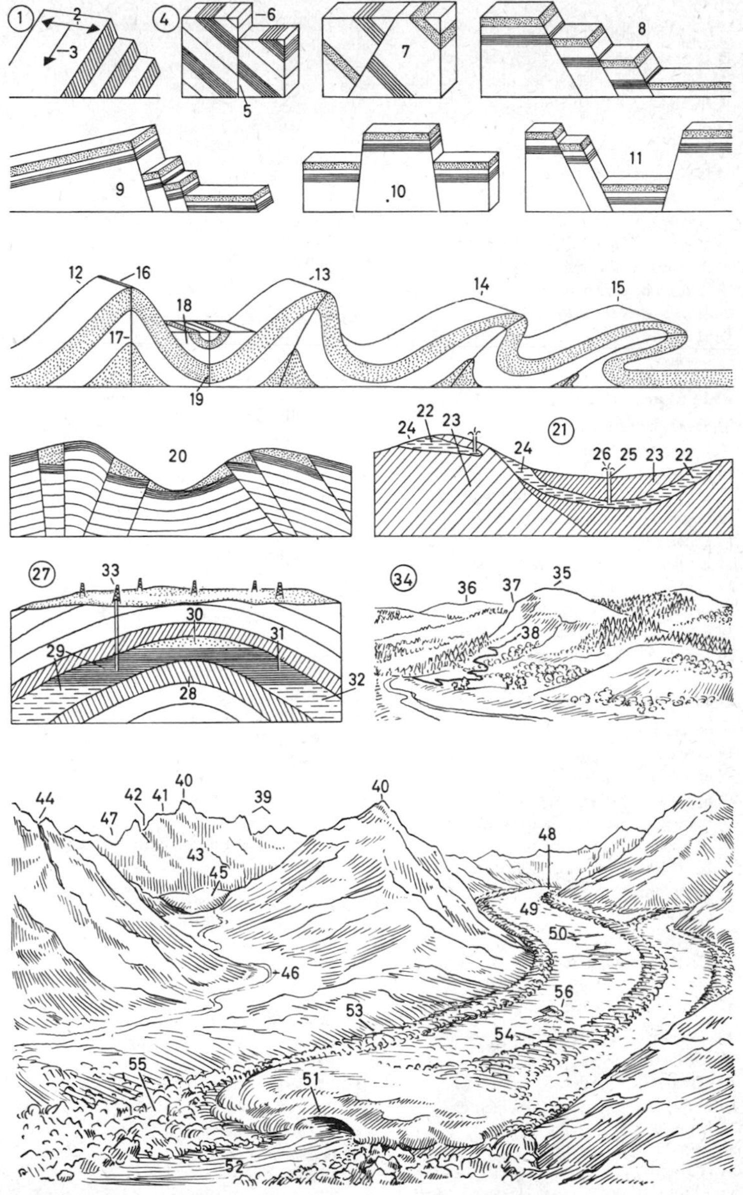
1
2
3
4
5
6
7
8
9
10
11
12
13
14
15
16
17
18
19
20
21
22
23
24
25
26
27
28
29
30
31
32
33
34
35
36
37
38
39
40
41
42
43
44
45
46
47
48
49
50
51
52
53
54
55
56

13 Geografía general III

1-13 el paisaje fluvial:

1 la desembocadura del río, un delta
2 el brazo de la desembocadura, un brazo fluvial
3 el lago
4 la orilla
5 la península
6 la isla
7 la bahía (el golfo, la ensenada)
8 el arroyo (*Amér. Merid.:* la acequia)
9 la punta de aluvión *m*
10 la zona de sedimentación *f*
11 el meandro (recodo fluvial)
12 el monte causante del meandro
13 la vega;

14-24 el pantano,

14 el pantano superficial:
15 las capas de fango *m*
16 la capa de agua *f*
17 la turba de cañas *f* y juncos *m*
18 la turba de aliso *m*;
19 el pantano alto:
20 la masa reciente de turba *f* de musgo *m*
21 el límite de la capa
22 la masa antigua de turba *f* de musgo *m*
23 la charca del pantano
24 la zona saturada de agua *f*;

25-31 la costa escarpada:

25 el farallón (*Cuba:* el molejón)
26 el mar
27 el oleaje (rompiente)
28 el acantilado (la escarpa)
29 los cantos rodados (la rocalla)
30 el socavón del rompiente
31 la planicie de erosión *f* (el llano del rompiente);
32 el atolón:
33 la laguna (*Amér.:* el aguaje)
34 el canal de la laguna;

35-44 la costa llana (playa):

35 el límite de la pleamar
36 las olas ribereñas
37 el malecón
38 el extremo (la punta) del malecón
39 la duna movediza
40 la duna en forma *f* de hoz *f*
41 las marcas rizadas (marcas del viento)
42 la duna deformada por efecto *m* del viento
43 el árbol azotado por el viento
44 la laguna de la playa;

45 el cañón:

46 la meseta
47 la terraza de roca *f*
48 la roca estratificada
49 el escalón estratificado (la terraza estratificada)
50 la quiebra (grieta)
51 el río del cañón;

52-56 formas *f* de valles *m* fluviales [corte transversal]:

52 la garganta (el barranco)
53 el valle infantil en forma *f* de V
54 el valle joven en forma *f* de V abierta
55 el valle maduro
56 el valle viejo;
57-70 el paisaje de valle *m* (valle fluvial):
57 la pendiente escarpada (el acantilado)
58 la pendiente suave
59 la mesa
60 la cordillera (sierra)
61 el río
62 la vega
63 la terraza de roca *f*
64 la terraza de grava *f*
65 la pendiente del valle
66 la altura (colina)
67 el fondo del valle
68 el lecho del río (*Chile:* la caja)
69 los depósitos (la sedimentación)
70 la capa de roca *f*;

71-83 los fenómenos del karst en las rocas calcáreas:

71 la dolina, un hundimiento en forma *f* de embudo *m*
72 el polje
73 la infiltración de un río
74 el manantial del karst
75 el valle seco
76 el sistema de grutas *f*
77 el nivel del agua *f* del karst
78 la capa de roca *f* impermeable
79 la cueva de estalactitas *f* (cueva de karst *m*),
80 y 81 concreciones *f* calcáreas:
80 la estalactita (*Chile, Méj.:* el achichicle)
81 la estalagmita;
82 la columna de concreciones *f* calcáreas
83 el río subterráneo

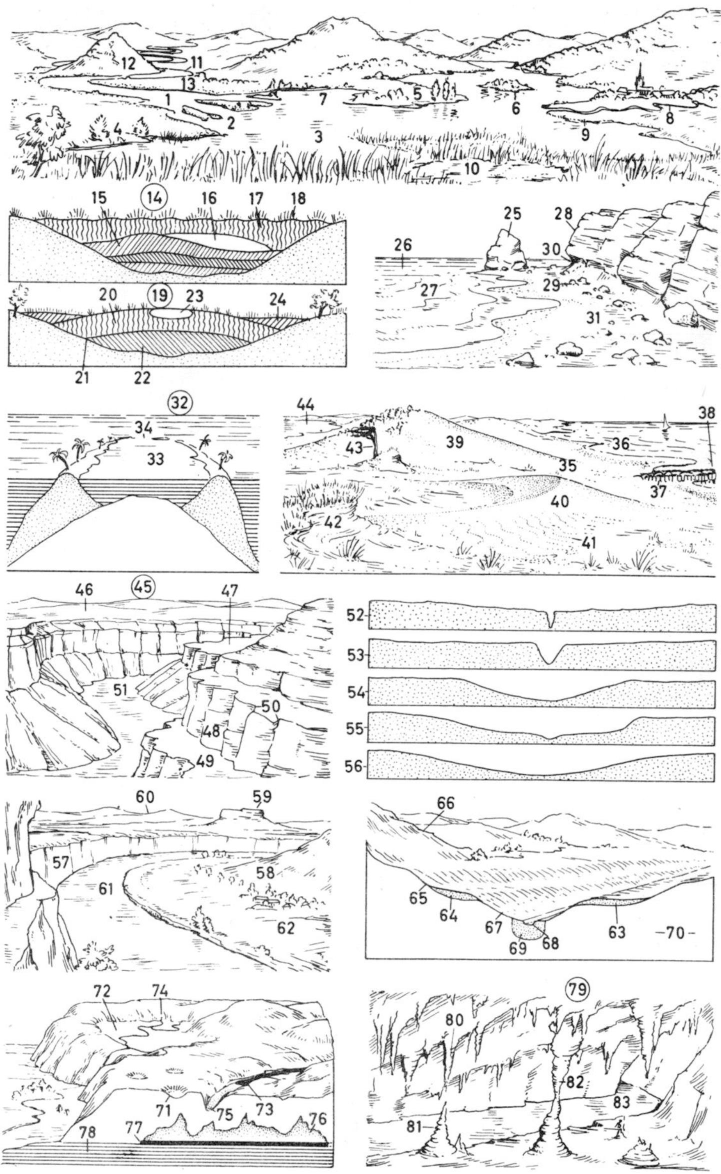
12
11
13
1
2
4
7
5
3
6
8
9
10
15
14
16
17
18
20
19
23
24
21
22
25
28
26
30
27
29
31
32
34
33
44
43
39
38
36
35
37
40
42
41
46
45
47
51
50
48
49
52
53
54
55
56
60
59
57
58
61
62
66
65
64
67
68
69
63
-70-
72
74
71
75
73
77
76
78
79
80
82
83
81

14

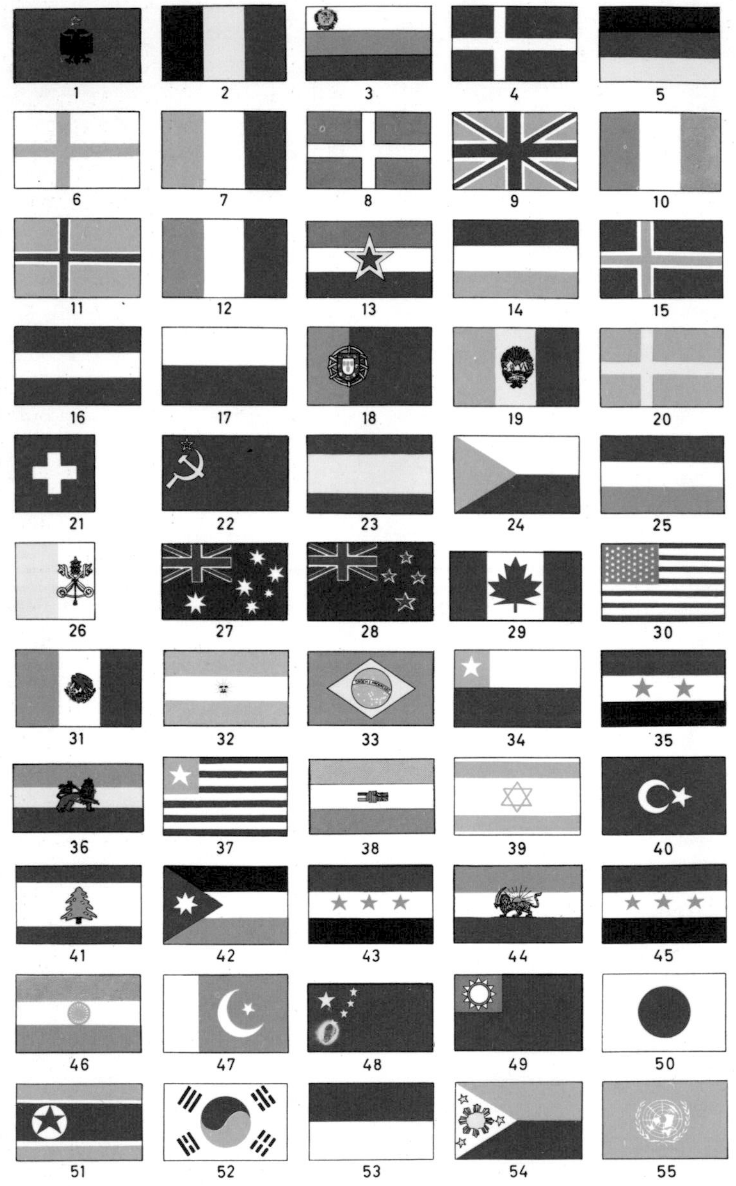
1
2
3
4
5
6
7
8
9
10
11
12
13
14
15
16
17
18
19
20
21
22
23
24
25
26
27
28
29
30
31
32
33
34
35
36
37
38
39
40
41
42
43
44
45
46
47
48
49
50
51
52
53
54
55

1-26 Europa *f*:
1 Albania *f*
2 Bélgica *f*
3 Bulgaria *f*
4 Dinamarca *f*
5 Alemania *f*
6 Finlandia *f*
7 Francia *f*
8 Grecia *f*
9 Gran Bretaña *f*
10 Irlanda *f*
11 Islandia *f*
12 Italia *f*
13 Yugoeslavia *f*
14 Holanda *f*; Luxemburgo *m*
15 Noruega *f*
16 Austria *f*
17 Polonia *f*
18 Portugal *m*
19 Rumania *f*
20 Suecia *f*
21 Suiza *f*
22 Unión *f* de las Repúblicas Socialistas Soviéticas (U.R.S.S., Unión Soviética)
23 España *f*
24 Checoeslovaquia *f*
25 Hungría *f*
26 Ciudad *f* del Vaticano;
27 Australia *f*
28 Nueva Zelanda *f*
29-34 América *f*,
29 y 30 Norteamérica *f*:
29 el Canadá
30 Estados *m* Unidos de Norteamérica *f* (EE.UU.);
31 Méjico *m* [América Central]
32-34 Sudamérica *f*:
32 la Argentina
33 el Brasil
34 Chile *m*;
35-38 Africa *f*:
36 Etiopía *f*
37 Liberia *f*
38 Unión *f* Sudafricana;
39-54 Asia *f*,
39-45 el Próximo Oriente:
39 Israel *m*
40 Turquía *f*
41 Líbano *m*
42 Jordania *f*
43 Siria *f*
44 Irán *m*
45 Irak *m*;
46 la India
47 Pakistán *m*
48 China *f* (República Popular)
49 China *f* (China Nacionalista)
50 el Japón
51 Corea *f* (Corea del Norte)
52 Corea *f* (Corea del Sur)
53 Indonesia *f*
54 Filipinas *f*;
55 las Naciones Unidas

Para otras banderas, véase la guarda

1-7 la red de paralelos *m* **y meridianos** *m* **de la superficie terrestre:**

1 el ecuador
2 un paralelo
3 el polo [polo norte], un polo terrestre
4 un meridiano
5 el meridiano cero (meridiano de origen *m*)
6 el grado de latitud (la latitud geográfica)
7 el grado de longitud (la longitud geográfica);

8 y 9 proyecciones *f* **cartográficas:**

8 la proyección cónica
9 la proyección cilíndrica;

10-45 el mapamundi (mapa de la Tierra):

10 los trópicos
11 los círculos polares
12-18 los continentes,
12 y 13 América *f* (las Américas):
12 América *f* del Norte (Norteamérica *f*)
13 América *f* del Sur (Sudamérica *f*);
14 Africa *f*
15 y 16 Eurasia *f*:
15 Europa *f*
16 Asia *f*;
17 Australia *f*
18 la Antártida (el continente antártico);
19-26 el océano (los mares):
19 el Océano Pacífico (el Pacífico)
20 el Océano Atlántico (el Atlántico)
21 el Océano Glacial Artico
22 el Océano Glacial Antártico
23 el Océano Indico (el Indico)
24 el Estrecho de Gibraltar, un estrecho
25 el Mar Mediterráneo (el Mediterráneo)
26 el Mar del Norte, un mar marginal;
27-29 la leyenda (explicación de los símbolos):
27 la corriente marina fría
28 la corriente marina cálida
29 la escala;
30-45 las corrientes marinas:
30 la corriente del Golfo (Gulf Stream)
31 el Kuro-Sivo
32 la corriente ecuatorial del Norte
33 la contracorriente ecuatorial
34 la corriente ecuatorial del Sur
35 la corriente del Brasil
36 la corriente de los Monzones del Nordeste
37 la corriente de las Agulhas
38 la corriente australiana oriental
39 la corriente de California *f*
40 la corriente del Labrador
41 la corriente de las Canarias
42 la corriente de Humboldt (corriente del Perú)
43 la corriente de Benguela
44 la corriente austral (corriente general de las aguas antárticas hacia el Este, la zona de vientos *m* del Oeste)
45 la corriente australiana occidental;

46-62 la agrimensura (topografía, geodesia),

46 la nivelación (medición geométrica de la altura):
47 la mira (regla de nivelación *f*)
48 el nivel, un anteojo de nivelación *f*;
49 el punto trigonométrico:
50 la armazón
51 la torre de señalización *f*;
52-62 el teodolito, un aparato para medir ángulos *m*:
52 el botón micrométrico
53 el ocular de microscopio *m*
54 el tornillo para el mando indirecto de elevación *f*
55 la tuerca de fijación *f* de la elevación
56 el tornillo para el mando indirecto del movimiento lateral
57 la tuerca de fijación *f* lateral
58 el botón de ajuste *m* para el espejo de iluminación *f*
59 el espejo de iluminación *f*
60 el anteojo
61 el nivel transversal
62 el ajuste circular;
63-66 la fotogrametría aérea (fotogrametría, fototopografía):
63 la cámara topográfica en serie *f* (cámara automática)
64 el estereotopo:
65 el pantógrafo;
66 el estereoplanígrafo

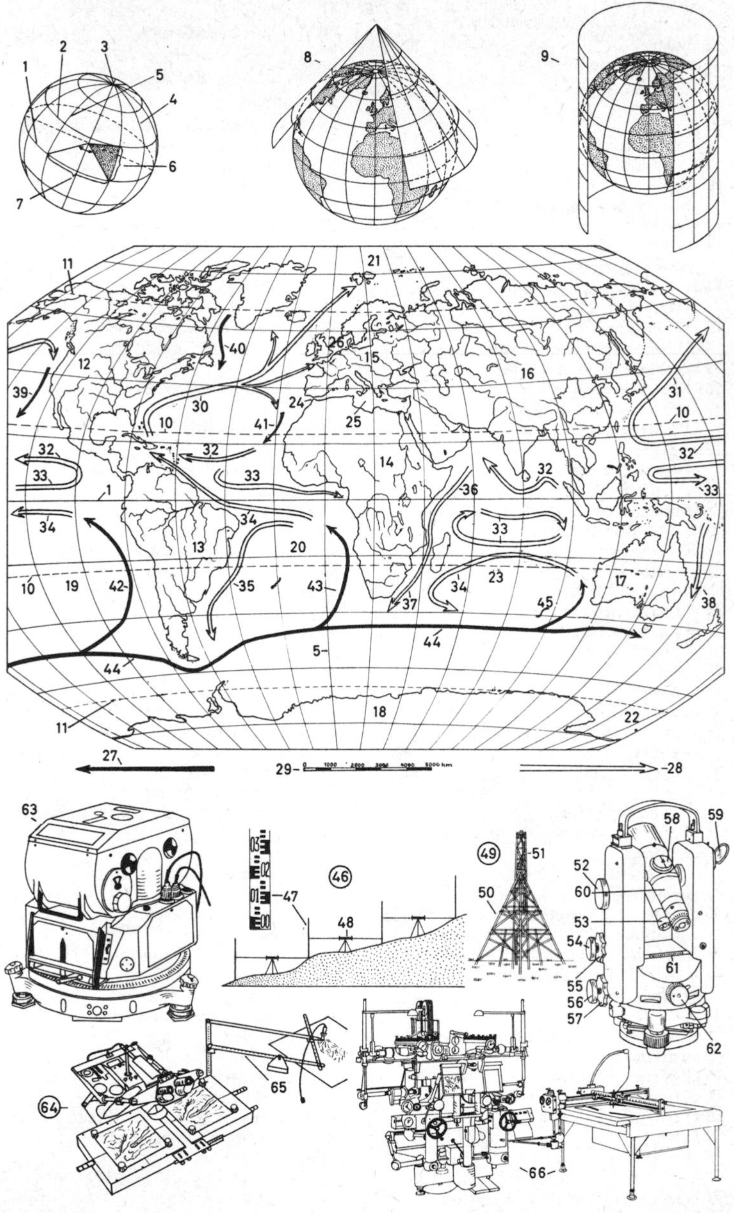
0 1000 2000 3000 4000 5000 km

1-114 los signos convencionales de un mapa a escala *f* 1 : 25 000:
1 el bosque de coníferas *f* (el pinar)
2 el claro
3 la oficina forestal
4 el bosque de árboles *m* de hojas *f* caducas
5 el erial
6 la arena
7 el elimo arenario
8 el faro
9 el límite de los bajos
10 la boya
11 las curvas de nivel *m* submarinas (las líneas isobáticas)
12 el transbordador de trenes *m* (*Amér.*: el ferryboat)
13 el buque faro
14 el bosque mezclado (bosque compuesto)
15 la maleza (el monte bajo)
16 la autopista con rampa *f* de acceso *m*
17 la carretera del Estado (carretera para tráfico *m* a gran distancia *f*)
18 el prado
19 el prado pantanoso
20 la marisma (el terreno pantanoso)
21 la línea principal de ferrocarriles *m*
22 el paso bajo la carretera
23 el ferrocarril secundario
24 la estación de enclavamiento *m* (la casilla del guardavía)
25 el ferrocarril de vía *f* estrecha
26 el paso a nivel *m*
27 la estación (parada)
28 la colonia de villas *f*
29 el fluviómetro
30 la carretera de tercer orden *m*
31 el molino de viento *m*
32 la salina
33 la torre emisora de radio *f*
34 la mina
35 la mina abandonada
36 la carretera de segundo orden *m*
37 la fábrica
38 la chimenea
39 la alambrada
40 el paso de la carretera por encima de la vía férrea
41 la estación de ferrocarril *m*
42 el paso de la vía férrea por encima de la carretera
43 la senda
44 el paso bajo el ferrocarril
45 el río navegable
46 el puente de barcas *f*
47 el transbordador de vehículos *m*
48 el espigón de piedra *f*
49 el fanal
50 el puente de piedra *f*
51 la ciudad
52 la plaza del mercado
53 la iglesia mayor con dos torres *f*
54 el edificio público
55 el puente de la carretera
56 el puente de hierro *m*
57 el canal
58 el dique de esclusas *f*
59 el desembarcadero
60 el transbordador de pasajeros *m*
61 la ermita
62 las curvas de nivel *m* (las isohipsas)
63 el monasterio (convento)
64 la iglesia visible a larga distancia *f*
65 la viña
66 la presa
67 el funicular aéreo (teleférico)
68 la torre de observación *f* (el observatorio)
69 la esclusa de retención *f*
70 el túnel
71 el vértice geodésico de segundo orden *m*
72 la ruina
73 la rueda de viento *m*
74 el fuerte
75 el meandro aislado
76 el río
77 el molino de agua *f*
78 la pasadera
79 el estanque
80 el arroyo
81 la alcubilla (el arca *f* de agua *f*)
82 la fuente (el manantial)
83 la carretera de primer orden *m*
84 el desmonte
85 la cueva
86 el horno de cal *f*
87 la cantera
88 el gredal (la barrera)
89 el tejar (*Col.*: el chircal)
90 el ferrocarril ligero de explotación *f*
91 el cargadero
92 el monumento
93 el campo de batalla *f*
94 la hacienda, una finca rústica
95 el muro
96 el castillo
97 el parque
98 el seto
99 la carretera municipal
100 el pozo de polea *f*
101 la alquería aislada (el caserío, el cortijo)
102 el camino por campos *m* y bosques *m*
103 el límite de término *m* municipal
104 el terraplén
105 el pueblo
106 el cementerio
107 la iglesia del pueblo
108 el huerto de árboles *m* frutales
109 el cipo (hito kilométrico)
110 el indicador de dirección *f*
111 el plantel
112 la vereda
113 la línea de conducción *f* eléctrica (línea de alta tensión *f*)
114 la plantación de lúpulo *m*

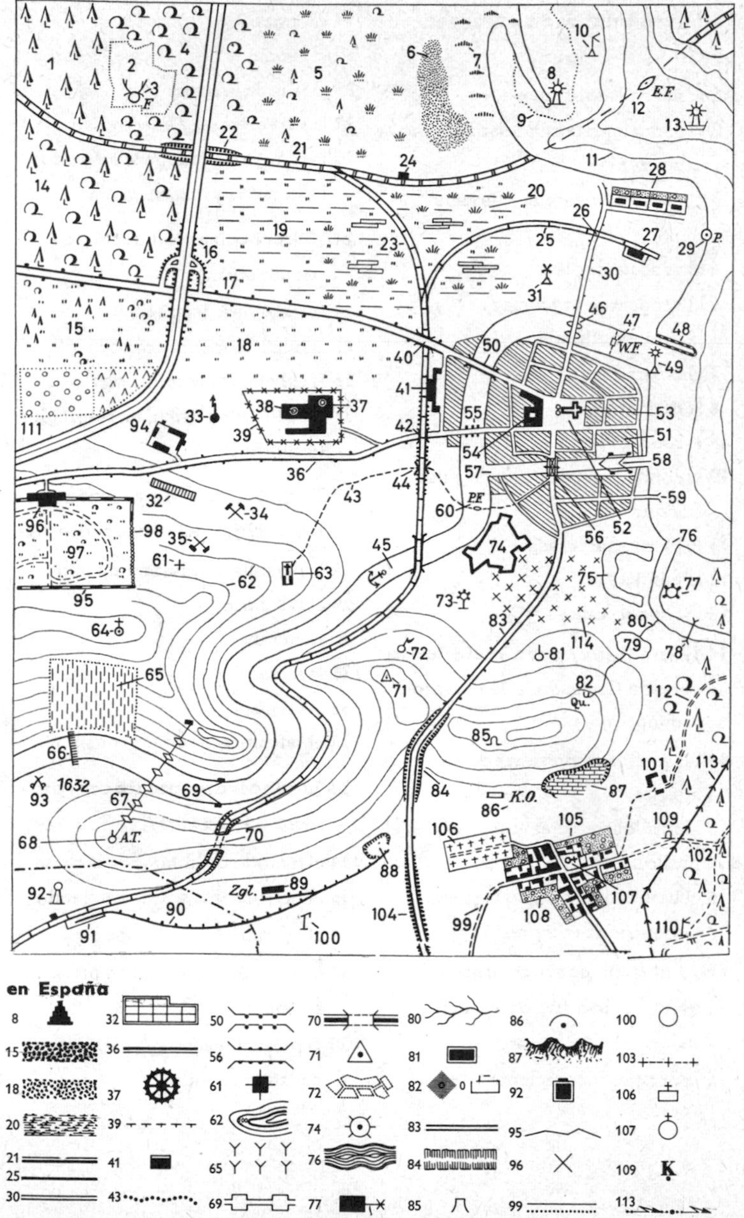
F
E.F.
P.
W.F.
P.F.
Qu.
K.O.
A.T.
1632
Zgl.
en España

17 Socorros de urgencia

1-13 vendajes *m* **de emergencia** *f*,

1 el vendaje de brazo *m*:

2 el pañuelo triangular usado como cabestrillo *m*;

3 el vendaje de cabeza *f* (la capellina)

4 el vendaje de pie *m*

5 el vendaje de urgencia *f*:

6 la gasa esterilizada;

7 el esparadrapo

8 la herida

9 el rollo de venda *f*;

10 el entablillado de urgencia *f* para fracturas *f*:

11 la pierna fracturada

12 la tablilla;

13 el cojín de cabeza *f*;

14-17 medidas *f* **para restañar la sangre** (la ligadura de un vaso sanguíneo):

14 los puntos de presión *f* de las arterias

15 el torniquete de emergencia *f* en el muslo:

16 el bastón usado como tortor *m*;

17 el vendaje de compresión *f*;

18-23 el transporte de una persona herida (de un accidentado):

18 la persona inconsciente

19 el sanitario

20 el ayudante

21 la silla de la reina

22 la silla de anilla *f* improvisada

23 la camilla de emergencia *f* de dos bastones *m* y una chaqueta;

24-27 la respiración artificial (reanimación):

24 la traba de la lengua

25 la inhalación (inspiración)

26 la exhalación (expiración)

27 el pulmón eléctrico, un respirador (pulmotor);

28-33 métodos *m* **de rescate** *m* **en los accidentes sobre hielo** *m*:

28 la persona hundida en el hielo

29 el salvador

30 la cuerda

31 la mesa

32 la escalera

33 el salvamento por uno mismo;

34-38 el salvamento de una persona en el agua *f*,

34 el método de librarse de la presa:

35 la persona que se está ahogando

36 el salvador;

37 la presa de pecho *m*, una presa de remolque *m*

38 la presa de caderas *f* [para un nadador cansado]

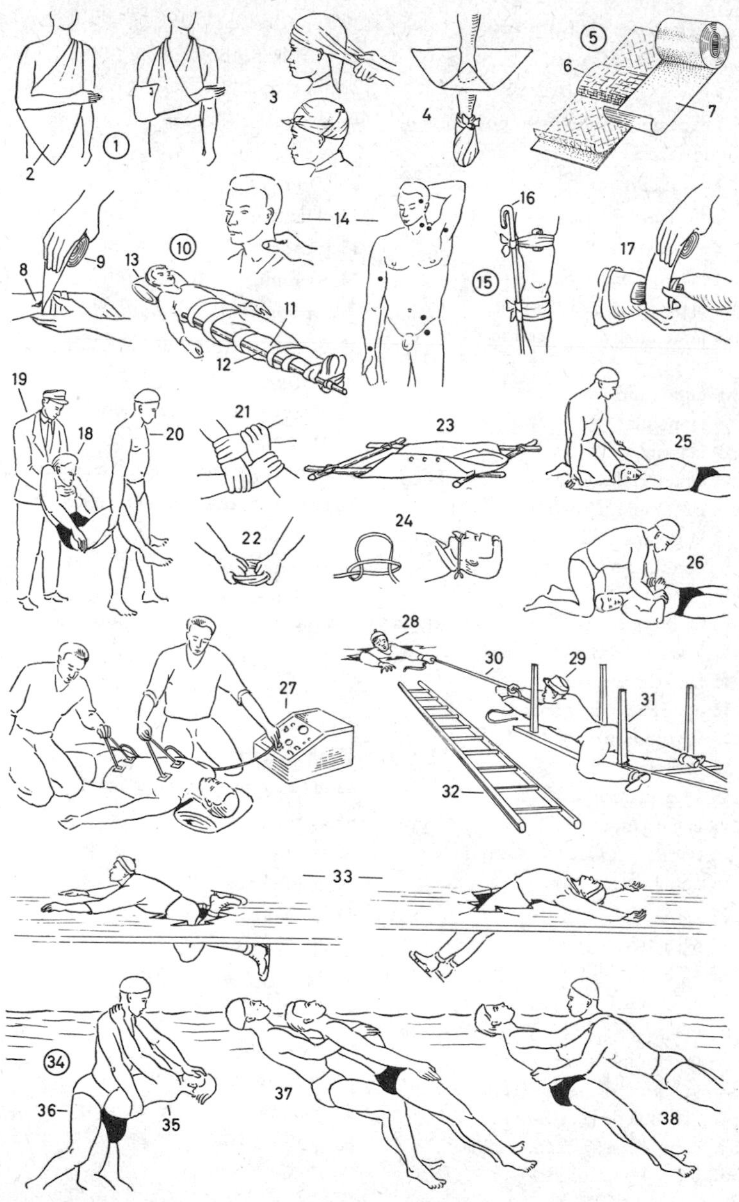
1
2
3
4
5
6
7
8
9
10
11
12
13
14
15
16
17
18
19
20
21
22
23
24
25
26
27
28
29
30
31
32
33
34
35
36
37
38

1-54 el cuerpo humano,
1-18 la cabeza:
1 el vértice (la coronilla)
2 el occipucio (la parte posterior de la cabeza)
3 el cabello
4-17 la cara,
4 y **5** la frente:
4 la eminencia frontal
5 la protuberancia frontal;
6 la sien (*Amér.:* el sentido)
7 el ojo
8 el pómulo
9 la mejilla
10 la nariz
11 el surco desde la nariz hasta la comisura de la boca
12 la gotera labial (el surco subnasal, el philtrum)
13 la boca
14 el hoyuelo en la comisura de la boca (*C. Rica:* el camanance)
15 la barbilla
16 el hoyuelo de la barbilla
17 la mandíbula;
18 la oreja;
19-21 el cuello:
19 la garganta
20 la fosa yugular (el hueco de la garganta, la hoyuela)
21 la nuca;
22-41 el tronco,
22-25 la espalda:
22 el hombro
23 el omóplato
24 la región lumbar
25 la región del sacro (la parte más estrecha de la espalda);
26 el hombro (sobaco, la axila)
27 los pelos de la axila
28-30 el pecho (tórax),
28 y **29** los pechos:
28 el pezón
29 la aréola;
30 el seno;
31 la cintura
32 el flanco
33 la cadera
34 el ombligo (*Arg., Chile, Ec., Perú:* el pupo)
35-37 el vientre (abdomen; *fam.:* la barriga):
35 el epigastrio (la parte superior del abdomen)
36 el mesogastrio (abdomen medio)
37 el hipogastrio (bajo vientre);
38 la ingle
39 la parte pudenda
40 el trasero (las posaderas, el culo, las nalgas; *fam.:* las asentaderas)
41 el pliegue de las nalgas;
42 el pliegue inguinal
43-54 las extremidades,
43-48 el brazo:
43 el brazo propiamente dicho
44 el pliegue del codo
45 el codo
46 el antebrazo
47 la mano
48 el puño;
49-54 la pierna:
49 el muslo
50 la rodilla
51 la corva
52 la parte inferior de la pierna
53 la pantorrilla
54 el pie

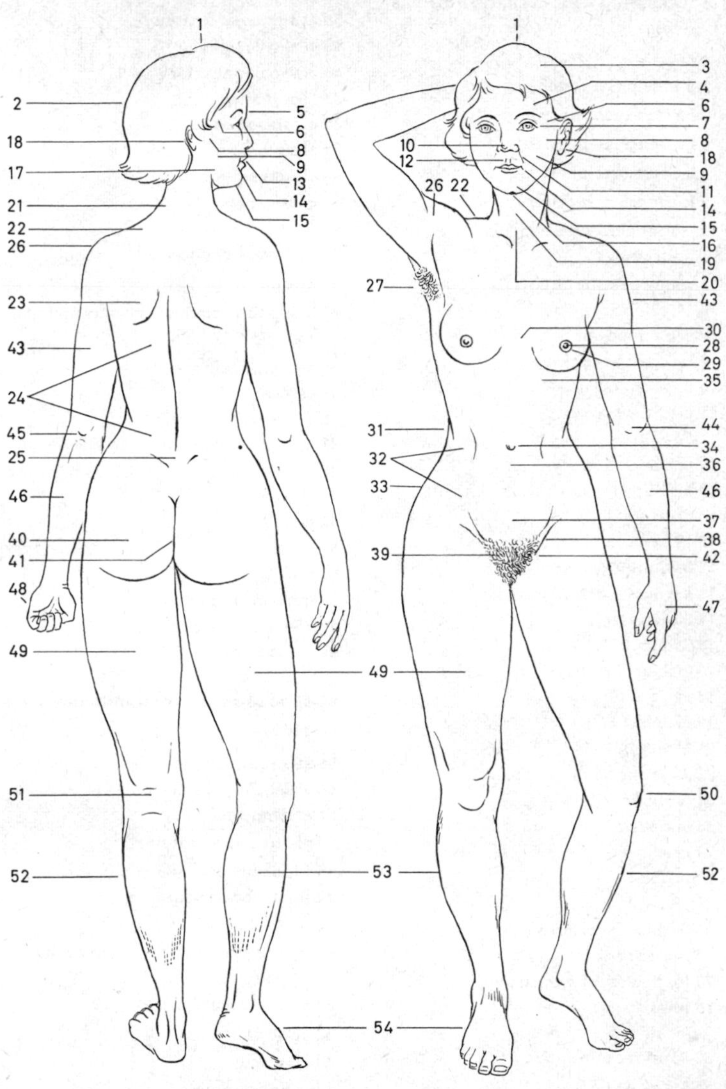
1
2
5
18
6
8
17
9
13
21
14
15
22
26
23
43
24
45
25
46
40
41
48
49
51
52
1
3
4
6
7
10
8
12
18
9
11
26 22
14
15
16
19
20
43
27
30
28
29
35
31
44
34
32
36
33
46
37
38
39
42
47
49
50
53
52
54

1-29 el esqueleto

(la armazón ósea, osamenta, los huesos):

1 el cráneo

2-5 la columna vertebral:

2 las vértebras cervicales

3 las vértebras dorsales

4 las vértebras lumbares

5 las vértebras coccígeas;

6 y 7 los huesos del hombro:

6 la clavícula

7 el omóplato (la escápula);

8-11 el tórax:

8 el esternón

9 las costillas verdaderas

10 las costillas falsas

11 el cartílago costal;

12-14 el brazo:

12 el húmero

13 el radio

14 el cúbito;

15-17 la mano:

15 los huesos del carpo

16 los huesos del metacarpo

17 las falanges;

18-21 el pelvis:

18 el ilion

19 el isquion

20 el pubis

21 el sacro;

22-25 la pierna:

22 el fémur

23 la rótula

24 el peroné

25 la tibia;

26-29 el pie:

26 los huesos del tarso

27 el calcáneo

28 los huesos del metatarso

29 las falanges;

30-41 el cráneo:

30 el frontal

31 el parietal izquierdo

32 el occipital

33 el temporal

34 el meato del canal auditivo

35 el maxilar inferior

36 el maxilar superior

37 el pómulo

38 el esfenoides

39 el etmoides

40 el lacrimal

41 el nasal;

42-55 la cabeza [corte]:

42 el cerebro

43 la hipófisis cerebral (glándula pituitaria)

44 el cuerpo calloso

45 el cerebelo

46 el puente de Varolio

47 la médula oblongada (médula oblonga)

48 la médula espinal

49 el esófago

50 la tráquea

51 la epiglotis

52 la lengua

53 la cavidad nasal

54 el seno esfenoidal

55 el seno frontal;

56-65 el órgano del equilibrio y del oído,

56-58 el oído externo:

56 el pabellón del oído (la oreja)

57 el lóbulo de la oreja

58 el meato del canal auditivo;

59-61 el oído medio:

59 la membrana timpánica

60 la caja del tímpano

61 los huesecillos: el martillo, el yunque, el estribo;

62-64 el oído interno:

62 el laberinto

63 el caracol

64 el nervio auditivo;

65 la trompa de Eustaquio

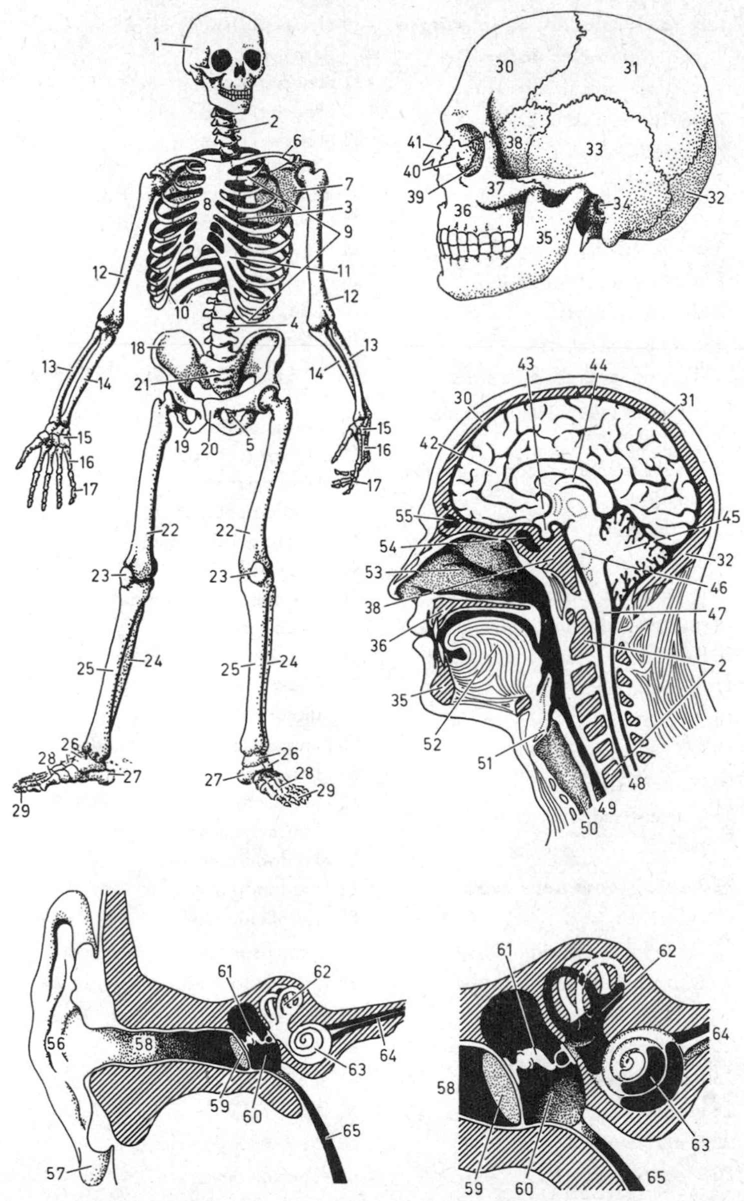
1
2
6
7
8
3
9
11
12
10
4
18
13
14
21
15
16
17
19
20
5
22
23
25
24
26
28
27
29
30
31
41
38
33
40
37
39
36
34
32
35
43
44
42
55
45
54
53
38
46
47
36
2
35
52
51
48
49
50
61
62
56
58
63
64
59
60
65
57

1-21 la circulación de la sangre (el sistema circulatorio):

1 la arteria carótida, una arteria
2 la vena yugular, una vena
3 la arteria temporal
4 la vena temporal
5 la arteria frontal
6 la vena frontal
7 la arteria subclavia
8 la vena subclavia
9 la vena cava superior
10 el cayado de la aorta (la aorta)
11 la arteria pulmonar [con sangre *f* venosa]
12 la vena pulmonar [con sangre *f* arterial]
13 los pulmones
14 el corazón
15 la vena cava inferior
16 la aorta abdominal (rama descendente de la aorta)
17 la arteria ilíaca
18 la vena ilíaca
19 la arteria femoral
20 la arteria tibial
21 la arteria radial (arteria del pulso);

22-33 el sistema nervioso:

22 el cerebro
23 el cerebro intermedio
24 la médula oblonga (médula oblongada)
25 la médula espinal
26 los nervios torácicos
27 el plexo braquial
28 el nervio radial
29 el nervio cubital
30 el nervio ciático mayor [en la parte de atrás]
31 el nervio femoral
32 el nervio tibial
33 el nervio peroneo;

34-64 el sistema muscular:

34 el esternocleidomastoideo
35 el músculo deltoide
36 el pectoral mayor
37 el bíceps
38 el tríceps
39 el supinador largo (músculo supinador)
40 el radial anterior
41 el flexor corto del pulgar
42 el serrato mayor
43 el oblicuo mayor
44 el recto del abdomen
45 el sartorio
46 el extensor de la pierna
47 el tibial anterior
48 el tendón de Aquiles
49 el flexor largo del pulgar, un músculo del pie
50 el músculo occipitofrontal
51 el esplenio
52 el trapecio
53 el infraespinoso
54 el redondo menor
55 el redondo mayor
56 el supinador largo
57 el extensor común de los dedos
58 el músculo cubital posterior
59 el dorsal ancho
60 el glúteo mayor
61 el bíceps
62 los gemelos
63 el extensor de los dedos
64 el peroneo largo

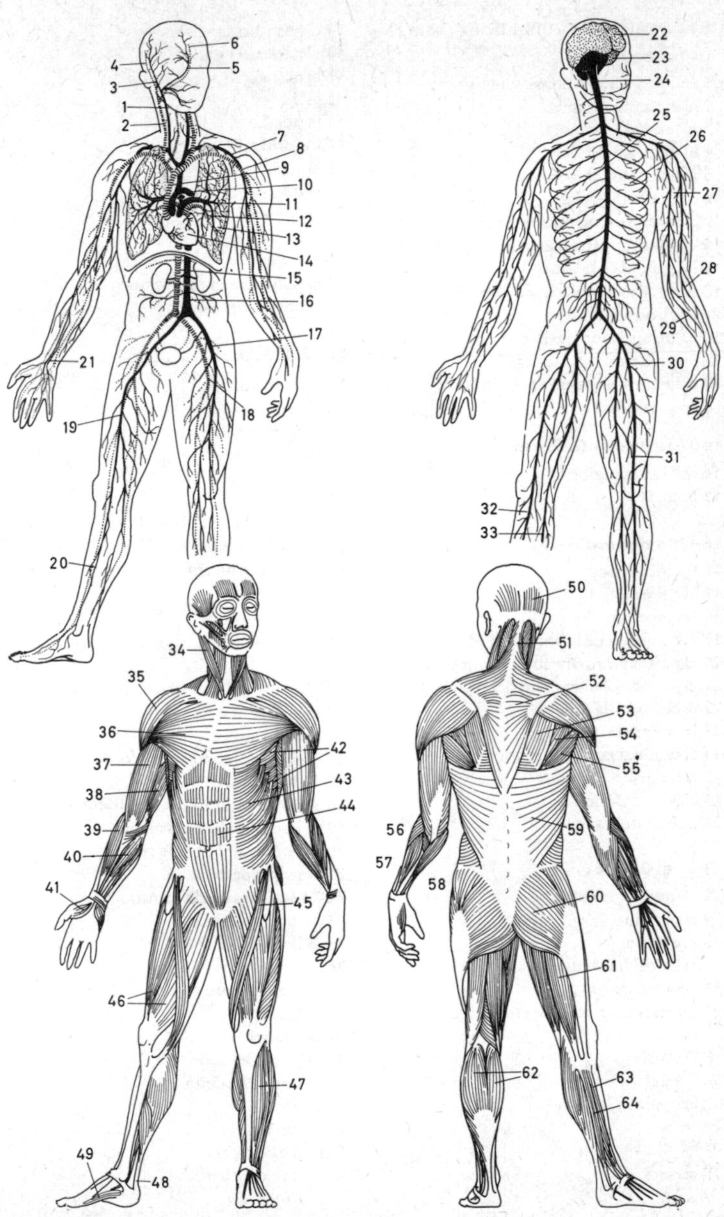
1
2
3
4
5
6
7
8
9
10
11
12
13
14
15
16
17
18
19
20
21
22
23
24
25
26
27
28
29
30
31
32
33
34
35
36
37
38
39
40
41
42
43
44
45
46
47
48
49
50
51
52
53
54
55
56
57
58
59
60
61
62
63
64

1-13 músculos *m* **y glándulas** *f* **de la cabeza:**
1 el músculo esternomastoideo
2 el músculo occipital
3 el músculo temporal
4 el músculo frontal
5 el músculo orbicular de los párpados
6 músculos *m* faciales
7 el masetero [un músculo masticador]
8 el músculo orbicular de los labios
9 la glándula parótida
10 el ganglio linfático; *mal llamado*: la glándula linfática
11 la glándula submaxilar
12 los músculos cervicales
13 el bocado (la nuez) de Adán [más apreciable en los hombres];

14-37 la boca y la faringe:
14 el labio superior
15 la encía

16-18 la dentadura:
16 los incisivos
17 el colmillo
18 las muelas;
19 la comisura de la boca
20 el paladar duro (cielo de la boca)
21 el paladar blando (velo del paladar)
22 la campanilla (úvula)
23 la amígdala (tonsila)
24 la cavidad faríngea (faringe)
25 la lengua
26 el labio inferior
27 la mandíbula superior

28-37 el diente:
28 el periostio dental
29 el cemento
30 el esmalte
31 el marfil (la dentina)
32 la pulpa dentaria
33 los nervios y vasos *m* sanguíneos
34 el incisivo
35 la muela
36 la raíz
37 la corona;

38-51 el ojo:
38 la ceja
39 el párpado superior
40 el párpado inferior
41 la pestaña
42 el iris
43 la pupila
44 los músculos del ojo
45 el globo ocular
46 el humor (cuerpo) vítreo
47 la córnea
48 el cristalino
49 la retina
50 el punto ciego (la mácula)
51 el nervio óptico;

52-63 el pie:
52 el dedo gordo
53 el segundo dedo
54 el dedo medio (tercer dedo)
55 el cuarto dedo
56 el dedo chico
57 la uña
58 la parte lateral del pie (la región tenar)
59 el maléolo externo
60 el maléolo interno
61 el empeine
62 la planta del pie
63 el talón;

64-83 la mano:
64 el pulgar
65 el dedo índice
66 el dedo del corazón (el cordial)
67 el dedo anular
68 el dedo meñique (dedo auricular)
69 el borde radial de la mano
70 el borde cubital de la mano
71 la palma de la mano
72-74 las líneas de la mano:
72 la línea de la vida
73 la línea de la cabeza
74 la línea del corazón;
75 la región tenar
76 la muñeca
77 la falange
78 la yema del dedo
79 la punta del dedo
80 la uña
81 la lúnula
82 el nudillo
83 el dorso de la mano

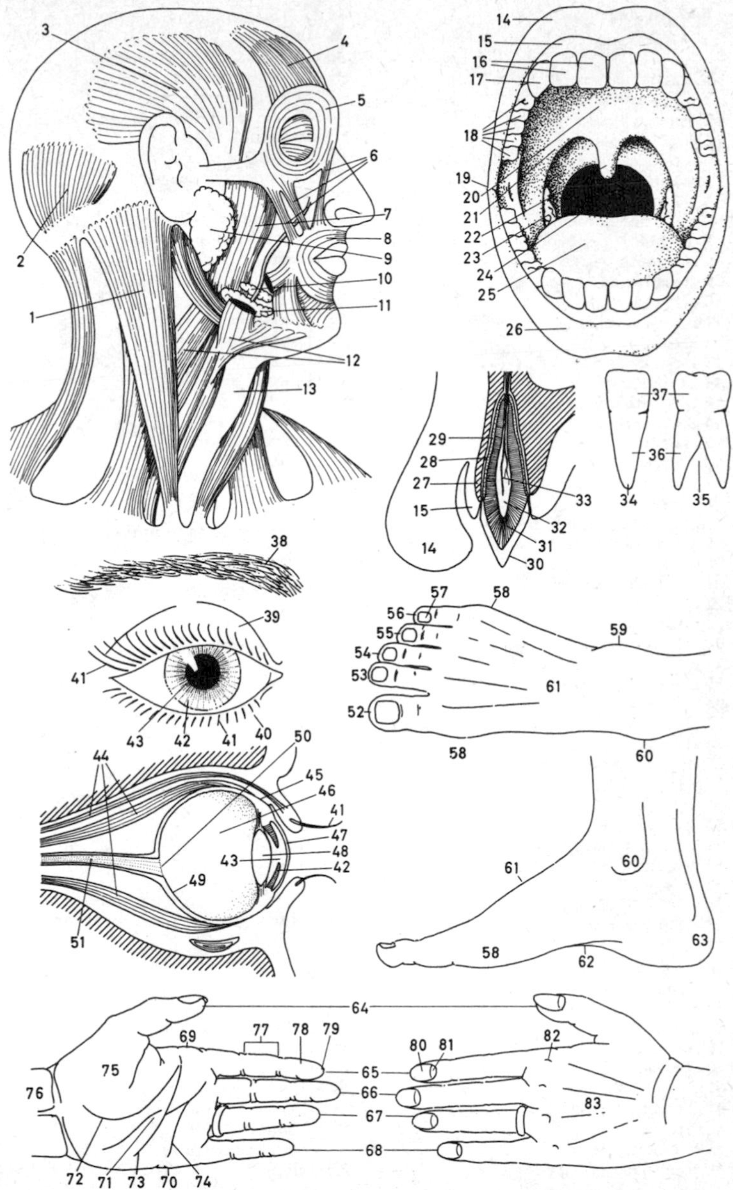
1
2
3
4
5
6
7
8
9
10
11
12
13
14
15
16
17
18
19
20
21
22
23
24
25
26
27
28
29
30
31
32
33
34
35
36
37
38
39
40
41
42
43
44
45
46
47
48
49
50
51
52
53
54
55
56
57
58
59
60
61
62
63
64
65
66
67
68
69
70
71
72
73
74
75
76
77
78
79
80
81
82
83

1-57 los órganos internos

[desde el frente]:

1 la glándula tiroides
2 y **3** la laringe:
2 el hueso hioides
3 el cartílago tiroides;
4 la tráquea
5 los bronquios
6 y **7** los pulmones:
6 el pulmón derecho
7 el lóbulo superior del pulmón [corte];
8 el corazón
9 el diafragma
10 el hígado
11 la vesícula biliar
12 el bazo
13 el estómago
14-22 los intestinos,
14-16 el intestino delgado:
14 el duodeno
15 el yeyuno
16 el íleon;
17-22 el intestino grueso:
17 el ciego
18 el apéndice vermiforme
19 el colon ascendente
20 el colon transverso
21 el colon descendente
22 el recto;
23 el esófago
24 y **25** el corazón:
24 el apéndice auricular
25 el surco longitudinal anterior;
26 el diafragma
27 el bazo
28 el riñón derecho
29 la glándula suprarrenal
30 y **31** el riñón izquierdo [corte longitudinal]:
30 el cáliz renal
31 la pelvis renal;
32 la uretra
33 la vejiga
34 y **35** el hígado [visto desde abajo]:
34 el ligamento suspensor del hígado
35 el lóbulo del hígado;
36 la vesícula biliar
37 y **38** el conducto común de la bilis:
37 el conducto hepático
38 el conducto cístico;
39 la vena porta
40 el esófago
41 y **42** el estómago:
41 el cardias (orificio gastro-esofágico)
42 el píloro;
43 el duodeno
44 el páncreas
45-57 el corazón [corte longitudinal]:
45 la aurícula
46 y **47** las válvulas del corazón:
46 la válvula tricúspide
47 la válvula mitral;
48 la válvula semilunar (válvula de Eustaquio)
49 la válvula aórtica
50 la válvula pulmonar
51 el ventrículo
52 el tabique interventricular
53 la vena cava superior
54 la aorta
55 la arteria pulmonar
56 la vena pulmonar
57 la vena cava inferior;
58 el peritoneo
59 el sacro
60 el cóccix
61 el recto
62 el ano
63 el esfínter del ano
64 el perineo
65 la sínfisis del pubis

66-77 los órganos sexuales masculinos

[corte longitudinal]:

66 el pene
67 los cuerpos cavernosos y esponjosos
68 la uretra
69 el glande (bálano)
70 el prepucio
71 el escroto
72 el testículo derecho
73 el epidídimo
74 el conducto espermático
75 la glándula de Cowper
76 la próstata
77 la vesícula seminal;
78 la vejiga

79-88 los órganos sexuales femeninos

[corte longitudinal]:

79 el útero
80 la cavidad uterina
81 la trompa de Falopio
82 la fimbria
83 el ovario
84 el folículo con el óvulo
85 el orificio externo del cuello uterino
86 la vagina
87 los labios de la vulva
88 el clítoris

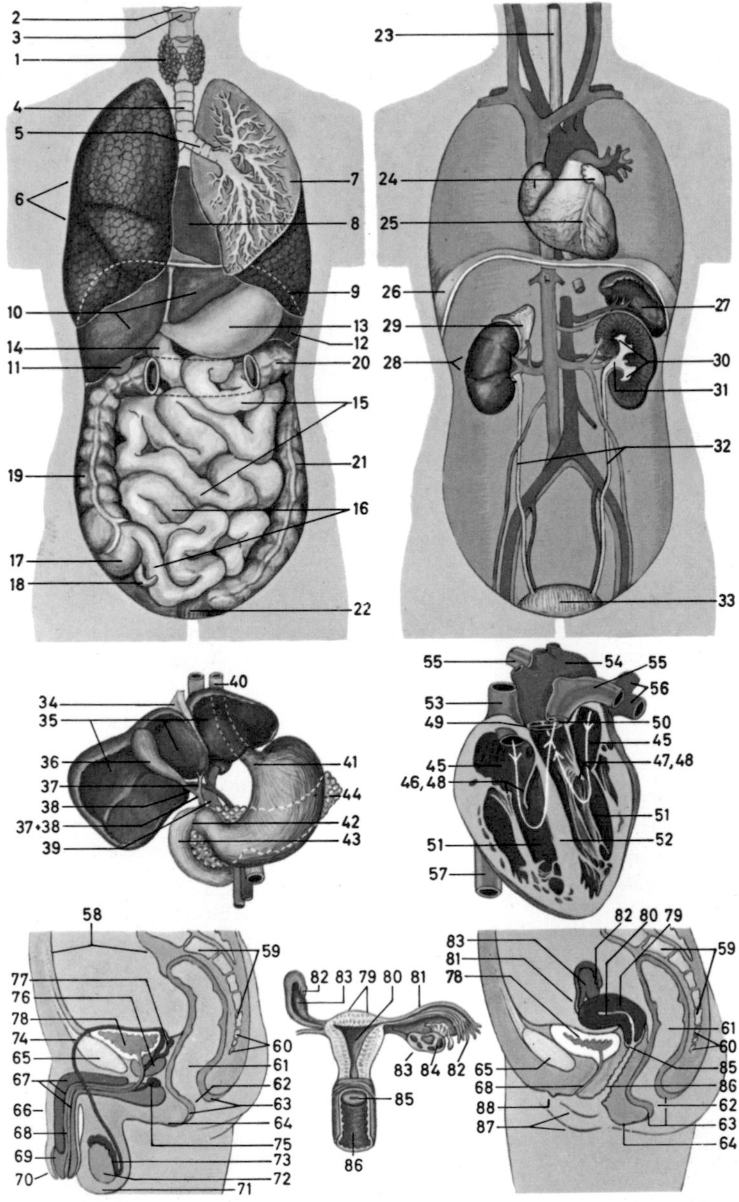
2
3
1
4
5
6
7
8
9
10
13
12
14
11
20
15
21
19
16
17
18
22
23
24
25
26
27
29
28
30
31
32
33
55
54
55
40
56
53
34
35
49
50
45
36
41
45
47,48
37
44
46,48
38
37+38
42
51
39
43
51
52
57
58
59
77
76
78
74
65
67
66
68
69
70
60
61
62
63
64
75
73
72
71
82 83 79 80 81
83 84 82
85
86
82 80 79
83
81
78
65
68
88
87
59
61
60
85
86
62
63
64

1 el esfigmomanómetro (aparato para medir la presión de la sangre):
2 el tornillo para la salida del aire
3 el fuelle de goma *f*
4 la abrazadera de goma *f*
5 el manómetro de mercurio *m*;
6 la receta
7 el supositorio
8 la cajita de píldoras *f*
9 la píldora
10 el tubo de tabletas *f*
11 la tableta (pastilla)
12 el paquete de grageas *f*
13 la gragea
14 la botella de agua *f* caliente (botella metálica de agua caliente)
15 la compresa húmeda
16 la escupidera de mano *f*:
17 la tapa de muelle *m*;
18 la perilla del timbre
19 la envoltura completa:
20 la sábana húmeda
21 el cobertor de lana *f*
22 la sábana bajera de goma *f*;
23 la enfermera, una hermana lega
24 la chata
25 el sillico (bacín)
26 el termómetro de habitación *f*
27 la bolsa de agua *f* caliente
28 el cojín de aire *m*
29 la bolsa de hielo *m*
30 el dedil de goma *f*
31 el dedil protector de cuero *m*
32 el escupidor de bolsillo *m*
33 el inhalador (aparato para hacer inhalaciones *f*):
34 el vaporizador (atomizador)
35 el medicamento inhalatorio
36 la bomba eléctrica de aire *m*;

37 el parche de ojo *m*
38 el braguero:
39 la almohadilla (pelota);
40 el lavaojos
41 el extensor (la polea, el aparato de extensión *f* continua):
42 las pesas extensoras
43 el entablillado Braun
44 el alambre [a través del hueso perforado]
45 el estribo del alambre;
46 la ayuda (lavativa, el clister), para administrar una enema
47 la venda de goma *f*, un vendaje
48-50 prótesis *f* (miembros *m* artificiales):
48 la prótesis de pierna *f* (la pierna artificial)
49 la prótesis de brazo *m* (el brazo artificial):
50 el gancho prensil intercambiable;
51 la silla de inválido *m* (silla de ruedas *f*)
52 el cojín eléctrico (cojín calentador):
53 el regulador de temperatura *f*, un interruptor de tres posiciones *f*;
54-63 el botiquín casero:
54 el esparadrapo
55 la venda de gasa *f*
56 el cuentagotas (*Amér.:* el gotero)
57 la esencia de valeriana *f*
58 la tintura
59 la lavativa para niños *m*
60 el polvo vulnerario en el bote espolvoreador
61 las píldoras laxantes (píldoras purgantes)
62 las tabletas para el dolor de cabeza *f*
63 los paños higiénicos

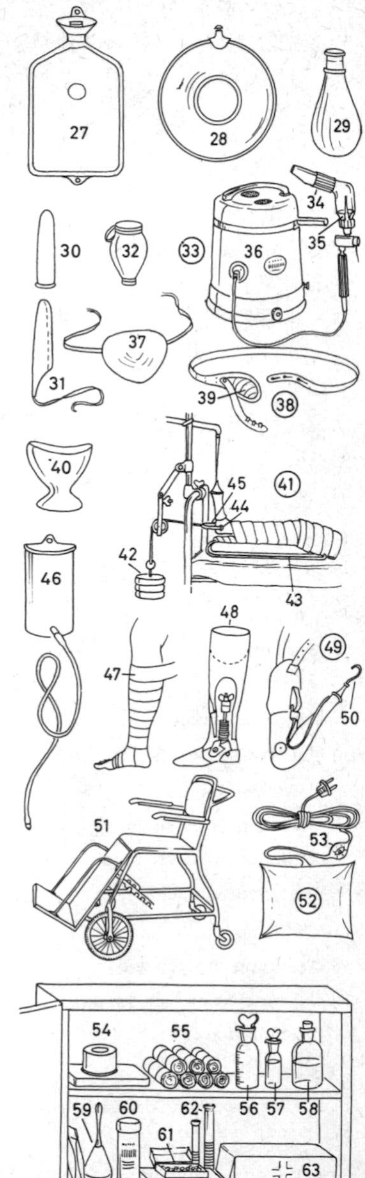

24 Cuidado de enfermos II

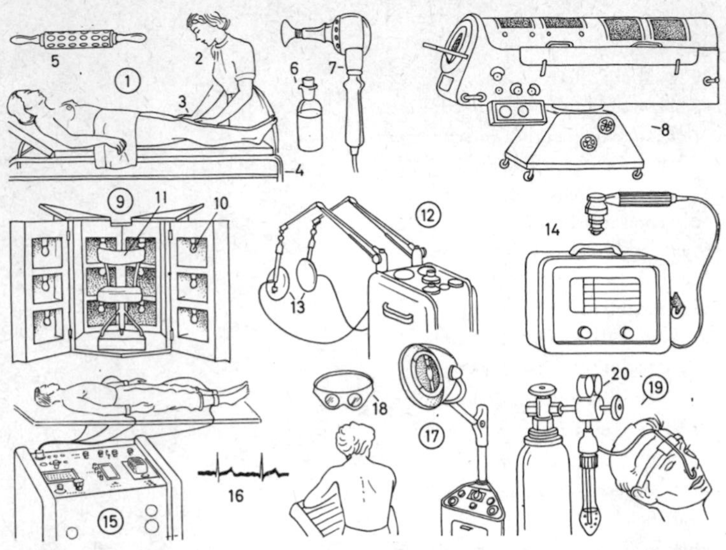

1 el masaje:

2 la masajista

3 la fricción

4 la mesa de masaje *m*

5 el rodillo de succión *f* (rodillo adelgazador)

6 el aceite para el masaje

7 el vibrador (aparato para el masaje por vibración *f*, por fricción *f*);

8 el pulmón de acero *m*

9 el gabinete para baños *m* de calor *m* por radiación *f*:

10 la bombilla

11 la silla para el baño de irradiación *f*;

12 el aparato de ondas *f* cortas para la terapia de ondas cortas:

13 los electrodos;

14 el aparato de ondas *f* ultrasónicas para el tratamiento con ondas ultrasónicas

15 el electrocardiógrafo:

16 el electrocardiograma;

17 la lámpara ultravioleta (el sol artificial) para el tratamiento con rayos *m* ultravioletas:

18 las gafas protectoras;

19 el aparato para la inhalación de oxígeno *m*:

20 el medidor de oxígeno *m*

1-6 los baños públicos,

1-5 la piscina cubierta:

1 las duchas

2 la piscina

3 las olas artificiales

4 la caseta para cambiarse de ropas *f*

5 el enjaretado;

6 la bañera (el baño);

7-16 la sauna (el baño finlandés de aire *m* caliente; *anál.: el baño de aire húmedo caliente:* el baño de vapor *m*, baño turco),

7 la habitación de aire *m* caliente:

8 los bancos para sentarse o tenderse

9 la mampara de madera *f*

10 el higrómetro

11 la estufa de la sauna

12 las piedras;

13 las ramas de abedul *m* para azotar la piel

14 la bañera de agua *f* fría

15 el cuarto de descanso *m*:

16 la cama de madera *f* para descansar;

17 la toalla para friccionar

18 la pedicura (el cuidado de los pies)

19 el pedicuro

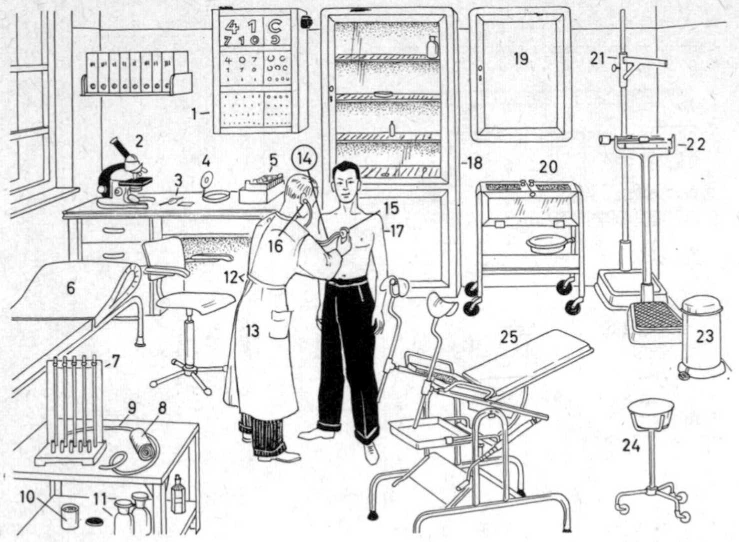

1-25 el gabinete de consulta *f*:

1 la escala de letras *f* para medir la agudeza visual

2 el microscopio

3 la muestra en el portaobjetos

4 el espejo frontal

5 el fichero de pacientes *m*

6 la mesa de reconocimiento *m*

7 las pipetas para medir la velocidad de la sedimentación globular

8 la venda escayolada

9 la sonda de estómago *m*

10 el bote de ungüento *m*, con ungüento

11 la botella de medicina *f*, con medicina

12 el doctor (médico), un médico de medicina *f* general o un especialista

13 la bata de médico *m*

14 el estetoscopio (estetoscopio de membrana *f*, el fonendoscopio), un aparato de auscultación *f*:

15 la caja de resonancia *f* con membrana *f*

16 las olivas auriculares;

17 el paciente, bajo tratamiento *m* médico

18 el armario de instrumentos *m*

19 el armario de medicamentos *m*

20 la mesa de los instrumentos

21 la marca (talla)

22 la báscula

23 el cubo para las vendas usadas

24 la palangana de pie *m* (*Arg.*, *Chile*, *Urug.* : la salivadera)

25 el sillón para el reconocimiento ginecológico;

26-62 instrumentos *m* **médicos:**

26 el estetoscopio de madera *f*

27 el martillo percusor
28 la jeringa hipodérmica:
29 el émbolo
30 el cilindro de cristal *m*
31 la aguja hipodérmica;
32 la ampolla con suero *m* o inyectable *m*
33 el oftalmoscopio:
34 la lupa;
35 las pinzas
36 agujas *f* de sutura *f*
37 el portaagujas
38 la laña
39 el escalpelo (bisturí de disección *f*)
40 las pinzas cortahuesos
41 y **42** trocares *m*:
41 el trocar recto
42 el trocar curvo;
43 la sonda
44 la pipeta cuentagotas:
45 la caperuza de goma *f*
46 el tubito de cristal *m*
47 la punta redondeada;
48 el termocauterio:
49 el filamento incandescente;
50 el cistoscopio:
51 la lamparita
52 el ocular;
53 el catéter:
54 la punta
55 el orificio (la abertura terminal);
56 la ventosa:
57 la bomba aspirante;
58 la jeringa de oídos *m*
59 el otoscopio (auriscopio)
60 la cucharilla (cureta) fenestrada
61 el laringoscopio anterior
62 la cubeta de forma *f* arriñonada

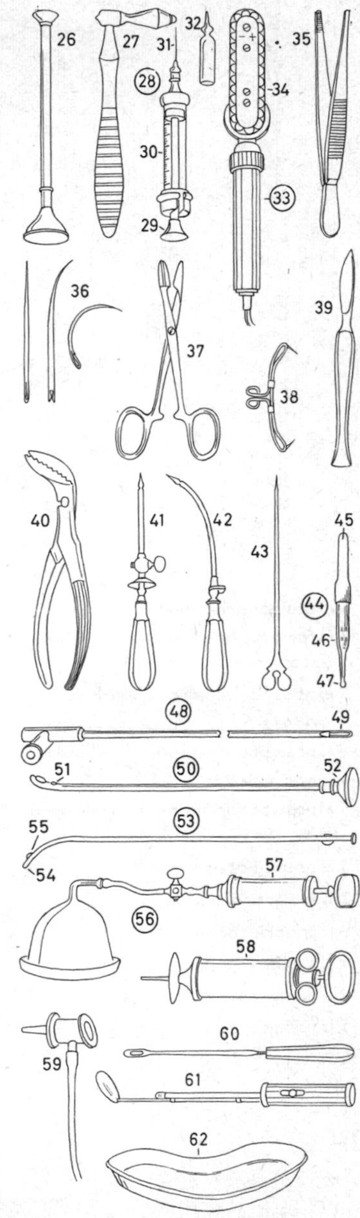

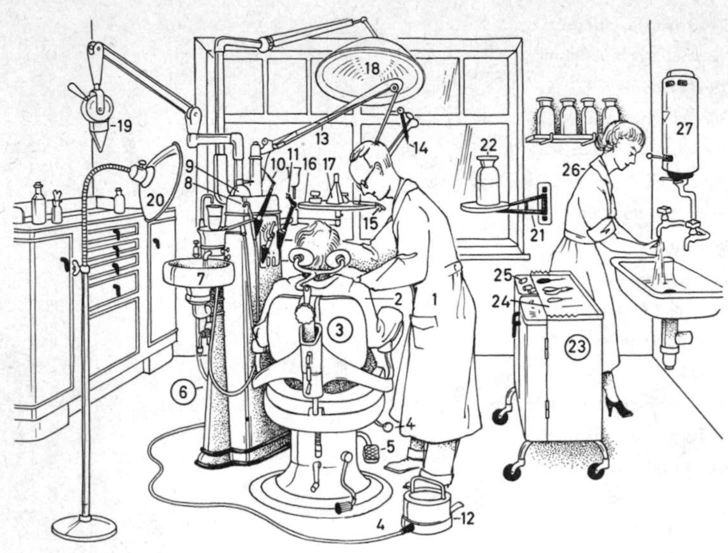

1 el dentista (odontólogo)

2 el paciente, sometido a tratamiento *m* dental

3 el sillón de dentista *m* (sillón de operaciones *f*):

4 el pedal para subir y bajar el sillón de operaciones *f*

5 el pedal para inclinar el sillón de operaciones *f*;

6 el grupo dental:

7 la fuente para escupir

8 el aspirador de saliva *f*

9 el vaporizador (pulverizador)

10 la jeringa de aire *m* caliente

11 la jeringa de agua *f* caliente y fría

12-15 el torno dental:

12 el regulador de pie *m*

13 el brazo articulado

14 la pieza de mano *f* recta

15 la pieza de mano *f* angulada;

16 la batea movible de los instrumentos

17 la pasta (amalgama)

18 la lámpara de operaciones *f*

19 el aparato de rayos *m* X

20 la lámpara de radiación *f*

21 la mesa mural

22 la botella de líquido *m* desinfectante

23 el armario de los instrumentos:

24 la batea de los instrumentos

25 el rollo de algodón *m*;

26 la ayudante del odontólogo

27 el calentador rápido de agua *f*, un calentador de agua corriente
28 la prótesis dental (dentadura artificial, dentadura postiza)
29 el puente dental:
30 el pedazo de muela *f* preparado
31 la corona; *clases:* la corona de oro *m*, corona de pasta *f*
32 el diente de porcelana *f*;
33 el empaste
34 el diente de pivote *m* con anillo *m*, un diente de pivote:
35 el revestimiento
36 el anillo
37 el pivote;
38 el disco de carborundo *m* (diamante)
39 el disco de esmeril *m*
40 fresas *f*
41 la fresa en forma *f* de llama *f* (el acabador)
42 fresas *f* de fisuras *f*
43 el espejo de boca *f*
44 la lámpara de boca *f*
45 el termocauterio:
46 el electrodo de platino *m* iridiado, un electrodo de operaciones *f*;
47 instrumentos *m* para la limpieza de dientes *m*
48 las tenazas de extracción *f*
49 el botador pie de cabra *f*
50 el cincel de huesos *m*
51 la espátula
52 el mortero
53 la mano del mortero
54 la jeringa hipodérmica, para la inyección de anestésico *m* local (para el adormecimiento del nervio)
55 el portamatrices
56 la cubeta para la impresión
57 la lamparilla de alcohol *m*

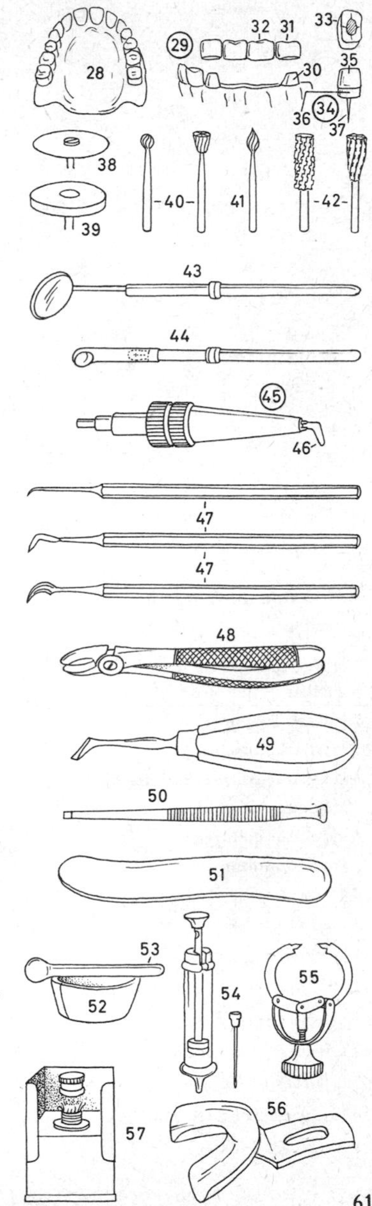

28 El hospital I

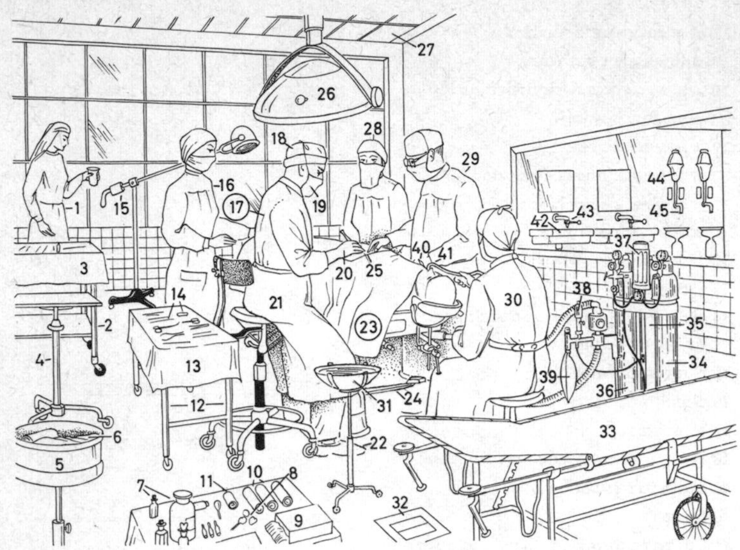

1-45 la sala de operaciones *f* (el quirófano):

1 la enfermera [*en este caso:* la enfermera auxiliar de quirófano *m*]
2 la mesa de sutura *f*
3 la talla de goma *f*
4 la mesita auxiliar de operaciones *f*
5 la bombona esterilizada
6 el vendaje quirúrgico
7 los medicamentos
8-11 vendas *f*:
8 la torunda
9 el algodón hidrófilo
10 el rollo de venda *f* esterilizada
11 el rollo de gasa *f*;
12 la mesa de los instrumentos
13 la talla esterilizada
14 los instrumentos esterilizados
15 la lámpara de pie *m*
16 la enfermera titular de quirófano *m*
17 el operador (cirujano):
18 el gorro de operaciones *f*
19 la mascarilla (el cubrebocas)
20 el guante de goma *f*
21 la bata de operaciones *f*
22 el zapato de goma *f*;
23 la mesa de operaciones *f*:
24 la palanca para subir y bajar el tablero de la mesa;
25 el campo operatorio
26 la lámpara de operaciones *f*
27 el techo de cristal *m* (la luz cenital)
28 la doctora ayudante
29 el cirujano ayudante
30 el anestesista
31 la palangana de sublimado *m*
32 el sumidero
33 la camilla de ruedas *f*

34-41 el aparato de anestesia *f*:

34 el cilindro de gas *m* hilarante (cilindro de óxido *m* nitroso)

35 la botella de ácido *m* carbónico

36 el cilindro de oxígeno *m*

37 el anestesímetro

38 la botella de éter *m*

39 el balón de goma *f*

40 el balón de control *m* de respiración *f* [un balón de vejiga *f* de tripa *f*]

41 el tubo;

42-45 la sala de lavabos *m*:

42 el lavabo

43 el grifo que se acciona con el codo

44 el depósito de alcohol *m*

45 la salida del alcohol;

46-59 instrumentos *m* quirúrgicos:

46 la sonda de botón *m* (el estilete)

47 la sonda acanalada

48 las tijeras curvas

49 la lanceta

50 las pinzas para ligaduras *f*

51 el hilo de seda *f* para suturas *f*

52 las pinzas de secuestro *m*

53 el tubo de drenaje *m*

54 el clamp arterial

55 las pinzas sin dientes *m* para arterias *f*

56 el separador de alambre *m*

57 las cizallas para huesos *m*

58 la cucharilla (cureta), para el raspado (para el curetaje)

59 los fórceps;

60 el esterilizador (autoclave)

61 el aparato para la esterilización en seco

62 el hervidor para las jeringas

63 el aparato para la destilación de agua *f*

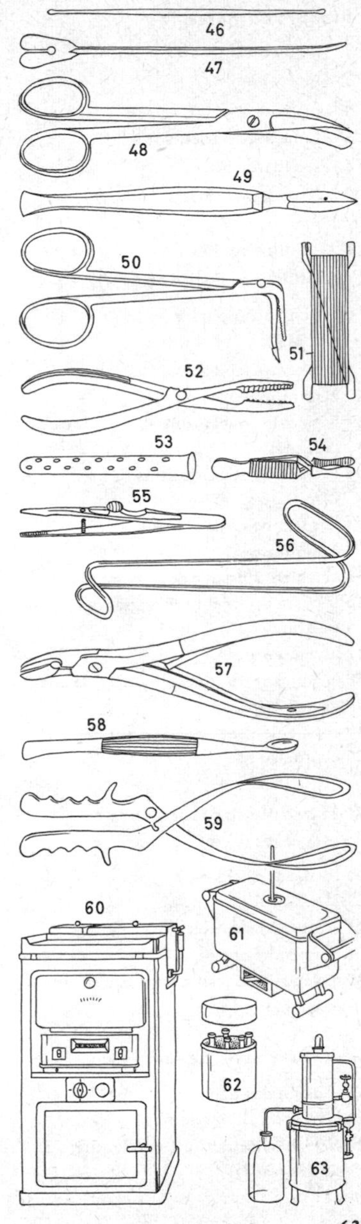

1 la sala de maternidad *f*:

2 la parturienta
3 el ginecólogo
4 la pernera
5 la cama de parturienta *f*
6 el recién nacido
7 la comadrona (partera);

8-20 la habitación de dos camas *f* **(habitación de hospital** *m***),**

8 la cama de hospital *m* (cama de ruedas *f*):
9 la cabecera regulable
10 el tornillo de fijación *f*
11 la parte de los pies ajustables de la cama
12 la rueda;
13 la chata (el orinal de cama *f*; *Cuba*, *Méj.*, *Venez.*: el pato)
14 la mesa de cama *f* (mesa de enfermo *m*):
15 el tablero ajustable de la mesa;
16 la curva de la fiebre en la gráfica de temperaturas *f*
17 los auriculares
18 la hermana enfermera [monja *f* de una orden religiosa]
19 el esfigmómetro (pulsímetro)
20 el pistero;

21-25 la galería al aire libre para la cura de reposo *m*,

21 la silla de extensión *f*:
22 el trinquete
23 el espaldar ajustable;
24 el convaleciente
25 el vendaje de yeso *m* (vendaje escayolado);

26 la transfusión de sangre *f*:

27 el dador de sangre *f*
28 el receptor de sangre *f*
29 el aparato de transfusión *f* de sangre *f* de tres vías *f*;

30-38 la radioterapia (el tratamiento con rayos *m* X),

30 el aparato de rayos *m* X:
31 el revestimiento del tubo de rayos *m* X
32 el localizador
33 la sujeción superior
34 el cable de la corriente;
35 la mesa para los rayos X
36 el almohadillado
37 el cuarto de control *m*
38 la ayudante radiólogo;

39-47 la radioscopia,

39 el aparato de rayos *m* X:
40 el tablero de control *m*
41 la pantalla fluorescente
42 la mesa basculante para la radioscopia
43 la pantalla protectora
44 el caballete móvil;
45 el radiólogo
46 las gafas de adaptación *f*
47 los guantes protectores;

48-55 la radiumterapia (el tratamiento por radium *m*, tratamiento por rayos *m* gamma de enfermedades *f* cancerosas y de la piel):

48 el contador Geiger-Müller
49 el integrador
50 el tubo Geiger
51 el cofre del radium, una caja de plomo *m*, caja fuerte de plomo
52 el recipiente del radium, un tubo de platino *m*
53 las pinzas de manipulación *f*
54 la mesa-envase del radium con el instrumental
55 el material plástico, con cobalto *m* radiactivo

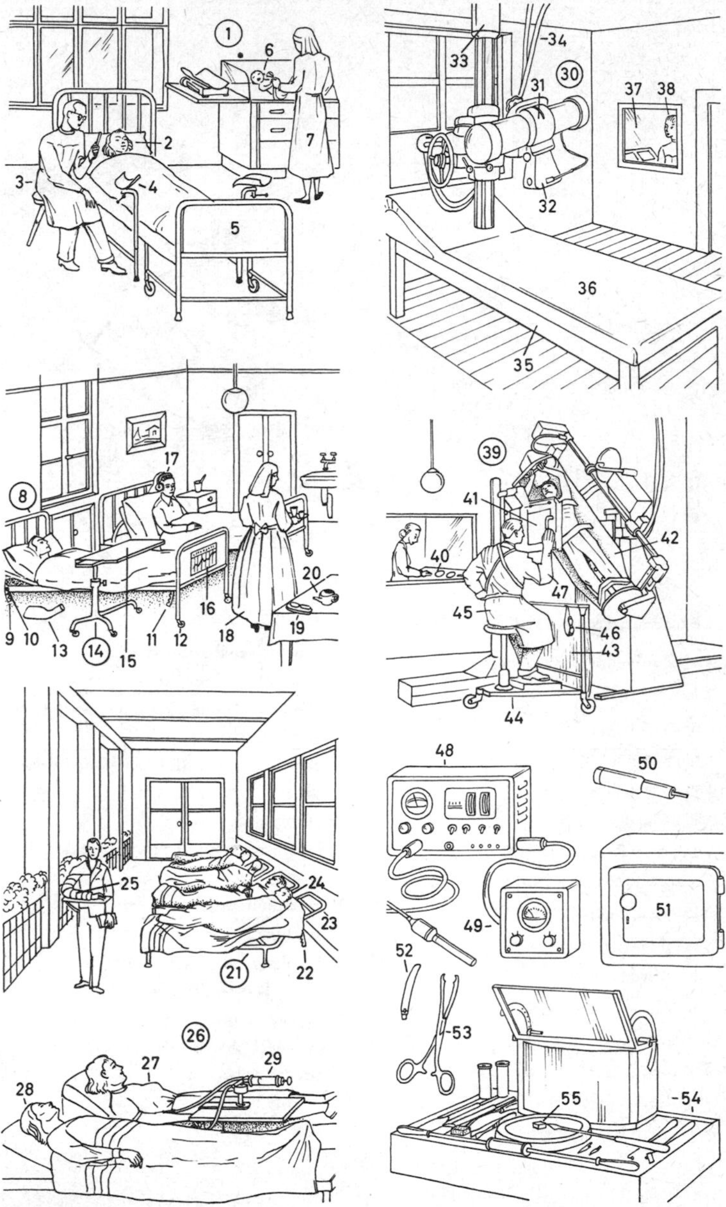

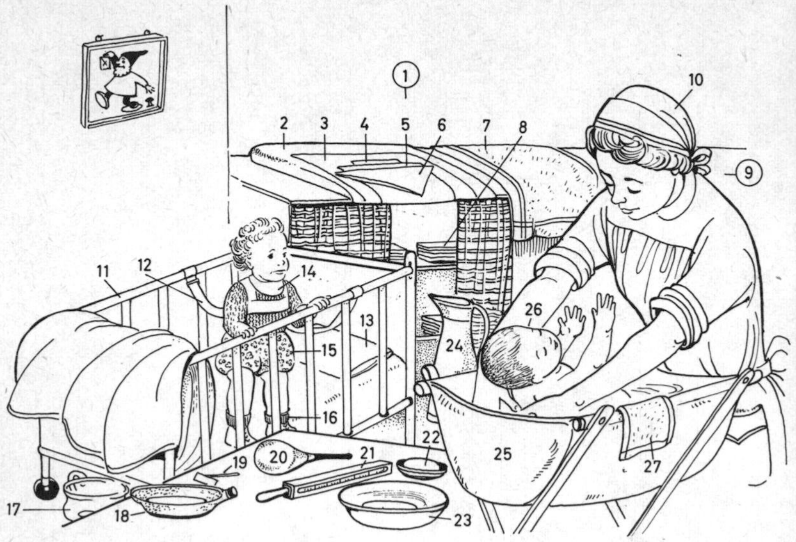

1-52 el cuarto de los niños,

1 el envolvedor (envolvedero):

2 la almohadilla

3 la mantilla

4 el paño impermeable

5 el pañal de franela *f*

6 el pañal de muselina *f*

7 la manta de lana *f* (manta de frisa *f*, manta de envolver), un cobertor

8 la manta bajera;

9 la niñera (chacha):

10 la cofia de la niñera;

11 la camita ajustable del bebé

12 el cinturón de seguridad *f*

13 la almohada

14 el babero

15 el pantaloncito de goma *f*

16 el calcetín de bebé *m*

17 el orinal (la escupidera), un orinal de vidrio *m* o loza *f*

18 el plato para papillas *f*, un plato calentador

19 el empujador

20 la lavativa (ayuda), una jeringa de goma *f*

21 el termómetro de baño *m*

22 la jabonera y la pastilla de jabón *m*

23 la palangana (jofaina, aljofaina; *Chile*: la taza)

24 la jarra de agua *f*

25 la bañera plegable de goma *f*, una bañera de bebé *m*

26 el niño de pecho *m* (el bebé, el nene, el pequeño, el recién nacido, el chiquitín, el niño de pañales *m*)
27 la toalleta para lavar la cara
28 la balanza de bebé *m*
29 el dominguillo (tentemozo)
30 la madre (el ama *f* de cría *f*, la nodriza; *Amér.:* la criandera) amamantando al niño:
31 la nana, una bolsa con tirantes *m*
32 el moisés con ruedas *f* (la cuna):
33 el edredón de plumas *f*
34 los volantes de puntilla *f* (los encajes)
35 la capota
36 la rueda de goma *f*;
37 la niñera cambiando los pañales
38 el bote de polvos *m* con polvos de talco *m* para bebés *m*
39 el trasero del niño (*vulg.:* el culito del niño)
40 el anillo para mordisquear (anillo para los dientes)
41 el animalito de goma *f*
42 el sonajero
43 la caja de pomada *f* (caja de vaselina *f*), una caja
44 la venda umbilical
45 las tijeras de uñas *f* del bebé
46 el biberón (*Col.:* el tetero):
47 la escala graduada;
48 la tetilla, un pezón de goma *f* para el biberón
49 el bote para el algodón
50 el algodón
51 el chupete
52 el cubo de agua *f* (*Venez.:* el tobo)

31 Trajes de niño

1-60 vestidos *m* de bebé *m*, vestidos de niños *m* y vestidos de niñas *f*,
1 la camisa de dormir de niña *f*:
2 el canesú;
3 el pasador del pelo (el sujetador de las trenzas)
4 la combinación de niña *f*
5 los pantaloncitos para jugar (pantaloncitos de verano *m*):
6 el pechero;
7 el copete (tupé)
8 el pañuelo (moquero; *Méj.:* el payacate; *Bol., Guat.:* el tabaquero)
9 el traje para jugar; *anál.:* el mono de niño *m* (el peto):
10 el bolsillo;
11 el traje de gimnasia *f*:
12 la camiseta de gimnasia *f*
13 el pantalón de gimnasia *f*;
14 el pijama (piyama) de niño *m*:
15 la tira para cubrir los botones;
16 el vestido de bebé *m*:
17 la camisita de bebé *m*
18 la botita de punto *m*
19 los pantaloncitos de arrastrarse
20 el jersey (la chaquetita) de bebé *m*
21 el gorrito de bebé *m*;
22 el vestido de niña *f* (el vestidito):
23 la manguita
24 el cuellecito;
25 la capita para la lluvia (el impermeable):
26 la capucha;
27 los pantalones polainas
28 el traje de marinero *m*:
29 la blusa de marinero *m*
30 el cuello de marinero *m*
31 el lazo de marinero *m* [una corbata];
32 la gorra de marinero *m*:
33 la cinta de la gorra;
34 la falda plisada con tirantes *m*
35 el lazo del pelo (la cinta del pelo)
36 el traje "Dirndl" para niña *f*
37 el abrigo de niña *f*
38 el sombrero de niña *f*
39 la media corta (media de deporte *m*)
40 la chaqueta de niña *f*, una chaqueta de deporte *m*
41 los pantalones de niña *f*
42 el anorac de niña *f* [una chaqueta impermeable]
43 la boina vasca
44 los pantalones de esquiar de niña *f*
45 la bota de niña *f*
46 el anorac de niño *m*
47 la gorra con orejeras *f* (el pasamontaña)
48 el delantal de niña *f*
49 la camisa de polo *m*
50 los pantalones de cuero *m* para niño *m*:
51 la bragueta
52 los tirantes;
53 el traje de niño *m*
54 el pantalón corto
55 la camisa de monte *m* (de deporte *m*)
56 el calcetín (*Chile:* el botín)
57 la chaqueta de niño *m* [una chaqueta Montgomery]
58 la gorra de "sport"
59 la gorra de estudiante *m* [*en Alemania*]
60 la blusa de niña *f* (blusa de lunares *m*);
61 la cadenita del cuello
62 el peinado de cola *f* de caballo *m*

1
2
3
4
5
6
7
8
9
10
11
12
13
14
15
16
17
18
19
20
21
22
23
24
25
26
27
28
29
30
31
32
33
34
35
36
37
38
39
40
41
42
43
44
45
46
47
48
49
50
51
52
53
54
55
56
57
58
59
60
61
62

32 Trajes de señora (vestidos de mujer)

1 el traje chaqueta (traje sastre):
2 la chaqueta del traje
3 el bolsillo sobrepuesto (bolsillo parche)
4 la falda del traje
5 el pliegue;
6 la blusa camisera:
7 el ribete;
8 el vestido sastre (vestido "sport")
9 el traje chaqueta (el dos piezas):
10 la tabla;
11 la falda con tirantes *m*
12 el pulóver (jersey):
13 el cuello alto (cuello arrollado)
14 la manga larga;
15 el vestido de estar en casa *f*:
16 la manga tres cuartos;
17 el delantal:
18 el bolsillo del delantal;
19 la bata:
20 el cuello en forma *f* de chal *m*;
21 el traje "Dirndl":
22 la manga de globo *m* (manga abullonada);
23 el delantal "Dirndl", un delantal de adorno *m*:
24 la cinta del delantal;
25 el vestido de noche *f*, un vestido de sociedad *f*:
26 el escote
27 la banda de adorno *m*;
28 el vestido de coctel *m*, un vestido de tarde *f*:
29 el bolero (la chaquetilla bolero)
30 los volantes;
31 el vestido de verano *m*:
32 la manga corta, una manga recortada
33 el plisado;
34 la sombrilla
35 el tres piezas:
36 el abrigo tres cuartos, un abrigo de lana *f*
37 el vestido de lana *f*
38 el fruncido del traje (el frunce);
39 el conjunto
40 el jersey, con escote *m* redondo
41 la chaqueta de punto *m* sin botones *m*
42 el abrigo de popelina *f*, un impermeable o guardapolvo *m*:
43 la capucha;
44 la chaqueta de pieles *f* con accesorios *m*:
45 la chaqueta de pieles *f*
46 el gorro (la boina) de pieles *f*
47 el manguito;
48 la estola de pieles *f*
49 el abrigo de pieles *f*:
50 la manga en forma *f* de tonel *m*
51 el botón de cierre *m*;
52 el abrigo de invierno *m* (*Arg.*, *Chile*, *Salv.*: el tapado), un abrigo entallado:
53 las guarniciones de piel *f* (el cuello de piel, los puños de piel y la guarnición del bolsillo);
54 el abrigo de verano *m*, un abrigo suelto:
55 el pespunte;
56 el traje de playa *f* (traje de fin *m* de semana *f*):
57 los pantalones pirata;
58 el traje "sport", un traje de "tweed":
59 el bolsillo cortado

1
2
3
4
5
6
7
8
9
10
11
12
13
14
15
16
17
18
19
20
21
22
23
24
25
26
27
28
29
30
31
32
33
34
35
36
37
38
39
40
41
42
43
44
45
46
47
48
49
50
51
52
53
54
55
56
57
58
59

33 Ropa interior y ropa de estar por casa

1-34 la ropa interior de señora *f*,

1 la camisa de dormir sin mangas *f*:

2 el encaje de la camisa (la chorrera), un canesú;

3 el pijama (piyama) de señora *f*:

4 la chaqueta del pijama (del piyama)

5 los pantalones del pijama (del piyama);

6 la bata (el salto de cama *f*)

7 el traje de estar por casa *f*:

8 los pantalones de señora *f*

9 la blusa

10 la chaqueta casera;

11 la camisa de señora *f*:

12 el tirante;

13 la camisa-pantalón

14 el sostén

15 el sostén sin tirantes *m*

16 la faja:

17 la varilla (ballena)

18 el portaligas:

19 la liga;

20 las bragas

21 los pantalones:

22 la cinta de goma *f* (el elástico);

23 el corsé:

24 el elástico

25 el cordón;

26 las enaguas *Col.* : (las hormadoras):

27 la cinturilla;

28 la combinación:

29 la parte superior de encaje *m*;

30 la mañanita

31 la sobaquera

32 la media de seda *f* artificial o media de seda, media de nylon *m*, media de perlón L *m*, una media de señora *f*

33 la media de malla *f*

34 la media de lana *f* con dibujos *m* (media Jacquard);

35-65 la ropa interior de caballero *m* (ropa interior de hombre *m*):

35 el pijama (piyama) de caballero *m*

36 la camisa de caballero *m*:

37 el cuello postizo, un cuello blando

38 el puño;

39 la camisa de deporte *m*:

40 el cuello unido;

41 la camisa de frac *m* (camisa almidonada):

42 la pechera

43 la manga;

44 la corbata de lazo *m* (la pajarita)

45 la corbata:

46 el nudo de la corbata;

47 los tirantes (*Chile* : los suspensores)

48 la camiseta (*Col.* : el capisayo; *Cuba*, *P. Rico*, *Venez.* : la franela)

49 la camiseta de malla *f*

50 la camisa de dormir de caballero *m*:

51 el cuello de la camisa

52 el botón de la camisa

53 el puño;

54 el cinturón (la correa)

55 el cuello duro (cuello de smoking *m*, cuello de frac *m*)

56 los calzoncillos

57 los braslips (slips)

58 los calzoncillos largos:

59 la pernera;

60 los gemelos (*P. Rico*, *Urug.*, *Venez.* : las yuntas)

61 el pasador y el sujetador del cuello

62 el calcetín (*Chile* : el botín)

63 la liga

64 el calcetín corto:

65 la banda elástica del calcetín

34 Trajes de caballero (trajes de hombre)

1 la chaqueta y pantalón *m* "sport":
2 la chaqueta "sport" (*Amér.*: el saco "sport")
3 el pantalón "sport" (pantalón de franela *f*);
4 el traje cruzado:
5 la chaqueta (*Amér.*: el saco)
6 el botón de la chaqueta
7 el ojal
8 el bolsillo de pecho *m*
9 la cartera del bolsillo;
10 los pantalones:
11 la pernera
12 la raya del pantalón;
13 el traje de chaqueta *f* redonda:
14 el bolsillo lateral
15 el cuello de la chaqueta
16 la solapa
17 la manga
18 el forro
19 el bolsillo interior;
20 el traje de deporte *m*:
21 la chaqueta de deporte *m*
22 el pantalón de golf *m* (knickerbockers), un pantalón bombacho;
23 la cazadora (*Arg.*: la campera):
24 la cremallera
25 la banda elástica de punto *m*;
26 la chaqueta del traje típico alemán
27 los pantalones de montar (breeches):
28 la cinturilla
29 el botón de pantalón *m*
30 la bragueta
31 el bolsillo del pantalón
32 el refuerzo;
33 el bolsillo posterior del pantalón (bolsillo de atrás)
34 los fondillos
35 el chubasquero
36 el abrigo tres cuartos:
37 el bolsillo de parche *m* del abrigo
38 el botón de presilla *f*;
39 el impermeable
40 la trinchera de caballero *m*
41 el abrigo raglán, un abrigo deportivo, abrigo impermeable
42 el chaleco de fantasía *f* (chaleco de colores *m*):
43 el forro del chaleco
44 el bolsillo del chaleco
45 el botón del chaleco;
46 el batín
47 la chaqueta casera
48 el abrigo (gabán, sobretodo):
49 el cuello del abrigo
50 el botón del abrigo
51 el bolsillo del abrigo;
52 el abrigo de entretiempo *m*
53 la levita:
54 la solapa;
55 el chaqué:
56 el pantalón a rayas *f* [un pantalón de corte *m*];
57 el frac, un traje de etiqueta *f*:
58 el faldón
59 el chaleco blanco
60 la corbata de lazo *m* blanco (la pajarita blanca);
61 el smoking, un traje de noche *f*:
62 la chaqueta del smoking
63 el pañuelo de adorno *m*
64 la corbata negra de lazo *m* del smoking (la pajarita negra);
65 el abrigo forrado de pieles *f* (abrigo de invierno *m* para caballero *m*):
66 el forro de pieles *f*;
67 el anorac (la chaqueta para la nieve):
68 el cuello de piel *f*

1
2
3
4
5
6
7
8
9
10
11
12
13
14
15
16
17
18
19
20
21
22
23
24
25
26
27
28
29
30
31
32
33
34
35
36
37
38
39
40
41
42
43
44
45
46
47
48
49
50
51
52
53
54
55
56
57
58
59
60
61
62
63
64
65
66
67
68

1-26 cortes *m* **de barba** *f* **y de cabello** *m* (peinados *m*) **de varón** *m*:

1 el cabello largo y suelto
2 la peluca larga (peluca de Estado *m*, peluca de circunstancia *f*); *más corta y lisa:* el casquete, la media peluca:
3 los rizos;
4 la peluca de bolsa *f* (peluca a lo Mozart)
5 la peluca de coleta *f*:
6 la coleta
7 el lazo de la coleta;
8 la barba a lo Enrique IV, combinación *f* de barba puntiaguda y bigote *m*
9 la perilla (*Col.:* el candado)
10 el corte de pelo *m* al cepillo
11 las patillas corridas
12 la barba a lo Van Dyck (el bigote, bigote engomado a la Fernandina)
13 la raya al lado
14 la barba corrida
15 la barba cuadrada
16 la mosca [bajo el labio inferior]
17 el cabello ensortijado (la cabeza de artista *m*)
18 el bigote largo
19 la raya en medio *m*
20 la cabeza parcialmente calva:
21 la calva;
22 la cabeza calva
23 la barba hirsuta (los cañones de la barba)
24 las patillas (*Col., Ec.:* las balcarrotas)
25 el afeitado completo
26 el bigote corto (bigote de cepillo *m*);

27-38 peinados *m* **de mujer** *f* (peinados de señoras *f* y señoritas *f*):

27 el cabello suelto
28 el cabello tirante hacia atrás:
29 el rodete (moño);
30 el peinado de trenzas *f*
31 el peinado estilo guirnalda (peinado estilo corona):
32 la guirnalda (corona) de cabello *m* trenzado;
33 el cabello ondulado
34 el pelo a lo garçon
35 el estilo paje (pelo a la romana):
36 el flequillo (*Méj.:* el burrito);
37 el estilo teléfono:
38 el auricular (caracol)

1
2
3
4
5
6
13
10
7
12
11
8
9
19
14
17
18
15
16
22
20
21
24
26
25
23
27
28
30
32
29
31
35
34
37
36
33
38

1-26 la sombrerería de caballeros *m*:
1 el sombrero de tela *f*
2 el gorro de dormir; *anál.:* el gorro frigio:
3 la punta con borla *f*;
4 el gorro de pieles *f*; *anál.:* el gorro de astracán *m* (gorro de cosaco *m*)
5 el gorro de casa *f* (gorro del abuelo)
6 el sombrero de Panamá (sombrero de jipijapa *f*), un sombrero de paja *f*
7 el sombrero hongo (bombín)
8 el sombrero de rafia *f*, un sombrero de esterilla *f*
9 el chambergo (sombrero de artista *m*, sombrero calabrés)
10 el sombrero de pelo *m* de liebre *f*
11 el sombrero de caballero *m*:
12 la copa del sombrero
13 el pellizco (la abolladura)
14 la cinta
15 el ala *f*
16 el borde del ala *f*;
17 el sombrero de ala *f* ancha (sombrero calañés, sombrero cordobés)
18 la gorra de deporte *m* (gorra de viaje *m*), una gorra de paño *m*
19 el sombrero flexible (el flexible)
20 el sombrero de copa *f* (sombrero de copa alta), un sombrero forrado de seda *f*; *cuando es plegable:* el sombrero de muelles *m* (el clac)
21 la sombrerera
22 el sombrero de paja *f*
23 la gorra de marino *m* (gorra de yate *m*):
24 el plato de la gorra
25 la visera;
26 el gorro de montaña *f* (el pasamontaña);

27-57 la tienda de sombreros *m* **de señora** *f*
(la sombrerería):

27 la toca

28 el sombrerito blando

29 la cofia

30 la modista de sombreros *m* de señora *f* (la sombrerera)

31 el casco de fieltro *m*

32 el molde de sombreros *m* (la horma)

33 la cloche de fieltro *m*

34 el sombrero de noche *f*, un sombrero de brocado *m*:

35 las plumas de garza *f* (*fr.:* les aigrettes *f*);

36 la flor artificial

37 los ribetes de paja *f*

38 la cinta de la nuca

39 la pamela, un sombrero de paja *f* de ala *f* ancha

40 el sombrero de velillo *m*

41 la cinta de terciopelo *m* o cinta de seda *f*, cinta de muaré *m*

42 las plumas de gallo *m*

43 la toca de plumas *f*

44 la boina de piel *f* de ante *m*:

45 la cinta elástica de punto *m*;

46 el sombrero de luto *m*

47 el velo

48 el sombrero de señora *f*, un sombrero forrado de seda *f* o de tul *m*:

49 el adorno del sombrero

50 el alfiler de sombrero *m*;

51 el soporte para sombreros *m*

52 el ala *f* de pájaro *m*

53 la boina de punto *m*, una boina reversible

54 la boina vasca

55 la birretina (el birrete)

56 la pluma de faisán *m*

57 el sombrero de playa *f*, un sombrero de rafia *f*

1-27 accesorios *m* de vestir (mercería *f*):

1 el brazalete de lana *f* (la muñequera)

2 el pañuelo (*Méj.:* el payacate):

3 el ribete de adorno *m*, una puntilla de adorno

4 el monograma (las iniciales), una marca de propiedad *f*;

5 la plantilla de la ropa (plantilla para marcar la ropa)

6 el cuello de adorno *m*, un cuello de puntilla *f*

7 el puño de adorno *m* (puño de puntilla *f*)

8 el saco de mano *f* (la bolsa)

9 el pañuelo de cuello *m*

10 el bolso de señora *f*:

11 el asa *f*

12 el cierre;

13 el cinturón trenzado:

14 el cierre del cinturón (la hebilla)

15 la presilla del cinturón;

16 el cinturón de cuero *m*:

17 el cierre de botones *m*;

18 el volante plisado (la lechuguilla)

19 el tensor de cuello *m*, un tensor de plástico *m*; *antes:* la ballena

20 el broche de presión *f*

21 el cierre de cremallera *f*:

22 el pasador (la corredera);

23 el corchete

24 la corcheta

25 el imperdible (*Arg.:* el alfiler de gancho *m*; *Cuba:* el perezoso)

26 el botón para ropa *f* blanca

27 el botón de pantalón *m*

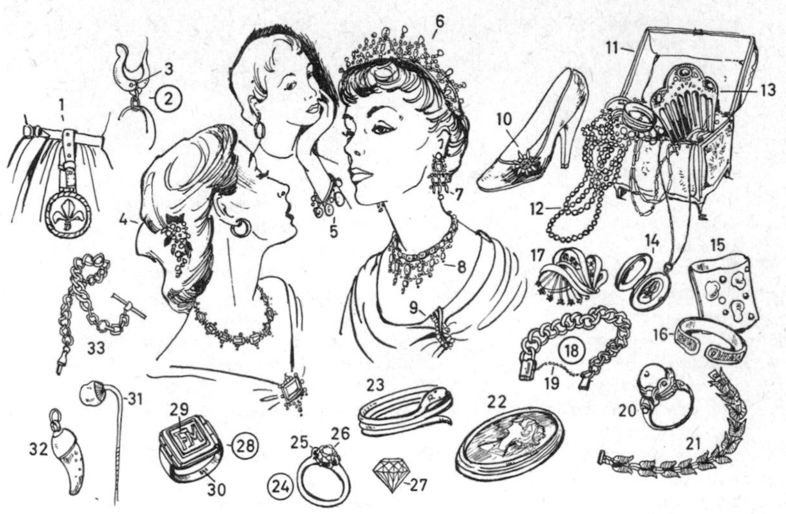

1-33 las joyas (alhajas, los aderezos, las preseas):
1 el dije, un dije de cinturón *m*
2 el zarcillo (arete; *Col.*, *Ec.*: la candonga):
3 el tornillo de cierre *m*;
4 el broche de cabeza *f*, un adorno del cabello
5 el brazalete de monedas *f*
6 la diadema
7 el pendiente (*Arg.*, *Bol.*, *Hond.*, *Perú*, *Urug.*: la caravana)
8 el collar de brillantes *m*
9 el broche
10 el broche para el zapato, un adorno del zapato
11 el joyero (guardajoyas; *Arg.*, *Chile*, *Guat.*, *Urug.*: la alhajera)
12 el collar de perlas *f* (la sarta de perlas)
13 la peineta
14 el medallón colgante
15 la esclava, una ajorca
16 el brazalete, un trabajo de filigrana *f*
17 el alfiler de pecho *m* (el prendedor)
18 la pulsera de cadena *f*:
19 la cadenilla de seguridad *f*;
20 el anillo
21 la pulsera de eslabones *m*
22 el camafeo
23 el brazalete
24 el anillo de brillantes *m*:
25 la montadura (*pop.*: la montura) de garras *f* (montura al aire), un engarce
26 el diamante tallado (brillante), una piedra preciosa tallada;
27 las facetas
28 el anillo de sello *m*:
29 el grabado
30 el contraste;
31 el alfiler de corbata *f* (*Méj.*: el fistol)
32 el colgante (amuleto de adorno *m*, el dije de la cadena de reloj *m*)
33 la cadena de reloj *m*

1-53 la casa familiar independiente; *andl.:* la quinta (torre):
1 el sótano (la bodega)
2 la planta baja
3 el primer piso
4 el desván (sobrado)
5 el tejado, un tejado de pendiente *f* asimétrica
6 el alero (socarrén)
7 el caballete
8 el cordón y el guarda-cabio
9 el ristrel, un cornisamento de cabrio *m*
10 la chimenea
11 el canal del tejado
12 el canalón
13 el tubo de desagüe *m*
14 el vertedor, un tubo de fundición *f*
15 el frontis lateral
16 la mampara
17 el zócalo
18 la galería
19 la barandilla
20 la jardinera (caja para flores *f*)
21 la puerta de dos hojas *f* en la galería
22 la ventana de dos batientes *m* (*Col.:* la ventana de dos abras *f*)
23 la ventana de un batiente:
24 el alféizar con antepecho *m*
25 el dintel de la ventana
26 la jamba de la ventana;
27 la ventana del sótano
28 la persiana enrollable:
29 la guía de la persiana enrollable;
30 la contraventana:
31 el pestillo de la contraventana;
32 el garaje, con cuarto *m* de herramientas *f*
33 el espaldar
34 la puerta de madera *f*
35 la lumbrera con montantes *m* vertical y horizontal
36 la terraza
37 el muro del jardin con albardilla *f*
38 la lámpara de jardín *m*
39 la escalera del jardín
40 el jardín de rocas *f* (la rocalla)
41 el grifo de la manguera
42 la manguera de jardín *m*
43 la rociadera del césped
44 el estanque para chapotear
45 el camino de losas *f*
46 el césped para los baños de sol *m*
47 la dormilona
48 la sombrilla de jardín *m*
49 la silla de jardín *m*
50 la mesa de jardín *m*
51 el colgadero (la percha) para sacudir alfombras *f*
52 la entrada al garaje
53 la cerca, una valla de madera *f*;
54-57 la colonia obrera,
54 la casa de la colonia:
55 el tejado colgadizo (*Amér.:* el caedizo)
56 la buharda;
57 el jardín casero;
58-63 la serie de casas *f* escalonadas:
58 el jardín delantero
59 el seto de plantas *f*
60 la acera (*Guat.*, *Méj.:* la banqueta)
61 la calzada
62 el farol (la farola de la calle)
63 la papelera;
64-68 la casa para dos familias *f*:
64 el tejado a cuatro aguas *f*
65 la puerta de la casa
66 la escalera de entrada *f*
67 la marquesina
68 la ventana de las plantas (de las flores);
69-71 la doble casa para cuatro familias *f*:
69 el balcón
70 la solana
71 el toldo;
72-76 el bloque de casas *f*:
72 la caja de la escalera
73 la galería cubierta
74 la vivienda estudio
75 el terrado (la terraza), una terraza para los baños de sol *m*
76 el cuadro de césped *m*;
77-81 el bloque de pisos *m*:
77 el tejado plano
78 el tejado de una sola pendiente
79 el garaje
80 la pérgola
81 el ventanal de la caja de la escalera;
82 el rascacielos:
83 la caja para el ascensor y la salida de la escalera;
84-86 la casa para el fin de semana *f*, una casa de madera *f*:
84 la tablazón horizontal
85 el basamento de piedra *f*
86 el ventanal de cuatro hojas *f*

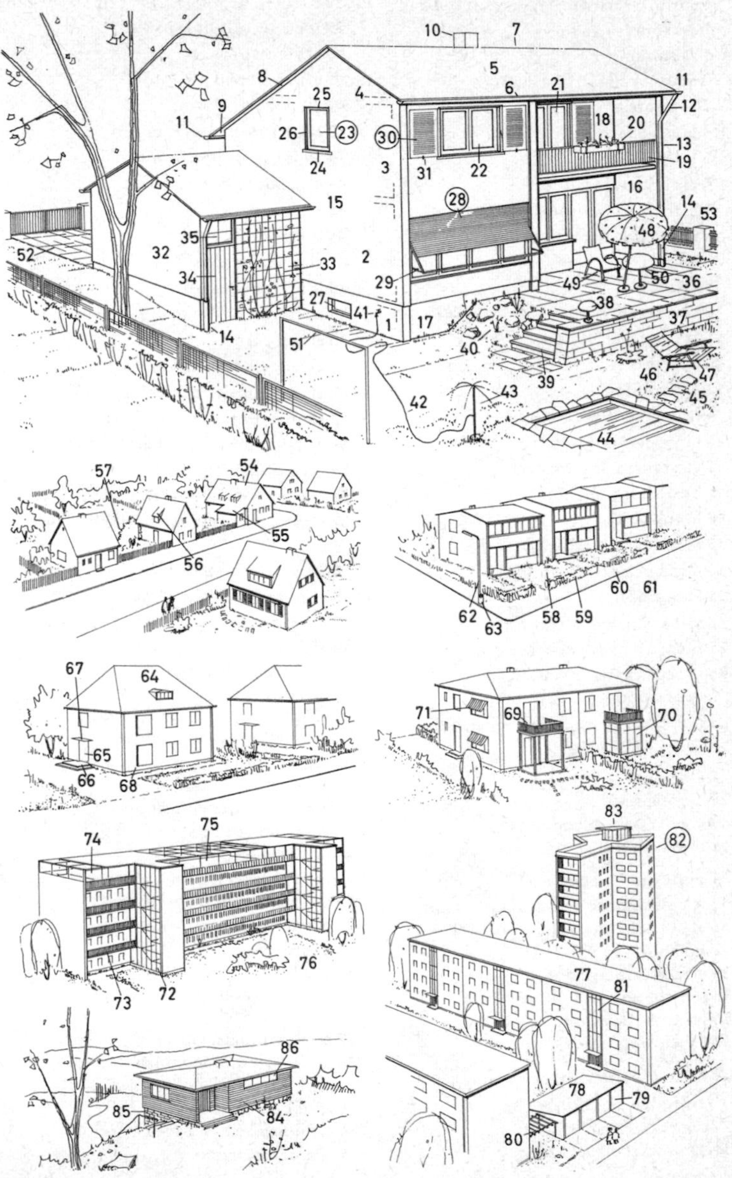
1
2
3
4
5
6
7
8
9
10
11
11
12
13
14
14
15
16
17
18
19
20
21
22
23
24
25
26
27
28
29
30
31
32
33
34
35
36
37
38
39
40
41
42
43
44
45
46
47
48
49
50
51
52
53
54
55
56
57
58
59
60
61
62
63
64
65
66
67
68
69
70
71
72
73
74
75
76
77
78
79
80
81
82
83
84
85
86

1-29 la buharda (el desván; *Col.:* el zarzo):
1 el tejado
2 la ventanilla (el tragaluz)
3 la pasarela
4 la escalera
5 la chimenea
6 el gancho del tejado
7 el tragaluz (la ventana del desván)
8 el enrejado paranieves (la rejilla para la nieve)
9 el canalón
10 el desagüe (la tubería de desagüe)
11 la cornisa del tejado
12 el desván superior
13 el escotillón
14 la lumbrera del desván
15 la escalera de mano *f*:
16 el larguero de la escalera
17 el peldaño;
18 la buhardilla:
19 el tabique de madera *f*
20 la puerta de la buhardilla
21 el candado
22 el gancho de tender la ropa
23 la cuerda para tender la ropa;
24 el depósito de expansión *f* de la calefacción
25 la escalera de madera *f* y la barandilla:
26 el alma *f* de la escalera
27 el escalón
28 el pasamano
29 el pilar de la barandilla;
30 el pararrayos

31 el deshollinador:
32 el peso esférico para golpear
33 el raspador [que se lleva sobre el hombro]
34 el saco para hollín *m*
35 la escoba de deshollinar
36 la escoba de mano *f*
37 el palo de la escoba;

38-81 la calefacción por agua *f* **caliente,** una calefacción central,
38-43 el cuarto del horno,
38 el horno de coque *m*:
39 la portezuela de la ceniza
40 el humero
41 el atizador
42 el hurgón
43 la pala para carbón *m*;
44-60 la calefacción de fuel-oil *m*,
44 el depósito de fuel-oil *m*:
45 el registro
46 la tapa del registro
47 el tubo de carga *f*
48 la tapa abovedada
49 la válvula de fondo *m* del depósito
50 el fuel-oil
51 el tubo de evacuación *f* de aire *m*
52 el casquete de ventilación *f*
53 el tubo del nivel del fuel-oil
54 el indicador del nivel del fuel-oil
55 la tubería de aspiración *f*
56 la tubería de retorno *m*;
57 la caldera para la combustión del fuel-oil,
58-60 el quemador de fuel-oil *m*:
58 el inyector de aire *m* (el ventilador)
59 el motor eléctrico
60 el quemador revestido;
61 la puerta para cargar
62 la mirilla de control *m*
63 el indicador del nivel del agua *f*
64 el termómetro de la caldera
65 la espita de carga *f* y vaciado *m*
66 el asiento de la caldera;
67 el tablero de conmutadores *m*
68 el calentador de agua *f* (el termosifón):
69 el rebosadero
70 la válvula de seguridad *f*;
71 el conducto principal de distribución *f*:
72 el aislamiento
73 la válvula;
74 el tubo de alimentación *f*
75 la válvula reguladora
76 el radiador
77 el elemento del radiador
78 el regulador de la temperatura (el termostato de la habitación)
79 el tubo de retorno *m*
80 la línea colectora de retorno *m*
81 la salida de humo *m*

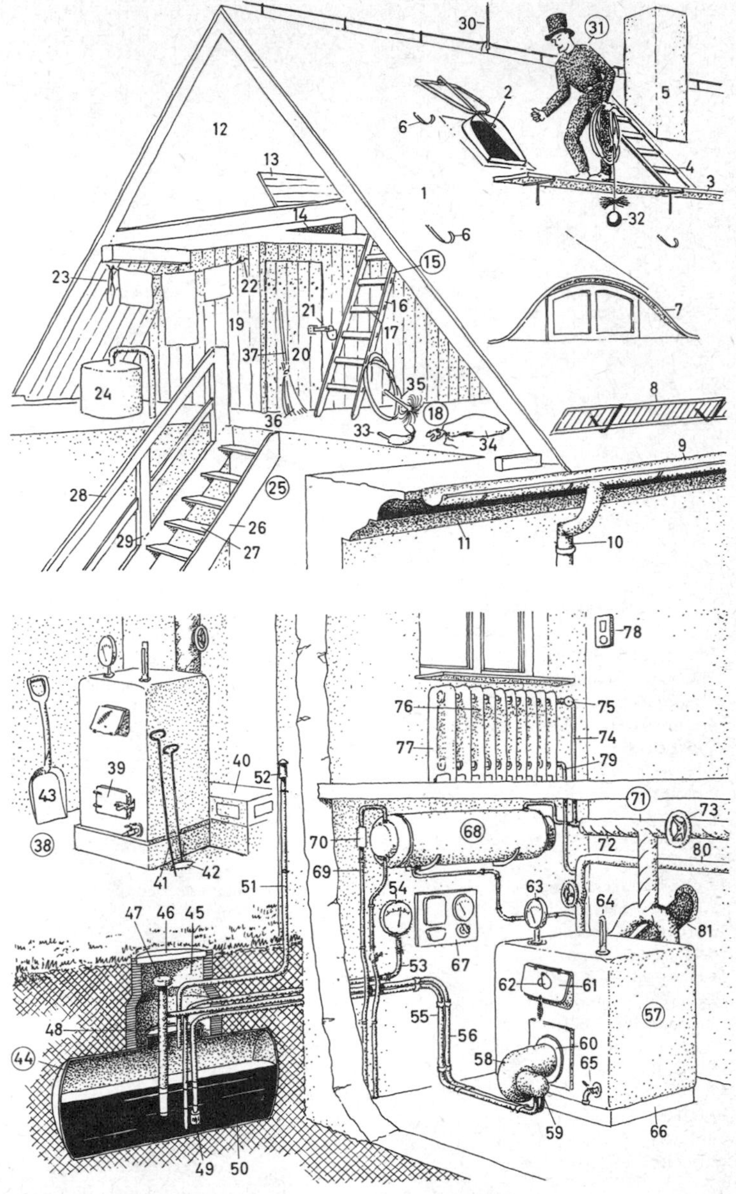
1
2
3
4
5
6
7
8
9
10
11
12
13
14
15
16
17
18
19
20
21
22
23
24
25
26
27
28
29
30
31
32
33
34
35
36
37
38
39
40
41
42
43
44
45
46
47
48
49
50
51
52
53
54
55
56
57
58
59
60
61
62
63
64
65
66
67
68
69
70
71
72
73
74
75
76
77
78
79
80
81

1 el armario de pared *f*, una alacena de cocina *f*
2 la espumadera
3 la mano de almirez *m* (mano del mortero)
4 el mazo de la carne
5 el cucharón
6 la caja del pan
7 el libro de cocina *f*
8 el armario de la cocina:
9 el cajón de los cubiertos
10 el especiero;
11 el cubo de la basura:
12 el pedal de la tapa;
13 la cortina de cocina *f*
14-16 paños *m* de cocina *f*:
14 el paño de los vasos
15 el paño de los cubiertos
16 el paño de la vajilla;
17 el fregadero
18 la tabla de contención *f*
19 el escurreplatos
20 la pileta de enjuagar
21 el agua *f* de enjuagar
22 la pileta de fregar (el fregadero)
23 el grifo giratorio;
24 el estropajo de aluminio *m*
25 la escobilla para limpiar botellas *f*
26 la esponja para fregar la vajilla
27 la arena
28 la sosa
29 el detergente
30 la bayeta (aljofifa)
31 el jabón blando
32 la cocinera
33 el tablero (mármol de faena *f*), un tablero de esquina *f*
34 los desperdicios de la cocina
35 la cocina de gas *m*:
36 el hornillo de gas *m*
37 la llave del gas
38 el horno;
39 la cocina económica (cocina de carbón *m*):
40 el calentador de agua *f*
41 la plancha de la cocina
42 las arandelas de la hornilla
43 la puerta del fogón
44 la puerta de tiro *m*
45 el cajón de la ceniza;

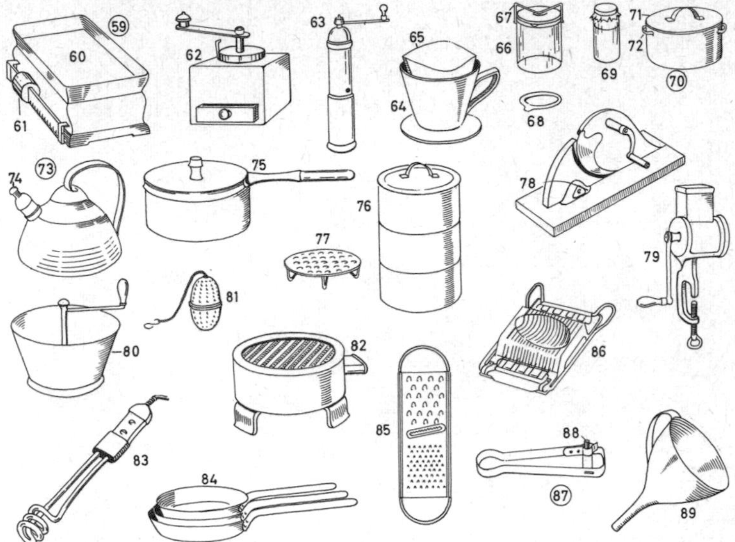

46 el cajón del carbón
47 la pala para carbón *m*
48 las tenazas
49 el gancho (atizador)
50 el tubo (la chimenea) del horno
51 el azulejo de la pared
52 la silla de cocina *f*
53 la mesa de cocina *f*
54 el cuchillo del pan
55 el mondador de patatas *f*
56 el cuchillo de cocina *f*
57 la tabla de picar
58 la cuchilla de picar
59 la balanza de cocina *f*, una balanza de corredera *f*:
60 el platillo de la balanza
61 la pesa corrediza;
62 el molinillo de café *m*
63 el molinillo de moca *m*
64 el filtro (colador) de café *m*
65 el papel filtro
66 el bote de cristal *m* para las conservas abiertas [sistema Weck]
67 el muelle aspirador
68 la arandela de empaquetadura *f*
69 el tarro de conservas *f*
70 la cacerola:
71 la tapadera
72 el asa *f*;
73 el hervidor (*Amér.* : la pava):
74 el pito (silbato de vapor *m*);
75 la cacerola con mango *m*
76 la olla triple
77 el suplemento perforado para cocer a vapor *m*
78 la máquina de cortar pan *m*
79 el rallador (la máquina de rallar, el molinillo)
80 el pasapurés
81 el colador para la infusión de té *m*
82 el hornillo eléctrico
83 el calentador de inmersión *f*
84 el juego de sartenes *f*
85 el rallador (rallo)
86 el cortahuevos
87 el encendedor del gas:
88 la piedra de chispa *f*;
89 el embudo

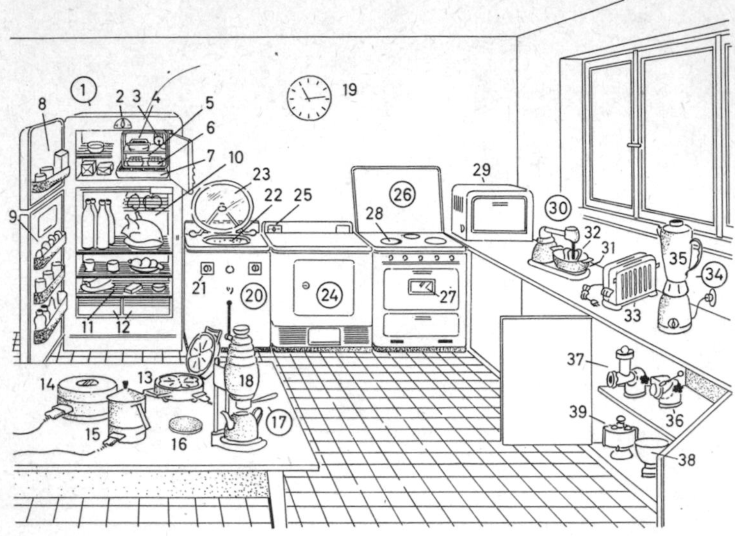

1-66 aparatos *m* y utensilios *m* de cocina *f*,

1 el refrigerador (refrigerador de compresor *m*):

2 el conmutador del regulador de la temperatura

3 el evaporador, un refrigerador

4 la heladora

5 el congelador

6 la bandeja de cubitos *m* de hielo *m*

7 la cubeta recogedora de gotas *f*

8 el estante de la puerta

9 el departamento de los huevos

10 el departamento de las botellas

11 la rejilla

12 el departamento de la verdura;

13 el barquillero eléctrico

14 el asador eléctrico

15 el cazo eléctrico

16 el ruedo de asbesto *m*

17 la cafetera eléctrica (cafetera exprés):

18 el filtro;

19 el reloj de cocina *f*

20 la lavadora de ropa *f*:

21 el regulador

22 el tambor de lavar

23 la tapadera de cristal *m* (tapadera de seguridad *f*);

24 la máquina secadora de ropa *f* (el secador automático):

25 el interruptor de seguridad *f*;

26 la cocina eléctrica:

27 la mirilla del horno

28 la placa calentadora;

29 la parrilla eléctrica

30 la máquina batidora y de amasar (máquina batidora y amasadora):

31 el cuenco de la máquina batidora y amasadora

32 el batidor;

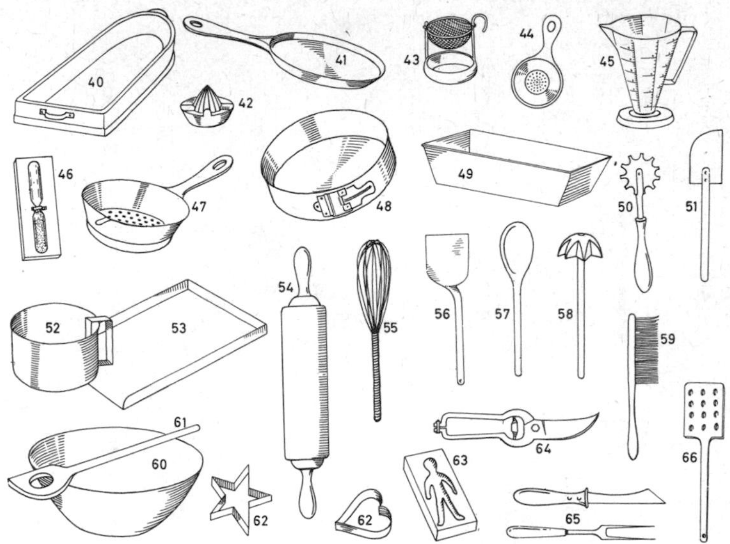

33 el tostador de pan *m*
34 la batidora eléctrica:
35 el recipiente superior de la batidora;
36 el picador de verdura *f*
37 la máquina eléctrica de picar carne *f*
38 el batidor eléctrico para crema *f*
39 el extractor centrífugo de zumo *m*
40 la cazuela carnicera
41 la sartén con mango *m* (*Cuba:* la freidera)
42 el prensa-limones (exprimidor)
43 el colador de té *m*
44 el colador de café *m*
45 la medida de cristal *m* (la jarrita graduada)
46 el reloj de arena *f* para cocer huevos *m*
47 el colador (escurridor)
48 y **49** moldes *m* para pasteles *m*:
48 el molde redondo con muelle *m*
49 el molde rectangular;
50 la ruedecilla para las pastas
51 el despegador de pasta *f*
52 el tamiz de harina *f*
53 la chapa de enhornar
54 el rodillo
55 el batidor de mano *f*
56 la pala de voltear
57 la cuchara de palo *m*
58 el molinillo de mano *f*
59 el cepillo de cocina *f*
60 el cuenco de remover
61 la cuchara perforada, una cuchara de remover
62 el cortador de pastas *f*
63 el molde de madera *f*
64 la tijera de trinchar las aves
65 el cubierto de trinchar
66 la pala del pescado

43 El vestíbulo

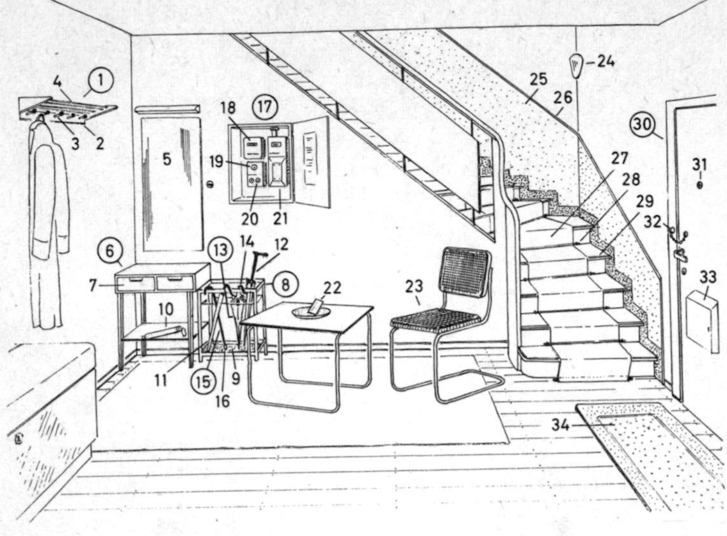

1-34 el recibidor (la antesala, el vestíbulo),
1 el perchero (la percha; *Chile, Guat., Hond.*: la capotera):
2 el clavijero
3 el colgadero
4 el soporte para los sombreros;
5 el espejo del recibidor
6 la mesa del recibidor:
7 el cajón de los guantes;
8 el paragüero (la bastonera):
9 el recipiente de cinc *m* para el agua *f*;
10-14 paraguas *m*:
10 el paraguas de bolsillo *m* (paraguas plegable)
11 el paraguas-bastón
12 el paraguas de señora *f*
13 el paraguas de caballero *m*:
14 el mango (puño) del paraguas;
15 el bastón de paseo *m*:
16 la contera (virola) del bastón;
17 el armario de los contadores (la caja de los contadores):
18 el contador de electricidad *f* (*Arg., Chile, Ec., Méj., Perú*: el medidor de electricidad)
19 el interruptor general
20 el fusible
21 el contador del gas (*Arg., Chile, Ec., Méj., Perú*: el medidor del gas);
22 las tarjetas de visita *f*
23 la silla de tubo *m* de acero *m*, con asiento *m* y respaldo *m* de rejilla *f*, un mueble de tubo
24 la iluminación de la escalera, una lámpara rinconera
25 el zócalo (revestimiento) de la pared
26 el ribete
27 la alfombra de la escalera
28 la varilla sujetadora
29 el protector de los peldaños, un listón de goma *f*
30 la puerta del piso (puerta de entrada *f*):
31 la mirilla
32 la cadena de seguridad *f*
33 el buzón de las cartas;
34 la alfombrilla (el felpudo, el limpiabarros)

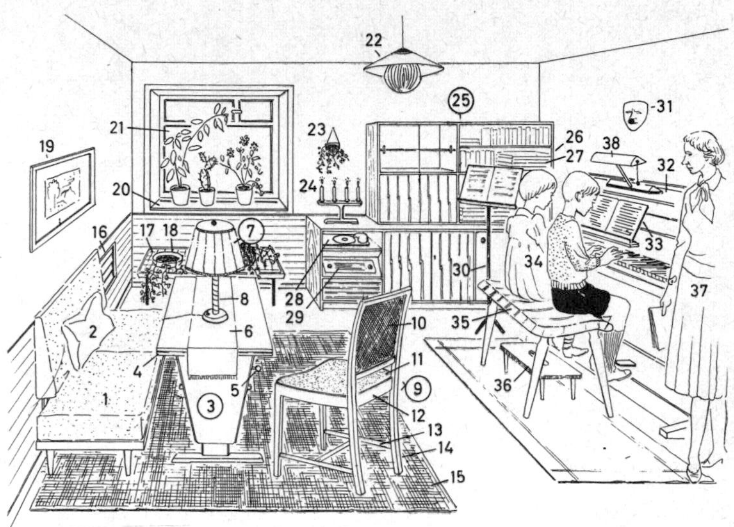

1 el canapé tapizado (diván, sofá)
2 el cojín del sofá
3 la mesa de usos *m* varios:
4 la hoja extensible
5 la manivela para regular la altura;
6 el camino de mesa *f* (el tapete)
7 la lámpara de mesa *f*:
8 el pie de la lámpara;
9 la silla:
10 el respaldo de rejilla *f*
11 el asiento (asiento tapizado)
12 el marco del asiento
13 el travesaño
14 la pata de la silla;
15 la estera de cáñamo *m*
16 la entrada de aire *m* caliente de la calefacción del piso
17 la mesita de las flores
18 el florero
19 la acuarela
20 el alféizar (antepecho)
21 la ventana con plantas *f*
22 la lámpara colgante
23 la maceta de pared *f*
24 el candelabro
25 el armario para varios usos *m*, un mueble de elementos *m* adicionables:
26 el estante de la música (el musiquero);
27 el libro de música *f*
28 y 29 la radiogramola:
28 el tocadiscos
29 el aparato de radio *f*;
30 el atril
31 la mascarilla
32-37 la clase de piano *m* (la lección de piano):
32 el piano
33 el método de música *f*
34 los alumnos tocando a cuatro manos *f*
35 la banqueta del piano
36 el escabel
37 la profesora de piano *m*;
38 la lámpara de piano *m*

45 El comedor

1-29 la mesa servida para el café,

1-4 la familia,

1 y **2** los padres:

1 el padre (papá)

2 la madre (mamá);

3 y **4** los niños (hijos):

3 el niño (chico, muchacho)

4 la niña (nena);

5 la mesa del comedor

6 el mantel (la mantelería de café *m*)

7-21 el servicio de café *m*:

7 la taza (taza de café *m*)

8 el platillo de la taza

9 el plato de postre *m*

10 el pastelillo (la tartita)

11 la cucharilla de café *m* (cucharilla de té *m*)

12-17 la cafetera:

12 el cuerpo

13 la tapadera

14 el pomo

15 el pico

16 la punta del pico

17 el asa *f*;

18 el salvamanteles

19 la jarrita de crema *f* de leche *f*

20 la lecherita

21 el azucarero;

22 el cortadillo (terrón de azúcar *amb.*)

23 las tenacillas para el azúcar

24 el azucarero de tapa *f* automática

25 el filtro (colador) de café *m*

26 la fuente para tartas *f*

27 la tarta de fruta *f*

28 la pala para servir la tarta

29 el pastel de molde *m* alto;

30 la lámpara colgante:

31 la tulipa de la lámpara;

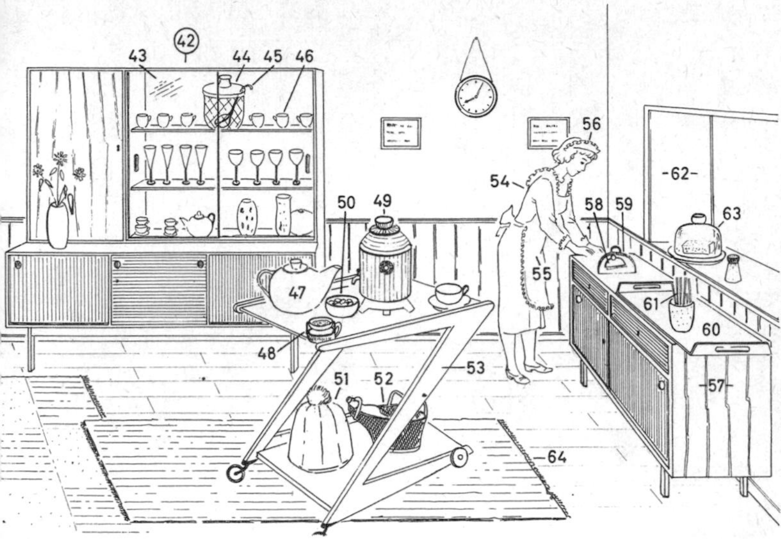

32 la jarra del cacao:
33 el recogegotas
34 la gota;
35 la bombonera (bizcochera)
36 las tenazas para pasteles *m* (tenazas para pastas *f*)
37 el salero
38 la huevera
39 el guardacalor para los huevos
40 la cuchara para huevos *m*
41 el guardacalor de la cafetera
42 el aparador:
43 la puerta de corredera *f*;
44 la ponchera
45 el cucharón del ponche
46 la taza de ponche *m*
47 la tetera (*Arg.*, *Chile*, *Urug.*: la caldera)
48 el filtro (colador) de té *m*
49 la tetera con hornillo *m* (el "samovar")
50 las almendras saladas
51 el guardacalor de la tetera
52 la cesta para botella *f*
53 el carrito para servir el té
54 la sirvienta (muchacha de servicio *m*; *Amér.*: la mucama)
55 el delantal para servir, un delantal de adorno *m*
56 la cofia
57 el aparador (trinchero)
58 y 59 el recogemigas:
58 el cepillo de mesa *f*
59 la pala para las migas;
60 la bandeja
61 las pastas de queso *m* y las pastas saladas (las barritas de queso *m* y las barritas saladas)
62 la ventanilla de servicio *m*
63 el fanal de la quesera
64 la alfombrilla

46 La mesa servida

1 la mesa de comedor *m*
2 el mantel, un mantel de damasco *m* (mantel adamascado)
3-12 el servicio de mesa *f*:
3 el plato salvamanteles
4 el plato llano
5 el plato hondo (plato sopero)
6 el plato de postre *m*
7 el cubierto
8 el cubierto de pescado *m*
9 la servilleta
10 el servilletero
11 el descanso de los cuchillos
12 las copas de vino *m*;
13 la tarjeta
14 el cucharón de sopa *f*
15 la sopera
16 el candelabro
17 la salsera
18 la cuchara para las salsas
19 el adorno de mesa *f*
20 la cestilla del pan
21 el panecillo
22 la rebanada de pan *m*
23 la ensaladera
24 el cubierto de ensalada *f*
25 la fuente de verdura *f*
26 la fuente de asado *m*
27 el asado
28 la compotera
29 el platito de compota *f*
30 la compota
31 la fuente de patatas *f*
32 el carrito de servicio *m*
33 la fuente de verdura *f* [una fuente plana]
34 la tostada
35 el plato del queso
36 la mantequera
37 el pan abierto
38 el relleno del bocadillo
39 el bocadillo (emparedado)
40 el frutero
41 las almendras mollares
42 las vinagreras (el convoy)
43 la salsa picante de tomate *m*
44 el aparador
45 el aparato eléctrico para mantener caliente la comida
46 el sacacorchos

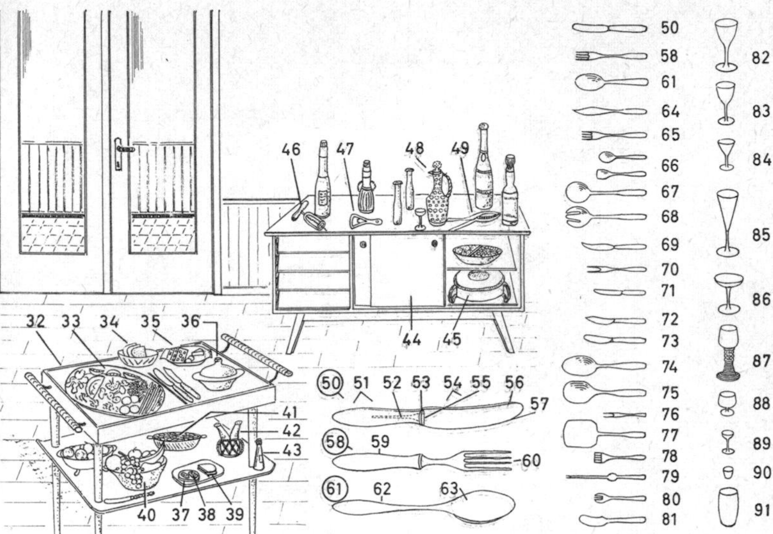

47 el abridor de tapones *m* de corona *f*, un descapsulador
48 la botella para el licor
49 el cascanueces
50 el cuchillo:
51 el mango
52 la espiga
53 la virola
54 la hoja
55 el tope
56 el lomo (canto)
57 el filo;
58 el tenedor (*Col.*, *Chile*, *Ec.*, *Méj.*: el trinche):
59 el mango
60 la púa;
61 la cuchara (cuchara sopera):
62 el mango
63 el cuenco de la cuchara;
64 el cuchillo-pala de pescado *m*
65 el tenedor de pescado *m*
66 la cucharilla de postre *m*
67 la cuchara para servir ensalada *f*
68 el tenedor para servir la ensalada
69 y **70** el cubierto de trinchar:
69 el cuchillo de trinchar
70 el trinchante;
71 el cuchillo para fruta *f*
72 el cuchillo para queso *m*
73 el cuchillo para mantequilla *f*
74 la cuchara para servir la verdura
75 la cuchara para servir patatas *f*
76 el tenedor para bocadillos *m*
77 la pala para servir espárragos *m*
78 el tenedor para servir sardinas *f*
79 el tenedor para servir langosta *f*
80 el tenedor para tomar ostras *f*
81 el cuchillo de caviar *m*
82 la copa de vino *m* blanco
83 la copa de vino *m* tinto
84 la copa de vino *m* dulce
85 y **86** las copas de champaña *m*:
85 la copa alta
86 la copa llana;
87 la copa para vinos *m* del Rin
88 la copa de coñac *m*
89 la copita de licor *m*
90 el vasito de aguardiente *m*
91 el vaso de cerveza *f*

1-61 el cuarto de trabajo *m* (el despacho, el estudio),

1 el calentador de aire *m*:

2 la salida de aire *m* caliente

3 el canal de aspiración *f* de aire *m*;

4 la librería (*Méj.:* el librero)

5 la hilera de libros *m*

6 el cuadro al óleo, un paisaje

7 el revistero

8 el diario

9 la revista, una publicación mensual

10 la revista ilustrada, un semanario

11 la mesa de despacho *m* (el escritorio)

12 el teléfono de mesa *f*

13 el soporte de la pluma estilográfica

14 el álbum de fotografías *f*

15 la fotografía

16 el marco de pie *m*

17 la lámpara de mesa *f*, una lámpara de brazo *m* movible

18 el sillón del escritorio:

19 el tapizado de cuero *m*;

20 el cojín para los pies

21 la mesa del servicio de fumador *m*, una mesita de azulejos *m*:

22 la pata de la mesa

23 la tabla de la mesa;

24 la vela:

25 la mecha de la vela (el pabilo)

26 la llama de la vela;

27 el candelero

28 el pebetero (perfumador)

29 las despabiladeras

30 el tragahumo

31 el cenicero

32 el bote de los cigarrillos

33 la cigarrera

34-36 la colección de Historia *f* Natural:

34 la colección de mariposas *f*

35 la colección de insectos *m* y coleópteros *m*

36 la colección de minerales *m* (colección de piedras *f*);

37 la colección de fotografías *f* (la fototeca)

38 la colección de monedas *f* (colección numismática)

39 el mueble-bar

40-43 el servicio de coctel *m* (servicio de combinados *m*):

40 la coctelera

41 el sifón, con agua *f* de Seltz:

42 la cápsula de anhídrido *m* carbónico;

43 el vaso de cóctel *m*;

44 la botella de whisky *m*

45 el gobelino (tapiz de pared *f* tejido a mano *f*)

46 el diván, un sofá-cama

47 la mesa de ajedrez *m*

48 el trabajo de marquetería *f*, un tablero de ajedrez *m* incrustado

49 la lámpara para leer, una lámpara de pie *m*:

50 el brazo flexible de la lámpara

51 la luz acampanada

52 la pantalla;

53 el estante de libros *m* (la librería), un mueble combinado

54 el cartapacio de arte pictórico

55 el señor de la casa

56 el medio batín

57 la butaca (butaca de orejas *f*), una butaca de espaldar *m* alto, una butaca tapizada:

58 el espaldar (respaldo almohadillado)

59 la cabecera (oreja)

60 el brazo del sillón;

61 la alfombra de terciopelo *m*

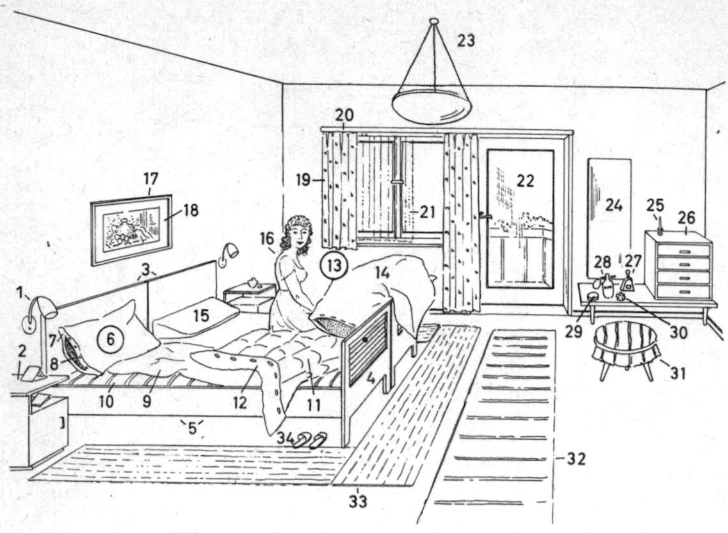

1 la lámpara para leer en la cama, una lámpara de pared *f*

2 la mesita de noche *f*

3-15 la cama, una cama de matrimonio *m*, (cama doble, lecho *m*),

3-5 la armazón de la cama:

3 la cabecera

4 los pies de la cama

5 el larguero de la cama;

6 la almohada, una almohada de plumas *f*:

7 la funda de la almohada

8 la funda interior de la almohada;

9 la sábana bajera, un lienzo

10 el colchón, con funda *f* de cutí *m*

11 la colcha (sobrecama), un cobertor de pluma *f* o de lana *f*

12 la sábana de encima (sábana exterior)

13 el edredón de plumas *f*:

14 la funda del edredón;

15 el travesaño;

16 la dama (señora), en camisa *f* de dormir

17 el marco del cuadro

18 el paspartú ("passepartout")

19 la cortina

20 la barra de la cortina

21 el visillo corredizo

22 la puerta del balcón

23 la lámpara del dormitorio

24 el espejo del tocador

25 el sortijero

26 la mesa del tocador

27 el frasco de perfume *m*

28 el pulverizador

29 la polvera

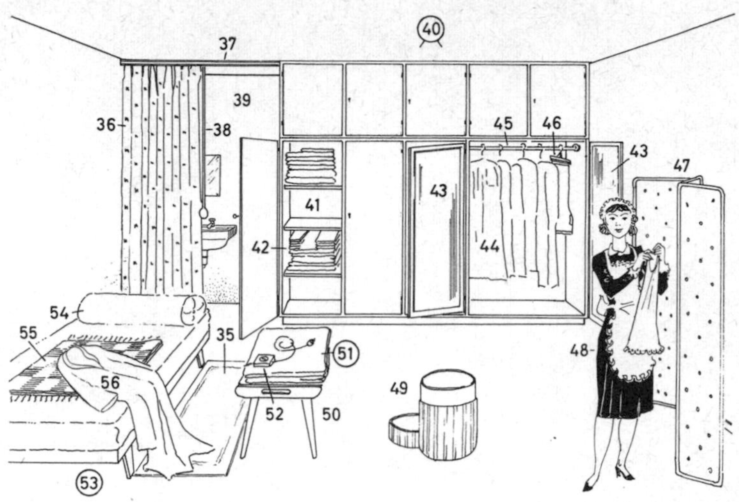

30 la borla de los polvos

31 el taburete del tocador, un taburete de fantasía *f*

32 la alfombra corrida

33 las alfombrillas de la cama

34 las zapatillas

35 la alfombrilla de la cama

36 la cortina

37 la barra de la cortina

38 la varilla de correr la cortina

39 el lavabo

40 el armario del dormitorio (*Col.*, *Cuba*, *Chile*, *Pan.*, *Venez.:* el escaparate), un armario para trajes *m* o armario ropero:

41 el estante para ropa *f* blanca

42 la pila de ropa *f* blanca

43 el espejo del armario (la luna del armario);

44 el saco protector (saco guardapolvo, saco antipolilla)

45 la barra de los colgadores

46 la pinza para los pantalones

47 el biombo (*Col.*, *Ec.*, *Guat.*, *Méj.*, *P. Rico:* el cancel)

48 la doncella (*Arg.*, *Chile*, *Urug.:* la mucama)

49 la canasta de la ropa sucia (*Chile:* el cambucho)

50 el banquillo

51 la manta eléctrica:

52 el regulador de la temperatura de la manta;

53 la cama turca (el diván):

54 el cabezal (la almohada cilíndrica);

55 la manta de viaje *m*

56 el quimono, una bata

49 La habitación de los niños

1-29 la habitación de los niños
(el cuarto de juego *m* de los niños):
1 la niñera (chacha; *Chile:* la ñaña)
2 la cama de niño *m*
3 la pollera
4 el "parque" (castillejo)

5-29 juguetes *m*:
5 el osito de felpa *f*, un animalito de trapo *m*
6 la casa de muñecas *f*:
7 la cocina de las muñecas
8 el fogón de las muñecas
9 el cuarto de las muñecas
10 el mobiliario de las muñecas
11 la vajilla de las muñecas;
12 el cochecito de las muñecas
13 el caballo balancín
14 el títere
15 el pato balancín, un balancín
16 la casita de juguete *m*
17 los animalitos de juguete *m*
18 la trompeta de juguete *m*
19 la arquitectura, un juego de construcción *f*
20 el tren de juguete *m*
21 el tambor de juguete *m*
22 los palillos
23 el auto de juguete *m*
24 la trompa (el trompo de música *f*)
25 el soldadito de plomo *m*, una figura de plomo *m*
26 el niño (nene)
27 la silla de los niños
28 la mesa de los niños
29 el vaso de los niños

1 la maestra del parvulario
2 la bata delantal
3 la niña
4 la muñeca (*Hond.:* la pichinga)
5 el juego de la gallina ciega
6 la venda de los ojos
7 el caballito (caballo de palo *m*)
8 la cama de muñecas *f*:
9 el dosel de la cama;
10 la tienda de juguete *m* (el colmado de juguete)
11 el taburete de los niños
12 la caja de los juguetes
13 el juego de los tarugos
14 el rompecabezas, un juego de paciencia *f*
15 la cuna de muñecas *f*
16 el libro de imágenes *f*
17 la calcomanía
18 el juego de mosaicos *m*
19 el calidoscopio

20-31 trabajos *m* de construcción *f* (artesanía *f* infantil):

20 las perlas de cristal *m* (las cuentas)
21 el modelo recortable
22 la plastilina, una arcilla de modelar
23 el tablero de modelar
24 los lápices de colores *m*
25 el cuaderno de pintura *f*
26 el bote de engrudo *m*
27 la brocha para el engrudo
28 la construcción de papel *m* con pestañas *f* engomadas
29 el tejido de mimbres *m*
30 el bordado, una labor de aguja *f*
31 la caja de pinturas *f*

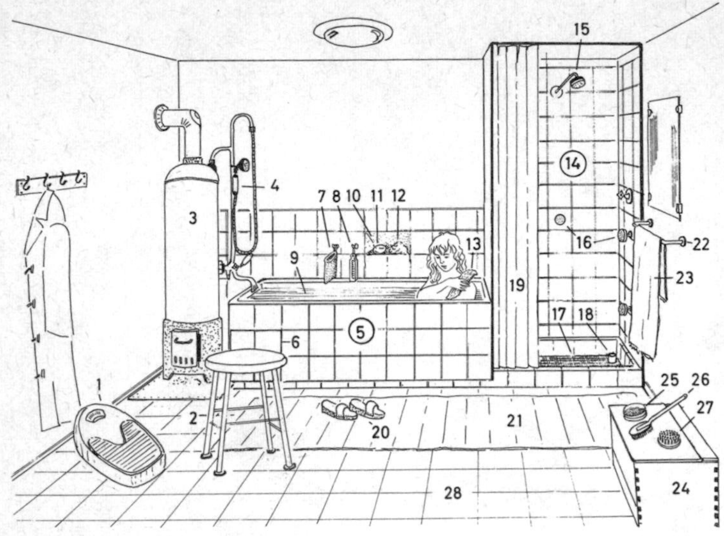

1-28 el cuarto de baño *m* (el baño):

1 la balanza del cuarto de baño *m*
2 el taburete del cuarto de baño *m*
3 el calentador de agua *f*, un calentador de carbón *m* (*Arg.* : el calefón)
4 la ducha de mano *f*
5 la bañera empotrada, una bañera para todo el cuerpo:
6 el panel de revisión *f*;
7 el manguito de baño *m* [un guante sin separación *f* de dedos *m*]
8 el termómetro para el baño
9 el agua *f* del baño
10 la jabonera
11 el jabón de baño *m*
12 la esponja de baño *m*
13 la esponja de lufa *f*
14 el cuartito de la ducha:
15 la ducha de techo *m*
16 la roseta de pared *f*
17 la pileta de la ducha
18 el rebosadero;
19 la cortina de plástico *m*
20 las zapatillas de baño *m*
21 la estera del cuarto de baño *m*
22 el toallero
23 la toalla de baño *m*
24 la caja asiento
25 las sales de baño *m*
26 el cepillo para la espalda
27 el cepillo para friegas *f*
28 el suelo de baldosas *f*;

29-82 el cuarto de aseo *m*:

29 el desodorante
30 el soporte del papel higiénico
31 el rollo de papel *m* higiénico, una especie de papel *m* rizado
32 el limpiador del asiento del retrete
33 el cepillo del retrete
34 la esterilla del retrete
35 el retrete (excusado, watercloset, W.C., inodoro):
36 la parte anterior de la taza del retrete
37 la taza del retrete
38 y 39 el asiento del retrete:
38 el asiento (borde de madera *f* del retrete)

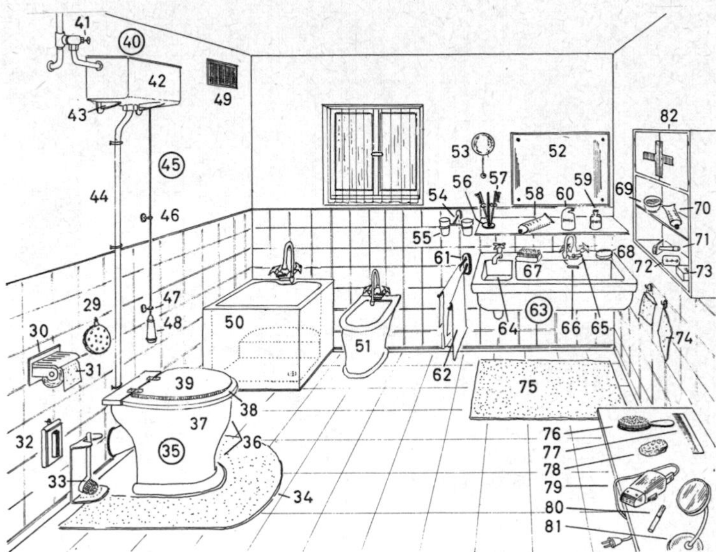

39 la tapa del retrete;
40 el bombillo (aparato de sifón *m*):
41 la llave de paso *m*
42 la cisterna (el depósito)
43 el soporte
44 el tubo para la bajada del agua *f*;
45 el tirador del retrete:
46 la cadena
47 el ganchillo de sujeción *f*
48 el mango;
49 el ventilador
50 el medio baño (*Cuba*, *Guat.*: el semicupio)
51 el bidet
52-68 el lavabo:
52 el espejo del lavabo
53 la luz de pared *f*
54 el soporte del vaso para los dientes
55 el vaso para los dientes
56 el soporte para los cepillos de dientes *m*
57 el cepillo de dientes *m*
58 la pasta de dientes *m*
59 el polvo dentífrico
60 el preparado líquido para enjuagarse la boca
61 el toallero
62 la toalla
63 la palangana:
64 la pileta para el enjuague de la boca
65 la palanca del cierre de la palangana
66 el rebosadero;
67 el cepillo de uñas *f*
68 el jabón de tocador *m*;
69 el jabón de afeitar
70 la crema de afeitar
71 la maquinilla de afeitar
72 la cuchilla de afeitar
73 el afilador y suavizador de cuchillas *f*
74 la toalleta para lavar la cara
75 la alfombrilla de espuma *f* de goma *f*
76 el cepillo para el cabello
77 el peine
78 la piedra pómez
79 la maquinilla eléctrica de afeitar en seco
80 el restañador, un lápiz de alumbre *m*
81 el espejo para el afeitado
82 el botiquín casero

52 El cuarto de desahogo

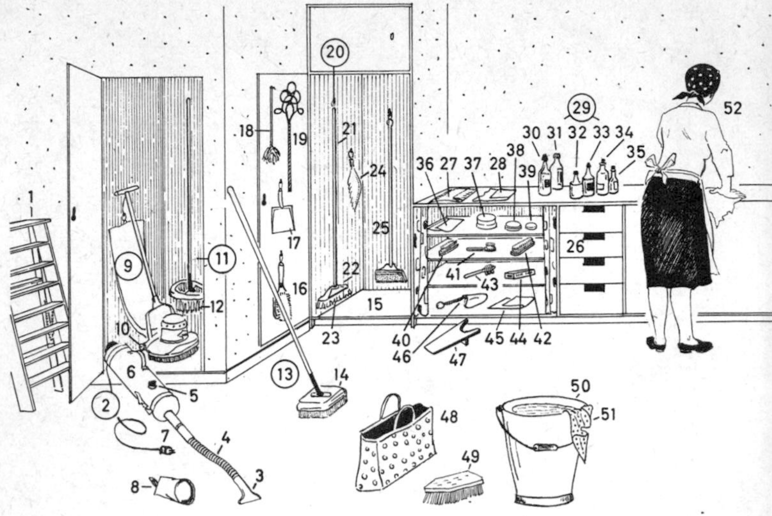

1 la escalera doble (escalera de tijeras *f*; *Cuba, Méj., P. Rico:* el burro)
2 el aspirador:
3 la boquilla aspiradora
4 el tubo flexible de metal *m*
5 el interruptor
6 el cuerpo del aspirador
7 la clavija
8 la bolsa para el polvo;
9 la barredera de alfombras *f* y el encerador:
10 el interruptor de pie *m*;
11 la escoba-aljofifa:
12 los flecos [de aljofifa *f*];
13 el encerador:
14 el cepillo de encerar;
15 el armario de las escobas
16 la escobilla de mano *f*
17 el recogedor
18 el sacudidor
19 la pala para batir alfombras *f*
20 la escoba de mango *m*:
21 el mango de la escoba
22 el cuerpo de la escoba
23 las cerdas;
24 el plumero
25 la estregadera de mango *m*
26 el estante con los útiles para la limpieza de zapatos *m*
27 el trapo del polvo (la bayeta)
28 la gamuza para los cristales
29 materiales *m* de limpieza *f*:
30 la gasolina de limpieza *f*
31 la disolución de amoníaco *m*
32 el alcohol
33 la glicerina
34 la trementina
35 el espíritu de sal *f* (la sal fumante);
36 el paño para encerar el suelo
37 la cera
38 la crema para el calzado
39 el sebo
40-43 cepillos *m* para zapatos *m*:
40 el cepillo para limpiar

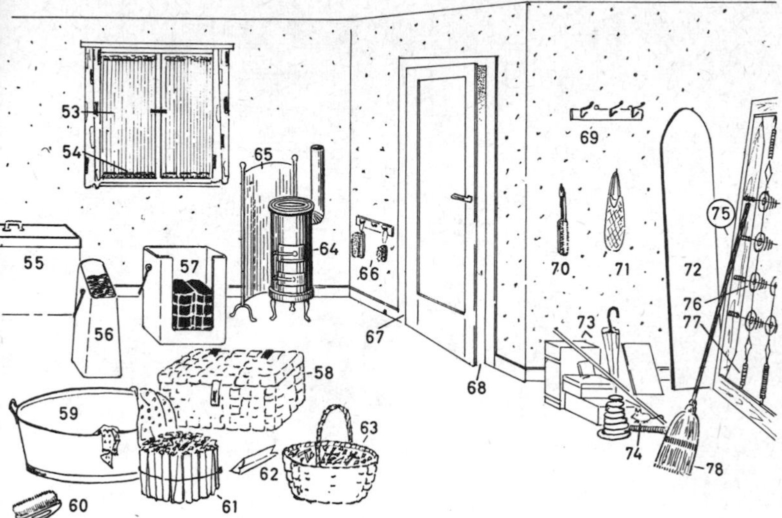

41 el cepillo para aplicar la crema
42 el cepillo para sacar brillo *m*
43 el cepillo de goma *f*, un cepillo para los zapatos de ante *m*;
44 los polvos para el ante
45 el trapo para limpiar los muebles
46 la horma para el calzado
47 la tablilla para descalzarse la bota (el sacabotas)
48 la bolsa de la compra
49 el cepillo para fregar
50 el cubo para fregar
51 la aljofifa (*Méj.*: el chapololo)
52 la mujer para la limpieza (la asistenta para fregar, la limpiadora), una mujer de servicio *m*
53 el visillo (la cortinilla)
54 la varilla del visillo
55 el cajón del carbón
56 el cubo para el carbón
57 el cajón para las briquetas
58 el cestón con cierre *m*
59 el barreño (la tina) de cinc *m*
60 el cepillo para las alfombras
61 las escarabajas, un haz de astillas *f*
62 el trozo de madera *f* (la astilla)
63 la cesta para las astillas
64 la estufa cilíndrica de hierro *m*
65 la pantalla de la estufa
66 el cepillo para la ropa
67 la rendija de la puerta
68 la abertura de la puerta
69 la percha para la ropa
70 el cepillo recogemigas
71 la bolsa de red *f* para la compra
72 la tabla de planchar
73 los trastos viejos (*Col.*: los arnacos)
74 el ratón (*Arg.*, *Bol.*, *Ec.*, *Perú*: el pericote)
75 el colchón de muelles *m*:
76 el muelle espiral
77 el muelle tensor;
78 la escoba de palma *f*

1-49 el patio:

1 el edificio lateral (la parte trasera de un edificio), un edificio de atrás
2 la puerta del sótano
3 la escalera del sótano
4 el candado
5 el contracandado
6 el caballete para aserrar
7 el taco (tarugo)
8 la leña menuda (las escarabajas)
9 el tajo
10 el cortador de leña *f*
11 los chiquillos de la calle (los pilluelos, los galopines, los golfillos)
12 el bloque de pisos *m* (la casa de alquiler *m*, casa para varias familias *f*):
13 la ventana del retrete
14 la ventana de la caja de la escalera
15 la puerta trasera
16 la lámpara del patio
17 la galería (el balcón)
18 la jardinera de ventana *f*
19 el pasaje (la entrada):
20 la puerta (puerta del patio)
21 el encintado de la acera (el bordillo; *Chile:* la solera)
22 el guardacantón;
23 la casa vecina (casa de al lado, casa contigua)
24 el cantante callejero (músico ambulante)
25 la pared del patio (la baranda de separación *f*)
26 el organillo (*Méj.:* el cilindro)
27 el organillero
28 el portero (conserje)
29 la chismosa (charlatana, comadre)
30 el vendedor ambulante (buhonero; *Guat.*, *Salv.:* el achimero)
31 la pila de leña *f*
32 el cubo de la basura:
33 la tapadera de resorte *m* (tapadera automática)
34 el asa *f*;

35-42 el tendedero:

35 la ropa
36 la cuerda para colgar la ropa (*Cuba*, *Guat.:* la tendedera)

37 el palo de apoyo *m*
38 el puntal del tendedero
39 el gancho
40 la bolsa de las pinzas
41 la canasta de la ropa
42 la pinza;
43 el gorrión (*Perú:* el juilipío)
44 la baranda de madera *f*
45 la escoba de palma *f*
46 la percha para sacudir alfombras *f*
47 el alpende (cobertizo)
48 la aldabilla
49 la carretilla de mano *f*;

50-73 el lavadero,

50 el tubo de la caldera, un tubo de salida *f* para los gases de combustión *f*:
51 el codo del tubo
52 la arandela (golilla);
53 la caldera de lavar
54 la tapadera de la caldera, una tapa de madera *f*
55 el jabón en polvo *m*
56 el quitamanchas
57 el almidón
58 el paquetito de añil *m*
59 el cepillo para lavar
60 el taco de jabón *m* de lavar
61 la torcedora (máquina de exprimir):
62 el cilindro;
63 el chanclo
64 el cazo para sacar agua *f*
65 la puerta del lavadero
66 el cerrojo de la puerta, un pestillo
67 la lavandera
68 el suelo de cemento *m*
69 la tina de lavar
70 la tabla de lavar (*Perú:* el pianito)
71 la jabonera
72 la rejilla de listones *m*
73 el removedor de la ropa

1 el jardín adornado con rocas *f*

2 el pabellón (quiosco, la glorieta, el cenador)

3 los muebles de jardín *m*

4 el arbusto ornamental

5 la pérgola

6 el parterre redondo

7 el sillón de jardín *m*

8 el farol

9 el parasol ajustable

10 la tumbona

11 la acacia globular

12 la pantalla, una protección contra el viento

13 el seto de tuya *f*

14 el comedero de los pájaros

15 el baño de los pájaros (el bebedero de los pájaros), una concavidad de cemento *m*

16 la escoba para la hojarasca [una escoba de alambres *m*]

17 la regadera

18 el banco de jardín *m*

19 el estanque

20 el surtidor

21 el césped

22 el camino de losas *f*

23 el arquitecto de jardines *m*

24 la escalera de piedra *f*

25 el columpio del jardín

1-31 el huerto (la plantación de hortalizas *f* y árboles *m* frutales),

1, 2, 16, 17, 29 árboles *m* frutales enanos (árboles frutales de espaldera *f*, árboles frutales de forma *f* plana):

1 la palmeta Verrier [*en este caso:* una palmeta Verrier de cuatro ramas *f*]

2 el cordón vertical

3 el cobertizo del huerto

4 la tina para el agua *f* de lluvia *f* (*Arg., Cuba, Perú, Venez.*: la casimba)

5 la planta trepadora (enredadera)

6 el montón de abono *m* compuesto

7 el girasol

8 la escalera de huerto *m*

9 la planta vivaz

10 la valla del huerto (valla de madera *f*, la empalizada)

11 los árboles de bayas *f* podados en forma *f* natural

12 el rosal trepador, en la espaldera de arco *m*

13 el rosal

14 el cenador (la glorieta)

15 el lampión (farolillo a la veneciana, el farol de papel *m*)

16 el árbol piramidal, un árbol de espaldera *f* sin apoyo *m*

17 el cordón horizontal bilateral, un árbol de espaldera *f* de pared *f*

18 el arriate de flores *f*, un arriate de borde *m*

19 el arbusto de baya *f*

20 el borde de losetas *f* de cemento *m*

21 el rosal de poda *f* natural

22 el arriate de plantas *f* vivaces

23 el sendero del huerto

24 el hortelano de primores *m*

25 el arriate de espárragos *m*

26 el arriate de verduras *f*

27 el espantapájaros (*Chile, Perú*: el dominguejo)

28 la estaquilla (caña) para habas *f*

29 el cordón horizontal unilateral

30 el árbol frutal de poda *f* en forma *f* natural

31 el rodrigón

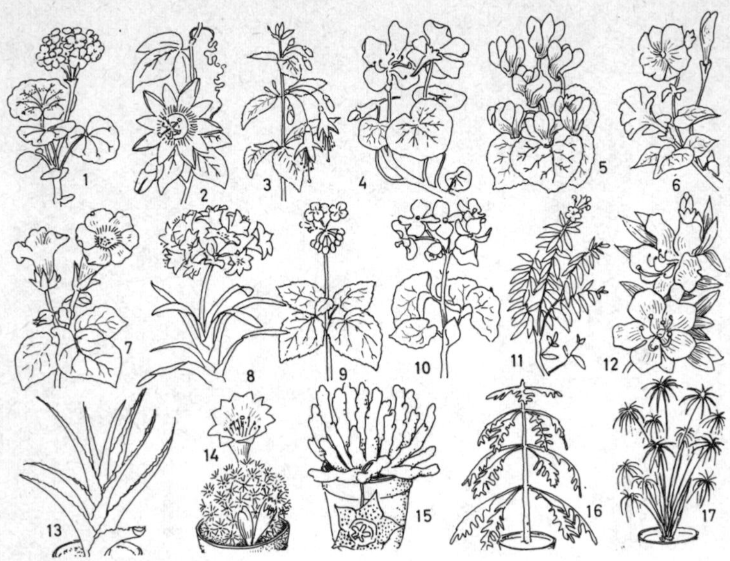

1 el geranio rosa (geranio de olor *m*), un pelargonio, una geraniácea (*Chile:* el cardenal)

2 la pasionaria, una pasiflora, una de las parietales (*Ec.*, *Perú:* el tumbo)

3 la fucsia, una onagrácea

4 la capuchina (espuela de galán *m*), un tropaeolum

5 el ciclamino (pamporcino), una primulácea

6 la petunia, una solanácea

7 la gloxínea (siningia), una gesneriácea

8 la clivia, una amarilidácea, una narcisácea

9 el cáñamo africano, una sparmannia, una tiliea

10 la begonia (*Méj.:* la tronadora)

11 el mirto

12 la azalea, una ericácea

13 el áloe, una liliácea

14 el cardo erizo, un equinops

15 la flor de la carroña, una stapelia, una asclepiadácea

16 la araucaria excelsa

17 la juncia, una ciperácea

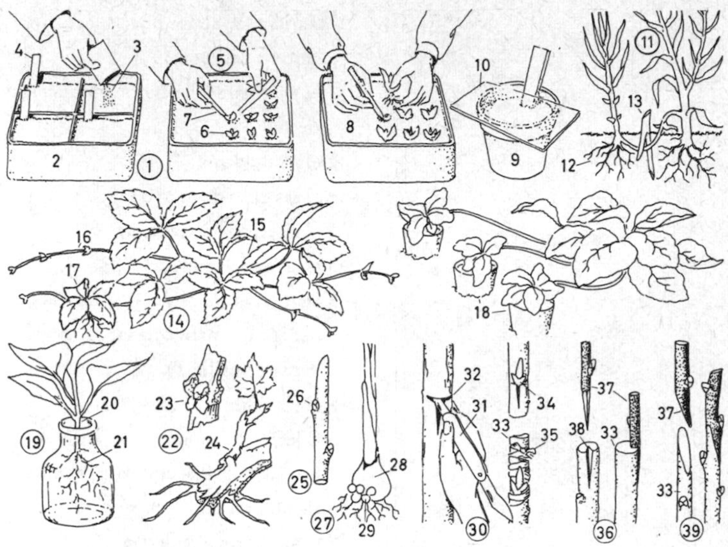

1 la siembra:
2 la cubeta de la siembra (el semillero)
3 la semilla
4 la etiqueta (el rótulo, el marbete, la inscripción con el nombre de la planta)
5 la entresaca:
6 el pimpollo
7 el plantador
8 el trasplante;
9 la maceta
10 la hoja de vidrio *m*;
11 la propagación por acodo *m*:
12 el acodo enraizado (*Cuba, Venez.*: el margullo)
13 la rama horquillada para la fijación;
14 la propagación por brotes *m* rastreros:
15 la planta madre
16 el tallo rastrero (vástago rastrero, estolón)
17 el retoño enraizado;
18 el acodo en macetas *f*
19 el esqueje en agua *f*:
20 el esqueje
21 la raíz;
22 la estaca con yema *f* de la vid:
23 la yema (el botón)
24 el renuevo (vástago);
25 la estaca de rama *f*:
26 la yema;
27 la reproducción mediante bulbos *m* prolíficos:
28 el bulbo viejo
29 el bulbo reproductor;

30-39 injerto *m*,

30 el injerto en escudete *m*:
31 la navaja de injertar
32 la incisión en forma *f* de T
33 el patrón (masto)
34 la yema injertada
35 la envoltura de fibra *f* de rafia *f*;
36 el injerto de púa *f*:
37 la púa con yema *f*
38 el corte en cuña *f*;
39 el injerto de cópula *f* (injerto de empalme *m*)

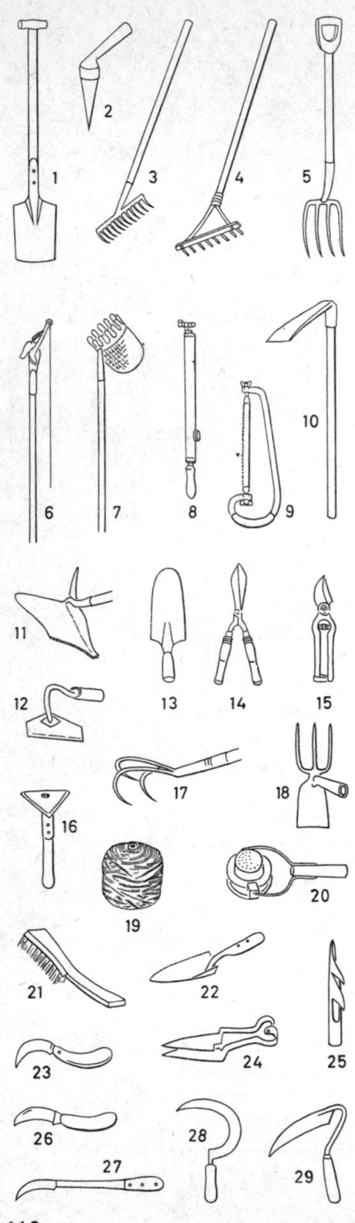

1-29 útiles *m* de jardinería *f* para el cultivo del suelo:

1 la pala para revolver (remover) la tierra

2 el plantador

3 el rastrillo de hierro *m*

4 el rastrillo de madera *f*

5 la laya de puntas *f*

6 las tijeras de ramas *f* altas (la podadera de mango *m* largo, podadera de varilla *f*)

7 el cogedor de frutas *f*

8 la jeringa de mano *f* de jardín *m* (el rociador de insecticida *m*, el pulverizador de arbustos *m*)

9 la sierra de leñador *m*

10 el azadón

11 el aporcador

12 el escardillo (*Amér.:* el carpidor)

13 el trasplantador

14 la tijera de jardinero *m* [para recortar setos *m*]

15 la tijera de doble filo *m* para rosales *m*

16 el raspador de árboles *m* (raspador de corteza *f*)

17 el cultivador de tres dientes *m*

18 el combinado de azada *f* y horquilla *f*

19 el bramante de jardinero *m* para el trazado de arriates *m*

20 la antorcha contra las orugas

21 el cepillo de árboles *m*

22 la palita de mano *f*

23 la navaja de jardinero *m*

24 las tijeras para hierba *f*

25 el desherbador

26 la navaja de injertador *m*

27 el cuchillo esparraguero (corta-espárragos)

28 la hoz redonda (*Arg., Chile:* la echona; *P. Rico:* la corva)

29 la hoz de hoja *f* de guadaña *f*;

30 la carretilla de jardinero *m*

31 la laya semiautomática

32 la sembradora en hileras *f*

33 el cortacepellones

34 el cortacésped

35 el carrete de la manguera

36 el carro portamanguera

37 la manguera de jardín *m*

38 la tumbona transportable

39 el reloj de sol *m*

40 la rociadera de jardín *m*

41 la rociadera (regadera mecánica) del césped

42 el cucharón para el agua *f* de estiércol *m*

43 la trampa para topos *m*

44 la trampa para ratones *m*

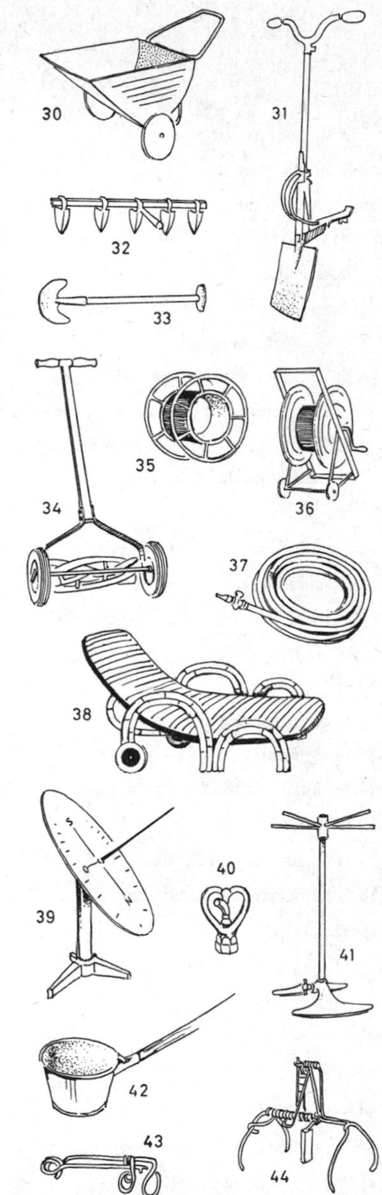

1-11 plantas *f* leguminosas,
1 el guisante, una planta con flor *f* papilionácea:
2 la flor del guisante
3 la hoja pinada
4 el zarcillo del guisante, un zarcillo foliáceo
5 la estípula
6 la vaina, un estuche de la semilla
7 el guisante, la semilla;
8 la judía, una planta trepadora; *clases:* la judía común (judía verde), judía de enrame *m*, judía escarlata; *más pequeña:* la judía enana:
9 la flor de la judía
10 el tallo voluble (tallo trepador) de la judía
11 la judía [tanto la vaina como la semilla];
12 el tomate
13 el cohombro
14 el espárrago
15 el rábano redondo
16 el rábano largo
17 la zanahoria de Flandes
18 la zanahoria de cascabel *m*
19 el perejil
20 el rábano rusticano, un rábano picante
21 el puerro
22 el cebollino
23 la calabaza
24 la cebolla
25 la cáscara de la cebolla
26 el colinabo
27 el apio (*Chile:* el panul);
28-34 berzas *f*:
28 la acelga
29 la espinaca
30 la col de Bruselas
31 la coliflor
32 la col, una berza; *clases:* la col blanca, col roja
33 la berza de Saboya
34 la col rizada;
35 la escorzonera (el salsifí negro)
36-42 plantas *f* para ensalada *f*:
36 la lechuga:
37 la hoja de la lechuga
38 la hierba de los canónigos (la valeriana de huerta *f*)
39 la escarola (endibia)
40 la achicoria amarga (achicoria silvestre)
41 la alcachofa
42 el pimiento (ají; *Amér.:* el chile)

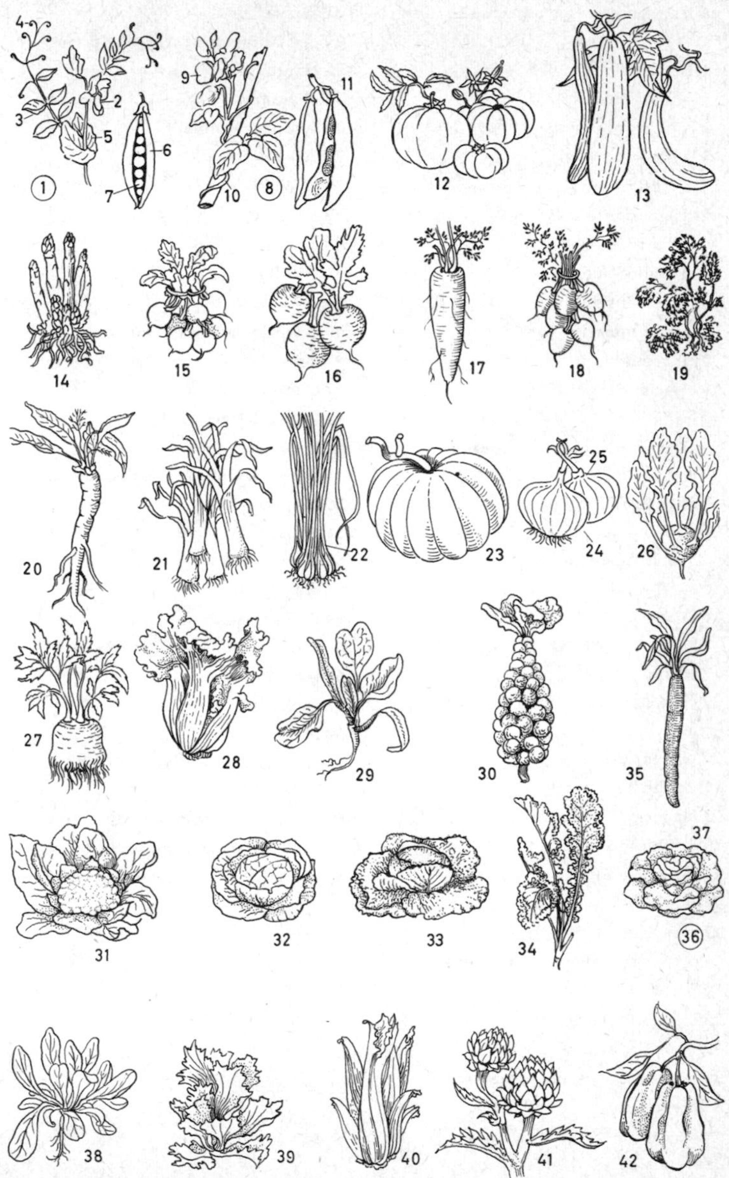
4
3
2
5
1
6
7
9
10
8
11
12
13
14
15
16
17
18
19
20
21
22
23
25
24
26
27
28
29
30
35
37
31
32
33
34
36
38
39
40
41
42

1-30 frutas *f* de baya *f* (arbustos *m* de baya),
1-15 plantas *f* grosularieas,
1 la uva espina (uva crespa):
2 la rama de la uva espina floreciendo
3 la hoja
4 la flor
5 la larva del geómetra de la uva espina
6 la flor de la uva espina
7 el ovario ínfero
8 el cáliz (los sépalos)
9 la uva espina, una baya;
10 el grosellero:
11 el racimo de grosellas *f*
12 la grosella
13 el pezón (rabillo, pedúnculo)
14 la rama de grosellero *m* en flor *f*
15 el racimo de flores *f*;
16 la fresa; *clases:* la fresa silvestre, el fresón, la fresa ananás, fresa de los Alpes:
17 la planta con flores *f* y frutos *m*
18 la raíz principal (el rizoma)
19 la hoja trifoliada
20 el brote rastrero (tallo rastrero, estolón)
21 la fresa, un seudocarpo
22 el calículo
23 el aquenio (la semilla, la pepita)
24 la carne (pulpa);
25 el frambueso:
26 la flor del frambueso
27 el capullo (botón)
28 el fruto (la frambuesa), un fruto compuesto;
29 la zarza (zarzamora):
30 el zarcillo espinoso;
31-61 pomos *m* (frutos de pepitas *f*),
31 el peral (*Arg., Bol.:* el pero); *silvestre:* el peral de monte *m*:
32 la rama en flor *f* del peral
33 la pera [corte longitudinal]:
34 el rabillo (pedúnculo) de la pera
35 la carne (pulpa)
36 el corazón (la cápsula de las pepitas)
37 la pepita (semilla)
38 la flor del peral
39 el óvulo
40 el ovario
41 el estigma
42 el estilo
43 el pétalo (la hoja de la flor)
44 el sépalo (la hoja del cáliz)
45 la antera;
46 el membrillero (membrillo):
47 la hoja del membrillero
48 la estípula
49 el membrillo en forma *f* de manzana *f*
50 el membrillo en forma *f* de pera *f*;
51 el manzano; *silvestre:* el maguillo:
52 la rama en flor *f* del manzano
53 la hoja
54 la flor del manzano
55 la flor marchita (flor deshojada);
56 la manzana [corte longitudinal]:
57 la piel de la manzana
58 la carne (pulpa)
59 el corazón de la manzana (la cápsula de las semillas)
60 la pepita de la manzana, una semilla
61 el rabillo (pedúnculo) de la manzana;
62 la mariposa de la manzana, una mariposa pequeña
63 el camino comido por la larva
64 la larva (el gusano, la oruga de la mariposa)
65 el agujero del gusano

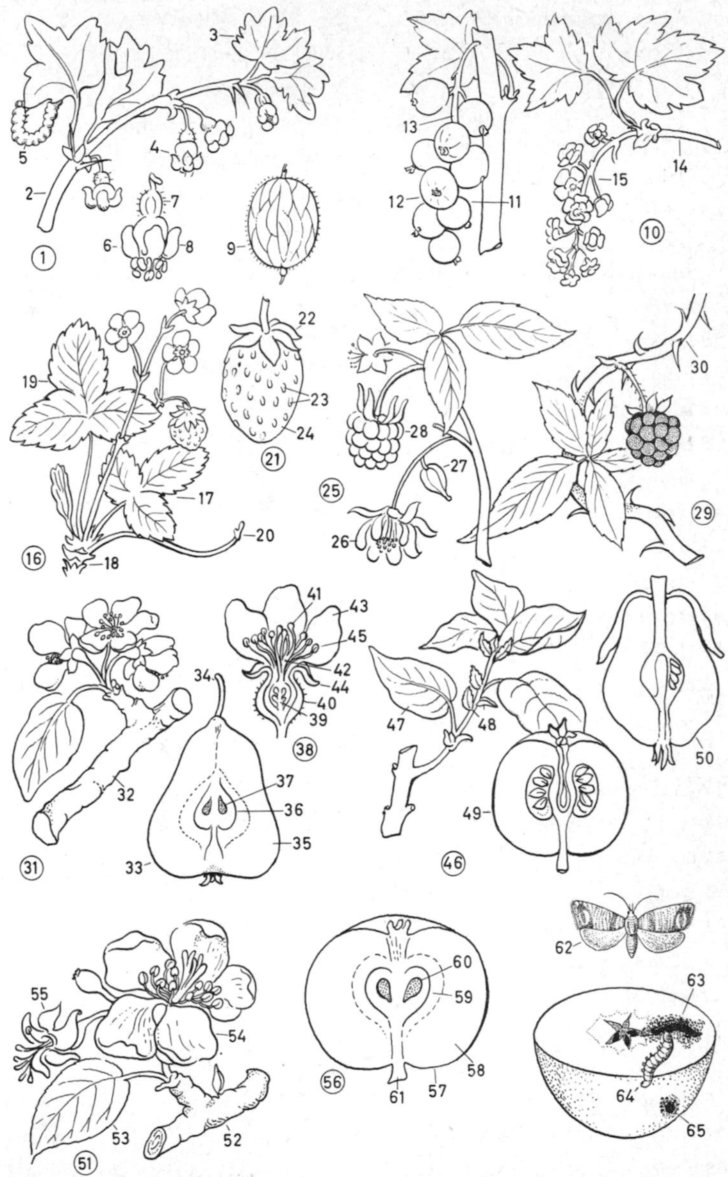
1
2
3
4
5
6
7
8
9
10
11
12
13
14
15
16
17
18
19
20
21
22
23
24
25
26
27
28
29
30
31
32
33
34
35
36
37
38
39
40
41
42
43
44
45
46
47
48
49
50
51
52
53
54
55
56
57
58
59
60
61
62
63
64
65

1-36 plantas *f* de frutas *f* de hueso *m* (drupas *f*),
1-18 el cerezo,
1 la rama del cerezo en flor *f*:
2 la hoja del cerezo
3 la flor del cerezo
4 el tallo de la hoja (el pedúnculo);
5 la cereza; *clases:* la cereza de corazón *m* negro, cereza dulce, cereza silvestre:
6 la carne (pulpa)
7 el hueso de la cereza
8 la semilla;
9 la flor [corte transversal]:
10 la antera
11 el pétalo
12 el sépalo
13 el pistilo
14 el óvulo en el ovario central
15 el estilo
16 el estigma;
17 la hoja:
18 el nectario de la hoja;
19-23 el ciruelo,
19 la rama con frutos *m*:
20 la ciruela
21 la hoja del ciruelo
22 la yema (el brote);
23 el hueso de la ciruela;
24 la ciruela claudia
25 la ciruela amarilla
26-32 el melocotonero,
26 la rama florida:
27 la flor del melocotonero
28 el pimpollo de la flor
29 la hoja naciente;
30 la rama con frutos *m*
31 el melocotón
32 la hoja del melocotonero;
33-36 el albaricoquero,
33 la rama del albaricoquero en flor *f*
34 la flor del albaricoquero;
35 el albaricoque (*Perú:* el aurimelo)
36 la hoja del albaricoquero;
37-51 nueces *f*,
37-43 el nogal,
37 la rama del nogal en flor *f*:
38 la flor femenina fecundada
39 la inflorescencia (las flores masculinas, el amento con las flores estaminíferas)
40 la hoja imparipinada plumada;
41 el fruto:
42 el pericarpio (la cubierta exterior blanda)
43 la nuez, un fruto de hueso *m* (drupa *f*);
44-51 el avellano, una planta anemófila,
44 la rama del avellano en flor *f*:
45 el amento con las flores estaminíferas
46 la inflorescencia femenina
47 el brote de la hoja (la yema);
48 la rama con frutos *m*:
49 la avellana, un fruto
50 la cáscara (cúpula)
51 la hoja del avellano

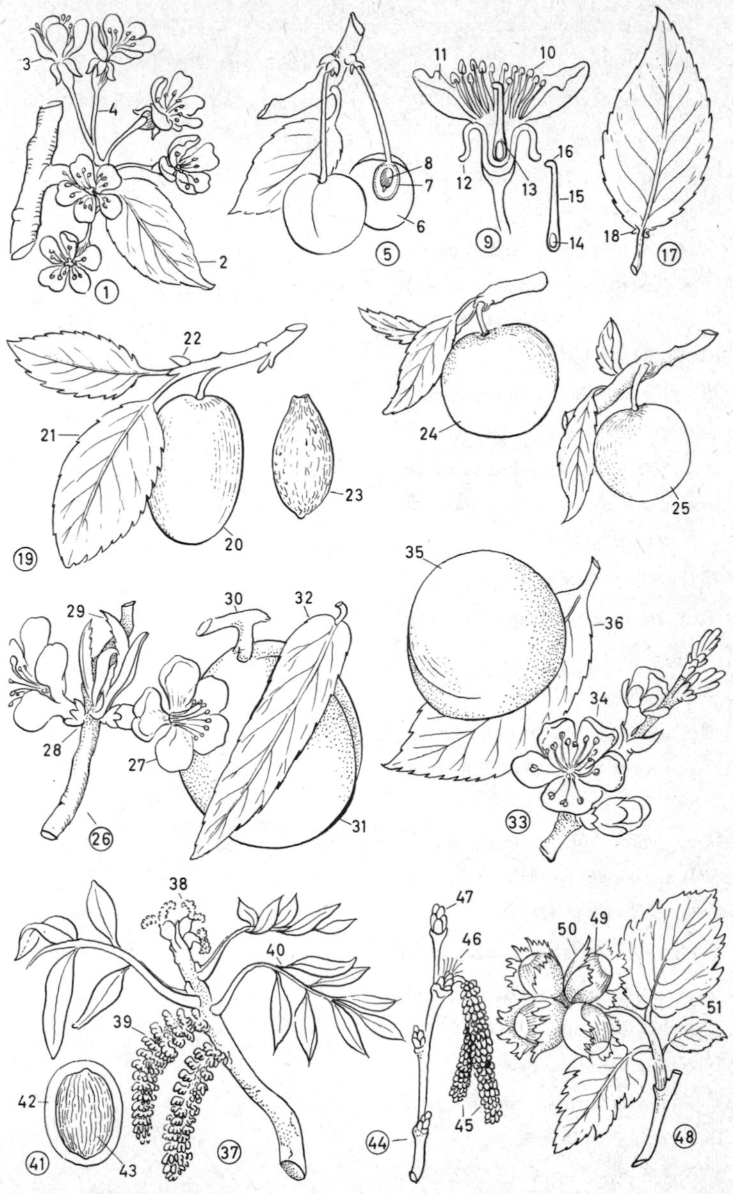
1
2
3
4
5
6
7
8
9
10
11
12
13
14
15
16
17
18
19
20
21
22
23
24
25
26
27
28
29
30
31
32
33
34
35
36
37
38
39
40
41
42
43
44
45
46
47
48
49
50
51

1 la campanilla de invierno *m* (el galanto)

2 el pensamiento (la trinitaria, la viola tricolor)

3 el narciso trompón, un narciso de los prados

4 el narciso blanco (narciso de los poetas, narciso de lechuguilla *f*); *anál.:* el narciso tazetta, un narciso de manojo *m*

5 la flor de corazón *m*, una dicentra, una fumarioidea

6 la minutisa (el clavel de ramillete *m*, clavel de San Isidro, clavel de poeta *m*), un clavel

7 el clavel de jardín *m*

8 el lirio amarillo (lirio de agua *f*), un iris

9 el nardo

10 la aguileña común (pajarilla, los pelícanos, el manto real, las campanillas)

11 el gladíolo (gladio, la espadaña, la hierba estoque, la espadilla, la cresta de gallo *m*)

12 el lirio blanco (la azucena), un lirio

13 la espuela de caballero *m* (la consuelda real), una consólida

14 el polemonio, un flox

15 la rosa india (rosa china):

16 el capullo de la rosa

17 la rosa doble

18 la espina de la rosa;

19 la gallardía

20 el clavelón (la maravilla, la flamenquilla), un tagetes

21 la carricera (cola de zorra *f*), un amaranto

22 el rascamoño, una zinnia

23 la dalia decorativa

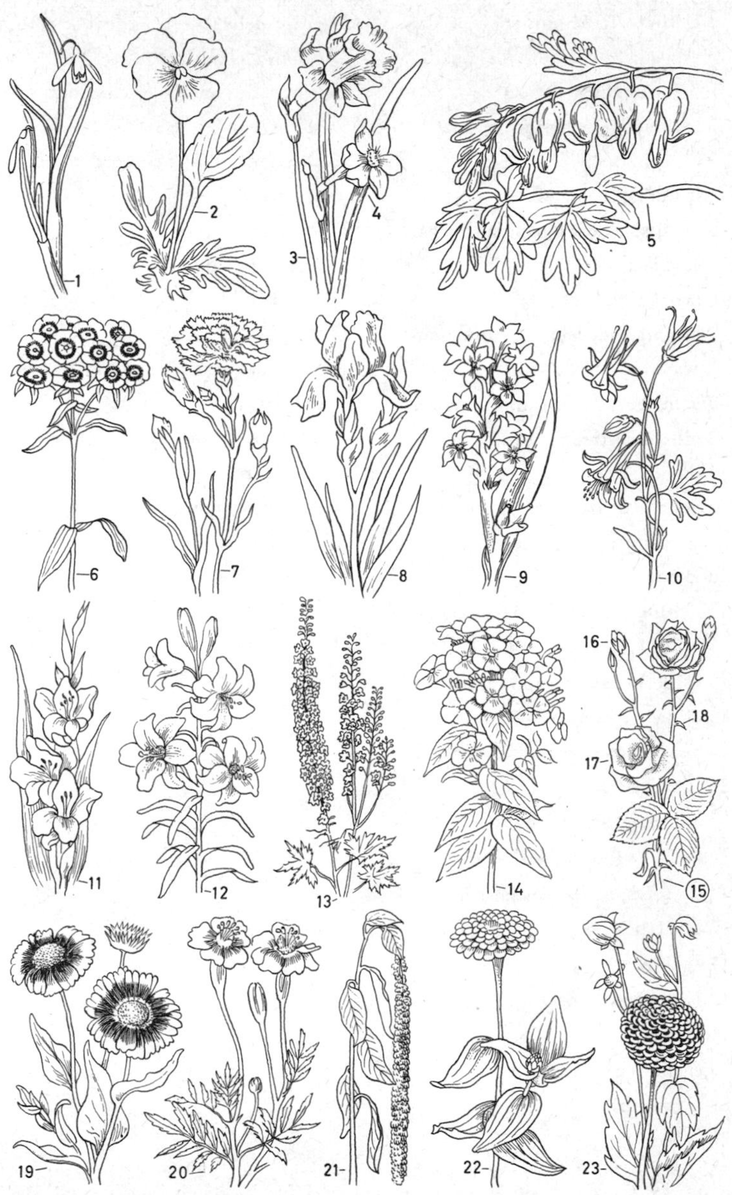
1
2
3
4
5
6
7
8
9
10
11
12
13
14
15
16
17
18
19
20
21
22
23

1 el aciano (la flor del trigo, la algarabía, la hierba de la Trinidad), una centáurea
2 la amapola, una papaverácea:
3 el capullo
4 la flor de la amapola
5 la cápsula de la amapola con las semillas;
6 la neguilla (arañuela)
7 la margarita del trigo, un crisantemo
8 la manzanilla del campo (manzanilla silvestre, manzanilla hedionda)
9 la bolsa de pastor *m* (la mostaza silvestre):
10 la flor
11 el fruto (la vaina), en forma *f* de bolsa *f*;
12 la hierba cana común (el zuzón)
13 el diente de león *m* (el amargón); *anál.:* la colleja, el orinacamas:
14 la cabezuela
15 la fructificación;
16 la oruga (eruca, hierba de los cantores, hierba de San Alberto), una crucífera
17 el aliso
18 la mostaza silvestre:
19 la flor
20 el fruto, una vaina;
21 la rabaniza:
22 la flor
23 el fruto (la vaina);
24 el armuelle (bledo, la orzaga, el ceñiglo, el cenizo)
25 la pata de ganso *m* (el quenopodio, la anserina)
26 el convólvulo (la enredadera de campo *m*)
27 los murajes (la eufrasia, el álsine *f* roja, la pamplina roja)
28 la cebadilla
29 la cizaña (el joyo)
30 la grama (grama de olor *m*, grama canina, grama de playa *f*, el rabo de zorra *f*); *anál.:* la agróstide (el carrizo)
31 el pacoyuyu fino (la galinsoga parviflora)
32 el cardo borriquero (*Amér.:* el caraguatá), un cardo
33 la ortiga

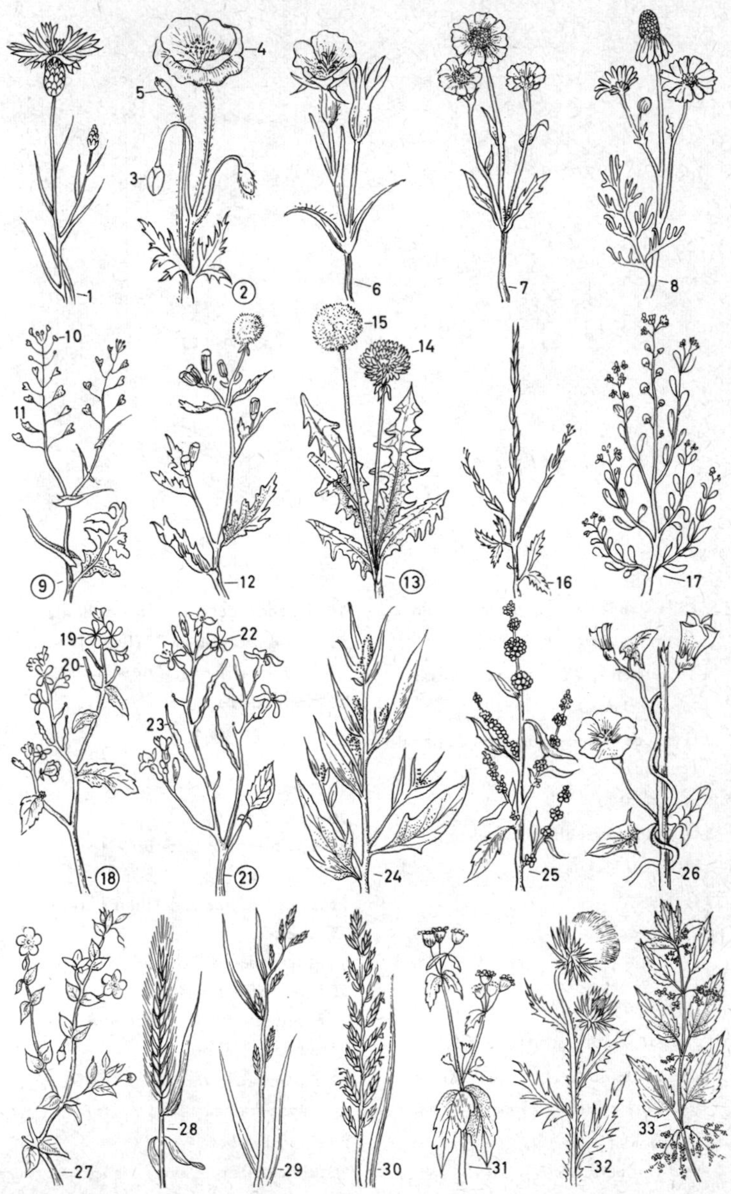
1
2
3
4
5
6
7
8
9
10
11
12
13
14
15
16
17
18
19
20
21
22
23
24
25
26
27
28
29
30
31
32
33

1-60 la granja (masía, heredad, quinta, el cortijo; *Amér.:* la chacra):

1 la puerta del patio (puerta del corral)

2 la puerta lateral

3 la casa de campo *m*, una casa de paredes *f* entramadas:

4 el entramado

5 la giralda (giraldilla), una veleta

6 el nido de la cigüeña:

7 la cigüeña;

8 el palomar:

9 la salida

10 el palomo, un palomo doméstico;

11 el lugar para el ensilado:

12 el ensilado de patatas *f*; *anál.:* el ensilado de remolacha *f* forrajera;

13 el muro del patio (*Chile:* el cierro), un muro de ladrillos *m*:

14 el tejadillo del muro (la albardilla);

15 la cuba para el agua *f* de lluvia *f* (*Arg.*, *Cuba*, *Perú*, *Venez.:* la casimba)

16 la pila de leña *f*

17 la pila de leños *m*

18 el tajo

19 el zoquete

20 el hacha *f*

21 el granjero (propietario; *Arg.:* el afincado)

22 la granjera (mujer del propietario)

23 la perrera

24 el perro del cortijo

25 la bomba de agua *f*:

26 el cilindro (tubo) de la bomba

27 la pila (el pilón)

28 el abrevadero (bebedero; *Amér.:* la aguada), una pila de piedra *f*;

29 el carro aljibe:

30 la pila de llenado *m* automático;

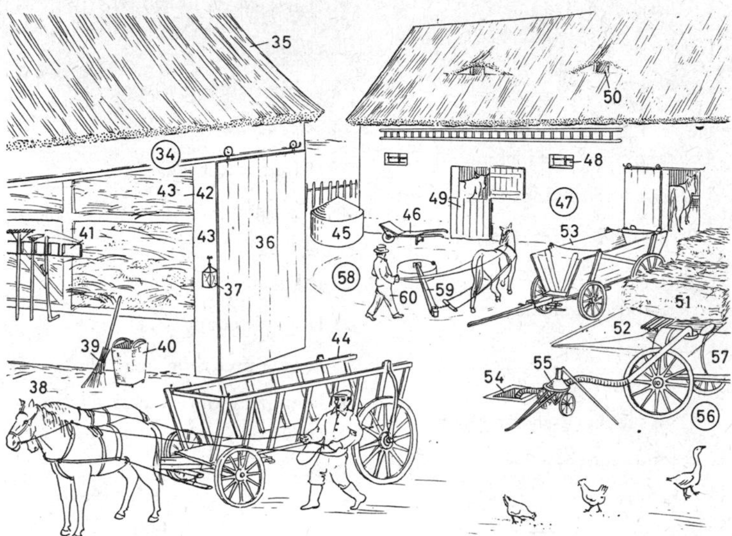

31 la criada (criada de la granja)

32 las aves de corral *m*

33 el carretón de la granja con ruedas *f* de goma *f*;

34 el granero (hórreo, troj, troje; *Perú:* la calca):

35 el tejado de paja *f*; *anál.:* el tejado de caña *f*, tejado de junco *m*

36 la puerta del granero

37 el farol del establo

38 la era

39 la escoba de ramas *f* (escoba de tamujos *m*)

40 la banasta

41 la percha de las herramientas

42 el pajar

43 la mies;

44 el carro de la cosecha, un carro con adrales *m*

45 el silo del forraje

46 la carretilla del estiércol

47 el establo; *clases:* la cuadra, la porqueriza, la vaqueriza (tinada), la cija, la cabreriza, el desteto:

48 la ventana del establo

49 la compuerta, una puerta de establo *m*

50 la ventana del techo (la lumbrera);

51 el estercolero

52 el enlosado del estercolero

53 el carro del estiércol, un carro caja

54 el depósito de agua *f* de estiércol *m* (depósito de purin *m*)

55 la bomba de agua *f* de estiércol *m* (bomba para el purin *m*)

56 el carro de agua *f* de estiércol *m* (carro de purin *m*)

57 el tanque de agua *f* de estiércol *m* (tanque de purin *m*)

58 el malacate de hortelano *m*:

59 la palanca del malacate;

60 el mozo de granja *f* (el peón)

1-46 labores *f* del campo:
1 el barbecho
2 el mojón límite
3 el lindero (límite, linde *amb.*)
4 el campo (la tierra labrantía)
5 el mozo de labranza *f* (el bracero del campo)
6 el arado
7 el terrón (la gleba)
8 el surco
9 el pedrejón
10-12 la siembra (sementera):
10 el sembrador
11 el sementero
12 el trigo de siembra *f* (la semilla, la simiente);
13 el guarda de campo *m* (el meseguero)
14 el abono artificial (abono comercial, fertilizante); *clases:* el abono potásico, abono fosfático, abono cálcico, abono nitrogenado
15 la carretada de estiércol *m*
16 la yunta de bueyes *m*
17 la campiña
18 el camino vecinal
19-24 la cosecha (recolección):
19 el campo de cereales *m*; *clases:* centenal *m*, trigal *m*, cebadal *m*, avenal *m*
20 la rastrojera
21 el tresnal (la garbera)
22 el seico
23 el haz (la gavilla, la garba):
24 el vencejo (tramojo);
25 el tractor agrícola
26 el granero abierto (hórreo, troj, troje)
27 la hacina
28 la niara (el almiar, el pajar)
29 la paja prensada, una bala de paja
30 la empacadora de paja *f* (el prensador de paja):
31 la boca de carga *f*
32 el alimentador
33 el atador
34 la cámara de prensado *m*;
35-43 la recolección del heno; *segunda cosecha:* la siega otoñal:
35 el prado (henar)
36 el henil
37 el montón de heno *m*
38 el caballete sueco para el secado del heno
39 el trípode para el secado del heno
40 el tajo de heno *m*
41 la carreta de heno *m*
42 la percha del heno
43 el colgadero del heno;
44 el tubo de drenaje *m*
45 la zanja de desagüe *m*
46 el campo de remolachas *f*

-17-
15
16
14
-13
5
12
11
10
1
3
9
4
6
2
8
7
26
19
28
-20-
21
27
25
18
29
31
32
33
30
34
22
24
23
36
35
38
39
41
37
40
46
43
42
45
44

1 la azada de arrastre *m*:
2 el mango de la azada;
3 la pala de empuje *m*
4 el aporcador:
5 la reja del aporcador;
6 la azada para las patatas
7 la horca de tres puntas *f* para el estiércol (horca del estiércol, horca)
8 la horca para las patatas (la bielda para las patatas, el trente, la pala de las patatas)
9 la pala
10 la horca para el estiércol
11 la horca de cuatro puntas *f* para el heno (horca del heno, horca)
12 la guadaña:
13 la hoja de la guadaña
14 el filo
15 el talón de la guadaña
16 el astil
17 la manija;
18 la guarda (el protector del filo)
19 la afiladera
20 la funda de la afiladera
21 el martillo de afilar:
22 la cola del martillo;
23 el yunque del guadañero
24 el rastro para las patatas
25 la hoz
26 el cesto para patatas *f* de siembra *f*
27 el mayal (látigo de trillar):
28 el mazo
29 el mango del mayal;
30 la horquilla de cavar
31 el rastrillo para el heno (rastrillo, rastro para el heno)
32 el azadón de rozar
33 el sacho (legón, ligón)
34 el cuchillo del forraje (el pisador del forraje)
35 el arrancador de remolachas *f*
36 el cortador rodante del forraje
37 el hierro de pie *m* cortador de forraje *m*
38 el cesto de las patatas, un cesto de alambre *m*
39 la carretilla del trébol, una máquina sembradora de trébol

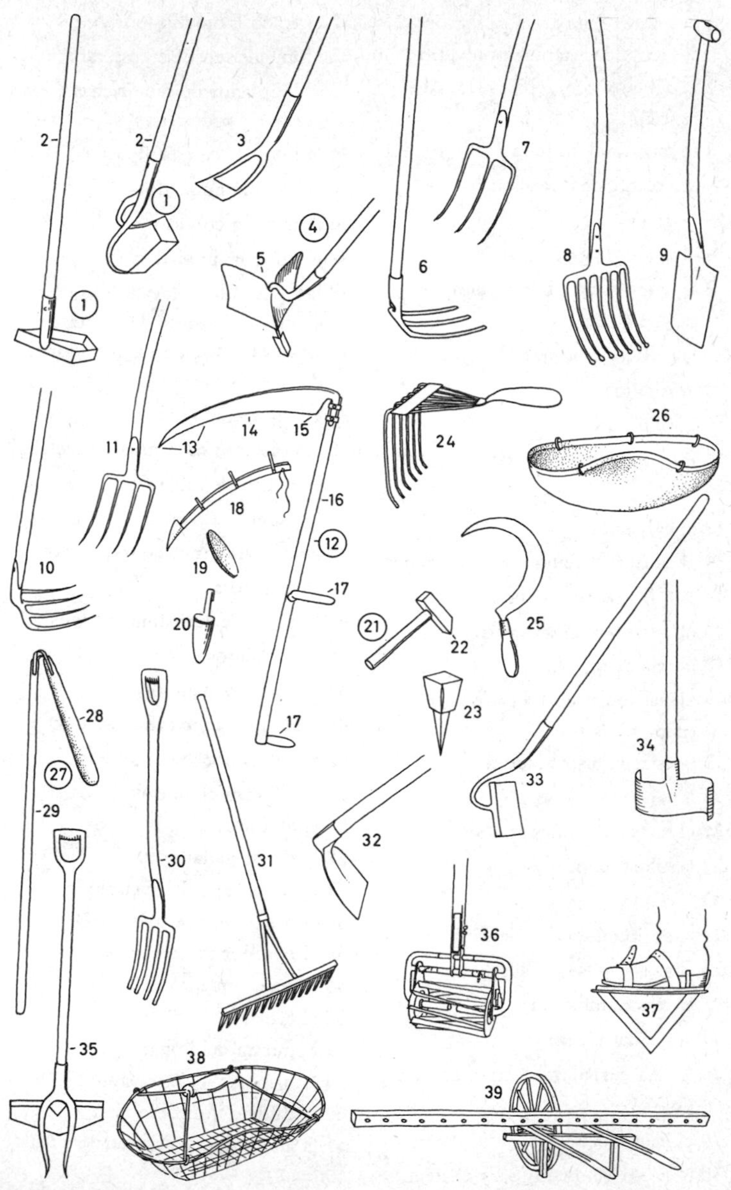
2
2
1
3
4
5
6
7
8
9
1
11
13
14
15
13
16
18
12
19
17
20
17
21
22
23
24
25
26
27
28
29
30
31
32
33
34
35
36
37
38
39

1 el tractor para usos *m* varios, un vehículo de tracción *f* universal:
2 la cubierta con perfil *m* de adherencia *f*
3 el asiento de ballesta *f*
4 el volante de dirección *f*;
5 la grada:
6 el anillo de gradar;
7 la máquina de abonar; *anál.:* la sembradora:
8 la caja esparcidora;
9 el rodillo:
10 el rulo;
11 la sembradora de patatas *f*:
12 la reja
13 el cubresurco
14 el canal distribuidor de las patatas
15 la tolva de las patatas;
16 el instrumento de aporcar:
17 la reja de aporcar;
18 el instrumento para la siembra a golpe *m*:
19 la estrella distribuidora
20 la reja;
21 el rastrillo del heno:
22 la hilera de púas *f*
23 la púa;
24 la sembradora en hileras *f*:
25 la caja con las semillas
26 la reja taladradora;
27 la guadañadora:
28 la reja cortadora (varilla cortadora);
29 el heneador:
30 la horca del heno (para el heno)
31 el freno inmovilizador de pie *m*
32 el muelle tensor en espiral *f*;
33 el limpiador de remolachas *f* con cortador *m* de raíces *f*:
34 la boca de carga *f* (la tolva)
35 la parrilla limpiadora
36 el tambor cortador
37 el tambor limpiador;
38 la cosechadora elevadora, una cosechadora elevadora de patatas *f*; *anál.:* la cosechadora elevadora de remolachas *f*:
39 el enganche
40 la conexión de toma *f* de fuerza *f*
41 la rampa de caída *f*
42 la cadena cribadora
43 la cuchara arrancadora;
44 la trilladora:
45 la tolva de autoalimentación
46 el sacudidor
47 el cilindro (tambor)
48 el desgranador (desbarbador)
49 el aventador
50 el cilindro clasificador
51 el elevador
52 la salida de la broza
53 el árbol (eje) del sacudidor
54 el prensador de paja *f*;
55 el cocedor de forraje *m*:
56 el revestimiento de la base
57 el cenicero
58 la puerta del hogar
59 el dispositivo basculante
60 la caldera volteable
61 la abrazadera con retención *f* de leva *f*

1
2
3
4
5
6
7
8
9
10
11
12
13
14
15
16
17
18
19
20
21
22
23
24
25
26
27
28
29
30
31
32
33
34
35
36
37
38
39
40
41
42
43
44
45
46
47
48
49
50
51
52
53
54
55
56
57
58
59
60
61

1-34 arados *m*,
1 el arado de ruedas *f*, un arado de un surco (de una sola reja); *clases:* el arado de ruedas, arado de soporte *m*, arado de vertedera *f* giratoria, arado aporcador:
2 la mancera
3 la esteva
4-8 el cuerpo del arado:
4 la vertedera
5 el montante vertical
6 el talón
7 la reja
8 el montante (puntal);
9 la cama
10 la cuchilla
11 la reja anterior
12 el regulador para la dirección automática por cadena *f*
13 la cadena para la guía automática
14-19 el antetrén:
14 el puente (yugo)
15 la rueda del macizo
16 la rueda del surco
17 la cadena de suspensión *f*
18 la vara de tiro *m*
19 el gancho de tiro *m*;
20 el arado de balancín *m*, un arado doble:
21 la manivela
22 el husillo
23 la cadena de tiro *m*;
24 el arado de soporte *m* [un arado de vertedera *f*]:
25 la cuchilla circular
26 la rueda soporte;
27 el arado de vertedera *f*:
28 el regulador de la anchura del surco
29 la varilla de ajuste *m*
30 la vara de tiro *m*;
31 el cultivador:
32 el bastidor
33 el fijador
34 la reja de pata *f* de ganso *m*;
35 la grada de discos *m*, un rastrillo:
36 el disco de la grada
37 el limpiabarros
38 el asiento de ballesta *f* (el sillín)
39 la palanca reguladora
40 la rueda de transporte *m*, recogida hacia arriba;
41 el arado patatero, una máquina cosechadora:
42 la rueda giratoria (rueda centrifugadora)
43 la horquilla centrifugadora
44 los dientes de la horquilla;
45 la escarificadora:
46 la mancera de dirección *f*
47 la cuchilla escarificadora;
48 la segadora-trilladora [sección longitudinal]:
49 la guadañadora
50 el tambor
51 el diente móvil
52 la cortadora y elevadora de espigas *f*
53 el tornillo sin fin alimentador
54 la dirección
55 el mecanismo de elevación *f* de granos *m*
56 el motor
57 el tambor trillador (cilindro trillador)
58 el batidor
59 la cesta trilladora
60 el emparrillado
61 el transportador de la paja
62 el batidor de la paja
63 la superficie cribadora
64 el transportador de retroceso *m*
65 el tamiz de la paja corta
66 el colector de grano *m*
67 el aventador [la primera limpieza]
68 el tornillo sin fin hacia el desgranador [la segunda limpieza]
69 el tornillo sin fin elevador de espigas *f*
70 el alimentador de la paja
71 la prensa de la paja
72 el eje de dirección *f*
73 el mecanismo de transmisión *f*

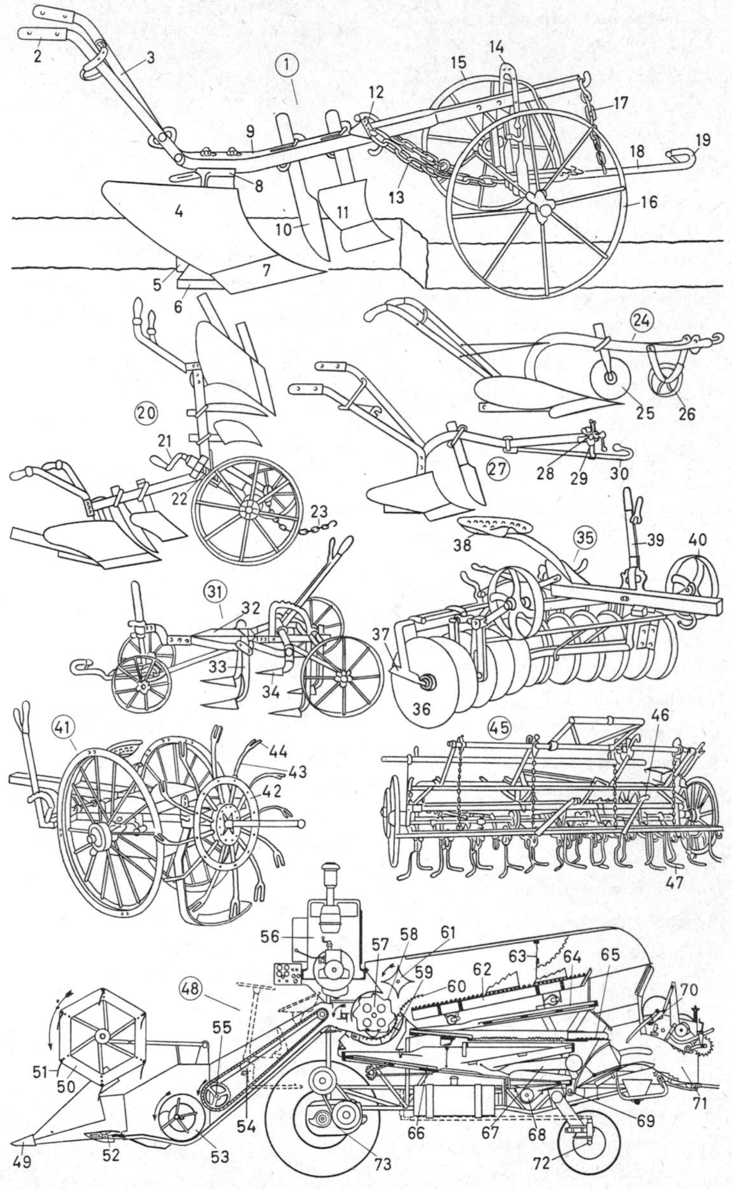
1
2
3
4
5
6
7
8
9
10
11
12
13
14
15
16
17
18
19
20
21
22
23
24
25
26
27
28
29
30
31
32
33
34
35
36
37
38
39
40
41
42
43
44
45
46
47
48
49
50
51
52
53
54
55
56
57
58
59
60
61
62
63
64
65
66
67
68
69
70
71
72
73

1-45 frutos *m* **del campo** *m* (productos *m* agrícolas),

1-37 clases *f* de cereales *m* (granos *m* panificables),

1 el centeno (*también:* el grano; grano significa a menudo el principal grano panificable, en España: el trigo, en el Norte de Alemania: el centeno, en Alemania del Sur: el trigo, en Suecia y en Noruega: la cebada, en Escocia: la avena, en Italia y Norteamérica: el maíz, en China: el arroz):

2 la espiga de centeno *m*, una espiga

3 la espiguilla

4 el cornezuelo, un grano deformado por un hongo;

5 la macolla de un cereal:

6 el tallo

7 el nudo

8 la hoja

9 la vaina de la hoja;

10 la espiguilla:

11 la gluma

12 la arista (barba)

13 la semilla (el grano, la parte harinosa);

14 el germen de la planta:

15 la semilla

16 el embrión

17 la raíz (el rejo, la radícula)

18 los pelos absorbentes de la raíz;

19 la hoja del cereal:

20 la lámina de la hoja

21 la vaina de la hoja

22 la lígula;

23 el trigo

24 la espelta [una variedad de escanda *f*]:

25 la semilla; *no madurada:* la espelta verde, un vegetal para sopa *f*;

26 la cebada

27 la avena

28 el mijo

29 el arroz:

30 el grano de arroz *m*;

31 el maíz; *variedades:* el maíz enano, maíz de pollos *m*, maíz cuarenteno, maíz de primavera *f*, maíz anaranjado, maíz tremesino, maíz blanco de diente *m* de caballo *m*, maíz de Cuzco, maíz azucarado, maíz negro tierno:

32 la inflorescencia femenina

33 la perfolla

34 el pistilo

35 la panícula de flores *f* masculinas;

36 la mazorca (panoja, panocha; *Méj.:* el cenancle)

37 el grano de maíz *m* (*Arg., Par.:* el grano de abatí *m*);

38-45 tubérculos *m*,

38 la patata (*Amér.:* la papa), una planta tuberosa; *clases:* redonda, ovalada, aplastada, arriñonada; según el color: blanca, amarilla, roja, púrpura:

39 la patata de siembra *f* (el tubérculo madre)

40 el tubérculo (la patata; *Amér.:* la papa, el bulbo)

41 las hojas de la patata

42 la flor

43 la baya no comestible de la patata, un fruto;

44 la remolacha azucarera, una remolacha:

45 la raíz (remolacha)

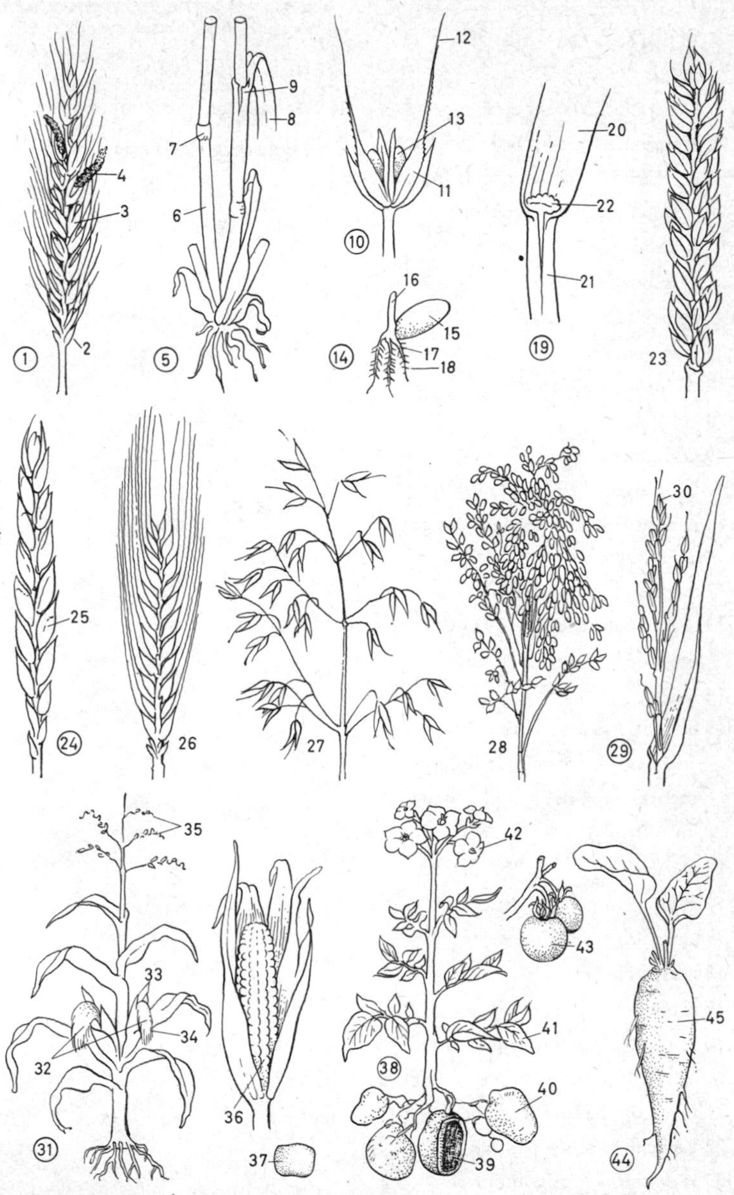

1
2
3
4
5
6
7
8
9
10
11
12
13
14
15
16
17
18
19
20
21
22
23
24
25
26
27
28
29
30
31
32
33
34
35
36
37
38
39
40
41
42
43
44
45

1-28 plantas *f* forrajeras
de cultivo *m*:
1 el trébol rojo (*Col.:* el carretonero)
2 el trébol blanco (trébol trepador)
3 el trébol híbrido (trébol de Suecia)
4 el trébol encarnado (trébol del Rosellón):
5 el trébol de cuatro hojas *f* (*pop.:* el trébol de la suerte);
6 la vulneraria:
7 la flor del trébol
8 la vaina;
9 la alfalfa (mielga)
10 la esparceta (el pipirigallo)
11 el trébol pie de pájaro *m* (la serradella), un ornitopo
12 la espérgula (arenaria)
13 la gran consuelda (lengua de vaca *f*, oreja de asno *m*), un sínfito:
14 la flor;
15 el haba *f* gruesa (haba panosa; *anál.:* el haba común, la judía escarlata, haba del ganado, haba de los caballos):
16 la vaina;
17 el lupino amarillo (altramuz amarillo)
18 la alverja (veza)
19 el garbanzo forrajero
20 el alforfón común (trigo sarraceno)
21 la remolacha forrajera
22 la avena loca (avena silvestre):
23 la espiguita (espiguilla);
24 la cañuela, una festuca
25 la pata de gallo *m*
26 la tembladera (los zarcillitos)
27 el alopecuro (la cola de zorra *f*)
28 los murajes rojos (la pimpinela escarlata, la sanguisorba)

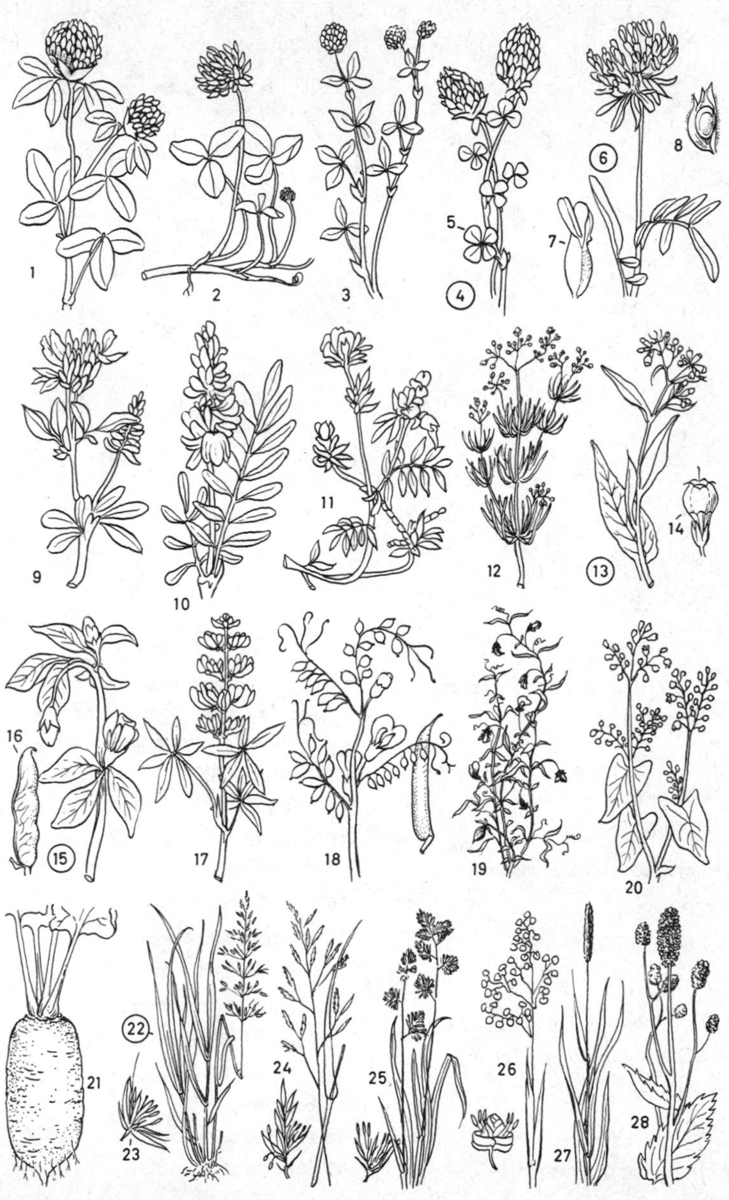
1
2
3
4
5
6
7
8
9
10
11
12
13
14
15
16
17
18
19
20
21
22
23
24
25
26
27
28

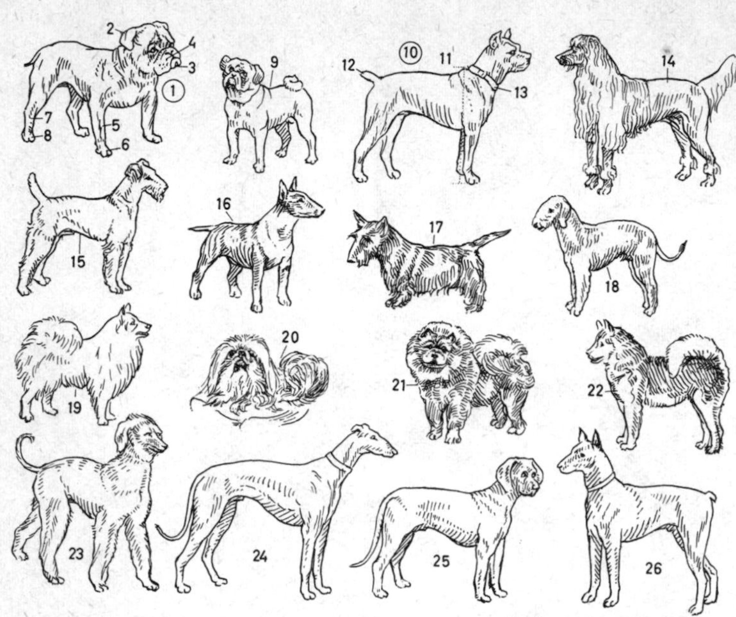

1 el perro dogo (perro de presa *f*, el bull-dog):

2 la oreja

3 la boca

4 el hocico

5 el brazo (la pata delantera)

6 la mano

7 la pata trasera

8 el pie;

9 el doguino (doguillo)

10 el bull-dog alemán (boxer):

11 la cruz

12 la cola, una cola cortada;

13 el collar de perro *m*

14 el perro de lanas *f* (perro de aguas *f*); *parecido pero más pequeño:* el "poodle" miniatura (*Amér. Merid.:* el choco)

15-18 los terriers:

15 el fox-terrier (terrier de pelo *m* duro)

16 el bull-terrier

17 el terrier escocés

18 el terrier Bedlington;

19 el perro de Pomerania

20 el pequinés (perro faldero)

21 el chao (chao chao, perro cantonés)

22 el perro esquimal

23 el perro afgano

24 el galgo

25 el sabueso (perro de caza *f*), un podenco

26 el terrier Doberman

27-30 el equipo del perro:

27 el bozal (*Cuba*, *Perú:* la hociquera)

28 el cepillo de perro *m*

29 el peine de perro *m*

30 la cuerda (correa); *en cacerías:* la traílla;

31 el alsaciano (perro lobo alsaciano, mixtolobo, perro pastor alemán), un perro policía y guardián:

32 los labios;

33 el perro tejonero

34 el perro gran danés (dogo alemán)

35 el hueso

36 la escudilla de la comida

37 el perro ratonero (terrier alemán de pelo *m* duro)

38 el perro San Bernardo

39 el perro de Terranova

40-43 perros *m* de caza *f*:

40 el perro de muestra *f* alemán

41 el setter (perro de muestra *f* inglés), un perdiguero

42 el perro de aguas *f* cocker

43 el perro de muestra *f* (el pointer), un perro rastreador

1-6 equitación *f* (el arte de montar a caballo *m*, la equitación de alta escuela *f*):
1 el piafe
2 el paso (paso corto, paso de escuela *f*)
3 el passage (paso español)
4 la levade (pirueta)
5 la cabriola
6 la corveta (elevación de manos *f*);

7-25 los arreos (arneses),
7-13 y 25 las guarniciones (los arreos),
7-11 la cabezada (*Amér. Central:* el gamarrón):
7 la muserola
8 la quijera
9 la frontalera
10 la testera
11 el ahogadero;
12 la cadenilla de barbada *f*
13 el bocado con la barbada;
14 el gancho del tirante
15 la collera
16 el adorno de la collera
17 el sillín
18 la barriguera
19 la sufra
20 la cadena de la vara
21 la vara (lanza, flecha)
22 el tirante
23 la barriguera auxiliar
24 el tiro
25 las riendas (bridas);

26-36 los arreos de pecho *m*:
26 las anteojeras (*Cuba*, *P. Rico:* la visera)
27 la anilla del petral
28 el petral
29 la horquilla del sobrecuello
30 el sobrecuello
31 el sillín
32 la correa del lomo
33 las riendas (bridas)
34 la baticola
35 el tirante
36 la barriguera;

37-49 sillas *f* **de montar,**
37-44 la silla de paseo *m*:
37 el sillín (asiento)
38 el borrén delantero
39 el borrén trasero
40 la hoja (el faldón) lateral
41 los refuerzos
42 la ación (*Amér.:* la estribera)
43 el estribo
44 la manta de la silla (el sudadero; *Arg.*, *Urug.:* el sobrepelo; *Col.*, *Venez.:* el sufridor);

45-49 la silla inglesa:
45 el sillín (asiento)
46 el pomo
47 la hoja (el faldón) lateral
48 la hoja falsa
49 el baste;

50 y 51 espuelas *f*:
50 el espolín (la espuela fija, espuela clavada)
51 la espuela de correílla *f*;
52 el bocado
53 el freno
54 la almohaza (*Amér. Merid.:* la rasqueta)
55 la bruza

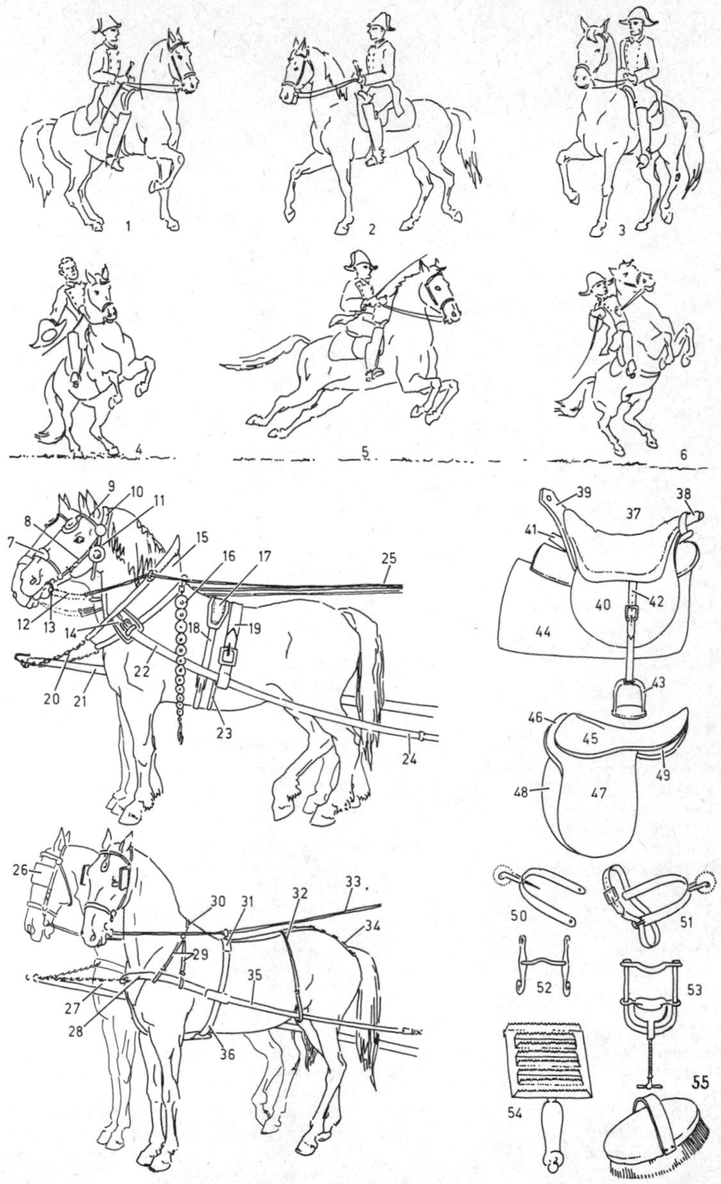
1
2
3
4
5
6
7
8
9
10
11
12
13
14
15
16
17
18
19
20
21
22
23
24
25
26
27
28
29
30
31
32
33
34
35
36
37
38
39
40
41
42
43
44
45
46
47
48
49
50
51
52
53
54
55

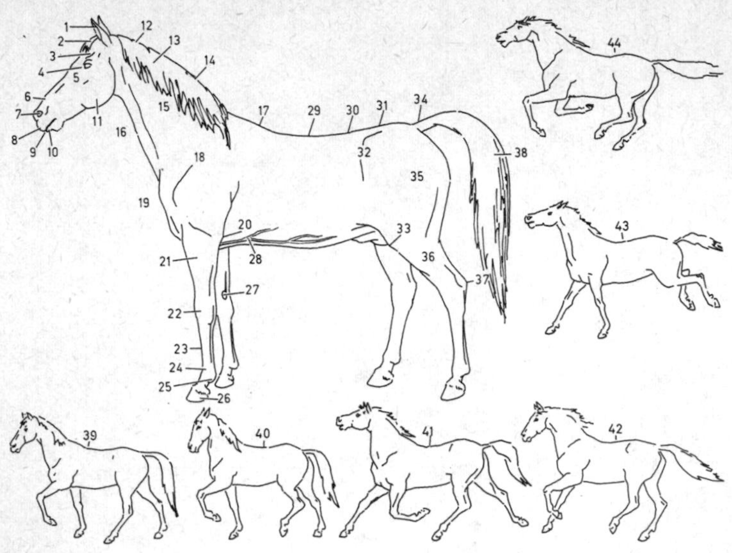

1-38 la forma exterior del caballo,
1-11 la cabeza:
1 la oreja
2 el copete (*Chile:* el moño)
3 la frente
4 el ojo
5 la cara
6-10 el hocico:
6 la nariz
7 el ollar
8 el labio (belfo) superior
9 la boca
10 el labio (belfo) inferior;
11 la quijada inferior;
12 la nuca
13 la crin
14 la cerviz
15 el lado (la tabla) del cuello
16 la garganta
17 la cruz
18-27 la mano delantera:
18 la espalda
19 el pecho
20 el codillo
21 el brazo
22-26 el antebrazo (brazuelo):
22 la rodilla delantera
23 la caña
24 el menudillo
25 la cuartilla
26 el casco;
27 el espejuelo (la castaña), una callosidad;
28 la vena torácica larga (vena de la espuela)
29 el lomo
30 los riñones (la región lumbar)
31 la grupa
32 la cadera
33-37 el pie:
33 la rodilla
34 el maslo
35-37 el cuarto trasero:
35 el anca *f*
36 la babilla
37 el corvejón;
38 la cola;
39-44 los aires del caballo:
39 el paso
40 el paso de andadura *f*
41 el trote
42 el galope a la izquierda
43 y **44** el galope tendido (galope de carrera *f*):
43 el galope en el momento de la caída sobre los remos anteriores
44 el galope en el momento en que los cuatro pies están en el aire

Abreviaturas:
m. = macho; *c.* = castrado; *h.* = hembra; *j.* = joven

1 y **2** ganado *m* mayor:
1 la vaca, un animal bovino, un animal con cuernos *m*, un rumiante; *m.* el toro; *c.* el buey; *h.* la vaca; *j. m.* el ternero; *j. h.* la ternera
2 el caballo; *m.* el caballo padre (caballo semental; *Amér.:* el garañón); *c.* el caballo castrado; *h.* la yegua; *j.* el potro;
3 el asno (burro, borrico):
4 la albarda
5 la carga
6 la cola empenachada
7 la borla;
8 el mulo, un híbrido de asno *m* (de garañón *m*) y yegua *f*
9 el cerdo (puerco, cochino, marrano; *Amér.:* el chancho; *Perú:* el cuchí), un animal con cerdas *f*, un animal de pezuñas *f* hendidas (artiodáctilo *m*); *m.* el cerdo padre (verraco); *h.* la puerca; *j.* el lechón:
10 el hocico
11 la oreja
12 la cola enroscada;
13 la oveja; *m.* el carnero (morueco); *h.* la oveja; *j.* el cordero (borrego)
14 la cabra:
15 la barba de la cabra;
16 el perro, un perro Leonberg; *h.* la perra; *j.* el cachorro
17 el gato, un gato de Angora; *h.* la gata
18-36 pequeños animales *m* de granja *f*:
18 el conejo casero; *h.* la coneja
19-36 aves *f* de corral *m*,
19-26 la gallina y el gallo,
19 la gallina:
20 el buche;
21 el gallo; *c.* el capón; *j.* el pollo:
22 la cresta (*Bol.:* la corota; *Pan.:* la sierra)
23 la carúncula (el lóbulo de la oreja)
24 la barba
25 la cola en forma *f* de hoz *f*
26 el espolón (*Amér.:* la espuela);
27 la gallina de Guinea (la pintada)
28 el pavo; *h.* la pava:
29 la cola en abanico *m* (la rueda);
30 el pavo real:
31 la pluma del pavo real
32 el ocelo;
33 la paloma; *m.* el palomo; *j.* el pichón
34 el ganso; *h.* la gansa;
35 el pato; *h.* la pata:
36 la membrana de los dedos palmeados

1-46 la cría de gallinas *f*
(cría de aves *f*, la avicultura),
1 el ponedero:
2 la ventana móvil (ventana graduable)
3 la entrada con dispositivo *m* especial de cierre *m*
4 la escalera para las gallinas
5 el ponedero trampa
6 el ponedero (nidal);
7 la avicultora (criadora de aves *f*)
8 el comedero automático de las gallinas
9 el gallo
10 el cobertizo contra el sol
11 el avicultor (criador de aves *f*)
12 el poste de la luz
13 el gallinero:
14 la percha (el palo)
15 la plancha de las gallinazas (de los excrementos)
16 el escarbadero;
17 la gallina clueca (la llueca)
18 el corral (la pollera)
19 el depósito de pienso *m* verde
20 la gallina
21 el baño de polvo *m* (el revolcadero)
22 el comedero de pienso *m* seco
23 la alambrada de tela *f* metálica
24 la estaca de la alambrada
25 la puerta de la alambrada
26 el cierre automático de la puerta
27 el criadero de los polluelos:
28 la estufa para los polluelos
29 la cama de paja *f*
30 la incubadora
31 la entrada [con dispositivo *m* especial de cierre *m*]
32 la puerta de corredera *f*;
33 el pollito (polluelo)
34 el comedero de los polluelos
35 el bebedero de cubo *m*
36 la caja para transporte *m* de huevos *m*
37 el bebedero de los pollitos
38 el comedero de los pollitos
39 la máquina clasificadora y pesadora de huevos *m*
40 la caja de transporte *m* de pollitos *m*
41 la máquina cortadora de pienso *m* en verde
42 la anilla de la pata de la gallina
43 la placa de identificación *f* de las aves
44 la gallina americana (gallina enana, gallina bantam)
45 la gallina ponedora
46 el ovoscopio;

47 el huevo de gallina *f*
(huevo; *Cuba:* el blanquín de gallina):
48 la cáscara caliza, un integumento del huevo
49 la membrana (piel) de la cáscara
50 la cámara de aire *m*
51 la clara del huevo
52 la chalaza
53 la membrana de la yema (membrana vitelina)
54 el blastodisco (la marca del gallo; *Chile:* el migajón)
55 la vesícula germinativa (cicatrícula)
56 la yema blanca
57 la yema amarilla

12
1
5
2
3
13
6
7
9
11
14
4
8
10
15
17
16
22
19
18
20
25
24
23
21
27
26
30
28
31
29
32
33
33
34
41
35
40
37
39
38
36
42
46
43
45
44
55
54
48
51
56
49
53
57
52
50
43
47

1-16 la caballeriza (cuadra):

1 la linterna de la cuadra, un farol de mano *f*

2 el pesebre del heno

3 el pesebre (comedero)

4 la cadena del caballo

5 el caballo

6 la collera

7 el puesto (box) de los caballos

8 el estiércol de caballo *m* (el cagajón)

9 el haz de paja *f*

10 el mozo de cuadra *f*

11 el portacubos

12 la cama de paja *f* (cama)

13 la horquilla

14 la barra móvil de separación *f*

15 el albéitar (veterinario)

16 la linterna contra el viento, un farol de petróleo *m*;

17-38 la vaqueriza (el establo):

17 la moza de establo *m*

18 la vaca:

19 la ubre

20 el pezón;

21 el canal de los orines

22 la bosta (boñiga), un excremento

23-29 la ordeñadora mecánica (ordeñadora automática):

23 el racimo de las ventosas de goma *f*, con tubos *m* para la leche y el aire

24 el conducto de la leche

25 la membrana pulsátil (el pulsador)

26 el cubo (depósito) de la leche

27 el motor

28 la bomba de vacío *m*

29 el vacuómetro (indicador de vacío *m*);

30 el pasillo para la limpieza

31 la cadena de la vaca

32 el pesebre (comedero)

33 el pasillo para repartir el pienso

34 la lechera (jarra de leche *f*; *Col.:* la cantina)

35 el abrevadero automático:

36 el abrevadero

37 la tapadera del abrevadero;

38 el cuerno de la vaca;

39-47 la porqueriza (pocilga):

39 el departamento de los lechones

40 el cochinillo (lechón, cerdito)

41 la pocilga (zahurda)

42 la cerda madre (*Amér.:* la verraca)

43 la artesa de la comida (artesa del pienso)

44 el desagüe de los orines

45 el sumidero de los orines

46 la portezuela para los lechones

47 la carretilla del estiércol

1
2
3
4
5
6
7
8
9
10
11
12
13
14
15
16
17
18
19
20
21
22
23
24
25
26
27
28
29
30
31
32
33
34
35
36
37
38
39
40
41
42
43
44
45
46
47

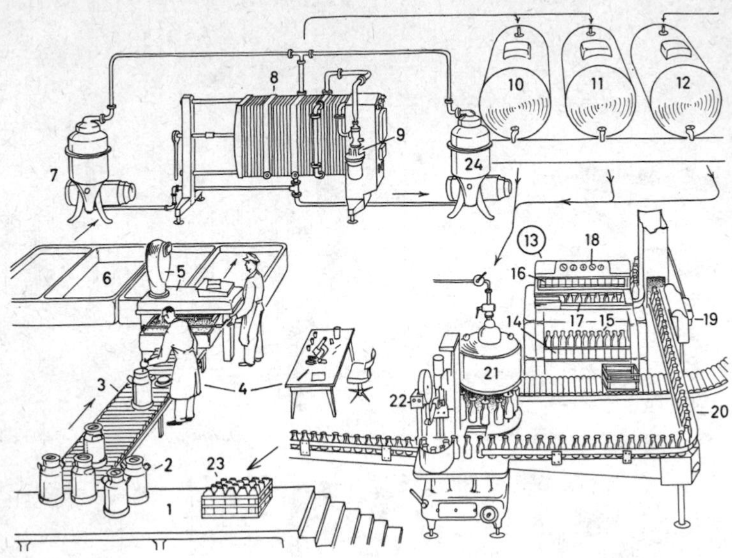

1 la rampa de recepción *f*

2 la lechera (vasija para leche *f*)

3 la mesa rodante transportadora de lecheras *f*

4 el control de recepción *f*

5 la balanza luminosa de la leche

6 la pila de recepción *f* de leche *f*

7 el coladero (colador)

8 el calentador de chapa *f*

9 el termostato

10-12 los tanques de almacenamiento *m* de la leche:

10 el tanque de la leche natural (de la leche completa)

11 el tanque de la leche desnatada

12 el tanque de suero *m* de mantequilla *f*;

13-22 la instalación completamente automática de limpieza *f*, llenado *m* y cierre *m* de botellas *f*,

13 la máquina lavadora de botellas *f*:

14 el estante de carga *f*

15 las botellas sucias

16 el mecanismo de sujeción *f* de las botellas

17 el extractor de las botellas lavadas

18 el tablero de instrumentos *m* indicadores de temperatura *f* y presión *f*;

19 el comprobador al trasluz [con dispositivo *m* de freno *m*]

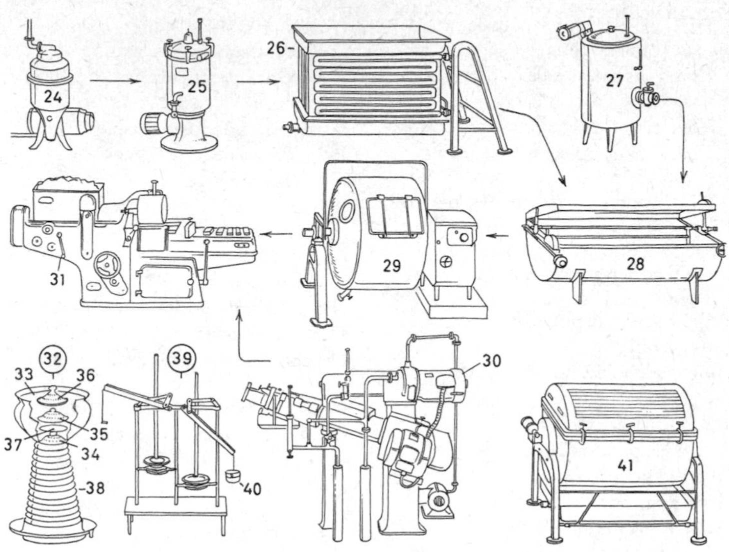

20 la correa transportadora de botellas *f*

21 la máquina llenadora

22 la máquina de cierre *m* (*Amér.*: la tapadora);

23 la jaula de botellas *f* de leche *f*

24 la descremadora

25 el calentador de la crema centrifugada

26 el enfriador de la crema, un enfriador solidificador

27 el aparato de acidulación *f*

28 el depósito de agriar la crema

29 la mantequera de acero *m* para mazar mantequilla *f* de crema *f* agriada

30 la mantequera para mazar crema *f* sin agriar

31 la máquina de modelar y empaquetar la mantequilla

32 el enfriador de leche *f* del día:

33 la vasija de aprovisionamiento *m* [sección]

34 el tamiz fino

35 el tamiz mediano

36 el tamiz grueso

37 el disco de algodón *m*

38 el enfriador;

39 la prensa de husillo *m* para el queso:

40 las pesas;

41 la máquina de queso *m* de crema *f* (máquina de requesón *m*)

1-25 la abeja (abeja melífica, abeja de colmena *f*),
1 y **4-5** las castas de las abejas,
1 la obrera (abeja neutra):
2 los tres ojos sencillos (tres ocelos)
3 la carga de polen *m* en la pata trasera;
4 la abeja machiega (maesa, maestra, reina)
5 el zángano (la abeja macho);
6-9 la pata trasera izquierda de una obrera:
6 el cestillo de polen *m*
7 el cepillo
8 el gancho bífido
9 la pinza suctoria;
10-19 el abdomen de la obrera,
10-14 el aparato de picar:
10 el gancho
11 el aguijón
12 la vaina del aguijón
13 la vejiga del veneno
14 la glándula del veneno;
15-19 el canal digestivo:
15 el intestino
16 el estómago
17 el músculo (tejido) contráctil
18 la bolsa de la miel
19 el esófago;
20-24 el ojo afacetado (ojo compuesto, ojo de insecto *m*):
20 la faceta
21 el cono de cristal *m*
22 la parte sensitiva
23 la fibra del nervio visual (del nervio óptico)
24 el nervio óptico (nervio visual);
25 la laminilla (escama) de cera *f*;
26-30 la celda:
26 el huevo
27 la celda con el huevo en su interior *m*
28 la cresa
29 la larva
30 la ninfa (crisálida);
31-43 el panal de miel *f*:
31 la celda de incubación *f*
32 la celda tapada con la ninfa
33 la celda operculada llena de miel *f*
34 las celdas de las obreras
35 las celdas depósito de polen *m*
36 las celdas de los zánganos
37 la celda de la reina
38 la reina (machiega, maesa, maestra) saliendo
39 el copete
40 el bastidor (marco)
41 el asa *f* separadora
42 el panal artificial
43 la base de cera *f* prensada troquelada;
44 la caja de transportar a la reina
45-50 la colmena [de madera *f*]:
45 la colmena movilista (colmena múltiple) con los panales
46 la cámara de incubación *f* con los panales para las crías
47 el separador (la rejilla que impide el paso de la reina)
48 la piquera
49 la tablilla para el vuelo
50 la ventana;
51 un cobertizo anticuado de abejas *f*:
52 la colmena de cañas *f*;
53 el enjambre de abejas *f*
54 la red para retener el enjambre
55 el gancho candente
56 un colmenar moderno
57 el apicultor (colmenero):
58 el velo contra las abejas
59 la pipa ahumadora;
60 el panal natural
61 el meloextractor
62 y **63** la miel colada:
62 la vasija para la miel
63 el tarro de miel *f*;
64 la tajada de bresca *f*
65 el torzal de cera *f* (la cerilla)
66 la candela de cera *f* (el cirio)
67 la cera de abejas *f*
68 el ungüento antirreumático a base *f* de veneno *m* de abejas *f*

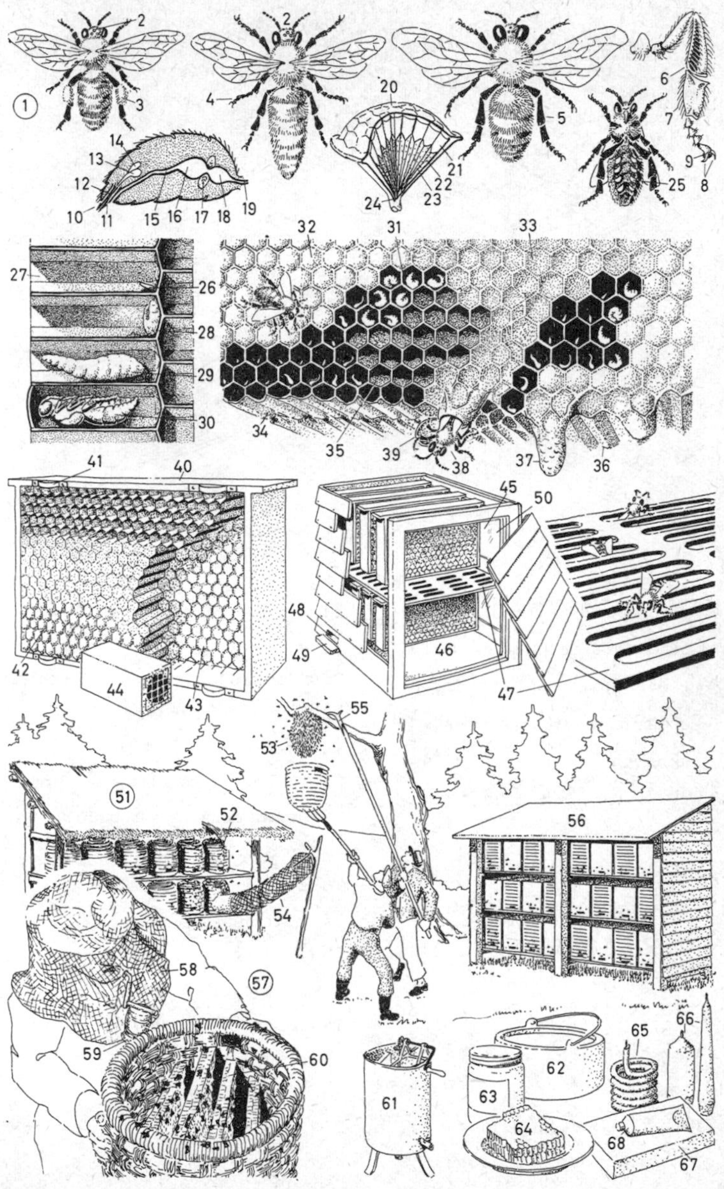
1
2
3
4
2
20
5
6
7
9
8
14
13
12
10
11
15
16
17
18
19
21
22
23
24
25
27
26
28
29
30
32
31
33
34
35
39
38
37
36
41
40
42
44
43
45
50
48
49
46
47
53
55
51
52
54
56
58
57
59
60
61
62
63
64
65
66
68
67

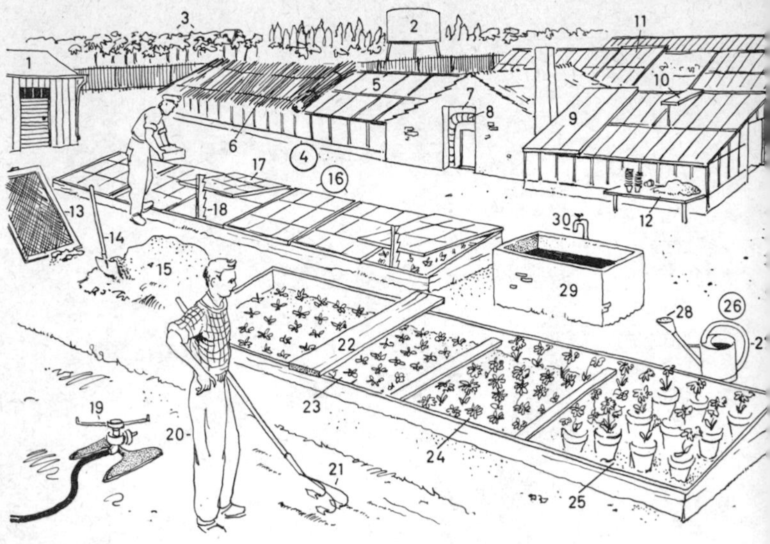

1-51 el plantel (criadero, vivero):

1 el cobertizo de los útiles

2 el depósito elevado de agua *f*

3 el plantel de árboles *m* frutales (la almáciga)

4 el invernáculo (la estufa, el invernadero):

5 el tejado de cristal *m*

6 la estera de cañizo *m* (estera de paja *f*, el sombrajo)

7 el cuarto de la calefacción

8 el tubo de la calefacción

9 la cubierta de tablas *f* (las tablas para dar sombra *f*)

10 la ventana de ventilación *f* [una ventana móvil o graduable]

11 la ventana de corredera *f* para la ventilación;

12 el tablero para plantar en macetas *f*

13 la zaranda (criba)

14 la pala de hortelano *m*

15 el montón de tierra *f* (tierra preparada, tierra con mantillo *m*, tierra de huerto *m*)

16 la almajara (cama caliente):

17 la ventana de la almajara

18 el puntal con muescas *f* para la ventilación;

19 el aparato de lluvia *f* artificial (la rociadera)

20 el hortelano (jardinero)

21 la grada de mano *f* (el cultivador de mano)

22 el tablón de paso *m* y trabajo *m*
23 esquejes *m*
24 las flores tempranas [cultivo de estufa]
25 plantas *f* de maceta *f*
26 la regadera con asa *f*:
27 el asa *f*
28 la roseta (el rallo, la lluvia);
29 el depósito de agua *f*
30 el tubo del agua *f*
31 la bala de serrín *m* de turba *f*
32 la casa templada (el invernadero templado)
33 el invernadero frío, un semisótano
34 el aeromotor (motor de viento *m*):
35 la rueda de paletas *f*;
36 el macizo de flores *f*:
37 el vallado de anillos *m*;
38 el arriate de hortalizas *f*:
39 la cerca de ladrillos *m*;
40 el puesto de verduras *f*:
41 la muestra [del puesto]
42 el toldo (*Méj.*: la sombra)
43 la lista de precios *m* de las verduras
44 el mostrador;
45 el cesto para el reparto de las verduras
46 la planta de macetón *m*:
47 el macetón
48 el asa *f*;
49 la hortelana (jardinera)
50 el mozo del huerto
51 la caja de las plantas de semilla *f*

1-20 la región vinícola:

1 el viñedo, durante la vendimia

2 la casita del viñador (del viñatero)

3-6 la vid:

3 el sarmiento (pámpano)

4 el zarcillo (la tijereta)

5 la pámpana (hoja de la vid)

6 el racimo;

7 el rodrigón

8 la tina de recolección *f*

9 la vendimiadora recolectando uvas *f*

10 el cuchillo para la vendimia

11 el viticultor (vinicultor)

12 el cuévano (la banasta)

13 el carro cuba

14 el mozo del viñedo vertiendo las uvas estrujadas

15 la cuba de las uvas estrujadas

16 la prensa de uvas *f*

17 el jarro

18 el vendimiador

19 la cruz del camino

20 la ruina (las ruinas, ruinas de un castillo);

21 la bodega:

22 la bóveda
23 la bota (el barril de vino *m*)
24 el tanque (depósito de vino *m*)
25 el embotellado del vino
26 el aparato de llenar las botellas
27 la máquina de taponar:
28 la prensa de los corchos;
29 el tapón de corcho *m* (*Venez.*: la huilla)
30 la jarra de vino *m*
31 la bodega de botellas *f*:
32 la estantería de las botellas
33 la botella de vino *m*
34 la cesta de las botellas
35 el ayudante de bodega *f*;
36 la cata del vino:
37 el barril de vino *m*
38 la pipeta
39 el bodeguero
40 el catador de vino *m*, un conocedor de vinos *m*;
41 la prensa (el lagar):
42 la prensa hidráulica de uvas
43 la tina de la prensa
44 la carretilla de la prensa
45 el zumo de uvas *f*

1-19 insectos *m* nocivos a los frutos,
1 la lagarta, un liparino:
2 la bolsa de huevos *m*
3 la oruga
4 la crisálida (el capullo);
5 la polilla del manzano, un hiponomeuta:
6 la larva
7 la tela
8 la oruga comiendo las partes blandas de la hoja;
9 la torcedora de la piel del fruto (torcedora del manzano)
10 el pulgón de la flor del manzano (pulgón del manzano):
11 la flor destruida
12 la picadura;
13 la malacosoma neustria (falsa lagarta):
14 la oruga
15 los huevos;
16 la mariposa de la escarcha (la queimatobia):
17 la oruga;
18 la mosca del cerezo (mosca del fruto del cerezo), una mosca taladradora:
19 la larva (cresa);
20-27 plagas *f* de las vides,
20 el mildiu (mildiú, mildeu), una enfermedad que causa la caída de la hoja:
21 la uva dañada (el pellejo de uva);
22 el piral de las viñas:
23 la oruga de la 1.ª generación
24 la oruga de la 2.ª generación
25 la ninfa (crisálida);
26 la filoxera (el piojo de la vid):
27 la excrecencia vesicular de la raíz (la agalla de la raíz);
28 la portesia:
29 la oruga
30 la bolsa de huevos *m*
31 el nido de invernación *f*;
32 la esquizoneura lanuda (el pulgón del manzano):
33 la agalla del pulgón, una excrecencia
34 la colonia de pulgones *m* del manzano;
35 la cochinilla de San José, un cóccido:
36 las larvas [las masculinas, alargadas; las femeninas, redondas];
37-55 insectos *m* nocivos a la agricultura (plagas *f* del campo),
37 el escarabajo elástico (escarabajo de resorte *m*), un elatérido:
38 el gusano de elatérido *m*, una larva;
39 el pulgón
40 la mosca de Hessen (el mosquito de Hessen), un mosquito de agalla *f*:
41 la larva;
42 el agrotis de los sembrados, una mariposa de tierra *f*:
43 la crisálida (ninfa)
44 el gusano de agrótido *m*, una oruga;
45 el escarabajo de la remolacha, un sílfido:
46 la larva;
47 la gran mariposa blanca de la col:
48 la oruga de la pequeña mariposa blanca de la col;
49 el gorgojo del trigo, un curculiónido:
50 la parte comida;
51 la anguílula de la remolacha, un nematodo
52 el escarabajo de la patata (escarabajo del Colorado):
53 la larva adulta
54 la larva joven
55 los huevos

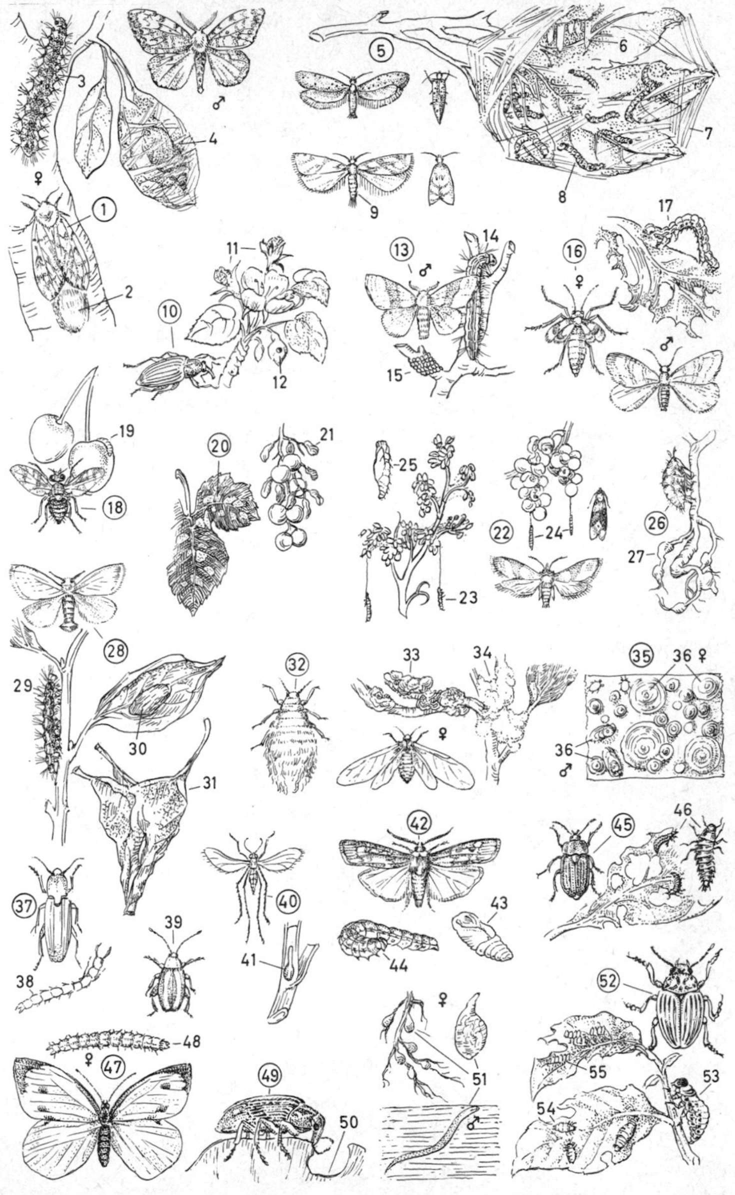
1
2
3
4
5
6
7
8
9
10
11
12
13
14
15
16
17
18
19
20
21
22
23
24
25
26
27
28
29
30
31
32
33
34
35
36
37
38
39
40
41
42
43
44
45
46
47
48
49
50
51
52
53
54
55

1 el escarabajo (abejorro, melolonta), un coleóptero:
2 la cabeza
3 el palpo (la antena)
4 el protórax
5 el escudete
6-8 las patas:
6 la pata anterior
7 la pata media
8 la pata trasera;
9 el abdomen
10 el élitro
11 el ala *f* membranosa
12 el gorgojo del melolonta, una larva
13 la crisálida (ninfa)
14 la procesionaria, una mariposa nocturna:
15 la mariposa
16 las orugas marchando en procesión *f*;
17 la esfinge del pino:
18 la mariposa
19 los huevos
20 la oruga (larva, el gusano)
21 la crisálida (ninfa);
22 el escarabajo tipógrafo, un escarabajo de la corteza,
23 y **24** las galerías bajo la corteza:
23 la galería matriz para los huevos
24 la galería de la larva;
25 la larva (oruga, el gusano)
26 el escarabajo;
27 la mariposa del pino, un esfíngido
28 la mariposa blanca ribeteada, un geometrino:
29 la mariposa macho
30 la mariposa hembra
31 la oruga (larva, el gusano)
32 la crisálida (ninfa);
33 el cínips del roble:
34 la agalla
35 la avispa
36 la larva en la cámara larval;
37 la agalla de la hoja de haya *f*
38 el áfido de la agalla del abeto:
39 la forma migratoria (el áfido alado)
40 la agalla, en forma *f* de piña *f*, del abeto;
41 el gorgojo del pino:
42 el escarabajo;
43 la torcedora verde del roble, un torcedor:
44 la oruga (larva, el gusano)
45 la mariposa;
46 la falena del pino:
47 la oruga (larva, el gusano)
48 la mariposa

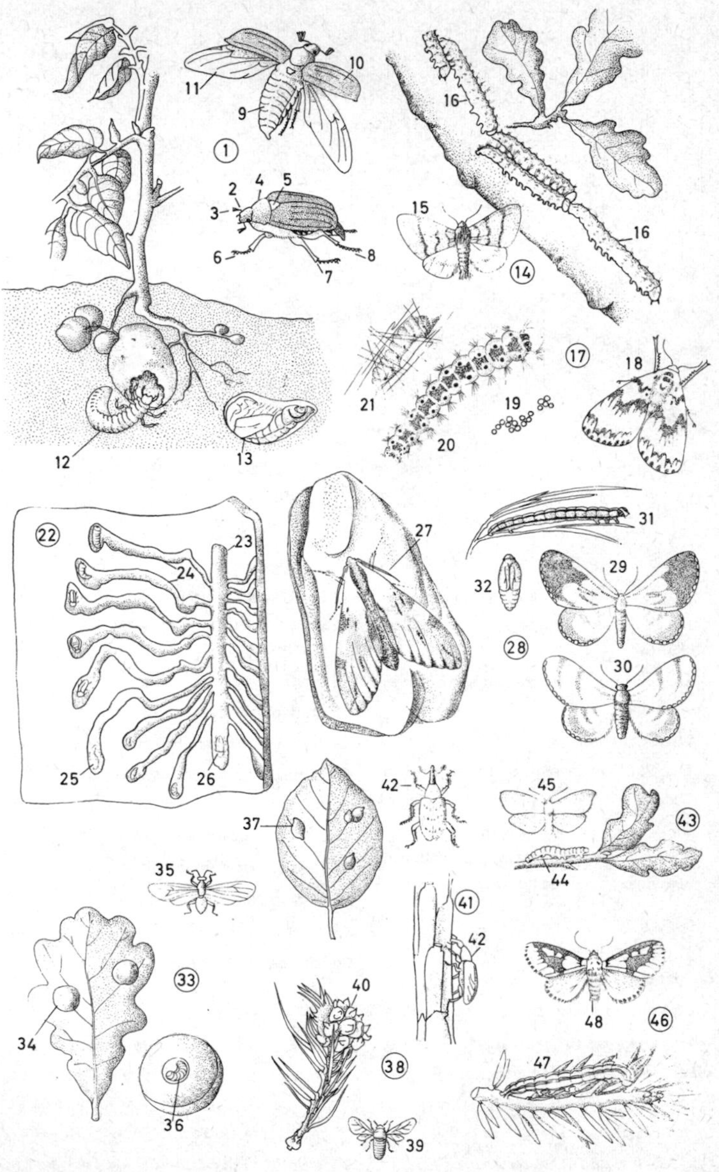
1
2
3
4
5
6
7
8
9
10
11
12
13
14
15
16
16
17
18
19
20
21
22
23
24
25
26
27
28
29
30
31
32
33
34
35
36
37
38
39
40
41
42
42
43
44
45
46
47
48

83 La lucha contra las plagas del campo

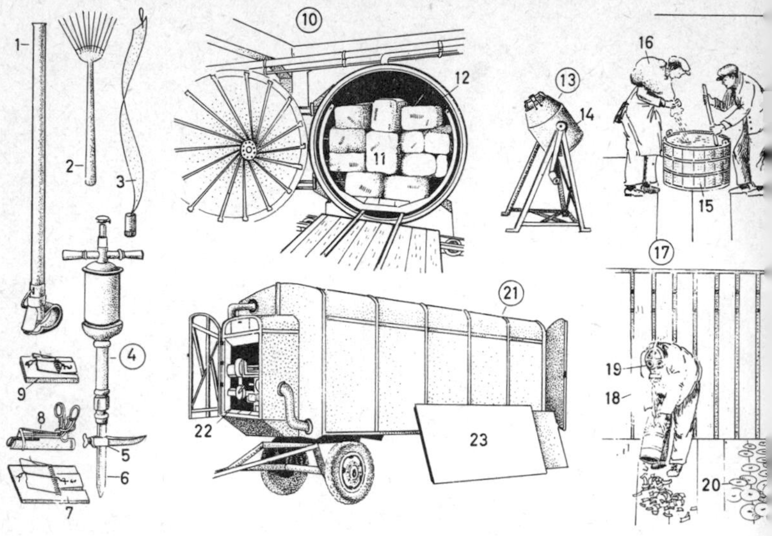

1-48 útiles *m* y aparatos *m* para la destrucción de insectos *m* nocivos (de insectos dañinos):

1 el tubo para la diseminación del cebo envenenado

2 la pala matamoscas

3 el papel atrapamoscas, una tira de papel *m* pegajoso

4 el inyector de suelos *m* (inyector de bisulfuro *m* de carbono *m*) para matar el piojo de las raíces de las vides:

5 la válvula inyectora

6 el tubo de salida *f* (la boquilla);

7-9 trampas *f* para roedores *m*:

7 la trampa para ratas *f*

8 la trampa para campañoles *m* y topos *m*

9 la ratonera (*Perú:* la pericotera);

10 la instalación de desinsectación *f* por el vacío de una fábrica de tabaco *m*:

11 las balas de tabaco *m* en rama *f*

12 la cámara de vacío *m* para la destrucción de insectos *m* nocivos y hongos *m* (moho *m*);

13-16 desinsectación *f* de granos *m*,

13 el aparato para la desinsectación en seco:

14 el tambor mezclador con el insecticida;

15 la tina para la desinsectación por vía *f* húmeda

16 el saco de grano *m*;

17 la exterminación de insectos *m*:

18 el encargado de la desinsectación

19 la máscara de gas *m*

20 los discos (recortes) impregnados con ácido *m* cianhídrico, emitiendo gas *m* tóxico;

21 la cámara móvil de fumigación *f* para tratar con cianhídrico *m* los planteles, los viñedos jóvenes, los depósitos de semillas *f* y los sacos vacíos:

22 la instalación de circulación *f* del gas

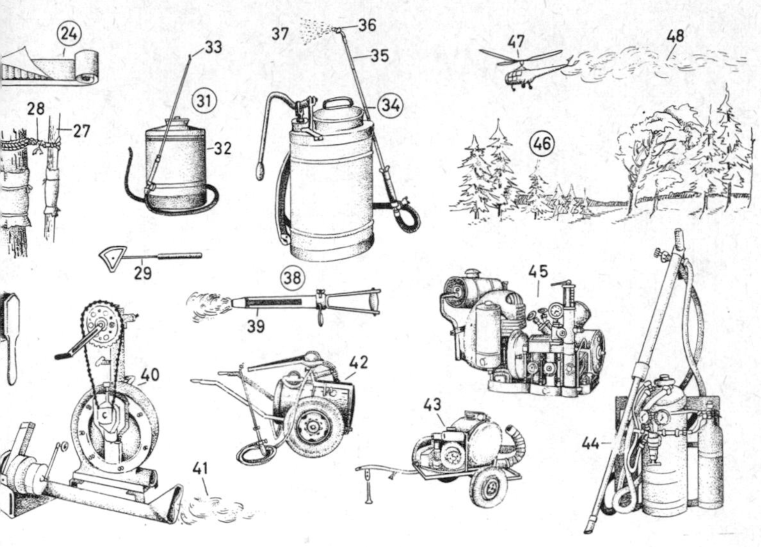

23 la batea;

24-45 defensa *f* de árboles *m* frutales,

24 el rollo de papel *m* con la pasta pegajosa:

25 el cartón ondulado

26 la banda pegajosa

27 el rodrigón

28 el ligamento (la atadura);

29 el raspador de corteza *f*

30 el cepillo de la corteza

31 el rociador de membrana *f* de jardinería *f*:

32 el depósito de insecticida *m*

33 el pulverizador, un inyector;

34-37 el pulverizador de mochila *f* de árboles *m* frutales, un pulverizador de émbolo *m*; *también:* el pulverizador de agentes *m* colorantes o impregnantes,

34 la lanza:

35 el suplemento de la lanza

36 el pulverizador;

37 el líquido pulverizado;

38 el aparato de fumigación *f*:

39 el cartucho de gas *m*;

40 el atomizador de gas *m* venenoso

41 el gas insecticida

42 el carrito rociador de dos ruedas *f* para árboles *m* frutales

43 la máquina de rociar, vaporizar y espolvorear (el motor rociador, vaporizador y espolvoreador)

44 el aparato para lanzar espuma *f* venenosa

45 la máquina rociadora, una máquina espolvoreadora de árboles *m*;

46 protección *f* de bosques *m* y plantaciones *f* (el espolvoreamiento de insecticida *m*):

47 el helicóptero (autogiro)

48 la nube de polvo *m* insecticida

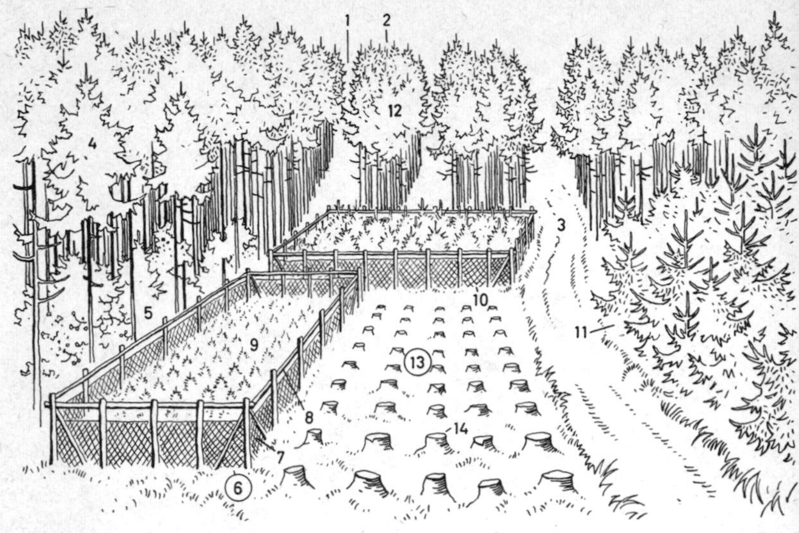

1-34 el bosque, una explotación forestal:

1 la vereda del bosque (el camino abierto en el monte)

2 la sección forestal

3 el arrastradero (*Hond.:* el tiro)

4-14 el sistema de tala *f* (de desmonte *m*; *Cuba, P. Rico:* la tumba):

4 el bosque viejo (monte alto), un oquedal

5 el monte bajo

6 la almáciga, un semillero de árboles *m*:

7 el enrejado contra los animales monteses, un enrejado de alambre *m*

8 el listón de protección *f* (la barrera)

9 los plantones;

10 y **11** la plantación joven:

10 el plantel (criadero, cultivo después del trasplante, la plantación nueva)

11 la espesura de la plantación joven;

12 la plantación joven, después de la poda

13 el claro (espacio talado):

14 el tocón;

15-34 la tala y la recogida de madera *f*:

15 el carro (*Arg.:* la alzaprima) para transportar los troncos (para transportar la madera larga)

16 la pila (el montón) de ramas *f*

17 el haz de ramas *f* (haz de leña *f*)

18 el trabajador forestal dando vuelta *f* a la madera

19 el gancho para volver los troncos

20 la pareja de aserradores *m* serrando

21 el tronco

22 la troza

23 el anillo anual

24 el estéreo de madera *f*:

25 el poste (la estaca)

26 el mimbre (junco);

27 el leñador, un trabajador del bosque talando

28 el caballete de secar:

29 la casca;

30 el capataz numerando las trozas

31 la troza numerada

32 el deslizadero (resbaladero), un tobogán de troncos *m*:

33 la defensa de troncos *m*

34 el tronco que se desliza hacia el valle;

35 el guardabosque (guarda forestal, guarda jurado) del distrito

1-6 el transporte por carretera *f* de madera *f* larga (de troncos *m*):
1 el tractor de ruedas *f*
2 el remolque para madera *f* larga (para troncos *m*):
3 el telero
4 la polea y el cable del torno de la carga
5 el palo de carga *f* [una palanca]
6 el tronco (la madera larga);
7 el deslizadero (resbaladero) de troncos *m*:
8 el durmiente (travesaño)
9 el tronco de asiento *m*
10 la defensa
11 el tronco de costado *m*
12 la cima (cresta);
13 el hacha *f* de tala *f*; *anál.:* el hacha de desrame *m*:
14 el mango (astil)
15 el filo (corte)
16 la hoja
17 la cabeza
18 el ojo;
19 la tala con hacha *f* y sierra *f*:
20 la muesca (el corte, la entalladura)
21 el corte de sierra *f*
22 el tajo guía
23 la cuña clavándose;
24 la cuña de tala *f*
25 el descortezador de hierro *m* para la explotación de la corteza
26 el martillo de hender; *anál.:* el hacha *f* de rajar
27 el carro remolque de troncos *m* largos:
28 el agarradero acodado del tronco
29 las tenazas (los ganchos);
30 el podón (bodollo)
31 el gancho de palanca *f*
32 el escoplo de descortezar
33 el calibrador, un medidor de diámetros *m*
34-41 sierras *f* de leñador *m*,
34 el tronzador, una sierra:
35 la hoja de sierra *f*
36 el diente de sierra *f*
37 el mango;
38 el serrucho (la sierra individual)
39 la sierra de arco *m*:
40 la montura en arco *m*
41 el asidero;
42 la cuchilla de descortezar
43 el numerador giratorio de revólver *m*, un marcador de números *m* (grabador *m* de números)
44 la sierra mecánica individual:
45 la empuñadura (abrazadera)
46 la cinta (cadena) de hoja *f* de sierra *f*
47 el rail (la guía, la llanta) de la cinta de sierra *f*

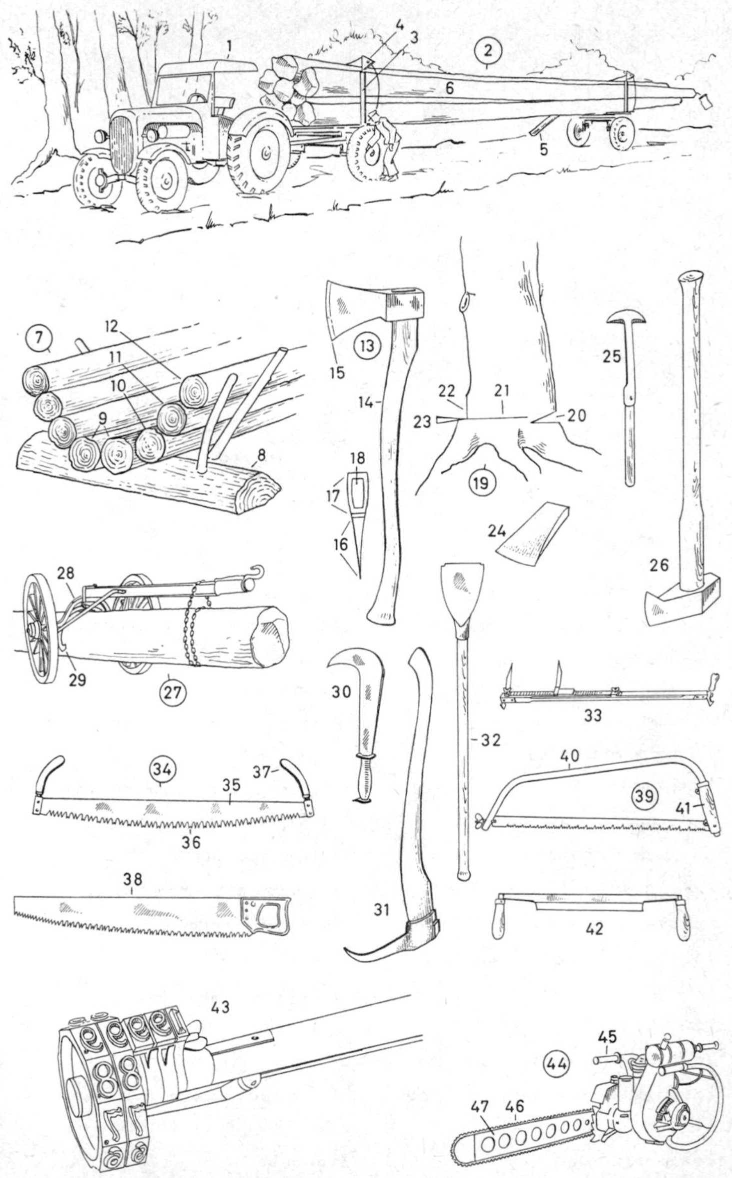
1
2
3
4
5
6
7
8
9
10
11
12
13
14
15
16
17
18
19
20
21
22
23
24
25
26
27
28
29
30
31
32
33
34
35
36
37
38
39
40
41
42
43
44
45
46
47

1-52 clases *f* de cacería *f*,

1-8 la caza con perro *m* de busca *f* en cotos *m* o vedados *m*,

1 el cazador (aficionado a la caza):

2 el traje de caza *f*

3 el morral (la mochila)

4 la escopeta

5 el sombrero de cazador *m*

6 los gemelos de campo *m*;

7 el perro de caza *f*

8 el rastro;

9-12 la caza en época *f* de brama *f* y celo *m*:

9 la paranza

10 el bastón-taburete (asiento de caza *f*)

11 el urogallo (gallo silvestre) haciendo la rueda

12 el ciervo en brama *f*;

13 la cierva pastando (paciendo)

14-17 el puesto (aguardo, tiradero):

14 el puesto en alto *m*

15 la manada a tiro *m*

16 el paso (paso de los animales montaraces)

17 el corzo, herido en una paletilla y rematado por un disparo final;

18 el coche de caza *f*

19-27 la caza con trampas *f*,

19 la caza de animales *m* de presa *f* con trampas *f*:

20 la trampa de caja *f*

21 el cebo

22 la marta, un animal rapaz;

23 la caza con hurón *m* (caza de conejos *m* echados de sus madrigueras *f*):

24 el hurón

25 el huronero

26 la madriguera (conejera; *muchas:* el vivar)

27 la bolsa de red *f* en la boca de la madriguera;

28 el comedero de invierno *m*

29 el cazador furtivo

30 la carabina, un rifle corto

31 la caza del jabalí:

32 el jabalí

33 el perro de jabalí *m* (el mastín, perro jabalinero; *varios:* la jauría, la muta);

34-39 la batida (caza de la liebre):

34 la puntería (el encaro)

35 la liebre, un animal de pelo *m*

36 la cobranza

37 el batidor

38 la caza (las piezas cobradas)

39 la carreta para la caza;

40 la caza acuática (caza de patos *m*):

41 la bandada de patos *m* silvestres, la caza de pluma *f*;

42-46 la cetrería (halconería, caza con halcones *m*, caza con gerifaltes *m*):

42 el halconero (cetrero)

43 la gorga (cortesía), un trozo de carne *f*

44 el capirote del halcón

45 las pihuelas con la lonja

46 un halcón macho (terzuelo *m*) abatiéndose sobre una garza real;

47-52 la caza con reclamo *m* desde un tollo:

47 el árbol al que acuden las aves

48 el buho, un pájaro reclamo (cimbel)

49 la percha

50 el ave *f* atraída, una corneja (chova)

51 el tollo (tiradero)

52 la aspillera

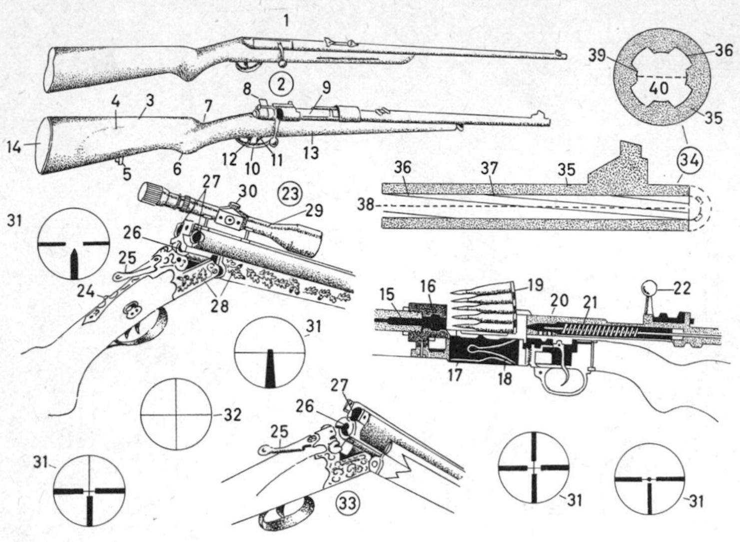

1-40 armas *f* deportivas:

1 la carabina

2 el rifle de repetición *f*, un arma *f* de fuego *m* portátil, un rifle de caza *f* de repetición automático (rifle con depósito *m*):

3, 4, 6, 13 la caja del rifle

3 la culata

4 la carrillera

5 la anilla de la correa

6 el puño de pistola *f*

7 la garganta de la culata

8 la aleta del seguro (del fiador)

9 el cierre

10 el guardamonte

11 el punto del disparador

12 el disparador (gatillo)

13 la caña

14 la cantonera

15 la recámara

16 el culote

17 el depósito de cartuchos *m*

18 el elevador

19 la tira de municiones *f*

20 el cerrojo

21 el percutor

22 la bola del cerrojo;

23 la escopeta de tres cañones *m*, una escopeta que se monta automáticamente:

24 la llave de cambio *m*

25 la llave deslizante de seguridad *f*

26 el cañón de bala *f*

27 el cañón de perdigones *m*

28 los grabados (las incrustaciones)

29 la mira telescópica

30 el ajustador del retículo

31 y **32** el retículo visual:

31 diversos sistemas *m* de retículo *m*

32 los hilos cruzados (la cruz reticular);

33 el rifle de dos cañones *m* superpuestos, una escopeta de tiro *m* doble

34 el cañón rayado:

35 la pared del cañón

36 la estría (raya)

37 el macizo (campo)

38 el eje del ánima *f*

39 la pared del ánima *f*

40 el calibre;

41-48 útiles *m* de caza *f*:
41 el cuchillo de caza *f* de doble filo *m*
42 el cuchillo de monte *m*
43-47 reclamos *m* para atraer la caza:
43 el reclamo del corzo
44 el reclamo de la liebre
45 el reclamo de la codorniz
46 el reclamo del ciervo
47 el reclamo de la perdiz;
48 la trampa "cuello *m* de cisne *m*", una trampa de arco *m*;
49 el cartucho de perdigones *m*:
50 la vaina de cartón *m*
51 la carga de perdigones *m*
52 el taco
53 la pólvora sin humo *m*;
54 el cartucho de bala *f*:
55 el proyectil (la bala con su envuelta *f*)
56 el núcleo de plomo *m* blando
57 la carga de pólvora *f*
58 la cápsula
59 la cápsula fulminante (el pistón con el fulminante);
60 la trompa de caza *f*
61-64 los avíos para la limpieza de las armas:
61 el lavador
62 la escobilla para la limpieza de los cañones
63 la estopa de limpieza *f*
64 el cordel para la limpieza;
65 el aparato de puntería *f*:
66 la muesca
67 el alza *f*
68 la escala del pie del alza *f*
69 la corredera
70 la muesca para la fijación del muelle
71 el punto de mira *f*
72 la cúspide del punto de mira *f*;
73 balística *f*:
74 el horizonte
75 el ángulo de salida *f*
76 el ángulo de elevación *f*
77 la sagita (flecha)
78 el ángulo de caída *f*
79 la trayectoria

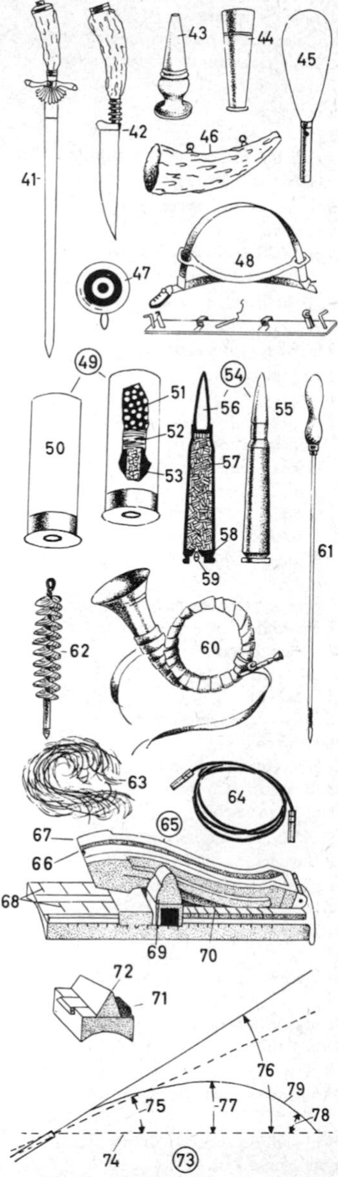

1-27 el ciervo común,
1 la cierva, una madre o una hembra no cubierta; *varias:* la manada; *el joven:* el cervato:
2 la lengua
3 el cuello;
4 el ciervo europeo (ciervo solitario, ciervo en brama *f*),
5-11 las cuernas (los cuernos):
5 la roseta
6 el candil de ojo *m* (candil basilar, la luchadera, la garceta)
7 el candil de hierro *m*
8 el candil medio
9 la paleta (corona, palma)
10 las puntas (hitas)
11 el asta *f*;
12 la cabeza
13 la boca (el hocico)
14 la fosa lacrimal
15 el ojo
16 la oreja
17 el codillo
18 el lomo
19 la cola
20 el espejo (la mancha blanca)
21 el pernil
22 la pata trasera
23 el espolón
24 la pezuña
25 la pata delantera
26 el flanco
27 la melena de la brama;
28-39 el corzo europeo,
28 el corzo macho,
29-31 las cuernas (los cuernos):
29 la roseta
30 el asta *f* con las perlas
31 la punta;
32 la oreja
33 el ojo;
34 la corza, una hembra joven o una madre:
35 el lomo
36 el espejo (la mancha blanca)
37 el pernil
38 el codillo;
39 el corcino, un corzo joven o una corza joven
40 el gamo europeo (paleto); *hembra:* la gama:
41 la palma;
42 el zorro común (zorro rojo); *hembra:* la zorra:
43 los ojos
44 la oreja
45 el hocico
46 las patas
47 el hopo [pronúnciese jopo];
48 el tejón:
49 el rabo (la cola)
50 las garras;
51 el cerdo salvaje; *en este caso:* el jabalí; *hembra:* la jabalina; *joven:* el jabato:
52 las cerdas (sedas)
53 el hocico (la jeta)
54 el colmillo (la navaja)
55 el escudo (la cota, la piel especialmente dura en la espaldilla)
56 el cuero
57 el espolón
58 el rabo;
59 la liebre; *joven:* el lebrato:
60 el ojo
61 la oreja
62 el rabito (la cola)
63 la pata trasera
64 la pata delantera;
65 el conejo
66 el grigallo:
67 la cola (lira)
68 la hoz;
69 la bonasa
70 la perdiz:
71 la mancha del pecho;
72 el urogallo (gallo montés, gallo silvestre):
73 la barba
74 el espejo (la mancha blanca)
75 la cola (el abanico)
76 el ala *f*;
77 el faisán común, un faisán:
78 el moñito (copete, la oreja emplumada)
79 el ala *f*
80 la cola
81 la pata
82 el espolón;
83 la chocha (becada, picuda):
84 el pico

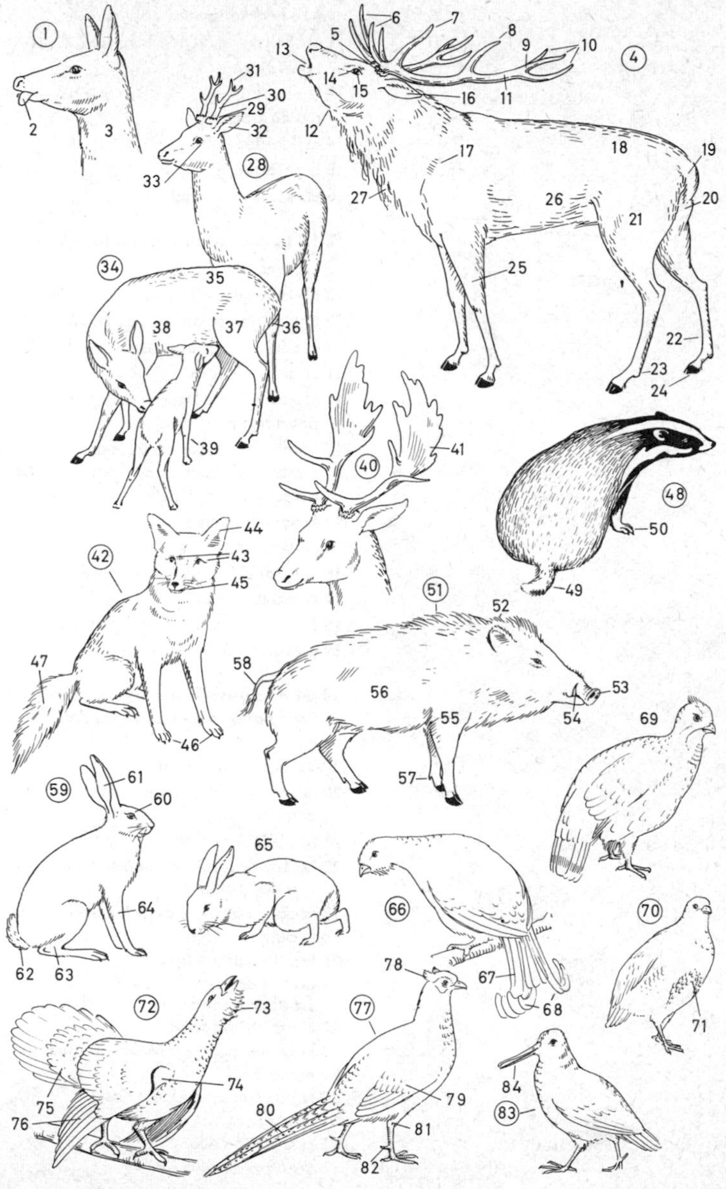
1
2
3
4
5
6
7
8
9
10
11
12
13
14
15
16
17
18
19
20
21
22
23
24
25
26
27
28
29
30
31
32
33
34
35
36
37
38
39
40
41
42
43
44
45
46
47
48
49
50
51
52
53
54
55
56
57
58
59
60
61
62
63
64
65
66
67
68
69
70
71
72
73
74
75
76
77
78
79
80
81
82
83
84

1-6, 13-19 la pesca con red *f*:

1 el bote de pesca *f* (la lancha de pesca)
2 el pescador
3 el arte de arrastre *m* y tiro *m* [una red de arrastre]
4 el flotador
5 la pértiga
6 el esparavel (la red arrojadiza);

7-12 la pesca con anzuelo *m*:

7 el pescador de caña *f*
8 el arroyo de las truchas
9 la nasa (cesta para los pescados)
10 el salabre (la manga, la cuchara)
11 el apoyo de la caña
12 el gancho para traer a tierra *f* el pez pescado (el bichero);
13 los escalones, para que los peces remonten la corriente (el paso para los peces anádromos)
14 la nasa de tijera *f*
15 la nasa cangrejera
16 la nasa (el buitrón)
17 la red de fondo *m*
18 la lata de la carnada (de la carnaza)
19 la lata (caja) de los gusanos;

20-54 el aparejo del pescador de caña *f* **para la pesca deportiva en agua** *f* **dulce,**

20-23 cañas *f* de pescar montables,
20 la caña de huso *m*, una caña manejada con una mano:
21 la anilla de rodadura *f*;
22 la caña de fondo *m*, una caña manejada con dos manos *f*
23 la caña para la pesca de lanzamiento *m*;
24 la caña de cristal *m*:
25 la empuñadura tipo pistola;
26 la caña de pescar, de bambú *m* o del árbol de la pimienta
27 el carrete del sedal
28 el carrete para la caña de lanzamiento *m*
29 el sedal
30 la hijuela (sotileza, el reinal)
31 el anzuelo
32 el anzuelo doble
33 el anzuelo triple

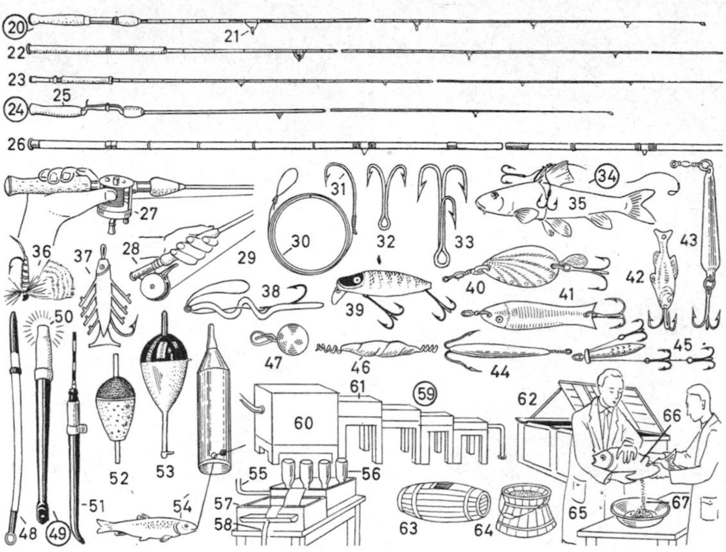

34 la serie de anzuelos *m*, un aparejo de anzuelos para peces *m* de presa *f*:

35 el cebo, un pez vivo;

36-43 cebos *m* artificiales (engaños):

36 la mosca artificial

37 el camarón artificial

38 el gusano artificial

39 el temblador

40 la cucharita

41 el pececillo

42 el pez de fondo *m*

43 la guadañeta;

44 el anzuelo de arrastre *m* (el curricán)

45 el sistema giratorio

46 y **47** el plomo:

46 el plomo en espiral *f*

47 la bola de plomo *m*;

48 el cañón de pluma *f* [un flotador (veleta *f*)]

49 el cañón de pluma *f* luminosa:

50 la pintura luminosa;

51 la pluma deslizante con antena *f*

52 el flotador de corcho *m* (la veleta)

53 el flotador deslizante

54 el tubo deslizante para cebo *m* vivo;

55-67 la estación de piscicultura *f* (el criadero de peces *m*):

55 el tubo de entrada *f* del agua *f*

56 el bocal de incubación *f*

57 el autocolector de pececillos *m*

58 el tubo de salida *f* del agua *f*

59 la incubadora:

60 el filtro

61 el tanque de incubación *f*;

62 el receptáculo de peces *m*

63 el barril portapeces

64 la tina para el transporte de peces *m*

65 el piscicultor

66 el pez hembra (pez con huevos *m*); *el pez macho:* el pez lechal; las bolsas del pez macho: la lecha (las lechecillas)

67 la hueva (el desove, la freza, los huevos de pez *m*)

90 La pesca marítima, la pesca de la ballena

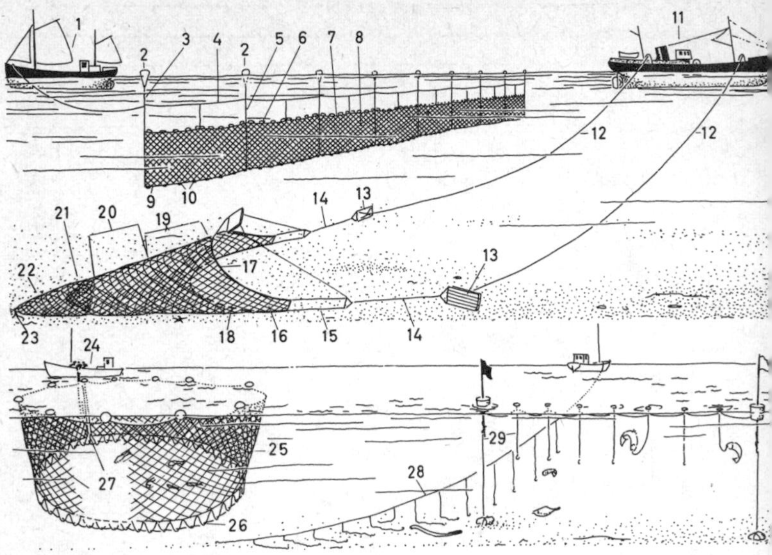

1-23 la pesca en alta mar,

1-10 la pesca con red *f* flotante [un arte de deriva *f*]:

1 el lugre para la pesca de arenques *m*

2-10 la red flotante para la pesca de arenques *m* [un arte de deriva *f*]:

2 el boyarín

3 la cuerda del boyarín

4 la cuerda flotante

5 la atadura

6 los flotadores de corcho *m*

7 la cuerda superior

8 la red

9 la cuerda de fondo *m*

10 los pesos de fondo *m*;

11-23 la pesca con red *f* barredera:

11 el bou para la pesca con red *f* barredera, un buque de mayor tonelaje *m* propulsado por motor *m*

12 la sirga (malleta)

13 los tableros

14 el frenillo

15 el calabrote de alambre *m*

16 la banda

17 la relinga superior

18 la relinga de fondo *m*

19 el cazarete

20 el sardinal

21 el goleró (engullidor)

22 la corona

23 la cuerda de copo *m* para cerrar la corona;

24-29 la pesca costera:

24 la trainera

25 la traíña, una red circular flotante

26 el cable para cerrar la red (la jareta)

27 el dispositivo de cierre *m*

28 y **29** la pesca con palangre *m*:

28 la madre [un cordel grueso]

29 la pernada (el reinal, el pipio, la brazolada), un sedal de algodón *m*;

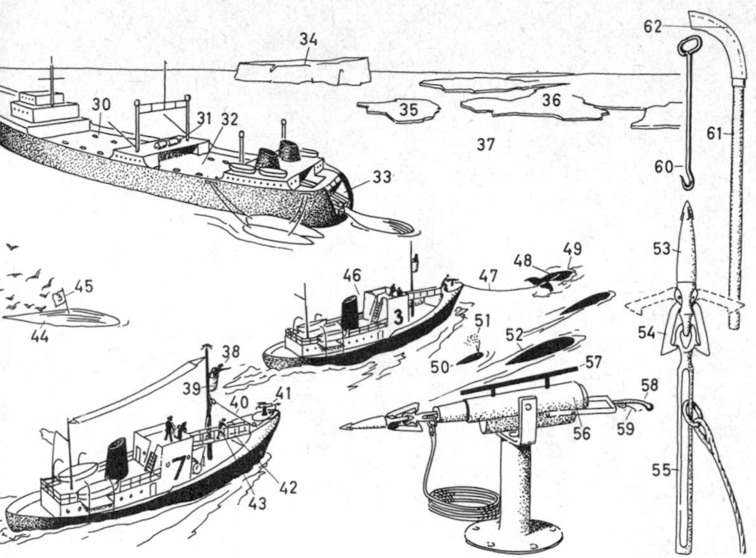

30-43 la pesca de la ballena,

30-33 la preparación de la ballena en el barco ballenero (en el buque factoría, en el buque nodriza):

30 la cubierta de despedazamiento *m*

31 el torno ballenero

32 la cubierta de la grasa

33 la rampa para izar las ballenas;

34 el iceberg

35 el témpano de hielo *m*

36 el banco de hielo *m*

37 el mar

38-43 el ballenero:

38 el vigía

39 la torre de vigía *m*

40 la cuerda de la ballena

41 el cañón del arpón

42 la pasarela

43 el arponero;

44-62 la persecución y captura *f* de la ballena:

44 la ballena con el banderín, una ballena matada, un rorcual

45 la bandera con el folio del buque

46 el ballenero

47 el primer cabo

48 la aleta

49 la ballena arponeada

50 la ballena resoplando

51 el chorro de vapor *m* de agua *f*

52 el banco de ballenas *f*

53-59 el cañón arponero,

53-55 el arpón:

53 la granada

54 los ganchos articulados

55 el astil;

56 el tubo del cañón

57 el dispositivo de puntería *f*

58 la empuñadura para la dirección

59 el disparador (gatillo);

60 el gancho de despedazar

61 el cuchillo para la grasa

62 el corte (filo)

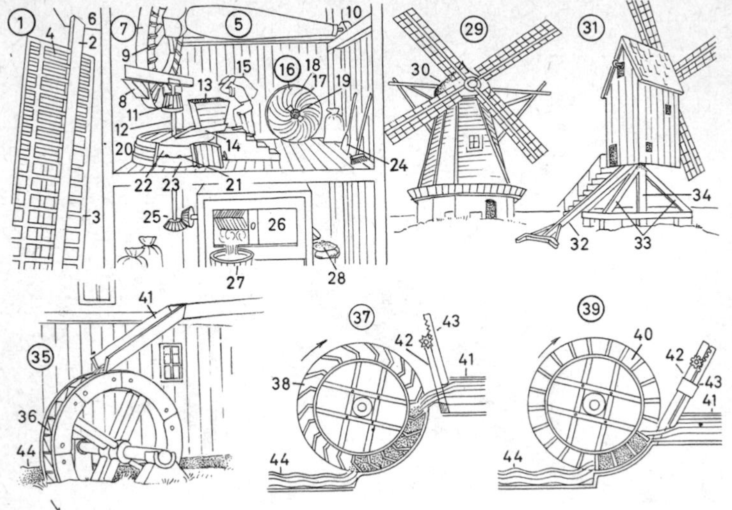

1-34 el molino de viento *m*,

1 el aspa *f* del molino de viento *m*:

2 el alma *f* central del aspa *f*

3 el listón del borde

4 la persiana (compuerta);

5 el árbol (eje de giro *m*):

6 la cabeza del aspa *f*;

7 la rueda dentada:

8 el freno de la rueda

9 el diente de madera *f* (el álabe);

10 el cojinete de soporte *m*

11 el engranaje del molino de viento *m*

12 el eje de hierro *m*

13 la tolva

14 el vibrador (la caja oscilante)

15 el molinero

16 la muela:

17 la estría de refrigeración *f* por aire *m*

18 la estría de molienda *f*

19 el ojo de la muela;

20 la caja de las muelas

21 el juego de muelas *f*

22 la volandera (corredora, voladora)

23 la solera (muela fija)

24 la pala de madera *f*

25 el engranaje cónico

26 el cilindro cernedor

27 el cubo de madera *f*

28 la harina

29 el molino de viento *m* holandés:

30 el casquete giratorio del molino de viento *m*;

31 el molino de viento *m* de caja *f* giratoria:

32 el timón (la cola)

33 la armazón de soporte *m*

34 el árbol real (poste de giro *m*);

35-44 el molino de agua *f* (la aceña),

35 la rueda hidráulica de corriente *f* alta, una rueda de molino *m* (rueda de agua *f*):

36 el cangilón (arcaduz);

37 la rueda hidráulica de corriente *f* media:

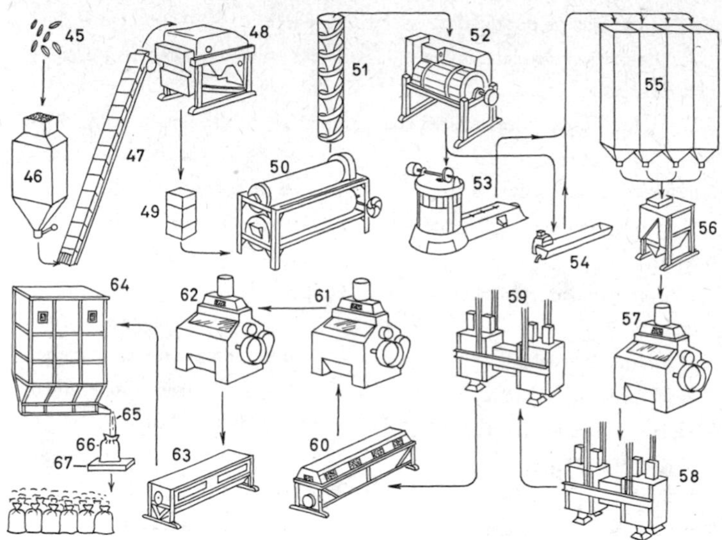

38 la paleta curva;
39 la rueda hidráulica de corriente *f* baja:
40 la paleta recta;
41 el caz de traída *f*
42 la presa del molino (el azud)
43 la compuerta
44 el caz de salida *f*;

45-67 la fábrica de harina *f* (el molino de cilindros *m*),
45-56 las máquinas de limpia *f*:
45 la molienda
46 la pesadora automática de cereales *m*
47 el elevador
48 el aspirador (la tarara, el limpiador preliminar)
49 la magneto, para separar los cuerpos extraños de hierro *m*
50 la criba, para separar la cizaña
51 el separador en espiral *f* [un tornillo sin fin *m*]
52 la peladora descortezadora
53 la lavadora de los cereales
54 el humedecedor de los cereales
55 el mezclador
56 la cepilladora de los cereales;
57-67 máquinas *f* para la fabricación de harina *f*:
57 el machacador, un molino de dos cilindros *m* para la trituración de los cereales
58 el plansichter
59 el plansichter clasificador
60 la máquina limpiadora de grumos *m* y bolas *f*
61 la trituradora de grumos *m* y bolas *f*
62 el molino de la segunda molienda
63 el tamiz para separar el salvado
64 la máquina mezcladora de harina *f*
65 el producto terminado
66 el saco de harina *f*
67 la instalación de ensacado *m* y pesaje *m*

1-21 la preparación de la malta,
1-7 el limpiado y el ablandamiento de la cebada:
1 la máquina limpiadora de la cebada
2 el tanque de remojo *m* (el depósito de ablandamiento *m*)
3 el tubo de conducción *f* del agua *f*
4 el rail
5 la báscula transportable automática
6 la entrada de la cebada
7 la salida del agua *f* sucia;
8-12 la germinación de la cebada:
8 el depósito de germinación *f*, un maltaje en caja *f*
9 la revolvedora de la malta verde:
10 el rail-guía;
11 la malta verde (cebada en germinación *f*)
12 el encargado del malteado;
13-20 el secadero de la cebada:
13 la malta secándose
14 la rejilla de secado *m*
15 la rejilla de curado *m*
16 el revolvedor de la malta
17 la cadena impulsora
18 la cámara de aire *m* caliente:
19 el sistema de calefacción *f*, una cámara de calefacción
20 el respiradero para la entrada de aire *m* frío;
21 la limpiadora de malta *f*;
22-36 la extracción (preparación) del mosto de cerveza *f*:
22 el molino (triturador) de la malta
23 el molinero
24 la harina de malta *f* (la malta triturada)
25-36 el proceso de la fabricación de la cerveza en la sala de cocción *f* (sala de cocimiento *m*):
25 el macerador para la mezcla de la harina y del agua *f*
26 la tina de mezcla *f* (la cuba de maceración *f*) para la maceración (para el empastado) de la malta
27 la caldera de sacarificación *f* (caldera de la mezcla):
28 la tapadera de la caldera
29 la batidora (el agitador)
30 la puerta de corredera *f*
31 la tubería para la entrada de agua *f*;
32 el cervecero
33 la tina de clarificación *f* para asentar los residuos y filtrar el mosto
34 la batería de clarificación *f* para la comprobación de la finura del mosto
35 la caldera para la cocción del mosto con el lúpulo (la tina de mosto *m*)
36 el termómetro en forma *f* de cucharón *m*

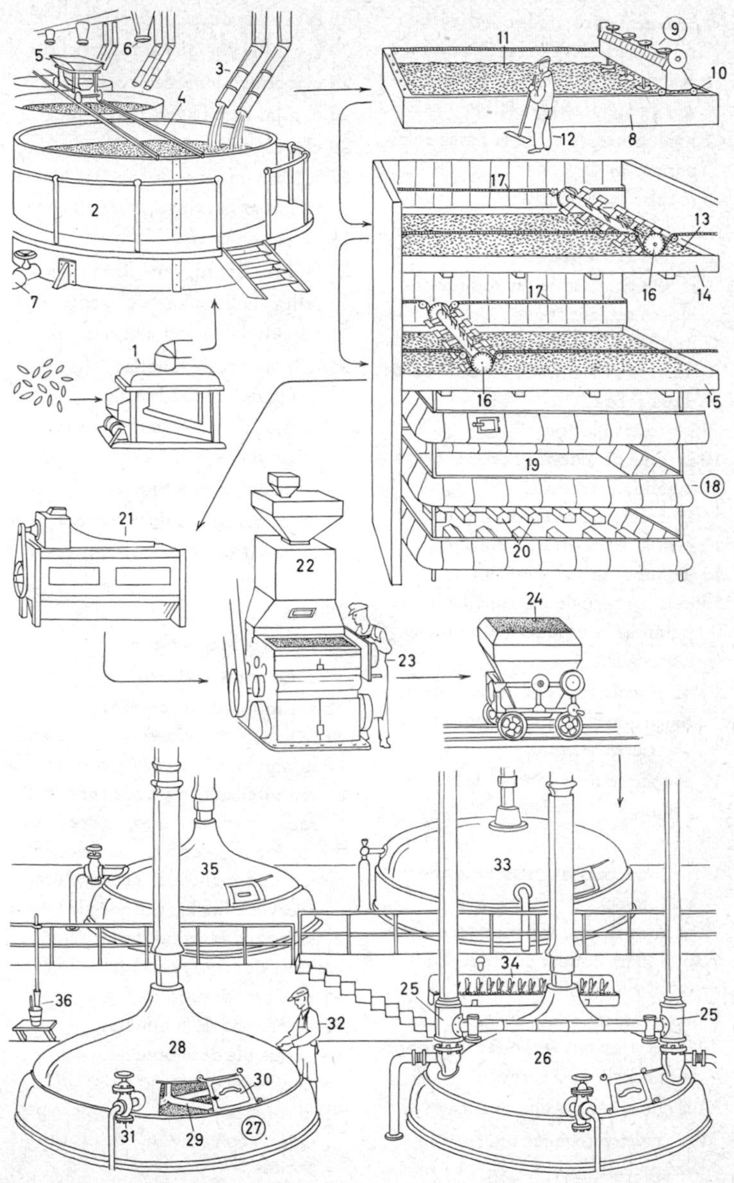
1
2
3
4
5
6
7
8
9
10
11
12
13
14
15
16
17
18
19
20
21
22
23
24
25
26
27
28
29
30
31
32
33
34
35
36

1 la batea refrigeradora (nave de refrigeración *f*) para el enfriamiento previo del mosto de cerveza *f* y separación *f* del precipitado:
2 los soportes (pies de la batea refrigeradora)
3 el tubo de la bomba
4 la celosía para la ventilación
5 el mosto (mosto de cerveza *f*);
6 el refrigerador del mosto (del mosto de la cerveza):
7 el tubo de entrada *f* del mosto
8 los tubos de entrada *f* y salida *f* de agua *f* fría
9 la artesa colectora
10 la toma de muestra *f* de la cerveza
11 la salida del mosto;
12-19 la fermentación del mosto,
12 la pila (cuba) de fermentación *f*:
13 los tubos de refrigeración *f*;
14 el encargado de la fermentación separando la espuma (substancias *f* eliminadas)
15-18 el cultivo de la levadura pura (la producción de levadura biológicamente pura),
15 el aparato de cultivo *m* de levadura *f* pura:
16 la mirilla
17 el tubo para aventar el anhídrico carbónico
18 el filtro de aire *m* para esterilizar el aire (para limpiar el aire de bacterias *f*);
19 la prensa de la levadura;
20-28 el trasiego y la fermentación secundaria de la cerveza,
20 la cuba de almacenamiento *m*:
21 el registro (la abertura para la limpieza);
22 la espita para sacar la cerveza
23 la canilla para llenar los toneles
24 el maestro bodeguero
25 el tubo de refrigeración *f*
26 el filtro de la cerveza:
27 la lámpara de lectura *f* (el tubo de cristal *m* para observar la cerveza)
28 el manómetro;
29 la instalación para llenar los barriles (la llenadora de barriles *m*)
30 los railes de rodamiento *m*
31 la lavadora de botellas *f* (la máquina de limpiar botellas *f*)
32 la máquina de llenar y cerrar bo tellas *f*
33 la máquina de etiquetar
34-38 el transporte de la cerveza:
34 el barril de cerveza *f* con cerveza de barril
35 la caja de cerveza *f*
36 el carro de la cerveza
37 el carretero (carrero)
38 el camión de la cerveza;
39 la lata de cerveza *f*
40 la botella de cerveza *f* con cerveza embotellada; *clases:* la cerveza dorada, cerveza negra, cerveza estilo Pilsen, cerveza de Munich, cerveza malteada, cerveza fuerte (cerveza bock), porter, ale, stout, salvator, cerveza de Goslar, cerveza de trigo *m*, cerveza floja:
41 el cierre de palanca *f*
42 la etiqueta de la botella;
43 la cápsula de la botella
44 la cápsula de estaño *m*
45 el tonel comercial (tonel de expedición *f*) con cerveza *f* de exportación *f*

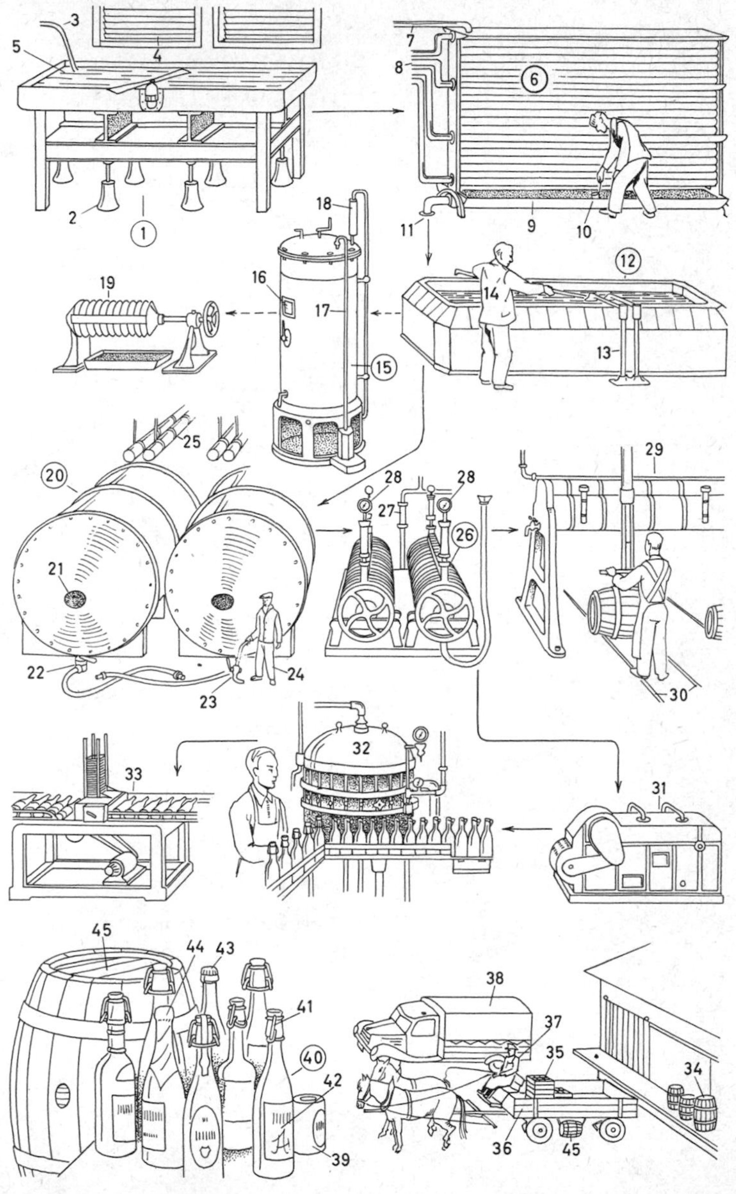
1
2
3
4
5
6
7
8
9
10
11
12
13
14
15
16
17
18
19
20
21
22
23
24
25
26
27
28
28
29
30
31
32
33
34
35
36
37
38
39
40
41
42
43
44
45
45

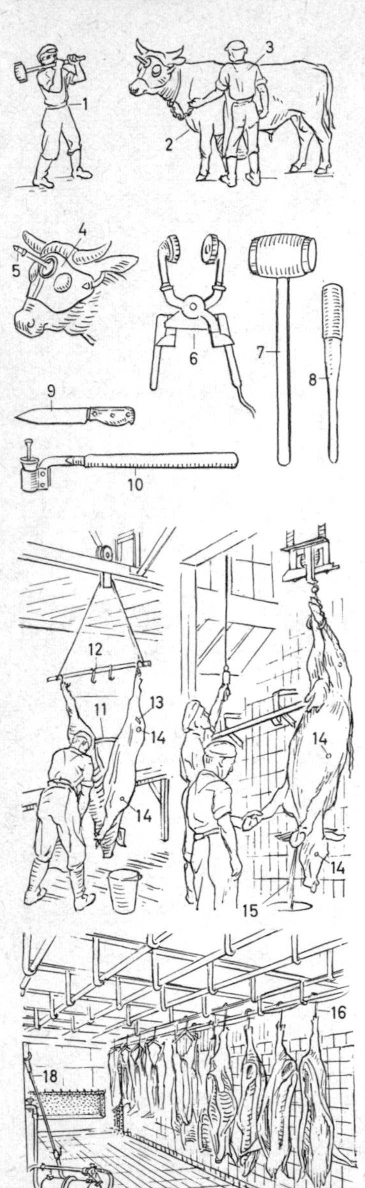

1 el matarife (jifero)

2 la res de matanza *f*, un buey

3 el ayudante del matarife

4-10 las herramientas del matarife,

4 la máscara de matanza *f*:

5 el tallo perforador;

6 las tenazas para el coma eléctrico

7 el mazo de matanza *f*

8 la maza de matanza *f*

9 el cuchillo de matanza *f* (el jifero)

10 el martillo inglés de matanza *f*;

11-15 el matadero (matadero público; *Méj.:* el abasto),

11-14 el descuartizamiento del cerdo:

11 el curvatón (estirador, esparrancador)

12 el camal

13 el sello (la marca) del control de triquina *f*

14 el sello de sanidad *f* del inspector de matadero *m*;

15 el desangramiento;

16-18 la cámara frigorífica:

16 el gancho de carnicero *m*

17 el rociador para la desinfección

18 la lanza rociadora con las boquillas

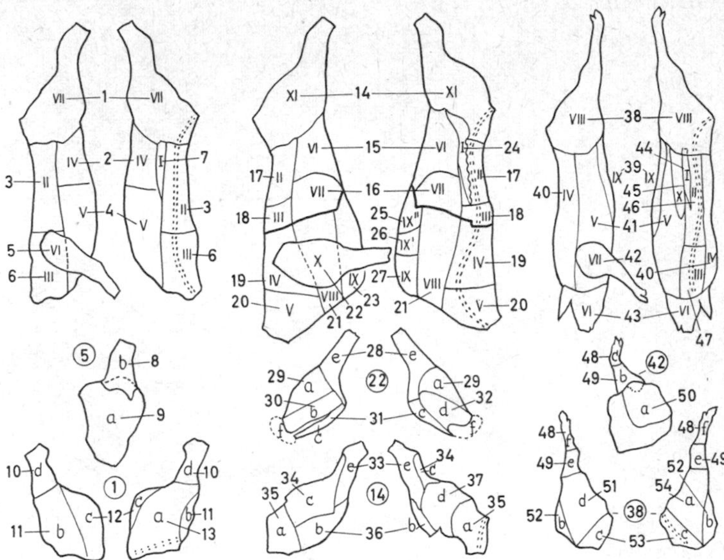

[izquierda: parte de la carne; derecha: parte del hueso]

1-13 la ternera:

1 la pierna con la culata

2 la falda

3 la mediana

4 el pecho

5 la espalda con el garrón

6 la aguja y el cuello

7 el solomillo *(Méj.:* el diezmillo)

8 el brazuelo (morcillo) de la espalda

9 la espalda

10 el garrón (jarrete de la pierna)

11 la babilla y la cadera

12 el tajo redondo

13 la tapa y la contra;

14-37 el buey:

14 la pierna con el jarrete

15 y **16** la parte delgada de la falda:

15 la falda trasera

16 la punta de costillas *f*;

17 la mediana

18 la parte ancha de la mediana

19 la aguja

20 el cuello

21 la parte delantera del pecho

22 la espalda con el jarrete

23 el pecho

24 el solomillo (filete)

25 la parte trasera del pecho

26 la parte central del pecho

27 el esternón

28 el jarrete de la espalda

29 la carne de la espalda (los bistecs)

30 la carne del omóplato

31 el tajo redondo de la espalda

32 el revés de espalda *f* (la caída de pecho *m*)

33 el jarrete de la pierna

34 la contra

35 la cadera

36 la babilla

37 la tapa y el tajo redondo;

38-54 el cerdo:

38 la pierna con el pie y con el codillo (el pernil)

39 la panceta (el cuadro)

40 la canal (el tocino graso)

41 la falda

42 la espaldilla con la mano

43 la cabeza

44 el solomillo (filete)

45 la grasa de riñón *m* de cerdo *m* (la manteca en rama *f*)

46 el lomo

47 el cuello

48 el pie

49 el codillo (brazuelo)

50 la carne magra de la falda

51 la tapa plana

52 la nuez

53 la culata (cadera)

54 el codillo trasero

1-28 la carnicería (tablajería; *Amér.:* la chanchería; *Col., C. Rica, Venez.:* la pesa):

1 el mostrador

2 la vitrina frigorífica abierta:

3 la plancha refrigeradora;

4 la máquina para picar carne *f*

5 la manteca de cerdo *m* empaquetada

6 el sebo vacuno, un sebo

7 el rollo de salchicha *f*

8 el hueso para sopa *f* (hueso medular, hueso con tuétano *m*)

9 el carnicero (tablajero)

10 la pértiga para descolgar las salchichas (*Col.:* el yesque)

11 la hoja de tocino *m*

12 la carne ahumada (cecina)

13 el salchichón (*Arg.:* el salame)

14 la salchicha cocida; *clases:* la salchicha de Viena, de Francfort, de Halberstadt

15 el hervidor de salchichas *f*

16 la pasta de hígado *m*, una pasta de carne *f*

17 la mortadela

18 el jamón cocido

19 la máquina cortafiambres

20 el filete de lomo *m* de vaca *f*; *anál.:* el bistec

21 la ensalada de carne *f* (el salpicón)

22 el solomillo de buey *m*

23 la salchicha para freír

24 el pie de cerdo *m* cocido

25 la carne picada

26 el brazuelo crudo de cerdo *m* (el lacón)

27 el jamón arrollado

28 el hígado de cerdo *m*;

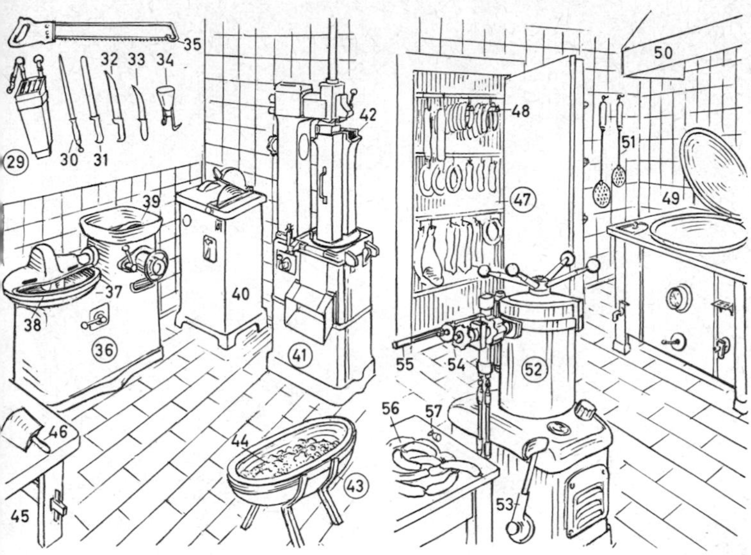

29-57 la sala de adobo *m* (sala de la matanza),

29-35 los útiles de carnicero *m*,

29 la batería de matanza *f*:

30 el afilón (la chaira)

31 el cuchillo de las salchichas

32 el cuchillo de matarife *m*

33 el cuchillo de desollar;

34 el escaldador (raspador de las cerdas del puerco y del estómago del buey)

35 la sierra para huesos;

36 la máquina gemela para la preparación de la carne:

37 el cortador

38 la fuente del cortador

39 la picadora de carne *f*;

40 la sierra eléctrica para huesos *m*

41 el cortador de tocino *m*:

42 la abertura de alimentación *f*;

43 la artesa para la mezcla de carne *f* (artesa para el adobo):

44 la masa del embuchado;

45 el tajadero

46 la tajadera

47 la cámara de ahumar:

48 la varilla para colgar los embutidos;

49 el hervidor de salchichas *f*

50 la campana de la chimenea

51 la espumadera

52 la máquina de embutir:

53 la palanca de rodilla *f*

54 el engranaje automático

55 el distribuidor;

56 la salchicha embutida

57 el extremo (cabo) de la salchicha

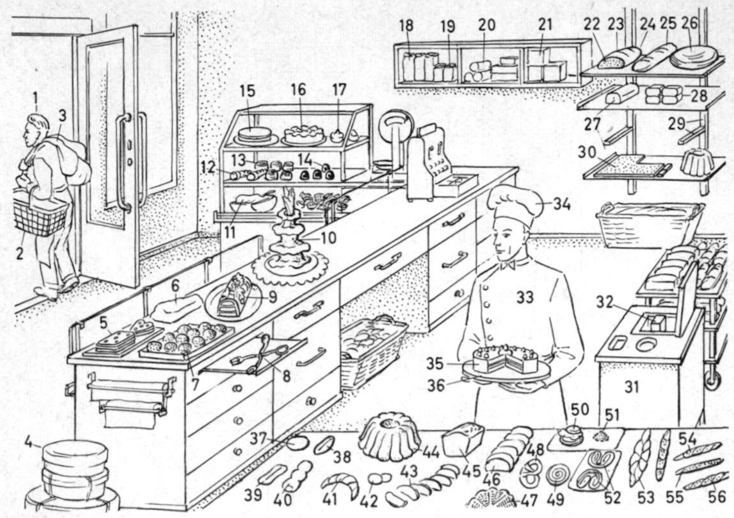

1-56 la panadería (tahona); *fina:* la pastelería (confitería):
1 el mozo de la panadería
2 la cesta de panecillos *m*
3 el saco de panecillos *m*
4 la caja de tortas *f* (caja de bizcochos *m*)
5 el pan de especias *f* (pan de jengibre *m*, pan de miel *f*)
6 el pan trenzado, un bollo de Navidad *f* (con uvas *f* pasas)
7 el buñuelo (la fruta de sartén *f*), un frito de masa *f* con levadura *f*
8 las pinzas de repostería *f*
9 el brazo de gitano *m*
10 el ramillete
11 la crema (nata) batida
12 el rollo de crema *f*
13 el pastel de hojaldre *m*
14 la cabeza de moro *m* [un pastel esférico, relleno de pasta *f* de bizcocho *m* recubierto por arriba de chocolate *m*]
15 la tarta de pastaflora *f*
16 la tarta de fruta *f*
17 el merengue
18 y **19** harina *f*:
18 la harina de trigo *m*
19 la harina de centeno *m*;
20 el bizcocho
21 el pan cuscurroso, un pan íntegro de centeno *m*
22-24 el pan:
22 la miga
23 la corteza
24 el cantero;
25-28 clases *f* de pan *m*:
25 el pan de morcajo *m*, un pan de mezcla *f* (pan de trigo *m* y centeno *m*)
26 el pan redondo, un pan negro
27 el pan de lata *f* (pan inglés), un pan blanco
28 el pumpernickel [un pan de centeno *m* sin fermentar] en su envoltura *f* hermética;
29 el soporte de los anaqueles del pan
30 el hornazo
31 la heladora
32 el molde (sacador)
33 el repostero (pastelero):
34 el gorro de pastelero *m*;
35 la tarta de crema *f*
36 la bandeja de la tarta

37-40 panecillos *m*:
37 el panecillo blanco (panecillo redondo)
38 el mollete
39 la francesilla
40 la barrita de Viena;
41 el cuerno (la media luna, el "croissant")
42 la pasta
43 el bizcocho tostado
44 el baba [un bizcocho de molde *m*]
45 el bizcocho en caja *f*
46 el bizcocho tostado blando
47 el barquillo
48 la rosquilla
49 la ensaimada
50 el suspiro de monja *f*
51 el macarrón (mostachón)
52 la palmera
53 la trenza
54 la barrita salada
55 la barrita con semillas *f* de adormidera *f*
56 la barrita con semillas *f* de comino *m*;
57-80 la tahona,
57-63 el horno:
57 el cuarto de fermentación *f* y secado *m*
58 el hogar
59 el tiro
60 el mando del tiro
61 el horno de pan *m* cocer (horno de enhornar)
62 el horno de batea *f* corrediza
63 el pirómetro;
64 la máquina eléctrica para dividir la masa (el divisor de amasijo *m*)
65 la cernidora eléctrica
66 la pala del pan
67 el rodillo de pastelero *m*
68 el tamiz para la harina
69 el freidor eléctrico
70 la brocha para la mantequilla
71 la mesa de amasar:
72 la artesa (amasadera)
73 el arca *f* de la harina;
74 la amasadera eléctrica:
75 el brazo de amasar;
76 la amasadera (artesa)
77 la balanza de las pastas, una balanza de cruz *f*
78 la máquina para hacer pastas *f*
79 la batidora
80 el molde para pan *m*, de caña *f* de rota *f*

1-87 la tienda de ultramarinos *m* (el almacén de ultramarinos, el colmado; *Amér.:* la fiambrería):

1 el escaparate

2 el cartel de propaganda *f* (el anuncio)

3 la vitrina frigorífica

4 los embutidos

5 el queso

6 el capón, un pollo cebado

7 la "poularde", una gallina cebada

8 las pasas; *anál.:* las pasas gorronas

9 las pasas de Corinto

10 la cidra confitada

11 la naranja confitada

12 la balanza automática (el peso)

13 el vendedor

14 la estantería (el anaquel de los artículos)

15-20 las conservas:

15 la leche condensada

16 el bote de conserva *f* de frutas *f*

17 el bote de conserva *f* de verduras *f*

18 el zumo (jugo de frutas *f*)

19 las sardinas en aceite *m*, una conserva de pescado *m*

20 la conserva de carne *f*;

21 la margarina

22 la mantequilla

23 la manteca de coco *m*, una grasa vegetal

24 el aceite; *clases:* el aceite de oliva *f*, aceite de mesa *f*, aceite refinado

25 el vinagre

26 el cubito de sopa *f*

27 el cubito de caldo *m*

28 la mostaza

29 el pepinillo en vinagre *m*

30 el condimento para sopas *f*

31 la vendedora

32-34 las pastas para sopa *f*:

32 los fideos

33 los macarrones

34 los tallarines;

35-39 cereales *m*:

35 la cebada perlada

36 la sémola

37 los copos de avena *f*

38 el arroz

39 la fécula de sagú *m*;

40 la sal

41 el comerciante

42 las alcaparras

43 la vainilla

44 la canela
45 la cliente (marchanta)
46-49 el material para envolver:
46 el papel de envolver
47 el bramante
48 la bolsa de papel *m* (el cartucho)
49 el cucurucho;
50 los polvos para budines *m*
51 la confitura
52 la mermelada
53-55 azúcar *amb.*:
53 el azúcar de cortadillo *m*
54 el azúcar en polvo *m*
55 el azúcar cristalizado (azúcar refinado);
56-59 las bebidas alcohólicas:
56 el aguardiente
57 el ron
58 el licor
59 el coñac;
60-64 vino *m* embotellado:
60 el vino blanco
61 el Chianti
62 el Vermut
63 el Champaña (vino espumoso)
64 el vino tinto;
65 el café de malta *f*
66-68 los estimulantes:
66 el cacao
67 el café
68 el té;
69 el molinillo eléctrico de café *m*
70 la tostadora de café *m*:
71 el bombo para tostar el café
72 la paleta para probar el café;
73 la lista de precios *m*
74 el mostrador frigorífico
75-86 los dulces (las golosinas):
75 el caramelo
76 los drops
77 el caramelo
78 la tableta de chocolate *m*
79 la bombonera:
80 el bombón, un artículo de confitería *f*;
81 el nuégado [un turrón de nueces *f*]
82 el mazapán
83 el bombón de licor *m*
84 la lengua de gato *m* (lengua de chocolate *m*)
85 el crocante (guirlache)
86 las trufas;
87 el agua *f* de mesa *f* (agua de Seltz, agua mineral)

1-37 la zapatería:
1 el oficial de zapatero *m*
2 la máquina de coser
3 el hilo
4 plantillas *f*:
5 la plantilla de paja *f*
6 la plantilla de fieltro *m*
7 la plantilla de espuma *f* de goma *f*
8 la plantilla de corcho *m*
9 la plantilla de tiras *f* de madera *f* de tilo *m*;
10 la horma
11 el gancho de horma *f*
12 la cinta para tomar medida *f* del pie
13 el aprendiz de zapatero *m*
14 el banquillo de zapatero *m*
15 el tirapié
16 el cerote
17 la caja de puntillas *f*, una caja surtida para sobinas *f*, clavitos *m* y tachuelas *f*
18 la chaira (el tranchete)
19 el hilo con cerote *m* (hilo de zapatero *m*)
20 la máquina de ahormar
21 el frasco de líquido *m* para limpieza *f* de los zapatos
22 la lima plana
23 el maestro zapatero (zapatero)
24 la máquina pulidora
25 la bola de zapatero *m*, una esfera de cristal *m* llena de agua *f*
26 el quinqué de petróleo *m*
27 el caballete, un doble caballete con hormas *f* de hierro *m*
28 la tarima
29 la plantilla ortopédica
30 el tranchete para desvirar
31 la bisagra (el bruñidor)
32 la horma triple
33 el claveteado
34 el calzado ortopédico
35 las tenazas

36 la escofina (lima gruesa)
37 la suela de goma *f* estriada;
38-55 la bota,
38-49 la cabezada:
38 la puntera
39 el contrafuerte
40 la pala (empella)
41 la caña
42 el tirante (la trabilla)
43 el forro de la caña
44 la banda de los ojetes
45 el corchete
46 el ojete
47 el cordón
48 la lengüeta; *anál.:* la oreja del zapato
49 la capellada (el parche);
50-54 la planta (suela),
50 y **51** la suela (suela de zapato *m*), una suela de cuero *m*:
50 la suela exterior de cuero *m* selecto
51 la plantilla, una suela interior;
52 el cerquillo (la vira)
53 el enfranque
54 el tacón;
55 la empella;
56 el tacón de goma *f* (el suplemento de tacón *m*)
57 el refuerzo del tacón en forma *f* de herradura *f*
58 la puntera de hierro *m*
59 la tachuela
60 el tranchete de zapatero *m*
61 el trinchete curvo
62 el estaquillador (la lezna)
63 el punzón
64 la pata de cabra *f*
65 el desvirador
66 el abreojetes
67 las tenazas para el cuero

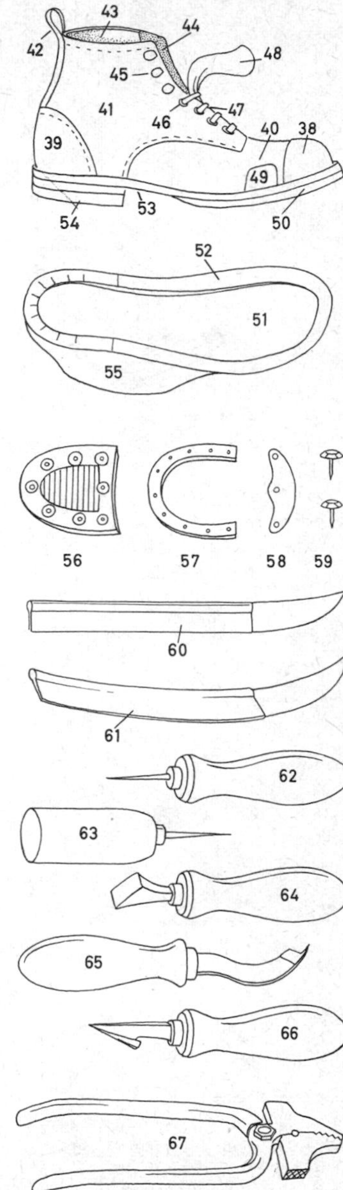

1 el zapato de cuero *m*, un zapato bajo
2 el zapato de caballero *m*, un zapato de ante *m*:
3 la suela de crepé *m*;
4 el zapato de lona *f*
5 el chanclo (*Amér. Central:* el ahulado)
6 la sandalia de madera *f*
7 la alpargata (esparteña, alborga)
8 la bota
9 el zapato con botón *m*, un calzado para niños *m*
10 el abotonador
11 el zapato de fieltro *m*
12 el zapato "sport" sin cordones *m*
13 el zapato "sport" con cordones *m*
14 el zapato para bebés *m*
15 la bota alta (bota de montar)
16 la horma de bota *f* alta
17 el calzador largo
18 el contrafuerte
19 el calzador corto
20 el zapato de calle *f*
21 la bota de trabajo *m*
22 el zapato para deportes *m*
23 el zapato de oreja *f* suelta, un calzado de muchachas *f*
24 la zapatilla de tenis *m*
25 el zapato de golf *m*
26 la bota de elástico *m*
27 el chanclo de goma *f*
28 la bota-polaina (bota de marcha *f*)
29 la sandalia
30 la polaina de cuero *m*
31 el botín
32 el zapato de baile *m* (zapato de noche *f*)
33 el zapato de piel *f* de serpiente *f*, un calzado de lujo *m*
34 la sandalia de playa *f*:
35 el tacón en forma *f* de cuña *f* (tacón topolino)
36 la suela de corcho *m*;
37 el zapato con hebilla *f*:
38 la hebilla;
39 el zapato de correílla *f*
40 el zapato de vestir:
41 el tacón alto;
42 el mocasín
43 el zapato de trencilla *f*
44 la sandalia de tacón *m*, un zapato de señora *f*
45 la zapatilla:
46 la vuelta
47 la borla ;
48 la chancleta de baño *m*

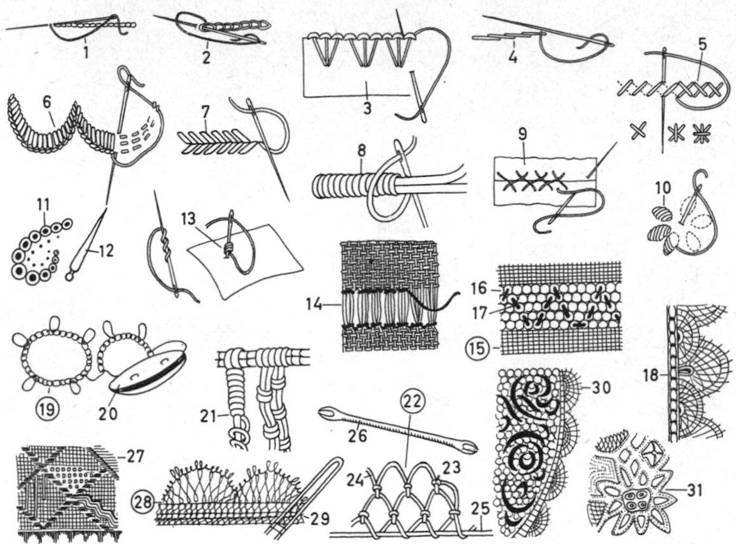

1 el pespunte
2 el punto de cadeneta *f*
3 el punto de adorno *m*
4 el punto de tallo *m*
5 el punto de cruz *f*
6 el festón de uña *f*
7 el punto de espiga *f*
8 el punto de cordón *m*
9 el punto de escapulario *m* (punto de arista *f*)
10 el bordado plano
11 el bordado inglés
12 el punzón para bordado *m* inglés
13 el punto de nudos *m*
14 la vainica (el calado)
15 la puntilla de tul *m*:
16 el fondo de tul *m*
17 el hilo del bordado;
18 el encaje de bolillos *m*; *especialidades:* puntillas *f* de Valenciennes y de Bruselas
19 el trabajo con lanzaderas *f* (trabajo de frivolidad *f*, de frivolité, de occhi):
20 la lanzadera;
21 el macramé
22 la malla:
23 el nudo de la malla
24 el hilo de la malla
25 la varilla de la malla
26 la lanzadera para malla *f*;
27 el fil tiré
28 el trabajo con horquillas *f*:
29 la horquilla;
30 el tul bordado; *especialidades:* encajes *m* de Reticella, de Venecia, de Alençon; *anál.:* la filigrana (con hilo *m* de metal *m*)
31 el bordado con cintas *f*

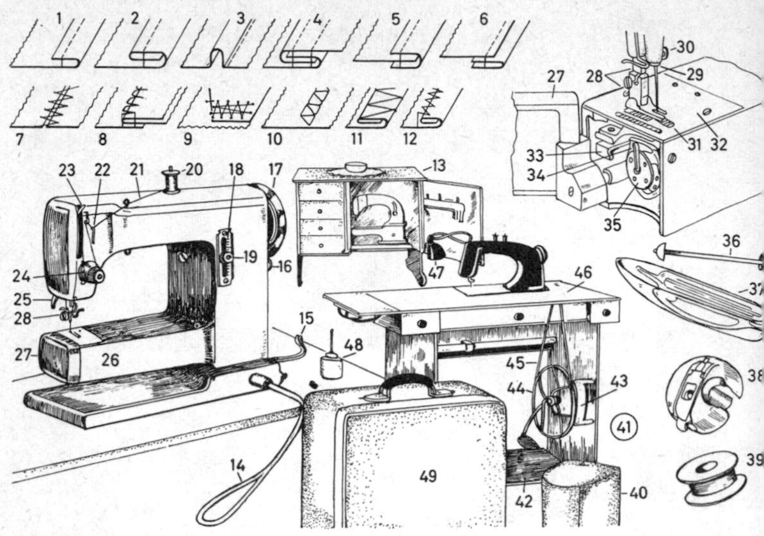

1-12 costuras *f* a máquina *f*:
1 el pliegue
2 el dobladillo de pespunte *m*
3 la pestaña
4 la costura francesa
5 el ribete
6 el reborde
7 el punto zigzag (*Nicar.* : el catiteo) [canto *m* a canto]
8 el punto de adorno *m*
9 el zurcido
10 el calado
11 el festón
12 el festón con punto *m* zigzag;
13 el mueble de la máquina de coser
14-47 la máquina de coser,
14-40 la máquina de coser eléctrica:
14 la palanca de contacto *m*
15 el cable de conexión *f*
16 el dispositivo para encanillar
17 el volante
18 la graduación del punto
19 el tornillo graduador
20 el carrete de hilo *m*
21 el hilo superior, un hilo para coser
22 la guía del hilo
23 la palanca del hilo (el freno)
24 el tensor del hilo
25 la palanca del prensa-telas
26 el brazo libre para zurcir
27 la caperuza articulada
28 el prensatelas, con la pata
29 el portaagujas
30 el tornillo para sujetar la aguja
31 la pieza dentada para transportar
32 la placa de la aguja
33 la pieza corredera
34 la garra de sujeción *f*
35 la canilla
36 la canilla vacía, para el hilo inferior
37 la lanzadera longitudinal
38 la lanzadera rotativa (el dentador de los lazos)
39 la canilla-bobina inferior
40 la tapa de la máquina;
41 el soporte con el dispositivo de pedal *m*:

42 el pedal
43 la pieza de protección *f*
44 la rueda volante
45 la correa de transmisión *f*;
46 la mesa de la máquina (la placa para coser)
47 la luz de la máquina de coser;
48 la alcuza, una aceitera con aceite *m* de máquina *f* de coser
49 la maleta de la máquina
50 la seda de coser
51 el hilo de zurcir
52 el hilo para hilvanar
53 el dedal
54 la cinta para ribetear
55 la aguja de coser a máquina *f*
56 la aguja de coser a mano *f*
57 la aguja de zurcir
58 el ojo de la aguja (*Ec.* : el oído de la aguja)
59 el pasacintas
60 el imperdible
61 la aguja de coger puntos *m*
62 la rueda dentada para copiar (la ruleta)
63 el huevo de zurcir
64 la seta de zurcir
65 las tijeras corrientes
66 las tijeras para ojales *m*
67 la entretela
68 el patrón
69 el forro
70 las tijeras de sastre *m*
71 la revista de figurines *m* (revista de modas *f*)
72 la hoja de patrones *m*
73 la cinta métrica
74 el costurero articulado (la canastilla de la costura)
75 la costurera (modista); *anál.* : la sastresa
76 el maniquí
77 el acerico (*Chile* : el agujador)
78 el alfiler
79 la cabeza del alfiler
80 la hombrera
81 el retal
82 el jabón de sastre *m* (jaboncillo de sastre)

1-34 la peluquería para señoras *f* y el salón de belleza *f*,

1-8 la manicura (el cuidado de las manos):

1 la manicura

2 la palanganita para los dedos

3 el matapieles

4 la mesa auxiliar móvil:

5 las tijeras de uñas *f*

6 los alicates

7 la lima de uñas *f*

8 el limpiauñas;

9 el rimel, con el cepillo de pestañas *f*

10 los paños, para poner compresas *f* faciales

11 la crema de belleza *f*; *anál.*: la crema de día *m*, la leche (crema de noche *f*, la desmaquilladora)

12 el esmalte de uñas *f*

13 el disolvente de esmalte *m* (el quitaesmaltes);

14 la loción facial (el agua *f* facial)

15 el colorete

16 el lápiz de cejas *f*

17 los polvos para la cara (polvos)

18 los polvos sulfurosos;

19 el lápiz (la barra) de labios *m*

20 el agua *f* de Colonia *f*

21 el agua *f* de espliego *m*

22 la glicerina;

23 el secador del cabello

24 la redecilla de los cabellos

25 el aparato para la permanente

26 el peinador

27 la caspa

28 la peinadora

29 el fijador

30 el secador de mano *f* eléctrico

31 el líquido para la permanente en frío *m*

32 el tinte

33 la maquilladora (empleada del salón de belleza *f*), aplicando un masaje facial

34 el sillón para el masaje;

35 el torcido (tubo)

36 el peinecillo

37 el cepillo de los rizos

38 las tenacillas de rizar

39 las tijeras de vaciar

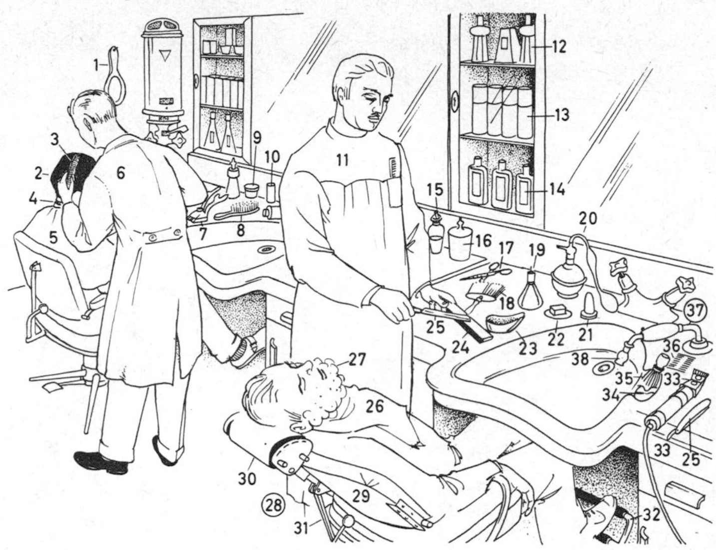

1-38 la peluquería (barbería):

1 el espejo de mano *f*

2 el corte de pelo *m* (el peinado)

3 el peine para el corte de pelo *m*

4 el collar de papel *m* rizado

5 el peinador

6 el ayudante del peluquero, cortando el cabello

7 la maquinilla para cortar el pelo

8 el cepillo para el cabello

9 la pomada para el cabello

10 la brillantina

11 el maestro barbero afeitando

12 el aceite del cabello

13 el tónico capilar

14 la loción para después del afeitado

15 el champú

16 el antiséptico

17 las tijeras para cortar el cabello

18 el cepillo para el cuello

19 el espolvoreador

20 el pulverizador de agua *f* de Colonia *f*

21 el jabón de afeitar

22 el lápiz estíptico (restañador), una piedra de alumbre *m*

23 la bacía

24 el suavizador

25 la navaja de afeitar

26 el paño protector

27 la espuma de jabón *m*

28 el sillón de peluquería *f*:

29 el espaldar del sillón

30 el descanso de la cabeza

31 la barra de ajuste *m*;

32 el descansapiés

33 la maquinilla eléctrica de cortar el pelo

34 la jabonera

35 la brocha de afeitar

36 la caspera

37 la ducha (ducha de palangana *f*):

38 la roseta

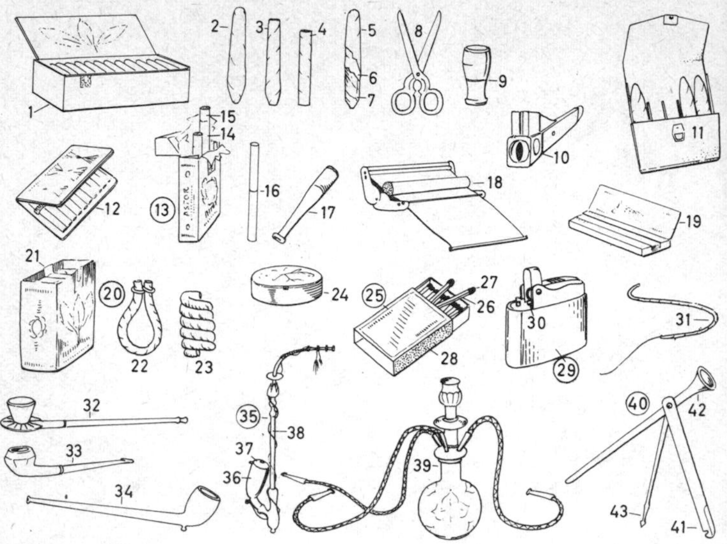

1 la caja de cigarros *m* (caja de puros *m*)
2 el cigarro; *clases:* habanos *m*, cigarros *m* del Brasil, cigarros de Sumatra
3 la señorita [un purito]
4 el bocadito
5 la capa
6 la sobretripa
7 la tripa
8 las tijeras para puros *m*
9 la boquilla de puro *m*
10 el cortapuros
11 el estuche de cigarros *m* (la petaca de puros *m*)
12 la pitillera
13 el paquete de cigarrillos *m*:
14 el cigarrillo (pitillo)
15 la boquilla (embocadura); *clases:* la boquilla dorada, boquilla de corcho *m*, boquilla de filtro *m*;
16 el cigarrillo ruso
17 la boquilla
18 la maquinilla para liar cigarrillos *m*
19 el librito de papel *m* de fumar
20 el paquete de tabaco *m*; *clases:* picadura *f* fina, picadura entrefina:
21 el sello (la precinta) de la Hacienda [*en España:* el sello (la precinta) de la Tabacalera];
22 el andullo (rollo de tabaco *m*)
23 el tabaco para mascar
24 la cajita (tabaquera), con rapé *m*
25 la caja de cerillas *f* (de mixtos *m*, de fósforos *m*):
26 la cerilla (el mixto, el fósforo; *Bol.:* la pajuela)
27 la cabeza inflamable de la cerilla
28 el raspador (frotador);
29 el encendedor:
30 la piedra de mechero *m*;
31 la mecha
32-39 pipas *f*:
32 el chibuquí
33 la cachimba corta (*Col.*, *Ec.:* la churumbela)
34 la pipa de barro *m*
35 la pipa larga:
36 la cazoleta
37 la tapa de la cazoleta
38 el tubo de la pipa;
39 el narguilé, una pipa en la que el humo pasa a través de agua *f*;
40 el equipo del fumador:
41 el rascador de la pipa
42 el prensador
43 el limpiador de la pipa

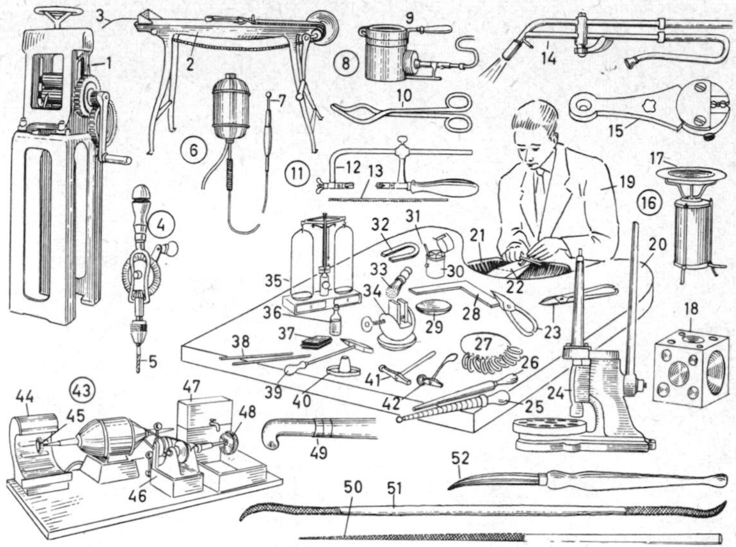

1 el laminador para alambre *m* y chapa *f*
2 el banco para estirar alambre *m*
3 el alambre [alambre de oro *m* o de plata *f*]
4 la taladradora de mano *f*:
5 la broca;
6 el motor colgante para taladrar y fresar:
7 la fresa esférica;
8 el hornillo de fusión *f*:
9 el crisol;
10 las tenazas para el crisol
11 la sierra de arco *m*:
12 el arco de marquetería *f*
13 la hoja de sierra *f*;
14 el soplete
15 la terraja
16 el soplete a pedal *m* (la fragua con fuelle *m* de pedal):
17 el plato de la fragua;
18 el dado de embutir
19 el orfebre
20 el obrador
21 el tapete de piel *f*
22 la astillera [un soporte de madera *f* para limar]
23 la tijera para chapa *f*
24 la máquina de alianzas *f*
25 la lastra de medidas *f*
26 la lastra de ajuste *m*
27 el sortijero (las anilleras)
28 la escuadra de acero *m*
29 la almohadilla de piel *f*
30 la caja de punzones *m*
31 el punzón
32 el imán de herradura *f*
33 la escobilla de mesa *f*
34 la bola para grabar
35 la balanza de precisión *f* (el granetario)
36 el líquido para soldar
37 la placa incandescente, de carbón *m* vegetal
38 la varilla de soldar
39 el soldador
40 el bórax
41 el martillo de joyero *m*
42 el martillo para cincelar
43 el motor para pulir y raspar:
44 el recogedor de polvo *m*
45 el cepillo de pulir
46 el regulador de la velocidad
47 la caja de raspar
48 el cepillo metálico;
49 la hematites roja
50 la lima de aguja *f*
51 la lima acanalada
52 el pulidor de acero *m*

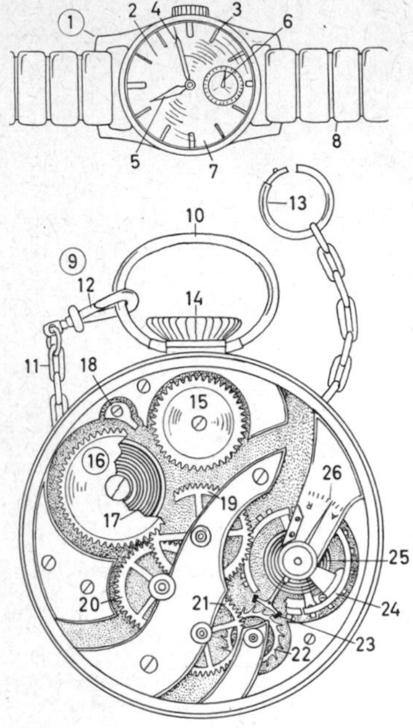

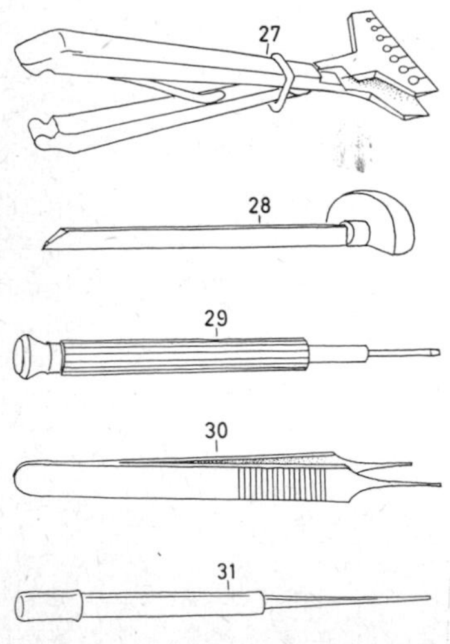

1 el reloj de pulsera *f*, con cuerda *f* automática:
2 la esfera (*Méj.*, *Guat.* : la carátula)
3 la cifra
4 la manecilla grande (el minutero)
5 la manecilla pequeña (el horario; *Bol.*, *Ec.*, *Méj.* : el horero)
6 el segundero
7 el cristal de protección *f*
8 la pulsera de metal *m*, una pulsera para reloj *m* (pulsera);
9 el reloj de bolsillo *m*:
10 la anilla del reloj
11-13 la cadena de reloj *m*:
11 el eslabón
12 el mosquetón
13 la anilla sujetadora, con muelle *m* resorte;
14-26 el mecanismo del reloj,
14-17 el mecanismo de la cuerda:
14 la corona
15 la rueda de corona *f*
16 el cubo del muelle real:
17 el muelle real;
18 el trinquete
19-21 el tren de ruedas *f*:
19 la rueda minutera (rueda de centro *m*)
20 la rueda horaria (rueda primera)
21 la rueda de segundos *m*;
22 y **23** el dispositivo de escape *m*:
22 la rueda de áncora *f* (rueda de Santa Catalina)
23 el áncora *f*;
24-26 el regulador de la marcha (la raqueta):
24 el volante
25 el resorte del volante, un muelle espiral
26 la manecilla de la raqueta;
27-31 herramientas *f* del relojero:
27 la pinza de las manecillas
28 el buril
29 el destornillador
30 las pinzas
31 la jeringa de aceite *m*;
32 el reloj de pesas *f*:

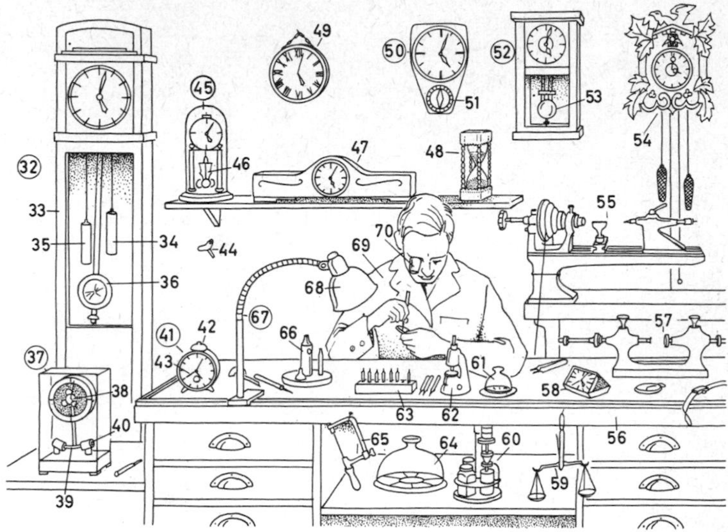

33 el mueble del reloj
34 la pesa de los toques
35 la pesa de la marcha
36 la péndola (*Amér.*: el péndulo);
37 el reloj eléctrico, un reloj de precisión *f* con volante *m* compensador:
38 la rueda horaria
39 la péndola de acero *m* niquelado
40 el imán permanente;
41 el reloj despertador (despertador):
42 el timbre (la campana)
43 la manecilla del toque;
44 la llave de las cuerdas
45 el reloj de 400 días *m* de cuerda *f*:
46 la péndola giratoria (el péndulo de torsión *f*);
47 el reloj de sobremesa *f*, de repetición *f*
48 el reloj de arena *f* (la ampolleta)
49 el reloj de plato *m*
50 el reloj de cocina *f*:
51 el avisador cuenta-minutos;
52 el reloj de pared *f* (el magistral):
53 el péndulo compensador (péndulo de parrilla *f*);
54 el reloj de cuco *m* (reloj de cuclillo *m*, reloj de la Selva Negra)
55 el torno de relojero *m* (torno para mecánica *f* de precisión *f*)
56 la mesa de trabajo *m*
57 el torno de pivotear (torno para pulir)
58 el despertador de viaje *m*
59 la balanza de precisión *f*
60 el aparato de limpieza *f*, para relojes *m*
61 la campana de cristal *m*, para proteger instrumentos *m* de precisión *f*
62 la remachadora de embutir
63 el punzón, para remachar
64 el platillo con campana *f* protectora para piezas *f*
65 la sierra de relojero *m*
66 el yunque para las manecillas
67 la lámpara de trabajo *m*:
68 el reflector;
69 el relojero
70 la lupa de relojero *m*

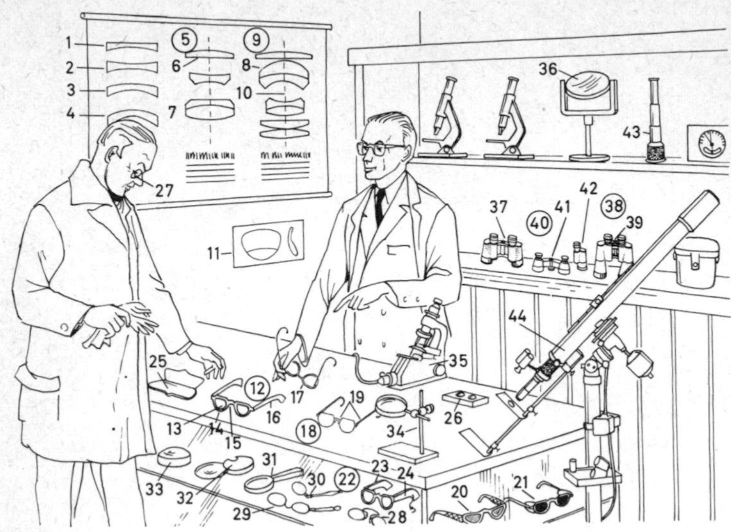

1-8 lentes *f* esféricas,
1-4 lentes *f* cóncavas (lentes divergentes):
1 la lente planocóncava
2 la lente bicóncava
3 la lente cóncava periscópica (lente convexo-cóncava)
4 el menisco cóncavo;
5-8 lentes *f* convexas (lentes convergentes),
5 la lente convexoplana:
6 la superficie plana;
7 la lente biconvexa
8 la lente convexa periscópica (lente cóncavo-convexa);
9 el sistema óptico (sistema de lentes *f*):
10 el eje;
11 el cristal bifocal (cristal de dos intensidades *f*)
12-24 gafas *f* (anteojos *m*),
12 las gafas de concha *f*:
13 el cristal de gafas *f*
14-16 la armadura de gafas *f*:
14 el aro del cristal
15 el puente
16 la patilla;
17 el aro de metal *m*
18 las gafas sin aros *m*:
19 la guarnición;
20 las gafas de sol *m*
21 las gafas de ciego *m*
22 las gafas combinadas con audífono *m*:
23 la patilla micrófono
24 la patilla batería;
25 el estuche de las gafas
26 la lente de contacto *m*
27 el monóculo
28 los quevedos
29 los impertinentes
30 el monóculo con manija *f*
31-34 lupas *f* (cristales *m* de aumento *m*):
31 la lupa con empuñadura *f*
32 la lupa plegable
33 la lupa de contacto *m*
34 la lupa de soporte *m*;
35 el medidor de ángulo *m* máximo de refracción *f*
36 el espejo cóncavo
37-44 anteojos *m* de larga vista *f* (telescopios *m*):
37 el anteojo de campaña *f*, un binóculo
38 los gemelos de caza *f*, unos gemelos con cristales *m* para la visión nocturna:
39 el regulador central;
40 los gemelos de teatro *m*:
41 el puente de curvatura *f*;
42 el anteojo monocular
43 el catalejo
44 el telescopio de observación *f*

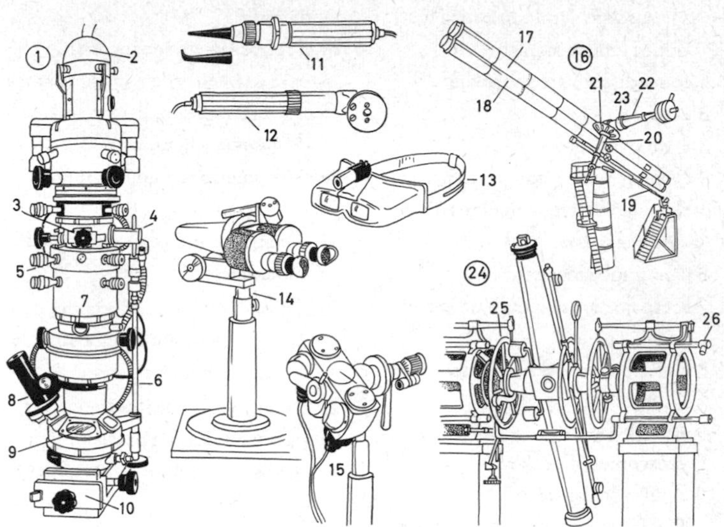

1 el microscopio electrónico,
2-10 el tubo del microscopio:
2 la cabeza de descarga *f* de la radiación catódica
3 la puerta de la cámara del objetivo
4 la empuñadura de la cámara del objetivo
5 el botón de apertura *f* del diafragma
6 el ajuste del portaobjetos del objetivo
7 el visor de la imagen intermedia
8 el visor de la imagen final
9 la lente ampliadora telescópica
10 la cámara fotográfica;
11-15 instrumentos *m* oftalmológicos:
11 la lámpara de esclerótica *f*
12 el retinoscopio
13 el ampliador binocular de cabeza *f*
14 el microscopio de córnea *f*
15 el oftalmómetro;
16-26 instrumentos *m* astronómicos,
16 el telescopio de refracción *f* (el refractor, telescopio dióptrico):
17 el tubo fotográfico
18 el tubo visual
19 el telescopio buscador
20 el eje horario
21 el círculo horario
22 el eje de declinación *f*
23 el círculo de declinación *f*;
24 el círculo meridiano (círculo de tránsito *m*):
25 la escala graduada
26 el microscopio de lectura *f*

1-23 instrumentos *m* de la técnica microscópica (microtécnica *f*, óptica *f* microscópica),

1 el microscopio monocular:

2 el ocular

3 el tubo inclinado

4 el condensador, con portafiltro *m*

5 el portaobjetivo, con el revólver de objetivos *m*

6 el portaobjetos deslizante

7 el espejo para el dibujo de la proyección;

8 el dispositivo para el contraste de las fases

9 el microscopio quirúrgico, un microscopio binocular:

10 el tubo ocular recto;

11 el colposcopio, para exámenes *m* ginecológicos:

12 el tubo ocular inclinado;

13 el microscopio de luz *f* incidente:

14 el epicondensador

15 el portatubo

16 el cambiaobjetivos deslizante;

17 el estereomicroscopio de ensayos *m*, para exámenes *m* microestereoscópicos:

18 los tubos gemelos inclinados del binocular;

19 el microscopio cámara, para la microfotografía:

20 el iluminador vertical, para las fotografías de campos *m* de luz *f*, fondo *m* oscuro y polarización *f*

21 la cámara del microscopio

22 la lámpara del microscopio;

23 el coniómetro, para medir el contenido de polvo *m* del aire;

24-29 instrumentos *m* ópticos de medición *f*:

24 el refractómetro de inmersión *f*, para examen *m* de alimentos *m*

25 el interferómetro, para examen *m* de gases *m* y líquidos *m*

26 el fotómetro rápido, un microfotómetro

27 el instrumento para examen *m* de superficies *f*

28 el monocromator reflectante, para medir la sensibilidad espectral de las células fotoeléctricas

29 el comparador de interferencia *f*, para medidas *f* de precisión *f* por medio de longitudes *f* de ondas *f* luminosas;

30-38 instrumentos *m* geodésicos (instrumentos topográficos),

30 el taquímetro de reducción *f* (el buscador de doble imagen *f* a distancia *f*), para medidas *f* ópticas a distancia:

31 el microscopio de la escala

32 el ocular de lectura *f*

33 el nivel del índice de altura *f*, con dispositivo *m* para establecer la coincidencia

34 la plomada óptica

35 la varilla de centraje *m*

36 el triángulo determinante

37 el listón distante (la base);

38 el micrómetro de plancheta *f*, para medidas *f* de precisión *f* de alturas *f* en construcciones *f* por encima y por debajo del suelo

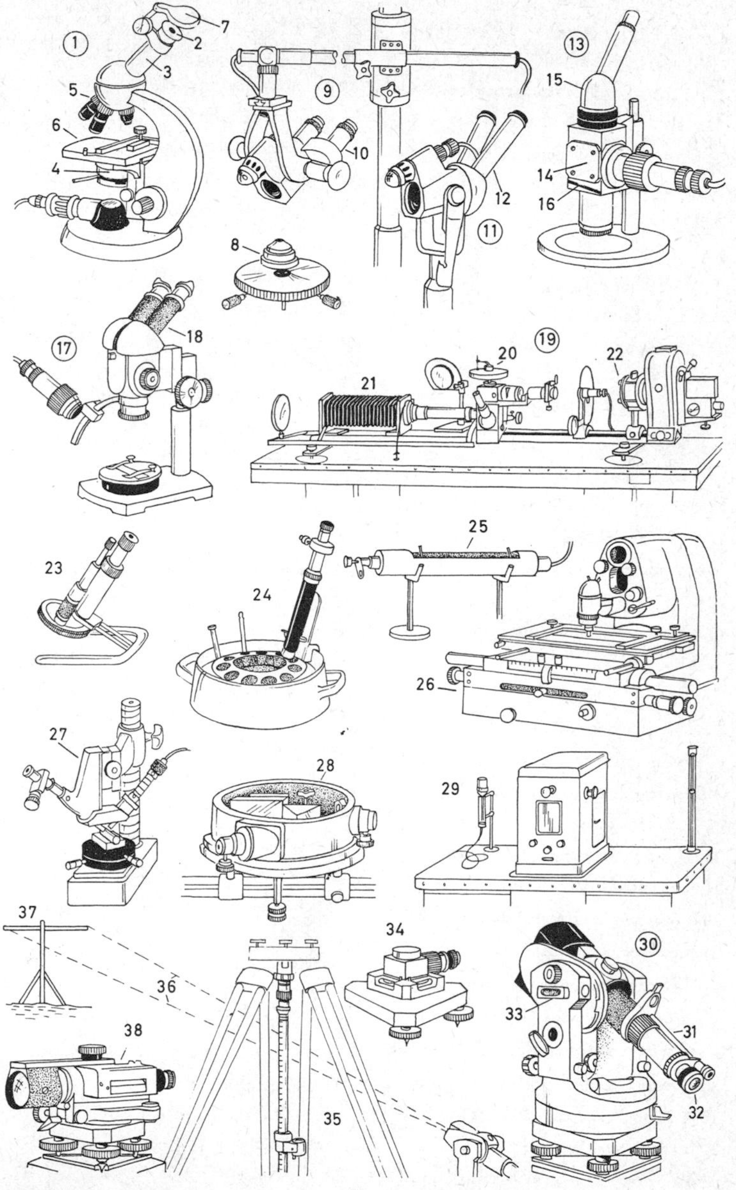

1
2
3
4
5
6
7
8
9
10
11
12
13
14
15
16
17
18
19
20
21
22
23
24
25
26
27
28
29
30
31
32
33
34
35
36
37
38

1-27 aparatos *m* fotográficos (cámaras *f*):
1 la cámara de cajón *m*
2 la cámara plegable (cámara de fuelle *m*):
3 la caja
4 el enrollador de la película
5 el disparador
6 el visor
7 el fuelle
8 el extensor [una varilla articulada]
9 la chapa base de la corredera;
10-14 el objetivo:
10 la lente
11 la escala de exposición *f*
12 la graduación del diafragma
13 la escala de enfoque *m*
14 la palanquita para armar el obturador;
15 la cámara reflex:
16 el capuchón del visor
17 el objetivo del visor;
18 la cámara miniatura, una cámara de tubo *m*:
19 el contador de tomas *f*
20 el botón fijador del tiempo de exposición *f*
21 la muesca para accesorios *m*
22 la ventana del visor
23 el botón para el enrollamiento inverso
24 el disparador automático
25 el objetivo intercambiable
26 la base de la cámara;
27 la cámara estereoscópica, para la estereofotografía (cámara para la fotografía en relieve *m*, fotografía tridimensional);
28 el estereoscopio:
29 la diapositiva estereoscópica
30 la rueda estriada;
31-59 accesorios *m* fotográficos,
31 el trípode:
32 el tornillo del trípode
33 la articulación de bola *f*
34 la cabeza del trípode
35 el tornillo de fijación *f*
36 el pie (la pata) del trípode;
37 el disparador automático
38 el exposímetro:
39 el botón giratorio;
40 el telémetro:
41 el pie para encaje *m* en el portaaccesorios;
42 el disparador de cable *m*
43 el teleobjetivo, para tomas *f* a distancia *f*
44 el obturador central sincronizado, un obturador instantáneo; *otras clases:* el obturador de cortinilla *f*:
45 la laminilla del diafragma
46 el contacto para la luz relámpago (contacto del "flash")
47 el botón de abertura *f*, para el disparador automático;
48 el filtro de luz *f* (filtro de color *m*),
49-59 aparatos *m* de luz *f* relámpago,
49 el aparato instantáneo de bombilla *f*:
50 la caja de la pila
51 el cable de conexión *f*
52 el reflector, un espejo cóncavo
53 la bombilla relámpago (el relámpago de vacío *m*);
54 el aparato de tubos *m* de relámpagos *m* (el relámpago electrónico):
55 el acumulador y el aparato de carga *f*
56 la escuadra de acoplamiento *m*
57 la barra de la lámpara
58 el tubo relámpago, una válvula de descarga *f* de gas *m*
59 la correa portadora

1
2
3
4
5
6
7
8
9
10
11
12
13
14
15
16
17
18
19
20
21
22
23
24
25
26
27
28
29
30
31
32
33
34
35
36
37
38
39
40
41
42
43
44
45
46
47
48
49
50
51
52
53
54
55
56
57
58
59

1-61 el laboratorio fotográfico; *también:* el cuarto oscuro:

1 el tanque revelador (tanque de revelado *m*)

2 el tanque del lavado intermedio

3 el tanque del fijado

4 el tanque del lavado

5 la cámara de secado *m*

6 la pinza de secado *m*, una pinza de metal *m* para la prueba negativa

7 el peso de pinza *f*

8 la pinza de secado *m*, una pinza de madera *f*

9 la copia (prueba positiva)

10 la botella de preparados *m* químicos

11 el tapón de cristal *m*

12 el frasco cuentagotas

13 el estuche para el revelado de película *f*

14 el embudo de cristal *m*

15 la esponja natural

16 la esponja artificial

17 el ventilador

18 la lámpara del cuarto oscuro, con filtros *m* intercambiables para luz *f* roja, verde y anaranjada

19 el reloj de señales *f*

20 el fotógrafo

21 la cinta de diapositivas *f* en miniatura *f*, una cinta de película *f*

22 el desvanecedor

23 el termómetro

24 el papel fotográfico

25 la prensa para copias *f*

26 la cápsula para el carrete de diapositivas *f* de miniatura *f*

27 el aparato para la obtención de copias *f*

28 la ampliadora:

29 la caja de la lámpara

30 el portanegativo

31 la palanca de enfoque *m*

32 el cronometrador de exposición *f*, un cronógrafo

33 el tablero de la base

34 el bastidor para la ampliación;

35 la probeta graduada

36 la cubeta para el revelado

37 el exprimidor de rodillo *m*

38 las pinzas para el revelado

39 el frotador de las películas

40 el caballete para el secado

41 la placa fotográfica, un negativo

42 la cortadora

43 la vasija para el lavado

44 el secador eléctrico de copias *f*

45 la fotografía (foto)

46 y **47** la montura intercambiable (el paspartú, "passepartout", la orla):

46 la pestaña

47 el borde de cartón *m*;

48 la diapositiva

49 el marco de la diapositiva

50 el portafoto (marco de pie *m*)

51 la ampliación

52 el álbum de fotografías *f*:

53 la cubierta del álbum

54 las hojas del álbum (hojas sueltas insertables);

55 el proyector de diapositivas *f* (proyector por transparencia *f*), un proyector:

56 la caja de la lámpara

57 el portadiapositiva

58 el objetivo;

59 la lámpara de luz *f* directa, una lámpara de estudio *m*

60 la lámpara de luz *f* indirecta, un reflector:

61 la lámpara fotográfica de nitrógeno *m*

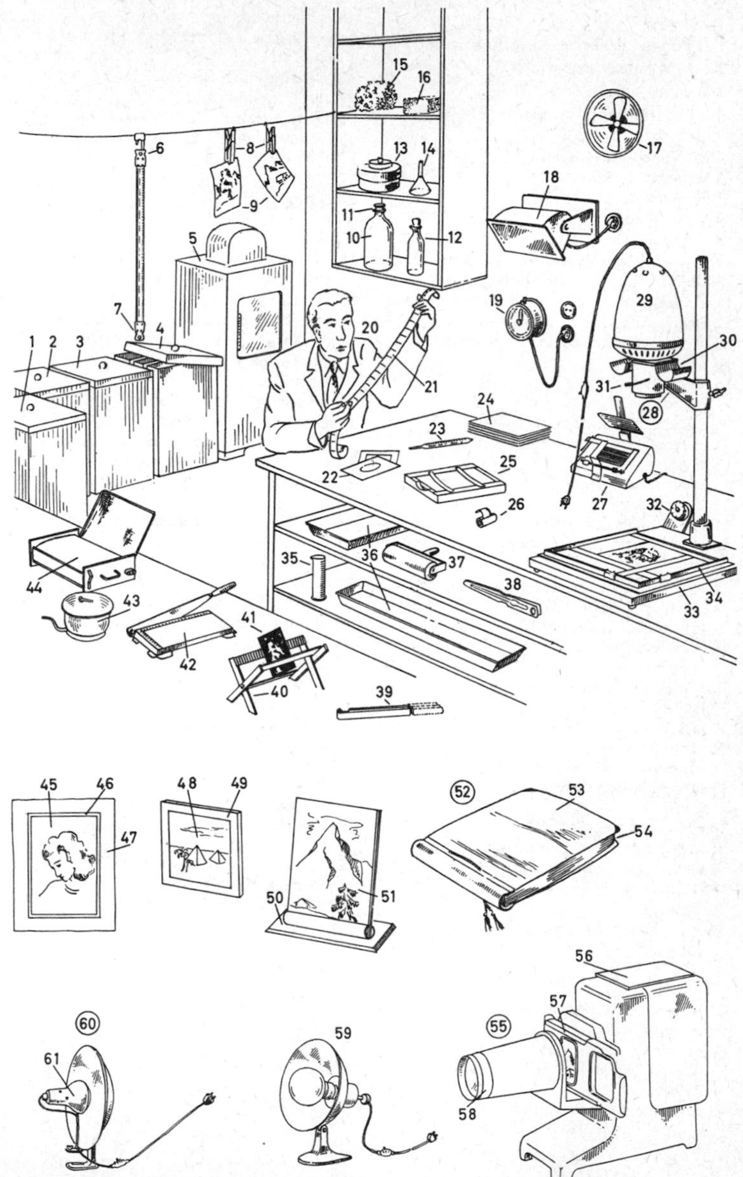

1
2
3
4
5
6
7
8
9
10
11
12
13
14
15
16
17
18
19
20
21
22
23
24
25
26
27
28
29
30
31
32
33
34
35
36
37
38
39
40
41
42
43
44
45
46
47
48
49
50
51
52
53
54
55
56
57
58
59
60
61

1-49 la obra:
1 el sótano, de hormigón *m* apisonado
2 el zócalo de hormigón *m*
3 la ventana del sótano
4 la escalera de acceso *m* al sótano por la parte exterior
5 la ventana del lavadero
6 la puerta del lavadero
7 la planta baja
8 la pared de ladrillo *m*
9 el dintel de la ventana
10 el marco exterior lateral de la ventana (la jamba, el intradós de ventana)
11 el marco interior lateral de la ventana
12 el antepecho (*Bol.*: la patilla)
13 el dintel de hormigón *m* armado
14 planta *f* 1.ª
15 la pared de fábrica *f* ligera (de fábrica hueca)
16 el techo monolítico
17 el andamio de caballete *m*
18 el albañil
19 el peón
20 el cuezo
21 el conducto de humos *m*
22 la cubierta provisional de la caja de escalera *f*
23 el poste del andamio (el pie derecho)
24 la baranda de protección *f*
25 el puntal en diagonal *f* (la riostra)
26 la carrera
27 el puente
28 la plataforma de tablones *m*
29 la pasarela
30 la ligadura, con cables *m* (con cuerdas *f*)
31 el montacargas
32 el operador de máquinas *f*
33 la mezcladora de hormigón *m* (la hormigonera):
34 el tambor mezclador
35 la cuchara para llenar la hormigonera;
36 las materias primas [arena *f* y gravilla *f*]
37 la carretilla
38 la manguera
39 la amasadera del mortero (la balsa del mortero)
40 el montón de los bloques (la pila de obra *f*)
41 la pila de madera *f* de construcción *f*
42 la escalera de mano *f*
43 el saco de cemento *m*
44 la valla de protección *f*, una valla de madera *f*
45 la superficie para anuncios *m*
46 la puerta de quita y pon
47 la placa de la empresa y técnicos *m* constructores
48 la barraca de la obra
49 el retrete de la obra;
50-57 las herramientas del albañil:
50 la plomada
51 el lápiz
52 la paleta
53 la piqueta
54 la maceta
55 el nivel de aire *m* (nivel de burbuja *f*)
56 la llana (trulla; *Amér.*: la cuchara; *Col.*: el babilejo)
57 el fratás;
58-68 la obra de fábrica *f* de ladrillo *m*:
58 el ladrillo de dimensiones *f* normales (de forma *f* normal)
59 las hiladas
60 los aparejos de ladrillo *m*:
61 el aparejo escalonado;
62 las ligadas en los aparejos:
63 el ladrillo colocado a soga *f*
64 el ladrillo colocado a tizón *m*;
65 el aparejo en cruz *f*
66 los aparejos de chimenea *f*:
67 la primera hilada
68 la segunda hilada;
69-82 la excavación de la caja de sótanos *m*:
69 las camillas de replanteo *m*
70 el punto de intersección *f* de las cuerdas
71 la plomada
72 el talud
73 la pasarela superior
74 la pasarela inferior
75 la zanja de cimentación *f*
76 el peón zapador
77 el transportador de tierras *f*
78 las tierras a vertedero *m*
79 la pasarela de tablones *m*
80 la jaula protectora del árbol
81 la excavadora:
82 la cuchara de la excavadora;
83-91 los acabados de la fachada:
83 el estuquista (estucador)
84 el cuezo
85 la criba
86-89 los andamios:
86 el puntal (pie derecho)
87 el puente (la pasarela)
88 la riostra en forma *f* de cruz *f* (el arriostrado)
89 la baranda;
90 el encañizado de protección *f*
91 la cuerda de la polea

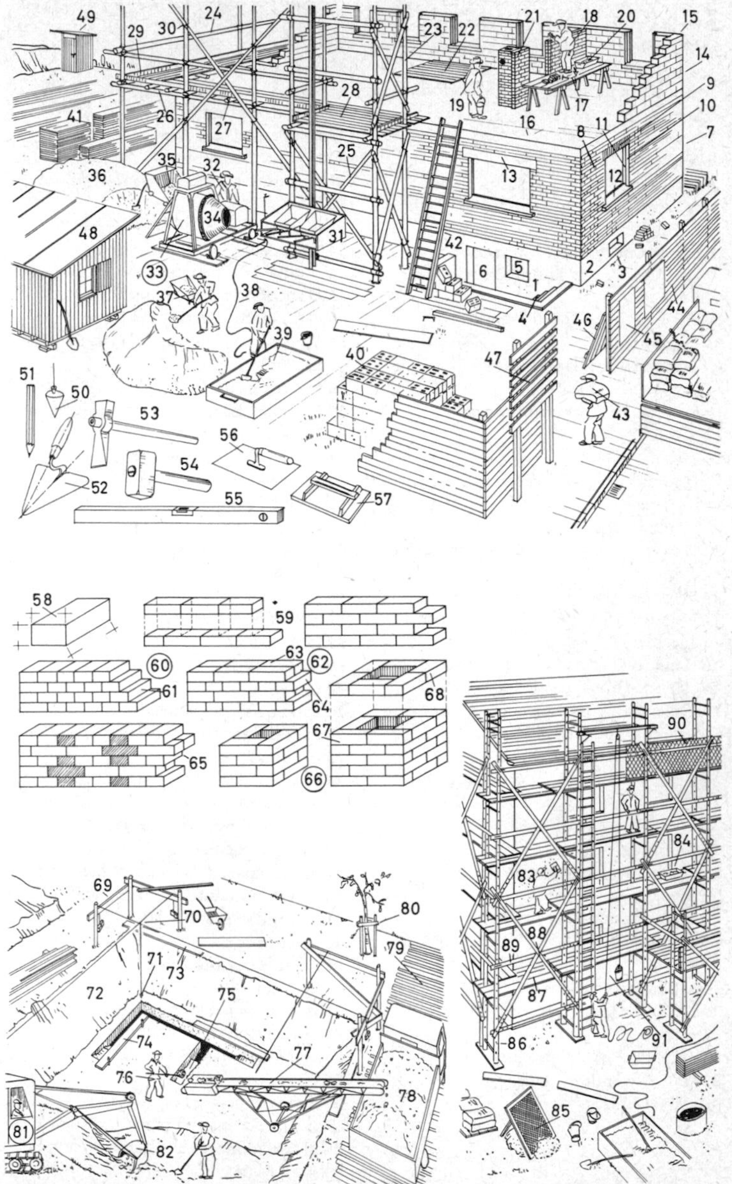

1-89 la construcción de hormigón *m* armado,
1 la estructura de hormigón *m* armado:
2 el bastidor de hormigón *m* armado
3 la viga
4 la correa
5 la jácena
6 la cartela;
7 la pared de hormigón *m* en masa *f* (de hormigón colado)
8 la solera de hormigón *m* armado
9 el especialista en hormigón *m*, aplanando
10 el hierro (la varilla) de empalme *m*
11 el encofrado
12 el encofrado de las jácenas
13 los puntales (rollizos)
14 el puntal de arriostramiento *m*
15 la cuña
16 la suela
17 la pared de piezas *f* machihembradas
18 las tablas para encofrar
19 la sierra circular
20 el banco para el doblado de varillas *f* de hierro *m*
21 el operario especialista en hierro *m*
22 la cizalla (tijera de mano *f* para cortar hierro *m*)
23 el hierro de armadura *f* (de refuerzo *m*)
24 el bloque hueco de piedra *f* pómez
25 la mampara para separación *f*, una mampara de madera *f*
26 las materias primas para el hormigón [arena *f* y gravilla *f* de distinto grueso *m*]
27 el carril
28 la vagoneta basculante
29 la hormigonera
30 el silo para el cemento
31 la grúa giratoria de torre *f*:
32 la plataforma (el carro de grúa *f*)
33 el contrapeso
34 la torre
35 la cabina de control *m*
36 el aguilón (pescante)
37 el cable
38 el cubilote para el hormigón;
39 las traviesas de madera *f*
40 el tope (calzo)
41 la rampa
42 la carretilla
43 el pasamano
44 la barraca del personal
45 la cantina
46 el andamiaje con tubos *m* de acero *m*:
47 el pie derecho
48 el tubo horizontal
49 el tubo perpendicular a la pared
50 el plinto (la base)
51 el puntal en diagonal (la riostra)
52 la plataforma
53 la abrazadera de unión *f*;
54-76 los encofrados de hormigón *m* y el montaje del hierro:
54 el encofrado del cielo raso
55 el encofrado lateral de la jácena
56 el encofrado inferior de la jácena
57 el travesaño
58 la pinza de unión *f*
59 el puntal del extremo, un pie derecho
60 la pieza de unión *f*
61 el travesaño de apoyo *m*
62 el filete de tope *m*
63 la tabla de sujeción *f* (la riostra) [para evitar deformaciones *f*]
64 el travesaño de refuerzo *m*
65 el cubrejunta
66 la riostra de alambre *m*
67 el tirante de tope *m*
68 la armadura
69 las barras de repartición *f*
70 el estribo
71 el hierro de empalme *m*
72 el hormigón (hormigón seco)
73 el puntal
74 el marco de madera *f* atornillado
75 el tornillo
76 la tabla para encofrados *m*;
77-89 herramientas *f*:
77 la barra para doblado *m* de hierros *m*
78 el transportador móvil de encofrados *m*:
79 el tornillo de ajuste *m*;
80 la barra de acero *m* (el redondo):
81 la pieza de distancia *f* (el tirante, el fiel para cortado *m* de hierros *m*);
82 la barra de acero *m* grabado
83 el pisón para el hormigón
84 el molde para cubos *m* de muestra *f*
85 las tenazas
86 el puntal para encofrados *m*
87 la tijera de mano *f* para cortar hierro *m*
88 el vibrador para hormigón *m* armado:
89 la aguja de vibrar

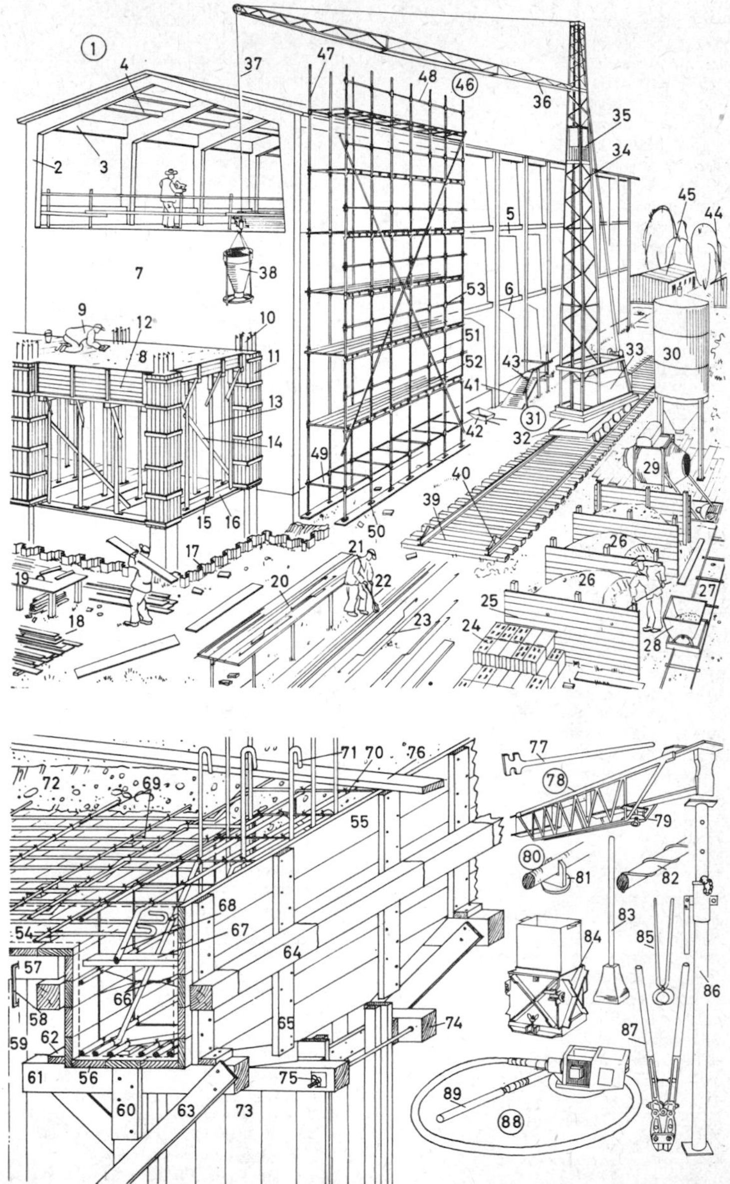

1
2
3
4
5
6
7
8
9
10
11
12
13
14
15
16
17
18
19
20
21
22
23
24
25
26
27
28
29
30
31
32
33
34
35
36
37
38
39
40
41
42
43
44
45
46
47
48
49
50
51
52
53
54
55
56
57
58
59
60
61
62
63
64
65
66
67
68
69
70
71
72
73
74
75
76
77
78
79
80
81
82
83
84
85
86
87
88
89

1-59 la carpintería de armar:
1 el acopio de tablones *m*
2 los troncos (rollizos, la madera de hilo *m*)
3 el cobertizo de aserrado *m*
4 el taller de la carpintería
5 la puerta del taller
6 el carro de mano *f*
7 el entramado del tejado (la armazón para techar)
8 el árbol con la corona puesta (*en España:* la bandera al cubrir de aguas *f*)
9 el entablado
10 los cuartones (la madera para construcciones *f*, madera escuadrada)
11 el plano de montea *f*
12 el carpintero
13 el sombrero de carpintero *m*
14 la sierra tronzadora, una sierra de cadena *f*:
15 el portacadena guía
16 la cadena sierra;
17 el aparato de hacer mortajas *f* (la fresadora de cadena *f* cortante)
18 el caballete de soporte *m* (la asnilla)
19 la viga en el caballete
20 la caja de herramientas *f*
21 el taladrador eléctrico
22 el agujero para la espiga
23 la señal para taladrar
24 el material listo para ensamblar
25 la columna (el pilar)
26 el pasador
27 el travesaño
28 el zócalo de la casa
29 la pared de la casa
30 la ventana al exterior
31 el cerco exterior (marco exterior, intradós de ventana *f* exterior)
32 el cerco interior (marco interior, intradós de ventana *f* interior)
33 la solera
34 el zuncho perimetral
35 el rollizo
36 la pasarela
37 la cuerda para subida *f* de material *m*
38 la viga del techo
39 la viga para sostener pared *f*
40 la viga de retallo *m*
41 la traviesa (el brochal, la viga secundaria)
42 el cabestrillo
43 el entrevigado (las piezas de relleno *m*)
44 el relleno entre vigas *f*, de bloques *m* de coque *m* o arcilla *f*
45 el listón
46 el hueco de la escalera
47 la chimenea
48 el maderaje de la fachada (la pared entramada):
49 la viga solera
50 el travesaño de solera *f*
51 el pie derecho de lección *f* (pie derecho de cerco *m*, la jamba de la ventana)
52 el pie derecho de esquina *f* (el cornijal)
53 el pie derecho de unión *f*
54 la riostra
55 el travesaño intermedio (contrapuente)
56 la barra de apoyo *m*
57 el dintel de la ventana
58 el cabezal (la carrera)
59 el forjado del entramado;
60-82 las herramientas de carpintero *m*:
60 el serrucho
61 la sierra de mano *f*:
62 la hoja de la sierra;
63 el serrucho de calar (la sierra de punta *f*)
64 el cepillo de carpintero *m*
65 la broca (barrena de cola *f*)
66 el gato (la cárcel)
67 el mazo
68 el tronzador
69 el gramil
70 el hacha *f* de carpintero *m*
71 el formón
72 el escoplo para hacer mortajas *f*
73 la azuela (el hacha *f*)
74 el martillo de carpintero *m*:
75 la boca sacaclavos;
76 el metro plegable
77 el lápiz de carpintero *m*
78 la escuadra de hierro *m*
79 el rascador (cuchillo de desbastar)
80 la viruta
81 la falsa escuadra
82 la escuadra a inglete *m*;
83-96 maderas *f* de construcción *f*,
83 la troza:
84 el núcleo del tronco (el duramen)
85 el leñame (sámago, la albura)
86 la corteza;
87 el corte para una sola pieza de sección *f* cuadrangular (el tronco de sección entera)
88 el corte para dos piezas *f* en aristas *f* vivas (el tronco de sección *f* media):
89 el corte en aristas *f* truncadas (de media sección *f*);
90 el madero cortado en cruz *f* (la madera de cuarto *m* de sección *f*)
91 el tablón:
92 el aserrado plano a lo largo del tronco (la sección transversal del tablón);
93 el tablón del núcleo (del duramen)
94 la tabla no escuadrada
95 la tabla acabada a escuadra *f* (tabla central de corazón *m*)
96 el costero

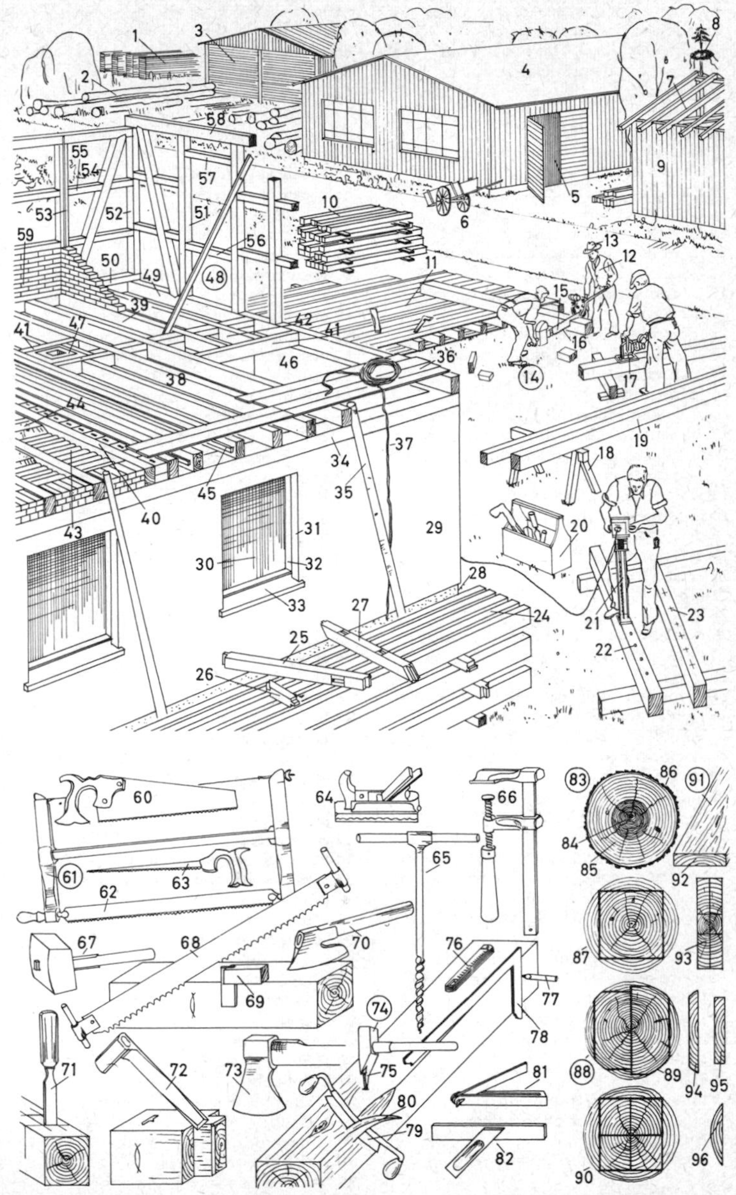
1
2
3
4
5
6
7
8
9
10
11
12
13
14
15
16
17
18
19
20
21
22
23
24
25
26
27
28
29
30
31
32
33
34
35
36
37
38
39
40
41
42
43
44
45
46
47
48
49
50
51
52
53
54
55
56
57
58
59
60
61
62
63
64
65
66
67
68
69
70
71
72
73
74
75
76
77
78
79
80
81
82
83
84
85
86
87
88
89
90
91
92
93
94
95
96

1-26 estilos *m* y partes *f* de los tejados,
1 la cubierta (el tejado) de caballetes *m* (cubierta a dos vertientes *f*):
2 la limatesa (el caballete del tejado)
3 el borde (saliente del tejado)
4 el alero
5 el frontón
6 la buhardilla;
7 el tejado de una sola vertiente (tejado de atril *m*, el cobertizo):
8 la claraboya (el tragaluz, la lumbrera; *Col.*: la aojada)
9 la pared contrafuegos;
10 la cubierta (el tejado) de copete *m* (tejado a cuatro aguas *f*):
11 la terminación del tejado de copete *m* (el chaflán)
12 la cresta del copete (la limatesa)
13 la buhardilla del tejado de copete *m*
14 el cupulino (la linterna)
15 la limahoya;
16 la cubierta (el tejado) de semicopete *m*:
17 el chaflán (faldoncillo);
18 la cubierta quebrantada (cubierta a la Mansard):
19 la ventana de mansarda *f*;
20 la cubierta (el tejado) en diente *m* de sierra *f*:
21 el lucernario;
22 el tejado de pabellón *m*:
23 la guardilla;
24 el tejado cónico
25 el tejado imperial (la cúpula en forma *f* de cebolla *f*):
26 la veleta;
27-83 los tejados de madera *f* (la construcción de tejados de madera),
27 la cubierta de cabrios *m* sencilla:
28 el cabrio
29 la viga de la cubierta (del tejado)
30 la riostra
31 el ristrel (cabrio de quiebra *f*)
32 la pared exterior (pared de fachada *f*)
33 la cabeza de la viga;
34 la cubierta con cámara *f* de aire *m* (el tejado con viga *f* de lima *f*):
35 el puente (falso tirante, la viga de lima *f*)
36 el cabrio;
37 la cubierta de puentes *m* con doble apoyo *m* vertical (el tejado con buhardilla *f*):
38 la viga de falso tirante *m* (de lima *f*)
39 la correa lateral
40 el pie derecho
41 el codillo;
42 la cubierta de una sola cámara:
43 la correa superior del caballete
44 la correa inferior
45 la cabeza del par (del cabrio, el modillón);
46 la armadura con buhardilla *f* y cámara *f* de aire *m*:
47 el jabalcón (la jamba)
48 la viga de la limatesa (de la cumbrera)
49 la pinza sencilla
50 la pinza doble
51 la correa central;
52 la armadura de dos pisos *m* con correas *f* horizontales:
53 la viga de unión *f*
54 la viga del techo
55 el cabrio principal
56 el cabrio central
57 el codillo de ángulo *m*
58 la tornapunta
59 las pinzas;
60 la cubierta holandesa con armadura *f* de copete *m*:
61 el cabrio de unión *f* (de copete *m*)
62 el cabrio de la cresta (de limatesa *f*)
63 el cabrio intermedio (cabrio de unión *f*)
64 el cabrio de la limahoya;
65 el doble techo suspendido (la armadura con tirante *m* y dos pendolones *m*):
66 la viga principal (viga suspendida)
67 el tramo inferior (la viga maestra, la jácena)
68 el pendolón
69 la tornapunta
70 la viga de trabazón *f*
71 el brochal;
72 la armadura de cubierta *f* con huecos *m* macizados (la viga de alma *f* llena):
73 el tirante (la cabeza inferior)
74 el par (la cabeza superior)
75 el entablado
76 la correa
77 la pared exterior de soporte *m*;
78 la armadura de celosía *f*:
79 el tirante (la cabeza inferior)
80 el par (la cabeza superior)
81 el poste
82 la tornapunta
83 el soporte;
84-98 las uniones de madera *f*:
84 la mecha sencilla (unión a caja *f* y espiga *f*)
85 la unión en espiga *f* de doble mecha *f*
86 la unión recta a media madera *f*
87 el ensamble con resalte *m*
88 la unión oblicua con resalte *m* (el ensamble oblicuo con resalte)
89 el ensamble a media madera *f* en cola *f* de milano *m*
90 el bisel con muesca *f* de encaje *m*
91 el doble bisel de encaje *m*
92 el clavo de madera *f*
93 la clavija
94 el clavo de hierro *m* forjado
95 el clavo de alambre *m*
96 las cuñas de madera *f* dura
97 la grapa
98 el perno roscado

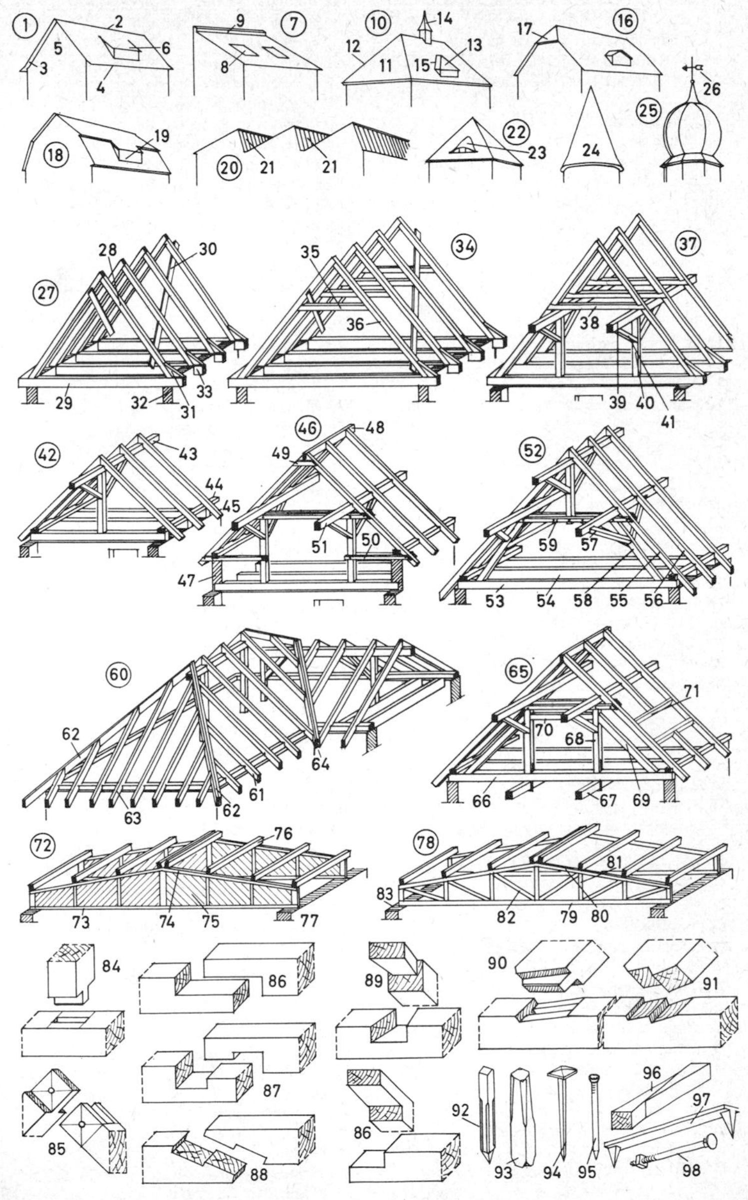
1
2
3
4
5
6
7
8
9
10
11
12
13
14
15
16
17
18
19
20
21
21
22
23
24
25
26
27
28
29
30
31
32
33
34
35
36
37
38
39
40
41
42
43
44
45
46
47
48
49
50
51
52
53
54
55
56
57
58
59
60
61
62
62
63
64
65
66
67
68
69
70
71
72
73
74
75
76
77
78
79
80
81
82
83
84
85
86
86
87
88
89
90
91
92
93
94
95
96
97
98

1 el tejado (la cubierta) de tejas *f*:
2 la teja plana de doble falda *f*
3 la teja de caballete *m* (de cumbrera *f*)
4 la media teja terminal, junto al caballete
5 la teja de alero *m* (la bocateja)
6 la teja plana
7 la teja de ventilación *f*
8 la teja de cresta *f* (de copete *m*)
9 la teja de casquete *m* para tejado *m* holandés
10 el chaflán del tejado
11 la limahoya;
12 la claraboya (el tragaluz; *Col.:* la aojada)
13 la chimenea
14 el cerco metálico de la chimenea, de zinc *m*
15 el gancho para sujetar la escalera
16 el soporte del enrejado paranieve
17 el listón
18 el medidor de distancia *f* entre listones *m*
19 el par (cabrio)
20 el martillo de tejador *m*
21 el hacha *f* de enlistonar
22 el cubo de tejador *m*:
23 el gancho del cubo;
24 la abertura (salida)
25 la fachada (el frontispicio)
26 la tabla dentada
27 el sofito
28 el canalón del tejado
29 el bajante (desagüe)
30 el tubo de entrada *f* (la embocadura)
31 la abrazadera (brida)
32 el soporte del canalón
33 la máquina de agujerear tejas *f*
34 el andamio:
35 la pared de protección *f*;
36 la cornisa del alero:
37 la pared exterior
38 el revestimiento exterior
39 el remate de obra *f*
40 la correa del borde inferior (la carrera)
41 la cabeza del cabrio
42 el revestimiento del alero
43 el doble listón
44 las placas de aislamiento *m*;
45-60 las tejas y los tejados de tejas *f*,
45 el tejado con eclisas *f*:
46 la teja plana
47 la teja de remate *m*
48 la junta de unión *f* (la eclisa),
49 el remate del alero;
50 el tejado real:
51 la nariz
52 la teja de caballete *m* (teja de cumbrera *f*);
53 el tejado acanalado (tejado italiano):
54 la teja acanalada
55 el relleno con mortero *m*;
56 el tejado de teja *f* árabe (tejado de teja de media caña *f*, de teja cóncava y teja convexa):
57 la teja de canal *m*
58 la teja superior (cobija);
59 la teja de encaje *m*
60 la teja tipo de convento *m*;
61-89 el tejado de pizarra *f*:
61 el entarimado del tejado
62 la tela asfáltica (el cartón asfaltado)
63 la escalera:
64 el gancho de conexión *f*
65 el gancho de cumbrera *f*;
66 el caballete:
67 la cuerda de sujeción *f* del caballete
68 el nudo
69 el gancho;
70 el tablón puente
71 el pizarrero
72 la cajita para los clavos
73 el martillo de colocador *m*
74 el clavo para colocar pizarra *f*, un clavo de alambre *m* galvanizado
75 el zapato de pizarrero *m*, una alpargata de cáñamo *m* o esparto *m*
76-82 las cubiertas de pizarra *f* a la antigua usanza germana:
76 la pizarra del alero
77 la pieza en ángulo *m*
78 la pieza corriente
79 la pizarra cepillada (pizarra de cumbrera *f*)
80 la pizarra del copete (la pieza del faldón)
81 la línea límite (línea a cubrir)
82 la limahoya;
83 el canalón rectangular
84 la tijera para pizarra *f* (la cizalla)
85 la pieza de pizarra *f*:
86 la espalda
87 la cabeza
88 el borde frontal
89 la cola;
90-103 la cubierta de tela *f* asfáltica y la cubierta de fibrocemento *m* ondulado,
90 la cubierta de cartón *m* asfáltico:
91 la tira [paralela al canalón]
92 el canalón
93 la cumbrera (el caballete)
94 la unión
95 la tira [en ángulo *m* recto con el canalón];
96 el clavo para el cartón
97 la cubierta de fibrocemento *m* ondulado:
98 la chapa ondulada
99 la chapa de cumbrera *f*
100 la pieza sobrepuesta (solapa
101 el tornillo para madera *f*
102 la arandela de zinc *m*
103 la junta de plomo *m*

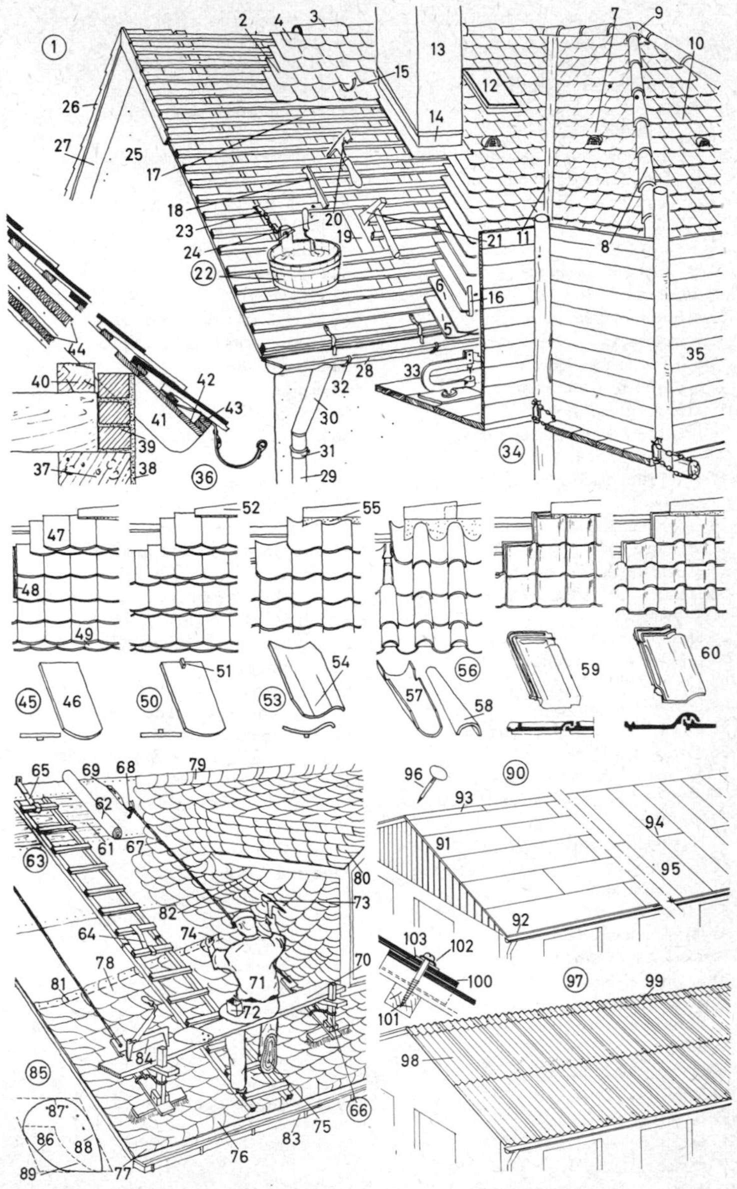
1
2
3
4
5
6
7
8
9
10
11
12
13
14
15
16
17
18
19
20
21
22
23
24
25
26
27
28
29
30
31
32
33
34
35
36
37
38
39
40
41
42
43
44
45
46
47
48
49
50
51
52
53
54
55
56
57
58
59
60
61
62
63
64
65
66
67
68
69
70
71
72
73
74
75
76
77
78
79
80
81
82
83
84
85
86
87
88
89
90
91
92
93
94
95
96
97
98
99
100
101
102
103

1 la pared del sótano, una pared de hormigón *m*
2 la fundación (faja del cimiento):
3 el arranque del cimiento (la capa aislante);
4 el aislamiento horizontal
5 la capa protectora (capa impermeable)
6 la primera capa de revoque *m*
7 la solería de ladrillos *m*
8 el lecho de arena *f*
9 la tierra
10 el tablero de costado *m*
11 la estaquilla
12 el firme del suelo (el relleno de cascotes *m*)
13 el lecho de hormigón *m*
14 el pavimento de cemento *m*
15 el muro de ladrillos *m*
16 la escalera del sótano, una escalera maciza:
17 el peldaño macizo (peldaño en bloque *m* enterizo)
18 el primer peldaño (peldaño de arranque *m*)
19 el peldaño del descansillo
20 la protección del canto (la moldura de protección)
21 el embaldosado del zócalo;
22 la balaustrada metálica
23 el descansillo (la meseta)
24 la puerta de entrada *f*
25 el limpiabarros de la puerta
26 el solado de losetas *f*
27 la capa de mortero *m*
28 el techo macizo, un techo de hormigón *m* armado
29 la pared de ladrillos *m* del primer piso
30 la rampa
31 el escalón cuña
32 la huella
33 la contrahuella (altura)
34-41 el descansillo (la meseta):
34 la viga del descansillo
35 el techo de losas *f* y vigas *f* de hormigón *m* armado:
36 la viga
37 la varilla de refuerzo *m*
38 la losa (placa prensada) de techo *m*;
39 la capa de nivel *m*
40 la capa de acabado *m*
41 el piso;
42-44 la escalera de piso *m*, una escalera truncada (escalera sin ojo *m*):
42 el primer peldaño (peldaño de arranque *m*)
43 el pilar (poste) de arranque *m*
44 la zanca;
45 la contrazanca (zanca mural)
46 el tornillo de escalera *f*
47 la huella
48 la contrahuella
49 la pieza de ángulo *m*
50 la barandilla:
51 el balaustre
52-62 el descansillo intermedio:
52 la corvadura de la barandilla
53 el pasamano (barandal);
54 el pilar
55 la viga del descansillo
56 la tabla de revestimiento *m*
57 el filete
58 la plancha ligera
59 el enlucido del techo
60 el enlucido de la pared
61 el techo intermedio (forjado del techo)
62 el suelo de tiras *f* (suelo de tabletas *f*);
63 el listón del zócalo
64 el guarnecido (tapajuntas, la varilla de junta *f*)
65 la ventana de la caja de la escalera
66 la viga principal del descansillo
67 el listón de soporte *m*
68 y 69 el techo intermedio:
68 el suelo intermedio
69 el relleno del suelo intermedio;
70 los listones
71 el cañizo
72 el enlucido del cielo raso
73 el suelo falso
74 el entarimado (machihembrado) de ranura *f* y lengüeta *f*
75 la escalera de cuarto *m* de conversión *f*
76 la escalera circular de abanico *m* (escalera de caracol *m*), con eje *m* (con árbol *m*) abierto
77 la escalera de caracol *m* de eje *m*:
78 el eje (árbol)
79 el barandal (pasamano)

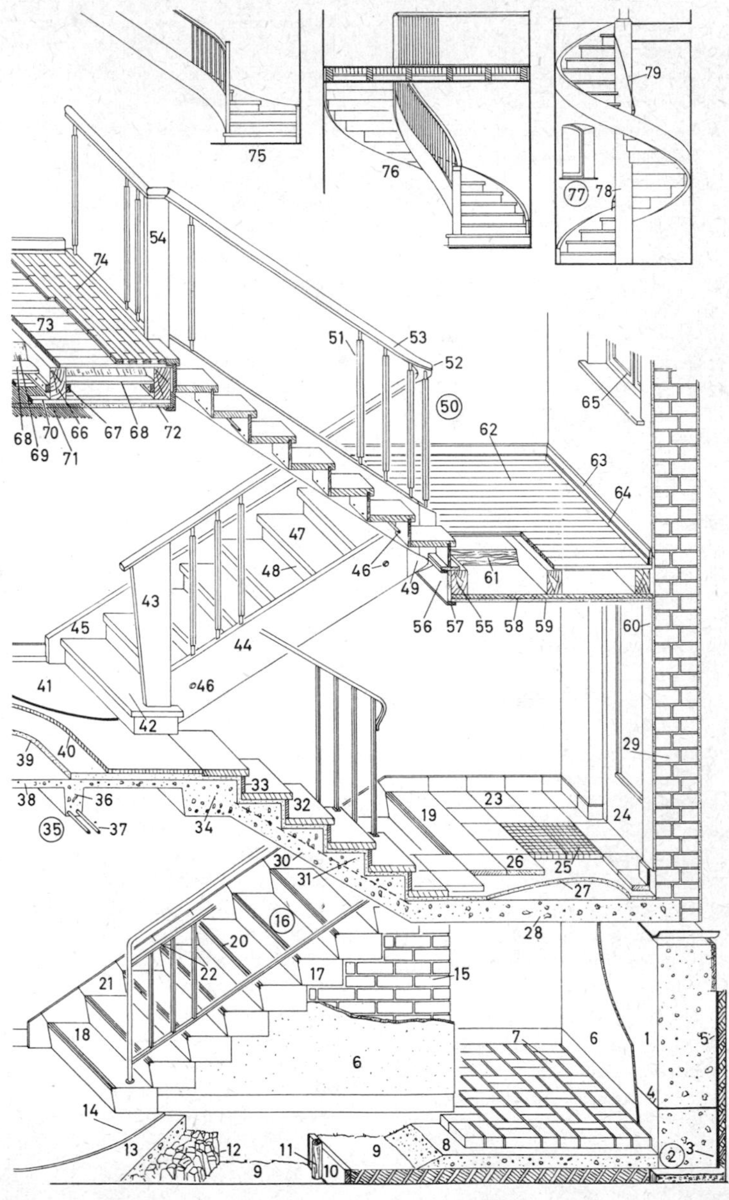
1
2
3
4
5
6
7
8
9
10
11
12
13
14
15
16
17
18
19
20
21
22
23
24
25
26
27
28
29
30
31
32
33
34
35
36
37
38
39
40
41
42
43
44
45
46
47
48
49
50
51
52
53
54
55
56
57
58
59
60
61
62
63
64
65
66
67
68
69
70
71
72
73
74
75
76
77
78
79

119 Hojalatero

1 la tijera para chapa *f*
2 la tijera angular
3 la placa para enderezar
4 la placa para alisar
5-8 al aparato para soldar:
5 el soldador a gasolina *f*, un soldador tipo martillo
6 el soldador
7 la piedra para soldar, un terrón de sal *f* amoníaco
8 el ácido para soldar;
9 la bigornia, para formar bordes *m*
10 el escariador de ángulo *m*, un rayador
11 el banco de trabajo *m*
12 el sujetatubos
13 el fontanero (hojalatero, lampista; *Venez.*: el perolero)
14 el mazo
15 la cizalla para plancha *f*
16 el cuerno
17 la trancha
18 el cepo
19 el yunque:
20 el tas;
21 la máquina universal, para acanalar y rebordear
22 la máquina de curvar chapa *f*
23 el gasista
24-30 la conducción de gas *m*:
24 el tubo de alimentación *f*
25 el ramal
26 la abrazadera
27 la llave de cierre *m*
28 el contador de gas *m*
29 el soporte
30 la tubería de distribución *f*;
31 la escalera de tijeras *f* (*Cuba*, *Méj.*, *P. Rico*: el burro):
32 la cadena de seguridad *f*;
33-67 herramientas *f* y accesorios *m* para instalaciones *f*:
33 la tijera curva, una tijera para abrir agujeros *m*
34 el grifo de agua *f* (grifo, grifo codillo, la canilla; *Méj.*: el bitoque)
35 el grifo de doble cierre *m*, con junta *f* especial
36 el grifo vertical de lavabo *m*
37 el grifo giratorio
38 la batería mezcladora, para agua *f* fría y caliente
39 el grifo de enjuague *m* a presión *f*
40 las piezas de unión *f* para tubos *m* roscados
41 el sifón inodoro
42 la terraja
43 la tijera de banco *m*
44 el compás de varas *f*,
45 el sacabocados
46 el martillo de orlar
47 la bigornia
48 el martillo de embutir (de rebordear)
49 la lámpara de soldar a gasolina *f*
50 el soldador calentado por gas *m*
51 la llave ajustable [forma sueca]
52 la llave francesa, una llave de tuercas *f*
53 la llave inglesa
54 el cortatubos
55 las tenazas de gasista *m*
56 la llave para tubos *m*
57 la llave corrediza
58 el ensanchador (*Chile*: el trompo), para tubos *m* de plomo *m*
59 el depósito de agua *f* para retrete *m* (la cisterna):
60 el flotador [una válvula de cierre *m* por flotador]
61 la válvula de salida *f*
62 la salida del agua *f*
63 la entrada del agua *f*
64 la palanca;
65-67 aparatos *m* de gas *m*:
65 la estufa de gas *m*
66 el calentador de agua *f* corriente, un calentador de agua *f* (termosifón *m*)
67 el radiador de gas *m*

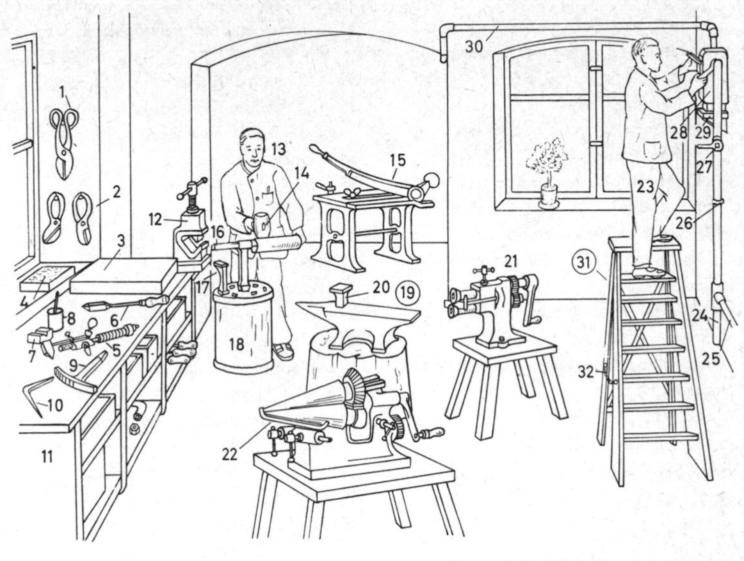
1
2
3
4
5
6
7
8
9
10
11
12
13
14
15
16
17
18
19
20
21
22
23
24
25
26
27
28
29
30
31
32

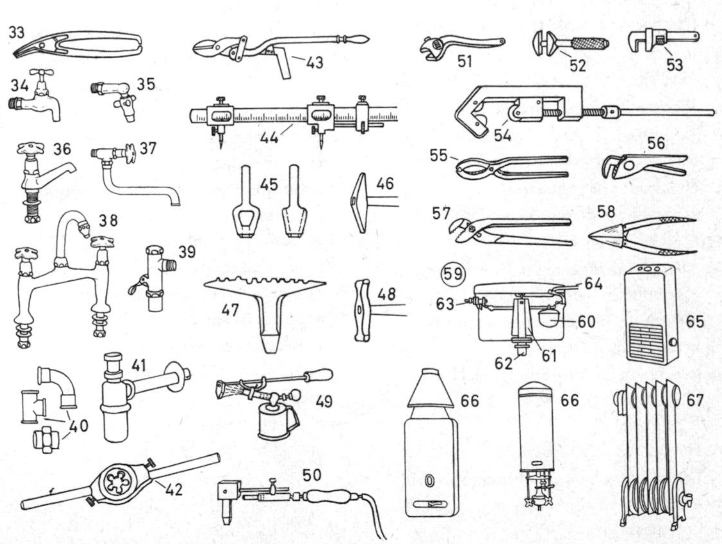
33
34
35
36
37
38
39
40
41
42
43
44
45
46
47
48
49
50
51
52
53
54
55
56
57
58
59
60
61
62
63
64
65
66
66
67

1 el instalador-electricista (electricista)
2 el pulsador para luz *f*, timbre *m* o cerraduras *f* automáticas
3 y 4 interruptores *m*:
3 el interruptor tipo Tumbler (interruptor basculante)
4 el interruptor con mando *m* basculante empotrable;
5 la caja de enchufe *m* empotrable
6 la caja de enchufe *m* con contacto *m* protegido
7 la clavija de protección *f* (*Amér.*: la ficha)
8 la caja de contacto *m* para corriente *f* de fuerza *f*
9 la clavija de contacto *m* de 4 polos *m*
10 el interruptor rotativo saliente
11 el interruptor rotativo empotrable
12 el interruptor de tirador *m*:
13 el tirador;
14 la caja de enchufe *m* triple empotrable
15 la caja de enchufe *m* intemperie, con tapa *f*
16 la clavija de tres derivaciones *f* (el conmutador de tres direcciones *f*)
17 el interruptor con caja *f* de hierro *m* fundido
18 el cortacircuito automático (cortacircuito de cámara *f* expansible), un interruptor de protección *f*:
19 el pulsador de contacto *m*;
20 el conductor de prolongación *f*:
21 la clavija de enchufe *m*
22 el enchufe colgante de acoplamiento *m*;
23 el conductor para conectar aparatos *m*:
24 el enchufe bipolar, para aparatos *m*
25 la espiral de protección *f*;
26 la lámpara de bolsillo *m*, una lámpara de pilas *f*:
27 la pila seca
28 el muelle de contacto *m*;
29 la caja de enchufe *m* doble empotrable
30 el alambre de acero *m*, para pasar el conductor
31 la caja de enchufe *m* empotrable en el suelo
32 la lámpara de alcohol *m* para soldar
33 la curvadora de tubos *m* (el dispositivo para curvar tubos *m* blindados)
34 la cinta aislante
35 el fusible, un cartucho con pieza *f* fusible:
36 la arandela de seguridad *f*
37 la caperuza del fusible
38 el envolvente de porcelana *f*
39 el pie del fusible;
40 el bloque de conexiones *f*
41 el manguito de tubo *m*
42 el voltímetro
43 el tubo aislante para conductores *m* desnudos
44 el tubo aislante (tubo Bergmann)
45 la tijera de electricista *m*
46 el destornillador
47 las tenazas para curvar tubos *m*
48 la terraja, para tubo *m* blindado
49 el cortaalambres
50 los alicates redondos (alicates de puntas *f* redondas)
51 las tenazas para desmantelar tubos *m*
52 las tenazas de ojetear cajas *f* de bornes *m*
53 los alicates universales:
54 las fundas protectoras;
55 el cincel agudo para colocar tacos *m*, con empuñadura *f*
56 la bombilla incandescente (bombilla):
57 la ampolla de vidrio *m*
58 el filamento luminoso
59 la tubuladura de vacío *m*
60 el zócalo de la bombilla, con rosca *f*
61 el punto de soldadura *f*
62 la arandela de contacto *m*;
63 la navaja de montaje *m* (navaja de uso *m* múltiple)
64 el portalámparas de doble enchufe *m*

120

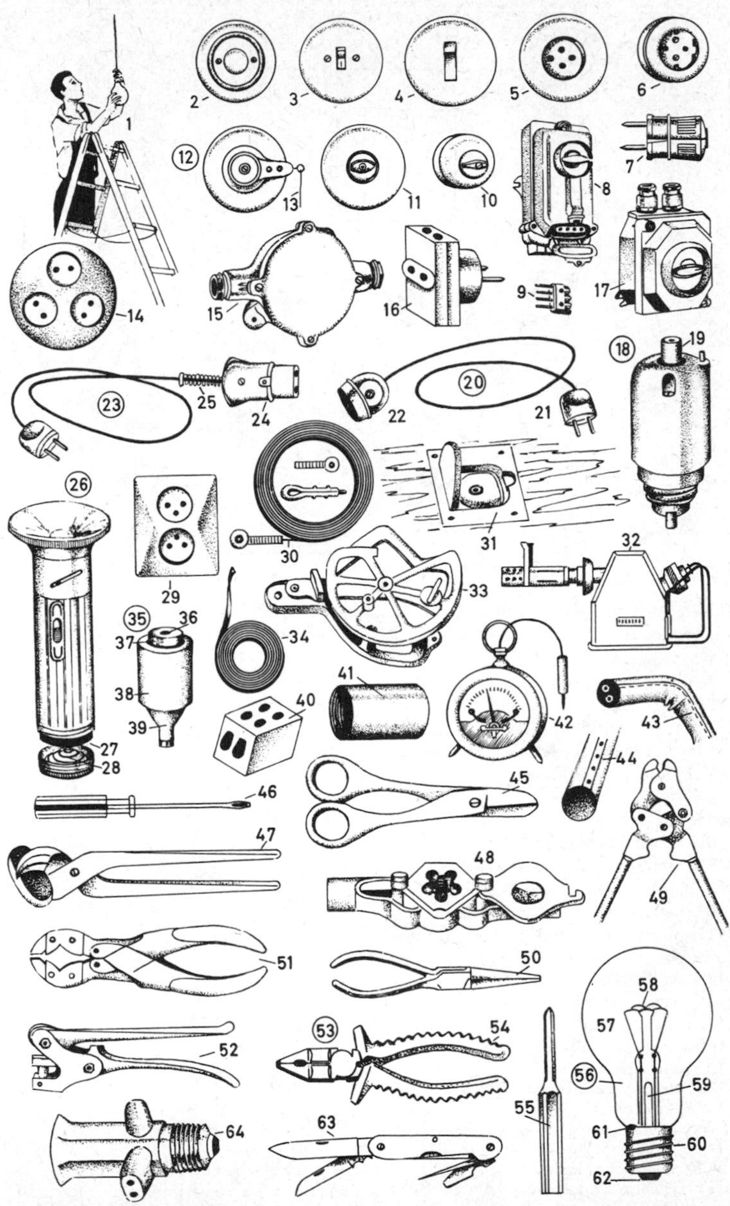
2
3
4
5
6
1
12
13
11
10
8
7
14
15
16
9
17
18
19
23
25
24
20
22
21
26
29
30
31
32
33
35
36
37
38
39
34
40
41
42
43
27
28
44
45
46
47
48
49
51
50
52
53
54
55
56
57
58
59
60
61
62
63
64

121 Pintor y empapelador

1-28 pintura *f* **de paredes** *f* **y techos** *m*,

1-3 el revoque (enlucido):

1 el cepillo de revocar

2 el revocador

3 el color desleído con lechada *f* de cal *f*;

4 la escalera doble (escalera de pintor *m*)

5 el zócalo pintado al óleo

6 el rodillo encalador

7 la lata de barniz *m*

8 la lata de trementina *f*

9 la pintura en polvo *m* (pintura seca)

10 la lata, con laca *f* para pintores *m*

11 el cubo, con pintura *f* encolada

12 la pistola rociadora de pintura *f* (el aerógrafo)

13 el cepillo alisador

14 el pincel jaspeador

15 el pincel redondo

16 el pincel para los radiadores

17 el pincel para vetear

18 el pincel para rótulos *m*

19 el pincel plano

20 el suavizador de pelo *m* de tejón *m*

21 el trazador de líneas *f*

22 la brocha de motear

23 el pincel de dorador *m*

24 la brocha de encalar

25 el patrón picado

26 el rodillo para el patrón

27 el cubo de pintura *f*

28 el pintor;

29-41 el empapelado:

29 el cubo de engrudo *m*

30 el engrudo

31 el apresto

32 el papel pintado

33 la cenefa del papel

34 el rodapié (friso)

35 el empapelador

36 la hoja de papel *m*

37 la brocha del engrudo

38 el alisador

39 el martillo de empapelador *m*

40 el rodillo para las junturas

41 el tablero de caballetes *m* del empapelador;

42 el linóleo

43 el asiento del linóleo

44 la balata [una sustancia parecida a la gutapercha]

45 la masilla para el linóleo

46 el cuchillo para el linóleo

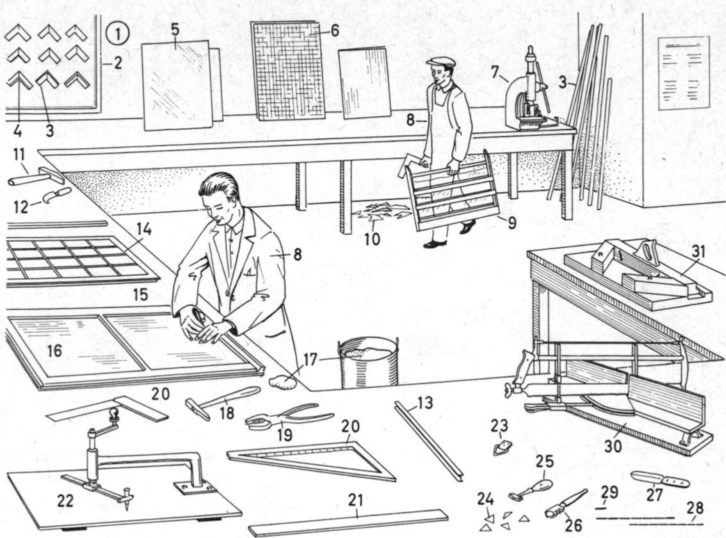

1 la vidriería (cristalería):

2 las muestras de marcos *m* (muestras de molduras *f*)

3 la moldura

4 el inglete (la ensambladura)

5 el vidrio plano; *clases:* el vidrio de ventana *f*, vidrio mate (vidrio esmerilado), vidrio muselina, vidrio luna, vidrio grueso, vidrio opalino, vidrio compuesto, vidrio inastillable (cristal de seguridad *f*)

6 vidrio *m* de fundición *f*; *clases:* vidrio *m* de colores *m*, vidrio ornamental, vidrio basto, vidrio de ojo *m* de buey *m*, vidrio armado, cristal *m* hilado

7 el montador de ingletes *m*

8 el vidriero; *clases:* el vidriero de construcción *f*, vidriero de marcos *m*, vidriero artístico

9 el portacristales

10 los añicos de cristal *m*

11 el martillo de plomo *m*

12 el tingle

13 la varilla de plomo *m*

14 la ventana de cristal *m* emplomado

15 la mesa de trabajo *m*

16 la hoja de vidrio *m*

17 la masilla

18 el martillo de vidriero *m*

19 las tenazas de vidriero *m*

20 la escuadra de vidriero *m* para cortar

21 la regla para cortar

22 el cortador en círculo *m* (el compás cortador)

23 la corcheta

24 la punta (el ángulo)

25 y **26** cortadores *m* de cristal *m*:

25 el diamante de vidriero *m*

26 el cortavidrios de disco *m* de acero *m* (el grujidor);

27 la espátula para la masilla

28 el alambre de espiga *f*

29 el alfiler de espiga *f*

30 la sierra para cortar en ingletes *m*

31 el ensamblador de ingletes *m*

1-33 la talabartería (el taller del talabartero, del sillero, del guarnicionero):

1 la collera

2 la máquina de acanalar, para hacer acanaladuras *f* en las correas

3 la máquina de cortar y adelgazar el cuero

4 la horma para colleras *f*

5 el martillo de guarnicionero *m*

6 la cuchilla de media luna *f*

7 el cuchillo curvo

8 la garlopa para el cuero

9 el matacantos

10 los alicates para el cuero

11 el sacatiras

12 el sacabocados

13 el sacabocados de revólver *m*

14 la ruedecilla de talabartero *m*

15 la ruleta, para marcar las puntadas

16 el talabartero (sillero, guarnicionero)

17 la máquina de ojetear

18 la máquina eléctrica de cortar cuero *m*

19 la máquina sacatiras

20 el hierro para coser a mano *f*

21 las pinzas de caballete *m*

22 el caballete de coser

23 la máquina de guarnicionero *m* de coser a pedal *m*

24 la plegadora (el hierro de plegar)

25 el cincel sacabocados

26 la lezna redonda:

27 el vástago de la lezna;

28-33 agujas *f* de talabartero *m*:

28 el alfiler (la aguja de sujeción *f*)

29 la aguja curva para coser

30 la aguja para las orlas

31 la aguja para correas *f*

32 la aguja de guarnicionería *f*

33 la lezna de agujetear

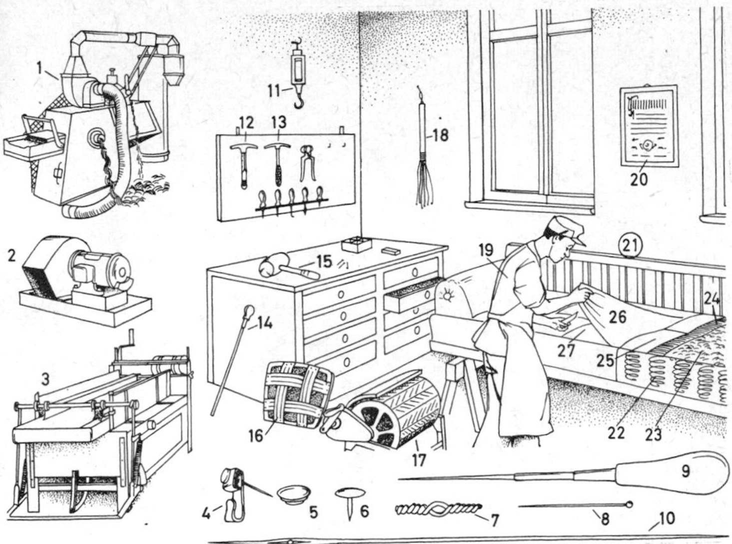

1-27 el taller del tapicero:

1 la máquina combinada para abrir la crin vegetal, llenar y destrenzar, con aspirador *m* de polvo *m*

2 la máquina de abrir la crin vegetal, modelo de mesa *f*

3 la máquina de llenar y tapizar colchones *m*

4 la alcayata

5 el botón de tapicero *m*

6 la tachuela de tapicero *m* (tachuela de adorno *m*)

7 la grapa de coser

8 el alfiler

9 la lezna

10 la almarada (aguja de dos puntas *f*)

11 el aparato para destorcer las trenzas de las crines de caballo *m*

12 el martillo de cincha *f* (martillo para clavar las tiras de reps *m*)

13 el martillo de tapicero *m*

14 la vara para rellenar

15 el mazo redondo

16 la cincha (pretina de reps *m*)

17 la carda rotativa a mano *f*

18 el sacudidor (los zorros, el látigo de nueve colas *f*)

19 el maestro tapicero (tapicero de muebles *m*, tapicero)

20 el diploma de maestro *m*

21 el diván:

22 el muelle espiral

23 el material para el tapizado (el relleno; *clases:* crin *f* de caballo *m*, crin vegetal, miraguano *m* (algodón *m* de ceiba *f*), fibras *f* de caucho *m*, lana *f* de corcho *m*)

24 la harpillera (jerga)

25 la funda del relleno

26 la cubierta del diván

27 el panel

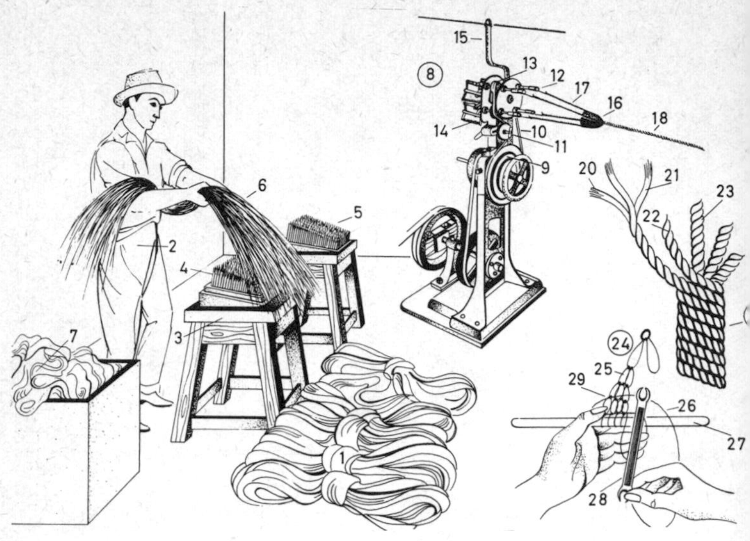

1-18 la cordelería (soguería, atarazana),

1-7 el rastrillado y peinado *m* del cáñamo:

1 el cáñamo en bruto (cerro)

2 el rastrillador

3 el banco de rastrillar

4 el rastrillo grueso

5 el rastrillo fino

6 el cáñamo rastrillado (cáñamo peinado)

7 la estopa (abrota) del rastrillo grueso; la estopa selecta (estopilla) del rastrillo fino;

8 la hiladora, de cuatro ganchos *m*:

9 la polea de garganta *f*

10 el cordón de transmisión *f*

11 el dispositivo de tensión *f*

12 el gancho de hilar

13 los rodillos motrices

14 los muelles de tensión *f* trasera de los ganchos

15 el dispositivo de desenganche *m*

16 el cerrador

17 el cordón

18 la cuerda;

19 el cabo:

20 la fibra de cáñamo *m*

21 la filástica (el hilo)

22 el cordón

23 el alma *f*;

24 la confección de redes *f*:

25 el lazo (punto)

26 el hilo de labor *f*

27 la varilla de madera *f*

28 la aguja de mallas *f*

29 el nudo de red *f* (nudo de cruz *f*, el punto de nudos)

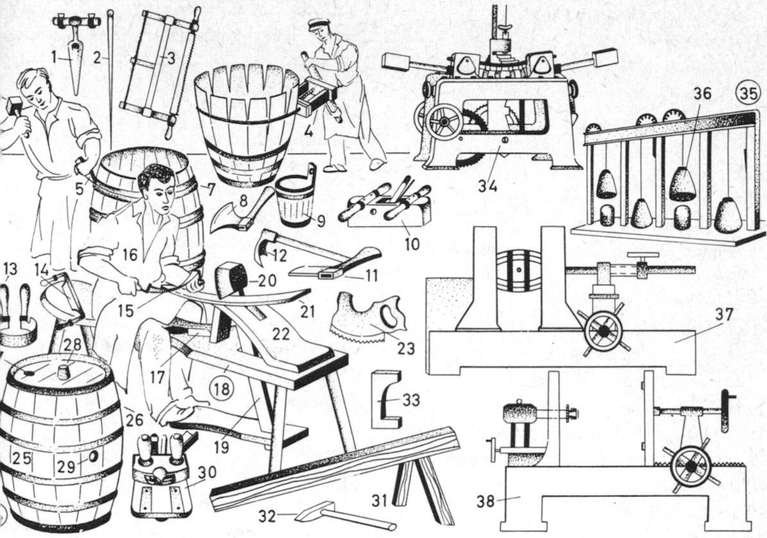

1-33 la tonelería:
1 la taponadora (el abonador)
2 el aforador diagonal (la diagonal aforadora)
3 la sierra de embutir (de contornear)
4 el gato de armar
5 la cuña (chasa)
6 el mazo
7 el bandaje de madera *f* (el aro de madera)
8 el hacha *f* de hoja *f* redonda
9 la cubeta
10 la plana recta de dos mangos *m*
11 el rajador
12 la hachuela (hacheta, el bartrioz)
13 la plana rodillera
14 y **15** planas *f*:
14 la plana recta
15 la plana arqueada (plana de Orleáns);
16 el tonelero (cubero, candiotero, barrilero, carralero)
17 la cuchilla (el cuchillo de tonelero *m*, la doladera; *Chile*: el cuchillón)
18 el mochuelo:
19 el barlete
20 la cabeza del barlete
21 la duela
22 el soporte;
23 el gubiador (la sierra para gárgoles *m*, para jables *m*)
24 el tonel:
25 el casco
26 el aro (cello; *Ec.*: el cinchón) del tonel
27 la piquera
28 el bitoque
29 el agujero del vientre;
30 la argallera (jabladera para ruñar las cubas), para labrar la muesca donde encajan las tiestas
31 la paloma (garlopa) de tonelero *m*
32 el martillo de tonelero *m* (martillo destajador)
33 la plantilla de tonelero *m*;
34-38 máquinas *f* para la fabricación de toneles *m*:
34 la máquina para curvar duelas *f* (la curvadora)
35 el cono de vapor *m*:
36 la campana (el cono);
37 la máquina para desbastar los cascos
38 la máquina de biselar las cabezas de las duelas

1-65 el taller de carpintería *f* (la carpintería),
1-8 sierras *f* de bastidor *m* (sierras de ballesta *f*),
1 la sierra de mano *f*:
2 la tarabilla
3 la cuerda
4 el puño
5 la hoja de sierra *f*
6 el perfil dentado (los dientes triscados)
7 el tendal;
8 la sierra de contornear;
9 el mazo cuadrado
10-31 el estante de las herramientas con las herramientas de carpintero *m*:
10 la piedra pómez, para pulimentar
11 el bloque para alisar (pulimentar)
12 botellas *f*, con colorante *m* y barniz *m* para los muebles
13 el trazaingletes
14 el martillo de carpintero *m* (martillo de banco *m*)
15 la escuadra;
16-18 instrumentos *m* de taladrar:
16 la barrena cónica (fresa avellanadora)
17 la barrena espiral (broca salomónica)
18 la broca de centrar (barrena de pala *f*, de cuchara *f*);
19 la barrena de mano *f* (de punta *f*)
20 el gramil, un instrumento para trazar líneas *f* paralelas
21 la tenaza de carpintero *m*
22 el berbiquí:
23 el manguito giratorio, un embrague
24 el portabroca;
25 los escoplos; *anál.*: los formones
26 la lima de sierra *f*, una lima triangular
27 el serrucho de calar (serrucho de punta *f*, de puñal *m*, de vuelta *f*):
28 la manija del serrucho;
29 la escofina de media caña *f*
30 la escofina de tabla *f*
31 la cola de rata *f*;
32 la prensa de chapear:
33 el husillo ajustable;
34 y 35 la madera contrachapeada:
34 la placa de enchapado *m*, de madera *f* preciosa
35 la armazón del embutido;
36 la cárcel
37 la prensa de tornillo *m*
38 el pote para hacer la cola al baño de María
39 el bote con cola *f*, un bote con cola de carpintero *m* (cola de huesos *m*, osteocola *f*)
40-44 el banco de carpintero *m*:
40 el torno frontal
41 el tornillo del torno con mango *m*
42 el husillo
43 el tope del banco
44 el torno trasero;
45 el carpintero
46 la garlopa
47 las virutas (*Amér. Central*: los colochos)
48 el tornillo de rosca *f* para madera *f*
49 el triscador
50 la caja para cortar en inglete *m*
51 el serrucho, un serrucho de costilla *f*;
52-61 cepillos *m*:
52 el cepillo de alisar (guillame; *Chile*: el rodón)
53 el cepillo de desbastar
54 el cepillo dentado:
55 la empuñadura
56 la cuña
57 el hierro (la hoja)
58 el zoquete (la caja);
59 el cepillo bocel (acanalador)
60 la guimbarda
61 la raedera;
62 el escoplo de alfajía *f*
63 el escoplo de fijas *f*
64 la gubia
65 el escoplo en bisel *m*

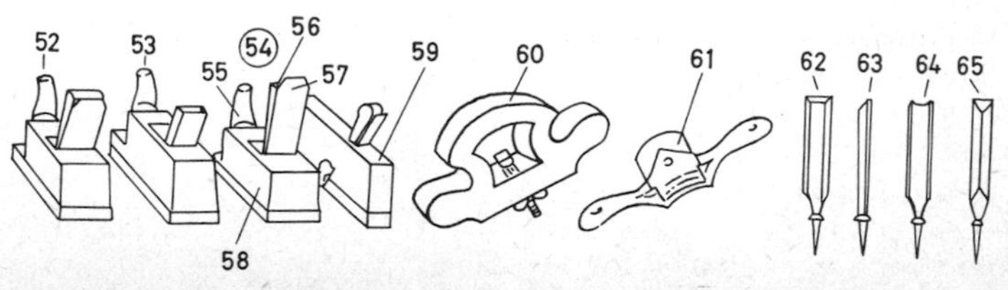
52
53
54
55
56
57
58
59
60
61
62
63
64
65

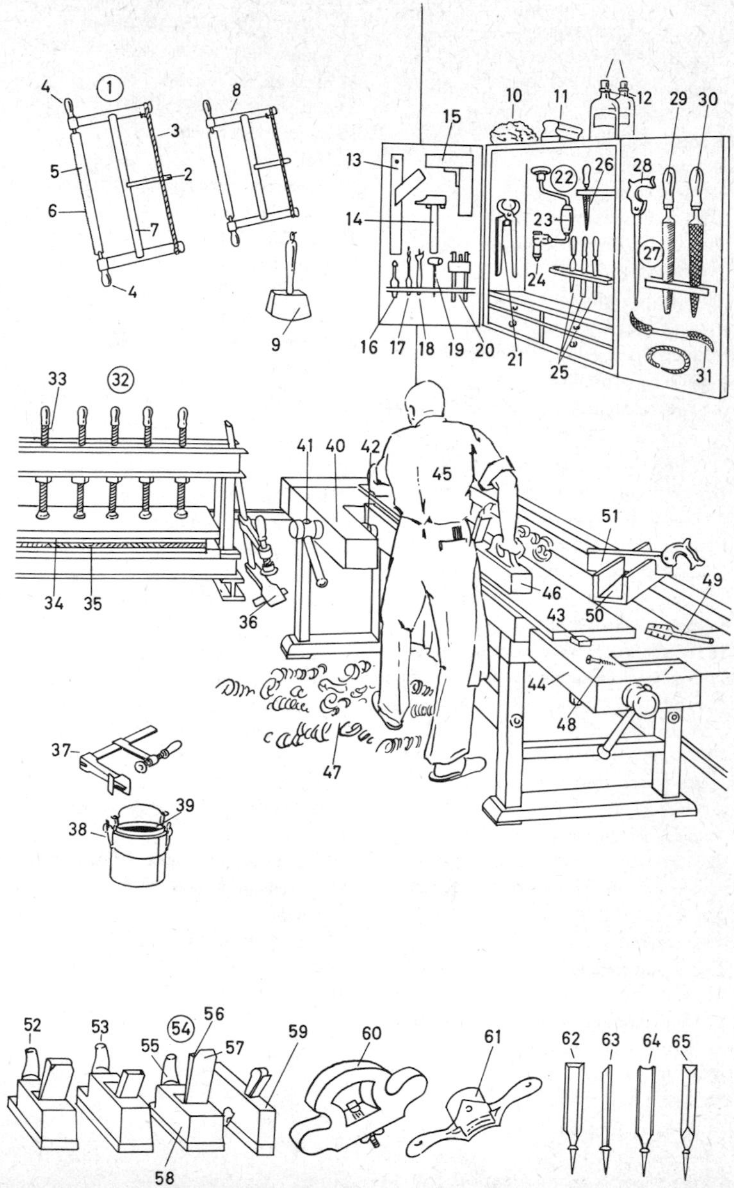

1-59 máquinas *f* para la elaboración de madera *f*,
1 la sierra de cinta *f*:
2 la hoja de la sierra sin fin *m*
3 la guía de la sierra
4 el tope;
5 la sierra circular:
6 la hoja de sierra *f* de disco *m*
7 el cuchillo divisor, un dispositivo de defensa *f*
8 el tope paralelo, con tornillo *m* de ajuste *m*
9 el carril guía graduado en milímetros *m*, para el tope paralelo
10 el tope de inglete *m* con escala *f* graduada para cortes *m* oblicuos;
11 la acepilladora de planear:
12 el dispositivo de defensa *f*, sobre el árbol de la cuchilla
13 las mesas de planear;
14 la acepilladora de regrosar (de poner a grueso *m*) las maderas:
15 la mesa con los rodillos
16 la defensa contra el retroceso
17 el colector de virutas *f* con aspirador *m*;
18 el tupi (la máquina fresadora de carpintería *f*):
19 el árbol portafresa, para los instrumentos y para fresar y acanalar
20 el tope
21 el cojinete superior;
22 la fresadora universal (máquina de copiar, el tupi, máquina de barrenar):
23 el árbol portafresa
24 la herramienta
25 el motor eléctrico
26 el cabezal revólver
27 el pivote copiador, para el fresado de los moldes
28 la rejilla protectora;
29 la fresadora de cadena *f*:
30 la cadena fresadora sin fin *m*
31 el dispositivo de fijación *f* de la madera (la abrazadera);
32 la máquina de taladrar (taladradora longitudinal)
33 el mandril de sujeción *f*
34 el taladro
35 la mesa de la taladradora
36 la abrazadera
37 la rueda de mano *f*, para el ajuste de la altura de la mesa
38 las palancas de mando *m*, para el movimiento longitudinal y transversal de la mesa;
39 la taladradora de nudos *m*:
40 el mandril de acción *f* rápida, para los taladros
41 las palancas de mano *f*, para los movimientos de subida *f* y bajada *f* de los ejes;
42 la fresadora de molduras *f*:
43 los rodillos de introducción *f*
44 los rodillos de salida *f*
45 la cabeza de corte *m* (el cabezal portafresas);
46 la lijadora y limpiadora *f* de correa *f*:
47 la correa lijadora
48 la zapata lijadora
49 la mesa de lijar
50 el aspirador de polvo *m*
51 la cubierta del extractor del polvo;
52 la máquina de cortar madera *f* para chapas *f*:
53 la chapa;
54 la máquina de encolar:
55 el rodillo de distribución *f* de la cola;
56 la prensa de chapas *f* de acción *f* rápida:
57 el plato inferior
58 el plato superior
59 el husillo

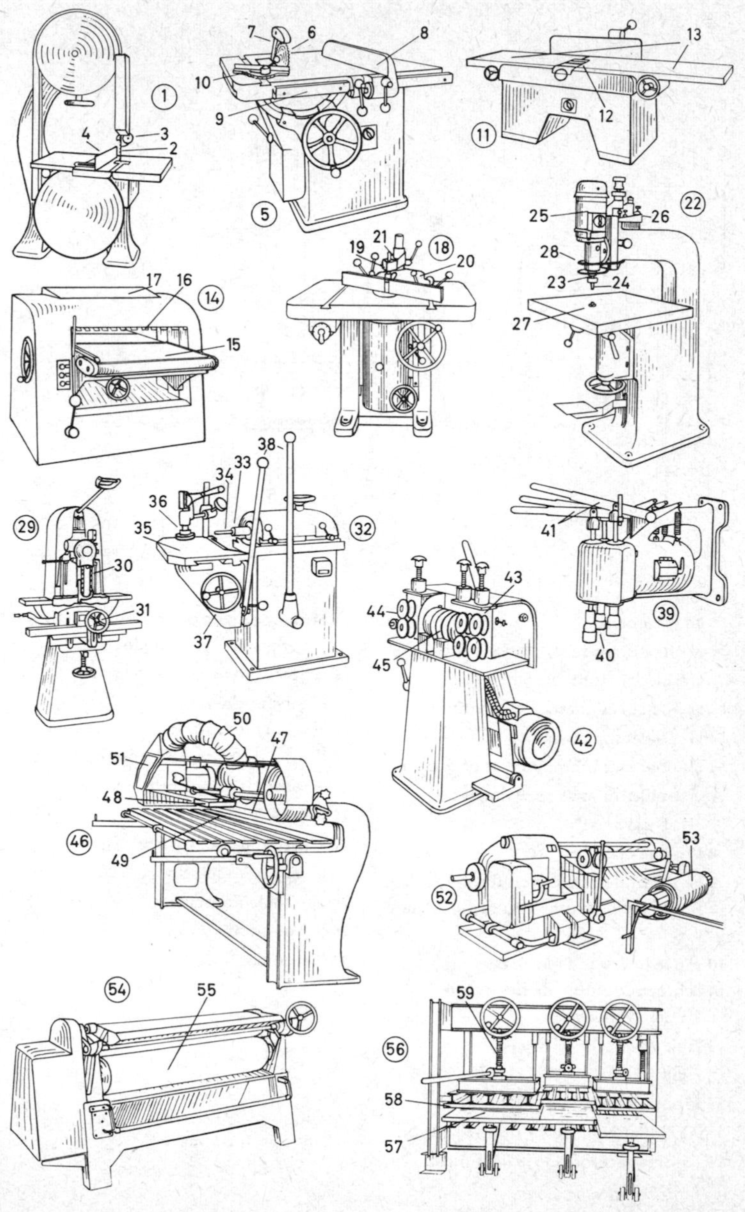
1
2
3
4
5
6
7
8
9
10
11
12
13
14
15
16
17
18
19
20
21
22
23
24
25
26
27
28
29
30
31
32
33
34
35
36
37
38
39
40
41
42
43
44
45
46
47
48
49
50
51
52
53
54
55
56
57
58
59

1-26 la tornería,

1 el torno al aire:

2 el banco del torno de punta *f*

3 el reóstato de puesta *f* en marcha *f*

4 la caja de engranajes *m*

5 el soporte de la herramienta de mano *f*

6 el mandril de agujero *m* simple

7 el cabezal móvil

8 la punta fija

9 la polea (el plato universal con mordazas *f*), una garrucha con perno *m* de arrastre *m*

10 el mandril de dos mordazas *f*

11 la broca de centrar de tres puntas *f* (la punta tridente);

12 la sierra de calar (sierra de contornear):

13 la hoja de la sierra de calar;

14, 15, 24 herramientas *f* de tornero *m*:

14 el peine para roscado *m* interior de madera *f*

15 el punzón, para practicar el agujero preparatorio del centrado

16 la broca de cuchara *f*

17 el gancho circular

18 el calibrador exterior

19 la pieza de madera *f* torneada

20 el tornero en madera *f*

21 la madera en bruto

22 el berbiquí de carrete *m*

23 el calibrador interior

24 el escoplo de acanalar

25 el papel de lija *f*

26 las virutas

1-40 la cestería,
1-4 clases *f* de trenzado *m*:
1 el enrejado
2 el cruzadillo
3 el trenzado en series *f* diagonales
4 el trenzado simple, un enrejado de mimbre *m*;
5 la trama horizontal
6 la armazón
7 el tablero de trabajo *m*:
8 el listón transversal
9 el agujero para fijar el listón;
10 el caballete
11 el cesto hecho con virutas *f*:
12 la viruta;
13 la tina de remojo *m*
14 las varillas de mimbre *m*
15 los palos de mimbre *m*
16 el cesto (*Bol.*, *Col.*, *Cuba*, *Chile*, *Perú*: el balay), un objeto trenzado:
17 el ribete del borde
18 el trenzado lateral;
19 el fondo:
20 el trenzado del fondo;
21 la cruz del fondo
22-24 la confección de un asiento:
22 la armazón
23 el cabo
24 la varilla guía;
25 el varillaje
26 las gramíneas ; *clases*: esparto *m*, alfa *f*
27 la caña
28 el junco (cordón de junco de la China)
29 la rafia
30 la paja
31 la caña de bambú *m*
32 la rota
33 el cestero
34 el curvador
35 el rajador
36 el batidor
37 las tenazas
38 la raedera
39 el cepillo para las varillas guías
40 la sierra de arco *m*

131 Carretero

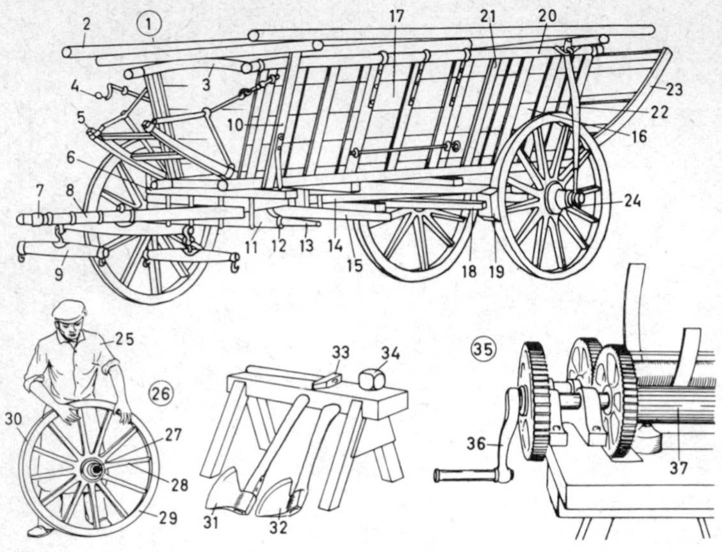

1 el carro de campo *m* para la recolección:
2 el bastidor de carga *f*
3 el travesaño
4 el manubrio del freno
5 la forrajera anterior
6 el banco
7 la lanza (vara)
8 y **9** el tiro:
8 la tijera
9 el balancín;
10 el telero
11 el eje
12 la arandela de tope *m*
13 la punta del eje
14 la flecha
15 el eje de dirección *f*
16 la pared de la caja
17 la trampa de la pared de la caja
18 la barra del freno
19 la zapata del freno
20 y **21** la escalera:
20 el árbol de la escalera
21 el adral (la estirpia, el telerín);
22 el apoyo del telero
23 la forrajera posterior
24 la pezonera;
25 el carretero (carpintero de prieto)
26 la rueda:
27 el cubo
28 el rayo
29 el aro de pinas *f* (la corona de pinas)
30 la llanta;
31 el hacha *f* de carretero *m*
32 el hacha *f* de pala *f* arqueada
33 el martillo de guadañas *f*, para sacar filo *m* (para afilar)
34 el yunque de afilar
35 la máquina de curvar, para dar forma *f* a las llantas:
36 el manubrio
37 el rodillo de avance *m* (el cilindro estriado)

1-42 la herrería,
1-4 las tenazas de herrero *m*:
1 las tenazas de gancho *m*
2 las tenazas de forja *f*
3 las tenazas de boca *f* ancha
4 las tenazas de boca *f* de lobo *m*;
5 la fragua:
6 la campana de la chimenea
7 el fogón
8 el depósito de agua *f* (la artesa, la caja de agua)
9 el fuelle, con motor *m* eléctrico;
10 el maestro forjador, un herrero de grueso
11 la bigornia (el yunque de espiga *f*, yunque de cola *f*)
12 el martillo para remachar (la buterola)
13 el batidor (majador), un ayudante de herrero *m*
14 el mandil (delantal) de cuero *m*
15 el martillo de mano *f*
16 el yunque:
17 el pie del yunque
18 el cuerno
19 la tabla (el plano), una placa de acero *m* soldada
20 el ojo, para los suplementos;
21 la pieza forjada
22 el mandril de forjador *m*
23 el martillo de dos manos *f* (el macho de fragua *f*)
24 el martillo ed boca *f* cruzada:
25 el plano (cotillo)
26 el corte (la pala, la peña)
27 el mango;
28-30 suplementos *m* de yunque *m* (tranchetes *m*, estampas *f*):
28 la estampa de punzón *m*
29 la tajadera
30 la estampa de yunque *m* (estampa inferior, contraestampa);
31 la plana de fragua *f* (el martillo de planear, de allanar)
32 el martillo formón (degüello)
33 el punzón de mano *f* (el martillo taladro)
34 la clavera
35 la lima de desbastar con estrías *f* gruesas
36 la estampa de martillo *m* superior (el martillo de boca *f* acanalada), para moldear
37 el cortafrío, un martillo de corte *m* para cortar en frío o en caliente; *anál.*: el martillo para quitar remaches *m* (martillo para cortar la cabeza de los roblones)
38 el martillo de herrador *m*
39 el mazo
40 las tenazas de herrador *m*
41 la lima de cascos *m*
42 el martillo de herrar

1-61 máquinas *f* para dar forma *f* al metal sin cortar virutas *f*,
1 el horno de forja *f*, un horno precalentador, un horno de reverbero *m*:
2 el calentador de aire *m*, caldeado con gases *m* de escape *m*
3 el quemador (mechero) de gas *m*
4 la ranura de trabajo *m*, para calentar la pieza
5 la conducción de aire *m*
6 la cortina de aire *m*
7 la entrada del gas;
8 el martillo neumático de estampar, para dar forma *f* a la pieza de forja *f*:
9 el motor eléctrico
10 el martillo pilón
11 el pedal
12 el macho de estampa *f* de forja *f* superior
13 la cabeza guía del martillo pilón
14 el cilindro del martillo
15 el macho de estampa *f* de forja *f* inferior;
16 el martinete de estampar de correa *f*:
17 el refrigerador de los rodillos
18 la cabeza impulsora
19 la caja del yunque
20 el martillo (martillo pilón)
21 el tajo del yunque (la chabota)
22 la pieza cambiable del tajo (de la chabota);
23 la prensa hidráulica de forja *f* [hasta 6000 t. de presión]:
24 el sistema hidráulico
25 el émbolo
26 la cruceta de cabeza *f*
27 el macho de estampa *f* de forja *f* superior
28 el macho de estampa *f* de forja *f* inferior
29 el tajo del yunque (la chabota)
30 la columna guía
31 la pieza de forja *f*
32 el dispositivo de giro *m*
33 la cadena grúa
34 el gancho de la grúa;
35 el martinete de estampar eléctrico de gran velocidad *f*:
36 la caja de los engranajes
37 el embrague
38 la chapa de la cabeza del bastidor
39 la cadena elevadora
40 los nervios guía
41 el martillo pilón
42 el macho de estampa *f* de forja *f* superior (la estampa superior)
43 el macho de estampa *f* de forja *f* inferior (la estampa inferior)
44 la columna soporte
45 el tajo del yunque (la chabota)
46 el pedal, para el mando electroneumático
47 el tope de descanso *m* del martillo;
48 la prensa de forja *f* movida por vapor *m*
49 el manipulador, para mover la pieza en la forja sin estampas *f*:
50 la quijada
51 el contrapeso;
52 el horno de forja *f* de gas *m*:
53 el quemador (mechero) de gas *m*
54 la boca de carga *f*
55 la cortina de cadenas *f*
56 la puerta levadiza
57 la conducción de aire *m* caliente
58 el precalentador de aire *m*
59 la tubería de conducción *f* del gas
60 el dispositivo de elevación *f* de la puerta accionado por motor *m* eléctrico
61 la cortina de aire *m*

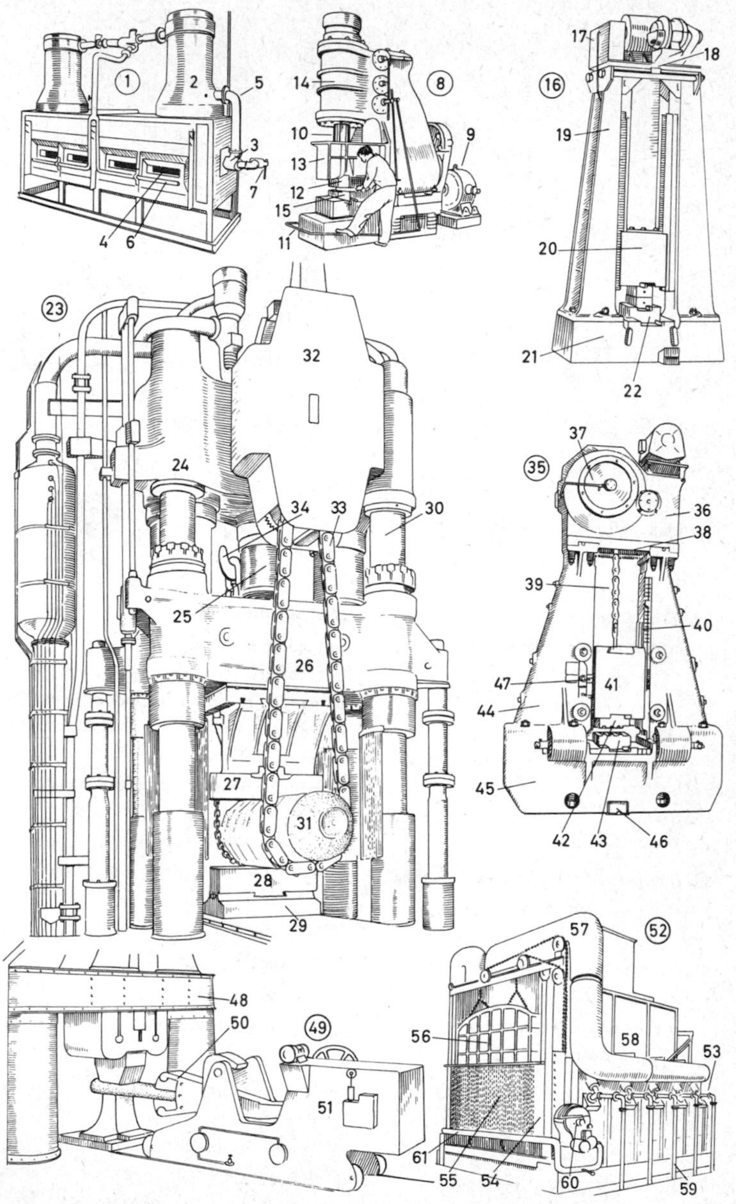
1
2
5
3
7
4
6
14
8
10
9
13
12
15
11
16
17
18
19
20
21
22
23
32
24
34
33
30
25
26
27
31
28
29
35
37
36
38
39
40
47
41
44
45
42
43
46
48
50
49
51
52
57
56
58
53
61
55
54
60
59

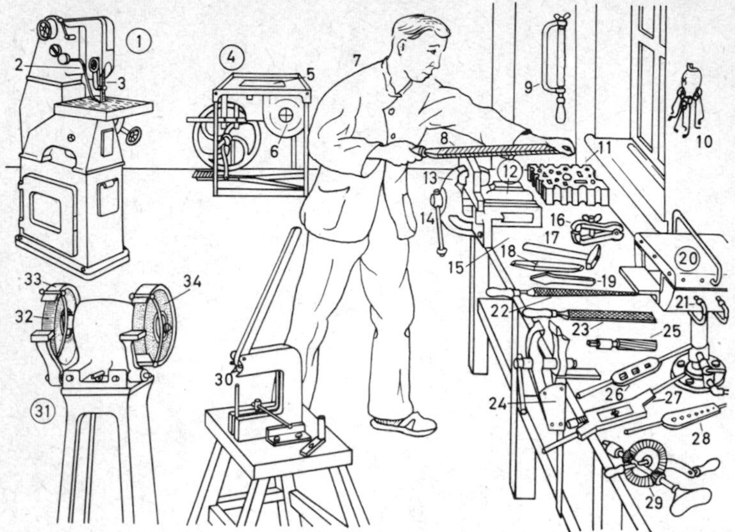

1-34 el taller de cerrajería *f*,
1 la máquina de limar (máquina de lima *f* de cinta *f*, la limadora):
2 el tubo quitalimaduras
3 la lima (lima de cinta *f*);
4 la fragua (forja) portátil:
5 el hogar
6 el fuelle;
7 el cerrajero
8 la lima bastarda, de picadura *f* semifina
9 la sierra para metales *m*, una sierra de arco *m*
10 la ganzúa (llave maestra, llave falsa)
11 el tas (la estampa) de banco *m*, para curvar, enderezar y estampar
12 el tornillo paralelo:
13 la mandíbula móvil
14 la palanca;
15 el banco de cerrajero *m*
16 el tornillo de mano *f* (la entenalla)
17 el martillo de remachar
18 el escoplo (cincel) plano
19 el cincel cruciforme (cincel agudo)
20 la mufla, un horno de banco *m* (horno de forja *f* de gas *m*, horno para templar):
21 la entrada del gas;
22 la lima redonda (lima para hacer agujeros *m*)
23 la lima plana (lima para alisar)
24 el tornillo de mordazas *f*, un tornillo articulado
25 el escariador
26 la terraja de cojinetes *m*
27 la terraja oblicua
28 la terraja ordinaria (hilera)
29 la taladradora de mano *f*
30 la perforadora, una punzonadora de palanca *f*
31 la máquina de afilar (afiladora):
32 la rueda pulidora

33 la cubierta protectora
34 la muela de esmeril *m*;
35 la cerradura de puerta *f*, una cerradura empotrable:
36 el palastro
37 el pestillo de golpe *m*
38 el fiador (seguro)
39 el pestillo
40 el ojo de la cerradura (la bocallave)
41 la espiga-guía del pestillo
42 el muelle del fiador, un resorte de cinta *f*
43 la nuez, con agujero *m* cuadrangular;
44 la llave:
45 el ojo (anillo)
46 la tija
47 el paletón;
48 la cerradura cilíndrica (cerradura de seguridad *f*):
49 el cilindro
50 el muelle
51 la clavija de tope *m*;
52 la llave de seguridad *f*, una llave plana
53 el calibre para medir gruesos *m* (el pie de rey *m*)
54 el calibre para huecos *m* (para alturas *f*, para profundidades *f*):
55 el nonio;
56 la bisagra de ramal *m* (el pernio)
57 el gozne
58 la bisagra acodada
59 la pieza suelta
60 la hoja de chapas *f*
61 la estampadora
62 el calibrador de espesores *m*
63 el calibrador de agujeros *m*
64 el macho de aterrajar
65 los cojinetes
66 el destornillador
67 el rascador
68 el punzón de marcar
69 el taladro
70 los alicates de boca *f* plana, unos alicates cortaalambres
71 las tenazas articuladas de corte *m* (el cortaalambres de palanca *f*)
72 las mordazas para tubos *m* (mordazas de gas *m*, mordazas de mecánico *m*)
73 las tenazas de cortar (tenazas de corte *m*)

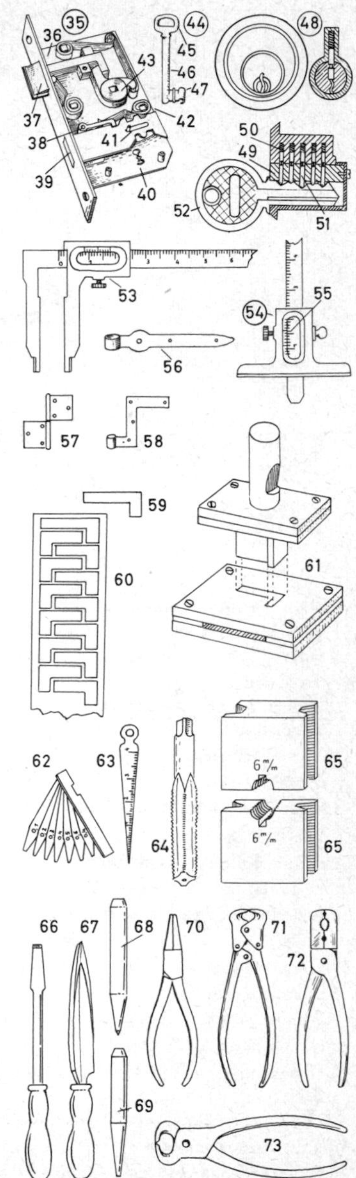

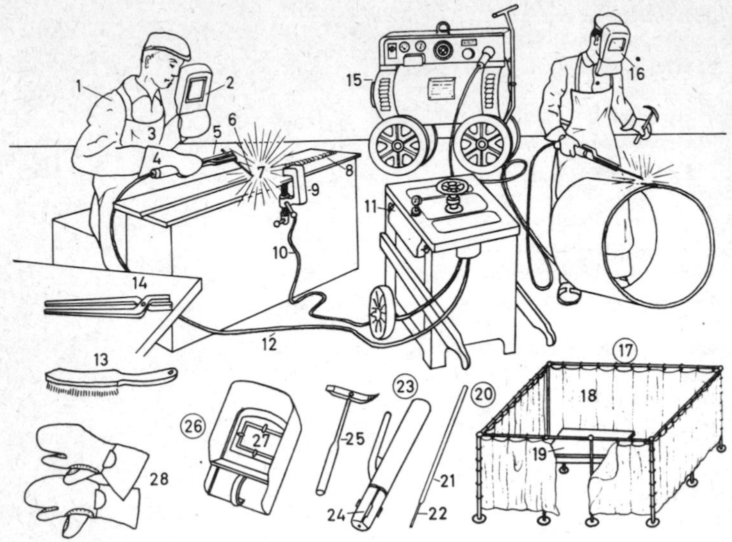

1-28 la soldadura eléctrica
(soldadura eléctrica por fusión *f*, soldadura por arco *m* voltaico):

1 el soldador

2 la pantalla protectora de mano *f* (la mirilla)

3 el mandil de cuero *m*; *anál.*: el mandil de amianto *m*

4 el guante de soldador *m*, de amianto *m* o cuero *m*

5 el portaelectrodo (las pinzas para electrodos *m*)

6 el electrodo (la varilla, el alambre de soldar)

7 el arco voltaico

8 la junta soldada (costura)

9 la mordaza de conexión *f* a tierra *f*

10 el cable de toma *f* de tierra *f*

11 el transformador de la máquina de soldar

12 el cable de la máquina de soldar

13 el cepillo de alambre *m*

14 las tenazas para el fuego

15 el grupo generador

16 la pantalla de cabeza *f*

17 la tienda de soldar:

18 la cortina

19 la mesa de soldar;

20 el electrodo:

21 el revestimiento fundente

22 el alambre de soldar (núcleo metálico);

23 el portaelectrodo, con empuñadura *f* de material *m* sintético:

24 el encaje del electrodo;

25 el martillo de desbastar

26 la pantalla protectora de mano *f*:

27 la mirilla, un cristal antideslumbrante;

28 los guantes de soldador *m* (las manoplas);

29-64 la soldadura autógena
(soldadura oxiacetilénica),

29 el generador de acetileno (el equipo de soldadura *f* y corte *m* oxiacetilénico):

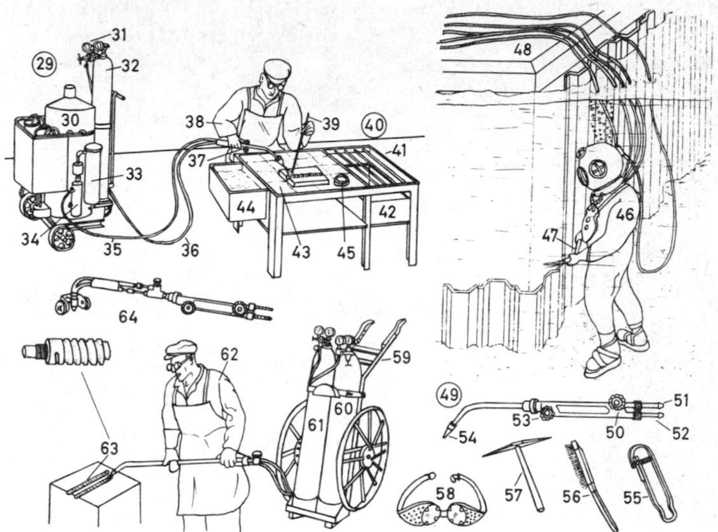

30 el generador de acetileno *m* (el gasógeno)
31 la válvula reductora de la presión (el manodetentor)
32 el cilindro (la botella, el tubo) de oxígeno *m*
33 el purificador del gas
34 la válvula hidráulica de depresión *f*, una defensa contra la explosión en caso *m* de un retorno de llama *f*
35 el tubo de goma *f* del gas
36 el tubo de goma *f* del oxígeno;
37 el soplete oxhídrico (soplete de soldar; *Amér.*: la antorcha)
38 el soldador (operario) autógeno
39 la varilla de aportación *f* (varilla de fusión *f*)
40 la mesa de soldar:
41 el enrejado de corte *m*
42 la caja de hierro *m* de desecho *m*
43 la cubierta de la mesa, de ladrillo *m* refractario
44 el depósito de agua *f*;
45 la pasta de soldar (el fundente)
46-48 la soldadura submarina:
46 el buzo
47 el soplete especial para corte *m* (*Amér.*: la antorcha)
48 los tubos para el aire respirable, gas *m* combustible y gases *m* protectores;
49 el soplete de soldar (soplete oxhídrico; *Amér.*: la antorcha):
50 la válvula de oxígeno *m*
51 la conexión del oxígeno
52 la conexión del gas combustible
53 la válvula del gas combustible
54 la boquilla de soldar;
55 el encendedor del soplete
56 el cepillo de alambre *m*
57 el martillo de desbastar
58 las gafas de soldador *m*
59 la carretilla de las botellas
60 la botella de acetileno *m*
61 la botella de oxígeno *m*
62 el soldador de soldadura *f* oxhídrica
63 la pieza a soldar
64 el soplete de soldar, equipado con boquilla *f* de corte *m* y carrito *m* guía de la llama

[hechos de hierro, acero, latón, aluminio, plástico etc.; en los siguientes ha sido escogido como ejemplo el hierro]

1 el ángulo (hierro de ángulo):
2 el ala *f* (el lado);

3-7 perfiles *m* **de hierro** *m* **laminado** (vigas *f*),

3 el hierro en T:
4 el alma *f*
5 el ala *f*;
6 el hierro en doble T
7 el hierro en U;
8 el hierro cilíndrico (hierro redondo)
9 el hierro cuadrado
10 el hierro plano
11 el fleje de hierro *m*
12 el alambre

13-48 tornillos *m*,

13 el tornillo de cabeza *f* hexagonal:
14 la cabeza
15 el vástago (la varilla)
16 el filete (la rosca)
17 la arandela
18 la tuerca hexagonal
19 la chaveta
20 el extremo redondeado
21 la abertura de llave *f*;
22 el espárrago (prisionero):
23 la punta (el extremo)
24 la tuerca hexagonal con entalladuras *f* (tuerca corona)
25 el orificio para la chaveta;
26 el tornillo de cabeza *f* avellanada (tornillo embutido):
27 la cabeza (el fiador)
28 la contratuerca
29 la espiga;
30 el tornillo con collar *m*:
31 el collar
32 la arandela de muelle *m* (de resorte *m*)
33 la tuerca de fijación *f* (de ajuste *m*), una tuerca redonda con agujero *m*;
34 el tornillo de cabeza *f* cilíndrica, un tornillo de cabeza ranurada:
35 el pasador cónico
36 la ranura (muesca) del tornillo;
37 el tornillo de cabeza *f* cuadrada:
38 el pasador con muesca *f*, un pasador cilíndrico;
39 el tornillo de cabeza *f* de martillo *m* (de cabeza en T):
40 la tuerca de orejas *f* (tuerca alada, tuerca mariposa);
41 el tornillo para piedra *f* (el perno de anclaje *m*):
42 el garfio;
43 el tornillo de rosca *f* golosa (tornillo para madera *f*):
44 la cabeza avellanada
45 la rosca golosa;
46 el tornillo prisionero (la punta con filete *m*):
47 la ranura (muesca)
48 la punta esférica;
49 el clavo (la punta de París):
50 la cabeza
51 la espiga
52 la punta;
53 el clavo de techar (la tachuela)
54 el remachado (la roblonadura),

55-58 el remache (roblón):

55 la cabeza de la matriz, una cabeza de roblón *m*
56 la espiga del roblón (el vástago del remache)
57 la punta del roblón (la cabeza de cierre *m*)
58 la distancia entre los remaches;

59 el eje (árbol):

60 el chaflán (bisel)
61 el gorrón (muñón)
62 el cuello
63 el asiento
64 el encaje de la chaveta (la ranura para chaveta)
65 el asiento cónico (cono)
66 la rosca;

67 el cojinete (rodamiento) de bolas *f* (cojinete de anillos *m*, cojinete de rodillos *m*, cojinete radial):

68 la bola de acero *m*
69 el anillo exterior
70 el anillo interior;

71 y 72 las chavetas:

71 la chaveta embutida (chaveta de resorte *m*)
72 la contraclavija (chaveta con talón *m*);
73 la jaula portabolas
74 la aguja
75 la tuerca hexagonal con entalladuras *f*
76 la chaveta
77 la caja
78 la cubierta de la caja
79 la boquilla roscada para la lubricación a presión *f*;

80-94 ruedas *f* **dentadas** (engranajes *m*),

80 el engranaje escalonado:
81 el diente
82 el vacío (hueco)
83 el encaje de la chaveta (la ranura para chaveta)
84 el calibre;
85 la rueda dentada cilíndrica doble helicoidal (rueda de dientes *m* en ángulo *m*):
86 los rayos;
87 el engranaje helicoidal (la rueda cilíndrica de dientes *m* oblicuos):
88 la corona dentada;
89 la rueda dentada cónica
90 y 91 el engranaje en espiral *f*:
90 el piñón (la rueda conductora)
91 la rueda de plato *m* (rueda conducida);
92 el tren (engranaje) planetario:
93 la corona dentada interior
94 la corona dentada exterior;

95-105 frenos *m*,

95 el freno de zapatas *f* (de mordazas *f*):
96 el disco de freno *m*
97 el árbol del freno
98 la zapata (mordaza)
99 el tirante
100 la magneto del freno
101 el peso del freno;
102 el freno de cinta *f*:
103 la cinta del freno
104 la guarnición del freno
105 el tornillo de ajuste *m*, para asegurar una aplicación uniforme del freno

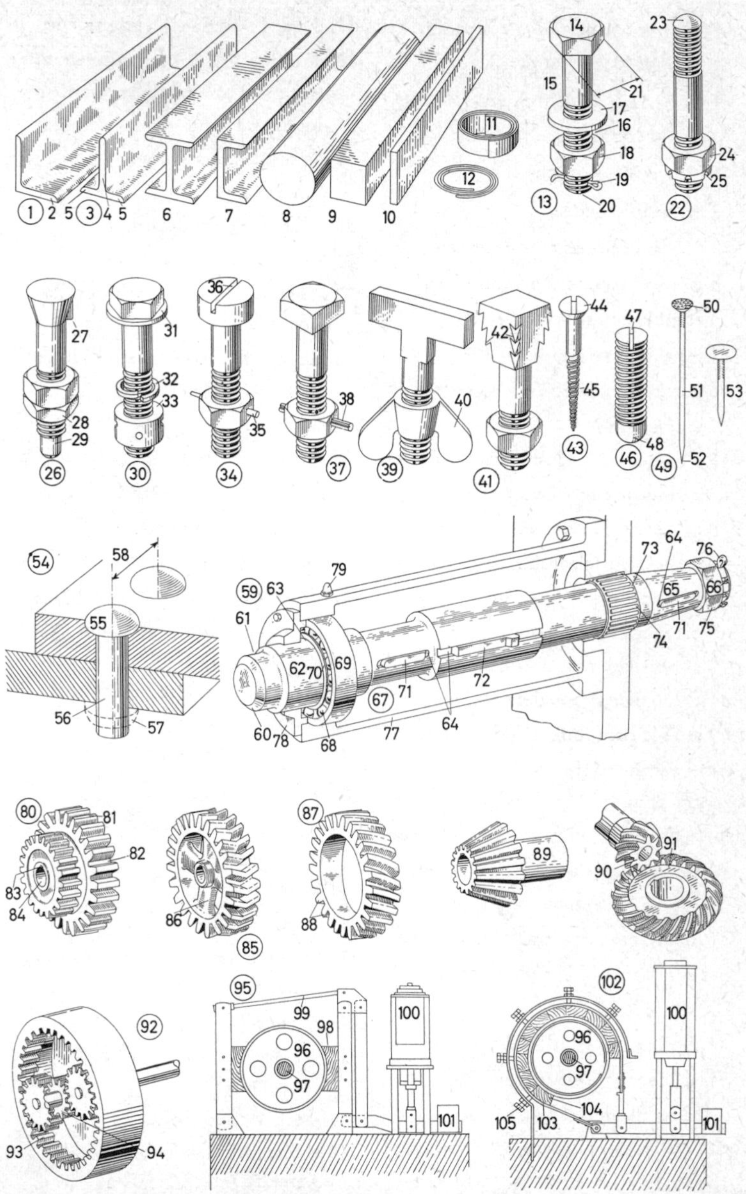
1
2
5
3
4
5
6
7
8
9
10
11
12
13
14
15
16
17
18
19
20
21
22
23
24
25
26
27
28
29
30
31
32
33
34
35
36
37
38
39
40
41
42
43
44
45
46
47
48
49
50
51
52
53
54
55
56
57
58
59
60
61
62
63
64
65
66
67
68
69
70
71
72
73
74
75
76
77
78
79
80
81
82
83
84
85
86
87
88
89
90
91
92
93
94
95
96
97
98
99
100
101
102
103
104
105

1-40 la mina de carbón *m* (mina de hulla *f*, la carbonera),

1 y **2** el símbolo del minero (la insignia del minero):

1 el martillo de minero *m*

2 el martillo macho;

3-11 instalaciones *f* de superficie *f*:

3 la máquina de extracción *f*

4 el cable de extracción *f*

5 la armazón del pozo

6 la torre del pozo con las poleas de extracción *f*

7 el almacén de clasificación *f* de las hileras de vagonetas *f*

8 la instalación de separación *f* del carbón (instalación de clasificación *f* y lavado *m* del carbón)

9 el escorial

10 el ventilador de la mina

11 el canal de tiro *m* del ventilador;

12 al **13** la profundidad del pozo hasta el sumidero (hasta el nivel de extracción *f*)

14-40 la explotación minera subterránea (las instalaciones de fondo *m*):

14 el pozo de extracción *f* (pozo principal), para la extracción de carbón *m* y para subida *f* o descenso *m* de los mineros

15 el pozo de ventilación *f* (pozo de salida *f* para el aire viciado), para la regulación del aire fresco

16 la esclusa de aire *m* con puertas *f* de aire

17 el pozo secundario (pozo ciego)

18 el montacargas, con vagonetas *f* cargadas [transporte *m* de productos *m*]

19 el montacargas (la jaula), con mineros *m*

20 el terreno de cobertura *f*

21 la cobertura del carbón

22 el filón (la veta) de carbón *m* de piedra *f*

23 el filón de carbón *m* extraído entibado con zafra *f* y piedra *f*

24 la falla

25 el canal de aire *m*

26 el canal de extracción *f*

27 el cargadero del pozo

28 y **29** el tren de vagonetas *f*:

28 la locomotora eléctrica de mina *f*

29 la vagoneta de extracción *f* (vagoneta de mina *f*);

30 el sumidero del pozo con agua *f* de mina *f*

31 el tubo de succión *f*

32 la bomba

33 el resbaladero en espiral *f* en el pozo ciego

34 el tramo recto

35 la galería transversal principal

36 la galería transversal de enlace *m* (galería secundaria)

37 la galería de ventilación *f*

38 la galería de fondo *m* (galería de extracción *f*)

39 el tajo de extracción *f*

40 el terraplén (relleno) con zafra *f* y piedra *f*

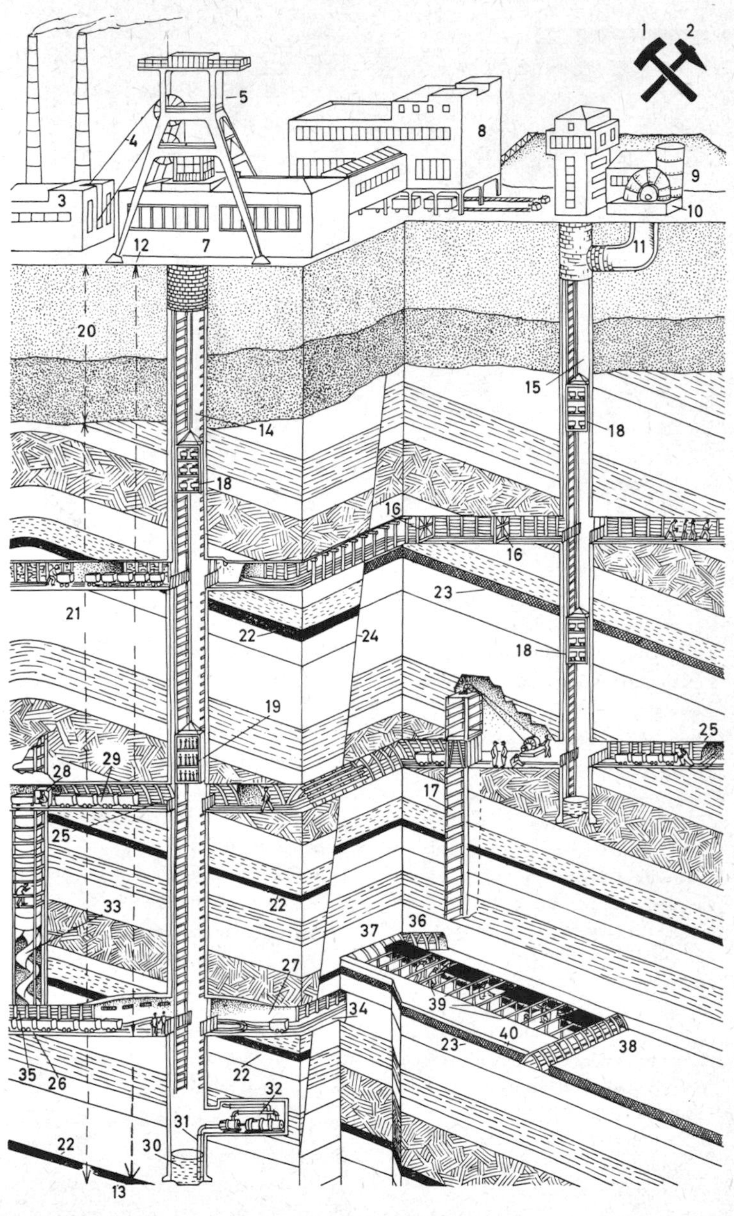

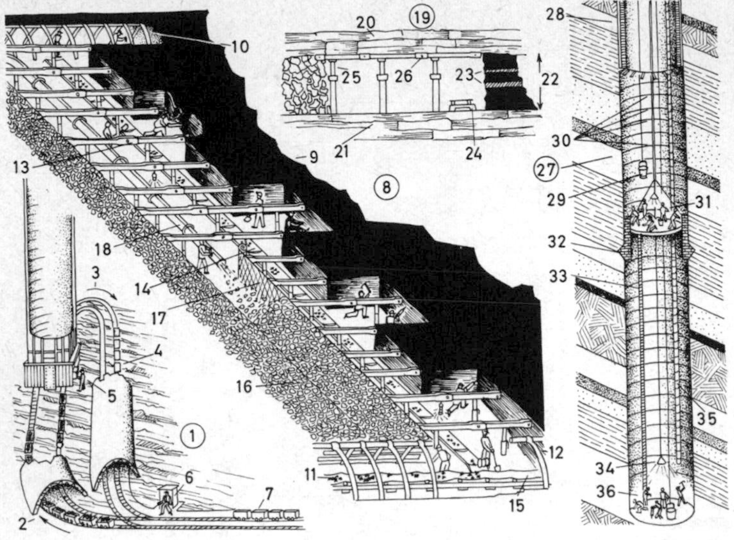

1 el cargadero (fondo del pozo):

2 la vía con vagonetas *f* cargadas

3 el circuito del pozo para las vagonetas vacías

4 la vía con vagonetas *f* vacías

5 el contador (minero encargado de controlar las vagonetas llenas)

6 la casilla del guardavía

7 el acarreo de las vagonetas vacías;

8 la explotación de un filón:

9 el filón de carbón *m* de piedra *f*

10 la galería (el socavón) de cabeza *f*

11 la galería (el socavón) de fondo *m*

12 el frente de carbón *m* (el testero)

13 el tajo (la explotación por grandes puntales *m*), con mineros *m* abriendo la talla

14 el transportador de doble cadena *f*, un transportador con cadena doble y nervios *m*

15 el transportador de galería *f*, una correa transportadora de goma *f* o de plástico *m*

16 el terraplén (relleno)

17 la pared de retención *f* del relleno [*en este caso:* una red de alambre *m*]

18 el tubo neumático de rellenar;

19 la labor de relleno *m* sin pilares *m*:

20 el techo (la capa por encima del filón)

21 el yacente (la capa por debajo del filón)

22 el frente de carbón *m* (el espesor del filón explotable)

23 la veta de piedra *f* (la capa intermedia de ganga *f*, de roca *f* estéril)

24 el transportador del tajo

25 el peón [de acero *m* o de metal *m* ligero]

26 la viga voladiza de techo *m*;

27 la excavación de un pozo:

28 la construcción definitiva del pozo

29 el pozal de transporte *m*

30 el anillo de revestimiento *m*

31 la plataforma colgante

32 el anillo de asiento *m* del encubado

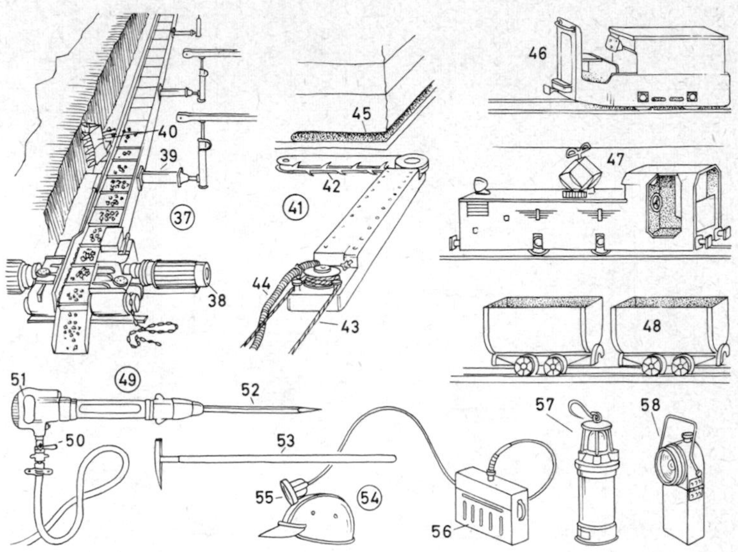

33 la escalera de urgencia *f*

34 el faro de corriente *f* de gran intensidad *f*

35 el tubo de ventilación *f*, un tubo para la conducción de aire *f* fresco

36 la cuadrilla excavadora;

37-53 maquinaria *f* y herramientas *f* de mina *f*,

37 el transportador raspador de cadena *f*:

38 el mando para el transportador y el raspador (el motor de impulsión *f*)

39 el cilindro de avance *m* del transportador

40 el raspador del carbón;

41 la máquina de cortar el carbón (la socavadora):

42 el brazo de corte *m* con cadena *f* y púas *f* cortantes

43 el cable de tracción *f* [para la máquina cortadora]

44 el tubo de aire *m* comprimido

45 el corte (trozo cortado);

46 y **47** locomotoras *f* eléctricas de mina *f*:

46 la locomotora de acumuladores *m*

47 la locomotora de línea *f* de tendido *m*;

48 la vagoneta

49 la perforadora neumática (el martillo picador neumático):

50 la válvula del aire comprimido

51 la empuñadura

52 la punterola (el hierro de punta *f*);

53 el bastón de metro *m* del capataz (el pico de capataz, bastón de capataz);

54-58 equipo *m* de minero *m*,

54 el casco de minero *m* [de materia *f* plástica]:

55 la lámpara de cabeza *f*

56 el acumulador (la batería);

57 y **58** lámparas *f* de minero *m*:

57 la lámpara de minero *m*

58 la lámpara de oficial *m*

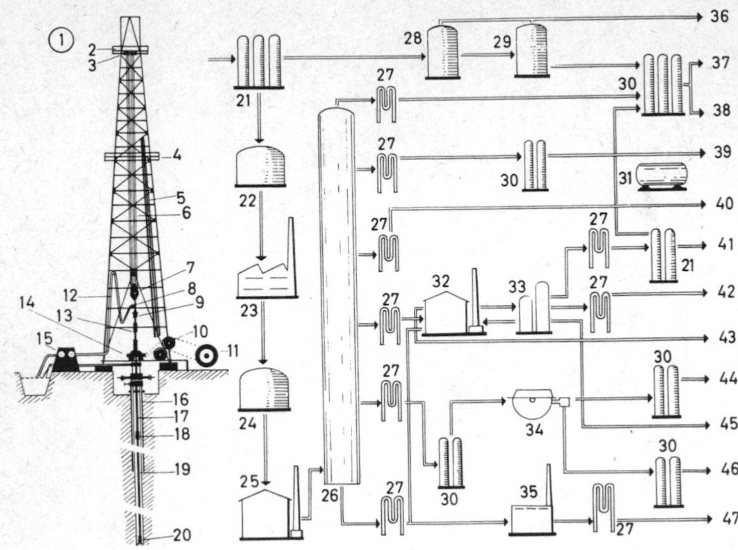

1-20 la perforación petrolífera,

1 la torre de perforación *f*:

2 la plataforma de trabajo *m*

3 las poleas de la torre

4 la plataforma de celosía *f*, una plataforma intermedia

5 los tubos de perforación *f*

6 el cable de perforación *f*

7 el grupo móvil de poleas *f* (el polipasto, el polispasto)

8 el gancho de tracción *f*

9 el eslabón giratorio (la unión giratoria)

10 el torno (*Amér. Merid.* : el guinche)

11 el motor

12 el tubo de extracción *f* del fango

13 la varilla fiadora

14 el platillo giratorio

15 la bomba de extracción *f* del fango

16 el tubo vertical de revestimiento *m*

17 la varilla de sonda *f*

18 el agujero de perforación *f*

19 la entubación

20 el punzón (taladro, la broca, la barrena); *clases* : barrena de cola *f* de pescado *m*, taladro de ballesta *f*, la corona con puntas *f* de diamante *m* (barrena hueca, barrena cortancúelo)

21-35 la refinación del petróleo (del petróleo crudo) [esquema]:

21 el separador de gas *m*

22 el tanque de almacenamiento *m*

23 la estación de bombeo *m*

24 el tanque de almacenamiento *m* de la refinería

25 el horno tubular

26 la torre fraccionadora

27 el refrigerador

28 transformación *f* del gas natural en gasolina *f*

29 la instalación de estabilización *f*

30 la instalación de purificación *f*

31 la alcalización (transformación de los hidrocarburos *m* pesados en gasolina *f* por el método del craqueo)

32 el horno tubular

33 la instalación de craqueo *m*

34 la separación de la parafina

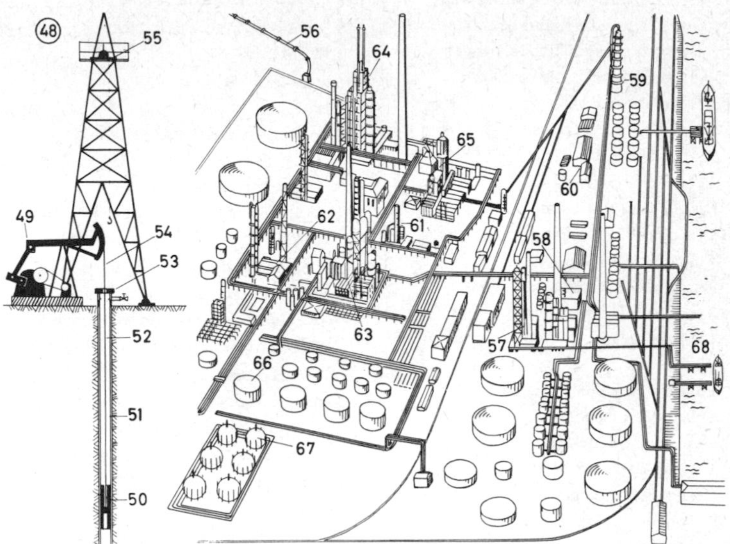

35 la instalación para la obtención de betún *m*;

36-47 productos *m* del petróleo crudo:

36 gas *m* combustible

37 gasolina *f* de aviación *f*

38 gasolina *f*

39 petróleo *m* de alumbrado *m*

40 gas-oil *m*

41 hidrocarburos *m* gaseosos

42 fuel-oil *m* (aceite combustible)

43 combustible *m* para motores *m* Diesel

44 aceite *m* lubricante

45 coque *m* [de petróleo *m*]

46 parafina *f*

47 betún *m*;

48-55 la producción de petróleo *m* crudo,

48 la torre de extracción *f*:

49 el grupo impulsor de bombeo *m*

50 el émbolo buzo

51 el tubo elevador de la bomba

52 la varilla de la bomba

53 la caja de estopas *f*

54 la varilla pulimentada

55 el bloque de poleas *f*;

56-67 la refinería de petróleo *m*:

56 el oleoducto

57 las instalaciones de destilación *f*,

58 la oxidación del betún

59 la redestilación de la gasolina

60 la refinería del aceite lubricante

61 la recuperación del azufre

62 la instalación de separación *f* del gas

63 el fraccionador (craqueador) catalítico

64 el reformador catalítico (hidroformador)

65 el desulfurador del gas-oil (el hidrofinador)

66 el tanque de almacenamiento *m*

67 el tanque esférico;

68 el puerto industrial; *en este caso:* el puerto petrolero

1-19 la instalación de los altos hornos:
1 el alto horno, un horno de cubilote *m*
2 el montacargas inclinado, para el mineral y fundente *m* o coque *m*
3 el carro corredizo
4 la plataforma del tragante (de carga *f*)
5 la cuba de la tolva
6 el cono de cierre *m*
7 la cuba del alto horno
8 la zona de reducción *f*
9 el caño de la escoria
10 la cuba de la escoria
11 el caño del hierro crudo
12 la cuba del hierro crudo, una vagoneta cuba
13 el tubo de salida *f* del gas
14 el colector de polvo *m*
15 el calentador del aire
16 la entrada de aire *m* frío
17 el conducto del gas
18 el conducto de aire *m* caliente
19 la tobera;
20-62 la fábrica de acero *m*,
20-29 el horno Martin-Siemens:
20 la cubeta del hierro crudo
21 la reguera del bebedero
22 el horno fijo
23 el hogar
24 la máquina de carga *f*
25 el molde (la lingotera) para chatarra *f*
26 el conducto del gas
27 la cámara para calentamiento *m* del gas
28 la tubería de alimentación *f* de aire *m*
29 la cámara para calentamiento *m* del aire;
30 la cuba del acero fundido, con cierre *m* tapón [descarga *f* por el fondo]
31 el molde de fundición *f* (la coquilla), en forma *f* de bloque *m*
32 el tocho (lingote de acero *m*)
33-43 la máquina de vaciar (colar) lingotes *m*:
33 el recogedor de colada *f*
34 el canal del hierro
35 la serie de moldes *m* de tochos *m* (de lingotes *m*)
36 el molde
37 la pasarela
38 el dispositivo de caída *f*
39 el lingote (hierro) crudo
40 la grúa corredera
41 el caldero de hierro *m* crudo (caldero de colada *f*), con descarga *f* por arriba
42 el pico del caldero de colada *f*
43 el dispositivo volcador;
44-47 el horno eléctrico de arco *m* Siemens, un horno de cubilote *m* bajo:
44 la boca de carga *f*
45 los electrodos [dispuestos en círculo]
46 la tubería circular, para expulsar los gases del horno
47 la colada;
48-62 el convertidor Thomas:
48 la posición de carga *f*, para el hierro crudo líquido
49 la posición de carga *f*, para la cal
50 la posición para el soplado (posición de trabajo *m*)
51 la posición de descarga *f*
52 el dispositivo volcador
53 el caldero movido por grúa *f*
54 la cabria auxiliar de la grúa
55 el recipiente de tolva *f* de la cal
56 el tubo de caída *f*
57 la vagoneta con chatarra *f* ligera de hierro *m*
58 la alimentación de chatarra *f* de hierro *m*
59 la mesa de control *m*, con interruptores *m* e indicadores *m*
60 la chimenea del convertidor
61 la cañería maestra de tiro *m* (el tubo de inyección *f* de aire *m*)
62 el fondo de tobera *f*

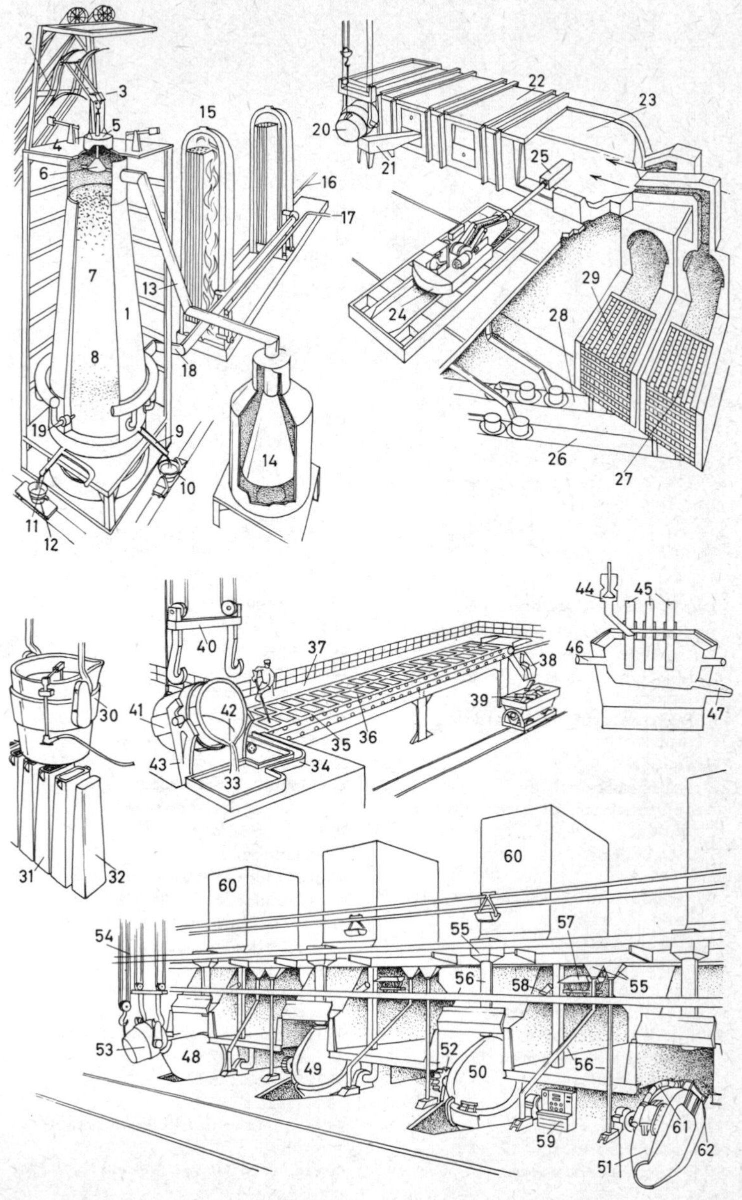

1 2 3 4 5 6 7 8 9 10 11 12 13 14 15 16 17 18 19 20 21 22 23 24 25 26 27 28 29 30 31 32 33 34 35 36 37 38 39 40 41 42 43 44 45 46 47 48 49 50 51 52 53 54 55 56 57 58 59 60 61 62

1-40 la fundería de hierro *m*,
1-12 operaciones *f* de la fundición:
1 el cubilote, un horno de fundición *f*
2 el conducto de viento *m* (la tubería de viento)
3 el canal de la sangría (canal de la colada)
4 la mirilla
5 el antecrisol basculante
6 el caldero de tambor *m* montado sobre ruedas *f*,
7 el fundidor
8 el vaciador
9 la varilla del orificio de colada *f* del horno
10 la varilla tapón
11 la fundición cruda
12 el canal de la escoria;
13 la cuadrilla de vaciadores *m*:
14 el caldero para horca *f*
15 la horquilla portacuchara (horquilla portacaldero)
16 la barra de transporte *m*
17 la varilla de la escoria
18 la pesa de hierro *m*;
19 la caja cerrada de moldeo *m*:
20 la caja superior
21 la caja inferior
22 el bebedero
23 el respiradero;
24 la cuchara de colada *f*
25-32 el moldeo,
25 la caja abierta de moldeo *m*:
26 la arena de moldear
27 la impresión del modelo
28 la portada de macho *m*
29 el macho (alma *f*);
30 el moldeador
31 el atacador de aire *m* comprimido
32 el atacador de mano *f*;
33-40 el taller de rebarbado *m*:
33 el tubo de alimentación *f* de marga *f* o arena *f*
34 el soplete automático de mesa *f* giratoria
35 la defensa de la piedra arenisca
36 la mesa giratoria
37 la pieza de fundición *f*
38 el rebarbador
39 la máquina afiladora de aire *m* comprimido
40 el cincel de aire *m* comprimido;

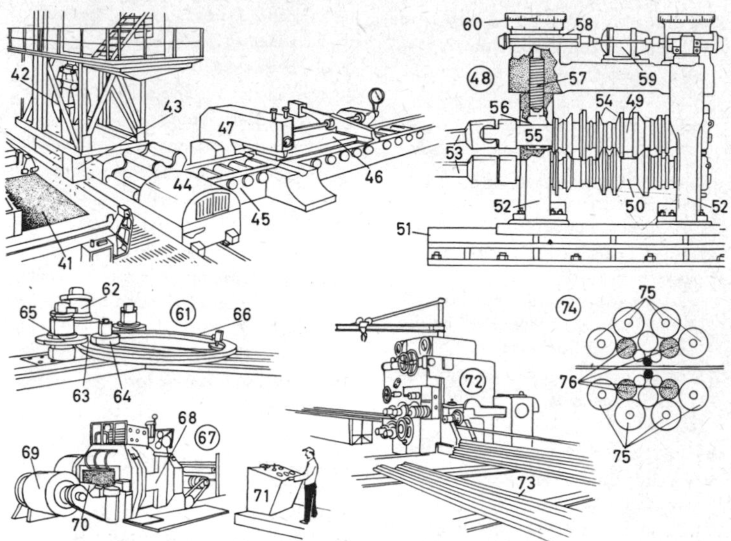

41-76 el laminador:

41 el horno de recalentamiento *m* (horno de foso *m*)

42 la grúa para el horno de recalentamiento *m*, una grúa de tenazas *f*

43 el lingote en bruto

44 la vagoneta volquete para el traslado de los lingotes

45 el tren blooming,

46 la barra (pieza) para laminar

47 las tijeras para tochos *m*

48 el laminador dúo,

49 y **50** el juego de cilindros *m*:

49 el cilindro superior

50 el cilindro inferior;

51-55 la armazón de los cilindros:

51 la plataforma base

52 el bastidor de tren *m* laminador (el montante de cilindros *m*)

53 el árbol de acoplamiento *m*

54 el canal (calibre)

55 el cojinete del cilindro principal;

56-59 el dispositivo de ajuste *m*:

56 la guarnición del bastidor

57 el tornillo de presión *f*

58 los engranajes

59 el motor;

60 el indicador, para el ajuste grueso y fino

61 el laminador para llantas *f* de ruedas *f* y discos *m* de ruedas:

62 el rodillo de servicio *m*

63 el canal (calibre)

64 el rodillo de presión *f*

65 el rodillo guía

66 el aro de pestaña *f*;

67 el laminador Sendzimir, un laminador en frío:

68 la caja del laminador

69 el tambor de enrollamiento *m*

70 la chapa de acero *m* (chapa de carrocería *f*)

71 la mesa de control *m*;

72 la máquina de cilindros *m* enderezadora:

73 el acero perfilado;

74 el dispositivo de rodillos *m* múltiples:

75 la ordenación de los cilindros

76 los cilindros conducidos

1-47 máquinas *f* para la labra de metales *m* con arranque *m* de virutas *f*,

1 el torno (torno rápido, torno para metales *m*):
2 el cabezal fijo (la caja de engranajes *m*, caja de velocidades *f*)
3 la palanca del engranaje reductor (del engranaje intermedio)
4 la palanca para roscas *f* normales y de paso *m* empinado
5 la palanca para el mecanismo de inversión *f* de la barra de roscar (del husillo patrón, del husillo madre)
6 la palanca para el cambio de velocidad *f*
7 la caja de cambios *m*, con la guitarra (con la lira)
8 la caja Norton (caja de avances *m*)
9 la palanca para los cambios de avance *m* y de pasos *m* de rosca *f*
10 la palanca Norton, una palanca selectora
11 la palanca de maniobra *f*, para la marcha a la derecha o a la izquierda del husillo principal
12 el pie (la base) del torno
13 el volante, para el movimiento longitudinal del carro
14 la palanca para el mecanismo inversor del sentido del avance
15 el husillo de regulación *f*, con manivela *f*
16 el carro porta-herramientas, con escudo *m* (placa *f* de distribución *f*)
17 la palanca para el movimiento longitudinal y transversal
18 el tornillo sin fin *m* de caída *f*, para embragar los avances
19 la palanca para la tuerca partida del husillo principal
20 el mandril (plato de sujeción *f*)
21 el portaherramientas
22 el carrito superior
23 el carrito transversal
24 el carro longitudinal
25 el tubo para el refrigerante
26 la contrapunta del cabezal móvil
27 el casquillo (cañón)
28 la palanca para el bloqueo (para el enclavamiento) del casquillo
29 el cabezal móvil
30 el volante para el ajuste del casquillo
31 la bancada del torno
32 la barra de roscar (el husillo principal), con rosca *f* rectangular para el roscado (para el tallado de roscas)
33 la barra de cilindrar (el husillo de guía *f*, el árbol de guía)
34 el árbol de cambio *m* de marcha *f*, para movimiento *m* a la derecha e izquierda *f*;
35-42 accesorios *m* de torno *m*,
35 el plato liso (plato de torno *m*):
36 la ranura;
37 la garra
38 el plato de tres garras *f* (plato centrador)
39 la llave de sujeción *f*
40 el aro para plato *m* de arrastre *m*
41 el plato de arrastre *m*
42 el perro de arrastre *m*;
43-47 herramientas *f* de torno *m* (cuchillas *f*):
43 la cuchilla de desbaste *m*
44 la cuchilla de acabado *m*
45 la cuchilla de tronzar (de profundizar)
46 la cuchilla de roscar
47 el calibre prismático (bloque calibrador), para el ajuste del largo a tornear;
48-56 herramientas *f* de medición *f*:
48 el calibrador de profundidades *f*
49 el calibrador de exteriores *m* (calibrador de mordazas *f*), un calibre de límites *m* (calibre de tolerancia *f*):
50 el lado pasa (la abertura máxima)
51 el lado no pasa (la abertura mínima);
52 el calibre de interiores *m* para agujeros *m* (calibre macho, calibre cilíndrico, calibre de tapón *m*, tapón calibrador)
53 el tornillo micrométrico (palmer):
54 la escala micrométrica
55 el tambor graduado
56 la punta de contacto *m*

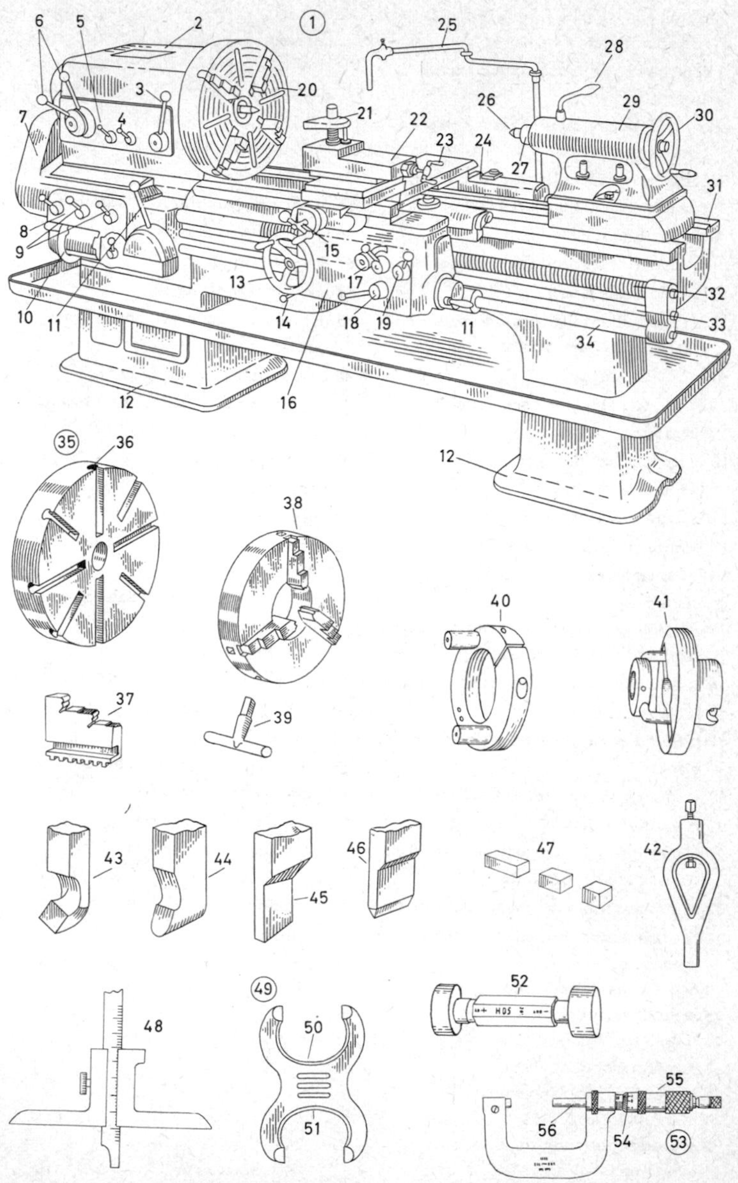
1
2
3
4
5
6
7
8
9
10
11
12
13
14
15
16
17
18
19
20
21
22
23
24
25
26
27
28
29
30
31
32
33
34
35
36
37
38
39
40
41
42
43
44
45
46
47
48
49
50
51
52
53
54
55
56

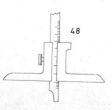

1-57 máquinas *f* para la labra de metales *m* con arranque *m* de virutas *f*,

1 el torno revólver, una máquina semiautomática:

2 el carro transversal deslizante, con el portaherramientas

3 el cabezal revólver (la torre revólver), con el portaherramientas múltiple

4 el carro longitudinal

5 la palanca cruciforme (rueda de aspas *f*)

6 la cubeta para el aceite;

7 la rectificadora cilíndrica automática (rectificadora para metales *m*):

8 el cabezal portamuela

9 el cabezal para el accionamiento de la pieza a mecanizar;

10 la rectificadora de superficie *f*:

11 la muela

12 el plato magnético

13 la mesa portapieza

14 los volantes para el deslizamiento de la mesa

15 el aspirador de polvo *m* de rectificado *m* (aspirador de polvo de metal *m*);

16 la fresa para ranuras *f* (fresa de ranurar)

17 la fresa de mango *m*

18 la fresadora para metales *m* (fresadora de planear):

19 la fresa de planear (fresa cilíndrica)

20 la mesa portapieza

21 el motor de accionamiento *m*, para el eje (para el árbol) portafresa

22 el accionamiento del avance de la mesa;

23 la taladradora para metales *m* (taladradora radial):

24 la mesa de taladrar

25 el husillo portabrocas

26 la columna giratoria

27 el motor elevador

28 el motor de accionamiento *m*;

29 el cono Morse:

30 el portabroca (mandril portabroca)

31 la broca espiral (broca helicoidal);

32 el macho de roscar a máquina *f* (macho para afinar, macho para afinar de un solo corte); *al mismo tiempo:* el macho para desbastar, macho para repasar y macho normal

33 la mandriladora horizontal:

34 el cabezal (carro) ajustable

35 el volante, para el ajuste de altura *f*

36 el husillo portabrocas

37 la mesa portapieza

38 la columna de la luneta

39 el carro deslizante portamesa (carro de bancada *f*)

40 la bancada;

41 la máquina acepilladora para metales *m* (el cepillo-puente hidráulico):

42 la mesa portapieza

43 el montante

44 la traviesa ajustable en altura *f*

45 el carro portaherramientas ajustable lateralmente;

46 la sierra circular para metales *m*, una sierra de carro *m*, una sierra de balancín *m*:

47 la hoja de sierra *f* para cortar metales *m*

48 el dispositivo de sujeción *f*

49 la pieza de trabajo *m*

50 el brazo para cortes *m* inclinados (brazo para cortar ingletes *m*)

51 la escala de ingletes *m*;

52 la limadora (máquina limadora) de gran velocidad *f*:

53 el ariete

54 el carro vertical

55 la mesa

56 el husillo para elevar la mesa

57 el portaherramientas

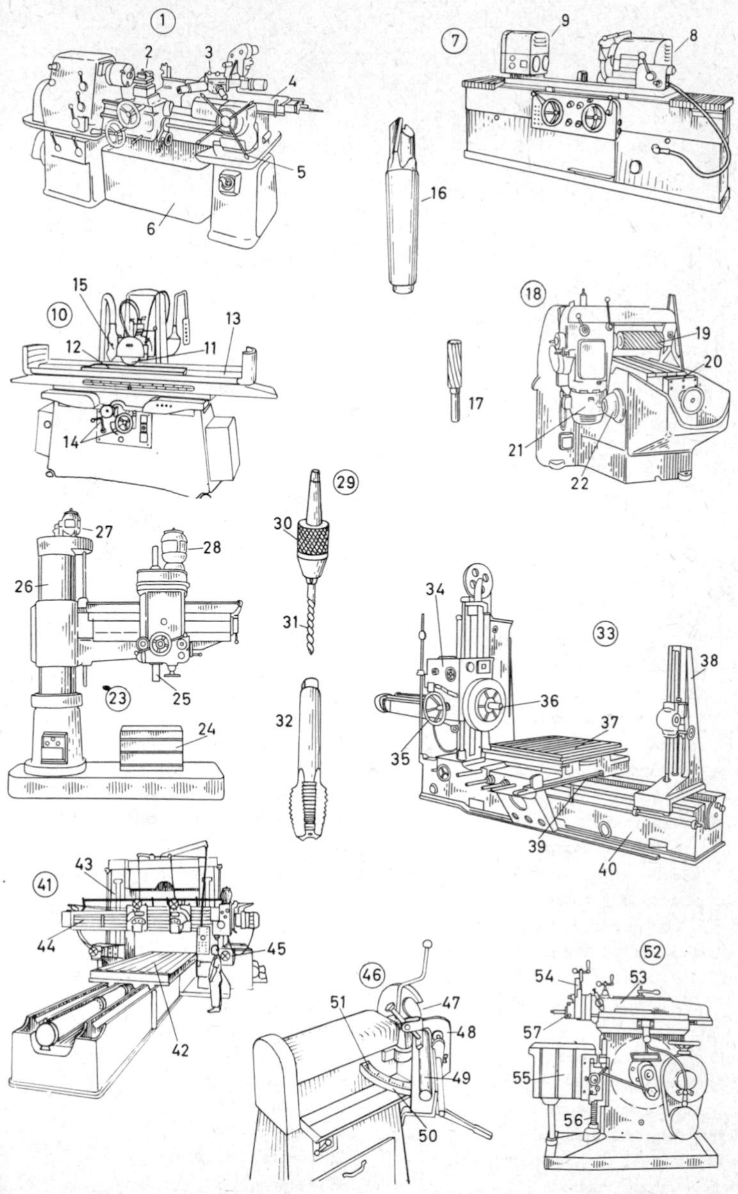
1
2
3
4
5
6
7
8
9
10
11
12
13
14
15
16
17
18
19
20
21
22
23
24
25
26
27
28
29
30
31
32
33
34
35
36
37
38
39
40
41
42
43
44
45
46
47
48
49
50
51
52
53
54
55
56
57

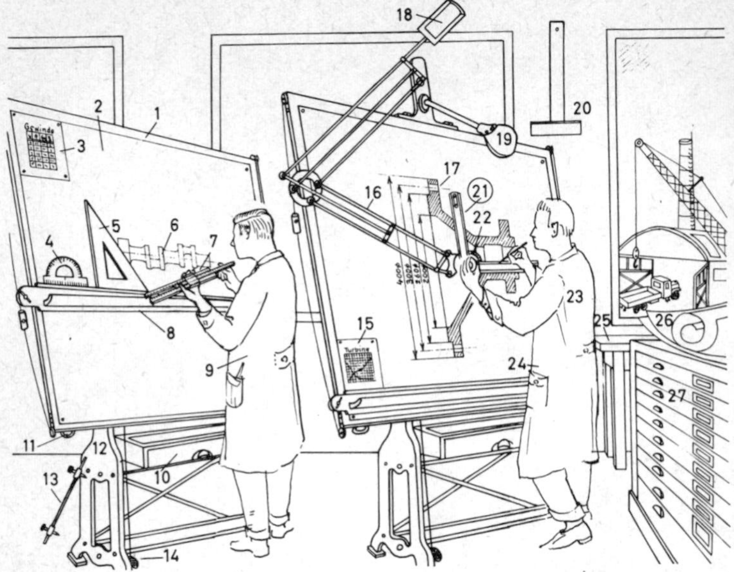

1 la mesa de dibujo *m* (el tablero de dibujo), un tablero vertical
2 el papel de dibujo *m* o papel transparente de calco *m*
3 la tabla de valores *m* (la exposición de valores)
4 el transportador
5 la escuadra
6 el dibujo técnico
7 la regla de cálculo *m*
8 la regla (regla de dibujo *m*), con guías *f* para trazar paralelas *f*
9 el dibujante técnico (delineante)
10 la caja de instrumentos *m*
11 el asa *f*, para ajustar el tablero de dibujo *m*
12 el caballete
13 el compás de varas *f*
14 el pedal, para ajustar la altura del tablero de dibujo *m*
15 el diagrama (gráfico)
16 la máquina de dibujar, con paralelogramo *m* articulado
17 el dibujo técnico de sección *f*, con medidas *f*
18 el contrapeso
19 la lámpara ajustable del tablero de dibujo *m*
20 la regla en forma *f* de T
21 la regla de dibujo *m*:
22 la cabeza de dibujo *m* ajustable;
23 el constructor, un ingeniero (técnico)
24 la bata de trabajo *m*
25 la mesa de dibujo *m*
26 los dibujos
27 el armario de los dibujos (el archivo de los dibujos)
28-48 los instrumentos de dibujo *m*,
28-47 compases *m*,
28 el compás de portalápiz *m*:
29 el portalápiz
30 el tornillo de presión *f*, para sujetar los suplementos
31 la articulación
32 la articulación de abertura *f*
33 la cabeza;

34 el compás de puntas *f* fijas
35 la alargadera:
36 el tornillo de sujeción *f*
37 la articulación;
38 la bigotera de bomba *f*:
39 la aguja
40 el tornillo regulador
41 el tiralíneas de compás *m*
42 el suplemento portamina
43 el suplemento tiralíneas;
44 el compás de precisión *f* (compás de resorte *m*):
45 el muelle
46 el tornillo de ajuste *m*
47 la aguja del compás;
48 el tiralíneas;
49 la plantilla de curvas *f* (la acordada)
50 el lapicero de presión *f* (el portaminas), con carga *f* de minas *f*
51 la regla graduada triangular, una regla para reducción *f* de escalas *f*
52 la chinche
53 la goma de borrar lápiz *m*
54 la goma de borrar tinta *f* china
55 el tintero de tinta *f* china
56 el raspador
57 el plano de construcción *f* (plano de arquitectos *m*):
58 las dimensiones
59-63 trazados *m* (proyecciones *f*):
59 la sección
60 la vista de frente *m* (vista frontal)
61 la vista lateral (alzada)
62 la vista desde arriba
63 la planta;
64 el título del dibujo, con especificación *f* de materiales *m*;
65 la plumilla de dibujo *m*
66 la pluma de escribir, para varios gruesos *m*
67 la lengüeta

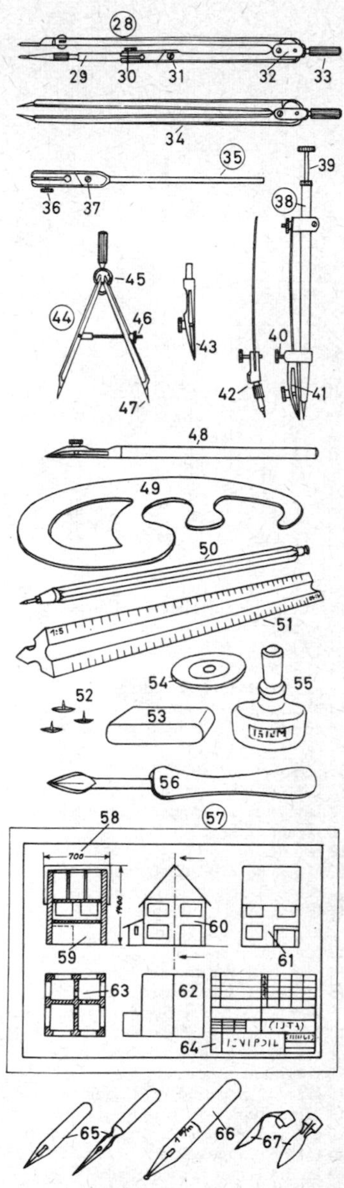

1-45 el taller, un taller de montaje *m* y prueba *f*,
1-19 grúas *f* del taller,
1 el puente grúa:
2 el cabrestante (carro de grúa *f*)
3 el engranaje elevador
4 el mecanismo de deslizamiento *m* del carro
5 la pasarela
6 la placa de la capacidad
7 la viga de la grúa, una viga de celosía *f*
8 el cable de la grúa
9 la polea
10 el gancho de la grúa (gancho de carga *f*), un gancho doble
11 la cabina del conductor
12 el conductor de la grúa
13 la campana de aviso *m*
14 el carril de la grúa
15 el conductor de la corriente, un conductor por contacto *m* de tres polos *m*;
16 la grúa de pared *f* (grúa mural giratoria), una grúa de brazo *m*:
17 el aguilón (pescante)
18 la polea (el aparejo) de tracción *f* eléctrica
19 el interruptor de control *m*, un pulsador;
20 el torno del cable (el motón)
21 el gato de cremallera *f*:
22 la cremallera (barra dentada)
23 la manivela
24 y **25** el trinquete:
24 la rueda de trinquete *m*
25 el pestillo del trinquete;
26 el aparato de rayos *m* X, para el examen de metales *m*
27 la carretilla elevadora
28 el tablero de trazado *m*
29-35 instrumentos *m* de trazado *m*:
29 el gramil de carpintero *m*
30 el gramil de trazador *m* (el trazador paralelo)
31 el prisma
32 el granete (punzón de marcar)
33 el gramil de escuadra *f*
34 la punta de trazar
35 la escuadra respaldada (escuadra con espaldón *m*);
36 el trazador
37 la mesa de verificación *f* de los productos
38-43 instrumentos *m* de medidas *f* de precisión *f*:
38 el medidor de espesores *m*
39 el nivel de agua *f* de precisión *f*
40 el comparador de esfera *f*
41 el medidor de filete *m* de tornillo *m*
42 el calibrador eléctrico de precisión *f* (el indicador de esfera *f*)

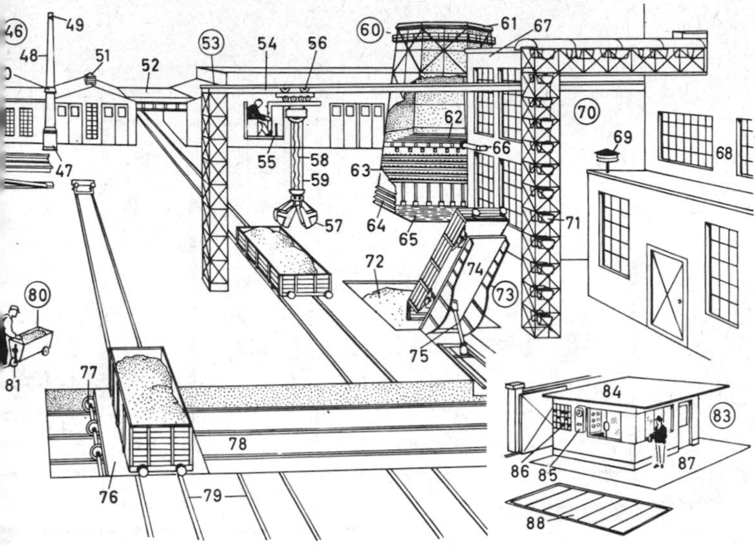

43 el microscopio para la medición de herramientas *f* (el micrómetro ocular);
44 el verificador jefe
45 la cartelera (el tablero de advertencias *f*);
46 la chimenea de la fábrica (*Cuba*, *P. Rico*: la torre):
47 el pedestal de la chimenea
48 el fuste de la chimenea
49 el capitel de la chimenea
50 el filtro de las pavesas;
51 el sombrerete de la ventilación
52 el paso superior (puente cubierto)
53 el carril eléctrico suspendido (monocarril telesférico):
54 el carril
55 la cabina (plataforma suspendida)
56 el carro deslizante
57 la pala de doble concha *f*
58 el cable de tracción *f*
59 el cable de carga *f*;
60 la torre de enfriamiento *m*, una chimenea refrigeradora, una instalación de refrigeración *f*:
61 la chimenea de refrigeración *f*
62 los canales de distribución *f*
63 la instalación de goteo *m*
64 la lumbrera, para la ventilación
65 el tanque, para el agua *f* enfriada
66 la entrada de agua *f* caliente;
67 la sala de máquinas *f* (la central de fuerza *f* motriz)
68 la sala de calderas *f*
69 la sirena de la fábrica
70 el transportador de cangilones *m* basculantes, un montacargas de arcaduces *m*:
71 el cangilón;
72 el pozo de relleno *m*
73 el vuelcavagones, una plataforma basculante:
74 la plataforma elevable (plataforma basculante)
75 el pistón elevador;
76 el carro transbordador (la plataforma transbordadora de vagones *m*)
77 la rueda de la plataforma transbordadora
78 el foso de la vía
79 el desviadero particular (apartadero particular, desviadero de fábrica *f*) [una vía muerta para el servicio de la fábrica]
80 la carretilla de tres ruedas *f*, una carretilla de mano *f*:
81 la rueda directriz;
82 el obrero de transporte *m*
83 la portería:
84 las tarjetas de control *m*
85 el reloj registrador (reloj de control *m*)
86 la ficha de control *m*;
87 el portero (conserje)
88 la báscula de puente *m* (la máquina de pesar camiones *m* o carros *m*), una báscula centesimal

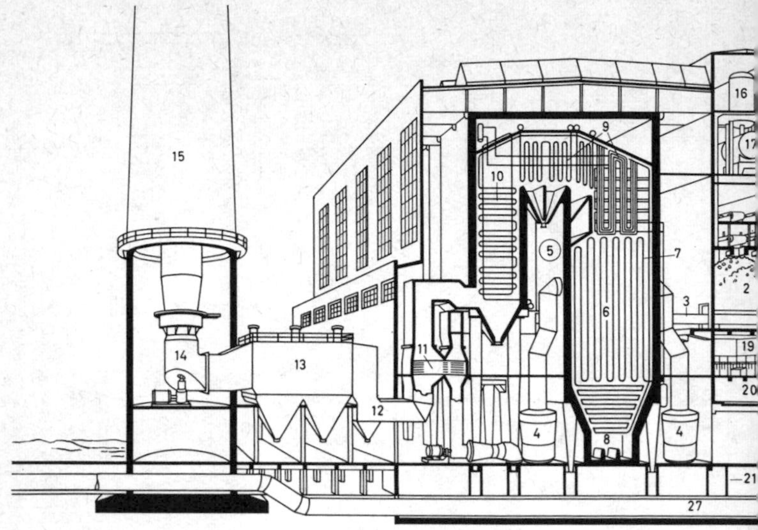

1-28 la central eléctrica de vapor *m*, una estación generadora,

1-21 el edificio de la caldera (la sala de calderas *f*):

1 la correa transportadora del carbón

2 el depósito del carbón

3 el transportador del carbón

4 la trituradora del carbón

5 la caldera de vapor *m*, una caldera tubular:

6 la cámara de combustión *f*

7 los tubos del agua *f*

8 el cenicero

9 el recalentador del vapor

10 el precalentador de agua *f*

11 el precalentador de aire *m*

12 el canal de los gases de la combustión;

13 el filtro de los gases de combustión *f*, un filtro eléctrico

14 el aspirador

15 la chimenea

16 el desgasificador

17 el depósito de agua *f*

18 la bomba alimentadora de agua *f* para la caldera

19 el cuadro de conmutadores *m*

20 el túnel de cables *m*

21 el sótano de cables *m*;

22 la sala de turbinas *f*:

23 la turbina de vapor *m*, con alternador *m*

24 el condensador de superficie *f*

25 el precalentador de baja presión *f*

26 el precalentador de alta presión *f*

27 la tubería de agua *f* refrigerante

28 la sala de control *m*;

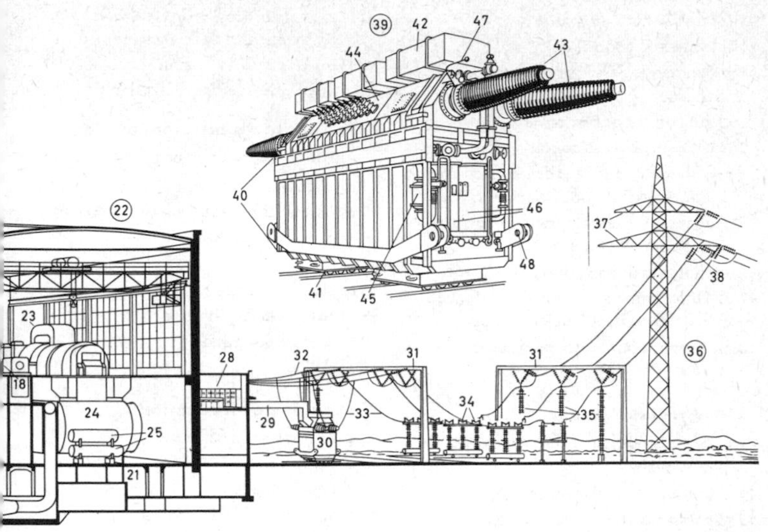

29-35 la instalación al aire libre, una instalación distribuidora de alta tensión *f*:

29 las barras colectoras

30 el transformador de tensión *f*, un transformador transportable

31 el caballete de distensión *f*

32 el cable general de conducción *f* de alta tensión *f*

33 el cable de alta tensión *f*

34 el desconectador rápido de aire *m* a presión *f*

35 el desviador de supertensión *f*;

36 el poste de alta tensión *f*, una torre reticular (poste *m* de celosía *f*):

37 el travesaño

38 el aislador de suspensión *f*;

39 el transformador transportable (transformador de energía *f*, transformador de fuerza *f*, transformador):

40 la caja (caldera) del transformador

41 el bastidor de ruedas *f* para el transporte

42 el conservador del aceite

43 el terminal de alta tensión *f*

44 los terminales de baja tensión *f*

45 la bomba de circulación *f* del aceite

46 el refrigerador de agua *f* para el aceite

47 el brazo para el arco voltaico

48 la orejeta, para el transporte

1-8 la sala de control *m*,
1-6 la mesa de control *m*:
1 los controles para los generadores trifásicos
2 el interruptor de control *m*
3 la lámpara de señalización *f*
4 el tablero de control *m* de los circuitos de alto voltaje *m* (de alta tensión *f*):
5 el aparato supervisor, para el control de los conmutadores *m*;
6 los botones de control *m*;
7 el panel, con los instrumentos de medición *f* del control de ejecución *f*
8 el diagrama luminoso, para indicar la tensión;

9-18 el transformador:
9 el depósito de expansión *f* de aceite *m*
10 el respiradero
11 el indicador del nivel del aceite
12 el pasatapas aislante (terminal)
13 el interruptor (conmutador) de toma *f* de alta tensión *f*
14 la culata
15 el enrollamiento primario (enrollamiento de alto voltaje *m*)
16 el enrollamiento secundario (enrollamiento de bajo voltaje *m*)
17 el núcleo
18 el conductor de toma *f*;

19 la conexión del transformador:
20 la conexión en estrella *f*
21 la conexión en delta *m* (conexión en triángulo *m*)
22 el punto neutro;

23-30 la turbina de vapor *m*, un grupo turboalternador a vapor *m*:
23 el cilindro de alta presión *f*
24 el cilindro de presión *f* media
25 el cilindro de baja presión *f*
26 el alternador (generador) de tres fases *f* (generador trifásico)
27 el enfriador de hidrógeno *m*
28 el codo conductor de vapor *m*
29 la válvula reguladora
30 la mesa de control *m* de la turbina con los instrumentos de medición *f*;
31 el regulador de la tensión
32 el dispositivo de sincronización *f*

33 la zapata de extremidad *f* **de cable** *m* (la caja terminal de cables *m*):
34 el conductor
35 el pasatapas aislante (aislador, terminal)
36 el cono de refuerzo *m*
37 la caja
38 la pasta de relleno *m*
39 la envoltura de plomo *m*
40 la cápsula de entrada *f*
41 el cable;

42 el cable de alta tensión *f*, para corriente *f* trifásica:
43 el conductor
44 el papel metálico
45 el aislamiento del conductor
46 el revestimiento de tela *f*
47 la envoltura de plomo *m*
48 el papel asfaltado
49 el revestimiento de yute *m*
50 la armadura de cinta *f* de acero *m* o de alambre *m* de acero;

51-62 el cortacircuito rápido de aire *m* **comprimido,** un interruptor de gran potencia *f*:
51 el depósito de aire *m* comprimido
52 el mecanismo de funcionamiento *m*
53 la conexión del aire comprimido
54 el aislador de aguja *f* hueca, un aislador en cadena *f*, un aislador tipo casquete
55 la cámara de desconexión *f* (cámara de rotura *f*)
56 la resistencia
57 los contactos auxiliares (contactos secundarios)
58 el transformador de la corriente
59 el transformador de la tensión
60 la acometida de cable *m* (la caja del terminal secundario)
61 el cuerno del arco voltaico
62 el tramo de descarga *f* de las chispas

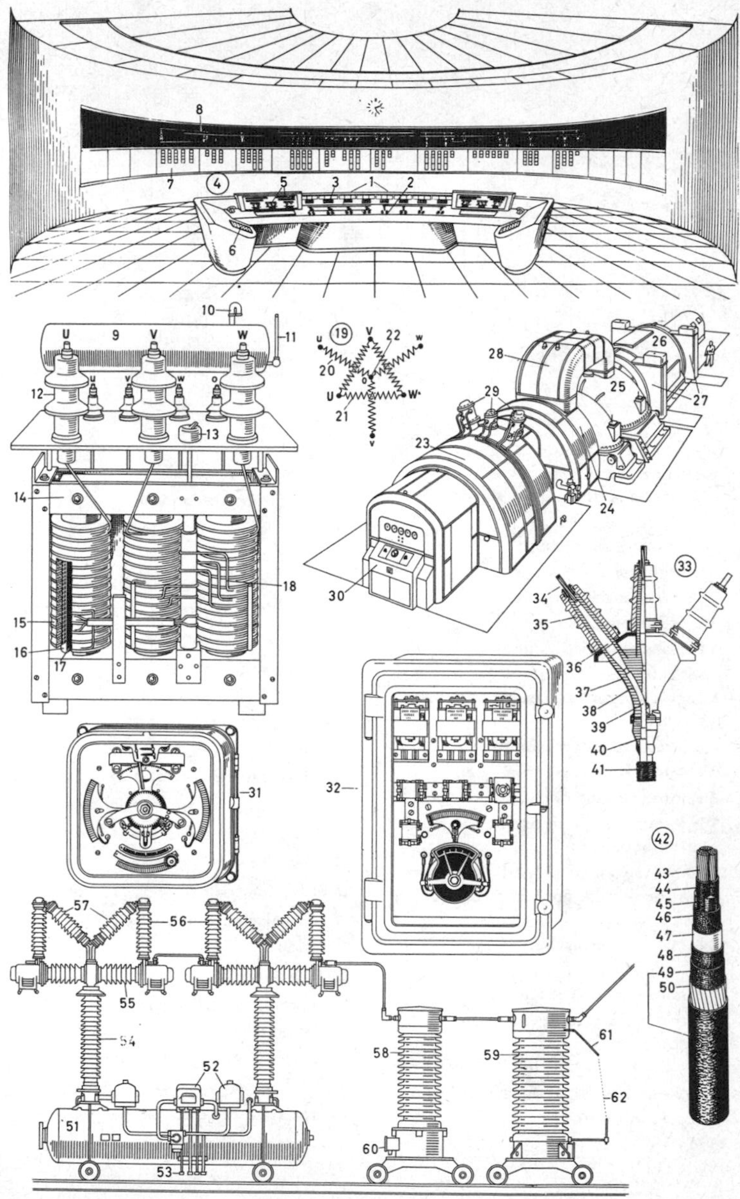
1
2
3
4
5
6
7
8
9
10
11
U
V
W
u
v
w
o
12
13
14
15
16
17
18
19
20
21
22
23
24
25
26
27
28
29
30
31
32
33
34
35
36
37
38
39
40
41
42
43
44
45
46
47
48
49
50
51
52
53
54
55
56
57
58
59
60
61
62

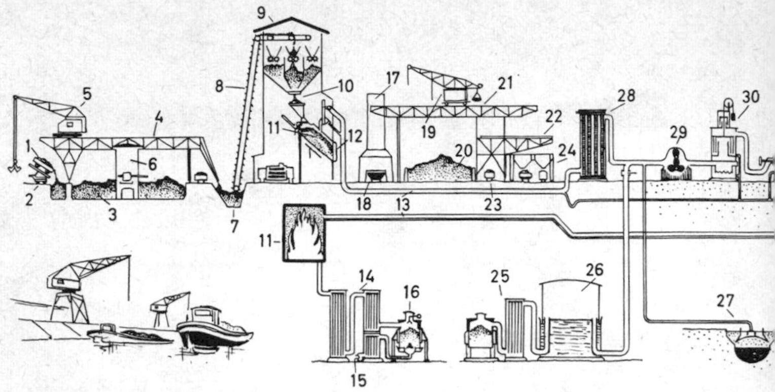

1-46 la producción de gas *m* (producción de gas de alumbrado *m*, gas de calefacción *f*),

1-9 el acarreo del carbón:

1 la vagoneta de carbón *m*

2 el volcador de vagonetas *f*

3 la carbonera

4 la plataforma deslizante (plataforma corrediza)

5 la grúa giratoria con pala *f* de doble concha *f*

6 el ferrocarril eléctrico suspendido

7 el rompedor de carbón *m*

8 el torno elevador inclinado

9 la instalación de trituración *f* y mezcla *f* del carbón;

10-12 la preparación del carbón (la instalación de destilación *f* del carbón, el horno de retortas *f*):

10 la carga (alimentación) de una retorta

11 el horno oblicuo de retorta *f*

12 el tubo del alquitrán y la puerta de descarga *f*;

13 la tubería (el conducto) del gas en bruto

14-16 la instalación productora de gas *m*:

14 el postrefrigerador

15 el ventilador

16 el generador central;

17-24 la fábrica de coque *m*:

17 la instalación (torre) de apagado *m* del coque

18 la vagoneta del coque apagado

19 la instalación de transporte *m* del coque

20 el depósito de coque *m*

21 el puente grúa del coque

22 la instalación de clasificación *f* del coque, con carboneras *f* para el coque clasificado

23 el ferrocarril de la carbonera de coque *m*

24 la instalación de la carga del coque;

25 y **26** la instalación de gas *m* de agua *f*:

25 el lavador de gas *m* de agua *f*

26 el gasómetro flotante de gas *m* de agua *f*;

27 la instalación de purificación *f* del agua *f* residual

28-46 la purificación del gas, en la refinería:

28 el prerrefrigerador (el condensador primario) del gas bruto

29 la bomba separadora del alquitrán y del gas de agua *f*

30 el aspirador (exhaustor) del gas

31 el separador del alquitrán

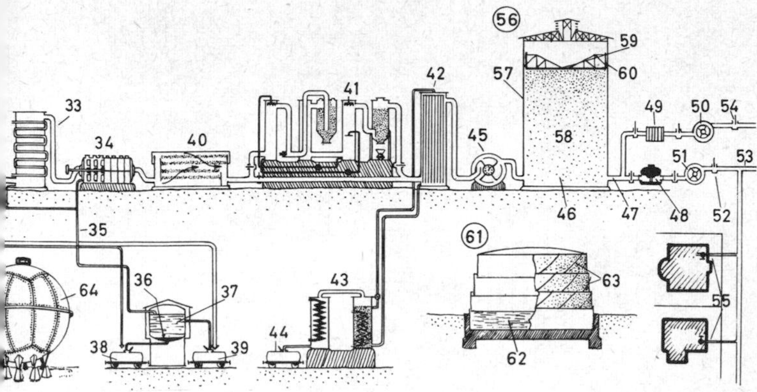

32 el lavador (eliminador) de la naftalina

33 el postrefrigerador (condensador secundario) del gas bruto

34 el lavador (colador) del amoníaco

35 la tubería para el agua *f* residual amoniacada

36 y **37** el tanque de separación *f*:

36 el alquitrán depositado en el fondo

37 el tanque de gas *m* de agua *f*;

38 la vagoneta cisterna para el alquitrán

39 la vagoneta cisterna para el gas de agua *f*

40 la purificación del azufre

41 la instalación de desenvenenamiento *m* del gas

42 el lavador de benzol *m*

43 la instalación de recuperación *f* del benzol (la producción del benzol, la fábrica de benzol)

44 la vagoneta cisterna del benzol

45 el contador de gas *m* de pistones *m* giratorios

46 el gasómetro;

47-55 las instalaciones de distribución *f* del gas:

47 la conducción principal de gas *m*

48 el regulador de la presión para la ciudad

49 el compresor del gas

50 el contador del gas a alta presión *f*

51 el contador del gas a baja presión *f*

52 la válvula de la conducción principal del gas

53 y **54** la red de distribución *f* de la ciudad (las cañerías de gas *m*, las tuberías de gas a presión *f*, la red de consumo *m*):

53 la conducción principal de gas *m* a baja presión *f*

54 la conducción principal de gas *m* a alta presión *f*;

55 las cañerías de las casas (las conexiones de gas *m*);

56-64 los gasómetros (depósitos de gas *m*, los tanques de gas),

56 el gasómetro de campana *f* sin agua *f* de cinco secciones *f*:

57 la caja

58 el espacio del gas

59 la campana

60 el reborde de la campana, con cierre *m* líquido;

61 el gasómetro telescópico (gasómetro espiral) de tres campanas *f* (de tres secciones *f*) con depósito *m* de agua *f*:

62 el cierre de agua *f*

63 los carriles guías en espiral *f*;

64 el gasómetro esférico de alta presión *f*

1-59 el aserradero (la serrería, el molino de aserrar; *Col.*, *Ec.*: el aserrío):

1 los tablones (la pila de tablones)

2 la sierra circular para listones *m* y tablas *f*:

3 el grupo de hojas *f* de sierra *f*

4 los cilindros alimentadores

5 la escala para la anchura del listón

6 la defensa del retroceso

7 los indicadores de anchura *f*

8 la escala del dispositivo de alimentación *f*

9 la escala de altura *f*;

10 la sierra alternativa:

11 las hojas de sierra *f*

12 el bastidor de la sierra

13 los cilindros de alimentación *f* (los rodillos guías)

14 la acanaladura

15 el manómetro de la presión del aceite

16 el bastidor vertical de la sierra

17 el carro de presa *f*

18 las garras de sujeción *f*;

19 el aserrador

20 la doble sierra circular para madera *f* de construcción *f*:

21 las hojas de la sierra circular

22 el regulador de la anchura del corte

23 la cadena de alimentación *f*

24 el eje de la sierra;

25 el encargado del aserradero

26 la vía del ferrocarril de explotación *f* (del ferrocarril de acarreo *m*):

27 el carro para el transporte de trozas *f*;

28 la pila de madera *f* escuadrada (de cuartones *m*)

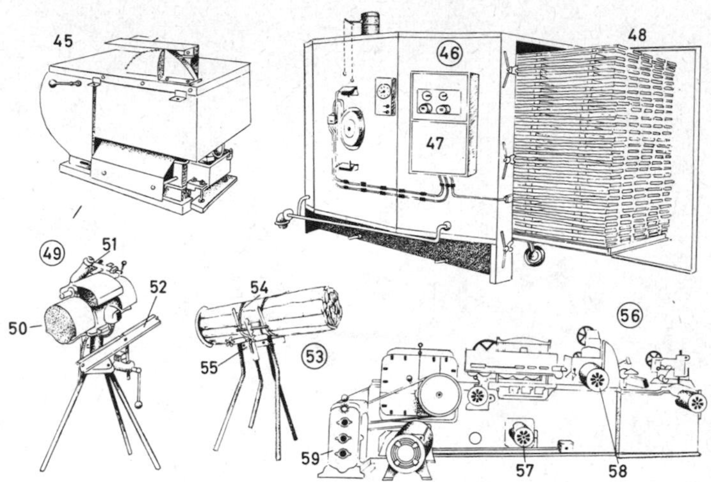

29 el cobertizo del aserradero
30 el patio de las trozas:
31 la troza;
32 el transportador de trozas *f*:
33 la cadena sin fin *m*
34 el diente de arrastre *m*
35 la garra (los dientes);
36 el canal de agua *f* para el lavado de las trozas
37 la madera costera
38 la troza aserrada:
39 el costero
40 el foraño
41 el cerne
42 el corazón
43 el sámago (la albura, el blanco);
44 la cuña de hormigón *m* de la pila
45 la sierra circular para cortar al hilo
46 el secador de madera *f* de aire *m* húmedo, con elementos *m* de calefacción *f* y ventiladores *m* axiales reversibles, una cámara para el secado de la madera:
47 la caja de los interruptores
48 la pila de tablas *f*;
49 la máquina de descortezar:
50 la cabeza del descortezador, con cuchillas *f* planas
51 la afiladora eléctrica
52 el apoyo para la madera;
53 la prensa de haces *m* para prensar los costeros y recortes *m*:
54 el cable de sujeción *f*
55 el dispositivo de tensión *f*;
56 la máquina cepilladora, para la elaboración de correas *f* de entarimado *m*:
57 el motor de despedazar virutas *f*
58 los ejes de cuchillas *f*
59 los engranajes de regulación *f* de la alimentación

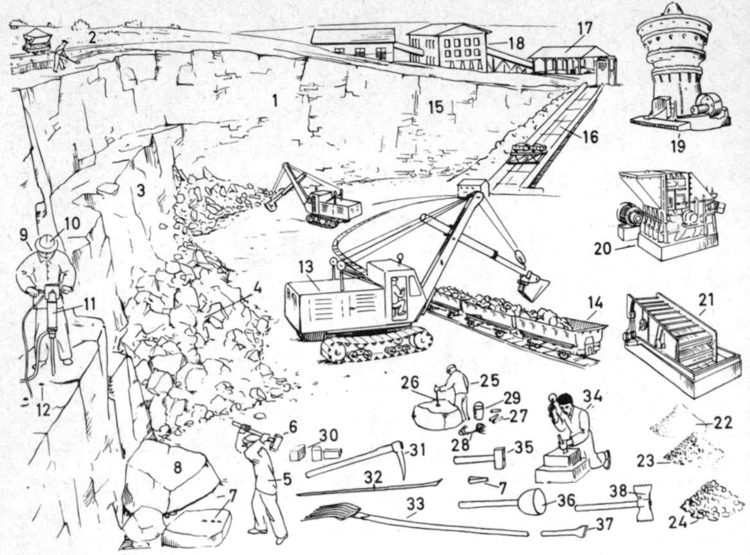

1 la cantera, una explotación a cielo *m* abierto
2 la tierra de recubrimiento *m*
3 el frente de arranque *m*
4 el montón de piedra *f* suelta (de piedra arrancada)
5 el picapedrero
6 el mazo (la almádena)
7 la cuña
8 el bloque de piedra *f*
9 el barrenero
10 el casco protector
11 la perforadora de percusión *f* (el martillo perforador, la taladradora de roca *f*, la perforadora de roca)
12 el taladro
13 la excavadora universal
14 la vagoneta de gran capacidad *f*
15 la pared de roca *f*
16 el montacargas inclinado
17 la trituradora previa
18 la instalación productora de grava *f*
19 la trituradora giratoria en grueso (la quebrantadora giratoria); *anál.:* la trituradora secundaria *(Chile:* la chancadora)
20 la machacadora (trituradora de mordazas *f*)
21 la criba vibradora
22 la piedra pulverizada
23 la gravilla triturada
24 la grava
25 el pegador
26 la varilla de medición *f*
27 el cartucho explosivo
28 la mecha
29 el cubo con arena *f* de relleno *m*
30 el sillar (la piedra de sillería *f*)
31 el pico
32 la palanca
33 la horca
34 el cantero

35-38 las herramientas de cantero *m*:

35 el martillo (la martellina)
36 la maza
37 el cincel
38 el trinchante

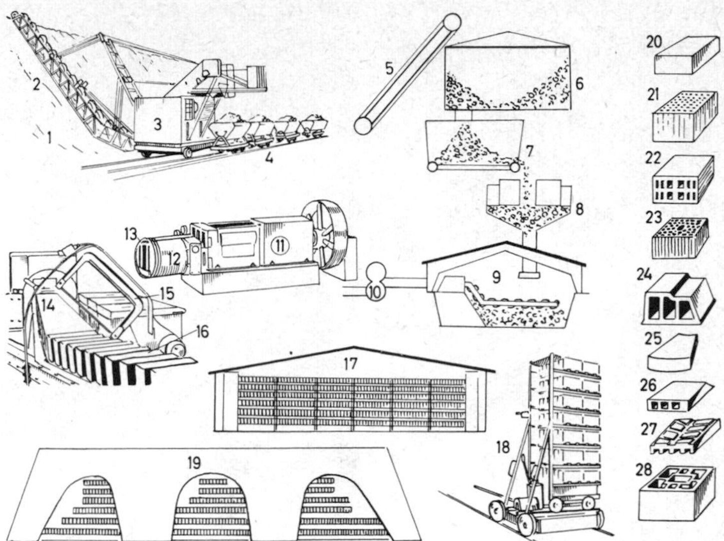

1 la barrera (el pozo de barro *m*)

2 el barro, una arcilla impura (arcilla de ladrillo *m*)

3 la excavadora del terreno de cobertura *f* (excavadora de varios cucharones *m*), una excavadora grande

4 el ferrocarril rural, un ferrocarril de vía *f* estrecha

5 el elevador inclinado

6 el pudridero del barro

7 el alimentador

8 la trituradora

9 la laminadora

10 la mezcladora de árbol *m* doble

11 la prensa de rosca *f* [una prensa tubular]:

12 la cámara de vacío *m*

13 la boca de salida *f*;

14 la columna de arcilla *f*

15 la cortadora

16 el ladrillo crudo (ladrillo sin cocer)

17 el secadero

18 la vagoneta estibadora para el transporte de los rimeros de ladrillos *m*

19 el horno circular

20 el ladrillo macizo

21 y **22** ladrillos *m* perforados:

21 el ladrillo con perforaciones *f* verticales

22 el ladrillo hueco con canales *m* horizontales;

23 el ladrillo hueco con canales *m* verticales

24 el ladrillo de techar

25 el ladrillo de chimenea *f* (ladrillo radial)

26 el ladrillo hueco plano en boca *f* de flauta *f*

27 el ladrillo aplantillado de establo *m*

28 el ladrillo de revestimiento *m* de chimenea *f*

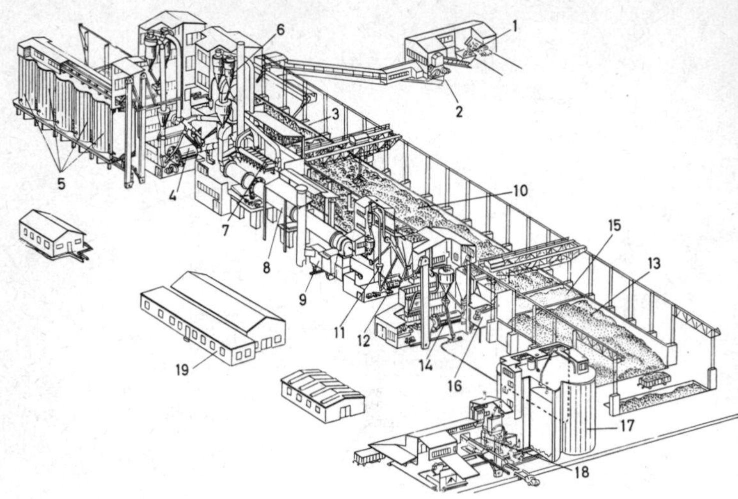

1 las primeras materias (materias primas) [caliza *f*, arcilla *f* y marga *f* arcillosa]

2 la trituradora de martillos *m*

3 el almacén de primeras materias *f*

4 el molino, para la molienda y el secado simultáneos de las primeras materias mediante el gas de escape *m* de la instalación intercambiadora de calor *m*

5 los silos para las primeras materias pulverizadas

6 la instalación intercambiadora de calor *m*

7 la instalación colectora de polvos *m* (instalación de desempolvadura *f*)

8 el horno rotatorio (horno giratorio)

9 el refrigerador de "klinker" *m*

10 el almacén (depósito) de "klinker" *m*

11 el ventilador primario

12 la instalación moledora de carbón *m*

13 el almacén (depósito) del carbón

14 la instalación moledora de cemento *m*

15 el almacén (depósito) de yeso *m*

16 la trituradora (quebrantadora) de yeso *m*

17 el silo para el cemento

18 las máquinas envasadoras de cemento *m*, para sacos *m* de papel *m*

19 la planta generadora de energía *f* (de fuerza *f*)

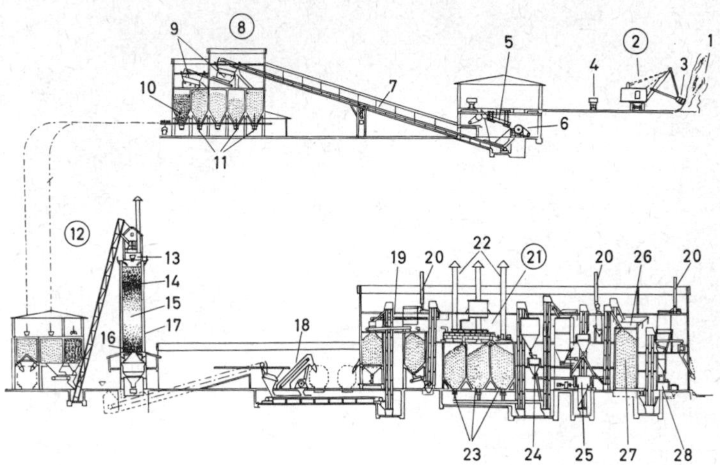

1 la cantera de caliza *f*

2 la excavadora de cuchara *f*:

3 la cuchara (el cucharón);

4 la vagoneta volquete

5 la parrilla de barras *f*

6 la trituradora previa, una machacadora de mandíbulas *f* (trituradora de mordazas *f*); *anál.:* la trituradora giratoria

7 la correa (cinta) de transporte *m*

8 la instalación clasificadora:

9 la criba vibradora;

10 la marga calcárea

11 la caliza (piedra de cal *f*)

12 el horno de cal *f*, un horno de cuba *f* (*Perú:* la huairona):

13 el cargador

14 la carga del horno, una mezcla de caliza *f* y coque *m*

15 la zona de combustión *f* (zona de incandescencia *f*)

16 la cal viva (el óxido cálcico)

17 el revestimiento del horno;

18 el molino de trituración *f* previa, un molino de martillos *m*

19 la instalación trituradora y cribadora

20 el colector de polvo *m*

21 la instalación de apagado *m* (instalación ahogadora de cal *f*, instalación hidratadora de cal):

22 la salida de vapores *m*

23 el silo de cal *f* muerta (el depósito de hidratación *f*)

24 el separador por aire *m*;

25 el molino de bolas *f*

26 el silo de cal *f* hidráulica

27 la cal muerta (el hidróxido cálcico)

28 la instalación envasadora (instalación de ensacado *m*)

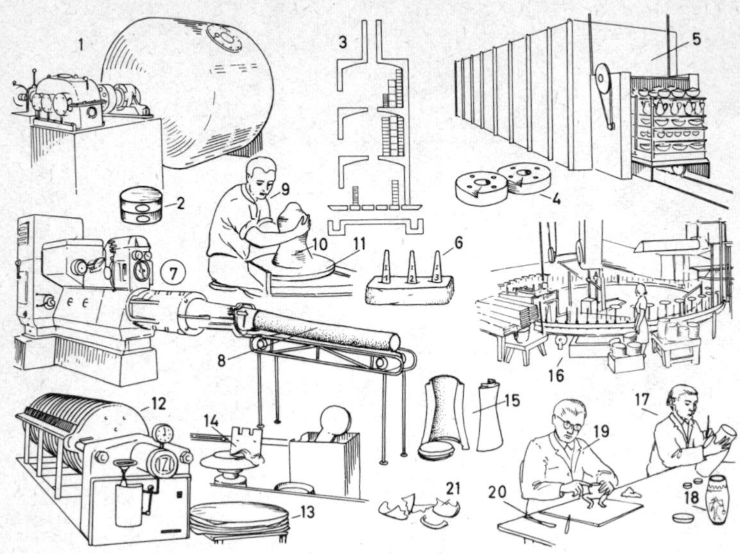

1 el molino de tambor *m* (molino de bolas *f*), para la preparación por vía *f* húmeda de la mezcla de materias *f* primas

2 la cápsula refractaria, con abertura *f* para la observación del proceso de cochura *f* (de cocción *f*)

3 el horno discontinuo [esquema]

4 el molde de cochura *f*

5 el horno de túnel *m*

6 el cono Seger, para medir altas temperaturas *f*

7 la prensa de vacío *m*, una prensa tubular:

8 la barra de material *m*;

9 el tornero, torneando una pieza en bruto

10 la pieza en bruto

11 el plato giratorio; *anál.:* el torno de alfarero *m*

12 el filtro-prensa (la prensa filtradora)

13 la torta del filtro-prensa

14 el torneado, con plantilla *f*

15 el molde, para el colado

16 la máquina de vidriar (máquina de barnizar) de mesa *f* circular giratoria

17 el esmaltador de porcelana *f*

18 el florero pintado a mano *f*

19 el bruñidor (retocador)

20 la varilla de modelar

21 los añicos de porcelana *f*

1-11 la fabricación de vidrio *m* plano,
1 el horno de vidrio *m* [esquema]:
2 el alimentador frontal, para la introducción de la mezcla
3 la cubeta de fusión *f*
4 la cubeta de clarificación *f*
5 la cubeta de trabajo *m*
6 el canal de trabajo *m*;
7 la máquina para laminar (estirar) vidrio *m*:
8 el vidrio fundido
9 el hogar de laminación *f*
10 el cilindro curvador refrigerado por aire *m*
11 la lámina de vidrio *m*;
12 la máquina Owens para soplar botellas *f*, una máquina completamente automática para la fabricación de botellas
13-15 el soplado del vidrio (soplado con la boca, el trabajo de dar forma *f*):
13 el soplador de vidrio *m*
14 el tubo de soplador *m* (la caña de vidriero *m*)
15 la masa de vidrio *m* para ser soplada;
16-21 el trabajo por piezas *f* en objetos *m* de vidrio *m*:
16 el vidriero
17 la copa soplada con la boca
18 el útil para dar forma *f* al pie de la copa (el molde para el pie de la copa)
19 el calibre de forma *f* (el hierro perfilado)
20 las tenazas de soplador *m*
21 el banco de vidriero *m*;
22 el crisol cubierto
23 el molde, para acabar de soplar la masa soplada previamente

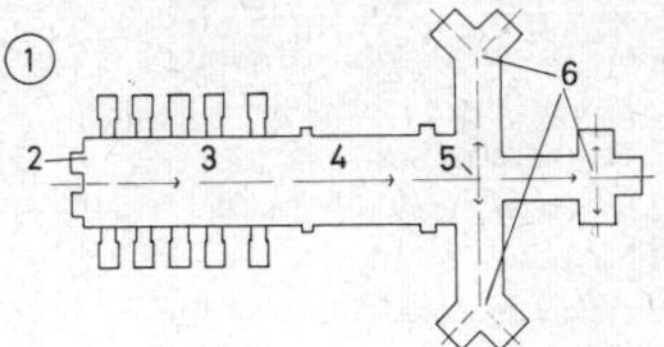

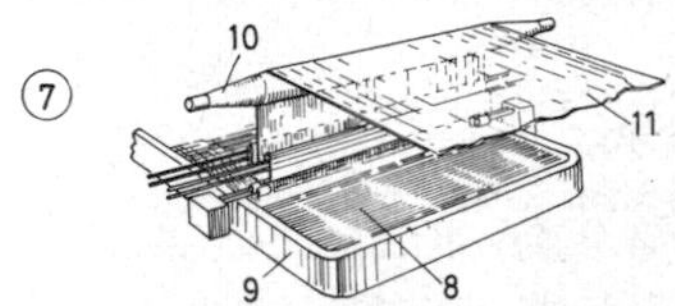

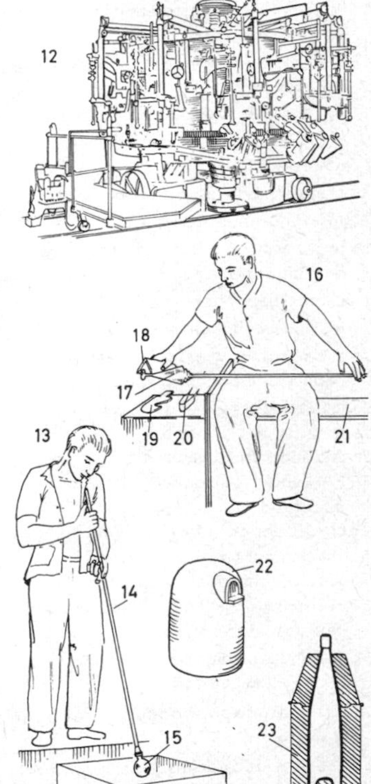

1 el copo de algodón *m* maduro
2 la husada de hilo *m* (husada; *ingl.:* cop *m*, la bobina)
3 la bala de algodón *m* prensado:
4 la arpillera de yute *m*
5 el fleje de acero *m*
6 los números de la partida de la bala;
7 la abridora abrebalas (el limpiador de algodón *m*):
8 la telera sin fin *m* de alimentación *f*
9 el depósito de alimentación *f*
10 la tolva aspiradora de polvo *m*
11 el conducto de la cámara de polvo *m*
12 el motor impulsor
13 la telera sin fin *m* reunidora;

14 el batán doble:
15 el dispositivo de arrollamiento *m* (el soporte para las telas)
16 la guía de compresión *f* (el corchete presionador)
17 la palanca de puesta *f* en marcha *f*
18 el volante, para subir y bajar la guía de presión *f*
19 la tabla móvil de la tela de batán *m*
20 los cilindros de presión *f*
21 la protección (el blindaje), para el par de cilindros *m* de aspiración *f*
22 el canal de polvo *m*
23 los motores impulsores
24 el eje, para el movimiento de las aspas batidoras (aspas devanaderas)
25 la devanadera triplecardante:
26 la rejilla
27 el cilindro de alimentación *f*
28 la palanca reguladora de alimentación *f*, un balancín;
29 el variador de velocidad *f* (el engranaje sin escalones *m*)
30 la caja de conos *m*
31 el sistema de palancas *f*, para la regulación de la alimentación
32 el cilindro de presión *f* de madera *f*
33 la cargadora automática;

34 la carda de chapones *m* (carda, percha):
35 el bote de la carda, para el depósito de la mecha de carda
36 el centinela (soporte giratorio del bote)
37 los cilindros compresores (cilindros extractores)
38 la cinta de carda *f*
39 el peine descargador (*cat.:* serreta *f*)
40 la palanca de desembrague *m*
41 el soporte del esmerilador
42 el llevador (descargador)
43 la bota (el gran tambor)
44 el aparato para desborrar los chapones
45 la cadena de movimiento *m* de los chapones
46 las poleas tensoras, para la cadena de los chapones
47 la tela de batán *m*
48 el soporte de la tela
49 el motor impulsor, con correa *f* plana
50 la polea principal de accionamiento *m* (de mando *m*);
51 el esquema de la carda:
52 el cilindro de presión *f* alimentador
53 el cilindro tomador (cilindro abridor)
54 la rejilla bajo el tomador
55 la rejilla bajo la bota (bajo el gran tambor);

56 la peinadora de algodón *m*:
57 la testera de accionamiento *m* (la caja de engranajes *m*)
58 la napa
59 el condensador de la mecha
60 el cabezal (los cilindros) de estiraje *m*
61 el contador (metrador) de cinta *f*
62 el dispositivo de plegado *m* de la cinta;
63 el esquema de la peinadora de algodón *m*:
64 la cinta de carda *f*
65 la mordaza de la parte inferior
66 la mordaza de la parte superior
67 el peine fijo (peine rectilíneo)
68 el peine circular
69 el segmento de cuero *m*
70 el segmento guarnecido de agujas *f*
71 los cilindros condensadores (cilindros productores)
72 el velo peinado

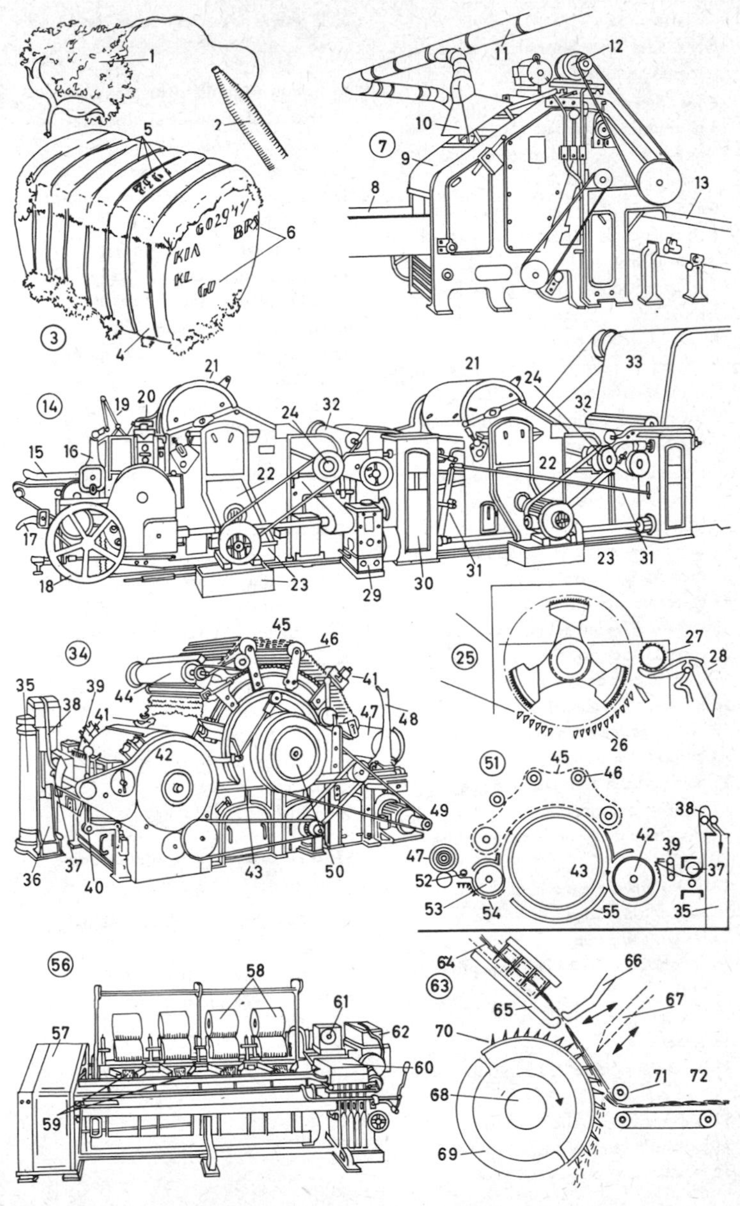
1
2
5
6
3
4
7
8
9
10
11
12
13
14
15
16
17
18
19
20
21
22
23
24
29
30
31
32
33
25
26
27
28
34
35
36
37
38
39
40
41
42
43
44
45
46
47
48
49
50
51
52
53
54
55
56
57
58
59
60
61
62
63
64
65
66
67
68
69
70
71
72

1 **el manuar:**
2 la testera de accionamiento *m*, con motor *m* acoplado
3 los botes de la carda
4 el cilindro de contacto *m*, para el paro automático de la máquina en caso de rotura *f* de mecha *f*
5 el doblado de las mechas de carda *f*
6 la palanca de marcha *f* (de paro *m*) de la máquina
7 la protección de los cilindros de estiraje *m*
8 las lámparas de control *m*;
9 el tren de estiraje *m* sencillo de cuatro pares *m* de cilindros *m* [esquema]:
10 los cilindros inferiores (cilindros de acero *m* ranurados)
11 los cilindros de presión *f* con recubrimiento *m* de plástico *m*
12 la napa, antes del estiraje
13 la cinta adelgazada mediante los cilindros de estiraje *m*;
14 el tren de gran estiraje *m* [esquema]:
15 la guía de la cinta (el embudo guía)
16 la bolsa de cuero *m*
17 el perfil guía de la bolsa
18 el cilindro de retención *f*;
19 la mechera en grueso *m*:
20 los botes del manuar
21 la introducción de las cintas en el dispositivo de estiraje *m*
22 el estiraje de la mechera, con limpiador *m*
23 las bobinas de la mechera
24 la operaria mechera
25 la aleta (*cat.:* aranya *f*)
26 la bancada extrema de la máquina (bancada);
27 la mechera intermedia:
28 la fileta
29 la mecha saliente de los cilindros de estiraje *m*
30 la bancada portabobinas
31 el mando de los husos
32 la palanca de mando *m*
33 la testera de mecanismos *m*, con motor *m* acoplado;

34 **la continua de hilar** (continua de aros *m*, continua de anillos *m*):
35 el motor de colector *m* trifásico
36 la placa-zócalo del motor
37 la anilla para el transporte del motor
38 el regulador
39 la testera de accionamiento *m*
40 el piñón de cambio *m*, para la variación del número de finura *f* del hilo
41 la fileta llena de bobinas *f*
42 el dispositivo guía para el movimiento del balancín (balancé)
43 las bobinas, con antivalonios *m*
44 el almacén de las fibras aspiradas;

45 **el huso tipo** de la continua de aros *m*:
46 la caña del huso
47 el cojinete de rodillos *m*
48 la poleíta de accionamiento *m* (*cat.*: noueta *f*)
49 el gancho de sujeción *f* del huso
50 el portahusos (la regla portahusos);
51 el aro (órgano hilador):
52 el huso vacío
53 el hilo (hilado)
54 el aro fijo del banco portaaros
55 el corredor
56 el hilado arrollado;

57 **la retorcedora** (continua retorcedora):

58 la fileta, con hilo *m* en bobina *f* cruzada
59 el dispositivo alimentador
60 la husada de hilo *m* retorcido

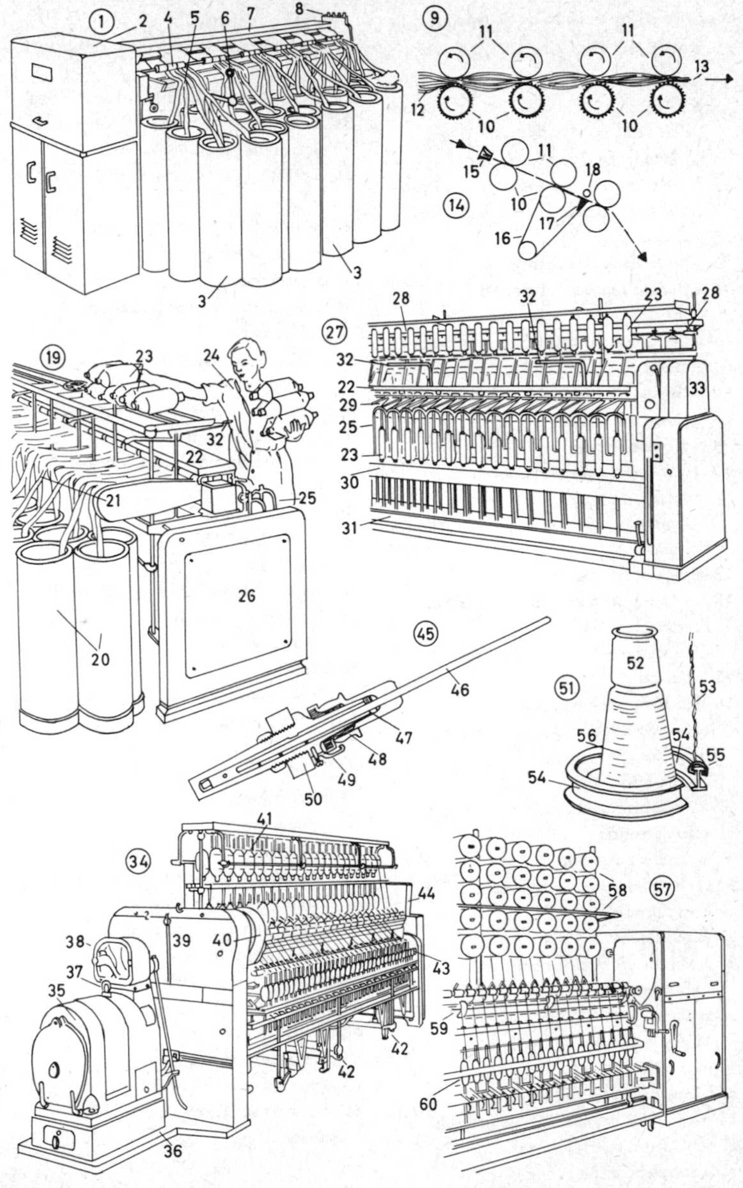
1
2
3
4
5
6
7
8
9
10
11
12
13
14
15
16
17
18
19
20
21
22
23
24
25
26
27
28
29
30
31
32
33
34
35
36
37
38
39
40
41
42
43
44
45
46
47
48
49
50
51
52
53
54
55
56
57
58
59
60

1-65 la maquinaria de preparación *f* del tisaje,

1 la bobinadora de plegado *m* cruzado para bobinas *f* cónicas (la encarretadora de cruzado *m*):
2 la máquina soplante deslizable
3 el carril guía, para la máquina soplante
4 el fuelle de la máquina soplante (del ventilador)
5 la boquilla del ventilador
6 las barras soporte del carril del ventilador,
7 el indicador del diámetro de la bobina cruzada
8 la bobina cónica (bobina cruzada) de plegado *m* cruzado
9 el portabobinas
10 el cilindro ranurado (tambor con muesca *f* guía)
11 la ranura guía en zigzag, para el cruzado del hilo
12 la testera, con motor *m*
13 la palanca del regulador ajustable de tensión *f*
14 la bancada extrema, con filtro *m*
15 la husada
16 el depósito de husadas *f*
17 el mando de embrague *m* y desembrague *m*
18 el guía-hilos
19 el mecanismo de paro *m* automático en caso de rotura *f* de hílo *m*
20 la rendija purgadora
21 el disco frotador, para tensar el hilo;
22 el urdidor:
23 el ventilador
24 la bobina cruzada (bobina cilíndrica, bobina cónica)
25 la fileta
26 el peine ajustable (peine de expansión *f*)
27 la bancada del urdidor
28 el contador de metros *m* de urdimbre *f*
29 el plegador de urdimbre *f*
30 la arandela del plegador
31 el rail de defensa *f*
32 el cilindro de contacto *m* (el tambor impulsor)
33 la impulsión (transmisión) por correa *f*
34 el motor
35 el pedal de puesta *f* en marcha *f*
36 el tornillo, para ajustar la anchura del peine
37 los caballeros, para el paro automático en caso de rotura *f* del hilo
38 la barra guía
39 el par de cilindros *m* pinzadores de los caballeros;
40 la máquina encoladora, para suavizar y fortalecer el hilo:
41 la urdimbre, saliendo del urdidor
42 el cilindro de inmersión *f*
43 el par de cilindros *m* escurridores
44 la cola
45 la cuba de la cola
46 la urdimbre (el hilado)
47 los cilindros guía
48 el tambor de varillas *f* para el secado
49 el ventilador, para hacer circular el aire caliente
50 la mirilla
51 el regulador para la calefacción del aire
52 la tubería de la calefacción a vapor *m*
53 los cilindros tensores guía
54 la cruz
55 la urdimbre seca
56 el peine extensible
57 el plegador de urdimbre *f* encolada
58 los cilindros soporte del plegador de urdimbre *f*
59 el dispositivo compensador de la tensión de los hilos
60 el control de la tensión
61 la impulsión (transmisión) por correa *f*
62 la polea de la correa
63 el extractor de aire *m*
64 la cámara de secado *m*
65 el mando de puesta *f* en marcha *f* y paro *m*

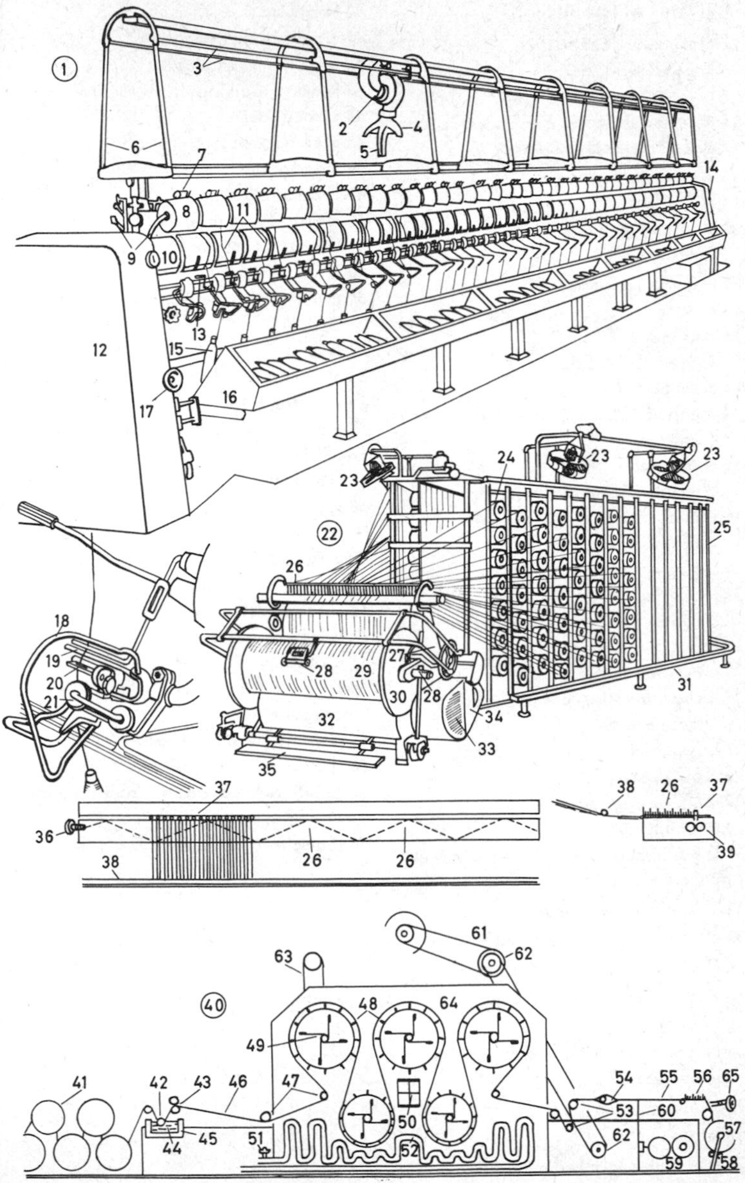
1
2
3
4
5
6
7
8
9
10
11
12
13
14
15
16
17
18
19
20
21
22
23
24
25
26
27
28
29
30
31
32
33
34
35
36
37
38
39
40
41
42
43
44
45
46
47
48
49
50
51
52
53
54
55
56
57
58
59
60
61
62
63
64
65

1 el telar automático:

2 el contador de pasadas *f*

3 la guía de los lizos

4 los lizos

5 el tambor de revólver *m*, para el cambio automático de las canillas,

6 la tapa (tabla) del batán

7 la canilla

8 la palanca de puesta *f* en marcha *f* y paro *m*

9 la caja de las lanzaderas

10 el peine

11 el orillo

12 el tejido (la tela lista)

13 el templazo (templén)

14 el pulsador eléctrico de la trama

15 el volante

16 el antepecho

17 la espada (el dispositivo impulsor)

18 el motor eléctrico

19 los piñones de cambio *m*

20 el plegador del tejido

21 la caja, para las canillas vacías

22 la correa, para la impulsión de la espada

23 la caja de fusibles *m*

24 la bancada del telar;

25 la punta metálica de la lanzadera

26 la lanzadera

27 la malla del lizo:

28 el ojal de la malla

29 el ojal de la lanzadera

30 la canilla

31 la banda metálica de contacto *m* para el pulsador

32 la ranura para el pulsador

33 el muelle sujetador de la canilla

34 el caballero para urdimbres *f*;

35 el telar [corte transversal esquemático]:

36 las poleas de accionamiento *m* alternativo de los lizos

37 el guía-hilos móvil

38 la cruz

39 la urdimbre (el hilo de urdimbre)

40 la calada

41 el peine en el batán

42 las tablas (el zócalo) del batán

43 la uña para el dispositivo de paro *m*

44 el encaje del tope

45 el vástago del tope del paro

46 el antepecho

47 el cilindro punteado

48 el plegador de urdimbre *f*

49 la arandela del plegador de la urdimbre

50 el árbol cigüeñal principal

51 el piñón (la rueda dentada) del árbol cigüeñal

52 la biela ajustable

53 el soporte del batán

54 el tensor de los lizos

55 la rueda dentada del árbol de excéntrica *f*

56 el árbol de excéntrica *f*

57 la excéntrica

58 la cárcola (palanca de accionamiento *m* de los lizos)

59 el freno del plegador de urdimbre *f*

60 el tambor del freno

61 la cuerda del freno

62 la palanca del freno

63 el contrapeso del freno

64 el taco con almohadilla *f* de cuero *m* o baquelita *f*

65 el amortiguador de la espada

66 la excéntrica de gatillo *m* de la espada

67 el rodillo de excéntrica *f* (rodillo cónico de golpeo *m*)

68 el muelle recuperador de la espada

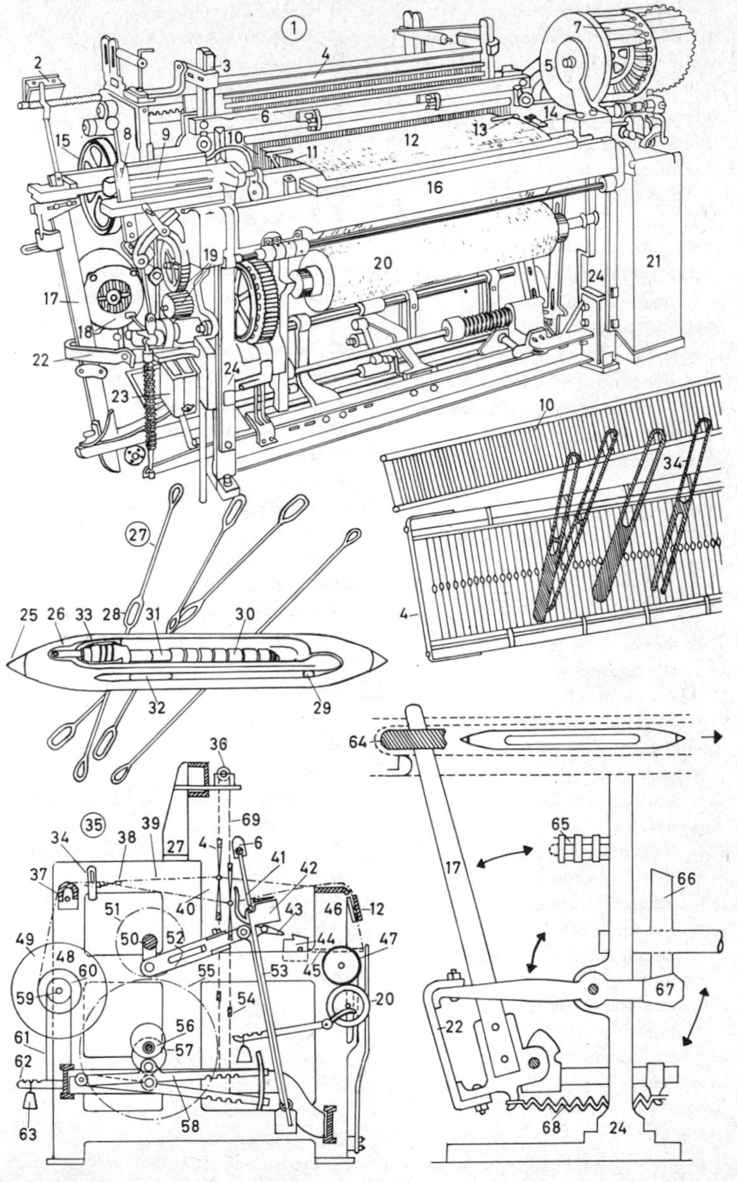
1
2
3
4
5
6
7
8
9
10
11
12
13
14
15
16
17
18
19
20
21
22
23
24
27
25
26
33
28
31
30
32
29
10
34
4
64
36
35
69
34
38
39
27
4
6
37
41
42
40
51
46
12
43
50
52
44
49
48
60
55
53
45
47
59
54
20
56
61
57
62
63
58
65
17
66
67
22
68
24

1-66 la fábrica de medias *f*,
1 el telar (la tricotosa) circular, para la elaboración de tejido *m* de punto *m* tubular:
2 la pértiga soporte del guía-hilos
3 el guía-hilos
4 la bobina botella
5 el tensor del hilo
6 el cerrojo
7 el volante, para la colocación del hilo detrás de las agujas
8 el cilindro de agujas *f*
9 el tejido tubular
10 el depósito del tejido;
11 el cilindro de agujas *f* [sección]:
12 las agujas de lengüeta *f* dispuestas radialmente
13 la cubierta del cilindro
14 las levas
15 la ranura (el canal de la aguja)
16 el diámetro del cilindro; *al mismo tiempo:* anchura *f* del tejido tubular
17 el hilo;
18 la máquina Cotton, para la fabricación de medias *f* de señora *f*:
19 la cadena patrón
20 la bancada lateral
21 la fontura (barra de agujas *f*); *varias fonturas:* producción *f* simultánea de varias medias *f*
22 la barra de puesta *f* en marcha *f* y paro *m*;
23 la máquina Raschel [un telar de urdimbre *f* de dos fonturas *f*]:
24 la urdimbre (el plegador de urdimbre)
25 el plegador de distribución *f*
26 la arandela del plegador de distribución *f*
27 la fontura de agujas *f* (la serie de agujas de lengüeta *f*)
28 la barra portapasadores
29 el tejido de Raschel [cortinas *f* y género *m* de malla *f*], en el plegador del tejido
30 el volante para la impulsión a mano *f*
31 las ruedas impulsoras y el motor
32 el dispositivo tensor (peso)
33 el bastidor
34 la placa de base *f*;
35 la tricotosa rectilínea (máquina de hacer punto *m* a mano *f*):
36 el hilo
37 el portahilos
38 el soporte del portahilos
39 el carro deslizante
40 el cerrojo (las levas)
41 la empuñadura para el deslizamiento del carro
42 la escala para regular el tamaño de los puntos
43 el contador de pasadas *f*
44 la palanca conmutadora
45 la barra resbaladora
46 la hilera superior de agujas *f*
47 la hilera inferior de agujas *f*
48 el tejido de punto *m*
49 el peine de montar, una barra tensora
50 el peine tensor;
51 el carro [de desprendimiento *m* con las agujas en ciclo *m* de trabajo *m*]:
52 los dientes del peine de desprendimiento *m*
53 las agujas dispuestas en orden *m* paralelo
54 el guía-hilos
55 el lecho de agujas *f*
56 el conjunto de levas *f* del carro, sobre las agujas de lengüeta *f*
57 la leva de acoplamiento *m* de las agujas
58 la leva de descenso *m* o de desprendimiento *m* de las agujas
59 la leva de subida *f* o de ascenso *m* de las agujas
60 el talón del fuste de la aguja;
61 la aguja de lengüeta *f*:
62 la malla
63 el empuje de la aguja a través de la malla
64 la colocación del hilo sobre el gancho de la aguja mediante el guía-hilos
65 la confección de la malla
66 la retención de la malla

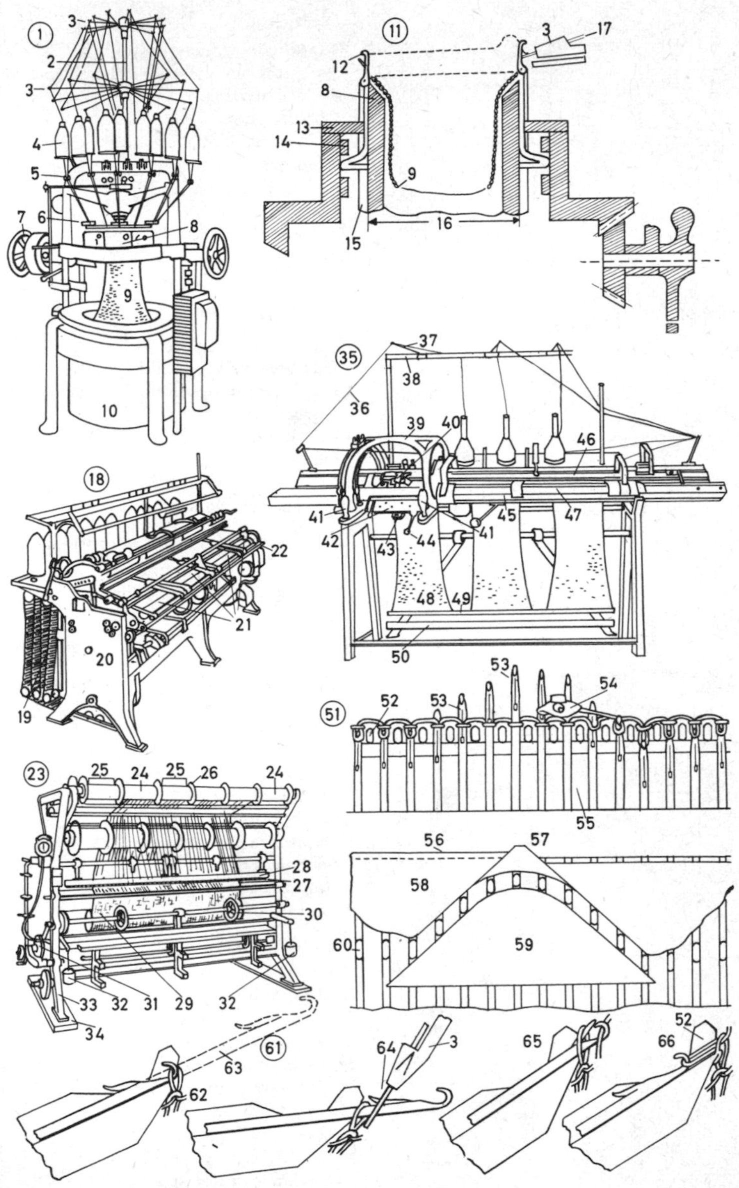
1
2
3
4
5
6
7
8
9
10
11
12
13
14
15
16
17
18
19
20
21
22
23
24
25
26
27
28
29
30
31
32
33
34
35
36
37
38
39
40
41
42
43
44
45
46
47
48
49
50
51
52
53
54
55
56
57
58
59
60
61
62
63
64
65
66

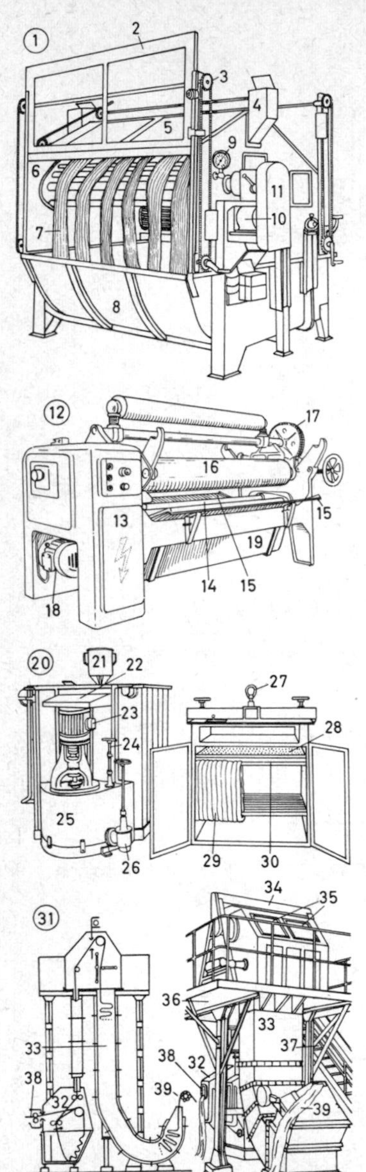

1 la barca:
2 la ventana vidriera
3 el mecanismo elevador de la ventana
4 el respiradero para la salida del vapor
5 la cubierta
6 la devanadera ovalada (*también:* la devanadera redonda)
7 el material que se ha de teñir
8 la tina de tintura *f*
9 el termómetro
10 el motor
11 el protector de la correa;

12 el jigger:
13 el cuadro de mandos *m*
14 el ensanchador del tejido
15 la plancha recogedora del colorante escurrido
16 el cilindro exprimidor
17 la rueda dentada
18 el motor de mando *m*
19 la cuba del colorante;

20 el aparato de teñir en madejas *f*,
21-26 el aparato de tintura *f*:
21 el recipiente del baño de tintura *f* de muestra *f*
22 la plancha protectora
23 el motor
24 el dispositivo de puesta *f* en marcha *f* sin escalones *m*
25 el departamento de las hélices, para la circulación de la tintura líquida
26 la válvula de salida *f* de la tintura;
27-30 el portamadejas:
27 el dispositivo de suspensión *f*
28 la plancha perforada, para la distribución de la tintura
29 las madejas
30 las varillas;

31 la instalación de blanqueo *m* **en continuo:**
32 la cámara de impregnación *f*
33 la cámara en J calentada al vapor y aislada del calor, para la materia
34 la tubería de ventilación *f*
35 la ventana de inspección *f*
36 la tarima de trabajo *m*
37 la escalera
38 la entrada de la materia
39 la salida de la materia;

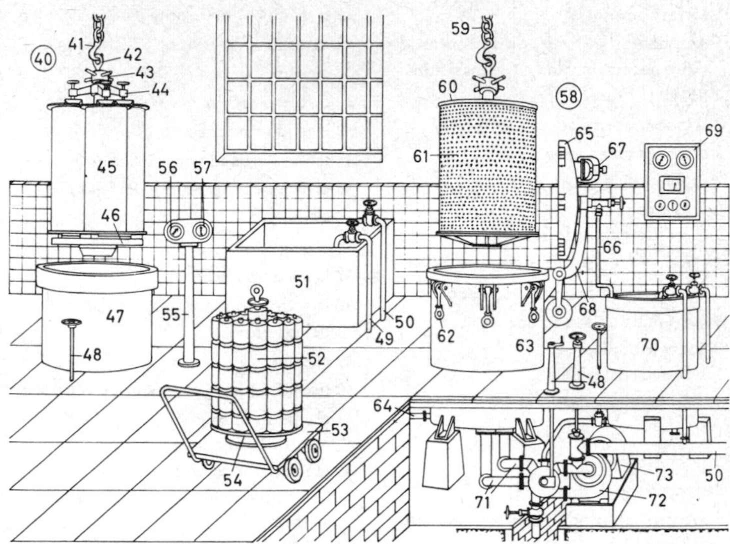

40 el aparato para el blanqueo de los plegadores de urdimbre *f*, para cintas *f* de carda *f* o hilos *m* de urdimbre:

41 el gancho del elevador

42 la argolla de suspensión *f*

43 el tornillo de sujeción *f*

44 el tornillo de sujeción *f* de la tapa del plegador

45 los plegadores

46 el portaplegadores

47 el depósito del baño de blanqueo *m*

48 las válvulas de distribución *f* del vapor

49 la conducción de agua *f* dura

50 la conducción de agua *f* rectificada

51 el recipiente para la preparación del baño de blanqueo *m*

52 la bobina cruzada, cónica o cilíndrica

53 la carretilla de transporte *m*

54 el portabobinas

55 el soporte de los indicadores

56 el manómetro

57 el termómetro;

58 el aparato de tintorería *f*, para el teñido de materia *f* a granel o en bobinas *f* cruzadas:

59 la cadena del elevador

60 el portamaterias

61 la envoltura (cesta) perforada

62 el tornillo de cierre *m*

63 el depósito de tintura *f*

64 la conducción de vapor *m*

65 la tapa del aparato

66 la conducción para el baño tintóreo

67 la abertura para la toma de muestras *f*

68 el soporte y contrapeso *m* de la tapa

69 el cuadro de mandos *m*

70 el depósito de la mezcla del baño tintóreo

71 la conducción de la bomba aspirante-impelente

72 la bomba centrífuga

73 el motor de la bomba

1-65 los acabados de los tejidos,

1 el batán de rodillos *m*, para el enfurtido de los géneros de lana *f* (de los tejidos de lana):

2 la carga de pesos *m*

3 el tren de cilindros *m* superior

4 la polea de impulsión *f* del tren de cilindros *m* inferior

5 el rodillo guía de la materia

6 el tren de cilindros *m* inferior

7 la tabla selectora (el seleccionador);

8 la máquina de lavar al ancho, para tejidos *m* delicados:

9 la entrada del tejido

10 la caja de mecanismos *m*

11 la conducción de agua *f*

12 el rodillo guía

13 el travesaño de presión *f*;

14 la centrífuga pendular, para el escurrido de los tejidos:

15 la base (el bastidor base)

16 la columna [sobre dispositivo *m* de suspensión *f*]

17 la caja envolvente, con el cesto interior giratorio

18 la tapa de la centrífuga

19 el dispositivo de paro *m* de seguridad *f*

20 el dispositivo de arranque *m* y el paro automático;

21 la máquina de secar tejido *m*:

22 el tejido húmedo

23 la tarima de trabajo *m* (la plataforma)

24 la fijación del tejido, mediante cadena *f* de agujas *f* o de pinzas *f*

25 el cuadro de los electroconmutadores

26 la entrada en pliegues *m* del tejido, para facilitar el proceso de contracción *f* longitudinal en el secado

27 el termómetro

28 la cámara de secado *m*

29 la tubería de salida *f* del aire

30 la salida del secador [con dispositivo *m* para el plegado];

31 la máquina perchadora para cardar el derecho del tejido con cardas *f* para afelpar:

32 la caja de engranajes *m* de impulsión *f*

33 el tejido sin cardar

34 los cilindros con guarnición *f* de carda *f*

35 el dispositivo plegador del tejido (el abanico)

36 el género cardado

37 la mesa para el género;

38 la prensa continua, para el planchado del género:

39 el paño

40 los pulsadores y el volante de control *m*

41 el cilindro de presión *f* calentado;

42 la máquina tundidora:

43 el aspirador del tamo

44 la cuchilla de tundir (el cilindro tundidor)

45 la rejilla de protección *f*

46 el cepillo giratorio

47 la mesa curvada

48 el pedal de arranque *m*;

49 la máquina decatizadora, para la obtención de tejidos *m* inencogibles:

50 el cilindro decatizador

51 la pieza de tejido *m*

52 el manubrio (la manivela);

53 la máquina de rodillos *m* para estampar diez colores *m* (máquina de estampar, estampadora):

54 el bastidor base de la máquina

55 el motor

56 la almohadilla (empesa)

57 el género estampado

58 el dispositivo electroconmutador;

59 el estampado de tejidos *m* con plantilla *f*:

60 el carro deslizante para plantillas *f*

61 la raedera (el limpiador)

62 la plantilla estampadora

63 la mesa de estampación *f*

64 el tejido fijado con goma *f* para ser estampado

65 el operario estampador

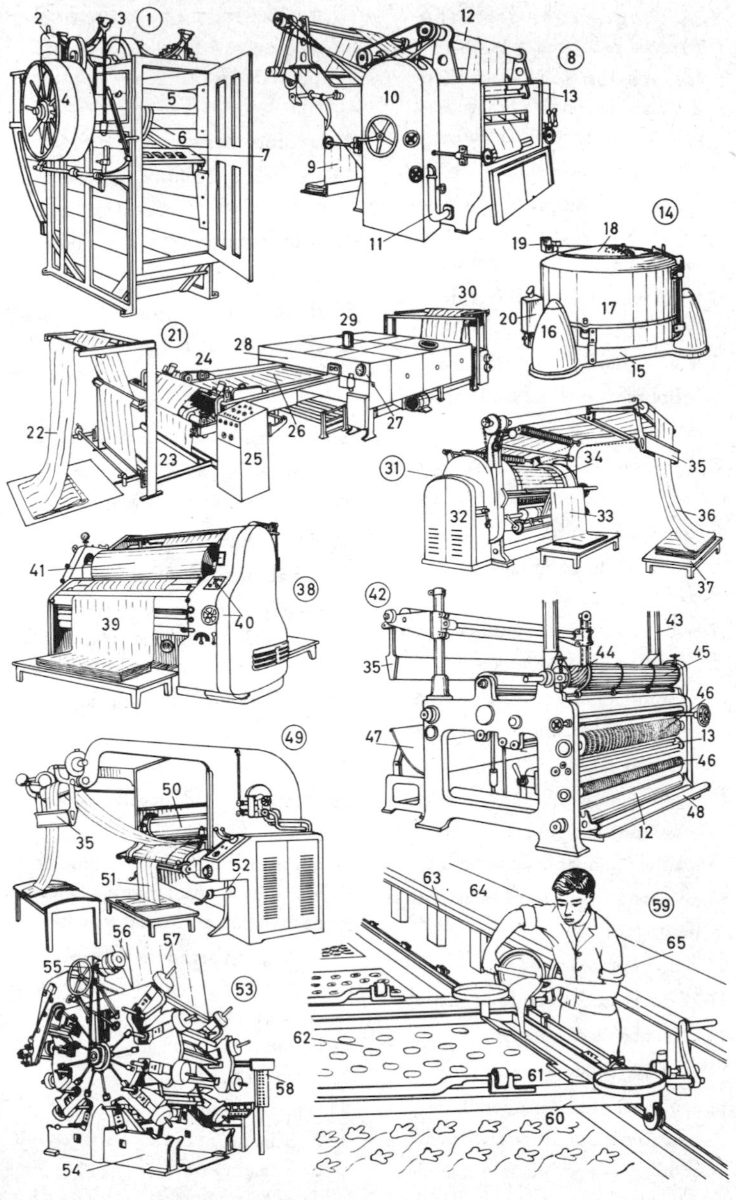

1
2
3
4
5
6
7
8
9
10
11
12
13
14
15
16
17
18
19
20
21
22
23
24
25
26
27
28
29
30
31
32
33
34
35
36
37
38
39
40
41
42
35
43
44
45
46
13
46
47
48
12
49
50
35
51
52
53
54
55
56
57
58
59
60
61
62
63
64
65

1-34 la fabricación del rayón (de seda *f* artificial) y la **fabricación de la viscosilla** por elaboración *f* de la viscosa (rayón viscosa y viscosilla),

1-12 de la materia prima a la viscosa:

1 la materia base [viscosilla *f* de haya *f* y de abeto *m* rojo en láminas *f* de pulpa *f* de madera *f*]

2 la mezcla de las láminas de celulosa *f*

3 la sosa cáustica

4 la impregnación de las láminas de celulosa *f* en sosa *f* cáustica

5 el prensado de las láminas impregnadas, para el escurrido de la sosa cáustica sobrante

6 el desfibrado de las láminas de celulosa *f*

7 la maduración de la álcalicelulosa

8 el sulfuro de carbono *m*

9 la sulfuración (transformación de la álcalicelulosa en xantogenato *m* de celulosa *f*)

10 la disolución del xantogenato en sosa *f* cáustica, para la obtención de la solución hilable de viscosa *f*

11 la caldera-depósito al vacío para la desgasificación

12 el filtro-prensa;

13-27 de la viscosa al hilo de rayón *m*:

13 la bomba de hilatura *f*

14 la hilera (tobera de hilar)

15 el baño de coagulación *f*, para la transformación de la viscosa flúida en hilos *m* de celulosa *f* coagulada

16 el cristalero, una polea de cristal *m*

17 la centrífuga de hilar, para la reunión de los filamentos en un solo hilo

18 la corona de rayón *m*

19-27 la manipulación de la corona de rayón *m*:

19 la desacidificación

20 la desulfuración

21 el blanqueo

22 el acabado de la corona (para dar blandura *f* y ductilidad *f* a la materia)

23 la centrifugación, para la separación del exceso de líquido *m*

24 el secado, en la cámara de secado

25 el bobinado

26 la máquina de bobinar

27 el hilo de rayón *m*, sobre bobina cónica de plegado *m* cruzado para la manipulación textil siguiente;

28-34 de la solución hilable de viscosa *f* a la viscosilla:

28 la cuerda de hilos *m*

29 la instalación de lavado *m* por aspersión *f*

30 el dispositivo cortador, para dejar los hilos a una longitud determinada [rayón *m* cortado, viscosilla *f*]

31 la máquina secadora múltiple para el rayón cortado (máquina secadora de pisos *m* para el rayón cortado)

32 la correa transportadora

33 la prensa de balas *f*

34 la bala de rayón *m* cortado lista para su envío *m*

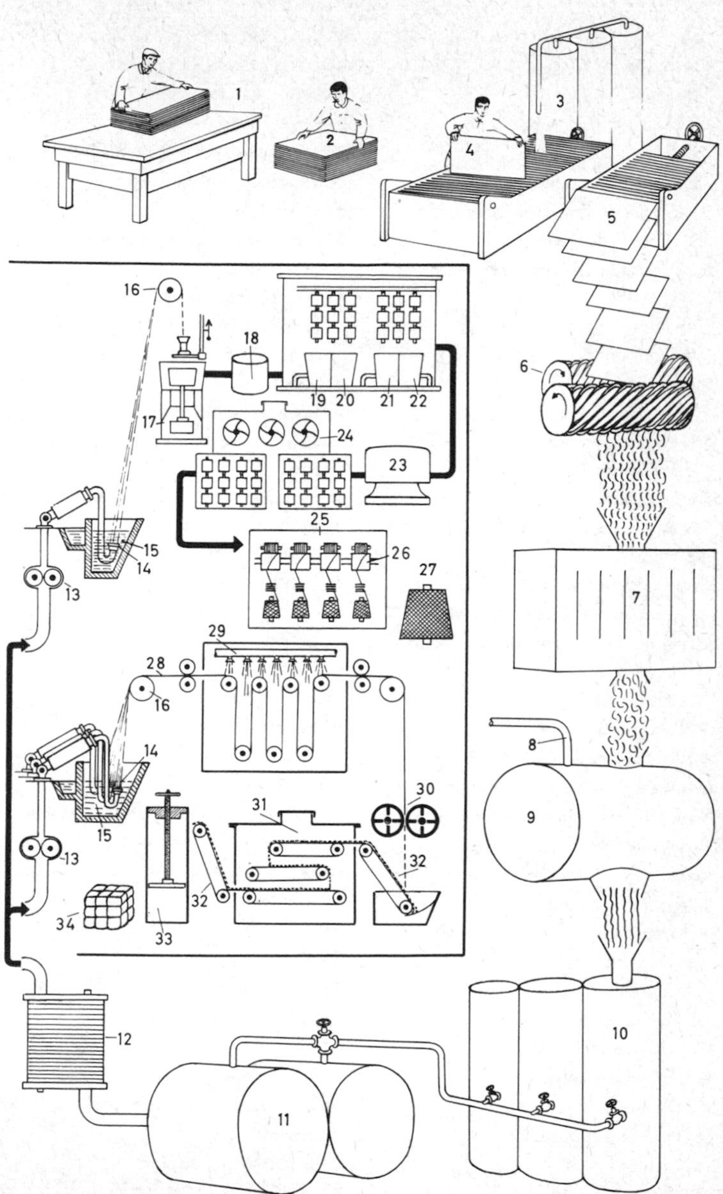
1
2
3
4
5
6
7
8
9
10
11
12
13
14
15
16
17
18
19
20
21
22
23
24
25
26
27
28
29
30
31
32
33
34

1-62 la fabricación del perlón L:

1 la hulla [la materia prima para la producción del perlón L]
2 la coquería, para la destilación seca de la hulla
3 la obtención del alquitrán y del fenol
4 la destilación gradual del alquitrán
5 el condensador (refrigerador)
6 la obtención del benzol y el transporte del benzol
7 el cloro
8 la cloración (halogenación) del benzol
9 el clorobenzol
10 la sosa cáustica
11 la evaporación del clorobenzol y de la sosa cáustica
12 el autoclave
13 la sal común, un subproducto
14 el fenol
15 la conducción de hidrógeno *m*
16 la hidrogenación (reducción) del fenol, para la obtención del ciclohexano primario
17 la destilación
18 el ciclohexano puro
19 la deshidrogenación (oxidación)
20 la formación de la ciclohexanona
21 la entrada de la hidroxilamina
22 la formación de la ciclohexanona-oxima
23 la adición del ácido sulfúrico, para la poliadición molecular
24 el amoníaco, para la neutralización del ácido sulfúrico
25 la formación de la lactama
26 el sulfato amónico
27 el cilindro refrigerador
28 la caprolactama
29 la báscula
30 el recipiente de fusión *f*
31 la bomba
32 el filtro
33 la polimerización en el autoclave
34 la refrigeración de la poliamida
35 la fusión de la poliamida
36 el elevador de rosario *m*
37 el extractor, para separar de la poliamida la lactama restante
38 el secador
39 la escama seca de la poliamida
40 el depósito de escamas *f*
41 la cámara de hilatura *f*, para la fusión de la poliamida y para el prensado a través de las hileras
42 las hileras
43 la solidificación de los hilos de perlón L *m*, en el aislador de chimenea *f* para hilar
44 el plegado (arrollado) del hilo de perlón L *m*
45 la torsión preliminar
46 el estiraje, para la obtención de gran resistencia *f* y flexibilidad *f* del hilo de perlón L *m*
47 la sobretorsión
48 el lavado de las bobinas
49 la cámara de secado *m*
50 el rebobinado
51 el cono de perlón L *m*
52 el cono de perlón L *m* listo para enviar
53 el recipiente de mezcla *f*
54 la polimerización, en la cámara de vacío *m*
55 el estiraje
56 el lavado
57 la preparación, para dejar el hilo en condiciones *f* de ser hilado
58 el secado del hilo
59 el ondulado del hilo
60 el cortado del hilo a longitud *f* de fibra *f* normal
61 la fibra de perlón L *m*
62 la bala de fibra *f* de perlón L *m*

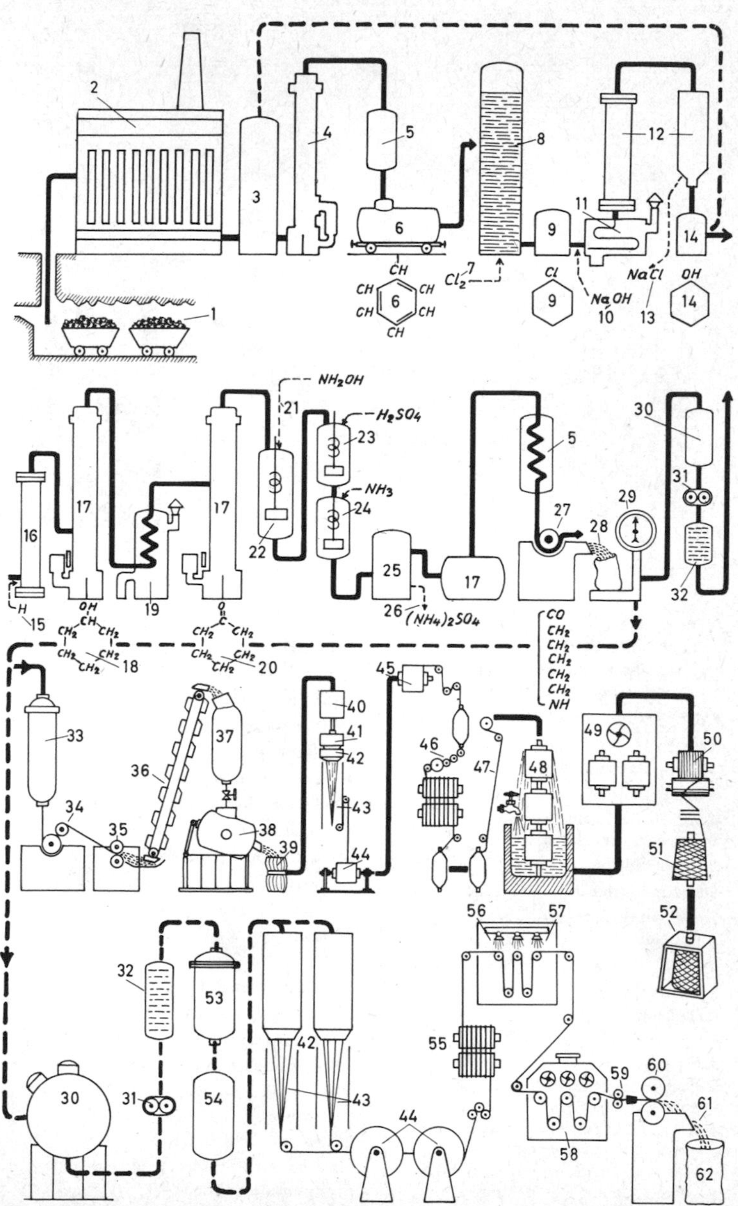

2
3
4
5
6
8
12
11
9
14
1
CH
CH CH
CH CH
CH
Cl_2 7
Cl
NaOH
10
NaCl
13
OH
NH₂OH
21
H_2SO_4
23
NH_3
24
30
31
29
27
28
16
17
19
22
25
32
15
H
OH
CH
CH_2 CH_2
CH_2 CH_2
CH_2
18
O
C
20
26
$(NH_4)_2SO_4$
CO
CH_2
CH_2
CH_2
CH_2
CH_2
NH
33
34
35
36
37
38
39
40
41
42
43
44
45
46
47
48
49
50
51
52
53
54
55
56
57
58
59
60
61
62

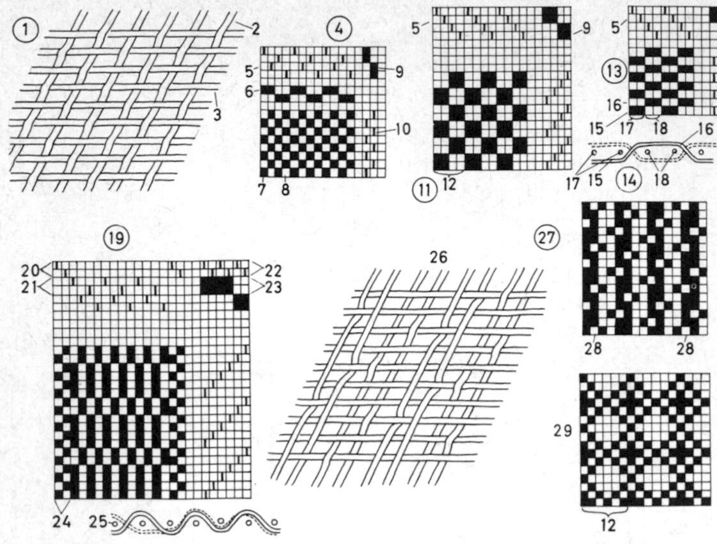

[cuadros negros: hilo de urdimbre por encima, hilo de trama por debajo; cuadros blancos: hilo de trama por encima, hilo de urdimbre por debajo]

1 el ligamento tafetán (ligamento a la plana) [el tejido visto de arriba]:

2 el hilo de urdimbre *f*

3 el hilo de trama *f*;

4 la carta del ligamento para el tafetán [el proyecto para el tejedor]:

5 el remetido en los lizos

6 el pasado (remetido) del peine

7 el hilo de urdimbre *f* levantado (tomado)

8 el hilo de urdimbre *f* bajado (dejado)

9 la armadura

10 el picado (dibujo);

11 la carta (el patrón) para la esterilla regular:

12 el curso (la parte del ligamento que continúa y se repite);

13 el ligamento para el teletón por trama *f* (para las bastas por trama),

14 corte *m* de tejido *m* del teletón por trama *f*, un corte de urdimbre *f*:

15 la trama (el hilo de trama) por debajo

16 la trama (el hilo de trama) por encima

17 el primer hilo y el segundo hilo de urdimbre *f* [tomados (levantados)]

18 el tercer hilo y el cuarto hilo de urdimbre *f* [dejados (bajados)];

19 la carta para tejido acanalado irregular:

20 el remetido de los hilos en los licetes (en los licerones, lizos *m* adicionales para el orillo del tejido)

21 el remetido de los hilos en los lizos del tejido

22 la armadura de los licerones (de los licetes)

23 la armadura de los lizos

24 el orillo (filete) a la plana

25 el corte del tejido acanalado irregular;

26 el ligamento de la tela a dos caras *f*

27 el patrón para el ligamento de la sarga batavia:

28 los puntos de ligadura *f*;

29 el ligamento para el tejido llamado "punto *m* de tripa *f*"

1-40 la lavandería,
1 la máquina de lavar a vapor *m*:
2 el bombo lavador rotativo
3 los segmentos del bombo interior
4 el recipiente del lejiado y enjuagado *m* (recipiente del lejiado y enjuagadura *f*, el tambor exterior)
5 el desagüe;
6 el "tumbler", una máquina secadora:
7 el recipiente, con el tambor de secado *m*
8 la puerta de carga *f*
9 el termómetro de toma *f* lejana (el teletermómetro)
10 el higrómetro;
11 la sala de lavado *m*,
12 la lavadora de armario *m* (la cámara de lavado *m*):
13 la palanca de arranque *m*
14 la abertura para añadir los productos detergentes
15 el sujetador de la lista de la colada
16 el grifo de salida *f* de la lejía de lavado *m*;
17 el carrito de transporte *m* de la colada
18 la centrífuga de la colada (la máquina centrífuga, la centrifugadora)
19 el aparato de secado *m* de la colada de una sola cámara (de una cámara de secado):
20 el ventilador para la circulación del aire
21 la conducción de vapor *m* caliente
22 el tubo de condensación *f*
23 el regulador de la refrigeración y la aireación
24 la trampilla del aire frío;
25 el prensador en caliente (planchador):
26 el cilindro caliente del prensador
27 la rejilla de protección *f*
28 la planchadora
29 la mesa para depositar la colada
30 el canalón de aireación *f*;
31 el planchado a mano *f*:
32 la planchadora
33 la plancha eléctrica
34 la tabla de planchar;
35 la prensa de planchar (prensa de la lavandería):
36 la plancha superior pulida
37 la plancha inferior recubierta de fieltro *m*
38 el muelle recuperador
39 el pedal de servicio *m*
40 el aspirador de vapor *m* del planchado

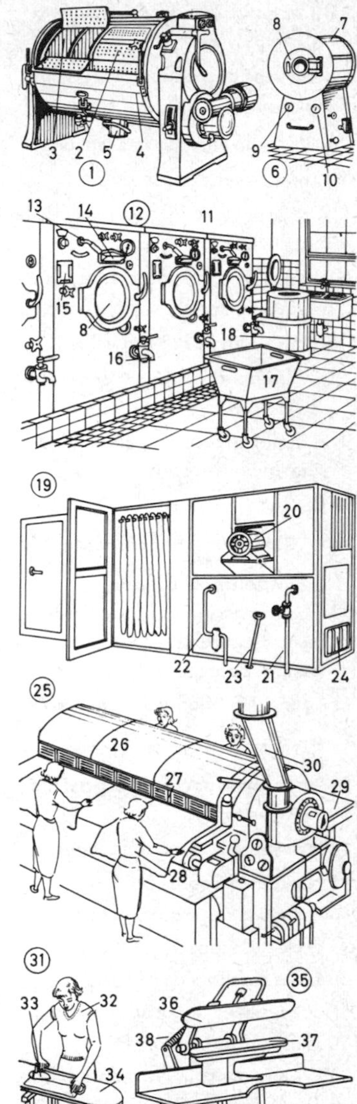

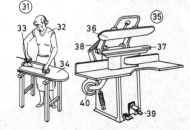

1-10 la producción de lignocelulosa *f*:

1 los trozos de madera *f*

2 la lejiadora vertical

3 el depósito para la pasta lejiada

4 la pasta lejiada

5 y 6 la preparación del stock de la pasta lejiada:

5 el separador (desintegrador) de pasta *f* lejiada

6 el espesador de la pasta lejiada;

7 el cilindro de blanqueo *m* (la cuba de stock *m*)

8 el desintegrador pulper de pasta *f* seca (de recorte *m*)

9 el refino

10 el refino cónico de pasta *f*;

11 las muelas de piedra *f*, para trituración *f* de maculatura *f*, recorte *m*, celulosa *f* al sulfito y pasta *f* de madera *f*:

12 las muelas redondas de piedra *f*

13 la cubeta;

14-20 la producción de pasta *f* **de madera** *f*,

14 la desfibradora mecánica:

15 el cilindro de presión *f*

16 la cámara de presión *f*

17 el eje de la muela;

18 la desfibradora de cadenas *f*:

19 el engranaje de tornillo *m* sin fin *m*

20 la cadena de presión *f*;

21 la lejiadora rotativa para trapos *m* (la caldera para trapos) para la producción de media pasta *f* de trapos:

22 la rueda impulsora

23 el inyectador de vapor *m*;

24-27 la preparación de la pasta de papel *m*,

24 la pila holandesa:

25 las materias primas, trapos *m* en pasta *f* y aditivos *m*;

26 el molón

27 la pila holandesa [corte]

28 la pletina

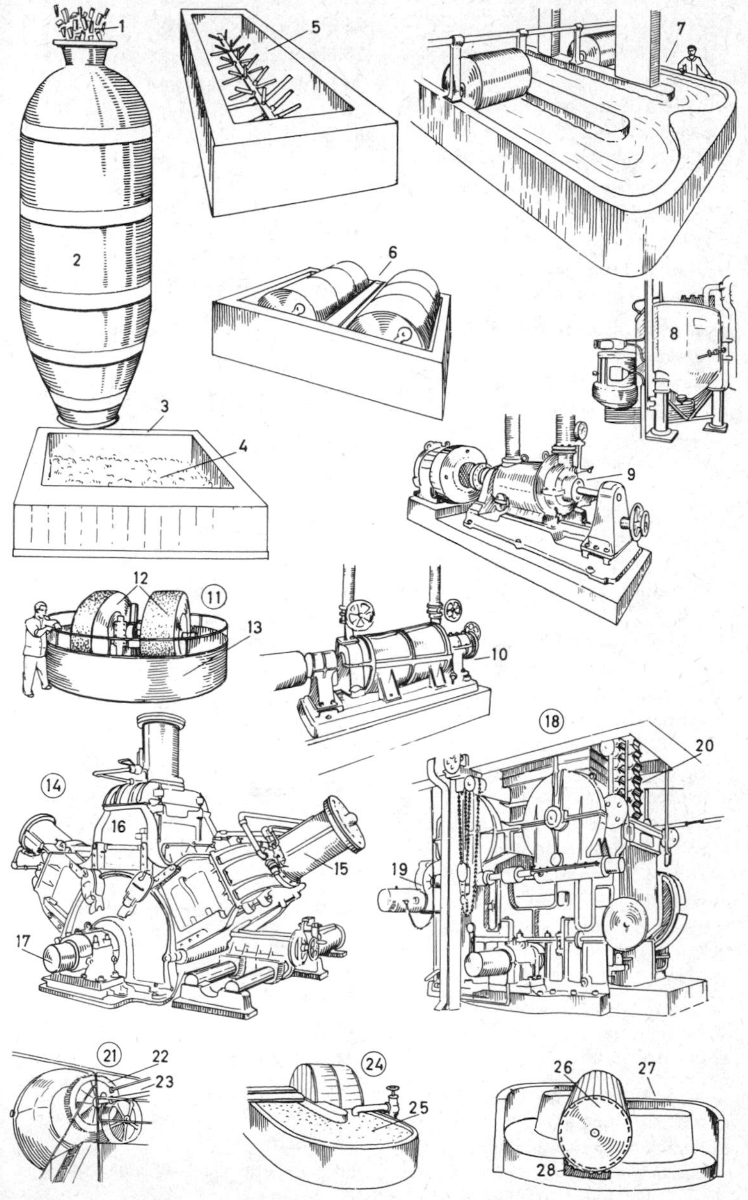
1
2
3
4
5
6
7
8
9
10
11
12
13
14
15
16
17
18
19
20
21
22
23
24
25
26
27
28

1 la tina de cabeza *f* de máquina *f*, un agitador mezclador de la pasta de papel *m*
2 el plato de laboratorio *m* para comprobación *f*:
3 la pasta de papel *m* preparada;
4 los depuradores centrífugos, delante de la caja de entrada *f* de una gran máquina de papel *m*:
5 el tubo vertical (la entrada vertical de los depuradores);

6 la máquina de papel *m* [diagrama]:
7 la caja de entrada *f* de máquina *f*
8 las reglas de la caja de entrada *f* (el arenero)
9 el rodillo desgotador (purgador de nudos *m*)
10-17 la parte húmeda,
10-13 la parte de tela *f* metálica:
10 el rodillo cabeza de máquina *f*
11 el rodillo de tabla *f* de fabricación *f*
12 el rodillo guía de la tela
13 la tela metálica sin fin *m*;
14-17 la sección de prensas *f*:
14 la prensa aspirante
15 el rodillo guía-fieltros
16 el fieltro húmedo sin fin *m*
17 la prensa del fieltro húmedo;
18-20 la sección de secado *m* (secaje) con cilindros *m* secadores, fieltros *m* secadores, y cilindros secapaños:
18 el cilindro secador
19 la plana de papel
20 el rodillo guía del papel;
21 y 22 el equipo de acabado *m*:
21 la calandria
22 la enrolladora;

23-43 la transformación (el acabado) **del papel,**
23 la supercalandria (calandria) de acabado *m*:
24 el cilindro de acero *m*
25 el cilindro de papel *m* comprimido
26 la plana de papel *m*
27 el tablero de mandos *m* ;
28 el rebobinador:
29 las cuchillas
30 la plana de papel *m*;
31 la máquina de labio *m* soplador, para producir papeles *m* o cartones *m* fotoestucados, coloreados, etc.:
32 la bobina de papel *m* bruto o de cartón *m*
33 el desenrollador de carga *f* automática
34 la máquina de labio *m* para aplicar el estucado
35 el equipo de labios *m* para aplicar el estucado
36 el tubo de entrada *f* del aire
37 el papel estucado
38 el túnel de secado *m*, dividido en secciones *f*, de aire *m* caliente
39 la cadena para el arrastre del papel
40 la cámara de entrada *f* del aire caliente
41 la guía automática del papel, mediante célula *f* fotoeléctrica
42 el control de tiraje *m* del papel
43 la doble rebobinadora;

44-50 la fabricación del papel a mano *f*:
44 el laurente
45 la tina
46 la forma de mano *f*
47 el levador
48 la pila de papel *m* y fieltro *m* preparado para prensa *f*:
49 el fieltro
50 la hoja de papel *m* hecha a mano *f*

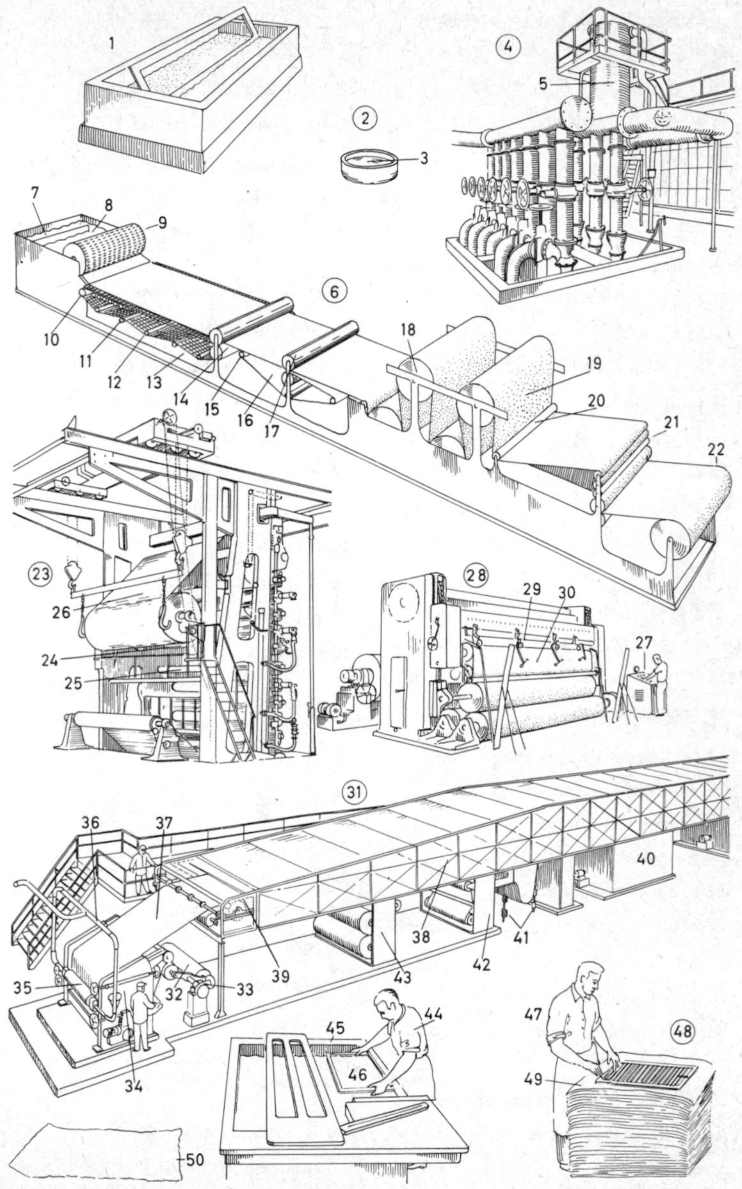
1
2
3
4
5
6
7
8
9
10
11
12
13
14
15
16
17
18
19
20
21
22
23
24
25
26
27
28
29
30
31
32
33
34
35
36
37
38
39
40
41
42
43
44
45
46
47
48
49
50

1 la sección de cajas *f* **a mano** *f*:
2 el chibalete
3 la caja de blancos *m*
4 la caja colocada en el chibalete
5 el cajista
6 el original
7 el tipo
8 la estantería, para lingotes *m*, blancos *m* (material *m* de relleno *m*)
9 el comodín
10 el tablero guardamoldes
11 el molde
12 la galera
13 el componedor
14 la pleca del componedor (el filete sacalíneas)
15 la composición (el tipo en el componedor)
16 el cordel para sujeción *f* del molde
17 el punzón
18 las pinzas;

19 la linotipia, una máquina de almacén *m* múltiple:
20 el distribuidor de matrices *f* (el mecanismo de distribución *f*)
21 el almacén de matrices *f*
22 el elevador para transportar las matrices al distribuidor
23 el componedor
24 los espacios cuneiformes (espacios de cuña *f*)
25 el crisol (dispositivo fundidor)
26 el alimentador automático de metal *m*
27 la composición mecánica (línea fundida)
28 las matrices de contracaja *f*;
29 la matriz de linotipia *f*:
30 el dentado, para el mecanismo de distribución *f*
31 la matriz (el tipo);

32-45 la máquina monotipo, para componer y fundir en tipo *m* **suelto** (tipo individual),
32 la máquina componedora monotipo normal (el teclado):
33 el carrete de papel *m*
34 la tira de papel *m*
35 el tambor
36 el indicador luminoso
37 el teclado
38 el tubo de aire *m* a presión *f*;
39 la máquina fundidora monotipo:
40 el alimentador automático de metal *m*
41 el muelle presionador de la bomba
42 el bastidor portamatrices
43 el carrete de papel *m*
44 la galera, con el tipo suelto (tipo individual)
45 el crisol eléctrico;
46 el cuadro portamatrices:
47 el bloque de matrices *f* de los tipos
48 la entalla, para encajar en el transportador de patín *m* cruzado

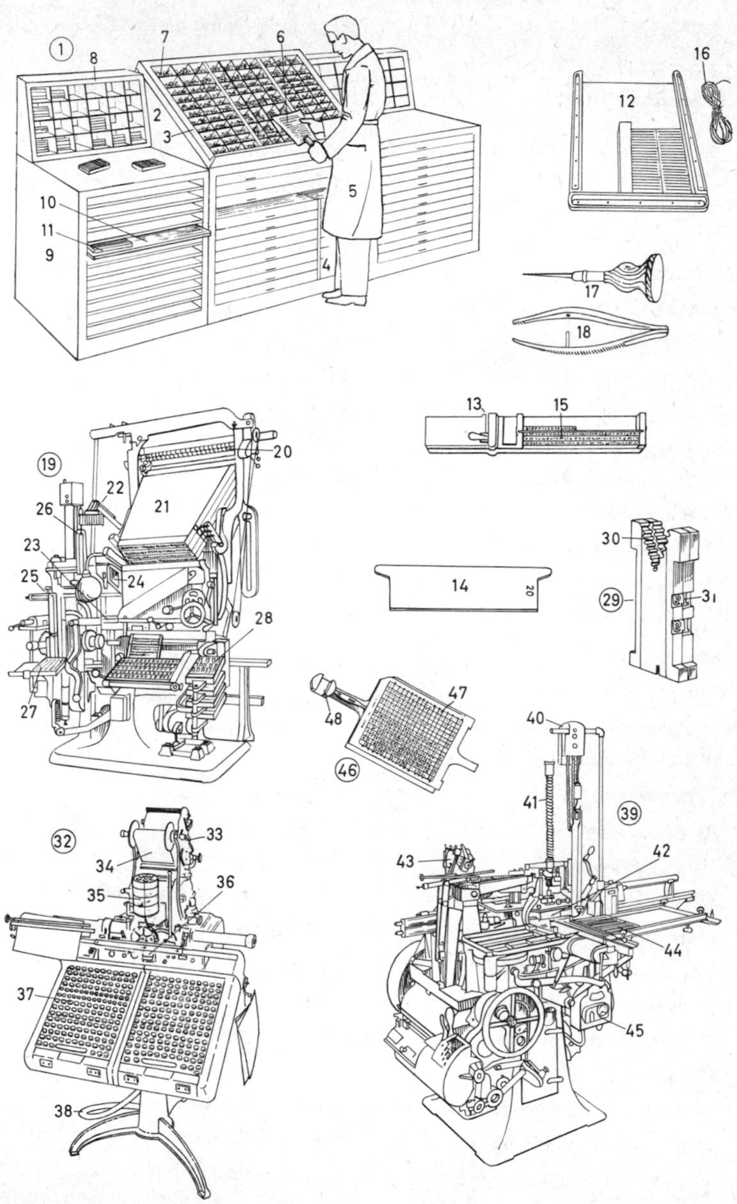
1
2
3
4
5
6
7
8
9
10
11
12
13
14
15
16
17
18
19
20
21
22
23
24
25
26
27
28
29
30
31
32
33
34
35
36
37
38
39
40
41
42
43
44
45
46
47
48

1-17 el tipo:
1 la letra inicial
2 la letra seminegra
3 la letra negrita
4 la línea
5 el regleteado (interlineado)
6 el ligado (logotipo)
7 la letra cursiva
8 la letra fina
9 la letra supernegra
10 el tipo negro chupado
11 la letra mayúscula (letra versal)
12 la letra minúscula
13 la palabra espaciada
14 la letra versalita
15 el punto y aparte
16 el sangrado (principio de párrafo *m*)
17 el espacio;
18 medidas *f* tipográficas [un punto tipográfico = 0,376 mm.]:
19 nonplusultra *f* (grueso *m* de 2 puntos *m*)
20 diamante *m* (3 puntos *m*)
21 perla *f* (4 puntos *m*)
22 parisiena *f* (5 puntos *m*)
23 nomparell *m* (6 puntos *m*)
24 miñona *f* (7 puntos *m*)
25 gallarda *f* (8 puntos *m*)
26 breviario *m* (9 puntos *m*)
27 entredós *m* (10 puntos *m*)
28 lectura *f* (12 puntos *m*)
29 texto *m* (14 puntos *m*)
30 atanasia *f* (16 puntos *m*)
31 pequeño parangón *m* (20 puntos *m*);
32-37 la fabricación del utillaje para fundir el tipo:
32 el grabador
33 el buril
34 la lupa
35 el bloque metálico;
36 el punzón listo
37 la matriz punzonada;
38 la letra:
39 la cabeza
40 el hombro
41 el ojo
42 la letra
43 la línea
44 la altura del tipo
45 la altura del árbol
46 el cuerpo
47 el cran
48 el grueso;
49 la fresa-pantógrafo para las matrices, una máquina especial fresadora:
50 el soporte
51 la fresa
52 la mesa portaplacas
53 el soporte del pantógrafo
54 las guías prismáticas
55 la plantilla
56 la mesa portaplantillas
57 el punzón copiador
58 el pantógrafo
59 el portamatrices
60 el portafresa
61 el motor

1 2 3

Rodriguez, **Fray Cayetano José.** Sacerdote 4
argentino (1771–1823) que intervino en los aconte- 5
cimientos de la Independencia y exaltó el patriotismo en sus poemas *Al día augusto de la patria* y 7
A la heroica victoria de Chacabuco.
RODRIGUEZ, Juan Manuel. Escritor y poeta
chileno (1886–1927). Autor de Páginas Sentimen- 8
tales, un tomo de versos, y de la comedia titulada
9 – **La silla vacía,** de mucho éxito y basada en
temas campesinos.
RODRIGUEZ, Manuel del Socorro. Erudito y
polígrafo cubano (1758–1818). Autor de los
poemas **El triunfo del patriotismo** y Las delicias
de España. 10 11 12
RODRIGUEZ, Miguel Antonio. Eclesiástico y
patriota ecuatoriano (1777–1814), fué el primero
que tradujo al castellano la Declaración de 13
los Derechos del Hombre. Por sus ideas, lo
desterraron a Filipinas. 14
RODRIGUEZ Juárez (Juan). Pintor mejicano (1676–
1728) que figura entre los más destacados de su país.
Autor de Vida de la Virgen y Vida de San Francisco.
RODRIGUEZ Marín (Francisco). Erudito y poeta
osunense (1855–1944), autor de atinados comen-
tarios sobre la producción cervantina y de valiosas
obras, entre las que se cuentan Cantos Populares
Andaluces. 15
17
16 — RODRIGUEZ Varela (Luís). Político y escritor
6 — filipino (1768–1826), precursor del nacionalismo de
su patria. Escribió Glorias de España y de Filipinas,
Proclama historial y numerosos poemas.

(18)

■	19	
■	20	
■	21	N n
■	22	N n
■	23	N n
■	24	N n
■	25	N n
■	26	N n
■	27	N n
■	28	N n
■	29	N n
■	30	N n
■	31	N n

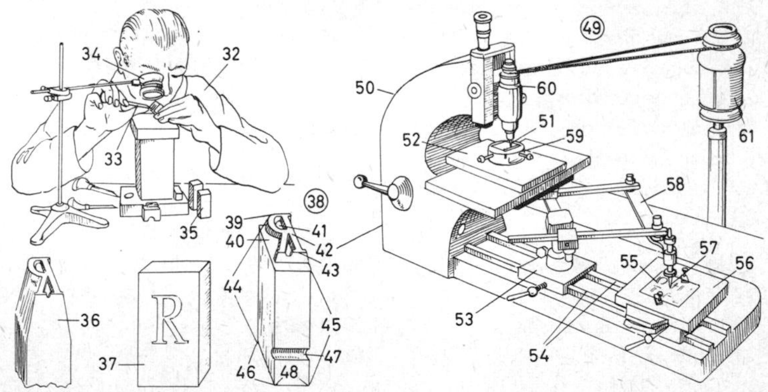

1 la cámara de reproducción *f* (la máquina fotográfica):
2 el cristal esmerilado para enfocar (para el enfoque)
3 el contrapeso de la pantalla
4 la caja de la cámara
5 la persiana del chasis
6 el mando (la manecilla) para el deslizamiento transversal del objetivo
7 el mando para el deslizamiento vertical
8 la fijación de la caja de la cámara
9 la manivela de deslizamiento *m* del objetivo en avance *m* y retroceso *m*
10 el ajuste de la caja de la cámara
11 la manivela de deslizamiento *m* del carro
12 la manivela para el deslizamiento de la parte posterior de la cámara
13 la base de la cámara
14 el carro de deslizamiento *m* de la cámara
15 la fijación (el freno) del carro
16 la bancada metálica
17 el amortiguador de vibraciones *f*
18 el fuelle
19 el bastidor portaobjetivo
20 el bastidor del portaoriginal
21 el tablero soporte del portaoriginal
22 el portaoriginal
23 los brazos giratorios portaarcos
24 los arcos voltaicos;
25 el cuentahilos plegable, un cristal de aumento *m*:
26 el encuadre
27 la lente;

28 la mesa de retoque *m*:
29 el apoyo del original
30 la superficie iluminada
31 el interruptor
32 el brazo dentado para inclinación *f* del tablero;

33 la cámara de reproducción *f* **superautomática vertical:**
34 el cristal esmerilado para enfocar (para el enfoque)
35 la retícula para formar el tramado
36 el fuelle
37 los arcos voltaicos
38 el tablero de mandos *m*
39 el portaoriginal;

40 la prensa de contactos *m* **fotográficos:**
41 la mantilla de caucho *m*
42 el cuadro de mandos *m*
43 el reloj de exposiciones *f*
44 el vacuómetro
45 la palanca de cierre *m*
46 el reóstato, para luz *f* difusa
47 la lámpara, para luz *f* difusa
48 las lámparas de luz *f* roja
49 la luz de punto *m*
50 el cristal portaclisé;

51 el aerógrafo, un aparato de retoque *m*:
52 el pulsador
53 la tobera
54 el tubo flexible, para la conducción del aire comprimido o del anhídrido carbónico;
55 la lanceta

56 el armario secador, para el secado de las películas y placas *f*:
57 la cámara de secado *m*
58 el dispositivo colgador
59 el termómetro y el higrómetro
60 la mirilla
61 el ventilador

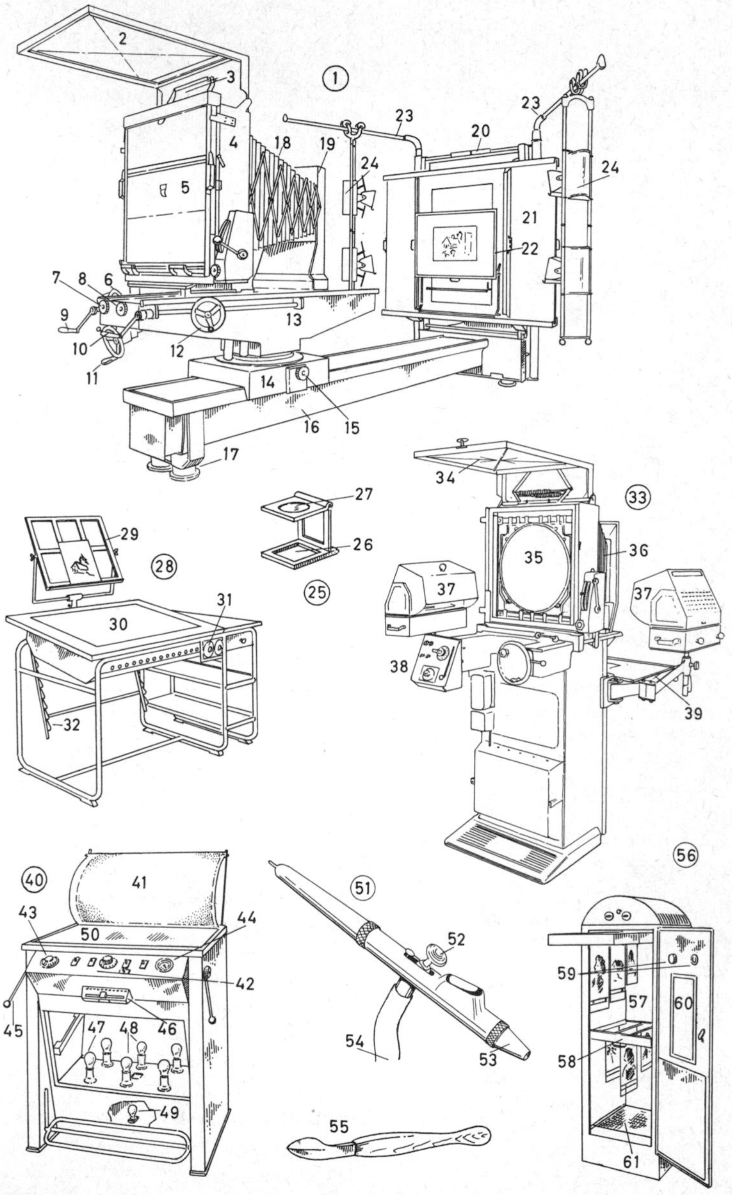
1
2
3
4
5
6
7
8
9
10
11
12
13
14
15
16
17
18
19
20
21
22
23
23
24
24
25
26
27
28
29
30
31
32
33
34
35
36
37
37
38
39
40
41
42
43
44
45
46
47
48
49
50
51
52
53
54
55
56
57
58
59
60
61

172 Galvanoplastia y fabricación de clisés

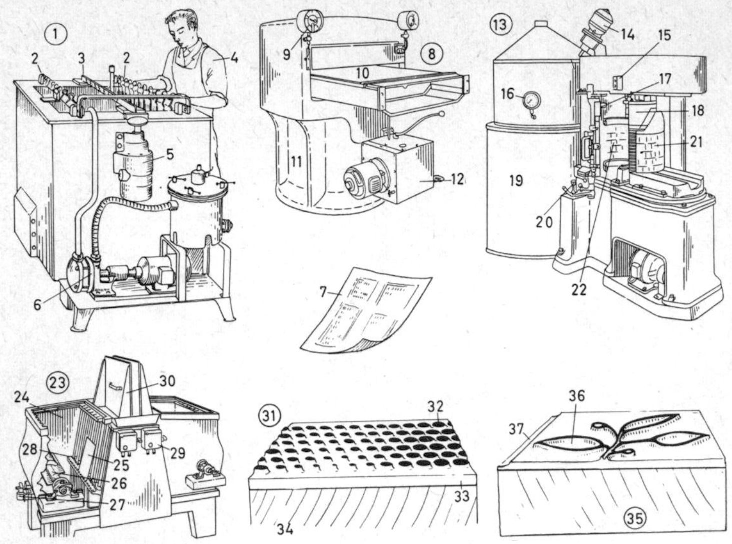

1 el baño galvanoplástico:
2 la barra del ánodo (los ánodos de cobre *m*)
3 la barra de moldes *m* (el cátodo)
4 el estereotipador y galvanoplastista *m*
5 el motor con árbol *m* de excéntrica *f* (con agitador *m* excéntrico)
6 el sistema de filtros *m*;
7 la matriz
8 la prensa hidráulica para hacer las matrices:
9 el manómetro
10 la mesa para hacer las matrices
11 el pie cilíndrico
12 la bomba de presión *f* hidráulica;
13 la fundidora de plato *m* curvado:
14 el motor
15 los pulsadores de control *m*
16 el pirómetro
17 la boca de inyección *f* del metal
18 la cámara de fundición *f*
19 el horno de fundición *f*
20 el conmutador
21 la plancha curvada fundida, para la rotativa
22 el molde fijo de fundición *f*;
23-30 la fabricación de clisés *m*,
23 la máquina de grabados *m* al agua *f* fuerte, una máquina doble:
24 el baño para el agua *f* fuerte [sección]
25 la plancha de cinc *m* con el dibujo para la impresión
26 la rueda de paletas *f*
27 la espita de desagüe *m*
28 el soporte de la plancha
29 el conmutador
30 la tapa del baño;
31 la autotipia, un clisé:
32 la trama puntillada (el punto de trama), un elemento impreso
33 la plancha de cinc *m* lejiada;
34 el pie (la madera) del clisé;
35 la acidulación de la plancha:
36 la parte corroída no impresora
37 el biselado del clisé

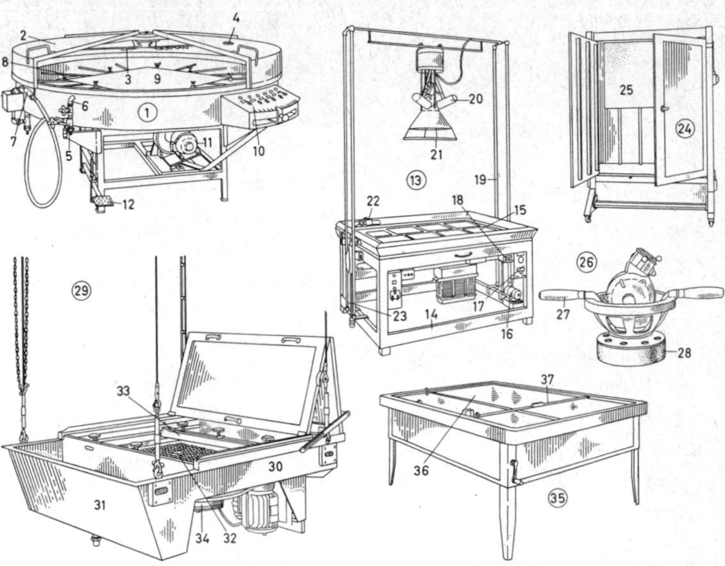

1 el torniquete, para emulsionar las planchas de offset:
2 la tapa deslizante
3 la resistencia eléctrica
4 el termómetro redondo
5 la conexión del agua *f*
6 la circulación de enjuague *m*
7 la ducha de mano *f*
8 las pinzas de sujeción *f* de la plancha
9 la plancha de cinc *m*, una plancha para impresión *f*
10 el control eléctrico principal
11 el motor eléctrico
12 el freno de pie *m*;
13 la prensa neumática para insolar:
14 la bancada de la prensa neumática
15 el cristal
16 la bomba de vacío *m*
17 el tablero de mandos *m*
18 el interruptor, para la elevación del cristal
19 las varillas-guía (el soporte)
20 la lámpara de arco *m* voltaico para impresionar las planchas, una lámpara con elektrodos *m* de carbón *m*
21 el cenicero (cristal que recoge las cenizas que caen de los carbones)
22 el regulador automático de la exposición
23 el husillo, para la elevación del cristal;
24 el armario secador, para las planchas de offset:
25 la plancha de cinc *m* insolada;
26 el preamolador eléctrico de las planchas de cinc *m*:
27 los mangos
28 el disco preamolador;
29 la máquina graneadora para planchas *f*:
30 la caja de la graneadora
31 la caja recogedora de las bolas
32 las bolas para granear
33 los sujetadores de planchas *f*
34 el disco para la oscilación;
35 la mesa para trazados *m*:
36 el cristal esmerilado
37 el dispositivo deslizable de trazado *m*

1 **la máquina de imprimir en offset de un color** (la prensa offset):
2 la pila de hojas *f* de papel *m* para imprimir
3 el aparato elevador de pilas *f*
4 la mesa de registrar
5 los rodillos para la tinta
6 el tintero
7 los rodillos mojadores
8 el cilindro de plancha *f*, un cilindro de hierro *m*
9 el cilindro del caucho, un cilindro de acero *m* recubierto de caucho
10 la plataforma de salida *f* de las hojas impresas
11 el portahojas
12 la pila de papel *m* [impreso]
13 el blindaje de la correa de transmisión *f*;
14 la máquina de imprimir en offset [esquema]:
15 el tintero con los rodillos dadores de tinta *f*
16 el grupo mojador con los rodillos mojadores
17 el cilindro de plancha *f*
18 el cilindro del caucho
19 el cilindro impresor
20 el tambor de salida *f* con el sistema de agarre *m*
21 el piñón de ataque *m*
22 la mesa de alimentación *f* de hojas *f*
23 el aparato alimentador de hojas *f*
24 la pila de papel *m* [para imprimir];

25 **la máquina de lavar de rodillos *m* mojadores:**
26 el dispositivo de secado *m*
27 el cilindro secador
28 el cilindro mojador
29 el baño de agua *f* para el lavado
30 el cilindro lavador
31 el portarrodillos;
32 el ambientador del papel

33 **la máquina de imprimir en offset tamaño pequeño:**
34 el tintero
35 el aparato alimentador por succión *f*
36 la pila de alimentación *f*
37 el cuadro de mandos *m* con contador *m* de hojas *f*, manómetro *m*, regulador *m* de aire *m* y conmutador *m* para la alimentación de hojas;

38 **la máquina offset plana de imprimir** (la prensa para sacar pruebas *f*):
39 el tintero
40 los rodillos de tinta *f*
41 el carro de impresión *f*
42 el cilindro del caucho
43 la palanca de arranque *m* y paro *m*
44 el volante de ajuste *m* de la presión

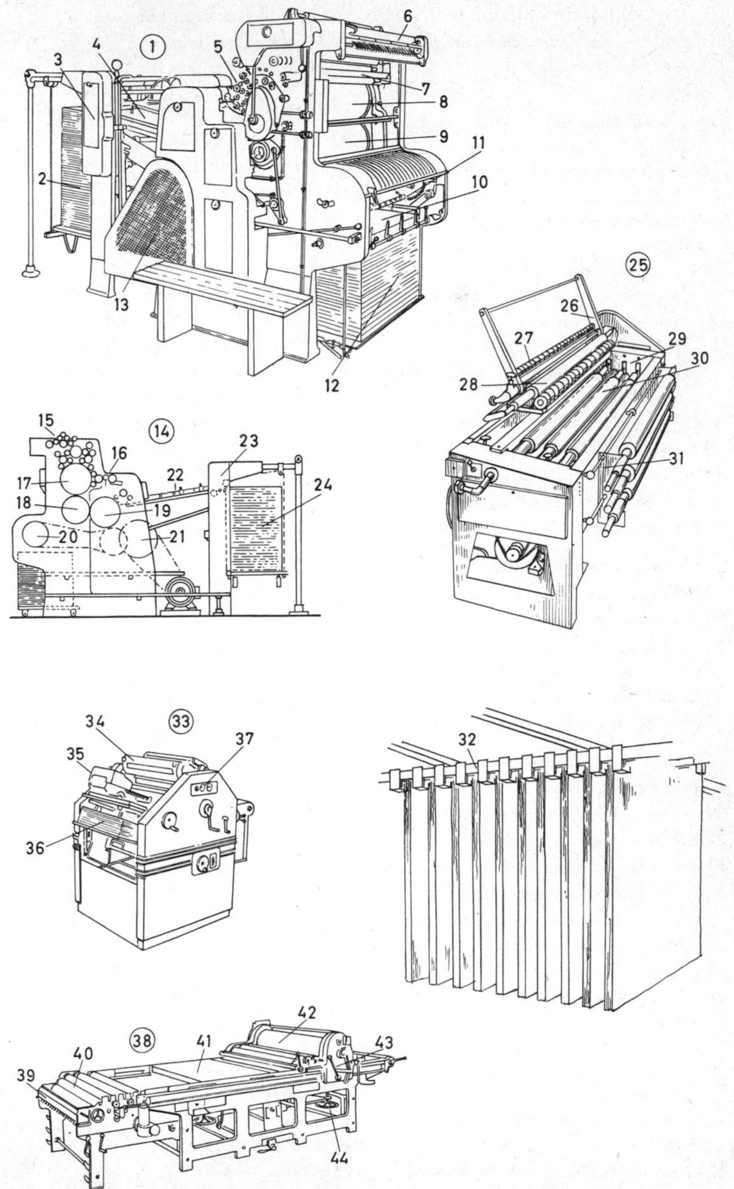
1
2
3
4
5
6
7
8
9
10
11
12
13
14
15
16
17
18
19
20
21
22
23
24
25
26
27
28
29
30
31
32
33
34
35
36
37
38
39
40
41
42
43
44

1-65 máquinas *f* tipográficas,

1 **la máquina tipográfica rápida de doble revolución** *f*:

2 el cilindro impresor

3 la leva de elevación *f* y descenso *m* del cilindro

4 la mesa de marcar (el marcador)

5 el introductor automático de hojas *f* [accionado por succión *f* y aire *m* comprimido]

6 la bomba de aire *m* (bomba de succión *f* y compresión *f* del aire), para el mecanismo de alimentación *f* y expulsión *f* de hojas *f* de papel *m*

7 el grupo de los rodillos distribuidores y entintadores

8 la mesa distribuidora de la tinta

9 la pila de papel *m* impreso

10 el aparato pulverizador antimácula

11 el alimentador de papel *m* interfoliado

12 el pedal, para interrumpir la presión;

13 **la minerva sin brazos** *m* [sección]:

14 la alimentación y suelta *f* del papel

15 el tímpano (la platina)

16 la rótula de presión *f*

17 el plato de impresión *f*

18 los rodillos entintadores

19 el grupo de distribución *f* de tinta *f*;

20 **la máquina tipográfica de parada** *f* **de cilindro** *m*:

21 la mesa de marcar (el marcador)

22 el introductor automático

23 la pila de papel *m* para ser impreso

24 la rejilla de protección *f* del extractor del papel

25 la pila de papel *m* impreso

26 el dispositivo eléctrico de marcha *f*

27 los rodillos entintadores

28 los distribuidores de la tinta;

29 **la minerva** [Heidelberg]:

30 la mesa de marcar (el marcador), con la pila de papel *m* para ser impreso

31 la mesa receptora del papel impreso

32 la palanca de poner y quitar la pisada

33 el pulverizador automático

34 la pistola pulverizadora

35 la bomba de aire *m*;

36 **la forma impuesta** (forma para entrar en máquina *f*):

37 el molde

38 la rama (el bastidor)

39 la cuña de fijación *f*

40 la imposición;

41 **la rotativa tipográfica,** para periódicos *m* hasta 16 páginas *f*:

42 los cilindros cortadores, para partir longitudinalmente la banda de papel *m*

43 la banda de papel *m*

44 el cilindro de impresión *f*

45 el cilindro tensor (cilindro compensador)

46 la bobina

47 el freno automático de la bobina

48 el dispositivo para el registro de la impresión de una cara

49 el dispositivo para el registro de la impresión de la segunda cara (retiración *f*)

50 el tintero

51 el cilindro portaplanchas (cilindro estereotipo)

52 la batería de cilindros *m* de tintaje *m*

53 el enderezador del plegado

54 el tacómetro, con cuentapliegos *m*

55 el plegador

56 el periódico plegado;

57 **el tintero,** para la rotativa [sección]:

58 la banda de papel *m*

59 el cilindro impresor

60 el cilindro portaplanchas (cilindro estereotipo)

61 los cilindros de tintaje *m*

62 el cilindro de distribución *f*

63 el tomador

64 el cilindro del tintero

65 el depósito de tinta *f*

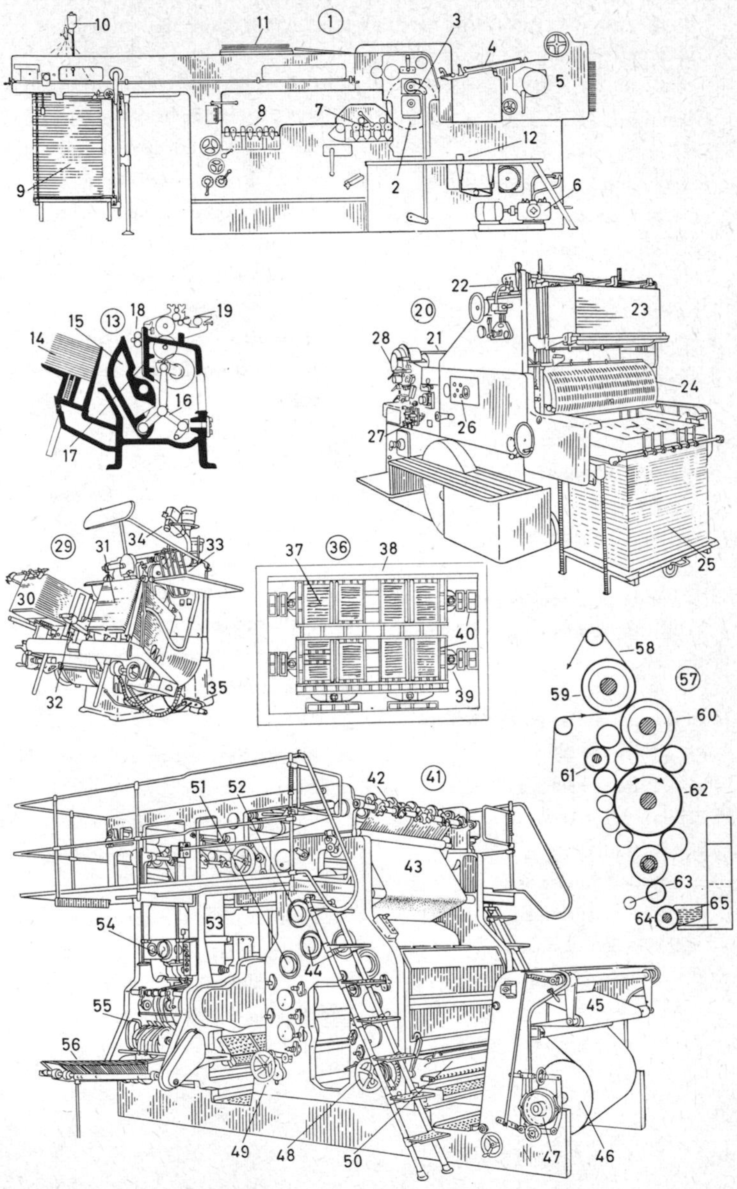
1
2
3
4
5
6
7
8
9
10
11
12
13
14
15
16
17
18
19
20
21
22
23
24
25
26
27
28
29
30
31
32
33
34
35
36
37
38
39
40
41
42
43
44
45
46
47
48
49
50
51
52
53
54
55
56
57
58
59
60
61
62
63
64
65

1 **la grabación del cilindro de huecograbado** *m* (de rotograbado *m*):
2 el cilindro de cobre *m* impreso
3 el huecograbador
4 la solución ácida; *en este caso:* el cloruro férrico
5 el reloj de control *m*
6 el cubo ácidorresistente para la solución ácida
7 la conducción del agua *f*;
8 el alimentador del plegador de papel *m* de una rotativa, un mecanismo de barra *f* loca:
9 la banda de papel *m* cortada
10 la barra loca
11 el grupo de corte *m*
12 el disco cortante
13 la banda de papel *m* saliendo del elemento impresor [en toda su anchura];

14 **el grupo de impresión** *f* **de la rotativa** [sección]:
15 el cilindro del rotograbado
16 la conducción de tinta *f*
17 la tinta fluida
18 el rascador (la rasqueta)
19 el ajustador (graduador) del rascador (de la rasqueta)
20 el cilindro impresor (cilindro de goma *f*)
21 la banda de papel *m*
22 el regulador del cilindro impresor;

23 **la máquina transportadora del papel carbón:**
24 el cilindro de cobre *m* pulimentado
25 el rodillo recubierto de goma *f*, para presionar el papel carbón impreso
26 el dispositivo de marcación *f*;

27 **el grupo impresor de una rotativa en hueco** *m* **multicolor:**
28 el cuadro de pulsadores *m*
29 el cilindro impresor
30 la parte de la banda de papel *m* impresa
31 la parte de la banda de papel *m* en blanco (sin imprimir)
32 el cilindro de entrega *f* y registro *m*
33 el cilindro (bombo) impresor
34 el rascador (la rasqueta);

35 **la rotativa en hueco** *m* **multicolor:**
36 el grupo impresor a doble cara *f*
37 el plegador (dispositivo de plegado *m*)
38 la conducción al exterior de vapores *m* del disolvente
39 la mesa de control *m* y manejo *m*
40 el sostenedor de la bobina de papel *m*

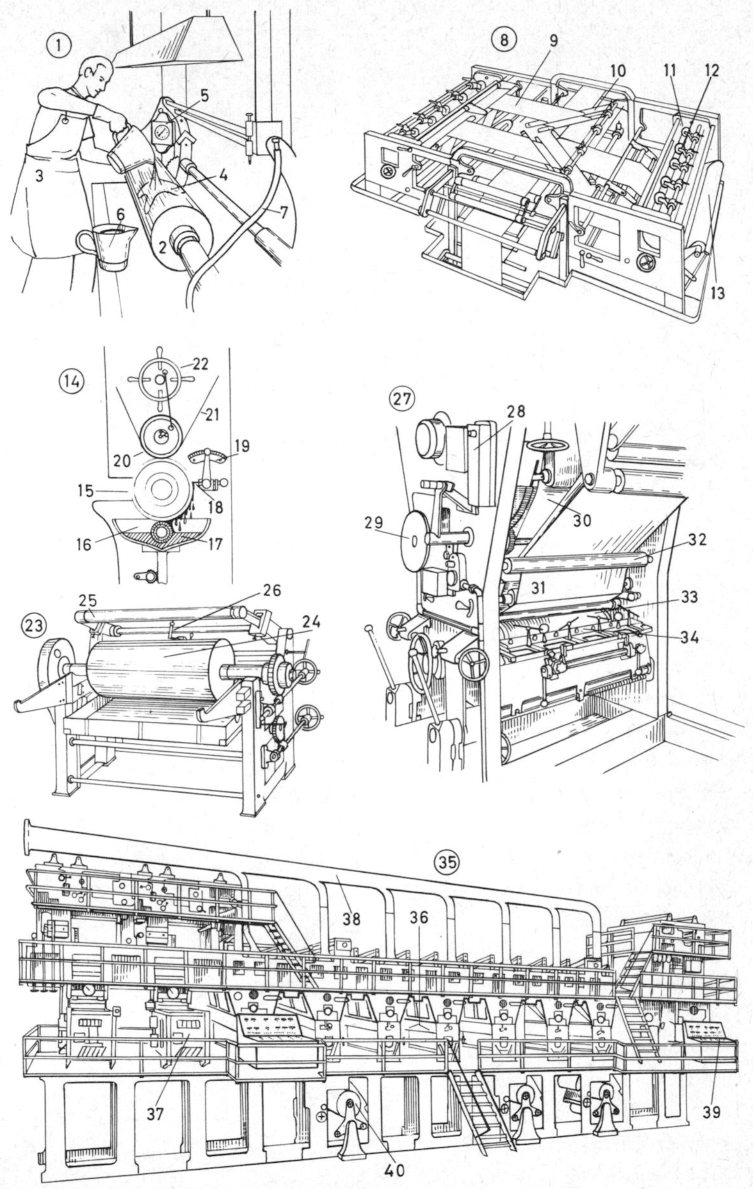
1
2
3
4
5
6
7
8
9
10
11
12
13
14
15
16
17
18
19
20
21
22
23
24
25
26
27
28
29
30
31
32
33
34
35
36
37
38
39
40

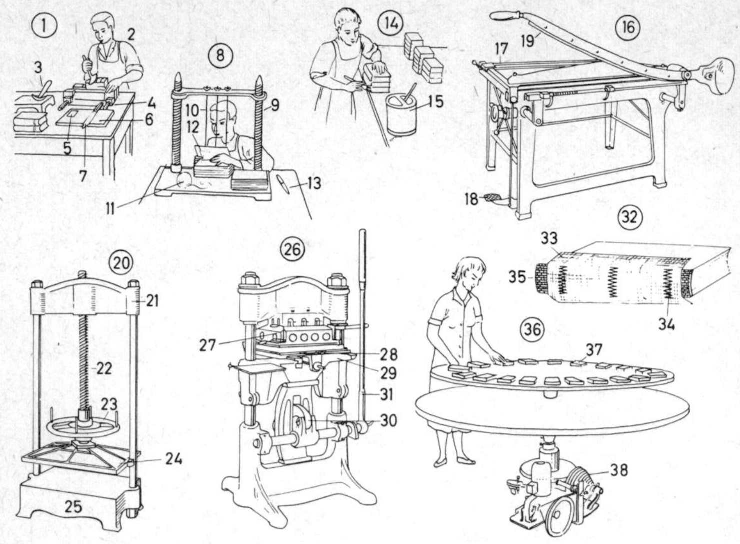

1-38 la encuadernación a mano *f*,

1 el dorado del libro:

2 el dorador, un encuadernador

3 el cajetín

4 el burro

5 el pan de oro *m*

6 el cojín para sentar el oro

7 el cuchillo para cortar el oro;

8 el cosido manual:

9 el bastidor

10 las cuerdas para el cosido

11 el ovillo de hilo *m*

12 la colocación del pliego (el cuadernillo)

13 el cuchillo del encuadernador;

14 el encolado del lomo:

15 el bote de cola *f*;

16 la cizalla:

17 la guía

18 el pisón, con palanca *f* elevadora

19 la cuchilla;

20 la prensa, una prensa satinadora:

21 la cabeza

22 el husillo

23 el volante

24 el plato presionador

25 el pie;

26 la prensa doradora y troqueladora, una prensa manual; *anál.*: la prensa de leva *f*:

27 el aparato para la calefacción y plato *m* superior

28 el plato deslizante de guías *f*

29 el plato inferior (la platina)

30 el sistema de leva *f*

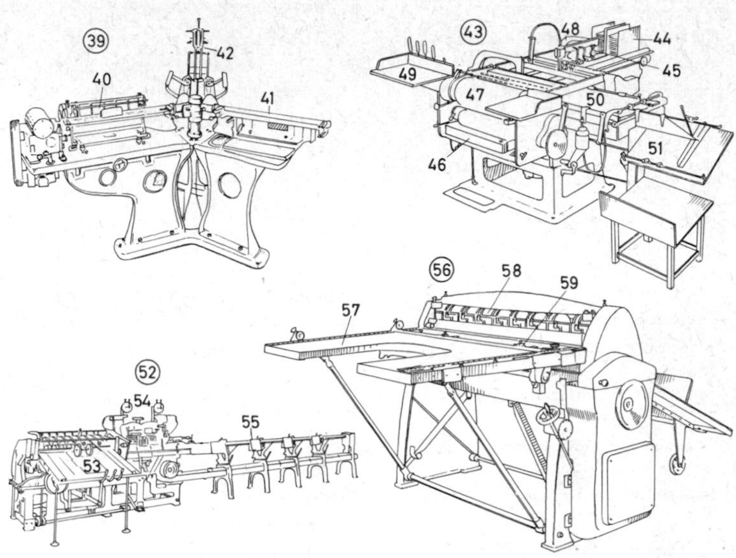

31 la palanca de mano *f*;

32 el libro forrado de tarlatana *f*:

33 la tarlatana

34 el cosido

35 la cabezada;

36 la mesa para hacer la alzada, una mesa giratoria:

37 los pliegos (las hojas)

38 el motor, para hacer girar la mesa;

39-59 máquinas *f* **para la encuadernación,**

39 la máquina de plastificar los lomos, para la encuadernación sin cosido *m*:

40 el dispositivo para abanicar y empastar

41 el dispositivo para girar (redondear) el lomo y sacado *m*

42 la máquina de plegar y el mecanismo aplicador del forro de tarlatana *f*;

43 la máquina de hacer tapas *f*:

44 el almacén, para los cartones

45 los sacadores del cartón

46 el depósito de cola *f*

47 el rodillo para empastar

48 el brazo succionador

49 la bandeja depósito de los materiales [tela *f*, papel *m*, cuero *m*]

50 el mecanismo de prensa *f*

51 la mesa receptora;

52 la máquina de coser con alambre *m*:

53 el mecanismo de entrega *f*

54 las cabezas cosedoras

55 el carril de alimentación *f*;

56 la cizalla circular:

57 el tablero de introducción *f* del material, con vacío *m*

58 la cuchilla circular

59 la regla guía

1-35 máquinas *f* **de encuadernación** *f*,
1 la guillotina, una máquina para cortar papel *m*:
2 el portacuchillas
3 la cuchilla, para corte *m* vertical y basculante
4 el pisón
5 la célula fotoeléctrica, un dispositivo de seguridad *f*
6 la guía de fondo *m*
7 la escala de presión *f* del pisón;
8 la máquina de plegar con cuchillas *f* y bolsas *f*:
9 la mesa de alimentación *f* de papel *m*
10 las bolsas del plegado
11 la escala reguladora de medida *f* del primer pliego
12 las cuchillas dobladoras del segundo pliego
13 el mecanismo de la cinta, para transporte *m* del pliego paralelo
14 el mecanismo del tercer pliego
15 la salida del pliego;
16 la máquina de coser libros *m*:
17 el portabobinas
18 la bobina de hilo *m*
19 el tambor de la tarlatana
20 la tarlatana
21 el portaagujas, con los ganchos
22 el libro cosido
23 la salida
24 el plato portapliegos a caballete *m*;
25 la máquina de entrar tapas *f*:
26 la cubierta (las tapas) del libro
27 los cilindros empastadores
28 el libro sin cubierta *f*
29 la espada
30 los libros terminados;
31 la máquina engomadora (máquina de empastar), para el encolado a pleno, de lomo *m*, de canto *m* y en tiras *f*:
32 el depósito para la cola
33 el rodillo engomador
34 la mesa de alimentación *f*
35 la salida de la tela o papel *m* empastado;

36 el libro:
37 la sobrecubierta (camisa), una cubierta publicitaria
38 las aletas (orejas, solapas)
39 el texto de las aletas
40-42 la encuadernación:
40 la tapa del libro
41 el lomo
42 la cabezada;
43-47 la portada y portadilla *f*:
43 la portadilla
44 el título de la obra
45 la portada
46 autor *m* y título *m* de la obra
47 el subtítulo;
48 el pie editorial
49 las guardas
50 la dedicatoria manuscrita
51 el ex libris;
52 el libro abierto:
53 la hoja del libro
54 el pliegue
55-58 los márgenes de blanco *m* (los blancos):
55 el margen de blanco *m* del lomo
56 el margen de blanco *m* de la cabeza
57 el margen de blanco *m* de delante
58 el margen de blanco *m* del pie;
59 la justificación
60 el título del capítulo
61 el asterisco
62 la nota al pie de página *f*, una anotación
63 el número de la página
64 el texto a dos columnas *f*
65 la columna
66 el folio (titulillo)
67 el subtítulo del capítulo
68 la nota marginal
69 la signatura
70 el registro fijo (la señal fija)
71 el registro suelto (la señal suelta)

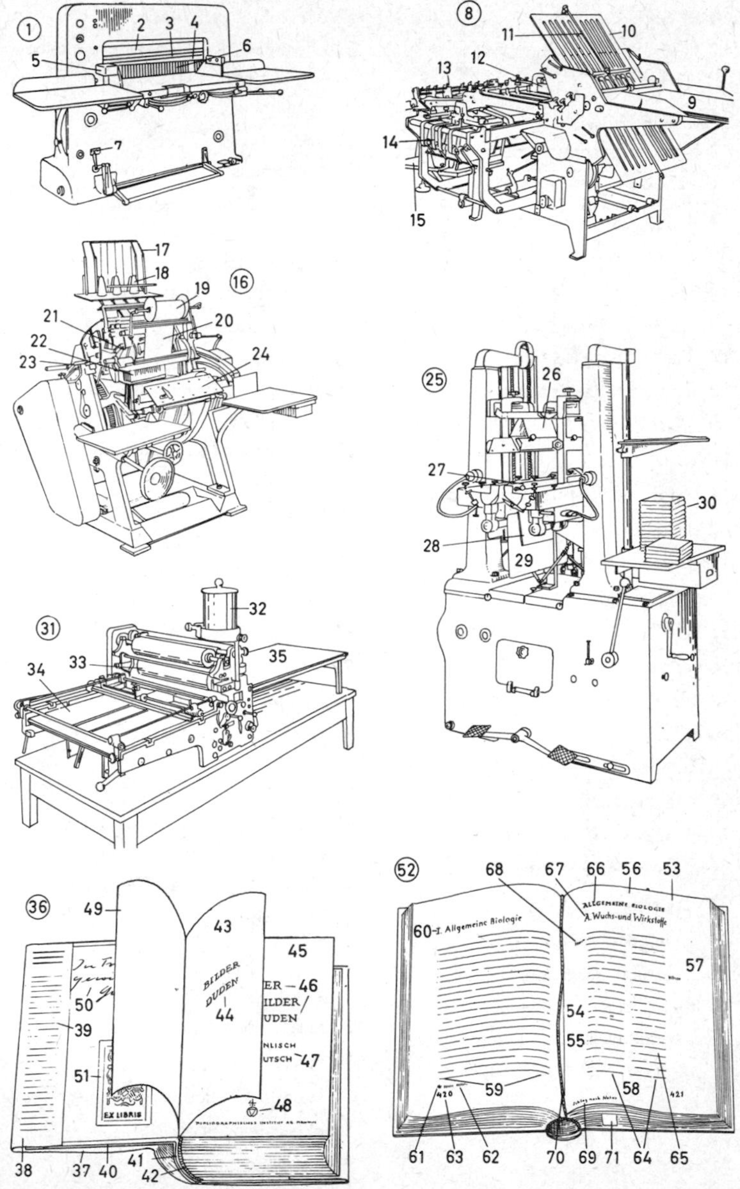

1
2
3
4
5
6
7
8
9
10
11
12
13
14
15
16
17
18
19
20
21
22
23
24
25
26
27
28
29
30
31
32
33
34
35
36
37
38
39
40
41
42
43
44
45
46
47
48
49
50
51
52
53
54
55
56
57
58
59
60
61
62
63
64
65
66
67
68
69
70
71
BILDER DUDEN
EX LIBRIS
I. Allgemeine Biologie
ALLGEMEINE BIOLOGIE
A. Wuchs- und Wirkstoffe
420
421

179 Coches de caballos

1-54 coches *m* (vehículos),
1-3, 26-39, 45, 51-54 coches *m* (carruajes):
1 la berlina
2 el break (carruaje ligero de cuatro ruedas *f*)
3 el cupé:
4 la rueda delantera
5 la caja
6 el guardabarros
7 el apoyo para los pies
8 el pescante (asiento del conductor)
9 el farol
10 la ventanilla
11 la portezuela (puerta del coche)
12 el tirador
13 el estribo
14 el techo fijo
15 la ballesta
16 el freno
17 la rueda trasera;
18 el dogcart, un vehículo de un caballo:
19 la lanza (vara);
20 el lacayo (*Chile:* el librea):
21 la librea (el uniforme)
22 el cuello galoneado
23 la chaqueta galoneada
24 la manga galoneada
25 el sombrero de copa *f*;
26 el coche de alquiler *m* (coche de punto *m*, el simón, el fiacre; *Chile:* el postino)
27 el mozo de establo *m* (mozo de caballos *m*)
28 el caballo (caballo de tiro *m*)
29 el cabriolé con pescante *m* elevado por detrás, un coche de un caballo:
30 las varas;
31 las riendas
32 el cochero (auriga), con macferlán *m*
33 el charabán cubierto (la jardinera), un coche de excursión *f*
34 el cabriolé
35 la carretela (calesa)
36 el landó, un coche de dos caballos *m*
37 el ómnibus (ómnibus con imperial *m*)
38 el faetón
39 la diligencia (*Chile:* la carretela); *al mismo tiempo:* el coche de viaje *m*:
40 el mayoral (cochero, postillón)
41 el cuerno (cuerno bocina)
42 la capota
43 los caballos de posta *f* (caballos de relevo *m*);
44 el tílburi
45 la troica (el coche ruso de tres caballos *m*):
46 el caballo de varas *f* (el central)
47 el caballo lateral;
48 el "buggy" inglés
49 el "buggy" americano
50 el tiro en tándem *m*
51 la victoria:
52 la capota plegable;
53 el coche de posta *f*
54 el calesín

1
2
3
4
5
6
7
8
9
10
11
12
13
14
15
16
17
18
19
20
21
22
23
24
25
26
27
28
29
30
31
32
33
34
35
36
37
38
39
40
41
42
43
44
45
46
47
48
49
50
51
52
53
54

180 Bicicleta I

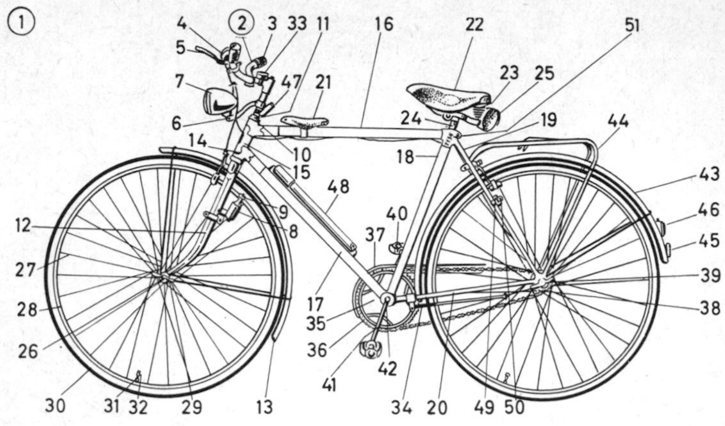

1 la bicicleta (el velocípedo; *pop.:* la bici, la máquina), una bicicleta de hombre *m*, una bicicleta de paseo *m*,

2 el manillar (*Amér.:* el manubrio), un manillar de paseo *m*:

3 el puño;

4 el timbre de la bicicleta

5 el freno de mano *f*

6 el soporte del faro

7 el faro

8 la dínamo

9 el rodillo de transmisión *f*

10-12 la horquilla de la rueda delantera:

10 la tija de la horquilla

11 la cabeza de la horquilla

12 los tirantes de la horquilla;

13 el guardabarros delantero (*Ec., Guat., Perú:* el guardafango)

14-20 el cuadro de bicicleta *f*:

14 la barra de dirección *f* (la cabeza de la barra de dirección)

15 el escudo de la marca

16 el tubo superior del cuadro (tubo superior)

17 el tubo inferior del cuadro (tubo inferior)

18 el tubo soporte del sillín (tubo del sillín)

19 la horquilla superior de la rueda trasera

20 la horquilla inferior de la rueda trasera;

21 el sillín para niños *m*

22 el sillín (sillín de muelles *m*) de la bicicleta

23 el muelle del sillín

24 la tija del sillín

25 la cartera de las herramientas

26-32 la rueda (rueda delantera):

26 el buje (cubo, carrete)

27 el radio

28 la llanta

29 la palomilla [una tuerca de orejas *f*]

30 el neumático; *dentro:* la cámara de aire *m*; *fuera:* la cubierta:

31 la válvula, una válvula de neumático *m*, con tubo *m* o un obturador *m* a presión *f* con bola *f*

32 el capuchón protector de la válvula;

33 el tacómetro de bicicleta *f*, con cuentakilómetros *m*

34 el caballete de sustentación *f* de la bicicleta

35-42 el sistema de propulsión *f* (propulsión por cadena *f*),

35-39 la propulsión por cadena *f*:

35 el plato (la rueda dentada delantera de la cadena)

36 la cadena

37 el cubrecadena

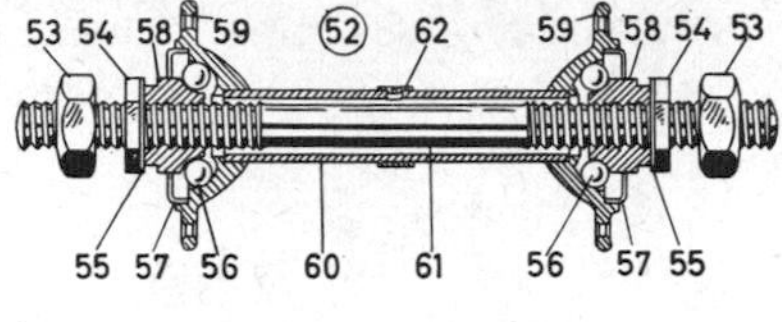

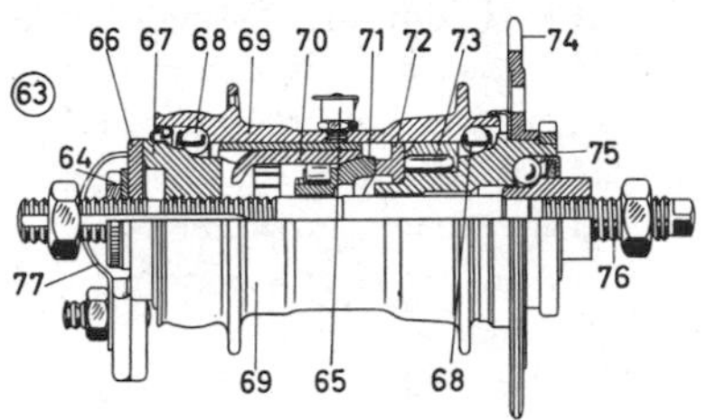

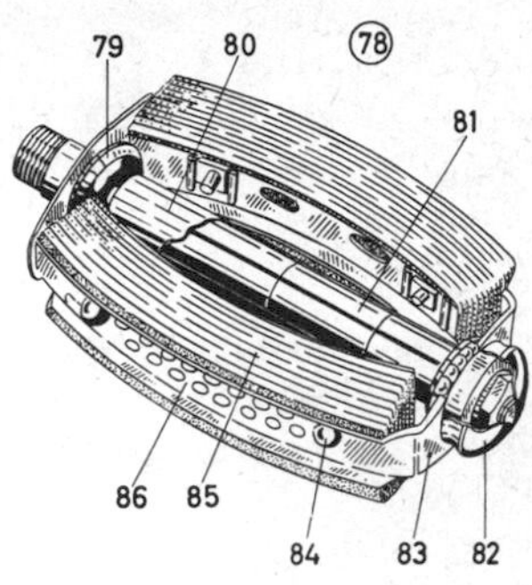

38 el piñón (la rueda dentada trasera de la cadena)
39 el tensor de la cadena;
40 el pedal
41 la biela
42 el eje "pedalier";
43 el guardabarros trasero
44 el portaequipajes
45 el reflectante (dispositivo reflectante)
46 el piloto (la luz eléctrica trasera)
47 el control del piloto
48 la bomba de aire *m* (*Amér.:* el inflador)
49 la cerradura de la bicicleta, una cerradura de radios *m*
50 la llave anti-robo
51 el número de la bicicleta (número de fábrica *f*)
52 el carrete de la rueda delantera:
53 la tuerca
54 la contratuerca estrellada
55 las arandelas suplementarias
56 la bola
57 la tapa guardapolvo
58 el cono
59 las cazoletas
60 el caño
61 el eje
62 el engrasador;
63 el piñón libre, con freno *m* contrapedal:
64 la tuerca de seguridad *f*
65 el orificio de engrase *m* (el lubrificador)
66 la palanca del freno
67 el cono de la palanca del freno
68 el anillo interior de bolas *f*, con bolas en el cojinete de bolas
69 la caja del piñón
70 la cubierta del freno
71 el cono del freno
72 el tambor de enrollamiento *m*
73 el rodillo de impulsión *f*
74 la corona dentada
75 la cabeza de la rosca
76 el eje
77 el bandaje;
78 el pedal de bicicleta *f*, un pedal de bloque *m*:
79 la arandela
80 la caña del pedal
81 el eje del pedal
82 la tapa guardapolvo
83 el bastidor del pedal
84 el tornillo de sujeción *f* del taco de goma *f*
85 el taco de goma *f*
86 el cristal reflectante

1 el equipo de reparaciones *f*:
2 la caja de parches *m*
3 la disolución (el pegamento) de caucho *m*
4 el parche ovalado (parche)
5 el parche cuadrado (parche)
6 la tapa de tela *f*
7 el papel de lija *f*;

8 la bicicleta de señora *f*, una bicicleta de deporte *m*:
9 el cuadro (bastidor, chasis) de doble tubo *m*
10 el neumático semibalón, un neumático de baja presión *f*
11 el cubrefaldas (guardafaldas)
12 el manillar de deporte *m*;

13 la bicicleta de niño *m*:
14 el neumático balón;

15 la bicicleta de reparto *m*, una bicicleta especial:
16 el porta-equipajes (portacargas) delantero
17 la pequeña rueda delantera
18 la placa con el nombre de la firma (de la casa) comercial;
19 la alforja para bicicleta *f*
20 el remolque para bicicleta *f*:
21 el enganche articulado;

22 el triciclo de inválido *m*, un vehículo de propulsión *f* a mano *f*:
23 el descansapiés
24 la palanca propulsora
25 el freno de mano *f*
26 el mecanismo de la dirección
27 la rueda directriz;
28 los eslabones de repuesto *m* de ciclomoto *m* (de ciclomotor *m*),
29-31 el eslabón de enlace *m*, un eslabón de cadena *f*:
29 el sujetador (clip)
30 y 31 el grupo de la placa exterior y el pasador:
30 la placa exterior
31 el pasador;
32 el eslabón (la malla) de cadena *f*;

33 el ciclomoto (ciclomotor),
34-39 el manillar del ciclomotor con los mandos y accesorios *m*:
34 el puño giratorio [gases *m*]
35 el puño giratorio [cambio *m*]
36 el embrague (la palanca de mando *m*)
37 el freno de mano *f* (la palanca de mando *m*)
38 la llave de luces *f*
39 el velocímetro (tacómetro) incorporado;
40 el faro del ciclomoto
41 los cables Bowden
42 el adorno del guardabarros
43 el freno de la rueda delantera, un freno tambor de cable *m*
44 la lámpara testigo de la luz trasera
45 el depósito de gasolina *f*
46 el bastidor (chasis), un bastidor de tubo *m* ovalado
47 la tapa de chapa *f* que cubre la tija del sillín
48 el sillín en cantilever *m*
49 el motor de ciclomoto *m*, un motor de un cilindro, un motor con ciclo *m* de dos tiempos *m* con admisión *f* por el cárter
50 el arrancador (pedal de arranque *m*, "kickstarter")
51 el cubrecadena
52 la cadena de la transmisión
53 el tensor de la cadena, una chaveta giratoria

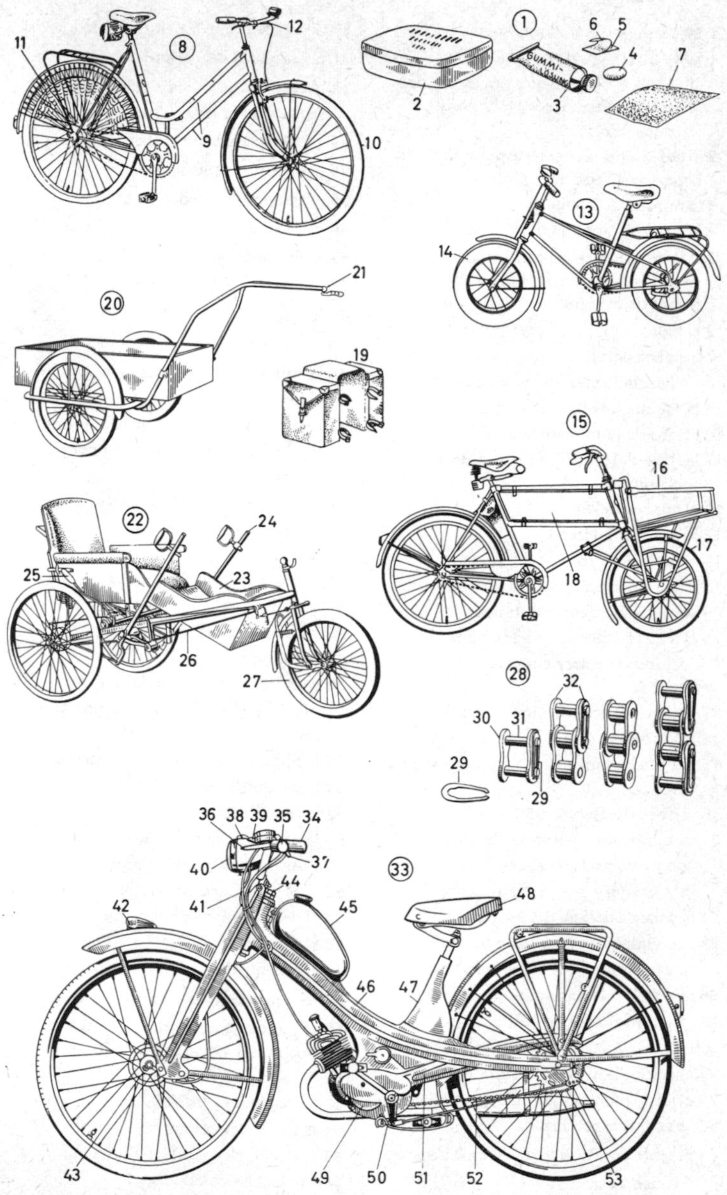
GUMMI-LÖSUNG

1-59 solos *m* (máquinas *f* solas),
1 la motocicleta con motor *m* de dos cilindros *m* horizontales opuestos, ciclo *m* de cuatro tiempos *m*, válvulas *f* laterales (SV):
2 el cuadro tubular con suspensión *f* delantera y trasera
3 la horquilla delantera
4 la suspensión tubular
5 la horquilla trasera, con árbol *m* de transmisión *f* y junta *f* universal (árbol de cardán *f*)
6 el motor de cilindros *m* opuestos
7 la culata del cilindro
8 el silenciador (silencioso) de escape *m*
9 la tubería (el tubo) de admisión *f*
10 el faro de la motocicleta
11 la llave del encendido (llave de la ignición)
12 el tambor del freno
13 la palanca del freno
14 el cable del freno
15 el cable y la palanca del freno trasero (el varillaje del freno trasero)
16 el pedal de mando *m* del freno trasero (del freno de servicio *m*, el freno de pedal *m*)
17 la bomba para inflar los neumáticos
18 la luz trasera (el piloto)
19 el sillín basculante, con tapizado *m* de cuero *m*
20 la marca del fabricante;
21 la moto con motor *m* de un cilindro con válvulas *f* en cabeza *f* (OHV), con lubricación *f* por cárter *m* seco:
22 la palanca del aire del carburador
23 el conmutador para luz *f* de cruce *m* (el interruptor antideslumbrante)
24 el pulsador de la bocina
25 el amortiguador de la dirección
26 las palancas de las zapatas del freno
27 el freno de cubo *m* (de tambor *m*)
28 el depósito (tanque) de gasolina *f*, un depósito especial para motocicleta *f*
29 el cable de la corredera del carburador (el mando de los gases)
30 el cable del aire (del estrangulador)
31 el excitador del carburador
32 el filtro de gasolina *f* y el grifo de paso *m* de la reserva
33 el cuadro central de acero *m* estampado
34 el depósito de aceite *m*
35 el arrancador (pedal kickstarter)
36 el pedal del cambio de velocidades *f*
37 el descansapié
38 el soporte de la motocicleta
39 la bocina
40 el eje de la rueda trasera
41 la caja de herramientas *f* de la motocicleta
42 el silenciador, un amortiguador de ruidos *m* para disminuir el número de fonos *m*;
43 el mando de las válvulas en cabeza *f*:
44 el balancín
45 la leva
46 el árbol de levas *f* en cabeza *f*
47 la excéntrica
48 las bielas de mando *m*
49 el cojinete de agujas *f*;
50 el motor con árbol *m* de levas *f* en cabeza *f* (OHC) mandado por eje-rey *m*
51 la placa con el número y modelo *m*
52 la horquilla telescópica
53 las rodilleras
54 la batería de la motocicleta
55 el asiento doble de la motocicleta
56 el orificio para inspección *f* de la cadena
57 el descansapié para el pasajero
58 el parabrisas
59 el modelo deportivo (modelo "sport");
60 la motocicleta con sidecar *m*:
61 el motor de un cilindro, cuatro tiempos *m* con válvulas *f* laterales (SV)
62 la carrocería del sidecar
63 el parachoques del sidecar
64 la rueda del sidecar
65 la luz (el piloto) de delimitación *f*
66 el parabrisas del sidecar

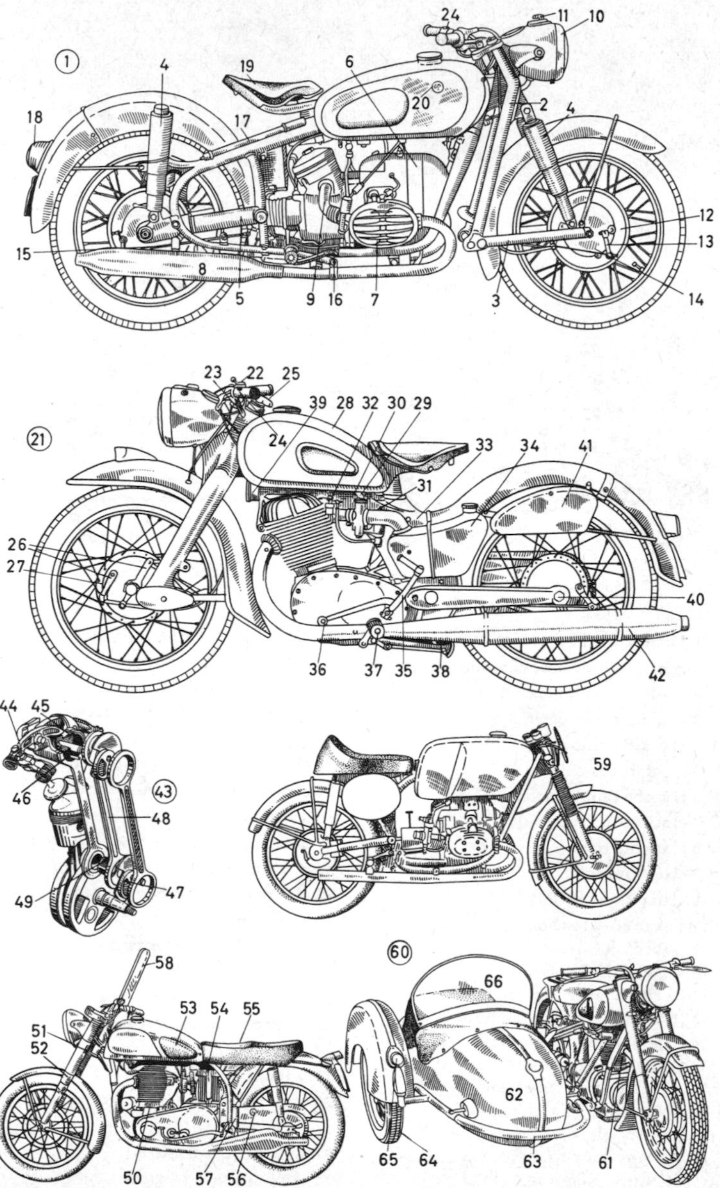
1
4
19
6
24
11
10
18
17
20
2
4
12
13
15
8
5
9
16
7
3
14
23
22
25
39
28
32
30
29
21
24
33
34
41
31
26
27
40
36
37
35
38
42
44
45
46
43
48
49
47
59
60
58
66
53
54
55
51
52
62
50
57
56
65
64
63
61

183 Motosillas (escúteres) y coches-cabina (cochecitos)

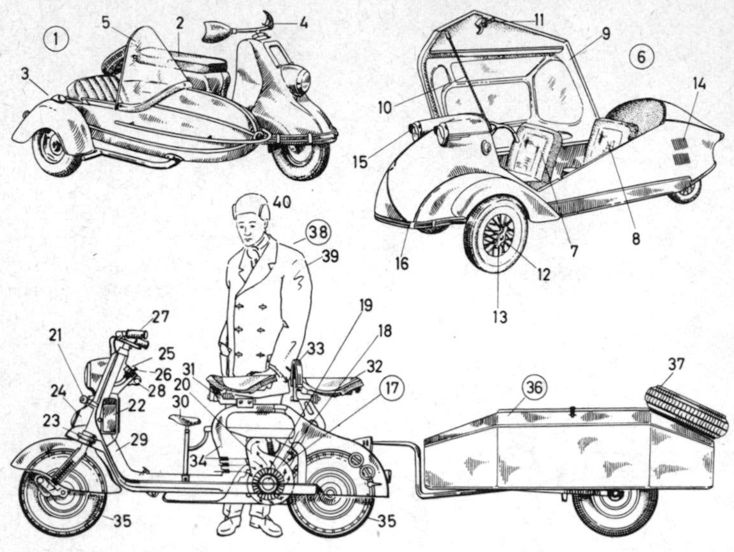

1-37 motosillas *f* (escúteres *m*),

1 la motosilla pesada, con sidecar *m*:

2 el asiento doble del escúter

3 el sidecar del escúter

4 el guardamano

5 el parabrisas;

6 el coche-cabina triciclo:

7 el asiento delantero

8 el asiento trasero

9 el techo abatible

10 el tirante del techo

11 el cerrojo del techo

12 la rueda de rayos *m*

13 la tuerca de aletas *f*

14 las aberturas de ventilación *f*

15 la visera (el antideslumbrante)

16 la moldura de adorno *m*;

17-35 el escúter (la motosilla),

17 la refrigeración del motor:

18 el ventilador (la turbina)

19 los álabes de la turbina

20 la chapa directriz, para la canalización del aire al cilindro;

21 el cerrojo de la rueda de dirección *f*

22 la batería de acumuladores *m* (batería para el arranque)

23 el tope de bolas *f* de la dirección

24 el cárter de la horquilla

25 el tablero de instrumentos *m* del escúter

26 el dinamotor (dínamo-motor de arranque *m*)

27 el cambio de velocidades *f* por puño *m* giratorio (cambio a la mano)

28 el soporte, para la bolsa o cartera

29 el cuadro tubular

30 el sillín de escúter *m* para niño *m*

31 el soporte del sillín

32 el asiento del pasajero

33 el agarradero para el pasajero

34 el capó (la carcasa)

35 la rueda del escúter;

36 el remolque del escúter (remolque para camping *m*):

37 la rueda de repuesto *m*;

38 el motorista:

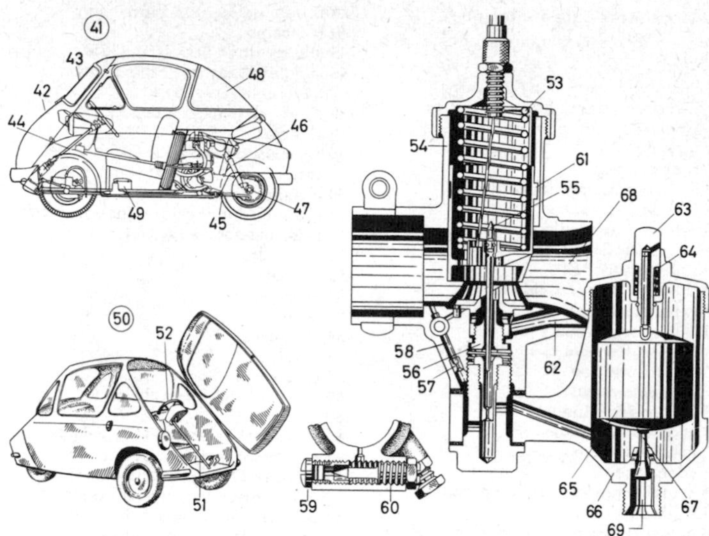

39 el guardapolvo (mono)
40 el casco de motorista *m*;

41-52 coches-cabina *m* (cochecitos),
41 el coche-cabina de dos plazas *f* (*pop.*: el huevo), un coche pequeño:
42 la puerta delantera
43 el parabrisas panorámico, de plexiglás *m*
44 la columna de dirección *f*, abatible
45 la ballesta cuarto de elipse *f* [semi-cantilever]
46 el amortiguador telescópico
47 el eje rígido (eje sin diferencial *m*)
48 la ventanilla trasera
49 el freno hidráulico;
50 el coche-cabina de cuatro plazas *f*:
51 la columna de dirección *f*, fija
52 el volante semicircular de la dirección;

53-69 el carburador (carburador para escúteres *m* y motocicletas *f*), un carburador de corredera *f* sencilla:
53 el muelle de la corredera
54 la torrecilla (el cárter de carburador *m*)
55 la aguja
56 el calibre de aguja *f* (el surtidor)
57 el calibre (surtidor) de ralentí *m* (de marcha *f* lenta)
58 el paso de aire *m* para el ralentí
59 el calibre del aire para el ralentí
60 el tornillo de ajuste *m* (de reglaje *m*) del aire para el ralentí
61 la corredera; *en motores de automóviles:* válvula *f* de mariposa *f*
62 la entrada primaria del aire para la mezcla (para la emulsión)
63 el excitador (cebador)
64 el muelle (resorte) del excitador (del cebador)
65 el flotador
66 la cámara del flotador (la cuba)
67 la aguja del flotador
68 el difusor (venturi)
69 la válvula del flotador

1-36 motores *m* de explosión *f*
(motores con carburador *m* de ciclo *m* Otto),
1 el motor de explosión *f* de cuatro tiempos *m*, un motor de gasolina *f* con empujador y árbol *m* de levas *f* en el bloque:
2 el carburador
3 la entrada del aire de ventilación *f*
4 la bujía
5 el cable de encendido *m*
6 el terminal del cable
7 el distribuidor
8 la bobina del encendido
9 la bomba de gasolina *f*
10 el tubo de gasolina *f*
11 la conexión para el agua *f* de refrigeración *f*
12 la tapa de válvulas *f*
13 la barra estabilizadora
14 la correa del ventilador
15 el tubo de vacío *m* desde el colector de admisión *f*
16 el reglaje por vacío *m* del encendido
17 el filtro de aire *m*
18 la varilla para medir el nivel de aceite *m*
19 el ventilador
20 la ventilación del cárter (la salida)
21 el árbol del distribuidor y de la bomba de aceite *m*
22 la bomba de aceite *m*
23 el depósito de aceite *m* (el fondo del cárter)
24 el tapón de vaciado *m* del aceite
25 el bloque de cilindros *m*
26 la cámara de combustión *f*
27 el taqué
28 el empujador
29 la válvula de admisión *f* o de escape *m*
30 el vástago de la válvula
31 la cabeza (seta) de la válvula;
32 el motor de explosión *f* de dos tiempos *m*:
33 el piñón de arranque *m*
34 el volante
35 la rueda libre
36 el diferencial;

37-80 motores *m* Diesel (motores de aceite *m* pesado, motores de gas-oil *m*),
37 el motor Diesel de cuatro tiempos *m*, con cámara *f* en el pistón:
38 la bomba de inyección *f*
39 el inyector
40 la bomba de alimentación *f*
41 el regulador centrífugo
42 el filtro de gasoil *m*
43 la bomba de agua *f* refrigerante
44 la dínamo
45 el dispositivo para arranque *m* en frío *m*
46 la polea de paso *m* de movimiento *m* a la bomba de agua *f*
47 el tubo de llenado *m* de aceite *m*
48 el filtro de aceite *m*
49 el depósito de aceite *m* (el fondo del cárter)
50 el motor de arranque *m*
51 el cambiador de calor *m* [para mantener la temperatura del aceite]
52 el cilindro
53 la culata
54 el pistón (émbolo)
55 la biela
56 el cigüeñal
57 la válvula
58 el balancín
59 el árbol de levas *f* en el bloque
60 la leva
61 el muelle (resorte) de la válvula
62 el colector de escape *m*;
63 el motor Diesel, con antecámara *f* (con cámara de precombustión *f*):
64 la bujía de incandescencia *f* para calentamiento *m* en el arranque
65 el inyector
66 la cámara de precombustión *f* (la antecámara)
67 la cámara de compresión *f*
68 el taqué y el empujador
69 la camisa de agua *f*
70 la pared del cilindro
71 el bulón (eje del pistón) hueco;
72 el motor Diesel de dos tiempos *m*, sin válvulas *f*:
73 las lumbreras de admisión *f*
74 las lumbreras de escape *m*
75 el aire de entrada *f*
76 los gases de escape *m*;
77 el motor Diesel, con cámara *f* de turbulencia *f* (cámara auxiliar):
78 la cámara de turbulencia *f*
79 los segmentos de compresión *f*
80 el segmento rascador de aceite *m* (el anillo colector de aceite)

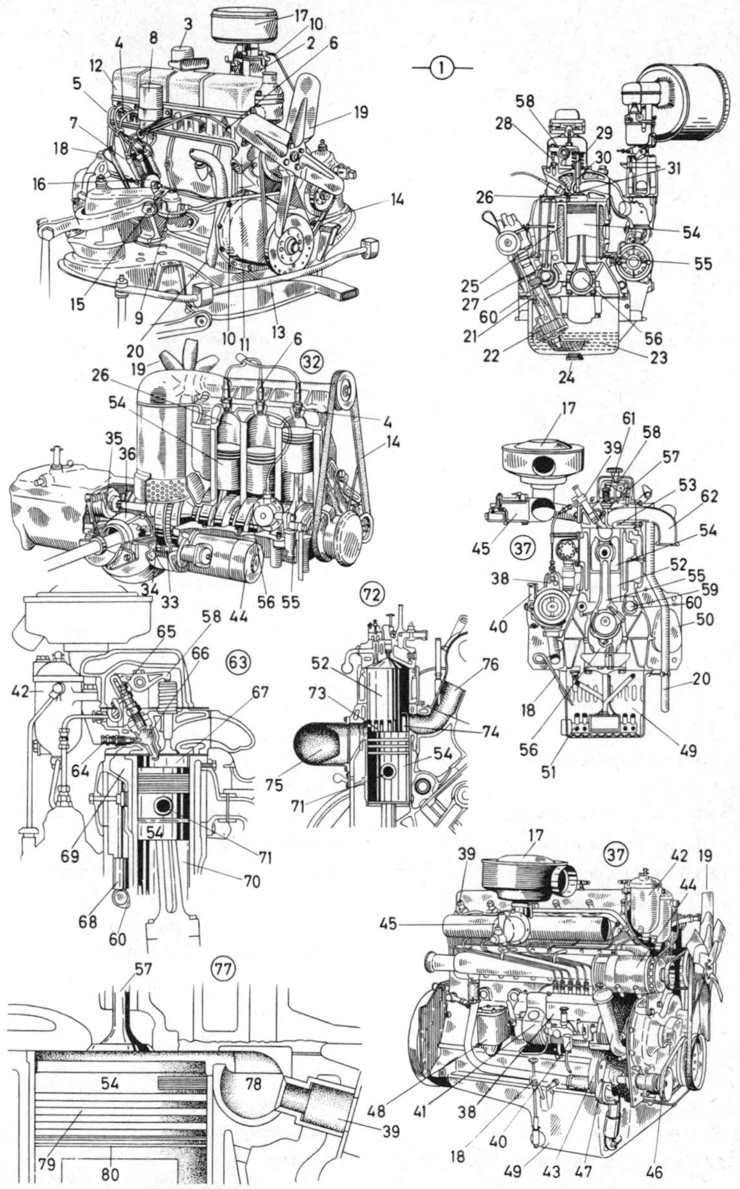
1
32
37
63
72
37
77

185 Automóvil I

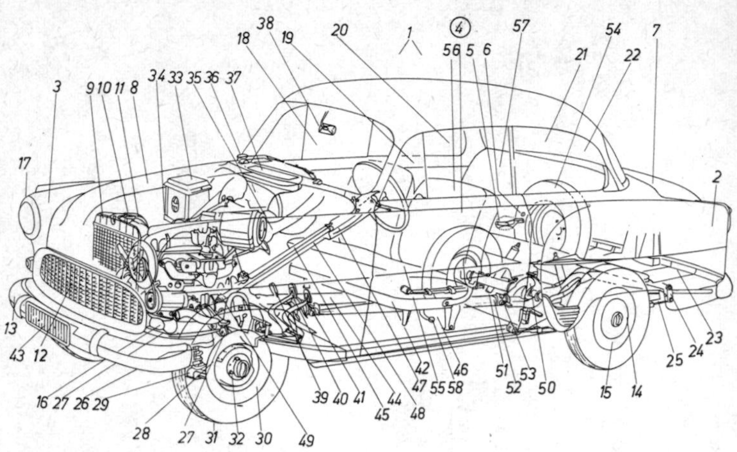

1-65 el coche automóvil,

1-58 el chasis y la carrocería:

1 la carrocería monocasco, autoportante, con armazón *f* soldada de acero *m*, sin bastidor *m* [vista transparente]

2 el panel lateral trasero

3 el guardabarros (la aleta; *P. Rico:* el tapalodo);

4 la puerta del coche (la portezuela):

5 la manija de la puerta

6 la cerradura de la puerta;

7 la tapa del maletero (del portaequipajes, del baúl)

8 el capó

9 el radiador

10 el tapón del radiador, con válvula *f* de seguridad *f*

11 el tubo flexible (racor) del agua *f*

12 la coraza (rejilla) del radiador

13 el parachoques

14 el tapacubos (embellecedor)

15 la rueda de disco *m*

16 el indicador delantero de dirección *f* (el destellante delantero)

17 el faro con luz *f* larga (luz de carretera *f*), luz de cruce *m* y luz de posición *f*

18 el parabrisas panorámico

19 la ventanilla giratoria (ventanilla oscilante) para ventilación *f*

20 la ventana de puerta *f*, con manivela *f*

21 la ventana trasera

22 la ventanilla oscilante trasera para ventilación *f*

23 el maletero (portaequipajes)

24-29 la suspensión del coche:

24 la gemela (suspensión de resortes *m*)

25 la ballesta

26 el resorte (muelle helicoidal)

27 los brazos de suspensión *f* superior

28 el brazo de suspensión *f* inferior

29 el amortiguador;

30 la llanta

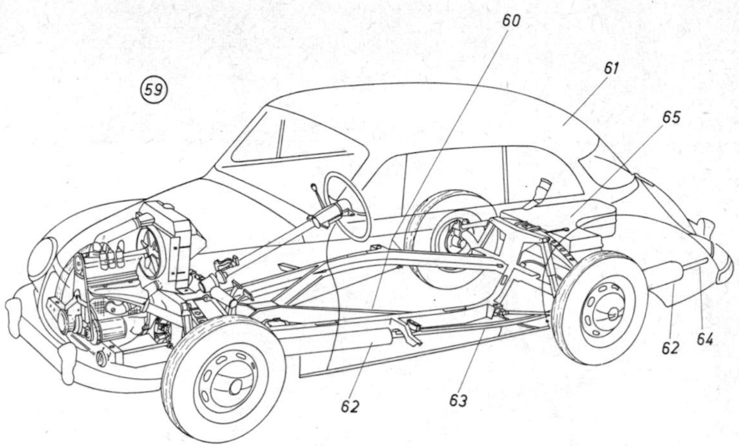

31 el neumático
32 la tuerca de sujeción *f*
33 la batería
34 el soporte de la batería
35 el tubo flexible para el descongelador
36 la tobera del aire
37 la abertura de ventilación *f*
38 el espejo retrovisor;
39-41 los pedales:
39 el acelerador
40 el freno (pedal del freno)
41 el embrague (pedal del embrague);
42 la armazón del asiento
43 la placa delantera de matrícula *f*
44 el túnel para el árbol de transmisión *f*
45 la varilla del cambio de velocidades *f*
46 el panel del piso
47 el salpicadero
48 la columna de dirección *f*
49 el engranaje de la dirección
50 el diferencial
51 el eje trasero
52 el árbol de transmisión *f* con juntas *f* universales cardán (árbol de cardán *m*)
53 la junta (articulación) cardán
54 la rueda de repuesto *m*
55 el asiento delantero (asiento del conductor), un asiento con respaldo *m* abatible
56 el respaldo abatible
57 el asiento trasero (asiento posterior)
58 la palanca para ajuste *m* del asiento delantero;
59 el chasis con bastidor *m* (chasis y carrocería *f* como dos unidades *f* independientes):
60 el bastidor perfilado de sección *f* en U
61 la carrocería sobrepuesta
62 el silenciador
63 el tubo de escape *m*
64 la boca del escape
65 el depósito de gasolina *f*

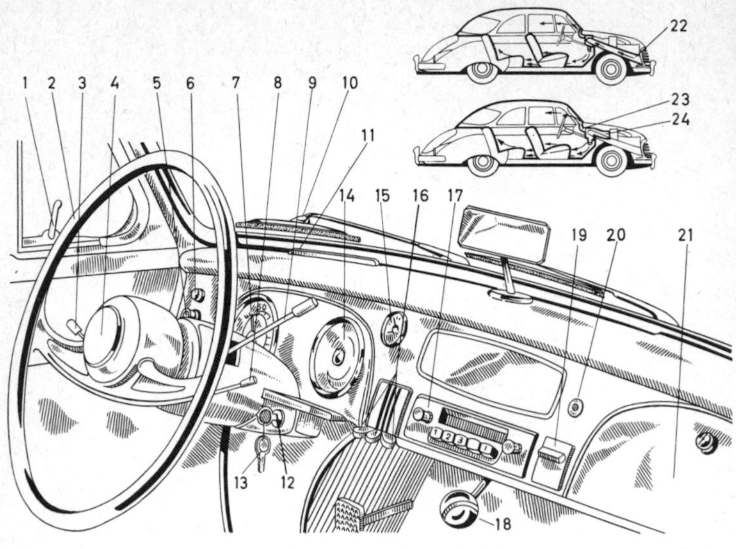

1-21 el tablero de instrumentos *m*:

1 la manija de la ventanilla giratoria para ventilación *f*

2 el volante de dirección *f*

3 el conmutador para luz *f* de cruce *m* (el interruptor antideslumbrante)

4 el pulsador de la bocina

5 el interruptor del limpiaparabrisas

6 el botón del arranque

7 el velocímetro, con cuentakilómetros *m*

8 la palanca de los indicadores de cambio *m* de dirección *f*

9 la palanca de cambio *m*

10 la rasqueta del limpiaparabrisas

11 la abertura del descongelador

12 el interruptor del encendido

13 la llave del encendido

14 el medidor de gasolina *f*, con termómetro *m* del agua *f*

15 el reloj del coche

16 las palancas para el aire frío o caliente

17 la radio del coche

18 la palanca del freno de mano *f*

19 el cenicero del coche

20 el enchufe, para lámpara *f* de mano *f* o enciende-cigarrillos *m*

21 la guantera;

22-24 la calefacción y ventilación *f* **del coche:**

22 la ventilación con aire *m* fresco

23 la salida del aire

24 el equipo de calefacción *f* por aire *m* caliente;

25-38 la parte trasera de un automóvil:

25 el cierre de la tapa del baúl (del portaequipajes, del maletero)

26 la manija de la tapa del baúl

27 el indicador de dirección *f*

28 la luz de freno *m*

29 la luz trasera (el piloto)

30 el tubo de llenado *m* del depósito de gasolina *f*, con tapón *m*

31 la placa de matrícula *f* trasera

32 los signos de identificación *f*:

33 el indicativo de nacionalidad *f*

34 el número de matriculación *f*
35 el indicativo de la provincia donde se matriculó el coche;
36 el parachoques trasero
37 el refuerzo del parachoques, con la luz para iluminar la placa de matrícula *f*
38 la luz para marcha *f* atrás;

39-49 el mecanismo de la dirección,
39 el engranaje de tornillo *m*, tuerca *f* y sector *m*:
40 el brazo de mando *m*
41 el cárter del engranaje de la dirección
42 el sector dentado solidario del eje del brazo de mando *m*
43 el tornillo sin fin *m*, con bolas *f* circulantes;
44 la biela de la dirección
45 la tuerca de ajuste *m* de las barras de acoplamiento *m*
46 la palanca de ataque *m*
47 la articulación central sobre el travesaño delantero
48 la tuerca de tensión *f*
49 el eje delantero;

50-54 el freno del automóvil:
50 la placa soporte del freno
51 la zapata, con el forro
52 el cilindro (bombín) de freno *m* de rueda *f*
53 el resorte antagonista
54 la punta de la mangueta (el extremo del eje, el pezón de eje);

55-62 el cambio de velocidades *f* (la caja de cambios *m*):
55 el eje primario
56 el eje secundario, al árbol de transmisión *f*
57 la brida de acoplamiento *m* de la caja al embrague (brida de la caja de velocidades *f*)
58 el orificio para llenado *m* de lubricante *m*
59 los piñones con dentado *m* helicoidal
60 el sincronizador para el engrane
61 los piñones del eje intermediario (del contraeje)
62 la patilla para suspensión *f* de la caja en el bastidor

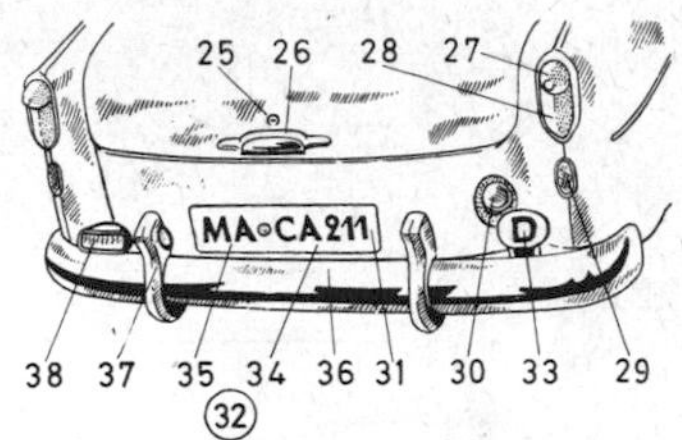

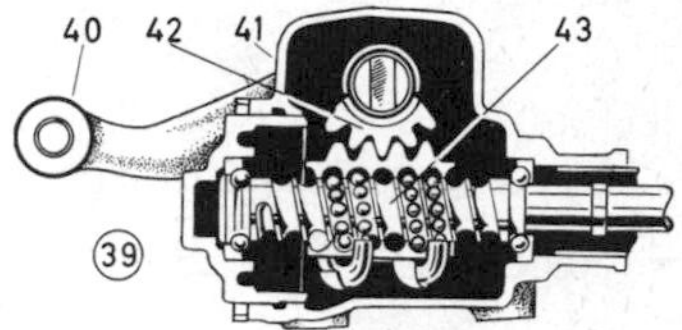

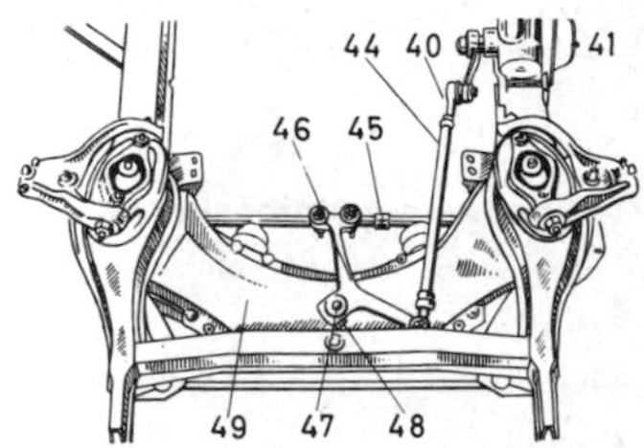

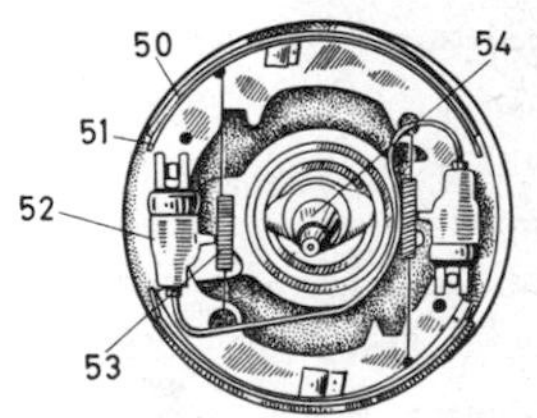

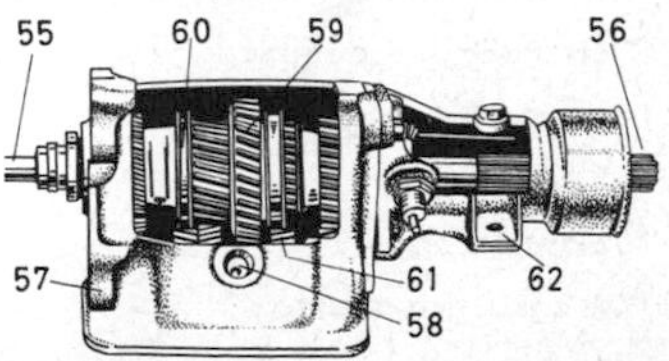

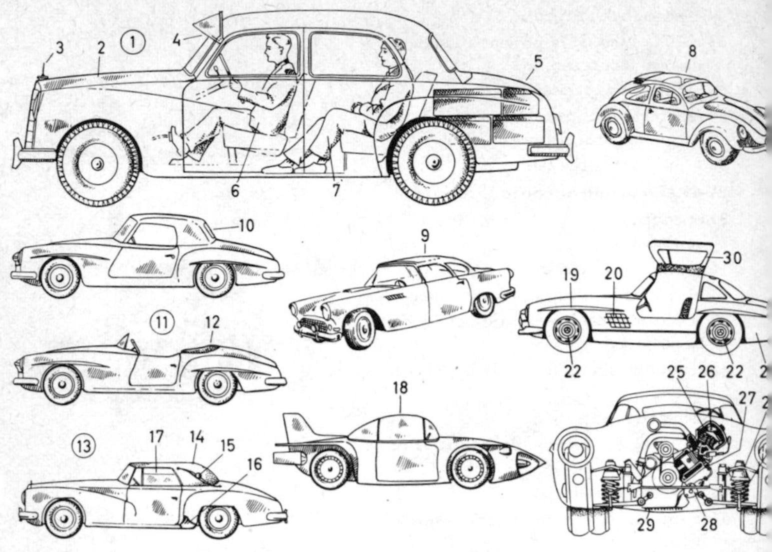

1-30 tipos *m* **de automóviles** *m*,

1 el sedán dos puertas (el club):

2 el capó

3 la mascota (el adorno del radiador)

4 la visera

5 el baúl de automóvil *m*

6 el conductor (chófer)

7 el pasajero;

8 el sedán (la limusina), con techo *m* corredizo

9 la limusina de lujo *m*

10 el cupé (la berlina)

11 el roadster:

12 los estrapontines (traspuntines);

13 el convertible (cabriolé):

14 la capota plegable

15 el compás

16 el parapiedras

17 el cristal descendente;

18 el coche-cohete

19-30 el coche de competición *f* (de carrera *f*):

19 el guardabarros (la aleta)

20 las aberturas para salida *f* del aire

21 el guardabarros (la aleta)

22 los frenos con ventilación *f* por álabes *m* para su enfriamiento *m*

23 el brazo triangular (la horquilla) superior de la suspensión independiente

24 los resortes (muelles en hélice *f*)

25 el motor inclinado, ciclo *m* Otto, válvulas *f* en cabeza *f*

26 el árbol de levas *f* en cabeza *f* (OHC)

27 el inyector de gasolina *f*

28 la bomba de inyección *f*

29 las aletas de enfriamiento *m*

30 las puertas hasta el centro del techo ("en ala *f* de gaviota *f*"), con suspensión *f* telescópica

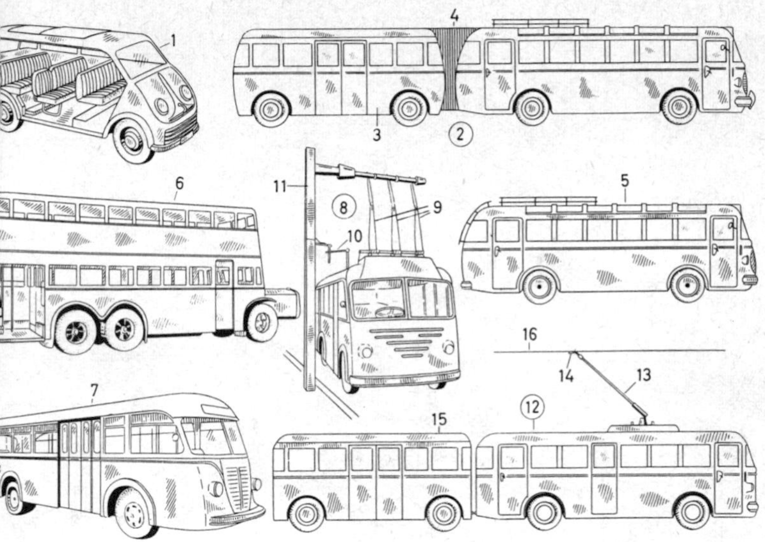

1-16 tipos *m* de autobuses *m*,

1-7 autobuses *m* con motores *m* de combustión *f* interna:

1 el microbús (pequeño autobús; *Arg.:* el colectivo), un autobús de turismo *m*;

2 el autobús con remolque *m* (el autocar con remolque, el vehículo articulado), un autobús para servicio *m* interurbano:

3 el remolque (ómnibus-remolque)

4 el enganche con paso *m* de fuelle *m*;

5 el autocar [servicios *m* interurbanos], un autocar con motor *m* Diesel trasero

6 el autobús de dos pisos *m*

7 el autobús (*Cuba, P. Rico:* la guagua), un autobús urbano;

8-16 trolebuses *m*,

8 el girobús, con pesado volante *m* cuyo giro *m* por inercia *f* lo lleva de parada *f* a parada, un girobús eléctrico:

9 las pértigas de contacto *m*, para cargar el grupo acumulador

10 el brazo de contacto *m*, para toma *f* de tierra *f* protectora en las paradas

11 el poste de carga *f*, en la parada del girobús;

12-16 el trolebús con remolque *m*,

12 el trolebús:

13 la pértiga de trole *m*

14 la polea de contacto *m*;

15 el remolque

16 el tendido aéreo con dos hilos *m* para el doble contacto *m*

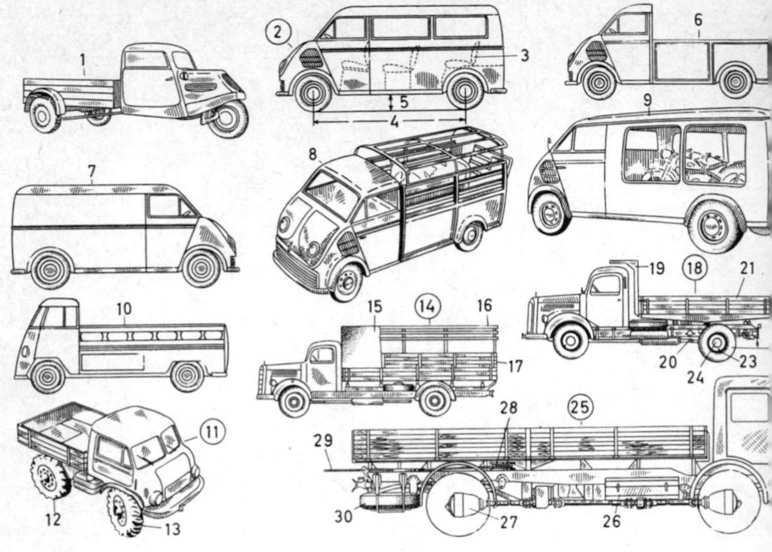

1-13 camionetas *f* **y furgonetas** *f*
(pequeños vehículos *m* comerciales):

1 el triciclo de reparto *m*

2 la combi (combinable) [una furgoneta *f* para carga *f* o pasajeros *m* o servicio *m* mixto]:

3 los asientos removibles

4 la batalla (distancia entre ejes *m*)

5 la luz libre (distancia del suelo);

6 la camioneta de piso *m* bajo

7 la furgoneta

8 el camión ganadero

9 la furgoneta publicitaria

10 la camioneta de plataforma *f*

11 el tractor de carga *f*, con propulsión *f* total (las cuatro ruedas motrices):

12 la cubierta (el neumático) para todo terreno *m*

13 el relieve de la cubierta antideslizante;

14-50 camiones *m* **y furgones** *m*,

14 el camión de plataforma *f*:

15 el toldo de lona *f*

16 el cerquillo

17 los adrales (costados verticales de la plataforma);

18 el volquete con motor *m* hidráulico:

19 el guardacabina

20 el mecanismo basculante

21 la caja del volquete

22 el neumático (*exterior:* la cubierta; *interior:* la cámara)

23 la válvula del neumático

24 la tapa guardapolvo (el tapacubos);

25 el camión con propulsión *f* total y con larga plataforma *f* de carga *f*:

26 el motor bajo el piso

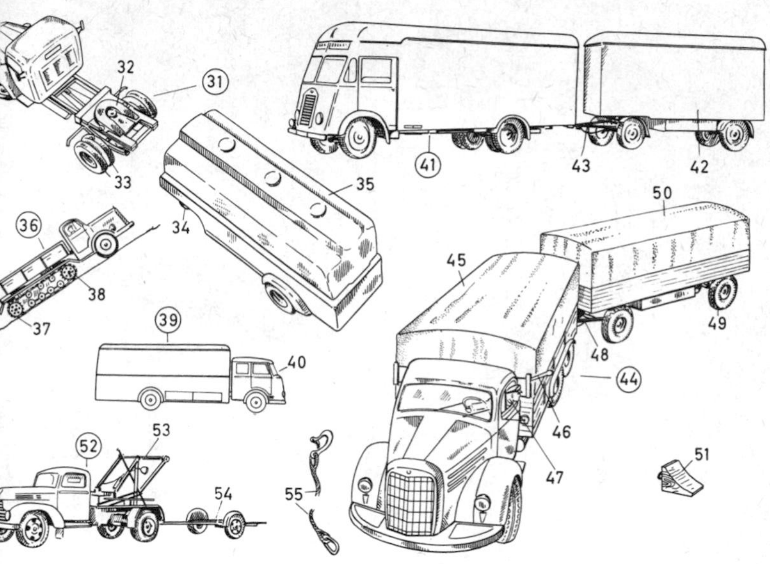

27 los diferenciales

28 el torno

29 el cable del torno

30 la rueda de repuesto *m*;

31 el tracto-camión (vehículo articulado):

32 el enganche (la "quinta rueda")

33 las ruedas gemelas

34 las ruedecillas de apoyo *m* [después de desenganchar el remolque]

35 el semi-remolque, un remolque de un eje;

36 el camión semi-oruga (camión con propulsión *f* trasera por cadenas *f*):

37 la cadena de oruga *f*:

38 la rueda motriz;

39 el furgón de gran capacidad *f*:

40 la cabina del conductor;

41 el furgón de mudanzas *f* (el capitoné):

42 el remolque capitoné

43 el freno combinado [frena el remolque cuando el tractor no tira];

44 el camión para transportes *m* a larga distancia *f*, un camión de tres ejes *m*:

45 el camión tractor

46 el indicador de dirección *f*, un indicador oscilante de dirección

47 el conductor del camión

48 el enganche

49 el neumático

50 el remolque;

51 el calzo

52 el coche grúa (la grúa):

53 la grúa

54 el eje auxiliar (eje-remolque)

55 el cable de remolcar

190 La estación de servicio (estación de aprovisionamiento)

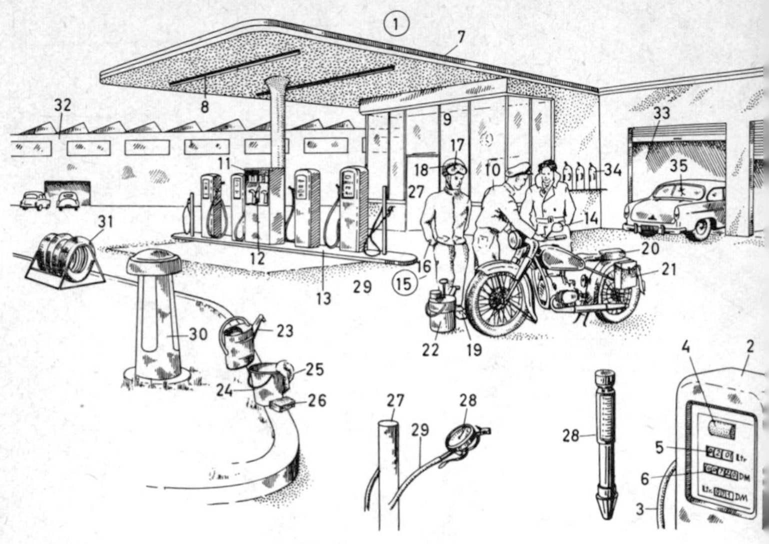

1 la estación de servicio *m* (estación de aprovisionamiento *m*):

2 el surtidor (la bomba) de gasolina *f*

3 la manguera

4 la mirilla de inspección *f*

5 el contador de litros *m*

6 el indicador del importe (del precio)

7 la marquesina de la estación de servicio *m*

8 las luces de la estación de servicio *m*

9 el despacho del encargado de la estación de servicio *m*

10 el encargado de la estación de servicio *m*

11 el armario de los aceites

12 el surtidor (la bomba) de aceite *m*

13 el andén de los surtidores;

14 el espejo retrovisor de la motocicleta

15 el motorista:

16 la chaqueta de cuero *m*

17 las gafas de motorista *m*

18 el casco de cuero *m*

19 las botas;

20 el asiento del pasajero

21 la bolsa para equipaje *m*

22 el bidón de mezcla *f*, para servir la mezcla de aceite-gasolina [a los vehículos con motor *m* de dos tiempos *m*]

23 la jarra de agua *f*

24 el cubo para limpieza *f* de cristales *m*

25 la gamuza

26 la esponja

27 el poste de aire *m*, con bomba *f* para dar aire a presión *f*

28 el manómetro

29 la manguera

30 la baliza luminosa

31 el soporte de los neumáticos

32 el garaje

33 la jaula, un compartimiento individual en el garaje

34 el extintor de incendios *m* accionado a mano *f*

35 la mascota [un adorno del coche]

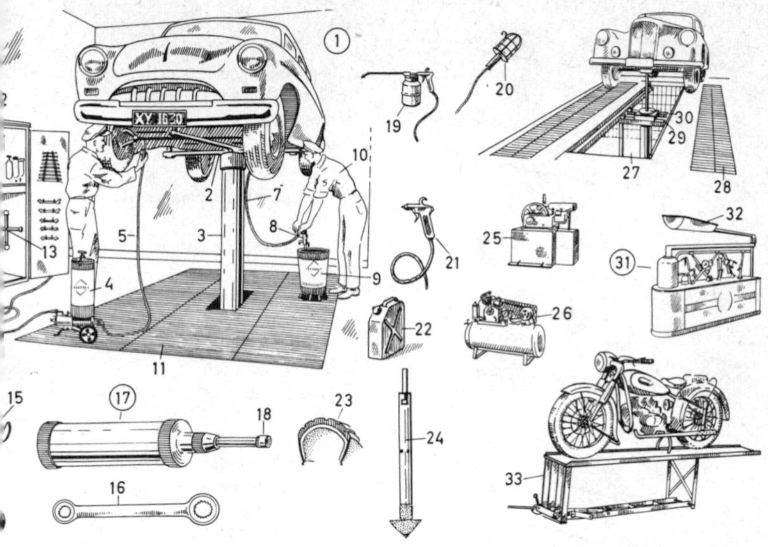

1 el taller de mantenimiento *m*:
2 el elevador hidráulico
3 el vástago elevador
4 el compresor de grasa *f*
5 la manguera de grasa *f* a presión *f*
6 la manguera de aire *m* comprimido
7 la manguera de aceite *m*
8 la bomba de aceite *m* para engranajes *m*
9 el depósito portátil de aceite *m* para engranajes *m*
10 el mecánico
11 el piso de rejilla *f*
12 el armario de herramientas *f* de engrase *m*
13 la llave de ruedas *f*
14 el frasco de aceite *m*, con aceite para motor *m*;
15 la llave fija (llave de doble boca *f*)
16 la llave dentada;
17 la bomba de engrase *m* a mano *f*:
18 la boquilla roscada de engrase *m* (el racor);
19 la pistola para barnizado *m* neumático (el aerógrafo)
20 la lámpara portátil
21 la pistola de engrase *m* (con aire *m* a presión *f*)
22 el bidón de gasolina *f*
23 el neumático sin cámara *f*
24 la prensa de pasta *f*, para vulcanizar en frío *m*
25 la lavadora de coches *m*
26 el compresor de aire *m*
27 el foso de engrase *m*
28 la rejilla removible
29 los carriles guías
30 el elevador neumático de un eje
31 el mostrador de aceites *m*:
32 la bandeja para recoger el aceite;
33 el elevador de motocicletas *f*

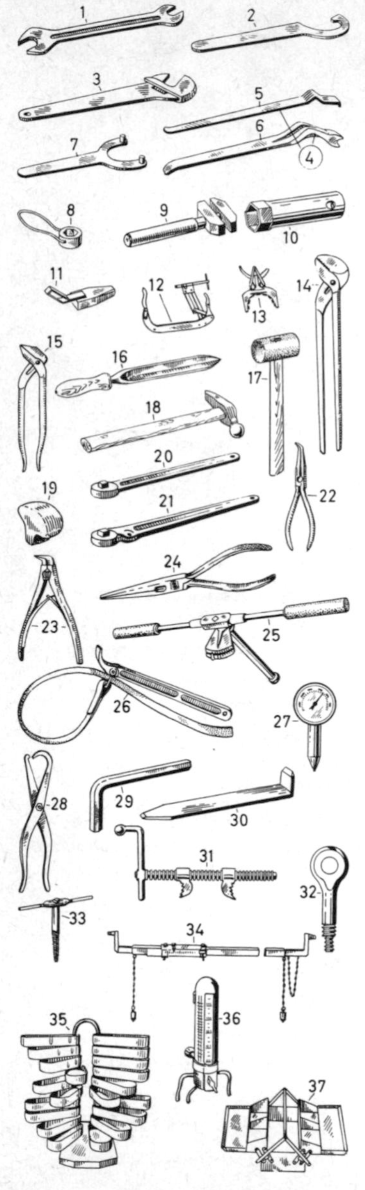

1 la llave de dos bocas *f* para tuercas *f* (llave plana de dos cabezas *f* fijas)

2 la llave de gancho *m* [una llave fija para tuercas *f* redondas con espigas *f*]

3 la llave inglesa

4 el conjunto de palancas *f*, para desmontar cubiertas *f*:

5 el desmontable (la palanca) de cubiertas *f*

6 el desmontable (la palanca) de pie *m* de cabra *f*;

7 la llave de horquilla *f* (llave con pernos *m*)

8 la llave de estrella *f* para bujías *f*

9 la llave Peugeot

10 la llave de tubo *m* (llave tubular) para bujías *f*

11 el ajustador de válvulas *f*

12 el tensor del muelle de válvula *f*

13 la tenaza extensora para montar segmentos *m*

14 los alicates universales

15 el cortador de boca *f* lateral

16 el rascador de cuchara *f*

17 el martillo de goma *f*

18 el martillo con cabeza *f* de bola *f* (martillo para desabollar), para partes *f* de la carrocería o guardabarros *m*

19 el yunque redondo

20 la carraca de rueda *f* dentada

21 la carraca de piñón *m*

22 y **23** tenazas *f* de seguros *m*:

22 para seguros *m* interiores

23 para seguros *m* exteriores;

24 los alicates de garra *f* larga

25 la llave con dinamómetro *m* de torsión *f*

26 la llave de tapacubos *m* (llave de tapones *m* de depósitos *m*)

27 el tacómetro (contador de revoluciones *f*)

28 las tenazas para montar muelles *m* de freno *m*

29 la llave para tuercas *f* hexagonales

30 el destornillador angular

31 el separador de cubiertas *f*

32 la hembrilla del motor, para levantar el motor

33 el extractor de tornillos *m*

34 el dispositivo de reglaje *m* del paralelismo de las ruedas
35 los estuches de las piezas pequeñas
36 el comprobador del consumo de gasolina *f*
37 la caja portaherramientas
38 la batería (el acumulador):
39 el borne [polo *m* positivo o polo negativo]
40 el orificio de relleno *m* (orificio para la carga de líquido *m*)
41 la caja de batería *f*;
42-45 la carga de la batería:
42 el grupo eléctrico de carga *f*
43 el extractor de líquido *m*:
44 el densímetro (areómetro, acidómetro);
45 la botella, con agua *f* destilada;
46 el comprobador de baterías *f*
47 el gato
48 la bomba de aire *m* de mano *f*
49 el fuelle de pie *m*
50 la bomba de engrase *m*
51 el dispositivo de control *m* para los inyectores
52 el taladrador
53 la rectificadora planetaria
54 la prensa hidráulica
55 la máquina de esmerilar válvulas *f*
56 el probador y limpiador *m* de bujías *f*
57 el nivelador (la equilibradora) de ruedas *f*
58 el centrador de luces *f* delanteras de automóviles *m*
59 el reóstato probador
60 la grúa de mano *f*:
61 la columna de la grúa
62 el aguilón (brazo) de la grúa;
63 la fosa de reparaciones *f*
64 los tablones de cubierta *f*
65 el mecánico de automóviles *m*
66 el gato con ruedas *f* (el alzacoches móvil)
67 la tarima rodadiza del mecánico
68 la carretilla de las herramientas
69 el algodón de limpieza *f*

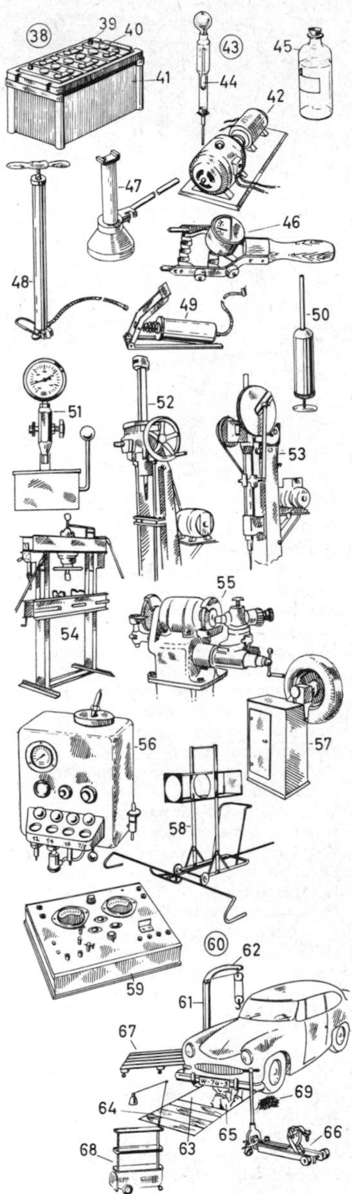

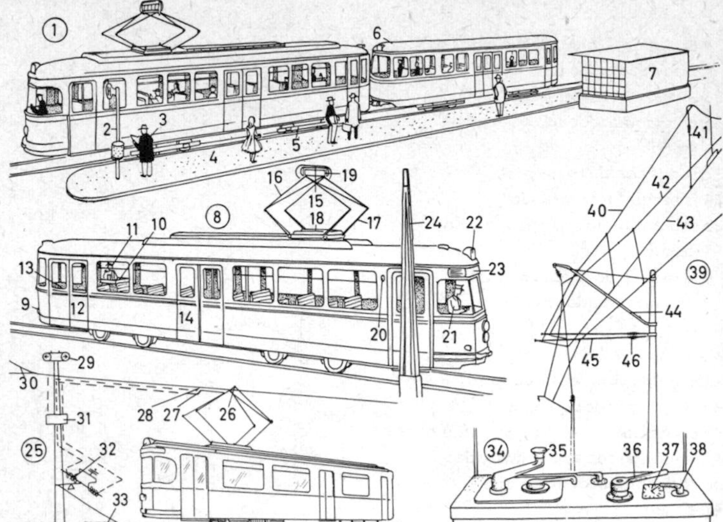

1 el tranvía de gran capacidad *f* con remolque *m*:
2 el poste de parada *f* del tranvía, con el cartel de parada
3 el usuario del servicio de tranvías *m* (el pasajero)
4 la parada del tranvía (el burladero de la parada del tranvía)
5 la boga con suspensión *f* de caucho *m*
6 el remolque del tranvía;
7 el refugio de espera *f*
8 el coche tractor, un coche motor de dirección *f* única:
9 la luz de señal *f* de parada *f*
10 el asiento del cobrador
11 el cobrador del tranvía (*Arg.:* el guarda)
12 la entrada trasera
13 la plataforma
14 la puerta de salida *f* plegable o de corredera *f* accionada a distancia *f*
15-19 el pantógrafo (colector de corriente *f*); *otro sistema:* el trole, el arcocolector:
15 la barra de contacto *m* deslizante (el frotador)
16 la charnela superior
17 la charnela inferior
18 el muelle elevador
19 el muelle de balanceo *m*;
20 la luz intermitente
21 el conductor
22 el número de la línea del tranvía
23 el cartel del recorrido;
24 el poste de hormigón *m*
25 el cambio electro-magnético (la aguja electro-magnética):
26 la barra de contacto *m* deslizante (el frotador)
27 el contacto por deslizamiento *m*
28 el contacto de interrupción *f*
29 la lámpara de señal *f* de cambio *m* de aguja *f*
30 el cambio del cable de toma *f* de corriente *f*
31 la magneto de control *m* del cambio de dirección *f*
32 la magneto de tracción *f*
33 la lengüeta del cambio (lengüeta de resorte *m*);
34 el tablero de los mandos:
35 el combinador, un regulador de leva *f* de la velocidad; *también:* el freno eléctrico
36 la palanca del arenero
37 el cronometrador del recorrido
38 la palanca para el freno de aire *m* comprimido;
39 la suspensión de la línea aérea de contacto *m*:
40 la catenaria
41 el cable de suspensión *f* (la péndola)
42 el cable auxiliar (hilo intermedio)
43 el cable de contacto *m* (el hilo de trabajo *m*)
44 el aguilón
45 el soporte de ángulo *m*
46 el aislador del soporte

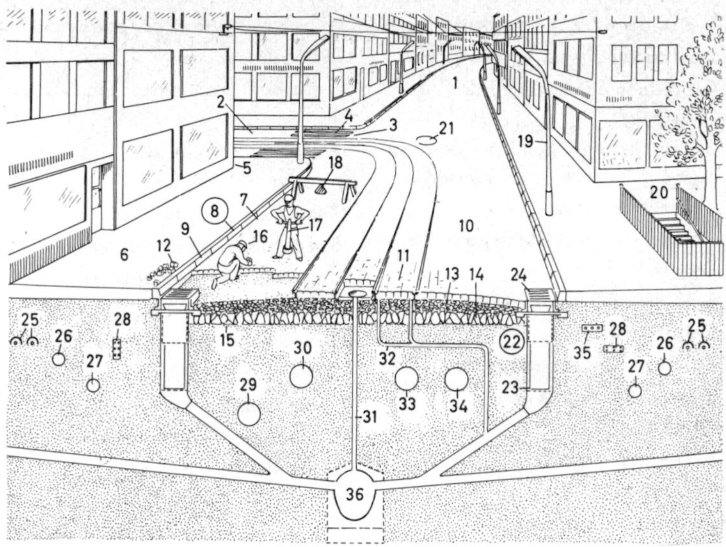

1 la calle
2 la calle lateral (travesía)
3 el paso de peatones *m*:
4 las rayas indicadoras;
5 la esquina de la calle
6 la acera (*Guat.*, *Méj.*: la banqueta)
7 el arroyo
8 el bordillo (*Chile*: la solera; *P. Rico*: el cintillo):
9 el encintado (la piedra del bordillo);
10 la calzada
11 el empedrado (adoquinado):
12 el adoquín, una piedra labrada
13 la capa de grava *f*
14 el firme
15 la caja;
16 el adoquinador (empedrador)
17 el pisón de mano *f*
18 la señal de advertencia *f*; *en este caso*: ¡Peligro! ¡Obras!
19 la farola, una lámpara fluorescente
20 la entrada al urinario público subterráneo
21 la tapa del registro, para el alcantarillado
22 la alcantarilla (*Amér.*: el resumidero), con colector *m* de cieno *m*:
23 el colector de cieno *m*
24 la rejilla del sumidero;
25 los cables de electricidad *f* para el suministro doméstico y el cable de consumo *m* principal
26 la conducción de gas *m*
27 la conducción de agua *f*
28 los cables telefónicos
29 la conducción principal de agua *f*
30 la conducción de calefacción *f* del distrito
31 el pozo de ventilación *f*
32 el sistema de drenaje *m* de los carriles
33 la conducción de gas *m* a larga distancia *f*
34 la conducción principal de gas *m* para el consumo
35 los cables telefónicos para los bomberos o la policía
36 la cloaca para aguas *f* fecales y llovedizas (*Méj.*: la coladera)

1-40 máquinas *f* limpiadoras de calles *f* y quitanieves *m*,

1 el camión de recogida *f* de basuras *f*:

2 el dispositivo basculante de recogida *f*, un sistema de vaciado *m* libre de polvo *m*;

3 el coche pequeño de riego *m*, un jeep

4 el coche quitanieves de las aceras:

5 el arenero;

6 el barrecalles de tres ruedas *f*

7 la carretilla para la basura

8 el barrendero

9 la escoba

10 el brazalete distintivo

11 el recogedor de basuras *f*

12 la máquina barredora y recogedora automática de basuras *f*, un volquete [en el momento de la descarga]

13 el coche recogedor de nieve *f*:

14 el tubo de carga *f*

15 el quitanieves lateral (grupo lateral);

16 el esparcidor de arena *f*:

17 el arenero, un esparcidor automático

18 el camión esparcidor giratorio

19 la paleta de distribución *f* de la arena;

20 el quitanieves en cuña *f*, un rompenieve de dos rejas *f*

21 el gran quitanieves de carreteras *f*, un aventador:

22 el tambor triturador giratorio

23 el cortador de nieve *f* helada, una cuchilla

24 los canales giratorios para la expulsión de la nieve;

25 el camión grúa para la limpieza de alcantarillas *f*:

26 el aguilón giratorio (la grúa giratoria)

27 la cuba para el cieno;

28 el camión aspirador del cieno y vaciador de alcantarillas *f*:

29 el bastidor del tubo;

30 el quitanieves de mano *f* accionado por motor *m*, un quitanieves de un solo frente

31 el camión combinado barredor *m* de calles *f* y regadera *f*:

32 el cilindro-escoba de alambre *m* de acero *m* (cilindro-escoba, cepillo cilíndrico giratorio)

33 la regadera a presión *f*;

34 el camión de aguas *f* fecales:

35 la bomba de vacío *m*;

36 el camión de riego *m*:

37 el domo, con tapadera *f* de charnela *f*

38 el tanque de agua *f*

39 la regadera

40 el conductor distribuidor del riego

1
2
3
4
5
6
7
8
9
10
11
12
13
14
15
16
17
18
19
20
21
22
23
24
25
26
27
28
29
30
31
32
33
34
35
36
37
38
39
40

1-54 máquinas *f* para la construcción de carreteras *f*,

1 la excavadora universal (excavadora con pala *f* de empuje *m*):
2 la caja de la maquinaria
3 el tractor de oruga *f*
4 el brazo del cucharón
5 el cucharón (la pala, la cuchara)
6 los dientes de la pala (dientes rompedores);
7 el volquete, un camión de carga *f*:
8 la caja basculante metálica
9 la costilla de refuerzo *m*
10 el salvacabina
11 la cabina del conductor;
12 la carga a granel *m*
13 la hormigonera:
14 el montacargas automático
15 el tambor de mezcla *f*, un grupo mezclador;
16 la niveladora de oruga *f*:
17 la niveladora
18 la aplanadera (reja) [una cuchilla];
19 la escarificadora:
20 los arrancadores (picos de penetración *f* regulable)
21 la reja escarificadora
22 la corona giratoria de la reja;
23 el ferrocarril de vía *f* estrecha [un ferrocarril de obras *f*]:
24 la locomotora Diesel ligera, una locomotora de vía *f* estrecha
25 la vagoneta de remolque *m*;
26 el pisón de explosión *f* (pisón de combustión *f* interna), una apisonadora; *más pesado :* el pisón de explosión *f* tipo rana:
27 las varillas de guía *f* y control *m*;
28 la empujadora niveladora (planeadora de oruga *f*):
29 la aplanadera (reja)
30 el bastidor de empuje *m*;
31 la máquina distribuidora de grava *f*:
32 la viga apisonadora
33 los patines (la peana de deslizamiento *m*)
34 la chapa de limitación *f* lateral
35 la pared lateral del depósito de almacenamiento *m*;
36 la apisonadora a motor *m* de tres rulos *m* (cilindros), una apisonadora para obras *f* viales:
37 el rulo (cilindro)
38 el tejadillo para todo tiempo *m*;
39 el compresor móvil Diesel [un grupo motocompresor]:
40 el cilindro (la botella) de oxígeno *m*;
41 la esparcidora automotriz del recebo:
42 la aleta esparcidora;
43 la bituminadora:
44 la pared lateral del depósito de almacenamiento *m*
45 el depósito de material *m*;
46 la bituminadora alquitranadora, con caldera *f* para derretir el alquitrán y el betún:
47 el tanque de alquitrán *m*;
48 la instalación totalmente automática para la mezcla, secado *m* y apisonado *m* del asfalto:
49 el alimentador elevador de cangilones *m*
50 el tambor para la mezcla del asfalto
51 el montacargas llenador
52 la abertura de alimentación *f*
53 el inyector de substancia *f* aglutinante
54 la salida del asfalto mezclado;
55 la sección transversal normal de una carretera alquitranada:
56 el borde
57 la inclinación transversal
58 la capa de asfalto *m*
59 la infraestructura
60 el firme o la capa de grava *f*, una capa de defensa *f* contra las heladas
61 el drenaje del subsuelo (el subdrenaje)
62 el tubo perforado de cemento *m*
63 la zanja de drenaje *m*
64 la cubierta de humus *m* (la capa de mantillo *m*)

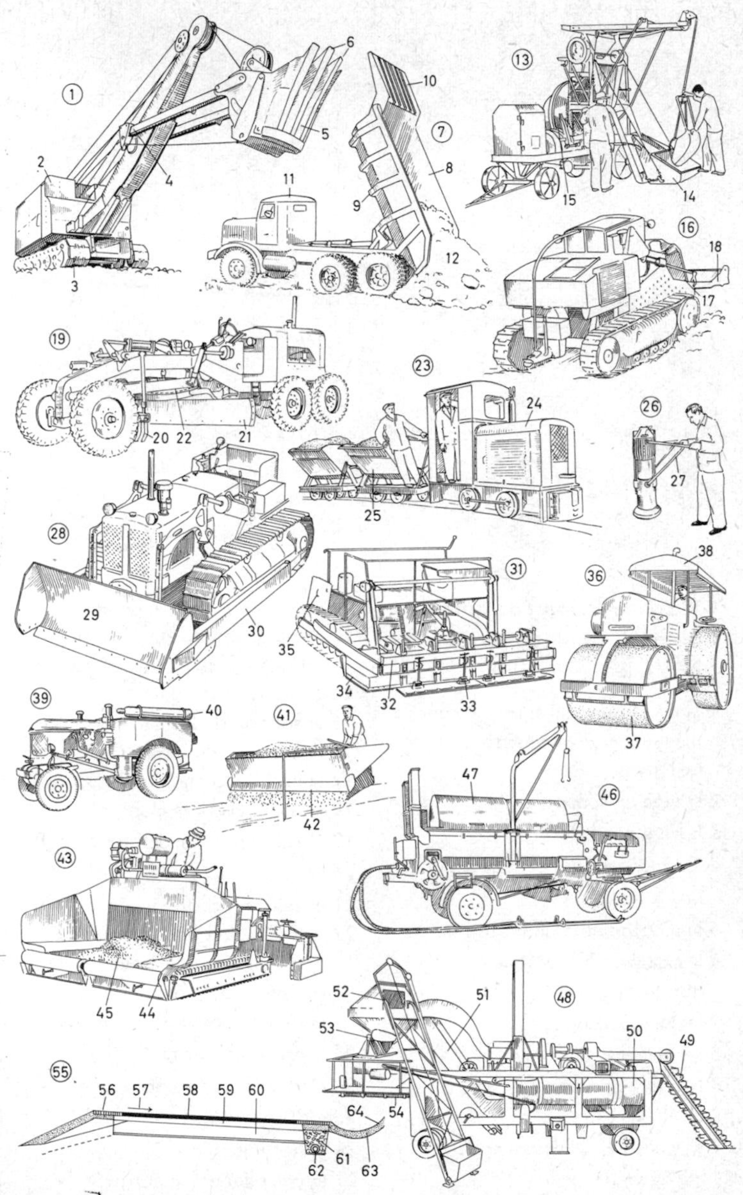
1
2
3
4
5
6
7
8
9
10
11
12
13
14
15
16
17
18
19
20
21
22
23
24
25
26
27
28
29
30
31
32
33
34
35
36
37
38
39
40
41
42
43
44
45
46
47
48
49
50
51
52
53
54
55
56
57
58
59
60
61
62
63
64

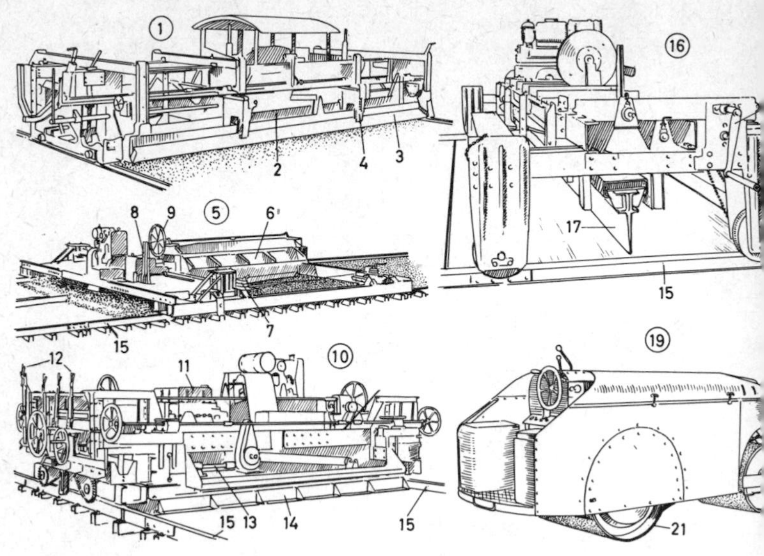

1-27 construcción *f* **de autopistas** *f* (construcción de carreteras *f* de hormigón *m*),

1 la niveladora del subsuelo, una máquina para la construcción de carreteras *f*:

2 la viga apisonadora

3 la viga niveladora

4 los rodillos guía para la viga niveladora;

5 la distribuidora de hormigón *m*:

6 la caja para la distribución del hormigón

7 la guía de cables *m*

8 las palancas de control *m*

9 la rueda de mano *f* para el vaciado de las cajas;

10 el vibrador de superficie *f*:

11 el engranaje

12 las palancas de mando *m*

13 el eje de impulsión *f* para los vibradores de la viga vibradora

14 la banda alisadora

15 el soporte de los carriles guía;

16 el cortador de juntas *f*:

17 la cuchilla cortadora de juntas *f*

18 la manivela para el avance;

19 el rulo vibrador de carreteras *f*:

20 el rulo guía

21 el rulo vibrador;

22 la instalación para la mezcla de hormigón *m*, una estación central de mezcla, una instalación de peso *m* y mezcla automáticos:

23 la artesa colectora

24 el elevador de cangilones *m*

25 el silo del cemento

26 la hormigonera

27 la cuba del hormigón;

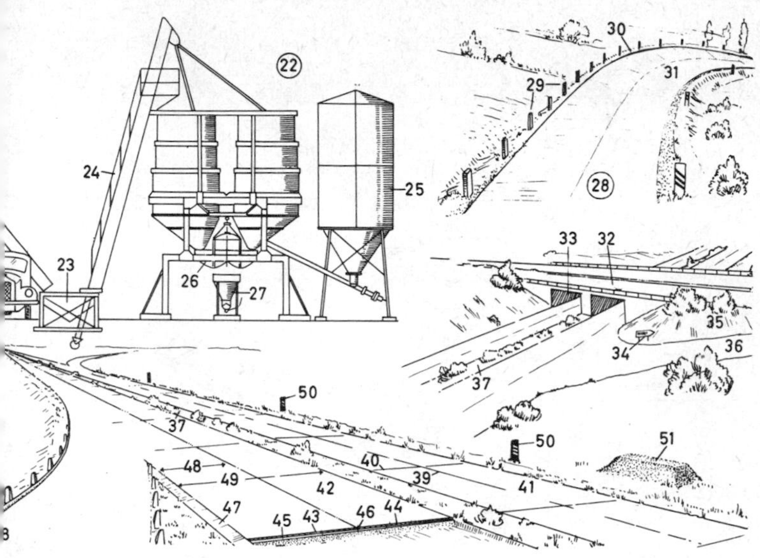

28 la carretera nacional:

29 los guardacantones indicadores de curva *f*

30 el peralte en curva *f*

31 la curva;

32-50 la autopista:

32 el paso superior (viaducto)

33 el paso inferior

34 el cono de la escarpa

35 el terraplén de la carretera

36 la salida de la autopista; *anál.:* la entrada a la autopista, una carretera de acceso *m*

37 la faja intermedia (faja verde, faja de césped *m*)

38 el bordillo guía; *clases:* el bordillo guía de cemento *m* o bordillo guía de madera *f*

39 y **40** las juntas de expansión *f*:

39 la junta longitudinal

40 la junta transversal;

41 la losa de hormigón *m*

42 la superficie de la carretera de hormigón *m*

43-46 el perfil de la cubierta de una carretera de hormigón *m*:

43 el hormigón de la superficie de rodadura *f*

44 la capa de defensa *f* contra las heladas

45 el hormigón del fondo

46 la junta de tabla *f*;

47 el borde (saliente) de hormigón *m*

48 la anchura de la losa

49 la anchura de la pista

50 la señal de empalme *m*;

51 el montón de material *m* (montón de material de mezcla *f*, de grava *f* y de arena *f*)

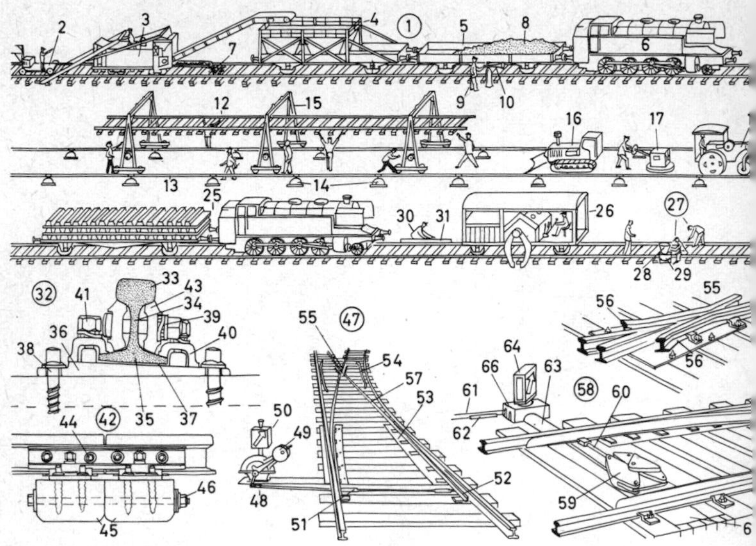

1-31 el trazado de líneas *f* férreas;

anál.: la conservación de las líneas férreas,

1 el tren de tendido *m* de vía *f*:
2 la vagoneta de control *m*
3 la máquina de limpiar balasto *m* (la limpiadora de balasto)
4 el vagón tolva
5 el vagón recolector de tierras *f* sobrantes
6 la locomotora del tren de balasto *m*
7 el balasto limpio
8 las tierras sobrantes (los productos de la limpieza);
9 el encargado (capataz)
10 la sirena, una sirena de señales *f*
11 el tren de conducción *f* de tramos *m* de vía *f*
12 el tramo de vía *f*
13 la vía provisional
14 el apoyo provisional
15 la grúa de pórtico *m* móvil
16 la niveladora de oruga *f* de la explanación
17 la apisonadora vibratoria del balasto
18 la apisonadora de rodillos *m* para el balasto
19 el vagón para el transporte de traviesas *f*
20 el obrero de Vías *f* y Obras *f*, un obrero de ferrocarriles *m*
21 las tenazas para los carriles
22 el terraplén (la explanación del trazado de la vía)
23 la vagoneta para el transporte de traviesas *f*
24 la grúa de pórtico *m* móvil para las traviesas
25 el tren para el transporte de traviesas *f*
26 la bateadora (máquina de atacar el balasto bajo las traviesas, la atacadora)
27 la brigada de soldadura *f*:
28 el embudo de soldadura *f* con termita *f*
29 el molde
30 el capataz de la brigada de Vías *f* y Obras *f*
31 el nivel de carriles *m* (nivel de burbuja *f*)
32 el carril:
33 la cabeza del carril
34 el alma *f* del carril
35 el patín del carril
36 la placa de asiento *m*
37 la plantilla
38 el tirafondo
39 las arandelas de muelle *m* (arandelas elásticas)
40 la placa de sujeción *f*
41 el tornillo de retención *f* (de sujeción) del carril
42 la junta de los carriles:
43 la brida
44 el tornillo de brida *f*
45 la traviesa de junta *f* acoplada
46 el tornillo de sujeción *f* de las traviesas acopladas;

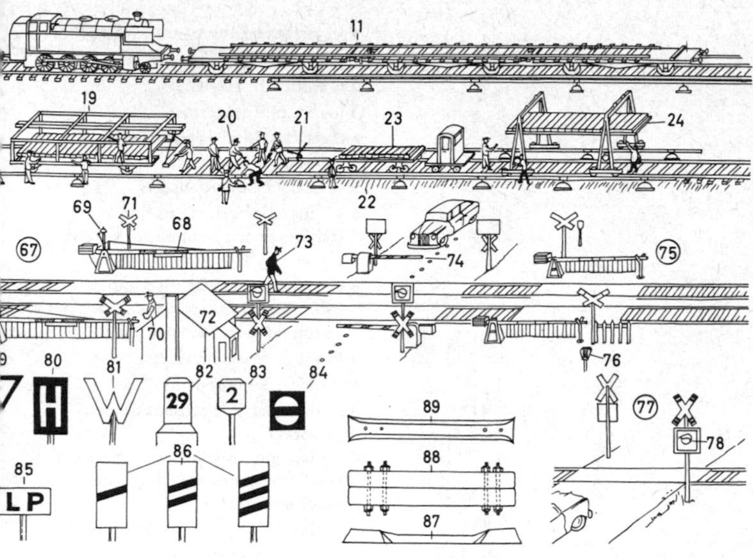

47 el aparato de cambio *m* de vía *f* movido a mano *f* (la aguja movida a mano):
48 el aparato de maniobra *f* de las agujas movido a mano *f* (la aguja para desvío *m* movida a mano)
49 el contrapeso
50 la señal del aparato de cambio *m* (el farol indicador de posición *f* de las agujas)
51 el tirante de unión *f* de las agujas
52 la lengüeta de la aguja
53 los patines (las resbaladeras) de las agujas
54 el contracarril
55 el cruzamiento (la punta del corazón)
56 la pata de liebre *f*
57 el carrilaje del cambio;
58 el aparato de cambio *m* de vía *f* movido a distancia *f*:
59 el cerrojo del aparato de cambio *m*
60 el tirante de unión *f* del cerrojo con las agujas
61 el alambre (cable) de transmisión *f*
62 el tensor roscado (tornillo tensor)
63 el canal [de protección *f* del alambre de transmisión *f*]
64 la señal de cambio *m* con alumbrado *m* eléctrico
65 el foso (la arqueta) del cambio
66 la caja protectora de la transmisión del cambio;

67-78 pasos *m* a nivel *m*:

67 el paso a nivel *m*
68 la barrera
69 el timbre de aviso *m* a distancia *f*
70 el guardabarrera
71 la señal de proximidad *f* (de paso *m* a nivel *m*)
72 la caseta del guardabarrera
73 el vigilante de la vía
74 la media barrera
75 la barrera accionada por micrófono *m*:
76 la instalación eléctrica para accionamiento *m* por medio de la voz (instalación de comunicación *f* recíproca);
77 el paso a nivel *m* sin guarda *m*:
78 la señal luminosa de aviso *m*;

79-86 señales *f* de tráfico *m* ferroviario:

79 la señal de limitación *f* de velocidad *f*
80 la señal de parada *f*
81 la señal de anuncio *m* de parada *f*
82 el poste kilométrico ferroviario
83 el poste hectométrico
84 la señal de cierre *m* de vía *f* [*en Alemania*]
85 el cartelón de señal *f* acústica
86 las pantallas de proximidad *f* de las señales avanzadas;
87 la traviesa de hormigón *m*
88 la traviesa de junta *f* acoplada
89 la traviesa de acero *m*

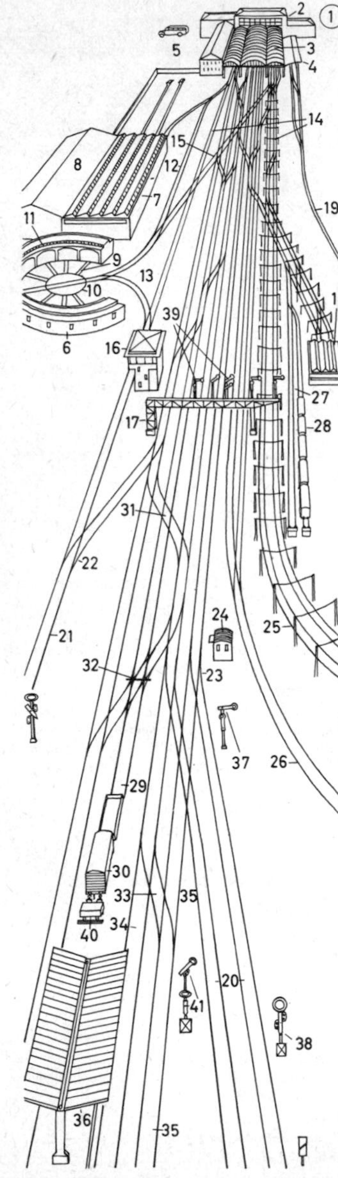

1 la estación terminal (estación término, estación de origen *m*):

2 el edificio de la estación

3 los andenes cubiertos;

4 la estación local de ferrocarriles *m* (estación secundaria)

5 la estación de autobuses *m*

6 y **7** los talleres de reparaciones *f* (talleres de entretenimiento *m* y conservación *f*):

6 el cocherón circular (depósito de locomotoras *f*, depósito de máquinas *f*, la rotonda para locomotoras)

7 la vía de reparaciones *f*;

8 el garaje de autobuses *m*

9 la vía radial de la rotonda de locomotoras *f*

10 la placa giratoria (el puente giratorio)

11 la salida de humo *m* (el linternón de salida de humos *m*)

12 la vía de playa *f* para locomotoras *f* (vía de estacionamiento *m*)

13 el triángulo de giro *m* de locomotoras *f*

14 las vías de llegada *f* y salida *f*

15 la vía diagonal de maniobras *f* (la calle de cambios *m*)

16 la torre de señales *f* de mando *m* (el puesto de maniobra *f*)

17 el puente transversal de señales *f*

18 el cocherón para locomotoras *f* eléctricas

19 el ferrocarril secundario, un ferrocarril local

20 la línea principal con vía *f* doble

21 la vía de circulación *f* de locomotoras *f*

22 la conexión

23 la bifurcación

24 la garita de señales *f* de mando *m* de bifurcación *f*

25 la línea principal electrificada

26 la línea principal de vía *f* única

27 el haz de vías *f* de maniobra *f*

28 los vagones apartados en la vía muerta, un tren de vagones

29 el apartadero (la vía de mango *m*, vía muerta)

30 el vagón de servicio *m* de la estación

31 el cruzamiento

32 la aguja de cruzamiento *m*
33 el crucero sencillo
34 la línea suburbana (línea de cercanía *f*)
35 la línea directa principal
36 el apeadero (*Cuba, Chile, Guat., Perú, P. Rico:* el paradero)
37 la señal de entrada *f*
38 la señal avanzada
39 la señal de alto *m* (señal de parada *f*)
40 el parachoques (paratopes)
41 la señal de bloqueo *m*, con señal avanzada de entrada *f*
42 la instalación para carboneo *m*:
43 la grúa para el carbón
44 el silo de carbonera *f* (el corral de carbonera, el depósito del carbón)
45 la pared de la carbonera (pared del corral)
46 la torre de los faros de iluminación *f*
47 el puente grúa;
48 el depósito elevado de agua *f* (el cubato elevado)
49 la armazón base del cubato
50 el foso de reconocimiento *m*
51 el foso para tirar las escorias y cenizas *f*
52 la grúa hidráulica
53 el silo (corral) para escorias *f*
54 el arenero (la instalación para carga *f* de arena *f*)
55 la oficina del capataz
56-72 instalación *f* para mando *m* de señales *f*,
56 la cabina de mando *m* a mano *f*:
57 el juego de palancas *f*
58 la palanca de cambio *m* [azul], una palanca de cerrojo *m*
59 la palanca de señales *f* [rojo]
60 el gatillo del trinquete
61 la palanca de vía *f* libre
62 el bloqueo de tramos *m* (de secciones *f*)
63 el tablero de mando *m* del bloqueo;
64 la torre de señales *f* accionada eléctricamente [E 43]:
65 los botones para accionar agujas *f* y señales *f*
66 el registro de cierre *m*
67 el tablero de control *m*;
68 el diagrama esquemático de vías *f*:
69 el tablero de posición *f* de agujas *f*
70 los pulsadores
71 las vías
72 el altavoz-receptor (la instalación de comunicación *f* recíproca)

1 el despacho de expedición *f* y recepción *f* de paquetes *m* en trenes *m* expresos:

2 el bulto enviado por expreso *m*

3 la etiqueta del bulto enviado por expreso *m*;

4 el despacho de facturación *f* y recepción *f* de equipajes *m*:

5 la báscula automática

6 el baúl camarote

7 el marbete con la dirección

8 el resguardo del equipaje

9 el empleado del despacho;

10 el libro de citas *f*

11 el limpiabotas (betunero; *Méj.:* el bolero)

12 el sillón para el cliente

13 el restaurante de la estación

14 la sala de espera *f*

15 el plano de la ciudad

16 el tambor del horario de trenes *m*

17 el mozo de hotel *m*

18 el indicador de trenes *m* y andenes *m*:

19 el tablero de las horas de llegada *f*

20 el tablero de las horas de salida *f*;

21 los compartimientos con llave *f*, para guardar el equipaje uno mismo

22 la máquina automática expedidora de billetes *m* de andén *m*

23 el túnel de acceso *m* a los andenes, con barrera *f*

24 la garita del revisor

25 el revisor de billetes *m*

26 el quiosco de libros *m* de la estación

27 la consigna

28 la oficina de información *f* de hospedaje *m*

29 la oficina de información *f*

30 el reloj de la estación, un reloj regulador (reloj de hora *f* oficial)

31 la oficina de cambio *m*

32 el horario de pared *f*

33 el mapa esquemático

34 el despacho de billetes *m*:

35 la taquilla de venta *f* de billetes *m*

36 el billete

37 el platillo giratorio [para las vueltas de dinero *m*]

38 el higiafón

39 el taquillero (expendedor de billetes *m*)

40 la máquina de imprimir billetes *m*

41 el baremo iluminado del pupitre

42 el prisma giratorio

43 el aparato impresor manual

44 la guía de bolsillo *m*

45 el descanso para el equipaje;

46 la cabina del teléfono público

47 el estanco (*Amér.* : la cigarrería) de la estación

48 la floristería

49 el empleado de información *f*

50 la guía (el horario) oficial de ferrocarriles *m*

51 la pizarra para anunciar los retrasos de trenes *m*

52 el buzón de la estación, un buzón de alcance *m*

53 la Misión de la estación

54 el botiquín (puesto de socorro *m*)

201 El andén

1 el vestíbulo del andén (el andén techado)

2 la escalera de acceso *m* al andén, que viene del túnel del andén

3 los viajeros [el viajero y la viajera]

4-12 el equipaje:

4 la maleta

5 la etiqueta (tarjeta con la dirección)

6 las etiquetas del hotel

7 el bolso de viaje *m*

8 la manta de viaje *m*

9 el neceser

10 el paraguas, con funda *f*

11 la sombrerera

12 el baúl camarote;

13 el edificio de servicio *m* anejo

14 el limpiacoches

15 la escalera para la limpieza

16 la explanada (plataforma aneja a la estación)

17 el estante rodante de periódicos *m*

18 la lectura para el viaje

19 el vendedor de periódicos *m*

20 el paso a nivel *m*

21 el bordillo del andén

22 el policía de ferrocarriles *m*

23 el indicador de la dirección y horario *m* de trenes *m*

24 la tablilla indicadora del destino

25 el indicador de la hora de partida *f*

26 la tablilla indicadora de retrasos *m*

27 el tren de pasajeros *m*, un automotor

28 el altavoz del andén

29 la carretilla eléctrica del andén

30 el encargado de la carga del equipaje

31 la fuente de agua *f* potable

32 el mozo de equipajes *m* (mozo de cuerda *f*; *Col.*: el altozanero)

33 la carretilla de mano *f* para el equipaje

34 la placa de ruta *f* y destino *m*

35 la señal de salida *f*, una señal luminosa

36 el inspector del material rodante y vagones *m*
37 el martillo comprobador de ruedas *f*
38 la limpiadora, en servicio *m* de acompañamiento *m* de tren *m*
39 el inspector
40 el bastón de señales *f* [*en España:* el banderín de señales]
41 el disco de señales *f* [en la oscuridad, una lámpara]
42 la gorra roja
43 el banco del andén
44 la cabina telefónica del andén
45 el cuarto del personal de servicio *m*
46 el buzón del andén
47 el fuelle de la pasarela
48 el quiosco de refrescos *m* y comidas *f* para el viaje
49 el puesto rodante de refrescos *m* y bocadillos *m*
50 el vaso de papel *m*
51 el plato de cartón *m*
52 el calentador de las salchichas hervidas
53 el reloj del andén
54 el revisor (empleado del tren)
55 el talonario de billetes *m* circulares (el kilométrico), con billetes
56 el sacabocados y fechador *m* de billetes *m*
57 el compartimiento del revisor
58 el compartimiento sólo para mujeres *f* y niños *m*
59 la despedida
60 el beso
61 el abrazo
62 el montacargas
63 la cabina del conductor
64 la rueda alada [símbolo *m* de los ferrocarriles alemanes]

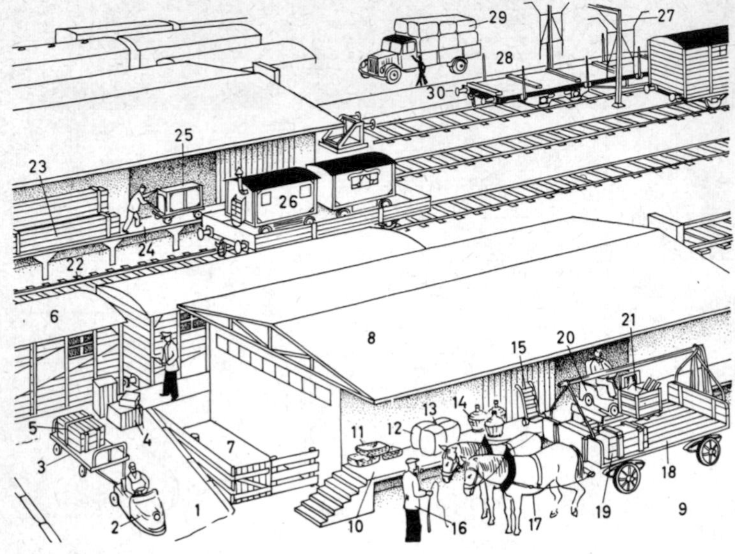

1 la rampa de acceso *m* (rampa de vehículos *m*); *anál.:* la rampa del ganado

2 el tractor eléctrico

3 el remolque del tractor eléctrico

4 los bultos (bultos sueltos, fardos, la mercancía en fardos); *en transportes colectivos:* carga *f* colectiva

5 el fleje

6 el vagón rápido de mercancía *f* en fardos *m*

7 el redil de ganado *m* menor, un corral para el ganado

8 el tinglado de las mercancías (el cobertizo para las mercancías)

9 la acera de carga *f*

10 la rampa del tinglado (rampa de carga *f*)

11 la cesta de frutas *f* u hortalizas *f*, una cesta de mimbre *m*

12 la bala

13 la atadura

14 la damajuana (castaña)

15 la carretilla para los sacos

16 el carrero (carretero)

17 el caballo de tiro *m*, un animal de tiro

18 el carro de acarreo *m* (carro de reparto *m*), un carro de carga *f* para el servicio de reparto de mercancías *f*

19 la jaula (el cajón enrejado)

20 la carretilla elevadora (carretilla de horquilla *f*)

21 el portacargas, una caja para bultos *m* pequeños

22 el apartadero de carga *f*

23 las mercancías voluminosas

24 la rampa del tinglado (rampa lateral, rampa de carga *f*)

25 el cajón con ruedas *f* para el transporte interior de pequeños bultos *m*, una caja de expedición *f* con ruedas *f*

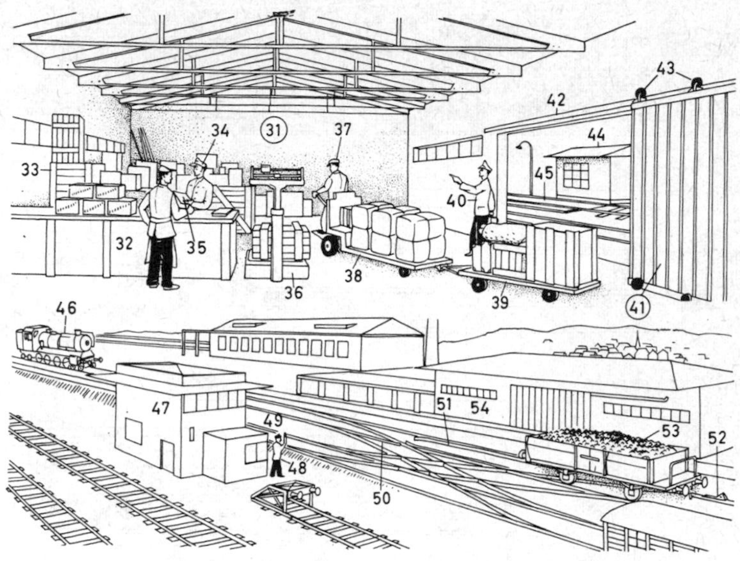

26 el vagón de feriantes *m*

27 el gálibo

28 el muelle (la rampa) de carga *f*

29 las balas de paja *f*

30 el vagón telero

31 el tinglado de las mercancías (el cobertizo):

32 la recepción de carga *f*

33 las mercancías

34 el capataz del tinglado (jefe de carga *f*)

35 el talón de expedición *f*

36 la báscula de los bultos sueltos

37 el obrero del tinglado

38 la carretilla eléctrica, una carretilla de plataforma *f*

39 el remolque

40 el empleado de la oficina de consignación *f*;

41 la puerta del tinglado [una puerta de corredera *f*]:

42 el rail de corredera *f*

43 las ruedas de corredera *f*:

44-54 la estación de clasificación *f* (estación de maniobras *f*):

44 la casilla de la báscula para vagones *m*

45 la báscula para vagones *m*

46 la locomotora de maniobras *f*

47 la cabina de control *m* de maniobras *f*

48 el jefe de maniobras *f*

49 el lomo para las maniobras (la doble cuesta)

50 los carriles de maniobras *f*

51 el freno de retención *f*

52 la calza (el calzo de deslizamiento *m*)

53 la carga del vagón

54 el depósito (almacén general)

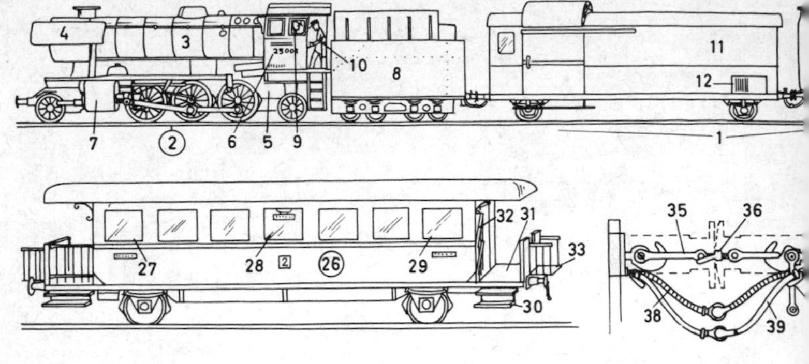

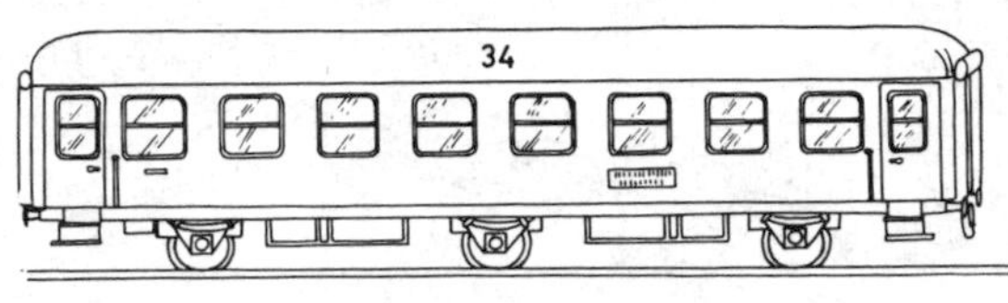

1 el tren de pasajeros *m*,

2 la locomotora del tren de pasajeros *m*, una locomotora de vapor *m*:

3 la caldera

4 la chapa guía del aire

5 el hogar

6 el número de la locomotora y el número de la serie

7 el cilindro

8 el ténder;

9 y **10** el personal de la locomotora:

9 el maquinista

10 el fogonero;

11 el furgón de los equipajes de los pasajeros

12 la perrera

13 el jefe de tren *m*

14 la bandolera de cuero *m* rojo charolado

15 la gorra de ferroviario *m*

16 el silbato de señales *f*, un pito

17 el empleado del tren

18 la oficina ambulante de correos *m*:

19 el coche correo

20 el buzón (buzón del ferrocarril)

21 el encargado de la oficina ambulante de correos *m*

22 la saca precintada de cartas *f*

23 la saca de paquetes *m*;

24 el vagón de compartimientos *m* aislados:

25 el estribo;

26 el vagón de pasajeros *m* de 2ª. clase *f*, un vagón de plataforma *f* abierta:

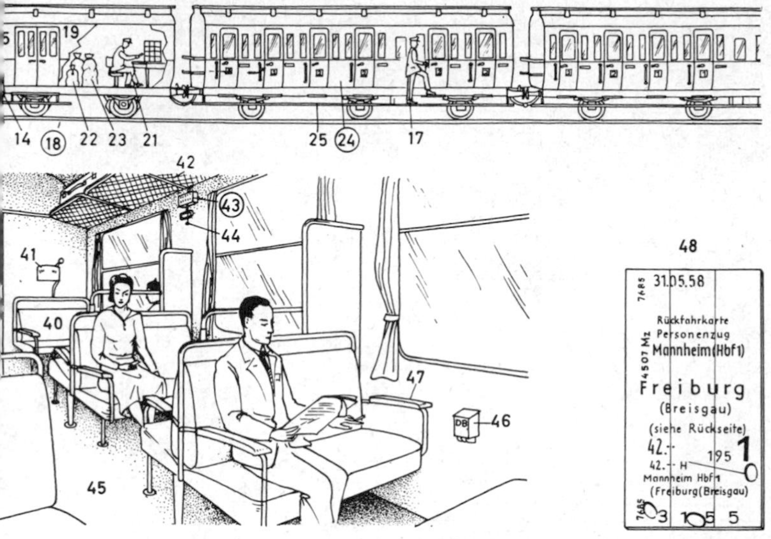

27 el departamento de fumadores *m*

28 el departamento reservado para mutilados *m*

29 el departamento de no fumadores *m*

30 el estribo

31 la plataforma exterior

32 la barrera de enrejado *m* extensible

33 el puente (pasillo extensible);

34 el coche de pasajeros *m*, un vagón de metal *m* ligero

35-39 la conexión de tubos *m* y enganche *m* de vagones *m*:

35 el eslabón de enganche *m*

36 el tensor (tornillo de acoplamiento *m* con palanca *f* tensora)

37 el acoplamiento suelto

38 la manga de acoplamiento *m* de la calefacción (manga de unión *f* de la conducción del vapor para la calefacción)

39 la manga de acoplamiento *m* de la conducción del freno;

40-47 el interior del vagón:

40 el asiento tapizado de plástico *m*

41 el regulador de la calefacción

42 la redecilla para el equipaje

43 el freno de alarma *f*:

44 el precinto;

45 el pasillo central

46 el cenicero abatible

47 el brazo del asiento;

48 el billete de ferrocarril *m* (*Cuba:* el boletín), un billete de ida *f* y vuelta *f*

204 Trenes (ferrocarriles) II

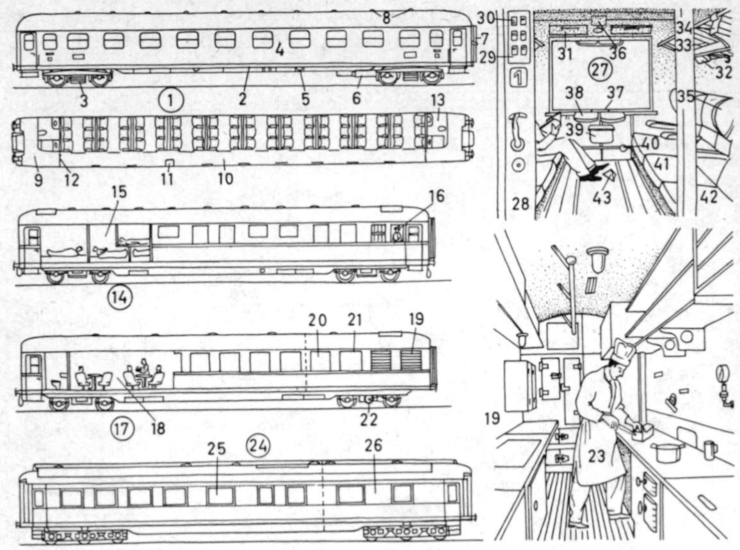

1 el vagón de tren *m* expreso:
2 la estructura inferior
3 la boga
4 la caja del vagón
5 el cilindro del freno neumático
6 el generador eléctrico
7 el fuelle plegable (fuelle de la pasarela)
8 el cilindro de ventilación *f*, un ventilador
9 la plataforma interior
10 el pasillo lateral
11 el traspuntín (la bigotera, el estrapontín)
12 el batiente oscilante
13 el excusado (lavabo; *Amér.*: el servicio);
14 el coche-cama:
15 el departamento (compartimiento) de un coche-cama
16 el encargado del coche-cama;
17 el coche-restaurante:
18 el comedor
19 la despensa
20 la oficina
21 la cocina del tren (cocina del vagón)
22 la dínamo, para generar corriente *f* propia;
23 el cocinero del tren (el jefe de cocina *f*)
24 el coche de sociedad *f* (el vagón de baile *m*, vagón de cine *m*):
25 el salón corrido (la sala de tertulias *f*, la pista de baile *m*)
26 el bar del tren;
27 el compartimiento (departamento):
28 la puerta de corredera *f*
29 la tablilla con números *m*, indicando los asientos ocupados
30 la señal del asiento ocupado
31 el ventilador
32 la luz para leer
33 la redecilla para el equipaje
34 la etiqueta de reserva *f* de asiento *m*
35 la cabecera ajustable

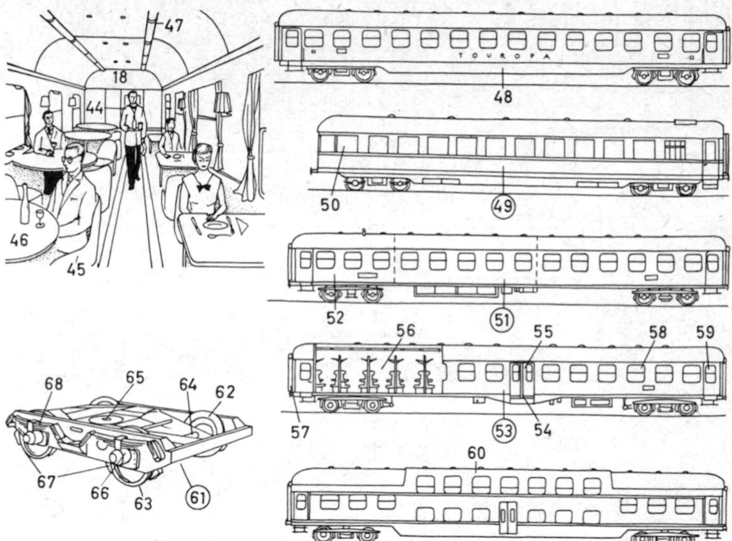

36 el freno de alarma *f*

37 la placa de advertencia *f* ["Es peligroso asomarse al exterior"]

38 la mesita abatible

39 la papelera

40 el regulador de la calefacción

41 el asiento tapizado extensible

42 el asiento de esquina *f*

43 el apoyapié (descansapiés);

44 el jefe de camareros *m* del vagón-restaurante

45 el asiento giratorio

46 la mesa ovalada

47 el tubo fluorescente

48 el Touropa, vagón *m* transeuropeo de largas distancias *f* con asientos *m* extensibles, departamento *m* de peluquería *f* y lavabos *m*

49 el coche-salón:

50 el salón (salón mirador o sala *f* de conferencias *f*);

51 el vagón-cocina:

52 el departamento del servicio;

53 el coche rápido interurbano:

54 el amortiguador de goma *f*

55 la puerta central de dos batientes *m*

56 el compartimiento corrido

57 la plancha de unión *f* entre vagones *m*

58 la ventana de guillotina *f*, una ventana de apertura *f* graduable

59 la puerta lateral de un solo batiente;

60 el coche de pasajeros *m* de dos pisos *m*

61 la boga,

62-64 el juego de ruedas *f*, con eje *m*:

62 la rueda del vagón

63 la pestaña de la rueda

64 la barra del eje;

65 el orificio para paso *m* del gorrón

66 el cojinete del eje, con lubricador *m* del eje

67 las zapatas del freno

68 la ballesta de suspensión *f* del eje

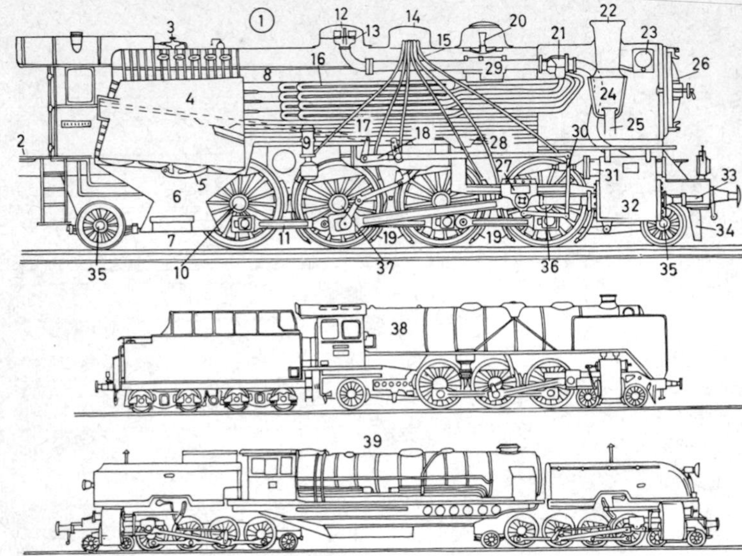

1 la locomotora de vapor *m*
(la máquina de vapor, máquina de vapor de émbolo *m*), una locomotora por adherencia *f*,

2-37 la caldera de la locomotora y el mecanismo motor:

2 la chapa de unión *f* de máquina *f* y ténder *m*, con enganche *m*

3 la válvula de seguridad *f*, para el exceso de presión *f*

4 el hogar

5 el emparrillado basculante

6 el cenicero, con ventilación *f*

7 el registro de fondo *m* del cenicero

8 los tubos del humo

9 la bomba de alimentación *f* de agua *f*

10 el cojinete del eje

11 la biela acoplada

12 el domo de la caldera (domo de vapor *m*)

13 el regulador del vapor

14 el arenero (depósito de arena *f*)

15 los tubos de salida *f* de arena *f*

16 la caldera horizontal

17 los tubos del recalentador

18 el mando del cambio de marcha *f*

19 el inyector de arena *f*

20 la válvula de alimentación *f*

21 la caja colectora del vapor (el colector del recalentador)

22 la chimenea (salida de humo *m* y de vapor *m* de escape *m*)

23 el precalentador del agua *f* de alimentación *f* (precalentador de superficie *f*)

24 la rejilla parachispas

25 el tubo de escape *m*

26 la puerta de la caja de humos *m*

27 el capacete (la cruceta)

28 el colector de lodos *m*

29 la rejilla laberinto separador de lodos *m* del alimentador del agua *f*

30 la palanca de avance *m* de la distribución (el vástago del distribuidor)

31 la caja de la distribución (caja de vapor *m* de la distribución)

32 el cilindro de vapor *m* [cilindro motor con el prensaestopa o la caja de empaquetadura *f*]

33 el vástago (la caña) del pistón

34 el quitapiedras (barrepiedras; *Arg.:* el miriñaque; *Chile:* la trompa; *P.Rico:* el botavaca)

35 el eje libre de "bissel" (eje portante)

36 el eje acoplado

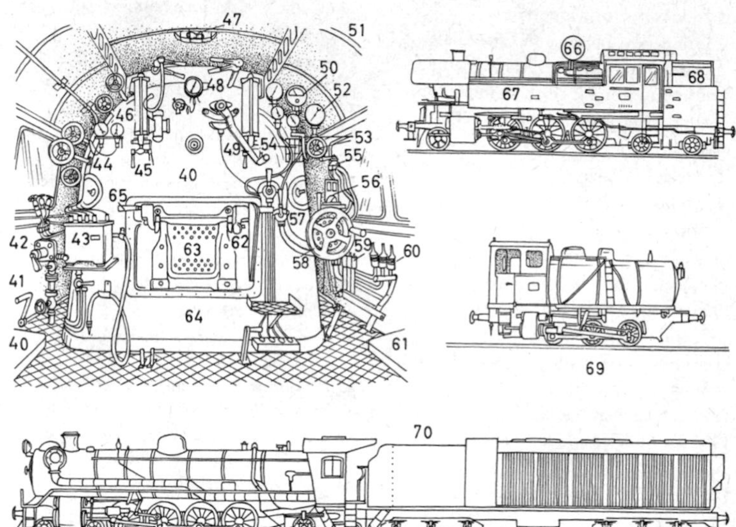

37 el eje motor;
38 la locomotora con ténder *m* para trenes *m* expresos
39 la locomotora articulada Garrat
40-65 la cabina de mando *m* de la locomotora de vapor *m*:
40 el puesto para el fogonero
41 la manivela del emparrillado móvil (de la parrilla basculante)
42 el inyector de vapor *m*
43 el distribuidor automático de engrase *m*
44 el manómetro del precalentador
45 el grifo de purga *f* del nivel de agua *f*
46 el indicador del nivel de agua *f*
47 la lámpara de la marquesina
48 el manómetro de la caldera
49 la palanca del regulador (el mando de la válvula de cierre *m*, de la válvula de salida *f* del vapor)
50 el pirómetro (teletermómetro) del recalentador
51 la marquesina de la locomotora
52 el manómetro [freno *m* de aire *m* comprimido] o el vacuómetro [freno de vacío *m*] indicador *m* de freno
53 la palanca del silbato de vapor *m*
54 el marco para itinerarios *m* del maquinista
55 la válvula de freno *m*
56 el tacómetro (registrador de velocidad *f*, el tacógrafo)
57 la palanca del arenero
58 el volante de mando *m* del cambio de marcha *f*
59 la válvula del freno de emergencia *f*
60 la válvula de descarga *f* al freno
61 el asiento para el maquinista
62 la pantalla antideslumbrante [de la puerta del hogar]
63 la puerta del hogar (la boca de carga *f*)
64 la caja de fuego *m*
65 la empuñadura de la puerta del hogar;
66 la locomotora ténder:
67 el tanque de agua *f*
68 el ténder para combustible *m* (para carbón *m*, para fuel-oil *m*);
69 la locomotora accionada por acumulador *m* de vapor *m* (locomotora sin hogar *m*)
70 la locomotora con condensador *m* del vapor de escape *m*

1 la locomotora eléctrica:
2 la línea de contacto *m* (la catenaria)
3 el pantógrafo de toma *f* de corriente *f*
4 el interruptor principal, un interruptor en aceite *m* o de gas *m* a presión *f*
5 los aisladores de entrada *f* de corriente *f*
6 el fusible principal
7 el transformador (transformador principal)
8 el mando de control *m* de levas *f*
9 el regulador de baja tensión *f*
10 el motor de tracción *f*, un motor de bastidor *m*
11 el dispositivo de compensación *f* de la presión del eje
12 el acoplamiento elástico
13 el motor del grupo compresor para el freno
14 el compresor para el freno
15 el arenero
16 el motor-ventilador [para motores *m* de tracción *f*]
17 el grupo moto-compresor para control *m*
18 el ventilador para el transformador
19 el serpentín refrigerador de aceite *m*
20 el filtro de aspiración *f* de aire *m* para el compresor
21 los inversores (reóstatos de conmutación *f*, reóstatos inversores)
22 la válvula de mando *m* del freno
23 el enganche
24 la brida de enganche *m*
25 el gancho de tracción *f*
26 el enchufe para tubería *f* de freno *m* (para el acoplamiento neumático);
27 la cabina de conducción *f* de la locomotora eléctrica:
28 el maquinista de la locomotora eléctrica
29 el asiento del conductor de la locomotora eléctrica
30 el ayudante del conductor de la locomotora eléctrica
31 el volante del combinador
32 el indicador del interruptor de contactos *m* escalonados
33 la maneta del inversor de marcha *f* (el conmutador de dirección *f* de marcha *f*)
34 el interruptor del grupo ventilador
35 el pulsador para el mecanismo de hombre *m* muerto
36 el interruptor de la calefacción del tren
37 el interruptor del grupo compresor de aire *m*
38 la válvula de mando *m* del pantógrafo
39 el interruptor extrarrápido
40 el mando del arenero
41 el voltímetro para la tensión de la calefacción
42 el voltímetro de tensión *f* de línea *f* (de tensión de catenaria *f*)
43 el amperímetro de intensidad *f* de catenaria *f* (de la corriente principal)
44 el amperímetro de los motores de tracción *f*
45 el vibrador de señal *f*
46 el manómetro del tubo principal del aire (del tubo del freno)
47 el manómetro del depósito auxiliar de aire *m*
48 el manómetro del depósito principal de aire *m*
49 el manómetro del cilindro del freno de la locomotora
50 la palanca del silbato
51 el mando del freno de emergencia *f*
52 el mando del freno automático del tren
53 el mando a mano *f* del interruptor principal
54 el tacómetro;
55 el coche automotor eléctrico, con pantógrafo *m*
56 la locomotora eléctrica para excavaciones *f* en zanja *f* abierta
57 el vagón de reconocimiento *m* de tendido *m* de línea *f*
58 el coche automotor eléctrico accionado por acumuladores *m*
59 la locomotora eléctrica para maniobras *f*
60 la unidad eléctrica de tres coches *m*

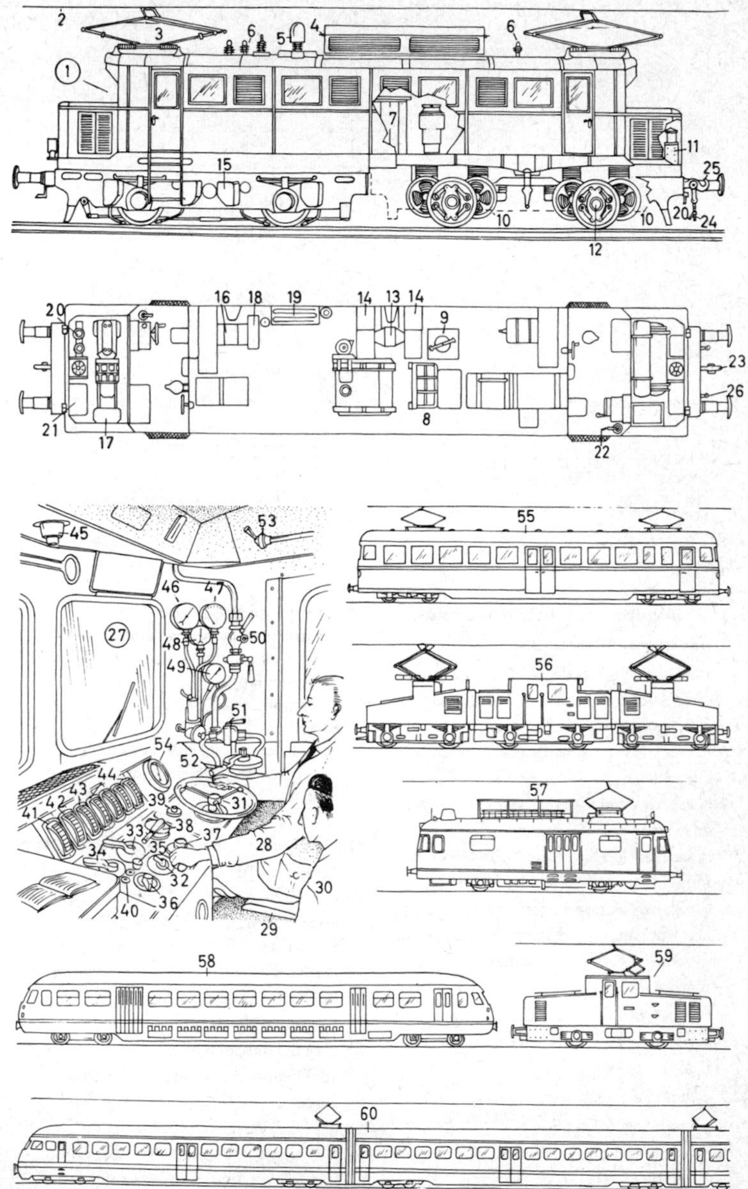

1
2
3
4
5
6
6
7
10
10
11
12
15
20
24
25
20
21
17
16
18
19
14
13
14
9
8
22
23
26
27
28
29
30
31
32
33
34
35
36
37
38
39
40
41
42
43
44
45
46
47
48
49
50
51
52
53
54
55
56
57
58
59
60

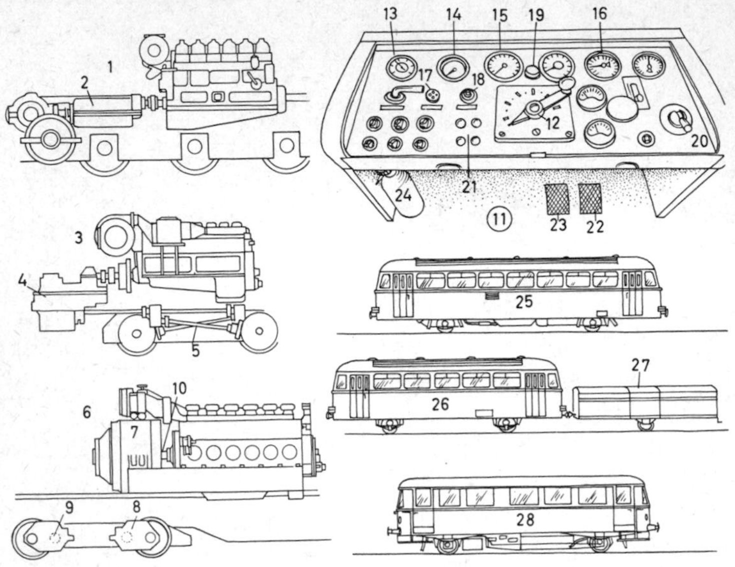

1-43 unidades *f* ferroviarias accionadas por Diesel,

1-10 la transmisión de fuerza *f* de los motores Diesel a los ejes de locomotoras *f* o de coches *m* automotores:

1 la transmisión mecánica de la tracción Diesel

2 la caja de cambios *m* de velocidades *f* de la transmisión mecánica

3 la transmisión hidráulica de la tracción Diesel

4 la turbina de transmisión *f* hidráulica, con turbomotor *m* de momento *m* de torsión *f* y cambio *m* de marcha *f*, automático

5 el árbol motor

6 la transmisión eléctrica de la tracción Diesel

7 el generador principal

8 los motores de tracción *f*

9 el piñón de ataque *m* (de ruedas *f* dentadas rectas)

10 el acoplamiento elástico;

11 el pupitre de la cabina de mando *m*:

12 el regulador de velocidad *f* (de cambio *m* de velocidad)

13 el termómetro del agua *f* de la refrigeración

14 el manómetro del aceite de engrase *m*

15 el tacómetro eléctrico (cuentarrevoluciones)

16 el manómetro del aire comprimido

17 el pulsador de control *m* de las bujías de ignición *f* [de arranque *m* del Diesel]

18 el interruptor del motor de arranque *m*

19 el mando a mano *f* del varillaje de admisión *f*

20 la manecilla de mando *m* del arenero

21 las lámparas de control *m* para la carga de las baterías

22 el pedal de aceleración *f* (pedal de accionamiento *m* de las bombas de inyección *f*)

23 el pedal de embrague *m*

24 el extintor de espuma *f* (extintor de incendios *m*);

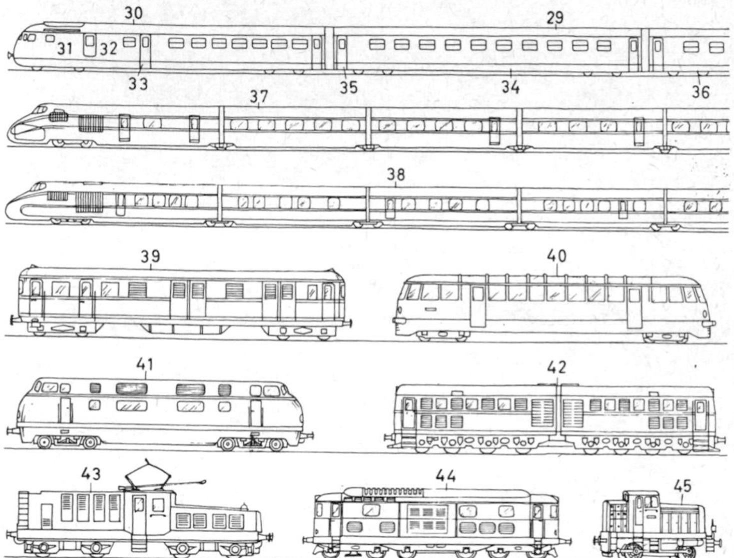

25 el ferrobús Diesel mecánico, con caja *f* de estructura *f* ligera de aluminio *m*

26 el remolque de ferrobús *m*

27 el remolque de un eje para equipajes *m*

28-40 coches *m* automotores Diesel:

28 el coche Diesel mecánico de aleación *f* ligera

29 el tren Diesel hidráulico para largo recorrido *m*

30 el coche motor

31 el compartimiento de máquinas *f* (la cabina de mando *m*)

32 el compartimiento de equipajes *m* (el furgón)

33 el compartimiento para correos *m*

34 el coche remolque intermedio

35 la puerta de corredera *f* de enganches *m* giratorios

36 el coche motor posterior

37 y **38** trenes *m* Diesel articulados con transmisión *f* mecánica hidráulica:

37 el tren Diesel de servicio *m* normal de siete unidades *f*

38 el tren de coches-camas *m*;

39 el automotor Diesel de mercancías *f*, una unidad motriz para mercancías destinada al transporte de carga *f* y de correo *m*

40 el tren con techo *m* transparente, un coche mirador Diesel;

41 la locomotora Diesel para trenes *m* expresos, con dispositivo *m* de control *m* a distancia *f*

42 las locomotoras gemelas Diesel para mercancías *f* (locomotoras de acoplamientos *m* múltiples)

43 la locomotora industrial de dos tracciones *f* [eléctrica o Diesel eléctrica];

44 la locomotora de turbina *f* de gas *m*

45 la locomotora de motor *m* a gas *m*

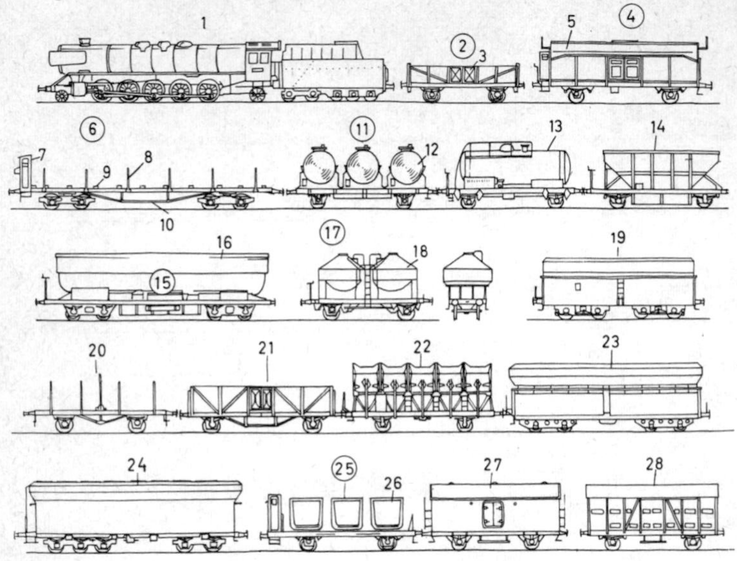

1 la locomotora de vapor *m* para servicio *m* de mercancías *f*, con ténder *m* [tipo Santa Fe]

2-34 vagones *m* **de mercancías** *f*,

2 el vagón de bordes *m* medios para mercancías *f*:

3 las puertas giratorias de costado *m*;

4 el vagón cerrado para mercancías *f*:

5 el techo con trampilla *f* corredera;

6 el vagón plataforma, con teleros *m* de acero *m*:

7 la garita de freno *m* de mano *f* (garita del guardafreno)

8 el telero desmontable

9 la traviesa de fondo *m*

10 el tirante de refuerzo *m* de bastidor *m*;

11 el vagón cisterna [para productos *m* químicos]:

12 la cisterna (el "container");

13 el vagón cisterna de uso *m* múltiple

14 el vagón tolva [para el transporte de balasto *m* y sólidos *m* a granel *m*]

15 el vagón cisterna para fluidos *m* a presión *f* [para gases *m* líquidos]:

16 el toldillo protector contra el calor solar;

17 el vagón para cuerpos *m* pulverulentos, un vagón volquete:

18 la tapa;

19 el vagón para transporte *m* de minerales *m*, un vagón con descarga *f* lateral

20 el vagón para transportar postes *m* de madera *f* (vagón con viga *f* giratoria y teleros *m*)

21 el vagón de bordes *m* máximos

22 el vagón con cajas *f* volquetes

23 el vagón de bordes *m* abatibles, un vagón con piso *m* a doble pendiente *f* (vagón de descarga *f* rápida por los laterales) [para el coque y el carbón]

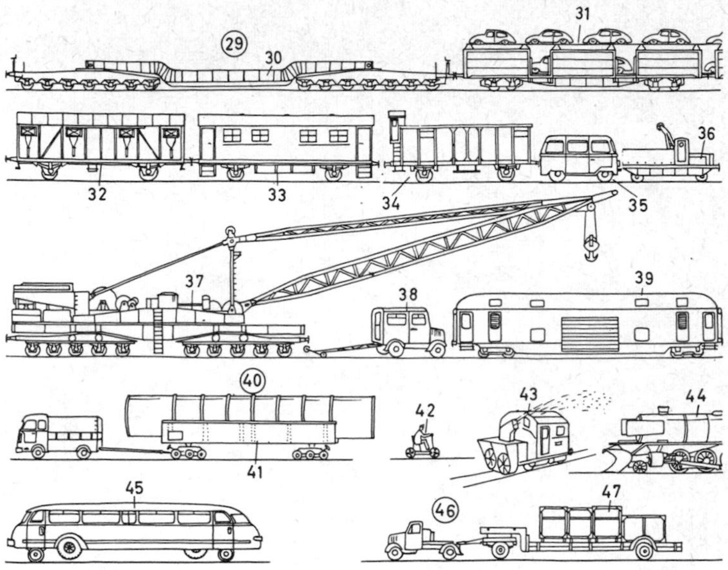

24 el vagón cerrado de descarga *f* automática [para carga *f* a granel *m*]

25 el vagón plataforma con "containers" *m*:

26 el "container" (la caja para mercancías *f* independiente);

27 el vagón frigorífico

28 el vagón de varios compartimientos *m* [para el transporte de volatería *f*]

29 el vagón góndola de 14 ejes *m* [para cargas *f* muy pesadas]:

30 la góndola para la carga;

31 el vagón de dos pisos *m* para el transporte de automóviles *m*

32 el vagón cerrado para transportes *m* varios

33 el furgón taller

34 el vagón cerrado;

35-47 vehículos *m* especiales para vías *f* férreas y carreteras *f*:

35 el autorrail (la vagoneta automóvil)

36 el vagón grúa automóvil para la brigada de tendido *m* de carriles *m*

37 el vagón grúa para el tendido preliminar de secciones *f* de vía *f* y de puentes *m*

38 el autorrail de inspección *f*

39 el furgón de dos pisos *m* para equipajes *m*

40 el remolque de carretera *f* de seis ejes *m*:

41 la plataforma baja de carga *f*;

42 el velocípedo para vía *f* férrea, una bicicleta o motocicleta *f* con ruedas *f* para carril *m*

43 la máquina quitanieves para ferrocarriles *m*

44 la locomotora, con aparato *m* quitanieves

45 el vehículo de doble aplicación *f* (el ómnibus para vía *f* férrea y carretera *f*)

46 el remolque con plataforma *f* de góndola *f*:

47 el "container" (la caja de carga *f*)

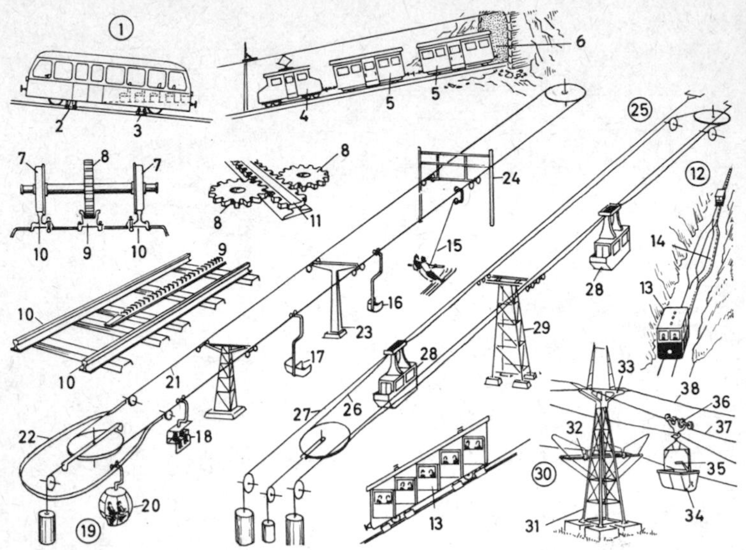

1-14 ferrocarriles *m* **de montaña** *f* **de carril** *m*,
1 el coche a tracción *f* por adherencia *f* forzada:
2 la tracción
3 el freno de emergencia *f*;
4 y 5 el ferrocarril de montaña *f* de cremallera *f*:
4 la locomotora eléctrica de cremallera *f*
5 el coche del tren de cremallera *f*;
6 el túnel
7-11 ferrocarriles *m* de cremallera *f* [sistemas]:
7 la rueda de adherencia *f*
8 la rueda dentada de tracción *f*
9 la cremallera
10 el carril
11 la cremallera horizontal doble;
12 el funicular (ferrocarril funicular):
13 el coche del funicular
14 el cable de tracción *f*;

15-38 funiculares *m* **aéreos de viajeros** *m* (tranvías *m* aéreos, teleféricos *m*),
15-24 teleféricos *m* monocables de cable *m* continuo:
15 el telesquí
16-18 la telesilla:
16 la telesilla ligera, una telesilla individual
17 la telesilla de dos asientos *m*, una telesilla para dos personas *f*
18 la telesilla de dos asientos *m* acoplable;
19 el ferrocarril aéreo de vagonetas *f*, un funicular aéreo de cable *m* sin fin *m*:
20 la vagoneta;
21 el cable sin fin *m*, un cable portante y de tracción *f*
22 el carril de maniobra *f* (carril de rodeo *m*)
23 la torreta central de sustentación *f*
24 el castillete de puente *m*;
25 el funicular aéreo bicable, un funicular de lanzadera *f*:
26 el cable de tracción *f* (cable tractor)
27 el cable portante
28 la vagoneta para viajeros *m*
29 el castillete intermedio;
30 el funicular aéreo de suspensión *f*, un funicular bicable:
31 el castillete con estructura *f* de celosía *f*
32 la polea de apoyo *m* del cable de tracción *f*
33 el soporte del cable portante
34 la caja de la vagoneta, una caja basculante (caja volquete)
35 el fijador del volquete
36 el tren de poleas *f* de rodadura *f*
37 el cable tractor
38 el cable portante;

39 la estación del valle:
40 el foso para el tensor
41 el tensor del cable portante
42 el tensor del cable tractor
43 la polea del cable de tensión *f*
44 el cable portante
45 el cable tractor
46 el contracable (cable inferior)
47 el cable auxiliar
48 el dispositivo de tensión *f* del cable auxiliar
49 los rodillos de apoyo *m* del cable tractor
50 el amortiguador de resorte *m*
51 el andén de la estación del valle
52 la vagoneta para viajeros *m* (el coche de pasajeros *m*, la góndola de cable *m*), una cabina de gran capacidad *f*
53 la armadura del tren de poleas *f* de rodadura *f*
54 la estructura de la suspensión
55 el amortiguador del balanceo
56 el carril guía;

57 la estación de montaña *f*:
58 el soporte del cable portante
59 el anclaje del cable portador
60 el tren de rodillos *m* del cable tractor
61 la polea guía del cable tractor
62 la polea motriz del cable tractor (el tambor de arrollamiento *m*)
63 el motor principal
64 el motor de reserva *f*
65 la cabina del maquinista;

66 el tren de poleas *f* **de rodadura** *f* **de la vagoneta:**
67 el carretón de las ruedas (de los rodillos)
68 la doble boga
69 la boga de dos ruedas *f*
70 los rodillos (las ruedas) del tren de poleas *f*
71 el freno del cable portante, un freno de emergencia *f* en caso *m* de rotura *f* del cable tractor
72 la articulación de la suspensión (el bulón)
73 el manguito del cable tractor
74 el manguito del contracable
75 el guardacable para evitar los descarrilamientos;
76 apoyos *m* (apoyos intermedios):
77 el castillete de acero *m* con estructura *f* de celosía *f*, un castillete armado
78 el castillete de acero *m* tubular, un apoyo de tubos *m* de acero
79 el soporte del cable portante (soporte del apoyo)
80 el andamio auxiliar para trabajar en los cables
81 el basamento (la fundación) del apoyo

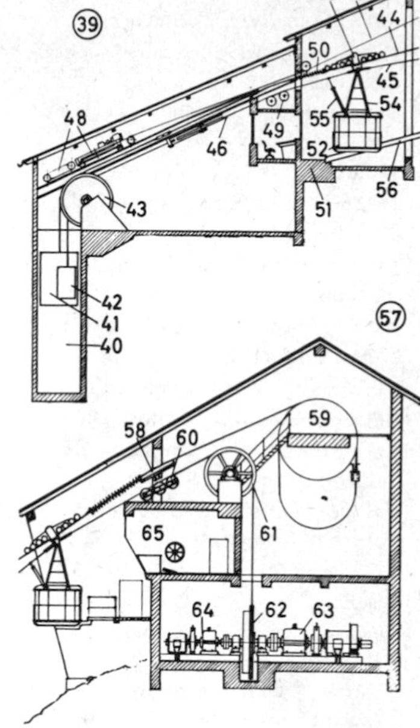

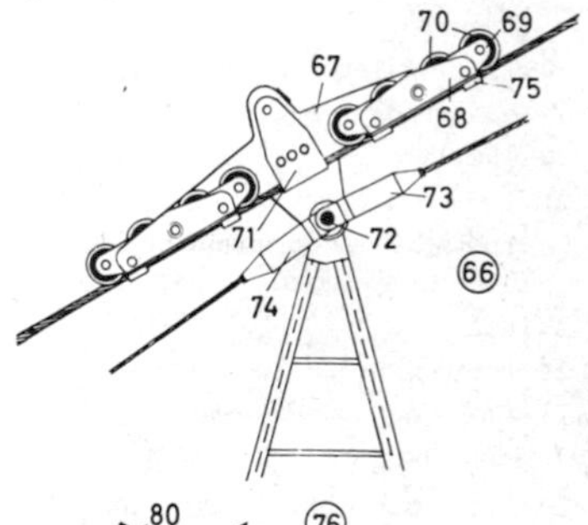

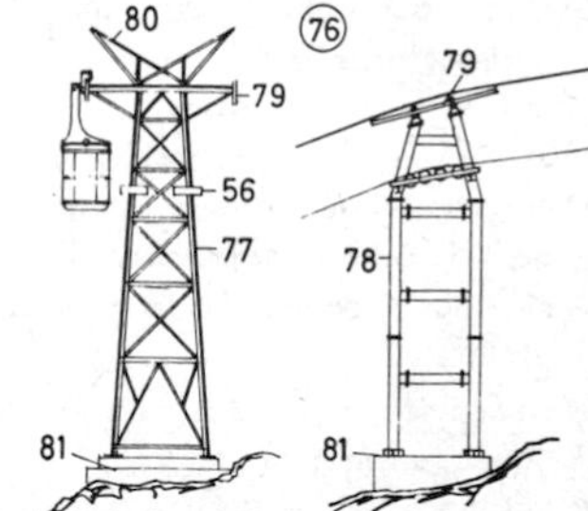

1-54 puentes *m* fijos,

1 el corte transversal de un puente:

2 el tablero (paseo), una calzada de acero *m* o cemento *m*

3 el encintado de la acera (*Chile :* la solera; *P. Rico :* el cintillo)

4 la acera

5 el cuchillo (la armadura principal)

6 la traviesa del puente

7 el soporte longitudinal de los dobles fondos

8 el estribo en consola *f*

9 el macho del borde

10 la barandilla (el pasamano)

11 el arriostrado (paravientos);

12 el puente en arco *m*, un puente de hormigón *m*:

13 el apoyo extremo (estribo del arco, el espolón del arco)

14 el tajamar (espolón suelto, rompehielos)

15 la pila

16 el arco rebajado (la arcada);

17 el puente de pontones *m* (puente de barcas *f*), un puente de urgencia *f* (puente provisional) de tramos *m* de puente:

18 el pontón (la barca) [una barca soporte]

19 la cadena de anclaje *m*

20 el larguero

21 el tablero del puente;

22 el puente colgante, un puente de cable *m* o puente de cadenas *f*:

23 la péndola

24 el cable principal o la cadena principal

25 la torre del puente; *ambas :* el pórtico del puente

26 el anclaje del cable o de la cadena

27 la viga inferior rígida

28 el botarel, con voladizo *m*

29 el tajamar (espolón, rompehielos);

30 el puente de vigas *f* (puente de mampostería *f*, puente de jácenas *f*, de cuchillos *m*) de alma *f* llena, un puente plano:

31 la traviesa de refuerzo *m*

32 el pilar (estribo)

33 el apoyo del puente

34 la luz;

35 el puente de hierro *m* de vigas *f* longitudinales, un puente de arcos *m*:

36 la viga de arco *m*;

37 el puente de tirantes *m* (puente de cables *m* en diagonal *f*):

38 el cable en diagonal *f*

39 el travesaño del pilón

40 el anclaje del cable en diagonal *f*;

41 el puente en arco *m* de celosía *f*:

42 la imposta del arco

43 la riostra del puente

44 la clave del arco;

45 el puente de madera *f*:

46 el travesaño;

47 el puente tubular (puente de celosía *f*), un puente de hierro *m*, un puente de ferrocarril *m* de una sola vía,

48-54 la armadura del puente:

48 el larguero superior

49 el larguero inferior

50 la riostra

51 el tirante

52 la trabazón de la celosía

53 el arriostrado superior

54 la boca (el portal del puente);

55-70 puentes *m* móviles,

55 el puente giratorio:

56 la dirección del giro

57 la corona giratoria

58 la pila pivote

59 la maquinaria de giro *m*

60 el tope de cierre *m*;

61 el puente levadizo:

62 el ala *f* elevable

63 la corona dentada

64 el piñón;

65 el puente de elevación *f* vertical:

66 la torre elevadora

67 la polea de elevación *f*

68 el tablero elevable

69 el contrapeso

70 la altura de elevación *f*

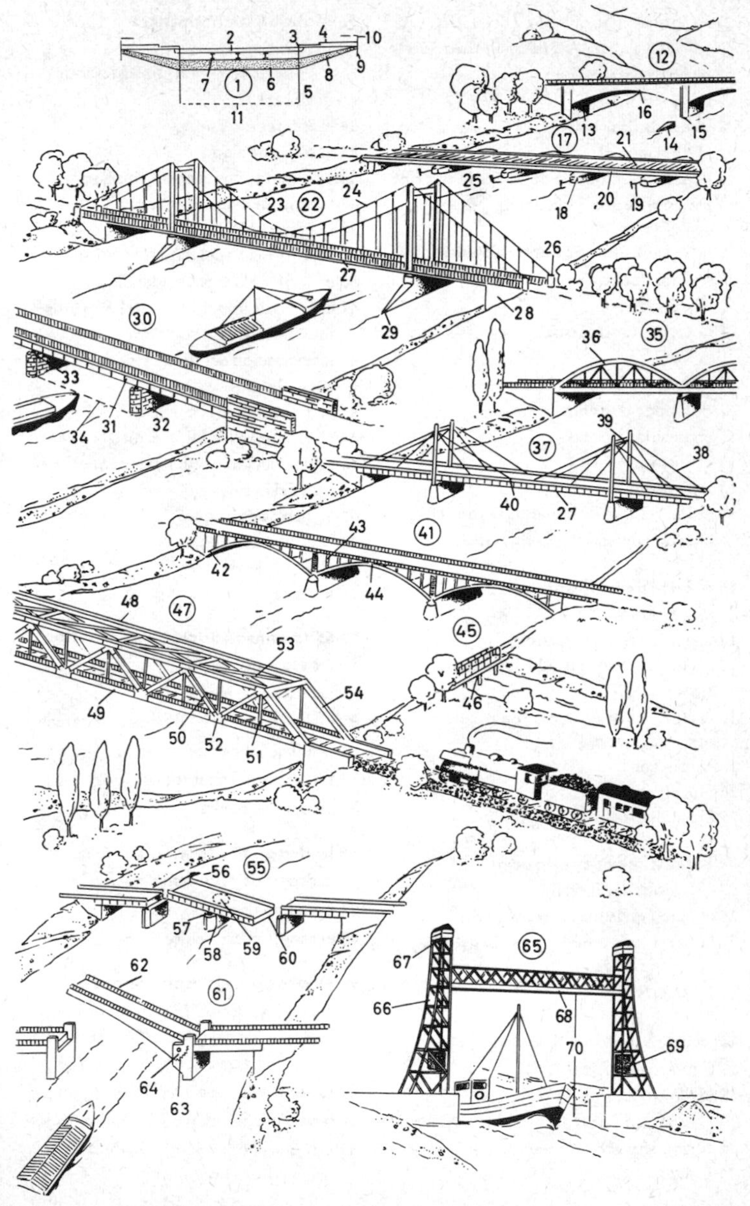
1
2
3
4
5
6
7
8
9
10
11
12
13
14
15
16
17
18
19
20
21
22
23
24
25
26
27
28
29
30
31
32
33
34
35
36
37
38
39
40
27
41
42
43
44
45
46
47
48
49
50
51
52
53
54
55
56
57
58
59
60
61
62
63
64
65
66
67
68
69
70

1 **la balsa de cuerda** *f* (*también:* la balsa de cadena *f*; *Cuba:* el andarivel), una balsa para pasajeros *m*:
2 el balsero
3 la cuerda de la balsa;
4 el islote fluvial
5 la parte desplomada de la orilla del río, efecto *m* de una inundación

6 **el transbordador con motor** *m*:
7 el embarcadero
8 los pilotes;
9 la corriente (el curso del río)

10 **el puente volante,** un transbordador de vehículos *m*:
11 el transbordador
12 el flotador
13 la ancladura;
14 el amarradero de invierno *m* [un refugio para las embarcaciones fluviales]

15 **el bote de botador** *m*, un bote de pértiga *f*:
16 la pértiga (*Ec.:* el guare);
17 el agua *f* estancada (el brazo muerto de río *m*)
18 la estacada de amarre *m* [un muerto, una obra muerta]
19 el malecón:
20 el espigón;
21 el canalizo (canal navegable)

22 **la flotilla en remolque** *m*:
23 el remolcador fluvial
24 el barco vivienda del remolcador
25 la barcaza de remolque *m* (la gabarra, la lancha de carga *f*)
26 el gabarrero;

27 **la navegación a la sirga:**
28 el mástil de sirga *f*
29 el motor de sirga *f*
30 el camino de sirga *f*;
31 el río, después de la regulación (canalización *f*) del río

32 **el dique de inundación** *f* (dique de invierno *m*):
33 el refuerzo temporal contra las inundaciones
34 la esclusa del dique
35 el muro de ala *f*
36 el desagüe, una zanja de drenaje *m*
37 la zanja de avenamiento *m*
38 la berma
39 la coronación del dique;
40 el declive (la escarpa) del dique
41 el lecho de inundación *f* (el área *f* de inundación)
42 la desviación del río (el recodo en el curso del río)
43 el indicador de la corriente
44 el tablero de los kilómetros
45 la casa del guarda del dique; *también:* la casa del balsero
46 el guarda del dique
47 la rampa del dique
48 el dique de verano *m*
49 la presa

50-55 **la consolidación de la orilla:**
50 los sacos de arena *f*
51 el relleno de piedras *f*
52 el depósito aluvial (depósito de arena *f*)
53 la fajina (el haz de ramas *f*)
54 las cercas de mimbres *m*
55 el lomo de piedras *f*;

56 **la draga flotante,** una draga con cadena *f* de cangilones *m*:
57 la cadena de cangilones *m*
58 el cangilón excavador;

59 **la draga aspirante de arena** *f* (draga de succión *f*), con tubo *m* descendente de aspiración *f* o draga para vaciar gabarras *f*:
60 la bomba de agua *f* a presión *f*
61 la válvula de limpiado *m* de retroacción *f*
62 la bomba de succión *f*, una bomba de manga *f* con boquillas *f*

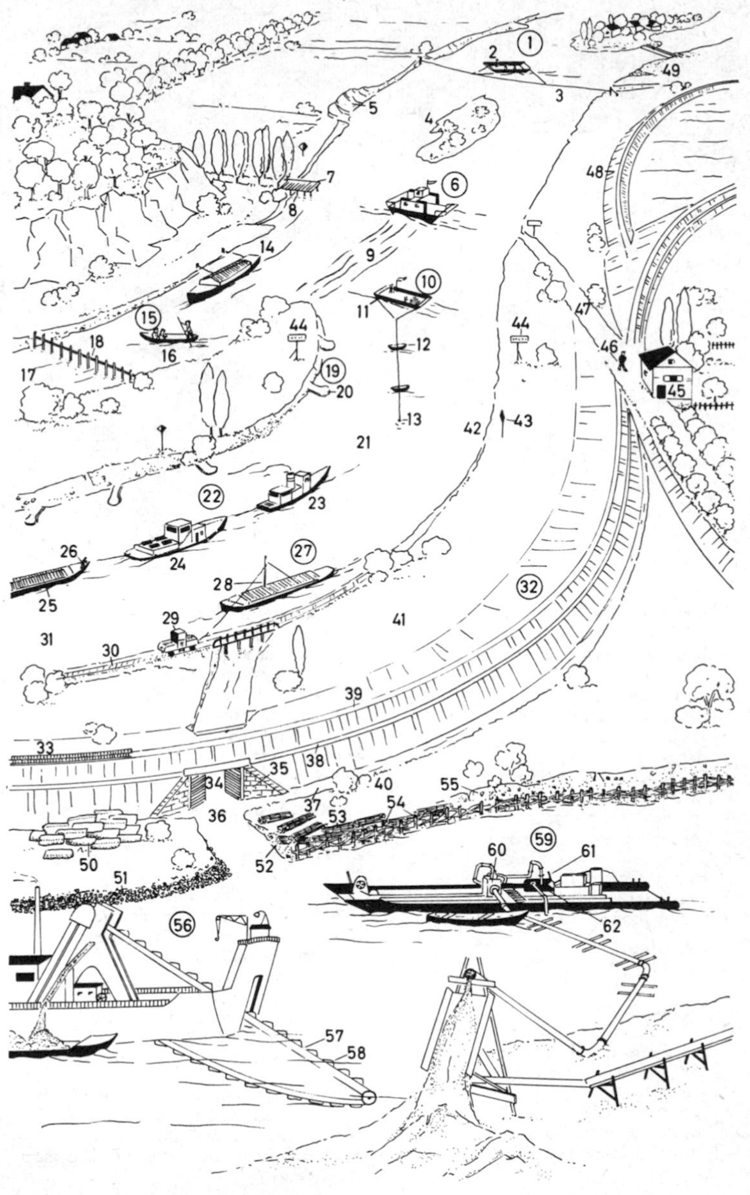
1
2
3
49
5
4
48
7
6
8
14
9
10
11
15
44
44
47
16
12
46
18
17
19
20
45
13
42
43
21
22
23
26
24
27
25
28
32
29
31
30
41
39
33
38
35
34
40
55
37
54
36
53
59
50
52
60
61
51
62
56
57
58

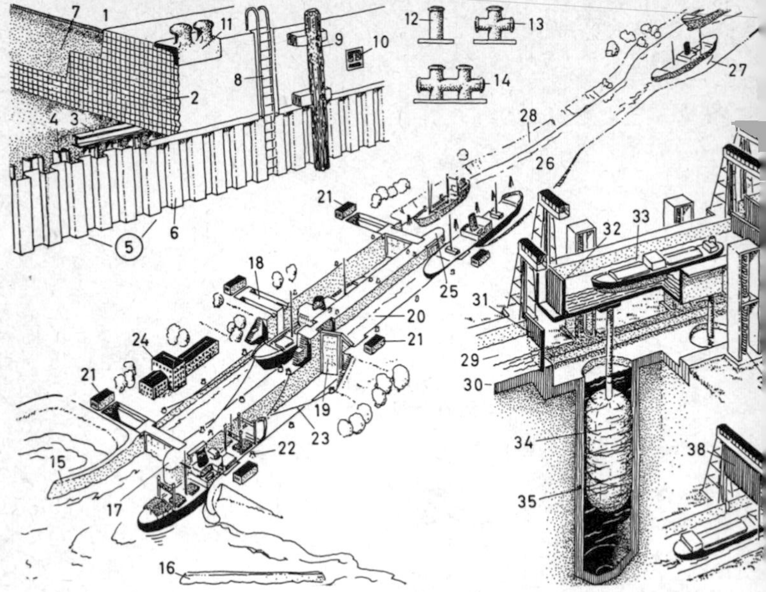

1-14 el muro de muelle *m*:
1 la superficie de rodaje *m* (el pavimento)
2 el cuerpo del muro
3 la viga de acero *m*
4 el pilote de acero *m*
5 la hilera de estacas *f* (el tablestacado):
6 la chapa de hierro *m* de la hilera de estacas *f* (del tablestacado);
7 el terraplén
8 la escala
9 el pilote de defensa *f*,
10 el nicho bolardo (la cruz de amarre *m*)
11 el noray (bolardo) doble
12 el noray (bolardo)
13 el noray (bolardo) en forma *f* de cruz *f*
14 el noray (bolardo) de doble cruz *f*;

15-28 el canal,
15 y 16 la entrada del canal:
15 el malecón
16 el rompeolas;
17-25 la escalera de esclusas *f*:
17 la testa de abajo (el morro inferior)
18 la compuerta de la esclusa, una puerta de corredera *f*
19 la puerta de esclusa *f*
20 la esclusa (el cuenco de la esclusa)
21 la estación generadora (casa de máquinas *f*)
22 el cabrestante de arrastre *m* (cable de espía *f*), un cabrestante
23 el cable de arrastre *m* (cable de espía *f*), una amarra (cabo *m*)
24 la administración del canal
25 la testa de arriba (el morro superior);
26 el puerto de la esclusa, un antepuerto
27 el apartadero del canal
28 la escarpa de la orilla;

29-38 el aparato elevador de barcos *m*:
29 el tramo inferior
30 el fondo del canal
31 la compuerta de comunicación *f*, una puerta levadiza de corredera *f*
32 la puerta de cierre *m* de la cámara
33 el depósito del barco
34 el flotador, un cuerpo ascensional
35 el pozo del flotador
36 el husillo (tornillo) de elevación *f*
37 el tramo superior
38 la puerta levadiza de corredera *f*;

39-44 la estación de bombeo *m* (estación de elevación *f* por bombas *f*):
39 el depósito (la represa)
40 el depósito de distribución *f* (la cámara de carga *f*)

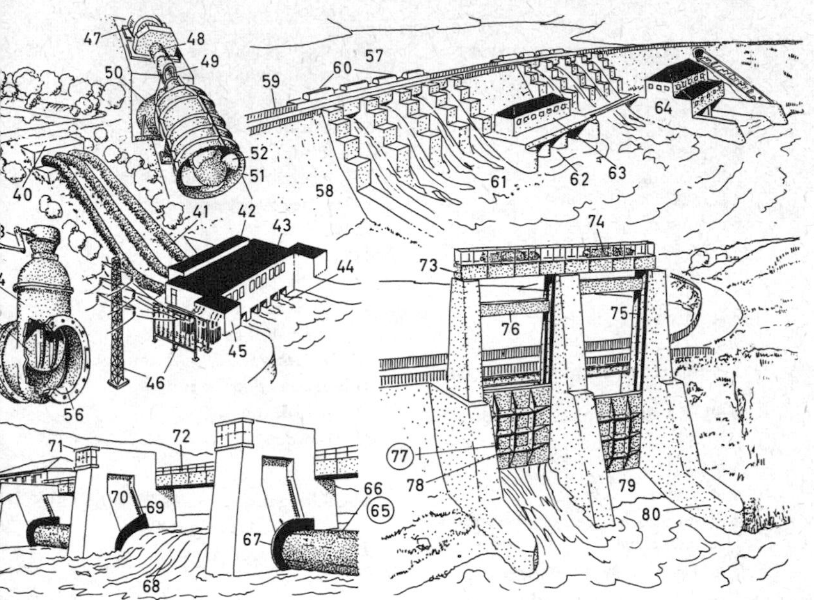

41 la conducción del agua *f* a presión *f*
42 la sala de válvulas *f* de compuertas *f*
43 el edificio de las turbinas
44 la estructura de descarga *f*;
45 la estación de control *m*
46 la instalación del transformador

47-52 la bomba de rueda *f* de paletas *f*:

47 el motor de impulsión *f*
48 el mecanismo de transmisión *f*
49 el eje de impulsión *f*
50 el tubo de presión *f*
51 el embudo de succión *f*
52 la rueda de paletas *f*;

53-56 la válvula de deslizamiento *m*:

53 la impulsión de manivela *f*
54 el cuerpo de la válvula
55 la válvula
56 la abertura de descarga *f*;

57-64 la presa:

57 el pantano
58 el muro de contención *f*
59 la coronación del muro
60 el rebosadero (aliviadero)
61 la zona de caída *f*
62 la descarga del fondo
63 la sala de válvulas *f* de compuertas *f*
64 la estación generadora;

65-72 el dique de cilindros *m* (la presa cilíndrica), una represa; *otro sistema:* el dique basculante,

65 el cilindro, una barrera de contención *f*:
66 el coronamiento del cilindro
67 la chapa lateral;
68 el cilindro sumergible
69 la cremallera
70 el nicho
71 la cabina del mecanismo de elevación *f*
72 la pasarela de servicio *m*;

73-80 el dique (la presa) **de contención *f*** (de compuertas *f*):

73 el puente del mecanismo de elevación *f* por enrollamiento *m*
74 el mecanismo de enrollamiento *m*
75 el canal guía
76 el contrapeso
77 la compuerta de presa *f*:
78 el nervio de refuerzo *m*;
79 el zampeado del fondo
80 el estribo (contrafuerte)

1-6 la barcaza de remos *m* germánica [aproximadamente 400 d. J. C.]; el barco Nydam:
1 el codaste
2 el timonel
3 los remeros
4 la roda
5 el remo, para bogar
6 el timón (remo timón), un timón de costado *m* para gobernar;

7 la piragua, un tronco de árbol *m* vaciado
8 el canalete (zagual; *Filip.:* la pagaya)

9-12 el trirreme, un barco de guerra *f* romano:
9 el espolón
10 el castillo
11 el garabato, un gancho para sujetar al barco enemigo
12 los tres órdenes de remos *m*;

13-17 el barco vikingo (dragón vikingo, barco dragón, dragón marino, caballo del mar [nórdico antiguo]:
13 la caña del timón (la barra)
14 la horquilla del toldo, con cabezas *f* de caballos *m* esculpidas
15 el toldo
16 el mascarón de cabeza *f* de dragón *m*
17 el escudo;

18-26 la kogge (kogge anseática):
18 la amarra del ancla *f* (la maroma del ancla)
19 el castillo de proa *f*
20 el bauprés
21 la vela cuadrada aferrada
22 el pendón de la ciudad
23 el castillo de popa *f*
24 el timón, un timón de codaste *m*
25 la popa redonda
26 la defensa de madera *f*;

27-43 la carabela [“Santa María” 1492]:
27 el camarote del almirante
28 la verga de popa *f*
29 la mesana, una vela latina
30 la verga de mesana *f* (verga latina)
31 el palo de mesana *f*
32 la ligada
33 la vela mayor, una vela cuadra
34 la boneta, una vela accesoria
35 la bolina
36 el briol
37 la verga mayor
38 la gavia mayor
39 la verga de la gavia mayor
40 el palo mayor
41 la vela de trinquete *m*
42 el palo de trinquete *m*
43 la cebadera;

44-50 la galera [siglos XV a XVIII], una galera de esclavos *m*:
44 el fanal (farol de popa *f*)
45 el camarote
46 la crujía
47 el cómitre, con látigo *m*
48 los esclavos de la galera (esclavos remeros, galeotes)
49 la “rambata”, una plataforma cubierta de proa *f*
50 el cañón;

51-60 el barco de línea *f* [siglos XVIII a XIX], un navío de tres puentes *m*:
51 el botalón de foque *m*
52 la vela de juanete *m* de proa *f*
53 la vela de juanete *m* del palo mayor
54 la vela de juanete *m* de mesana *f*
55-57 la popa ornamentada:
55 el espejo de popa *f*
56 la galería (el corredor) de popa *f*
57 el mirador de popa *f*, una estructura con ventanas *f* laterales ornamentadas;
58 la bovedilla
59 las troneras (portas), para el fuego de andanada *f*
60 el cierre de la porta

1
2
3
4
5
6
7
8
9
10
11
12
13
14
15
16
17
18
19
20
21
22
23
24
25
26
27
28
29
30
31
32
33
34
35
36
37
38
39
40
41
42
43
44
45
46
47
48
49
50
51
52
53
54
55
56
57
58
59
60

1-72 el aparejo y el velamen de una corbeta (bricbarca *m*) **de tres palos** *m*,

1-9 los palos:

1 el bauprés
2-4 el palo de trinquete *m*:
2 el macho del trinquete
3 el mastelero de velacho *m*
4 el mastelero del juanete de proa *f*;
5, 6 y 7 el palo mayor:
5 el macho del palo mayor
6 el mastelero de gavia *f*
7 el mastelero de juanete *m* mayor;
8 y 9 el palo de mesana *f*:
8 el macho de mesana *f*
9 el mastelero de mesana *f*;

10-19 la jarcia muerta (jarcia firme):

10 el estay (estay de trinquete *m*, de mayor *m*, de mesana *f*)
11 el estay del mastelero de trinquete *m* (del mastelero de mayor *m*, del mastelero de mesana *f*)
12 el estay mastelerillo de trinquete *m* (estay mastelerillo de mayor *m*, estay mastelerillo de mesana *f*)
13 el estay mastelerillo sobrejuanete
14 el estay de foque *m*
15 el barbiquejo
16 los obenques,
17 los obenques de mastelero *m*
18 los obenques de mastelerillo *m* de trinquete *m*
19 los brandales;

20-31 las velas de cuchillo *m*:

20 el contrafoque
21 el fofoque (foque de dentro)
22 el foque (foque de fuera)
23 el petifoque
24 la vela del estay de gavia *f*
25 la vela del estay de juanete *m*
26 la vela del estay de sobrejuanete *m*
27 la vela del estay de mesana *f*
28 la vela del estay de sobremesana *f*
29 la vela del estay de perico *m*
30 la vela cangreja (mesana)
31 la escandalosa;

32-45 las vergas:

32 la verga de trinquete *m*
33 la verga de velacho *m* bajo
34 la verga de velacho *m* alto
35 la verga de juanete *m* bajo de proa *f*
36 la verga de juanete *m* alto de proa *f*
37 la verga de sobrejuanete *m* de proa *f*
38 la verga mayor
39 la verga de gavia *f* baja
40 la verga de gavia *f* alta
41 la verga de juanete *m* mayor bajo
42 la verga de juanete *m* mayor alto
43 la verga de sobrejuanete *m* mayor
44 la botavara
45 el pico de la cangreja;
46 el marchapié y estribos *m*
47 los amantillos
48 el amantillo de la botavara
49 el amantillo del pico de la cangreja
50 la cofa de trinquete *m*
51 la cruceta del mastelero de trinquete *m*
52 la cofa mayor (cofa de gavia *f*)
53 la cruceta del mastelero mayor (del mastelero de gavia *f*)
54 la cofa de mesana *f*

55-66 las velas cuadras:

55 la vela de trinquete *m*
56 el velacho bajo
57 el velacho alto
58 el juanete bajo
59 el juanete alto
60 el sobrejuanete
61 la vela mayor (la mayor)
62 la gavia baja
63 la gavia alta
64 el juanete mayor bajo
65 el juanete mayor alto
66 el sobrejuanete mayor;

67-71 las jarcias de labor *f*:

67 las brazas
68 las escotas
69 la escota de botavara *f*
70 la osta de la cangreja
71 los brioles;
72 la faja de rizo *m*

12
9
11
31
17
10
19
30
8
16
29
28
27
7
13
18
6
5
26
25
24
4
3
14
2
20
21
22
23
1
15
47
43
46
42
41
53
40
39
52
38
45
49
54
48
44
37
36
35
51
34
33
50
32
67
66
65
64
63
72
62
68
61
71
60
59
58
57
56
55
70
69

1-5 formas *f* de velas *f*:
1 la vela cangreja
2 el foque (la vela de estay *m*)
3 la vela latina
4 la vela al tercio
5 la vela de abanico *m*;

6-8 veleros *m* de un solo palo,
6 la balandra:
7 la orza lateral;
8 el cúter (la balandra);

9 y 10 veleros *m* de palo *m* y medio:
9 el queche
10 el quechemarín;

11-17 veleros *m* de dos palos *m*,
11-13 la goleta de gavias *f*:
11 la cangreja mayor
12 la cangreja de trinquete *m*
13 la redonda;
14 el bergantín-goleta:
15 el palo de goleta *f* con velas *f* de cuchillo *m*
16 el palo completamente aparejado con velas *f* cuadras;
17 el bergantín redondo;

18-27 veleros *m* de tres palos *m*:
18 la goleta de tres palos *m*
19 la goleta de gavias *f* de tres palos *m*
20 el bricbarca de tres palos *m*
21-23 la corbeta (el bricbarca) [compárese aparejo y velamen con la lámina 214]:
21 el trinquete
22 el palo mayor
23 el palo de mesana *f*;
24-27 la fragata aparejada completamente:
24 el palo de mesana *f*
25 la verga de la vela de mesana *f*
26 la vela de mesana *f*
27 la fila de portas *f*;

28-31 veleros *m* de cuatro palos *m*:
28 la goleta de cuatro palos *m*
29 la corbeta (el bricbarca) de cuatro palos *m*:
30 el palo mayor popel;
31 la corbeta (el bricbarca) de cuatro palos *m* completamente aparejada;

32-34 la corbeta (el bricbarca) **de cinco palos *m*:**
32 el sosobre
33 el palo mayor central
34 el palo mayor popel;

35-37 desarrollo *m* del barco de vela *f* en 400 años:
35 el bricbarca de cinco palos *m* completamente aparejado "Preußen", 1902–1910
36 el clíper inglés "Spindrift" 1867
37 la carabela "Santa María" 1492

1
2
3
4
5
6
7
8
9
10
11
12
13
14
15
16
17
18
19
20
21
22
23
24
25
26
27
28
29
30
31
32
33
34
35
36
37

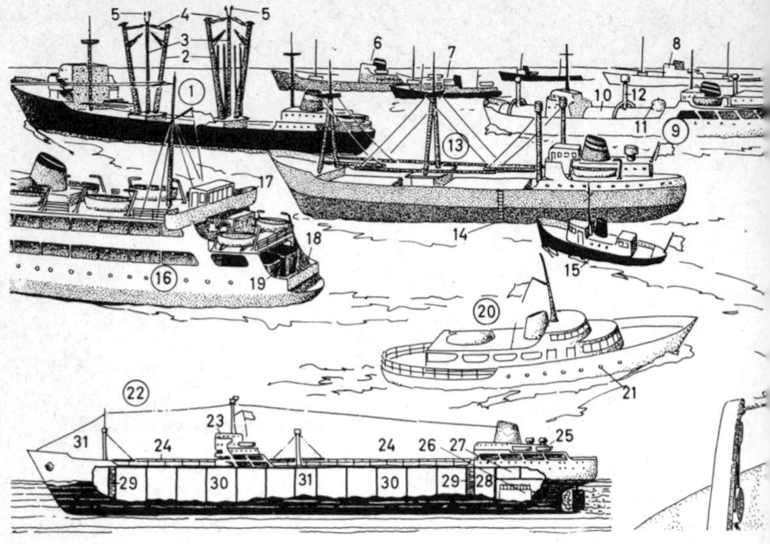

1 el carguero pesado, un carguero especial para grandes recorridos *m*:
2 el poste (pilar) de carga *f*
3 la pluma para grandes pesos *m* (el abanico)
4 el aparejo, un sistema de poleas *f*, un polipasto (polispasto)
5 la polea fija;
6 el pesquero factoría
7 el buque de pesca *f* a la rastra
8 el bananero, un buque frutero
9 el buque cisterna para gas *m* líquido:
10 el tanque de gas *m*
11 el cimborrio (cimborio)
12 la bravera para quemar los residuos de gas *m*;
13 la motonave, para el servicio de cabotaje *m*:
14 la escala de gato *m* (escala de cuerda *f*);
15 la canoa del práctico
16 el transbordador de trenes *m* (*Amér.*: ferry boat):
17 el puente de maniobras *f*
18 la cubierta para trenes *m*
19 el vagón del ferrocarril;
20 el yate particular, un yate a motor *m*:
21 el ojo de buey *m*;
22 el buque cisterna transoceánico (petrolero):
23 la superestructura del puente de navegación *f*
24 la pasarela
25 la superestructura de la sala de máquinas *f*
26 la sala de máquinas *f*
27 la sala de máquinas *f* auxiliares
28 el tanque de aceite *m* combustible para motores *m*
29 el cofferdam de seguridad *f*
30 el tanque
31 la sala de bombas *f*;
32 el trasatlántico (transatlántico, buque de pasajeros *m*), un barco de línea *f*

33 el buque mixto de carga *f* y pasajeros *m*, para grandes recorridos *m*:

34 la escala real

35 el desembarco en botes *m*;

36 el buque balneario, en su primera travesía *f*:

37 el empavesado;

38 el buque motor de cabotaje *m*

39 el barco aduanero

40 el barco de ganado *m*, un transporte especial:

41 la escalera de cámara *f*

42 el ventilador

43 la porta

44 la porta de la sentina (porta de achique *m*);

45-66 el vapor de recreo *m* (el barco para excursiones *f*),

45-50 el bote salvavidas descolgable:

45 el pescante (la serviola)

46 el brazalete intermedio

47 el guardamancebo

48 el aparejo:

49 el motón

50 la cuerda del aparejo;

51 la lona impermeabilizada (el encerado)

52 el pasajero

53 el camarero

54 la silla de cubierta *f*

55 el mozo de cámara *f*

56 el balde

57 el contramaestre:

58 la "litewka" [una marinera];

59 el toldo:

60 el puntal del toldo

61 la tabla del toldo

62 la piola de trinca *f*;

63 la guindola:

64 la lámpara faro;

65 el oficial de guardia *f*:

66 la guerrera de servicio *m*

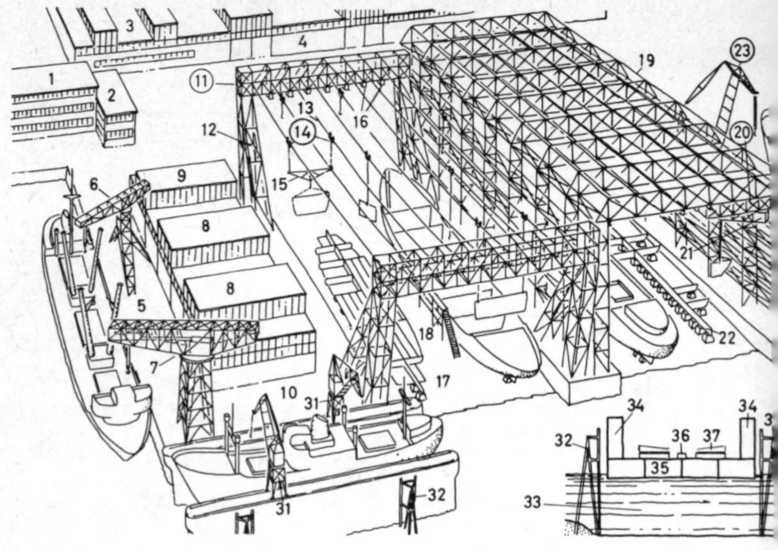

1-40 el astillero:
1 las oficinas generales (el edificio de la administración)
2 la sección técnica (sala de dibujo *m* y proyectos *m*)
3 y **4** los cobertizos de construcción *f* naval (de prefabricación *f*):
3 la sala de gálibos *m* y trazado *m*
4 el taller de prefabricación *f*;
5-9 el muelle de armamento *m*:
5 el muelle
6 la grúa de trípode *m*
7 la grúa de cabeza *f* de martillo *m*
8 el taller de maquinaria *f*
9 el taller de calderería *f*;
10 el muelle de reparaciones *f*

11-26 las gradas de construcción *f*,
11-18 la grada de grúa *f* de cable *m*,
11 el pórtico de la grada:
12 el soporte del pórtico;
13 el cable de la grúa
14 el carro corredizo:
15 el travesaño [para unir varios carros *m*];
16 la cabina del conductor de la grúa
17 el suelo de la grada
18 el andamiaje;
19-21 la grada armada:
19 la armazón de la grada
20 la grúa de techo *m*:
21 el carro corredizo giratorio;
22 la quilla en grada *f*
23-26 la grada de grúas *f* moderna,
23 la grúa oscilante giratoria, una grúa móvil:
24 el carril (la vía) de la grúa;
25 las cuadernas del buque en su posición *f*
26 el buque en construcción *f*;

27-30 el dique seco:
27 el suelo (fondo) del dique
28 la puerta del dique (puerta de busco *m*, el barco puerta, el buque puerta)
29 la grúa giratoria de torre *f*
30 la casa de bombas *f*;

31-40 el dique flotante:
31 la grúa del dique, una grúa de pórtico *m*
32 el poste de amarre *m* de defensa *f*
33-40 la disposición general del dique:
33 la dársena del dique
34 y **35** la estructura del dique:
34 el tanque lateral
35 el tanque del fondo;
36 los picaderos (la cama), un asiento para la quilla
37 los picaderos de pantoque *m*
38-40 la puesta en dique *m* de un buque:

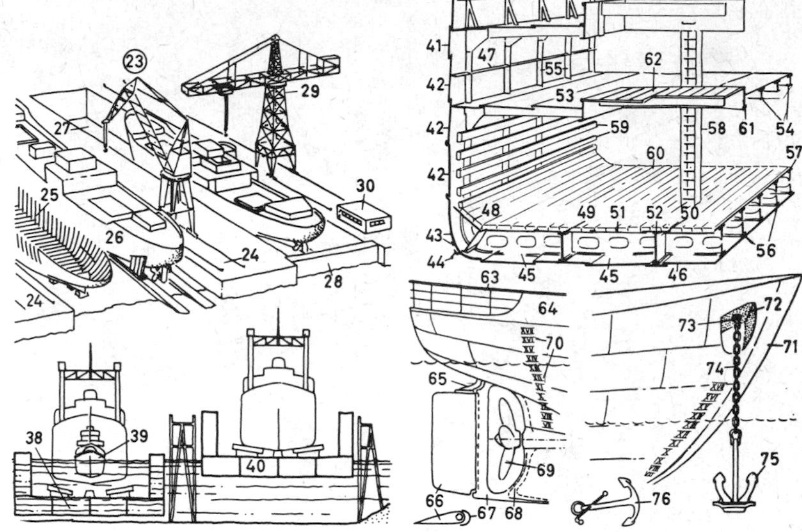

38 el dique flotante inundado (dique flotante lleno)
39 el remolcador llevando el buque a remolque *m*
40 el dique vaciado (dique bombeado);

41-58 los elementos estructurales del buque,

41-53 los refuerzos longitudinales,
41-46 el forro exterior:
41 la traca de cinta *f*
42 la traca lateral
43 la traca de pantoque *m*
44 la quilla de balance *m*
45 la traca de fondo *m* (traca de aparadura *f*)
46 la quilla plana;
47 el trancanil
48 la plancha marginal del tanque
49 la vagra
50 la quilla vertical (sobrequilla)
51 la tapa del tanque
52 la traca central (sobrequilla)
53 las planchas de cubierta *f*;
54 los baos
55 la cuaderna
56 la varenga
57 el doble fondo
58 el puntal de la bodega;
59 y **60** las tablas de estiba *f*:
59 el forro lateral interior de la bodega (las serretas)
60 el forro interior del suelo de la bodega;
61 y **62** la escotilla de bodega *f*:
61 las brazolas de escotilla *f*
62 la tapa de escotilla *f*;
63-69 la popa:
63 el pasamano
64 la amurada
65 la mecha del timón
66 y **67** el timón Oertz:
66 la pala del timón
67 y **68** el codaste:
67 el codaste del timón
68 el codaste de la hélice;
69 la hélice del buque;
70 las marcas de calado *m*
71-73 la proa:
71 la roda
72 el nicho (puesto de mar *amb.*) del ancla *f*
73 el tubo del escobén;
74 la cadena del ancla *f*
75 el ancla *f* sin cepo *m*
76 el ancla *f* con cepo *m*

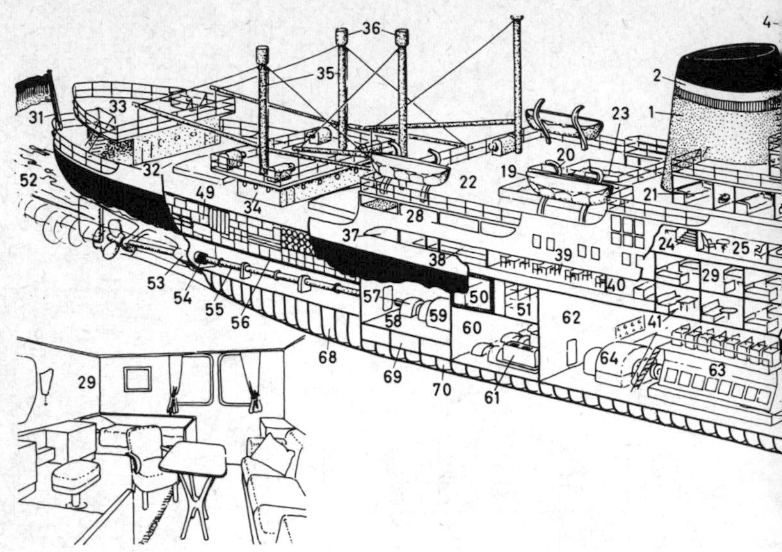

1-71 el barco combinado de carga *f* **y de pasajeros** *m*:

1 la chimenea

2 la contraseña en la chimenea

3 la sirena

4-11 la cubierta de marcación *f*:

4 la bajada de las antenas

5 la antena radiogoniométrica

6 la brújula de marcación *f* (de variación *f*)

7 la lámpara Morse

8 la antena de radar *m*

9 la señal de banderas *f*

10 la driza de señales *f*

11 el estay de señales *f*;

12-18 la cubierta del puente (el puente de mando *m*, puente):

12 la cabina de radio *f*

13 el camarote del capitán

14 el cuarto de los instrumentos (la cámara de cartas *f*, cámara de derrota *f*)

15 la luz lateral de estribor *m* [verde; la luz lateral de babor *m*, roja]

16 el ala *f* del sollado

17 la cenefa

18 la cámara del timón;

19-21 la cubierta de botes *m*:

19 el bote salvavidas

20 el pescante (la serviola)

21 el camarote del oficial;

22-27 la cubierta de paseo *m*:

22 la cubierta de sol *m*

23 la piscina

24 la escalera de cámara *f*

25 la biblioteca

26 el salón de tertulias *f*

27 el paseo;

28-30 la cubierta A:

28 la cubierta semicerrada

29 el camarote de dos camas *f*, un camarote

30 el camarote de lujo *m*;

31 el asta *f* de la bandera

32-42 la cubierta B (cubierta principal):

32 la cubierta de popa *f*

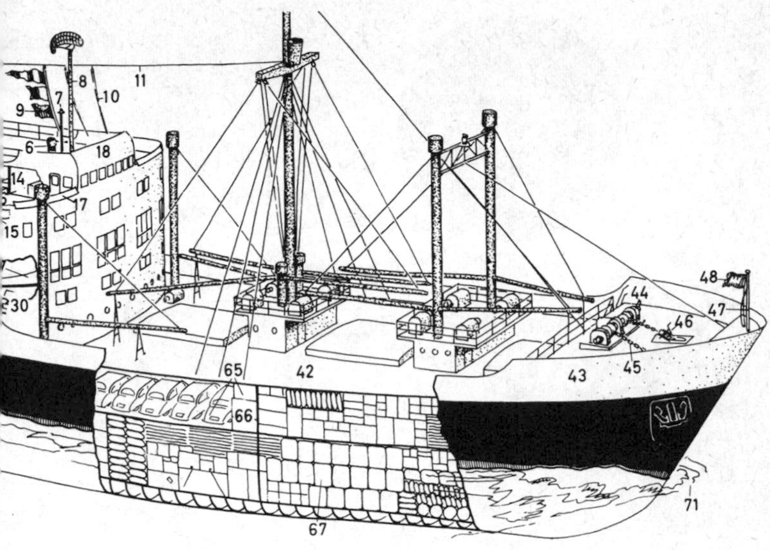

33 la toldilla (el castillo de popa *f*, el puente de maniobras *f*)
34 la cámara sobre cubierta *f*
35 el poste de carga *f*
36 la cabeza del ventilador
37 la cocina
38 la despensa
39 el comedor
40 la oficina del contador
41 el camarote individual
42 la cubierta de proa *f*;
43 el castillo de proa *f*
44-46 el mecanismo de anclaje *m*:
44 la maquinilla (el chigre del ancla *f*; *Arg.:* el guinche)
45 la cadena del ancla *f*
46 el estopor;
47 el mástil de la bandera de proa *f* (el asta *f* del torrotito)
48 la bandera de proa *f* (el torrotito)
49 la bodega de popa *f*
50 la cámara frigorífica
51 el pañol de víveres *m* (la gambuza)
52 la estela
53 la chumacera del árbol de la hélice
54 el prensaestopas
55 el árbol de la hélice
56 el túnel del árbol de la hélice
57 el bloque de empuje *m*
58-64 la impulsión Diesel eléctrica:
58 la sala de máquinas *f* eléctricas
59 el motor eléctrico
60 la sala de máquinas *f* auxiliares
61 las máquinas auxiliares
62 la sala de máquinas *f* principales
63 el motor principal, un motor Diesel
64 el generador;
65 las bodegas de proa *f*
66 la cubierta intermedia (el entrepuente)
67 la carga
68 el depósito de doble fondo *m*, para el agua *f* del lastre
69 el tanque de agua *f* potable
70 el tanque de aceite *m* combustible
71 la ola levantada por la proa

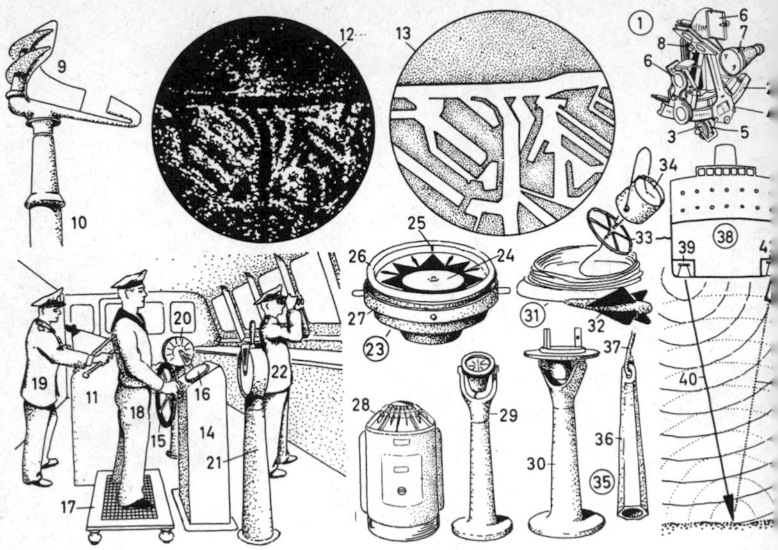

1 el sextante:
2 el arco graduado (limbo graduado)
3 el tambor micrométrico
4 la alidada
5 el nonio
6 el espejo grande y el espejo chico
7 el telescopio
8 la empuñadura;

9-13 el aparato de radar *m*:
9 la antena reflectora, una antena giratoria
10 el mástil de la antena del radar
11 el receptor de radar *m*
12 la imagen del radar
13 la imagen del radar en sección *f* de un plano;

14-22 la cámara del timonel (la caseta del timón):
14 la columna de dirección *f*
15 la rueda del timón
16 la aguja de bitácora *f*
17 el enjaretado del timonel
18 el timonel
19 el oficial de navegación *f*
20 el telégrafo de máquinas *f*
21 el telégrafo de maniobras *f*
22 el capitán;

23-30 compases *m*,
23 el compás líquido, una brújula magnética:
24 la rosa náutica (rosa de los vientos)
25 la línea de fe *f*
26 la caja del compás
27 el balancín de brújula *f*, un dispositivo de suspensión *f* en cardán *m*;
28-30 el grupo de brújula *f* giroscópica:
28 el compás magistral (compás matriz)
29 la aguja repetidora de compás *m* giroscópico
30 la aguja repetidora de compás *m* giroscópico con alidada *f*;

31 la corredera de arpón *m*, una corredera de patente *f*:
32 la hélice de la corredera
33 el regulador de volante *m*
34 el contador;

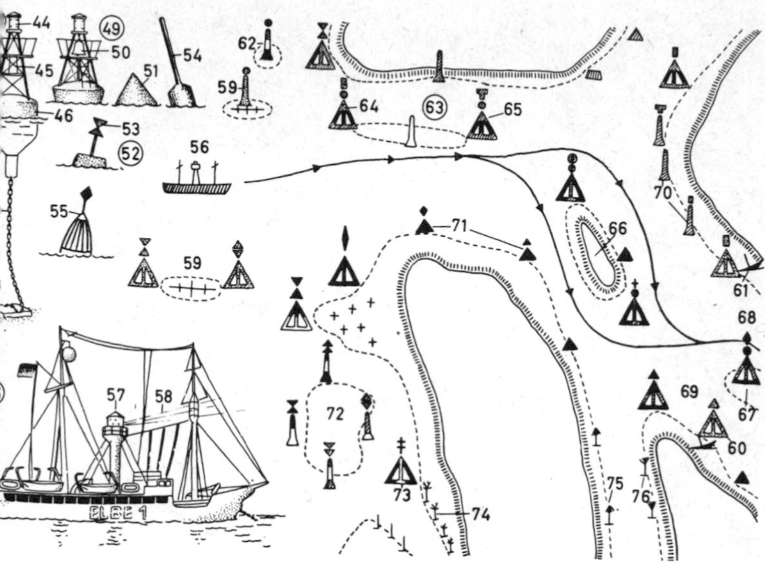

35-42 sondas *f*,
35 la sonda de mano *f*:
36 el plomo (escandallo)
37 la sondaleza;
38 la sonda de eco *m*:
39 el emisor de sonidos *m*
40 el impulso de la onda sonora
41 el eco
42 el receptor del eco;
43-76 señales *f* **marítimas** (marcas marítimas), de balizamiento *m* con boyas *f* o luces *f*,
43-58 señales *f* de pasos *m* navegables,
43 la boya luminosa y sonora:
44 el fanal
45 el aparato sonoro
46 la boya (baliza)
47 la cadena de la boya
48 la piedra de la boya;
49 la boya de luz *f* y campana *f*:
50 la campana;
51 la boya cónica [negra]
52 la boya barril:
53 la señal (marca) de tope *m*;
54 la boya de asta *f* [roja]
55 la boya baliza
56 el buque fanal (buque faro):
57 la torre del fanal, un mástil torre
58 el haz de luz *f*;
59-76 marcas *f* en aguas *f* navegables [tipo *m* alemán]:
59 naufragio *m* [baliza verde]
60 naufragio *m* a estribor *m*
61 naufragio *m* a babor *m*
62 bajos *m*
63 bajo *m* a babor *m* en la ruta navegable:
64 bifurcación *f*
65 confluencia *f*;
66 bajo *m* en la ruta navegable
67 bajo *m* a estribor *m* en la ruta navegable
68 el canal principal
69 el canal secundario
70 boyas *f* de babor *m* [rojas]
71 boyas *f* de estribor *m* [negras]
72 bajos *m* fuera del canal
73 el centro del canal
74 piquetes *m* a babor *m*
75 jalones *m* a estribor *m*
76 jalones *m* a babor *m*

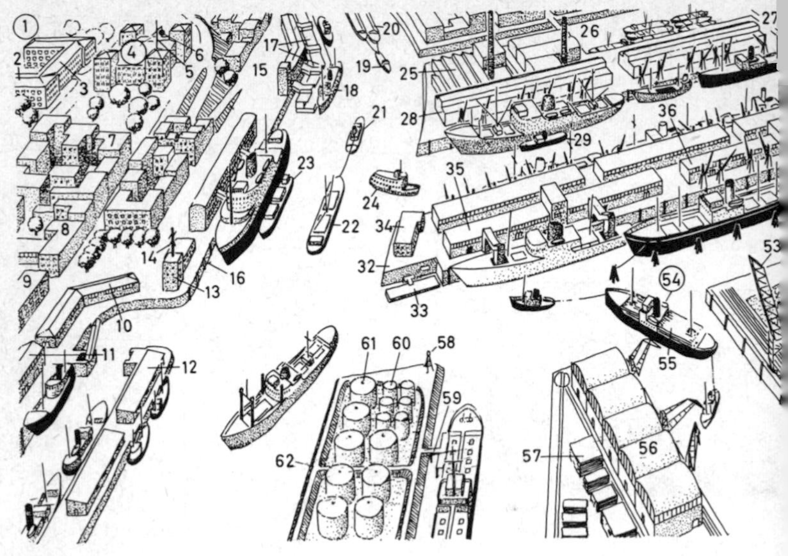

1 el hospital del puerto:
2 el lazareto (la estación de cuarentena *f*)
3 el instituto para enfermedades *f* tropicales (para medicina *f* tropical);
4 la oficina meteorológica, un observatorio del tiempo:
5 el mástil de señales *f*
6 la bola (señal) de tormenta *f* (de temporal *m*, de tempestad *f*);
7 el barrio del puerto

8-12 el puerto pesquero:

8 la fábrica de redes *f*
9 la fábrica de conservas *f* de pescado *m*
10 el cobertizo del embalaje
11 la lonja de pescado *m*
12 el cobertizo de los aparejos;
13 la oficina del puerto
14 el indicador del nivel del agua *f*
15 la carretera del muelle
16 el muelle de pasajeros *m*
17 el desembarcadero (muelle de descarga *f*)
18 el vapor de recreo *m*
19 la gasolinera del puerto
20 la lancha a remolque *m*
21 el remolcador
22 la gabarra (chalana)
23 el barco depósito de carbón *m* (de combustible *m*)
24 el transbordador del puerto

25-62 el puerto franco:

25 la industria portuaria
26 el puerto interior
27 el canal del puerto
28-31 el puerto de transbordo *m*:
28 el tinglado de tránsito *m*
29 el barco-aljibe
30 el lanchón (la chalana)
31 el almacén;
32-36 el muelle, un espigón:
32 el malecón, una escollera
33 el embarcadero
34 el edificio de Aduanas *f* del puerto
35 el cobertizo de las bananas

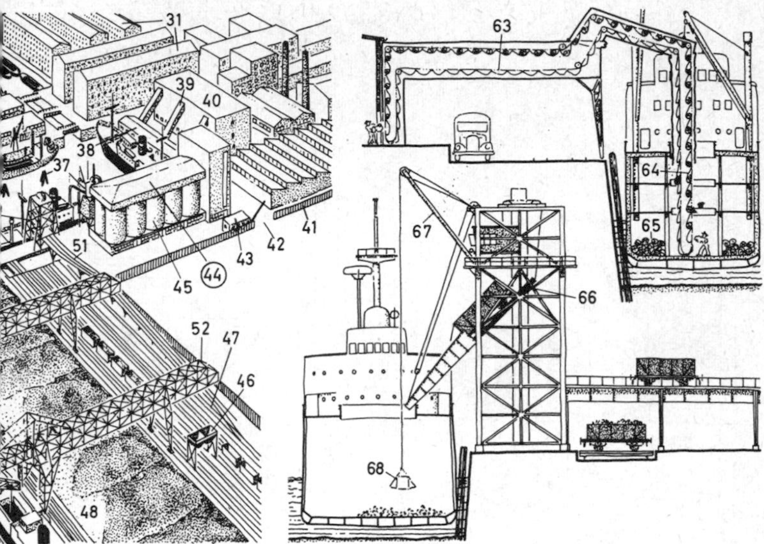

36 el cobertizo de la fruta;
37 el amarradero
38 el tinglado
39 la correa transportadora
40 la cámara frigorífica
41-43 la barrera del puerto franco:
41 la verja aduanera
42 y **43** la revisión de aduanas *f*:
42 el paso de aduanas *f*
43 la casilla de los aduaneros;
44-53 el puerto de depósito *m* de mercancías *f* a granel *m*,
44 los silos:
45 la cámara del silo;
46-53 el puerto carbonero:
46 la báscula elevada para el carbón
47 la vía del puerto
48 el depósito del carbón
49-51 la estación carbonera:
49 la rampa móvil
50 la tolva del carbón
51 la vía en pendiente *f*;
52 el puente grúa de carga *f*
53 el pescante (aguilón);
54 un barco maderero:
55 la carga de cubierta *f*;
56 y **57** el puerto maderero (*Bol.* : el centinela):
56 el tinglado para la madera
57 el depósito (la pila) de madera *f*;
58 la luz del puerto
59-62 el puerto petrolero:
59 el puente del oleoducto
60 el tanque intermedio
61 el tanque de depósito *m*
62 el dique de seguridad *f*;

63-68 el transbordo,

63 y **64** el elevador de bananas *f*:
63 la correa transportadora
64 el cangilón;
65 el racimo de bananas *f*
66-68 la tolva del carbón:
66 el montacargas (la plataforma elevable)
67 el pescante (aguilón)
68 el distribuidor del carbón

1-36 las operaciones de carga *f* **y descarga** *f*,

1-21 la actividad en el muelle,

1-7 la grúa giratoria de pórtico *m* (de columna *f*):

1 la columna de bloque *m* (columna giratoria)

2 el pescante (aguilón)

3 la cremallera

4 el mecanismo de giro *m*

5 la cabina de visión *f* total

6 la corona dentada

7 el pórtico;

8 el sobrecargo

9 el ferrocarril del puerto

10 el muelle de carga *f*

11 la eslinga (braga)

12 la carretilla elevadora de horquilla *f*:

13 el dispositivo elevador;

14 la red de carga *f*

15 la carretilla de carga *f*

16 el gancho de mano *f*

17 el guante de cuero *m* con dos dedos *m*

18 la carretilla de mano *f*

19 la grúa de pared *f*:

20 el contrapeso de la cadena

21 el gancho de la grúa;

22-36 el trabajo en el tinglado:

22 el encargado del tinglado

23 el obrero portuario (descargador de muelle *m*, el estibador)

24 el empleado de la casa consignataria

25 el conocimiento de embarque *m*

26 el pesador

27 el medidor

28 la regla métrica

29 el calibrador de fardos *m*, un instrumento de medición *f*

30-36 el tinglado de mercancías *f*:

30 la entrada

31 la puerta de corredera *f*

32 y **33** el puente de báscula *f*:

32 la plataforma

33 la columna de la báscula;

34 la bala (el fardo)

35 la marca (señal)

36 la pila (partida);

37-70 embarcaciones *f* **especiales de puerto** *m*,

37-46 la grúa flotante:

37 el pescante (aguilón)

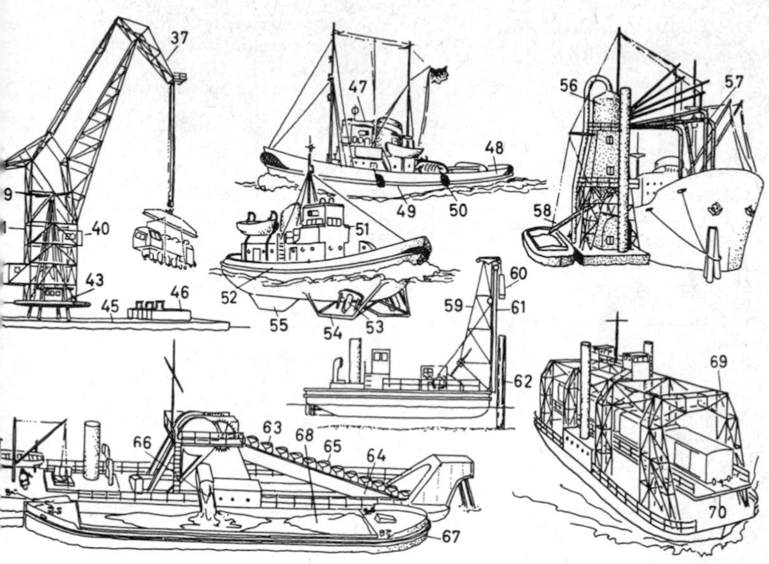

38 el contrapeso

39 el eje ajustable

40 la cabina del conductor

41 la armazón de la grúa

42 la cabina del torno

43 el puente de mando *m*

44 la plataforma giratoria

45 el pontón, una gabarra (*Amér.* : chata *f*)

46 la superestructura de los motores;

47-50 el remolcador de alta mar:

47 el toldo, una tela impermeable

48 el cintón

49 el costado de babor *m* [babor = izquierda]

50 la defensa;

51-55 el remolcador de puerto *m*:

51 las pantallas desviadoras del viento

52 el costado de estribor *m* [estribor = derecha]

53 la propulsión Voith-Schneider

54 el guardahélice

55 la orza fija;

56-58 el elevador de grano *m*:

56 el silo (depósito)

57 el tubo aspirador

58 el tubo de carga *f*;

59-62 el barco-martinete:

59 la armazón del martinete

60 el mazo

61 la guía

62 el apoyo del martinete basculante;

63-68 la draga de cangilones *m*, una draga:

63 la cadena de cangilones *m*

64 el transportador de cangilones *m*

65 el cangilón de la draga

66 el plano vertedor inclinado

67 el lanchón de la draga

68 el material dragado;

69 y 70 el buque portatrén:

69 la armazón elevadora

70 la plataforma elevable

1-8 barcos *m* **auxiliares y de acompañamiento** *m*,
1 el buque-dique:
2 el dique
3 el cuerpo del dique
4 la grúa del dique;
5 el rompehielos:
6 la plataforma de aterrizaje *m*
7 el palo de celosía *f*
8 la proa rompehielos;
9 el buque de desembarco *m*:
10 la compuerta de proa *f*;

11-13 buques *m* **de guerra** *f* **menores,**
11 el dragaminas:
12 el pescante de los botes;
13 el buque de escolta *f* (la fragata; *ligera:* la corbeta);

14-17 buques *m* **de guerra** *f* **ligeros,**
14 el torpedero:
15 el montaje de tubos *m* lanzatorpedos;
16 el destructor
17 el destructor de tipo *m* grande;

18-64 buques *m* **de guerra** *f* **pesados,**
18-20 submarinos *m* (sumergibles):
18 el submarino de pequeño tonelaje *m*
19 el submarino crucero
20 el submarino atómico;

21-30 cruceros *m*,
21 el crucero ligero:
22 la antena de látigo *m*;
23 el crucero pesado:
24 la torre gemela, una torre de cañones *m*
25 el mástil trípode;
26 el crucero de batalla *f*:
27 la torre triple
28 la catapulta
29 la grúa de aviones *m*
30 el hangar de aviones *m*;

31-64 acorazados *m*,
31 el acorazado de batalla *f*,
32-35 el armamento del buque:
32 la artillería pesada
33 la artillería media
34 la artillería ligera
35 las ametralladoras antiaéreas;
36 el telémetro para la artillería pesada
37 el telémetro para las artillerías media y ligera
38 la plataforma del reflector (del proyector)
39 el reflector (proyector)
40 la caperuza de la chimenea (el sombrerete de la chimenea)
41 la torre artillera sobrepuesta
42 el escudo contra la metralla
43 el mástil torre
44 la torre de mando *m*
45 el puente de mando *m*
46 el rompeolas
47 la grúa de los botes
48 el plano de cubierta *f*:
49 la catapulta fija
50 el espacio para el estacionamiento de aviones *m* (la rodada de transporte *m*)
51 la grúa de aviones *m*
52 el plano central de proa *f* a popa *f*;
53 el plano de estibación *f*:
54 el mamparo estanco, un mamparo transversal
55 el compartimiento
56 el mamparo longitudinal
57 la coraza exterior (coraza lateral, el blindaje exterior)
58 el sistema de células *f* estancas de protección *f* lateral
59 la barbeta
60-63 la maquinaria de propulsión *f*:
60 la cámara de motores *m*
61 el motor Diesel
62 la cámara de engranajes *m*
63 el engranaje;
64 el monitor;

65-77 el portaaviones,
65 la vista de proa *f*:
66 la barbeta lateral
67 el ascensor de aviones *m*
68 la superestructura (isla);
69-74 la cubierta de vuelo *m*:
69 la cubierta de aterrizaje *m*
70 la pista de aterrizaje *m*
71 el cable de retención *f* (cable de freno *m*)
72 la cubierta de despegue *m*
73 la catapulta
74 el ascensor de aviones *m*;
75 el aparato de radar *m*
76 la balsa salvavidas
77 la popa cuadrada

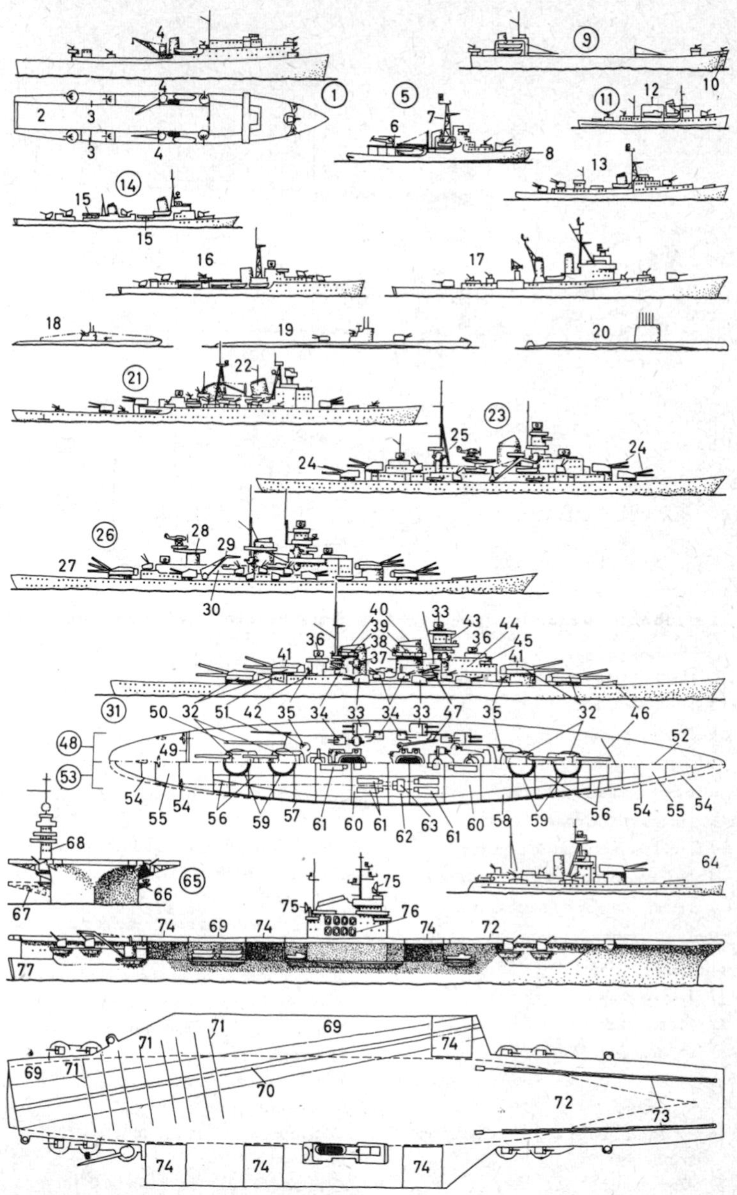

1
2
3
4
5
6
7
8
9
10
11
12
13
14
15
16
17
18
19
20
21
22
23
24
25
26
27
28
29
30
31
32
33
34
35
36
37
38
39
40
41
42
43
44
45
46
47
48
49
50
51
52
53
54
55
56
57
58
59
60
61
62
63
64
65
66
67
68
69
70
71
72
73
74
75
76
77

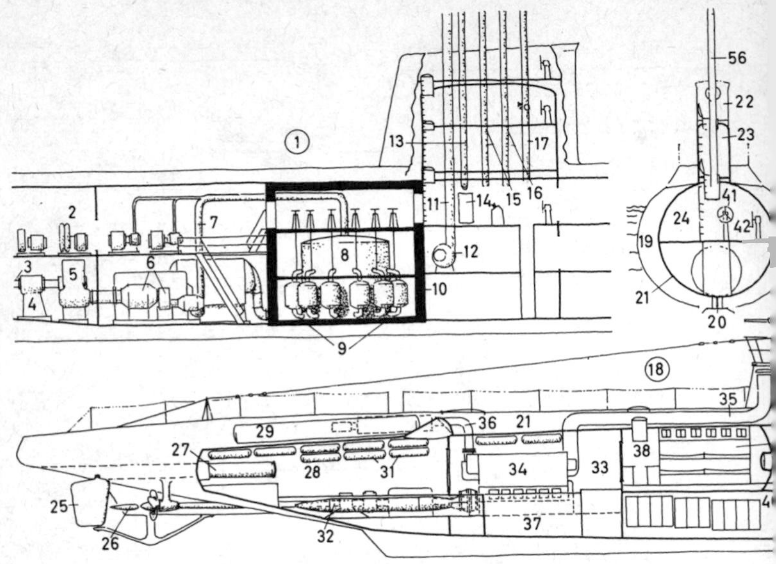

1 el submarino atómico [centro del buque]:

2 la cámara de máquinas *f* auxiliares

3 el árbol de la hélice

4 el cojinete de árbol *m*

5 los engranajes

6-10 la propulsión atómica:

6 el juego de turbinas *f*

7 la tubería principal de vapor *m*

8 el generador de vapor *m*

9 el reactor de agua *f* a presión *f*

10 el aislamiento de plomo *m*;

11 el tubo snorkel

12 el inyector de aire *m* fresco

13 el conductor de la antena

14 la cabina de radio *f*

15 el mástil de radar *m* para la navegación de superficie *f*

16 el mástil de radar *m* para la navegación en inmersión *f*

17 el periscopio;

18 el submarino [corte transversal y longitudinal]:

19 el tanque de inmersión *f*

20 la válvula de inundación *f*

21 el casco de presión *f*

22 el puente

23 la torreta

24 la cámara de maniobra *f*

25 el timón

26 el timón de profundidad *f* de popa *f*

27 el tubo lanzatorpedos de popa *f* (tubo de popa)

28 la cámara de los motores eléctricos y la cámara de torpedos *m* de popa *f*

29 el depósito de torpedos *m* de reserva *f*

30 la escotilla para los torpedos

31 la botella de aire *m* comprimido

32 el torpedo

33 la cámara de motores *m*

34 el motor Diesel

35 el tubo aspirador de aire *m* fresco

36 el escape

37 el tanque de aceite *m* combustible

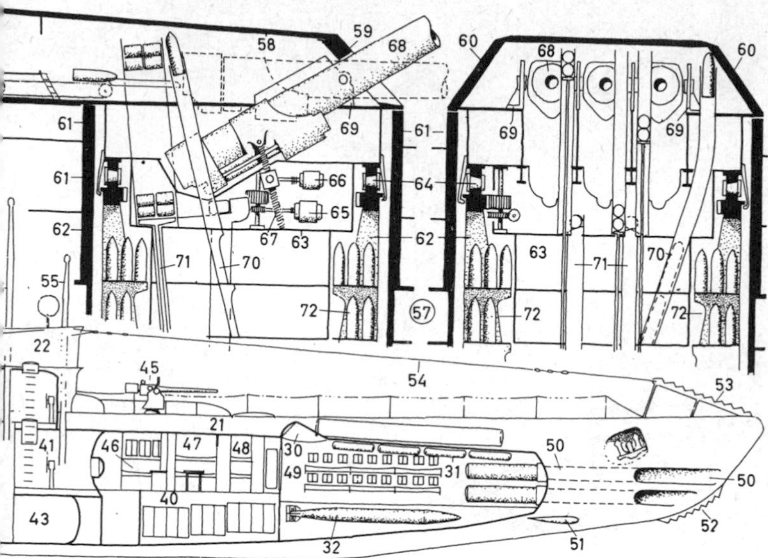

38 la cocina

39 el alojamiento de suboficiales *m*

40 la cámara de acumuladores *m*

41 el volante (timón) de dirección *f* lateral

42 el volante de dirección *f* en profundidad *f* (el timón de profundidad)

43 el tanque de estabilización *f*

44 el cañón antiaéreo de fuego *m* rápido

45 el cañón de fuego *m* rápido

46 el camarote del comandante

47 el camarote de los oficiales

48 el camarote del contramaestre

49 el alojamiento de la marinería y la cámara de torpedos *m* de proa *f*

50 el tubo lanzatorpedos de proa *f*

51 el timón de profundidad *f* de proa *f*

52 el cortarredes inferior

53 el cortarredes superior

54 la antena

55 el periscopio de pequeño alcance *m*

56 el periscopio de gran alcance *m*;

57 la torre triple acorazada (torre triple giratoria), de la artillería pesada,

58-60 la coraza giratoria:

58 la cubierta blindada de la torre

59 la coraza (el blindaje) frontal

60 la coraza (el blindaje) lateral;

61 la barbeta

62 el cilindro de apoyo *m*

63 la plataforma giratoria de la torre

64 la corona de rodillos *m*

65 el motor impulsor de la torre para la puntería en dirección *f*

66 el motor elevador del cañón

67 el husillo elevador para la puntería

68 el tubo del cañón

69 la cuna del tubo

70 el montacargas de granadas *f*

71 el montacargas de cartuchos *m*

72 la munición a punto *m*

224 Recuperación de buques naufragados y salvamento de náufragos

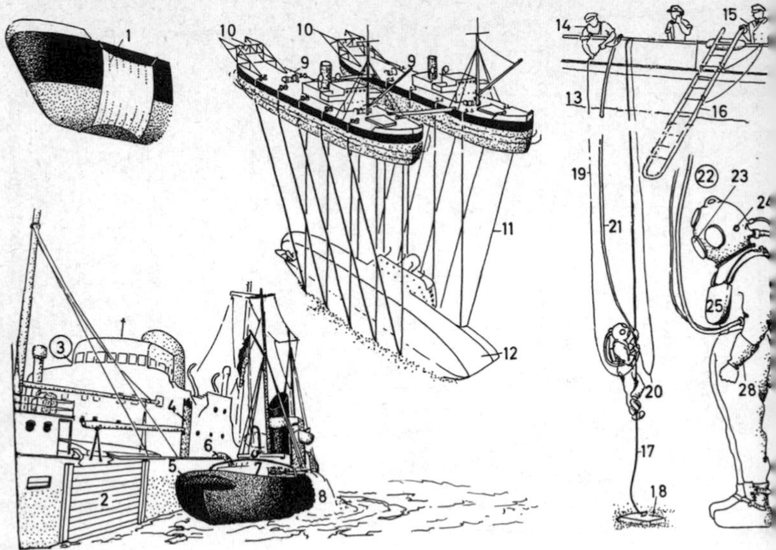

1 y 2 para cegar una vía de agua *f*:

1 el pallete de la vía de agua *f*, una lona impermeable

2 el parche de vigas *f*, tableros *m* y lona *f* impermeable;

3 el buque averiado:

4 la avería;

5-8 el buque-bomba, un barco de salvamento *m*:

5 la defensa de popa *f*

6 el tubo de succión *f*

7 la cámara de bombeo *m*

8 el agua *f* bombeada;

9-12 la recuperación de un barco hundido:

9 el buque recuperador (barco de salvamento *m*)

10 la grúa de popa *f*

11 el cable elevador

12 el buque hundido afianzado;

13-19 la inmersión:

13 la lancha de buzos *m*

14 la tripulación de superficie *f*

15 el inspector de salvamento *m*

16 la escalera de buzo *m*

17 la cuerda de descenso *m*

18 el peso de fondo *m*

19 el cordel de señales *f*;

20-30 el equipo de buzo *m*:

20 el cable del teléfono

21 el tubo del aire

22 la escafandra:

23 la mirilla (ventana);

24 la válvula de salida *f* del aire;

25 el peso del pecho

26 el peso de la espalda

27 el traje de buzo *m*:

28 la manga impermeable

29 el peso inferior

30 las botas de buzo *m*;

31-43 la lancha de salvamento *m*,

un barco a motor *m* para el salvamento de náufragos *m*:

31 la popa de charnela *f*

32 el dispositivo de subida *f* y bajada *f*

33 la bodega [el espacio para el bote auxiliar]

34 la barra de remolque *m*

35 el gancho de remolque *m*

36 la caseta del timón

37 el puente

38 el primer oficial

39 el timonel

40 la red de salvamento *m* (red para el salto)

41 el reflector de señales *f*

42 el tablero de las lámparas

43 la cubierta en dorso *m* de tortuga *f*;

44 el bote auxiliar

45 el salvavidas

46 el náufrago

47 el buque encallado (buque yéndose a pique, buque hundiéndose)

48 el odre de aceite *m*, para arrojar aceite sobre la superficie del agua *f*

49 la cuerda de salvamento *m*

50 el andarivel, una cuerda sin fin *m*

51 la boya pantalón (el pantalón de salvamento *m*)

52 y 53 el aparato de cohetes *m*

[un lanzacabos]:

52 el cabo arrojadizo

53 el cohete;

54-56 el traje de encerado *m*:

54 el sueste

55 la chaqueta de encerado *m*

56 el abrigo de encerado *m*;

57 el chaleco salvavidas

58 el chaleco de corcho *m*, un cinturón salvavidas

1 el monoplano, un monoplano de ala *f* semialta:
2 el ala *f* semialta
3 el plano fijo de deriva *f*;
4 el sesquiplano [anticuado]:
5 el tren de aterrizaje *m* fijo
6 el patín de cola *f*;
7 el biplano:
8 la rueda de cola *f*
9 el esquí de aterrizaje *m*;
10 el triplano [anticuado]:
11 el ala *f* rígida;
12 el monoplano de ala *f* baja:
13 el ala *f* cuadrada ahusada
14 el doble plano fijo de deriva *f*
15 el borde posterior del plano de deriva *f*
16 el fuselaje en forma *f* de torpedo *m*;
17 el fuselaje suspendido
18 el ala *f* trapezoidal redondeada
19 el avión de ala *f* media [un monoplano de alas intermedias]:
20 el ala *f* de gaviota *f*;
21 el avión de ala *f* alta:
22 el plano fijo de deriva *f* bajo;
23 el ala *f* oval
24 el plano fijo de deriva *f* alto
25 el ala *f* rectangular
26 el fuselaje en forma *f* de barril *m*
27 el avión de alas *f* en flecha *f* positiva:
28 el ala *f* de flecha *f* positiva;
29 el "ala *f* volante" (el avión sin cola *f*):
30 el ala *f* en delta *f*
31 el plano fijo de deriva *f* sobre el ala *f*;
32 el avión anfibio, un avión para tierra *f* y agua *f*:
33 el flotador [un flotador en el ala *f*]
34 el casco profundo [un fuselaje en forma *f* de canoa *f*]
35 el plano fijo de cola *f* trapezoidal con el equilibrador;
36 el avión pato *m*:
37 el plano fijo de cola *f* con el equilibrador en el morro
38 el morro de pato *m*;
39 el avión de doble fuselaje *m*:
40 los portadores del grupo de cola *f*
41 el plano fijo de cola *f* rectangular;
42 el avión de gran velocidad *f*:
43 el patín de aterrizaje *m*
44 el fuselaje en forma *f* de granada *f* (en forma de obús *m*);
45 la superficie sustentadora en forma de V
46 el fuselaje tipo caja (fuselaje cuadrado)
47 el fuselaje con joroba *f*
48 el plano fijo de deriva *f* triple
49 la rueda de morro *m*
50 el fuselaje cilíndrico
51 el tren de aterrizaje *m* retráctil
52 el plano fijo de deriva *f* en forma *f* de aleta *f*
53 el avión delta:
54 el ala *f* en delta *f* (ala triangular)
55 el borde de ataque *m*, con control *m* para la capa límite
56 el grupo de cola *f* del avión delta
57 el fuselaje en forma *f* de delta *f* [un fuselaje "todo ala" *f*];
58 el ala *f* hendida
59 el grupo de cola *f* en T
60 el hidroavión (bote volador):
61 el casco (fuselaje) de hidroavión *m*
62 el flotador de superficie *f*
63 el flotador de ala *f* de estabilización *f*
64 el flotador de fuera de bordo *m*;
65 el fuselaje en forma *f* de renacuajo *m*
66 el doble grupo de cola *f* cruciforme
67 el avión de ala *f* en media luna *f*:
68 el ala *f* en media luna *f*;
69 el autogiro [un helicóptero]
70 el avión con alas *f* circulares (el coleóptero), con propulsión *f* por turborreactor *m*
71 el avión atómico, con reactor *m* de avión

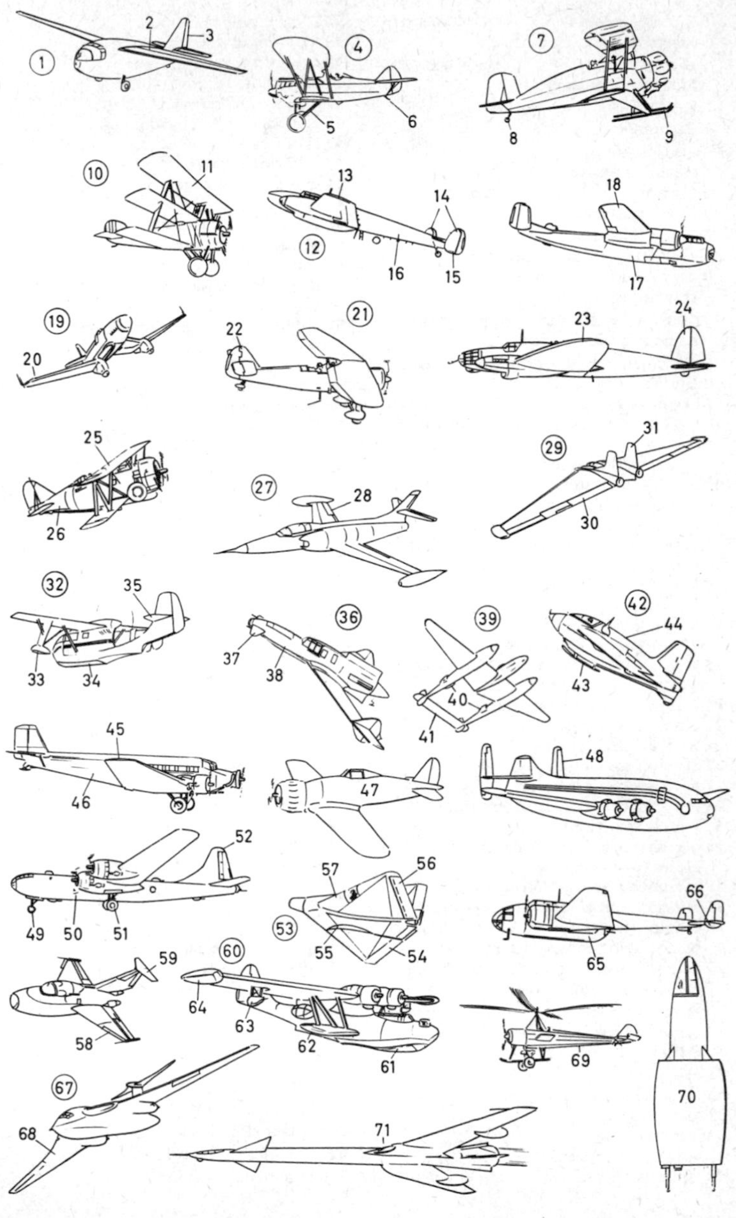
1
2
3
4
5
6
7
8
9
10
11
12
13
14
15
16
17
18
19
20
21
22
23
24
25
26
27
28
29
30
31
32
33
34
35
36
37
38
39
40
41
42
43
44
45
46
47
48
49
50
51
52
53
54
55
56
57
58
59
60
61
62
63
64
65
66
67
68
69
70
71

1-8 aeroplanos *m* de hélice *f* (aeroplanos con propulsión *f* de hélice),
1 el avión monomotor, un avión con hélice *f* propulsora:
2 la hélice propulsora (hélice de empuje *m*);
3 el avión bimotor:
4 la hélice de tracción *f*;
5 el avión trimotor, un avión de hélices *f* tractoras:
6 la góndola del motor del avión;
7 el avión cuatrimotor (avión tetramotor)
8 el avión de seis motores *m* (avión sexamotor);
9-12 aeroplanos *m* turbopropulsados sistema turbina–hélice,
9 el avión monomotor turbopropulsado:
10 la hélice
11 la tobera (el chorro) de escape *m*;
12 el avión turbopropulsado de varios motores *m*;
13-18 aeroplanos *m* turborreactores:
13 la entrada de aire *m* para la turbina, en el morro del fuselaje
14 el postquemador de la turbina
15 la toma de aire *m* lateral de la turbina
16 la turbina, en el ala *f*
17 la superestructura de la turbina, en el fuselaje
18 la góndola de la turbina;
19-21 aviones *m* de retropropulsión *f*,
19 el avión estatorreactor con motor *m* de tobera *f* de pipa *f* volante:
20 la turbina en el borde exterior del ala *f*;
21 el avión pulsorreactor;
22-24 el avión catapulta,
22 el avión compuesto tipo Mayo:
23 el componente inferior
24 el componente superior [transportado por el otro avión];
25 el reabastecimiento de combustible *m* en el aire (reabastecimiento en vuelo *m*):
26 el tanque aéreo (avión nodriza)
27 el avión que se reposta de gasolina *f*;
28 el avión de alas *f* giratorias (el rotorplano, avión con alas impulsoras):
29 las alas rotoras girando por medio de chorros *m* retropropulsores;
30 el avión comercial (avión de pasajeros *m* estratosférico), un avión de línea *f* estratosférico:
31 el pasajero
32 la azafata (camarera)
33 la escalera de entrada *f*
34 la escotilla de entrada *f*
35 la escotilla de carga *f*
36 las ruedas gemelas de morro *m*
37 la cabina del piloto
38-41 la tripulación del avión:
38 el piloto (primer piloto)
39 el copiloto (segundo piloto)
40 el radiotelegrafista de a bordo *m*
41 el mecánico de a bordo *m*;
42 la cabina de la azafata
43 la cocina del avión
44 el grupo de antena *f* del avión
45 la cabina de los pasajeros
46 la luz de posición *f* del avión
47 el depósito de combustible *m*
48 el tren de aterrizaje *m* principal
49 la góndola del motor del avión
50 el motor turborreactor;
51 el globo libre, un globo dirigible:
52 la cubierta del globo
53 la red del globo
54 la banda de desgarre *m*, con el cabo de apertura *f* (cabo de desgarre)
55 la manga de llenado *m* (el apéndice)
56 la cuerda de remate *m*
57 la cuerda (el cabo) de la manga de llenado *m*
58 el anillo de la barquilla
59 la cuerda de la barquilla
60 la barquilla (cestilla)
61 el lastre del globo [sacos *m* de arena *f*]
62 el ancla *f* del globo
63 la cuerda de arrastre *m*;
64 el aeronauta
65 el dirigible (dirigible Zeppelin), una aeronave rígida dirigible:
66 el poste de amarre *m*
67 el engranaje de amarre *m* del mástil
68 la barquilla de pasajeros *m*, con las cabinas de pasajeros
69 la barquilla de control *m*, con el puesto del piloto
70 el amortiguador de aterrizaje *m*
71 la plataforma de observación *f*
72 la escotilla de la válvula de escape *m*
73 la armazón del dirigible
74 la cubierta exterior (envoltura del dirigible)
75 las cámaras de gas *m*
76 la góndola lateral
77 la góndola de popa *f*
78 la hélice
79 la popa
80-83 el sistema de timones *m*,
80 y **81** las superficies de estabilización *f*:
80 el plano de dirección *f* (la aleta)
81 el plano de cola *f*;
82 el timón de profundidad *f*
83 el timón de dirección *f*

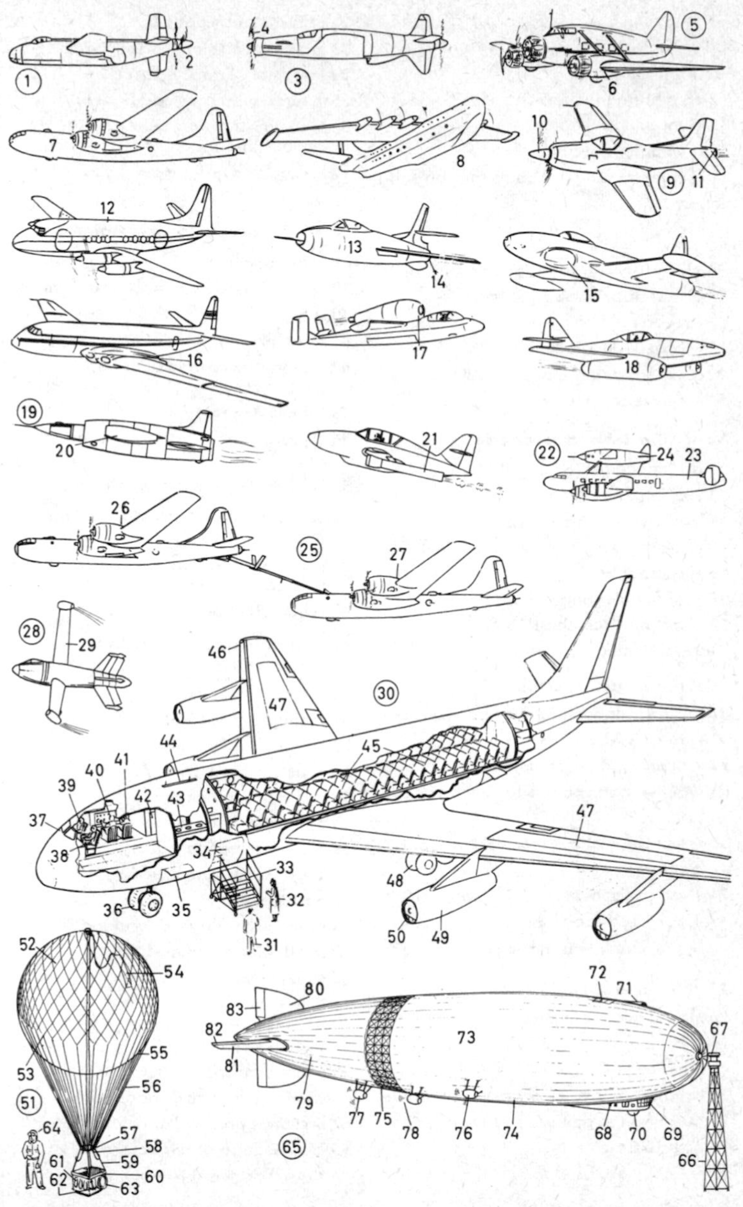
1
2
3
4
5
6
7
8
9
10
11
12
13
14
15
16
17
18
19
20
21
22
23
24
25
26
27
28
29
30
31
32
33
34
35
36
37
38
39
40
41
42
43
44
45
46
47
48
49
50
51
52
53
54
55
56
57
58
59
60
61
62
63
64
65
66
67
68
69
70
71
72
73
74
75
76
77
78
79
80
81
82
83

1 el motor de hélice *f* con pistones *m*, un motor doble en estrella *f*:
2 la toma de aire *m*
3 el cilindro, con pistón *m*
4 el encendido
5 la admisión del cilindro
6 el compresor de sobrealimentación *f* de aire *m*
7 el escape;

8 el motor de hélice *f*, con supercargador–turbina *m* de gas *m* de escape *m*:
9 la entrada de combustible *m*
10 la turbina de gas *m* de escape *m*
11 los gases de escape *m*;

12 el tubo del pulsorreactor intermitente (la propulsión V–1):
13 la conducción del combustible
14 la válvula de entrada *f* del combustible, una válvula con obturador *m* móvil
15 el encendido
16 la cámara de compresión *f* del aire
17 la cámara de combustión *f*
18 la válvula de escape *m*;

19 el motor de reacción *f*:
20 la cámara de compresión *f* del aire
21 la toma de aire *m*
22 el aumento de la presión del aire a causa del ensanchamiento del diámetro del tubo
23 el aumento del volumen del aire, por la combustión
24 el escape de los gases de la combustión (de la masa de retropropulsión *f*, gases de reacción *f*, gases de escape);

25 el turborreactor:
26 el arranque automático de la turbina
27 el compresor de aire *m* de varios escalones *m*
28 la tobera de inyección *f* del combustible
29 la cámara de combustión *f*
30 el turborreactor
31 el eje de impulsión *f*
32 el asiento de la turbina
33 el cono ajustable de impulsión *f*
34 la cámara de toma *f* de aire *m*
35 la cámara de compresión *f* del aire
36 la combustión de la mezcla de aire *m* y combustible *m*
37 la expulsión de los gases de la combustión;

38-45 turborreactores *m* **típicos,**
38 la turbohélice:
39 el mando de paso *m* variable de la hélice
40 la hélice;
41 el motor usual turborreactor
42 el motor turborreactor de postcombustión *f*:
43 la bujía de encendido *m*
44 el postquemador [del tubo de propulsión *f*]
45 la boquilla (el chorro) ajustable;

46 el cohete de combustible *m* **sólido** (cohete de pólvora *f*):
47 la carga propulsora del cohete (la propulsión del cohete)
48 la boquilla (tobera) cónica;

49 el cohete de combustible *m* **líquido:**
50 el tanque de agua *f*
51 el tanque de oxidante *m*
52 el tanque de combustible *m*
53 el sistema de bombas *f*
54 la turbina de vapor *m*
55 el arranque eléctrico
56 el tubo del combustible
57 el control de alimentación *f* del combustible
58 el generador de vapor *m* de gas *m*
59 la válvula del combustible
60-63 las cámaras de combustión *f* del cohete:
60 la cámara de combustión *f*, para el vuelo de crucero *m*
61 el revestimiento refrigerador de la cámara para el vuelo de crucero *m*
62 la cámara principal de combustión *f*
63 el revestimiento refrigerador de la cámara principal de combustión *f*

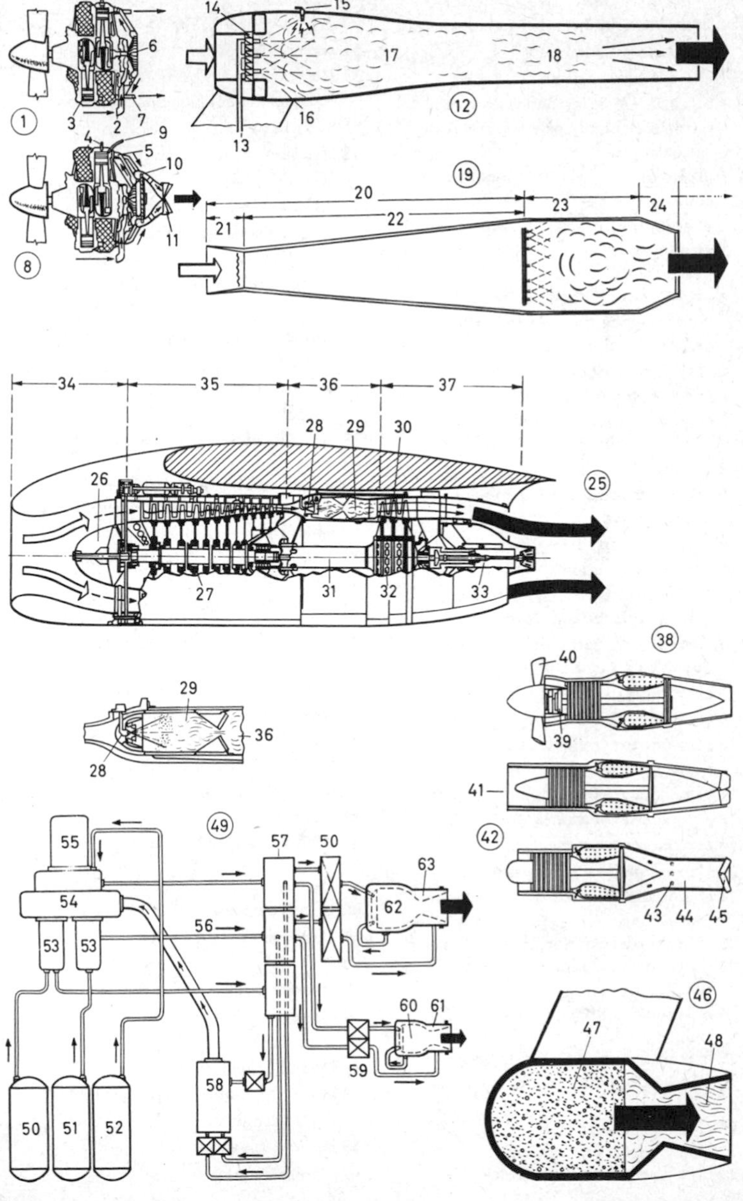

1
2
3
4
5
6
7
8
9
10
11
12
13
14
15
16
17
18
19
20
21
22
23
24
25
26
27
28
29
30
31
32
33
34
35
36
37
38
39
40
41
42
43
44
45
46
47
48
49
50
51
52
53
54
55
56
57
58
59
60
61
62
63

1-38 la cabina del piloto (la carlinga):
1 el asiento del piloto
2 el asiento del copiloto
3-16 el tablero de instrumentos *m* de a bordo *m* (tablero), para vuelo *m* instrumental:
3 el giro direccional (direccional giroscópico)
4 el horizonte artificial (giroscopio de horizonte *m*), para vigilar la situación del vuelo (la subida y bajada *f* del avión)
5 el inclinómetro (indicador de la inclinación longitudinal y transversal del avión)
6 el variómetro indicador de las variaciones eventuales de altura *f* de vuelo *m*
7 el piloto automático mantenedor de rumbo *m* y altura *f*
8 el reloj de a bordo *m*
9 el altímetro de altura *f* absoluta y de altura relativa
10 el radio compás (la baliza)
11 la brújula del avión
12 la tabla de desviación *f*, para la corrección de las lecturas de la brújula
13 el variómetro para medir las velocidades de subida *f* y bajada *f*
14 el termómetro del aire exterior
15 el manómetro del aire a presión *f*
16 el tacómetro (contador de velocidad *f*);
17 el manómetro de aceite *m*
18 el cuentarrevoluciones
19 el termómetro de aceite *m*
20 el manómetro de combustible *m*
21 el indicador de existencia *f* de combustible *m*
22 el mando del extintor de incendios *m*
23 la palanca de la bomba de mano *f* de gasolina *f*
24 la bomba de inyección *f* de combustible *m*
25 la bomba de inyección *f* del aceite
26 el indicador visual del nivel de combustible *m*
27 el interruptor general
28 el interruptor de la ignición
29 la palanca del tren de aterrizaje *m*
30 el mando de gases *m*
31 el mando de la mezcla
32 el mando de combustible *m*, para la regulación de la alimentación de combustible
33 la palanca de suelta *f* de las ruedas de proa *f* o de cola *f*
34 las palancas de mando *m*; *en el interior:* los ejes de mando de los alerones
35 la palanca de mando *m*, para el control del timón de profundidad *f* y de los alerones
36 los balancines del timón de profundidad *f*
37 la barra de los pedales del timón de dirección *f*
38 el pedal del timón de dirección *f*;

39-47 los cables de mando *m* del timón de profundidad *f* y de los alerones:
39 los cables de mando *m* del timón de profundidad *f*
40 la barra de mando *m* de los alerones
41 el plano de dirección *f*
42 el timón de dirección *f*
43 el plano de profundidad *f* (plano de cola *f*, el estabilizador horizontal)
44 el timón de profundidad *f*
45 los planos (la superficie) de sustentación *f* del avión
46 el alerón
47 el "flap" para reducir la velocidad de aterrizaje *m*;

48 el paracaídas:
49 el casquete del paracaídas
50 el cordaje del paracaídas
51 el saco envoltura del paracaídas
52 el atalaje principal
53 la anilla principal
54 los atalajes del paracaídas
55 la cuerda para abrir el paracaídas automáticamente
56 la clavija de cierre *m*
57 la bolsa interior del paracaídas

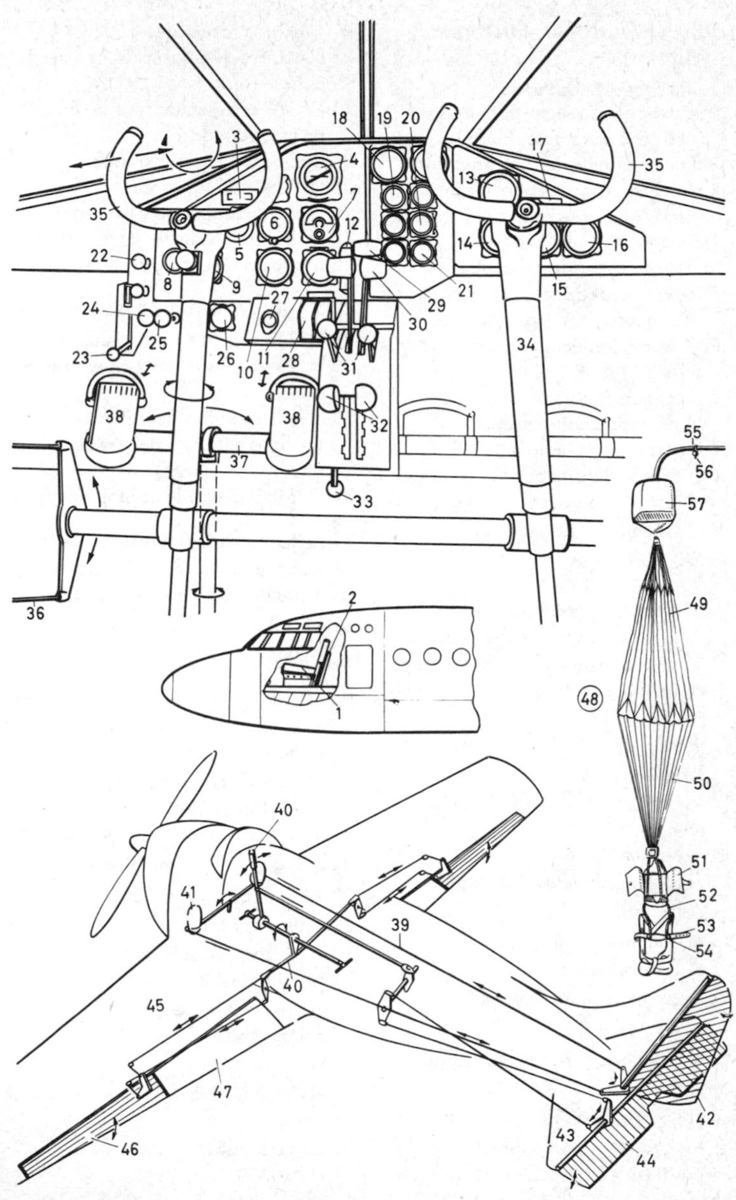
1
2
3
4
5
6
7
8
9
10
11
12
13
14
15
16
17
18
19
20
21
22
23
24
25
26
27
28
29
30
31
32
33
34
35
36
37
38
39
40
41
42
43
44
45
46
47
48
49
50
51
52
53
54
55
56
57

1 el cohete de combustible *m* **líquido,**

2-5 la cabeza del cohete:
2 el morro del cohete, para los instrumentos registradores
3-5 la sección de los instrumentos:
3 el órgano de control *m* (el mecanismo que sirve para el control del cohete)
4 el giróscopo (giroscopio)
5 los cilindros de acero *m*, con nitrógeno *m* comprimido;
6-11 la sección del tanque de combustible *m*:
6 el tanque de combustible *m* (tanque de alcohol *m* etílico)
7 los tanques de helio *m*
8 el depósito de oxígeno *m* (tanque de oxígeno líquido)
9 el aislamiento de lana *f* de vidrio *m*
10 la válvula automática
11 la tubería del combustible;
12-27 la sección de cola *f* del cohete,
12-24 el grupo de impulsión *f* (grupo de propulsión *f* del cohete, el motor del cohete):
12 el tubo para el llenado de combustible *m*
13 el tubo para el llenado de oxígeno *m*
14 la bomba del combustible
15 el tubo de alimentación *f* del combustible
16 la bomba de oxígeno *m*
17 el distribuidor de oxígeno *m*
18 el tanque de permanganato *m* potásico
19 el tanque de peróxido *m* de hidrógeno *m*
20 el generador de vapor *m*, con la turbina de vapor para accionar las bombas
21 la cabeza inyectora
22 la cámara de combustión *f* del cohete
23 la capa refrigeradora de la cámara de combustión *f*
24 la tobera de propulsión *f*;
25 la aleta estabilizadora
26 el compensador de balanceo *m*
27 el timón del cohete, un timón de grafito *m* resistente al calor;

28-31 el lanzamiento del cohete,

28 el cohete listo para ser lanzado:
29 la plataforma de lanzamiento *m* del cohete
30 el deflector del chorro de gas *m* (el cono deflector del gas de retropropulsión *f*)
31 el mástil del cable de ignición *f*;

32 la torre de montaje *m* **de los cohetes** (el andamiaje para el montaje de grandes cohetes):

33 los tubos de combustible *m* de la cisterna;

34 el cohete de varios escalones *m* (cohete de pisos *m*, de fases *f*, de estadios *m*):

35 el cable de energía *f* eléctrica
36 el escalón preliminar del cohete
37 el escalón principal del cohete
38 la estela de condensación *f*
39-42 la separación de los escalones,
39 el primer escalón:
40 el cierre (fin) de la ignición del primer escalón
41 la trayectoria descendente del primer escalón;
42 el segundo escalón;
43 el cierre (fin) de la ignición del segundo escalón
44 el vértice de la trayectoria del cohete

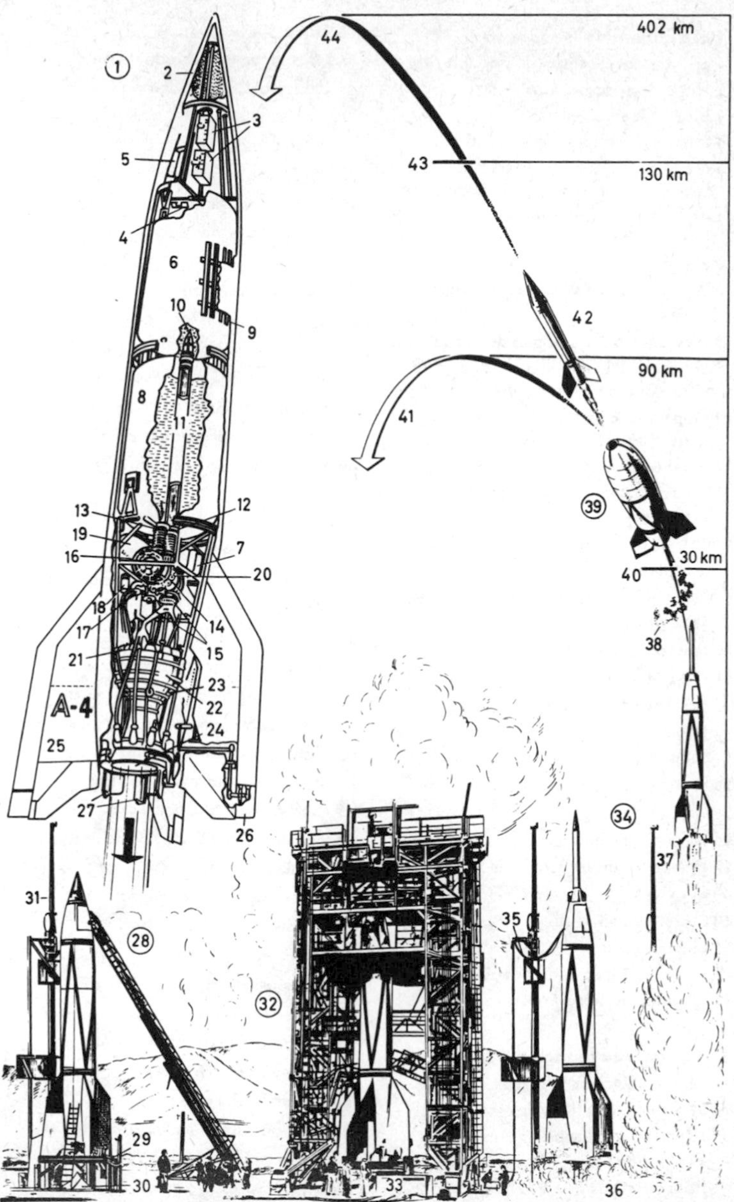
402 km
130 km
90 km
30 km
A-4
1
2
3
4
5
6
7
8
9
10
11
12
13
14
15
16
17
18
19
20
21
22
23
24
25
26
27
28
29
30
31
32
33
34
35
36
37
38
39
40
41
42
43
44

1 el aeropuerto [*sin aduanas*: el aeródromo, el campo de aviación *f*]:
2 las pistas de despegue *m* y aterrizaje *m*
3 la pista de emergencia *f*
4 la torre de exploración *f* de radar *m*
5 el edificio del aeropuerto terminal con las oficinas adminstrativas, despacho *m* de billetes *m*, dirección *f* de vuelo *m* y restaurante *m*
6 el hangar
7 las instalaciones de talleres *m* y reparaciones *f*
8 la estación meteorológica del aeropuerto
9 el hangar del aeropuerto para entretenimiento *m* e inspección *f* del material
10 el aparato de precisión *f* de radar *m* para aproximación *f*
11 el transmisor de ruta *f* para el aterrizaje (el sistema de aterrizaje *m* con instrumentos *m*)
12 y 18 las balizas de aproximación *f* al aeropuerto:
12 el radiofaro, una señal para el aterrizaje (señal radiotelegráfica)
13 las luces de aproximación *f*
14 el transmisor de la senda de planeo *m* del sistema de aterrizaje *m* a ciegas para guiar al avión en la última fase de la toma de tierra *f*
15 el campo de aterrizaje *m* de helicópteros *m*
16 la conexión telefónica
17 la manga, un indicador de la dirección del viento
18 el aerofaro giratorio
19 el anemómetro
20 el orientador de onda *f* extracorta
21 el hangar de carga *f* del aeropuerto;

22-53 radionavegación *f* (servicio *m* de radionavegación aérea),
22-38 procedimientos *m* de control *m* del tráfico aéreo (dispositivos *m* para la navegación aérea), en aterrizajes *m* con mala visibilidad *f* y aterrizajes a ciegas,
22-33 sistema *m* de radiolocalización *f*,
22 avión *m* navegando con un rumbo determinado marcado por dos emisores *m*:
23, 24 transmisores *m* I y II
25 el receptor del avión;
26 avión *m* navegando con un rumbo determinado marcado por dos receptores *m*:
27 el emisor del avión
28, 29 receptores *m* I y II;
30 combinación *f* de 22 y 26 (recepción *f* y reflexión *f* de I y II por el avión):
31 el emisor-receptor del avión
32, 33 emisores-receptores *m* I y II;
34 el aterrizaje a ciegas controlado por radar *m*:
35 el transmisor de radar *m*
36 el avión que aterriza
37 el equipo giratorio de vigilancia *f* de radar *m*
38 el equipo de radar *m* de precisión *f*;
39 el grupo explorador de radar *m*:
40 la pantalla giratoria de radar *m*, un espejo parabólico para la recepción y dirección *f* (enfocamiento *m*, emisión *f*) de las ondas electromagnéticas
41 el grupo de impulsión *f*
42 la emisión (radiación) de las ondas
43 la reflexión de las ondas
44 la caja del emisor-receptor
45 el emisor de radar *m*
46 el receptor de radar *m*
47 el dispositivo de control *m*;
48 el radarscopio:
49 el tubo Braun de rayos *m* catódicos
50 la pantalla electrónica;
51 la pantalla del radar
52 el espejo parabólico de radar *m* construido en forma *f* de enrejado *m*
53 la torre del espejo giratorio

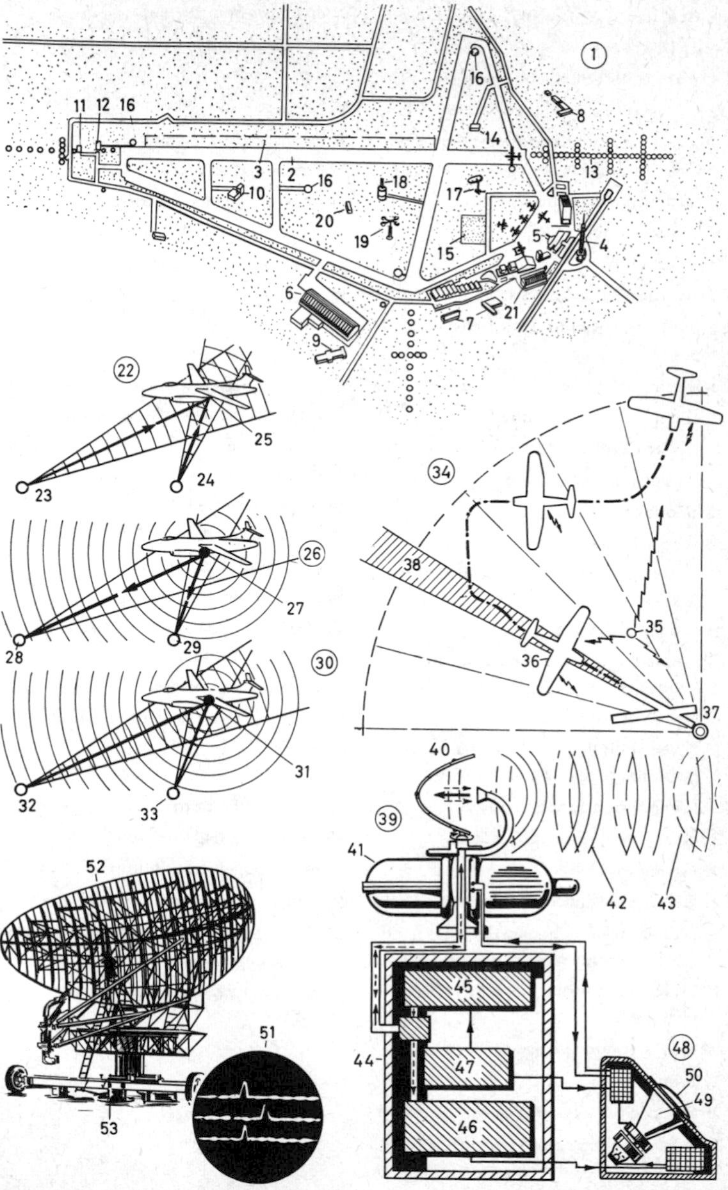
1
2
3
4
5
6
7
8
9
10
11
12
13
14
15
16
17
18
19
20
21
22
23
24
25
26
27
28
29
30
31
32
33
34
35
36
37
38
39
40
41
42
43
44
45
46
47
48
49
50
51
52
53

1-30 el vestíbulo central de la oficina de Correos:

1 la ventanilla de los paquetes

2 la balanza para pesar los paquetes

3 el paquete (paquete postal; *Arg.*, *Col.*, *Chile*, *Perú:* la encomienda):

4 la etiqueta con la dirección;

5 el bote de engrudo *m*

6 el paquetito

7 los apartados de Correos:

8 la caja del apartado de Correos (caja postal);

9 la ventanilla de venta *f* de sellos *m*

10 el empleado de ventanilla *f*

11 el libro de entrega *f* de certificados *m*

12 el cuadernillo de sellos *m*

13 el folio de sellos *m*

14 la hoja de sellos *m*

15 la tapa de corredera *f*, una cubierta protectora

16 el cajón de la mesa

17 la muestra sin valor *m*, en la bolsita de muestras *f*

18 el rollo de sellos *m*

19 la ventanilla de pagos *m* de rentas *f* y pensiones *f* [*no enEspaña*]

20 la imposición de telegramas *m*

21 el casillero de Lista de Correos

22 el pesacartas

23 la oficina del director de Correos

24 la cabina telefónica, para llamadas *f* locales y conferencias *f* interurbanas:

25 el contactor de suelo *m*, para la luz de la cabina;

26 el aviso; *en este caso:* una tarifa postal

27 el buzón

28 el buzón para el correo aéreo

29 la máquina automática para venta *f* de sellos *m*

30 el pupitre para escribir;

31-46 la recogida y distribución *f* del correo,

31 la recogida de cartas *f*:

32 la bolsa para la recogida de las cartas

33 el triciclo de Correos;

34-39 la distribución del correo:

34 el extractor de polvo *m*

35 el correo de los buzones

36 la correa transportadora de cartas *f*, una cinta transportadora

37 el clasificador de cartas *f*

38 los casilleros para mazos *m* de correo *m* local, provincial y regional

39 el distribuidor, un empleado u oficial *m* de Correos;

40 el matasellado a mano *f*:

41 la mesa de estampar el matasellos

42 el matasellos tipo martillo;

43 el matasellos tipo rodillo

44 el matasellos de puño *m* (*Chile*, *Guat.*, *Méj.:* el fechador)

45 la máquina de matasellar

46 la máquina para estampar el sello de franquicia *f*;

47 el cartero

48 la bolsa del cartero

49-52 el matasellado de mano *f*:

49 el matasellado de rodillo *m*

50 el matasellado de propaganda *f* local

51 el matasellado especial (matasellado circunstancial)

52 el matasellado de ferrocarriles *m*

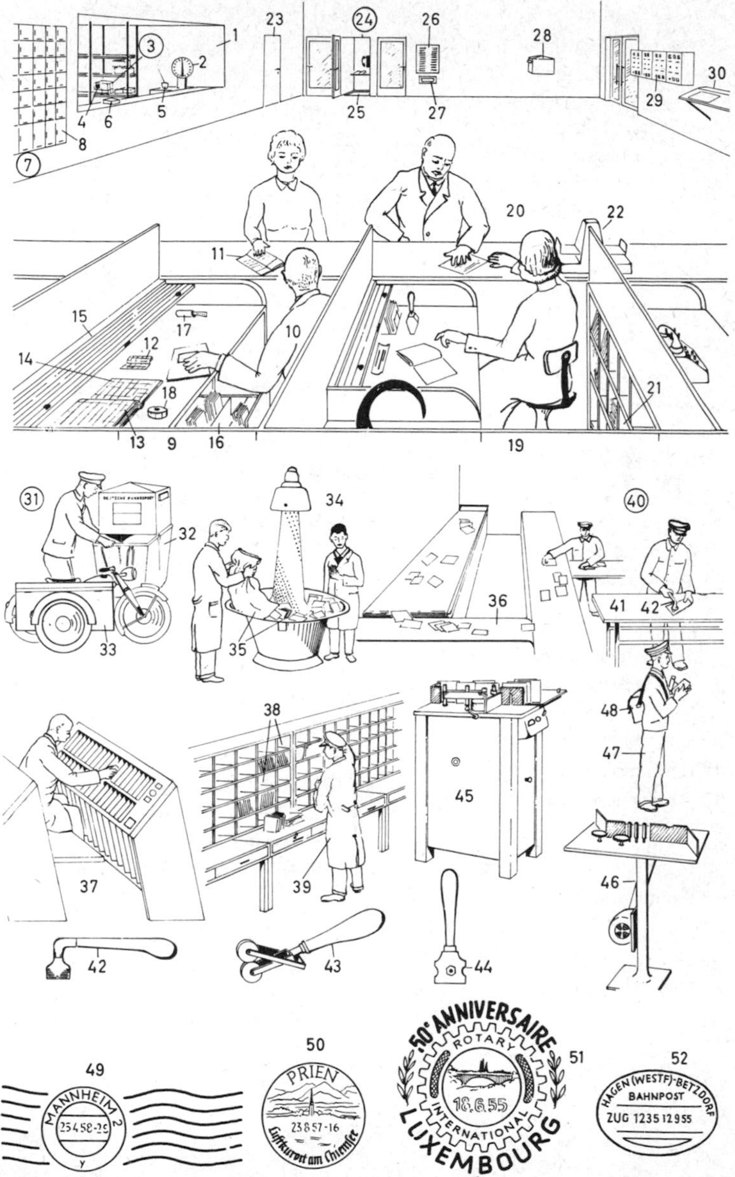
1
2
3
4
5
6
7
8
9
10
11
12
13
14
15
16
17
18
19
20
21
22
23
24
25
26
27
28
29
30
31
32
33
34
35
36
37
38
39
40
41
42
43
44
45
46
47
48
49
50
51
52
MANNHEIM 2
25.4.58-25
Y
PRIEN
23.8.57-16
Luftkurort am Chiemsee
50e ANNIVERSAIRE
ROTARY
INTERNATIONAL
18.6.55
LUXEMBOURG
HAGEN (WESTF)-BETZDORF
BAHNPOST
ZUG 1235 12.9.55

1 la carta-tarjeta
2 la tarjeta postal:
3 el sello impreso;
4 la tarjeta postal con respuesta *f* pagada
5 la tarjeta postal ilustrada
6-15 impresos *m* postales:
6 la tarjeta acuse de recibo *m*
7 el impreso autorizando al cartero para recoger dinero *m* del destinatario [*modalidad desconocida en España*]
8 el reembolso
9 el recibo de la oficina de Correos
10 la carta-cheque postal [*modalidad desconocida en España*]
11 el cheque postal para transferir dinero *m* de una Caja Postal de Ahorros a otra [*modalidad desconocida en España*]
12 el giro postal
13 el telegrama
14 la orden para el ingreso en la cuenta postal del portador [*modalidad desconocida en España*]
15 el impreso para la expedición de un paquete postal;
16 el impreso:
17 la estampilla de la franqueadora;
18 la carta por correo *m* aéreo (por avión *m*)
19 el sello de correo *m* aéreo [*en este caso:* un sello de los Estados Unidos de América]
20 el cupón de respuesta *f* internacional
21 el sello de Correos de beneficencia *f* (sello con sobretasa *f*), una emisión especial,
22 y **23** el valor nominal:
22 el valor del franqueo
23 la sobretasa de beneficencia *f*;
24 el impreso bajo faja *f*, un periódico remitido como impreso (impreso a porte *m* reducido), bajo faja
25 la carta de valores *m* declarados:
26 la solapa del sobre
27 el sello de lacre *m*;
28 la etiqueta engomada para los envíos como valores *m* declarados
29 la carta neumática (carta tubular):
30 el sello de franqueo *m* de carta *f* neumática;
31 la etiqueta engomada para correo *m* expreso [por expreso; *en España:* el sello de urgente]
32 la etiqueta engomada para correo *m* aéreo [por avión]
33 la etiqueta para el correo certificado
34 la carta urgente
35 la carta certificada:
36 el remitente
37 la dirección (el destinatario)
38 el número del distrito postal
39 el matasellos con la fecha
40 el sello, un sello para el franqueo local. interior o extranjero

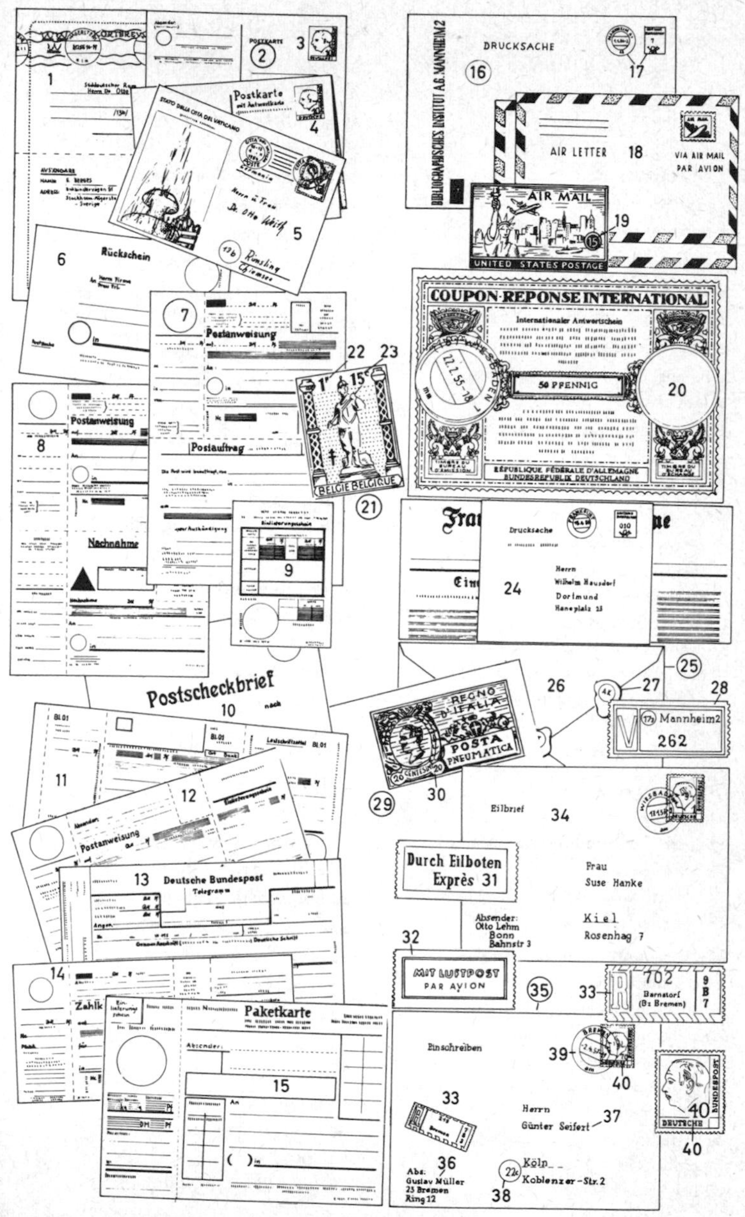
1
2
3
4
5
6
7
8
9
10
11
12
13
14
15
16
17
18
19
20
21
22
23
24
25
26
27
28
29
30
31
32
33
34
35
36
37
38
39
40
Postkarte
Rückschein
Postanweisung
Postauftrag
Nachnahme
Postscheckbrief
Deutsche Bundespost
Telegramm
Paketkarte
DRUCKSACHE
AIR LETTER
VIA AIR MAIL
PAR AVION
AIR MAIL
UNITED STATES POSTAGE
COUPON-REPONSE INTERNATIONAL
Internationaler Antwortschein
50 PFENNIG
RÉPUBLIQUE FÉDÉRALE D'ALLEMAGNE
BUNDESREPUBLIK DEUTSCHLAND
BELGIE BELGIQUE
Drucksache
Herrn
Wilhelm Hausdorf
Dortmund
Haneplatz 25
REGNO D'ITALIA
POSTA PNEUMATICA
Mannheim2
262
Eilbrief
Durch Eilboten
Exprès
Frau
Suse Hanke
Kiel
Rosenhag 7
Absender:
Otto Lehm
Bonn
Bahnstr 3
MIT LUFTPOST
PAR AVION
702
Barnstorf
(Bz Bremen)
Einschreiben
Herrn
Günter Seifert
Köln
Koblenzer-Str. 2
Abs:
Gustav Müller
23 Bremen
Ring 12
DEUTSCHE
BUNDESPOST

1-51 teléfono *m*,

1-17 la central telefónica manual (central telefónica con servicio *m* a mano *f*),

1 el locutorio telefónico público, una cabina telefónica:

2 el teléfono de monedas *f* (teléfono de fichas *f*, teléfono)

3 la guía telefónica (lista de abonados *m*);

4 el usuario del teléfono

5 el cuadro conmutador,

6-12 el conmutador múltiple:

6 la señal de llamada *f*, una señal luminosa

7 el jack, un interruptor de contacto *m* con muelle *m*

8 el cuadro de jacks *m*

9 la clavija

10 el cuadro múltiple de clavijas *f*

11 el cordón de comunicación *f* entre dos clavijas *f*

12 la llave de conversación *f*;

13 el equipo de cabeza *f*:

14 el micrófono de peto *m* (de barbilla *f*)

15 el receptor telefónico, un auricular;

16 la telefonista

17 el aparato telefónico llamado;

18 el disco selector:

19 la rueda impulsora

20 el árbol de tornillo *m* sin fin *m*

21 la leva de impulsiones *f*

22 el muelle recuperador

23 el contacto de impulsiones *f*;

24-41 la central automática,

24 el aparato telefónico automático:

25 la caja del aparato telefónico

26 el disco selector

27 la corona de orificios *m*

28 el tope de parada *f*

29 la horquilla

30 el microteléfono (auricular);

31 el abonado

32 la línea a la central

33 el preselector

34 el brazo de contacto *m* deslizante

35 el campo de contactos *m* fijos

36 el eje del brazo de contacto *m* deslizante

37 las líneas de comunicación *f*

38 el selector de grupos *m*

39 los bancos de contacto *m*

40 la línea de comunicación *f*

41 el selector final;

42 el selector de dos movimientos *m*:

43 el eje del selector

44 el brazo de contacto *m*

45 el banco de contacto *m*

46 el juego de trinquete *m* giratorio

47 el juego de trinquete *m* vertical

48 la magneto giratoria

49 la magneto vertical

50 la magneto de desenganche *m*

51 el muelle recuperador;

52-67 telegrafía *f*,

52-64 el sistema del telégrafo Morse, para transmitir y recibir:

52 la placa de toma *f* de tierra *f*

53 el acumulador

54-63 el receptor Morse (impresor Morse):

54 los electroimanes

55 la armadura

56 la palanca de la armadura

57 el muelle retráctil (resorte antagonista)

58 el estilete (la pluma)

59 los rodillos de arrastre *m*

60 el tambor de la cinta

61 la cinta de papel *m*

62 las señales del alfabeto Morse

63 el rollo de cinta *f*;

64 el manipulador Morse;

65 la línea de transmisión *f*

66 el poste telegráfico, un poste de línea *f* aérea

67 el aislador de porcelana *f*

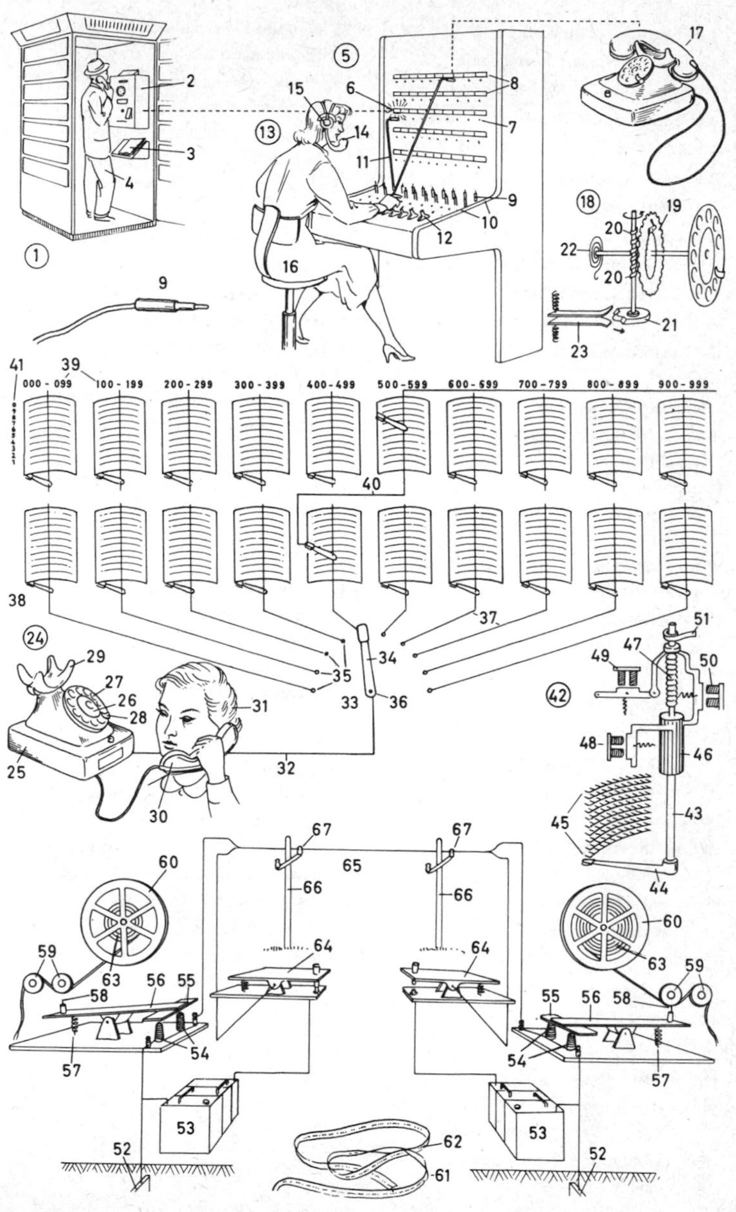
1
2
3
4
5
6
7
8
9
10
11
12
13
14
15
16
17
18
19
20
21
22
23
41
39
000 - 099
100 - 199
200 - 299
300 - 399
400 - 499
500 - 599
600 - 699
700 - 799
800 - 899
900 - 999
40
38
37
24
29
27
26
28
25
31
32
30
33
34
35
36
42
51
47
49
50
48
46
45
43
44
67
65
66
60
59
63
64
58
56
55
54
57
53
52
62
61

1-20 la emisión radiofónica,
1-6 el departamento de grabación *f*,
1 y 2 el equipo de magnetófonos *m*, para la producción de efectos *m* sonoros:
1 los magnetófonos
2 la mesa de fusión *f* de sonidos *m*;
3 el técnico en sonidos *m*
4 la ventana de control *m* para el productor y gerente *m* del estudio
5 el altavoz de control *m*
6 el aislamiento acústico de las paredes;
7-12 el locutorio y estudio *m* radiofónicos:
7 el micrófono suspendido
8 el micrófono de mesa *f*
9 el locutor
10 el guión
11 el reloj regulador (reloj con la hora oficial)
12 los paneles intercambiables de la pared, para variar la resonancia;
13-17 la sala de emisiones *f* públicas:
13 el micrófono, suspendido de tres puntos *m*
14 el escenario radiofónico
15 la sala de espectadores *m*
16 los revestimientos ajustables de la pared
17 el revestimiento del techo;
18-20 la sala (el departemento) de control *m*:
18 los cables desde los diferentes estudios al departamento de control *m*
19 la mesa de control *m*
20 el jefe de control *m*;
21-50 la recepción radiofónica,
21-34 el receptor de galena *f*:
21 la antena de recepción *f*
22 la cadena de aisladores *m*
23 el aislador de desacoplamiento *m*
24 la toma de tierra *f* protectora contra los rayos
25-28 el circuito oscilatorio de alta frecuencia *f*:
25 la bobina del circuito oscilatorio [inductancia]
26 el condensador variable [capacitancia]
27 el botón sintonizador
28 el alambre de cierre *m* aislado;
29-32 el detector:
29 el tubito de cristal *m*, una cubierta contra el polvo
30 la galena [germanio *m*, selenio *m* o sulfuro *m* de plomo *m*]
31 la punta de la plumilla del detector
32 la barrita de mando *m*;
33 la clavija de banana *f*
34 los auriculares;
35 el receptor de radio *f* (el aparato de radio, la radio, el receptor):
36 la caja de madera *f* o plástico *m*
37-40 las escalas de campos *m* de frecuencia *f*:
37 la banda de ondas *f* cortas
38 la banda de ondas *f* medias
39 la banda de ondas *f* largas
40 la banda de ondas *f* extracortas;
41-45 mandos *m*:
41 el sintonizador de estaciones *f*
42 el control de volumen *m*
43 el control de la antena de ferrita *f* (de la antena de varilla *f*)
44 el control de los tonos graves
45 el control de los tonos agudos;
46 la escala para el 44 y 45
47 los pulsadores, para la selección automática de bandas *f* de ondas *f* (de gamas *f* de frecuencias *f*) o de estaciones *f*
48 el ojo mágico, un tubo electrónico
49 la abertura del altavoz
50 la pantalla acústica

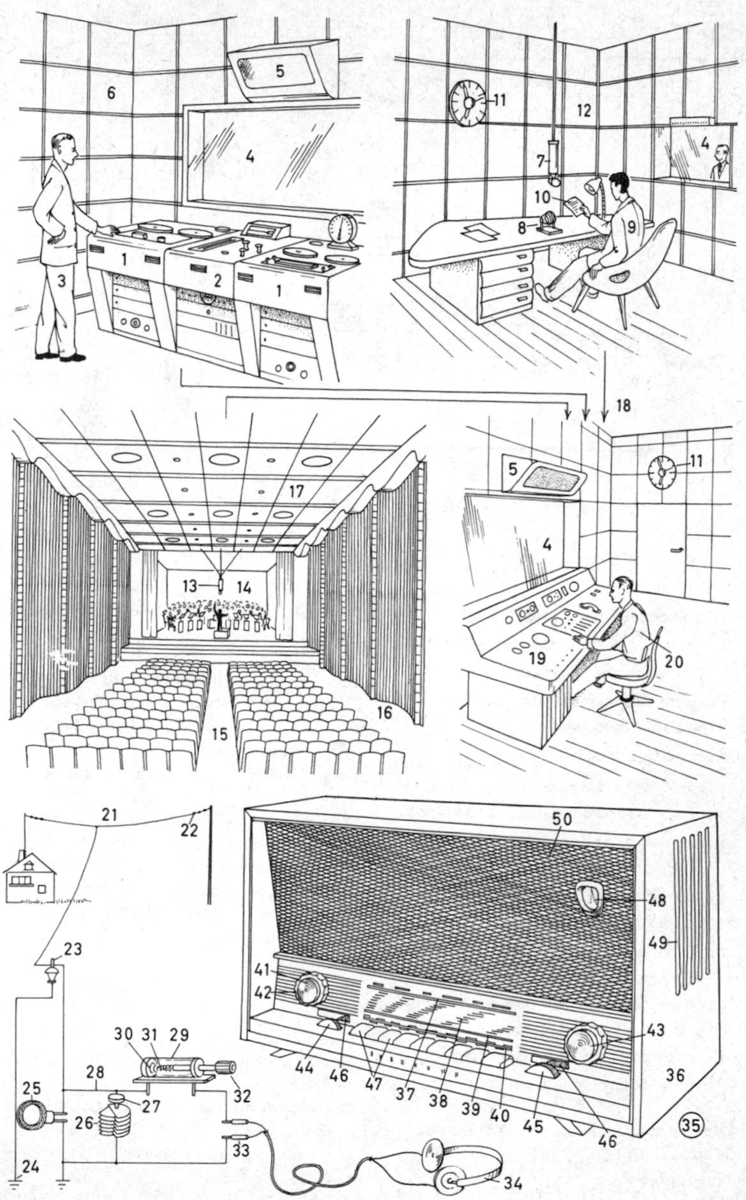
1
2
3
4
5
6
7
8
9
10
11
12
13
14
15
16
17
18
19
20
21
22
23
24
25
26
27
28
29
30
31
32
33
34
35
36
37
38
39
40
41
42
43
44
45
46
47
48
49
50

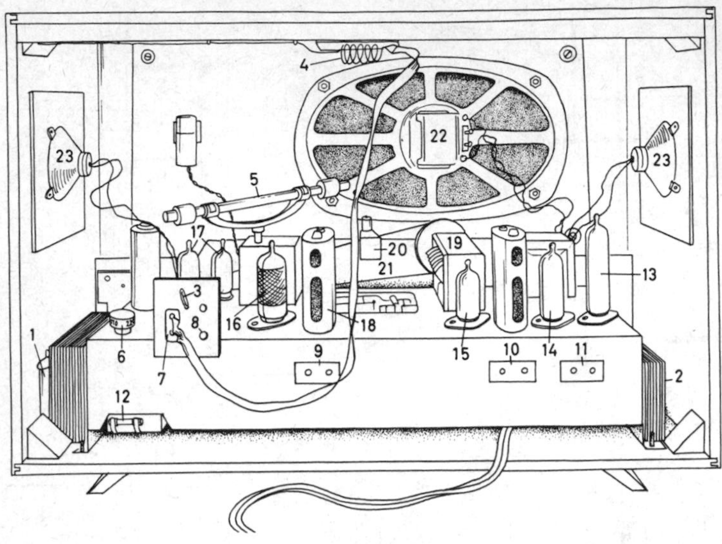

1-23 el receptor de radio *f* (el aparato de radio, la radio, el receptor) [interior]:

1 el transformador de la corriente de la red

2 el transformador de baja frecuencia *f* (el translador de altavoz *m*)

3 el interruptor de la antena

4 la antena interior para onda *f* extracorta, una antena dipolar (antena dipolo)

5 la antena de ferrita *f* (antena de varilla *f*), una antena orientable giratoria

6 el interruptor de adaptación *f* al voltaje de la red

7 el enchufe de clavija *f* para la antena de onda *f* extracorta

8 el enchufe de clavija *f* para la antena de onda *f* media y onda larga

9 el enchufe de clavija *f* para el pick-up

10 el enchufe de clavija *f* para el magnetófono

11 el enchufe de clavija *f* para el altavoz adicional;

12 el fusible

13 la válvula de amplificación *f* final (válvula del altavoz)

14 la válvula compuesta (válvula múltiple)

15 la válvula amplificadora de alta frecuencia *f*, la válvula amplificadora de frecuencia media y el filtro de banda *f* de frecuencia media

16 la válvula de mezcla *f* (válvula osciladora)

17 la válvula amplificadora, válvula preamplificadora

18 la serie de bobinas *f* (el filtro de banda *f*, filtro de frecuencia *f* media, serie de bobinas de entrada *f* y serie de bobinas osciladoras),

19 el condensador variable

20 la lámpara de la escala (lámpara piloto)

21 la escala

22 y 23 tres altavoces *m* ordenados en tres dimensiones *f*:

22 el altavoz normal, un altavoz electrodinámico

23 los altavoces para altas audiofrecuencias *f*

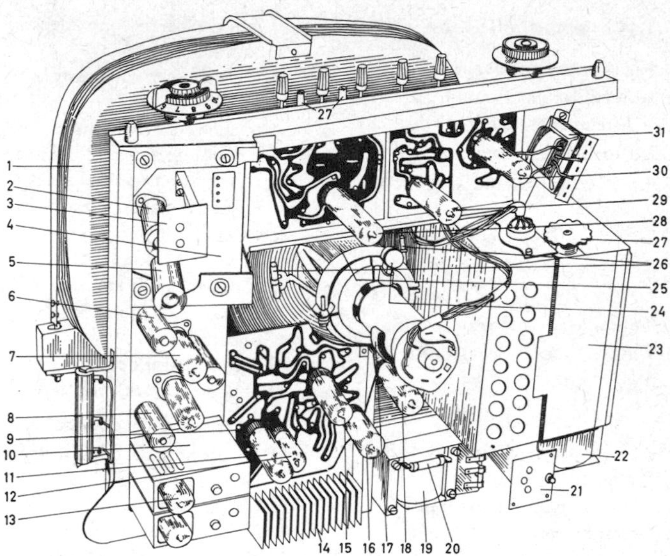

1-31 el aparato de televisión *f* [interior]:

1 el tubo de imágenes *f*

2 el circuito primario de alta frecuencia *f*

3 la toma de entrada *f* de antena *f*

4 el selector de canales *m*

5 el circuito mezclador y el oscilador

6 el filtro de frecuencia *f* intermedia de video *m*

7 el amplificador de frecuencia *f* intermedia de video *m*

8 la resistencia de frecuencia *f* intermedia de salida *f* de video *m*

9 el circuito impreso

10 el detector de frecuencia *f* intermedia de imágenes *f*

11 el amplificador de video *m*

12 el control automático de ganancia *f* y regulador *m* de contraste *m*

13 el inversor de interferencias *f*

14 el rectificador de selenio *m*

15 el separador de sincronización *f*, con limitador *m* de interferencias *f*

16 el amplificador de sonidos *m* de frecuencia *f* media

17 la trampa de iones *m*

18 el modulador de sonidos *m* y el circuito primario de baja frecuencia *f*

19 la fuente de alimentación *f* de red *f*

20 el conductor de calor *m*

21 la placa de conexión *f*, para el control a distancia *f*

22 el transformador de salida *f* de la deflexión vertical

23 el blindaje

24 el imán de centrado *m*

25 la bobina de deflexión *f*

26 los imanes antidistorsivos

27 el selector de voltaje *m*

28 el oscilador vertical y el circuito final de la deflexión vertical

29 el oscilador horizontal

30 el circuito final de baja frecuencia *f*

31 el transformador de salida *f* de sonidos *m*

1-11 el estudio de televisión *f*:

1 la cámara de televisión *f*
2 los cables de cámara *f*, para los instrumentos de control *m*
3 el operador de la cámara
4 el trípode transportable de la cámara
5 el micrófono a condensador *m*
6 el soporte del micrófono
7 el pescante (la jirafa) del micrófono
8 el cable del micrófono
9 los reflectores del estudio
10 el bastidor
11 los actores de televisión *f*;

12-39 la transmisión de televisión *f*:

12 la mesa para la mezcla de sonidos *m*
13 el magnetófono
14 el tocadiscos
15 el ingeniero de sonidos *m*
16 la sala de mezcla *f* de sonidos *m*;
17 el acompasador (generador de impulso *m*, para la deflexión horizontal y vertical del impulso de la imagen sobre la pantalla receptora)
18 el cable, para la transmisión de impulsos *m*
19 los aparatos de control *m*

20-24 la sala para la proyección de películas *f*:

20 el proyector diapositivo, para la exploración moderadora televisiva de diapositivas *f* fotográficas
21 el proyector de películas *f* normales, para la reproducción de películas sonoras
22 el proyector de películas *f* estrechas
23 el cable para la transmisión del sonido a la mesa de mezcla *f* de sonidos *m*
24 el cable para la transmisión de las señales de imagen *f* a la mesa de mezcla *f* de imágenes;
25 la mesa de mezcla *f* de imágenes *f*
26 receptores *m* de imágenes *f*, para elegir la imagen a transmitir
27 el receptor, para el control de la imagen elegida
28 el cable para la transmisión de señales *f* de imágenes *f* a la sala de control *m*
29 el mezclador de imágenes *f*
30 el productor de televisión *f*

31-34 la sala de control *m*:

31 el receptor de televisión *f* de control *m*, para vigilar las señales de imágenes *f*
32 el oscilógrafo
33 el modulador, para la conversión de las líneas de definición *f* a una banda apropiada al cable de transmisión *f* a la emisora
34 el cable de transmisión *f*;
35 el demodulador
36 el modulador, parte *f* del transmisor que convierte las señales de frecuencia *f* de imágenes *f* en señales de frecuencia de radio *f* en una banda de frecuencia (canal *m*) apropiada
37 el modulador, para la banda de frecuencia *f* de sonido *m*
38 la torre de la antena de televisión *f*
39 la antena emisora de televisión *f*, una antena de mariposa *f*;

40 y 41 la recepción de televisión *f*:

40 la antena de recepción *f* de televisión *f*, una antena dipolar (antena dipolo)
41 el receptor de televisión *f* (el aparato receptor de televisión, el mueble de televisión)

237

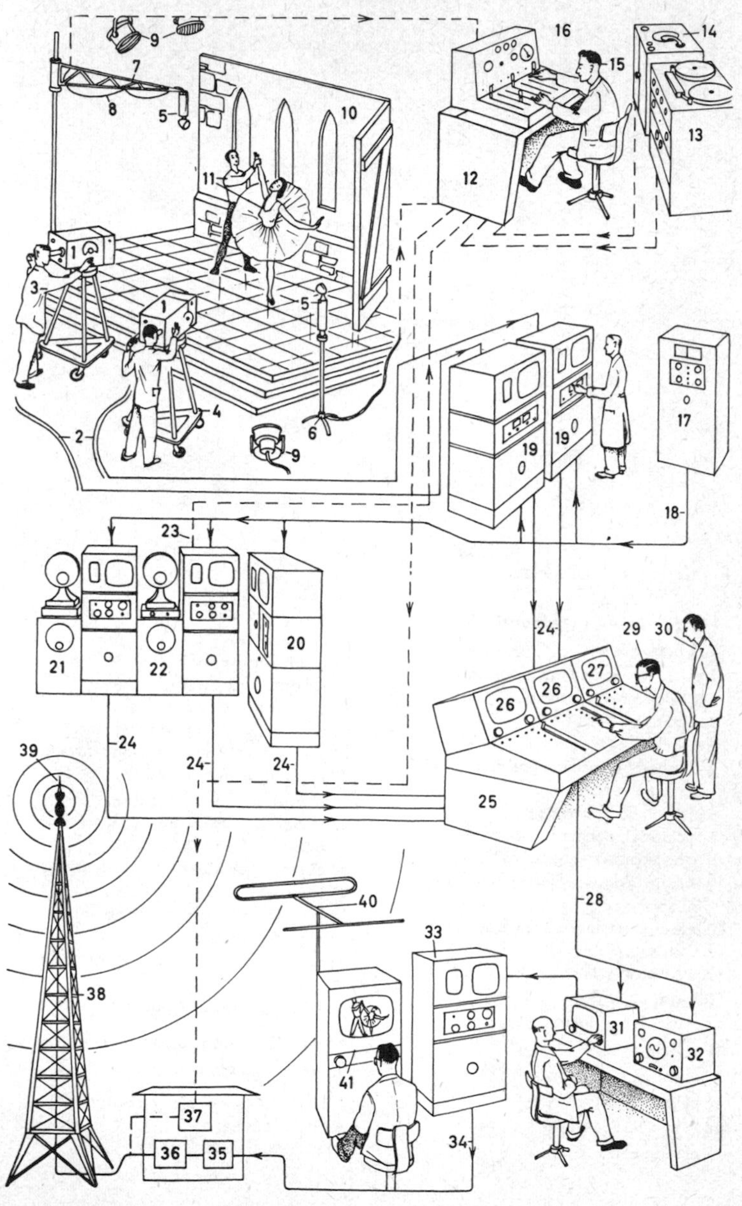

9
16
14
15
7
8
5
10
13
11
12
1
3
1
5
4
2
6
9
19
19
17
18
23
21
22
20
24
29
30
26
26
27
39
24
24
24
25
28
40
33
38
31
32
41
37
36
35
34

1-36 la oficina comercial (el despacho de negocios *m*):

1 el jefe de oficina *f*, un empleado
2 el calendario (almanaque) de pared *f*
3 el archivo:
4 el archivador;
5 el fichero, un estante con cierre *m* de persiana *f* a corredera *f*:
6 el cajón del fichero
7 el cierre de persiana *f* a corredera *f*;
8 el ordenanza (mandadero)
9 la carpeta de expedientes *m* (los expedientes)
10 la secretaria, una taquimecanógrafa
11 el bloc de taquigrafía *f*
12 el escritorio (la mesa de despacho *m*)
13 la cartera de documentos *m*
14 la carpeta de documentos *m*
15 el portafirma
16 el vade
17 el bloc de notas *f*
18 la hoja de apuntes *m*
19 el secante tipo rodillo
20 el tampón
21 el portasellos
22 el sello de caucho *m*
23 la lámpara de mesa *f*,
24 el teléfono de mesa *f*
25 las bandejas de correspondencia *f*
26 el clasificador de correspondencia *f*
27 el papel de escribir
28 la papelera
29 el tapete amortiguador de la máquina de escribir
30 el pisapapeles (*Arg.*: el aprietapapeles)
31 la agenda
32 la mesa de la máquina de escribir:
33 el tablero extensible;
34 la silla de oficina *f*, una silla giratoria
35 el anuario
36 la cartera de documentos *m*;

37-80 el departamento de teneduría *f* de libros *m* y registro *m*:

37 el tenedor de libros *m* (el contable)
38 el pesacartas:
39 el contrapeso

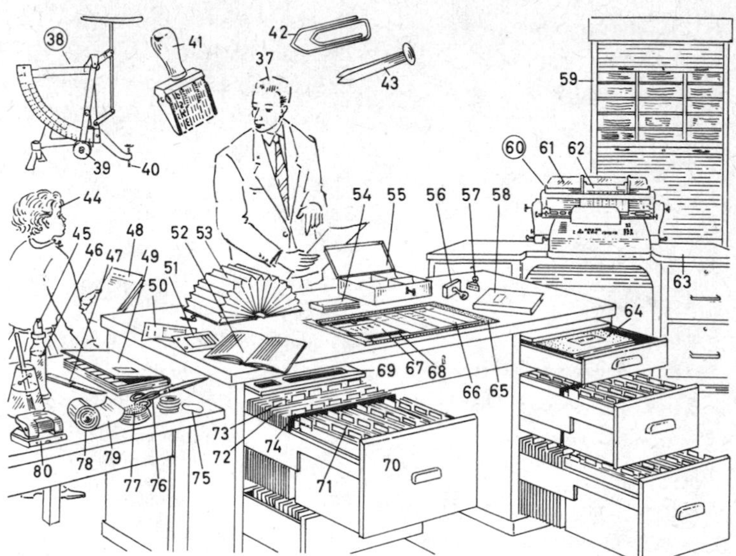

40 el tornillo de nivelación *f*;
41 el fechador, un sello ajustable
42 el clip sujetapapeles (*Chile, Perú, P. Rico:* el broche)
43 el encuadernador
44 el meritorio (aprendiz)
45 el tapón engomador
46 la goma de pegar
47 la plegadera (el abrecartas; *Amér.:* el cortapapeles)
48 el libro de franqueo *m*
49 el libro de sellos *m*
50 la factura
51 el recibo; *anál.:* el comprobante (resguardo)
52 el libro de cuentas *f* (libro registro)
53 el clasificador auxiliar
54 el bloc de estado *m* de caja *f*
55 la cajita del dinero
56 el sello de contabilización *f* de facturas *f*
57 el sello de asiento *m*
58 el libro de caja *f*
59 el estante de registro *m*
60 la máquina de contabilidad *f* (el contable automático):
61 el fijador;
62 la hoja de cuentas *f*
63 la mesa de contabilidad *f*
64 el Libro Mayor
65 el tablero de contabilidad *f*, para asientos *m* a mano *f*
66 la hoja de Diario *m*
67 la hoja de cuentas *f*
68 el papel carbón
69 la bandeja para las plumas
70 el cajón fichero
71 el fichero
72 la ficha
73 la ficha guía
74 la lengüeta guía
75 la goma (anilla de goma)
76 la tijera cortapapeles
77 la esponjilla humedecedora
78 el rollo de papel *m* engomado
79 el papel engomado
80 el taladrador

1-12 la carta comercial (carta de negocios *m*, el escrito):
1 la hoja de papel *m* de cartas *f*
2 el margen
3 el membrete
4 la dirección:
5 el destinatario;
6 la fecha de la carta
7 la referencia
8 el encabezamiento
9 el texto (cuerpo de la carta)
10 la frase que se hace resaltar
11 la fórmula de despedida *f*
12 la firma;
13 el sobre (*Hond.*, *Méj.*: la cuja) franqueado, un sobre de ventanilla *f*:
14 la solapa del sobre
15 el nombre y dirección *f* del remitente (el remite)
16 la ventanilla del sobre;
17-36 útiles *m* de escritura *f*:
17 el portaplumas (palillero, mango; *Amér.*: el canutero)
18 la pluma, una pluma de acero *m*
19 la pluma estilográfica, una pluma de émbolo *m*:
20 la plumilla de la estilográfica, una pluma de oro *m*
21 el depósito de tinta *f*
22 el émbolo
23 el cristal del depósito de tinta *f*
24 el capuchón
25 el sujetador;
26 el bolígrafo:
27 el botón de presión *f*
28 el recambio, con la pasta de escribir
29 el punto de bola *f*;
30 el sujetaplumas de estilográficas *f*, un soporte para conservar húmeda la plumilla
31 el lápiz:
32 el prisma de madera *f*
33 la punta del lápiz;
34 el portalápiz (capuchón)
35 el lapicero automático
36 la mina del lapicero, una barrita (mina) de grafito *m*;
37 la máquina de imprimir direcciones *f*, una imprenta de chapas *f* metálicas:
38 el receptor de las chapas
39 la cinta entintada
40 la almohadilla de goma *f* (el tímpano)
41 el brazo estampador
42 la manivela
43 la chapa troquelada
44 el depósito alimentador;
45 la máquina de franquear (franqueadora):
46 el sello de franqueo *m*, un cliché
47 el rodillo entintador
48 la palanca para la formación de valores *m* de franqueo *m*
49 la manivela
50 el distribuidor de la cinta entintada
51 el totalizador de la suma arrastrada (*en este caso:* el contador de franqueos *m*)
52 el contador de fichas *f* de Correos
53 el disparador

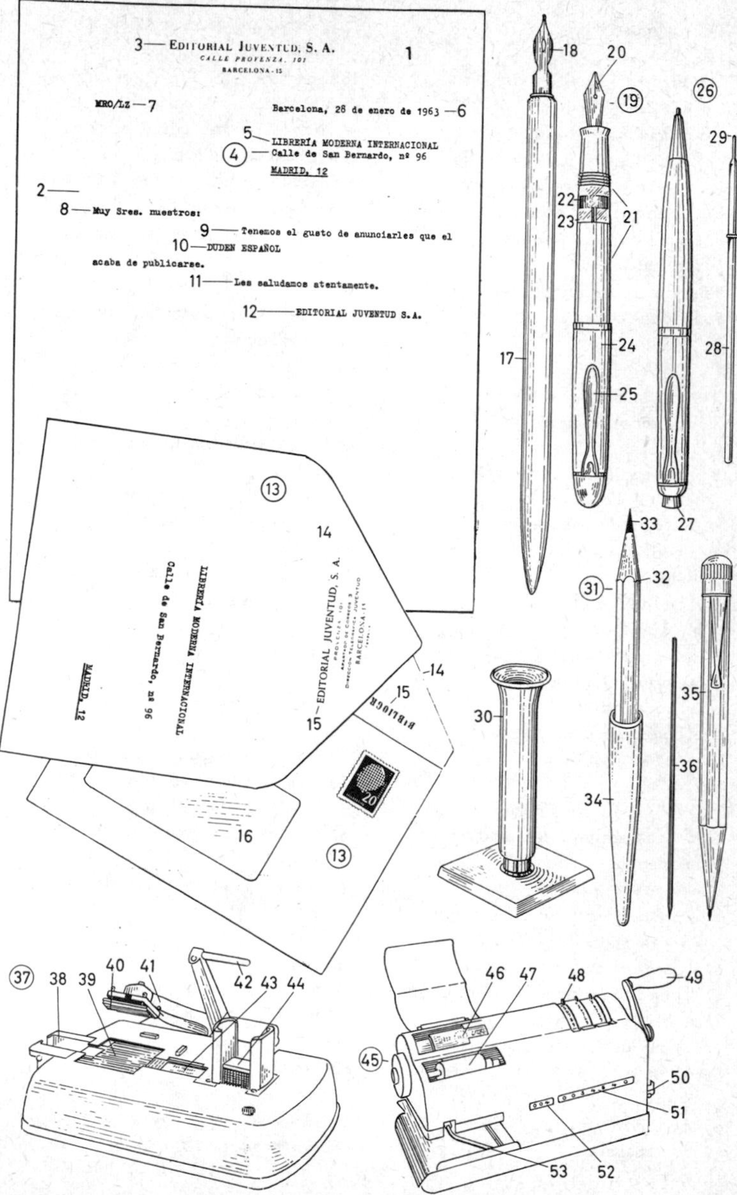

3 — EDITORIAL JUVENTUD, S. A.
CALLE PROVENZA, 101
BARCELONA - 15
1
MRO/LZ — 7
Barcelona, 28 de enero de 1963 — 6
5 — LIBRERÍA MODERNA INTERNACIONAL
4 — Calle de San Bernardo, nº 96
MADRID, 12
2
8 — Muy Sres. nuestros:
9 — Tenemos el gusto de anunciarles que el
10 — DUDEN ESPAÑOL
acaba de publicarse.
11 — Les saludamos atentamente.
12 — EDITORIAL JUVENTUD S.A.
13
14
LIBRERÍA MODERNA INTERNACIONAL
Calle de San Bernardo, nº 96
MADRID, 12
EDITORIAL JUVENTUD, S. A.
15
BIBLIOGR
20
16
13
18
20
19
26
29
22
21
23
21
17
24
28
25
27
33
31
32
30
35
36
34
37
38
39
40
41
42
43
44
45
46
47
48
49
50
51
52
53

1-72 máquinas *f* de oficina *f*,
1 la máquina de escribir,
2-17 el carro:
2 el soltador del carro
3 el borrador del tabulador
4 la palanca libertadora del rodillo
5 la palanca selectora de interlineación *f*
6 el guíapapel deslizable
7 la escala de marginadores *m* y un marginador
8 la barra con rodillos *m* pisapapeles
9 el soporte del papel
10 el rodillo
11 el tarjetero
12 el guíatipos
13 el indicador de alineación *f* graduado
14 la cinta
15 la palanca de introducción *f* automática del papel
16 la palanca aflojapapeles
17 la perilla del rodillo (la borna del rodillo);
18 el carrete de la cinta
19 la palanca portatipos, con un tipo
20 la caja de los tipos
21 la tecla del tabulador
22 la tecla de retroceso *m*
23 el botón para doble espacio *m*
24 la barra espaciadora
25 el teclado
26 la tecla de las mayúsculas
27 la tecla fijamayúsculas (el cierre de mayúsculas *f*)
28 el sueltamargen
29 la palanca de cambio *m* de color *m* (de cambio de altura *f*) de la cinta
30 la palanca de interlineación *f*
31 el botón de embrague *m* del rodillo;
32 la chapita para borrar
33 la goma de borrar de máquina *f*
34 el limpiador de tipos *m* ,una pasta plástica
35 el cepillo de máquina *f*
36 el cosepapeles
37 la maquinilla de coser papeles *m* (*Amér.*: el abrochador):
38 la matriz
39 el alimentador de corredera *f*;
40 las grapas (la barra de grapas)
41 formas *f* de cosido *m*: cerrado, abierto, clavado
42 la máquina de calcular:
43 el mecanismo contador rotativo
44 la tecla de corrección *f* (el borrador)
45 el indicador de cifras *f*
46 las palancas de formación *f* de las cifras
47 el regulador
48 el registro del resultado
49 la barra de las comas, con los pasadores de corredera *f*
50 la tecla deslizante de control *m* de cifras *f*
51 la manivela de accionamiento *m*
52 la palanca del borrador del resultado
53 el borrador del total
54 el borrador del contador;
55 la máquina sumadora-calculadora, una máquina para sumar, restar y multiplicar:
56 el rollo de papel *m*
57 la tira de papel *m*
58 la palanca aflojapapel
59 la chapa sierra para cortar el papel
60 la palanca de más-menos
61 el indicador de columnas *f*
62 la palanca de correcciones *f* y anulaciones *f*
63 la tecla "sub-total" (tecla de suma y sigue)
64 la tecla "total"
65 las teclas de ceros *m*
66 la tecla de multiplicación *f*
67 la palanca interlineadora;
68 el sacapuntas
69 el afilalápiz:
70 el tensor
71 el mandril
72 el depósito de virutas *f*

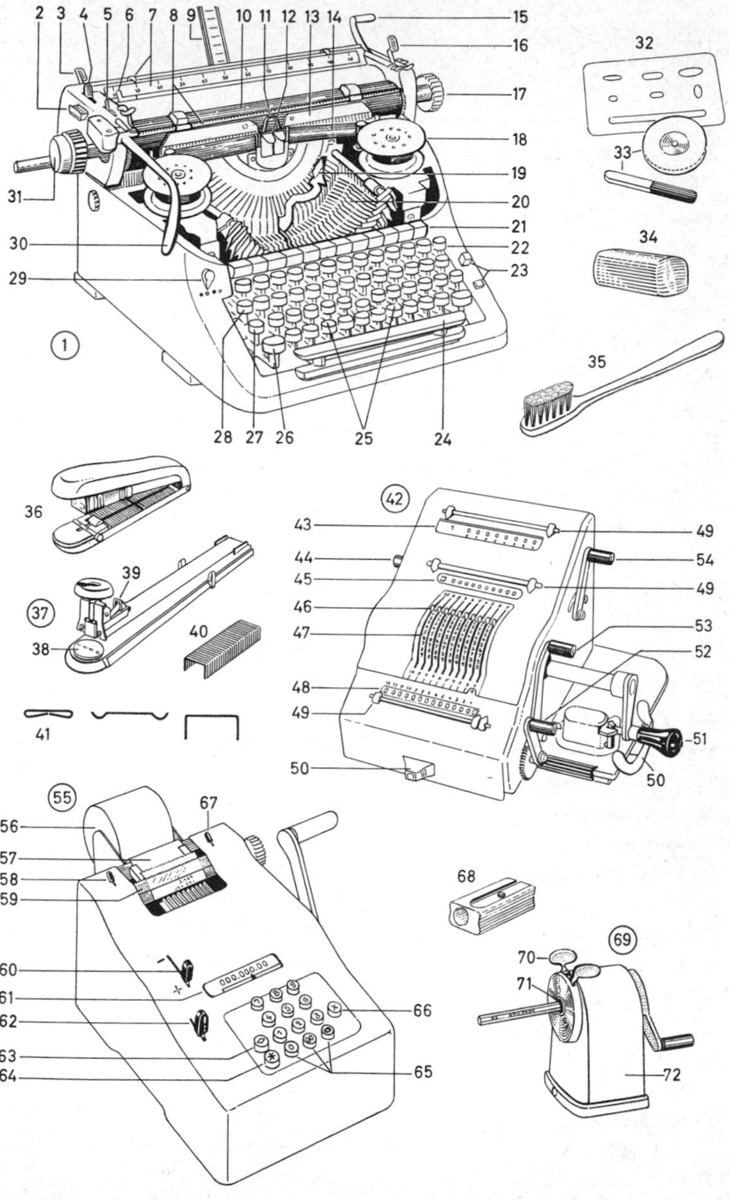
2
3
4
5
6
7
8
9
10
11
12
13
14
15
16
17
18
19
20
21
22
23
24
25
26
27
28
29
30
31
1
32
33
34
35
36
37
38
39
40
41
42
43
44
45
46
47
48
49
50
51
52
53
54
55
56
57
58
59
60
61
62
63
64
65
66
67
68
69
70
71
72
000.000.00

1-61 máquinas *f* de oficina *f*,
1 el multicopista:
2 el clisé
3 el rascador (impulsor de papel *m*)
4 el tablero alimentador, una mesa elevable
5 la guía (mordaza de sujeción *f*)
6 el regulador de margen *m*
7 el regulador del entintado
8 el contador de tirada *f*
9 el tablero de recogida *f*
10 la guía de recogida *f*
11 la manivela
12 el regulador de velocidad *f*;
13 el aparato de copias *f* heliográficas [con papel *m* al ferrocianuro]:
14 el tablero de colocación *f*
15 el cilindro de introducción *f*
16 el contador de la exposición;
17 el papel heliográfico
18 el fotocopiador:
19 la hendidura para la exposición
20 la hendidura para el revelado
21 el interruptor de exposición *f*
22 la escala de medidas *f*;
23 la fotocopia
24 el dictáfono:
25 el disco magnético registrador
26 la escala indicadora
27 el interruptor para el borrado
28 el interruptor de la grabación
29 el regulador del tono
30 el regulador del volumen
31 el micrófono de mango *m*, un micrófono dinámico;
32-34 la instalación de telerregistrador *m* abonado,
32 el teletipo, un telemecanografiador:
33 el teclado
34 el disco selector;
35-61 máquinas *f* de fichas *f* perforadas,
35 el calculador de tambor *m* magnético, una máquina calculadora electrónica:
36 el grupo de las fichas
37 el grupo del tambor
38 el grupo transformador
39 el tablero de control *m*;
40-61 el grupo de máquinas *f* (el equipo de máquinas),
40 el perforador de fichas *f*:
41 el alimentador de fichas *f*
42 la salida de fichas *f*
43 la mesa de depósito *m*
44 el teclado para perforación *f* alfabética y numérica (teclado alfabético-numérico);
45-51 el perforador calculador electrónico,
45 el calculador electrónico:
46 las teclas de control *m*
47 las lámparas de señales *f*;
48 el perforador de fichas *f*:
49 el alimentador de fichas *f*
50 el tablero interruptor (cuadro de distribución *f*);
51 el cable de conexión *f*;
52 la máquina electrónica clasificadora de fichas *f*:
53 el alimentador de fichas *f*
54 los departamentos de depósito *m*;
55 la máquina totalizadora de fichas *f* perforadas (la tabuladora):
56 el depósito de fichas *f*
57 el alimentador
58 el grupo impresor
59 las barras de los tipos
60 las teclas de control *m*;
61 la ficha perforada

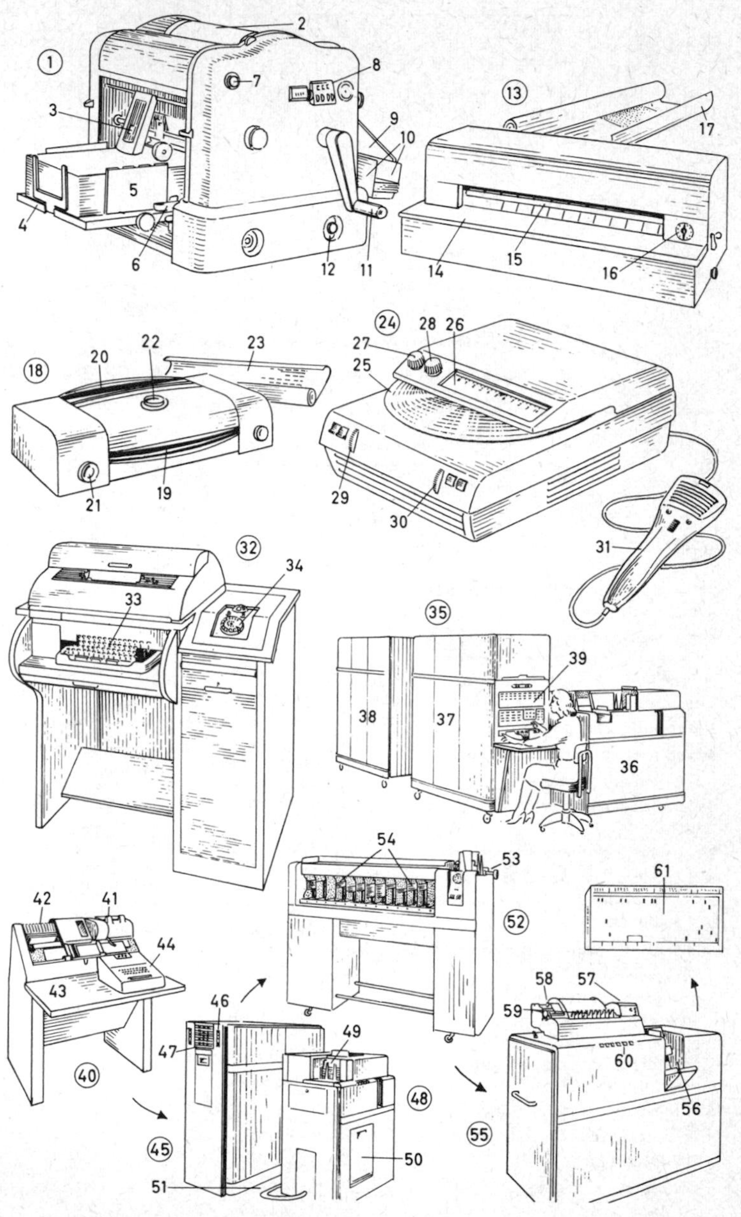
1
2
3
4
5
6
7
8
9
10
11
12
13
14
15
16
17
18
19
20
21
22
23
24
25
26
27
28
29
30
31
32
33
34
35
36
37
38
39
40
41
42
43
44
45
46
47
48
49
50
51
52
53
54
55
56
57
58
59
60
61

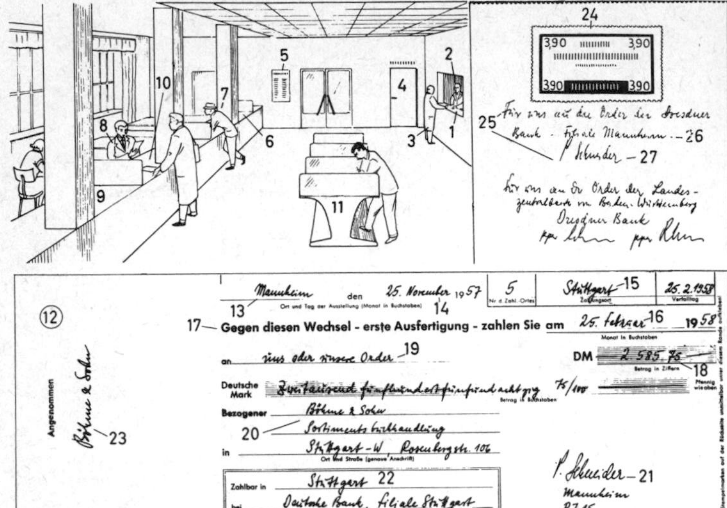

1-11 el vestíbulo público con mostradores *m*:

1 la ventanilla de caja *f*; *anál.*: la ventanilla de efectos *m*, ventanilla de cambios *m*

2 el cajero

3 el cliente del banco

4 la entrada a la cámara acorazada

5 el tablón de cotizaciones *f*

6 el mostrador de efectos *m* (mostrador de valores *m*)

7 el mostrador de depósitos *m*

8 el empleado de Banco *m* (empleado de ventanilla *f*)

9 el mostrador

10 la ventanilla de cambio *m* de monedas *f* extranjeras

11 el pupitre, un pupitre alto para escribir en pie *m*;

12 la letra de cambio *m*; *en este caso:* una letra de cambio girada (giro *m*), una letra aceptada:

13 el lugar de libranza *f* (de expedición *f*)

14 la fecha de libranza *f* (de expedición *f*)

15 el lugar de pago *m*

16 el día del vencimiento

en España:

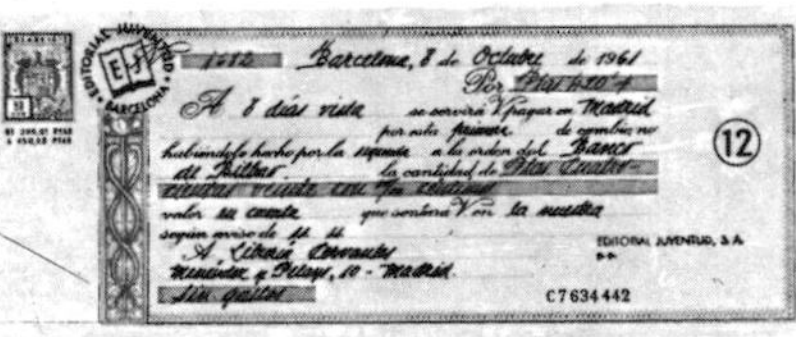

17 la cláusula de "letra *f* de cambio *m*" (la designación del documento como letra de cambio)

18 la cantidad de la letra (el importe de la letra)

19 la orden (el tomador)

20 el girado (librado)

21 el girador (librador)

22 el lugar de pago *m*

23 la aceptación

24 el timbre de la letra

25 el endoso

26 el endosatario

27 el endosante

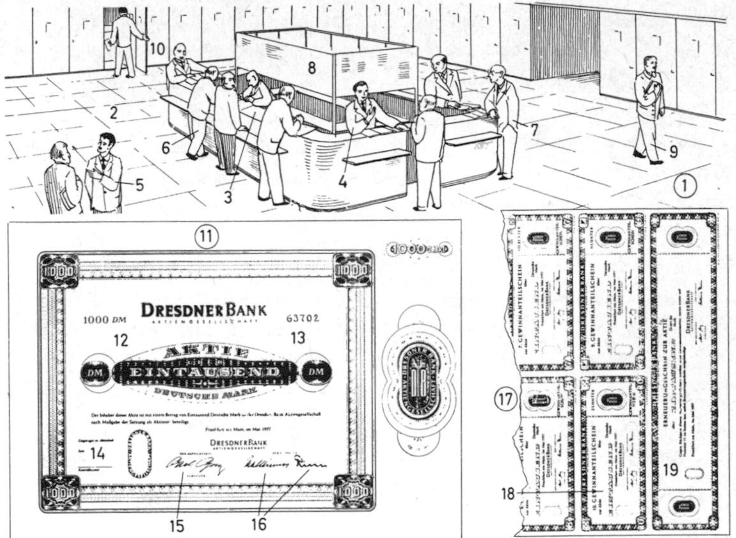

1-10 la Bolsa (Bolsa de efectos *m*, Bolsa de valores *m*, Bolsa de fondos *m*),

1 la sala de la Bolsa:

2 el mercado para valores *m*

3 el mostrador para los corredores

4 el agente oficial de Cambio *m* y Bolsa *f*

5 el corredor de Bolsa *f*, para las transacciones de mercado *m* libre

6 el miembro de la Bolsa, un particular admitido para las transacciones de Bolsa *[no en España]*

7 el empleado de Banco *m* representante en la Bolsa

8 la lista oficial de las cotizaciones (las tablillas con las listas de los valores en Bolsa *f*)

9 el ujier de la Bolsa

10 la cabina telefónica;

11-19 valores *m* (efectos); *clases:* acciones *f*, rentas *f* de réditos *m* fijos, Títulos *m* de la Deuda, cédulas *f* hipotecarias, empréstitos *m* municipales, obligaciones *f* industriales, empréstitos convertibles,

11 la acción; *en este caso:* la acción al portador:

12 el valor nominal de la acción

13 el número de la acción

14 el número de folio *m* del libro registro de acciones *f*

15 la firma del presidente del Consejo Asesor (del presidente de la Comisión Directiva)

16 las firmas del Consejo de Administración *f*;

17 la hoja de cupones *m*:

18 el cupón de dividendos *m* (cupón de intereses *m*)

19 el talón de renovación *f*

1-28 monedas *f* (piezas, dinero *m* metálico; *clases:* monedas de oro *m*, de plata *f*, de níquel *m*, de cobre *m* o de aluminio *m*),

1 Atenas: tetradracma en forma *f* de pepita *f*:

2 el buho (el ave *f* cívica de Atenas);

3 áureo *m* (aureus) de Constantino el Grande

4 bracteada del Emperador Federico I Barbarroja

5 Francia: luis de oro *m* de Luís XIV

6 Prusia: 1 tálero de Federico el Grande

7 República Federal Alemana: 5 DM (marcos alemanes); 1 DM = 100 pfennigs:

8 el anverso

9 la marca de la Casa de la Moneda

10 el reverso

11 la inscripción del canto (del borde)

12 el dibujo de la moneda, un escudo de armas *f* nacional;

13 Austria: pieza *f* de 25 chelines (schillings); 1 sch. = 100 groschen:

14 los escudos de armas *f* de las provincias (de los estados);

15 Suiza: 5 francos; 1 franco = 100 rappens (céntimos)

16 Francia: 1 franco = 100 céntimos

17 Bélgica: 100 francos

18 Luxemburgo: 1 franco

19 Holanda: $2^1/_2$ gulden; 1 gulden (florín) = 100 centavos

20 Italia: 10 liras; 1 lira = 100 centésimos

21 Ciudad del Vaticano: 10 liras

22 España: 1 peseta = 100 céntimos = 4 reales

23 Portugal: 1 escudo = 100 centavos

24 Dinamarca: 1 corona = 100 ores (öre)

25 Suecia: 1 corona sueca

26 Noruega: 1 corona

27 República checoeslovaca: 100 korunas (coronas); 1 koruna = 100 halerzes

28 Yugoeslavia: 1 dinar = 100 paras;

29-39 billetes *m* **de banco** *m* (papel *m* moneda, billetes, moneda *f* fiduciaria),

29 República Federal Alemana: 50 marcos alemanes:

30 el banco emisor

31 el retrato marcado al agua *f*

32 la cláusula penal [una advertencia contra la falsificación de billetes; *no en España*];

33 Estados Unidos de América: 1 dólar ($) = 100 centavos (cents):

34 las firmas facsímiles

35 el sello de control *m*

36 la designación de la serie;

37 Gran Bretaña e Irlanda del Norte: 1 libra esterlina (£) = 20 chelines, 1 s. = 12 peniques, 2 s. = 1 florín:

38 el güilogis (guiloque);

39 Grecia: 1000 dracmas; 1 dracma = 100 leptas;

40-44 la acuñación de moneda *f*,

40 y 41 los troqueles (cuños):

40 el cuño superior

41 el cuño inferior;

42 el anillo de acuñación *f*

43 el cospel (la pieza no labrada)

44 la cerrilla (los cerrillos, la herramienta para acordonar el borde de la moneda)

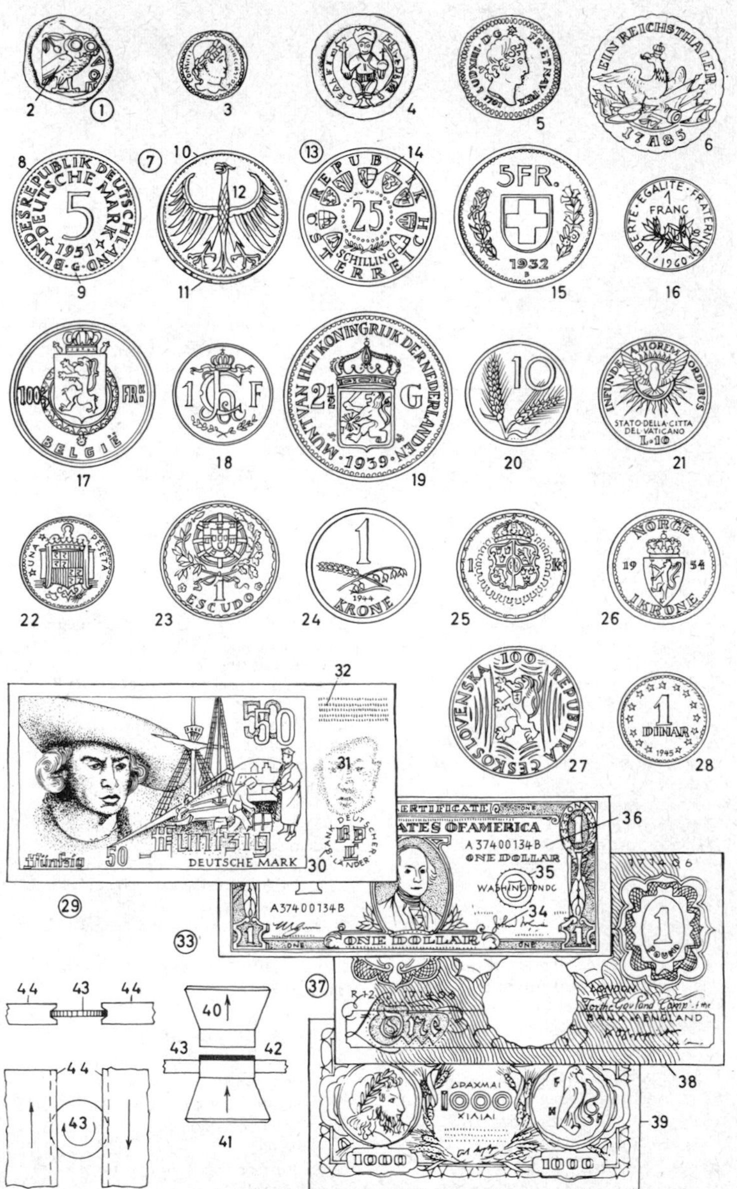

1 2 3 4 5 6
EIN REICHSTHALER
17A85
7 8 9 10 11 12
BUNDESREPUBLIK DEUTSCHLAND
DEUTSCHE MARK
5
1951
G
13 14
REPUBLIK ÖSTERREICH
25
SCHILLING
15
5FR.
1932
B
16
LIBERTE · EGALITE · FRATERNITE
1
FRANC
1960
17
100
FR.
BELGIË
18
1 F
19
MUNT VAN HET KONINGRIJK DER NEDERLANDEN
2½ G
1939
20
10
21
INFUNDE AMOREM CORDIBUS
STATO DELLA CITTA DEL VATICANO
L.10
22
UNA PESETA
23
1
ESCUDO
24
1
1944
KRONE
25
1 Kr
26
NORGE
19 54
1 KRONE
27
100
REPUBLIKA ČESKOSLOVENSKA
28
1
DINAR
1945
29 30 31 32
50
Fünfzig
50
DEUTSCHE MARK
BANK DEUTSCHER LÄNDER
33 34 35 36
CERTIFICATE
STATES OF AMERICA
A 37400134 B
ONE DOLLAR
WASHINGTON DC
A37400134B
ONE DOLLAR
ONE
37 38
171406
1
POUND
LONDON
For the Gov. and Comp. of the
BANK of ENGLAND
One
39
ΔΡΑΧΜΑΙ
1000
ΧΙΛΙΑΙ
1000
1000
40 41 42 43 44

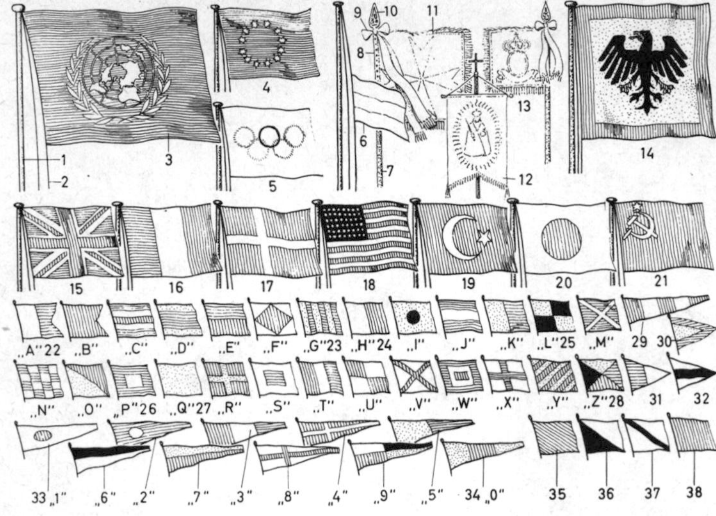

1-3 la bandera de las Naciones Unidas:
1 el asta *f* con el sombrerete
2 la driza
3 la lanilla;
4 la bandera de Europa (bandera de la Unión Europea)
5 la bandera olímpica
6 la bandera a media asta *f* [en señal *f* de duelo *m*]
7-11 la bandera:
7 el asta *f* (el mástil)
8 el clavo ornamental de la bandera
9 la corbata de la bandera
10 la moharra
11 la tela (el paño);
12 el pendón
13 el estandarte de caballería *f*
14 el estandarte del Presidente de la República Federal Alemana [la insignia de un Jefe de Estado *m*]
15-21 banderas *f* nacionales (pabellones *m*):
15 la Union Jack (Gran Bretaña)
16 la Tricolor (Francia)
17 el Danebrog (Dinamarca)
18 las Estrellas y Bandas (EE. UU.)
19 la Media Luna (Turquía)
20 el Sol Naciente (Japón)
21 la Hoz y el Martillo (U.R.S.S.);
22-34 banderas *f* de señales *f*, un juego de banderas,
22-28 banderas *f* de letras *f*:
22 letra A, una corneta (bandera de dos puntas *f*)
23 G, bandera *f* de pedir práctico *m*
24 H ("práctico a bordo")
25 L, señal *f* de epidemia *f*
26 P, a punto *m* de zarpar, una señal de salida *f*
27 Q, bandera *f* de cuarentena *f*, petición *f* de médico *m*
28 Z, una cuadra (bandera rectangular);
29 el gallardete característico del Código Internacional de Señales *f*
30-32 gallardetes *m* auxiliares, gallardetes triangulares
33 y **34** gallardetes *m* de números *m*:
33 número 1
34 número 0;
35-38 banderas *f* de Aduana *f*:
35 la bandera de Aduana *f* de las embarcaciones aduaneras
36 "barco despachado por Aduanas"
37 la señal pidiendo despacho *m* de Aduanas *f*
38 la bandera de pólvora *f* ["carga inflamable"]

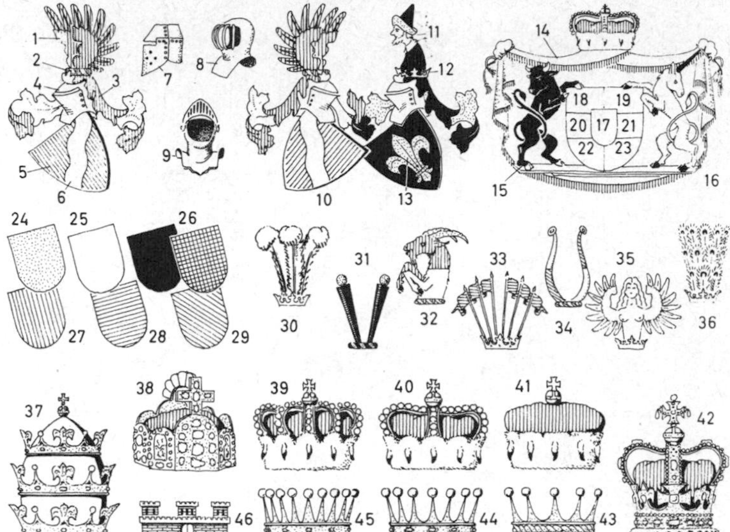

1-36 heráldica *f* (blasón *m*),
1-6 el escudo de armas *f*:
1 la cimera
2 el collar
3 el lambrequín
4 la celada (el yelmo)
5 el escudo
6 la banda ondeada siniestra;
4, 7-9 yelmos *m* (celadas *f*):
7 el yelmo cerrado (yelmo de torneo *m*)
8 el yelmo de rejillas *f* (de grilletas *f*)
9 el yelmo abierto (yelmo con la visera levantada);
10-13 el escudo de armas *f* de matrimonio *m* (escudo de alianza *f*, escudo doble):
10 el escudo de armas *f* del marido
11-13 el escudo de armas *f* de la mujer:
11 el busto naciente
12 la corona
13 la flor de lis *f*;
14 el pabellón
15 y **16** los soportes, animales *m* heráldicos:
15 el toro furioso
16 el unicornio;
17-23 blasón *m* (arte *amb.* de explicar los escudos de armas *f*):
17 el centro del escudo (el corazón)
18-23 los cuarteles:
18 y **19** jefe *m* (frente *f*)
22 y **23** punta *f* (barba)
18, 20, 22 diestro *m*
19, 21, 23 siniestro *m*;
24-29 los esmaltes (*vulg.*: los colores),
24 y **25** metales *m*:
24 oro *m* [amarillo]
25 plata *f* [blanco];
26 sable (negro)
27 gules (rojo)
28 azur (azul)
29 sinople (sinoble, verde);
1, 11, 30-36 cimeras *f* (cristas, crestones *m*, quimeras *f*):
30 las plumas de avestruz *m*
31 las clavas de caballero *m*
32 la cabra pasante
33 los pendoncillos de torneo *m*
34 los cuernos de búfalo *m*
35 la harpía (arpía)
36 el penacho de pavo *m* real;
37-46 coronas *f*:
37 la tiara papal
38 la corona imperial [del Sacro Romano Imperio de Nación *f* Alemana, hasta 1806]
39 la corona de gran duque *m*
40 la corona de príncipe *m* de casa *f* reinante
41 la corona de elector *m*
42 la corona real inglesa
43-45 coronas *f* de títulos *m* nobiliarios:
43 la corona nobiliaria [de Alemania]
44 la corona de barón *m*
45 la corona de conde *m*;
46 la corona mural del escudo de armas *f* de una ciudad

247 Policía

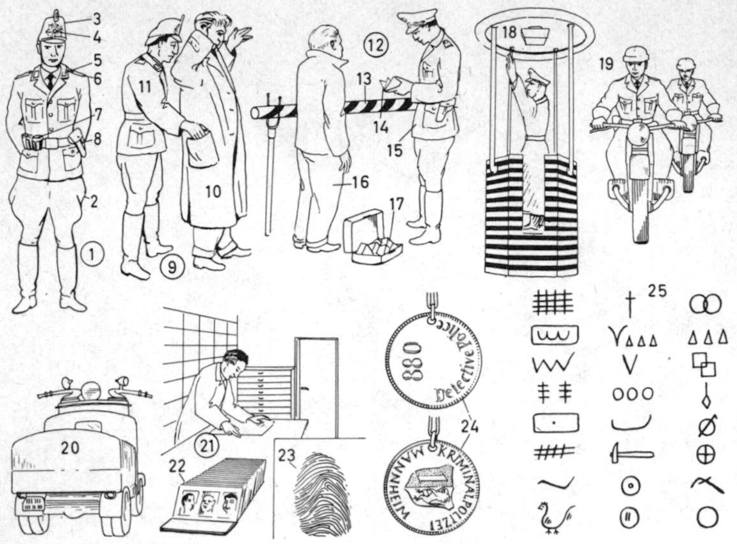

1-8 la policía de prevención *f* (policía de retén *m*),

1 el agente de policía *f*:

2 el uniforme

3 el chacó

4 la escarapela

5 el rombo

6 la hombrera

7 la cartuchera

8 la pistolera;

9-11 la policía,

9 el cacheo:

10 el sospechoso

11 el agente de policía *f*;

12 el control de frontera *f*:

13 la barrera; *en este caso:* la frontera aduanera

14 y **15** el control de pasaportes *m*:

14 el pasaporte, un documento que permite el paso de la frontera

15 el funcionario de aduana *f* (el aduanero);

16 el contrabandista

17 el contrabando (las mercancías de contrabando);

18 y **19** la policía de tráfico *m*; *otras secciones:* la policía de puertos *m* y ríos *m*, policía correccional, policía de inspección *f* industrial, etc.:

18 la torreta de regulación *f* del tráfico (*Arg.:* la garita)

19 la patrulla volante de la policía de tráfico *m*;

20 el coche-manguera

21-24 la policía de investigación *f* criminal,

21 el archivo del servicio de identificación *f*:

22 el fichero fotográfico de los delincuentes

23 la impresión digital (huella dactilar)

24 la chapa de policía *f* secreta;

25 los signos de la gente del hampa

1 la detención:

2 la patrulla volante equipada con radio *f*
3 el agente de policía *f* de la Brigada de Investigación *f* Criminal
4 la orden de detención *f*
5 el detenido
6 el agente de policía *f*
7 la pistola
8 el perro policía
9 las esposas (manillas)
10 la porra de goma *f*;

11 la celda (celda de cárcel *f*, celda individual):

12 el penado (presidiario)
13 el traje de penado *m*
14 el guardián de prisiones *f*
15 la mirilla (*Amér.*: el judas)
16 el torno
17 la ventana enrejada;

18 la vista (el juicio, la audiencia pública):

19 la sala de audiencia *f*
20 el presidente
21 los autos (el sumario)
22 el magistrado (juez)
23 el jurado (miembro del jurado)
24 el secretario del tribunal (secretario de sala *f*, el relator)
25 el fiscal
26 el birrete
27 la toga
28 el escrito de acusación *f*
29 el acusado (procesado)
30 el abogado (defensor)
31 la prestación (toma) de juramento *m*
32 el testigo
33 la mano levantada para prestar juramento *m*
34 la tribuna (el estrado) del testigo
35 la barrera de los testigos [*en España*: la valla del público]
36 el perito (experto) forense
37 el médico forense
38 el banco de testigos *m* [*no en España*]
39 el periodista (informador)
40 la tribuna de la prensa

249 Escuela

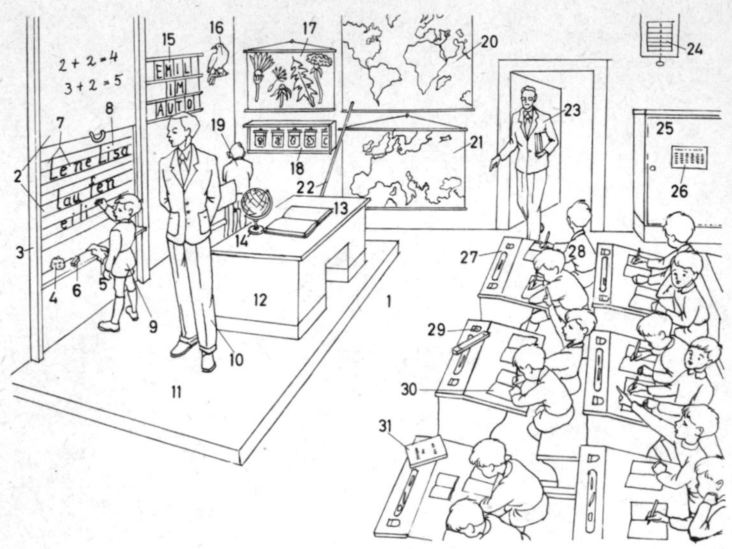

1-31 la lección (clase),

1 la clase (el aula *f*):

2 la pizarra de pared *f* (el encerado)

3 los montantes de la pizarra

4 la esponja

5 el borrador (trapo)

6 la tiza (*Amér. Central*, *Méj.*: el tizate)

7 y **8** el ejercicio de escritura *f*:

7 la sílaba

8 la palabra;

9 el alumno de primer grado *m* (el párvulo)

10 el maestro (profesor)

11 la tarima

12 la mesa escritorio (cátedra)

13 el libro de la clase (libro registro)

14 el globo terráqueo

15 el tablero de las letras

16 el pájaro disecado

17 la lámina de imágenes *f*

18 la vitrina de exposición *f*, con muestras *f* biológicas

19 el castigado

20 y **21** mapas *m* (mapas murales):

20 el mapamundi

21 el mapa de Europa;

22 el puntero

23 el director de la escuela

24 la ventana de ventilación *f*

25 el armario de la clase

26 el horario

27 el pupitre

28 el alumno (escolar, discípulo)

29 el tintero

30 el cuaderno (la libreta, el bloc)

31 el libro de lectura *f*;

32-70 material *m* escolar,

32 la pizarra:

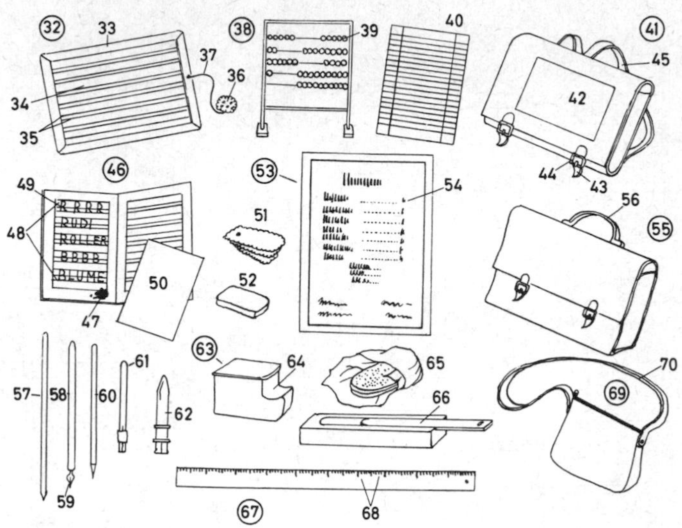

33 el marco de madera *f*

34 la superficie para escribir (pauta)

35 las líneas

36 la esponja para la pizarra

37 el bramante para aguantar la esponja;

38 el tablero de contar (ábaco, contador):

39 la bola de contar;

40 la hoja con líneas *f* (hoja rayada)

41 la cartera:

42 la tapa de la cartera

43 la correa de cierre *m*

44 la hebilla

45 la correa del hombro;

46 el cuaderno (la libreta):

47 la mancha de tinta *f* (el borrón)

48 la escritura

49 la letra

50 el papel secante;

51 el limpiaplumas

52 la goma de borrar

53 el certificado (la calificación):

54 la nota;

55 el cartapacio (la cartera de mano *f*; *Amér. Central*, *Bol.*, *Col.*, *Chile*, *Méj.*, *P. Rico*, *Venez.*: el bulto):

56 el asa *f*;

57 el pizarrín

58 el portaplumas (*Amér.*: el canutero)

59 la plumilla

60 el lápiz

61 el portalápiz

62 el guardapuntas

63 el tintero:

64 la gradilla para la pluma;

65 el pan de la merienda

66 el plumero (la cajita de plumas *f* o lápices *m*)

67 la regla graduada:

68 la graduación de la regla;

69 la cartera para colgar en bandolera *f*:

70 la correa del hombro

1-25 la Universidad,

1 la clase (lección):

2 el aula *f*

3 el catedrático, un profesor de Universidad *f*, suplente o auxiliar

4 la cátedra

5 el manuscrito (guión)

6 el adjunto

7 el ayudante

8 la lámina de imágenes *f*

9 el estudiante

10 la estudiante

11-25 la biblioteca universitaria; *anál.:* la biblioteca provincial, biblioteca pública,

11 el depósito de los libros:

12 la librería, una estantería de acero *m*;

13 la sala de lectura *f*:

14 la celadora, una bibliotecaria

15 la estantería de las revistas, con revistas

16 la estantería de los diarios (de los periódicos)

17 la biblioteca de uso *m* corriente, con obras *f* de consulta *f* (manuales *m*, diccionarios *m*, enciclopedias *f*);

18 la entrega de libros *m* (la sala de entrega) y la sala de ficheros *m*:

19 el bibliotecario

20 la mesa de entrega *f*

21 el fichero principal

22 la estantería de ficheros *m* (el archivador)

23 el cajón de fichas *f*

24 el usuario de la biblioteca (el lector)

25 la papeleta de préstamo *m*

1-15 el mitin electoral, un mitin popular,

1 y **2** la presidencia:

1 el presidente del mitin

2 el vocal;

3 la mesa presidencial

4 la campanilla

5 el orador electoral

6 la tribuna

7 el micrófono

8 el público (la multitud, la concurrencia, el auditorio)

9 el distribuidor de las hojas de propaganda *f*

10 la guardia de la sala (los encargados del orden)

11 el brazalete

12 el cartelón electoral

13 el cartel portátil

14 la proclama electoral

15 el objetante (interruptor);

16-30 la elección:

16 el colegio electoral

17 el funcionario del censo

18 el censo electoral

19 la tarjeta de elector *m*, con el número de registro *m*

20 la papeleta, con los nombres de los partidos y de los candidatos

21 el sobre para la papeleta de voto *m*

22 la electora

23 la cabina electoral

24 el elector con derecho *m* a voto *m*

25 las normas para la elección (el reglamento electoral)

26 el secretario

27 el adjunto con la lista duplicada

28 el presidente de la mesa electoral

29 la urna (*Bol.*, *Guat.*, *Méj.*, *Perú:* el ánfora *f*):

30 la ranura de la urna

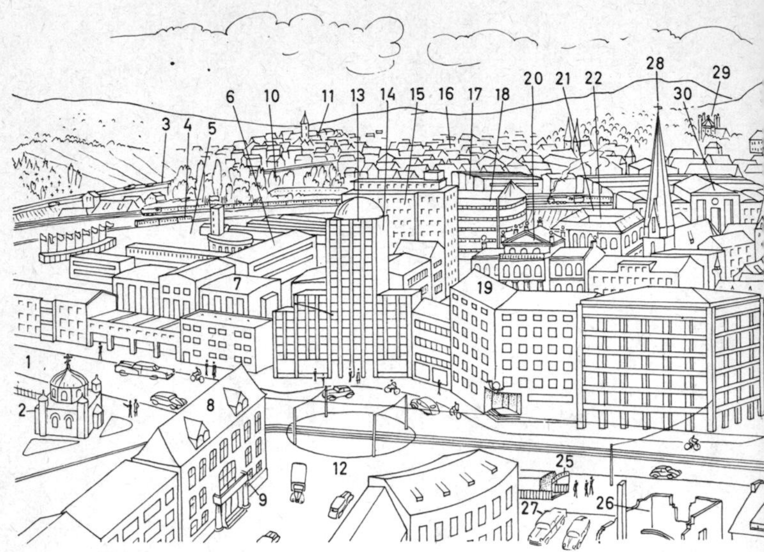

1-70 la gran ciudad (capital); *más pequeña:* la ciudad (ciudad pequeña), la capital de provincia *f*:

1 la calle que conduce al extrarradio

2 la iglesia griega ortodoxa

3 la carretera de circunvalación *f*

4 el metro aéreo (ferrocarril elevado), un ferrocarril urbano

5 el ferial (real de la feria)

6 el palacio de exposiciones *f*

7 el Palacio Municipal

8 el Palacio de Justicia *f*

9 el balcón

10 el parque municipal (la zona verde)

11 el barrio extremo (suburbio), una zona de viviendas *f*

12 la plaza redonda, con tráfico *m* circular

13 el rascacielos

14 la superficie para anuncios *m*

15 el bloque de oficinas *f* (de despachos *m*), un edificio comercial

16 el barrio (distrito municipal)

17 las cocheras de tranvías *m*

18 el almacén (los grandes almacenes)

19 la Central de Correos y Telégrafos, un edifico público

20 la Opera

21 el museo

22 el patio con montera *f*

23 el trolebús

24 la línea del tendido del trolebús

25 la entrada (boca) de metro *m* (*Arg.*, *Urug.*: la entrada del subte)

26 el solar con escombros *m*

27 el aparcamiento (parque de estacionamiento *m*)

28 la iglesia principal

29 la sinagoga

30 la estación central

31 la periferia (las afueras)

32 la calle comercial, una arteria de tráfico *m*

33 el barrio comercial (centro urbano)

34-45 la ciudad antigua (el casco primitivo):

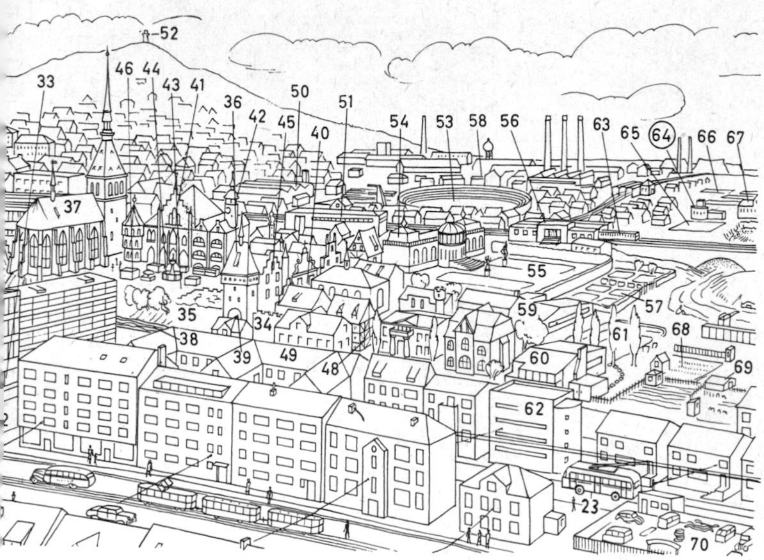

34 la muralla de la ciudad, una muralla circular

35 el terraplén

36 la torre de la muralla

37 la catedral (basílica, colegiata, prioral)

38 el foso

39 la puerta de la ciudad

40 el callejón sin salida *f*

41 el Ayuntamiento

42 la aguja (el chapitel de la torre)

43 la plaza del mercado

44 la fuente de la plaza del mercado

45 el edificio histórico;

46 los puestos del mercado

47 el cuartel, con el patio de armas *f*

48 la casa con paredes *f* entramadas

49 el bloque de casas *f*

50 el mercado central

51 el matadero

52 la torre mirador (el belvedere)

53 el campo de deportes *m* (el estadio)

54 el palacio

55 el jardín del palacio

56 la estación secundaria

57 el jardín botánico

58 la zona industrial

59 la zona residencial (el barrio de las villas, de las quintas)

60 la villa urbana

61 el jardín de la villa

62 el garaje de varios pisos *m*

63 el tren de cercanías *f*

64 la estación purificadora de aguas *f* residuales:

65 la fosa aséptica

66 los campos de regadío *m*;

67 los hornos crematorios para la basura

68 los pequeños huertos alrededor de la ciudad

69 la barriada de casas *f* baratas

70 el cementerio de coches *m*

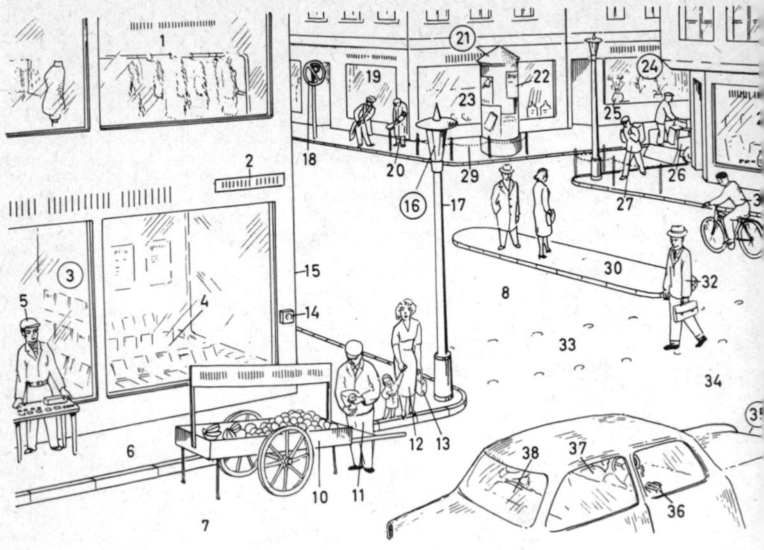

1 la tienda de pieles *f* (la peletería), una tienda en un piso
2 la placa con el nombre de la calle
3 la librería, con libros *m* de segunda mano *f* (librería de viejo *m*):
4 el escaparate;
5 el vendedor callejero (vendedor ambulante)
6 la acera
7 la calle lateral (calle secundaria)
8 la calle principal
9 el cruce de calles *f*
10 la carretilla de frutas *f*
11 el vendedor de frutas *f*
12 la compradora
13 la bolsa de la compra (el cesto de la compra)
14 la alarma para la policía
15 la esquina de la calle
16 el farol de la calle (la farola):
17 el poste del farol;
18 la señal prohibiendo el estacionamiento (prohibiendo el aparcamiento)
19 la confitería
20 el mendigo
21 el poste de anuncios *m* (la columna de anuncios):
22 el anuncio (cartel);
23 la droguería
24 la tienda de flores *f* (la floristería):
25 la decoración del escaparate;
26 el camión del carbón
27 el carbonero
28 la farmacia
29 la barrera de cadena *f*
30 el refugio contra el tráfico (el burladero)
31 el ciclista
32 el peatón
33 el paso de peatones *m*
34 la calzada (el arroyo)
35 el taxi *(Cuba:* la máquina; *Dom.:* el concho), en la parada de taxis:

36 el taxímetro

37 el taxista;

38 el pasajero del taxi

39 la luz del tráfico (el semáforo)

40 la pescadería, una tienda de esquina *f*

41 el escaparate

42 el limpiacristales

43 el caballete para bicicletas *f*

44 el vendedor de periódicos *m* (*Amér.* : el canillita)

45 la edición extraordinaria

46 la papelera

47 el barrendero

48 la basura de las calles

49 el sumidero

50 el aparato vendedor automático (la máquina tragaperras)

51 el parcómetro (contador del tiempo de aparcamiento *m*)

52 la panadería

53 el vendedor a domicilio *m* (vendedor ambulante, buhonero)

54 la tienda de viejo *m* (*Chile* : la minuta)

55 la alarma eléctrica de incendio *m*

56 la señal de tráfico *m*, una señal obligatoria; *en este caso:* ¡Alto! ¡Preferencia de paso!

57 la tienda de antigüedades *f*

58-69 el accidente de circulación *f* (la colisión, el choque),

58 la furgoneta de la policía de tráfico *m*:

59 la luz azul [*en España* : la luz roja];

60 el coche dañado

61 la motocicleta derribada

62 la huella del patinazo

63 los trozos de cristal *m*

64 el policía, un policía de tráfico *m*

65 el conductor del automóvil

66 los documentos del coche

67 el testigo presencial

68 el motorista; *en este caso:* el herido (accidentado, la víctima; *Guat.*, *Urug.* : el siniestrado)

69 el médico de accidentes *m*

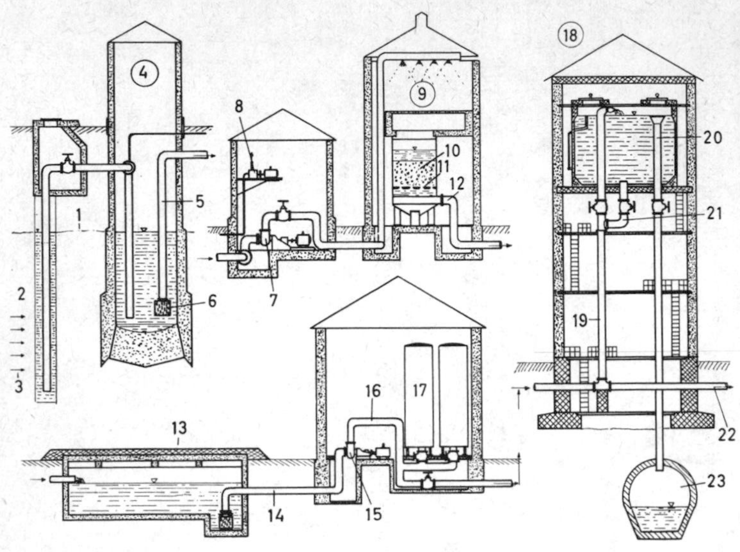

1-66 el abastecimiento de agua *f* potable:

1 el nivel del agua *f* freática

2 la capa conductora de agua *f* freática

3 la corriente de agua *f* subterránea (de agua freática)

4 el colector de manantiales *m*, para el agua *f* natural:

5 el tubo de aspiración *f*

6 la rejilla de aspiración *f* (*vulg.* : la alcachofa), con válvula *f* de fondo *m*;

7 la bomba aspirante, con motor *m*

8 la bomba de vacío *m*, con motor *m*

9 la instalación de filtraje *m* rápido:

10 la arena gruesa filtradora

11 el fondo del filtro, una rejilla

12 la tubería de conducción *f* (de salida *f*), para el agua *f* filtrada;

13 el depósito de agua *f* limpia

14 el tubo de aspiración *f*, con la rejilla de aspiración (con la alcachofa) y válvula *f* de fondo *m*

15 la bomba principal, con motor *m*

16 la tubería a presión *f*

17 la caldera de aire *m*

18 la torre de agua *f* (el depósito elevado de agua):

19 la tubería de subida *f* del agua *f*

20 la tubería de desagüe *m*

21 la tubería de bajada *f* del agua *f*

22 la tubería en la red de distribución *f*

23 la cloaca [un canal para aguas *f* residuales];

24-39 el alumbramiento de una fuente:

24 la cámara de la fuente

25 el muro de arena *f*

26 el registro

27 la salida de aire *m*

28 los estribos de hierro *m*

29 el terraplén

30 la válvula de cierre *m*

31 la válvula de vaciado *m*

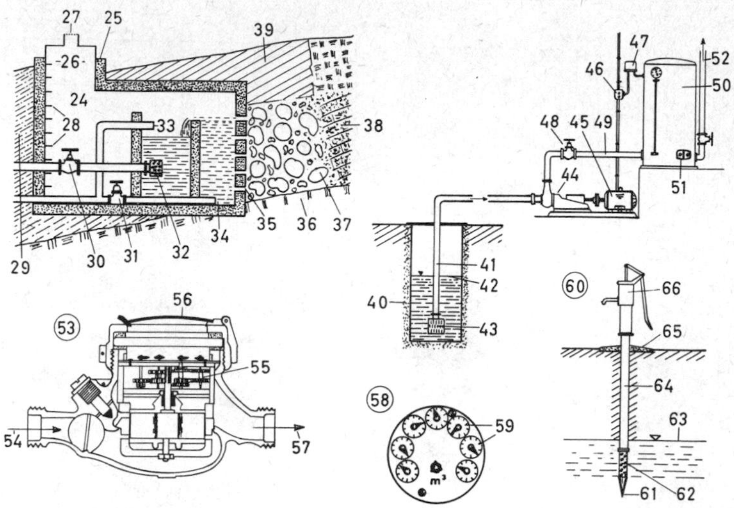

32 el colador (pasador, filtro)
33 el desagüe
34 el desagüe subterráneo
35 los tubos de barro *m*
36 la capa impermeable
37 la capa de guijarros *m* y gravilla *f*
38 la capa conductora de agua *f*
39 la capa de arcilla *f* apisonada;
40-52 el abastecimiento individual de agua *f*:
40 la fuente (el manantial, el pozo)
41 el tubo de aspiración *f*
42 el nivel del agua *f* subterránea
43 la rejilla de aspiración *f* (*vulg.*: la alcachofa), con válvula *f* de fondo *m*
44 la bomba centrífuga
45 el motor
46 el interruptor de protección *f* del motor
47 el interruptor automático, un mecanismo desconectador
48 la llave de paso *m*
49 la tubería a presión *f*
50 la caldera (el depósito) de aire *m*
51 el agujero de hombre *m* [un orificio de acceso *m* o agujero *m* de entrada *f*]
52 la tubería de distribución *f*;
53 el contador de agua *f* (*Arg.*, *Chile*, *Ec.*, *Méj.*, *Perú*: el medidor de agua), un contador de ruedas *f* de paletas *f*:
54 la entrada del agua *f*
55 el mecanismo de contar
56 la tapa, con cubierta *f* de cristal *m*
57 la salida del agua *f*;
58 la esfera del contador de agua *f*:
59 el mecanismo de contar;
60 la bomba de agua *f* hincada:
61 la punta del tubo de la bomba
62 el filtro
63 el nivel del agua *f* subterránea
64 el tubo forrado (tubo sonda)
65 los bordes de la fuente
66 la bomba a brazo *m* (bomba accionada a mano *f*)

255 Servicio de incendios

1-46 los ejercicios de defensa *f* **contra incendios** *m* (ejercicios de extinción *f*, trepa *f*, escalera *f* y salvamento *m*),

1-3 el cuartel de bomberos *m*:

1 el garaje y el cuarto de herramientas *f*

2 el alojamiento del personal

3 la torre de prácticas *f*;

4 la sirena de incendios *m* (sirena de alarma *f*)

5 el camión de bomberos *m* [con bombas *f* a motor *m*]:

6 la luz azul [*en España:* la luz roja], una luz de advertencia *f* (luz intermitente)

7 la sirena del camión

8 la bomba a motor *m* (la motobomba), una bomba rotatoria;

9 la escalera extensible giratoria a motor *m*:

10 la escalera extensible, una escalera de acero *m* (escalera mecánica)

11 el mecanismo impulsor de la escalera

12 el puntal;

13 el maquinista

14 la escala extensible

15 el gancho de derribo *m*

16 la escalera de ganchos *m*

17 los bomberos sujetando la lona de salvamento *m*

18 la lona de salvamento *m* (lona para el salto)

19 la ambulancia (el coche ambulancia)

20 el aparato de reanimación *f*, un aparato de oxígenoterapia *f*

21 el sanitario

22 el brazalete

23 la camilla

24 la víctima desmayada

25 la boca de riego *m* subterránea:

26 el tubo de la boca de riego *m* (tubo vertical desmontable)

27 la llave de la boca;

28 el carrete transportable de la manga (de la manguera)

29 el acoplamiento de la manguera

30 la conducción de aspiración *f*, una manguera de aspiración *f*

31 la manguera a presión *f*

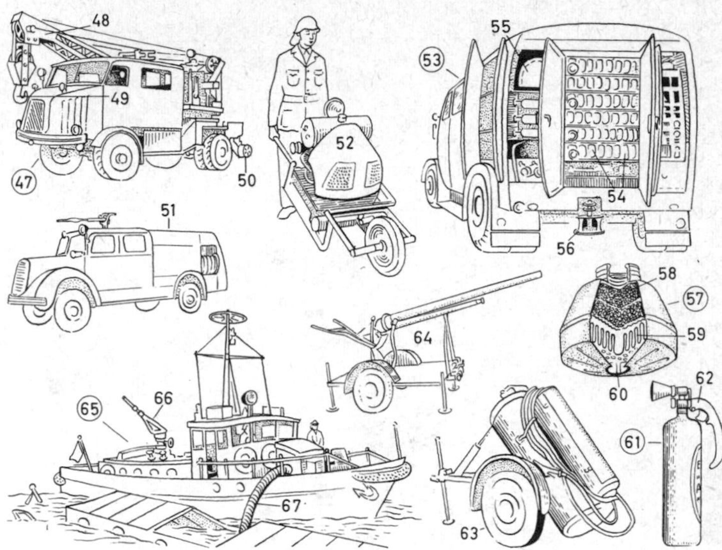

32 las llaves de distribución *f*
33 la boquilla de la manga (la lanza)
34 el personal de lucha *f* contra incendios *m*
35 la boca de riego *m* de superficie *f*
36 el jefe de bomberos *m*
37 el bombero:
38 el casco protector, con el cubrenuca
39 el aparato de oxígeno *m*
40 la máscara contra gases *m* (la careta antigás)
41 la radio portátil, con el micrófono de boca *f*
42 el reflector de mano *f*
43 el hacha *f* de bombero *m* (hacha contra incendios *m*)
44 el cinturón de ganchos *m*
45 la cuerda de salvamento *m*
46 el traje protector (traje de amianto *m* o de fibras *f* metálicas contra el fuego);
47 el camión grúa:
48 la grúa de remolque *m*
49 el gancho de tracción *f*
50 la polea de apoyo *m* [para el cable de tracción *f*];
51 el auto-bomba (auto-cuba)
52 la bomba a motor *m* transportable
53 el camión de las mangueras y herramientas *f*:
54 los rollos de las mangueras
55 el tambor del cable
56 el cabrestante (*Amér.:* el guinche);
57 el filtro de la máscara antigás (el cartucho filtrante):
58 el carbón activo
59 el filtro del polvo
60 la abertura de entrada *f* del aire;
61 el extintor de mano *f*:
62 la válvula de pistola *f*;
63 el extintor transportable
64 el proyector de agua *f* y espuma *f*
65 el barco de servicio *m* contra incendios *m*:
66 el cañón de agua *f*
67 la manga de aspiración *f*

1 la cajera
2 la caja registradora eléctrica (caja):
3 las teclas de números *m*
4 el botón de anulación *f*
5 el cajón del dinero
6 los departamentos del cajón, para monedas *f* de metal *m* y billetes *m* de banco *m*
7 el bono (cupón de caja *f*; *ingl.*: el ticket)
8 el total a pagar
9 el mecanismo de suma *f*
10 la suma del día;
11 el patio interior
12 la sección de artículos *m* para caballeros *m*
13 la vitrina de exposición *f* (el escaparate interior)
14 el mostrador de entrega *f* de los artículos
15 la cestilla con los artículos a empaquetar
16 la cliente (compradora)
17 el departamento de medias *f*
18 la vendedora (dependienta)
19 la lista de precios *m*
20 el soporte para probarse los guantes
21 el abrigo tres cuartos
22 la escalera mecánica
23 el tubo de luz *f* neón (de luz fluorescente)
24 la agencia de viajes *m*
25 el cartel de propaganda *f*
26 el despacho de localidades *f* para teatro *m* y conciertos *m*, despacho de entradas *f* para teatro y conciertos, despacho de venta *f* por adelantado)
27 la oficina de ventas *f* a crédito *m* (a plazos *m*)
28 la sección de vestidos *m* para señoras *f*:
29 el vestido confeccionado
30 la funda guardapolvo
31 la percha de los vestidos
32 el probador
33 el jefe de recepción *f*

34 el maniquí

35 la butaca

36 la revista de modas *f*

37 el modista tomando medidas *f*:

38 la cinta métrica

39 el jabón de sastre *m* (jaboncillo de sastre)

40 el medidor del largo de la falda;

41 el abrigo suelto (abrigo flojo)

42 el mostrador de ventas *f* en cuadro *m*

43 la cortina de aire *m* caliente

44 el portero

45 el ascensor:

46 la caja del ascensor

47 el ascensorista

48 los botones de mando *m*

49 el dispositivo indicador de los pisos

50 la puerta de corredera *f*

51 el hueco del ascensor

52 el cable de tracción *f*

53 el cable de control *m*

54 los railes de deslizamiento *m*;

55 el cliente (comprador)

56 los géneros de punto *m*

57 los artículos de lencería *f* (mantelerías *f* y ropas *f* de cama *f*)

58 la sección de telas *f*

59 la pieza de tela *f* (de paño *m*)

60 el encargado del departamento (el jefe de la sección)

61 el mostrador de venta *f*

62 la sección de joyería *f* (sección de artículos *m* de fantasía *f* y de lujo *m*)

63 la vendedora de novedades *f*

64 la mesa especial

65 el cartel con los precios de las gangas

66 la sección de cortinas *f*

67 la decoración de los techos de las estanterías

257 Parque

1-40 el parque francés (parque barroco), un parque palaciego:

1 la gruta
2 la estatua de piedra *f*, una ninfa
3 el invernáculo de naranjos *m*
4 el bosquecillo
5 el laberinto bordeado de setos *m*
6 el teatro al aire libre
7 el palacio barroco
8 los juegos de agua *f*:
9 la cascada artificial;
10 la estatua, un monumento:
11 el pedestal;
12 el árbol esférico
13 el árbol cónico
14 el arbusto ornamental
15 la fuente mural
16 el banco del parque
17 la pérgola
18 el sendero enarenado
19 el árbol piramidal
20 el amorcillo (Cupido)
21 la fuente:
22 el surtidor
23 la taza superior de la fuente
24 la taza inferior de la fuente
25 el borde de la fuente;
26 el paseante
27 la institutriz
28 las pupilas (educandas, jóvenes del pensionado)
29 el reglamento del parque
30 el guardián del parque
31 la puerta del parque, una puerta de hierro *m* forjado:
32 la entrada al parque;
33 la verja del parque:
34 el barrote de la verja;
35 el jarrón de piedra *f*

36 el césped

37 el cerco del sendero, un seto vivo recortado

38 el sendero del parque

39 el arriate

40 el abedul;

41-69 el parque inglés (parque natural) y la vida en el parque:

41 el paseo para los jinetes

42 el jinete dando un paseo a caballo *m*

43 el fotógrafo aficionado

44 la pareja de novios *m* en la cita

45 el paseo en burro *m*

46 el cisne

47 la caseta de los cisnes

48 la reunión al aire libre:

49 el orador;

50 el estanque

51 el bote de remos *m*

52 el remero

53 el chopo lombardo

54 el coche de cuatro caballos *m*

55 el mutilado de guerra *f* (el inválido, el lisiado)

56 el coche de juguete *m*

57 el estanque de los peces de colores *m*

58 el quiosco de refrescos *m*

59 el pirulí (chupón de caramelo *m*)

60 el patinete

61 la banda del Ejército de Salvación *f*:

62 el soldado del Ejército de Salvación *f*

63 la aspiranta del Ejército de Salvación *f*

64 la papalina

65 la bolsa de las colectas (la limosnera, la escarcela para las limosnas);

66 el durmiente

67 el basurero (encargado de la limpieza)

68 el encargado del parque, un jardinero municipal

69 la papelera

258 La plaza de juegos infantiles

1-59 juegos *m* **infantiles** (juegos):

1 el juego del escondite (el dormirlas)
2 el auto de pedales *m*
3 la escopeta de aire *m* comprimido
4 el juego del pañuelo anudado (juego de la porra; *Cuba*, *Dom.*: el zunzún de la carabela):
5 el pañuelo con nudos *m* (el chicote);
6 la vuelta de campana *f* (la voltereta)
7 la carrera de sacos *m*
8 el patinete
9 el tirador de goma *f* (el tirachinas; *Amér.*: la honda)
10 el estanque de juegos *m*
11 la pelota
12 la niñera (chacha)
13 el juego del tejo (el infernáculo, la coxcojilla; *Col.*: la pata sola)
14 la abuela (*Amér. Merid.*: la mamá señora)
15 la cofia
16 la labor de punto *m*
17 el juego del trompo:
18 el trompo (la peonza, el peón)
19 el látigo (zumbel);
20 el juego del aro:
21 el aro
22 el palo del aro;
23 el juego de policías *m* y ladrones *m*, un juego de movimiento *m*
24 el juego del diávolo (del diábolo), un juego de destreza *f*:
25 el diávolo (diábolo);
26 el cuadro de arena *f*:
27 el cubo
28 la pala;
29 el corro (*Chile:* la ronda)
30 el cochecito para niños *m*:
31 el edredón para paseo *m*

32 la capota

33 la bolsa del cochecito;

34 el aya *f* (la niñera; *Méj.:* la cuidadora)

35 la lucha de la cuerda (*Arg.*, *Urug.:* la chinchada)

36 el tobogán

37 la carrera de zancos *m*:

38 el zanco

39 el estribo (travesaño, la horquilla);

40 la pelea de gallos *m* (la riña de gallos)

41 los pasos de gigantes *m*

42 el juego de pelota *f*

43 la red de la pelota

44 la pelea a caballo *m*

45 el juego de la pandereta:

46 el volante

47 la pandereta;

48 el juego del Yo-Yo

49 el remonte de la cometa:

50 la cometa de papel *m* (cometa, pandorga; *Arg.*, *Bol.*, *Cuba*, *Chile*, *P. Rico*, *Urug.:* el volantín)

51 la cola

52 la cuerda (el bramante) de la pandorga;

53 el juego de la comba (*Amér. Central*, *Cuba:* la suiza):

54 la cuerda;

55 el balancín (subibaja, columpio basculante; *Méj.:* el bimbalete)

56 el juego de las bolas (de las bolitas; *Amér.:* el juego de las canicas):

57 las bolas (bolitas; *Amér.:* las canicas);

58 el columpio

59 la bicicleta de tres ruedas *f*

1-26 el vestíbulo (la recepción):

1 el portero

2 el casillero del correo, con las celdillas para las cartas

3 el tablero de las llaves

4 el globo de luz *f*, una esfera de cristal *m* blanco (de vidrio *m* deslustrado)

5 el tablero de los números (el avisador, el indicador de llamadas *f*)

6 la señal luminosa de llamada *f*

7 el encargado de la recepción (el recepcionista)

8 el libro de registro *m* para extranjeros *m*

9 la llave de la habitación:

10 la chapa numerada, con el número de la habitación;

11 la cuenta del hotel

12 el bloque de formularios *m* de inscripción *f*

13 el pasaporte

14 el huésped del hotel

15 la maleta de avión *m*, una maleta ligera para viajes *m* aéreos

16 la escribanía de pared *f* (el pupitre de pared)

17 el criado (mozo del hotel);

18-26 el vestíbulo (*angl.* : el hall):

18 el botones

19 el director (gerente) del hotel

20 el comedor (restaurante del hotel)

21 la araña, una lámpara de varios brazos *m*

22 el rincón junto a la chimenea:

23 la chimenea

24 la mesilla de la chimenea

25 la lumbre (el fuego encendido)

26 el butacón;

27-38 la habitación del hotel, una habitación de matrimonio *m* con baño *m*:

27 la puerta doble

28 el tablero de los timbres

29 el baúl armario:

30 el departamento de los trajes

31 el departamento de la ropa interior;

32 el lavabo doble

33 el camarero de habitación *f*

34 el teléfono de habitación *f*

35 la alfombra de terciopelo *m*

36 la mesita de las flores

37 el ramo de flores *f* (el ramillete artísticamente dispuesto)

38 la cama doble;

39 la sala de fiestas *f*,

40-43 los convidados durante un banquete particular:

40 el orador, en el brindis

41 el vecino de mesa *f* del 42

42 el caballero compañero de mesa *f* del 43

43 la señora compañera de mesa *f* del 42;

44-46 el té de las cinco, en el vestíbulo del hotel,

44 el trío del bar:

45 el violinista de pie *m*;

46 la pareja bailando (los bailarines);

47 el camarero

48 la servilleta

49 el botones que vende los cigarros y los cigarrillos

50 la batea

51 el bar del hotel:

52 la barra para apoyar los pies

53 el taburete del bar

54 el mostrador del bar

55 el parroquiano del bar

56 el vaso de coctel *m*

57 el vaso de whisky *m*

58 el corcho de la botella de champaña *m*

59 el cubo del champaña

60 el vaso de medidas *f*,

61 la coctelera

62 el coctelero

63 la señora del bar

64 el anaquel de las botellas

65 el anaquel de las copas

66 el revestimiento de espejos *m*

1-29 el restaurante (*menos lujoso:* la fonda, la casa de comidas *f*),

1-11 el mostrador (despacho):

1 el grifo de la cerveza (el aparato para servir la cerveza a presión *f*)

2 el escurreplatos

3 el vaso de cerveza *f*, un bock

4 la espuma de la cerveza

5 el cenicero esférico con soporte *m*

6 el jarro de cerveza *f* (la jarra de cerveza)

7 el calentador (calientacerveza)

8 el encargado del mostrador

9 el estante de los vasos

10 el estante de las botellas

11 la pila de platos *m* (el montón de loza *f*);

12 la percha de pie *m* (el perchero, el cuelgacapas):

13 el gancho para colgar sombreros *m*

14 el gancho para colgar abrigos *m* u otras prendas *f*;

15 el ventilador de pared *f*

16 la botella

17 el plato de comida *f*

18 el servicio (la camarera, la sirvienta; *Col.:* la prendedera)

19 la bandeja

20 el vendedor de décimos *m* de lotería *f* (*Perú:* el suertero)

21 la carta (lista de platos *m*, la minuta, el menú)

22 las vinagreras (el convoy, el taller, las angarillas)

23 el palillero

24 la cerillera (fosforera; *Amér.:* el cerillero) para guardar los fósforos (las cerillas; *Amér.:* los cerillos)

25 el huésped (comensal)

26 el fieltro de la cerveza [un platillo soporte de fieltro para los vasos]

27 el jarro de cerveza *f* (la jarra de cerveza)

28 la florista (vendedora de flores *f*)
29 la cesta (el canastillo, el azafate) de flores *f*;
30-44 la casa de bebidas *f* (la cervecería, el bar, la taberna; *Amér.*: la bodega):
30 el camarero principal (jefe de camareros *m*)
31 la carta (lista) de vinos *m*
32 la jarra de vino *m*
33 la copa de vino *m*
34 la estufa de azulejos *m*:
35 el azulejo de estufa *f*
36 el banco de la estufa;
37 el panel de madera *f*
38 el sofá de rinconera *f* (el canapé angular, el diván de esquina *f*)
39 la mesa de la tertulia
40 el parroquiano (habitual, contertulio, tertuliano, asiduo)
41 el aparador
42 el cubo de hielo *m* para refrescar el vino:
43 la botella de vino *m*
44 los trozos de hielo *m*;
45-54 el restaurante automático para servirse uno mismo:
45 la pared de cristal *m*
46 la cajera
47 la caja de cambios *m*
48 el tragaperras (aparato de juego *m* de azar *m*)
49 el expendedor automático de comidas *f*:
50 la ranura para echar la moneda
51 la abertura por la que se saca la comida;
52 el expendedor automático de bebidas *f* (el bar automático)
53 la mesa para comer de pie *m*
54 la bandeja con los platos de comida *f*

1-26 el café (la cafetería) con repostería *f*; *anál.:* el salón de té *m*,

1 el mostrador:

2 la cafetera (máquina de hacer café *m*) a presión *f*

3 el platillo del dinero

4 la tarta

5 el merengue (*Ec.*, *Hond.:* la espumilla) con nata *f* batida;

6 el aprendiz de repostero *m*

7 la señorita del mostrador

8 el estante de los periódicos

9 las luces de pared *f* (el candelabro de pared)

10 el sofá de rinconera *f*, un diván tapizado

11 la mesa de café *m* (el velador; *Amér.:* la zofra):

12 el tablero de mármol *m*;

13 la camarera (*Col.:* la prendedera)

14 la bandeja

15 la botella de limonada *f*

16 el vaso de limonada *f*

17 los jugadores de ajedrez *m* durante una partida

18 el servicio de café *m*:

19 la taza de café *m*

20 el platillo con azúcar *amb.*

21 el jarrito de crema *f*;

22 el novio (amigo, caballero), un joven

23 la joven (muchacha, pollita)

24 el lector de periódicos *m*, un cliente (parroquiano) del café

25 el periódico

26 el sujetador de periódicos *m*;

27-44 el café terraza, un café al aire libre:

27 la terraza

28 los niños jugando al juego de las gracias [con aros *m* de goma *f*]:

29 el aro

30 el palo de coger el aro;

31 el prado (césped) de juego *m*

32 la galería cubierta (terraza de cristal *m*):

33 la ventana mirador, un ventanal amplio;

34 el helado de molde *m* esférico

35 el vaso con naranjada *f*

36 la pajita, un tubo de paja *f* o de plástico *m* para sorber

37 la copa de helado *m*:

38 el barquillo para el helado

39 la cucharilla para el helado;

40 la grapa del mantel (el sujetamantel)

41 el pasamano

42 el arbolito enano

43 la gravilla de jardín *m*

44 el limpiapiés (limpiabarros);

45-51 la heladería y el bar exprés:

45 el depósito de conservación *f*, para mantener los helados

46 la masa de crema *f* de helado *m*

47 la heladora eléctrica,

48 la maquinaria, con evaporador *m* de amoníaco *m*, compresor *m* y enfriador *m*:

49 el amasador espiral (la batidora);

50 la máquina exprés (máquina italiana de hacer café *m*)

51 la taza de café *m* (de moca *m*)

1-49 la estación balnearia (el balneario para tomar las aguas, balneario),

1-21 el parque del balneario,

1-7 la salina,

1 la torre de evaporación *f*:

2 los haces de zarzas *f*

3 el canal de distribución *f* para el agua *f* salobre

4 el tubo de la bomba que eleva el agua *f* salobre;

5 el guardián de la salina

6 y **7** la cura por inhalación *f*:

6 el inhalatorio al aire libre

7 el enfermo, durante la inhalación;

8 el pabellón de hidroterapia *f*, con el casino

9 los pórticos (el pórtico, la arcada)

10 el paseo del balneario

11 la avenida de las fuentes;

12-14 la cura de reposo *m* al aire libre:

12 el césped para el reposo

13 la silla de extensión *f*

14 el quitasol (toldo);

15-17 el manantial (la fuente curativa, fuente del agua *f* mineral):

15 el pabellón de la fuente

16 la estantería de los vasos

17 el grifo;

18 el paciente (huésped) del balneario, bebiendo el agua *f* mineral

19 el pabellón de los conciertos (el quiosco de la música)

20 la orquesta del balneario, dando un concierto

21 el director de orquesta *f*;
22 la pensión
23 el balcón corrido
24 los huéspedes de la pensión (los veraneantes, los que están de vacaciones *f*)
25 la casa veraniega (casa de los fines de semana *f*), una casa de madera *f*:
26 los trofeos de caza *f*
27 las cuernas de corzo *m*
28-31 la vajilla de peltre *m*:
28 el plato de peltre *m*
29 el jarro de peltre *m*
30 la botella de peltre *m*
31 la fuente de peltre *m*;
32 el banco de esquina *f*
33 el catre de tijera *f* (la cama plegable)
34 la doble litera
35 la nevera
36 el fogón (hornillo);
37-49 el baño de barro *m*,
37 la sala donde se calienta el barro:
38 la bañera de barro *m*, una tina de madera *f*
39 la masa del barro terapéutico;
40 el cuarto de baño *m*:
41 el timbre de alarma *f*
42 el encargado del baño
43 la bañera llena de barro *m* (el baño de barro completo)
44 el lecho para descansar
45 la ducha de mano *f*
46 la tina para el baño de asiento *m* (baño parcial de barro *m*)
47 la bañera para el baño de limpieza *f*
48 la rejilla de listones *m*
49 la estera del baño

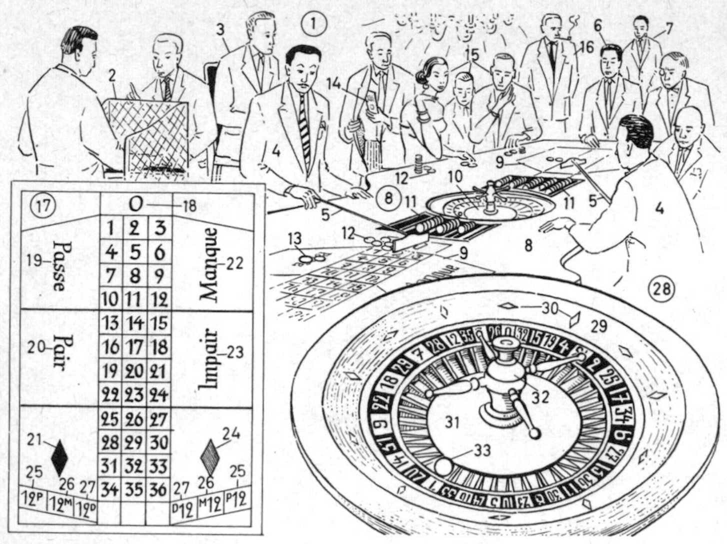

1-33 la ruleta, un juego de suerte *f* (juego de azar *m*),

1 la sala de juego *m*, en el casino:

2 la caja

3 el director del juego (chef de partie)

4 el ayudante del banquero (el crupier)

5 la raqueta (el râteau)

6 el crupier de cabecera *f*

7 el jefe de la sala

8 la mesa del juego de la ruleta:

9 el encasillado de la mesa de juego *m* (el tableau)

10 el aparato de la ruleta (la ruleta)

11 la caja de la mesa (la banca)

12 la ficha (el jeton)

13 la postura (puesta, apuesta);

14 el carnet de socio *m* del casino

15 el jugador de ruleta *f*

16 el detective privado (detective de la casa);

17 el encasillado del juego de la ruleta:

18 Cero (Zéro)

19 passe [números del 19 al 36]

20 pair [números pares]

21 noir (negro)

22 manque [números del 1 al 18]

23 impair [números impares]

24 rouge (rojo)

25 douze premiers (primera docena *f*) [números desde el 1 hasta el 12]

26 douze milieu (docena *f* intermedia) [números desde el 13 hasta el 24]

27 douze derniers (última docena *f*) [números desde el 25 hasta el 36];

28 el aparato de la ruleta (la ruleta):

29 el canal de la ruleta

30 el obstáculo

31 el disco giratorio, con números *m* desde el 0 hasta el 36

32 el aspa *f* giratoria

33 la bola de la ruleta

1-19 el billar (juego del billar):

1 la bola de billar *m*, una bola de marfil *m* o de pasta *f* artificial

2-6 tacadas *f* del billar:

2 la tacada en el centro (tacada horizontal)

3 la tacada alta [consigue un corrido]

4 la tacada baja [consigue un retroceso]

5 la tacada de efecto *m*

6 la tacada de efecto *m* contrario;

7-19 la sala de billar *m*,

7 el billar francés (billar de carambolas *f*); *anál.:* el billar alemán o inglés (billar de agujeros *m*):

8 el jugador de billar *m*

9 el taco:

10 la suela, una cabeza de cuero *m*;

11 la bola blanca

12 la bola roja (el mingo)

13 la bola blanca con un punto

14 la mesa de billar *m* (el tablero), una mesa de pizarra *f* o de mármol *m*:

15 la superficie de juego *m* con un paño verde estirado

16 la banda (banda de goma *f*);

17 el contador del billar, un reloj controlador

18 la pizarra de anotaciones *f*

19 el portatacos (estante de los tacos)

1-16 el juego del ajedrez (el ajedrez, el rey de los juegos), un juego de combinación *f* o de posiciones *f*,
1 el tablero de ajedrez *m*, con las piezas en la posición de salida *f*:
2 la casilla blanca (casilla del tablero de ajedrez *m*, la cuadrícula de ajedrez)
3 la casilla (cuadrícula) negra
4 las piezas blancas (los trebejos blancos, las blancas) [blanco = B]
5 las piezas negras (los trebejos negros, las negras) [negro = N]
6 las letras y los números para determinar las cuadrículas, para la transcripción (anotación) de partidas *f* de ajedrez *m* y problemas *m* de ajedrez
7 los símbolos de las piezas del ajedrez, para representar las posiciones:
8 el rey
9 la reina (dama)
10 el alfil (*Amér.:* el arfil)
11 el caballo
12 la torre
13 el peón;
14 los movimientos (las jugadas) de cada una de las figuras (piezas, trebejos *m*)
15 el mate (jaque mate), un mate de caballo *m* [C 3 f]
16 el reloj de ajedrez *m*, un reloj doble para los torneos (campeonatos) de ajedrez;

17-19 el juego de las damas (las damas):
17 el tablero de las damas
18 la ficha de damas *f* blanca; *también:* la ficha para el juego del chaquete y del tres en raya *f*
19 la ficha de damas *f* negra;

20 el juego de salta (el salta):
21 la ficha del salta;
22 el tablero para el **juego del chaquete**

23-25 el juego del tres en raya *f* (*Arg.:* el tatetí):
23 el tablero del tres en raya *f*
24 el tres en raya *f*
25 la posición de tenaza *f*;

26-28 el juego del halma:
26 el tablero del halma
27 la corte
28 las piezas (fichas) del halma de diversos colores *m*;

29 el juego de los dados (los dados):
30 el cubilete (*Venez.:* el tacuro)
31 los dados
32 los puntos (las pintas);

33 el juego del dominó (dominó):
34 la ficha de dominó *m*
35 el doble (*Chile:* el chancho);

36 juegos *m* **de naipes** *m* (de cartas *f*):
37 la carta francesa (el naipe francés)
38-45 los palos:
38 el trébol
39 la pica
40 el corazón
41 el diamante (rombo, "carreau")
42 la bellota [*en las cartas españolas:* el basto]
43 el verde (la hoja) [*en las cartas españolas:* la espada]
44 el corazón [*en las cartas españolas:* la copa]
45 el cascabel [*en las cartas españolas:* el oro]

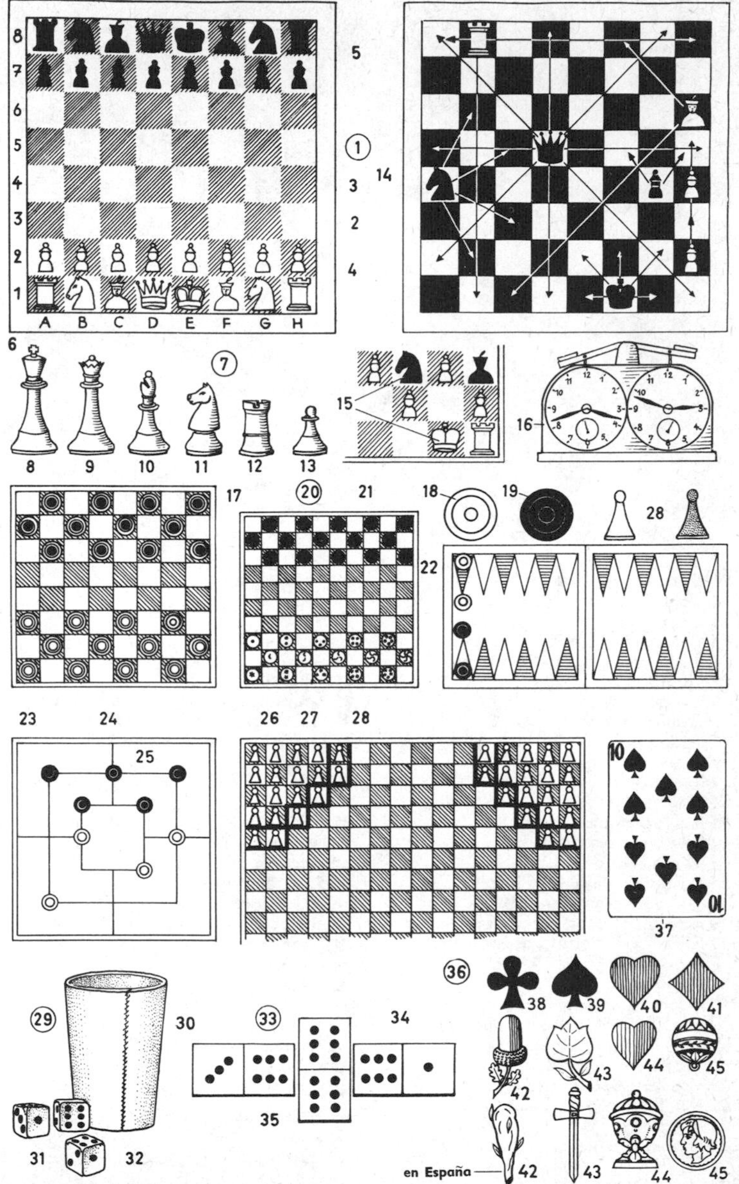
8
7
6
5
4
3
2
1
A B C D E F G H
5
1
3
2
4
14
6
7
8 9 10 11 12 13
15
16
17
20
21
18
19
28
22
23
24
25
26 27 28
10
37
36
38 39 40 41
29
30
33
34
35
42
43
44
45
31
32
en España
42
43
44
45

1 el nenúfar
2 la balsa
3 el junco
4-52 el campamento:
4 el auto-vivienda (coche-vivienda, la "roulotte")
5 la mesita plegable
6 el quitasol
7 la cama de tijera *f* (cama de campaña *f*)
8 la camisa de polo *m*
9 los pantalones cortos ("shorts")
10 la radio portátil
11 la silla plegable
12 los pantalones pirata
13 las sandalias campestres
14 el taburete plegable (sillín plegable)
15 el botiquín de viaje *m*
16 la bolsa de goma *f* para el agua *f*
17 la navaja de bolsillo *m*, con sacacorchos *m* y diversas hojas *f*
18 el abrelatas
19 el infiernillo campestre (*Amér. menos Perú:* el reverbero), un infiernillo de alcohol *m* o de gasolina *f*
20 el cubierto plegable
21 el maletín de excursiones *f*
22 la bolsa para excursiones *f*
23 la alforja
24 el cojín de espuma *f* de goma *f*
25 el fuelle
26 el neceser
27 la tienda, una tienda de campaña *f* (*Amér.:* carpa *f*)
28 la estaquilla
29 el fiador
30 el viento [una cuerda tensora]
31 el palo de la tienda
32 el bordillo del doble techo (el alero)
33 el suelo de la tienda
34 la visera contra la lluvia
35 el ábside de la tienda;
36 el colchón de aire *m* (colchón neumático)
37 el toldo delantero
38 la hamaca (*Venez.:* la campechana)
39 el retrete (la letrina)
40-52 el campamento de los exploradores (el jamboree),
40 el explorador (escultista, boy-scout):
41 la cantimplora, con su vaso *m*
42 la mochila (*Venez.:* el porsiacaso)
43 la batería de cocina *f*;
44 el gallardete (la banderola)
45 el macuto
46 el cuchillo de monte *m*
47 el pañuelo de cuello *m*
48 la cocina al aire libre:
49 el trípode para cocinar
50 el fuego de leña *f*;
51 la tienda de campaña *f* redonda
52 la puerta del campamento

1 el vigilante de los baños
2 la cuerda de salvamento *m*
3 el salvavidas
4 la pelota de tempestad *f* [una señal de tempestad]
5 la pelota que indica las tandas de baño *m*
6 el tablón de advertencias *f*
7 el tablón que indica las horas de marea *f* con el flujo y reflujo *m*
8 la tabla, con los datos de temperatura *f* del agua *f* y del aire
9 la pasadera
10 el mástil de los gallardetes:
11 el gallardete (la banderola);
12 la bicicleta acuática
13 el patinaje sobre las olas, detrás de un deslizador:
14 el patinador sobre las olas
15 la plancha de deslizamiento *m*;
16 el esquí acuático
17 el colchón flotante
18 la pelota para jugar en el agua *f*
19-23 vestimenta *f* de playa *f*,
19 el traje de playa *f*:
20 el sombrero de playa *f*
21 la chaquetilla playera
22 los pantalones playeros
23 los zapatos de playa *f*;
24 la bolsa de baño *m*
25 el albornoz
26 el traje de baño *m* (el bañador) de señora *f* de dos piezas *f*:
27 el calzón ("bikini")
28 el sostén;
29 el gorro de baño *m*
30 el bañista
31 el tenis de anillas *f*:
32 la anilla de goma *f*;
33 el animal de goma *f*, un animal inflable de goma
34 el vigilante de la playa
35 el castillo de arena *f*
36 el sillón de playa *f* [un sillón de mimbre *m* para playa]
37 el pescador submarino (buceador):
38 las gafas de inmersión *f*
39 el tubo de respiración *f*
40 el arpón de mano *f* (la lanza para pescar)
41 la aleta de inmersión *f* (aleta para nadar), para el deporte de bucear;
42 el traje de baño *m* (el bañador):
43 el calzón de baño *m* (el taparrabo)
44 el gorro de baño *m*;
45 la tienda de campaña *f* de playa *f*
46 el puesto de socorro *m*

1-32 el establecimiento de baños *m* (el centro para el deporte de la natación), unos baños públicos (piscina *f* al aire libre):

1 la caseta de baño *m*

2 la ducha

3 la galería para desnudarse (para cambiarse de ropa *f*, la cabina)

4 el solario

5-10 la instalación para saltos *m*:

5 el saltador, un especialista en saltos *m* artísticos

6 la torre de saltos *m*:

7 la palanca (plataforma) de los diez metros

8 la palanca (plataforma) de los cinco metros

9 el trampolín de saltos *m* de tres metros *m*

10 el trampolín de un metro;

11 la piscina para saltos *m*

12 el salto con entrada *f* de cabeza *f*

13 el salto con entrada *f* de pie *m*

14 el salto encogido (salto en ovillo *m*)

15 el vigilante de piscina *f*

16-20 la enseñanza de la natación:

16 el profesor de natación *f*

17 el discípulo de natación *f*, nadando

18 la almohada flotadora para principiantes *m*

19 el cinturón de corchos *m*

20 el aprendizaje en seco;

21-23 las piscinas de natación *f*:

21 la piscina de los principiantes

22 el canal de agua *f* corriente para limpiarse los pies

23 la piscina de los nadadores;

24-32 la competición de natación *f* de estilo *m* libre de un equipo de nado *m* de relevo *m*:

24 el cronometrador

25 el juez de llegada *f*

26 el juez de viraje *m*

27 el pontón de salida *f* (el arrancadero)

28 el toque para el viraje, de un participante en la competición de natación *f*

29 el salto de salida *f*

30 el juez de salida *f*

31 el callejón individual

32 la corchera;

33-40 los estilos de natación *f*:

33 la braza de pecho *m*

34 la braza de mariposa *f* (la mariposa)

35 el estilo de delfín *m* (el delfín)

36 la braza de espalda *f*

37 el estilo a la marinera (el "over")

38 el crawl

39 el buceo (la natación bajo el agua *f*)

40 la sustentación en el agua *f* (la bicicleta);

41-46 las clases de salto *m*:

41 el salto de la carpa

42 la patada a la luna [un salto inverso]

43 el salto mortal hacia atrás

44 el tirabuzón

45 el medio tirabuzón

46 el salto en equilibrio *m* con pase *m* hacia adelante y salto inverso;

47-51 el juego de waterpolo *m*:

47 la portería de waterpolo *m*

48 el portero

49 el balón de waterpolo *m*

50 el defensa

51 el delantero

1
2
3
4
5
6
7
8
9
10
11
12
13
14
15
16
17
18
19
20
21
22
23
24
25
26
27
28
29
30
31
32
33
34
35
36
37
38
39
40
41
42
43
44
45
46
47
48
49
50
51

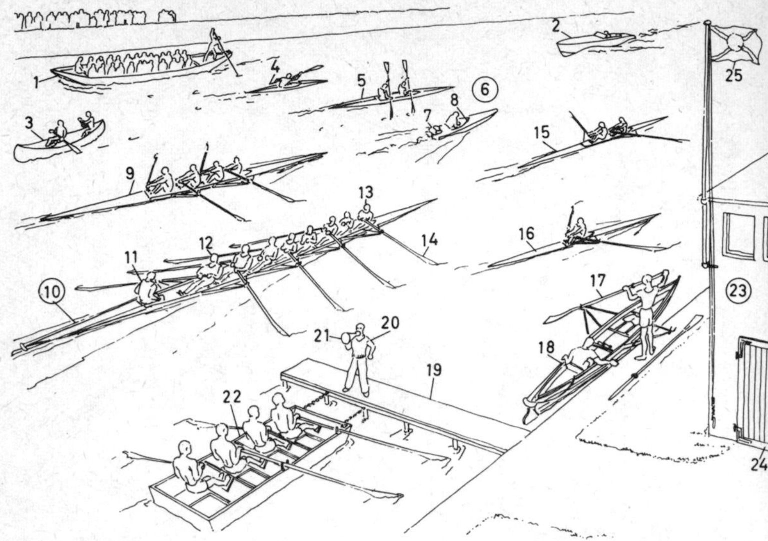

1-66 el deporte del remo y el deporte del piragüismo,

1-18 la toma de posiciones *f* para la regata (para la regata de remos *m*):

1 la batea impulsada por percha *f*, una embarcación de recreo *m*

2 la gasolinera (lancha automóvil)

3 la canoa canadiense, una canoa

4 el kayac (kayac groenlandés), un bote de canalete *m*

5 el kayac doble

6 la canoa automóvil con motor *m* fuera de bordo *m*, una canoa de carrera *f*:

7 el motor fuera de bordo *m*

8 la bañera;

9-16 botes *m* de carrera *f* (botes deportivos, outriggers, botes con portarremos *m* exteriores),

9-15 botes *m* de remos *m*:

9 el bote de a cuatro sin timonel *m*, un bote de obra *f* cerrada (de construcción *f* lisa, de forro *m* a tope *m*)

10 el bote de a ocho (el ocho de carrera *f*):

11 el timonel

12 el cabo (marca), un remero

13 el proel ("número uno")

14 el remo;

15 el dos (bote de dos remos *m*);

16 el bote de un remero (bote de carrera *f*, el esquife);

17 la espadilla

18 el bote de un remero con timonel *m* (un bote de tingladillo *m*);

19 el embarcadero (embarcadero de botes *m*, desembarcadero, la planchada)

20-22 la práctica del remo en balsa *f* fija (el ejercicio de remo *m*):

20 el entrenador de remo *m*

21 el megáfono (la bocina)

22 la balsa fija para la práctica del remo;

23 la casa del club:

24 el cobertizo de los botes

25 la bandera del club;

26-33 la yola de a cuatro, una yola (bote *m* de chumaceras *f*, bote de paseo *m*):

26 el remo

27 el asiento del timonel

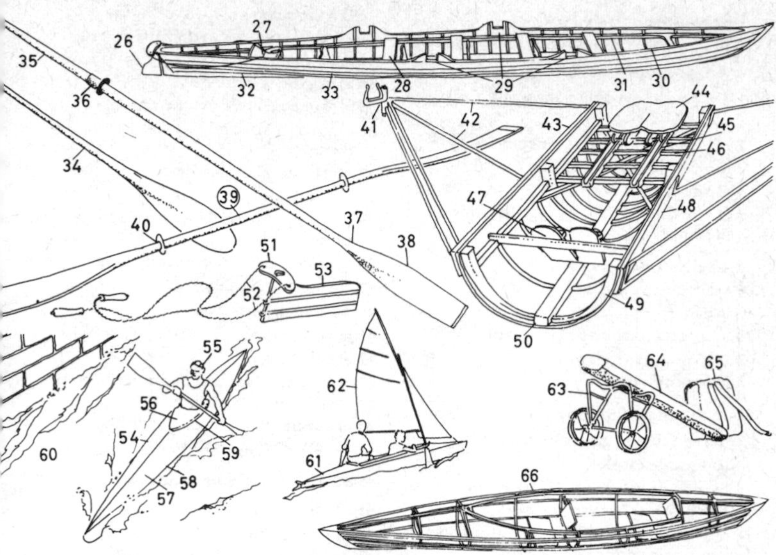

28 la bancada (el banco de remeros *m*)
29 la chumacera
30 la regala
31 el durmiente de las bancadas
32 la quilla (quilla exterior)
33 el forro exterior [en tingladillo *m*];
34 el canalete sencillo (*Filip.* : la pagaya; *Venez.* : el jarete)
35-38 el remo (la espadilla):
35 el guión (guión del remo)
36 el luchadero
37 el cuello del remo
38 la pala (pala del remo);
39 el canalete doble:
40 la copa;
41-50 el asiento de corredera *f* (la bancada):
41 la chumacera (chumacera giratoria)
42 el arbotante
43 la falca
44 el asiento de corredera *f*
45 el riel de deslizamiento *m* (el carril de rodadura *f*)
46 el refuerzo
47 el apoyo
48 el forro exterior
49 la cuaderna
50 la sobrequilla (quilla interior);
51-53 el timón (gobernalle):
51 la caña de timón *m* de cabeza *f*
52 los guardines del timón
53 la pala (pala del timón);
54-66 botes *m* plegables (botes desmontables, canoas *f*):
54 el bote plegable de una plaza, un bote deportivo individual
55 el canoísta
56 la lona protectora contra las salpicaduras
57 la cubierta
58 el forro de lona *f* impermeabilizada (forro exterior)
59 el bateolas
60 el canal de balsas *f* (de almadías *f*)
61 el bote plegable de dos plazas *f*, un bote de recreo *m* con dos asientos *m*
62 la vela de bote *m* plegable (vela de bote de recreo *m*)
63 el carro de dos ruedas *f* para bote *m*
64 el saco para la armazón
65 el saco para el casco (para el forro)
66 la armazón (el costillaje) del bote plegable

1-60 el deporte de la vela,

1-10 formas *f* del casco de las embarcaciones de vela *f*,

1-4 el yate de crucero *m* de quilla *f* fija:
1 la popa
2 la proa lanzada (proa de cuchara *f*)
3 la quilla (quilla de lastre *m*)
4 el timón;
5 el yate de regatas *f*, con quilla *f* fija de plomo *m*

6-10 el yate de orza *f*:
6 el timón izable
7 la bañera
8 la superestructura de la cámara
9 la roda recta (roda vertical)
10 la orza móvil;

11-18 formas *f* de popa *f* de las embarcaciones de vela *f*:

11 la popa de yate *m*
12 la popa de yate *m* cuadra (popa de espejo *m*)
13 la popa de ballenera *f* (popa noruega)
14 la popa de crucero *m*
15 la astilla muerta (el dormido)
16 la placa del nombre
17 la popa cuadra (popa de espejo *m*)
18 el espejo;

19-26 la tablazón (el forro del costado),

19-21 el forro en tingladillo *m*:
19 la tabla exterior
20 la cuaderna (costilla), una cuaderna (ligazón) transversal
21 el clavo remachado;
22 el forro a tope *m*
23 la construcción de cuadernas *f* de costura *f*
24 la cuaderna de costura *f*, una cuaderna (ligazón) longitudinal
25 el forro a tope *m* en diagonal *f*
26 el forro interior;

27-50 tipos *m* de yates *m*:

27 la goleta "América" [1851]
28-32 la goleta, un velero de dos palos *m*:
28 la vela mayor
29 el trinquete cangrejo de goleta *f*
30 el foque volante
31 el aparejo Marconi (aparejo bermudiano)
32 la goleta con vela *f* de estay *m*;
33-36 el yol, un velero de palo *m* y medio:
33 la vela de batículo *m*
34 el palo de batículo *m*
35 el foque genovés (foque-globo)
36 el aparejo Marconi (aparejo bermudiano);
37-40 el yate aparejado de cúter *m*:
37 la escandalosa
38 el aparejo Marconi (aparejo bermudiano)
39 el balón, una vela suplementaria
40 el tangón del balón;
41-44 el queche:
41 la vela mesana
42 el palo mesana
43 el aparejo Marconi (aparejo bermudiano)
44 el queche con aparejo *m* "wishbone" (con vela *f* de estay *m*);

45-50 tipos *m* de balandros *m*:

45 el balandro
46 el pico de guaira *f*
47 el estay de popa *f* (el contraestay)
48 el estay de proa *f*
49 el estay de violín *m*
50 el balandro del Báltico (de botavara *f* corta);

51-60 la regata (regata a vela *f*):

51 la salida
52-54 la virada por avante (bordada, el cambio de amura *f*, de vuelta *f*, de bordo *m*; cambio *m* de banda *f* al navegar hacia barlovento *m*; *al repetir las bordadas:* voltejear):
52 la orza (virada hacia el viento; se suelta la escota del foque, caza escota de la mayor caña a orzar, caña a derribar, caña al medio)
53 flamear las velas
54 las velas portan (velas cazadas);
55 la boya de virada *f* (la baliza de vuelta *f*)
56-58 la virada por redondo (cambio *m* de rumbo *m* pasando la popa por el viento):
56 arribar
57 el foque flamea
58 las velas portan (velas cazadas);
59 la meta
60 la dirección del viento

1
2
3
4
5
6
7
8
9
10
11
12
13
14
15
16
17
18
19
20
21
22
23
24
25
26
27
28
29
30
31
32
33
34
35
36
37
38
39
40
41
42
43
44
45
46
47
48
49
50
51
52
53
54
55
56
57
58
59
60

1-23 el vuelo sin motor *m*,

1-12 el despegue del planeador (despegue del velero; clases de despegue),

1 el despegue remolcado por coche *m*:

2 el cable de remolque *m*

3 el coche remolcador;

4 el despegue por torno *m* (el enrollamiento de cable *m*):

5 el cable de remolque *m*

6 el torno de remolque *m*;

7 el despegue a remolque *m* de un avión:

8 el avión remolcador

9 el velero (planeador) remolcado;

10 el vuelo sin motor *m*:

11 la ladera

12 la salida por la ladera;

13 el viento ascendente

14 la sustentación por el viento ascendente de la ladera

15 la sustentación por el viento ascendente de una nube

16 la nube de cúmulo *m*

17 el "looping", una acrobacia del vuelo acrobático sin motor *m*

18 el planeo

19 la corriente de aire *m* caliente (la manga térmica, la bolsa)

20 la subida en la térmica

21 el frente tormentoso

22 el vuelo en frente *m* tormentoso

23 el vuelo en una cuña de aire *m* caliente;

24-37 tipos *m* **de planeadores** *m* (de veleros *m*):

24 el hidrovelero (hidroplaneador)

25 el planeador (velero) de carga *f* (de transporte *m*)

26 el velero (planeador) de concurso *m*

27 el motovelero [un planeador con motor *m* auxiliar];

28 el planeador (velero):

29 el piloto (profesor de vuelos *m* sin motor *m*)

30 el alumno de vuelo *m* sin motor *m*

31 la quilla

32 el asiento del piloto

33 el patín de aterrizaje *m*

34 el arriostramiento

35 el alerón

36 el timón de profundidad *f*

37 el timón de dirección *f*;

38 el aeródromo

39 los hangares de los planeadores (de los veleros), con el club de los pilotos

40-63 aeromodelos *m*,

40-58 aeromodelos *m* de planeadores *m* (de veleros *m*) sin motor *m*:

40 el "ala *f* volante" (el modelo sin cola *f*)

41 el velero (modelo corriente de velero, de planeador)

42 el modelo pato

43 el modelo tándem

44 la estructura del modelo:

45 el patín de aterrizaje *m*

46 la punta del fuselaje (el morro, la proa)

47 el fuselaje

48 la cuaderna

49 los bordes marginales

50 el encastre de ala *f* con fuselaje *m* (la brida)

51 el ala *f*

52 el borde de salida *f*

53 el larguero principal

54 la costilla

55 el revestimiento

56 la cola (el plano fijo de cola)

57 el plano fijo de deriva *f*

58 el plano fijo de cola *f*;

59-63 aeromodelos *m* **con motor** *m* (modelos *m* de planeadores *m* con motor auxiliar impulsor):

59 el modelo con motor *m* de gomas *f*, impulsado por un hilo enrollado de gomas

60 el modelo dirigido a distancia *f* [por radio *f*]

61 el modelo con motor-cohete *m* de combustible *m* sólido (de pólvora *f* progresiva)

62 el aeromodelo con mandos *m* de cable *m* desde tierra *f*

63 el modelo de propulsión *f* a chorro *m*

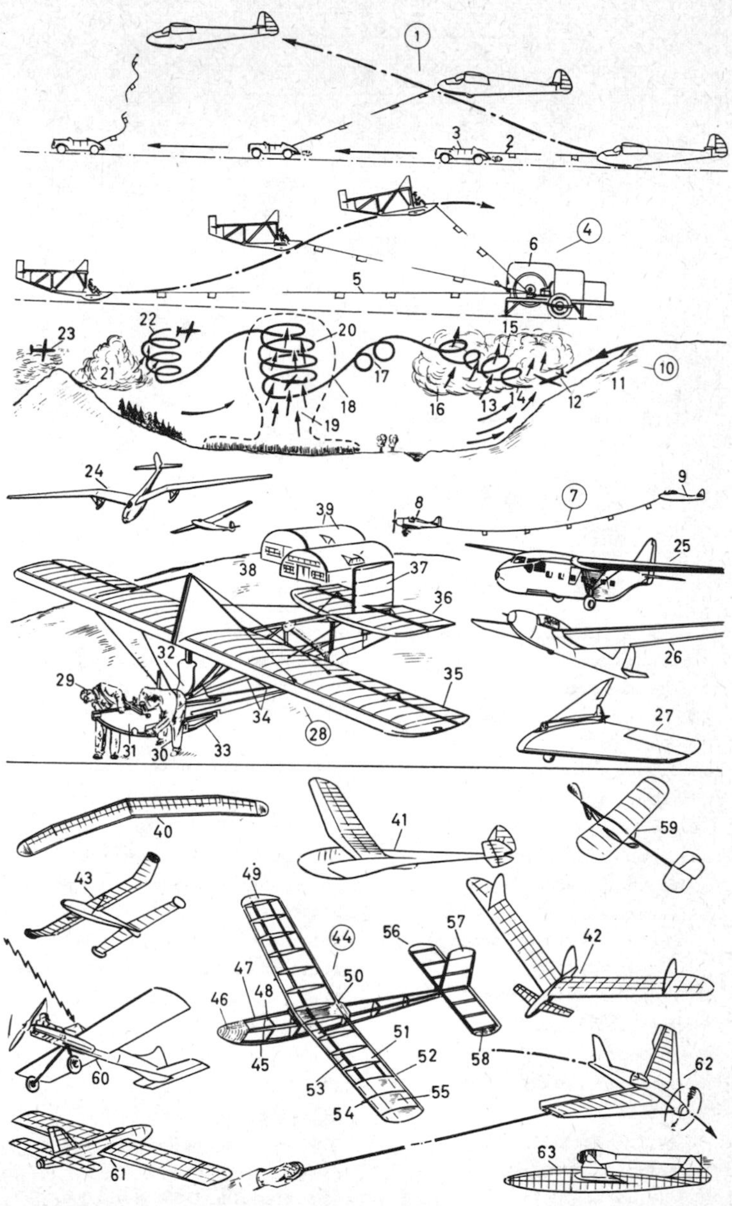
1
2
3
4
5
6
7
8
9
10
11
12
13
14
15
16
17
18
19
20
21
22
23
24
25
26
27
28
29
30
31
32
33
34
35
36
37
38
39
40
41
42
43
44
45
46
47
48
49
50
51
52
53
54
55
56
57
58
59
60
61
62
63

272 El deporte hípico (la equitación deportiva)

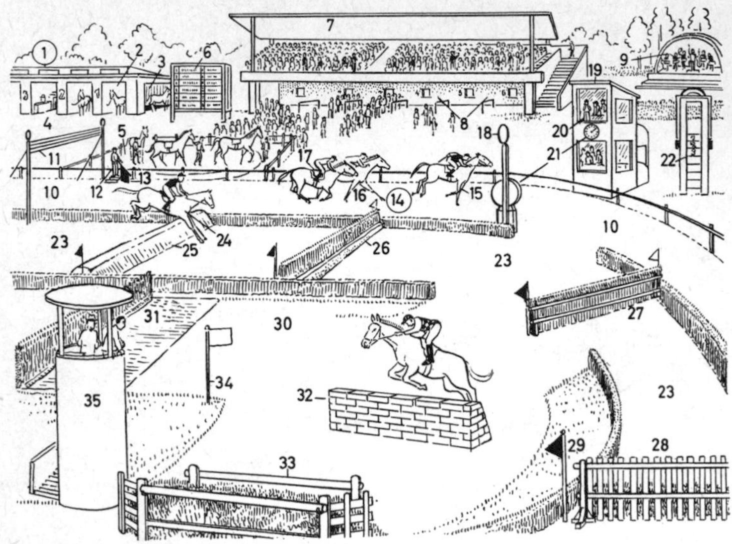

1-29, 36-46 la carrera de caballos *m* (el concurso hípico),

1-35 la pista para carreras *f*,

1-29 las carreras de velocidad *f* (carreras al galope),

1 la caballeriza (las cuadras):

2 la caja (jaula, box *m*)

3 la báscula;

4 la explanada de ensillado *m*

5 el cercado de reunión *f*

6 el tablero de salidas *f* (tablero de los números, tablero de colocación *f*)

7 la tribuna cubierta

8 las taquillas para las apuestas

9 el pabellón de la música

10 la pista para carreras *f* lisas

11 el mecanismo para dar la salida

12 el juez de salida *f*

13 el banderín de salida *f*

14 los caballos de carreras *f*:

15 el favorito

16 el caballo no favorito (outsider);

17 la silla pesada (silla con barras *f* de plomo *m*)

18 el poste de la meta con el espejo de la meta

19 la tribuna de los jueces de meta *f*

20 los jueces de meta *f*

21 el cronómetro

22 los números de la colocación final

23-29 la carrera de obstáculos *m*; *anál.*: la carrera de vallas *f*:

23 la pista para carreras *f* de obstáculos *m*

24 el caballo de caza *f* (caballo de saltos *m*)

25 el muro (muro de tierra *f*), un obstáculo

26 el foso, con valla *f*

27 el seto artificial

28 la valla

29 la bandera de marca *f*;

30 la pista de entrenamiento *m* para equitación *f*, saltos *m* y carreras *f*

31-34 el salto de obstáculo *m*:

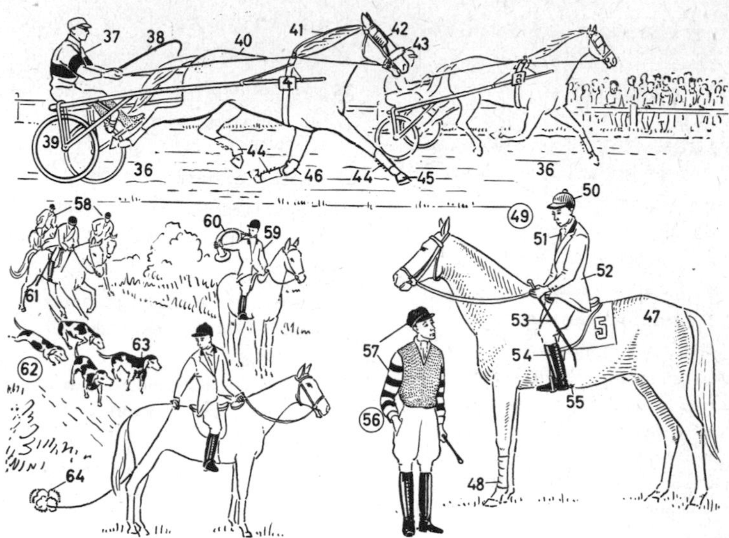

31 el foso de agua *f*, con valla *f*

32 el muro

33 la doble valla con seto *m* (oxer *m*), para saltos *m* de anchura *f* y altura *f*

34 la bandera de viraje *m*;

35 la torreta de los jueces;

36-46 la carrera de caballos *m* trotones:

36 la pista para la carrera de caballos *m* trotones, una pista dura

37 el conductor

38 el látigo

39 el sulky

40 el trotón

41 el check [un moderador de la velocidad]

42 las anteojeras

43 la pantalla para impedir la vista del suelo

44 la polaina

45 la herradura de goma *f*

46 la rodillera;

47 el caballo de silla *f*

48 el bandaje

49 el jinete (caballero), un aficionado:

50 la gorra de montar

51 el corbatín

52 la casaca de montar

53 la fusta

54 la bota de montar

55 la espuela;

56 el jockey (*Urug.* : el monta), un jinete profesional:

57 el traje con los colores de la cuadra, una blusa y una gorra de seda *f* ;

58-64 la caza a caballo *m*; *en este caso* : la caza con rastro *m* artificial; *anál.* : la caza del zorro, caza con papelillos *m*:

58 el cazador (montero)

59 el piqueur (criado encargado de los perros), soplando la trompa (señal *f* del final de la cacería)

60 la trompa de caza *f*

61 el dueño del coto

62 la jauría:

63 el perro de caza *f*;

64 el rastro artificial, con estiércol *m* de zorro *m*

273 Carreras de bicicletas y de vehículos de motor

1-23 carreras *f* de bicicletas *f*:

1 la pista de carreras *f*; *en este caso* : el velódromo cubierto

2-7 la carrera de los Seis Días:

2 el corredor de los Seis Días, un corredor de pista *f* en la arrancada semifinal

3 el casco protector

4 la dirección de la carrera:

5 el juez de meta *f* (juez de llegada *f*)

6 el juez de las vueltas;

7 el vestuario de los corredores;

8-10 la carrera por carretera *f*:

8 el corredor por carretera *f* (el rutista), un corredor ciclista; *anál.* : el "sprinter" en la arrancada final

9 el jersey de ciclista *m*

10 la botella de bebida *f* refrescante;

11-15 la carrera tras moto *f* (carrera de resistencia *f*):

11 el que abre camino *m* (el guía), un motorista

12 la motocicleta que va abriendo camino *m*

13 el rodillo, un dispositivo de protección *f*

14 el corredor de fondo *m*, un ciclista profesional

15 la bicicleta de carrera *f* tras moto *f*, una bicicleta de carrera *f*;

16 la bicicleta de carreras *f* por carreteras *f*:

17 el sillín de carreras *f*, un sillín sin muelles *m*

18 el manillar de carreras *f*

19 el tubular

20 la cadena con cambio *m* de velocidades *f*

21 el sujetador de pie *m* de carrera *f*

22 la correa

23 el tubular de repuesto *m*;

24-50 carreras *f* de vehículos *m* de motor *m*,

24-28 la carrera en pista *f* de arena *f*, una carrera de motos *f*; *anál.* la carrera en pista de hierba *f* y en autopista *f*:

24 la pista de arena *f*

25 el corredor de carrera *f* de moto *f*

26 la vestimenta protectora de cuero *m*

27 la máquina de carreras *f*, una motocicleta individual

28 el número de salida *f*;

29 la motocicleta de carreras *f* con sidecar *m*, tomando la curva:

30 el sidecar;

31 la moto toda cubierta campeón *m* del mundo en la carrera record de velocidad *f*

32 la gymkhana, una competición de habilidad *f*; *en este caso:* el motorista ejecutando un salto

33 la carrera de motos *f* a campo *m* traviesa, una prueba de resistencia *f*

34-45 la carrera de autos *m*:

34 la pista de carreras *f*

35 salida *f* y meta *f*

36 el juez de salida *f*

37 el banderín de salida *f*

38 el coche de carrera *f* (el bólido)

39 el corredor (piloto)

40 la bala de paja *f*

41 la jaula

42 el cambio de rueda *f*:

43 el mecánico de carreras *f*;

44 la tienda de los servicios sanitarios

45 la tribuna de los espectadores;

46-50 canoas *f* de carrera *f* [corte]:

46 la canoa de carrera *f* de fondo *m* escalonado transversal y longitudinalmente:

47 el motor de la canoa;

48 el fuera bordo (la canoa de fondo *m* es calonado) [una canoa de motor *m* giratorio fuera de bordo *m* ; *anál.*: el deslizador:

49 el motor fuera de bordo *m*

50 el estabilizador (la orza)

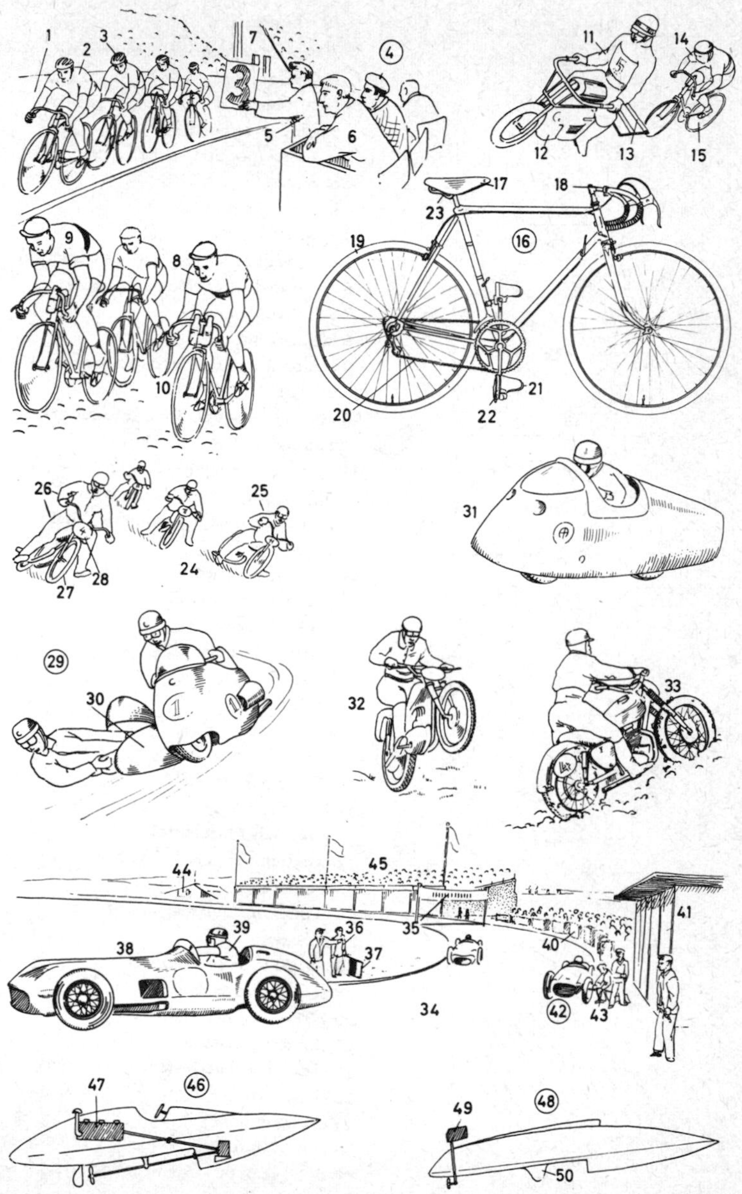
1
2
3
7
4
3
5
6
11
14
5
12
13
15
17
18
23
9
19
16
8
10
20
21
22
26
25
27
28
24
31
29
30
1
1
32
33
44
45
35
36
38
39
37
40
41
34
42
43
47
46
49
48
50

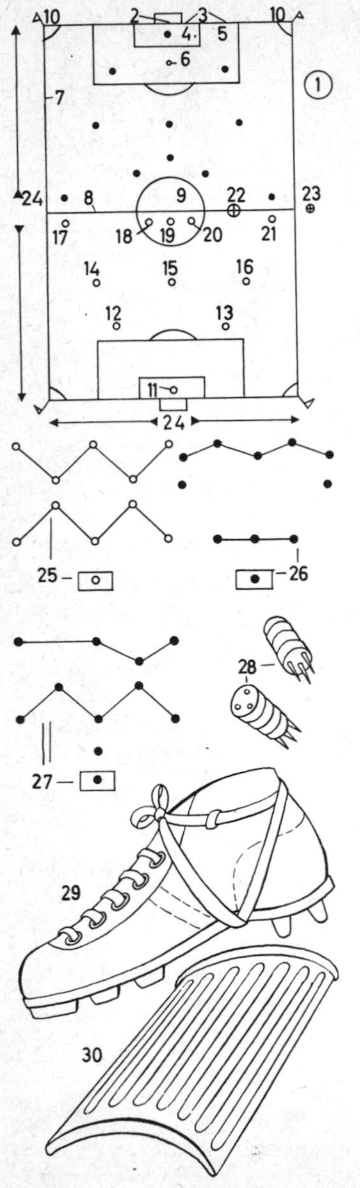

1-63 el fútbol,

1 el terreno de juego *m* (el campo de fútbol *m*; *Arg., Urug.:* la cancha), con la colocación de los equipos para un partido de fútbol:

2 la puerta (portería, meta; *Amér.:* el arco)

3 la línea de meta *f*

4 el área *f* de meta *f*

5 el área *f* de penalty *m* (área de castigo *m*)

6 el punto de ejecución *f* del penalty

7 la línea de banda *f*

8 la línea central

9 el círculo central (círculo de saque *m* inicial)

10 el área *f* de esquina *f*, con la banderola de esquina;

11-21 el equipo (equipo de fútbol *m*, los jugadores de fútbol, los once futbolistas, el once) en el momento del saque inicial:

11 el portero (guardameta; *Amér.:* el arquero, el guardavalla)

12 y 13 la defensa:

12 el defensa izquierdo

13 el defensa derecho;

14-16 la media:

14 el medio izquierda

15 el medio centro

16 el medio derecha;

17-21 la delantera,

17 y 18 el ala *f* izquierda:

17 el extremo izquierda (exterior izquierda)

18 el interior izquierda, un delantero de enlace *m*;

18, 19, 20 la tripleta central

19 el delantero centro

20 y 21 el ala *f* derecha:

20 el interior derecha

21 el extremo derecha (exterior derecha);

22 el árbitro

23 el juez de línea *f*

24 la medida del campo [de 90 a 110 m. de largo por 64 a 75 m. de ancho];

25 el sistema WM (la colocación en forma *f* de WM)
26 el cerrojo suizo
27 el cerrojo brasileño
28 los tacos
29 la bota de fútbol *m*
30 la espinillera
31 la tribuna (tribuna de los espectadores):
32 las gradas
33 la valla;
34 la bandera del club
35 el poste del altavoz
36 el larguero del marco de la portería
37 el palo (lateral, poste de la portería)
38 la red de la portería
39 el disparo (chut a puerta *f*)
40 el despeje de puños *m* del portero (del guardameta)
41 el saque de puerta *f*
42 el golpe franco (saque libre)
43 la barrera de jugadores *m*
44 el entrenador
45 los reservas (jugadores suplentes)
46 el banderín de la línea central
47 el juez de línea *f*
48 el banderín de señales *f*
49 el saque de banda *f*
50 el balón fuera de banda *f*
51 la falta, una jugada antirreglamentaria
52 el balón, una pelota hueca con un neumático de goma *f*
53 el disparo hacia atrás (la contra)
54 la media de fútbol *m*
55 la camisa (el jersey)
56 el toque de cabeza *f* (la cabeza, el cabezazo)
57 el fuera de juego *m*
58 el saque de esquina *f*
59 la obstrucción
60 la parada del balón, con la suela
61 la entrega del balón (el pase raso)
62 la recogida del balón, con la parte interior del pie
63 la internada, un regate

1-8 el balonmano (balonmano "a once"); *anál.*: el balonmano "a siete" [en recinto *m* pequeño]:
1 la puerta (portería, meta; *Amér.*: el arco, la valla)
2 la línea de meta *f*
3 el área *f* de meta *f*
4 la línea de los 13 metros
5 la línea de los tiros libres
6 la esquina de penalidad *f*
7 la esquina
8 el jugador de balonmano *m*, un jugador de equipo *m* en el disparo;

9-18 el hockey sobre hierba *f*:
9 la línea de banda *f*
10 la línea de los 6'4 metros
11 la linea de meta *f*
12 el círculo de disparo *m*
13 la puerta
14 el portero (guardameta; *Amér.*: el arquero)
15 las defensas de las piernas (espinillera *f*, rodillera *f* y protección *f* de los dedos del pie)
16 el jugador de hockey *m*
17 el palo de juego *m* (el "stick")
18 la pelota (bola) de hockey *m*, una bola de corcho *m* con forro *m* de cuero *m*;

19-27 el rugby (juego del rugby, el fútbol rugby):
19 la "mêlée"
20 el balón ovalado de rugby *m*
21-27 el terreno de rugby *m*, un campo de juego *m*:
21 la línea de gol *m* (línea de meta *f*)
22 el área *f* de meta *f*
23 la línea lateral
24 la meta (puerta)
25 la línea de 22 metros *m*
26 la línea de diez metros *m*
27 la línea de centro *m* (línea de medio campo *m*);

28-30 el rugby americano:
28 el jugador de rugby *m* americano
29 el casco protector
30 la hombrera;

31-38 el baloncesto:
31 el balón de baloncesto *m*
32 el tablero de meta *f*
33 el cesto (la canasta)
34-36 la pista (el terreno de juego *m*):
34 la línea de meta *f*
35 el área *f* de tiros *m* libres
36 la línea de los tiros libres;
37 el jugador de baloncesto *m*, tirando a cesto *m*
38 los jugadores de cambio *m* (jugadores de relevo *m*);

39-54 el béisbol (la pelota base, el baseball),
39-45 el campo de juego *m*:
39 el diamante (cuadro)
40 la base meta
41 el cuadro del bateador
42 la base
43 la plataforma (goma) de lanzamiento *m*
44 la línea del receptor
45 el límite del jugador;
46 el bateador, un jugador del equipo a la ofensiva
47 el receptor, con vestimenta *f* protectora y guantes *m* de recogida *f*
48 el árbitro
49 la carrera de un bateador hacia la base
50 el jugador de base *f* (jugador de 2.ª o 3.ª base), un jugador del equipo receptor
51 la almohadilla de la base
52 el bate
53 el lanzador ("pitcher")
54 la pelota (bola) de béisbol *m*;

55-61 el cricket:
55 el rastrillo, con los travesaños
56 la línea de rastrillo *m*
57 la línea de saque *m*
58 el portero (guardameta) del equipo receptor
59 el bateador del equipo defensor
60 la pala, una pala plana de madera *f*
61 el servidor;

62-67 el croquet:
62 la estaca (el poste)
63 el aro
64 la estaca de viraje *m*
65 el jugador de croquet *m*
66 el mazo (martillo) de croquet *m*
67 la pelota (bola) de croquet *m*

1
2
3
4
5
6
7
8
9
10
11
12
13
14
15
16
17
18
19
20
21
22
23
24
25
26
27
28
29
30
31
32
33
34
35
36
37
38
39
40
41
42
43
44
45
46
47
48
49
50
51
52
53
54
55
56
57
58
59
60
61
62
63
64
65
66
67

1-35 el tenis (lawn tennis, juego del tenis),
1 la pista de tenis *m*, una pista de tierra *f* dura:
2 hasta 3 la línea de banda *f* para el juego de dobles *m* (para el doble; doble de caballeros *m*, doble de señoras *f*, doble mixto)
4 hasta 5 la línea de banda *f* para el juego individual (para el individual; individual de caballeros *m*, individual femenino)
6 hasta 7 la línea de servicio *m*
8 hasta 9 la línea de división *f* del servicio
3 hasta 10 la línea de fondo *m*
11 el centro de la línea de fondo *m*
12 la zona de saque *m*
13 la red
14 el puntal (tensor) de la red
15 el poste de la red
16 la jugadora de tenis *m*; *en este caso:* la jugadora sirviendo
17 el saque (servicio)
18 el compañero (la pareja) de tenis *m*
19 el restador
20 la posición para la devolución de revés *m*
21 la posición para la devolución de derecho *m* (para el „drive")
22 el árbitro (juez)
23 la silla del árbitro (del juez)
24 el recogedor de pelotas *f*
25 el juez auxiliar (juez de faltas *f* de pie *m*)
26 la pelota de tenis *m*
27 la raqueta de tenis *m* (raqueta):
28 el mango de la raqueta
29 el cordaje de la raqueta [hecho de cuerdas *f* de tripa *f* (de catgut) trenzadas];
30 la prensa de la raqueta:
31 la clavija tensora;
32 el botepronto
33 el golpe de voleo *m*
34 el "smash"
35 la visera;
36 la raqueta para el **juego del volante** (juego de badminton)
37 la pelota del juego del volante, una pelota de corcho *m* recubierta de cuero *m*:
38 el penacho de plumas *f*;

39-42 el tenis de mesa *f* (el ping-pong):
39 el jugador de tenis *m* de mesa *f* (jugador de ping-pong *m*)
40 la pala del tenis de mesa *f* (pala de ping-pong *m*)
41 la red del tenis de mesa *f*
42 la pelota del tenis de mesa *f* (pelota de ping-pong *m*), una pelota de celuloide *m*;

43-51 el balón volea:
43 el defensa
44 la zona de saque *m*
45 el que efectúa el saque
46 el golpe con el canto de la mano
47 el balón del balón volea
48 el delantero
49 la colocación correcta de las manos
50 y 51 el servicio del balón volea:
50 la posición de las manos para el "drop" (para el lanzamiento)
51 la posición de la mano para la devolución;

52-58 el juego del balón a puños *m*:
52 la línea de fondo *m*
53 la cuerda
54 el balón de puños *m*
55 el delantero [golpeando el balón por encima de la cuerda]
56 el golpe de "martillo" *m* (el remate)
57 el jugador de centro *m* (el medio)
58 el jugador zaguero;

59-71 el juego del golf (el golf),
59-62 la calle (los hoyos), una parte del campo de golf *m*:
59 la salida (el "tee", el sitio de salida)
60 los obstáculos
61 el "bunker" (la hoya de arena *f*)
62 el "green" (espacio cubierto de césped *m* alrededor del hoyo);
63 el jugador de golf *m*, en el golpe de salida *f* (en el "drive")
64 el portador de los palos (el "caddie")
65 la bolsa de los palos
66 el tiro al hoyo (el "put"), con un "putter":
67 el hoyo
68 la bandera del hoyo;
69 y 70 palos *m* de golf *m* (clubes *m*):
69 el "driver", un palo de madera *f*; *anál.:* el "brassie", el "spoon" (la madera número *m* uno, la madera número dos y la madera número tres)
70 la "mashie", un palo de hierro *m*; *anál.:* el "driver" de acero *m*, el "niblick"
71 la pelota de golf *m*

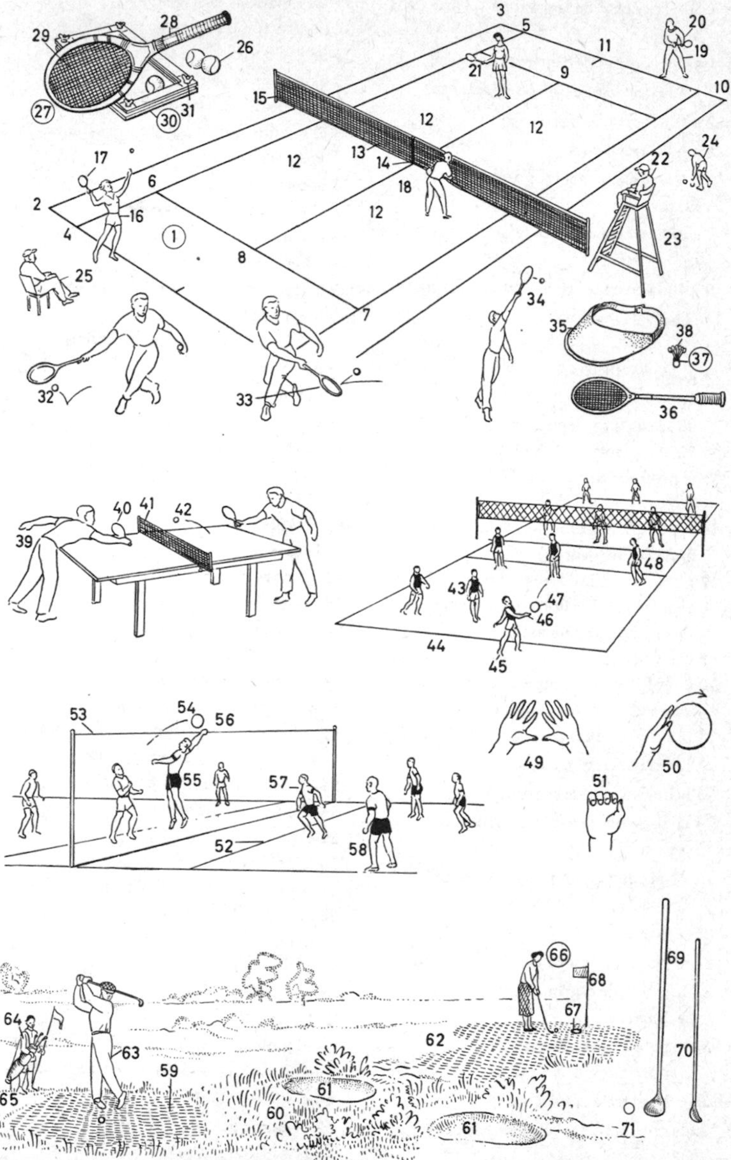
1
2
3
4
5
6
7
8
9
10
11
12
13
14
15
16
17
18
19
20
21
22
23
24
25
26
27
28
29
30
31
32
33
34
35
36
37
38
39
40
41
42
43
44
45
46
47
48
49
50
51
52
53
54
55
56
57
58
59
60
61
62
63
64
65
66
67
68
69
70
71

1-66 el deporte de la esgrima (el arte de la esgrima),
1-14 los golpes de esgrima *f*:
1 a **2** la primera (el golpe a lacabeza)
2 a **1** la segunda
3 a **4** la tercera alta
5 a **6** la tercera baja (el golpe al vientre), un revés
7 a **8** la tercera a la cara (el golpe a la cara exterior)
9 a **10** la cuarta al pecho (cuarta al vientre)
11 el lado de tercera *f*
12 el lado de cuarta *f*
13 golpes *m* altos
14 golpes *m* bajos;
15-43 la esgrima deportiva,
15-32 la esgrima de florete *m*:
15 el profesor de esgrima *f* (el maestro de armas *f*)
16 la pista de esgrima *f* (el terreno de asalto *m*, la plancha)
17 y **18** los esgrimidores (*Amér.*: los esgrimistas, los floretistas, los tiradores de florete *m*) en un asalto
19 el atacante, en posición *f* a fondo *m*
20 el golpe recto (golpe directo), una acción (botta dritta, un coup droit)
21 el atacado, en la parada (en la cubierta)
22 la parada en tercera *f*
23 la línea (línea de esgrima *f*)
24 la distancia variable (distancia en esgrima *f*)
25-31 el equipo (los pertrechos) de esgrima *f*:
25 el florete
26 el guante de esgrima *f* [para florete *m*]
27 la careta de esgrima *f* [para florete *m* y espada *f*]
28 el peto enguatado para esgrima *f* (la protección del cuello)
29 y **30** el traje de esgrima *f*:
29 la chaquetilla (el chaleco) de esgrima *f*
30 el pantalón de esgrima *f*;
31 las zapatillas de esgrima *f* sin tacón *m*;
32 la posición inicial para el saludo;
33-38 el deporte de la esgrima de sable *m*:
33 el tirador de sable *m*
34 el sable ligero (sable de deporte *m*)
35 el guante para la esgrima de sable *m* y espada *f*
36 la careta de sable *m*
37 el golpe exterior a la cabeza
38 la parada en quinta *f*;
39-43 la esgrima de espada *f*:
39 el tirador de espada *f*
40 la espada
41 la punta de arresto *m* [con contacto *m* eléctrico]
42 el arresto a la cabeza
43 la posición de guardia *f* (en guardia);
44 el entrenamiento de esgrima *f* (el ejercicio):
45 el maniquí
46 el sable pesado
47 la careta;
48 los envolvimientos (las ligaduras):
49 el envolvimiento en cuarta *f*
50 el envolvimiento en tercera *f*
51 el envolvimiento en círculo *m*
52 el envolvimiento en segunda *f*;
53-66 las armas de esgrima *f*,
53 el florete italiano, un arma *f* de punta *f*, arma blanca (arma punzante),
54-57 el puño (la empuñadura):
54 el pomo del florete
55 el puño
56 el gavilán
57 la guarnición (guarda);
58 la hoja del florete
59 el botón;
60 el florete francés:
61 la cazoleta (taza);
62 la espada
63 el sable ligero, un arma *f* blanca de punta *f*, filo *m* y contrafilo *m*:
64 el guardamano
65 el fiador de cuero *m*;
66 la daga (el estilete)

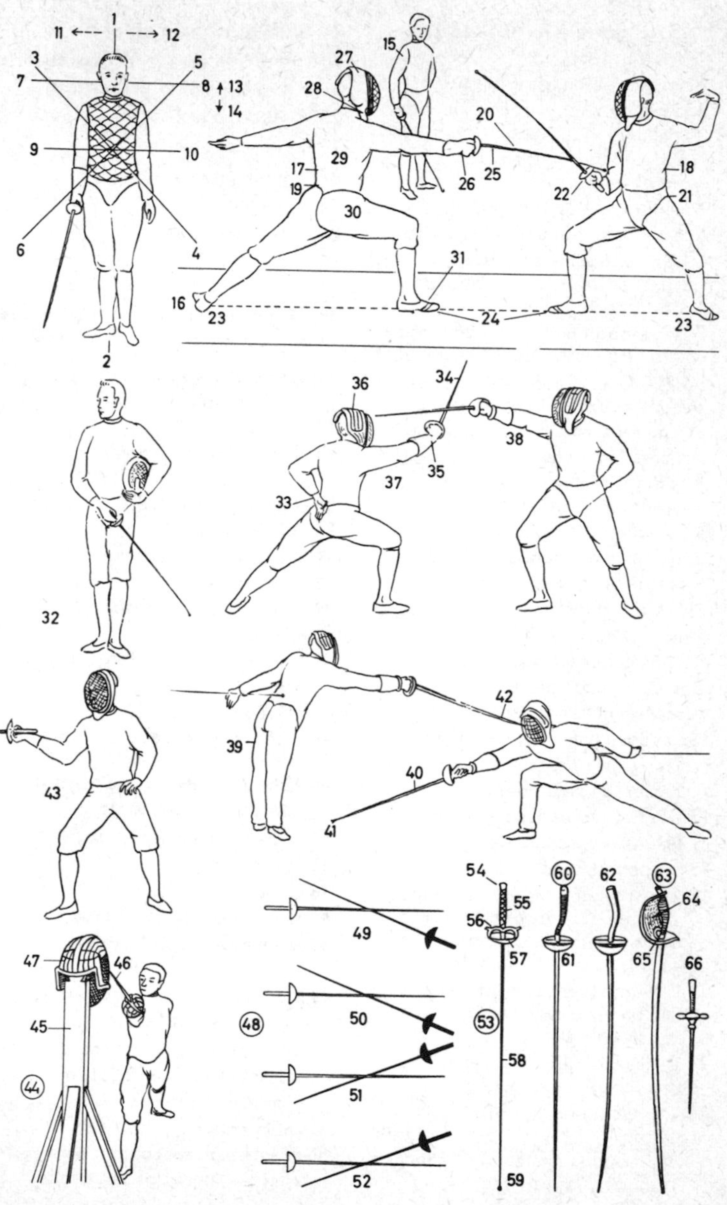
1
11
12
3
5
7
8
13
14
9
10
6
4
2
15
27
28
20
29
17
19
26
25
22
18
21
30
31
16
23
24
23
36
34
38
35
37
33
32
42
39
43
40
41
54
60
62
63
55
64
56
49
57
61
65
66
47
46
50
45
48
53
58
51
44
52
59

1-23 la gimnasia sin aparatos *m*:

1 la posición de firme
2 la posición de piernas *f* abiertas
3 la elevación al frente de brazos *m* y extensión *f* al frente de la pierna derecha
4 la elevación de rodilla *f*
5 la elevación de brazos *m* arriba
6 las manos a los hombros y extensión *f* de la pierna izquierda atrás
7 las manos a la nuca y elevación *f* sobre las puntas de los pies (elevación de puntillas *f*)
8 la elevación de los brazos en cruz *f* y separación *f* lateral de la pierna izquierda
9 la flexión lateral de tronco *m* con las manos en las caderas
10 la flexión del tronco hacia atrás
11 la flexión del tronco hacia adelante
12 la torsión de tronco *m*
13 la semiflexión de piernas *f*, con las manos a las caderas
14 la posición sentada
15 la flexión completa de piernas *f*, con las manos a las caderas
16 el apoyo sobre las manos con extensión *f* del cuerpo atrás y brazos *m* extendidos
17 el apoyo sobre las manos con brazos *m* flexionados
18 el apoyo lateral
19 la extensión de la pierna derecha al frente, flexión *f* de la pierna y del tronco hacia adelante y elevación *f* de los brazos arriba
20 la pierna derecha a un costado en flexión *f* y elevación *f* de los brazos en cruz *f*
21 la elevación lateral de una pierna con manos *f* a las caderas
22 la posición de equilibrio *m* sobre un pie
23 la posición en cuclillas *f* con las manos en las caderas;

24-30 la gimnasia en el suelo:

24 la posición de manos *f* (el farol, el puntal, el pino, la vertical)
25 el salto del pez:
26 las piernas abiertas
27 la posición de cabeza *f*;
28 el puente
29 la posición dorsal
30 la rueda;

31-43 los ejercicios con aparatos *m* **de mano** *f*:

31 el rodamiento con mazas *f*, un ejercicio con mazas:
32 la maza;
33 el ejercicio con pesas *f*:
34 la pesa;
35 el ejercicio con palos *m* largos:
36 el palo largo;
37 el ejercicio con palos *m*:
38 el palo;
39 el ejercicio con aros *m*:
40 el aro;
41 la gimnasia con balón *m* medicinal:
42 el balón medicinal;
43 el ejercicio con el extensor;

44-48 la vestimenta de gimnasia *f* (el traje de gimnasia):

44 la camiseta de gimnasia *f*
45 la banda
46 el cinturón
47 el pantalón de gimnasia *f*
48 la zapatilla de gimnasia *f*;

49 y 50 los aparatos para gimnasia *f* **de sala** *f*:

49 el aparato para fortalecer las manos (el halterio de Sandow), un aparato para ejercitar los músculos de la mano
50 el extensor, un aparato para ejercitar los músculos del pecho

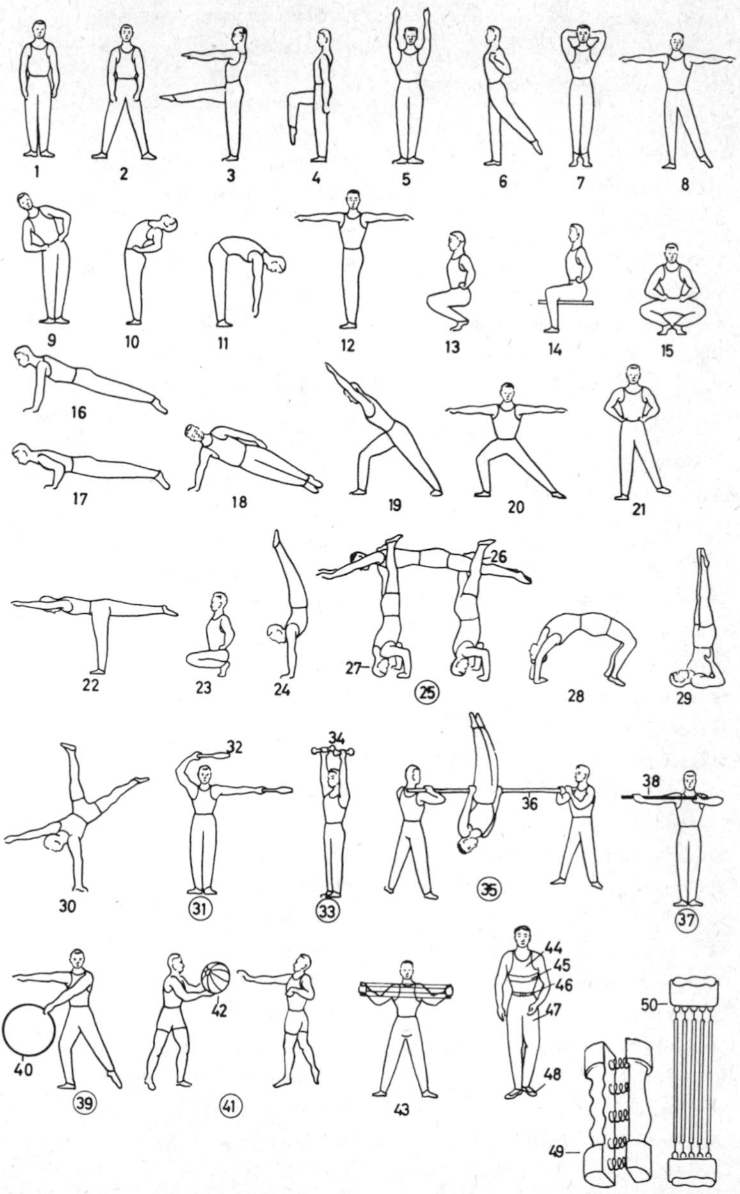
1
2
3
4
5
6
7
8
9
10
11
12
13
14
15
16
17
18
19
20
21
22
23
24
25
26
27
28
29
30
31
32
33
34
35
36
37
38
39
40
41
42
43
44
45
46
47
48
49
50

1-56 la gimnasia de aparatos *m* en el gimnasio (en la sala cubierta),

1-48 la clase de gimnasia *f* (la gimnasia), en el gimnasio,

1 las espalderas:

2 el barrote de las espalderas;

3 la flexión

4 la escalera de pared *f*

5 la cuerda de trepar

6 el trepar a la cuerda con flexiones *f* de brazos *m* y piernas *f* abiertas

7 la subida de percha *f*:

8 la percha;

9 la barra fija:

10 la barra;

11 y **12** los ejercicios en la barra:

11 el molinete hacia atrás de rodilla *f*

12 el gran molinete;

13 la colchoneta de salto *m*

14 la mesa (mesa de saltos *m*)

15 la paloma

16 la posición de ayuda *f* de un gimnasta

17 la plancha de muelles *m* (el trampolín)

18 el salto del potro:

19 el potro;

20 el salto con las piernas abiertas

21 el trampolín, para tomar impulso *m*

22 el saltómetro

23 la cuerda

24 el contrapeso de la cuerda

25 el trampolín de travesaño *m*

26 el caballete del trampolín de travesaño *m*

27 las paralelas:

28 la barra;

29 el farol sobre los hombros

30 la plancha

31 y **32** el equipo de gimnastas *m*:

31 el gimnasta, un gimnasta de gimnasia con aparatos *m*

32 el monitor, un jefe de sección *f* de gimnastas *m*;

33 las tijeras

34-38 el caballo de aros *m*:

34 el cuello

35 la silla

36 la grupa

37 el aro de cuello *m*

38 el aro de grupa *f*;

39 el profesor de gimnasia *f*

40 la barra de equilibrio *m*; *anál.:* la barra sueca

41 el ejercicio de equilibrio *m* (mantenerse en equilibrio)

42 la viga de equilibrio *m*

43 el plinton (*Amér.:* el cajón)

44 el salto entre manos *f* (salto en cuclillas *f*)

45 el trapecio

46 el balanceo de elevación *f*

47 las anillas

48 el cristo;

49-52 saltos *m* en el caballo:

49 la tuerca (torera, el salto y vuelta *f*)

50 la vuelta

51 el volteo

52 el salto entre manos *f* con las piernas encogidas;

53-56 presas *f* en la barra fija:

53 la presa dorsal, una empuñadura superior

54 la presa facial, una empuñadura inferior

55 la presa cubital

56 la presa mixta

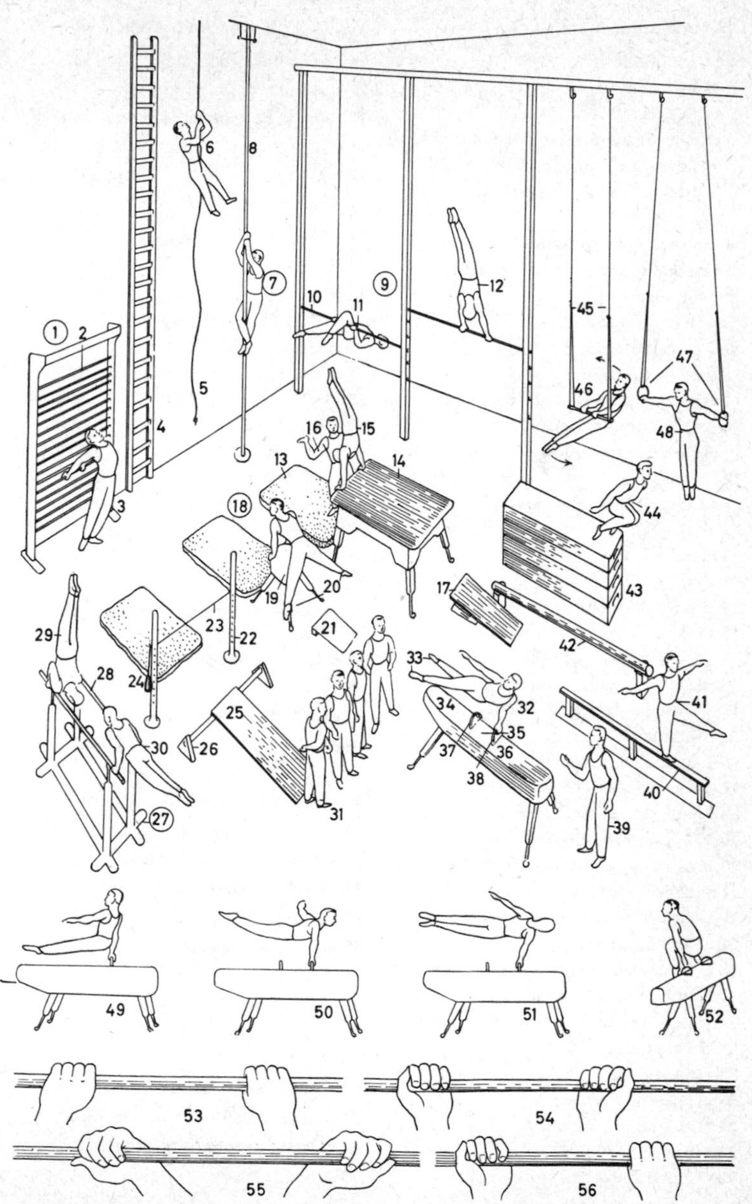
1
2
3
4
5
6
7
8
9
10
11
12
13
14
15
16
17
18
19
20
21
22
23
24
25
26
27
28
29
30
31
32
33
34
35
36
37
38
39
40
41
42
43
44
45
46
47
48
49
50
51
52
53
54
55
56

1-28 la carrera:

1 el juez de salida *f*
2 el hoyo de salida *f*
3 la línea de salida *f*
4 la salida, para carreras *f* de velocidad *f* y carreras de medio fondo *m*
5 la pista de ceniza *f*, una pista de carreras *f*
6 el corredor, un corredor de cortas distancias *f* (corredor de velocidad *f*)
7 y 8 la meta:
7 la línea de meta *f*
8 la cinta de llegada *f*;
9 el cronometrador
10 el juez de meta *f* (juez de llegada *f*)
11 y 12 la carrera de vallas *f*:
11 el corredor de carreras *f* de vallas *f*
12 la valla;
13-16 la carrera de relevos *m*:
13 el corredor de carreras *f* de relevos *m*
14 el cambio de testigo *m*
15 el testigo
16 el área *f* de cambio *m* de testigo *m*;
17-19 la carrera de larga distancia *f* (carrera de resistencia *f*) [de 3.000 metros *m* en adelante hasta la carrera de maratón]:
17 el corredor de larga distancia *f* (de resistencia *f*)
18 el número de salida *f*
19 el aparato contador de vueltas *f*, con campana *f* para indicar la última vuelta;
20-22 la carrera de obstáculos *m*:
20 el corredor de carreras *f* de obstáculos *m*
21 y 22 el obstáculo:
21 la viga
22 el foso de agua *f*;
23 la carrera a campo *m* traviesa; *andl.*: la carrera por el bosque
24 y 25 la marcha de competición *f* (marcha atlética):
24 el andarín
25 el poste de viraje *m*;
26 la zapatilla de carreras *f*:
27 el clavo;
28 el cronómetro;

29-55 saltos *m* y lanzamientos *m*,

29-32 el salto de longitud *f*:
29 el saltador de longitud *f*
30 el listón de llamada *f* (listón de salida *f*)
31 el foso de caída *f*
32 la marca del record;
33-35 el triple salto:
33 el brinco
34 el paso
35 el salto;
36 y 37 el salto de altura *f*:
36 el saltador de altura *f*
37 el listón;
38-41 el salto de pértiga *f*:
38 el saltador de pértiga *f*
39 la pértiga
40 el saltómetro
41 el cajetín para picar la pértiga;
42-44 el lanzamiento del disco:
42 el lanzador de disco *m*
43 el disco, un disco arrojadizo
44 el círculo de lanzamiento *m*;
45-47 el lanzamiento de peso *m*:
45 el lanzador de peso *m*
46 el peso
47 el círculo de lanzamiento *m*;
48-51 el lanzamiento de martillo *m*:
48 el lanzador de martillo *m*
49 el martillo (martillo deportivo):
50 el cable de acero *m*;
51 la alambrada de seguridad *f*;
52-55 el lanzamiento de la jabalina:
52 el lanzador de jabalina *f*
53 la línea de lanzamiento *m*
54 la jabalina:
55 la cuerda enrollada;
56 el atleta ligero, un competidor de decatlón,
57 y 58 la vestimenta de entrenamiento *m*:
57 los pantalones de entrenamiento *m*
58 el jersey de entrenamiento *m*;
59 el distintivo

1
2
3
4
5
6
7
8
9
10
11
12
13
14
15
16
17
18
19
20
21
22
23
24
25
26
27
28
29
30
31
32
33
34
35
36
37
38
39
40
41
42
43
44
45
46
47
48
49
50
51
52
53
54
55
56
57
58
59

1-6 el levantamiento de pesos *m*:

1 el levantador de pesos *m*

2 el levantamiento brusco con un brazo

3 la barra de bolas *f*

4 el levantamiento con dos brazos *m*

5 la barra de discos *m*

6 la presa de dos brazos *m*;

7-14 la lucha,

7-10 la lucha grecorromana:

7 el luchador, un luchador aficionado

8, 9, 11 la lucha en el suelo:

8 el puente, una posición defensiva

9 el banco, una posición de espera *f*

10 y 12 la lucha de pie *m*:

10 la doble Nelson

11 y 12 la lucha libre (catch-as-catch-can):

11 la llave de brazo *m* y presa *f* de pierna *f*

12 la doble llave de pierna *f*;

13 el colchoncillo de lucha *f*

14 la lucha con cinturón *m* (la glima de Islandia); *anál.:* el balanceo suizo;

15-17 el judo (jiu-jitsu), un arte japonés de autodefensa *f*:

15 la presa de brazo *m*

16 el collar de fuerza *f*

17 la presa de tijeras *f*;

18-46 el boxeo (pugilismo),

18-26 el entrenamiento para el boxeo:

18 el balón

19 el balón esférico

20 la pelota

21 el saco de arena *f*

22 el boxeador (púgil), un boxeador profesional

23 el guante de boxeo *m*

24 el compañero de entrenamiento *m* (el sparring partner)

25 el directo

26 el ducking y la esquiva rotativa;

27 el cuerpo a cuerpo; *en este caso:* el clinch

28 el balanceado

29 el golpe de abajo arriba (uppercut)

30 el gancho

31 el golpe bajo (golpe por debajo de la cintura) [un golpe prohibido]

32 el ring de boxeo *m* (el cercado):

33 las cuerdas

34 el ángulo neutral

35 el vencedor

36 el boxeador derrotado por fuera de combate *m* (por knock-out, por K. O.)

37 el árbitro

38 la cuenta de los segundos;

39 el juez que adjudica los puntos

40 el segundo

41 el representante (manager)

42 el cronometrador

43 el gong

44 el delegado oficial

45 el reportero

46 el fotógrafo de prensa *f*

1
2
3
4
5
6
7
8
9
10
11
12
13
14
15
16
17
18
19
20
21
22
23
24
25
26
27
28
29
30
31
32
33
34
35
36
37
38
39
40
41
42
43
44
45
46

1-56 el alpinismo (la escalada):

1 el refugio (albergue de montaña *f*, la cabaña alpina)

2-14 la escalada en rocas *f*
[la técnica de escalada en roca *f*]:

2 la grieta

3 la pared de roca *f* (el desplomo)

4 la quiebra

5 el borde de roca *f*

6 el escalador (alpinista)

7 la chaqueta de escalada *f*

8 los pantalones de escalada *f*

9 la chimenea

10 el pitón de roca *f* (el peñasco)

11 el amarre de seguridad *f*

12 la anilla de cuerda *f*

13 la cuerda de escalada *f*

14 la cornisa;

15-22 la escalada en hielo *m*
[técnica *f* del glaciar]:

15 la pendiente de hielo *m*, un campo de nieve *f* helada

16 el escalador de hielos *m*

17 el "piolet"

18 el escalón de hielo *m*

19 las gafas de nieve *f*

20 la capucha del anorac

21 la cornisa de nieve *f*

22 la arista de hielo *m*;

23-25 la cordada cruzando un ventisquero:

23 el ventisquero cubierto de nieve *f* (de névé *m*)

24 la grieta del ventisquero

25 el puente de hielo *m* (puente de névé *m*, puente de nieve *f*);

26-28 la cordada:

26 el primero (delantero, guía)

27 el segundo

28 el último;

29-34 el descenso con cuerdas *f*:

29 la presa de pie *m*

30 el seguro de hombros *m*

31 el escalador en el descenso

32 el seguro de muslo *m*

33 el seguro de doble muslo *m*

34 el descenso "Dülfer";

35-56 el equipo de alpinismo *m*:

35 el bastón alpino:

36 el regatón

37 el espigón (la punta);

38 el "piolet":

39 el pico

40 los dientes

41 la pala

42 el anillo móvil

43 la correa de la muñeca

44 el fiador (la presilla)

45 el anillo de fijación *f*;

46 la bota claveteada y con crampones *m*:

47 los clavos "ala *f* de mosca *f*"

48 la correílla del crampón;

49 la bota con suela *f* estriada de goma *f* dura:

50 el talón reforzado;

51 la bota alpargata de escalada *f*

52 el martillo de escalada *f*:

53 la anilla de cuero *m* para la muñeca;

54 la clavija para el hielo

55 la clavija para roca *f* (clavija Fiechtl)

56 el mosquetón

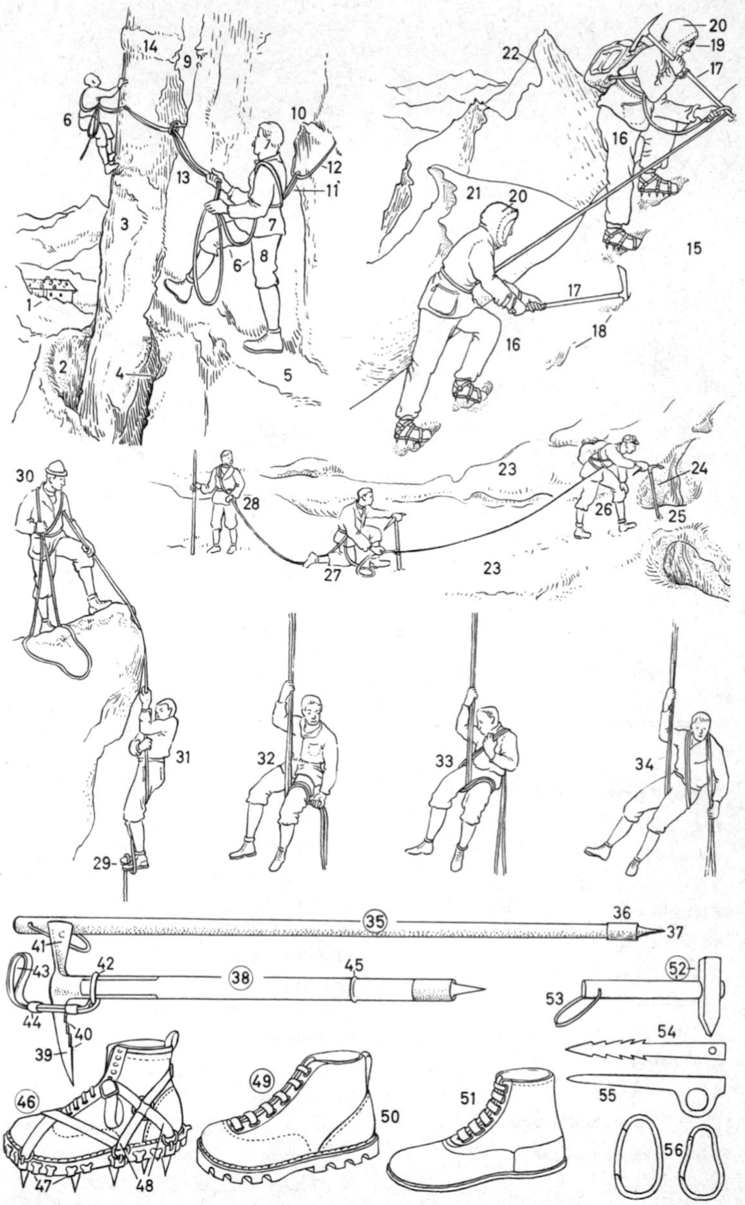
1
2
3
4
5
6
7
8
9
10
11
12
13
14
15
16
17
18
19
20
21
22
23
24
25
26
27
28
29
30
31
32
33
34
35
36
37
38
39
40
41
42
43
44
45
46
47
48
49
50
51
52
53
54
55
56

1-34 el deporte del esquí:

1 la telesilla

2 el telesquí

3 la traza del esquí

4 la caída

5 el ski-kjoering

6 el refugio de montaña *f*

7-14 saltos *m* con esquís *m*,

7 el trampolín (la pista de saltos *m*):

8 la torre de arranque *m*

9 la pista de despegue *m*

10 la plataforma de despegue *m*;

11 la pista de aterrizaje *m*

12 el final de la pista

13 la torre de los jueces

14 el vuelo del saltador con esquís *m*, un salto de gran distancia *f* con esquís;

15 el slalom (la carrera de slalom, carrera de habilidad *f*):

16 el banderín de puerta *f*;

17 el descenso:

18 la carrera de descenso *m*, el esquiador echándose hacia adelante

19 la pista;

20 la cuña

21 el salto-viraje

22 el salto de terreno *m* sobre los bastones

23 el telemark (viraje telemark)

24-27 la subida,

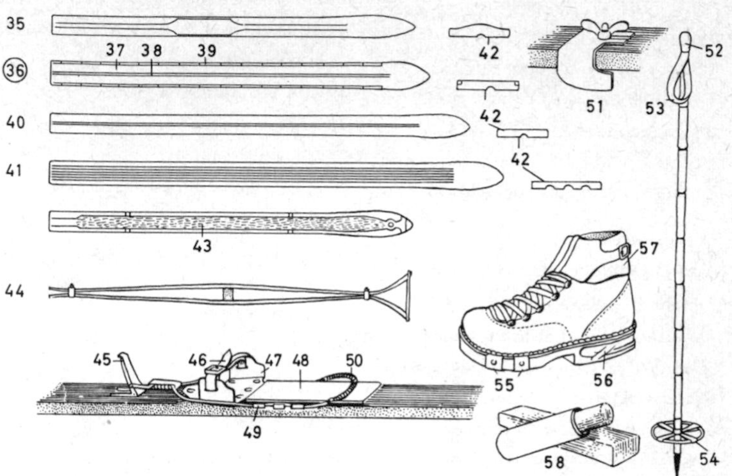

24 el paso de escalera *f*:

25 el esquí de arriba

26 el esquí de abajo;

27 la tijera;

28 el paso de patinador *m*:

29 el esquí deslizante;

30 el corredor en esquí *m*, un corredor de fondo *m* en la carrera de fondo

31 la media vuelta a pie *m* firme (vuelta María)

32 el cristiania (viraje cristiania, cristiania paralelo)

33 el "stemm" (viraje "stemm"):

34 el canteamiento;

35-58 el equipo de esquí *m*,

35-41 los esquís:

35 el esquí de turismo *m* (esquí de paseo) [visto desde arriba]

36 el esquí de slalom *m*:

37 la superficie de deslizamiento *m*

38 la ranura guía

39 el canto de acero *m*;

40 el esquí de fondo *m*

41 el esquí de saltos *m*;

42 los perfiles [de 35, 36, 40, 41]

43 la piel de foca *f* [piel para la subida con esquís *m*]

44 las prensas

45-50 la fijación, una fijación Kandahar:

45 el tensor delantero

46 la correa del estribo

47 el estribo

48 la chapa del pie

49 las guías laterales

50 el muelle espiral;

51 el crampón de esquí *m*

52-54 el bastón:

52 el puño de cuero *m* (puño)

53 la correa de sujeción *f*

54 la arandela;

55-57 la bota de esquí *m*:

55 el protector de la suela

56 la muesca para la fijación

57 la polaina;

58 la cera de esquí *m*

1-48 deportes *m* sobre hielo *m*,

1-32 el patinaje sobre hielo *m*,

1 el estadio con pista *f* de hielo *m*:

2 los espectadores

3 la pista de hielo *m* (pista de patinaje *m* sobre hielo), una pista de hielo artificial;

4-22 el patinaje artístico sobre hielo *m* (patinaje de figuras *f*):

4 el patinador sobre hielo *m* (patinador artístico), en una exhibición individual

5 la luna (el águila *f* grande)

6 el salto de corzo *m* (el contrasalto), un salto en el patinaje sobre hielo *m*

7 el patinaje en pareja *f*, un patinaje libre

8 la espiral, una danza sobre hielo *m*

9 la curva simple

10 el pie portador

11 el pie libre

12 la pirueta de puntillas *f* (pirueta)

13-20 las figuras fundamentales (figuras elementales, figuras de escuela *f*, figuras obligadas) del patinaje sobre hielo *m*:

13 la curva de ocho *m*

14 la serpiente

15 el tres

16 el doble tres

17 el lazo

18 el contratrés

19 la vuelta

20 la contravuelta;

21 los lentes, en el patinaje libre

22 el pico, una figura de freno *m* en el patinaje libre;

23 el patinaje de velocidad *f* sobre hielo *m*:

24 el patinador (corredor) de velocidad *f*;

25-32 patines *m* (patines para el patinaje sobre hielo *m*);

25 el patín con mordaza *f* (patín corriente):

26 la hoja (cuchilla) de filo *m* hueco;

27 la llave del patín

28 el patín de hockey *m* sobre hielo *m*

29 el patín de carreras *f*

30 el patín de patinaje *m* a vela *f*

31 el patín de patinaje *m* artístico, con la bota para patín:

32 la sierra;

33 el patinaje a vela *f*:

34 la vela de mano *f*;

35-41 el hockey sobre hielo *m*:

35 el jugador de hockey *m* sobre hielo *m*

36 el portero (guardameta)

37 y 38 el stick de hockey *m* sobre hielo *m*:

37 el mango del stick

38 la pala del stick;

39 el puck, un disco de caucho *m* vulcanizado (de ebonita *f*)

40 la espinillera

41 la valla de madera *f*;

42 el curling; *anál.:* el juego alemán del "Eisschießen":

43 el jugador de curling *m*

44 la piedra del curling; *anál.:* el disco de madera *f* con mango *m* para el "Eisschießen"

45 la meta (marca);

46 la navegación a vela *f* sobre hielo *m*,

47 y 48 el yate sobre hielo *m* (el velero sobre hielo):

47 el patín

48 el balancín

1
2
3
4
5
6
7
8
9
11
10
19
12
17
13
14
15
16
17
18
19
20
21
22
23
25
26
27
28
24
29
30
31
32
33
34
35
35
36
41
37
38
39
40
45
44
42
43
46
47
47
48

1 el trineo Nansen, un trineo para expediciones *f* polares

2 el trineo con deslizadores *m* en forma *f* de cuernos *m*:

3 el patín (deslizador)

4 el puntal del asiento;

5-20 el deporte de trineos *m*, un deporte de nieve *f*,

5-10 el deslizamiento en bob *m*,

5 el bob de dos, un bobsleigh (trineo dirigible):

6 la dirección por volante *m*; *otro sistema:* la dirección por cables *m*;

7 el piloto (conductor del bob)

8 el encargado del freno, inclinándose (haciendo el "paquete")

9 la pista para bobsleigh *m* (pista para bobs *m*)

10 la curva con peralte *m*;

11 y **12** el deslizamiento en luge *f*:

11 la luge deslizándose por la pista; *anál.:* la luge de carrera *f*

12 el conductor de la luge;

13 el tobogán, un trineo sin deslizadores *m*:

14 las piezas de la base

15 el delantero curvado protector;

16 el casco protector del conductor del tobogán

17 la rodillera

18 el skeleton:

19 la plancha para tenderse (plancha de deslizamiento *m*);

20 las garras de hierro *m*, para conducir y frenar

1 el alud de nieve *f* (alud); *clases:* el alud de polvo *m* de nieve, alud compacto
2 el rompealudes, un muro de desviación *f*; *anál.:* la cuña de aludes *m*
3 la galería de protección *f*
4 la nevada
5 el ventisquero (la nieve amontonada)
6 la empalizada contra la nieve
7 la máquina de limpieza *f* pública:
8 la pala quitanieves
9 la cadena antideslizante
10 la cubierta del radiador
11 la ventana de la cubierta del radiador y el postigo de la ventana;
12 el monigote de nieve *f*
13 la raqueta de nieve *f*
14 la batalla con bolas *f* de nieve *f*:
15 la bola de nieve *f*;
16 el deslizador sobre nieve *f*
17 el resbaladero:
18 el joven, resbalando sobre el hielo
19 la superficie helada;
20 la capa de nieve *f*, sobre el tejado
21 el carámbano
22 el paleador, amontonando nieve *f*:
23 la pala para la nieve ;
24 el montón de nieve *f*
25 el trineo de caballo *m*:
26 los cascabeles del trineo (las campanillas del trineo);
27 el folgo
28 la orejera
29 el trineo de silla *f* (trineo de mano *f*); *anál.:* el trineo de empuje *m*

1 el juego de los bolos (el boliche):
2 la pista de la bolera, una pista de asfalto *m*
3 la bola
4 el pasillo donde se recogen las bolas
5 la pared almohadillada
6 la garita protectora
7 el bolichero (mozo de bolas *f*)
8 el cuadro de los bolos [los bolos colocados al tresbolillo]
9-14 los bolos:
9 el bolo del ángulo anterior
10 el bolo de la primera fila
11 el bolo de esquina *f*
12 el rey (birlón)
13 el bolo de la fila trasera
14 el bolo del ángulo posterior;
15 el recogedero de bolas *f*
16 el canalón de caída *f*
17 el marcador de tantos *m*
18 la banda
19 el pasillo
20 el jugador de bolos *m*;
21 el juego de bochas *f*; *anál.*: el juego italiano de boccia y el juego inglés de bowls:
22 el jugador de bochas *f*
23 el boliche
24 la bocha estriada
25 el grupo de jugadores *m*;
26 el polo; *anál.*: el polo en bicicleta *f*:
27 el polista, un delantero
28 la maza de polo *m*;
29 el polo en bicicleta *f* [juego de polo en bicicleta entre dos]:
30 el jugador de polo *m* en bicicleta *f*;
31 el ciclismo acrobático:
32 la bicicleta de salón *m*;
33 el patinaje de ruedas *f* artístico; *otras clases*: la carrera de patines *m* de ruedas, el hockey sobre patines de ruedas:
34 la patinadora de ruedas *f* en el spaccato;
35 el patín de ruedas *f*:
36 la rueda de metal *m*;
37-47 el tiro al arco:
37 el arquero
38 el arco:
39 la varilla elástica
40 la cuerda;
41 la flecha (*Venez.*: la capuza):
42 la punta de la flecha
43 el astil de la flecha
44 las plumas
45 el talón de la flecha;
46 el carcaj
47 el blanco;
48 el juego de la pelota-honda:
49 la pelota-honda
50 la línea de lanzamiento *m*;
51 el juego de la pelota vasca (*vasc.*: jai alai):
52 el pelotari
53 la cesta;
54 la rueda girante:
55 el agarradero
56 la tablilla para los pies;
57 la corrida de toros *m*; *anál.*: el rejoneo, la lidia a caballo *m*:
58 la arena (el coso, el ruedo)
59, 61, 63 y 65 la cuadrilla:
59 el peón (capeador)
60 la capa
61 el picador
62 la pica
63 el banderillero
64 la banderilla (el rehilete, el garapullo)
65 el torero (matador, espada);
66 la muleta
67 el toro de lidia *f*

1
2
3
4
5
6
7
8
9
10
11
12
13
14
15
16
17
18
19
20
21
22
23
24
25
26
27
28
29
30
31
32
33
34
35
36
37
38
39
40
41
42
43
44
45
46
47
48
49
50
51
52
53
54
55
56
57
58
59
60
61
62
63
64
65
66
67

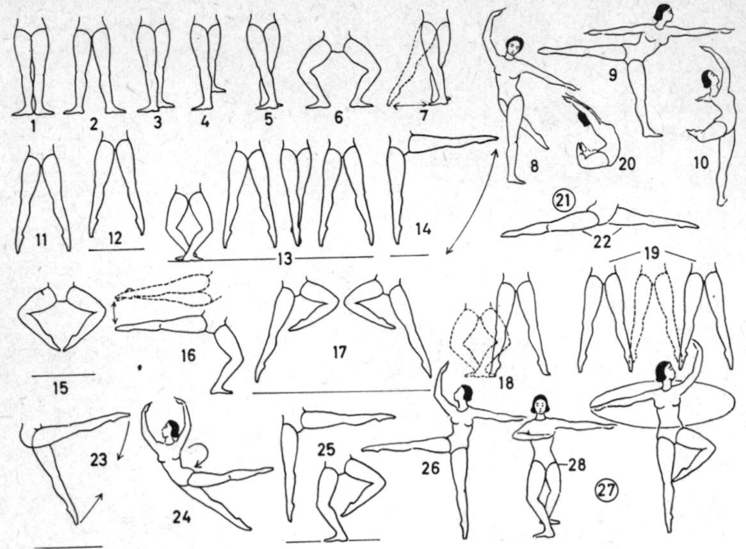

1-10 el ejercicio (la práctica) de baile clásico,

1-5 las posiciones (colocaciones) de los pies:

1 primera posición *f*

2 segunda posición *f*

3 tercera posición *f*

4 cuarta posición *f*

5 quinta posición *f*;

6 el plié (la flexión de rodillas *f*)

7 el battement

8 el développé; *en este caso:* croisé derrière (cruzado *m* por detrás)

9 el arabesco

10 la attitude (posición, colocación); *en este caso:* attitude effacée;

11-28 los pasos de entrenamiento *m*:

11 échappé

12 sauté (un salto)

13 entrechat; *en este caso:* entrechat quatre con dos cambios *m* (cruce *m* de piernas *f*) durante el salto

14 assemblé (pies *m* juntos)

15 cambré (arqueado), una posición passé

16 capriole (la cabriola, el salto en el aire)

17 pas de chat (el paso de gato *m*)

18 glissade (el deslizamiento)

19 chaîné (la cadena)

20 soubresaut (el salto inesperado)

21 jeté (el salto de un pie a otro):

22 spaccato (la caída con piernas *f* abiertas);

23 jeté passé (el salto pasando)

24 grand jeté en tournant (el gran salto gigante)

25 fouetté; *anál.:* révoltade (el cambio)

26 sissonne (el salto de ambos pies *m* sobre uno)

27 pirouette (la pirueta, la vuelta):

28 la preparación;

29-41 la danza artística (el arte de la danza),

29-34 el baile clásico (ballet clásico),

29 el cuerpo de ballet *m*:

30 la bailarina de ballet *m*;

31-34 el paso de tres:

31 la primera bailarina, una bailarina de puntas *f* (bailarina clásica)

32 el primer bailarín

33 el tutú (la falda corta de bailarina *f*)

34 la zapatilla de baile *m*, una zapatilla de punta *f*;

35 la danza burlesca, un baile de carácter *m*:

36 el bailarín de carácter *m*;

37 el baile de pantomima *f*:

38 el bailarín de pantomima *f*;

39 el bolero, un baile nacional, un baile de pareja *f*:

40 la bailarina;

41 el baile moderno (baile mímico, baile alemán);

42 el "Schuhplattler", un baile regional (baile popular)

43 el foxtrot, un baile de sociedad *f* (baile de salón *m*),

44 y **45** la pareja de baile *m*:

44 el compañero de baile *m*

45 la compañera de baile *m*

1-48 el baile de máscaras *f* (baile de trajes *m*, la mascarada):

1 la sala de baile *m* (sala de fiestas *f*, el salón)

2 la orquesta de jazz *m* (la banda de jazz), una orquesta de baile *m*

3 el músico de jazz *m*

4 el farolillo a la veneciana

5 la cadeneta de papel *m*

6-48 los disfraces en la mascarada,

6 la bruja:

7 la máscara (careta);

8 el trampero (cazador de pieles *f*)

9 la muchacha apache:

10 la media de malla *f*;

11 el primer premio en la tómbola, una cesta surtida

12 la pierrette:

13 el antifaz;

14 el demonio

15 el dominó

16 la hawaiana:

17 la guirnalda (cadena de flores *f*)

18 la falda de rafia *f*;

19 el pierrot:

20 la gola;

21 la midinette:

22 el vestido a lo Biedermeier

23 la papalina

24 el lunar;

25 la bayadera (danzarina hindú)

26 el Grande de España

27 la colombina

28 el maharajá

29 el mandarín, un chino notable (dignatario chino)

30 la mujer exótica

31 el cowboy; *anál.*: el gaucho (vaquero)

32 la vampiresa, con vestido *m* de fantasía *f*

33 el petimetre (dandi, pisaverde, lechuguino, gomoso, niño gótico (*Méj.*: el catrín), un disfraz representativo:

34 la escarapela (insignia para el baile de máscaras *f*);

35 el arlequín
36 la zíngara (gitana)
37 la cocote (mujer mundana)
38 Eulenspiegel, un bufón (pícaro, truhán, histrión):
39 el gorro con cascabeles *m* (gorro de bufón *m*);
40 el cascabelero
41 la odalisca (mujer oriental), una esclava de harén *m*:
42 los pantalones bombachos;
43 el pirata (filibustero):
44 el tatuaje;
45 el gorro de papel *m*
46 la nariz de cartón *m*
47 la matraca (carraca)
48 las tablillas de loco *m*;
49-54 artificios *m* pirotécnicos:
49 el mixto (pistón)
50 el bombón explosivo
51 la bombita
52 el buscapié (*C. Rica:* el cachiflín)
53 el petardo
54 el cohete (*Ec.:* el volatero);
55 la bola de confeti *m*
56 la caja de sorpresa *f*
57-70 el desfile (la cabalgata) de carnaval *m*:
57 la carroza de carnaval *m*
58 el príncipe Carnaval:
59 el cetro de loco *m* (cetro de bufón *m*)
60 la insignia de la orden de carnaval;
61 la princesa Carnaval (reina del carnaval)
62 el confeti (*Guat.:* los retacitos)
63 el gigantón, una figura burlesca
64 la reina de la belleza
65 la figura de cuento *m* de hadas *f*
66 la serpentina
67 la cantinera de la guardia del príncipe
68 la guardia del príncipe
69 el polichinela (bufón, loco, bobo)
70 el tambor de lansquenete *m*

1-63 el circo ambulante:

1 la tienda del circo [un gran entoldado de lona *f*]

2 el mástil de la tienda

3 el reflector

4 el técnico electricista

5 la plataforma para el artista

6 el trapecio

7 el trapecista (acróbata)

8 la escala de cuerda *f*

9 la tribuna de la banda de música *f*

10 la banda del circo

11 la entrada a la pista

12 el túnel de espera *f* de los artistas

13 el puntal de la tienda

14 la red para caídas *f*, una red de seguridad *f*

15 la gradería de los espectadores

16 el palco del circo

17 el director del circo

18 el agente (representante) de los artistas

19 la entrada y salida *f*

20 el pasillo de subida *f*

21 la pista (pista para los caballos)

22 la barrera

23 el payaso músico (*Chile:* el catimbao; *Pan.:* el parrampán)

24 el clown

25 el "número cómico", un número de circo *m*

26 los artistas ecuestres

27 el mozo de caballos *m*, un auxiliar de pista *f*

28 la torre humana (el castillo):

29 el hombre base;

30 y **31** la doma libre:

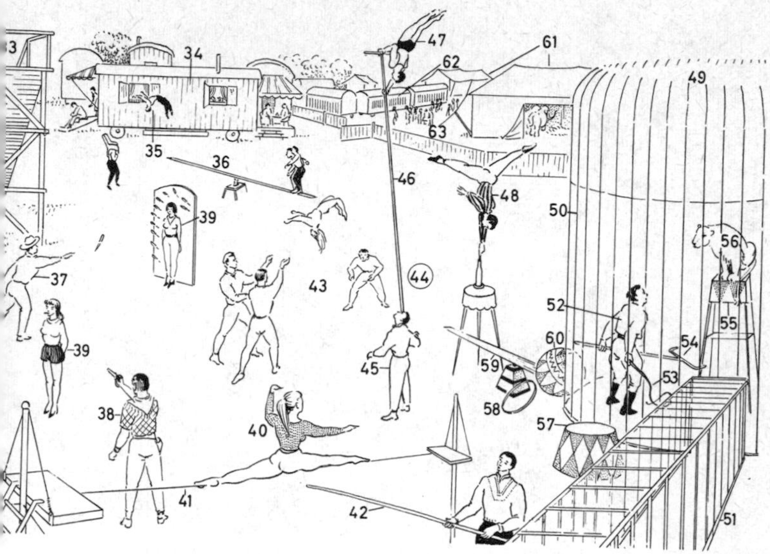

30 el caballo de circo *m*, en una levade
31 el domador, un caballista;
32 el volteador a caballo *m*
33 la salida de urgencia *f*
34 el vagón vivienda (vagón de circo *m*)
35 el acróbata de trampolín *m*
36 el trampolín
37 el lanzador de cuchillos *m*
38 el artista tirador de pistola *f*
39 la ayudante
40 la bailarina sobre el alambre (la volatinera; *Cuba:* la caballitera)
41 el alambre
42 el balancín (chorizo, contrapeso)
43 el número de lanzamiento *m*
44 el número de equilibrio *m*:
45 el hombre base
46 la pértiga (vara de bambú *m*)
47 el acróbata;
48 el equilibrista
49 la jaula de fieras *f*, una jaula redonda
50 el enrejado para las fieras
51 el pasillo enrejado (la entrada de la fiera)
52 el domador
53 el látigo
54 la horquilla protectora
55 el pedestal
56 el tigre
57 el taburete para los animales
58 el aro para saltar
59 el balancín (columpio de tabla *f*)
60 la pelota rodante
61 el campamento de tiendas *f*
62 el vagón jaula
63 la exhibición de animales *m*

291 La feria (el parque de atracciones)

1-67 la feria (feria anual, verbena, fiesta mayor):

1 el real

2 el tiovivo (los caballitos)

3 el puesto de refrescos *m* y bebidas *f*

4 las voladoras

5 el tren del infierno, un tren fantasma

6 la barraca de feria *f*

7 la caja (el despacho de billetes *m*)

8 el pregonero

9 la medium

10 el feriante

11 la máquina de probar la fuerza

12 el vendedor ambulante

13 el globo

14 el matasuegras (espantasuegras)

15 el molinete

16 el carterista (ratero; *Méj.*: el arpista)

17 el vendedor

18 la miel turca

19 el barracón de los fenómenos

20 el gigante

21 la mujer gorda

22 los liliputienses (enanos)

23 la cervecería de feria *f*

24 el barracón de las atracciones

25-28 artistas *m* ambulantes:

25 el comefuego

26 el tragasables

27 el forzudo (Hércules)

28 el especialista en desatarse;

29 los espectadores

30 el vendedor de helados *m*

31 el barquillo con helado *m*

32 el puesto de salchichas *f* asadas:

33 la parrilla

34 la salchicha asada

35 las tenacillas para coger las salchichas;

36 la echadora de cartas *f*, una adivina

37 la noria gigante (gran rueda)
38 el orquestrión (órgano automático), un instrumento de música *f*
39 la montaña rusa
40 el tobogán
41 el columpio
42 la barraca de figuras *f* de cera *f*
43 la figura de cera *f*
44 la tómbola (rifa)
45 la rueda de la fortuna
46 la rueda del diablo (rueda del tifón)
47 la anilla para lanzar
48 los premios
49 el hombre-anuncio (hombre "sandwich") con zancos *m*
50 el cartel de anuncio *m*
51 el vendedor de cigarrillos *m*, un vendedor callejero
52 la batea (buhonería)
53 el puesto de frutas *f*
54 el motorista del circuito de la muerte
55 el barracón de la risa (barracón de espejos *m*)
56 el espejo cóncavo
57 el espejo convexo
58 la barraca de tiro *m* al blanco
59 el hipódromo
60 el mercado de viejo *m*
61 el puesto de socorro *m*
62 la instalación de los coches-topes (de los auto-choques)
63 el coche-tope (auto-choque) [un auto eléctrico]
64-66 la cacharrería:
64 el pregonero
65 la vendedora
66 los objetos de loza *f* (los cacharros de loza);
67 los visitantes de la feria

1-13 los estudios cinematográficos,

1 el escenario exterior (terreno para el rodaje de exteriores *m*):

2 los laboratorios de copia *f*

3 los locales de corte *m*

4 el edificio de la administración

5 el depósito de películas *f* (el archivo de películas terminadas, de los films)

6 los talleres

7 el decorado (escenario de exteriores *m*)

8 la central eléctrica

9 los laboratorios técnicos y de investigación *f*

10 el grupo de estudios *m*

11 el tanque de hormigón *m* para tomas *f* acuáticas

12 el ciclorama

13 la colina de horizonte *m*;

14-61 filmación *f*,

14 el estudio musical (estudio de registro *m* de sonidos *m*):

15 el revestimiento "acústico" de la pared

16 la pantalla

17 la orquesta cinematográfica;

18 el rodaje en exteriores *m*:

19 la cámara de grúa *f*

20 la mesa practicable

21 el micrófono de jirafa *f*

22 la furgoneta del sonido

23 la cámara "muda" (cámara sin aislamiento *m* sonoro) sobre un trípode de madera *f*

24 el trabajador del escenario

25 el montador de escena *f*;

26-61 la filmación de interiores *m* en el plató (en el escenario sonoro):

26 el jefe de producción *f*

27 la estrella principal (actriz de cine *m*)

28 el actor principal

29 el extra (comparsa, actor secundario)

30 la jirafa del micrófono

31 el micrófono de estudio *m*

32 el cable del micrófono

33 la decoración y el telón de fondo *m*

34 el claquista

35 la claqueta, con tablilla *f* con el título del film, número *m* del plano (número de la toma) y fecha *f* de rodaje *m*

36 el maquillador (técnico en maquillaje *m*, el peluquero cinematográfico)

37 el electricista

38 el reflector con filtro *m* de color *m*

39 la secretaria de dirección *f* (script girl)

40 el director cinematográfico

41 el operador (cameraman)

42 el ayudante del operador

43 el constructor (arquitecto) cinematográfico

44 el director de escena *f*

45 el guión técnico

46 el ayudante de dirección *f*

47 la cámara a prueba *f* de sonidos *m* (cámara de filmación *f*)

48 la cubierta metálica de la cámara a prueba *f* de sonidos *m*

49 la grúa de la cámara

50 el trípode ajustable

51 la pantalla negra (pantalla absorbente), para la eliminación de reflejos *m*

52 el foco supletorio sobre trípode *m*

53 la batería de focos *m*

54 el compartimiento para la toma de sonidos *m* en el estudio:

55 el tablero de mezcla *f* de bandas *f* sonoras

56 la cámara de sonidos *m*

57 la mesa de la cámara de sonidos *m*

58 el altavoz

59 el amplificador;

60 el ingeniero de sonidos *m*

61 el ayudante del ingeniero de sonidos *m*

1-34 la producción de películas *f* sonoras,

1 el estudio de registro *m* de sonidos *m* (la sala de cámara *f* de sonidos *m*),

2 la cámara magnetofónica, para el registro electromagnético del sonido:

3 la cabeza magnética registradora

4 la cabeza magnética rectificadora

5 el carrete de película *f* magnética

6 la tapa protectora antimagnética;

7 el magnetófono de cinta *f* estrecha

8 la cámara de sonido *m* luminoso, para registro *m* fotográfico de sonidos *m*

9 el estante de amplificación *f*;

10 la sala de máquinas *f* para el doblaje:

11 el cuadro de interruptores *m*

12 el motor de impulsión *f* y sincronización *f*

13 los aparatos reproductores del sonido (aparatos reproductores de banda *f*), para bandas de diálogo *m*, música *f* y ruidos *m*

14 el plato de acoplamiento *m*;

15-18 la instalación de copiado *m*, para el revelado y copias *f* de las películas:

15 las máquinas de cámara *f* oscura, para el relevado de negativos *m* y positivos *m* de imágenes *f* y negativos y positivos de sonidos *m*

16-18 las máquinas copiadoras (máquinas de imprimir películas *f*):

16 la máquina copiadora de contacto *m*, para imágenes *f* o sonidos *m* o combinación *f* de ambos (máquina copiadora de imagen *f* y sonido *m*)

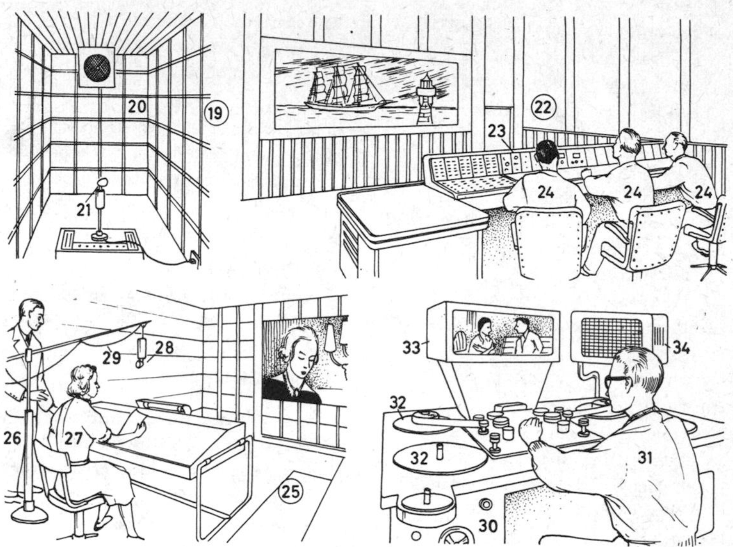

17 la máquina copiadora de imágenes *f* ópticas, para el trucaje y copia *f* de película *f* normal sobre película estrecha

18 la máquina óptica copiadora de sonidos *m*, para película *f* estrecha;

19 el estudio de resonancia *f*:

20 el altavoz del estudio de resonancia *f*

21 el micrófono del estudio de resonancia *f*;

22-24 la mezcla de sonidos *m* (mezcla de varias bandas *f* de sonidos *m*),

22 el taller de mezclas *f*:

23 el pupitre de mezclas *f*, para el sonido monocanal o estereofónico

24 los ingenieros de mezcla *f* de sonidos *m*, en el trabajo de mezcla;

25-29 la sincronización labial (postsincronización, el doblaje),

25 el taller de sincronización *f* labial:

26 el director de doblaje *m*

27 la locutora de doblaje *m*

28 el micrófono de jirafa *f*

29 el cable del sonido;

30-34 el corte:

30 la mesa de corte *m* y escucha *f*

31 el jefe de corte *m*

32 los platos, para las bandas de imágenes *f* y sonidos *m*

33 la proyección de imágenes *f*

34 el altavoz

1-35 cámaras *f* cinematográficas,
1 la cámara pesada de imágenes *f*, una cámara para películas *f* normales:
2 el sistema óptico de la cámara fotográfica
3 el parasol, con portafiltro *m* y abrazadera *f* de gasa *f*
4 el tubo contra la luz (el fuelle quitasol)
5 el difusor variable
6 la escala de enfoque *m*
7 el ajuste de precisión *f*
8 el visor, una pantalla con cambio *m* de frente *f*
9 el interruptor de seguridad *f*
10 el ocular de enfoque *m*
11 la caja del depósito de la película
12 el ajuste del amplificador
13 el contador de la longitud total de la película rodada
14 el contador del rodaje del rollo
15 el obturador de sectores *m*
16 la escala de sectores *m*
17 el visor lateral
18 la puerta de la caja de la cámara
19 el inversor de corriente *f*
20 la rueda dentada transportadora de la cinta
21 la abrazadera doble movida por excéntrica *f*;
22 la cámara cinematográfica ligera (cámara de mano *f* o cámara de hombro *m*)
23 la cámara de imágenes *f* y sonidos *m* (cámara de noticiarios *m*, cámara de reportero *m*), para toma *f* simultánea de imágenes y sonidos
24 la cámara de película *f* estrecha (cámara de aficionado *m*):
25 el ocular del visor
26 el contador de los metros (contador de la cinta)
27 la impulsión (el motor de muelle *m* de relojería *f*);
28-35 cámaras *f* especiales,
28 la cámara de movimiento *m* lento (el retardador) controlada electrónicamente, una cámara de alta frecuencia *f*:
29 el reloj interruptor;
30 la cámara de movimiento *m* rápido (el acelerador), con dispositivo *m* para detener una imagen aislada y reloj *m* interruptor:
31 la palanca de enfoque *m*;
32 la cámara de trucaje *m*:
33 la cámara de mesa *f* de trucaje *m*; *también :* la cámara de título *m* y textos *m*
34 el dibujo del trucaje
35 el título de la película;

36-44 la película para pantalla *f* ancha (película ancha, película de pantalla ancha y sonido *m* en relieve *m*, película estereofónica),
36 la toma de imagen *f* ancha:
37 la lente anamórfica (lente cilíndrica, lente de distorsión *f*)
38 el registro estereofónico de sonidos *m*, conducido por tres canales *m*
39 la cámara estereofónica
40 los tres micrófonos
41 la banda de registro *m* de sonidos *m*,
42 el proyector de pantalla *f* ancha:
43 la lente de dispersión *f* (lente de distensión *f*);
44 los tres altavoces tras la pantalla;

45-52 la película panorámica,
45 la grabación de sonido *m* panorámico:
46 los cinco micrófonos
47 la triple cámara de imágenes *f*
48 el triple proyector de imágenes *f*
49 la pantalla panorámica (pantalla arqueada y curvada)
50 los cinco altavoces
51 los altavoces de efectos *m* especiales en la sala cinematográfica
52 el grupo múltiple reproductor de sonidos *m*

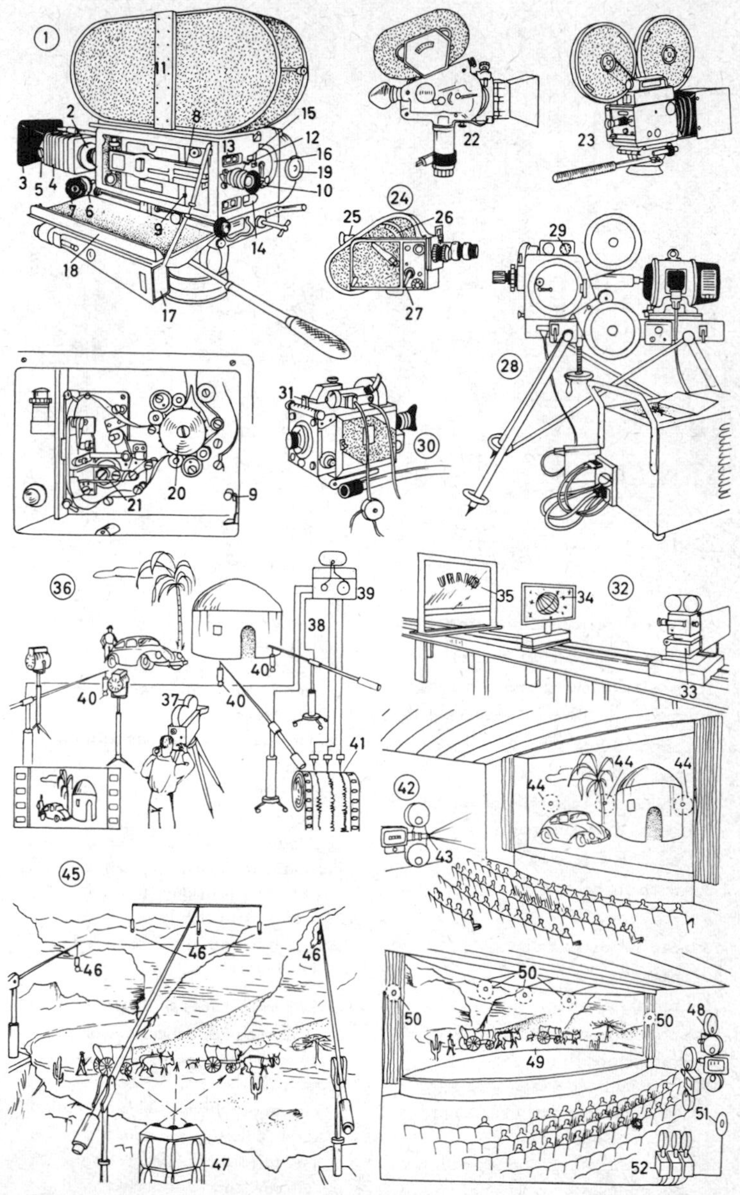
1
2
3
4
5
6
7
8
9
10
11
12
13
14
15
16
17
18
19
20
21
22
23
24
25
26
27
28
29
30
31
32
33
34
35
36
37
38
39
40
41
42
43
44
45
46
47
48
49
50
51
52

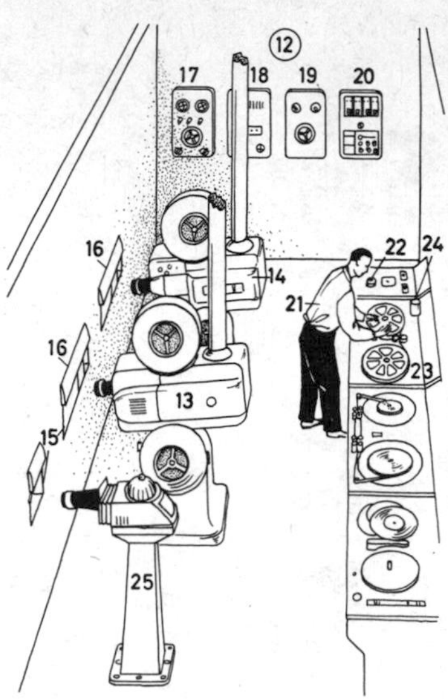

1-25 la proyección cinematográfica,

1 el cinematógrafo (cinema, cine):

2 la taquilla del cine (*Amér.:* la boletería)

3 la entrada de cine *m* (*Amér.:* el boleto)

4 la acomodadora

5 los concurrentes al cine

6 el alumbrado supletorio (alumbrado de urgencia *f*, de emergencia *f*)

7 la salida de urgencia *f*

8 el escenario del cine

9 el proscenio

10 la cortina de la pantalla

11 la pantalla;

12 la cabina de proyección *f*:

13 el proyector de la izquierda

14 el proyector de la derecha

15 la ventanilla de la cabina de proyección *f*, con aberturas *f* para la proyección y la observación

16 el obturador de guillotina *f* para caso *m* de incendio *m*

17 el tablero de interruptores *m* para la iluminación de la sala

18 el rectificador, un rectificador de vapor *m* de selenio *m* o de vapor de mercurio *m*

19 la máquina eléctrica para correr la cortina

20 el amplificador

21 el operador

22 el interruptor del timbre de aviso *m*

23 la mesa rebobinadora, para el rebobinado de la película

24 la cola para película

25 el proyector para diapositivas *f* de anuncio *m*;

26-53 proyectores *m* de películas *f*,

26 el proyector de películas *f* sonoras,

27-38 el mecanismo para el paso de la película:

27 el tambor superior y el tambor inferior de películas *f*, protegidos contra incendios *m*, con refrigeración *f* por una corriente de aceite *m*

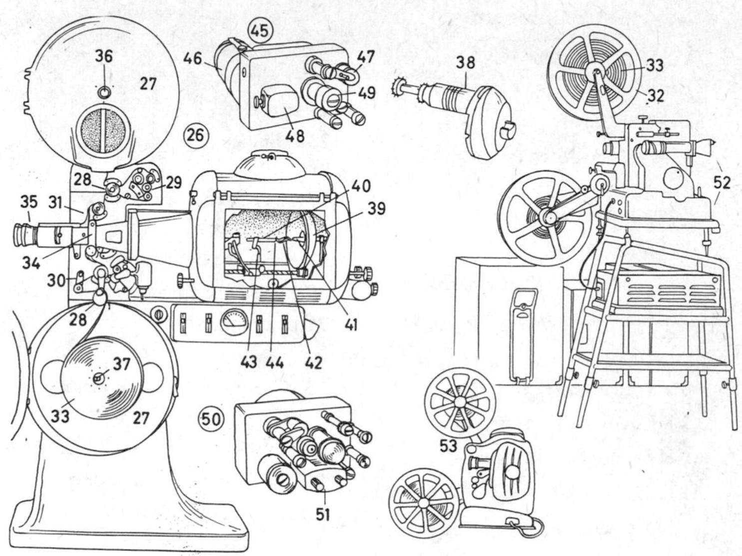

28 los tambores dentados para el enrollamiento y desenrollamiento *m* de la película

29 el rodillo de cambio *m*, con dispositivo *m* de encuadrado *m* (de enmarcamiento *m* de la película)

30 la rueda tensora, para la preestabilización de la película; *también :* el interruptor por rotura *f* de la película

31 el deslizador de la película

32 el carrete

33 el rollo de la película

34 la ventanilla, con turbosoplador *m* refrigerador de la película

35 el objetivo del proyector

36 el eje de desbobinado *m*

37 la rueda de fricción *f* del bobinado

38 el mecanismo Cruz de Malta;

39-44 la cámara de lámparas *f*:

39 la lámpara reflectora de arco *m*, con espejo *m* hueco no esférico y magneto *f* sopladora para la estabilización del arco voltaico

40 el carbón positivo

41 el carbón negativo

42 el arco luminoso (arco voltaico)

43 el portacarbón

44 el cráter del carbón;

45 el grupo fotoeléctrico de reproducción *f* del sonido [previsto también para la reproducción estereofónica por muchos canales *m* de tonos *m* de luz *f* y para el sistema de contrafase *f*]:

46 el objetivo del registrador óptico de sonidos *m*

47 el lector de sonido *m* (la cabeza sonora, el cilindro explorador del sonido)

48 la lámpara del sonido, en su alojamiento *m*

49 la célula fotoeléctrica, en el eje hueco;

50 el grupo adicional magnético de cuatro canales *m* reproductor del sonido (el explorador magnético del sonido):

51 la cabeza magnética cuádruple;

52 el proyector de películas *f* estrechas, para cine *m* ambulante

53 el proyector casero

1-4 el teatro tipo romano:
1 el proyector graduable
2 el decorado (la decoración)
3 el tablado
4 los espectadores (el público);

5-11 el guardarropa:
5 el guardarropa
6 la encargada del guardarropa
7 la ficha del guardarropa con el número
8 el concurrente
9 los gemelos de teatro *m*
10 el revisor de billetes *m*
11 la entrada (*Amér.:* el boleto), un billete de admisión *f*;

12 y 13 la sala de descanso *m* (*fr.:* le foyer):
12 el acomodador
13 el programa;

14-28 el teatro:
14 el escenario
15 el proscenio

16-19 la sala del auditorio:
16 el paraíso (la galería, el gallinero; *Méj.:* la chilla)
17 el anfiteatro
18 el principal
19 el patio de butacas *f* (la platea);

20 el ensayo:
21 el coro del teatro
22 el cantante
23 la cantante
24 el foso de la orquesta
25 la orquesta
26 el director
27 la batuta
28 la butaca (el asiento);

29-42 el cuarto de pintor *m*, un taller teatral:
29 el puente de trabajo *m*
30 el bastidor (trasto)
31 la armazón
32 el aplique
33 el telón de fondo *m* (telón de foro *m*)
34 la caja de pinturas *f* transportable
35 el pintor de decoraciones *f*
36 la paleta de escenógrafo *m*
37 el escenógrafo
38 el figurinista
39 el diseño de un traje
40 el figurín
41 la maqueta de escenario *m*
42 la maqueta de decoración *f*;

43-52 la guardarropía (el vestuario):
43 el espejo del vestuario
44 el peinador para el maquillaje
45 la mesa de maquillaje *m*
46 el lápiz de maquillaje *m* (lápiz de pintura *f* grasa)
47 el maquillador, un maestro del maquillaje
48 el peluquero de teatro *m*
49 la peluca
50 los accesorios
51 el vestido teatral
52 la lámpara de llamada *f*

1
2
3
4
4
5
6
7
8
9
10
11
12
13
14
15
16
17
18
19
20
21
22
23
24
25
26
27
28
29
30
31
32
33
34
35
36
37
38
39
40
41
42
43
44
45
46
47
48
49
50
51
52

1-60 el escenario con la maquinaria (bambalinas *f* y fosos *m*),

1 la sala de control *m*:
2 la mesa de control *m*
3 el plano del alumbrado;
4 el telar
5 la galería de trabajo *m*
6 la instalación de rociadura *f* automática, para la extinción de incendios *m*
7 el encargado del telar
8 las cuerdas de las bambalinas
9 el horizonte redondo (ciclorama, cielo del escenario)
10 el telón de fondo *m*
11 el arco, una pieza colgada intermedia
12 la bambalina
13 la caja para el alumbrado superior
14 los faros de inundación *f* del ciclorama
15 las lámparas de área *f* de representación *f*
16 los reflectores movibles
17 los proyectores de imágenes *f*
18 el cañón de agua *f*
19 el puente móvil de iluminación *f*
20 el electricista
21 el reflector de proscenio *m*
22 el telón de boca *f*
23 la cortina
24 el telón metálico [un telón contra incendios *m*]
25 el proscenio
26 las candilejas
27 la concha del apuntador
28 el apuntador (*Ec.*, *Guat.*: el soplador)
29 la mesa del traspunte
30 el traspunte
31 el escenario giratorio
32 el escotillón
33 la tapa del escotillón
34 el tablado del escotillón, un tablado de piso *m*
35 las piezas de decoración *f*
36 la escena:
37 el actor
38 la actriz
39 los figurantes (comparsas);
40 el director artístico
41 el guión del director artístico
42 la mesa del director artístico
43 el ayudante del director artístico
44 la copia de la obra
45 el jefe de escenografía *f*
46 el obrero escenógrafo
47 la pieza de quita y pon (el aplique)
48 el reflector de lente *f* de espejo *m*:
49 el disco de color *m*;
50 la instalación de prensa *f* hidráulica:
51 el depósito de agua *f*
52 el tubo de succión *f*
53 la prensa hidráulica
54 el tubo de presión *f*
55 la cámara de presión *f*
56 el manómetro de contacto *m*
57 el indicador del nivel del agua *f*
58 la palanca de control *m*
59 el operador del montacargas (el tramoyista)
60 los émbolos

4
8
6
5
3
2
1
7
9
10
11
12
13
15
16
17
18
13
19
20
14
24
8
21
22
23
17
36
39
37
35
17
30
29
25
31
27
28
38
33
34
26
32
44
43
40
47
47
41
42
45
50
55
33
51
46
56
58
60
17
57
52
53
59
54
49
48

1-3 la sala de fiestas *f* (el salón de fiestas, el cabaret):

1 el acompañante, un pianista

2 el anunciador, un artista del cabaret

3 la canzonetista (tonadillera); *anál.:* la vocalista;

4-8 el teatro de variedades *f* (teatro de revistas *f*):

4 la primera bailarina, una estrella de revista *f*

5 el primer bailarín, un bailarín de zapateado *m*

6 las bailarinas de conjunto *m* (el grupo de coristas *f*):

7 la bailarina de conjunto *m* (la corista);

8 la anunciadora de los números;

9-22 exhibiciones *f* **artísticas** (variedades *f* y arte *amb.* circense):

9 el volatinero (acróbata), un acróbata rápido

10 el saltador de salto *m* mortal

11 actuaciones *f* de contorsionistas *com.*:

12 la flexión contorsionada de espalda *f*

13 la contorsión completa;

14 la danzarina exótica, una danzarina que baila como un serpiente

15 el número de fuerza *f*:

16 el equilibrista;

17 el malabarista

18 magos *m*:

19 el prestidigitador (prestímano)

20 el ilusionista;

21 el hombre volador

22 el diábolo, un juego de habilidad *f*;

23 el teatro de títeres *m* (teatro de polichinelas *m*, teatro de cristobitas *m*):

24 la abuela del demonio, un títere

25 el Don Cristóbal (polichinela)

26 el cocodrilo

27 el demonio;

28 el teatro de sombras *f* chinescas

29-40 el teatro de marionetas *f*, un teatro de figuras *f*,

29 la marioneta (figura, el muñeco):

30 el "mando"

31 el hilo de suspensión *f*

32 el hilo de manipulación *f*

33 la articulación

34 el cuerpo del muñeco

35 el miembro;

36 el manipulador de marionetas *f*, un marionetista

37 el puente

38 el escenario en miniatura *f*, un escenario para figuras *f*

39 la boca del escenario

40 el lector

1
2
3
4
5
6
7
8
9
10
11
12
13
14
15
16
17
18
19
20
21
22
23
24
25
26
27
28
29
30
31
32
33
34
35
36
37
38
39
40

1-4 notación *f* medieval (notación neumática):
1 los neumas [siglo XI]
2 y 3 la notación del canto llano (del canto gregoriano) [siglos XII y XIII]:
2 la notación circunfleja
3 la notación cuadrada;
4 la notación mensural (música mensurata, cantus mensuratus) [siglos XIV y XV];

5-9 las notas:
5 la cabeza (el punto, el neuma)
6 la vírgula (el tallo, el vástago)
7 el corchete
8 la barra
9 el puntillo (signo que aumenta la duración);

10-13 las claves:
10 la clave de sol
11 la clave de fa
12 la clave de do, para viola *f*
13 la clave de do, para violoncelo *m*;

14-21 el valor de duración *f* de las notas:
14 la breve (cuadrada)
15 la semibreve (redonda)
16 la mínima (blanca)
17 la negra
18 la corchea
19 la semicorchea
20 la fusa
21 la semifusa;

22-29 los silencios (las pausas):
22 el silencio (la pausa) de cuadrada *f*
23 el silencio (la pausa) de redonda *f*
24 el silencio (la pausa) de blanca *f*
25 el silencio (la pausa) de negra *f*
26 el silencio (la pausa) de corchea *f*
27 el silencio (la pausa) de semicorchea *f*
28 el silencio (la pausa) de fusa *f*
29 el silencio (la pausa) de semifusa *f*;

30-44 el tiempo (las cifras indicadoras de los compases):
30 el dos por ocho

31 el dos por cuatro
32 el dos por dos
33 el cuatro por ocho
34 el cuatro por cuatro (el compasillo)
35 el cuatro por dos
36 el seis por ocho
37 el seis por cuatro
38 el tres por ocho
39 el tres por cuatro
40 el tres por dos
41 el nueve por ocho
42 el nueve por cuatro
43 el cinco por cuatro
44 la barra divisoria (raya de compás *m*);

45 y 46 el pentagrama:
45 la línea
46 el espacio (línea *f* y espacio, grado *m*);

47-50 las escalas (gamas):
47 la escala de do mayor (escala natural); sonidos naturales: do, re, mi, fa, sol, la, si, do
48 la escala de do menor [armónica]
49 la escala cromática
50 la escala de cuartos *m* de tono *m*;

51-59 los accidentales (las alteraciones),
51 y **52** los signos que elevan la nota:
51 el sostenido [eleva la nota un semitono]
52 el doble sostenido [eleva la nota dos semitonos *m*];
53 y **54** los signos que bajan la nota:
53 el bemol [baja la nota un semitono]
54 el doble bemol [baja la nota dos semitonos *m*];
55 el becuadro [restablece el sonido natural de la nota]
56-59 los accidentales de cuarto *m* de tono *m*
56 el signo que sube la nota un cuarto de tono *m*
57 el signo que sube la nota tres cuartos *m* de tono *m*
58 el signo que baja la nota un cuarto de tono *m*
59 el signo que baja la nota tres cuartos *m* de tono *m*

1-15 las tonalidades (las tonalidades mayores y las tonalidades menores que son tonalidades relativas entre sí, se escriben con la misma armadura de la clave), cada armadura está una quinta más alta o más baja que la armadura precedente:

1 do mayor (la menor)
2 sol mayor (mi menor)
3 re mayor (si menor)
4 la mayor (fa sostenido menor)
5 mi mayor (do sostenido menor)
6 si mayor (sol sostenido menor)
7 fa sostenido mayor (re sostenido menor)
8 do sostenido mayor (la sostenido menor)
9 fa mayor (re menor)
10 si bemol mayor (sol menor)
11 mi bemol mayor (do menor)
12 la bemol mayor (fa menor)
13 re bemol mayor (si bemol menor)
14 sol bemol mayor (mi bemol menor)
15 do bemol mayor (la bemol menor);

16-18 el acorde,

16 y **17** acordes *m* de quinta *f* (tríadas *f*):
16 el acorde perfecto mayor
17 el acorde perfecto menor;
18 el acorde de séptima *f* de dominante *f*;
19 el unísono

20-27 los intervalos:

20 la segunda mayor
21 la tercera mayor
22 la cuarta justa
23 la quinta justa
24 la sexta mayor
25 la séptima mayor
26 la octava justa
27 la novena mayor;

28-38 los adornos:

28 la apoyatura larga
29 la apoyatura breve
30 la apoyatura doble
31 el trino sin mordente *m*
32 el trino con mordente *m*
33 el mordente superior
34 el mordente inferior
35 el grupetto
36 el arpegio ascendente
37 el arpegio descendente
38 el tresillo; *grupos equivalentes:* el dosillo (bisillo), el cuatrillo, el cinquillo (quintillo), el seisillo y el septillo;

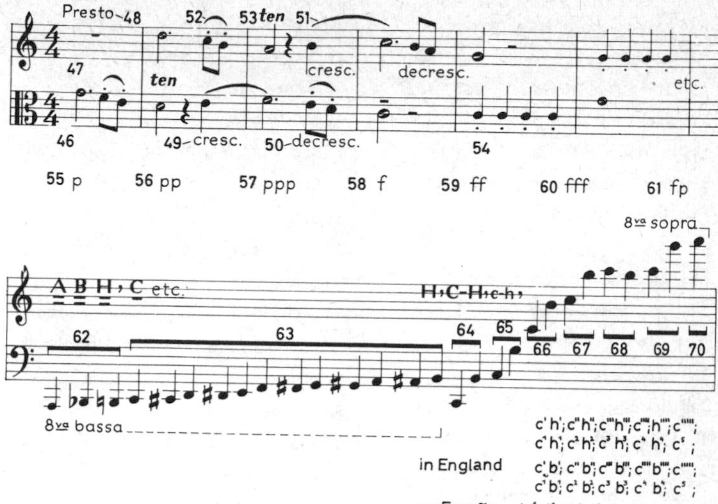

39-45 la síncopa:

39 el tiempo débil (golpe arriba)
40 la ligadura (el signo de duración *f*)
41 el acento
42 el calderón, un signo de duración *f*
43 la doble barra de repetición *f*
44 y 45 signos *m* de octavas *f*:
44 la octava alta
45 la octava baja;
46-48 el canon:
46 la guía (melodía) principal
47 la respuesta (melodía) imitativa
48 la indicación de movimiento *m* (de velocidad *f*);
49 crescendo (aumentando gradualmente la fuerza)
50 decrescendo (disminuyendo gradualmente la fuerza)
51 la ligadura (signo *m* de expresión *f*)
52 el ligado-picado
53 tenuto (manteniendo el movimiento sin acelerar)
54 staccato leggiero (picado *m* suave o ligero)

55-61 los matices

(las indicaciones de intensidad *f* del sonido):

55 piano (suave)
56 pianissimo (muy suave)
57 pianissimo possibile (con la máxima suavidad posible)
58 forte (fuerte)
59 fortissimo (muy fuerte)
60 fortissimo possibile (con la máxima fuerza posible)
61 fortepiano (se ataca fuerte y se continúa suave);

62-70 las divisiones del ámbito (la extensión general) de la gama sonora:

62 primera octava *f* (octava de 32 pies *m*)
63 segunda octava *f* (octava de 16 pies *m*)
64 tercera octava *f* (octava de 8 pies *m*)
65 cuarta octava *f* (octava de 4 pies *m*)
66 quinta octava *f* (octava de 2 pies *m*)
67 sexta octava *f* (octava de 1 pie *m*)
68 séptima octava *f* (octava de $^1/_2$ pie *m*)
69 octava octava *f* (octava de $^1/_4$ de pie *m*)
70 novena octava *f* (octava de $^1/_8$ de pie *m*)

1 la lur, una trompeta de bronce *m*
2 la flauta de Pan (la siringa), una flauta de pastor *m* [especie *f* de zampoña *f*]
3 la diaula, una doble flauta griega:
4 el aulos [flauta *f* griega de pico *m*]
5 la phorbeia [sujetador *m* de los labios del flautista griego];
6 el cromorno
7 la flauta dulce (flauta de pico *m*)
8 la cornamusa escocesa; *anál.:* la gaita gallega y la musette:
9 el saco (odre)
10 el caramillo melódico
11 los bordones para el acompañamiento;
12 la corneta primitiva; *clases:* la corneta recta, la corneta curvada y la corneta serpentiforme
13 la chirimía; *anál.:* la dulzaina alemana
14 la cítara griega; *anál. y más pequeña:* la lira:
15 el brazo de la caja
16 la ceja
17 el puente
18 la tabla armónica
19 el plectro, una púa;
20 la pochette (el violín de bolsillo *m*)
21 la cítara, un instrumento de cuerdas *f* punteadas; *anál.:* la pandora:
22 la rosa (boca, tarraja), una abertura acústica;
23 la viola (viola tiple, viola discanto); *por extensión:* la viola tenor, el bajo de viola, viola da gamba, el contrabajo:
24 el arco de viola *f*;
25 la zanfonía (viella, el organistrum, la symphonia, la rotata, la chifonía):
26 la rueda de fricción *f*
27 la tapa de la rueda
28 el teclado
29 la caja de resonancia *f*
30 la cuerda melódica
31 el bordón;
32 el dulcemele (tímpano); *anál.:* el salterio inglés:
33 la caja de resonancia *f*
34 la tabla armónica
35 el macillo;
36 el clavicordio; *clases:* el clavicordio ligado y el clavicordio independiente
37 el mecanismo del clavicordio:
38 la tecla
39 el soporte de la tecla
40 la espiga-guía
41 la ranura que guía la espiga
42 el soporte del mecanismo
43 el martinete de latón *m*
44 la cuerda;
45 el clavicémbalo, un clavecín; *anál.:* la espineta (el virginal):
46 el teclado (manual) superior [para cuerdas *f* sencillas]
47 el teclado (manual) inferior [para cuerdas *f* triples];
48 el mecanismo del clavicémbalo:
49 la tecla
50 el martinete
51 la parrilla-guía de los martinetes
52 la lengüeta portaplectro
53 el plectro (cañón de pluma *f* de ave *f*)
54 el apagador del sonido
55 la cuerda;
56 el órgano portátil; *otra forma:* el órgano real; *por extensión:* el órgano positivo:
57 el tubo
58 el fuelle

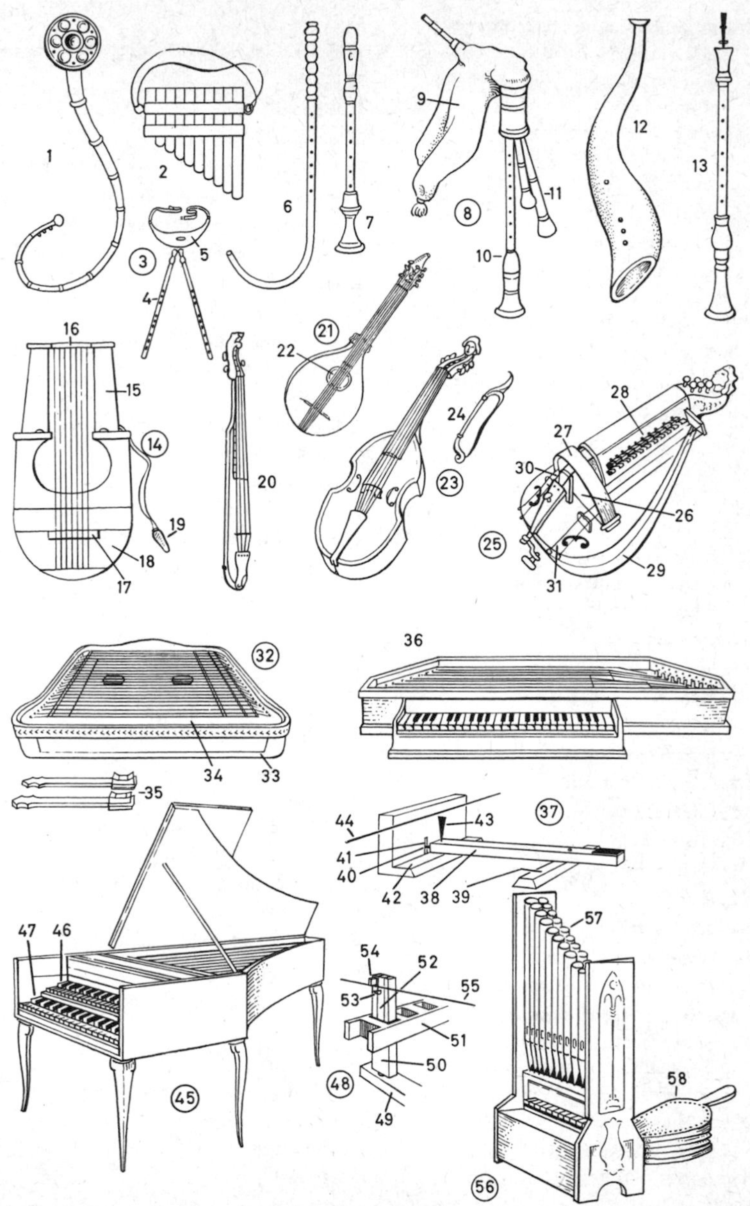
1
2
3
4
5
6
7
8
9
10
11
12
13
14
15
16
17
18
19
20
21
22
23
24
25
26
27
28
29
30
31
32
33
34
35
36
37
38
39
40
41
42
43
44
45
46
47
48
49
50
51
52
53
54
55
56
57
58

1-62 los instrumentos de la orquesta,
1-27 los instrumentos de cuerda *f* y los instrumentos de arco *m*,
1 el violín:
2 el mástil (mango) del violín
3 la caja de resonancia *f* del violín (el "barco")
4 los aros del violín
5 el puente del violín
6 la ranura en forma *f* de efe *f*, una abertura acústica
7 la ceja
8 la barbada (mentonera)
9 las cuerdas: sol 2-bordón, re 3-tercera, la 3-segunda, mi 4-prima;
10 la sordina
11 la colofonia
12 el arco:
13 la nuez
14 la baqueta (varilla)
15 la mecha del arco de violín *m*, una mecha de cerdas *f* de caballo *m*;
16 el violoncelo:
17 la voluta
18 la clavija
19 la ceja
20 el clavijero
21 la cabeza del mástil
22 el mástil (mango);
23 el contrabajo (violón):
24 la tapa armónica
25 el borde
26 la orla ataraceada;
27 la viola;
28-38 los instrumentos de viento-madera,
28 el fagote (fagot); *mayor :* el contrafagote (contrafagot):
29 la boquilla que contiene la lengüeta doble;
30 el flautín (piccolo)
31 la flauta alemana, una flauta travesera:
32 la llave de la flauta
33 el agujero;
34 el clarinete; *mayor :* el clarinete bajo:
35 la llave
36 la boquilla
37 el pabellón;
38 el oboe; *variedades :* el oboe de amor *m*, los oboes tenor: oboe da caccia, el corno inglés; el oboe barítono;
39-48 los instrumentos de viento-metal *m*,
39 el fiscorno (bugle), un cornetín:
40 el pistón (la válvula);
41 el corno de caza *f*, una trompa de pistones *m* (de cilindros *m*):
42 el pabellón;
43 la corneta; *mayor :* la corneta baja; *más pequeña :* el cornetín
44 la tuba (el bombardón); *anál. :* el helicón la tuba de contrabajo *m*:
45 el pulsador del dedo pulgar;
46 el trombón de varas *f*; *variedades :* el trombón alto, trombón tenor, trombón, bajo:
47 la vara corredera
48 el pabellón;
49-59 los instrumentos de percusión *f* (de batería *f*):
49 el triángulo
50 los platillos
51-59 los instrumentos de membrana *f*,
51 el tambor:
52 la membrana (piel, el parche)
53 el tornillo tensor;
54 la baqueta (el palillo; *Amér. :* el bolillo)
55 el bombo
56 la baqueta (el mazo, la "porra")
57 el timbal:
58 la membrana (piel)
59 el tornillo tensor para afinar;
60 el arpa *f*, un arpa cromática:
61 las cuerdas
62 el pedal

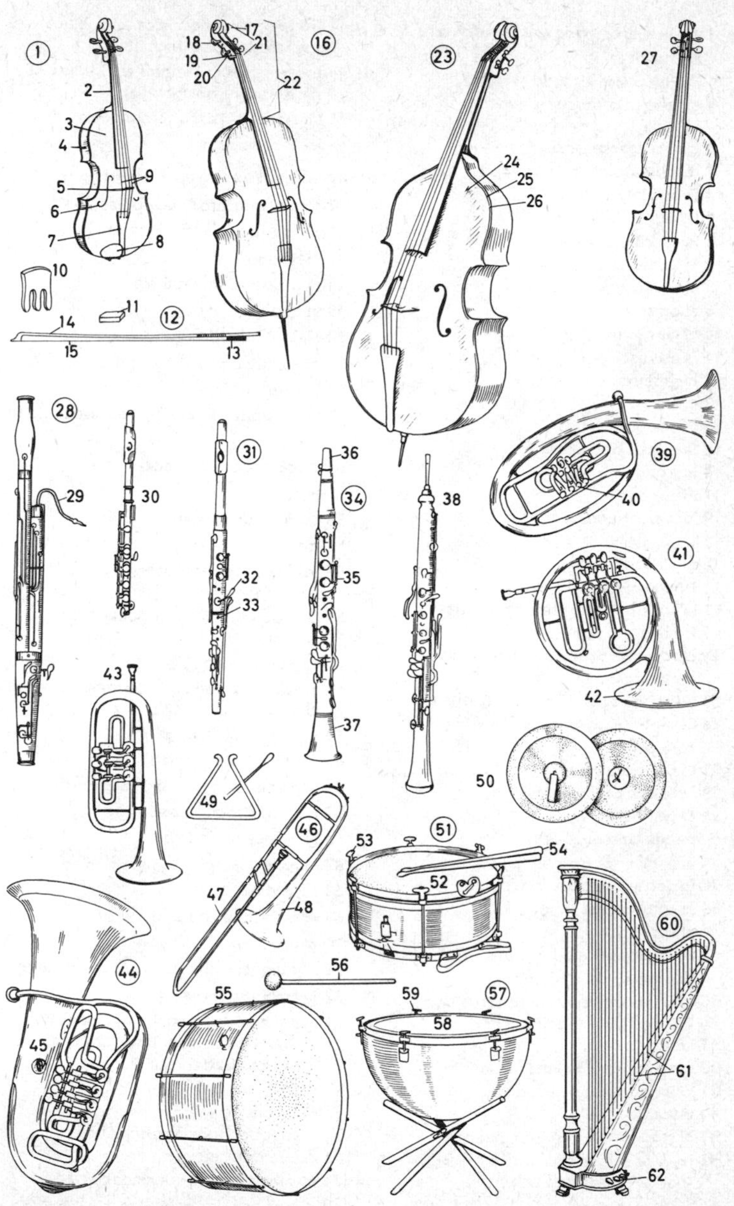
1
2
3
4
5
6
7
8
9
10
11
12
13
14
15
16
17
18
19
20
21
22
23
24
25
26
27
28
29
30
31
32
33
34
35
36
37
38
39
40
41
42
43
44
45
46
47
48
49
50
51
52
53
54
55
56
57
58
59
60
61
62

1-46 instrumentos *m* de música *f* popular,

1-31 instrumentos *m* de cuerda *f*,

1 el laúd (*más antiguos y mayores:* la tiorba, el chitarrone; *más pequeño:* la mandora):

2 la caja de resonancia *f*

3 la tabla armónica

4 la ceja inferior

5 la tarraja (rosa)

6 la cuerda, una cuerda de tripa *f*

7 el cuello

8 el mástil (mango)

9 el traste

10 el clavijero

11 la clavija;

12 la guitarra:

13 el cordal

14 la cuerda metálica

15 la caja de resonancia *f*;

16 la mandolina:

17 el cordal

18 la tabla armónica

19 el clavijero;

20 el plectro (la púa)

21 la cítara [derivada del salterio]:

22 la tablilla de tensión *f* para afinar

23 la clavija tensora

24 las cuerdas para la melodía (cuerdas melódicas)

25 las cuerdas para el acompañamiento

26 el suplemento semicircular de la caja de resonancia *f*;

27 el plectro en forma *f* de sortija *f*

28 la balalaika (balalaica)

29 el banjo:

30 la caja-tambor típica

31 el parche (la membrana) de piel *f*;

32 la ocarina, una flauta ovoide:

33 la embocadura (boquilla)

34 el agujero;

35 la armónica de boca *f*, una armónica de dos filas *f* de agujeros *m*

36 el acordeón; *anál.:* la concertina, el bandoneón:

37 el fuelle

38 el cierre (broche) del fuelle

39 el teclado-piano melódico

40 las teclas

41 el registro de octava *f* aguda

42 la tecla del registro de timbre *m* orquestal para la melodía

43 los botones de los bajos (el teclado para los acordes fundamentales)

44 los registros de timbres *m* orquestales para el acompañamiento;

45 la pandereta; *anál.:* el pandero

46 las castañuelas;

47-78 instrumentos *m* de jazz *m*,

47-58 instrumentos *m* de percusión *f*,

47-54 la batería de jazz-band *m*:

47 el bombo

48 la caja clara (el tambor)

49 el tom-tom

50 el doble platillo agudo

51 el platillo grave

52 la varilla-soporte del platillo

53 la escobilla de jazz *m*, una escobilla de metal *m*

54 el mecanismo del pedal;

55 la conga:

56 el anillo de tensión *f*;

57 los timbales

58 los bongóes [tambores *m* gemelos cubanos]

59 las maracas; *anál.:* los sonajeros de rumba *f*

60 el sapo cubano

61 el xilófono; *anál.:* la marimba mejicana, el balafo:

62 el mango de madera *f*

63 la caja de resonancia *f*

64 el percusor (percutor) esférico;

65 la trompeta de jazz *m*:

66 el pistón (cilindro)

67 el gancho suspensor para el dedo

68 la sordina;

69 el saxófono (saxofón):

70 el pabellón

71 el tubo de embocadura *f* desmontable

72 la embocadura (boquilla);

73 la guitarra de plectro *m* (guitarra de jazz *m*); *anál.:* la guitarra hawaiana:

74 la escotadura para facilitar la digitación;

75 el vibráfono:

76 el soporte (bastidor) metálico

77 la lámina de metal *m*

78 el tubo metálico resonador

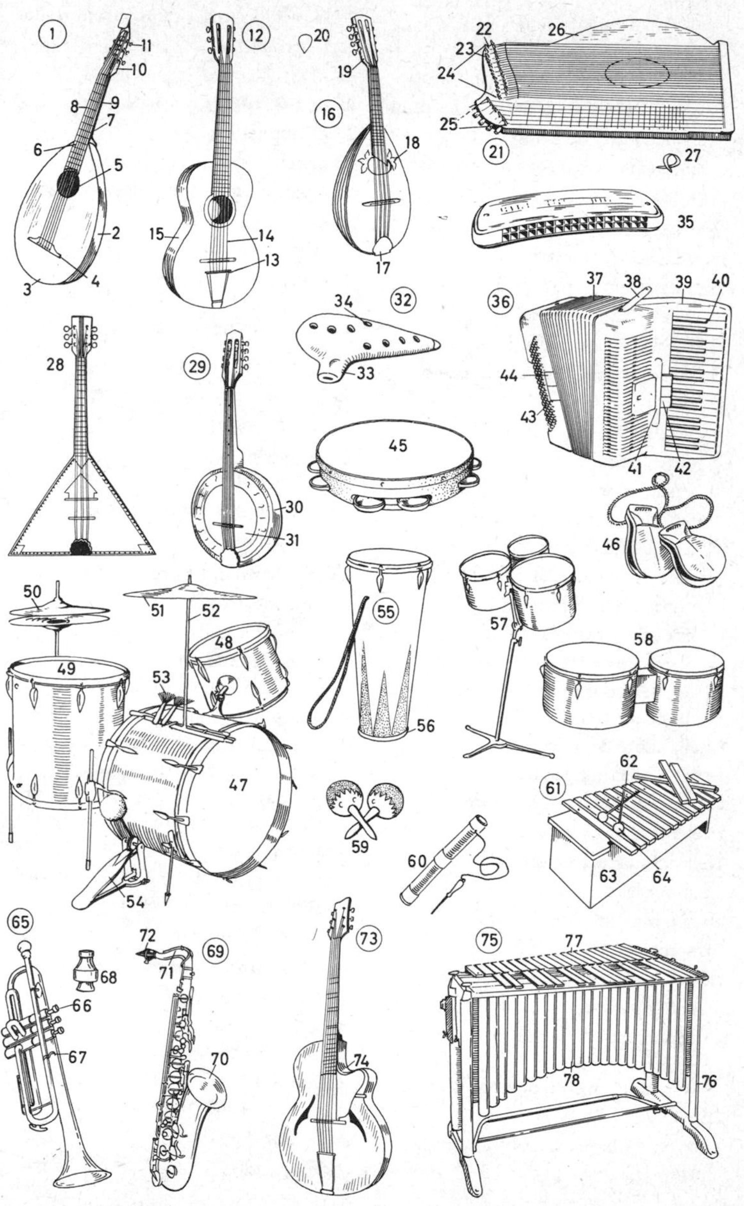
1
2
3
4
5
6
7
8
9
10
11
12
13
14
15
16
17
18
19
20
21
22
23
24
25
26
27
28
29
30
31
32
33
34
35
36
37
38
39
40
41
42
43
44
45
46
47
48
49
50
51
52
53
54
55
56
57
58
59
60
61
62
63
64
65
66
67
68
69
70
71
72
73
74
75
76
77
78

1 el piano (piano vertical, piano recto), un instrumento de teclado *m*; *forma pequeña:* el pianino; *formas antecesoras:* el pantaleón, el clavicordio; la celesta que tiene lengüetas *f* en lugar de cuerdas *f*,

2-18 el mecanismo del piano:

2 el cuadro de hierro *m*

3 el martillo; *en conjunto:* el mecanismo de percusión *f*

4 y **5** el teclado (las teclas):

4 la tecla blanca (tecla de marfil *m*)

5 la tecla negra (tecla de ébano *m*);

6 la caja del piano

7 las cuerdas

8 y **9** los pedales del piano:

8 el pedal derecho (pedal fuerte), para reforzar la vibración

9 el pedal izquierdo (pedal piano, pedal suave, pedal dulce), para amortiguar el sonido;

10 las cuerdas triples (cuerdas agudas)

11 el puente de las cuerdas triples

12 las cuerdas graves (cuerdas bajas, los bordones)

13 el puente de las cuerdas graves

14 la clavija de sujeción *f*

15 el soporte del mecanismo

16 la barra de presión *f*

17 la clavija de torsión *f* para afinar las cuerdas

18 la tabla-clavijero;

19 el metrónomo

20 la llave de afinar (llave de templar, el templador)

21 la cuña separadora de las cuerdas para afinarlas

22-39 el mecanismo del teclado:

22 la guía

23 la palanca que acciona los apagadores

24 el macillo (martinete) cubierto de fieltro *m* endurecido

25 el astil de madera *f* del macillo

26 el listón de apoyo *m* de los macillos

27 el empujador

28 el fieltro del empujador

29 el astil de alambre *m* del empujador

30 el cric (gato)

31 el espigón-tope

32 la palanca levadora

33 el piloto

34 el astil de alambre *m* del piloto

35 el astil de la brida

36 la brida [una brida de cuero *m* o de tela *f* fuerte]

37 el apagador

38 el brazo del apagador

39 el listón de apoyo *m* de los apagadores;

40 el piano de cola *f* (gran piano de concierto *m*); *más pequeño:* el piano de media cola (piano de cuarto *m* de cola, piano colín); *forma antecesora:* el piano cuadrado:

41 los pedales del piano de cola *f*; el pedal derecho para reforzar la vibración; el pedal izquierdo, para disminuir la resonancia por deslizamiento *m* del teclado de forma que cada martillo *m* sólo golpea una cuerda, lo que se indica por la notación “una corda”

42 el astil del pedal;

43 el armonio (órgano de lengüetas *f*):

44 el registro

45 las rodilleras

46 los pedales que accionan el fuelle (pedales neumáticos)

47 la caja del armonio

48 el teclado

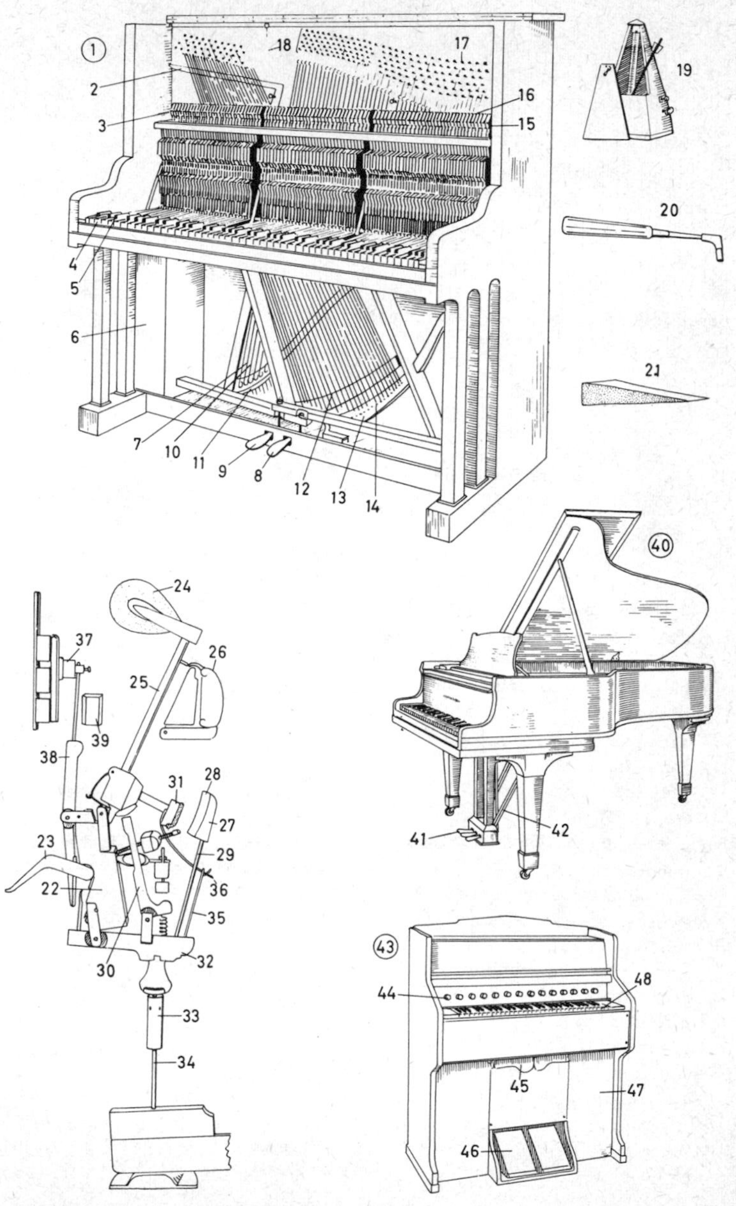
1
2
3
4
5
6
7
8
9
10
11
12
13
14
15
16
17
18
19
20
21
22
23
24
25
26
27
28
29
30
31
32
33
34
35
36
37
38
39
40
41
42
43
44
45
46
47
48

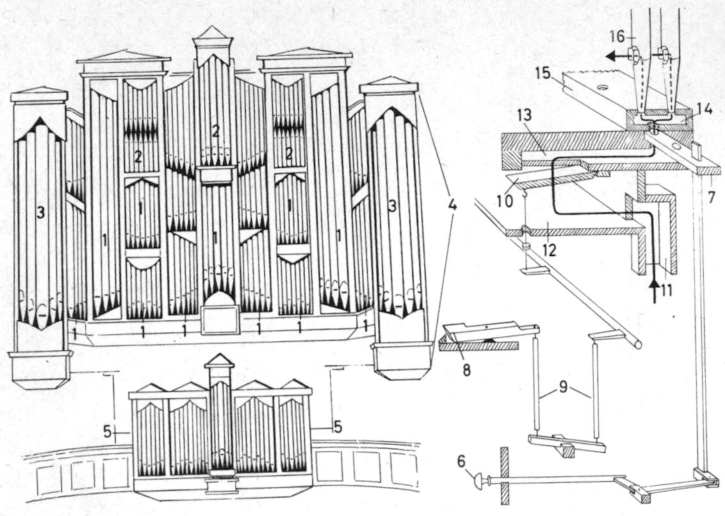

1-52 el órgano (órgano de iglesia *f*),
1-5 la fachada del órgano [a veces, tubos *m* postizos que sólo sirven de adorno *m*],
1-3 los tubos acústicos de la fachada del órgano:
1 la caja principal (el gran órgano del manual II)
2 la caja superior (caja de expresión *f* del manual III)
3 los tubos de expresión *f* del pedalero (tubos de pedal *m*);
4 la torrecilla de los tubos de pedal *m*
5 el órgano de coro *m* del manual I;
6-16 el dispositivo mecánico; *otros sistemas :* el mecanismo neumático, mecanismo eléctrico:
6 el registro (tirador)
7 la transmisión
8 la tecla
9 las varillas transmisoras
10 la válvula
11 el conducto de aire *m* (el canal de viento *m*)
12-14 el secreto (distribuidor de aire *m*), un secreto de corredera *f*; *otros tipos :* el cono resonante, la membrana resonadora:
12 la cámara neumática
13 el canal de la caja de resonancia *f*
14 el canal de la caja superior;
15 el apoyo (zócalo) de los tubos
16 el tubo de un solo registro;
17-35 los tubos acústicos,
17-22 el tubo de lengüeta *f* de metal *m*, un trombón de varas *f* (sacabuche *m*):
17 el tubo de enchufe *m*
18 la garganta
19 la lengüeta
20 el zoquete (núcleo de plomo *m*)
21 el afinador [alambre *m* llamado también "muelle" *m*]
22 el cuerpo (pabellón);
23-30 el tubo abierto labial de metal *m*, un salicional:
23 el pie
24 el paso del aire
25 la boca
26 el labio inferior

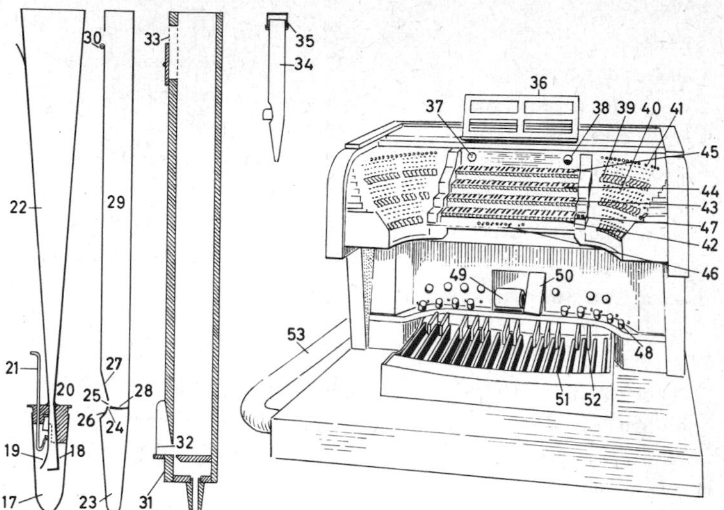

27 el labio superior

28 el obturador

29 el cuerpo (cañón) del tubo

30 la entalla, un dispositivo para templar;

31-33 el tubo labial abierto de madera *f*, un principal:

31 la cápsula (el secreto)

32 el oído

33 la entalla, de corredera *f*;

34 el tubo labial tapado

35 el "sombrero metálico";

36-52 la consola de un órgano eléctrico:

36 el atril

37 el rodillo de control *m* del crescendo automático

38 el voltímetro

39 el panel de registros *m*

40 el botón para juegos *m* libres

41 el anulador de los juegos de lengüetería *f*, acoplamientos *m*, etc.

42 el manual I, para el órgano de coro *m*

43 el manual II, para la caja principal

44 el manual III, para la caja de expresión *f*

45 el manual IV, para el solo de órgano *m*

46 los tiradores manuales, para combinaciones *f* libres, combinaciones fijas y combinaciones mixtas

47 los interruptores de aire *m* y de corriente *f*

48 el pistón a pedal *m*, para el acoplamiento

49 el rodillo de crescendo *m* automático,

50 el pedal de expresión *f*

51 el pedal de notas *f* naturales

52 el pedal de notas *f* alteradas;

53 el cable

1-10 aparatos *m* musicales mecánicos,

1 la cajita de música *f*:

2 el cilindro erizado de púas *f*

3 el peine metálico

4 la lengüeta (el diente)

5 el dispositivo de impulsión *f*, un mecanismo de relojería *f*

6 la púa

7 la corredera para cambiar la música;

8 el melodión (aristón) vertical:

9 el disco metálico perforado ("disco de las notas")

10 la caja (el armario);

11 el trautonio, un instrumento musical eléctrico:

12 el teclado;

13 el magnetófono:

14 la cinta (banda) registradora del sonido

15 la bobina (el carrete)

16 el eje de giro *m*

17 el control de dirección *f* de la cinta

18 el selector de velocidades *f* de la cinta

19 el indicador de grabación *f*

20 el botón para detener la cinta

21 la tecla de apertura *f* del micrófono (tecla de grabación *f*)

22 la tecla de apertura *f* de emisión *f* (tecla de reproducción *f*)

23 la tecla para cerrar la emisión del sonido

24 la tecla para enrollar la cinta

25 el botón para borrar la cinta

26 el control de tono *m*

27 el control de volumen *m* e interruptor *m* de distancia *f*

28 el micrófono;

29 el tocadiscos automático:

30 la caja

31 la ranura para introducir el disco;

32 el tocadiscos, un tocadiscos de cambio *m* automático:

33 el eje cambiadiscos

34 el disco

35 el pick-up (brazo de toma *f* de sonido *m*, el portaagujas)

36 y **37** el triple control de velocidades *f*:

36 el interruptor de 78 revoluciones *f* por minuto *m* (78 r.p.m.)

37 el interruptor para los discos microsurco;

38 el interruptor de repetición *f*

39 el interruptor para las pausas (para los intermedios)

40 el selector para corregir la frecuencia, un doble filtro de sonidos *m*

41 el plato giratorio;

42 el amplificador de sonidos *m*, un dispositivo de amplificación *f*:

43 el altavoz

44 el panel de mandos *m* para el control a distancia *f*;

45 la radiogramola:

46 el receptor de radio *f* (la radio)

47 el tocadiscos

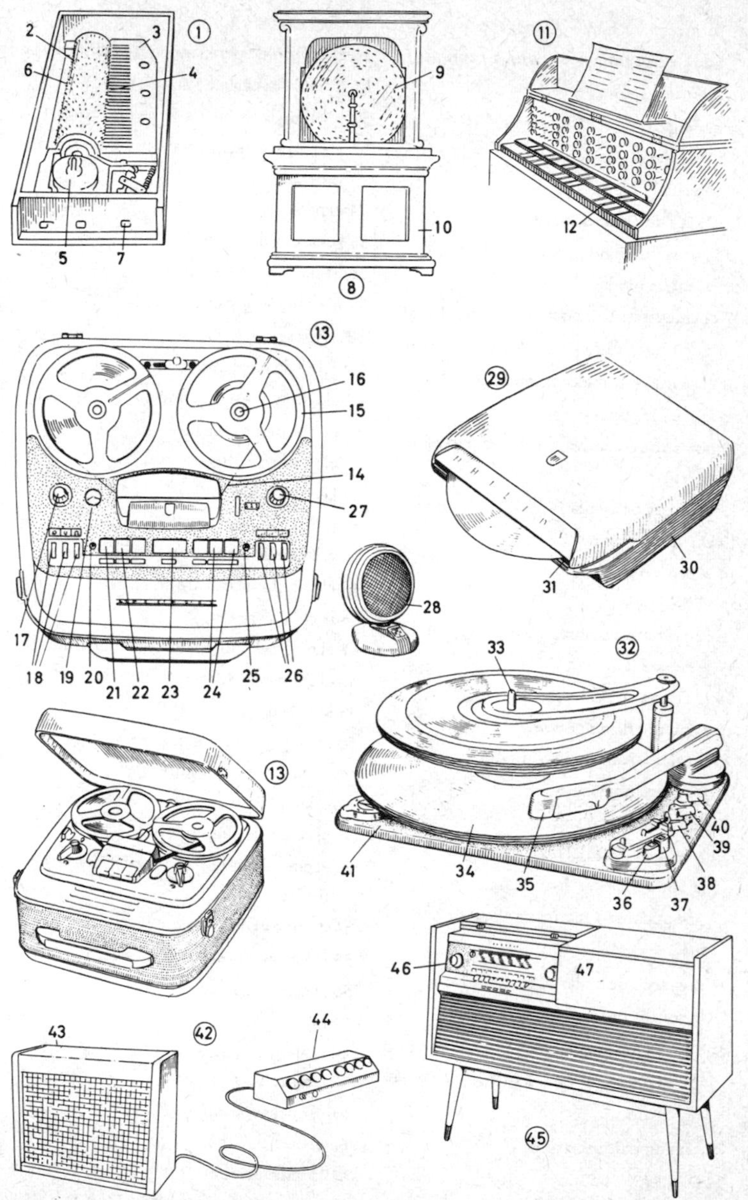
1
2
3
4
5
6
7
8
9
10
11
12
13
14
15
16
17
18
19
20
21
22
23
24
25
26
27
28
29
30
31
32
33
34
35
36
37
38
39
40
41
42
43
44
45
46
47

1-61 seres *m* de fábula *f* (animales *m* fabulosos), animales y figuras *f* mitológicos,

1 el dragón:

2 el cuerpo de serpiente *f*

3 la garra

4 el ala *f* de murciélago *m*

5 la boca de lengua *f* bífida

6 la lengua bífida;

7 el unicornio (monocerote) [símbolo *m* de la virginidad]:

8 el cuerno retorcido en espiral *f*;

9 el ave *f* fénix:

10 las llamas o cenizas *f* de la resurrección;

11 el grifo:

12 la cabeza de águila *f*

13 la garra de grifo *m*

14 el cuerpo de león *m*

15 el ala *f*;

16 la quimera, un monstruo:

17 la cabeza de león *m*

18 la cabeza de cabra *f*

19 el cuerpo de dragón *m*;

20 la esfinge, una figura simbólica:

21 la cabeza humana

22 el tronco de león *m*;

23 la ondina (hija del mar, la náyade, la ninfa); *anál.:* la nereida, la oceánida (divinidades *f* marinas, diosas *f* del mar); *varón:* el tritón:

24 el cuerpo de mujer *f*

25 la cola de pez *m* (cola de delfín *m*);

26 Pegaso (el corcel de los poetas, corcel de las musas, el caballo alado); *anál.:* el hipogrifo:

27 el cuerpo de caballo *m*

28 las alas;

29 el cancerbero (perro del infierno):

30 el cuerpo de perro *m* con tres cabezas *f*

31 la cola de serpiente *f*;

32 la hidra de Lerna (la serpiente lernea):

33 el cuerpo de serpiente *f* con nueve cabezas *f*;

34 el basilisco:

35 la cabeza de gallo *m*

36 el cuerpo de dragón *m*;

37 el titán, un gigante:

38 la roca

39 el pie de serpiente *f*;

40 el tritón, un ser marino:

41 el cuerno de concha *f*

42 el pie de caballo *m*

43 la cola de pez *m*;

44 el hipocampo (caballo marino, caballo de Neptuno):

45 el cuerpo de caballo *m*

46 la cola de pez *m*;

47 el toro marino, un monstruo marino:

48 el cuerpo de toro *m*

49 la cola de pez *m*;

50 el dragón de las siete cabezas de la revelación (Apocalipsis *m*):

51 el ala *f*

52 el centauro, un ser mixto:

53 el cuerpo de hombre *m* con arco *m* y flecha *f*

54 el cuerpo de caballo *m*;

55 la harpía, un espíritu del aire:

56 la cabeza de mujer *f*

57 el cuerpo de ave *f*;

58 la sirena, una divinidad infernal (demonio *m*):

59 el cuerpo de mujer *f*

60 el ala *f*

61 la garra de ave *f*

1
2
3
4
5
6
7
8
9
10
11
12
13
14
15
16
17
18
19
20
21
22
23
24
25
26
27
28
29
30
31
32
33
34
35
36
37
38
39
40
41
42
43
44
45
46
47
48
49
50
51
52
53
54
55
56
57
58
59
60
61

1 Zeus (Júpiter), el padre de los dioses (dios del Olimpo),
2-4 los atributos:
2 los rayos
3 el cetro
4 el águila;
5 Hera (Juno):
6 la concha (pátera) del sacrificio
7 el velo
8 el cetro;
9 Ares (Marte), el dios de la guerra:
10 el yelmo con cimera *f*
11 la coraza;
12 Artemisa (Diana), diosa *f* de la caza:
13 el carcaj
14 la cierva;
15 Apolo (Febo), dios *m* de la luz y jefe *m* de las Musas:
16 el arco;
17 Palas Atenea (Minerva), diosa *f* de la sabiduría y de las artes:
18 el penacho
19 el casco corintio
20 la lanza;
21 Hermes (Mercurio), mensajero *m* de los dioses y dios *m* de los caminos y del comercio:
22 los talares
23 el sombrero alado (petaso)
24 la bolsa del dinero
25 el caduceo (la vara alada, vara de Mercurio);
26 Eros (Cupido), dios *m* del amor:
27 el ala *f*
28 la flecha (flecha amorosa);
29 Poseidón (Neptuno), dios *m* del mar
30 el tridente
31 el delfín;
32 Dionysos (Dionisio, Baco), dios *m* del vino:
33 el tirso (la vara de tirso, vara de las Bacantes)
34 la piel de pantera *f*;
35 la Ménade (Bacante):
36 la antorcha;
37 Tique (Tyche, Fortuna), diosa *f* del azar y de la suerte:
38 la corona mural
39 el cuerno de la abundancia;
40 Pan (Fauno), dios *m* de los pastores:
41 la flauta de Pan (el caramillo)
42 la pezuña de macho *m* cabrío;
43 Niké (Victoria), diosa *f* de la victoria:
44 la corona triunfal;
45 Atlas, un gigante:
46 la bóveda celeste;
47 Jano, protector *m* de la casa:
48 la cabeza de Jano [una cabeza bifronte];
49 Medusa, una de las Gorgonas:
50 la cabeza de Medusa (cabeza de Gorgona);
51 la Erinia [una de las Euménides, de las Furias], una diosa de la venganza:
52 el haz de serpientes *f*;
53-58 las Moiras (Parcas), diosas *f* del destino:
53 Cloto:
54 la rueca;
55 Laquesis:
56 el rollo de la escritura;
57 Atropos:
58 las tijeras;
59-75 las Musas:
59 Clío [Historia *f*]:
60 el rollo de la escritura;
61 Talía [Comedia *f*]:
62 la máscara cómica;
63 Erato [Poesía *f* amorosa]:
64 la lira;
65 Euterpe [Música *f* instrumental]:
66 la flauta;
67 Polimnia [Himnos *m* y cánticos *m*]
68 Calíope [Poesía *f* épica]:
69 la tablilla de escritura *f*;
70 Terpsícore [Coro *m* lírico y danza *f*]:
71 la cítara;
72 Urania [Astronomía *f*]:
73 el globo celeste;
74 Melpómene [Tragedia *f*]:
75 la máscara trágica

1
2
3
4
5
6
7
8
9
10
11
12
13
14
15
16
17
18
19
20
21
22
23
24
25
26
27
28
29
30
31
32
33
34
35
36
37
38
39
40
41
42
43
44
45
46
47
48
49
50
51
52
53
54
55
56
57
58
59
60
61
62
63
64
65
66
67
68
69
70
71
72
73
74
75

1-40 hallazgos *m* **prehistóricos,**

1-9 la Edad de la Piedra (el período paleolítico) y **el período mesolítico:**

1 el hacha *f*, de sílex *m* (de pedernal *m*)

2 la punta arrojadiza

3 el arpón, de hueso *m*

4 la punta de flecha *f*

5 la barra arrojadiza, de la cornamenta del reno

6 la piedra de los antepasados, una piedra pintada

7 la cabeza de caballo *m*, una talla

8 el ídolo de la Edad de la Piedra, una estatuilla de marfil *m*

9 el bisonte, una pintura en la roca [pintura rupestre, pintura de las cavernas];

10-20 el período neolítico:

10 el ánfora *f* [cerámica *f* acordelada, cerámica de cordel *m*]

11 la olla bombeada [cerámica *f* de incisiones *f*]

12 la botella de cuello *m* [cerámica *f* megalítica]

13 la vasija adornada con espirales *f* [cerámica *f* de cintas *f*]

14 el vaso campaniforme [cerámica *f* de zonas *f*]

15 el palafito, una vivienda lacustre; *anál.:* el terramare italiano, el crannog británico

16 el dolmen, una tumba megalítica; *otras variedades:* el pasillo mortuorio, la galería mortuoria; *anál.:* el túmulo cupuliforme

17 la tumba de piedra *f*, una tumba con un esqueleto en postura *f* encogida

18 el menhir; *anál.:* la piedra bauta escandinava, el Hinkelstein alemán, un monolito

19 el hacha *f* en forma *f* de barco *m*, un hacha de piedra *f*

20 el ídolo de terracota *f*;

21-40 la Edad del Bronce y **la Edad del Hierro;** *épocas:* el período de Hallstatt, el período de La Tène:

21 la punta de lanza *f*, de bronce *m*

22 el puñal de bronce *m*

23 el hacha *f* tubular, un hacha de bronce *m*

24 el disco del cinturón

25 el adorno de cuello *m*

26 el collar de oro *m*

27 la fíbula de arco *m* de violín *m*, una fíbula (imperdible *m*)

28 la fíbula serpentiforme; *otras clases:* la fíbula de navicella *f*, la fíbula de ballesta *f*

29 la aguja de cabeza *f* esférica, una aguja de bronce *m*

30 la fíbula de doble espiral *f*; *anál.:* la fíbula de placas *f*

31 el cuchillo de bronce *m*

32 la llave de hierro *m*

33 la reja de arado *m*

34 la sítula de chapa *f* de bronce *m*, una vasija funeraria

35 el cántaro de asa *f* [cerámica *f* de incisiones *f* acanaladas]

36 el carro caldera, un carro en miniatura *f* para el culto

37 la moneda celta de plata *f*

38 la urna en forma *f* de cara *f*, una urna cineraria; *otras formas:* la urna en forma de casa *f*, la urna abullonada

39 la tumba-urna:

40 la urna de cuello *m* cónico

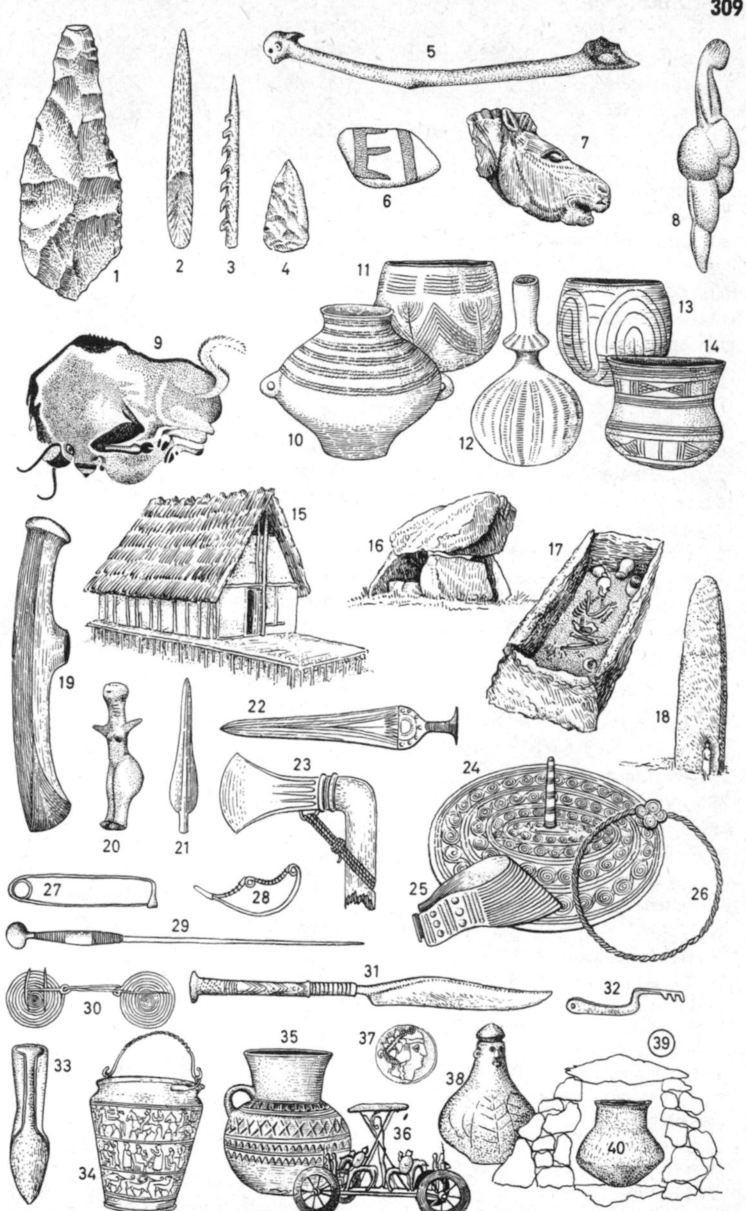
1
2
3
4
5
6
7
8
9
10
11
12
13
14
15
16
17
18
19
20
21
22
23
24
25
26
27
28
29
30
31
32
33
34
35
36
37
38
39
40

1 el castillo feudal (alcázar, la fortaleza):
2 el patio del castillo
3 el pozo (aljibe)
4 la torre del homenaje (torre principal):
5 la mazmorra
6 la galería de almenas *f*
7 la almena
8 la plataforma de defensa *f*;
9 el vigía
10 la casa de las mujeres
11 la lumbrera (buharda)
12 el balcón
13 el granero
14 la torre de ángulo *m*
15 el muro circular
16 el bastión
17 la torre de acecho *m* (la atalaya)
18 la barbacana
19 la cortina
20 el camino de ronda *f* (el adarve)
21 el parapeto
22 la puerta:
23 el matacán [una abertura para dejar caer piedras *f*, pez *f*, aceite *m* y agua *f* hirviendo sobre los asaltantes]
24 el rastrillo;
25 el puente levadizo
26 el estribo (contrafuerte)
27 las dependencias del castillo
28 la torre flanqueante
29 la capilla del castillo
30 el palacio
31 el palenque
32 la puerta fortificada
33 el foso
34 el camino de acceso *m*
35 la torre de vela *f*
36 la palizada
37 el foso circular (foso del castillo, foso de las murallas);
38-65 la armadura de caballero *m*,
38 el arnés, una armadura (coraza),
39-42 el casco:
39 el almete
40 la visera
41 la babera
42 la gola;
43 el cubrenuca
44 la bufa
45 el ristre
46 el peto
47 el guardabrazos
48 el codal
49 la escarcela
50 el guantelete (la manopla)
51 la cota de mallas *f*
52 el quijote
53 la rodillera
54 la greba
55 el escarpe;
56 la tarja (el escudo largo)
57 la rodela (el escudo redondo):
58 el ombligo (la punta) del escudo;
59 el sombrero de hierro *m* (el casco)
60 el morrión (la celada)
61 el bacinete (capacete)
62 formas *f* de coraza *f*:
63 la cota de mallas *f*
64 la cota de loriga *f*
65 la cota de escudo *m*;
66 la ceremonia de armar caballero *m*:
67 el castellano, un caballero
68 el doncel
69 el escanciador
70 el trovador;
71 el torneo (la justa):
72 el cruzado
73 el templario
74 la gualdrapa
75 el heraldo;
76 los pertrechos para el torneo:
77 el yelmo de torneo *m*
78 el penacho (la cimera)
79 la adarga de torneo *m*
80 el ristre
81 la lanza
82 la rodeleja;
83-88 la armadura del corcel (las bardas):
83 la capizana
84 la testera
85 la pechera (el petral)
86 la flanquera
87 la silla de torneo *m*
88 la grupera

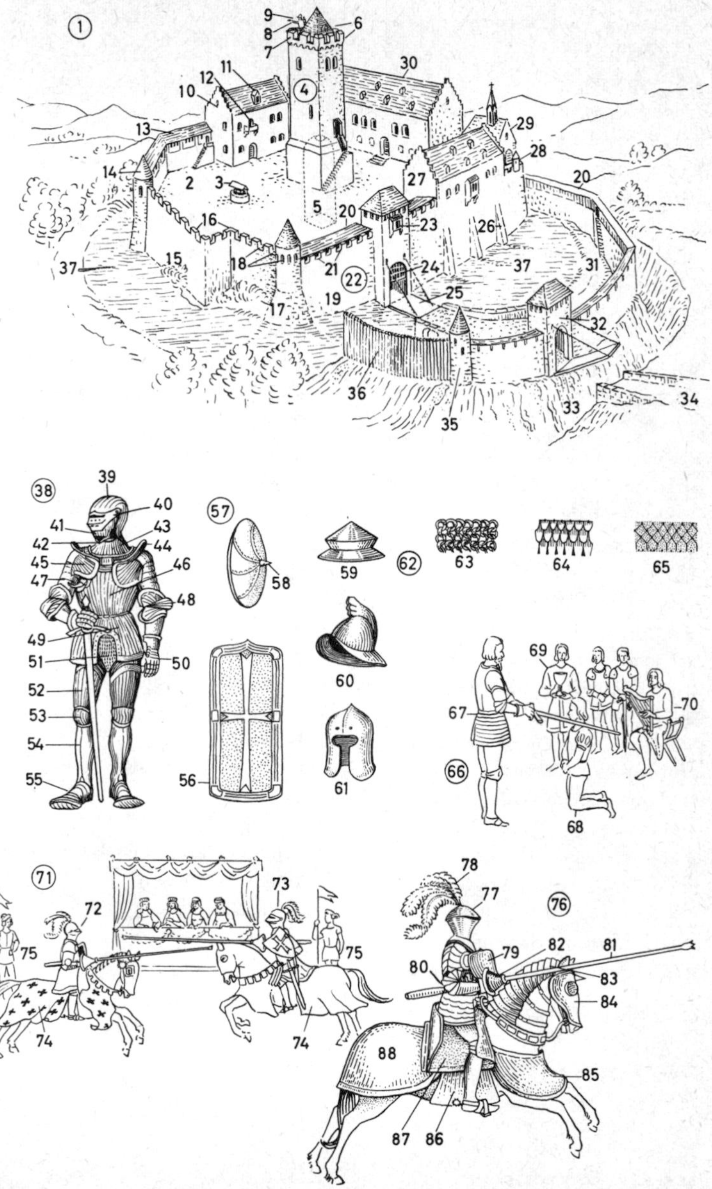

1
2
3
4
5
6
7
8
9
10
11
12
13
14
15
16
17
18
19
20
21
22
23
24
25
26
27
28
29
30
31
32
33
34
35
36
37
38
39
40
41
42
43
44
45
46
47
48
49
50
51
52
53
54
55
56
57
58
59
60
61
62
63
64
65
66
67
68
69
70
71
72
73
74
75
76
77
78
79
80
81
82
83
84
85
86
87
88

1-30 una iglesia protestante (iglesia evangélica):

1 el presbiterio
2 la piedra bautismal
3 la pila bautismal
4 el facistol
5 la silla del altar
6 la alfombra del altar
7 el altar (la mesa eucarística):
8 las gradas del altar
9 el paño del altar;
10 el cirio del altar
11 la caja de pan *m* ácimo
12 la patena
13 el cáliz
14 la Biblia (las Sagradas Escrituras)
15 el retablo del altar, un cuadro de Cristo
16 la ventana de la iglesia:
17 la pintura en vidrio *m*;
18 la puerta de la sacristía
19 la escalera del púlpito
20 el púlpito
21 el sombrero del púlpito (el tornavoz)
22 el predicador (pastor), revestido
23 el antepecho del púlpito
24 el indicador de himnos *m*, con los números de los himnos
25 la tribuna del templo (la galería)
26 el sacristán
27 el pasillo central
28 el banco de los fieles; *en conjunto:* la sillería
29 el fiel; *en conjunto:* la congregación
30 el himnario (libro de himnos *m*);

31-65 una iglesia católica:

31 las gradas del altar
32 la barandilla del coro
33 el comulgatorio
34 la sillería de coro *m*
35 el deambulatorio
36 el altar (presbiterio, coro)
37 el altar mayor
38 las sacras
39 el tabernáculo
40 el crucifijo
41 el cirio del altar
42 el tríptico (retablo del altar mayor):
43 la hoja del tríptico;
44 la lámpara del sagrario [una lámpara de aceite *m* siempre encendida]
45 el altar lateral
46 la imagen del santo
47 el lado de la Epístola
48 el lado del Evangelio
49 el sacerdote, celebrando la Santa Misa (Misa rezada)
50 el atril, con el misal
51 el paño del altar
52 el monaguillo (acólito)
53 el púlpito
54 el ángel
55 la trompeta
56 la escalerilla del púlpito
57 la estación de Vía Crucis *m*
58 el orante, un creyente
59 el devocionario
60 la vela
61 el cepillo de las limosnas (*Amér.:* la alcancía)
62 el sacristán
63 la bolsa de las limosnas (la limosnera)
64 la limosna (ofrenda)
65 la lápida sepulcral

123
1-4
26
1 2 3 4 5 6 7 8 9 10 11 12 13 14 15 16 17 18 19 20 21 22 23 24 25 26 27 28 29 30
31 32 33 34 35 36 37 38 39 40 41 42 43 44 45 46 47 48 49 50 51 52 53 54 55 56 57 58 59 60 61 62 63 64 65

1 la iglesia:

2 la torre de la iglesia; *en este caso:* el campanario

3 la veleta

4 la flecha de la veleta

5 el botón del chapitel

6 la aguja (el chapitel)

7 el reloj de la torre

8 la lumbrera del campanario

9 la campana eléctrica

10 la cruz del caballete

11 el tejado de la iglesia

12 la capilla votiva

13 la sacristía, un edificio anejo

14 la lápida conmemorativa (lápida mural con inscripción *f* o epitafio *m*)

15 la entrada lateral

16 el portal de la iglesia (la puerta de la iglesia);

17 el feligrés

18 el muro del cementerio (del camposanto)

19 la puerta del cementerio (puerta del camposanto)

20 la casa del párroco (casa rectoral, rectoría)

21-41 el cementerio (camposanto):

21 el depósito de cadáveres *m* (la cámara mortuoria, la capilla ardiente)

22 el enterrador (sepulturero)

23 la tumba (fosa, sepultura, huesa):

24 el montículo de la tumba

25 la cruz de la tumba;

26 la lápida sepulcral

27 la tumba familiar

28 la capilla del cementerio

29 el árbol de la vida (la tuya)

30 la tumba de niño *m*

31 la tumba de urnas *f*:

32 la urna;

33 la tumba de soldado *m*

34-41 el entierro (sepelio, la inhumación):

34 la fosa

35 el ataúd

36 el cuenco de arena *f*

37 el clérigo

38 los dolientes

39 el velo de viuda *f*, un velo de luto *m*

40 los empleados de pompas *f* fúnebres

41 la parihuela (las andas, el féretro);

42-50 la procesión (procesión ritual, procesión religiosa):

42 la cruz de guía *f*

43 el crucero (cruciferario, crucífero)

44 el estandarte de la procesión, un estandarte de la iglesia

45 el acólito (monaguillo)

46 el portador del palio (del baldaquín, del baldaquino)

47 el sacerdote

48 la custodia con el Santísimo

49 el palio (baldaquín, baldaquino)

50 los participantes en la procesión;

51-61 la capilla ardiente:

51 el ataúd

52 el catafalco (túmulo)

53 el paño mortuorio

54 el fallecido (muerto, cadáver, difunto)

55 el cirio funerario

56 el candelabro (candelero)

57 la corona:

58 la cinta de la corona

59 la dedicatoria;

60 el árbol de laurel *m*:

61 el macetón (la maceta);

62 la catacumba, un cementerio subterráneo de los primeros tiempos del cristianismo:

63 el nicho sepulcral

64 la losa (lápida)

1
2
3
4
5
6
7
8
9
10
11
12
13
14
15
16
17
18
19
20
21
22
23
24
25
26
27
28
29
30
31
32
33
34
35
36
37
38
39
40
41
42
43
44
45
46
47
48
49
50
51
52
53
54
55
56
57
58
59
60
61
62
63
64

1 el bautizo cristiano:
2 el baptisterio
3 el clérigo protestante (clérigo evangélico):
4 la ropa talar
5 el alzacuello
6 el cuello;
7 el bautizando (niño que va a ser bautizado)
8 la ropita de cristianar
9 el velo de cristianar
10 la piedra bautismal:
11 la pila bautismal;
12 los padrinos;

13 el casamiento canónico (la boda),
14 y 15 la pareja de novios *m* (los contrayentes):
14 la novia
15 el novio;
16 el anillo (anillo de boda *f*; *Bol.*, *Col.*, *Chile*, *Guat.* : la argolla)
17 el ramo de flores *f* (*Cuba*, *P. Rico* : la pucha)
18 la corona de mirto *m* [*en España :* la corona de azahar *m*]
19 el velo de novia *f*
20 el almohadón de la novia
21 el ramito de mirto *m* [*en España :* un clavel o una gardenia]
22 el clérigo
23 los testigos;

24 la comunión:
25 los comulgantes
26 la Hostia (Sagrada Forma)
27 el cáliz de la comunión (cáliz del vino eucarístico);
28 el rosario:
29 la cuenta de los misterios (cuenta de los Padrenuestros, el diez; *Col.* : el pasador)
30 la cuenta del Ave María; cada diez cuentas *f* forman un misterio
31 el escudito de unión *f*
32 el crucifijo;

33-48 objetos *m* litúrgicos (objetos sagrados, objetos de culto *m*) de la Iglesia católica,
33 la custodia (el ostensorio):
34 la Hostia (Hostia grande)
35 el viril
36 la corona de rayos *m*;
37 el incensario para incensaciones *f* litúrgicas:
38 la cadenilla del incensario
39 la tapa del braserillo del incensario
40 el braserillo del incensario;
41 la naveta del incienso:
42 la cucharilla para coger el incienso;
43 la campanilla del altar (campanilla del Sanctus, el cimbalillo)
44 el cáliz
45 el acetre
46 el copón con las Hostias pequeñas para la comunión de los fieles
47 la campanilla litúrgica
48 el hisopo;

49-66 formas *f* de cruces *f* cristianas:
49 la cruz latina (cruz de la Pasión)
50 la cruz griega
51 la cruz rusa
52 la cruz de San Pedro
53 la cruz de San Antonio (cruz de Tau, cruz en T)
54 la cruz de San Andrés (cruz decusada, las aspas de Borgoña)
55 la cruz de Tau bífida
56 la cruz patriarcal
57 la cruz egipcia (cruz de asa *f*)
58 la cruz de Lorena
59 la cruz cardenalicia
60 la cruz papal
61 la cruz de Constantino, un monograma de Cristo (CHR)
62 la cruz recrucetada
63 la cruz ancorada
64 la cruz potenzada
65 la cruz trebolada (cruz de San Lázaro, cruz de Brabante)
66 la cruz de Jerusalén (cruz de Tierra *f* Santa)

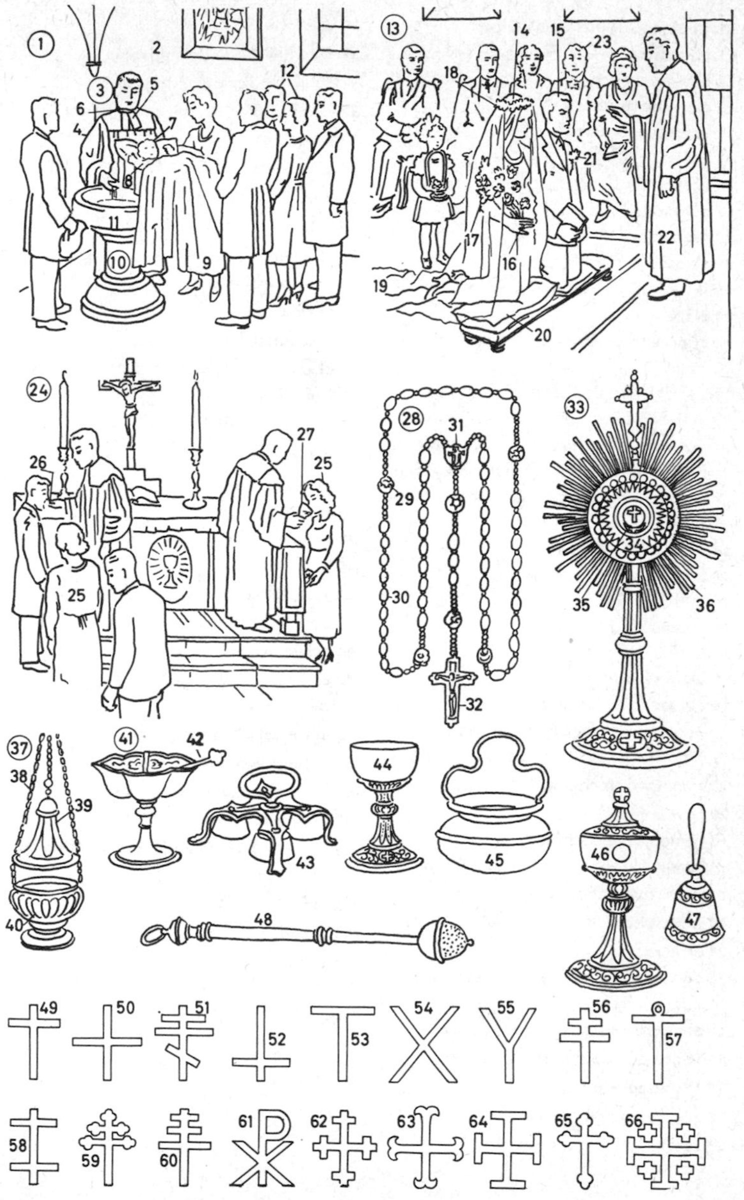
1
2
3
4
5
6
7
8
9
10
11
12
13
14
15
16
17
18
19
20
21
22
23
24
25
26
27
28
29
30
31
32
33
34
35
36
37
38
39
40
41
42
43
44
45
46
47
48
49
50
51
52
53
54
55
56
57
58
59
60
61
62
63
64
65
66

1-12 el monasterio (convento):
1 el claustro
2 el patio conventual
3 el monje (fraile)
4 la celda conventual:
5 la cama
6 el crucifijo
7 el cuadro de un santo
8 la cogulla
9 el reclinatorio
10 la mesa de trabajo *m*
11 el taburete
12 el estante de libros *m*, un estante mural;
13-24 hábitos *m* de órdenes *f* religiosas,
13 el Benedictino, un monje; *otras órdenes monacales :* Franciscanos y Frailes Menores, Capuchinos, Cistercienses y Bernardos, Trapenses (Cistercienses reformados), Jesuitas,
14-16 el hábito monástico:
14 la cogulla
15 el escapulario
16 la capucha (capilla);
17 la tonsura
18 el breviario
19 el Dominico (fraile predicador; *en Inglaterra :* Fraile Negro; *en Francia :* Jacobino), un fraile mendicante:
20 el cíngulo (la correa)
21 el rosario;
22 la monja del Instituto de la Bienaventurada Virgen María [orden *f* fundada por la inglesa María Ward]:
23 la esclavina
24 el velo;
25-58 clérigos *m*, revestidos con las vestiduras litúrgicas,
25 el sacerdote ruso ortodoxo (Pope):
26 la túnica; *anál. :* el esticarión
27 el epitraquelión
28 el epimanikión (puño)
29 el ceñidor
30 el felonión
31 el camilafkión (la camilafka);
32-58 el clero católico romano,
32 el sacerdote, con roquete *m* y estola *f*:
33 la sotana
34 el roquete (la sobrepelliz)
35 la estola
36 el bonete;
37 el sacerdote, con la casulla (revestido para celebrar la Misa):
38 el alba *f*
39 la casulla
40 el amito (humeral) [un paño sobre los hombros]
41 el paño de cáliz *m*
42 el manípulo;
43 el obispo:
44 la tunicela
45 la dalmática
46 la mitra
47 el anillo obispal (anillo pastoral, anillo pontifical)
48 el báculo (báculo pastoral);
49 el cardenal, con vestidura *f* de ceremonia *f*:
50 el roquete (la sobrepelliz)
51 la capa de coro *m* (capa magna)
52 la cruz pectoral
53 la birreta (*Bol.*, *Chile :* la bicoca);
54 el Papa (Sumo Pontífice), revestido de pontifical *m*:
55 el fanón
56 el palio
57 el guante, con la cruz
58 el anillo del pescador (anillo papal)

1
2
3
4
5
6
7
8
9
10
11
12
13
14
15
16
17
18
19
20
21
22
23
24
25
26
27
28
29
30
31
32
33
34
35
36
37
38
39
40
41
42
43
44
45
46
47
48
49
50
51
52
53
54
55
56
57
58

1-18 arte egipcio,

1 la pirámide, una pirámide cuadrangular, una tumba real:
2 la cámara del Rey
3 la cámara de la Reina
4 el canal de aireación *f*
5 la cámara mortuoria;
6 la pirámide con sus templos *m*:
7 el templo de los muertos
8 el templo del valle
9 el pilón (la portada)
10 los obeliscos;
11 la esfinge egipcia
12 el disco solar alado
13 la columna de loto *m*:
14 el capitel en capullo *m*;
15 la columna papiriforme:
16 el capitel en cáliz *m*;
17 la columna palmera
18 la columna estatuaria;

19 y 20 arte babilónico,

19 el friso babilónico:
20 el ladrillo vidriado del relieve;

21-28 arte ***amb.*** **de los persas,**

21 la torre mortuoria:
22 la pirámide escalonada;
23 la columna de toro *m*:
24 el follaje invertido
25 el capitel de palmera *f*
26 la voluta
27 el fuste
28 el capitel de toro *m*;

29-36 arte ***amb.*** **de los asirios,**

29 el castillo sargónida, planta *f* de un palacio:
30 la muralla (el muro de la ciudad)
31 el muro del castillo
32 la torre del templo, una torre de escalones *m*
33 la escalinata
34 el portal principal;
35 el revestimiento del portal:
36 la figura del portal;

37 arte ***amb.*** **del Asia Menor:**

38 la tumba roqueña

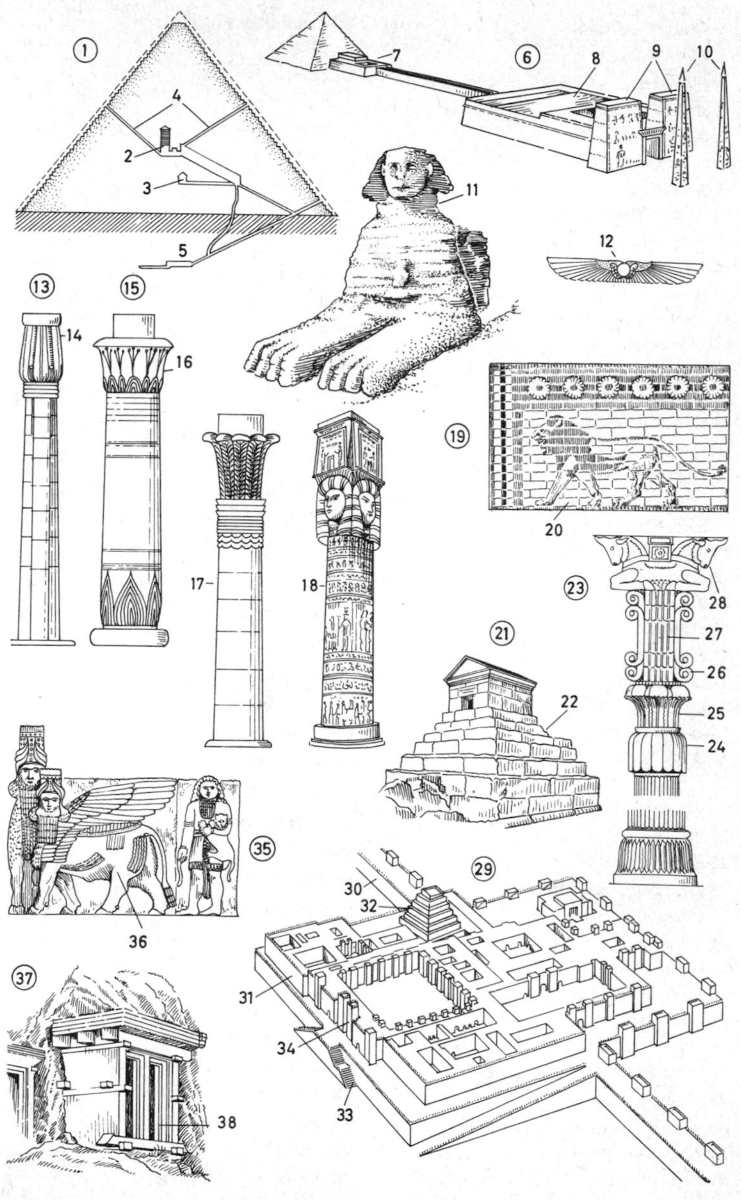
1
2
3
4
5
6
7
8
9
10
11
12
13
14
15
16
17
18
19
20
21
22
23
24
25
26
27
28
29
30
31
32
33
34
35
36
37
38

1-48 arte griego,
1-7 la Acrópolis,
1 el Partenón, un templo dórico:
2 el peristilo (la galería de columnas *f*)
3 el frontispicio (frontón)
4 el basamento (estereóbato);
5 la estatua
6 las murallas del templo
7 el propileo;
8 la columna dórica
9 la columna jónica,
10 la columna corintia,
11-14 la cornisa:
11 el cimacio
12 la corona
13 el mútulo
14 el dentículo;
15 el triglifo
16 la metopa, un adorno del friso
17 la régula
18 el epistilo (arquitrabe)
19 la tenia
20-25 el capitel:
20 el ábaco
21 el equino
22 el collarino
23 la voluta
24 el cojín de volutas *f*
25 el caulículo;
26 el fuste
27 las estrías (la canaladura)
28-31 la basa:
28 el toro (bocel)
29 el troquilo (la mediacaña)
30 el toro (bocel) inferior
31 el plinto;
32 el estilóbato
33 la estela:
34 la acrotera;
35 el Hermes (la estípite con busto *m*)
36 la cariátide; *masc.:* el atlante
37 el vaso griego,
38-43 ornamentos *m* griegos:
38 el astrágalo, una cinta ornamental
39 la voluta corrida
40 el adorno de hojas *f*
41 la palma
42 la tenia de óvulo *m*
43 el meandro;
44 el teatro griego:
45 la escena
46 el proscenio
47 la orquesta
48 el thymele (altar de los sacrificios);

49-52 arte etrusco,
49 el templo etrusco:
50 el pórtico (vestíbulo)
51 la cella (sala principal)
52 las vigas;

53-60 arte romano,
53 el acueducto:
54 el canal (la conducción) de agua *f*;
55 el edificio céntrico:
56 el pórtico
57 el listel
58 la cúpula;
59 el arco de triunfo *m*:
60 el ático;

61-71 arte cristiano primitivo,
61 la basílica:
62 la nave central
63 la nave lateral
64 el ábside
65 el campanario
66 el atrio
67 el claustro
68 la fuente de las abluciones (el lavabo)
69 el altar
70 la claraboya
71 el arco triunfal;

72-75 arte bizantino,
72 y **73** el sistema de cúpulas *f*:
72 la cúpula principal
73 la media cúpula;
74 la pechina
75 el ojo, una claraboya

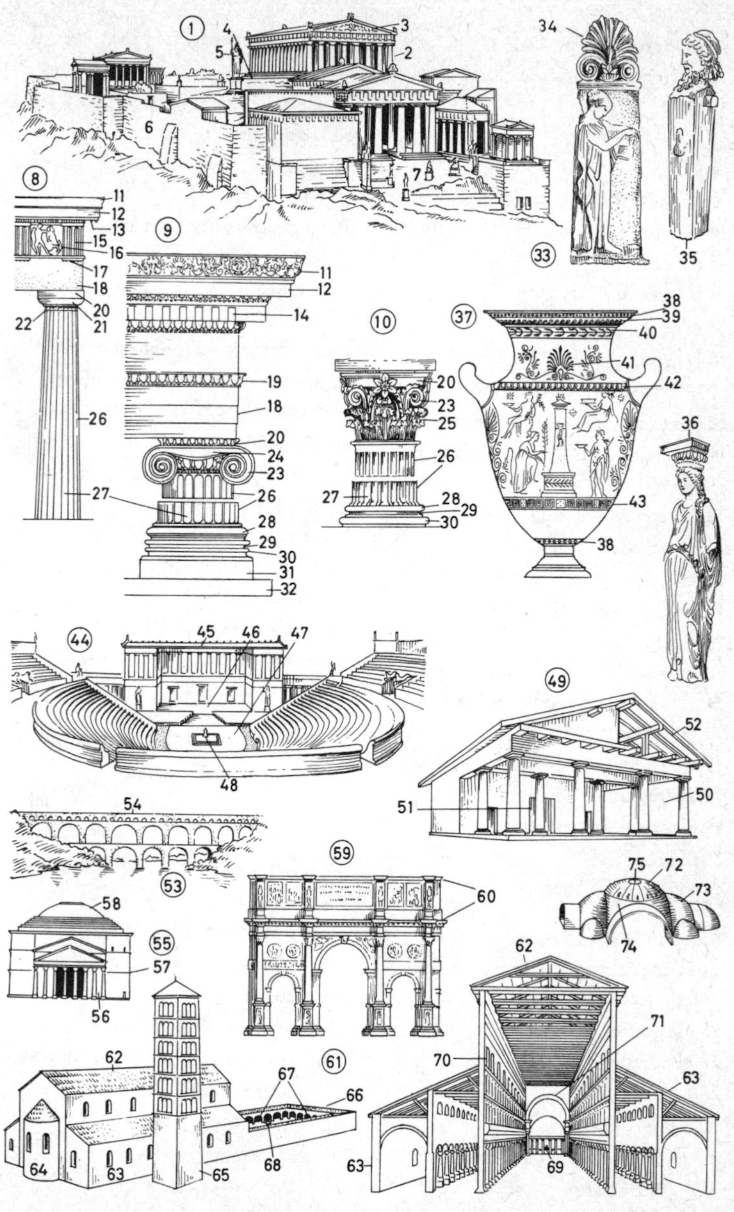
1
2
3
4
5
6
7
8
9
10
11
12
13
14
15
16
17
18
19
20
21
22
23
24
25
26
27
28
29
30
31
32
33
34
35
36
37
38
39
40
41
42
43
44
45
46
47
48
49
50
51
52
53
54
55
56
57
58
59
60
61
62
63
64
65
66
67
68
69
70
71
72
73
74
75

1-21 arte románico,

1-13 la iglesia románica, una catedral:

1 la nave central

2 la nave lateral

3 la nave del crucero (el crucero)

4 el coro

5 el ábside

6 la torre central:

7 el tejado piramidal de la torre

8 la arcada;

9 el friso de arcada *f* redonda

10 la arcada ciega (arcada mural)

11 la faja apilastrada, una banda mural vertical

12 la ventana redonda

13 la entrada lateral;

14-16 ornamentos *m* románicos:

14 el adorno cuadriculado

15 el adorno en escamas *f* (adorno imbricado)

16 el adorno en zigzag *m* (adorno dentado);

17 el sistema románico de bóvedas *f*:

18 el arco toral

19 el arco de medio punto *m*

20 el pilar;

21 el capitel cuadrado;

22-41 arte gótico,

22 la iglesia gótica [fachada *f* occidental], una catedral gótica:

23 el rosetón

24 el porche

25 la archivolta

26 el tímpano;

27-35 el sistema estructural gótico,

27 y **28** contrafuertes *m*:

27 el contrafuerte

28 el arbotante;

29 el pináculo, un remate piramidal

30 la gárgola

31 y **32** la bóveda de nervios *m* (de crucería *f*):

31 las costillas (los nervios)

32 la llave de bóveda *f*;

33 el triforio (la galería por encima de las archivoltas)

34 el pilar gótico (pilar en haz *m*)

35 la caña (columna embebida, columna entregada);

36 el frontón:

37 el florón

38 el follaje

39-41 la ventana de tracería *f*, una ventana lanceolada,

39 y **40** la tracería:

39 el rosetón cuadrifolio

40 el rosetón de cinco lóbulos *m*;

41 los montantes;

42-54 arte *amb.* **del Renacimiento,**

42 la iglesia renacentista:

43 el saliente, una parte saliente del edificio

44 el tambor

45 la linterna

46 la pilastra (media pilastra);

47 el palacio renacentista:

48 la cornisa

49 la ventana con frontón *m*

50 la ventana con frontón *m* curvo

51 la obra rústica

52 el listel (filete),

53 el sarcófago:

54 el festón (la guirnalda)

14
15
16
17
18
19
20
6
7
8
1
9
12
2
5
10
4
3
11
13
21
22
23
25
24
26
36
37
38
39
40
41
32
31
28
29
27
35
33
30
34
53
54
42
45
44
46
43
48
47
51
49
50
52

1-8 arte *amb.* **del período barroco,**

1 la iglesia barroca:

2 la lumbrera

3 la linterna

4 la buharda

5 el frontón curvado

6 las columnas gemelas;

7 el modillón:

8 la voluta;

9-13 el arte del Rococó,

9 la pared rococó:

10 la bóveda, una mediacaña

11 el marco ornamental

12 la sobrepuerta;

13 la rocaille, un ornamento del rococó;

14 la mesa de **estilo** *m* **Luis XVI**

15 un edificio del **período neoclásico,** una fachada (entrada)

16 la mesa de **estilo** *m* **Imperio**

17 el sofá **Biedermeier**

18 el sillón de **estilo** *m* **Arte Nuevo**

19-37 tipos *m* **de arcos** *m*,

19 el arco (arco de pared *f*, arco mural):

20 el estribo (contrafuerte)

21 la imposta

22 la dovela, una piedra que cierra un arco o una bóveda

23 la clave

24 la cara frontal del estribo

25 la cara exterior del estribo

26 el trasdós;

27 el arco redondo (arco semicircular)

28 el arco rebajado

29 el arco parabólico

30 el arco de herradura *f*

31 el arco ojival

32 el arco trilobulado

33 el arco de hombro *m*

34 el arco convexo

35 el arco cortinado

36 el arco aquillado (arco canopial)

37 el arco Tudor;

38-50 tipos *m* **de bóvedas** *f*,

38 la bóveda en cañón *m* (bóveda cilíndrica):

39 la corona

40 el lado (costado);

41 la bóveda claustral

42 la bóveda de aristas *f*

43 la bóveda vaída

44 la bóveda estrellada

45 la bóveda reticulada

46 la bóveda en abanico *m*

47 la bóveda en artesa *f*:

48 la artesa;

49 la bóveda de caveto *m* (de esgucio *m*):

50 el caveto (esgucio)

1
2
3
4
5
6
7
8
9
10
11
12
13
14
15
16
17
18
19
20
21
22
23
24
25
26
27
28
29
30
31
32
33
34
35
36
37
38
39
40
41
42
43
44
45
46
47
48
49
50

1-6 arte chino,

1 la pagoda (pagoda de varios pisos *m*), una torre templo:

2 el tejado en gradas *f*;

3 el pailou, una arcada monumental:

4 el pasaje;

5 el jarrón de porcelana *f*

6 la labor de esculpido *m* en laca *f*;

7-11 arte japonés:

7 el templo

8 la torre de las campanas:

9 la estructura básica;

10 el Bodhisatva (Bodisatva), un santo budista

11 el torii, una puerta;

12-18 arte islámico,

12 la mezquita:

13 el alminar;

14 el mikrab (nicho de las plegarias)

15 el mimbar (púlpito)

16 el mausoleo, una tumba

17 la bóveda en forma *f* de estalactitas *f*

18 el capitel árabe;

19-28 arte indio:

19 el Siva danzante, un dios indio

20 la estatua de Buda

21 la stupa (pagoda india), una construcción en bóveda *f*, un edificio sagrado budista:

22 la sombrilla

23 el cercado de piedra *f*

24 la puerta de entrada *f*;

25 los edificios del templo:

26 la sikhara (torre del templo);

27 el vestíbulo chaitya:

28 la chaitya, una pequeña stupa

1
2
3
4
5
6
7
8
9
10
11
12
13
13
14
15
16
17
18
19
20
21
22
23
24
25
26
27
22
28

1 rojo
2 amarillo
3 azul
4 rosa
5 pardo
6 celeste
7 anaranjado
8 verde
9 violeta
10 la mezcla adicional de colores *m*:
11 blanco;
12 la mezcla substractiva de colores *m*:
13 negro;
14 el espectro solar
15 la escala de grises *m*
16 los colores de la escala de incandescencia *f*

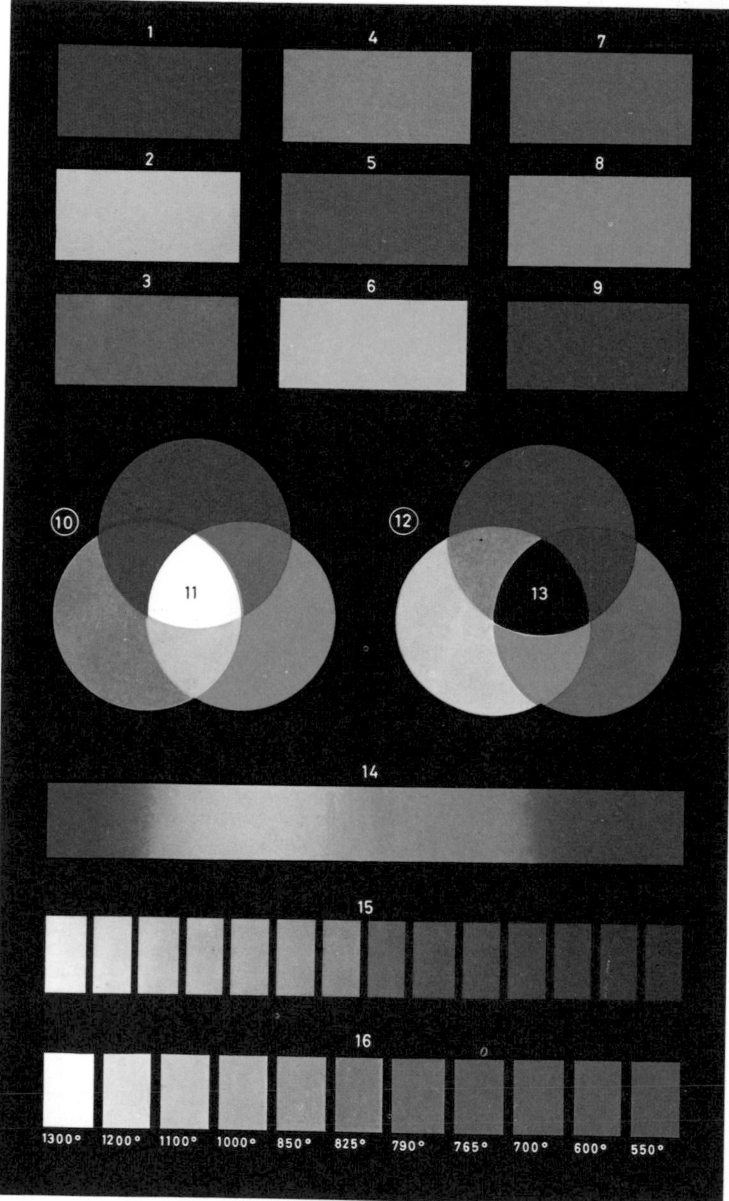
1
4
7
2
5
8
3
6
9
10
11
12
13
14
15
16
1300°
1200°
1100°
1000°
850°
825°
790°
765°
700°
600°
550°

1-43 el estudio:
1 el ventanal del estudio (ventanal de luz *f* cenital)
2 el pintor, un artista
3 el caballete de estudio *m*
4 el diseño a tiza *f*, con el contorno de la figura (de la composición)
5 el lápiz de tiza *f*
6-19 utensilios *m* de pintura *f*:
6 el pincel plano
7 el pincel de pelos *m*
8 el pincel redondo
9 el pincel para la primera capa
10 la caja de pinturas *f*:
11 el tubo de color *m* al óleo,
12 el barniz;
13 el aguarrás
14 el cuchillo paleta
15 la espátula de pintar
16 el carboncillo
17 el color para pintar al temple (a la aguada)
18 la acuarela (el color al agua *f*)
19 el lápiz pastel;
20 el bastidor
21 el lienzo (la tela)
22 el cartón preparado para la pintura, con la superficie de pintar
23 el tablero
24 el tablero de fibras *f* (tablero de madera *f* prensada)
25 la mesa de pintura *f*
26 el caballete de campo *m*
27 la naturaleza muerta, un motivo
28 la paleta de mano *f*:
29 el tarrito de la paleta;
30 la plataforma
31 el maniquí
32 la modelo desnuda (la modelo, el desnudo)
33 los paños
34 el borriquete de dibujo *m*
35 el bloc de dibujos *m* (bloc de apuntes *m*)
36 el estudio al óleo
37 el mosaico
38 la figura del mosaico
39 las teselas para el mosaico
40 el fresco (la pintura mural)
41 la pintura con grafio *m* (pintura esgrafiada)
42 el enlucido
43 el cartón (bosquejo) [un estudio preparatorio]

1 el escultor
2 el compás de proporciones *f*
3 el compás de espesor *m*
4 el modelo de yeso *m*, un vaciado en yeso
5 el bloque de piedra *f* (la piedra sin labrar)
6 el modelador (modelador en arcilla *f*)
7 la figura de arcilla *f*, un torso
8 el rollo de arcilla *f*, una masa modelable
9 el caballete para modelar
10 la espátula de modelar
11 el alambre de modelar
12 la espadilla
13 el estique
14 el formón
15 el puntero
16 el martillo de cabeza *f* de hierro *m*
17 la gubia
18 el cincel cuchara (cincel curvo)
19 el escoplo
20 la gubia triangular (el pico de cabra *f*)
21 el mazo (martillo de madera *f*)
22 la armazón (el esqueleto):
23 la base
24 el soporte de la armazón
25 la armadura;
26 el modelo de cera *f*
27 el bloque de madera *f*
28 el escultor en madera *f* (el tallista)
29 el saco de polvo *m* de yeso *m*
30 el cajón de arcilla *f*
31 la arcilla de modelar
32 la estatua, una escultura (obra de arte plástico)
33 el bajorrelieve:
34 el tablero de modelar
35 la armadura de alambre *m*, una malla de alambre;
36 el medallón circular (tondo)
37 la mascarilla
38 la placa conmemorativa

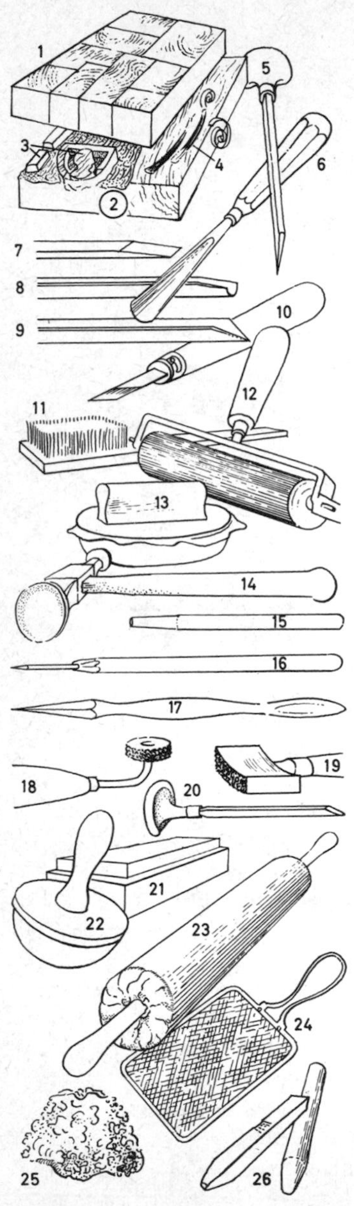

1-13 el arte de grabar en madera *f* (la xilografía, el grabado en madera), un sistema de impresión *f* xilográfica (de impresión de relieve *m*):

1 la plancha de madera *f* cortada contra el grano para el taco, un bloque de madera

2 la plancha longitudinal para el grabado en madera *f*, un molde de madera:

3 el grabado (surco) positivo

4 el grabado (surco) longitudinal;

5 el punzón (buril)

6 la gubia

7 el escoplo

8 el buril chaple redondo

9 el buril triangular

10 el cuchillo de contornear

11 el cepillo

12 el rodillo de gelatina *f*

13 el frotador (la muñeca);

14-24 el grabado en cobre *m* (la calcografía), una impresión en hueco *m*; *clases:* el grabado al agua *f* fuerte, gra bado mezzotinto (grabado a la manera negra o al humo), grabado en aguatinta *f*, grabado de yeso *m* (grabado a la manera de dibujo *m* al lápiz):

14 el martillo de punzonar

15 el punzón

16 la punta seca (aguja de grabador *m*)

17 el bruñidor, con rascador *m*

18 la ruedecilla de puntas *f* (la ruleta)

19 el graneador

20 el buril de cabeza *f* redonda, un buril de grabador *m*

21 el asperón de grano *m* fino (la piedra de aceite *m*)

22 el entintador (la bola de entintar, el tampón)

23 el rodillo de cuero *m*

24 el tamiz de salpicar;

25 y 26 la litografía (el grabado en piedra *f*), un procedimiento de grabado de superficie *f* (planografía *f*):

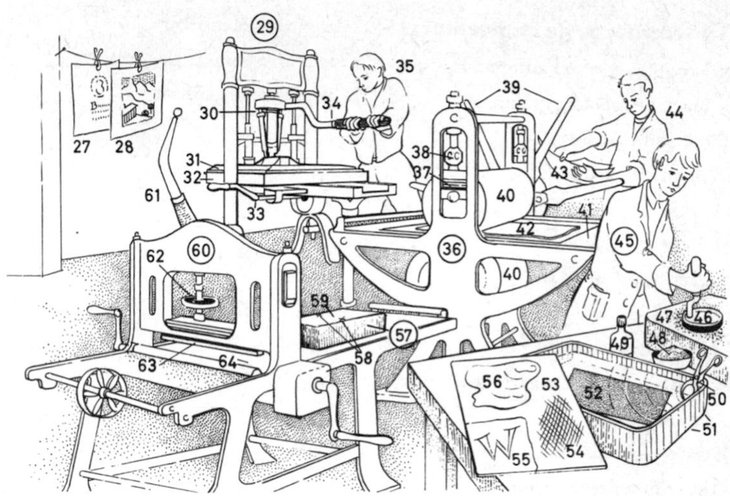

25 la esponja, para humedecer la piedra litográfica

26 el lápiz litográfico, un jabón;

27-64 el taller gráfico, una imprenta:

27 la hoja volante

28 la impresión polícroma (impresión en color *m*, impresión cromolitográfica)

29 la máquina de platina *f*, una prensa de mano *f* (máquina *f* de imprimir a mano):

30 el eje acodado

31 la platina, una plataforma de prensa *f*

32 el molde de imprenta *f*

33 la manivela

34 la barra de la prensa;

35 el impresor

36 la prensa de plancha *f* de cobre *m*:

37 la plantilla de cartón *m*

38 el regulador de presión *f*

39 el volante en estrella *f*

40 el cilindro

41 la mesa

42 el fieltro;

43 la prueba

44 el grabador en cobre *m* (el calcógrafo)

45 el litógrafo, esmerilando la piedra:

46 el disco de esmerilar (la piedra de esmerilar)

47 la granulación

48 la arena de cristal *m*;

49 la solución de goma *f*

50 las pinzas

51 la cubeta de agua *f* fuerte, para el mordido del grabado al agua fuerte

52 la plancha de cinc *m*

53 la plancha pulimentada de cobre *m*

54 el sombreado de cruces *f*

55 el barniz de grabador *m* (la cera de grabador)

56 el cemento de grabador *m* (el asfalto de grabador)

57 la piedra litográfica:

58 las marcas de alineación *f* (las señales de ajuste *m*, señales de agujas *f*)

59 la superficie de impresión *f*;

60 la prensa litográfica:

61 la palanca de impresión *f*

62 el husillo de presión *f* del raspador

63 el raspador

64 la cama de piedra *f*

1-20 escritura *f* de los pueblos:

1 jeroglíficos *m* del antiguo Egipto, una escritura ideográfica

2 escritura *f* arábiga

3 escritura *f* armenia

4 escritura *f* georgiana

5 escritura *f* china

6 escritura *f* japonesa

7 escritura *f* hebraica

8 escritura *f* cuneiforme

9 el silabario devanagari (la escritura del sánscrito)

10 escritura *f* siamesa

11 escritura *f* tamúlica

12 escritura *f* tibetana

13 escritura *f* sinaítica

14 escritura *f* fenicia

15 escritura *f* griega

16 mayúsculas *f* latinas (mayúsculas romanas)

17 escritura *f* uncial

18 minúsculas *f* carolingias

19 runas *f* (escritura rúnica)

20 escritura *f* rusa;

21-26 instrumentos *m* antiguos de escritura *f*,

21 el estilo de acero *m* indio, un estilo para escribir sobre hojas *f* de palmera *f*

22 el punzón para la escritura del antiguo Egipto, una cañucela de junco *m*

23 la pluma de caña *f*

24 el pincel de escribir

25 la pluma romana de metal *m*

26 la pluma de ganso *m*

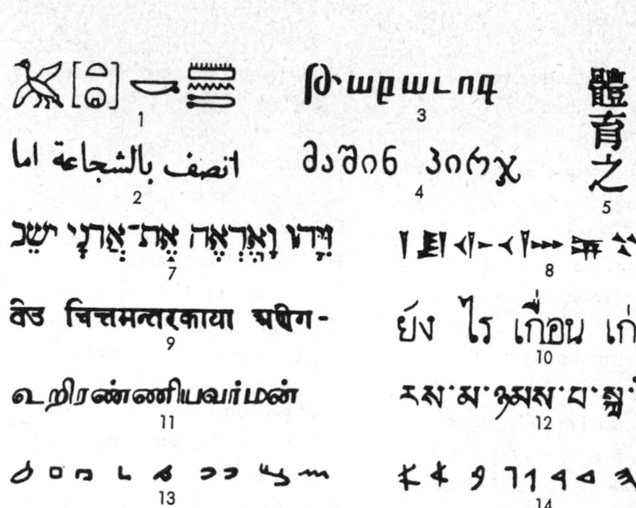
1
3
2
4
5
6
7
8
9
10
11
12
13
14
Τῆς παρελθούσης νυκτὸ
15
IMPCAESARI·
16
MINISUENIE
17
addiem festum
18
19
Кожух генератора и
20

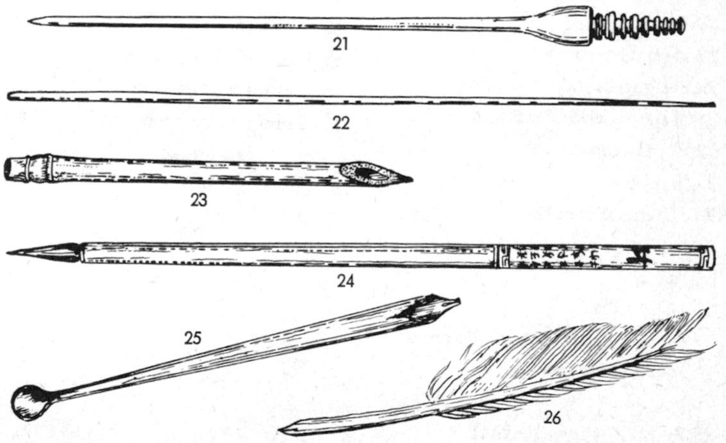
21
22
23
24
25
26

1-15 tipos *m* **de escritura** *f* (caracteres *m* de imprenta *f*):

1 el tipo gótico
2 el tipo Schwabacher [letra *f* gótica alemana]
3 la letra alemana
4 la antigua renacentista (medieval)
5 la antigua preclasicista (antigua barroca)
6 la clasicista antigua
7 la grotesca
8 la egipcia (el tipo Clarendon)
9 el tipo de máquina *f* de escribir
10 el tipo de la caligrafía inglesa
11 el tipo de la caligrafía alemana
12 el tipo de la caligrafía latina
13 la taquigrafía
14 la escritura fonética (transcripción fonética)
15 la escritura de Braille;

16-29 signos *m* **de puntuación** *f*:

16 el punto
17 los dos puntos
18 la coma
19 el punto y coma
20 el signo de interrogación *f*
21 el signo de admiración *f*
22 el apóstrofo
23 la raya
24 el paréntesis curvo
25 los corchetes (el paréntesis rectangular)
26 las comillas
27 las comillas francesas (el signo francés para citas *f*)
28 el guión
29 los puntos suspensivos;

30-35 signos *m* **de acentuación** *f* **y signos de pronunciación** *f*:

30 el acento agudo
31 el acento grave
32 el acento circunflejo
33 la cedilla [debajo de la c]
34 la diéresis [sobre la e]
35 la tilde [sobre la n];
36 el signo de principio *m* de párrafo *m*

37 el periódico:

38 la cabecera del periódico
39 el pie de imprenta *f*
40 el artículo de fondo *m* (el editorial)
41 la regla de cabecera *f*
42 el titular
43 la línea de la columna
44 la fotografía de prensa *f*
45 el pie de la fotografía
46 el título de la columna
47 la columna
48 la caricatura
49 las noticias deportivas
50 el folletón
51 y 52 anuncios *m* (avisos):
51 la esquela mortuoria
52 el anuncio de propaganda *f*, anuncio de una firma;
53 la noticia breve

Duden	Duden	Duden	Duden
1	2	3	4
Duden	Duden	Duden	Duden
5	6	7	8
Duden	Duden	düdnn	Duden
9	10	11	12

13

ɔ:l pi:pl

14

15

.	:	,	;	?	!	’	—	()	[]	„ “
16	17	18	19	20	21	22	23	24	25	26
» «	-	...	é	è	ê	ç	ë	ñ	§	
27	28	29	30	31	32	33	34	35	36	

① I II III IV V VI VII VIII IX X

② 1 2 3 4 5 6 7 8 9 10

① XX XXX XL L LX LXX LXXX XC XCIX C

② 20 30 40 50 60 70 80 90 99 100

① CC CCC CD D DC DCC DCCC CM CMXC M

② 200 300 400 500 600 700 800 900 990 1000

③ 9658 ④ 5 kg. ⑤ 2 ⑥ 2. ⑦ +5 ⑧ -5

1-26 aritmética *f*,

1-22 el número:

1 los números romanos (las cifras romanas)

2 los números arábigos (las cifras arábigas)

3 el número abstracto, un número de cuatro cifras *f* (de cuatro dígitos *m*, de cuatro guarismos *m*) [8 = las unidades, 5 = las decenas, 6 = las centenas, 9 = las unidades de millar *m*]

4 el número concreto

5 el número cardinal

6 el número ordinal [*en español:* 2 º]

7 el número positivo [con el signo positivo]

8 el número negativo [con el signo negativo]

9 símbolos *m* algebraicos

10 el número mixto [3 = el número entero, $^1/_3$ el número fraccionario (número quebrado)]

11 números *m* pares

12 números *m* impares

13 números *m* primos

14 el número complejo [3 = el número real, $2\sqrt{-1}$ = el número imaginario]

15 y 16 quebrados *m* comunes:

15 la fracción propia (el quebrado propio) [2 = el numerador, el signo de división *f* (la línea horizontal, la raya de quebrado *m*), 3 = el denominador]

16 la fracción impropia (el quebrado impropio), al mismo tiempo la recíproca (fracción inversa) de la 15;

17 la fracción compuesta

18 la fracción impropia [cuando, al

⑨ a, b, c ... ⑩ $3\frac{1}{3}$ ⑪ 2, 4, 6, 8 ⑫ 1, 3, 5, 7

⑬ 3, 5, 7, 11 ⑭ $3 + 2\sqrt{-1}$ ⑮ $\frac{2}{3}$ ⑯ $\frac{3}{2}$

⑰ $\frac{\frac{5}{6}}{\frac{3}{4}}$ ⑱ $\frac{12}{4}$ ⑲ $\frac{4}{5} + \frac{2}{7} = \frac{38}{35}$ ⑳ 0,357

㉑ $0{,}6666\ldots = 0{,}\overline{6}$ ㉒ ㉓ $3 + 2 = 5$

㉔ $3 - 2 = 1$ ㉕ $3 \cdot 2 = 6$ ㉖ $6 : 2 = 3$

reducirla, resulta un número entero]

19 fracciones *f* de diferente denominador *m* [35 = el común denominador]

20 la fracción decimal propia con la coma de decimales *m; en España* se representa 0'357 [3 = las décimas, 5 = las centésimas, 7 = las milésimas]

21 la fracción decimal periódica

22 el período;

23-26 las operaciones fundamentales de aritmética *f* (las primeras reglas de aritmética):

23 la adición (suma); [3 y 2 = los sumandos (términos de la suma), + = el signo de más, 5 = la suma (el resultado)]

24 la sustracción (resta); [3 = el minuendo, — = el signo de sustracción, 2 = el sustraendo, 1 = el resto (la diferencia)]

25 la multiplicación; [3 = el multiplicando, · = el signo de multiplicación; *en España:* x, 2 = el multiplicador, 2 y 3 factores *m*, 6 = el producto]

26 la división; [6 = el dividendo, : = el signo de división, 2 = el divisor, 3 = el cociente]

(1) $3^2 = 9$ (2) $\sqrt[3]{8} = 2$ (3) $\sqrt{4} = 2$

(4) $3x + 2 = 12$

(5) $4a + 6ab - 2ac = 2a(2 + 3b - c)$

(6) $^{10}\log 3 = 0{,}4771$ o $\lg 3 = 0{,}4771$

(7) $\frac{c\,[1000 \text{ Ptas.}] \cdot r\,[5\%] \cdot t\,[2 \text{ años}]}{100} = i\,[100 \text{ Ptas.}]$

1-24 aritmética *f*,

1-10 operaciones *f* **avanzadas aritméticas:**

1 la elevación a potencia *f* (la potenciación); [3 al cuadrado (segunda potencia de 3) = la potencia, 3 = la base, 2 = el exponente (índice), 9 = el valor de la potencia]

2 la extracción de raíces *f* (la radicación); [la raíz cúbica de 8 = la raíz cúbica, 8 = el radicando, 3 = el índice de la raíz, $\sqrt{\ }$ = el radical (signo de extracción de raíces), 2 = el valor de la raíz]

3 la raíz cuadrada

4 y **5** el álgebra *f*:

4 la ecuación de primer grado *m* con una incógnita; [3,2 = los coeficientes, x = la incógnita]

5 la ecuación idéntica (identidad); [a, b, c = los símbolos algebraicos];

6 el cálculo logarítmico (la logaritmación); [log = el símbolo de logaritmo *m*, 3 = el número cuyo logaritmo se busca, 10 = la base, 0 = la característica, 4771 = la mantisa, 0,4771 = el logaritmo]

7 la fórmula de interés *m* simple; [c = el capital inicial, r = el rédito (tanto por ciento *m*), t = el tiempo, i = el interés (la ganancia), % = el signo del tanto por ciento]

8-10 la regla de tres:

8 el planteamiento con la cantidad desconocida x (con la incógnita)

9 la ecuación (ecuación determinada)

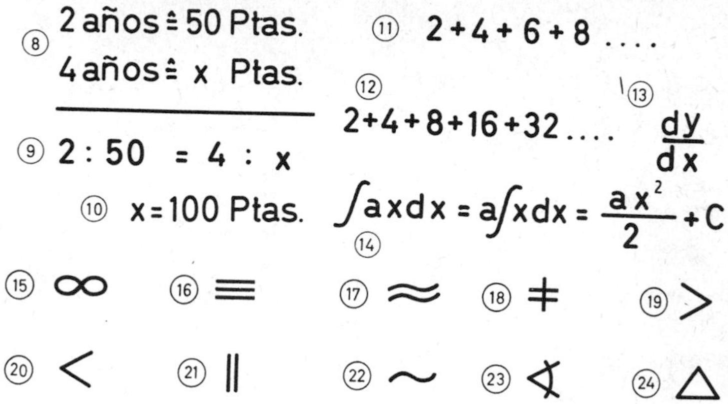

(8) $2\ \text{años} \triangleq 50\ \text{Ptas.}$
$4\ \text{años} \triangleq x\ \text{Ptas.}$

(9) $2 : 50 = 4 : x$

(10) $x = 100\ \text{Ptas.}$

(11) $2 + 4 + 6 + 8 \ldots.$

(12) $2 + 4 + 8 + 16 + 32 \ldots.$

(13) $\frac{dy}{dx}$

(14) $\int ax\,dx = a\int x\,dx = \frac{ax^2}{2} + C$

(15) ∞ (16) $\equiv$ (17) $\approx$ (18) $\not\equiv$ (19) $>$

(20) $<$ (21) $\parallel$ (22) $\sim$ (23) $\sphericalangle$ (24) $\triangle$

10 la solución;

11-14 altas matemáticas *f*:

11 la progresión aritmética con los términos 2, 4, 6, 8

12 la progresión geométrica

13 y 14 el cálculo infinitesimal:

13 el cociente diferencial (la derivación); [dx, dy = las diferenciales, d = el signo de diferencial]

14 el cálculo integral (la integración); [x = la variable, C = la constante de la integral, ∫ = el signo de la integral, dx = la diferencial];

15-24 signos *m* **matemáticos:**

15 infinito

16 idéntico (el signo de identidad *f*)

17 casi igual

18 no idéntico (el signo de la no identidad)

19 mayor que

20 menor que

21-24 signos *m* **geométricos:**

21 paralela *f* (el signo de paralelismo *m*)

22 semejante (el signo de la semejanza)

23 el signo de ángulo *m*

24 el signo de triángulo *m*

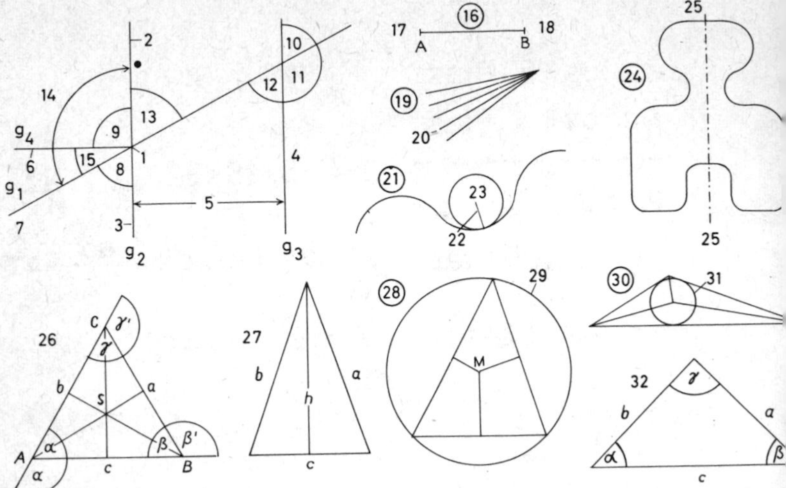

1-58 geometría *f* **plana** (geometría elemental, geometría euclidiana),

1-23 punto *m*, **línea** *f*, **ángulo** *m*:

1 el punto [punto de intersección *f* de g 1 y g 2], el vértice de 8

2 y **3** la línea recta g 2

4 la paralela a g 2

5 la distancia entre las líneas rectas g 2 y g 3

6 la perpendicular (g 4) a g 2

7 y **3** los lados de 8

8 el ángulo

8 y **13** ángulos *m* opuestos por el vértice

9 el ángulo recto [90°]

10 el ángulo agudo, al mismo tiempo ángulo alterno con el 8

11 el ángulo obtuso

10, 11 y **12** el ángulo cóncavo

12 el ángulo correspondiente al 8

13, 9 y **15** el ángulo llano [180°]

14 el ángulo adyacente; *en este caso* el ángulo suplementario del 13

15 el ángulo complementario al 8

16 el segmento rectilíneo AB:

17 el extremo A

18 el extremo B;

19 el haz de rayos *m*:

20 el rayo;

21 la línea curva:

22 un radio de curvatura *f*

23 un centro de curvatura *f*;

24-58 las superficies planas,

24 la figura simétrica:

25 el eje de simetría *f*;

26-32 triángulos *m*,

26 el triángulo equilátero; [A, B, C los vértices; a, b, c los lados; α, β, γ los ángulos interiores; α', β', γ' los ángulos exteriores; S el centro]

27 el triángulo isósceles; [a, b los lados; c la base; h la perpendicular, una altura]

28 el triángulo acutángulo con las perperpendiculares bisectrices de los lados:

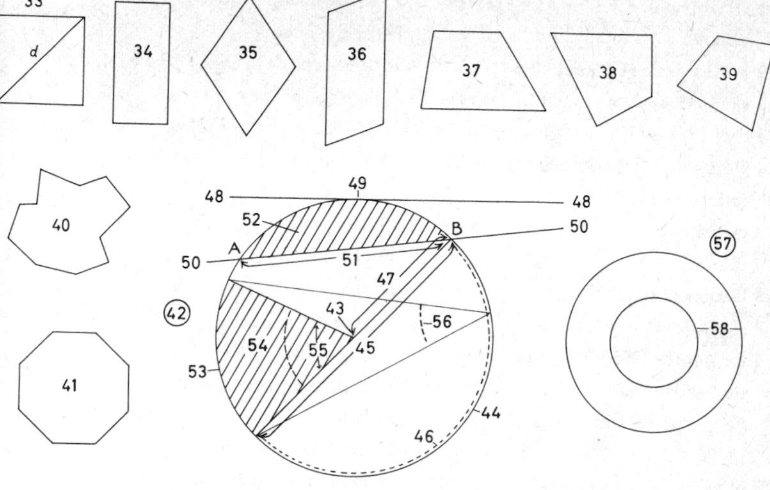

29 el círculo circunscrito;

30 el triángulo obtusángulo con las bisectrices de los ángulos:

31 el círculo inscrito;

32 el triángulo rectángulo y las funciones trigonométricas de los ángulos; [a, b los catetos; c la hipotenusa; γ el ángulo recto; a : c = sen α (seno *m*); b : c = cos α (coseno *m*); a : b = tg α (tangente *f*); b : a = cotg α (cotangente *f*)]

33-39 cuadriláteros *m*,

33-36 paralelogramos *m*:

33 el cuadro [d = una diagonal]

34 el rectángulo

35 el rombo

36 el romboide;

37 el trapecio

38 el deltoide (cometa)

39 el cuadrilátero irregular;

40 el polígono

41 el polígono regular

42 el círculo:

43 el centro

44 la circunferencia

45 el diámetro

46 el semicírculo

47 el radio (r)

48 la tangente

49 el punto de contacto *m* (P)

50 la secante

51 la cuerda AB

52 el segmento

53 el arco

54 el sector

55 el ángulo central

56 el ángulo inscrito;

57 la corona circular:

58 círculos *m* concéntricos

1 el sistema de coordenadas *f* rectangulares,
2 y 3 los ejes de coordenadas *f*:
2 el eje de las abscisas (eje de las x)
3 el eje de las ordenadas (eje de las y);
4 el origen de las coordenadas (el punto cero)
5 el cuadrante [I a IV, 1° al 4° cuadrante]
6 la dirección positiva
7 la dirección negativa
8 los puntos [P 1 y P 2] en el sistema de coordenadas *f*; x 1 e y 1 [o x 2 e y 2 respectivamente] sus coordenadas
9 el valor de la abscisa [x 1 o x 2 respectivamente] (la abscisa)
10 el valor de la ordenada [y 1 o y 2 respectivamente] (las ordenadas);
11-29 las secciones cónicas,
11 las curvas en el sistema de coordenadas *f*:
12 las curvas planas [a la subida de la curva, b la intersección de la curva con la ordenada, c la raíz de la curva]
13 las curvas sinuosas;
14 la parábola, una curva de segundo grado *m*:
15 las ramas de la parábola
16 el vértice de la parábola
17 el eje de la parábola;
18 una curva de tercer grado *m*:
19 el máximo de la curva
20 el mínimo de la curva
21 el punto de inflexión *f*;
22 la elipse:
23 el eje mayor
24 el eje menor
25 los focos de la elipse [F 1 y F 2];
26 la hipérbola:
27 los focos [F 1 y F 2]
28 los vértices [S 1 y S 2]
29 las asíntotas [a y b];
30-46 cuerpos *m* geométricos,
30 el cubo:
31 el cuadrado, un plano
32 la arista
33 el vértice;
34 el prisma rectangular:
35 la base;
36 el paralelepípedo
37 el prisma triangular
38 el cilindro, un cilindro recto:
39 la base, un plano circular
40 la superficie convexa (superficie lateral);
41 la esfera
42 el elipsoide de revolución *f*
43 el cono:
44 la altura del cono;
45 el cono truncado
46 la pirámide cuadrangular

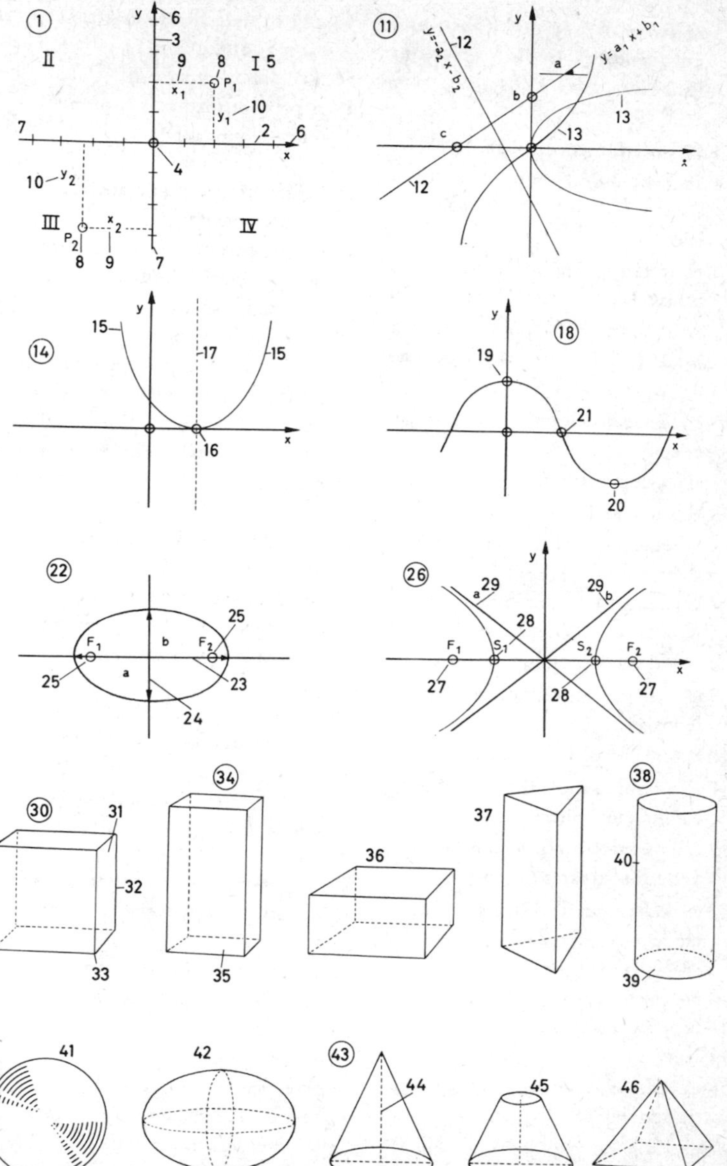

1
y
6
3
II
9
8
I 5
x_1
P_1
y_1
10
7
2
6
x
4
10
y_2
III
P_2
x_2
IV
8
9
7
11
$y=-a_2x-b_2$
12
$y=a_1x+b_1$
a
b
13
c
13
12
14
15
17
15
16
18
19
21
20
22
25
F_1
b
F_2
25
a
23
24
26
a 29
29 b
28
F_1
S_1
S_2
F_2
27
28
27
30
31
32
33
34
35
36
37
38
40
39
41
42
43
44
45
46

1-26 formas *f* **fundamentales y combinadas de los cristales** (estructura *f* de los cristales),

1-17 el sistema regular de cristalización *f* (sistema cúbico, sistema teselado, sistema isométrico):

1 el tetraedro (poliedro de cuatro caras *f*, la tetraedrita) [cobre *m* gris]
2 el hexaedro (cubo, poliedro de seis caras *f*), un holoédrico [sal *f* gema (sal de compás *m*, sal pedrés)]:
3 el centro de simetría *f* (centro del cristal)
4 el eje de simetría *f*
5 el plano de simetría *f*;
6 el octaedro (poliedro de ocho caras *f*) [oro *m*]
7 el dodecaedro romboide (rombododecaedro) [granate *m*]
8 el dodecaedro pentagonal [pirita *f*]:
9 el pentágono (polígono de cinco lados *m*);
10 el octaedro piramidal [diamante *m*]
11 el icosaedro (poliedro de veinte caras *f*), un poliedro regular
12 el icositetraedro (poliedro de veinticuatro caras *f*) [leucita *f*]
13 el dodecatetraedro (poliedro de cuarenta y ocho caras *f*, hexaquioctaedro) [diamante *m*]
14 el octaedro, con cubo *m* [galena *f*]:
15 el hexágono (polígono de seis lados *m*);
16 el cubo, con octaedro *m* [espato *m* de fluor *m*]:
17 el octógono (polígono de ocho lados *m*);

18 y 19 el sistema de cristalización *f* **tetragonal:**

18 la pirámide tetragonal
19 el protoprisma, con protopirámide *f* [circón *m*];

20-22 el sistema de cristalización *f* **hexagonal:**

20 el protoprisma, con protopirámide *f* y deutopirámide *f* y base *f* pinacoide [apatita *f*]
21 el prisma hexagonal
22 el prisma hexagonal (prisma ditrigonal), con romboedro *m* [calcita *f* (espato *m* de Islandia)];
23 la pirámide ortorrómbica (el sistema rómbico) [azufre *m*]

24 y 25 el sistema de cristalización *f* **monoclínico** (sistema oblicuo, sistema monosimétrico):

24 el prisma monoclínico, con clinopinacoide *m* y hemipirámide *f* (hemiedro *m*) [yeso *m*]
25 el ortopinacoide (cristal gemelo en cola *f* de golondrina *f*) [yeso *m*];
26 el pinacoide triclínico (sistema triclínico, sistema anórtico) [sulfato *m* de cobre *m*];

27-33 aparatos *m* **para medir cristales** *m* (para la cristalometría):

27 el goniómetro de contacto *m*
28 el goniómetro por reflexión *f*:
29 el cristal
30 el colimador
31 el telescopio de observación *f*
32 el círculo graduado
33 la lente, para leer el ángulo de rotación *f*

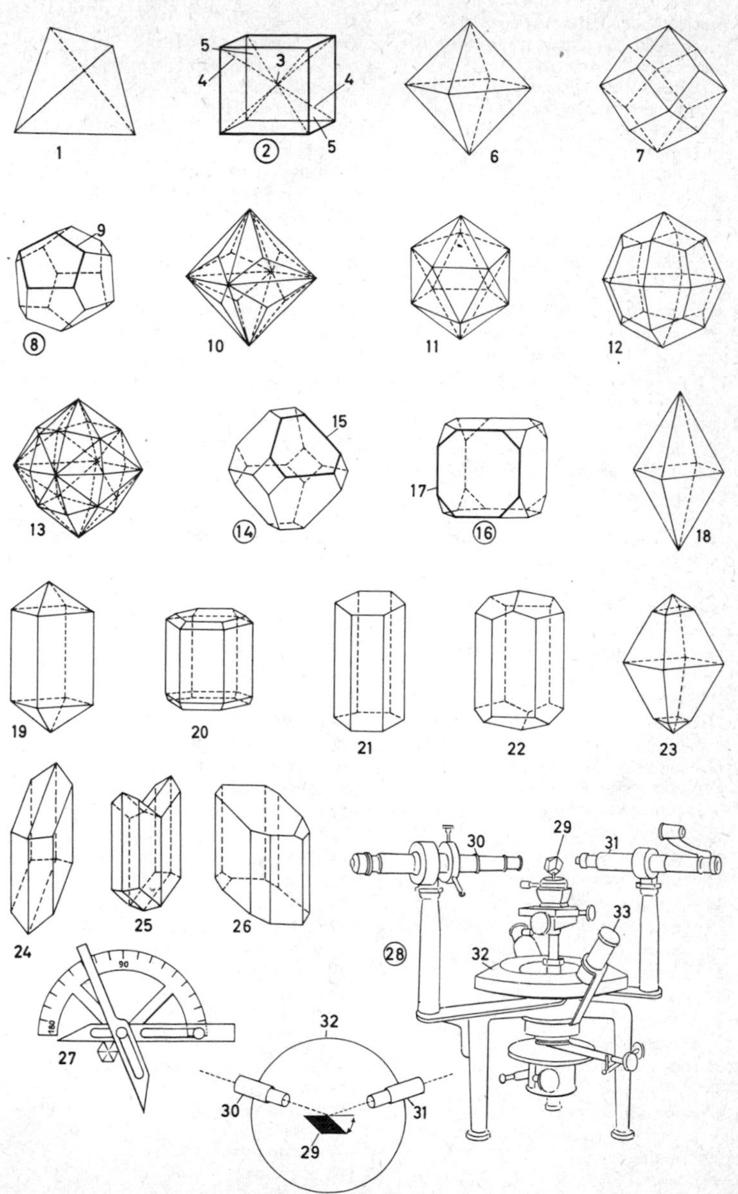
1
2
3
4
5
6
7
8
9
10
11
12
13
14
15
16
17
18
19
20
21
22
23
24
25
26
27
90
180
28
29
30
31
32
33

1 el calibrador micrométrico (tornillo calibrador micrométrico), para medir espesores *m* pequeños
2 el dinamómetro de muelle *m*, un aparato para medir la fuerza (dinamómetro)
3 el aparejo (sistema de poleas *f*), para levantar cargas *f* pesadas con menos potencia *f*:
4 la polea móvil
5 la cuerda;
6 el giroscopio, un aparato para la enseñanza de la giroscopia
7 la prensa hidráulica
8 el areómetro (densímetro)
9 la jeringa de gas *m*
10 el balón de gas *m*, para pesar el aire:
11 la espita de presión *f* (de estrangulamiento *m*);
12 la campana neumática:
13 la cápsula;
14 la plataforma de la bomba de vacío *m*:
15 la llave de tres posiciones *f*;
16 el tubo de descarga *f*
17 la bomba de vacío *m* por aceite *m*
18-21 aparatos *m* para el estudio de la Acústica:
18 la máquina mecánica de ondas *f*
19 el tubo labial
20 el emisor de sonidos *m* (altavoz *m* o micrófono *m*)
21 el péndulo de resonancia *f*;
22-41 aparatos *m* para el estudio de la Optica,
22 la lámpara Reuter:
23 el condensador simple;
24 la lámpara de arco *m*:
25 el condensador doble;
26 la lámpara espectral
27 el banco óptico:
28 la lámpara Reuter
29 el obturador (diafragma)
30 la lente
31 el prisma
32 la pantalla;
33 el espejo plano
34 el espectrómetro:
35 la mesa de prisma *m*
36 el prisma
37 el tornillo de ajuste *m*
38 el círculo graduado (limbo graduado)
39 el nonio
40 el colimador
41 el telescopio;
42 los vasos comunicantes
43 el dispositivo para demostrar la capilaridad:
44 el tubo capilar;
45-85 aparatos *m* para el estudio de la electricidad:
45 la jaula de Faraday
46 la esfera de prueba *f*:
47 el mango;
48 la botella de Leyden:
49 la varilla conductora
50 el descargador;
51 el condensador de placa *f*:
52 la placa de metal *m*
53 la placa aislante;
54 el generador electrostático (la máquina de Wimshurst):
55 la botella de Leyden
56 las tiras de papel *m* de estaño *m*
57 el descargador (la varilla de descarga *f*);
58 el generador de correa *f*:
59 el cilindro impulsor
60 la correa de transmisión *f*
61 la esfera conductora;
62 el electroscopio:
63 la armadura
64 el aislador
65 el portaagujas
66 la aguja;
67 la pila Bunsen:
68 la varilla de carbón *m*
69 el cilindro de cinc *m*;
70 el carrete de inducción *f*:
71 el interruptor
72 el transformador
73 el espacio para las chispas;
74 el inducido de tambor *m*:
75 el eje
76 el tambor
77 los anillos colectores de la corriente continua;
78 el rotor en doble T:
79 el eje
80 el inducido (rotor)
81 los anillos colectores de la corriente alterna
82 los anillos colectores de la corriente continua;
83 la resistencia regulable (el reóstato de cursor *m*):
84 la resistencia
85 el cursor

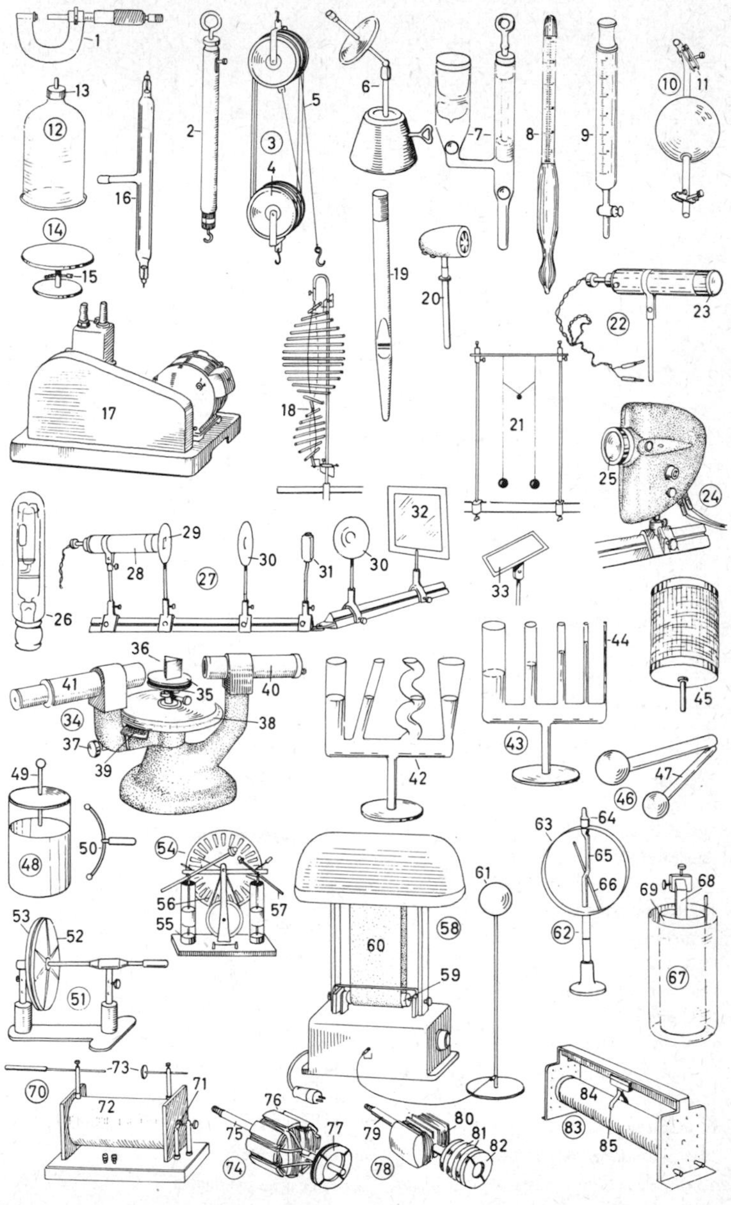
1
2
3
4
5
6
7
8
9
10
11
12
13
14
15
16
17
18
19
20
21
22
23
24
25
26
27
28
29
30
31
30
32
33
34
35
36
37
38
39
40
41
42
43
44
45
46
47
48
49
50
51
52
53
54
55
56
57
58
59
60
61
62
63
64
65
66
67
68
69
70
71
72
73
74
75
76
77
78
79
80
81
82
83
84
85

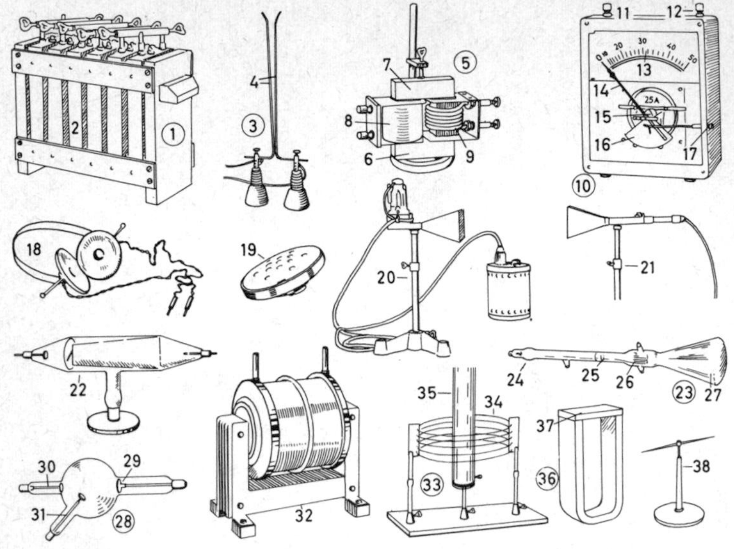

1-35 aparatos *m* para el estudio de la electricidad,

1 la batería de acumuladores *m* de acero *m*:

2 el elemento;

3 el pararrayos de cuernos *m*:

4 los electrodos de cuerno *m*;

5 el transformador experimental:

6 el núcleo

7 la culata

8 el carrete de baja tensión *f*

9 el carrete de alta tensión *f*;

10 el aparato de medida *f* de carrete *m* giratorio:

11 la caja

12 el borne de unión *f*

13 la escala

14 la aguja indicadora

15 el dispositivo medidor, con carrete *m* giratorio

16 el amortiguamiento

17 el ajustador de puesta *f* a cero *m*;

18 el auricular doble de cabeza *f*

19 el micrótono

20 el transmisor de microondas *f*

21 el receptor de microondas *f*

22 el tubo de rayos *m* catódicos, para la desviación magnética

23 el tubo de Braun:

24 el cátodo

25 el tubo de Wehnelt

26 las placas de desviación *f*

27 la pantalla;

28 el tubo Roentgen (tubo de rayos *m* X):

29 el cátodo

30 el ánodo

31 el anticátodo;

32 el transformador de alta tensión *f*

33 el transformador de Tesla:

34 el carrete primario

35 el carrete secundario;

36 el imán en forma *f* de herradura *f*:

37 la armadura

38 la aguja magnética

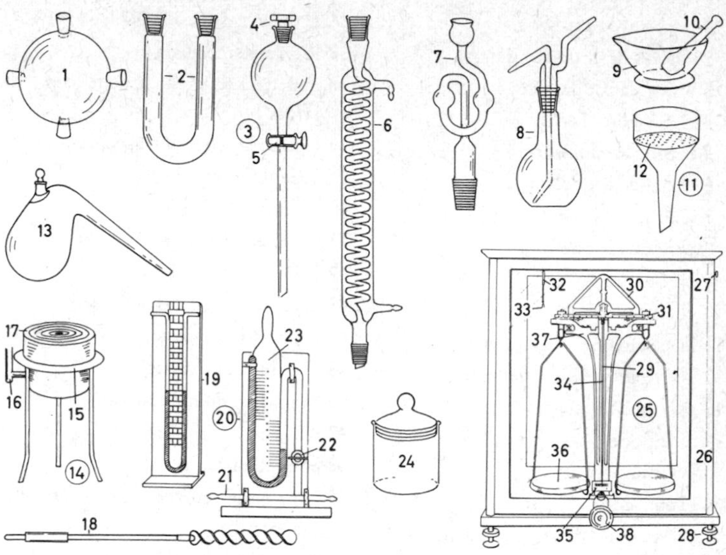

1 el globo Scheidt
2 el tubo en U
3 el embudo de separación *f*:
4 el tapón octogonal
5 la espita;
6 el refrigerador de serpentín *m*
7 el tubo de seguridad *f* [válvula *f* de cierre *m* en el extremo superior de un aparato de fermentación *f*]
8 la redoma con sifón *m*
9 el mortero
10 la mano del mortero
11 el filtro de vacío *m* (filtro de succión *f*, filtro de Büchner):
12 el filtro (tamiz);
13 la retorta
14 el baño de María:
15 el trípode
16 el indicador de agua *f*
17 las arandelas;
18 el agitador
19 el medidor de alta y baja presión *f* (el manómetro)
20 el manómetro (vacuómetro) de espejo *m*, para medir presiones *f* pequeñas
21 el tubo de succión *f*
22 la espita
23 la escala de cursor *m*;
24 el jarro (bote) de pesar
25 la balanza de análisis *m* (balanza de laboratorio *m*):
26 la caja
27 el panel anterior levadizo
28 el soporte de tres puntos *m*
29 la columna de la balanza
30 el astil de la balanza
31 el carril de corredera *f*
32 el agarrador de corredera *f*
33 la corredera (el peso deslizante)
34 el fiel
35 la escala graduada
36 el platillo
37 el inmovilizador
38 el botón de inmovilización *f*

1 el mechero Bunsen:
2 el tubo de entrada *f* del gas
3 el regulador del aire;
4 el mechero Teclu:
5 el tubo de unión *f*
6 el regulador del gas
7 el tubo
8 el regulador del aire;
9 el soplete:
10 el revestimiento
11 la entrada de oxígeno *m*
12 la entrada de hidrógeno *m*
13 la boquilla del oxígeno;
14 el trípode
15 la anilla
16 el embudo
17 el triángulo de arcilla *f* cocida
18 la tela metálica
19 la tela metálica con amianto *m*
20 el vaso de precipitación *f*
21 la bureta, para medir líquidos *m*
22 el soporte de la bureta:
23 la abrazadera de la bureta;
24 la pipeta graduada (pipeta calibrada)
25 la pipeta ordinaria
26 la probeta graduada
27 la probeta graduada con tapón *m*
28 el matraz de mezclas *f*
29 el cuenco de porcelana *f* para evaporación *f*
30 la abrazadera de tubos *m*
31 el crisol de arcilla *f*, con tapadera *f*
32 las pinzas del crisol
33 la grapa (el sujetador)
34 el tubo de ensayo *m*
35 el soporte de los tubos de ensayo *m*
36 el matraz de fondo *m* plano:
37 la boca esmerilada;
38 el matraz redondo, de cuello *m* largo
39 el matraz cónico (frasco de Erlenmeyer)
40 el frasco de filtraje *m*
41 el papel de filtro *m* plegado
42 la llave de un solo paso
43 el tubo de cloruro *m* cálcico:
44 la llave de cierre *m*;
45 el cilindro de cristal *m*
46 el aparato de destilación *f*:
47 el matraz de destilación *f*
48 el condensador
49 la llave de retorno *m*, una llave de dos pasos *m*;
50 el matraz de destilación *f*
51 el desecador:
52 la tapa de cristal *m* del recipiente
53 la llave de evacuación *f*
54 la salvilla de porcelana *f* del desecador;
55 el matraz de tres cuellos *m*
56 la pieza de conexión *f* (el tubo en Y)
57 el frasco de tres cuellos *m*
58 la botella para limpiar gas *m*
59 el aparato para producir gas *m* (aparato Kipp):
60 el receptáculo de rebosamiento *m* (el recipiente de paso *m*)
61 el receptáculo de la substancia
62 el recipiente del ácido
63 la salida del gas

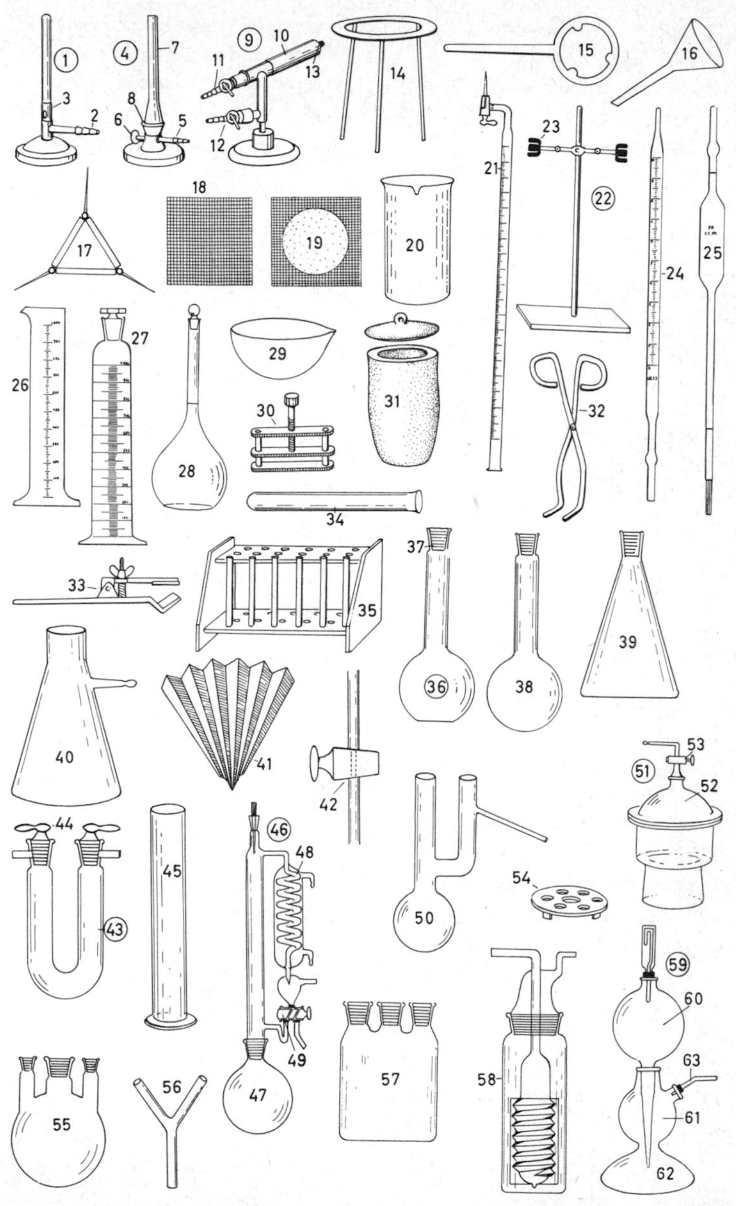
1
2
3
4
5
6
7
8
9
10
11
12
13
14
15
16
17
18
19
20
21
22
23
24
25
26
27
28
29
30
31
32
33
34
35
36
37
38
39
40
41
42
43
44
45
46
47
48
49
50
51
52
53
54
55
56
57
58
59
60
61
62
63

1 el poste totémico (poste genealógico, pilar totémico):
2 el totem, una representación esculpida y pintada, figurativa o simbólica;
3 el indio de las praderas (*Amér.* : el indio de las sabanas)
4 el mustang, un caballo de las estepas (caballo cimarrón)
5 el lazo, una larga cuerda arrojadiza con nudo *m* corredizo de fácil cierre *m*
6 la pipa de la paz (*fr.*: le calumet)
7 el tipi (wigwam, la tienda india):
8 el poste de la tienda
9 la trampilla para el humo;
10 la squaw, una mujer india
11 el jefe indio [un piel roja] :
12 el adorno de cabeza *f*, un penacho de plumas *f*
13 la pintura de guerra *f*
14 el collar de uñas *f* de oso *m*
15 el cuero cabelludo arrancado al enemigo, un trofeo de guerra *f*
16 el tomahawk, un hacha *f* de guerra *f*
17 las polainas (polainas hechas con cuero *m* de venados *m*)
18 el mocasín, un zapato bajo (de cuero *m* y corteza *f* de árbol *m*);
19 la piragua de los indios de los bosques
20 el templo maya, una pirámide escalonada *m*
21 la momia
22 el quipo (la cuerda con nudos *m*, la escritura de nudos de los incas)
23 el indio (indio de Centroamérica y Sudamérica); *en este caso:* el indio de las montañas:
24 el poncho, una manta con abertura *f* para el cuello, especie *f* de capote *m* sin mangas *f*;
25 el indio de la selva tropical:
26 la cerbatana (bodoquera; *Bol.* : la pacuna);
27 el carcaj
28 la flecha:
29 la punta de la flecha
30 la cabeza reducida, un trofeo de guerra *f*;
31 las boleadoras, un arma *f* arrojadiza y de aprehensión *f*:
32 la bola de piedra *f* o metal *m* forrada de cuero *m*;
33 el palafito
34 el bailarín Duk-duk, un miembro de una sociedad secreta de guerreros *m*
35 la lancha con batanga *f* (lancha con balancín *m*):
36 la batanga (el balancín);
37 el aborigen (indígena, nativo) australiano:
38 el taparrabo de cabellos *m* humanos
39 el bumerang, un arma *f* arrojadiza de madera *f* dura
40 el tiralanzas con lanzas *f*

1
2
3
4
5
6
7
8
9
10
11
12
13
14
15
16
17
18
19
20
21
22
23
24
25
26
27
28
29
30
31
32
33
34
35
36
37
38
39
40

1 el esquimal
2 el perro de trineo *m*, un perro ártico (perro esquimal)
3 el trineo de perros *m*
4 el iglú, una choza de nieve *f* en forma *f* de cúpula *f*:
5 el bloque de nieve *f*
6 el túnel de entrada *f*;
7 la lámpara de aceite *m* de ballena *f*
8 la tablilla arrojadiza
9 el espiche
10 el arpón de una sola punta
11 el pellejo flotador
12 el kayak, un bote ligero individual:
13 la armazón de madera *f* o hueso *m* recubierto de piel *f*
14 el remo (canalete);
15 el atalaje de reno *m*:
16 el reno
17 el ostiaco
18 el trineo de silla *f*;
19 la yurta, una tienda vivienda de las tribus nómadas del Asia *f* Central y Occidental:
20 la cubierta de fieltro *m*
21 la abertura para el humo;
22 el quirguíz:
23 el gorro de piel *f* de oveja *f*;
24 el chamán:
25 el adorno de flecos *m*
26 el atabal;
27 el tibetano:
28 el fusil de horquilla *f*
29 el molino de oraciones *f*
30 la bota de fieltro *m*;
31 el barco vivienda (sampán)
32 el junco:
33 la vela de estera *f*;
34 la jinrikisha (rikisha)
35 el culi de la jinrikisha
36 el farolillo [un farolillo chino]
37 el samurai:
38 la armadura enguatada;
39 la geisha:
40 el quimono
41 el obi
42 el abanico;
43 el culi
44 el cris, un puñal malayo
45 el encantador de serpientes *f*:
46 el turbante
47 la flauta
48 la serpiente danzante

1
2
3
4
5
6
7
8
9
10
11
12
13
14
15
16
17
18
19
20
21
22
23
24
25
26
27
28
29
30
31
32
33
34
35
36
37
38
39
40
41
42
43
44
45
46
47
48

1 la caravana de camellos *m*:
2 el animal de silla *f*
3 el animal de carga *f*;
4 el oasis:
5 el palmar;
6 el beduino:
7 el albornoz;
8 el guerrero masai
9 el peinado
10 el escudo
11 el cuero de buey *m* pintado
12 la lanza de hoja *f* larga;
13 el negro:
14 el tambor de las danzas;
15 el cuchillo arrojadizo
16 la máscara de madera *f*
17 la figura del antepasado
18 el tambor de señales *f*:
19 el palillo (la baqueta; *Amér.:* el bolillo) del tambor;
20 la piragua, un bote hecho vaciando un tronco de árbol *m*
21 la choza de los negros
22 la negra:
23 el disco labial;
24 la piedra de moler
25 la mujer herera:
26 el tocado de cuero *m*
27 la calabaza (*Arg.*, *Bol.*, *C. Rica*, *Chile*, *Perú*, *Urug.:* el porongo);
28 la choza en forma *f* de colmena *f*
29 el bosquimano:
30 la estaquilla de la oreja
31 el taparrabo
32 el arco
33 el kirri, una especie de clava *f* (de cachiporra *f*);
34 la mujer bosquimana, obteniendo fuego *m* por taladramiento *m*
35 el abrigo contra el viento
36 el zulú en atuendo *m* de danza *f*:
37 el bastón de danza *f*
38 el anillo de la pierna;
39 el cuerno de guerra *f* de marfil *m*
40 la cadena de amuletos *m* y dados *m*
41 el pigmeo:
42 la pipa mágica para conjurar a los espíritus;
43 el fetiche

1
2
3
4
5
6
7
8
9
10
11
12
13
14
15
16
17
18
19
20
21
22
23
24
25
26
27
28
29
30
31
32
33
34
35
36
37
38
39
40
41
42
43

1 mujer *f* griega:
2 el peplo;
3 hombre *m* griego:
4 el petaso (sombrero tesalio)
5 el quitón, una túnica de lino *m* llevada como ropa *f* interior
6 el himatión, un manto de lana *f*;
7 mujer *f* romana:
8 el tupé
9 la estola
10 la palla, un manto de color *m*;
11 hombre *m* romano:
12 la túnica
13 la toga
14 la orla de púrpura *f*;
15 emperatriz *f* bizantina:
16 la diadema de perlas *f*
17 los pinjantes
18 el manto de púrpura *f*
19 el vestido;
20 princesa *f* alemana [siglo XIII]:
21 la diadema (el schapel)
22 la impla (el griñón)
23 el broche
24 la presilla del manto
25 la túnica ceñida
26 el manto;
27 alemán *m* vestido a la española [alrededor de 1575]:
28 el birrete (la gorra con plumas *f*)
29 la capa corta
30 el jubón enguatado
31 las trusas (los gregüescos acuchillados);
32 el lansquenete [alrededor de 1530]:
33 el jubón acuchillado
34 los pantalones bombachos (pantalones con chorreras *f*);
35 mujer *f* de Basilea [alrededor de 1525]:
36 el vestido exterior
37 la falda fruncida (falda a la Margarita);
38 mujer *f* de Nuremberg [alrededor de 1500]:
39 la esclavina de gorguera *f* (el koller);
40 hombre *m* borgoñón [siglo XV]:
41 el jubón corto
42 los zapatos en pico *m* (los cracowes)

43 las suelas de madera *f*;
44 joven *m* noble [alrededor de 1400]:
45 el sayo corto
46 las mangas festoneadas
47 las calzas mitad y mitad;
48 patricia *f* de Augsburgo [alrededor de 1575]:
49 las mangas huecas
50 el sobretodo (la marlotte);
51 dama *f* francesa [alrededor de 1600]:
52 la gorguera en muela *f* de molino *m*
53 el corpiño encorsetado;
54 caballero *m* [alrededor de 1650]:
55 el sombrero sueco (sombrero flojo)
56 el cuello de lienzo *m*
57 el forro de lienzo *m* blanco
58 las botas de campana *f* (las ladrinas);
59 dama *f* [alrededor de 1650]:
60 las mangas afolladas (mangas de bullón *m*);
61 caballero *m* [alrededor de 1700]:
62 el sombrero de tres picos *m* (el tricornio)
63 la espada de fantasía *f*;
64 dama *f* [alrededor de 1700]:
65 la papalina de encajes *m*
66 el manto guarnecido de encajes *m*
67 la orla recamada;
68 dama *f* [alrededor de 1880]:
69 el polisón (*Chile:* la potolina);
70 dama *f* [alrededor de 1858]:
71 la toca
72 el miriñaque;
73 caballero *m* estilo Biedermeier:
74 el cuello alto (la marquesota)
75 el chaleco floreado
76 la levita;
77 la peluca de lazo *m*:
78 el moño;
79 damas *f* con vestidos *m* de corte *f* [alrededor de 1780]:
80 la cola
81 el peinado rococó
82 el adorno del cabello
83 el tontillo (guardainfante)

1-15 el departamento de los animales de presa *f* (de las fieras) [vista interior],
1 la jaula de fieras *f*:
2 las barras de hierro *m*, una reja
3 el tronco para trepar y afilarse las uñas
4 la puerta de corredera *f* (la trampilla)
5 la instalación de aire *m* acondicionado;
6 el animal de presa *f* (la fiera, la bestia salvaje)
7 el cubo de la comida
8 el guardián
9 la vasija de agua *f*
10 la barrera de seguridad *f*
11 el canalillo de desagüe *m*, para la inodorización
12 la jaula hospital y operatoria, un pasillo enrejado:
13 la puerta de corredera *f* para las operaciones
14 la polea para levantar las trampillas
15 la puerta de corredera *f*;
16 la instalación al aire libre:
17 la roca natural
18 la fosa de defensa *f*, un foso lleno de agua *f*
19 la rampa de protección *f*
20 los animales expuestos; *en este caso:* una manada de leones *m*
21 el visitante del Zoo
22 la tablilla de advertencia *f*;
23 la pajarera, una jaula grande para aves *f*
24 la casa de las jirafas; *anál.:* la casa de los elefantes, casa de los monos
25 la jaula al aire libre (el recinto de verano *m*)
26 el acuario (la cetaria):
27 el tubo de entrada *f* del agua *f*
28 el sistema de aireación *f*
29 la válvula magnética
30 la válvula de cierre *m*
31 el colector de cieno *m*
32 la válvula de mezcla *f*
33 el recipiente de mezcla *f*
34 el medidor de agua *f*
35 el termostato
36 la doble pared *f* de cristal *m*
37 la pila de agua *f*;
38 el terrario-acuario:
39 la caja de cristal *m*
40 la entrada para la renovación de aire *m*
41 la salida de aire *m* (la ventilación)
42 la calefacción del fondo de la caja;
43 el terrario:
44 el cartel explicativo;
45 el jardín modelo de una zona climática

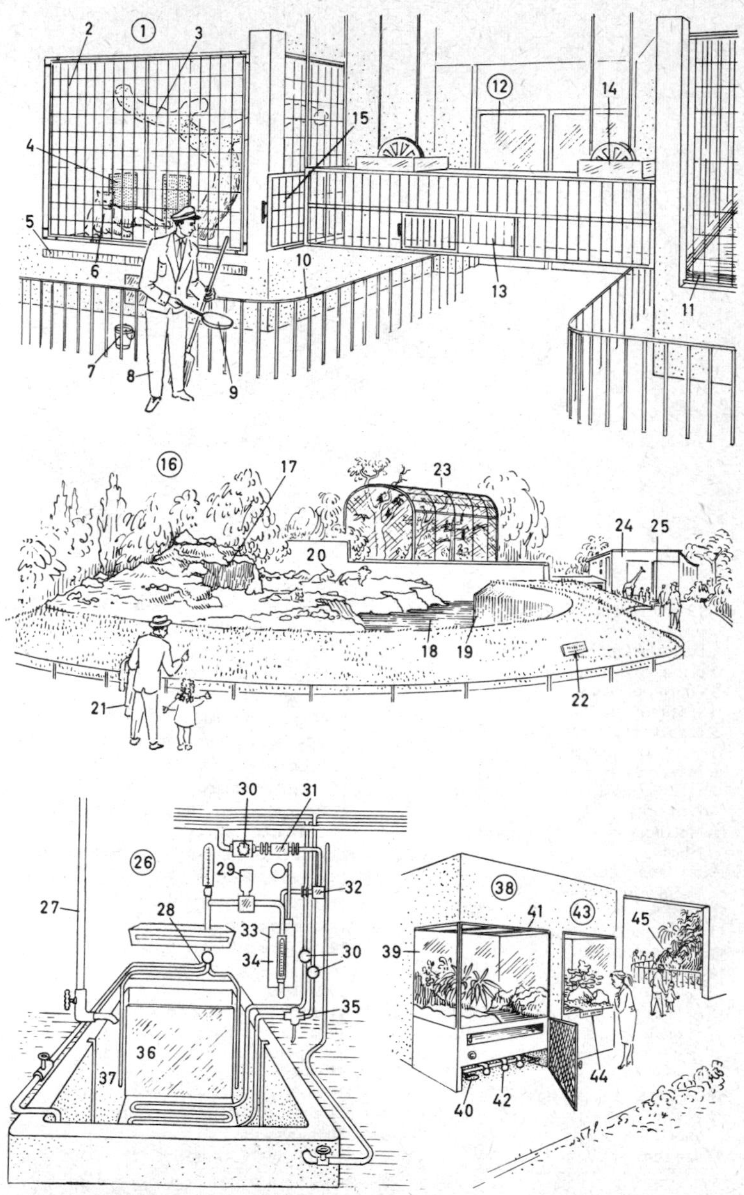
1
2
3
4
5
6
7
8
9
10
11
12
13
14
15
16
17
18
19
20
21
22
23
24
25
26
27
28
29
30
31
32
33
34
30
35
36
37
38
39
40
41
42
43
44
45

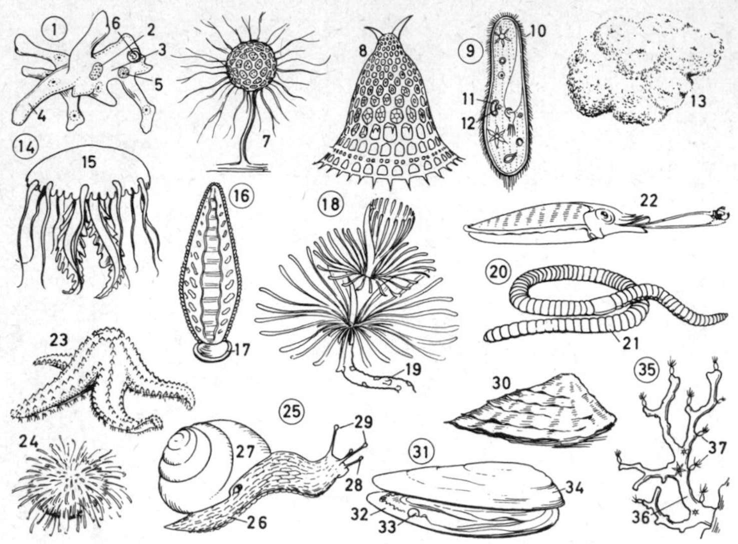

1-12 animales *m* unicelulares (protozoarios),
1 la ameba (amiba), un rizópodo:
2 el núcleo de la célula
3 el protoplasma
4 el seudópodo
5 la vacuola contráctil y pulsátil excretoria, un organelo
6 la vacuola de alimentación *f*;
7 el actinomorfo sol, un heliozoario (radiado)
8 el radiolario; *en este caso:* el esqueleto silíceo
9 el animálculo zapatilla, un paramecio (infusorio ciliado);
10 el cilio
11 el macronúcleo (meganúcleo)
12 el micronúcleo;
13-37 animales *m* multicelulares (metazoarios):
13 la esponja común, un espongiario
14 la medusa, un acalefo (sombrilla *f* japonesa, aguamala *f*), un celentéreo:
15 la sombrilla;
16-21 gusanos *m* (vermes):
16 la sanguijuela, un gusano de anillos *m* (anélido *m*):
17 la ventosa;
18 el espirografio, un gusano con filamentos *m*:
19 el tubo;
20 el gusano de tierra *f* (la lombriz):
21 el segmento;
22 la jibia, un cefalópodo
23 y **24** equinodermos *m*:
23 la estrella de mar *amb.*
24 el erizo de mar *amb.*;
25-34 moluscos *m* (testáceos *m* y crustáceos *m*),
25 el caracol comestible, un gasterópodo:
26 el pie reptante
27 la concha de caracol *m*
28 el ojo peduncular
29 los tentáculos (cuernos);
30-34 almejas *f*:
30 la ostra
31 la madreperla de río *m*:
32 la madreperla (el nácar)
33 la perla
34 la concha;
35 el coral rojo, un antozoario (coral zoófito, constructor de arrecifes *m*):
36 la rama de coral *m*
37 el pólipo coralígeno

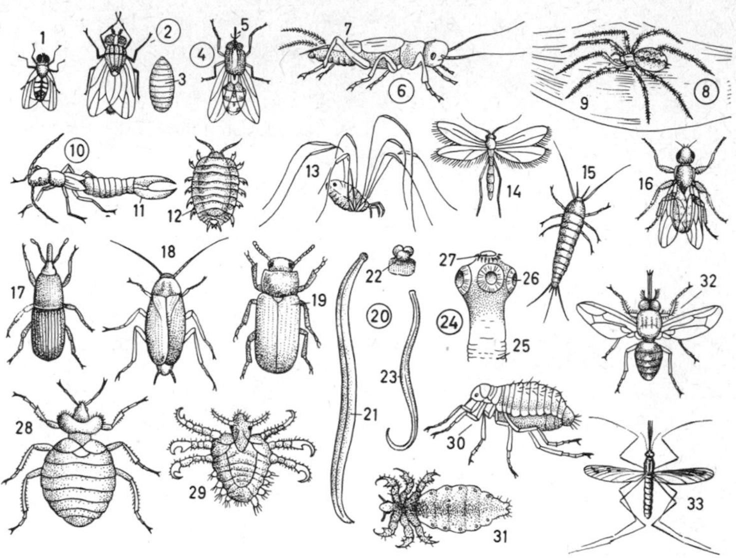

1-13 insectos *m* domésticos:
1 la mosquita doméstica
2 la mosca doméstica común:
3 la crisálida (ninfa);
4 el tábano:
5 la antena tricótoma;
6 el grillo doméstico (*Bol.*: la siripita; *Arg., Bol.*: el chilicote):
7 el ala *f* con élitro *m* [aparato *m* que produce un sonido estridente];
8 la araña doméstica:
9 la telaraña;
10 la tijereta (el cortapicos):
11 la pinza caudal;
12 la cochinilla de humedad *f*, un crustáceo segmentado
13 la araña zancuda (el segador);
14 y **15** insectos *m* dañinos para los tejidos:
14 la polilla
15 la lepisma sacarina (el pescadito de plata *f*), un insecto con cola *f* para saltar;
16-19 insectos *m* dañinos para los alimentos:
16 la mosca del queso
17 el gorgojo del trigo
18 la cucaracha (curiana; *Chile*: la barata)
19 el escarabajo molinero (tenebrio);
20-31 parásitos *m* del hombre,
20 la lombriz intestinal (ascáride):
21 la hembra
22 la cabeza
23 el macho;
24 la tenia (solitaria), un platelminto:
25 la cabeza, un órgano de adherencia *f*
26 la ventosa
27 la corona de ganchos *m*;
28-33 sabandijas *f*:
28 la chinche
29 la ladilla
30 la pulga del hombre
31 el piojo de la ropa;
32 la mosca tsetsé (mosca del sueño)
33 el mosquito del paludismo (de la malaria)

1-23 artrópodos *m*,
1 y **2** crustáceos *m*,
1 la dromia velluda, un cangrejo, un crustáceo con telson *m* corto
2 el asélido común (la cochinilla de agua *f*);
3-23 insectos *m*:
3 el caballito del diablo (dragón volador), un homóptero, una libélula
4 el escorpión de agua *f* (la chinche de agua), un hemíptero:
5 la pata prensil;
6 la efímera (cachipolla), un arquíptero:
7 el ojo compuesto (ojo de facetas *f*);
8 la langosta migratoria (el saltamontes verde), un ortóptero:
9 la larva
10 el insecto adulto, un imago, un insecto perfecto
11 la pata saltadora;
12 la frigánea (el frígano, la mosca de trencilla *f*, la polilla de agua *f*), un neuróptero
13 el pulgón (piojuelo, la mosca verde), un piojo de las plantas:
14 el pulgón áptero
15 el pulgón alado;
16-20 dípteros *m*,
16 la típula (el cénzalo; *Amér.*: el zancudo), un mosquito, un cínife:
17 la trompa chupadora;
18 la mosca azul (mosca de la carne, la moscarda, el moscón, la mosca zumbadora, el moscardón):
19 la cresa
20 la crisálida (ninfa);
21-23 himenópteros *m*,
21 y **22** la hormiga:
21 la hembra alada (reina)
22 la obrera;
23 el abejón (abejorro);
24-39 escarabajos *m* (coleópteros),
24-38 escarabajos *m* omnívoros,
24 el escarabajo cornudo (lucano ciervo, ciervo volante):
25 las mandíbulas (astas, tenazas)
26 los palpos maxilares
27 la antena
28 la cabeza
29 el escudo del cuello (escudo torácico, protórax)
30 el escutelo (escudete)
31 las placas superiores del abdomen (placas tergales)
32 el estigma
33 el ala *f*
34 la nervadura del ala *f* (la vena del ala)
35 la parte por donde se pliega el ala *f*
36 el élitro;
37 la mariquita (vaca de San Antón)
38 el ergates carpintero, un longicornio (cerambícido);
39 el escarabajo del estiércol, un geotrupo, un carábido, un escarabajo rapaz;
40-47 arácnidos *m*,
40 el escorpión común:
41 la pinza
42 el palpo labial
43 el aguijón caudal (*Amér. Central:* el chuzo);
44-46 arañas *f*:
44 la garrapata europea (garrapata de los perros), un ácaro, un arador
45 la araña de jardín *m* (araña portacruz), una araña redonda:
46 el pezón hilador;
47 la telaraña;
48-56 mariposas *f*,
48 el gusano de seda *f*, un hilador de seda:
49 los huevos
50 la oruga del gusano de seda *f*
51 el capullo;
52 el macaón, un lepidóptero:
53 la antena
54 la mancha en forma *f* de ojo *m*;
55 la mariposa de la alheña, una mariposa nocturna (esfinge):
56 la trompa

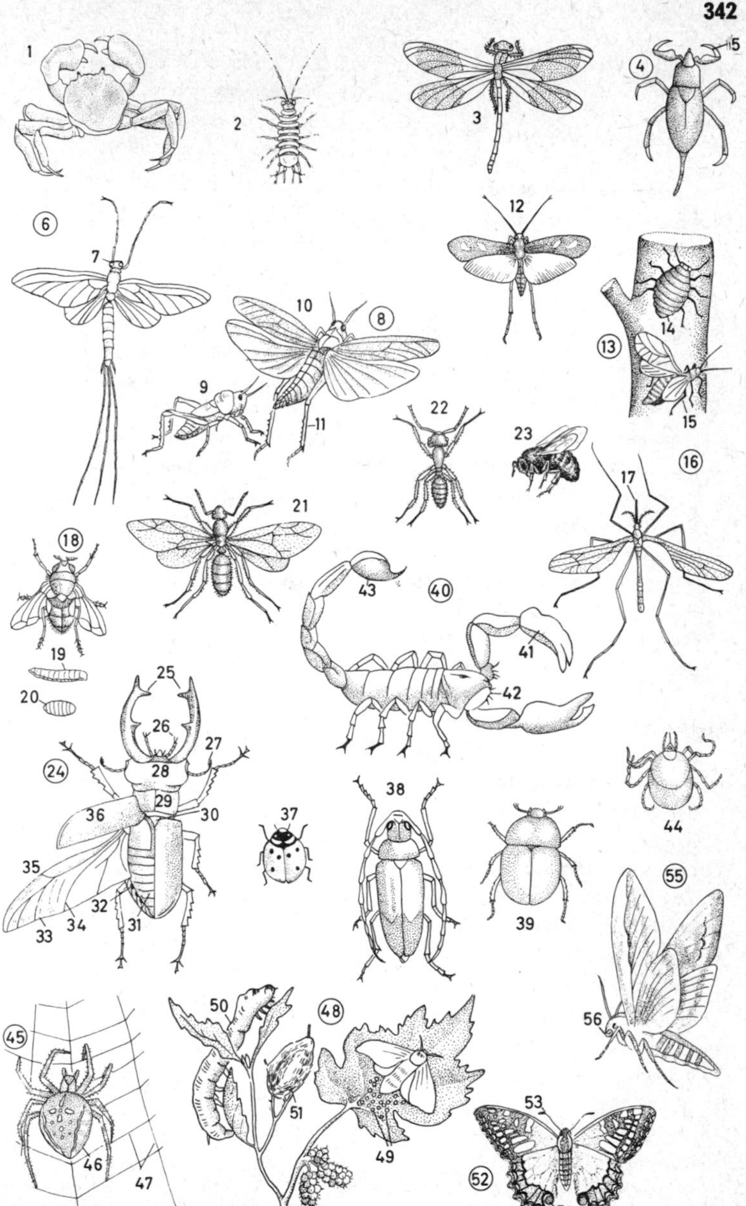
1
2
3
4
5
6
7
8
9
10
11
12
13
14
15
16
17
18
19
20
21
22
23
24
25
26
27
28
29
30
31
32
33
34
35
36
37
38
39
40
41
42
43
44
45
46
47
48
49
50
51
52
53
54
55
56

1-4 aves *f* no voladoras,

1-3 aves *f* corredoras:
1 el casuar de cresta *f*, un casuar; *anál.:* el emú
2 el avestruz (*Arg.:* el suri)
3 la nidada de huevos *m* de avestruz *m* [de 12 a 14 huevos];
4 el pingüino imperial (pájaro bobo, pájaro niño; *Guat.:* el tolobojo), un aptenodites, un pingüino (ave *f* palmípeda);

5-30 aves *f* voladoras,

5-10 palmípedas *f*,
5 el pelícano rosado (*Venez.:* el tocotoco), un pelícano:
6 el pie palmeado
7 la membrana
8 la mandíbula inferior, con la bolsa;
9 el alcatraz común (la sula loca)
10 el cormorán común, un cuervo marino, con las alas extendidas, "posando";
11-14 aves *f* de alas *f* largas (aves marinas):
11 la golondrina de mar *amb.* enana, una golondrina de mar, zambulléndose en busca *f* de comida *f*
12 el fulmar glacial; *anál.:* el ave *f* de San Pedro
13 la uría común, una icria, un alca *f*
14 la gaviota de cabeza *f* negra (el laro ridibundo), una gaviota;
15-17 aves *f* anséridas:
15 el pato sierra, un mergo
16 el cisne común (cisne mudo), un cisne:
17 la protuberancia del pico;
18 la garza común (garza real cenicienta), una garza, un ave *f* zancuda
19-21 chorlitos:
19 el zancudo común (la cigoñuela)
20 la fúlica negra (focha, foja, el rascón), un ralo acuático
21 el avefría *f* (el frailecillo);
22 la codorniz, una gallinácea
23 la tórtola (*Méj.:* el mucuy), una paloma
24-29 coracias *f*:
24 el vencejo (arrejaco, arrejaque); *anál.:* la salangana, un avión
25 la abubilla común (upupa):
26 el moño de plumas *f* eréctil;
27 el pájaro carpintero (picamaderos), un pico; *anál.:* el picoverde (picobarreno, herrero, picatocino, torcecuello):
28 la entrada del nido
29 el nido excavado;
30 el cuco (cuclillo común)

1
2
3
4
5
6
7
8
9
10
11
12
13
14
15
16
17
18
19
20
21
22
23
24
25
26
27
28
29
30

1, 3, 4, 5, 7, 9 pájaros *m* cantores:

1 el jilguero (sirguero, pintacilgo, pintadillo, la cardelina), una fringilina

2 el abejaruco

3 el colirrojo (rabirrojo, chimbo de cola *f* roja, la solitaria), un túrdido

4 la primavera (el alionín), un párido, un ave *f* sedentaria

5 el pinzón real

6 el azulejo

7 la oropéndola, un ave *f* de paso *m*

8 el martín pescador (*Perú:* el camaronero)

9 la aguzanieves (nevatilla, pajarita de las nieves, la pizpita, la nevatilla blanca de los arroyos, la lavandera), una zancuda

10 el pinzón

1
2
3
4
5
6
7
8
9
10
S. Vogel

1 la cacatúa de cresta *f* amarilla, un papagayo
2 la ararauna
3 el ave *f* azul del Paraíso
4 el esparganura sappho, un colibrí (un pájaro mosca; *Arg.:* el rundún; *Col.:* el rumbo; *Méj.:* el chupamirto)
5 el cardenal rojo
6 el tucán negro, una trepadora

1
2
3
4
5
6
S. Vogel

1-20 aves *f* canoras,

1-3 córvidos *m* (cuervos):

1 el arrendajo común, un gárrulo

2 el grajo (la chova), una corneja

3 la urraca (picaza, marica);

4 el estornino común

5 el gorrión doméstico (pardal)

6-8 pinzones *m*,

6 y **7** emberizas *f*:

6 el verderón (verderol)

7 el hortelano;

8 el chamariz, un verdecillo;

9 el paro carbonero (paro mayor, herrerillo), un paro

10 el reyezuelo (abadejo de invierno *m*); *anál.:* el abadejo de triple franja *f*, un régulo

11 el trepatroncos

12 el chochín (la chochita, el coletero, el rey de zarza *f*, la castañita, la chepecha, la ratilla, el gargolet)

13-17 túrdidos *m*:

13 el mirlo (la merla, la mirla)

14 el ruiseñor (*poét.:* la filomela)

15 el petirrojo (pechirrojo)

16 el tordo común (zorzal)

17 el ruiseñor mayor;

18 y **19** alondras *f*:

18 la alondra de los bosques (la totovía)

19 la cogujada (galerita);

20 la golondrina común, un hirundínido

1-19 aves *f* de presa *f* diurnas,

1-4 halcones *m*:

1 el esmerejón

2 el halcón peregrino:

3 los "calzones" (las plumas del muslo)

4 el tarso;

5-9 águilas *f*,

5 el águila *f* marina grande (el pigargo, el quebrantahuesos):

6 el pico corvo

7 la garra

8 la cola;

9 el busardo (buso, buzo; *vulg.:* el águila *f* ratonera);

10-13 accípitres *m*:

10 el azor (gavilán de las palomas)

11 el milano rojo (milano real)

12 el gavilán común (gavilán de los gorriones)

13 la arpella;

14-19 aves *f* de presa *f* nocturnas (estrígidas *f*):

14 el buho de orejas *f* largas (asio otus)

15 el buho (*Perú:* el carancho):

16 el plumicornio (los mechones de plumas *f* en forma *f* de orejas *f*);

17 la lechuza (*Arg.:* el quitilipi):

18 la corona acorazonada de plumas *f*;

19 el mochuelo

1
2
3
4
5
6
7
8
11
10
9
S. Vogel

1-11 lepidópteros *m*,

1-6 mariposas *f* **diurnas:**

1 la vanesa atalanta
2 la vanesa io (el ojo de pavo *m* real)
3 la aurora (anthocharis cardamines)
4 la gonepteryx rhamni
5 la vanesa antíopa (antíope)
6 la licena arion;

7-11 mariposas *f* **nocturnas:**

7 la arctia caja
8 la catocala nupta
9 la mariposa de la muerte (la calavera, la aqueroncia atropos), una esfinge:
10 la oruga
11 la crisálida

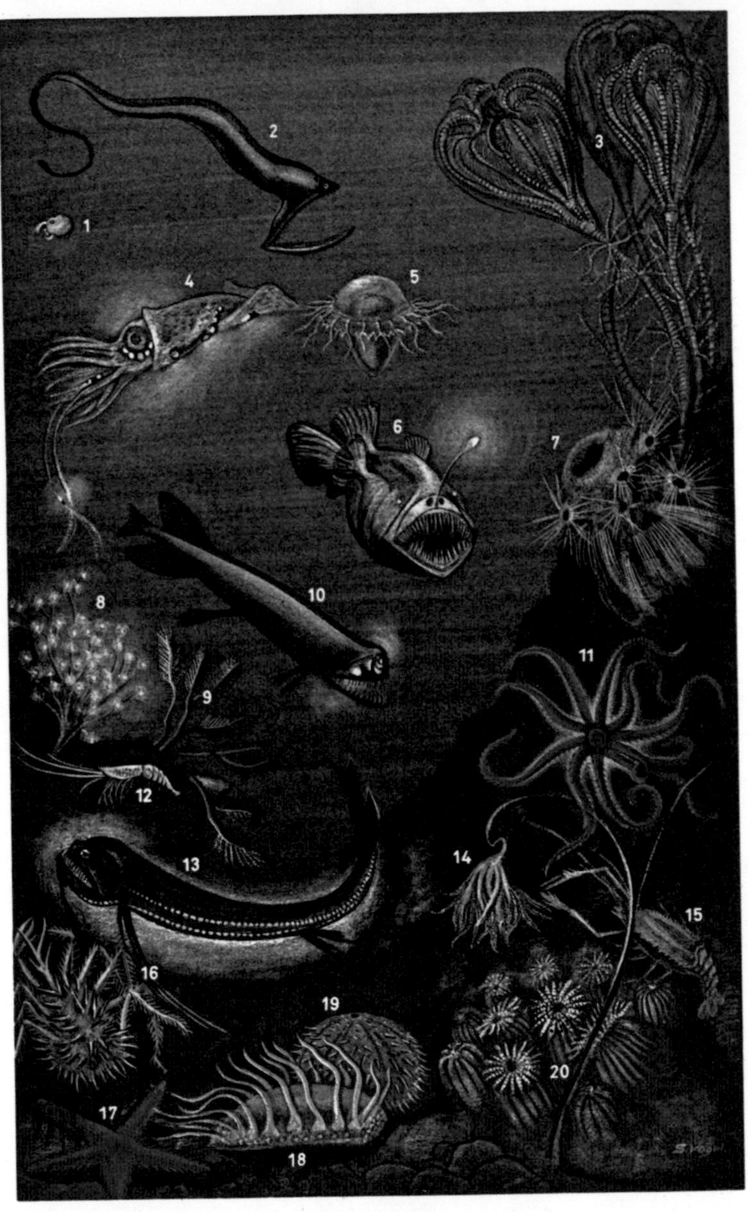
1
2
3
4
5
6
7
8
9
10
11
12
13
14
15
16
17
18
19
20

1 Gigantocypris agassicii, un cangrejo-molusco, un ostrácodo
2 Macropharynx longicaudatus (la anguila pelícano)
3 Pentacrino (la comátula), un lirio de mar *amb.*, un equinodermo
4 Taumatolampas diadema (la lámpara maravillosa), una sepia [luminosa]
5 Atolla, una medusa abisal, un celentéreo
6 Melanoceto, un acantóptero, un antenárido [luminoso]
7 Lofocalyx philipensis, una esponja cristalina
8 Mopsea, un coral córneo [colonia; luminosa]
9 Hydrallmania, un pólipo hidroide, un pólipo, un celentéreo [colonia]
10 Malacosteus indicus, un estomiátido [luminoso]
11 Brisinga endecacnemos, una asteria, un equinodermo ofiúrido [luminoso sólo cuando está excitado]
12 Pasiphaea, un camarón, un crustáceo decápodo
13 Echiostoma, un estomiátido, un pez [luminoso]
14 Umbellula encrinus, una pennatula, un celentéreo [colonia]
15 Pentacheles, un crustáceo
16 Lithodes, un cangrejo, un crustáceo decápodo
17 Archaster, un asteroideo (astérido), un equinodermo
18 Oneirophanta, una holoturia, un equinodermo
19 Palaeopneustes niasicus, un erizo de mar *amb.*, un equinodermo
20 Chitonactis, una anémona de mar *amb.*, un celentéreo

1-17 peces *m*,

1 el tiburón (escualo), un marrajo (perro de mar *amb.*):

2 la nariz (el morro)

3 la hendidura branquial;

4 la carpa de vivero *m* (carpa de río *m*), una carpa espejada (carpa):

5 el opérculo (la cubierta de las branquias)

6 la aleta dorsal

7 la aleta pectoral

8 la aleta ventral

9 la aleta anal

10 la aleta caudal

11 la escama;

12 el siluro (siluro de río *m*, el bagre):

13 la barbilla;

14 el arenque

15 la trucha de arroyo *m* (trucha de torrente *m*, trucha de montaña *f*)

16 el sollo común (lucio)

17 la anguila de río *m* (el pez anguila, la anguila)

18 el caballito de mar *amb.* (el hipocampo, caballito marino):

19 el penacho de branquias *f*;

20-26 batracios *m* (anfibios),

20-22 salamandras *f*,

20 el tritón de cresta *f*, una salamandra acuática:

21 la cresta dorsal;

22 la salamandra terrestre, una salamandra;

23-26 ránidos *m*:

23 el sapo, un escuerzo

24 la rana de zarzal *m* (la rubeta):

25 la bolsa de resonancia *f*

26 la ventosa;

27-41 reptiles *m*,

27 y 31-37 lagartos *m*:

27 el lagarto común

28 la tortuga de carey *m*:

29 la concha (el caparazón);

30 el basilisco

31 el varano del desierto, un monitor

32 la iguana verde, una iguana

33 el camaleón:

34 el pie prensil

35 la cola prensil;

36 la salamanquesa (el chacón, la salamandria), una lagartija

37 la culebra ciega, una culebra de agua *f*;

38-41 serpientes *f*,

38 la culebra de collar *m* (culebra nadadora, culebra acuática, serpiente acuática):

39 los lunares (el anillo);

40 y 41 víboras *f*:

40 la víbora común, una serpiente venenosa

41 el áspid

1
2
3
4
5
6
7
8
9
10
11
12
13
14
15
16
17
18
19
20
21
22
23
24
25
26
27
28
29
30
31
32
33
34
35
36
37
38
39
40
41

1 el ornitorrinco, un monotrema (ponedor de huevos *m*)
2 y 3 didelfos *m* (marsupiales):
2 la zarigüeya norteamericana (*Méj.*: el tlacuache)
3 el canguro rojo gigante;
4-7 insectívoros *m*:
4 el topo
5 el erizo:
6 la púa;
7 la musaraña (el musgaño);
8 el armadillo (*Méj.*: el ayotoste)
9 el murciélago orejudo, un mamífero volador, un quiróptero (*Col.*: chimbilá *m*)
10 el pangolín, un mamífero de escamas *f* comedor de hormigas *f*
11 el perezoso de dos dedos *m* (el unau)
12-19 roedores *m*:
12 el conejillo de Indias *f* (*Amér.*: el cobayo)
13 el puerco espín
14 el coipo; *err.*: la nutria
15 el jerbo
16 el hámster (la marmota de Alemania, la rata del trigo)
17 la rata de agua *f*, un arvícola
18 la marmota
19 la ardilla ;
20-31 ungulados *m*,
20 el elefante africano, un proboscidio:
21 la trompa
22 el colmillo;
23 el manatí, un sirenio
24 el damán sudafricano
25-27 perisodáctilos *m* (ungulados de dedos *m* impares):
25 el rinoceronte africano bicorne, un nasicornio
26 el tapir (*Arg.*, *Bol.*, *Perú:* el anta *f*)
27 la cebra;
28-31 artiodáctilos *m* (ungulados de dedos *m* pares),
28-30 rumiantes *m*:
28 la llama
29 el camello bactriano [un animal de dos gibas *f*]
30 el guanaco;
31 el hipopótamo

1
2
3
4
5
6
7
8
9
10
11
12
13
14
15
16
17
18
19
20
21
22
23
24
25
26
27
28
29
30
31

1-10 ungulados *m*, rumiantes *m*:
1 el alce (anta *f*)
2 el uapití
3 la gamuza
4 la jirafa
5 el antílope (la gacela de Grant)
6 el musmón
7 el íbice
8 el búfalo
9 el bisonte
10 el buey almizclado;
11-17 animales *m* de presa *f*,
11-13 cánidos *m*:
11 el chacal
12 el zorro rojo
13 el lobo;
14-16 martas *f*:
14 la garduña (fuina, el papialbillo)
15 la marta cebellina
16 la comadreja;
17 la nutria marina;
18-22 focas *f*:
18 el oso marino
19 la foca (el lobo marino)
20 la morsa:
21 el bigote
22 el colmillo;
23-29 ballenas *f*:
23 el puerco marino, un delfín
24 el delfín común
25 el cachalote:
26 el orificio nasal
27 la aleta dorsal
28 la aleta pectoral
29 la aleta caudal

2
3
4
5
6
7
8
9
10
11
12
13
14
15
16
17
18
19
20
21
22
23
24
25
26
27
28
29

1-11 animales *m* de presa *f*:
1 la hiena rayada, una hiena
2-8 felinos *m*,
2 el león:
3 la melena
4 la garra (zarpa);
5 el tigre
6 el leopardo
7 el guepardo
8 el lince;
9-11 osos *m*:
9 el mapache (oso lavador)
10 el oso pardo
11 el oso polar (oso blanco);
12-16 primates *m*,
12 y **13** monos *m*:
12 el macaco de la India (macaco Rhesus)
13 el mandril (babuino);
14-16 antropoides *m*:
14 el chimpancé
15 el orangután
16 el gorila

1
2
3
4
5
6
7
8
9
10
11
12
13
14
15
16

1 el árbol:
2 el tronco
3 la copa (*Venez.* : el copo)
4 la cima
5 la rama
6 el ramo;
7 el tronco del árbol [corte transversal]:
8 la corteza
9 el líber
10 el cambium
11 los radios medulares
12 el sámago (la albura)
13 el duramen
14 la médula;
15 la planta,
16-18 la raíz:
16 la raíz principal
17 la raíz secundaria (raíz lateral)
18 los pelos absorbentes de la raíz;
19-25 el brote (retoño):
19 la hoja
20 el tallo
21 el vástago (pimpollo) lateral
22 el botón terminal
23 la flor
24 el capullo
25 la axila de la hoja, con el botón axilar;
26 la hoja:
27 el pecíolo
28 la lámina de la hoja
29 la nervadura de la hoja
30 el nervio principal de la hoja;
31-38 formas *f* de las hojas:
31 linear (lineal)
32 lanceolada
33 orbicular
34 acicular
35 acorazonada
36 aovada
37 sagitada
38 arriñonada;
39-42 hojas *f* compuestas:
39 digitada
40 pinatífida
41 paripinada
42 imparipinada;
43-50 conformación *f* del borde de la hoja:
43 entero
44 aserrado
45 doblemente aserrado
46 dentado
47 sinuado
48 festoneado
49 ciliado:
50 el cilio;
51 la flor:
52 el pedúnculo (pezón)
53 el receptáculo (tálamo)
54 el ovario
55 el estilo
56 el estigma
57 el estambre
58 el sépalo
59 el pétalo;
60 el ovario y el estambre [corte]:
61 la pared del ovario
62 la cavidad del ovario
63 el óvulo
64 el saco embrional
65 el polen
66 el tubo del polen;
67-77 inflorescencias *f*:
67 la espiga
68 el racimo
69 la panícula
70 la cima bipara
71 la mazorca
72 la umbela
73 la cabezuela
74 la cabezuela discoide
75 la cabezuela globulosa
76 el bostryx (bóstrice, la cima escorpioidea)
77 el cicino (cincino, la cima helicoidea);
78-82 raíces *f*:
78 la raíz adventicia
79 la raíz tuberosa
80 las raíces aéreas (raíces asideras, raíces trepadoras)
81 las espinas de la raíz;
82 los neumatóforos;
83-85 el tallo de hierba *f*:
83 la vaina
84 la lígula
85 la lámina;
86 el embrión (germen):
87 el cotiledón
88 la radícula
89 el hipocótile
90 la plúmula;
91-102 frutos *m*,
91-96 frutos *m* dehiscentes:
91 el folículo
92 la silicua
93 la vaina trivalva
94 el esquizocarpio
95 el pixidio
96 la cápsula poricida;
97-102 frutos *m* indehiscentes:
97 la baya
98 la nuez
99 la drupa
100 el fruto colectivo de nueces *f*
101 el fruto colectivo de drupas *f*
102 el pomo

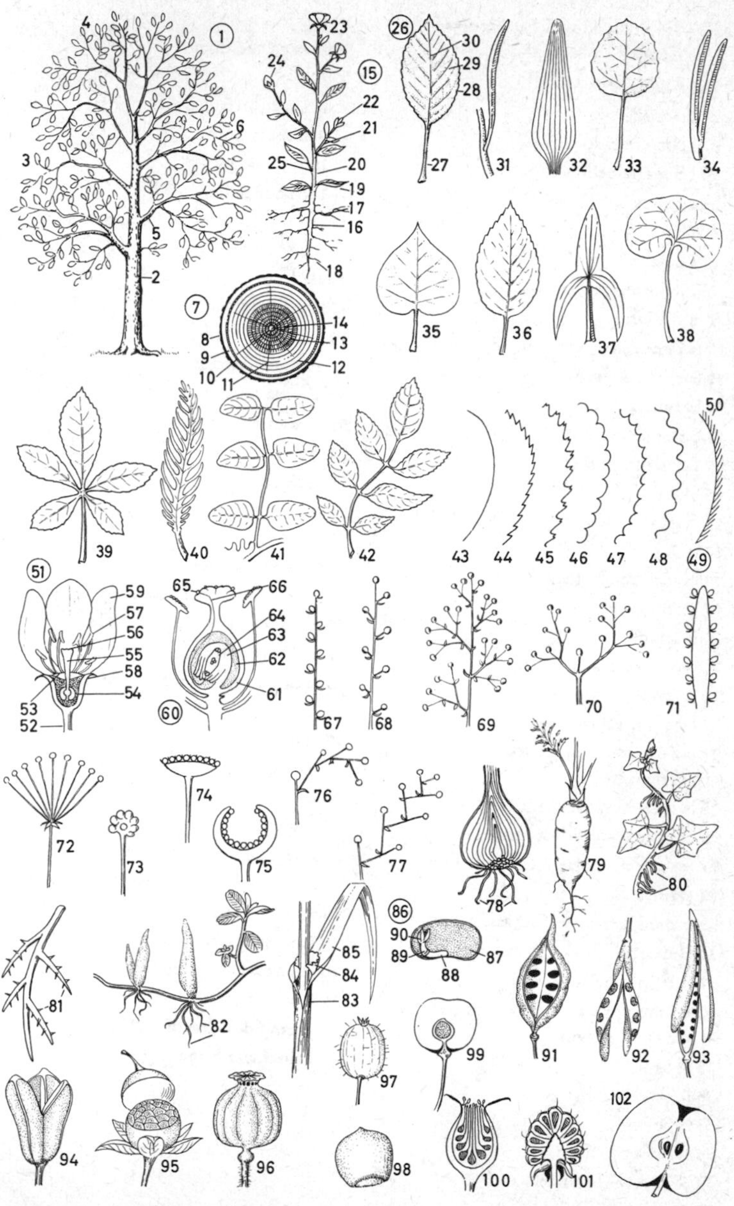
1
2
3
4
5
6
7
8
9
10
11
12
13
14
15
16
17
18
19
20
21
22
23
24
25
26
27
28
29
30
31
32
33
34
35
36
37
38
39
40
41
42
43
44
45
46
47
48
49
50
51
52
53
54
55
56
57
58
59
60
61
62
63
64
65
66
67
68
69
70
71
72
73
74
75
76
77
78
79
80
81
82
83
84
85
86
87
88
89
90
91
92
93
94
95
96
97
98
99
100
101
102

1-73 árboles *m* de hoja *f* caduca (árboles de fronda *f*),
1 el roble:
2 el ramo florido
3 el ramo frutado
4 el fruto (la bellota)
5 la cúpula (el cascabillo)
6 la flor femenina
7 la bráctea
8 la inflorescencia masculina;
9 el abedul:
10 la rama con amentos *m*, un ramo florido
11 la rama con frutos *m*
12 la sámara
13 la flor femenina
14 la flor masculina;
15 el álamo:
16 la rama florida
17 la flor
18 la rama con frutos *m*
19 el fruto
20 la semilla
21 la hoja del álamo temblón
22 la fructificación
23 la hoja del álamo blanco;
24 la salguera (el salguero, el sauce cabruno):
25 la rama con los capullos de flores *f*
26 el amento con flores *f* sueltas
27 la rama con hojas *f* (*Chile:* el quimpo)
28 el fruto
29 la rama con hojas *f* del sauce mimbrero;
30 el aliso:
31 la rama con frutos *m*
32 la rama florida con los conos (las piñas) del año anterior;
33 el haya *f*:
34 la rama florida
35 la flor
36 la rama con frutos *m*
37 el hayuco (fruto del haya *f*);
38 el fresno:
39 la rama florida
40 la flor
41 la rama con frutos *m*;
42 el serbal (serbo):
43 la inflorescencia
44 la fructificación
45 el fruto (la serba, el fruto del serbal) [corte longitudinal];
46 el tilo:
47 la rama frutada
48 la inflorescencia;
49 el olmo (negrillo):
50 la rama frutada
51 la rama florida
52 la flor;
53 el arce:
54 la rama florida
55 la flor
56 la rama con frutos *m*
57 la semilla del arce, con alas *f*;
58 el castaño de Indias (regoldo):
59 la rama con frutos *m* jóvenes
60 la castaña (semilla del castaño)
61 el fruto maduro
62 la flor [corte longitudinal];
63 el carpe (hojaranzo, la charmilla):
64 la rama frutada
65 la semilla
66 la rama florida;
67 el plátano oriental (plátano occidental):
68 la hoja
69 la fructificación y el fruto;
70 la acacia falsa (robinia):
71 la rama florida
72 parte *f* de la fructificación
73 la base con estípulas *f*

1-71 coníferas *f* (árboles *m* de piñas *f*),
1 el pinabete (abeto blanco, abeto plateado):
2 la piña (el cono, el estróbilo), un fruto
3 la axila de brácteas *f*
4 el cono de flores *f* femeninas
5 la escama de la bráctea
6 el ramito de flores *f* masculinas
7 el estambre
8 la escama de la piña
9 la semilla con ala *f*
10 la semilla [corte longitudinal]
11 la aguja (yema) de abeto *m*;
12 el abeto falso:
13 la piña del abeto falso
14 la escama de la piña
15 la semilla
16 el cono de flores *f* femeninas
17 la inflorescencia masculina
18 el estambre
19 la aguja (yema) del abeto falso;
20 el pino:
21 el pino enano
22 la piña de flores *f* femeninas
23 el haz de dos agujas *f* de un renuevo joven
24 las inflorescencias masculinas
25 el vástago del nuevo año
26 la piña del pino
27 la escama de la piña
28 la semilla
29 la piña de fruto *m* del cembro (de la cembra)
30 el cono de fruto *m* del pino de Weymouth (del pino blanco)
31 el vástago joven [corte transversal];
32 el alerce:
33 la rama florida
34 la escama de la piña de flores *f* femeninas
35 la antera
36 la rama con piña *f* de alerce *m*
37 la semilla
38 la escama de la piña;
39 el árbol de la vida (la tuya):
40 la rama frutada
41 el cono de fruto *m*
42 la escama
43 la rama, con brotes *m* (vástagos) reproductores
44 el brote (vástago) masculino
45 la escama, con sacos *m* de polen *m*
46 el brote (vástago) femenino;
47 el enebro (junípero):
48 el brote (vástago) femenino [corte longitudinal]
49 el brote (vástago) masculino
50 la escama, con sacos *m* de polen *m*
51 la rama con frutos *m*
52 la baya del junípero (la enebrina)
53 el fruto [corte transversal]
54 la semilla;
55 el pino piñonero (pino doncel, pino vero):
56 el brote (vástago) masculino
57 el cono de fruto *m* con semillas *f* [corte longitudinal];
58 el ciprés:
59 la rama frutada
60 la semilla;
61 el tejo:
62 los brotes (vástagos) reproductores
63 la rama con frutos *m*
64 el fruto [corte longitudinal];
65 el cedro (*Perú*: el cibui):
66 la rama frutada
67 la escama del fruto
68 los brotes (vástagos) reproductores;
69 la secoya (el gigantón):
70 la rama frutada
71 la semilla

1
2
3
5
4
8
9
10
6
11
7
6
12
13
19
14
15
16
17
18
20
26
31
25
23
24
30
33
♀
♂
35
34
36
38
37
21
22
29
27
28
32
37
55
57
56
60
47
42
41
40
51
52
53
54
52
58
59
39
45
48
44
43
♂
♀
46
49
50
64
61
63
64
♂
62
♀
65
66
70
67
69
70
♀
♂
68
71

1 la forsitia:
2 el ovario y el estambre
3 la hoja;
4 el jazmín amarillo:
5 la flor [sección longitudinal] con estilo *m*, ovario *m* y estambre *amb.*;
6 el aligustre (la alheña, el ligustro; *Filip.:* el cinamomo):
7 la flor
8 la fructificación;
9 la jeringuilla (celinda)
10 el viburno (mundillo, sauquillo):
11 la flor
12 los frutos;
13 la adelfa (el baladre, el laurel rosa):
14 la flor [sección longitudinal];
15 la magnolia roja:
16 la hoja;
17 el membrillero japonés:
18 el fruto;
19 el boj común:
20 la flor femenina
21 la flor masculina
22 el fruto [sección longitudinal];
23 la diervilla
24 la yuca [parte *f* de la inflorescencia]:
25 la hoja;
26 el escaramujo (la rosa canina):
27 el fruto;
28 la espírea del Japón (la kerria):
29 el fruto;
30 el cornejo (cerezo silvestre):
31 la flor
32 el fruto (la cereza silvestre);
33 el mirto de Brabante (el arrayán brabántico)

1
2
3
4
5
6
7
8
9
10
11
12
13
14
15
16
17
18
19
20
21
22
23
24
25
26
27
28
29
30
31
32
33

1 el tulipanero (tulipero):
2 los carpelos
3 el estambre
4 el fruto;
5 el hisopo:
6 la flor [vista desde arriba]
7 la flor
8 el cáliz con fruto *m*;
9 el acebo:
10 la flor hermafrodita (flor andrógina)
11 la flor masculina
12 el fruto con los huesos al descubierto;
13 la madreselva verdadera:
14 los capullos de la flor
15 la flor [corte];
16 la viña virgen:
17 la flor abierta
18 la fructificación
19 el fruto [corte longitudinal];
20 la retama de escobas *f*:
21 la flor con los pétalos quitados
22 la vaina joven;
23 la espírea:
24 la flor [corte longitudinal]
25 el fruto
26 el carpelo;
27 el espino negro (la acacia bastarda, el endrino):
28 las hojas
29 los frutos;
30 el espino albar (la oxiacanta; *Amér.:* el espinillo, el majuelo) de un pistilo:
31 el fruto;
32 la lluvia de oro *m* (el codeso, el cítiso):
33 el racimo de flores *f*
34 los frutos;
35 el saúco negro:
36 las flores del saúco (la cima de flores)
37 las bayas del saúco

1
2
3
4
5
6
7
8
9
10
11
12
13
14
15
16
17
18
19
20
21
22
23
24
25
26
27
28
29
30
31
32
33
34
35
36
37

359 Flores de prados y linderos I

1 la saxífraga de hoja *f* redonda:
2 la hoja
3 la flor
4 el fruto;
5 la anémona común:
6 la flor [corte longitudinal]
7 el fruto;
8 el ranúnculo (la francesilla, la marimoña, la hierba velluda):
9 la hoja de la raíz
10 el fruto;
11 el mastuerzo (la cardamina):
12 la hoja basilar
13 el fruto;
14 la campánula (campanilla, el farolillo):
15 la hoja de la raíz
16 la flor [corte longitudinal]
17 el fruto;
18 la hiedra terrestre:
19 la flor [corte longitudinal]
20 la flor [vista desde arriba];
21 las uvas de gato *m* (el racimillo)
22 la verónica:
23 la flor
24 el fruto
25 la semilla;
26 la hierba de la moneda (lisimaquia numularia):
27 la cápsula dehiscente del fruto
28 la semilla;
29 la viuda de jardín *m* (la escabiosa de Indias), una escabiosa:
30 la hoja de la raíz
31 la lígula radiada
32 la florecilla (el flósculo) del disco
33 el periclino (periforanto, la periforiantia) con aristas *f*
34 el ovario con aristas *f*
35 el fruto;
36 la celidonia menor:
37 el fruto
38 la axila de la hoja con bulbillo *m*;
39 la espiguilla (poa anual):
40 la flor
41 la espiguilla [vista de costado]
42 la espiguilla [vista desde arriba]
43 la cariópside (fruto *m* indehiscente);
44 el aira de césped *m*
45 la escorzonera (el salsifí negro):
46 la flor [corte longitudinal]
47 el fruto

1
2
3
4
5
6
7
8
9
10
11
12
13
14
15
16
17
18
19
20
21
22
23
24
25
26
27
28
29
30
31
32
33
34
35
36
37
38
39
40
41
42
43
44
45
46
47

1 la maya:
2 la flor
3 el fruto;
4 la margarita:
5 la flor
6 el fruto;
7 la astrancia mayor
8 la primavera (hierba centella), una prímula
9 el gordolobo (verbasco, la candelaria)
10 la bistorta (serpentaria de Virginia):
11 la flor;
12 la centaura negra
13 la malva silvestre común:
14 el fruto;
15 la milenrama
16 la sanícula (hierba de las heridas), una prunella
17 el loto de cuernecillo *m*
18 el equiseto (la cola de caballo *m*), un retoño:
19 la flor (el cono);
20 la viscaria vulgar
21 la flor del cuclillo
22 la aristoloquia:
23 la flor;
24 el geranio
25 la achicoria
26 la linaria común (pajarita)
27 el zueco (chapín), un cipripedio
28 el satirión, una orquídea

1
2
3
4
5
6
7
8
9
10
11
12
13
14
15
16
17
18
19
20
21
22
23
24
25
26
27
28

1 la nemorosa (anémona de los bosques)
2 el muguete (lirio del valle)
3 la nevadera (antenaria dioica, el pie de gato *m*); *anál.:* la inmortal
4 el martagón
5 el salsifí blanco (la barba cabruna, el barbón)
6 el ajo de oso *m*
7 la pulmonaria
8 la violeta bulbosa, una Corydalis
9 la hierba callera (el telefio)
10 la lauréola (el torvisco, la adelfilla)
11 la hierba de Santa Catalina (el cohombrillo, el no-me-toques; *Amér.:* la china, la chinarrosa)
12 el licopodio
13 la grasilla (tiraña), una planta carnívora
14 el rocío del sol (el rosolí), una drosera; *anál.:* la dionea
15 la gayuba (uvaduz, aguavilla)
16 el polipodio, un helecho; *anál.:* el aspidio, el culantrillo, la ruda de muros *m*
17 el musgo capilar, un musgo
18 el lino silvestre
19 el brezo, una erica; *anál.:* la carroncha (argaña, brecina, el brezo negro)
20 la rosa silvestre (zarzarrosa)
21 el ledo de los pantanos
22 el ácoro (cálamo aromático)
23 el arándano (mirtilo, ráspano, la rasponera, la anavia); *anál.:* el arándano encarnado, las empetráceas, vaccinium uliginosum

1
2
3
4
5
6
7
8
9
10
11
12
13
14
15
16
17
18
19
20
21
22
23

1-13 plantas *f* alpinas,
1 la rosa de los Alpes (el rododendro herrumbroso):
2 la rama florida;
3 la campanilla de los Alpes (la soldanella alpina):
4 la corola desplegada
5 la cápsula de las semillas con el estilo;
6 la artemisa de los Alpes:
7 la inflorescencia;
8 la aurícula (oreja de oso *m*)
9 la rosa blanca de los Alpes (el leontopodio alpino, la edelweiss):
10 las formas de las flores
11 el fruto con el vilano
12 el corte de una cabezuela;
13 la genciana acaule;
14-57 plantas *f* acuáticas y de pantano *m*,
14 la rosa de agua *f*:
15 la hoja
16 la flor;
17 la Victoria regia (el lirio gigante del Amazonas):
18 la hoja
19 el envés de la hoja
20 la flor;
21 la anea (enea):
22 la parte masculina del espádice
23 la flor masculina
24 la parte femenina
25 la flor femenina;
26 el nomeolvides:
27 la rama en flor *f*
28 la flor [corte];
29 la hidrocara (el bocado de rana *f*)
30 el berro amargo (berro de fuente *f*, el mastuerzo de agua *f*):
31 el tallo con flores *f* y frutos *m* jóvenes
32 la flor
33 la vaina con semillas *f*
34 dos semillas *f*;
35 la lenteja de agua *f*:
36 la planta en flor *f*
37 la flor
38 el fruto;
39 el junco florido:
40 la umbela
41 las hojas
42 el fruto;
43 el alga *f* verde
44 la alisma (el llantén de agua *f*):
45 la hoja
46 la panícula
47 la flor;
48 el golfo (sargazo azucarado), una laminaria:
49 el talo
50 el órgano de fijación *f*;
51 la sagitaria (saetilla):
52 las formas de las hojas
53 la inflorescencia con flores *f* masculinas [arriba] y flores femeninas [abajo];
54 la pelota marina (zostera marina):
55 la inflorescencia;
56 la elodea canadiense:
57 la flor

1
2
3
4
5
6
7
8
9
10
11
12
13
14
15
16
17
18
19
20
21
22
23
24
25
26
27
28
29
30
31
32
33
34
35
36
37
38
39
40
41
42
43
44
45
46
47
48
49
50
51
52
53
54
55
56
57

1 el acónito (la uva lupina, el matalobos, el anapelo)
2 la dedalera (el digital)
3 el cólquico (la quitameriendas)
4 la cicuta
5 la hierba mora (el solano negro)
6 el beleño
7 la belladona (el solano furioso), una solanácea
8 el estramonio (la hierba hedionda, la higuera loca, la manzana espinosa; *Amér.:* el chamico)
9 el aro (yaro manchado, alcatraz, jaro, la tragontina)
10-13 hongos *m* venenosos (setas *f* venenosas):
10 la amanita de las moscas (el agárico de las moscas, la falsa oronja), un agárico (culato falso)
11 la canaleja, un agárico bulboso
12 el hongo de Satanás;
13 el rovellón falso (rovellón de cabra *f*, el mízcalo venenoso)

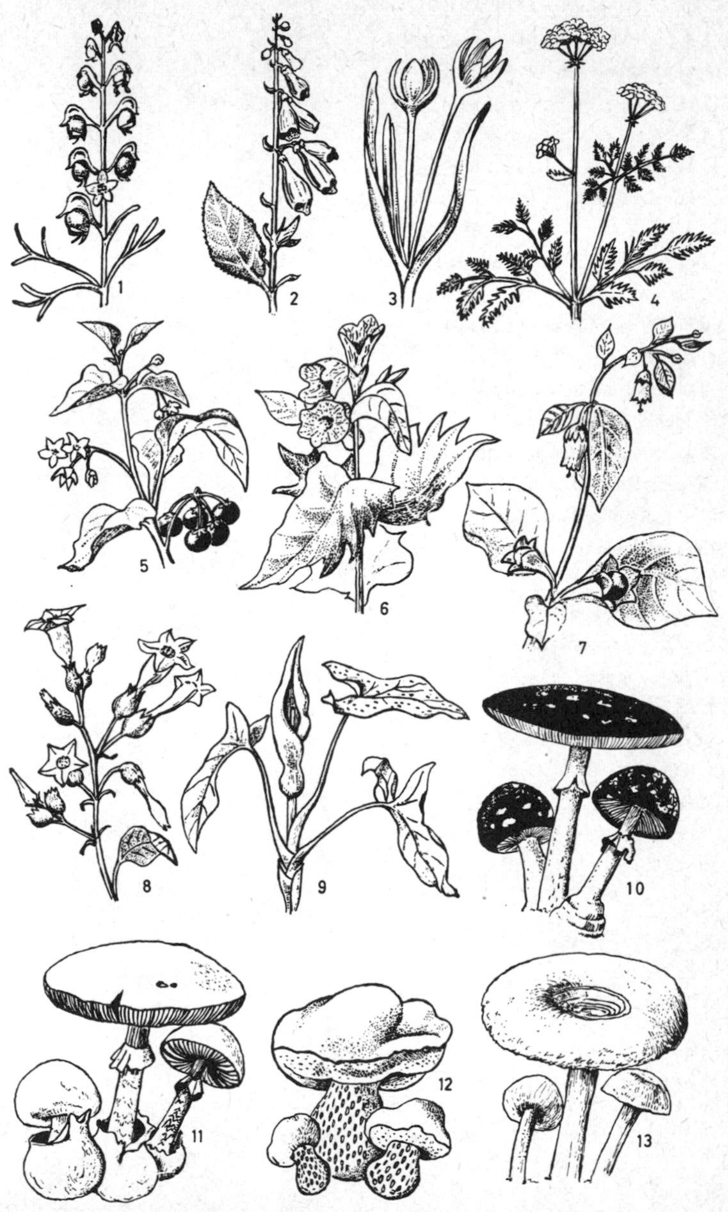
1
2
3
4
5
6
7
8
9
10
11
12
13

1 la manzanilla (manzanilla alemana, camomila)
2 el árnica
3 la menta (hierbabuena)
4 el ajenjo
5 la valeriana
6 el hinojo
7 el espliego (la alhucema, la lavanda)
8 el tusílago (la fárfara, la uña de caballo *m*)
9 la atanasia (hierba de Santa María, el tanaceto)
10 la centaura menor (centaurea)
11 la lancéola (el carmel), un llantén
12 el malvavisco (la altea)
13 la frángula (el arraclán)
14 el ricino
15 la adormidera
16 el sen (la casia); *las hojas secas:* hojas de sen
17 el quino (cascarillo)
18 el alcanforero
19 el betel:
20 la nuez de betel *m* (la areca)

1
2
3
4
5
6
7
8
9
10
11
12
13
14
15
16
17
18
19
20

1 el champiñón de prado *m* (el hongo, la seta común, seta de campo *m*):
2 el afieltramiento de hifas *f* (el micelio) con cuerpos *m* fructificados (hongos)
3 hongo *m* [corte longitudinal]
4 el sombrerete (píleo) con hojuelas *f* (con laminillas *f*)
5 la volva (el velum)
6 la laminilla [corte]
7 el basidio [en la laminilla con basidioesporas *f*]
8 las esporas germinales;
9 la trufa:
10 el hongo [vista exterior]
11 el hongo [corte]
12 interior *m* con la teca conteniendo esporas *f* [corte]
13 dos tecas *f* con las esporas;
14 el rebozuelo
15 el boleto castaño
16 la seta de otoño *m* (el boleto comestible):
17 la capa tuberosa
18 el tallo;
19 el bejín (cuezco de lobo *m*)
20 el bejín redondo (la bovista plúmbea)
21 el boleto amarillo (la oronja)
22 el boleto de tallo *m* peludo
23 el níscalo (rovellón)
24 el hidno imbricado
25 la oreja de gato *m*
26 la colmenilla, (múrgula comestible, cagarria)
27 la múrgula cónica
28 el agárico meloso
29 el agárico ecuestre
30 el parasol
31 la lengua de buey *m* (el hidno repandum)
32 el pie de rata *f*
33 la seta de chopo *m*

1
2
3
4
5
6
7
8
9
10
11
12
13
14
15
16
17
18
19
20
21
22
23
24
25
26
27
28
29
30
31
32
33

1 el cafeto:
2 la rama con frutos *m*
3 la rama florida
4 la flor
5 el fruto con los dos granos [corte longitudinal]
6 el grano de café *m*; *después de preparado, beneficiado:* el café;
7 el arbusto del té:
8 la rama florida
9 la hoja del té; *después de preparada, desecada:* el té
10 el fruto;
11 el arbusto del mate (arbusto del té de Paraguay):
12 la rama florida con las flores hermafroditas
13 la flor masculina
14 la flor hermafrodita
15 el fruto;
16 el árbol del cacao:
17 la rama con flores *f* y frutos *m*
18 la flor [corte longitudinal]
19 el grano de cacao *m*; *después de preparado:* el cacao, cacao en polvo *m*
20 la semilla [corte longitudinal]
21 el embrión;
22 el canelo:
23 la rama florida
24 el fruto
25 la corteza del canelo (la canela en rama *f*); *molida:* la canela en polvo *m*;
26 el clavero:
27 la rama florida
28 la yema; *desecada:* el clavo
29 el fruto (la madre de clavo *m*);
30 la mirística (el árbol de la nuez moscada):
31 la rama florida
32 la flor femenina [corte longitudinal]
33 el fruto maduro
34 la macia (el macis), una semilla con cubierta *f* rajada
35 la semilla [corte transversal]; *seca:* la nuez moscada;
36 el pimentero:
37 la rama con frutos *m*
38 la inflorescencia
39 el fruto [sección longitudinal] con semilla *f* (grano *m* de pimienta *f*); *molida:* la pimienta;
40 la planta de tabaco *m* de Virginia:
41 la rama florida
42 la flor
43 la hoja de tabaco *m*; *curada:* el tabaco
44 la cápsula del fruto maduro
45 la semilla;
46 la planta de la vainilla:
47 la rama florida
48 la vaina de la vainilla; *curada:* el bastoncillo de vainilla;
49 el alfóncigo (pistachero):
50 la rama florida con las flores femeninas
51 la almendra del alfóncigo (el pistacho);
52 la caña de azúcar *m*:
53 la planta en flor *f*
54 el panículo (la panoja)
55 la flor

1
2
3
4
4
5
6
7
8
9
10
11
12
13
14
15
16
17
18
19
20
21
22
23
24
25
26
27
28
29
30
31
32
33
34
35
36
37
38
39
40
41
42
43
44
45
46
47
48
49
50
51
52
53
54
55

1 la colza:
2 la hoja basal
3 la flor [corte longitudinal]
4 la vaina del fruto maduro (la silicua)
5 la semilla oleaginosa;
6 el lino:
7 el tallo florido
8 la cápsula del fruto;
9 el cáñamo:
10 la planta femenina fructificando
11 la inflorescencia femenina
12 la flor
13 la inflorescencia masculina
14 el fruto
15 la semilla;
16 el algodón:
17 la flor
18 el fruto
19 la borra (pelusa del algodón) [el algodón];
20 la ceiba:
21 el fruto
22 la rama florida
23 la semilla
24 la semilla [corte longitudinal];
25 el yute:
26 la rama florida
27 la flor
28 el fruto;
29 el olivo:
30 la rama florida
31 la flor
32 el fruto (la aceituna);
33 la cauchera:
34 la rama con frutos *m*
35 el higo
36 la flor;
37 el árbol de la gutapercha:
38 la rama florida
39 la flor
40 el fruto;
41 el cacahuete (maní):
42 la rama florida
43 la raíz con frutos *m*
44 el fruto [corte longitudinal];
45 el ajonjolí (la alegría, el sésamo):
46 la rama con flores *f* y frutas *f*
47 la flor [corte longitudinal]
48 el cocotero:
49 la inflorescencia
50 la flor femenina
51 la flor masculina [corte longitudinal]
52 el fruto [corte longitudinal]
53 el coco;
54 la palma oleífera (palmera de aceite *m*):
55 el espádice masculino con la flor
56 la inflorescencia con el fruto
57 la semilla con los orificios germinativos;
58 el sagú:
59 el fruto;
60 el bambú:
61 la rama con hojas *f*
62 la espiga de flores *f*
63 el trozo de caña *f* con nudos *m*;
64 el papiro:
65 el copete de flores *f*
66 la espiga de flores *f*

1
2
3
4
5
5
6
7
8
9
10
11
12
13
14
15
16
17
18
19
20
21
22
23
24
25
26
27
28
29
30
31
32
33
34
35
36
♀
♂
37
38
39
40
41
42
43
44
45
46
47
48
49
50
51
52
53
54
55
56
57
58
59
60
61
62
63
64
65
66

1 la palma datilera (palmera):
2 la palmera frutada
3 la hoja de la palmera
4 el espádice masculino
5 la flor masculina
6 el espádice femenino
7 la flor femenina
8 un ramo (támara *f*) de la infrutescencia
9 el dátil
10 el hueso de dátil *m* (la semilla);
11 la higuera:
12 la rama con seudocarpos *m*
13 el higo con flores *f* [corte longitudinal]
14 la flor femenina
15 la flor masculina;
16 el granado:
17 la rama florida
18 la flor [corte longitudinal, separada la corola]
19 el fruto (la granada)
20 la semilla (el grano) [corte longitudinal]
21 la semilla [corte transversal]
22 el embrión;
23 el limón; *variedades del género citrus:* la mandarina, la naranja, la pampelmusa (toronja; *Amér.:* el pomelo; *Filip.:* el luchán):
24 la rama florida;
25 el azahar (la flor del naranjo) [corte longitudinal]
26 el fruto (la naranja)
27 la naranja [corte transversal];
28 el banano:
29 la corona de hojas *f*
30 el seudotronco con las hojas envainadas
31 la florescencia con frutos *m* jóvenes
32 la infrutescencia
33 la banana (el plátano)
34 la flor de la banana
35 la hoja de banana *f* [esquema];
36 el almendro:
37 la rama florida
38 la rama con frutos *m*
39 el fruto (la almendra)
40 la cáscara con la semilla [de la almendra];
41 el algarrobo:
42 la rama con flores *f* femeninas
43 la flor femenina
44 la flor masculina
45 el fruto (la algarroba)
46 la vaina-fruto [corte transversal]
47 la semilla;
48 el castaño:
49 la rama florida
50 la inflorescencia femenina
51 la flor masculina
52 la cúpula (el erizo) con las semillas [las castañas];
53 la juvia:
54 la rama florida
55 la hoja
56 la flor [vista desde arriba]
57 la flor [corte longitudinal]
58 el fruto capsular abierto conteniendo las semillas
59 la castaña del Brasil (la nuez del Marañón, la almendra del Orinoco) [corte transversal]
60 la nuez [corte longitudinal];
61 el ananás (la piña de América):
62 el seudocarpo con la corona de hojas *f*
63 la espiga de flores *f*
64 la flor del ananás
65 la flor [corte longitudinal]

1
2
4
5
6
7
3
8
10
9
11
12
14
13
15
16
17
20
22
21
19
18
23
24
25
26
27
28
29
30
33
34
32
35
31
36
38
37
39
40
41
47
42
45
43
44
46
50
53
55
56
57
61
65
64
63
62
48
51
49
52
54
58
59
60

INDICACIONES PARA EL USO DEL LIBRO

Cuando en el texto no se indica, con la abreviatura o el artículo correspondientes, el género de un nombre determinado, es porque este lo tiene igual que el nombre que lo precede.

En las ilustraciones, las cifras rodeadas por un círculo se refieren a objetos compuestos cuyas partes se enumeran y designan a continuación.

La puntuación sigue la regla del orden lógico de los grupos de imágenes que se refieren ora a objetos compuestos, cuyos números están rodeados por círculos en las tablas, ora a una sucesión de términos en el texto (p. ej. 17–24).

Hemos utilizado las siguientes abreviaturas:

amb.	ambiguo
Amér.	América
Amér. Central	América Central
Amér. Merid.	América Meridional
anál.	análogo
angl.	anglicismo
Arg.	Argentina
Bol.	Bolivia
cat.	catalán
Col.	Colombia
com.	común de dos
C. Rica	Costa Rica
Dom.	República Dominicana
Ec.	Ecuador
err.	erróneo
f	femenino
fam.	familiar
Filip.	Filipinas
fr.	francés
Guat.	Guatemala
Hond.	Honduras
ingl.	inglés
m	masculino
Méj.	Méjico
Nicar.	Nicaragua
Pan.	Panamá
Par.	Paraguay
poét.	poético
pop.	popular
P. Rico	Puerto Rico
Salv.	El Salvador
Urug.	Uruguay
vasc.	vascuence
Venez.	Venezuela
vulg.	vulgar

INDICACIONES PARA EL USO DEL INDICE

Los números en negritas mandan a los que figuran en el borde superior de cada página. Para evitar la repetición de la misma palabra, hemos utilizado una tilde (~) que reemplaza a la palabra que la precede. Los americanismos se indican con un asterisco. Para facilitar la búsqueda al usuario, se añade, siempre que es necesario, una explicación en cursiva sobre el sentido en que está empleada la palabra en ese caso. Para estas explicaciones, utilizamos las siguientes abreviaturas:

Agr.	Agricultura	*Gram.*	Gramática
Anat.	Anatomía	*Igl.*	Iglesia
Arq.	Arquitectura	*Impr.*	Imprenta
Astron.	Astronomía	*Máq.*	Máquina
Biol.	Biología	*Mar.*	Marina
Blas.	Blasón	*Mat.*	Matemáticas
Bot.	Botánica	*Mec.*	Mecánica
Carp.	Carpintería	*Med.*	Medicina
Cine.	Cinematografía	*Meteor.*	Meteorología
Com.	Comercio	*Mit.*	Mitología
Constr.	Construcción	*Mont.*	Montería
Cost.	Costura	*Mús.*	Música
Electr.	Electricidad	*Opt.*	Optica
Equit.	Equitación	*Patin.*	Patinaje
Esgr.	Esgrima	*Quím.*	Química
Etnol.	Etnología	*Taurom.*	Tauromaquia
Ferr.	Ferrocarriles	*Tecn.*	Tecnicismo
Fís.	Física	*Telef.*	Telefonía
Fot.	Fotografía	*Teleg.*	Telegrafía
Geogr.	Geografía	*Telev.*	Televisión
Geol.	Geología	*Text.*	Textil
Geom.	Geometría	*Veh.*	Vehículo
Gimn.	Gimnasia	*Zool.*	Zoología

A

ábaco **249** 38
~ *[columna]* **316** 20
abadejo de invierno **346** 10
~ de triple franja **346** 10
abanico **336** 42
~ *[cola]* **88** 75
~ *[barco]* **216** 3
~ *[Máq.]* **162** 35
abastecimiento de agua **254**
~ de agua potable **254** 1–66
~ individual de agua **254** 40–52
abasto* **94** 11–15
abdomen **18** 35–37, **78** 10–19
~ medio **18** 36
abedul **257** 40, **355** 9
abeja **78**
~ de colmena **78** 1–25
~ machiega **78** 4
~ macho **78** 5
~ melífica **78** 1–25
~ neutra **78** 1
abejaruco **344** 2
abejón **342** 23
abejorro **82** 1, **342** 23
abertura **117** 24
~ acústica **301** 22, **302** 6
~ de alimentación **96** 42, **196** 52
~ de descarga **212** 56
~ de entrada del aire **255** 60
~ del altavoz **234** 49
~ de la puerta **52** 68
~ del descongelador **186** 11
~ de llave **136** 21
~ de observación **6** 9
~ de ventilación **183** 14, **185** 37
~ máxima **142** 50
~ mínima **142** 51
~ para añadir los productos detergentes **166** 14
~ para el cuello **335** 24
~ para el humo **336** 21
~ para la limpieza **93** 21
~ para la observación **295** 15
~ para la observación del proceso de cochura **154** 2
abertura para la proyección **295** 15
~ para la toma de muestras **161** 67
~ para salida del aire **187** 20
~ terminal **26** 55
abeto blanco **356** 1
~ falso **356** 12
~ plateado **356** 1
ablandamiento de la cebada **92** 1–7
abogado **248** 30
abolladura **36** 13
abonado **233** 31
abonador **126** 1
abono artificial **65** 14
~ cálcico **65** 14
~ comercial **65** 14
~ fosfático **65** 14
~ nitrogenado **65** 14
~ potásico **65** 14
abotonador **100** 10
abrazadera **85** 45, **117** 31, **128** 31
~ con retención de leva **67** 61
~ de gasa **294** 3
~ de goma **23** 4
~ de la bureta **334** 23
abrazadera de tubos **334** 30
~ de unión **114** 53
~ doble **294** 21
abrazo **201** 61
abrecartas **238** 47
abrelatas **266** 18
abreojetes **99** 66
abrevadero **64** 28, **76** 36
~ automático **76** 35
abridor de tapones de corona **46** 47
abridora abrebalas **156** 7
abrigo **34** 48
~ contra el viento **337** 35
~ de encerado **224** 56
~ de entretiempo **34** 52
~ de invierno **32** 52
~ de invierno para caballero **34** 65
~ de lana **32** 36
~ de niña **31** 37
~ de pieles **32** 49
~ de popelina **32** 42
~ deportivo **34** 41
~ de verano **32** 54
~ entallado **32** 52
~ flojo **256** 41
~ forrado de pieles **34** 65

abrigo impermeable **34** 41
~ raglán **34** 41
~ suelto **32** 54, **256** 41
~ tres cuartos **32** 36, **34** 36, **256** 21
abrochador* **240** 37
abrota **125** 7
abscisa **329** 9
ábside **316** 64, **317** 5
~ de la tienda **266** 35
abubilla común **343** 25
abuela **258** 14
acabado de la corona **163** 22
~ del papel **168** 23–43
acabador **27** 41
acabados de la fachada **113** 83–91
~ de los textiles **162** 1–65
acacia bastarda **358** 27
~ falsa **355** 70
~ globular **54** 11
acalefo **340** 14
acanalador **127** 59
acanaladura **149** 14
acantilado **13** 28, 57
acantóptero **349** 6
ácaro **342** 44
acarreo de las vagonetas vacías **138** 7
~ del carbón **148** 1–9
accesorios **119** 33–67, **296** 50
~ de vestir **37**
~ fotográficos **111** 31–59
accidentado **17** 18–23, **253** 68
accidental **299** 51–59
~ de cuarto de tono **299** 56–59
accidente de circulación **253** 58–69
~ sobre hielo **17** 28–33
acción *[Com.]* **243** 11–19
~ *[Esgr.]* **277** 20
~ al portador **243** 11
accionamiento del avance de la mesa **143** 22
accípitres **347** 10–13
acebo **358** 9
aceite **98** 24
~ combustible **139** 42
~ del cabello **104** 12
~ de máquina de coser **102** 48
~ de mesa **98** 24
~ de oliva **98** 24
~ lubricante **139** 44
~ mineral **12** 27, 31
~ para el masaje **24** 6
~ para motor **191** 14
~ refinado **98** 24
aceitera **102** 48
~ *[Cine.]* **294** 30
acelerador **185** 39
acelga **59** 28
acento **300** 41
~ agudo **325** 30
~ circunflejo **325** 32
~ grave **325** 31
aceña **91** 35–44
acepilladora de planear **128** 11
~ de poner a grueso las maderas **128** 14
~ de regrosar las maderas **128** 14
aceptación **242** 23
acequia* **13** 8
acera **39** 60, **194** 6, **210** 40
~ de carga **202** 9
acerico **102** 77
acero perfilado **141** 73
acetre **313** 45
aciano **63** 1
acicular **354** 34
ácido para soldar **119** 8
~ sulfúrico **164** 24
acidómetro **192** 44
acidulación de la plancha **172** 35
ación **72** 42
acodo **57** 11, 12
~ en macetas **57** 18
acólito **311** 52, **312** 45
acometida de cable **147** 60
acomodador **296** 12
acomodadora **295** 4
acompañante **298** 1
acompasador **237** 17
acónito **363** 1
acopio de tablones **115** 1
acoplamiento **305** 41, 48
~ de la manguera **255** 29
~ elástico **206** 12, **207** 10
~ suelto **203** 37
acorazado **222** 31–64
~ de batalla **222** 31
acorazonado **354** 35
acordada **144** 49
acorde **300** 16–18
~ de quinta **300** 16 y 17
~ de séptima de dominante **300** 18
~ perfecto mayor **300** 16
~ perfecto menor **300** 17
acordeón **303** 36
ácoro **361** 22
acrobacia **271** 17
acróbata **290** 7, 47, **298** 9
~ de trampolín **290** 35
~ rápido **298** 9
Acrópolis **316** 1–7
acrotera **316** 34
actinomorfo sol **340** 7
actividad en el muelle **221** 1–21
actor **297** 37
~ de televisión **237** 11
~ principal **292** 28
~ secundario **292** 29
actriz **297** 38
~ de cine **292** 27
actuación de contorsionista **298** 11
acuarela *[Pint.]* **44** 19
acuarela *[color]* **321** 18
Acuario **6** 42
acuario **339** 26
acueducto **316** 53
acumulador **111** 55, **138** 56, **192** 38
acuñación de la moneda **244** 40–44
acusado **248** 29
achicoria **360** 25
~ amarga **59** 40
~ silvestre **59** 40
achichicle* **13** 80
achimero* **53** 30
adarga de torneo **310** 79
adarve **310** 20
adelfa **357** 13
adelfilla **361** 10
aderezos **38** 1–33
adición *[Mat.]* **326** 23
~ del ácido sulfúrico **164** 23
aditivos **167** 25
adivina **291** 36
adjunto **250** 6
~ con la lista duplicada **251** 27
Administración de Justicia **248**
administración del canal **212** 24
admisión del cilindro **227** 5
adoquín **194** 12
adoquinado **194** 11
adoquinador **194** 16
adormecimiento del nervio **27** 54
adormidera **364** 15
adorno **300** 28–38
~ cuadriculado **317** 14
~ de cabeza **335** 12
~ de cuello **309** 25
~ de flecos **336** 25
~ de hojas **316** 40
~ de la collera **72** 16
~ del cabello **38** 4, **338** 82
~ del friso **316** 16
~ del guardabarros **181** 42
~ del radiador **187** 3
~ del sombrero **36** 49
~ de mesa **46** 19
~ dentado **317** 16
~ en escamas **317** 15
~ en zigzag **317** 16
~ imbricado **317** 15
adral **131** 21
adrales **189** 17
aduanero **247** 15
aeródromo **230** 1, **271** 38
aerofaro giratorio **230** 18
aerógrafo **121** 12, **171** 51, **191** 19
aerolito **7** 28, 29
aeromodelo **271** 40–63
~ con mandos de cable desde tierra **271** 62
~ con motor **271** 59–63
~ de planeador **271** 40–58
aeromotor **79** 34
aeronauta **226** 64
aeronave rígida **226** 65
aeroplano **225**
~ con propulsión de hélice **226** 1–8
~ de hélice **226** 1–8
~ turbopropulsado sistema turbina-hélice **226** 9–12
~ turborreactor **226** 13–18
aeropuerto **230** 1
afeitado completo **35** 25
aficionado **272** 49
~ a la caza **86** 1
áfido alado **82** 39
~ de la agalla del abeto **82** 38
afieltramiento de hifas **365** 2
afiladera **66** 19
afilador y suavizador de cuchillas **51** 73
afiladora **134** 31
~ eléctrica **149** 51
afilalápiz **240** 69
afilón **96** 30
afinador **305** 21
afincado* **64** 21
aforador diagonal **126** 2
Africa **14** 35–38, **15** 14
afueras **252** 31
agalla **82** 34
~ de la hoja de haya **82** 37
~ de la raíz **81** 27
~ del pulgón **81** 33
~ en forma de piña del abeto **82** 40
agárico **363** 10
~ de las moscas **363** 10
~ ecuestre **365** 29
~ meloso **365** 28
agarradero **85** 28, **287** 55
~ para el pasajero **183** 33
agencia de viajes **256** 24
agenda **238** 31
agente de los artistas **290** 18
~ de policía **247** 1, 11
~ de policía de la Brigada de Investigación Criminal **248** 3
~ oficial de Cambio y Bolsa **243** 4
agitador **92** 29, **333** 18
~ excéntrico **172** 5
~ mezclador de la pasta de papel **168** 1
agricultura **65**
agrimensura **15** 46–62
agróstide **63** 30
agrotis de los sembrados **81** 42
agrupaciones de estrellas fijas **5** 9–48
agua **12** 32
~ de Colonia **103** 20
~ de enjuagar **41** 21
~ de espliego **103** 21
~ del baño **51** 9

agua del lastre **218** 68
~ de mesa **98** 87
~ de mina **137** 30
~ de Seltz **47** 41, **98** 87
~ destilada **192** 45
~ estancada **211** 17
~ facial **103** 14
~ marginal **12** 32
~ mineral **98** 87, **262** 18
~ natural **254** 4
~ subterránea **12** 21
aguacero **8** 19, **9** 37
aguada* **64** 28
Aguador **6** 42
aguaje* **13** 33
aguamala **340** 14
aguardiente **98** 56
aguardo **86** 14–17
aguarrás **321** 13
aguavilla **361** 15
aguijón **78** 11
~ caudal **342** 43
Aguila **5** 9
águila **308** 3 **347** 5–9
~grande **284** 5
~ marina grande **347** 5
~ ratonera **347** 9
aguileña común **62** 10
aguilón **114** 36, **145** 17, **221** 37
~ de la grúa **192** 62
~ giratorio **195** 26
aguja **136** 74, **144** 39, **160** 53
~ *[chapitel]* **252** 42, **312** 6
~ *[carne]* **95** 6,19
~ de abeto **356** 11
~ de bitácora **219** 16
~ de bronce **309** 29
~ de cabeza esférica **309** 29
~ de coger puntos **102** 61
~ de coser a mano **102** 56
~ de coser a máquina **102** 55
~ de cruzamiento **199** 32
~ de dospuntas **124** 10
~ de grabador **323** 16
~ de guarnicionería **123** 32
~ del abeto falso **356** 19
~ del compás **144** 47
~ de lengüeta **160** 12, 56, 61
~ del flotador **183** 67
~ de mallas **125** 28
~ de sujeción **123** 28
~ de sutura **26** 36
~ de talabartero **123** 28–33
~ de vibrar **114** 89
~ de zurcir **102** 57
~ electro-magnética **193** 25
~ hipodérmica **26** 31
~ indicadora **10** 26, **332** 14
~ magnética **332** 38
~ movida a mano **198** 47
aguja para correas **123** 31
~ para coser **123** 29
~ para desvío movida a mano **198** 48
~ para las orlas **123** 30
~ repetidora de compás giroscópico **219** 29, 30
agujador* **102** 77
agujero **302** 33, **303** 34
~ cuadrangular **134** 43
~ de hombre **254** 51
~ del gusano **60** 65
~ del vientre **126** 29
~ de perforación **139** 18
~ para fijar el listón **130** 9
~ para la espiga **115** 22
aguzanieves **344** 9
ahogadero **72** 11
ahulado* **100** 5
aigrettes **36** 35
aira de césped **359** 44
aire comprimido **171** 54
~ de entrada **184** 75
aires del caballo **73** 39–44
aislador **331** 64
~ de aguja hueca **147** 54
~ de chimenea para hilar **164** 43
~ de desacoplamiento **234** 23
~ de entrada de corriente **206** 5
~ del soporte **193** 46
~ de paso **147** 35
~ de porcelana **233** 67
~ de suspensión **146** 38
~ en cadena **147** 54
~ tipo casquete **147** 54
aislamiento **40** 72
~ acústico de las paredes **234** 6
~ de lana de vidrio **229** 9
~ del conductor **147** 45
~ de plomo **223** 10
~ horizontal **118** 4
ajedrez **265** 1–16
ajenjo **364** 4
ajo de oso **361** 6
ajonjolí **367** 45
ajorca **38** 15
ajuar del bebé **30**
ajustador de la rasqueta **176** 19
~ del rascador **176** 19
~ del retículo **87** 30
~ de puesta a cero **332** 17
~ de válvulas **192** 11
ajuste circular **15** 62
~ de altura **143** 35
~ de la caja de la cámara **171** 10
~ del amplificador **294** 12
~ del portaobjetos del objetivo **109** 6
ajuste de precisión **294** 7
ala **88** 76, **307** 51, **356** 9
~ *[avión]* **226** 16, **271** 51
~ *[sombrero]* **36** 15
~ *[Mec.]* **136** 2, 5
~ cuadrada ahusada **225** 13
~ de flecha **225** 28
~ de gaviota **225** 20
~ del sollado **218** 16
~ de murciélago **307** 4
~ de pájaro **36** 52
~ derecha **274** 20 y 21
~ elevable **210** 62
~ en delta **225** 30, 54
~ en media luna **225** 68
~ hendida **225** 58
~ membranosa **82** 11
~ oval **225** 23
~ rectangular **225** 25
~ rígida **225** 11
~ rotora **226** 29
~ trapezoidal **225** 18
~ triangular **225** 54
"ala" volante **225** 29, **271** 40
álabe **91** 9
~ de la turbina **183** 19
alacena de cocina **41** 1
alambrada **16** 39
~ de seguridad **280** 51
~ de tela metálica **75** 23
alambre **106** 3, **136** 12, **290** 41
~ de acero **120** 30
~ de cierre aislado **234** 28
~ de espiga **122** 28
~ de modelar **322** 11
~ de soldar **135** 6, 22
~ de transmisión **198** 61
álamo **355** 15
~ blanco **355** 23
~ temblón **355** 21
alargadera **144** 35
alarma eléctrica de incendio **253** 55
~ para la policía **253** 14
alba **314** 38
Albania **14** 1
albañil **113** 18
albarda **74** 4
albardilla **39** 37, **64** 14
albaricoque **61** 35
albaricoquero **61** 33–36
albéitar **76** 15
albergue de montaña **282** 1
alborga **100** 7
albornoz **267** 25, **337** 7
álbum de fotografías **47** 14, **112** 52
albura **115** 85, **149** 43, **354** 12
alca **343** 13
alcachofa **59** 41
alcachofa *[Tecn.]* **254** 6, 14, 43
álcalicelulosa **163** 7, 9
alcalización **139** 31
alcancía * **311** 61
alcanforero **364** 18
alcantarilla **194** 22
alcantarillado **194** 21
alcaparra **98** 42
alcatraz **363** 9
~ común **343** 9
alcayata **124** 4
alcázar **310** 1
alce **352** 1
alcohol **52** 32
Alcor **5** 29
alcubilla **16** 81
alcuza **102** 48
aldabilla **53** 48
Aldebarán **5** 25
ale **93** 40
aleación de boro **1** 45
~ de cadmio **1** 45
alegría **367** 45
Alemania **14** 5
alemán vestido a la española **338** 27
alerce **356** 32
alero **39** 6, **116** 4, **266** 32
alerón **228** 46, **271** 35
aleta **90** 48
~ *[Tecn.]* **157** 25, **185** 3, **187** 19
~ *[libro]* **178** 38
~ anal **350** 9
~ caudal **350** 10, **352** 29
~ de enfriamiento **187** 29
~ de inmersión **267** 41
~ del fiador **87** 8
~ del seguro **2** 40, **87** 8
~ dorsal **350** 6, **352** 27
~ esparcidora **196** 42
~ estabilizadora **229** 25
~ para nadar **267** 41
~ pectoral **350** 7, **352** 28
~ ventral **350** 8
alfa **130** 26
alfalfa **70** 9
alféizar **39** 24, **44** 20
alfil **265** 10
alfiler **102** 78, **123** 28, **124** 8
~ de corbata **38** 31
~ de espiga **122** 29
~ de gancho* **37** 25
~ de pecho **38** 17
~ de sombrero **36** 50
alfombra corrida **48** 32
~ de la escalera **43** 27
~ del altar **311** 6
~ de terciopelo **47** 61, **259** 35
alfombrilla **43** 34, **45** 64
~ de espuma de goma **51** 75
~ de la cama **48** 35

alfombrillas de la cama **48** 33
alfóncigo **366** 49
alforfón común **70** 20
alforja **266** 23
~ para bicicleta **181** 19
alga verde **362** 43
algarabía **63** 1
algarroba **368** 45
algarrobo **368** 41
álgebra **327** 4 y 5
algodón **30** 50, **367** 16
~ de ceiba **124** 23
~ de limpieza **192** 69
~ hidrófilo **28** 9
alhajas **38** 1–33
alhajera* **38** 11
alheña **357** 6
alhucema **364** 7
alicates **103** 6
~ cortaalambres **134** 70
~ de boca plana **134** 70
~ de garra larga **192** 24
~ de puntas redondas **120** 50
~ para el cuero **123** 10
~ redondos **120** 50
~ universales **120** 53, **192** 14
alidada **219** 4, 30
aligustre **357** 6
alimentación de chatarra de hierro **140** 58
~ de una retorta **148** 10
~ y suelta del papel **175** 14
alimentador **65** 32, **151** 7, **241** 57
~ automático de metal **169** 26
~ de corredera **240** 39
~ de fichas **241** 41, 49, 53
~ de la paja **68** 70
~ del plegador de papel **176** 8
~ de metal **169** 40
~ de papel interfoliado **175** 11
~ elevador de cangilones **196** 49
~ frontal **155** 2
alionín **344** 4
alisador **121** 38
alisio del Nordeste **9** 48
~ del Sudeste **9** 49
alisma **362** 44
aliso **63** 17, **355** 30
aliviadero **212** 60
aljibe **310** 3
aljofaina **30** 23
aljofifa **41** 30, **52** 51
alma *[Tecn.]* **125** 23, **136** 4, **141** 29
~ central del aspa **91** 2
~ de la escalera **40** 26
~ del carril **198** 34
almacén **220** 31, **252** 18, **256**
almacén *[Impr.]* **177** 44
~ del carbón **152** 13
~ de clasificación de las hileras de vagonetas **137**
~ de "klinker" **152** 10
~ de las fibras aspiradas **157** 44
~ de matrices **169** 21
~ de primeras materias **152** 3
~ de ultramarinos **98** 1–87
~ de yeso **152** 15
~ general **202** 53
almáciga **79** 3, **84** 6
almádena **150** 6
almadía **269** 60
almajara **79** 16
almanaque de pared **238** 2
almarada **124** 10
almeja **340** 30–34
almena **310** 7
almendra **368** 39
~ del alfóncigo **366** 51
~ del Orinoco **368** 59
~ mollar **46** 41
~ salada **45** 50
almendro **368** 36
almete **310** 39
almiar **65** 28
almidón **53** 57
alminar **319** 13
almohada **30** 13, **48** 6
~ cilíndrica **48** 54
~ de plumas **48** 6
~ flotadora para principiantes **268** 18
almohadilla **23** 39, **30** 2, **162** 56
~ de baquelita **159** 64
~ de cuero **159** 64
~ de goma **239** 40
~ de la base **275** 51
~ de piel **106** 29
almohadillado **29** 36
almohadón de la novia **313** 20
almohaza **72** 54
áloe **56** 13
alojamiento **295** 48
~ de la marinería **223** 49
~ del personal **255** 2
~ de suboficiales **223** 39
alondra **346** 18 y 19
~ de los bosques **346** 18
alopecuro **70** 27
alpargata **100** 7
~ de cáñamo **117** 75
~ de esparto **117** 75
alpende **53** 47
alpinismo **282** 1–56
alpinista **282** 6
alquería aislada **16** 101
alsaciano **71** 31
álsine roja **63** 27
alta frecuencia **4** 22
~ montaña **12** 39–47
Altaír **5** 9
altar **311** 7, 36, **316** 69
~ de los sacrificios **316** 48
~ lateral **311** 45
~ mayor **311** 37
altavoz **235** 22 y 23, **293** 34, **331** 20
~ adicional **235** 11
~ de control **234** 5
~ de efectos especiales **294** 51
~ del andén **201** 28
~ del estudio de resonancia **293** 20
~ electrodinámico **235** 22
~ normal **235** 22
~ para altas audiofrecuencias **235** 23
~ tras pantalla **294** 44
~-receptor **199** 72
altea **364** 12
alteración **299** 51–59
alternador **146** 23
~ de tres fases **147** 26
altímetro de altura absoluta y de altura relativa **228** 9
alto horno **140** 1
altocúmulo **8** 15
~ castellano **8** 16
~ floccus **8** 16
altoestrato **8** 8
~ precipitante **8** 9
altozanero **201** 32
altramuz amarillo **70** 17
altura **328** 27
~ *[Geogr.]* **13** 66
~ *[contrahuella]* **118** 33
~ de elevación **210** 70
~ de la falla **12** 6
~ del árbol **170** 45
~ del cono **329** 44
~ del tipo **170** 44
~ máxima **11** 6
alud **286** 1
~ compacto **286** 1
~ de nieve **286** 1
~ de polvo de nieve **268** 1
alumbrado de emergencia **295** 6
~ de urgencia **295** 6
~ eléctrico **198** 64
~ supletorio **295** 6
alumbramiento **254** 24–39
alumno **249** 28
~ de primer grado **249** 9
~ de vuelo sin motor **271** 30
alverja **70** 18
alza **87** 67
alzacoches móvil **192** 66
alzacuello **313** 5
alzada **144** 61
alzaprima* para transportar los troncos **84** 15
ama de cría **30** 30
amalgama **27** 17
amanita de las moscas **363** 10
amantillo **214** 47
~ de la botavara **214** 48
~ del pico de la cangreja **214** 49
amapola **63** 2
amaranto **62** 21
amargón **63** 13
amarilidácea **56** 8
amarillo **320** 2
amarra **212** 23
~ del ancla **213** 18
amarradero **220** 37
~ de invierno **211** 14
amarre de seguridad **282** 11
amasadera **97** 72, 76
~ del mortero **113** 39
~ eléctrica **97** 74
ambientador del papel **174** 32
ambulancia **255** 19
ameba **340** 1
amento **61** 39, **355** 10, 26
América **14** 29–34, **15** 12 y 13
~ del Norte **15** 12
~ del Sur **15** 13
ametralladora antiaérea **222** 35
amianto **135** 4, **255** 46
amiba **340** 1
amígdala **21** 23
amigo **261** 22
amito **314** 40
amoníaco **164** 24
amorcillo **257** 20
amortiguador **11** 40, **185** 29
~ de aterrizaje **226** 70
~ de goma **204** 54
~ de la dirección **182** 25
~ de la espada **159** 65
~ del balanceo **209** 55
~ de resorte **209** 50
~ de ruidos **182** 42
~ de vibraciones **171** 17
~ telescópico **183** 46
amortiguamiento **332** 16
amperímetro de intensidad de catenaria **206** 43
~ de los motores de tracción **206** 44
ampliación **112** 51
ampliador de cabeza **109** 13
ampliadora **112** 28
amplificador **292** 59, **295** 20
~ de frecuencia intermedia de video **236** 7
~ de sonidos **306** 42

amplificador de sonidos de frecuencia media **236** 16
~ de video **236** 11
ampolla **26** 32
~ de vidrio **120** 57
ampolleta **107** 48
amuleto de adorno **38** 32
amurada **217** 64
Análisis Espectral **6** 20
ananás **368** 61
anapelo **363** 1
anaquel de las botellas **259** 64
~ de las copas **259** 65
~ de los artículos **98** 14
anaranjado **320** 7
anavia **361** 23
anca **73** 35
ancla con cepo **217** 76
~ del globo **226** 62
~ sin cepo **217** 75
ancladura **211** 13
anclaje de la cadena **210** 26
~ del cable **210** 26
~ del cable en diagonal **210** 40
~ del cable portador **209** 59
áncora **107** 23
anchura de la losa **197** 48
~ de la pista **197** 49
~ del tejido tubular **160** 16
andamiaje **217** 18
~ con tubos de acero **114** 46
~ para el montaje de grandes cohetes **229** 32
andamio **117** 34
~ auxiliar para trabajar en los cables **209** 80
~ de caballete **113** 17
andamios **113** 86–89
andarín **280** 24
andarivel **224** 50
~* **211** 1
andas **312** 41
andén **201**
~ de la estación del valle **209** 51
~ de los surtidores **190** 13
~ techado **201** 1
andenes cubiertos **199** 3
Andrómeda **5** 24
andullo **105** 22
anea **362** 21
anélido **340** 16
anemómetro **10** 27 **230** 19
anémona común **359** 5
~ de los bosques **361** 1
~ de mar **349** 20
anestesímetro **28** 37
anestesista **28** 30
anfibio **350** 20–26
anfiteatro **296** 17
ánfora **309** 10
~ * **251** 29
angarillas **260** 22
ángel **311** 54
anguila **350** 17
~ de río **350** 17
~ pelícano **349** 2
anguílula de la remolacha **81** 51
ángulo *[Geom.]* **328** 1–23, 8
~ *[hierro de ángulo]* **136** 1
~ *[vidriero]* **122** 24
~ adyacente **328** 14
~ agudo **328** 10
~ alterno **328** 10
~ central **328** 55
~ complementario **328** 15
~ cóncavo **328** 10, 11 y 12
~ correspondiente **328** 12
~ de caída **87** 78
~ de elevación **87** 76
~ de rotación **330** 33
~ de salida **87** 75
~ exterior **328** 26
~ inscrito **328** 56
~ interior **328** 26
~ llano **328** 13, 9 y 15
~ neutral **281** 34
~ obtuso **328** 11
~ opuesto por el vértice **328** 8 y 13
~ recto
~ suplementario **328** 14
anhídrido carbónico **93** 17, **171** 54
anilla **334** 15
~ de cuerda **282** 1
~ de cuero para la muñeca **282** 53
~ de goma **238** 75, **267** 32
~ de la correa **87** 5
~ de la pata de la gallina **75** 42
~ del petral **72** 27
~ del reloj **107** 10
~ de rodadura **89** 21
~ para el transporte del motor **157** 37
~ para lanzar **291** 47
~ principal **228** 53
~ sujetadora **107** 13
anillas **279** 47
anilleras **106** 27
anillo **38** 20, **313** 16
~ *[Zool.]* **350** 39
~ *[llave]* **134** 45
~ anual **84** 23
~ colector de aceite **184** 80
~ colector de la corriente alterna **331** 81
~ colector de la corriente continua **331** 77, 82
~ de acuñación **244** 42
~ de asiento del encubado **138** 32
~ de boda **313** 16
~ de brillantes **38** 24
~ de fijación **282** 45
anillo de gradar **67** 6
~ de la barquilla **226** 58
~ de la pierna **337** 38
~ del pescador **314** 58
~ de revestimiento **138** 30
~ de Saturno **7** 17, 18
~ de sello **38** 28
~ de tensión **303** 56
~ exterior **136** 69
~ interior **136** 70
~ interior de bolas **180** 68
~ móvil **282** 42
~ obispal **314** 47
~ papal **314** 58
~ para los dientes **30** 40
~ para mordisquear **30** 40
~ pastoral **314** 47
~ pontifical **314** 47
animal **339** 20
~ bovino **74** 1
~ con cerdas **74** 9
~ con cuernos **74** 1
~ de carga **337** 3
~ de goma **267** 33
~ de pelo **86** 35
~ de pezuñas hendidas **74** 9
~ de presa **339** 6, **352** 11–17, **353** 1–11
~ de silla **337** 2
~ de tiro **202** 17
~ inflable de goma **267** 33
~ rapaz **86** 22
animálculo zapatilla **340** 9
animales domésticos **47**
~ fabulosos **307** 1–61
~ heráldicos **246** 15 y 16
~ mitológicos **307** 1–61
~ multicelulares **340** 13–37
~ unicelulares **340** 1–12
animalito de goma **30** 41
~ de juguete **49** 17
~ de trapo **49** 5
ano **22** 62
ánodo **332** 30
ánodos de cobre **172** 2
anorac **34** 67
~ de niña **31** 42
~ de niño **31** 46
anotación **178** 62
anserina **63** 25
anta **352** 1
~ * **351** 26
Antártida **15** 18
antebrazo **18** 46, **73** 22–26
antecámara **184** 63, 66
antecrisol **141** 5
antecumbre de la montaña **12** 41
antena **223** 54
~ *[Biol.]* **82** 3, **342** 27, 53
antena de ferrita **234** 43, **235** 5
~ de látigo **222** 22
~ de mariposa **237** 39
~ de onda extracorta **235** 7
~ de onda larga **235** 8
~ de onda media **235** 8
~ de radar **218** 8
~ de recepción **234** 21
~ de recepción de televisión **237** 40
~ de varilla **234** 43, **235** 5
~ dipolar **235** 4, **237** 40
~ dipolo **235** 4, **237** 40
~ emisora de televisión **237** 39
~ giratoria **219** 9
~ para onda extracorta **235** 4
~ radiogoniométrica **218** 5
~ reflectora **219** 9
~ tricótoma **341** 5
antenaria dioica **361** 3
anteojeras **72** 26, **272** 42
anteojo **15** 60, **108** 12–24
~ de campaña **108** 37
~ de larga vista **108** 37–44
~ de nivelación **15** 48
~ monocular **108** 42
antepecho *[ventana]* **39** 24, **44** 20, **113** 12
~ *[Máq.]* **159** 16, 46
~ del púlpito **311** 23
antepuerto **212** 26
antera **60** 45, **61** 10
antesala **43** 1–34
antetrén **68** 14–19
anthocharis cardamines **348** 3
anticátodo **332** 31
anticiclón **9** 6
anticlinal **12** 16, 27
antideslumbrante **183** 15
antifaz **289** 13
antigua barroca **325** 5
~ preclasicista **325** 5
~ renacentista **325** 4
antílope **325** 5
antiséptico **104** 16
antivalonio **157** 43
antorcha **308** 36
~ * **135** 37, 47, 49
antorcha contra las orugas **58** 20
antozoario **340** 35
antropoides **353** 14–16
anuario **238** 35
anulador **305** 41
anunciador **298** 2
anunciadora de los números **298** 8
anuncio **98** 2, **253** 22, **325** 51 y 52
~ de propaganda **325** 52
~ de una firma **325** 52
anverso **244** 8

anzuelo **89** 31
~ de arrastre **89** 44
~ doble **89** 32
~ triple **89** 33
añicos de cristal **122** 10
~ de porcelana **154** 21
aojada * **116** 8, **117** 12
aorta **20** 10, **22** 54
~ abdominal **20** 16,
aovado **354** 36
apagador **304** 37
~ del sonido **301** 54
aparador **45** 57, **46** 44, **260** 41
aparato alimentador de hojas **174** 23
~ alimentador por succión **174** 35
~ contador de vueltas **280** 19
~ de acidulación **77** 27
~ de anestesia **28** 34–41
~ de auscultación **26** 14
~ de cambio de vía **198** 47, 58
~ de carga **111** 55
~ de cocina **42** 1–66
~ de cohetes **224** 52 y 53
~ de control **237** 19
~ de copias heliográficas **241** 13
~ de cultivo de levadura pura **93** 15
~ de destilación **334** 46
~ de extensión continua **23** 41
~ de fumigación **83** 38
~ de gas **119** 65–67
~ de juego de azar **260** 48
~ de la ruleta **263** 10, 28
~ de limpieza **107** 60
~ de luz relámpago **111** 49–59
~ de llenar las botellas **80** 26
~ de lluvia artificial **79** 19
~ de maniobra de las agujas movido a mano **198** 48
~ de medida de carrete giratorio **332** 10
~ de ondas cortas **24** 12
~ de ondas ultrasónicas **24** 14
~ de oxígeno **255** 39
~ de oxígenoterapia **255** 20
~ de picar **78** 10–14
~ de precisión de radar para aproximación **230** 10
~ de puntería **87** 65
~ de radar **219** 9–13, **222** 75
~ de radio **44** 29, **234** 35, **235** 1–23
~ de rayos **27** 19, **29** 30, **145** 26
~ de reanimación **255** 20
aparato de retoque **171** 51
~ de secado de la colada de una sola cámara **166** 19
~ de sifón **51** 40
~ de telerradiación de cobalto **2** 28
~ de televisión **236** 1–31
~ de teñir en madejas **161** 20
~ de tintura **161** 21–26
~ de tintorería **161** 58
~ de transfusión de sangre **29** 29
~ de tubos de relámpagos **111** 54
~ elevador de barcos **212** 29–38
~ elevador de pilas **174** 3
~ fotográfico **111** 1–27
~ impresor manual **200** 43
~ instantáneo de bombilla **111** 49
~ Kipp **334** 59
~ medidor del viento **10** 27
~ musical **306** 1–10
~ para desborrar los chapones **156** 44
~ para destorcer las trenzas de las crines de caballo **124** 11
~ para ejercitar los músculos del pecho **278** 50
~ para el blanqueo de los plegadores de urdimbre **161** 40
~ para el estudio de la Acústica **331** 18–21
~ para el estudio de la electricidad **331** 45–85, **332** 1–35
~ para el estudio de la Optica **331** 22–41
~ para el masaje por fricción **24** 7
~ para el masaje por vibración **24** 7
~ para fortalecer las manos **278** 49
~ para fortalecer los músculos de la mano **278** 49
~ para hacer inhalaciones **23** 33
~ para hacer mortajas **115** 17
~ para la calefacción **177** 27
~ para la desinsectación en seco **83** 13
~ para la destilación de agua **28** 63
~ para la destrucción de insectos nocivos **83** 1–48
~ para la enseñanza de Física **331, 332**
~ para la enseñanza de la giroscopia **331** 6
aparato para la esterilización en seco **28** 61
~ para la inhalación de oxígeno **24** 19
~ para lanzar espuma venenosa **83** 44
~ para la obtención de copias **112** 27
~ para la permanente **103** 25
~ para mantener caliente la comida **46** 45
~ para medir ángulos **15** 52–62
~ para medir la fuerza **331** 2
~ para medir la humedad del aire **10** 23
~ para medir la presión de la sangre **23** 1
~ para producir gas **334** 59
~ para servir la cerveza a presión **260** 1
~ para soldar **119** 5–8
~ pulverizador antimácula **175** 10
~ quitanieves **208** 44
~ receptor de televisión **237** 41
~ reproductor de banda **293** 13
~ reproductor del sonido **239** 13
~ sonoro **219** 45
~ supervisor **147** 5
~ telefónico **233** 17, 24
~ vendedor automático **253** 50
aparcamiento **252** 27
aparejo **331** 3
~ *[Mar.]* **214** 1–72, **216** 4, 48
~ bermudiano **270** 31, 36, 38
~ de anzuelos para peces de presa **89** 34
~ del pescador de caña **89** 20–54
~ en cruz **113** 65
~ escalonado **113** 61
~ Marconi **270** 31, 38, 43
aparejos de chimenea **113** 66
~ de ladrillo **113** 60
apartadero **199** 29
~ de carga **202** 22
~ del canal **212** 27
~ particular **145** 79
apartados de Correos **231** 7
apeadero **199** 36
apéndice **226** 55
~ auricular **22** 24
~ vermiforme **22** 18
apicultor **78** 57
apicultura **78**
apio **59** 27
apisonadora **196** 26
~ a motor de tres rulos **196** 36
~ de rodillos para el balasto **198** 18
apisonadora para obras viales **196** 36
~ vibratoria del balasto **198** 17
aplanadera **196** 18, 29
aplique **297** 47, **296** 32
Apocalipsis **307** 50
Apolo **308** 15
aporcador **58** 11, **66** 4
apóstrofo **325** 22
apoyapié **204** 43
apoyatura breve **300** 29
~ doble **300** 30
~ larga **300** 28
apoyo **209** 76, **269** 47
~ de la caña **89** 11
~ del martinete basculante **221** 62
~ del original **171** 29
~ de los tubos **305** 15
~ del puente **210** 33
~ del telero **131** 22
~ de tubos de acero **209** 78
~ extremo **210** 13
~ intermedio **209** 76
~ lateral **278** 18
~ para la madera **149** 52
~ para los pies **179** 7
~ provisional **198** 14
~ sobre las manos **278** 16
~ sobre las manos con brazos flexionados **278** 17
aprendiz **238** 44
~ de repostero **261** 6
~ de zapatero **99** 13
aprendizaje en seco **268** 20
apresto **121** 31
~ y acabado de textiles **162**
aprietapapeles * **238** 30
aprovechamiento del plutonio **3** 40–42
aptenodites **343** 4
apuesta **263** 13
apuntador **297** 28
Aquarius **6** 42
aquenio **60** 23
aqueroncia atropos **348** 9
Aquila **5** 9
arabesco **288** 9
arácnidos **342** 40–47
arado **65** 6, **68** 1–34
~ aporcador **68** 1
~ de balancín **68** 20
~ de ruedas **68** 1
~ de soporte **68** 1, 24
~ de una sola reja **68** 1
~ de un surco **68** 1
~ de vertedera **68** 27
~ de vertedera giratoria **68** 1
~ doble **68** 20
~ patatero **68** 41
arador **342** 44
arándano **361** 23

arándano encarnado **361** 23
arandela **53** 52, **136** 17, **283** 54
~ de contacto **120** 62
~ de distribución **160** 26
~ de empaquetadura **41** 68
~ de la hornilla **41** 42
~ del plegador **158** 30, **160** 26
~ del plegador de la urdimbre **159** 49
~ de muelle **136** 32, **198** 39
~ de resorte **136** 32
~ de seguridad **120** 36
~ de tope **131** 12
~ de zinc **117** 102
~ elástica **198** 39
arandelas **33** 17
~ suplementarias **180** 55
aranya **157** 25
araña **342** 44–46
~ *[lámpara]* **259** 21
~ de jardín **342** 45
~ doméstica **341** 8
~ portacruz **342** 45
~ redonda **342** 45
~ zancuda **341** 13
arañuela **63** 6
ararauna **345** 2
araucaria excelsa **56** 16
árbitro **274** 22, **275** 48, **281** 37
árbol **354** 1
~ *[eje]* **91** 5, **118** 76, **136** 59
~ al que acuden las aves **86** 47
~ azotado por el viento **13** 43
~ cigüeñal principal **159** 50
~ cónico **257** 13
~ con la corona puesta **115** 8
~ de acoplamiento **141** 53
~ de bayas podado en forma natural **55** 11
~ de cardán **182** 5, **185** 52
~ de espaldera de pared **55** 17
~ de espaldera sin apoyo **55** 15
~ de excéntrica **159** 56, **172** 5
~ de fronda **355** 1–73
~ de hoja caduca **355**
~ de la bomba de aceite **184** 21
~ de la cuchilla **128** 12
~ de la escalera **131** 20
~ de la gutapercha **367** 37
~ de la hélice **218** 55, **223** 3
~ de la nuez moscada **366** 30
~ de la pimienta **89** 26
árbol de laurel **312** 60
~ de la vida **312** 29, **356** 39
~ del cacao **366** 16
~ del distribuidor **184** 21
~ de levas **182** 46, **184** 59, **187** 26
~ del freno **136** 97
~ del sacudidor **67** 53
~ de piñas **356** 1–71
~ de tornillo sin fin **233** 20
~ de transmisión **182** 5, **186** 56
~ de transmisión con juntas universales cardán **185** 52
~ esférico **257** 12
~ frutal de poda en forma natural **55** 30
~ motor **207** 5
~ piramidal **55** 16
~ portafresa **128** 19, 23, **143** 21
~ real **91** 34
árboles frutales de espaldera **55** 1, 2, 16, 17, 29
~ frutales de forma plana **55** 1, 2, 16, 17, 29
~ frutales enanos **55** 1, 2, 16, 17, 29
~ ornamentales **357, 358**
arbolito enano **261** 42
arbotante **317** 28
~ *[buque]* **269** 42
arbusto de baya **55** 19, **60** 1–30
~ del mate **366** 11
~ del té **366** 7
~ del té de Paraguay **366** 11
arbustos ornamentales **357, 358**
arca de agua **16** 81
~ de la harina **97** 73
arcada **210** 16, **262** 9, **317** 8
~ ciega **317** 10
~ monumental **319** 3
~ mural **317** 10
arcaduz **91** 36
arce **355** 53
arcilla de ladrillo **151** 2
~ de modelar **50** 22, **322** 31
~ impura **151** 2
arco *[Geom.]* **328** 53
~ *[Arq.]* **318** 19
~ *[arma]* **287** 38, **307** 53, **337** 32
~ *[Mús.]* **302** 12
~ * **274** 2, **275** 1
arco aquillado **318** 36
~ canopial **318** 36
~ convexo **318** 34
~ cortinado **318** 35
~ de herradura **318** 30
~ de hombro **318** 33
~ de marquetería **106** 12
~ de medio punto **317** 19
arco de pared **318** 19
~ de triunfo **316** 59
~ de viola **301** 24
~ graduado **219** 2
~ luminoso **295** 42
~ mural **318** 19
~ ojival **318** 31
~ parabólico **318** 29
~ rebajado **210** 16, **318** 28
~ redondo **318** 27
~ semicircular **318** 27
~ toral **317** 18
~ trilobulado **318** 32
~ triunfal **316** 71
~ Tudor **318** 37
~ voltaico **135** 7, **171** 24, **295** 39
arcocolector **193** 15–19
arctia caja **348** 7
Archaster **349** 17
archivador **238** 4, **250** 22
archivo **238** 3
~ de los dibujos **144** 27
~ de los films **292** 5
~ del servicio de identificación **247** 21
~ de películas terminadas **292** 5
archivolta **317** 25
ardilla **351** 19
área de alta presión **9** 6
~ de baja presión **9** 5
~ de cambio de testigo **280** 16
~ de castigo **274** 5
~ de depósitos de detritos **11** 47
~ de esquina **274** 10
~ de inundación **211** 41
~ de meta **274** 4, **275** 3, 22
~ de penalty **274** 5
~ de precipitaciones **9** 30
~ de tiros libres **275** 35
areca **364** 20
arena **16** 6, **41** 27, **141** 33
~ *[coso]* **287** 58
~ de cristal **323** 48
~ de moldear **141** 26
~ gruesa filtradora **254** 10
arenaria **70** 12
arenero **168** 8, **195** 5, **206** 15
arenque **350** 14
aréola **18** 29
areómetro **192** 44, **331** 8
Ares **308** 9
arete **38** 2
arfil * **265** 10
argallera **126** 30
argaña **361** 19
Argelia, *guarda* 1
Argentina **14** 32
argolla * **313** 16
argolla de suspensión **161** 42
Arided **5** 23
Aries **6** 32
ariete **143** 53
arista **69** 12, **359** 33
~ *[Geom.]* **329** 32
~ de hielo **282** 22
aristoloquia **360** 22
aristón vertical **306** 8
aritmética **326** 1–26, **327** 1–24
arlequín **289** 35
arma arrojadiza **335** 31
~ arrojadiza de madera dura **335** 39
~ blanca **277** 53
~ blanca de filo y contrafilo **277** 63
~ blanca de punta **277** 63
~ de aprehensión **335** 31
~ de caza **87**
~ de esgrima **277** 53–66
~ de fuego portátil **87** 2
~ deportiva **87** 1–40
~ de punta **277** 53
~ punzante **277** 53
armadillo **351** 8
armadura **310** 38, **336** 38
~ *[armazón]* **114** 68, **331** 63
~ *[Teleg.]* **233** 55
~ con buhardilla **116** 46
~ con correas horizontales **116** 52
~ con tirante y dos pendolones **116** 65
~ de alambre **322** 35
~ de alambre de acero **147** 50
~ de caballero **310** 38–65
~ de celosía **116** 78
~ de cinta de acero **147** 50
~ de copete **116** 60
~ de cubierta con huecos macizados **116** 72
~ de gafas **108** 14–16
~ de la clave **300** 1–15
~ del corcel **310** 83–88
~ de los licerones **165** 22
~ de los licetes **165** 22
~ de los lizos **165** 23
~ del puente **210** 48–54
~ del tren de poleas de rodadura **209** 53
~ principal **210** 5
armamento del buque **222** 32–35
armario **306** 10
~ de herramientas de engrase **191** 12
~ de instrumentos **26** 18
~ de la clase **249** 25
~ de la cocina **41** 8
~ de las escobas **52** 15
~ del dormitorio **48** 40
~ de los aceites **190** 11

armario de los contadores **43** 17
~ de los dibujos **144** 27
~ de los instrumentos **27** 23
~ de medicamentos **26** 19
~ de pared **41** 1
~ para trajes **48** 40
~ para varios usos **44** 25
~ ropero **48** 40
~ secador **171** 56, **173** 24
armazón **15** 50, **130** 6, **322** 22
~ base del cubato **199** 49
~ de hueso **336** 13
~ de la cama **48** 3–5
~ de la grada **217** 19
~ de la grúa **221** 41
~ del asiento **185** 42
~ del bote plegable **269** 66
~ del dirigible **226** 73
~ del embutido **127** 35
~ del martinete **221** 59
~ de los cilindros **141** 51–55
~ del pozo **137** 5
~ de madera **336** 13
~ de soporte **91** 33
~ elevadora **221** 69
~ ósea **19** 1–29
~ para techar **115** 7
armónica de boca **303** 35
~ de dos filas de agujeros **303** 35
armonio **304** 43
armuelle **63** 24
arnacos * **52** 73
arnés **310** 38
arneses **72** 7–25
árnica **364** 2
aro **258** 21, **261** 29, **278** 40
~ *[planta]* **363** 9
~ *[Text.]* **157** 51
~ *[croquet]* **275** 63
~ de cuello **279** 37
~ de grupa **279** 38
~ del banco portaaros **157** 54
~ del cristal **108** 14
~ del tonel **126** 26
~ del violín **302** 4
~ de madera **126** 7
~ de metal **108** 17
~ de pestaña **141** 66
~ de pinas **131** 29
~ para saltar **290** 58
arpa **302** 60
~ cromática **302** 60
arpegio ascendente **300** 36, 37
arpella **347** 13
arpía **246** 35
arpillera de yute **156** 4
arpista * **291** 16
arpón **90** 53–55, **309** 3
~ de mano **267** 40
arponero **90** 43
arqueado **288** 15
Arquero **5** 37, **6** 40
arquero **287** 37
~ * **274** 11, **275** 14
arqueta del cambio **198** 65
arquíptero **342** 6
arquitecto cinematográfico **292** 43
~ de jardines **54** 23
arquitectura **49** 19
arquitrabe **316** 18
arraclán **364** 13
arrancada final **273** 8
~ semifinal **273** 2
arrancadero **268** 27
arrancador **181** 50, **182** 35
~ de remolachas **66** 35
arrancadores **196** 20
arranque automático de la turbina **227** 26
~ del cimiento **118** 3
~ eléctrico **227** 55
arrastradero **84** 3
arrayán brabántico **357** 33
arrejaco **343** 24
arrejaque **343** 24
arrendajo común **346** 1
arreos **72** 7–13, 25
~ de pecho **72** 26–36
arresto a la cabeza **277** 42
arriate **257** 39
~ de borde **55** 18
~ de espárragos **55** 25
~ de flores **55** 18
~ de hortalizas **79** 38
~ de plantas vivaces **55** 22
~ de verduras **55** 26
arribar **270** 56
arriñonado **354** 38
arriostrado **113** 88, **210** 11
~ superior **210** 53
arriostramiento **271** 34
arrollado del hilo de perlón L **164** 44
arroyo **13** 8, **16** 80
~ *[calzada]* **253** 34
~ de las truchas **89** 8
~ del glaciar **12** 52
arroz **69** 1, 29, **98** 38
arte **315–319**
~ babilónico **315** 19 y 20
~ bizantino **316** 72–75
~ circense **298** 9–22
~ cristiano primitivo **316** 61–71
~ chino **319** 1–6
~ de arrastre y tiro **89** 3
~ de autodefensa **281** 15–17
~ de explicar los escudos de armas **246** 17–23
~ de grabar en madera **323** 1–13
~ de la danza **288** 29–41
arte de la esgrima **277** 1–66
~ del Asia Menor **315** 37
~ de los asirios **315** 29–36
~ de los persas **315** 21–28
~ del período barroco **318** 1–8
~ del Renacimiento **317** 42–54
~ del Rococó **318** 9–13
~ de montar a caballo **72** 1–6
~ egipcio **315** 1–18
~ etrusco **316** 49–52
~ gótico **317** 22–41
~ griego **316** 1–48
~ indio **319** 19–28
~ islámico **319** 12–18
~ japonés **319** 7–11
~ románico **317** 1–21
~ romano **316** 53–60
Artemisa **308** 12
artemisa de los Alpes **362** 6
arteria **17** 14, **20** 1
~ carótida **20** 1
~ del pulso **20** 21
~ de tráfico **252** 32
~ femoral **20** 19
~ frontal **20** 5
~ ilíaca **20** 17
~ pulmonar **20** 11, **22** 55
~ radial **20** 21
~ subclavia **20** 7
~ temporal **20** 3
~ tibial **20** 20
artes gráficas **323**
artesa **97** 72, 76, **132** 8
~ *[Arq.]* **318** 48
~ colectora **93** 9, **197** 23
~ de la comida **76** 43
~ del pienso **76** 43
~ para el adobo **96** 43
~ para la mezcla de carne **96** 43
artesanía infantil **50** 20–31
articulación **144** 31, 37, **298** 33
~ cardán **185** 53
~ central sobre el travesaño delantero **186** 47
~ de abertura **144** 32
~ de bola **2** 41, **111** 33
~ de la suspensión **209** 72
articulado **342**
artículo de confitería **98** 80
~ de fondo **325** 40
artículos de lencería **256** 57
artificio pirotécnico **289** 49–54
artillería ligera **222** 34, 37
~ media **222** 33, 37
~ pesada **222** 32, 36, **223** 57
artiodáctilos **74** 9, **351** 28–31
artista **321** 2
~ del cabaret **298** 2
~ ecuestre **290** 26
~ tirador de pistola **290** 38
artistas ambulantes **291** 25–28
artrópodos **342** 1 y 2
Arturo **5** 30
asa **41** 72, **79** 27, **249** 56
~ separadora **78** 41
asado **46** 27
asador eléctrico **42** 14
asalto **277** 17 y 18
ascáride **341** 20
ascensión **4** 44
~ en globo **4** 40
ascensor **256** 45
~ de aviones **222** 67, 74
ascensorista **256** 47
asclepiadácea **56** 15
asélido común **342** 2
asentaderas **18** 40
aseo del bebé **30**
aserradero **149** 1–59
aserrado **354** 44, 45
~ plano a lo largo del tronco **115** 92
aserrador **84** 20, **149** 19
aserrío * **149** 1–59
asfalto de grabador **323** 56
Asia **14** 39–54, **15** 16
asidero **85** 41
asiduo **260** 40
asiento **44** 11, **72** 37, **296** 28
~ cónico **136** 65
~ con respaldo abatible **185** 55
~ de ballesta **67** 3, **68** 38
~ de caza **86** 10
~ de corredera **269** 41–50
~ de esquina **204** 42
~ de la caldera **40** 66
~ delantero **183** 7, **185** 55
~ de la turbina **227** 32
~ del cobrador **193** 10
~ del conducto **179** 8, **185** 55
~ del conductor de la locomotora eléctrica **206** 29
~ del copiloto **228** 2
~ del linóleo **121** 43
~ del pasajero **183** 32, **190** 20
~ del piloto **228** 1, **271** 32
~ del retrete **51** 38 y 39
~ del timonel **269** 27
~ de rejilla **43** 23
~ doble de la motocicleta **182** 55
~ doble del escúter **183** 2
~ extensible **204** 48

asiento giratorio **204** 45
~ para el maquinista **205** 61
~ para la quilla **217** 36
~ posterior **185** 57
~ removible **189** 3
~ tapizado **44** 11
~ tapizado de plástico **203** 40
~ tapizado extensible **204** 41
~ trasero **183** 8, **185** 57
asíntota **329** 29
asio otus **347** 14
asistenta para fregar **52** 52
asnilla **115** 18
asno **74** 3
aspa batidora **156** 24
~ del molino de viento **91** 1
~ devanadera **156** 24
~ giratoria **263** 32
aspas de Borgoña **313** 54
asperón de grano fino **323** 21
áspid **350** 41
aspidio **361** 16
aspillera **86** 52
aspirador **52** 2
~ *[Máq.]* **91** 48, **128** 17, **146** 14
~ del gas **148** 30
~ del tamo **162** 43
~ de polvo **124** 1, **128** 50
~ de polvo de metal **143** 15
~ de polvo de rectificado **143** 15
~ de saliva **27** 8
~ de vapor del planchado **166** 40
assemblé **288** 14
asta **245** 1, 7
~ *[cuernos]* **88** 11, 30, **342** 25
~ de la bandera **218** 31
~ del torrotito **218** 47
asteria **349** 11
astérido **349** 17
asterisco **178** 61
asteroide **6** 26
asteroideo **349** 17
astil **66** 16, **85** 14, **90** 55
~ de alambre del empujador **304** 29
~ de alambre del piloto **304** 34
~ de la balanza **333** 30
~ de la brida **304** 35
~ de la flecha **287** 43
~ del pedal **304** 42
~ de madera del macillo **304** 25
astilla **52** 62
~ muerta **270** 15
astillera **106** 22
astillero **217** 1–40
astrágalo **316** 38
astrancia mayor **359** 7
astrofísica **6** 20
astrofotografía **6** 3
astronomía **5–7**
astrónomo **6** 10
atabal **336** 26
atacado **277** 21
atacador de aire comprimido **141** 31
~ de mano **141** 32
atacadora **198** 26
atacante **277** 19
atador **65** 33
atadura **83** 28, **90** 5, **202** 13
atalaje de reno **336** 15
~ principal **228** 52
atalajes del paracaídas **228** 54
atalaya **310** 17
atanasia **364** 9
~ *[Impr.]* **170** 30
atarazana **125** 1–18
ataúd **312** 35, 51
aterrizaje a ciegas **230** 22–38
~ a ciegas controlado por radar **230** 34
~ con mala visibilidad **230** 22–38
ático **316** 60
atizador **40** 41, **41** 49
atlante **316** 36
Atlántico **15** 20
Atlas **308** 45
atleta ligero **280** 56
atletismo ligero **280**
~ pesado **281**
atmósfera **4**
atolón **13** 32
Atolla **349** 5
atomizador **23** 34
~ de gas venenoso **83** 40
átomo **1–3**
atributo **308** 2–4
atril **44** 30, **305** 36, **311** 50
atrio **316** 66
Atropos **308** 57
attitude **288** 10
~ effacée **288** 10
atuendo de danza **337** 36
audiencia pública **248** 18
auditorio **251** 8
aula **249** 1, **250** 2
aulos **301** 4
aumento de la presión del aire **227** 22
~ del volumen del aire **227** 23
áureo **244** 3
aureus **244** 3
aurícula **22** 45
~ *[planta]* **362** 8
auricular *[Teléf.]* **233** 15, 30
~ *[peinado]* **35** 38
~ doble de cabeza **332** 18
auriculares **29** 17, **234** 34
Auriga **5** 27
auriga **179** 32
aurimelo * **61** 35
auriscopio **26** 59
aurora **348** 3
Australia **14** 27, **15** 17
australiano **335** 37
Austria **14** 16
auto de juguete **49** 23
~ de pedales **258** 2
auto-bomba **255** 51
autobús **188**
~ con remolque **188** 2
~ de dos pisos **188** 6
~ de turismo **188** 1
~ para servicio interurbano **188** 2
~ urbano **188** 7
autocar **188** 5
~ con motor Diesel trasero **188** 5
~ con remolque **188** 2
autoclave **28** 60, **164** 12, 33
autocolector de pececillos **89** 57
auto-cuba **255** 51
~-choque **291** 63
autogiro **83** 47, **225** 69
automotor **201** 27
~ Diesel de mercancías **207** 39
automóvil **185–186**
autopista **16** 16, **197** 32–50
autor y título de la obra **178** 46
autorrail **208** 35
~ de inspección **208** 38
autos **248** 21
autotipia **172** 31
auto-vivienda **266** 4
auxiliar **250** 3
~ de pista **290** 27
ave **86** 50, **343**
~ azul de Paraíso **345** 3
~ de paso **344** 7
~ fénix **307** 9
~ palmípeda **343** 4
~ sedentaria **344** 4
~ zancuda **343** 18
avefría **343** 21
avellana **61** 49
avellano **61** 44–51
avena **69** 1, 27
~ loca **70** 22
~ silvestre **70** 22
avenal **65** 19
avenida de las fuentes **262** 11
aventador **67** 49, **68** 67
~ *[quitanieves]* **195** 21
avería **224** 4
aves anséridas **343** 15–17
~ canoras **346** 1–20
~ corredoras **343** 1–3
~ de alas largas **343** 11–14
~ de corral **64** 32, **74** 19–36
~ de presa **347**
~ de presa diurnas **347** 1–19
~ de presa nocturnas **347** 14–19
~ de rapiña **347**
aves marinas **343** 11–14
~ no voladoras **343** 1–4
~ voladoras **343** 5–30
avestruz **343** 2
avicultor **75** 11
avicultora **75** 7
avicultura **75** 1–46
avión **226** 27, **230** 36, **343** 24
~ anfibio **225** 32
~ atómico **225** 71
~ bimotor **226** 3
~ catapulta **226** 22–24
~ comercial **226** 30
~ compuesto tipo Mayo **226** 22
~ con alas circulares **225** 70
~ con alas impulsoras **226** 28
~ con hélice propulsora **226** 1
~ cuatrimotor **226** 7
~ de ala alta **225** 21
~ de ala en media luna **225** 67
~ de ala media **225** 19
~ de alas en flecha positiva **225** 27
~ de alas giratorias **226** 28
~ de doble fuselaje **225** 39
~ de gran velocidad **225** 42
~ de hélices tractoras **226** 5
~ de línea estratosférico **226** 30
~ delta **225** 53
~ de pasajeros estratosférico **226** 30
~ de propulsión a chorro **4** 38
~ de retropropulsión **226** 19–21
~ de seis motores **226** 8
~ estatorreactor con motor de tobera de pipa volante **226** 19
~ monomotor **226** 1
~ monomotor turbopropulsado **226** 9
~ nodriza **226** 26
~ para tierra y agua **225** 32
~ pato **225** 36
~ pulsorreactor **226** 21
~ remolcador **271** 8
~ sexamotor **226** 8
~ sin cola **225** 29
~ tetramotor **226** 7
~ trimotor **226** 5
~ turbopropulsado **226** 12
avíos para la limpieza de las armas **87** 61–64
avisador **259** 5
~ cuenta-minutos **107** 51
aviso **231** 26, **325** 51 y 52

avispa **82** 35
axila **18** 26
~ de brácteas **356** 3
~ de la hoja **354** 25, **359** 38
aya **258** 34
ayotoste * **351** 8
ayuda **23** 46, **30** 20
ayudante **17** 20, **250** 7, **290** 39
~ de bodega **80** 35
~ de dirección **292** 46
~ de herrero **132** 13
~ del banquero **263** 4
~ del conductor de la locomotora eléctrica **206** 30
~ del director artístico **297** 43
~ del ingeniero de sonidos **292** 61
~ del matarife **94** 3
~ del odontólogo **27** 26
~ del operador **292** 42
~ del peluquero **104** 6
~ radiólogo **29** 38
Ayuntamiento **252** 41
azada de arrastre **66** 1
~ para las patatas **66** 6
azadón **58** 10
~ de rozar **66** 32
azafata **226** 32
azafate de flores **260** 29
azahar **368** 25
azalea **56** 12
azor **347** 10
azúcar **98** 53–55
~ cristalizado **98** 55
~ de cortadillo **98** 53
~ en polvo **98** 54
~ refinado **98** 55
azucarero **45** 21
~ de tapa automática **45** 24
azucena **62** 12
azud **91** 42
azuela **115** 73
azul **246** 28, **320** 3
azulejo **344** 6
~ de estufa **260** 35
~ de la pared **41** 51
azur **246** 28

B

baba **97** 44
babera **310** 41
babero **30** 14
babilejo * **113** 56
babilla **73** 36, **95** 11, 36
babuino **353** 13
Bacante **308** 33, 35
bacía **104** 23
bacín **23** 25
bacinete **310** 61
Baco **308** 32
báculo **314** 48
~ pastoral **314** 48
bagre **350** 12
bahía **13** 7
bailarín **259** 46, **298** 5
~ de carácter **288** 36
bailarín de pantomima **288** 38
~ de zapateado **298** 5
~ Duk-duk **335** 34
bailarina **288** 40, **298** 4
~ clásica **288** 31
~ de ballet **288** 30
~ de conjunto **298** 7
~ de puntas **288** 31
~ sobre el alambre **290** 40
bailarinas de conjunto **298** 6
baile **288**
~ alemán **288** 41
~ clásico **288** 29–34
~ de carácter **288** 35
~ de máscaras **289** 1–48
~ de pantomima **288** 37
~ de pareja **288** 39
~ de salón **288** 43
~ de sociedad **288** 43
~ de trajes **289** 1–48
~ mímico **288** 41
~ moderno **288** 41
~ nacional **288** 39
~ popular **288** 42
~ regional **288** 42
baja frecuencia **4** 20
bajada de las antenas **218** 4
bajante **117** 29
bajo a babor en la ruta navegable **219** 63
~ a estribor en la ruta navegable **219** 67
~ de viola **301** 23
~ en la ruta navegable **219** 66
~ vientre **18** 37
bajorrelieve **322** 33
bajos **219** 62
~ fuera del canal **219** 72
bala **202** 12, **221** 34
~ con su envuelta **87** 55
~ de algodón **156** 3
~ de fibra de perlón L **164** 62
~ de paja **65** 29, **202** 29, **273** 40
~ de rayón cortado **163** 34
~ de serrín de turba **79** 31
~ de tabaco en rama **83** 11
baladre **357** 13
balafo **303** 61
balalaica **303** 28
balalaika **303** 28
balancé **157** 42
balanceado **281** 28
balanceo de elevación **279** 46
~ suizo **281** 14
balancín **49** 15, **258** 55, **290** 59
~ *[carruaje]* **131** 9
~ *[volatinero]* **290** 42
balancín *[palanca]* **156** 28, **182** 44, **184** 58
~ *[Mar.]* **284** 48, **335** 36
~ de brújula **219** 27
balancines del timón de profundidad **228** 36
balandra **215** 6–8
balandro **270** 45
~ del Báltico **270** 50
bálano **22** 69
Balanza **5** 19, **6** 38
balanza automática **98** 12
~ de análisis **333** 25
~ de bebé **30** 28
~ de cocina **41** 59
~ de corredera **41** 59
~ de cruz **97** 77
~ de laboratorio **333** 25
~ de las pastas **97** 77
~ del cuarto de baño **51** 1
~ de precisión **106** 35, **107** 59
~ luminosa de la leche **77** 5
~ para pesar los paquetes **231** 2
balasto **198** 7
balata **121** 44
balaustrada metálica **118** 22
balaustre **118** 51
balay * **130** 16
balcarrotas * **35** 24
balcón **39** 69, **252** 9, **310** 12
~ corrido **262** 23
balde **216** 56
balística **87** 73
baliza **219** 46, **228** 10
~ de vuelta **270** 55
~ luminosa **190** 30
balizas de aproximación al aeropuerto **230** 12 y 18
balneario **262**
~ para tomar las aguas **262** 1–49
balón **274** 52, **281** 18
~ *[vela]* **270** 39
~ de baloncesto **275** 31
~ de control de respiración **28** 40
~ de gas **331** 10
~ de goma **28** 39
~ de hidrógeno **10** 60
~ del balón volea **276** 47
~ de puños **276** 54
~ de rugby **275** 20
~ de waterpolo **268** 49
~ esférico **281** 19
~ fuera de banda **274** 50
~ medicinal **278** 42
~ volea **276** 43–51
baloncesto **275** 31–38
~ "a once" **275** 1–8
~ "a siete" **275** 1–8
balonmano **275** 1–8
balsa **266** 2, **269** 60
balsa de cadena **211** 1
~ de cuerda **211** 1
~ del mortero **113** 39
~ fija para la práctica del remo **269** 22
~ para pasajeros **211** 1
~ salvavidas **222** 76
balsero **211** 2
Ballena **5** 11
ballena **90** 44, 50, **352** 23–29
~ *[varilla]* **33** 17, **37** 19
~ arponeada **90** 49
~ con el banderín **90** 44
ballenero **90** 38–43, 46
ballesta **179** 15, **185** 25
~ de cuarto de elipse **183** 45
~ de suspensión del eje **204** 68
ballet clásico **288** 29–34
bambalina **297** 12
bambalinas **297** 1–60
bambú **89** 26, **367** 60
banana **368** 33
bananero **216** 8
banano **368** 28
banasta **64** 40, **80** 12
banca **263** 11
bancada *[Mar.]* **269** 28, 41–50
~ *[Tecn.]* **143** 40, **157** 26
~ de la prensa neumática **173** 14
~ del telar **159** 24
~ del urdidor **158** 27
~ extrema **158** 14
~ lateral **160** 20
~ metálica **171** 16
~ portabobinas **157** 30
Banco **242**
banco **131** 6
~ *[Atletismo]* **281** 9
~ de ballenas **90** 52
~ de carpintero **127** 40–44
~ de cerrajero **134** 15
~ de contacto **233** 39, 45
~ de esquina **262** 32
~ de hielo **90** 36
~ de jardín **54** 18
~ de la estufa **260** 36
~ del andén **201** 43
~ de los fieles **311** 28
~ del parque **257** 16
~ del torno de punta **129** 2
~ de nieve **12** 48
~ de rastrillar **125** 3
~ de remeros **269** 28
~ de testigos **248** 38
~ de trabajo **119** 11
~ de vidriero **155** 21
~ emisor **244** 30
~ óptico **331** 27
~ para el doblado de varillas de hierro **114** 20
~ para estirar alambre **106** 2

banco para sentarse o tenderse **25** 8
~ portaaros **157** 54
banda **7** 18, **278** 45, **287** 18
~ *[Pesca]* **90** 16
~ alisadora **197** 14
~ de adorno **32** 27
~ de desgarre **226** 54
~ de diálogo **293** 13
~ de frecuencia **237** 36
~ de frecuencia de sonido **237** 37
~ de goma **264** 16
~ de jazz **289** 2
~ del circo **290** 10
~ del Ejército de Salvación **257** 61
~ de los ojetes **99** 44
~ de música **293** 13
~ de ondas **234** 47
~ de ondas cortas **234** 37
~ de ondas extracortas **234** 40
~ de ondas largas **234** 39
~ de ondas medias **234** 38
~ de papel **175** 42, 43, **176** 9
~ de registro de sonidos **294** 41
~ de ruidos **293** 13
~ de sonidos **293** 22–24, 32
~ elástica del calcetín **33** 65
~ elástica de punto **34** 25
~ metálica de contacto para el pulsador **159** 31
~ mural **317** 11
~ ondeada **246** 6
~ pegajosa **83** 26
~ registradora del sonido **306** 14
bandada de patos silvestres **86** 41
bandaje **272** 48
~ *[bicicleta]* **180** 77
~ de madera **126** 7
bandeja **45** 60, **260** 19, **261** 14
~ con los platos de comida **260** 54
~ de cubitos de hielo **42** 6
~ de la tarta **97** 36
~ depósito de los materiales **177** 49
~ para las plumas **238** 69
~ para recoger el aceite **191** 32
bandejas de correspondencia **238** 25
bandera al cubrir de aguas **115** 8
~ a media asta **245** 6
~ de Aduana **245** 35–38
~ de cuarentena **245** 27
bandera de dos puntas **245** 22
~ de Europa **245** 4
~ de las Naciones Unidas **245** 1–3
~ de la Unión Europea **245** 4
~ del club **269** 25, **274** 34
~ del hoyo **276** 68
~ de marca **272** 29
~ de pedir práctico **245** 23
~ de pólvora **245** 38
~ de proa **218** 48
~ de viraje **272** 34
~ olímpica **245** 5
~ rectangular **245** 28
banderas, *guarda*, **14, 245**
~ de señales **245** 22–34
~ nacionales **14, 245** 15–21
banderilla **287** 64
banderillero **287** 63
banderín de la línea central **274** 46
~ de puerta **283** 16
~ de salida **272** 13, **273** 37
~ de señales **274** 48
banderola **266** 44, **267** 11
~ de cuero charolado **203** 14
~ de esquina **274** 10
bandoneón **303** 36
banjo **303** 29
banqueta * **39** 60, **194** 6
banqueta del piano **44** 35
banquete particular **259** 40–43
banquillo **48** 50
~ de zapatero **99** 14
bañador **267** 42
~ de señora **267** 26
bañera **25** 6
~ *[barco]* **269** 8, **270** 7
~ de agua fría **25** 14
~ de barro **262** 38
~ de bebé **30** 25
~ de goma **30** 25
~ empotrada **51** 5
~ llena de barro **262** 43
~ para el baño de limpieza **262** 47
bañista **267** 30
baño **25** 6, **51** 1–28, **259** 27–38
~ de agua para el lavado **174** 29
~ de barro **262** 37–49
~ de barro completo **262** 43
~ de coagulación **163** 15
~ de los pájaros **54** 15
~ de María **333** 14
~ de polvo **75** 21
~ de vapor **25** 7–16
~ finlandés de aire caliente **25** 7–16
~ galvanoplástico **172** 1
baño para el agua fuerte **172** 24
~ parcial de barro **262** 46
~ turco **25** 7–16
baños de playa **267**
~ públicos **25** 1–6, **268** 1–32
bao **217** 54
baptisterio **313** 2
baqueta **302** 14, 54, 56
~ del tambor **337** 19
bar **260** 30–44
~ automático **260** 52
~ del hotel **259** 51
~ del tren **204** 26
~ exprés **261** 45–51
baranda **113** 89
~ de madera **53** 44
~ de protección **113** 24
~ de separación **53** 25
barandal **118** 53, 79
barandilla **39** 19, **118** 50, **210** 10
~ del coro **311** 32
barata * **341** 18
barba **35, 74** 24
~ *[Bot.]* **69** 12
~ *[Blas.]* **246** 22 y 23
~ a lo Enrique IV **35** 8
~ a lo Van Dyck **35** 12
~ cabruna **361** 5
~ corrida **35** 14
~ cuadrada **35** 15
~ de la cabra **74** 15
~ hirsuta **35** 23
~ puntiaguda **35** 8
barbacana **310** 18
barbada **302** 8
barbecho **65** 1
barbería **104** 1–38
barbero **104**
barbeta **222** 59, **223** 61
~ lateral **222** 66
barbilla **18** 15
~ *[pez]* **350** 13
barbiquejo **214** 15
barbón **361** 5
barca *[pontón]* **210** 18
~ *[tintorería]* **161** 1
barcaza de remolque **211** 25
~ de remos germánica **213** 1–6
"barco" **302** 3
barco aduanero **216** 39
~ a motor para el salvamento de náufragos **224** 31–43
~ auxiliar **222** 1–8
~ ballenero **90** 30–33
~ combinado de carga y de pasajeros **218** 1–71
~ de acompañamiento **222** 1–8
~ de ganado **216** 40
~ de guerra **213** 9–12, **222–223**
~ de línea **213** 51–60, **216** 32
~ depósito de carbón **220** 23
barco depósito de combustible **220** 23
~ de salvamento **224** 5–8, 9
~ de servicio contra incendios **255** 65
~ de vela **214–215**
~ dragón **213** 13–17
~ enemigo **213** 11
~ maderero **220** 54
~ meteorológico **9** 7
~ Nydam **213** 1–6
~ para excursiones **216** 45–66
~ para la observación del tiempo **9** 7
~ puerta **217** 28
~ vikingo **213** 13–17
~ vivienda **336** 31
~ vivienda del remolcador **211** 24
~-aljibe **220** 29
~-martinete **221** 59–62
bardas **310** 83–88
baremo iluminado del pupitre **200** 41
barlete **126** 19
barniz **321** 12
~ de grabador **323** 55
barógrafo de una estación meteorológica **10** 4
barómetro **10** 8
~ aneroide **10** 8
~ de columna líquida **10** 1
~ de mercurio **10** 1
~ de sifón **10** 1
~ registrador **10** 4
barquilla **226** 60
~ de control **226** 69
~ de pasajeros **226** 68
barquillero eléctrico **42** 13
barquillo **97** 47
~ con helado **291** 31
~ para el helado **261** 38
barra *[Gimn.]* **279** 10, 28
~ *[Mús.]* **299** 8
~ *[barco]* **213** 13
~ arrojadiza **309** 5
~ colectora **146** 29
~ con rodillos pisapapeles **240** 8
~ de acero **114** 80
~ de acero grabado **114** 82
~ de agujas **160** 21
~ de ajuste **104** 31
~ de apoyo **115** 56
~ de bolas **281** 3
~ de contacto deslizante **193** 15, 26
~ de dirección **2** 42, **180** 14
~ de discos **281** 5
~ de equilibrio **279** 40
~ de grapas **240** 40
~ de labios **103** 19
~ de la cortina **48** 20, 37
~ de la lámpara **111** 57
~ del ánodo **172** 2
~ de la prensa **323** 34

barra de las comas **240** 49
~ del eje **240** 64
~ del freno **131** 18
~ de los colgadores **48** 45
~ de los pedales del timón de dirección **228** 37
~ de mando de los alerones **228** 40
~ de material **154** 8
~ de moldes **172** 3
~ dentada **145** 22
~ de presión **304** 16
~ de puesta en marcha y paro **160** 22
~ de remolque **224** 34
~ de repetición **300** 43
~ de roscar **142** 5
~ de transporte **141** 16
~ divisoria **299** 44
~ espaciadora **240** 24
~ estabilizadora **184** 13
~ fija **279** 9
~ guía **158** 38
~ loca **176** 10
~ móvil de separación **76** 14
~ para apoyar los pies **259** 52
~ para doblado de hierros **114** 77
~ para laminar **141** 46
~ portapasadores **160** 28
~ resbaladora **160** 45
~ sueca **279** 40
barraca de feria **291** 6
~ de figuras de cera **291** 42
~ de la obra **113** 48
~ del personal **114** 44
~ de tiro al blanco **291** 58
barracón de espejos **291** 55
~ de la risa **291** 55
~ de las atracciones **291** 24
~ de los fenómenos **291** 19
barranco **13** 52
barras de hierro **339** 2
~ de repartición **114** 69
~ soporte del carril del ventilador **158** 6
barrecalles de tres ruedas **195** 6
barredera de alfombras **52** 9
barrena **139** 20
~ cónica **127** 16
~ cortanúcleo **139** 20
~ de cola **115** 65
~ de cola de pescado **139** 20
~ de cuchara **127** 18
~ de mano **127** 19
~ de pala **127** 18
~ de punta **127** 19
~ espiral **127** 17
~ hueca **139** 20
barrendero **195** 8, **253** 47
barrenero **150** 9
barreño de cinc **52** 59
barrepiedras **205** 34
barrera **84** 8, **198** 68, 74, **200** 23, **247** 13
~ *[circo]* **290** 22
~ *[pozo de barro]* **16** 88, **151** 1
~ accionada por micrófono **198** 75
~ de cadena **253** 29
~ de contención **212** 65
~ de enrejado extensible **203** 32
~ de jugadores **274** 43
~ de los testigos **248** 35
~ del puerto franco **220** 41–43
~ de seguridad **339** 10
barriada de casas baratas **252** 69
barriga **18** 35–37
barriguera **72** 18, 36
~ auxiliar **72** 23
barril de cerveza **93** 23
~ de vino **80** 23, 37
~ portapeces **89** 63
barrilero **126** 16
barrio **252** 16
~ comercial **252** 33
~ de las quintas **252** 59
~ de las villas **252** 59
~ del puerto **220** 7
~ extremo **252** 11
barrita con semillas de adormidera **97** 55
~ con semillas de comino **97** 56
~ de grafito **239** 36
~ de mando **234** 32
~ de Viena **97** 40
~ salada **97** 54
barritas de queso **45** 61
~ saladas **45** 61
barro **151** 2
barrote de las espalderas **279** 2
~ de la verja **257** 34
bartrioz **126** 12
basa **316** 28–31
basamento **316** 4
~ del apoyo **209** 81
~ de piedra **39** 85
báscula **26** 22, **164** 29, **272** 3
~ automática **92** 5, **200** 5
~ centesimal **145** 88
~ de los bultos sueltos **202** 36
~ de puente **145** 88
~ elevada para el carbón **220** 46
~ para vagones **202** 45
base **114** 50, **322** 23
~ *[Mat.]* **327** 1, **328** 27, **329** 35
base *[béisbol]* **275** 42, 49
~ de la cámara **111** 26, **171** 13
~ de la máquina **162** 15
~ del torno **142** 12
~ inferior **10** 14
~ meta **275** 40
~ pinacoide **330** 20
baseball **275** 39–54
basidio **365** 7
basílica **252** 37, **316** 61
basilisco *[pez]* **350** 30
~ *[Mit.]* **307** 34
bastas por trama **165** 13
baste **72** 49
bastidor **321** 20
~ *[Tecn.]* **68** 32, **175** 38, **177** 9
~ *[Teatro]* **237** 10, **296** 30
~ base **162** 15
~ base de la máquina **162** 54
~ de carga **131** 2
~ de doble tubo **181** 9
~ de empuje **196** 30
~ de hormigón armado **114** 2
~ de la sierra **149** 12
~ del pedal **180** 83
~ del portaoriginal **171** 20
~ del tubo **195** 29
~ de ruedas para el transporte **146** 41
~ de tren laminador **141** 52
~ de tubo ovalado **181** 46
~ metálico **303** 76
~ para la ampliación **112** 34
~ perfilado de sección en U **185** 60
~ portamatrices **169** 42
~ portaobjetivo **171** 19
~ vertical de la sierra **149** 16
bastión **310** 16
basto **265** 42
bastón **17** 16, 23
~ alpino **282** 35
~ de capataz **138** 53
~ de danza **337** 37
~ de esquí **283** 52–54
~ de metro **138** 53
~ de paseo **43** 15
~ de señales **201** 40
bastoncillo de vainilla **366** 48
bastonera **43** 8
bastón-taburete **86** 10
basura de las calles **253** 48
basurero **257** 67
bata **32** 19, **33** 6, **48** 56
~ delantal **50** 2
~ de médico **26** 13
~ de operaciones **28** 21
~ de trabajo **144** 24
batalla **189** 4
~ con bolas de nieve **286** 14
batán de rodillos **162** 1
~ doble **156** 14
batanga **335** 36
bate **275** 52
batea **83** 23, **259** 50, **291** 52
~ de los instrumentos **27** 24
~ impulsada por percha **269** 1
~ movible de los instrumentos **27** 16
~ refrigeradora **93** 1
bateador **275** 46, 49, 59
bateadora **198** 26
bateolas **269** 59
batería **138** 56, **185** 33, **192** 38
~ de acumuladores **189** 22
~ de acumuladores de acero **332** 1
~ de cilindros de tintaje **175** 52
~ de clarificación **92** 34
~ de cocina **266** 43
~ de focos **292** 53
~ de jazzband **303** 47–54
~ de la motocicleta **182** 54
~ de matanza **96** 29
~ mezcladora **119** 38
~ para el arranque **183** 22
baticola **72** 34
batida **86** 34–39
batidor *[cocina]* **42** 32
~ *[Máq. trilladora]* **68** 58
~ *[Mont.]* **86** 37
~ *[majador]* **132** 13
~ *[herramienta de cestero]* **130** 36
~ de la paja **68** 62
~ de mano **42** 55
~ eléctrico para crema **42** 38
batidora **92** 29, **97** 79, **261** 49
~ eléctrica **42** 34
batiente oscilante **204** 12
batín **34** 46
batolito **11** 29
batracios **350** 20–26
battement **288** 7
batuta **296** 27
baúl armario **259** 29
~ camarote **200** 6, **201** 12
~ de automóvil **187** 5
bauprés **213** 20, **214** 1
bautizando **313** 7
bautizo cristiano **313** 1
baya **60** 9, **354** 97
~ de la patata **69** 43
~ del junípero **356** 52
~ del saúco **358** 37
bayadera **289** 25
bayeta **41** 30, **52** 27
bazo **22** 12, 27
bebé **30** 26
bebedero **64** 28
~ *[fundería]* **141** 22

bebedero de cubo **75** 35
~ de los pájaros **54** 15
~ de los pollitos **75** 37
bebida alcohólica **98** 56–59
becuadro **299** 55
beduino **337** 6
begonia **56** 10
béisbol **275** 39–54
bejín **365** 19
~ redondo **365** 20
beleño **363** 6
belfo inferior **73** 8
Bélgica **14** 2
belvedere **252** 52
belladona **363** 7
Bellatrix **5** 13
bellota **355** 4
~ *[ajedrez]* **265** 42
bemol **299** 53, 54
Benedictino **314** 13
berbiquí **127** 22
~ de carrete **129** 22
bergantín redondo **215** 17
bergantín-goleta **215** 14
berlina **179** 1, **187** 10
berma **211** 38
Bernardo **314** 13
berro amargo **362** 30
~ de fuente **362** 30
berza **59** 28–34, 32
~ de Saboya **59** 33
beso **201** 60
bestia salvaje **339** 6
betel **364** 19
Betelgeuse **5** 13
betún **139** 47
betunero **200** 11
biberón **30** 46, 48
Biblia **311** 14
biblioteca **218** 25
~ de uso corriente **250** 17
~ provincial **250** 11–25
~ pública **250** 11–25
~ universitaria **250** 11–25
bibliotecaria **250** 14
bibliotecario **250** 19
bíceps **20** 37, 61
bici **180** 1
bicicleta **180–181**, **268** 40
~ acuática **267** 12
~ con ruedas para carril **208** 42
~ de carrera **273** 15
~ de carreras por carreteras **273** 16
~ de carrera tras moto **273** 15
~ de deporte **181** 8
~ de hombre **180** 1
~ de niño **181** 13
~ de paseo **180** 1
~ de reparto **181** 15
~ de salón **287** 32
~ de señora **181** 8
~ de tres ruedas **258** 59
~ especial **181** 15
bicoca* **314** 53
bichero **89** 12
bidet **51** 51
bidón de gasolina **191** 22
~ de mezcla **190** 22
biela **180** 41, **184** 55
~ acoplada **205** 11
~ ajustable **159** 52
~ de la dirección **186** 44
bielas de mando **182** 48
bielda para las patatas **66** 8
bifurcación **199** 23, **219** 64
bigornia **119** 9, 47, **132** 11
bigote **35** 8, 12
~ *[Zool.]* **352** 21
~ corto **35** 26
~ de cepillo **35** 26
~ engomado a la Fernandina **35** 12
~ largo **35** 18
bigotera **204** 11
~ de bomba **144** 38
"bikini" **267** 27
billar **264**
~ alemán **264** 7
~ de agujeros **264** 7
~ de carambolas **264** 7
~ francés **264** 7
~ inglés **264** 7
billete *[entrada]* **200** 36, **201** 55
~ *[dinero]* **244** 29–39
~ circular **201** 55
~ de admisión **296** 11
~ de banco **244** 29–39, **256** 6
~ de ferrocarril **203** 48
~ de ida y vuelta **203** 48
bimbalete* **258** 55
binóculo **108** 37
biombo **48** 47
biplano **225** 7
birlón **287** 12
birreta **314** 53
birrete **36** 55, **248** 26, **338** 28
birretina **36** 55
bisagra **99** 31
~ acodada **134** 58
~ de ramal **134** 56
bisectriz **328** 30
bisel **116** 91, **136** 60
~ con muesca de encaje **116** 90
biselado del clisé **172** 37
bisillo **300** 38
bisonte **352** 8
~ *[pintura en la roca]* **309** 9
bistec **95** 29, **96** 20
bistorta **360** 10
bisturí de disección **26** 39
bitoque **126** 28
~ * **119** 34
bituminadora **196** 43
~ alquitranadora **196** 46
bizcochera **45** 35
bizcocho **97** 20
~ en caja **97** 45
bizcocho tostado **97** 43
~ tostado blando **97** 46
blanca *[Mús.]* **299** 16
~ *[ajedrez]* **265** 4
blanco **320** 11
~ *[tiro al arco]* **287** 47
~ *[albura]* **149** 43
blancos **169** 8, **178** 55–58
blanqueo **163** 21
~ de la materia textil **161**
blanquín* de gallina **75** 47
blasón **246** 1–36, 17–23
blastodisco **75** 54
bledo **63** 24
blindaje **156** 21, **174** 13, **236** 23
~ exterior **222** 57
~ frontal **223** 59
~ lateral **223** 60
bloc **249** 30
~ de apuntes **321** 35
~ de dibujos **321** 35
~ de estado de caja **238** 54
~ de notas **238** 17
~ de taquigrafía **238** 11
bloque calibrador **142** 47
~ de casas **39** 72–76, **252** 49
~ de cilindros **184** 25
~ de conexiones **120** 40
~ de despachos **252** 15
~ de empuje **218** 57
~ de formularios de inscripción **259** 12
~ de madera **322** 27, **323** 1
~ de matrices de los tipos **169** 47
~ de nieve **336** 5
~ de oficinas **252** 15
~ de piedra **150** 8, **322** 5
~ de pisos **39** 77–81, **53** 12
~ de poleas **139** 55
~ hueco de piedra pómez **114** 24
~ metálico **170** 35
~ para alisar **127** 11
~ para pulimentar **127** 11
bloqueo de secciones **199** 62
~ de tramos **199** 62
bloques de montaña en declive **12** 9
blusa **33** 9
~ camisera **32** 6
~ de lunares **31** 60
~ de marinero **31** 29
~ de niña **31** 60
~ de seda **272** 57
bob de dos **285** 5
bobina **156** 2, 43, **175** 46, **306** 15
~ botella **160** 4
~ cilíndrica **158** 24
~ cónica **158** 8, 24
~ cruzada **158** 8, 24, **161** 58
bobina de deflexión **236** 25
~ de hilo **178** 18
~ de la mechera **157** 23
~ del circuito oscilatorio **234** 25
~ del encendido **184** 8
~ de papel bruto **168** 32
~ de plegado cruzado **163** 27
bobinado **163** 25
bobinadora de plegado cruzado para bobinas cónicas **158** 1
bobo **289** 69
bobsleigh **285** 5
boca **18** 13, **21** 14–37, **71** 3
~ *[abertura acústica]* **301** 22, **305** 25
~ *[puente]* **210** 54
~ con la barbada **72** 13
~ de carga **65** 31, **67** 34, **133** 54, **140** 44
~ de inyección del metal **172** 17
~ de la madriguera **86** 27
~ de lengua bífida **307** 5
~ del escape **185** 64
~ del escenario **298** 39
~ del glaciar **12** 51
~ de metro **252** 25
~ de riego de superficie **255** 35
~ de riego subterránea **255** 25
~ de salida **151** 13
~ esmerilada **334** 37
~ sacaclavos **115** 75
bocadillo **46** 39
bocadito **105** 4
bocado **72** 52
~ de Adán **21** 13
~ de rana **362** 29
bocal de incubación **89** 56
bocallave **134** 40
bocateja **117** 5
bocel **316** 28
bocina **182** 39, **269** 21
bock **260** 3
bocha estriada **287** 24
boda **313** 13
bodega **39** 1, **80** 21
~ *[Mar.]* **224** 33
~ * **260** 30–44
bodega de botellas **80** 31
~ de popa **218** 49
~ de proa **218** 65
bodeguero **80** 39
Bodhisatva (Bodisatva) **319** 10
bodollo **85** 30
bodoquera **335** 26
boga **204** 3, 61, **209** 68
~ con suspensión de caucho **193** 5
~ de dos ruedas **209** 69
boina de piel de ante **36** 44
~ de pieles **32** 46

boina de punto **36** 53
~ reversible **36** 53
~ vasca **31** 43, **36** 54
boj común **357** 19
bola **180** 56, **258** 57, **287** 3
~ con un punto **264** 13
~ de acero **136** 68
~ de béisbol **275** 54
~ de billar **264** 1
~ de confeti **289** 55
~ de contar **249** 39
~ de corcho **275** 18
~ de croquet **275** 67
~ de entintar **323** 22
~ de hockey **275** 18
~ de la ruleta **263** 33
~ del cerrojo **87** 22
~ de marfil **264** 1
~ de metal **335** 32
~ de nieve **286** 15
~ de pasta artificial **264** 1
~ de piedra **335** 32
~ de plomo **89** 47
~ de tempestad **220** 6
~ de temporal **220** 6
~ de tormenta **220** 6
~ de zapatero **99** 25
~ para grabar **106** 34
~ para granear **173** 32
~ roja **264** 12
bolardo **212** 12
~ de doble cruz **212** 14
~ doble **212** 11
~ en forma de cruz **212** 13
boleadoras **335** 31
bolero *[Baile]* **288** 39
~ *[chaquetilla]* **32** 29
~ * **200** 11
boletería* **295** 2
boletín* **203** 48
boleto* **295** 3, **296** 11
~ amarillo **365** 21
~ castaño **365** 15
~ comestible **365** 16
~ de tallo peludo **365** 22
boliche *[bola]* **287** 23
~ *[juego]* **287** 1
bolichero **287** 7
bólido **7** 28, 29
~ *[coche]* **273** 38
bolígrafo **239** 26
bolillo* **302** 54
~ del tambor **337** 19
bolina **213** 35
bolita **258** 57
Bolivia, *guarda* 2
bolo **287** 9–14
~ de ángulo interior **287** 9
~ de esquina **287** 11
~ de la fila trasera **287** 13
~ del ángulo posterior **287** 14
~ de la primera fila **287** 10
Bolsa **243**
bolsa **37** 8, **183** 28
~ *[Zool.]* **343** 8
~ de agua caliente **23** 27
bolsa de baño **267** 24
~ de cuero **157** 16
Bolsa de efectos **243** 1–10
~ de fondos **243** 1–10
bolsa de goma para el agua **266** 16
~ de hielo **23** 29
~ de huevos **81** 2, 30
~ de la compra **52** 48, **253** 13
~ de la miel **78** 18
~ de las colectas **257** 65
~ de las limosnas **311** 63
~ de las pinzas **53** 40
~ del cartero **231** 48
~ del cochecito **258** 33
~ del dinero **308** 24
~ de los palos **276** 65
~ del plegado **178** 10
~ de papel **98** 48
~ de pastor **63** 9
~ de red **86** 27
~ de red para la compra **52** 71
~ de resonancia **350** 25
Bolsa de valores **243** 1–10
bolsa interior del paracaídas **228** 57
~ para el polvo **52** 8
~ para equipaje **190** 21
~ para excursiones **266** 22
~ para la recogida de las cartas **231** 32
bolsas **89** 66
bolsillo **31** 10
~ cortado **32** 59
~ de atrás **34** 33
~ del abrigo **34** 37, 51
~ del chaleco **34** 44
~ del delantal **32** 18
~ del pantalón **34** 31
~ de pecho **34** 8
~ interior **34** 19
~ lateral **34** 14
~ parche **32** 3
~ posterior del pantalón **34** 33
~ sobrepuesto **32** 3
bolsita de muestras **231** 17
bolso de señora **37** 10
~ de viaje **201** 7
bollo con uvas pasas **97** 6
~ de Navidad **97** 6
bomba **2** 52, **137** 32, **229** 20
~ a brazo **254** 66
~ accionada a mano **254** 66
~ alimentadora de agua para la caldera **146** 18
~ a motor **255** 8
~ a motor transportable **255** 52
~ aspirante **254** 7
~ aspirante *[Med.]* **26** 57
~ atómica **1** 47
~ centrífuga **161** 72, **254** 44
bomba de aceite **184** 22, **190** 12
~ de aceite para engranajes **191** 8
~ de agua **64** 25
~ de agua a presión **211** 60
~ de agua de estiércol **64** 55
~ de agua hincada **254** 60
~ de agua refrigerante **184** 43
~ de aire **175** 6, 35, **180** 48
~ de aire de mano **192** 48
~ de alimentación **184** 40
~ de alimentación de agua **205** 9
~ de circulación del aceite **146** 45
~ de engrase **192** 50
~ de engrase a mano **191** 17
~ de extracción del fango **139** 15
~ de gasolina **184** 9, **190** 2
~ de hilatura **163** 13
~ de inyección **184** 38, **187** 28
~ de inyección de combustible **228** 24
~ de inyección del aceite **228** 25
~ del combustible **229** 14
~ de manga con boquillas **211** 62
~ de oxígeno **229** 16
~ de presión hidráulica **172** 12
~ de rueda de paletas **212** 47–52
~ de succión **211** 62
~ de succión y compresión del aire **175** 6
~ de vacío **76** 28, **195** 35, **254** 8
~ de vacío por aceite **331** 17
~ eléctrica de aire **23** 36
~ interior **166** 3
~ para dar aire a presión **190** 27
~ para el purín **64** 55
~ para inflar los neumáticos **182** 17
~ principal **254** 15
~ rotatoria **255** 8
~ separadora del alquitrán y del gas de agua **148** 29
bombardeo por neutrón **1** 14, 23
bombardón **302** 44
bombero **255** 37
bombilla **24** 10, **120** 56
~ incandescente **120** 56
~ relámpago **111** 53
bombillo **51** 40
bombín **36** 7
~ de freno de rueda **186** 52
bombita **289** 51
bombo **302** 55, **303** 47
~ impresor **176** 33
~ lavador **166** 2
~ para tostar el café **98** 71
bombón **98** 80
~ de licor **98** 83
~ explosivo **289** 50
bombona esterilizada **28** 5
bombonera **45** 35, **98** 79
bonasa **88** 69
boneta **213** 34
bonete **314** 36
bongo **303** 58
bono **256** 7
boñiga **76** 22
Bootes **5** 30
boquilla **94** 18, **227** 45, 48
~ *[Mús.]* **302** 29, **303** 33, 72
~ *[cigarrillo]* **105** 15, 17
~ aspiradora **52** 3
~ de corcho **105** 15
~ de corte **135** 64
~ de filtro **105** 15
~ de la manga **255** 33
~ del oxígeno **334** 13
~ del ventilador **158** 5
~ de puro **105** 9
~ de soldar **135** 54
~ dorada **105** 15
~ roscada de engrase **191** 18
~ roscada para la lubricación a presión **136** 79
bórax **106** 40
bordada **270** 52–54
bordado **50** 30
~ con cintas **101** 31
~ inglés **101** 11
~ plano **101** 10
borde *[carretera]* **196** 56
~ *[tejado]* **116** 3
~ *[Mús.]* **302** 25
~ cubital de la mano **21** 70
~ de ataque **225** 55
~ de cartón **112** 47
~ de hormigón **197** 47
~ del ala **36** 16
~ de losetas de cemento **55** 20
~ de madera del retrete **51** 38
~ de roca **282** 5
~ de salida **271** 52
~ frontal **117** 88
~ lunar **7** 24
~ posterior del plano de deriva **225** 15
~ radial de la mano **21** 69
~ solar **7** 22
bordes de la fuente **254** 65

bordes marginales **271** 49
bordillo **53** 21, **194** 8
~ del andén **201** 21
~ del doble techo **266** 32
~ guía **197** 38
~ guía de cemento **197** 38
~ guía de madera **197** 38
bordón **301** 31, **304** 12
bordones para el acompañamiento **301** 11
borla **100** 47
~ *[Zool.]* **74** 7
~ de los polvos **48** 30
borna del rodillo **240** 17
borne **192** 39
~ de unión **332** 12
borra **367** 19
borrador **249** 5
~ del contador **240** 54
~ del tabulador **240** 3
~ del total **240** 53
borrego **74** 13
borrén delantero **72** 38
~ trasero **72** 39
borrico **74** 3
borriquete de dibujo **321** 34
borrón **249** 47
bosque **84** 1–34
~ compuesto **16** 14
~ de árboles de hojas caducas **16** 4
~ de coníferas **16** 1
~ mezclado **16** 14
~ viejo **84** 4
bosquecillo **257** 4
bosquejo **321** 43
bosquimano **337** 29
bosta **76** 22
bóstrice **354** 76
bostryx **354** 76
bota *[barril]* **80** 23
~ *[calzado]* **99** 38–55, **100** 8, **190** 19
~ *[Máq.]* **156** 43
~ alpargata de escalada **282** 51
~ alta **100** 15
~ claveteada y con crampones **282** 46
~ con suela estriada de goma dura **282** 49
~ de buzo **224** 30
~ de campana **338** 58
~ de elástico **100** 26
~ de esquí **283** 55–57
~ de fieltro **336** 30
~ de fútbol **274** 29
~ de marcha **100** 28
~ de montar **100** 15, **272** 54
~ de niña **31** 45
~ de trabajo **100** 21
~ para patín **284** 31
botador pie de cabra **27** 49
botalón de foque **213** 51
botánica general **354**
bota-polaina **100** 28
botarel **210** 28
botavaca* **205** 34
botavara **214** 44
~ corta **270** 50
bote **337** 20
~ auxiliar **224** 44
~ con cola **127** 39
~ con portarremos exteriores **269** 9–16
~ de a cuatro sin timonel **269** 9
~ de a ocho **269** 10
~ de botador **211** 15
~ de canalete **269** 4
~ de carrera **269** 9–16
~ de cola **177** 15
~ de conserva de frutas **98** 16
~ de conserva de verduras **98** 17
~ de construcción lisa **269** 9
~ de cristal para las conservas abiertas **41** 66
~ de chumaceras **269** 26–33
~ de dos remos **269**
~ de engrudo **50** 26, **231** 5
~ de forro a tope **269** 9
~ de la carda **156** 35, **157** 3
~ del manuar **157** 20
~ de los cigarrillos **47** 32
~ de obra cerrada **269** 9
~ de paseo **269** 26–33
~ de pértiga **211** 15
~ de pesar **333** 24
~ de pesca **89** 1
~ de polvos **30** 38
~ deportivo **269** 9–16
~ deportivo individual **269** 54
~ de recreo con dos asientos **269** 61
~ de remos **257** 51, **269** 9–15
~ desmontable **269** 54–66
~ de tingladillo **269** 18
~ de ungüento **26** 10
~ de un remero **269** 16
~ de un remero con timonel **269** 18
~ espolvoreador **23** 60
~ individual **336** 12
~ para el algodón **30** 49
~ plegable **269** 54–66
~ plegable de dos plazas **269** 61
~ plegable de una plaza **269** 54
~ salvavidas **218** 19
~ salvavidas descolgable **216** 45–50
~ volador **225** 60
botella **127** 12, **192** 45, **260** 16
~ de acetileno **135** 60
~ de ácido carbónico **28** 35
~ de agua caliente **23** 14
botella de aire comprimido **223** 31
~ de bebida refrescante **273** 10
~ de cerveza **93** 40
~ de cuello **309** 12
~ de éter **28** 38
~ de Leyden **331** 48, 55
~ de limonada **261** 15
~ de líquido desinfectante **27** 22
~ de medicina **26** 11
~ de oxígeno **135** 32, 61, **196** 40
~ de peltre **262** 30
~ de preparados químicos **112** 10
~ de vino **80** 33, **260** 43
~ de whisky **47** 44
~ metálica de agua caliente **23** 14
~ para el licor **46** 48
~ para limpiar gas **334** 58
botepronto **276** 32
botín **100** 31
~ * **31** 56, **33** 62
botiquín **200** 54
~ casero **23** 54–63, **51** 82
~ de viaje **266** 15
botita de punto **31** 18
botón **277** 59
~ *[yema]* **57** 23
~ *[capullo]* **60** 27
~ axilar **354** 25
~ de abertura **111** 47
~ de abertura del diafragma **109** 5
~ de ajuste **11** 41, **15** 58
~ de anulación **256** 4
~ de cierre **32** 51
~ de control **147** 6
~ de embrague del rodillo **240** 31
~ de inmovilización **333** 38
~ del abrigo **34** 50
~ de la camisa **33** 52
~ de la chaqueta **34** 6
~ del arranque **186** 6
~ del chaleco **34** 45
~ del chapitel **312** 5
~ de pantalón **34** 29, **37** 27
~ de presilla **34** 38
~ de presión **239** 27
~ de puesta en cero **2** 7
~ de tapicero **124** 5
~ fijador del tiempo de exposición **111** 20
~ giratorio **111** 39
~ micrométrico **15** 52
~ para borrar la cinta **306** 25
~ para detener la cinta **306** 20
~ para doble espacio **240** 23
~ para el enrollamiento inverso **111** 23
~ para juegos libres **305** 40
botón para ropa blanca **37** 26
~ sintonizador **234** 27
~ terminal **354** 22
botones **259** 18
~ de los bajos **303** 43
~ de mando **256** 48
~ para accionar agujas y señales **199** 65
~ que vende los cigarros y los cigarrillos **259** 49
botta dritta **277** 20
bou para la pesca con red barredera **90** 11
bóveda **80** 22, **318** 10
~ celeste **5** 1–8, **6** 1, **308** 46
~ cilíndrica **318** 38
~ claustral **318** 41
~ de aristas **318** 42
~ de caveto **318** 49
~ de crucería **317** 31 y 32
~ de esgucio **318** 49
~ de nervios **317** 31 y 32
~ en abanico **318** 46
~ en artesa **318** 47
~ en cañón **318** 38
~ en forma de estalactitas **319** 17
~ estrellada **318** 44
~ reticulada **318** 45
~ vaída **318** 43
bovedilla **213** 58
bovista plúmbea **365** 20
box **272** 2
~ de los caballos **76** 7
boxeador **281** 22
~ derrotado por fuera de combate **281** 36
~ derrotado por knock-out **281** 36
~ derrotado por K. O. **281** 36
~ profesional **281** 22
boxeo **281** 18–46
boxer **71** 10
boya **16** 10, **219** 46
~ baliza **219** 55
~ barril **219** 52
~ cónica **219** 51
~ de asta **219** 54
~ de luz y campana **219** 49
~ de virada **270** 55
~ luminosa y sonora **219** 43
~ pantalón **224** 51
boyarín **90** 2
boyas de babor **219** 70
~ de estribor **219** 71
Boyero **5** 30
boy-scout **266** 40
bozal **71** 27
bracero del campo **65** 5
bráctea **355** 7
bracteada **244** 4
braga **221** 11
bragas **33** 20
braguero **23** 38
bragueta **31** 51, **34** 30
bramante **98** 47

bramante de jardinero **58** 19
~ de la pandorga **258** 52
~ para aguantar la esponja **249** 37
brandal **214** 19
braserillo del incensario **313** 40
Brasil **14** 33
braslips **33** 57
"brassie" **276** 69
bravera para quemar los residuos de gas **216** 12
braza **214** 67
~ de espalda **268** 36
~ de mariposa **268** 34
~ de pecho **268** 33
brazalete *[faja]* **251** 11, **255** 22
~ *[joya]* **38** 16, 23
~ de lana **37** 1
~ de monedas **38** 5
~ distintivo **195** 10
~ intermedio **216** 46
brazo **18** 43–48, **19** 12–14, **71** 5
~ articulado **27** 13
~ artificial **23** 49
~ de contacto **188** 10, **233** 44
~ de contacto deslizante **233** 34
~ de corte **138** 42
~ de cortes inclinados **143** 50
~ de cucharón **196** 4
~ de gitano **97** 9
~ de la caja **301** 15
~ de la desembocadura **13** 2
~ de la grúa **192** 62
~ del apagador **304** 38
~ del asiento **203** 47
~ del sillón **47** 60
~ de mando **186** 40
~ dentado para inclinación del tablero **171** 32
~ de sujeción **2** 47
~ de suspensión inferior **185** 28
~ de suspensión superior **185** 27
~ de toma de sonido **306** 35
~ estampador **239** 41
~ flexible de la lámpara **47** 50
~ fluvial **13** 2
~ giratorio portaarcos **171** 23
~ libre para zurcir **102** 26
~ muerto de río **211** 17
~ para cortar en ingletes **143** 50
~ para el arco voltaico **146** 47
~ succionador **177** 48
~ triangular superior de la suspensión independiente **187** 23
brazolada **90** 29
brazolas de escotilla **217** 61
brazos de la espiral **6** 45
brazuelo **73** 22–26, **95** 49
~ crudo de cerdo **96** 26
~ de la espalda **95** 8
break **179** 2
brecina **361** 19
brecha de la chimenea **11** 27
breeches **34** 27
breve **299** 14
breviario **314** 18
~ *[Impr.]* **170** 29
brezo **361** 19
~ negro **361** 19
bricbarca **215** 21–23
~ de cinco palos **215** 32–34, 35
~ de cuatro palos **215** 29, 31
~ de tres palos **214** 1–72, **215** 20
brida **72** 25, 33
brida *[Tecn.]* **117** 31, **198** 43, **271** 50
~ *[piano]* **304** 36
~ de enganche **206** 24
~ de la caja de velocidades **186** 57
brigada de soldadura **198** 27
brillante **38** 26
brillantina **104** 10
brinco **280** 33
brindis **259** 40
briol **213** 36, **214** 71
Brisinga endecacnemos **349** 11
broca **106** 5, **115** 65, **139** 20
~ de centrar **127** 18
~ de centrar de tres puntas **129** 11
~ de cuchara **129** 16
~ espiral **143** 31
~ helicoidal **143** 31
~ salomónica **127** 17
brocha de afeitar **104** 35
~ de encalar **121** 24
~ del engrudo **121** 37
~ de motear **121** 22
~ para el engrudo **50** 27
~ para la mantequilla **97** 70
brochal **115** 41, **116** 71
broche **38** 9, **338** 23
~ * **238** 42
broche de cabeza **38** 4
~ del fuelle **303** 38
~ de presión **37** 20
~ para el zapato **38** 10
bronce **309** 21
bronquios **22** 5
brote **61** 22, **354** 19–25
~ de la hoja **61** 47
~ rastrero **60** 20
~ reproductor **356** 43, 62, 68
bruja **289** 6
brújula del avión **228** 11
~ de marcación **218** 6
~ de variación **218** 6
~ giroscópica **219** 28–30
~ magnética **219** 23
bruñidor **99** 31, **154** 19, **323** 17
bruza **72** 55
buceador **267** 37
buceo **268** 39
buche **74** 20
buey **74** 1, **94** 2, **95** 14–37
~ almizclado **352** 10
bufa **310** 44
búfalo **352** 8
bufón **289** 69
"buggy" americano **179** 49
"buggy" inglés **179** 48
bugle **302** 39
buharda **39** 56, **310** 11, **318** 4
~ *[desván]* **40** 1–29
buhardilla **40** 18, **116** 6
~ del tejado de copete **116** 13
buho **86** 48, **347** 15
~ de orejas largas **347** 14
buhonería **291** 52
buhonero **53** 30, **253** 53
buitrón **89** 16
buje **180** 26
bujía **184** 4
~ de encendido **227** 43
~ de incandescencia **184** 64
bulbillo **359** 38
bulbo* **69** 40
~ reproductor **57** 29
~ viejo **57** 28
Bulgaria **14** 3
bulón **209** 72
~ hueco **184** 71
bulto **202** 4
~ * **249** 55
bulto enviado por expreso **200** 2
~ suelto **202** 4
bull-dog **71** 1
bull-dog alemán **71** 10
bull-terrier **71** 16
bumerang **333** 39
"bunker" **276** 61
buñuelo **97** 7
buque averiado **224** 3
~ balneario **216** 36
~ cisterna para gas líquido **216** 9
~ cisterna transoceánico **216** 22
~ de desembarco **222** 9
~ de escolta **222** 13
~ de guerra ligero **222** 14–17
~ de guerra menor **222** 11–13
~ de guerra pesado **222** 18–64
buque de pasajeros **216** 32
~ de pesca a la rastra **216** 7
~ encallado **224** 47
~ en construcción **217** 26
~ factoría **90** 30–33
~ fanal **219** 56
~ faro **16** 13, **219** 56
~ frutero **216** 8
~ hundido afianzado **224** 12
~ hundiéndose **224** 47
~ mixto de carga y pasajeros **216** 33
~ motor de cabotaje **216** 38
~ nodriza **90** 30–33
~ portatrén **221** 69 y 70
~ puerta **217** 28
~ recuperador **224** 9
~ yéndose a pique **224** 47
~-bomba **224** 5–8
~-dique **222** 1
bureta **334** 21
buril **107** 28, **170** 33, **323** 5
~ chaple redondo **323** 8
~ de cabeza redonda **323** 20
~ de grabador **323** 20
~ triangular **323** 9
burladero **253** 30
~ de la parada del tranvía **193** 4
burrito* **35** 36
burro **74** 3
~ *[armazón]* **177** 4
~ * **52** 1, **119** 31
busardo **347** 9
buscador de doble imagen a distancia **110** 30
buscapié **289** 52
buso **347** 9
busto naciente **246** 11
butaca **47** 57, **256** 35, **296** 28
~ de espaldar alto **47** 57
~ de orejas **47** 57
~ tapizada **47** 57
butacón **259** 26
buterola **132** 12
buzamiento **12** 3
buzo **135** 46
~ *[Zool.]* **347** 9
buzón **203** 20, **231** 27
~ de alcance **200** 52
~ de la estación **200** 52
~ del andén **201** 46
~ de las cartas **43** 33
~ del ferrocarril **203** 20
~ para el correo aéreo **231** 28

C

caballería **310**
caballeriza **76** 1–16, **272** 1
caballero **261** 22, **272** 49, **310** 67, **338** 61
~ *[Text.]* **158** 37
~ compañero de mesa **259** 42
~ estilo Biedermeier **338** 73
~ para urdimbres **159** 34
Caballete **5** 47
caballete **39** 7, **117** 93
~ *[armazón]* **99** 27, **130** 10,
~ de campo **321** 26
~ de coser **123** 22
~ de distensión **146** 31
~ de estudio **321** 3
~ del tejado **116** 2
~ de secar **84** 28
~ de soporte **115** 18
~ de sustentación de la bicicleta **180** 34
~ móvil **29** 44
~ para aserrar **53** 6
~ para bicicletas **253** 43
~ para el secado **112** 40
~ para modelar **322** 9
~ sueco para el secado del heno **65** 38
caballista **290** 31
caballitera* **290** 40
caballito **50** 7
~ del diablo **342** 3
~ de mar **350** 18
~ marino **350** 18
caballitos **291** 2
caballo **72–73**, **74** 2, **76** 5
~ *[ajedrez]* **265** 11
~ alado **307** 26
~ balancín **49** 13
~ castrado **74** 2
~ cimarrón **335** 4
~ de aros **279** 34–38
~ de carrera **272** 14
~ de caza **272** 24
~ de circo **290** 30
~ de las estepas **335** 4
~ del mar **213** 13–17
~ de Neptuno **307** 44
~ de palo **50** 7
~ de posta **179** 43
~ de relevo **179** 43
~ de saltos **272** 24
~ de silla **272** 47
~ de tiro **179** 28, **202** 17
~ de varas **179** 46
~ lateral **179** 47
~ marino **307** 44
~ no favorito **272** 16
~ padre **74** 2
~ semental **74** 2
cabaña alpina **282** 1
cabaret **298** 1–3
cabecera **47** 59, **48** 3
~ ajustable **204** 35
cabecera del periódico **325** 38
~ regulable **29** 9
cabello **18** 3
~ ensortijado **35** 17
~ humano **335** 38
~ largo y suelto **35** 1
~ ondulado **35** 33
~ suelto **35** 27
~ tirante hacia atrás **35** 28
cabestrillo **17** 2
~ *[Carp.]* **115** 42
cabeza **18** 1–18, **19** 42–55, **73** 1–11
~ *[Tecn.]* **117** 87, **136** 50, **170** 39
~ *[Mús.]* **299** 5
~ *[fútbol]* **274** 56
~ avellanada **136** 44
~ calva **35** 22
~ cosedora **177** 54
~ de águila **307** 12
~ de artista **35** 17
~ de caballo **309** 7
~ de cabra **307** 18
~ de cierre **136** 57
~ de corte **128** 45
~ de cuero **264** 10
~ de descarga de la radiación catódica **109** 2
~ de dibujo **144** 22
~ de gallo **307** 35
~ de Gorgona **308** 50
~ de Jano **308** 48
~ de la barra de dirección **180** 14
~ de la horquilla **180** 11
~ del alfiler **102** 79
~ de la matriz **136** 55
~ de la rosca **180** 75
~ del aspa **91** 6
~ de la válvula **184** 31
~ de la viga **116** 33
~ del barlete **126** 20
~ del cabrio **116** 45, **117** 41
~ del carril **198** 33
~ del cohete **229** 2–5
~ del cometa **7** 27
~ del descortezador **149** 50
~ de león **307** 17
~ del mástil **302** 21
~ del par **116** 45
~ del trípode **111** 34
~ del ventilador **218** 36
~ de Medusa **308** 50
~ de moro **97** 14
~ de mujer **307** 56
~ de roblón **136** 55
~ guía del martillo pilón **133** 13
~ humana **307** 21
~ impulsora **133** 18
~ inferior **116** 73, 79
~ inflamable de la cerilla **105** 27
~ inyectora **229** 21
~ magnética cuádruple **295** 51
cabeza parcialmente calva **35** 20
~ rectificadora **293** 4
~ reducida **335** 30
~ registradora **293** 3
~ sonora **295** 47
~ superior **116** 74, 80
cabezada *[arreos]* **72** 7–11
~ *[libro]* **177** 35, **178** 42
cabezal **48** 54
~ *[Tecn.]* **115** 58, **143** 34
~ de estiraje **156** 60
~ fijo **142** 2
~ móvil **129** 7
~ para el accionamiento de la pieza a mecanizar **143** 9
~ portafresas **128** 45
~ portamuela **143** 8
~ revólver **128** 26, **143** 3
cabezazo **274** 56
cabezuela **63** 14, **354** 73
~ discoide **354** 74
~ globulosa **354** 75
cabina **268** 3
~ de conducción de la locomotora eléctrica **206** 27
~ de control **114** 35
~ de control de maniobras **202** 47
~ de gran capacidad **209** 52
~ de la azafata **226** 42
~ del conductor **189** 40, **196** 11, **201** 63
~ del conductor de la grúa **217** 16
~ del maquinista **209** 65
~ del mecanismo de elevación **212** 71
~ de los pasajeros **226** 45
~ del piloto **226** 37, **228** 1–38
~ del teléfono público **200** 46
~ del torno **221** 42
~ de mando **207** 31
~ de mando a mano **199** 56
~ de mando de la locomotora de vapor **205** 40–65
~ de proyección **295** 12
~ de radio **218** 12, **223** 14
~ de visión total **221** 5
~ electoral **251** 23
~ telefónica **231** 24, **243** 10
~ telefónica del andén **201** 44
cable **114** 37, **147** 41, **237** 18
~ auxiliar **193** 42, **209** 47
~ Bowden **181** 41
~ de acero **280** 50
~ de alta tensión **146** 33, **147** 42
cable de arrastre **212** 23
~ de carga **145** 59
~ de conexión **102** 15, **111** 51, **241** 51
~ de consumo principal **194** 25
~ de contacto **193** 43
~ de control **256** 53
~ de electricidad **194** 25
~ de encendido **184** 5
~ de energía eléctrica **229** 35
~ de espía **212** 23
~ de extracción **137** 4
~ de freno **222** 71
~ de guía **2** 30
~ de la cámara **237** 2
~ de la corredera del carburador **182** 29
~ de la corriente **29** 34
~ de la grúa **145** 8, **217** 13
~ del aire **182** 30
~ de la máquina de soldar **135** 12
~ del freno **182** 14
~ del micrófono **237** 8, **292** 32
~ del sonido **293** 29
~ del teléfono **224** 20
~ del torno **189** 29
~ de perforación **139** 6
~ de remolcar **189** 55
~ de remolque **271** 2, 5
~ de retención **222** 71
~ de sujeción **149** 54
~ de suspensión **193** 41
~ de toma de tierra **135** 10
~ de tracción **138** 43, **209** 14, **256** 52
~ de transmisión *[Telev.]* **237** 34
~ de transmisión *[Ferr.]* **198** 61
~ elevador **224** 11
~ en diagonal **210** 38
~ general de conducción de alta tensión **146** 32
~ inferior **209** 46
~ para cerrar la red **90** 26
~ para la transmisión de las señales de imagen **237** 24
~ para la transmisión del sonido **237** 23
~ portante **209** 27, 38, 44
~ principal **210** 24
~ sin fin **209** 21
~ telefónico **194** 28
~ telefónico para la policía **194** 28
~ telefónico para los bomberos **194** 35
~ tractor **209** 26, 37, 45
~ y la palanca del freno trasero **182** 15
cables de mando del timón de profundidad **228** 39

cable de mando del timón de profundidad y de los alerones **228** 39–47
cabo **125** 19, **130** 23, **212** 23
~ *[remero]* **269** 12
~ arrojadizo **224** 52
~ de apertura **226** 54
~ de desgarre **226** 54
~ de la manga de llenado **226** 57
~ de la salchicha **96** 57
cabotaje **216** 13
Cabra **5** 27
cabra **74** 14
~ pasante **246** 32
cabreriza **64** 47
cabrestante **145** 2, **212** 22, **255** 56
~ de arrastre **212** 22
~ de espía **212** 22
cabria auxiliar de la grúa **140** 54
cabrio **116** 28, 36, **117** 19
~ central **116** 56
~ de copete **116** 61
~ de la cresta **116** 62
~ de la limahoya **116** 64
~ de limatesa **116** 62
~ de quiebra **116** 31
~ de unión **116** 61, 63
~ intermedio **116** 63
~ principal **116** 55
cabriola **72** 5, **288** 16
cabriolé **179** 34, **187** 13
~ con pescante elevado por detrás **179** 29
cacahuete **367** 41
cacao **98** 66, **366** 19
~ en polvo **366** 19
cacatúa de cresta amarilla **345** 1
cacería **272** 59
cacerola **41** 70
~ con mango **41** 75
cachalote **352** 25
cacharrería **291** 64–66
cacharros de loza **291** 66
cacheo **247** 9
cachiflín * **289** 52
cachimba corta **105** 33
cachipolla **342** 6
cachiporra **337** 33
cachorro **74** 16
cadáver **312** 54
"caddie" **276** 64
cadena **51** 46, **180** 36
~ *[Baile]* **288** 19
~ antideslizante **286** 9
~ con cambio de velocidades **273** 20
~ cribadora **67** 42
~ de agujas **162** 24
~ de aisladores **234** 22
~ de alimentación **149** 23
~ de amuletos y dados **337** 40
~ de anclaje **210** 19
~ de cangilones **211** 57, **221** 63
~ de flores **289** 17
cadena de la boya **219** 47
~ del ancla **217** 74, **218** 45
~ de la transmisión **181** 52
~ de la vaca **76** 31
~ de la vara **72** 20
~ del caballo **76** 4
~ del elevador **161** 59
~ de los chapones **156** 46
~ de movimiento de los chapones **156** 45
~ de oruga **189** 37
~ de pinzas **162** 24
~ de presión **167** 20
~ de reloj **38** 33, **107** 11–13
~ de seguridad **43** 32, **119** 32
~ de suspensión **68** 17
~ de tiro **68** 23
~ elevadora **133** 39
~ fresadora sin fin **128** 30
~ grúa **133** 33
~ impulsora **92** 17
~ para el arrastre del papel **168** 39
~ para la guía automática **68** 13
~ patrón **160** 19
~ principal **210** 24
~ sierra **115** 16
~ sin fin **149** 33
cadeneta de papel **289** 5
cadenilla de barbada **72** 12
~ del incensario **313** 38
~ de seguridad **38** 19
cadenita del cuello **31** 61
cadera **18** 33, **73** 32, **95** 11
caduceo **308** 25
caedizo * **39** 55
café **98** 67, **366** 6
~ *[cafetería]* **261** 1–26
~ al aire libre **261** 27–44
~ de malta **98** 65
~ de terraza **261** 27–44
cafetera **45** 12–17
~ a presión **261** 2
~ eléctrica **42** 17
~ exprés **42** 17
cafetería **261** 1–26
cafeto **366** 1
cagajón **76** 8
cagarria **365** 26
caída **283** 4
~ con piernas abiertas **288** 22
~ de pecho **95** 32
caja **30** 43, **202** 21, **306** 10, **333** 26
~ *[Com.]* **256** 2, **263** 2, **291** 7
~ *[coche]* **179** 5
~ *[jaula]* **272** 2
~ *[empedrado]* **194** 15
~ * **13** 68
caja asiento **51** 24
~ basculante **209** 34
caja basculante metálica **196** 8
~ clara **303** 48
~ colectora del vapor **205** 21
~ colocada en el chibalete **169** 4
~ con las semillas **67** 25
~ de agua **132** 8
~ de arcilla apisonada **254** 39
~ de avances **142** 8
~ de batería **192** 41
~ de bizcochos **97** 4
~ de blancos **169** 3
~ de cambios *[restaurante]* **260** 47
~ de cambios *[Tecn.]* **142** 7, **186** 55–62
~ de cambios de velocidades **207** 2
~ de carga **208** 47
~ de cerillas **105** 25
~ de cerveza **93** 35
~ de cigarros **105** 1
~ de conos **156** 30
~ de contacto para corriente de fuerza **120** 8
~ de cristal **339** 39
~ de enchufe con contacto protegido **120** 6
~ de enchufe doble empotrable **120** 29
~ de enchufe empotrable **120** 5
~ de enchufe empotrable en el suelo **120** 31
~ de enchufe intemperi **120** 15
~ de enchufe triple empotrable **120** 14
~ de engranajes **129** 4, **142** 2, **156** 57
~ de engranajes de de impulsión **162** 32
~ de entrada de máquina **168** 7
~ de estopas **139** 53
~ de expedición con ruedas **202** 25
~ de expresión **305** 44
~ de expresión del manual III **305** 2
~ de fósforos **105** 25
~ de fuego **205** 64
~ de fusibles **159** 23
~ de herramientas **115** 20
~ de herramientas de la motocicleta **182** 41
~ de hierro de desecho **135** 42
~ de instrumentos **10** 62, **144** 10
~ de la cámara **171** 4
~ de la distribución **205** 31
~ de la escalera **39** 72
~ de la graneadora **173** 30
caja de la lámpara **112** 29, 56
~ de la mesa **263** 11
~ del aparato telefónico **233** 25
~ del apartado de Correos **231** 8
~ de la pila **111** 50
~ del armonio **304** 47
~ del ascensor **256** 46
~ de las lanzaderas **159** 9
~ de las muelas **91** 20
~ de las plantas de semilla **79** 51
~ de la vagoneta **209** 34
~ del compás **219** 26
~ del depósito de la película **294** 11
~ del emisor-receptor **230** 44
~ del laminador **141** 68
~ de los contadores **43** 17
~ de los engranajes **133** 36
~ de los gusanos **89** 19
~ de los interruptores **149** 47
~ de los juguetes **50** 12
~ de los tipos **240** 20
~ del pan **41** 6
~ del piano **304** 6
~ del piñón **180** 69
~ del rifle **87** 3, 4, 6, 13
~ del terminal secundario **147** 60
~ del tímpano **19** 60
~ del transformador **146** 40
~ del vagón **204** 4
~ del volquete **189** 21
~ del yunque **133** 19
~ de madera **234** 36
~ de maquinaria **196** 2
~ de mecanismos **162** 10
~ de mixtos **105** 25
~ de moldeo **141** 19, 25
~ de pan ácimo **311** 11
~ de parches **181** 2
~ de pinturas **50** 31, **296** 34, **321** 10
~ de plástico **234** 36
~ de plomo **29** 51
~ de pomada **30** 43
~ de puntillas **99** 17
~ de punzones **106** 30
~ de puros **105** 1
~ de raspar **106** 47
~ de resonancia **301** 33, **303** 15, 63
~ de resonancia con membrana **26** 15
~ de resonancia del violín **302** 3
~ de sorpresa **289** 56
~ de tortas **97** 4
~ de transportar a la reina **78** 44
~ de transporte de pollitos **75** 40
~ de vapor de la distribución **205** 31

caja de vaselina **30** 43
~ de velocidades **142** 2
~ envolvente **162** 17
~ esparcidora **67** 8
~ fuerte de plomo **29** 51
~ inferior **141** 21
~ metálica **10** 11
~ Norton **142** 8
~ oscilante **91** 14
~ para cortar en inglete **127** 50
~ para el alumbrado superior **297** 13
~ para el ascensor y la salida de la escalera **39** 83
~ para flores **39** 20
~ para la distribución del hormigón **197** 6
~ para mercancías independiente **208** 26
~ para transporte de huevos **75** 36
~ portaherramientas **192** 37
~ postal **231** 8
~ principal **305** 1, 43
~ protectora **10** 43
~ protectora de la transmisión del cambio **198** 66
~ recogedora de las bolas **173** 31
~ registradora **256** 2
~ superior **141** 20, **305** 2
~ surtida **99** 17
~ terminal de cables **147** 33
~ volquete **209** 34
~-tambor típica **303** 30
cajera **256** 1, **260** 46
cajero **242** 2
cajetín **177** 3
~ para picar la pértiga **280** 41
cajista **169** 5
cajita **105** 24
~ del dinero **238** 55
~ de lápices **249** 66
~ de música **306** 1
~ de píldoras **23** 8
~ de plumas **249** 66
~ para los clavos **117** 72
cajón * **279** 43
cajón con ruedas para el transporte interior de pequeños bultos **202** 25
~ de arcilla **322** 30
~ de carbón **41** 46, **52** 55
~ de fichas **250** 23
~ de la ceniza **41** 45
~ de la mesa **231** 16
~ del dinero **256** 5
~ del fichero **238** 6
~ de los cubiertos **41** 9
~ de los guantes **43** 7
~ enrejado **202** 19
~ fichero **238** 70
~ para las briquetas **52** 57
cal **140** 49
~ muerta **153** 27
~ viva **153** 16
calabaza **59** 23
~ *[Etnol.]* **337** 27
calabrote de alambre **90** 15
calada **159** 40
calado **102** 10, **101** 14
cálamo aromático **361** 22
calandria **168** 21
~ de acabado **168** 23
calavera **348** 9
calca * **64** 34
calcáneo **19** 27
calcetín **31** 56, **33** 62
~ corto **33** 64
~ de bébé **30** 16
calcografía **323** 14–24
calcógrafo **323** 44
calcomanía **50** 17
calculador de tambor magnético **241** 35
~ electrónico **241** 45
cálculo infinitesimal **327** 13 y 14
~ integral **327** 14
~ logarítmico **327** 6
caldera **3** 15, **203** 3
~ * **45** 47
caldera de aire **254** 17, 50
~ de la locomotora **205** 2–37
~ de la mezcla **92** 27
~ de lavar **53** 53
~ del transformador **146** 40
~ de sacarificación **92** 27
~ de vapor **146** 5
~ horizontal **205** 16
~ para derretir el alquitrán **196** 46
~ para derretir el betún **196** 46
~ para la cocción del mosto con el lúpulo **92** 35
~ para la combustión del fuel-oil **40** 57
~ para trapos **167** 21
~ tubular **146** 5
~ volteable **67** 60
~-depósito al vacío para la desgasificación **163** 11
caldero de colada **140** 41
~ de hierro crudo **140** 41
~ de tambor **141** 6
~ movido por grúa **140** 53
~ para horca **141** 14
calderón **300** 42
calefacción central **40** 38–81
~ de fuel-oil **40** 44–60
~ del coche **186** 22–24
~ del fondo **339** 42
~ del piso **44** 16
~ por agua caliente **40** 38–81
calefón * **51** 3
calendario de pared **238** 2
calentador **260** 7
~ automático **119** 66
~ de agua **40** 68, **41** 40, **51** 3
~ de agua corriente **27** 27, **119** 66
~ de aire **47** 1, **133** 2
~ de carbón **51** 3
~ de chapa **77** 8
~ de inmersión **41** 83
~ de la crema centrifugada **77** 25
~ del aire **140** 15
~ de las salchichas hervidas **201** 52
~ rápido de agua **27** 27
calesa **179** 35
calesín **179** 54
calibrador **85** 33
~ de agujeros **134** 63
~ de espesores **134** 62
~ de exteriores **142** 49
~ de fardos **221** 29
~ de mordazas **142** 49
~ de precisión **145** 42
~ de profundidades **142** 48
~ exterior **129** 18
~ interior **129** 23
~ micrométrico **331** 1
calibre **87** 40, **136** 84, **141** 54
~ cilíndrico **142** 52
~ de aguja **183** 56
~ de forma **155** 19
~ de interiores para agujeros **142** 52
~ del aire para el ralentí **183** 59
~ de límites **142** 49
~ de marcha lenta **183** 57
~ de ralentí **183** 57
~ de tapón **142** 52
~ de tolerancia **142** 49
~ macho **142** 52
~ para alturas **134** 54
~ para huecos **134** 54
~ para medir gruesos **134** 53
~ para profundidades **134** 54
~ prismático **142** 47
calículo **60** 22
calidoscopio **50** 19
calientacerveza **260** 7
calificación **249** 53
Calíope **308** 68
cáliz **311** 13, **313** 44
~ *[Bot.]* **60** 8, **358** 8
~ de la comunión **313** 27
~ del vino eucarístico **313** 27
~ renal **22** 30
caliza **153** 11
calma **9** 11
calmas de Cáncer **9** 47
~ de Capricornio **9** 47
calumet **335** 6
calva **35** 21
calza **202** 52
calzada **39** 61, **194** 10, **253** 34
~ de acero **210** 2
~ de cemento **210** 2
calzado **100**
~ de lujo **100** 33
~ de muchachas **100** 23
~ ortopédico **99** 34
~ para niños **100** 9
calzador corto **100** 19
~ largo **100** 17
calzas mitad y mitad **338** 47
calzo **114** 40, **189** 51
~ de deslizamiento **202** 52
calzón **267** 27
~ de baño **267** 43
calzoncillos **33** 56
~ largos **33** 58
"calzones" **347** 3
calle **194** 1
~ *[golf]* **276** 59–62
~ comercial **252** 32
~ de cambios **199** 15
~ lateral **194** 2, **253** 7
~ principal **253** 8
~ que conduce al extrarradio **252** 1
~ secundaria **253** 7
callejón individual **268** 31
~ sin salida **252** 40
callosidad **73** 27
cama **48** 3–15, **314** 5
~ *[establo]* **76** 12
~ *[arado]* **68** 9
~ caliente **79** 16
~ de campaña **266** 7
~ de hospital **29** 8
~ de madera para descansar **25** 16
~ de matrimonio **48** 3–15
~ de muñecas **50** 8
~ de niño **49** 2
~ de paja **75** 29, **76** 12
~ de parturienta **29** 5
~ de piedra **323** 64
~ de ruedas **29** 8
~ de tijera **266** 7
~ doble **48** 3–15, **259** 38
~ plegable **262** 33
~ turca **48** 53
camafeo **38** 22
camal **94** 12
camaleón **350** 33
camanance * **18** 14
cámara **189** 22
~ acorazada **242** 4
~ a prueba de sonidos **292** 47
~ automática **15** 63
~ auxiliar **184** 77
~ cinematográfica **294** 1–35
~ de acumuladores **223** 40
~ de aficionado **294** 24
~ de ahumar **96** 47
~ de aire *[átomo]* **1** 32
~ de aire *[bicicleta]* **180** 30

cámara de aire *[huevo]* **75** 50
~ de aire caliente **92** 18
~ de alta frecuencia **294** 28
~ de bombeo **224** 7
~ de cajón **111** 1
~ de calefacción **92** 19
~ de carga **212** 40
~ de cartas **218** 14
~ de combustión **146** 6, **184** 26, **227** 60
~ de combustión del cohete **227** 60–63, **229** 22
~ de compresión **184** 67
~ de compresión del aire **227** 16, 20, 35
~ de derrota **218** 14
~ de desconexión **147** 55
~ de engranajes **222** 62
~ de entrada del aire caliente **168** 40
~ de filmación **292** 47
~ de fuelle **111** 2
~ de fumigación **83** 21
~ de fundición **172** 18
~ de gas **226** 75
~ de grúa **292** 19
~ de hilatura **164** 41
~ de hombro **294** 22
~ de imágenes **294** 1, 47
~ de imágenes y sonidos **294** 23
~ de impregnación **161** 32
~ de incubación **78** 46
~ de ionización **2** 2, 17
~ de la fuente **254** 24
~ de lámparas **295** 39–44
~ de la Reina **315** 3
~ de lavado **166** 12
~ del flotador **183** 66
~ del microscopio **110** 21
~ del objetivo **109** 3, 4
~ de los motores eléctricos **223** 28
~ del Rey **315** 2
~ del silo **220** 45
~ del timón **218** 18
~ del timonel **219** 14–22
~ de maniobra **223** 24
~ de mano **294** 22
~ de máquinas auxiliares **223** 2
~ de mesa de trucaje **294** 33
~ de motores **222** 60, **223** 33
~ de movimiento lento **294** 28
~ de movimiento rápido **294** 30
~ de nieblas de Wilson **2** 24
~ de noticiarios **294** 23
~ de película estrecha **294** 24
~ de polvo **156** 11
cámara de precombustión **184** 63, 66
~ de prensado **65** 34
~ de presión **167** 16, **297** 55
~ de reportero **294** 23
~ de reproducción **171** 1
~ de reproducción superautomática vertical **171** 33
~ de rotura **147** 55
~ de secado **112** 5, **158** 64, **162** 28, **171** 57
~ de sonidos **292** 56
~ de sonido luminoso **293** 8
~ de televisión **237** 1
~ de título y textos **294** 33
~ de toma de aire **227** 34
~ de torpedos **223** 28, 50
~ de trucaje **294** 32
~ de tubo **111** 18
~ de turbulencia **184** 78
~ de vacío **83** 12, **151** 12, **164** 54
~ en J para la materia **161** 33
~ especial **294** 28–35
~ estereofónica **294** 39
~ estereoscópica **111** 27
~ fotográfica **109** 10
~ frigorífica **94** 16–18, **218** 50, **220** 40
~ larval **82** 36
~ magnetofónica **293** 2
~ miniatura **111** 18
~ mortuoria **312** 21, **315** 5
~ neumática **305** 12
~ para calentamiento del aire **140** 29
~ para calentamiento del gas **140** 27
~ para el secado de la madera **149** 46
~ para fotografiar los astros **6** 3
~ para la fotografía en relieve **111** 27
~ para películas normales **294** 1
~ plegable **111** 2
~ principal de combustión **227** 62
~ reflex **111** 15
~ sin aislamiento sonoro **292** 23
~ sobre cubierta **218** 34
~ topográfica en serie **15** 63
camarera **226** 32, **260** 18, **261** 13
camarero **216** 53, **259** 47
~ de habitación **259** 33
~ principal **260** 30
camarón **349** 12
~ artificial **89** 37
camaronero * **344** 8
camarote **213** 45, **218** 29
~ de dos camas **218** 29
~ del almirante **213** 27
~ del capitán **218** 13
~ del comandante **223** 46
~ del contramaestre **223** 48
~ del oficial **218** 21
~ de los oficiales **223** 47
~ de lujo **218** 30
~ individual **218** 41
cambiador de calor **184** 51
cambiaobjetivos deslizante **110** 16
cambio *[Baile]* **288** 25
~ a la mano **183** 27
~ automático de las canillas **159** 5
~ de amura **270** 52–54
~ de banda **270** 52–54
~ de bordo **270** 52–54
~ del cable de toma de corriente **193** 30
~ de luna **7** 2–7
~ de marcha **207** 4
~ de rueda **273** 42
~ de rumbo **270** 56–58
~ de testigo **280** 14
~ de velocidades **186** 55–62
~ de velocidades por puño giratorio **183** 27
~ de vuelta **270** 52–54
~ electromagnético **193** 25
cambium **354** 10
cambré **288** 15
cambucho * **48** 49
camello bactriano **351** 29
cameraman **292** 41
camilafka **314** 31
camilafkión **314** 31
camilla **255** 23
~ de emergencia **17** 23
~ de ruedas **28** 33
camillas de replanteo **113** 69
camino abierto en el monte **84** 1
~ comido por la larva **60** 63
~ de acceso **310** 34
~ de herradura **12** 46
~ de losas **39** 45, **54** 22
~ de mesa **44** 6
~ de ronda **310** 20
Camino de Santiago **5** 35
camino de sirga **211** 30
~ por campos y bosques **16** 102
~ vecinal **65** 18
camión **189** 14–50
~ aspirador del cieno y vaciador de alcantarillas **195** 28
~ barredor de calles y regadera **195** 31
~ con propulsión total **189** 25
~ con propulsión trasera por cadenas **189** 36
~ de aguas fecales **195** 34
~ de bomberos **255** 5
~ de carga **196** 7
~ de la cerveza **93** 38
~ de las mangueras y herramientas **255** 53
~ del carbón **253** 26
~ de plataforma **189** 14
~ de recogida de basuras **195** 1
~ de riego **195** 36
~ de tres ejes **189** 44
~ esparcidor de arena **195** 16
~ ganadero **189** 8
~ grúa **255** 47
~ grúa para la limpieza de alcantarillas **195** 25
~ para transportes a larga distancia **189** 44
~ semi-oruga **189** 36
~ tractor **189** 45
camioneta **189** 1–13
~ de piso bajo **189** 6
~ de plataforma **189** 10
camisa **274** 55
~ *[libro]* **178** 37
~ almidonada **33** 41
~ de agua **184** 69
~ de caballero **33** 36
~ de deporte **31** 55, **33** 39
~ de dormir **33** 1, **48** 16
~ de dormir de caballero **33** 50
~ de dormir de niña **31** 1
~ de frac **33** 41
~ de monte **31** 55
~ de polo **31** 49, **266** 8
~ de señora **33** 11
~-pantalón **33** 13
camiseta **33** 48
~ de gimnasia **31** 12, **278** 44
~ de malla **33** 49
camisita de bebé **31** 17
camita del bebé **30** 11
camomila **364** 1
campamento **266** 4–52
~ de los exploradores **266** 40–52
~ de tiendas **290** 61
campana **219** 50
~ *[despertador]* **107** 42
~ *[gasómetro]* **148** 59
~ de aviso **145** 13
~ de cristal **107** 61
~ de la chimenea **96** 50, **132** 6
~ eléctrica **312** 9

campana neumática **331** 12
~ para indicar la última vuelta **280** 19
campanario **312** 2, **316** 65
campanilla **251** 4
~ *[planta]* **359** 14
~ *[Anat.]* **21** 22
~ de invierno **62** 1
~ del altar **313** 43
~ de los Alpes **362** 3
~ del Sanctus **313** 43
~ litúrgica **313** 47
campanillas **62** 10
~ del trineo **286** 26
campánula **359** 14
campechana* **266** 38
campera* **34** 23
camping **266**
campiña **65** 17
campo **65** 4, **87** 37
~ de aterrizaje de helicópteros **230** 15
~ de aviación **230** 1
~ de batalla **16** 93
~ de cereales **65** 19
~ de contactos fijos **233** 35
~ de deportes **252** 53
~ de fútbol **274** 1
~ de golf **276** 59–62
~ de juego **275** 21–27, 39–45
~ de nieve helada **282** 15
~ de regadío **252** 66
~ de remolachas **65** 46
~ operatorio **28** 25
camposanto **312** 21–41
Can Mayor **5** 14
~ Menor **5** 15
Canadá **14** 29
canal **16** 57, **212** 15–28
~ *[carne]* **95** 40
~ *[calibre]* **141** 54, 63
~ *[Ferr.]* **198** 63
~ de agua **149** 36, **316** 54
~ de agua corriente para limpiarse los pies **268** 22
~ de aire *[pila atómica]* **1** 33
~ de aire *[mina]* **137** 25
~ de aireación **315** 4
~ de almadías **269** 60
~ de aspiración de aire **47** 3
~ de balsas **269** 60
~ de distribución **145** 62
~ de distribución para el agua salobre **262** 3
~ de extracción **137** 26
~ de la aguja **160** 15
~ de la caja de resonancia **305** 13
~ de la caja superior **305** 14
~ de la colada **141** 3
~ de la escoria **141** 12
~ de la laguna **13** 34
~ de la ruleta **263** 29
~ de la sangría **141** 3
canal del hierro **140** 34
~ de los gases de la combustión **146** 12
~ de los orines **76** 21
~ del puerto **220** 27
~ del tejado **39** 11
~ de Marte **7** 15
~ de polvo **156** 22
~ de tiro del ventilador **137** 11
~ de trabajo **155** 6
~ de viento **305** 11
~ digestivo **78** 15–19
~ distribuidor de las patatas **67** 14
~ guía **212** 75
~ navegable **211** 21
~ para la expulsión de la nieve **195** 24
~ principal **219** 68
~ secundario **219** 69
canaladura **316** 27
canaleja **363** 11
canalete **213** 8, **336** 14
~ doble **269** 39
~ sencillo **269** 34
canalillo de desagüe **339** 11
canalización del río **211** 31
canalizo **211** 21
canalón **39** 12, **40** 9, **117** 92
~ de aireación **166** 30
~ de caída **287** 16
~ del tejado **117** 28
~ rectangular **117** 83
canapé angular **260** 38
~ tapizado **44** 1
canasta **275** 33
~ de la ropa **53** 41
~ de la ropa sucia **48** 49
canastero **130**
canastilla de la costura **102** 74
canastillo de flores **260** 29
cancel* **48** 47
Cáncer **6** 35
cancerbero **307** 29
cancha* **274** 1
candado **40** 21, **53** 4
~* **35** 9
candela de cera **78** 66
candelabro **44** 24, **46** 16, **312** 56
~ de pared **261** 9
candelaria **360** 9
candelero **47** 27, **312** 56
candidato **251** 20
candil **88** 30
~ basilar **88** 6
~ de hierro **88** 7
~ de ojo **88** 6
~ medio **88** 8
candileja **297** 26
candiotero **126** 16
candonga* **38** 2
canela **98** 44
~ en polvo **366** 25
~ en rama **366** 25
canelo **366** 22
canesú **31** 2, **33** 2
cangilón **91** 36, **145** 71, **220** 64
cangilón de la draga **211** 65
~ excavador **221** 58
cangreja de trinquete **215** 12
~ mayor **215** 11
Cangrejo **6** 35
cangrejo **342** 1, **349** 16
canguro rojo gigante **351** 3
canica* **258** 57
cánidos **352** 11–13
canilla **102** 35, **159** 21, 30
~ *[grifo de agua]* **119** 34
~ bobina inferior **102** 39
~ para llenar los toneles **93** 23
canillita* **253** 44
Canis Maior **5** 14
~ Minor **5** 15
canoa **269** 3, 54–66
~ automóvil con motor fuera de bordo **269** 6
~ canadiense **269** 3
~ de carrera **269** 6, **273** 46–50
~ de carrera de fondo escalonado transversal y longitudinalmente **273** 46
~ de fondo escalonado **273** 48
~ del práctico **216** 15
canoísta **269** 55
canon **300** 46–48
cantante **296** 22, 23
~ callejero **53** 24
cántaro de asa **309** 35
canteamiento **283** 34
cantera **16** 87, **150**
~ de caliza **153** 1
cantero **150** 34
~ *[pan]* **97** 24
cantidad de la letra **242** 18
~ desconocida **327** 8
cantimplora **266** 41
cantina **114** 45
~* **76** 34
cantinera de la guardia del príncipe **289** 67
canto **46** 56
~ de acero **283** 39
cantonera **87** 14
cantos rodados **13** 29
cantus mensuratus **299** 4
canutero* **239** 17, **249** 58
canzonetista **298** 3
caña **130** 27
~ *[Anat.]* **73** 23
~ *[bota]* **99** 41
~ *[arma]* **87** 13
~ *[Arq.]* **317** 35
~ de azúcar **366** 52
~ de bambú **130** 31
~ de cristal **89** 24
~ de fondo **89** 22
~ de huso **89** 20
~ del huso **157** 46
~ del pedal **180** 80
caña del pistón **205** 33
~ del timón **213** 13
~ de pescar **89** 26
~ de pescar montable **89** 20–23
~ de rota **97** 80
~ de timón de cabeza **269** 51
~ de vidriero **155** 14
~ manejada con dos manos **89** 22
~ manejada con una mano **89** 20
~ para habas **55** 28
~ para la pesca de lanzamiento **89** 23
cáñamo **367** 9
~ africano **56** 9
~ en bruto **125** 1
~ peinado **125** 6
~ rastrillado **125** 6
cañería maestra de tiro **140** 61
cañerías de gas **148** 53 y 54
~ de las casas **148** 55
cañizo **118** 71
caño **180** 60
~ de la escoria **140** 9
~ del hierro crudo **140** 11
cañón **213** 50
~ *[Geogr.]* **13** 45
~ antiaéreo de fuego rápido **223** 44
~ arponero **90** 53–59
~ de agua **255** 66, **297** 18
~ de bala **87** 26
~ de fuego rápido **223** 45
~ del arpón **90** 41
~ del tubo **305** 29
~ de perdigones **87** 27
~ de pluma **89** 48
~ de pluma de ave **301** 53
~ de pluma luminosa **89** 49
~ rayado **87** 34
cañones de la barba **35** 23
cañucela de junco **324** 22
cañuela **70** 24
capa **338** 29
~ *[corrida]* **287** 60
~ aislante **118** 3
~ amortiguadora **1** 26
~ atmosférica **4** 11–15
~ conductora de agua **254** 38
~ conductora de agua freática **254** 2
~ de acabado **118** 40
~ de agua **13** 16
~ de asfalto **196** 58
~ de coro **314** 51
~ de defensa contra las heladas **196** 60, **197** 44
~ de grava **194** 13, **196** 60
~ de guijarros y gravilla **254** 37

capa del fango **13** 15
~ de mantillo **196** 64
~ de mortero **118** 27
~ de nieve **286** 20
~ de nivel **118** 39
~ de nubes **8** 4, 8
~ de reflexión para las ondas de radio **4** 16–19
~ de roca **13** 70
~ impermeable **118** 5, **254** 36
~ inferior **11** 3
~ intermedia **11** 4
~ intermedia de ganga **138** 23
~ intermedia de roca estéril **138** 23
~ límite **225** 55
~ magna **314** 51
~ por debajo del filón **138** 21
~ por encima del filón **138** 20
~ porosa **12** 29
~ portadora del agua **12** 22
~ protectora **118** 5
~ protectora contra la radiación **3** 1
~ refrigeradora de la cámara de combustión **229** 23
~ tuberosa **365** 17
capacete **310** 61
~ *[locomotora]* **205** 27
caparazón **350** 29
capataz **84** 30, **198** 9
~ de la brigada de Vías y Obras **198** 30
~ del tinglado **202** 34
capeador **287** 59
Capella **5** 27
capellada **99** 49
capellina **17** 3
caperuza articulada **102** 27
~ de goma **26** 45
~ de la chimenea **222** 40
~ del fusible **120** 37
capilaridad **331** 43
capilla **314** 16
~ ardiente **312** 21, 51–61
~ del castillo **310** 29
~ del cementerio **312** 28
~ votiva **312** 12
capirote del halcón **86** 44
capisayo* **33** 48
capita para la lluvia **31** 25
capital **252** 1–70
~ de provincia **252** 1–70
~ inicial **327** 7
capitán **219** 22
capitel **316** 20–25
~ árabe **319** 18
~ cuadrado **317** 21
~ de la chimenea **145** 49
~ de palmera **315** 25
~ de toro **315** 28
~ en cáliz **315** 16
~ en capullo **315** 14
capitoné **189** 41
capizana **310** 83
capó **183** 34, **185** 8, **187** 2
capón **74** 21, **98** 6
capota **30** 35, **179** 42, **258** 32
~ plegable **179** 52, **187** 14
capote **335** 24
capotera* **43** 1
Capricornio **5** 36, **6** 41
Capricornus **5** 36, **6** 41
capriole **288** 16
caprolactama **164** 28
cápsula **331** 13
~ *[cartucho de bala]* **87** 58
~ *[Mús.]* **305** 31
~ de anhídrido carbónico **47** 42
~ de entrada **147** 40
~ de estaño **93** 44
~ de la amapola **63** 5
~ de la botella **93** 43
~ de las pepitas **60** 36
~ de las semillas **60** 59, **362** 5
~ del fruto **359** 27, **366** 44, **367** 8
~ fulminante **87** 59
~ para el carrete de diapositivas de miniatura **112** 26
~ poricida **354** 96
~ refractaria **154** 2
capucha **31** 26, **32** 43, **314** 16
~ del anorac **282** 20
capuchina **56** 4
Capuchino **314** 13
capuchón **239** 24, 34
~ del visor **111** 17
~ protector de la válvula **180** 32
capullo *[Bot.]* **60** 27, **63** 3, **354** 24
~ *[gusano de seda]* **342** 51
~ de la flor **355** 25, **358** 14
~ de la rosa **62** 16
capuza* **287** 41
cara **18** 4–17
~ exterior del estribo **318** 25
~ frontal del estribo **318** 24
carabela **213** 27–43, **215** 37
carábido **342** 39
carabina **86** 30, **87** 1
caracol *[Anat.]* **19** 63
~ *[peinado]* **35** 38
~ comestible **340** 25
caracteres de imprenta **325** 1–15
característica **327** 6
caraguatá* **63** 32
carámbano **286** 21
caramelo **98** 75, 77
caramillo **308** 41
~ melódico **301** 10
carancho* **347** 15
carátula* **107** 2
caravana* **38** 7
caravana de camellos **337** 1
carbón activo **255** 58
~ negativo **295** 41
~ positivo **295** 40
~ vegetal **106** 37
carboncillo **321** 16
carbonera **137** 1–40, **148** 3
~ para el coque clasificado **148** 22
carbonero **253** 27
carburador **183** 53–69, **184** 2
~ de corredera sencilla **183** 53–69
~ para escúteres **183** 53–69
~ para motocicletas **183** 53–69
carcaj **287** 46, **308** 13, **335** 27
carcasa **183** 34
cárcel *[gato]* **115** 66, **127** 36
cárcola **159** 58
carda **156** 34
~ de chapones **156** 34
~ rotativa a mano **124** 17
cardamina **359** 11
cardelina **344** 1
cardenal **314** 49
~* **56** 1
cardenal rojo **345** 5
cardias **22** 41
cardo **63** 32
~ borriquero **63** 32
~ erizo **56** 14
careta **277** 47, **289** 7
~ antigás **255** 40
~ de esgrima **277** 27
~ de sable **277** 36
carga **74** 5, **218** 67
~ a granel **196** 12
~ colectiva **202** 4
~ de cubierta **220** 55
~ de la batería **192** 42–45
~ del horno **153** 14
~ del vagón **202** 53
~ de perdigones **87** 51
~ de pesos **162** 2
~ de polen en la pata trasera **78** 3
~ de pólvora **87** 57
~ de una retorta **148** 10
~ propulsora del cohete **227** 47
cargadero **16** 91, **138** 1
~ del pozo **137** 27
cargador **153** 13
cargadora automática **156** 33
carguero especial para grandes recorridos **216** 1
carguero pesado **216** 1
cariátide **316** 36
caricatura **325** 48
Carina **5** 46
cariópside **359** 43
carlinga **228** 1–38
carmel **364** 11
carnaval **289**
carne **60** 24, 35, **61** 6
~ ahumada **96** 12
~ de la espalda **95** 29
~ del omóplato **95** 30
~ magra de la falda **95** 50
~ picada **96** 25
Carnero **6** 32
carnero **74** 13
carnet de socio del casino **263** 14
carnicería **96**
carnicero **96** 9
carpa **350** 4
~* **266** 27
carpa de río **350** 4
~ de vivero **350** 4
~ espejada **350** 4
carpe **355** 63
carpelo **358** 2, 26
carpeta de documentos **238** 14
~ de expedientes **238** 9
carpidor* **58** 12
carpintería **127** 1–65
~ de armar **115** 1–59
~ mecánica **128**
carpintero **115** 12, **127** 45
~ de obra **115**
~ de prieto **131** 25
carraca **289** 47
~ de piñón **192** 21
~ de rueda dentada **192** 20
carralero **126** 16
"carreau" **265** 41
carrera **275** 49
~ *[Arq.]* **113** 26, **115** 58, **117** 40
~ a campo traviesa **280** 23
~ al galope **272** 1–29
~ de autos **273** 34–45
~ de bicicletas **273** 1–23
~ de caballos **272** 1–29, 36, 46
~ de caballos trotones **272** 36–46
~ de descenso **283** 18
~ de fondo **283** 30
~ de habilidad **283** 15
~ de larga distancia **280** 17–19
~ de los Seis Días **273** 1–7
~ de medio fondo **280** 4
~ de motos **273** 24–28
~ de motos a campo traviesa **273** 33
~ de obstáculos **272** 23–29, **280** 20–22
~ de patines de ruedas **287** 33

carrera de relevos **280** 13–16
~ de resistencia **273** 11–15, **280** 17–19
~ de sacos **258** 7
~ de slalom **283** 15
~ de vallas **272** 23–29, **280** 11 y 12
~ de vehículos de motor **273** 24–50
~ de velocidad **272** 1–29, **280** 4
~ de zancos **258** 37
~ en autopista **273** 24–28
~ en pista de arena **273** 24–28
~ en pista de hierba **273** 24–28
~ lisa **262** 10
~ por carretera **273** 8–10
~ por el bosque **280** 23
~ record de velocidad **273** 31
~ tras moto **273** 11–15
carrero **93** 37 **202** 16
carreta de heno **65** 41
~ para la caza **86** 39
carretada de estiércol **65** 15
carrete **295** 32, **306** 15
~ *[bicicleta]* **180** 26
~ de alta tensión **332** 9
~ de baja tensión **332** 8
~ de hilo **102** 20
~ de inducción **11** 44, **331** 70
~ de la cinta **240** 18
~ de la manga **255** 28
~ de la manguera **58** 35
~ de la rueda delantera **180** 52
~ del sedal **89** 27
~ de papel **169** 33, 43
~ de película magnética **293** 5
~ giratorio **332** 15
~ para la caña de lanzamiento **89** 28
~ primario **332** 34
~ secundario **332** 35
carretela **179** 35
~* **179** 39
carretera alquitranada **196** 55
~ de acceso **197** 36
~ de circunvalación **252** 3
~ del Estado **16** 17
~ del muelle **220** 15
~ de primer orden **16** 83
~ de segundo orden **16** 36
~ de tercer orden **16** 30
~ municipal **16** 99
~ nacional **197** 28
carretera para tráfico a gran distancia **16** 17
carretero **131** 25
~ *[cochero]* **93** 37, **202** 16
carretilla **113** 37, **114** 42
~ de carga **221** 15
~ de frutas **253** 10
~ de horquilla **202** 20
~ de jardinero **58** 30
~ de la prensa **80** 44
~ de las botellas **135** 59
~ de las herramientas **192** 68
~ del estiércol **64** 46, **76** 47
~ del trébol **66** 39
~ de mano **53** 49, **145** 80, **221** 18
~ de mano para el equipaje **201** 33
~ de plataforma **202** 38
~ de transporte **161** 53
~ de tres ruedas **145** 80
~ eléctrica **202** 38
~ eléctrica del andén **201** 29
~ elevadora **145** 27, **202** 20
~ elevadora de horquilla **221** 12
~ para la basura **195** 7
~ para los sacos **202** 15
carretón de la granja **64** 33
~ de las ruedas **209** 67
~ de los rodillos **209** 67
carretonero* **70** 1
carricera **62** 21
carril **145** 54, **198** 32, **209** 10
~ de alimentación **177** 55
~ de corredera **333** 32
~ de la grúa **145** 14, **217** 24
~ del ventilador **158** 6
~ de maniobra **209** 22
~ de rodadura **269** 45
~ de rodeo **209** 22
~ eléctrico suspendido **145** 53
~ guía **128** 9, **191** 29, **158** 3
carriles de maniobras **202** 50
~ guías en espiral **148** 63
carrillaje del cambio **198** 57
carrillera **87** 4
carrito de servicio **46** 32
~ de transporte de la colada **166** 17
~ guía de la llama **135** 64
~ para servir el té **45** 53
~ rociador de dos ruedas para árboles frutales **83** 42
carrizo **63** 30
carro ajustable **143** 34, **160** 51, **240** 2–17
~ aljibe **64** 29
~ caja **64** 53
~ caldera **309** 36
~ con adrales **64** 44
~ corredizo **140** 3, **217** 14
~ corredizo giratorio **217** 21
~ cuba **80** 13
~ de acarreo **202** 18
~ de agua de estiércol **64** 56
~ de bancada **143** 39
~ de campo para la recolección **131** 1
~ de carga **202** 18
~ de deslizamiento de la cámara **171** 14
~ de dos ruedas para bote **269** 63
~ de grúa **114** 32, **145** 2
~ de impresión **174** 41
~ de la cerveza **93** 36
~ de la cosecha **64** 44
~ del estiércol **64** 53
~ de mano **115** 6
~ de presa **149** 17
~ de purin **64** 56
~ de reparto **202** 18
~ deslizante **145** 56
~ deslizante para plantillas **162** 60
~ deslizante portamesa **143** 39
~ en miniatura para el culto **309** 36
~ longitudinal **143** 4
~ para el transporte de trozas **149** 27
~ para transportar los troncos **84** 15
~ portaherramientas
~ portamanguera **58** 36
~ remolque de troncos largos **85** 27
~ transbordador **145** 76
~ transversal deslizante **143** 2
~ vertical **143** 54
carrocería **185** 1–58
~ del sidecar **182** 62
~ monocasco con armazón soldada de acero **185** 1
carroncha **361** 19
carroza de carnaval **289** 57
carruaje **179** 1–3
~ ligero de cuatro ruedas **179** 2
carta **260** 21
~ certificada **232** 35
~ comercial **239** 1–12
~ del ligamento para el tafetán **165** 4
~ del vino **80** 36
~ de negocios **239** 1–12
carta de valores declarados **232** 25
~ de vinos **260** 31
~ francesa **265** 37
~ neumática **232** 29
~ para la esterilla regular **165** 11
~ para tejido acanalado **165** 19
~ por avión **232** 18
~ por correo aéreo **232** 18
~ tubular **232** 29
~ urgente **232** 34
~-cheque postal **232** 10
cartapacio **249** 55
~ de arte pictórico **47** 54
carta-tarjeta **232** 1
cartel **253** 22, **256** 65
~ con los precios de las gangas **256** 65
~ de anuncio **291** 50
~ del recorrido **193** 23
~ de parada **193** 2
~ de propaganda **98** 2, **256** 25
~ explicativo **339** 44
~ portátil **251** 13
cartela **114** 6
cartelera **145** 45
cartelón de señal acústica **198** 85
~ electoral **251** 12
cárter de carburador **183** 54
~ de la horquilla **183** 24
~ del engranaje de la dirección **186** 41
cartera **249** 41
~ de documentos **238** 13, 36
~ de las herramientas **180** 25
~ del bolsillo **34** 9
~ de mano **249** 55
~ para colgar en bandolera **249** 69
carterista **291** 16
cartero **231** 47
cartílago costal **19** 11
~ tiroides **22** 3
cartón **331** 43
~ asfaltado **117** 62
~ coloreado **168** 31
~ fotoestucado **168** 31
~ ondulado **83** 25
~ preparado para la pintura **321** 22
cartuchera **247** 7
cartucho **98** 48
~ con pieza fusible **120** 35
~ de bala **87** 54
~ de gas **83** 39
~ de perdigones **87** 49
~ explosivo **150** 27
~ filtrante **255** 57
carúncula **74** 23
casa **39**
~ con paredes entramadas **252** 48
~ consignataria **221** 24
~ contigua **53** 23

casa de al lado **53** 23
~ de alquiler **53** 12
~ de bebidas **260** 30–44
~ de bombas **217** 30
~ de campo **64** 3
~ de comidas **260** 1–29
~ de la colonia **39** 54
~ de las jirafas **339** 24
~ de las mujeres **310** 10
~ del balsero **211** 45
~ del club **269** 23
~ del guarda del dique **211** 45
~ de los elefantes **339** 24
~ de los fines de semana **262** 25
~ de los monos **339** 24
~ del párroco **312** 20
~ de madera **39** 84–86, **262** 25
~ de máquinas **212** 21
~ de muñecas **49** 6
~ de paredes entramadas **64** 3
~ familiar **39** 1–53
~ para cuatro familias **39** 69–71
~ para dos familias **39** 64–68
~ para el fin de semana **39** 84–86
~ para varias familias **53** 12
~ rectoral **312** 20
~ templada **79** 32
~ vecina **53** 23
~ veraniega **262** 25
casaca de montar **272** 52
casamiento canónico **313** 13
casca **84** 29
cascabel *[naipe]* **265** 45
cascabelero **289** 40
cascabeles del trineo **286** 26
cascabillo **355** 5
cascada **11** 45
~ artificial **257** 9
cascanueces **46** 49
cáscara **61** 50, **368** 40
~ caliza **75** 48
~ de la cebolla **59** 25
cascarillo **364** 17
casco **310** 39–42, 59
~ *[caballo]* **73** 26
~ *[tonel]* **126** 25
~ corintio **308** 19
~ de cuero **190** 18
~ de fieltro **36** 31
~ de hidroavión **225** 61
~ de minero **138** 54
~ de motorista **183** 40
~ de presión **223** 21
~ primitivo **252** 34–45
~ profundo **225** 34
~ protector **150** 10, **273** 3, **275** 29, **285** 16
caserío **16** 101
caseta de baño **268** 1
~ del guardabarrera **198** 72
~ de los cisnes **257** 47
caseta del timón **219** 14–22, **224** 36
~ para cambiarse de ropas **25** 4
casi despejado **9** 21
~ igual **327** 17
casia **364** 16
casilla blanca **265** 2
~ de la báscula para vagones **202** 44
~ del guardavía **16** 24, **138** 6
~ de los aduaneros **220** 43
~ del tablero de ajedrez **265** 2
~ negra **265** 3
casillero del correo **259** 2
~ de Lista de Correos **231** 21
casimba* **55** 4, **64** 15
casino **262** 8, **263** 1
Casiopea **5** 33
casita de juguete **49** 16
~ del viñador **80** 2
caspa **103** 27
caspera **104** 36
casquete **35** 2
~ de gas **12** 30
~ del paracaídas **228** 49
~ de molino de viento **91** 30
~ de ventilación **40** 52
~ polar de Marte **7** 14
castaña **355** 60
~ *[caballo]* **73** 27
~ *[damajuana]* **302** 14
~ del Brasil **368** 59
castañita **346** 12
castaño **368** 48
~ de Indias **355** 58
castañuelas **303** 46
castas de las abejas **78** 1 y 4–5
castellano **310** 67
castigado **249** 19
castillejo **49** 4
castillete armado **209** 77
~ con estructura de celosía **209** 31
~ de acero con estructura de celosía **209** 77
~ de acero tubular **209** 78
~ de puente **209** 24
~ intermedio **209** 29
castillo **16** 96
~ *[barco]* **213** 10
~ *[circo]* **290** 28
~ de arena **267** 35
~ de popa **213** 23, **218** 33
~ de proa **213** 19, **218** 43
~ feudal **310** 1
~ sargónida **315** 29
Cástor **5** 28
casuar **343** 1
~ de cresta **343** 1
casulla **314** 37, 39
catacumba **312** 62
catador de vino **80** 40
catafalco **312** 52
catalejo **108** 43
catapulta **222** 28, 49, 73
catarata **11** 45
catch-as-catch-can **281** 11 y 12
cátedra **249** 12, **250** 4
catedral **252** 37, **317** 1–13
~ gótica **317** 22
catedrático **250** 3
catenaria **193** 40, **206** 2
catéter **26** 53
cateto **328** 32
catimbao* **290** 23
catiteo* **102** 7
catocala nupta **348** 8
cátodo **172** 3, **332** 24, 29
catre de tijera **262** 33
catrín **289** 33
cauchera **367** 33
caulículo **316** 25
caveto **318** 50
cavidad del ovario **354** 62
~ faríngea **21** 24
~ nasal **19** 53
~ uterina **22** 80
cayado de la aorta **20** 10
caz de salida **91** 44
~ de traída **91** 41
caza **86, 88**
~ a caballo **272** 58–64
~ acuática **86** 40
~ con gerifaltes **86** 42–46
~ con halcones **86** 42–46
~ con hurón **86** 23
~ con papelillos **272** 58–64
~ con perro de busca en cotos **86** 1–8
~ con rastro artificial **272** 58–64
~ con reclamo desde un tollo **86** 47–52
~ con trampas **86** 19–27
~ de animales de presa con trampas **86** 19
~ de la liebre **86** 34–39
~ del jabalí 86 31
~ del zorro **272** 58–64
~ de patos **86** 40
~ de pluma **86** 41
~ en época de brama y celo **86** 9–12
cazador **86** 1, **272** 58
~ de pieles **289** 8
~ furtivo **86** 29
cazadora **34** 23
cazarete **90** 19
cazo eléctrico **42** 15
~ para sacar agua **53** 64
cazoleta *[florete]* **277** 61
~ *[pipa]* **105** 36
cazoletas **180** 59
cazuela carnicera **42** 40
cebada **69** 1, 26
~ en germinación **92** 11
cebada perlada **98** 35
cebadal **65** 19
cebadera **213** 43
cebadilla **63** 28
cebador **183** 63
cebo **86** 21, **89** 35
~ artificial **89** 36–43
~ envenenado **83** 1
~ vivo **89** 54
cebolla **59** 24
cebollino **59** 22
cebra **351** 27
cecina **96** 12
cedilla **325** 33
cedro **356** 65
cédula hipotecaria **243** 11–19
cefalópodo **340** 22
ceiba **367** 20
ceja **21** 38
~ *[Mús.]* **301** 16, **302** 7, 19
~ inferior **303** 4
celada **246** 4, 7–9, **310** 60
celadora **250** 14
celda **78** 26–30
~ conventual **314** 4
~ de cárcel **248** 11
~ de incubación **78** 31
~ de la reina **78** 37
~ de obrera **78** 34
~ depósito de polen **78** 35
~ de zángano **78** 36
~ individual **248** 11
~ operculada **78** 33
celdilla para las cartas **259** 2
celentéreo **340** 14, **349** 9, 20
celesta **304** 1
celeste **320** 6
celidonia menor **359** 36
celinda **357** 9
celosía para la ventilación **93** 4
celostato **6** 15–18
célula fotoeléctrica **178** 5, **295** 49
celulosa al sulfito **167** 11
cella **316** 51
cellisca **9** 35
cello **126** 26
cembra **356** 29
cembro **356** 29
cementerio **16** 106, **312** 18, 21–41
~ de coches **252** 70
cemento **21** 29
~ de grabador **323** 56
cenador **54** 2, **55** 14
cenancle* **69** 36
cenefa **218** 17
~ del papel **121** 33
cenicero **47** 31
~ *[Tecn.]* **146** 8, **173** 21, **205** 6
~ abatible **203** 46
~ del coche **186** 19
~ esférico con soporte **260** 5
cenizas de la resurrección **307** 10

cenizo **63** 24
censo electoral **251** 18
cent **244** 33
centaura menor **364** 10
~ negra **360** 12
centáurea **63** 1, **364** 10
Centauro **5** 39
centauro **307** 52
Centaurus **5** 39
centavo **244** 19, 23, 33
centena **326** 3
centenal **65** 19
centeno **69** 1
centésima **326** 20
centésimo **244** 20
céntimo **244** 15, 16, 22
centinela *[Tecn.]* **156** 36
~* **220** 56 y 57
centrador de luces delanteras de automóviles **192** 58
central **179** 46
~ automática **233** 24–41
Central de Correos y Telégrafos **252** 19
central de fuerza motriz **145** 67
~ eléctrica **146–147**, **292** 6
~ eléctrica de vapor **146** 1–28
~ telefónica con servicio a mano **233** 1–17
~ telefónica manual **233** 1–17
centrífuga de hilar **163** 17
~ de la colada **166** 18
~ pendular **162**
centrifugación **163** 23
centrifugadora **166** 18
centro **328** 26, 43
~ de curvatura **328** 23
~ de la línea de fondo **276** 11
~ del canal **219** 73
~ del cristal **330** 3
~ del escudo **246** 17
~ de simetría **330** 3
~ para el deporte de la natación **268** 1–32
~ urbano **252** 33
Centroamérica **335** 23
cénzalo **342** 16
ceñidor **314** 29
ceñiglo **63** 24
cepilladora de los cereales **91** 56
cepillo *[Carp.]* **127** 52–61
~ *[escobilla]* **323** 11
~ *[abeja]* **78** 7
~ alisador **121** 13
~ bocel **127** 59
~ cilíndrico giratorio **195** 32
~ de alambre **135** 13, 56
~ de alisar **127** 42
~ de árboles **58** 21
~ de carpintero **115** 64
cepillo de cocina **42** 59
~ de desbastar **127** 53
~ de dientes **51** 57
~ de encerar **52** 14
~ de goma **52** 43
~ de la corteza **83** 30
~ de las limosnas **311** 61
~ de los rizos **103** 37
~ del retrete **51** 33
~ de máquina **240** 35
~ de mesa **45** 58
~ dentado **127** 54
~ de perro **71** 28
~ de pestañas **103** 9
~ de pulir **106** 45
~ de revocar **121** 1
~ de uñas **51** 67
~ giratorio **162** 46
~ metálico **106** 48
~ para aplicar la crema **52** 41
~ para el cabello **51** 76, **104** 8
~ para el cuello **104** 18
~ para fregar **52** 49
~ para friegas **51** 27
~ para la espalda **51** 26
~ para la ropa **52** 66
~ para las alfombras **52** 60
~ para las varillas guías **130** 39
~ para lavar **53** 59
~ para limpiar **52** 40
~ para los zapatos de ante **52** 43
~ para sacar brillo **52** 42
~ para zapatos **52** 40–43
~ recogemigas **52** 70
~-puente hidráulico **143** 41
cepo **119** 18
cera **52** 37
~ de abejas **78** 67
~ de esquí **283** 58
~ de grabador **323** 55
cerambícido **342** 38
cerbatana **335** 26
cerca **39** 53
~ de ladrillos **79** 39
~ de mimbres **211** 54
cercado **281** 32
~ de piedra **319** 23
~ de reunión **272** 5
cerco del sendero **257** 37
~ exterior **115** 31
~ interior **115** 32
~ metálico de la chimenea **117** 14
cerda madre **76** 42
cerdas **88** 52
cerdito **76** 40
cerdo **74** 9, **95** 38–54
~ padre **74** 9
~ salvaje **88** 51
cereales **98** 35–39
cerebelo **19** 45
cerebro **19** 42, **20** 22
~ intermedio **20** 23
ceremonia de armar caballero **310** 66
cereza **61** 5
~ de corazón negro **61** 5
~ dulce **61** 5
~ silvestre **61** 5, **357** 32
cerezo **61** 1–18
~ silvestre **357** 30
cerilla **78** 65
~ *[fósforo]* **105** 26
cerillera para guardar los fósforos **260** 24
cerillero* para guardar los fósforos **260** 24
cerillo* **260** 24
cerne **149** 41
cernidora eléctrica **97** 65
Cero **263** 18
cerote **99** 16
cerquillo *[bota]* **99** 52
~ *[camión]* **189** 16
cerrador **125** 16
cerradura cilíndrica **134** 48
~ de la bicicleta **180** 49
~ de puerta **134** 35, **185** 6
~ de radios **180** 49
~ de seguridad **134** 48
~ empotrable **134** 35
cerrajero **134**
cerrilla **244** 44
cerrillos **244** 44
cerro **125** 1
cerrojo **160** 6, 40
~ *[arma]* **87** 20
~ brasileño **274** 27
~ del aparato de cambio **198** 59
~ de la puerta **53** 66
~ de la rueda de dirección **183** 21
~ del techo **183** 10
~ suizo **274** 26
certificado **249** 53
cervato **88** 1
cervecería **260** 30–44
~ de la feria **291** 23
cervecero **92** 32
cerveza bock **93** 40
~ de barril **93** 34
~ de exportación **93** 45
~ de Goslar **93** 40
~ de Munich **93** 40
~ de trigo **93** 40
~ dorada **93** 40
~ embotellada **93** 40
~ estilo Pilsen **93** 40
~ floja **93** 40
~ fuerte **93** 40
~ malteada **93** 40
~ negra **93** 40
cerviz **73** 14
césped **54** 21, **257** 36
~ de juego **261** 31
~ para el reposo **262** 12
~ para los baños de sol **39** 46
cesta **287** 53
~ de flores **260** 29
cesta de frutas **202** 11
~ de hortalizas **202** 11
~ de las botellas **80** 34
~ de mimbre **202** 11
~ de panecillos **97** 2
~ para botella **45** 52
~ para las astillas **52** 63
~ para los pescados **89** 9
~ perforada **161** 61
~ surtida **289** 11
~ trilladora **68** 59
cestería **130** 1–40
cestero **130** 33
cestillo **226** 60
~ con los artículos a empaquetar **256** 15
~ del pan **46** 20
~ de polen **78** 6
cesto **130** 16, **275** 33
~ de alambre **66** 38
~ de la compra **253** 13
~ de las patatas **66** 38
~ hecho con virutas **130** 11
~ interior **162** 17
~ para el reparto de las verduras **79** 45
~ para patatas de siembra **66** 26
cestón con cierre **52** 58
cetaria **339** 26
cetrería **86** 42–46
cetrero **86** 42
cetro **308** 3, 8
~ de bufón **289** 59
~ de loco **289** 59
Cetus **5** 11
cianhídrico **83** 21
cibui* **356** 65
cicatrícula **75** 55
cicino **354** 77
ciclamino **56** 5
ciclismo acrobático **287** 31
ciclista **253** 31
~ profesional **273** 14
ciclo del reactor **3** 24–42
ciclohexano primario **164** 16
~ puro **164** 18
ciclohexanona **164** 20
~-oxima **164** 22
ciclomoto **181** 28, 33
ciclomotor **181** 28, 33
ciclón **9** 5
ciclorama **292** 12, **297** 9
cicuta **363** 4
cidra confitada **98** 10
ciego **22** 17
cielo **6** 1
~ de la boca **21** 20
~ del escenario **297** 9
~ estrellado **6** 1
ciencia del tiempo **8**
cierre **37** 12, **87** 9
~ de agua **148** 62
~ de botones **37** 17
~ de cremallera **37** 21
~ de la ignición **229** 40, 43
~ de la porta **213** 60
~ de la puerta **75** 26

cierre de la tapa del baúl **186** 25
~ de la tapa del maletero **186** 25
~ de la tapa del portaequipajes **186** 25
~ del cinturón **37** 14
~ del fuelle **303** 38
~ de mayúsculas **240** 27
~ de palanca **93** 41
~ de persiana a corredera **238** 7
~ líquido **148** 60
~ tapón **140** 30
cierro* **64** 13
cierva **86** 13, **88** 1, **308** 14
ciervo común **88** 1–27
~ en brama **86** 12, **88** 4
~ europeo **88** 4
~ solitario **88** 4
~ volante **342** 24
cifra **107** 3
~ arábiga **326** 2
~ romana **326** 1
cifras indicadoras de los compases **299** 30–44
cigarrera **47** 33
cigarrería* de la estación **200** 47
cigarrillo **105** 14
~ ruso **105** 16
cigarro **105** 2
~ del Brasil **105** 2
~ de Sumatra **105** 2
cigoñuela **343** 19
cigüeña **64** 7
cigüeñal **184** 56
cija **64** 47
ciliado **354** 49
cilindro **134** 49, **184** 52, **196** 37
~ *[Geom.]* **329** 38
~* **53** 26
cilindro abridor **156** 53
~ alimentador **149** 4
~ caliente del prensador **166** 26
~ cernedor **91** 26
~ clasificador **67** 50
~ compensador **175** 45
~ compresor **156** 37
~ condensador **156** 71
~ con guarnición de carda **162** 34
~ cortador **175** 42
~ curvador **155** 10
~ de acero **168** 24, **174** 9 *[Máq.]*
~ de acero *[cohete]* **229** 5
~ de acero ranurado **157** 10
~ de agujas **160** 8, 11
~ de alimentación **149** 13, **156** 27
~ de alta presión **147** 23
~ de apoyo **223** 62
~ de aspiración **156** 21
~ de avance **138** 39
~ de baja presión **147** 25
cilindro de blanqueo **167** 7
~ decatizador **162** 50
~ de cobre **176** 2, 24
~ de contacto **157** 4, **158** 32
~ de cinc **331** 69
~ de cristal **26** 30, **334** 45
~ de distribución **175** 62
~ de entrega y registro **176** 32
~ de estiraje **157** 13, 29
~ de freno de rueda **186** 52
~ de gas hilarante **28** 34
~ de goma **176** 20
~ de hierro **174** 8
~ de huecograbado **176** 1
~ de impresión **175** 44
~ de inmersión **158** 42
~ de introducción **241** 15
~ de la bomba **64** 26
~ del caucho **174** 9, 18, 42
~ del freno de la locomotora **206** 49
~ del freno neumático **204** 5
~ del martillo **133** 14
~ del rotograbado **176** 15
~ del tintero **175** 64
~ de óxido nitroso **28** 34
~ de oxígeno **28** 36, **135** 32, **196** 40
~ de papel comprimido **168** 25
~ de plancha **174** 8, 17
~ de presión **156** 20, **162** 41, **167** 15
~ de presión alimentador **156** 52
~ de presión de madera **156** 32
~ de presión media **147** 24
~ de retención **157** 18
~ de rotograbado **176** 1
~ de tintaje **175** 61
~ de vapor **205** 32
~ de ventilación **204** 8
~ empastador **178** 27
~ erizado de púas **306** 2
~ estereotipo **175** 51,60
~ estriado **131** 37
~ explorador del sonido **295** 47
~ exprimidor **161** 16
~ extractor **156** 37
~ guía **158** 47
~ impresor **174** 19, **175** 2, **176** 29
~ impulsor **331** 59
~ inferior **141** 50, **157** 10
~ lavador **174** 30
~ mojador **174** 28
~ portaplanchas **175** 51, 60
cilindro productor **156** 71
~ punteado **159** 47
~ ranurado **158** 10
~ recto **329** 38
~ refrigerador **164** 27
~ secador **168** 18, **174** 27
~ secapaños **168** 18–20
~ soporte del plegador de urdimbre **158** 58
~ sumergible **212** 68
~ superior **141** 49
~ tensor **175** 45
~ tensor guía **158** 53
~ tomador **156** 53
~ trillador **68** 57
~ tundidor **162** 44
~-escoba **195** 32
~-escoba de alambre de acero **195** 32
cilindros de estiraje **156** 60
cilio *[Zool.]* **340** 10
~ *[Bot.]* **354** 50
cima **12** 40
~ *[Bot.]* **354** 4
~ *[madera]* **85** 12
~ bipara **354** 70
~ de flores **358** 36
~ de la montaña **12** 35
~ escorpioidea **354** 76
~ helicoidea **354** 77
cimacio **316** 11
cimbalillo **313** 43
cimbel **86** 48
cimborio **216** 11
cimborrio **216** 11
cimera **310** 78
cimeras **246** 1, 11, 30–36
cinamomo* **357** 6
cincel **150** 37
~ agudo **134** 19
~ agudo para colocar tacos **120** 55
~ cruciforme **134** 19
~ cuchara **322** 18
~ curvo **322** 18
~ de aire comprimido **141** 40
~ de huesos **27** 50
~ plano **134** 18
~ sacabocados **123** 25
cincino **354** 77
cinco por cuatro **299** 43
cincha **124** 16
cinchón* **126** 26
cine **295** 1
~ ambulante **295** 52
cínema **295** 1
cinematografía **292–295**
cinematógrafo **295** 1
cíngulo **314** 20
cínife **342** 16
cínips del roble **82** 33
cinquillo **300** 38
cinta **36** 14, **157** 13,21
~ *[Máq. de escribir]* **240** 14
~ aislante **120** 34
~ de carda **156** 38, 64, **161** 40
~ de diapositivas en miniatura **112** 21
cinta de goma **33** 22
~ de hoja de sierra **85** 46
~ de la corona **312** 58
~ de la gorra **31** 33
~ de la nuca **36** 38
~ del delantal **32** 24
~ del freno **136** 103
~ del pelo **31** 35
~ de llegada **280** 8
~ de muaré **36** 41
~ de papel **233** 61
~ de película **112** 21
~ de seda **36** 41
~ de terciopelo **36** 41
~ de transporte **153** 7
~ elástica de punto **36** 45
~ entintada **239** 39
~ métrica **102** 73, **256** 38
~ ornamental **316** 38
~ para ribetear **102** 54
~ para tomar medida del pie **99** 12
~ registradora del sonido **306** 14
~ transportadora **231** 36
cintillo* **194** 8, **210** 3
cintón **221** 48
cintura **18** 31
cinturilla **33** 27, **34** 28
cinturón **33** 54, **278** 46
~ de corchos **268** 19
~ de cuero **37** 16
~ de ganchos **255** 44
~ de seguridad **30** 12
~ salvavidas **224** 58
~ trenzado **37** 13
ciperácea **56** 17
cipo **16** 109
ciprés **356** 58
circo **290**
~ ambulante **290** 1–63
~ de alimentación **12** 48
circuito de alta tensión **147** 4
~ de alto voltaje **147** 4
~ del pozo para las vagonetas vacías **138** 3
~ final **236** 28
~ final de baja frecuencia **236** 30
~ impreso **236** 9
~ mezclador **236** 5
~ oscilatorio **234** 25–28
~ primario de alta frecuencia **236** 2
~ primario de baja frecuencia **236** 18
circulación de enjuague **173** 6
~ del aire **166** 20
~ de la sangre **20** 1–21
~ de la tintura líquida **161** 25
círculo **328** 42
~ central **274** 9
~ circunscrito **328** 29
~ concéntrico **328** 58
~ de declinación **109** 23

circulo de disparo **275** 12
~ de lanzamiento **280** 44, 47
~ de saque inicial **274** 9
~ de tránsito **109** 24
~ graduado **330** 32, **331** 38
~ horario **109** 21
~ inscrito **328** 31
~ meridiano **109** 24
~ polar **15** 11
circunferencia **328** 44
cirio **78** 66
~ del altar **311** 10, 41
~ funerario **312** 55
cirro **8** 6
cirrocúmulo **8** 14
cirroestrato **8** 7
cirrus **8** 6
ciruela **61** 20
~ amarilla **61** 25
~ claudia **61** 24
ciruelo **61** 19–23
cirujano **28** 17
~ ayudante **28** 29
Cisne **5** 23
cisne **257** 46, **343** 16
~ común **343** 16
~ mudo **343** 16
Cisterciense **314** 13
~ reformado **314** 13
cisterna **51** 42, **119** 59
cistoscopio **26** 50
cita **257** 44
cítara **301** 21, **303** 21, **308** 71
~ griega **301** 14
cítiso **358** 32
ciudad **16** 51, **252–253**
~ antigua **252** 34-45
Ciudad del Vaticano **14** 26
ciudad pequeña **252** 1–70
cizalla **114** 22, **117** 84, **177** 16
~ circular **177** 56
~ para plancha **119** 15
cizallas para huesos **28** 57
cizaña **63** 29
clac **36** 20
clamp arterial **28** 54
claqueta **292** 35
claquista **292** 34
clara del huevo **75** 51
claraboya **116** 8, **117** 12
~ *[basílica]* **316** 70, 75
clarinete **302** 34
~ bajo **302** 34
claro **16** 2, **84** 13
clase *[aula]* **249** 1
~ *[lección]* **249** 1–31, **250** 1
~ de gimnasia **279** 1–48
clases de cacería **86** 1–52
~ de cereales **69** 1–37
~ de despegue **271** 1–12
clases de pan **97** 25–28
~ de piano **44** 32–37
~ de salto **268** 41–46
~ de trenzado **130** 1–4
clasicista antigua **325** 6
clasificador auxiliar **238** 53
~ de cartas **231** 37
~ de correspondencia **238** 26
claustro **314** 1, **316** 67
cláusula de "letra de cambio" **242** 17
~ penal **244** 32
clava **337** 33
clavas de caballero **246** 31
clave *[Mús.]* **299** 10–13
~ *[Arq.]* **318** 23
~ de do **299** 12, 13
~ de fa **299** 11
~ del arco **210** 44
~ de sol **299** 10
clavecín **301** 45
clavel de jardín **62** 7
~ de poeta **62** 6
~ de ramillete **62** 6
~ de San Isidro **62** 6
clavelón **62** 20
clavera **132** 34
clavero **366** 26
claveteado **99** 33
clavicémbalo **301** 45
clavicordio **301** 36, **304** 1
~ independiente **301** 36
~ ligado **301** 37
clavícula **19** 6
clavija **116** 93
~ *[Mús.]* **302** 18, **303** 11
~ *[Electr.]* **52** 7, **233** 9
~ de banana **234** 33
~ de cierre **228** 56
~ de contacto de 4 polos **120** 9
~ de enchufe **120** 21
~ de protección **120** 7
~ de sujeción **304** 14
~ de tope **134** 51
~ de torsión para afinar las cuerdas **304** 17
~ de tres derivaciones **120** 16
~ Fiechtl **282** 55
~ para el hielo **282** 54
~ para roca **282** 55
~ tensora **276** 31
~ tensora *[Mús.]* **303** 23
clavijero **302** 20, **303** 10, 19
~ *[percha]* **43** 2
clavito **99** 17
clavo **136** 49, **280** 27
~ *[Bot.]* **366** 28
~ "ala de mosca" **282** 47
~ de alambre **116** 95, **117** 74
~ de hierro forjado **116** 94
~ de madera **116** 92
clavo de techar **136** 53
~ ornamental de la bandera **245** 8
~ para colocar pizarra **117** 74
~ para el cartón **117** 96
~ remachado **270** 21
clérigo **312** 37, **313** 3, **314** 25–58
clero **314** 32–58
cliché **239** 46
cliente **98** 45, **256** 16,55
~ del banco **242** 3
~ del café **261** 24
clima **9** 53–58
~ boreal **9** 56
~ del hielo eterno **9** 58
~ de nieve y bosque **9** 56
~ de tundra **9** 57
~ ecuatorial **9** 53
~ polar **9** 57 y 58
climatología **9**
clinch **281** 27
clinopinacoide **330** 24
Clío **308** 59
clip **181** 29
~ sujetapapeles **238** 42
cliper **215** 36
clisé **172** 31, **241** 2
clister **23** 46
clítoris **22** 88
clivia **56** 8
cloaca **254** 23
~ para aguas fecales y llovedizas **194** 36
cloche de fieltro **36** 33
cloración del benzol **164** 8
cloro **164** 7
clorobenzol **164** 9, 11
cloruro férrico **176** 4
Cloto **308** 53
clown **290** 24
club *[coche]* **187** 1
~ *[palo de golf]* **276** 69 y 70
~ de los pilotos **271** 39
cobalto **29** 55
cobayo* **351** 12
cobertizo **53** 47, **202** 31
~ *[tejado]* **116** 7
~ contra el sol **75** 10
~ de abejas **78** 51
~ de aserrado **115** 3
~ de la fruta **220** 36
~ de las bananas **220** 35
~ del aserradero **149** 29
~ de las mercancías **202** 8
~ del embalaje **220** 10
~ del huerto **55** 3
~ de los aparejos **220** 12
~ de los botes **269** 24
~ de los útiles **79** 1
cobertizos de construcción naval **217** 3 y 4
~ de prefabricación **217** 3 y 4
cobertor **30** 7
cobertor de lana **23** 21, **48** 11
~ de pluma **48** 11
cobertura del carbón **137** 21
cobija **117** 58
cobrador del tranvía **193** 11
cobranza **86** 36
cóccido **81** 35
cóccix **22** 60
cocedor de forraje **67** 55
cocina **41–42**, **218** 37, **223** 38
~ al aire libre **266** 48
~ de carbón **41** 39
~ de gas **41** 35
~ de las muñecas **49** 7
~ del avión **226** 43
~ del tren **204** 21
~ del vagón **204** 21
~ económica **41** 39
~ eléctrica **42** 26
cociente **326** 26
~ diferencial **327** 13
cocinera **41** 32
cocinero del tren **204** 23
coco **367** 53
cocodrilo **298** 26
cocote **289** 37
cocotero **367** 48
coctelera **47** 40, **259** 61
coctelero **259** 62
coche **179** 1–54, **253** 60
~ ambulancia **255** 19
~ a tracción **209** 1
~ automotor Diesel **207** 28–40
~ automotor eléctrico **206** 55
~ automotor eléctrico accionado por acumuladores **206** 58
~ automóvil **185** 1–65
~ correo **203** 19
~ de aleación ligera **207** 28
~ de alquiler **179** 26
~ de caballos **179**
~ de carrera **187** 19–30, **273** 38
~ de caza **86** 18
~ de competición **187** 19–30
~ de cuatro caballos **257** 54
~ de dos caballos **179** 36
~ de excursión **179** 33
~ de juguete **257** 56
~ del funicular **209** 13
~ del tren de cremallera **209** 5
~ de pasajeros **203** 34
~ de pasajeros de dos pisos **204** 60
~ de posta **179** 53
~ de punto **179** 26
~ de sociedad **204** 24
~ de turismo **187**

coche de un caballo **179** 29
~ de viaje **179** 39
~ grúa **189** 52
~ manguera **247** 20
~ mirador Diesel **207** 40
~ motor **207** 30
~ motor de dirección única **193** 8
~ motor posterior **207** 36
~ pequeño de riego **195** 3
~ quitanieves de las aceras **195** 4
~ rápido interurbano **204** 53
~ recogedor de nieve **195** 13
~ remolcador **271** 3
~ remolque intermedio
~ ruso de tres caballos **179** 45
~ tractor **193** 8
~-cabina **183**
~-cabina de cuatro plazas **183** 50
~-cabina de dos plazas **183** 41
~-cabina triciclo **183** 6
~-cama **204** 14
cochecito **183**
~ de las muñecas **49** 12
~ para niños **258** 30
~-cohete **187** 18
cocheras de tranvías **252** 17
~-restaurante **204** 17
Cochero **5** 27
cochero **179** 32, 40
cocherón circular **199** 6
~ para locomotoras eléctricas **199** 18
~-salón **204** 49
~-tope **291** 63
~-vivienda **266** 4
cochinilla de agua **342** 2
~ de humedad **341** 12
~ de San José **81** 35
cochinillo **76** 40
cochino **74** 9
codal **310** 48
codaste **213** 1, **217** 67 y 68
~ de la hélice **217** 68
~ del timón **217** 67
codeso **358** 32
codillo *[caballo]* **73** 20, **88** 17, 38
~ *[carne]* **95** 38, 49
~ *[Tecn.]* **116** 41
~ de ángulo **116** 57
~ trasero **95** 54
codo **18** 45
~ conductor de vapor **147** 28
~ del tubo **53** 51
codorniz **343** 22
coeficiente **327** 4
cofa de gavia **214** 52
~ de mesana **214** 54
~ de trinquete **214** 50
~ mayor **214** 52
cofferdam de seguridad **216** 29
cofia **36** 29, **45** 56, **258** 15
~ de la niñera **30** 10
cofre del radium **29** 51
cogedor de frutas **58** 7
cogujada **346** 19
cogulla **314** 8, 14
cohete **4** 44, **224** 53, **229**
~ de combustible líquido **227** 49, **229** 1
~ de combustible sólido **227** 46
~ de dos escalones **4** 45–47
~ de dos pisos **4** 45–47
~ de estadios **229** 34
~ de fases **229** 34
~ de pisos **229** 34
~ de pólvora **227** 46
~ de varios escalones **229** 34
~ satélite de varios escalones **4** 56
cohombrillo **361** 11
cohombro **59** 13
coipo **351** 14
cojín calentador **23** 52
~ de aire **23** 28
~ de cabeza **17** 13
~ de espuma de goma **266** 24
~ del sofá **44** 2
~ de volutas **316** 24
~ eléctrico **23** 52
~ para los pies **47** 20
~ para sentar el oro **177** 6
cojinete de agujas **182** 49
~ de anillos **136** 67
~ de árbol **223** 4
~ de bolas **136** 67, **180** 68
~ del cilindro principal **141** 55
~ del eje **204** 66, **205** 10
~ de rodillos **136** 67, **157** 47
~ de soporte **91** 10
~ radial **136** 67
~ superior **128** 21
cojinetes *[cerrajero]* **134** 65
col **59** 32
~ blanca **59** 32
~ de Bruselas **59** 30
~ rizada **59** 34
~ roja **59** 32
cola **71** 12, **88** 19, **347** 8
~ *[vestido]* **338** 80
~ *[avión]* **271** 56
~ *[molino]* **91** 32
~ *[pizarra]* **117** 89
~ *[pasta]* **158** 44
~ cortada **71** 12
~ de caballo **360** 18
~ de carpintero **127** 39
~ de delfín **307** 25
~ de huesos **127** 39
cola del cometa **7** 27
~ del martillo **66** 22
~ de pez **307** 25, 46, 49
~ de rata **127** 31
~ de serpiente **307** 31
~ de zorra **62** 21, **70** 27
~ empenachada **74** 6
~ en abanico **74** 29
~ en forma de hoz **74** 25
~ enroscada **74** 12
~ para película **295** 24
~ prensil **350** 35
colada **140** 47
coladera* **194** 36
coladero **77** 7
colado **154** 15
colador **42** 47, **77** 7, **254** 32
~ de café **41** 64, **42** 44, **45** 25
~ del amoníaco **148** 34
~ de té **42** 43, **45** 48
~ para la infusión de té **41** 81
colcha **48** 11
colchón **48** 10
~ de aire **266** 36
~ de muelles **52** 75
~ flotante **267** 17
~ neumático **266** 36
colchoncillo de lucha **281** 13
colchoneta de salto **279** 13
colección de coleópteros **47** 35
~ de fotografías **47** 37
~ de Historia Natural **47** 34–36
~ de insectos **47** 35
~ de mariposas **47** 34
~ de minerales **47** 36
~ de monedas **47** 38
~ de piedras **47** 36
~ numismática **47** 38
colectivo* **188** 1
colector de admisión **184** 15
~ de cieno **194** 22, 23, **339** 31
~ de corriente **193** 15–19
~ de escape **184** 62
~ de grano **68** 66
~ de la lluvia **10** 44
~ de lodos **205** 28
~ del recalentador **205** 21
~ de lluvia **10** 38
~ de manantiales **254** 4
~ de polvo **140** 14, **153** 20
~ de virutas **128** 17
colegiata **252** 37
colegio de párvulos **50**
~ electoral **251** 16
coleóptero *[avión]* **225** 70
coleópteros **342** 24–39
coleta **35** 6
coletero **346** 12
colgadero **43** 3
~ del heno **65** 43
colgadero para sacudir alfombras **39** 51
colgante **38** 32
colibrí **345** 4
coliflor **59** 31
colimador **330** 30, **331** 40
colina **13** 66
~ de horizonte **292** 13
colinabo **59** 26
colirrojo **344** 3
colisión **253** 58–69
colmado **98** 1–87
~ de juguete **50** 10
colmena **78** 45–50
~ de cañas **78** 52
~ movilista **78** 45
~ múltiple **78** 45
colmenar **78** 56
colmenero **78** 57
colmenilla **365** 26
colmillo **21** 17, **88** 54, **351** 22, **352** 22
colocación **288** 10
~ de los equipos **274** 1
~ de los pies **288** 1–5
~ del pliego **177** 12
~ en forma de WM **274** 25
~ final **272** 22
colocho* **127** 47
colofonia **302** 11
Colombia, *guarda* 3
colombina **289** 27
colon ascendente **22** 19
~ descendente **22** 21
~ transverso **22** 20
colonia de pulgones del manzano **81** 34
~ de villas **16** 28
~ obrera **39** 54–57
color **320**, **246** 24–29
~ al agua **321** 18
~ de la escala de incandescencia **320** 16
~ desleído con lechada de cal **121** 3
~ para pintar a la aguada **321** 17
~ para pintar al temple **321** 17
colorete **103** 15
colposcopio **110** 11
cólquico **363** 3
columna *[Carp.]* **115** 25
~ *[Impr.]* **178** 65, **325** 47
~ corintia **316** 10
~ de anuncios **253** 21
~ de arcilla **151** 14
~ de bloque **221** 1
~ de concreciones calcáreas **13** 82
~ de dirección **183** 51, **185** 48, **219** 14
~ de la balanza **333** 29
~ de la báscula **221** 33
~ de la grúa **192** 61
~ de la luneta **143** 38
~ de loto **315** 13
~ de mercurio **10** 2
~ de toro **315** 23
~ dórica **316** 8

columna embebida **317** 35
~ entregada **317** 35
~ estatuaria **315** 18
~ giratoria **143** 26, **221** 1
~ guía **133** 30
~ jónica **316** 9
~ palmera **315** 17
~ papiriforme **315** 15
~ soporte **2** 29, **133** 44
~ vertebral **19** 2–5
columnas gemelas **318** 6
columpio **258** 58, **291** 41
~ basculante **258** 55
~ del jardín **54** 25
~ de tabla **290** 59
colza **367** 1
collado **12** 42
collar *[joya]* **335** 14
~ *[tornillo]* **136** 31
~ *[escudo]* **246** 2
~ de brillantes **38** 8
~ de fuerza **281** 16
~ de oro **309** 26
~ de papel rizado **104** 4
~ de perlas **38** 12
~ de perro **71** 13
collarino **316** 22
colleja **63** 13
collera **72** 15, **76** 6, **123** 1
coma **325** 18
comadre **53** 29
comadreja **352** 16
comadrona **29** 7
comátula **349** 3
combi **189** 2
combinable **189** 2
combinación **33** 28
~ de niña **31** 4
combinado de azada y horquilla **58** 18
combinador **193** 35
combustible **3** 16
~ atómico **3** 3
~ para motores Diesel **139** 43
combustión **227** 23, 36
comedero **76** 3, 32
~ automático de las gallinas **75** 8
~ de invierno **86** 28
~ de los pájaros **54** 14
~ de los pollitos **75** 38
~ de los polluelos **75** 34
~ de pienso seco **75** 22
comedor **45**, **204** 18, **259** 20
comefuego **291** 25
comensal **260** 25
comerciante **98** 41
cometa **7** 25
~ *[pandorga]* **258** 50
~ *[deltoide]* **328** 38
~ de papel **258** 50
comidas para el viaje **201** 48
comillas **325** 26
~ francesas **325** 27
comisura de la boca **21** 19
cómitre **213** 47
comodín **169** 9
compañero de baile **288** 44, 45
~ de entrenamiento **281** 24
~ de tenis **276** 18
comparador de esfera **145** 40
~ de interferencia **110** 29
comparsa **292** 29, **297** 39
compartimiento **204** 27, **222** 55
~ corrido **204** 56
~ de equipajes **207** 32
~ del revisor **201** 57
~ de máquinas **207** 31
~ de un coche-cama **204** 15
~ individual en el garaje **190** 33
~ para correos **207** 33
~ para la toma de sonidos **292** 54
~ sólo para mujeres y niños **201** 58
compás **144** 28–47
~ *[Mar.]* **219** 23–30
~ *[coche]* **187** 15
~ cortador **122** 22
~ de espesor **322** 3
~ de portalápiz **144** 28
~ de precisión **144** 44
~ de proporciones **322** 2
~ de puntas fijas **144** 34
~ de resorte **144** 44
~ de varas **119** 44, **144** 13
~ líquido **219** 23
~ magistral **219** 28
~ matriz **219** 28
compasillo **299** 34
compensador de balanceo **229** 26
competición de habilidad **273** 32
~ de natación de estilo libre **268** 24–32
competidor de decatlón **280** 56
componedor **169** 13, 23
componente inferior **226** 23
~ superior **226** 24
composición **169** 15
~ mecánica **169** 27
compota **46** 30
compotera **46** 28
comprador **256** 55
compradora **253** 12, **256** 16
compresa facial **103** 10
~ húmeda **23** 15
compresor **261** 48
~ de aire **191** 26
~ de aire de varios escalones **227** 27
~ de grasa **191** 4
compresor del gas **148** 49
~ de sobrealimentación de aire **227** 6
~ móvil Diesel **196** 39
~ para el freno **206** 14
comprobador al trasluz **77** 19
~ de baterías **192** 46
~ del consumo de gasolina **192** 36
comprobante **238** 51
compuerta *[establo]* **64** 49
~ *[molino]* **91** 4, 43
~ de comunicación **212** 31
~ de la esclusa **212** 18
~ de presa **212** 77
~ de proa **222** 10
comulgante **313** 25
comulgatorio **311** 33
común denominador **326** 19
comunión **313** 24
~ de los fieles **313** 46
concavidad **11** 48
~ de cemento **54** 15
concertina **303** 36
concierto **262** 20
concreciones calcáreas **13** 80 y 81
concurrencia **251** 8
concurrente **296** 8
~ al cine **295** 5
concurso hípico **272** 1–29
concha **340** 34, **350** 29
~ de caracol **340** 27
~ del apuntador **297** 27
~ del sacrificio **308** 6
concho* **253** 35
condensador **3** 10, **164** 5, **334** 48
~ *[Opt.]* **110** 4
~ de la mecha **156** 59
~ de placa **331** 51
~ de superficie **146** 24
~ doble **331** 25
~ primario del gas bruto **148** 28
~ secundario del gas bruto **148** 33
~ simple **331** 23
~ variable **234** 26, **235** 19
condimento para sopas **98** 30
conducción de agua **162** 11, **194** 27, **316** 54
~ de agua caliente **3** 36
~ de agua dura **161** 49
~ de agua rectificada **161** 50
~ de aire **133** 5
~ de aire caliente **133** 57
~ de aspiración **255** 30
~ de calefacción del distrito **194** 30
~ de gas **119** 24–30, **194** 26
conducción de gas a larga distancia **194** 33
~ de hidrógeno **164** 15
~ de la bomba aspirante-impelente **161** 71
~ del agua **176** 7
~ del agua a presión **212** 41
~ del combustible **227** 13
~ de tinta **176** 16
~ de vapor **161** 64
~ de vapor caliente **166** 21
~ para el baño tintóreo **161** 66
~ principal de agua **194** 29
~ principal de gas **148** 47
~ principal de gas a alta presión **148** 54
~ principal de gas a baja presión **148** 53
~ principal de gas para el consumo **194** 34
conducto **156** 11
~ cístico **22** 38
~ de aire *[pila atómica]* **1** 33
~ de aire *[Mús.]* **305** 11
~ de aire caliente **140** 18
~ de humos **113** 21
~ de la bilis **22** 37 y 38
~ de la cámara de polvo **156** 11
~ de la leche **76** 24
~ del gas **140** 17, 26
~ del gas en bruto **148** 13
~ de viento **141** 2
~ espermático **22** 74
~ hepático **22** 37
~ principal de distribución **40** 71
conductor **187** 6, **193** 21, **272** 37
~ *[Electr.]* **147** 34, 43
~ de calor **236** 20
~ de la antena **223** 13
~ de la corriente **145** 15
~ de la luge **285** 12
~ de la grúa **145** 12
~ del automóvil **253** 65
~ del bob **285** 7
~ del camión **189** 47
~ del tobogán **285** 16
~ de prolongación **120** 20
~ de toma **147** 18
~ distribuidor del riego **195** 40
~ para conectar aparatos **120** 23
~ por contacto **145** 15
coneja **74** 18
conejera **86** 26
conejilla de Indias **351** 12
conejo **88** 65
~ casero **74** 18

conexión **199** 22
~ de gas **148** 55
~ del agua **173** 5
~ del aire comprimido **147** 53
~ del gas combustible **135** 52
~ del oxígeno **135** 51
~ del transformador **147** 19
~ de toma de fuerza **67** 40
~ de tubos **203** 35–39
~ en delta **147** 21
~ en estrella **147** 20
~ en triángulo **147** 21
~ para el agua de refrigeración **184** 11
~ telefónica **230** 16
confección de la malla **160** 65
~ de redes **125** 24
conferencia interurbana **231** 24
confeti **289** 62
confitería **97** 1–56, **253** 19
confitura **98** 51
confluencia **219** 65
conformación del borde de la hoja **354** 43–50
conga **303** 55
congelador **42** 5
congregación **311** 29
coníferas **356**
coniómetro **110** 23
conjunto **32** 39
~ de levas del carro **160** 56
~ de nubes **8** 1, 2
~ de palancas **192** 4
conmutador **172** 20, 29, **174** 37
~ de dirección de marcha **206** 33
~ del regulador de la temperatura **42** 2
~ de tres direcciones **120** 16
~ múltiple **233** 6–12
~ para luz de cruce **182** 23, **186** 3
cono *[Bot.]* **355** 32, **356** 2
~ *[Geom.]* **329** 43
~ *[Geogr.]* **11** 24
~ *[Tecn.]* **136**65, **180**58
~ *[tonelero]* **126** 36
~ de cierre **140** 6
~ de cristal **78** 21
~ de fango **11** 51
~ deflector del gas de retropropulsión **229** 30
~ de flores **356** 4, 16
~ de fruto **356** 30, 41, 57
~ de impulsión **227** 33
~ de la escarpa **197** 34
~ de la palanca del freno **180** 67
~ del freno **180** 71
~ de perlón L **164** 51, 52
cono de refuerzo **147**36
~ de vapor **126** 35
~ Morse **143** 29
~ resonante **305** 12–14
~ Seger **154** 6
~ truncado **329** 45
conocedor de vinos **80** 40
conocimiento de embarque **221** 25
Consejo de Administración **243** 16
conserje **53** 28, **145** 87
conserva **98** 15–20
~ de carne **98** 20
~ de pescado **98** 19
conservación de las líneas férreas **198** 1–31
conservador del aceite **146** 42
consigna **200** 27
consola de un órgano eléctrico **305** 36–52
consólida **62** 13
consolidación de la orilla **211** 50–55
constante de la integral **327** 14
constelación **5** 9–48
construcción **113–114**
~ de autopistas **197** 1–27
~ de carreteras **196–197**
~ de carreteras de hormigón **197** 1–27
~ de cuadernas de costura **270** 23
~ de escaleras **118**
~ de hormigón armado **114** 1–89
~ del pozo **138** 28
~ de papel con pestañas engomadas **50** 28
~ de suelos **118**
~ de techos **118**
~ de tejados de madera **116** 27–83
~ en bóveda **319** 21
~ naval **217**
~ por debajo del suelo **110** 38
~ por encima del suelo **110** 38
constructor **144** 23
~ cinematográfico **292** 43
~ de arrecifes **340** 35
consuelda **70** 13
~ real **62** 13
contable **238** 37
~ automático **238** 60
contacto auxiliar **147**57
~ de impulsiones **233** 23
~ de interrupción **193** 28
~ del "flash" **111** 46
~ para la luz relámpago **111** 46
~ por deslizamiento **193** 27
contacto secundario **147** 57
contactor de suelo **231** 25
contador **249** 38
~ *[Mar.]* **219** 34
~ *[mina]* **138** 5
~ de agua **254** 53
~ de cinta **156** 61
~ de electricidad **43** 18
~ de fichas de Correos **239** 52
~ de franqueos **239** 51
~ de gas **119** 28
~ de gas de pistones giratorios **148** 45
~ de hojas **174** 37
~ de la cinta **294** 26
~ de la exposición **241** 16
~ de la longitud total de la película rodada **294** 13
~ de la velocidad del viento **10** 28
~ del billar **264** 17
~ del gas **43** 21
~ del gas a alta presión **148** 50
~ del gas a baja presión **148** 51
~ de litros **190** 5
~ de los metros **294** 26
~ del rodaje del rollo **294** 14
~ del tiempo de aparcamiento **253** 51
~ de metros de urdimbre **158** 28
~ de pasadas **159** 2, **160** 43
~ de radiactividad **2** 1–23
~ de revoluciones **192** 27
~ de ruedas de paletas **254** 53
~ detector de radiactividad **2** 1
~ de tiempo **1** 49
~ de tirada **241** 8
~ de tomas **111** 19
~ de tubo **2** 19
~ de velocidad **228** 16
~ Geiger **2** 19
~ Geiger-Müller **29** 48
"container" **208** 12, 26, 47
contera del bastón **43** 16
contertulio **260** 40
continente **15** 12–18
~ antártico **15** 18
continua de anillos **157** 34
~ de aros **157** 34
~ de hilar **157** 34
~ retorcedora **157** 57
contorsión completa **298** 13
contra *[fútbol]* **274** 53
~ *[carne]* **95** 13, 34
contrabajo **301** 23, **302** 23
contrabandista **247** 16
contrabando **247** 17
contracable **209** 46
contracandado **53** 5
contracarril **198** 54
contraclavija **136** 72
contracorriente ecuatorial **15** 33
contraestampa **132** 30
contraestay **270** 47
contrafagot **302** 28
contrafagote **302** 28
contrafoque **214** 20
contrafuerte *[Arq.]* **310** 26, **318** 20
~ *[zapato]* **99** 39, **100** 18
contrafuertes **317** 27 y 28
contrahuella **118** 33, 48
contramaestre **216** 57
contrapeso **133** 51, **144** 18, **212** 76
~ *[volatinero]* **290** 42
~ *[Ferr.]* **198** 49
~ de la cadena **221** 20
~ de la pantalla **171** 3
~ del freno **159** 63
contrapuente **115** 55
contrasalto **284** 6
contraseña en la chimenea **218** 2
contraste **38** 30
contratrés **284** 18
contratuerca **136** 28, **180** 54
contraventana **39** 30
contravuelta **284** 20
contrayentes **313** 14 y 15
contrazanca **118** 45
control a distancia **236** 21
~ automático de ganancia **236** 12
~ de alimentación del combustible **227** 57
~ de dirección de la cinta **306** 17
~ de frontera **247** 12
~ de la antena de ferrita **234** 43
~ de la tensión **158** 60
~ de los tonos agudos **234** 45
~ de los tonos graves **234** 44
~ del piloto **180** 47
~ de pasaportes **247** 14 y 15
~ de recepción **77** 4
~ de tiraje del papel **168** 42
~ de tono **306** 26
~ de volumen **234** 42, **306** 27
~ eléctrico principal **173** 10
controles **147** 1
convaleciente **29** 24
convento **16** 63, **314** 1–12
conversión **237** 33
convertible **187** 13
convertidor Thomas **140** 48–62

convidado **259** 40–43
convólvulo **63** 26
convoy **46** 42, **260** 22
coñac **98** 59
coordenada **329** 8
cop **156** 2
copa *[naipe]* **265** 44
~ *[Bot.]* **354** 3
~ *[canalete]* **269** 40
~ alta **46** 85
~ de coñac **46** 88
~ de champaña **46** 85 y 86
~ de helado **261** 37
~ del sombrero **36** 12
~ de vino **46** 12, **260** 33
~ de vino blanco **46** 82
~ de vino dulce **46** 84
~ de vino tinto **46** 83
~ llana **46** 86
~ para vinos del Rin **46** 87
~ soplada con la boca **155** 17
copete *[peinado]* **31** 7
~ *[caballo]* **73** 39
~ *[faisán]* **88** 78
~ *[abeja]* **78** 3
~ de flores **367** 65
copia **112** 9
~ de la obra **297** 44
copiloto **226** 39
copita de licor **46** 89
copo* **354** 3
copo de algodón **156** 1
copón **313** 46
copos de avena **98** 37
coque **139** 45, **140** 2
coquería **164** 2
coquilla **140** 31
coracias **343** 24–29
coral córneo **349** 8
~ rojo **340** 35
~ zoófito **340** 35
coraza **308** 11, **310** 38, 62
~ del radiador **185** 12
~ exterior **222** 57
~ frontal **223** 59
~ giratoria **223** 58–60
~ lateral **222** 57, **223** 60
corazón **20** 14, **22** 8, 45–57
~ *[Bot.]* **60** 36
~ *[Blas.]* **246** 17
~ *[naipe]* **265** 40, 44
~ de la manzana **60** 59
corbata **33** 45
~ de la bandera **245** 9
~ de lazo **33** 44, **34** 60
~ de lazo de smoking **34** 64
corbatín **272** 51
corbeta **215** 21–23, **222** 13
~ de cinco palos **215** 32–34
~ de cuatro palos **215** 29, 31
~ de tres palos **214** 1–72
corcel de las musas **307** 26
corcel de los poetas **307** 26
corcino **88** 39
corchea **299** 18
corchera **268** 32
corcheta **37** 24, **122** 23
corchete **37** 23, **99** 45
~ *[Mús.]* **299** 7
~ presionador **156** 16
corchetes **325** 25
corcho de la botella de champaña **259** 58
cordada **282** 26–28
~ cruzando un ventisquero **282** 23–25
cordaje de la raqueta **276** 29
~ del paracaídas **228** 50
cordal **303** 13, 17
cordel de señales **224** 19
~ para la limpieza **87** 64
~ para sujeción del molde **169** 16
cordelería **125** 1–18
cordelero **125**
cordero **74** 13
cordial **21** 66
cordillera **12** 39, **13** 60
cordón **33** 25, **99** 47, **125** 22
~ *[árbol]* **55** 17
~ *[casa]* **39** 8
~ de comunicación **233** 11
~ de junco de la China **130** 28
~ de transmisión **125** 10
~ horizontal bilateral **55** 17
~ horizontal unilateral **55** 29
~ vertical **55** 2
Corea **14** 51, 52
~ del Norte **14** 51
~ del Sur **14** 52
corista **298** 7
cormorán común **343** 10
cornamenta del reno **309** 5
cornamusa escocesa **301** 8
córnea **21** 47
corneja **86** 50, **346** 2
cornejo **357** 30
corneta **302** 43
~ baja **302** 43
~ curvada **301** 12
~ primitiva **301** 12
~ recta **301** 12
~ serpentiforme **301** 12
cornetín **302** 43
cornezuelo **69** 4
cornijal **115** 52
cornisa *[Arq.]* **316** 11–14, **317** 48
~ *[montaña]* **282** 14
~ del alero **117** 36
~ del tejado **40** 11
~ de nieve **282** 21
cornisamento de cabrio **39** 9
corno de caza **302** 41
corno inglés **302** 38
coro **311** 36, **317** 4
~ del teatro **296** 21
corola **362** 4
corona **246**, **312** 57
~ *[Astron.]* **7** 22
~ *[diente]* **21** 37, **27** 31
~ *[moneda]* **244** 24, 26, 27
~ *[Arq.]* **316** 12, **318** 39
~ *[reloj]* **107** 14
~ acorazonada de plumas **347** 18
Corona Boreal **5** 31
corona circular **328** 57
~ con puntas de diamante **139** 20
~ de azahar **313** 18
~ de barón **246** 44
~ de cabello trenzado **35** 32
~ de conde **246** 45
~ de elector **246** 41
~ de ganchos **341** 27
~ de gran duque **246** 39
~ de hojas **368** 29, 62
~ de mirto **313** 18
~ dentada **136** 88, **210** 63, **221** 6
~ dentada exterior **136** 94
~ dentada interior **136** 93
~ de orificios **233** 27
~ de oro **27** 31
~ de pasta **27** 31
~ de pinas **131** 29
~ de príncipe de casa reinante **246** 40
~ de rayón **163** 18
~ de rayos **313** 36
~ de rodillos **223** 64
~ de título nobiliario **246** 43–45
~ giratoria **210** 57
~ giratoria de la reja **196** 22
~ imperial **246** 38
~ mural **246** 46, **308** 38
~ nobiliaria **246** 43
~ real **246** 42
~ solar **7** 22
~ sueca **244** 25
~ triunfal **308** 44
coronación del dique **211** 39
~ del muro **212** 59
coronamiento del cilindro **212** 66
coronilla **18** 1
corota* **74** 22
corpiño encorsetado **338** 53
corral **75** 18
~ de carbonera **199** 44
~ para el ganado **202** 7
~ para escorias **199** 53
correa **33** 54, **71** 30, **314** 20
~ *[Arq.]* **114** 4, **116** 76
correa central **116** 51
~ de cierre **249** 43
~ de entarimado **149** 56
~ de la muñeca **282** 43
~ del borde inferior **117** 40
~ del estribo **283** 46
~ del hombro **249** 45, 70
~ del lomo **72** 32
~ del ventilador **184** 14
~ de sujeción **283** 53
~ de transmisión **102** 45, **174** 13, **331** 60
~ de transporte **153** 7
~ inferior **116** 44
~ lateral **116** 39
~ lijadora **128** 47
~ plana **156** 49
~ portadora **111** 59
~ superior del caballete **116** 43
~ transportadora **138** 15, **163** 32, **220** 63
~ transportadora de botellas **77** 20
~ transportadora de cartas **231** 36
~ transportadora del carbón **146** 1
corredera **37** 22, **183** 61, **305** 33
~ de arpón **219** 31
~ de la cubierta **2** 32
~ de patente **219** 31
~ para cambiar la música **306** 7
corredor **273** 39, **280** 6
~ *[Máq.]* **157** 55
~ ciclista **273** 8
~ de Bolsa **243** 5
~ de carrera de moto **273** 25
~ de carreras de obstáculos **280** 20
~ de carreras de relevos **280** 13
~ de carreras de vallas **280** 11
~ de cortas distancias **280** 6
~ de fondo **273** 14
~ de larga distancia **280** 17
~ de los Seis Días **273** 2
~ de pista **273** 2
~ de popa **213** 56
~ de resistencia **280** 17
~ de velocidad **280** 6, **284** 24
~ por carretera **273** 8
corredora **91** 22
correílla del crampón **282** 48
correo de los buzones **231** 35
Correos **231–232**
corrida de toros **287** 57
corriente **211** 9
~ austral **15** 44
~ australiana occidental **15** 45

corriente australiana oriental **15** 38
~ de agua freática **254** 3
~ de agua subterránea **254** 3
~ de aire **9** 25–29
~ de aire caliente **271** 19
~ de Benguela **15** 43
~ de California **15** 39
~ de Humboldt **15** 42
~ de las Agulhas **15** 37
~ de las Canarias **15** 41
~ de lava **11** 18
~ del Brasil **15** 35
~ del Golfo **15** 30
~ del Labrador **15** 40
~ de los Monzones del Nordeste **15** 36
~ del Perú **15** 42
~ de vuelta de agua fría **3** 11
~ ecuatorial del Norte **15** 32
~ ecuatorial del Sur **15** 34
~ marina **15** 27, 28, 30–45
~ trifásica **147** 42
corro **258** 29
corsé **33** 23
cortaalambres **120** 49
~ de palanca **134** 71
cortacepellones **58** 33
cortacésped **58** 34
cortacircuito automático **120** 18
~ de cámara expansible **120** 18
~ rápido de aire comprimido **147** 51–62
cortadillo **45** 22
cortador **96** 37
~ de boca lateral **192** 15
~ de cristal **122** 25 y 26
~ de juntas **197** 16
~ de leña **53** 10
~ de nieve helada **195** 23
~ de pastas **42** 62
~ de raíces **67** 33
~ de tocino **96** 41
~ en círculo **122** 22
~ rodante del forraje **66** 36
cortadora **112** 42, **151** 15
~ y elevadora de espigas **68** 52
cortaespárragos **58** 27
cortafrío **132** 37
cortahuevos **41** 86
cortapapeles* **238** 47
cortapicos **341** 10
cortapuros **105** 10
cortarredes inferior **223** 52
~ superior **223** 53
cortatubos **119** 54
cortavidrios de disco de acero **122** 26
corte *[filo]* **85** 15, **90** 62
corte *[Cine.]* **293** 30–34
~ *[mina]* **138** 45
~ *[juego del balma]* **265** 27
~ de barba **35** 1–26
~ de cabello **35** 1–26
~ de pelo **104** 2
~ de pelo al cepillo **35** 10
~ de sierra **85** 21
~ de tejido **165** 14
~ de una cabezuela **362** 12
~ de urdimbre **165** 14
~ en aristas truncadas **115** 89
~ en cuña **57** 38
~ oblicuo **128** 10
~ para dos piezas en aristas vivas **115** 88
~ para una sola pieza de sección cuadrangular **115** 87
~ transversal de una calle **194**
~ transversal de un puente **210** 1
cortesía **86** 43
corteza **97** 23, **115** 86, **354** 8
~ de árbol **335** 18
~ del canelo **366** 25
~ terrestre **4** 1, **11** 1
cortijo **16** 101, **64** 1–60
cortina **48** 19, 36, **297** 23
~ *[castillo]* **310** 19
~ de aire **133** 6, 61
~ de aire caliente **256** 43
~ de cadenas **133** 55
~ de cocina **41** 13
~ de la pantalla **295** 10
~ de plástico **51** 19
cortinilla **52** 53
corva **18** 51
~* **58** 28
corvadura de la barandilla **118** 52
corvejón **73** 37
corveta **72** 6
córvidos **346** 1–3
corza **88** 34, 39
corzo **86** 17, **88** 28, 39
~ europeo **88** 28–39
cosecha **65** 19–24
cosechadora elevadora **67** 38
~ elevadora de patatas **67** 38
~ elevadora de remolachas **67** 38
coseno **328** 32
cosepapeles **240** 36
cosido **177** 34
~ manual **177** 8
cosmotrón **2** 49
coso **287** 58
cospel **244** 43
costa escarpada **13** 25–31
~ llana **13** 35–44
Costa Rica, *guarda* 4
costado **318** 40
~ de babor **221** 49
costado de estribor **221** 52
~ para la carga **1** 37
costero **115** 96, **149** 39, 53
costillaje del bote plegable **269** 66
costillas *[Arq.]* **317** 31
~ *[buque]* **270** 20, **271** 54
~ de refuerzo **196** 9
~ falsas **19** 10
~ verdaderas **19** 9
costura **135** 8
~ a máquina **102** 1–12
~ francesa **102** 4
costurera **102** 75
costurero **102** 74
cota **88** 55
~ de escudo **310** 65
~ de loriga **310** 64
~ de mallas **310** 51, 63
cotangente **328** 32
cotiledón **354** 87
cotillo **132** 25
coto **86** 1–8
coup droit **277** 20
cowboy **289** 31
coxcojilla **258** 13
cracowes **338** 42
crampón de esquí **283** 51
cran **170** 47
cráneo **19** 1, 30–41
crannog británico **309** 15
craqueador catalítico **139** 63
cráter **11** 16
~ del carbón **295** 44
~ lunar **7** 12
~ producido por un meteorito **7** 30
crawl **268** 38
crema batida **97** 11
~ de afeitar **51** 70
~ de belleza **103** 11
~ de día **103** 11
~ de noche **103** 11
~ para el calzado **52** 38
cremallera **145** 22, **209** 9, **221** 3
~ *[cierre]* **34** 24
~ horizontal doble **209** 11
crepúsculo **4** 26
cresa **78** 28, **81** 19, **342** 19
crescendo **300** 49
cresta **74** 22
~ *[madera]* **85** 12
~ *[montaña]* **12** 16
~ de gallo **62** 11
~ de la montaña **12** 36
~ del copete **116** 12
~ dorsal **350** 21
crestones **246** 1, 11, 30–36
creyente **311** 58
cría de aves **75** 1–46
~ de gallinas **75** 1–46
~ de ganado **76**
criada **64** 31
~ de la granja **64** 31
criadero **79** 1–51, **84** 10
criadero de los polluelos **75** 27
~ de peces **89** 55–67
criado **259** 17
criador de aves **75** 11
criadora de aves **75** 7
criandera * **30** 30
criba **79** 13, **91** 50, **113** 85
~ vibradora **150** 21, **153** 9
cric **304** 30
cricket **275** 55–61
crin **73** 13
~ de caballo **124** 23
~ vegetal **124** 23
cris **336** 44
crisálida **78** 30, **82** 32, **342** 20
crisantemo **63** 7
crisol **106** 9, **155** 22, **169** 25
~ de arcilla **334** 31
~ eléctrico **169** 45
cristal **173** 15, **330**
~ antideslumbrante **135** 27
~ bifocal **108** 11
~ de aumento **108** 31–34, **171** 25
~ de dos intensidades **108** 11
~ de gafas **108** 13
~ del depósito de tinta **239** 23
~ de protección **107** 7
~ descendente **187** 17
~ de seguridad **122** 5
~ esmerilado **173** 36
~ esmerilado para el enfoque **171** 2, 34
~ esmerilado para enfocar **171** 2, 34
~ gemelo en cola de golondrina **330** 25
~ hilado **122** 6
~ portaclisé **171** 50
~ reflectante **180** 86
cistalería **122** 1
cristalero **163** 16
cristalino **21** 48
cristalografía **330**
cristalometría **330** 27–33
cristas **246** 1, 11, 30–36
cristiania **283** 32
~ paralelo **283** 32
cristo **279** 48
crocante **98** 85
crocket **275** 62–67
croisé derrière **288** 8
"croissant" **97** 41
cromorno **301** 6
cronógrafo **112** 32
cronometrador **268** 24, **280** 9, **281** 42
~ de exposición **112** 32
~ del recorrido **193** 37
cronómetro **272** 21, **280** 28
cruce de calles **253** 9
~ de piernas **288** 13

crucero [cruciferario] **312** 43
~ [Arq.] **317** 3
~ [buque] **222** 21–30
~ de batalla **222** 26
~ ligero **222** 21
~ pesado **222** 23
~ sencillo **199** 33
cruceta **205** 27
~ de cabeza **133** 26
~ del mastelero de gavia **214** 53
~ del mastelero de trinquete **214** 51
~ del mastelero mayor **214** 53
crucífera **63** 16
crucíferario **312** 43
crucífero **312** 43
crucifijo **311** 40, **313** 32, **314** 6
crujía **213** 46
crupier **263** 4
~ de cabecera **263** 6
crustáceo con telson corto **342** 1
~ decápodo **349** 12, 16
~ segmentado **341** 12
crustáceos **340** 25–34
Crux **5** 44
cruz **314** 57
~ [Biol.] **71** 11, **73** 17
~ [Tecn.] **158** 54, **159** 38
~ ancorada **313** 63
~ cardenalicia **313** 59
~ cristiana **313** 49–66
~ de amarre **212** 10
~ de asa **313** 57
~ de Brabante **313** 65
~ de Constantino **313** 61
~ decusada **313** 54
~ de guía **312** 42
~ de Jerusalén **313** 66
~ de la Pasión **313** 49
~ de la tumba **312** 25
~ del caballete **312** 10
~ del camino **80** 19
~ del fondo **130** 21
~ de Lorena **313** 58
Cruz del Sur **5** 44
~ de Mayo* **5** 44
cruz de paletillas hemisféricas **10** 29
~ de San Andrés **313** 54
~ de San Antonio **313** 53
~ de San Lázaro **313** 65
~ de San Pedro **313** 52
~ de Tau **313** 53
~ de Tau bífida **313** 55
~ de Tierra Santa **313** 66
~ egipcia **313** 57
~ en T **313** 53
~ griega **313** 50
~ latina **313** 49
~ papal **313** 60
~ patriarcal **313** 56
~ pectoral **314** 52
~ potenzada **313** 64
cruz recrucetada **313** 62
~ reticular **87** 32
~ rusa **313** 51
~ trebolada **313** 65
cruzadillo **130** 2
cruzado **310** 72
~ del hilo **158** 11
~ por detrás **288** 8
cruzamiento **198** 55, **199** 31
cuaderna **217** 55, **270** 20, **271** 48
~ de costura **270** 24
~ longitudinal **270** 24
cuadernillo **177** 12
~ de sellos **231** 12
cuaderno **249** 30, 46
~ de pintura **50** 25
cuadra **64** 47, **76** 1–16, **272** 1
~ [bandera] **245** 28
cuadrada **299** 14
cuadrado **329** 31
cuadrante **329** 5
cuadrícula de ajedrez **265** 2
~ negra **265** 3
cuadrilátero **328** 33–39
cuadrilla **287** 59, 61, 63 y 65
~ de vaciadores **141** 13
~ excavadora **138** 36
cuadro **275** 39, **328** 33
~ [carne] **95** 39
~ al óleo **47** 6
~ central de acero estampado **182** 33
~ conmutador **233** 5
~ de arena **258** 26
~ de césped **39** 76
~ de conmutadores **146** 19
~ de Cristo **311** 15
~ de distribución **241** 50
~ de doble tubo **181** 9
~ de hierro **304** 2
~ de interruptores **293** 11
~ de jacks **233** 8
~ de la bicicleta **180** 14–20
~ del bateador **275** 41
~ de los bolos **287** 8
~ de los electroconmutadores **162** 25
~ de mandos **161** 69, **171** 42, **174** 37
~ de pulsadores **176** 28
~ de un santo **314** 7
~ múltiple de clavijas **233** 10
~ portamatrices **169** 46
~ tubular **183** 29
~ tubular con suspensión delantera y trasera **182** 2
cuarta al pecho **277** 9 a 10
~ al vientre **277** 9 a 10
~ justa **300** 22
~ posición **288** 4
cuartel **252** 47
~ de bomberos **255** 1–3
cuartilla **73** 25
cuartito de la ducha **51** 14
cuarto creciente **7** 4
~ de aseo **51**
~ de baño **51**, **262** 40
~ de control **29** 37
~ de desahogo **52**
~ de descanso **25** 15
~ dedo **21** 55
~ de fermentación y secado **97** 57
~ de herramientas **39** 32, **255** 1
~ de juego de los niños **49** 1–29
~ de la calefacción **79** 7
~ de las muñecas **49** 9
~ del horno **40** 38–43
~ de los instrumentos **218** 14
~ de los niños **30** 1–52
~ del personal de servicio **201** 45
~ de pintor **296** 29–42
~ de trabajo **47** 1–61
~ hilo de urdimbre **165** 18
~ menguante **7** 6
~ oscuro **112** 1–61
~ trasero **73** 35–37, **88** 35
cuartones **115** 10
cuatrillo **300** 38
cuatro por cuatro **299** 34
~ por dos **299** 35
~ por ocho **299** 33
Cuba, *guarda* 5
cuba **183** 66
~ de almacenamiento **93** 20
~ de fermentación **93** 12
~ del acero fundido **140** 30
~ de la cola **158** 45
~ de la escoria **140** 10
~ del alto horno **140** 7
~ de las uvas estrujadas **80** 15
~ de la tolva **140** 5
~ del colorante **161** 19
~ del champaña **259** 59
~ del hierro crudo **140** 12
~ del hormigón **197** 27
~ de maceración **92** 26
~ de stock **167** 7
~ para el agua de lluvia **64** 15
~ para el cieno **195** 27
~ para limpieza de cristales **190** 24
cubato elevado **199** 48
cubero **126** 16
cubeta **126** 9, **167** 13
~ de agua fuerte **323** 51
~ de clarificación **155** 4
cubeta de forma arriñonada **26** 62
~ de fusión **155** 3
~ de la siembra **57** 2
~ del hierro crudo **140** 20
~ de trabajo **155** 5
~ para el aceite **143** 6
~ para el revelado **112** 36
~ para la impresión **27** 56
~ recogedora de gotas **42** 7
cubierta **2** 14, **161** 5
~ [Bot.] **366** 34
~ [neumático] **180** 30, **189** 22
~ [buque] **269** 57
~ a dos vertientes **116** 1
~ a la Mansard **116** 18
~ blindada de la torre **223** 58
~ con cámara de aire **116** 36
~ con perfil de adherencia **67** 2
~ contra el polvo **234** 29
~ de aterrizaje **222** 69
~ de botes **218** 19–21
~ de caballetes **116** 1
~ de cabrios sencilla **116** 27
~ de cartón asfáltico **117** 90
~ de copete **116** 10
~ de cristal **254** 56
~ de despedazamiento **90** 30
~ de despegue **222** 72
~ de fibrocemento ondulado **117** 90–103
~ de fieltro **336** 20
~ de humus **196** 64
~ de la caja **136** 78
~ de la caja de escalera **113** 22
~ de la carretera de hormigón **197** 43–46
~ de la grasa **90** 32
~ del álbum **112** 53
~ de la mesa **135** 43
~ de las branquias **350** 5
~ del cilindro **160** 13
~ del diván **124** 26
~ del extractor del polvo **128** 51
~ del freno **180** 70
~ del globo **226** 52
~ del libro **178** 26
~ del radiador **286** 10
~ del tubo contador **2** 20
~ del puente **218** 12–18
~ de marcación **218** 4–11
~ de paseo **218** 22–27
~ de pizarra **117** 76–82
~ de popa **218** 32
~ de proa **218** 42

cuerda para tender la ropa **40** 23
~ sin fin **224** 50
~ superior **90** 7
~ triple **304** 10
cuernas **88** 5–11, 29–31
~ de corzo **262** 27
cuerno *[Mús.]* **179** 41
~ *[forrajero]* **132** 18
~ *[hojalatero]* **119** 16
~ *[panecillo]* **97** 41
~ bocina **179** 41
~ de búfalo **246** 34
~ de concha **307** 41
~ de guerra **337** 39
~ de la abundancia **308** 39
~ del arco voltaico **147** 61
~ de la vaca **76** 38
~ retorcido en espiral **307** 8
cuernos **88** 5–11, 29–31 **340** 29
cuero **88** 56, **135** 4, **335** 18
~ cabelludo arrancado al enemigo **335** 15
~ de buey **337** 11
cuerpo **18** 1–54
~ *[cafetera]* **45** 12
~ *[sacabuche]* **305** 22
~ *[letra]* **170** 46
~ a cuerpo **281** 27
~ ascensional **212** 34
~ calloso **19** 44
~ de ave **307** 57
~ de ballet **288** 29
~ de caballo **307** 27, 45
~ de dragón **307** 19, 36
~ de hombre **307** 53
~ de la carta **239** 9
~ de la escoba **52** 22
~ del arado **68** 4–8
~ del aspirador **52** 6
de la válvula **212** 54
~ del dique **222** 3
~ de león **307** 14
~ del muñeco **298** 34
~ del muro **212** 2
~ del tubo **305** 29
~ de mujer **307** 24, 59
~ de perro con tres cabezas **307** 30
~ de serpiente **307** 2
~ de serpiente con nueve cabezas **307** 33
~ de toro **307** 48
~ fructificado **365** 2
~ geométrico **329** 30–46
~ humano **18** 1–54
~ vítreo **21** 46
cuerpos cavernosos y esponjosos **22** 67
cuervo marino **343** 10
cuervos **346** 1–3
cuesta **12** 37
cueva **16** 85
~ de estalactitas **13** 79
~ de karst **13** 79
cuévano **80** 12
cuezco de lobo **365** 19
cuezo **113** 20, 84
cuidado de enfermos **23–24**
~ de las manos **103** 1–8
~ de los pies **25** 18
cuidadora* **258** 34
cuja* **239** 13
culantrillo **361** 16
culata *[arma]* **87** 3
~ *[carne]* **95** 1, 53
~ *[Electr.]* **147** 14, **332** 7
~ del cilindro **182** 7
culato falso **363** 10
culebra acuática **350** 38
~ ciega **350** 37
~ de agua **350** 37
~ de collar **350** 38
~ nadadora **350** 38
culi **336** 43
~ de la jinrikisha **336** 35
culito del niño **30** 39
culo **18** 40
culote **87** 16
cultivador **68** 31
~ de mano **79** 21
~ de tres dientes **58** 17
cultivo de la levadura pura **93** 15–18
~ del suelo **58** 1–29
cultura física **25**
cumbre **12** 40
cumbrera **117** 93
cúmulo **8** 1
cúmulonimbo **8** 17
cumulus **8** 1
~ congestus **8** 2
~ humilis **8** 1
cuna **30** 32
~ del tubo **223** 69
~ de muñecas **50** 15
cuña **85** 23, **126** 5, **127** 56
~ *[deporte del esquí]* **283** 20
~ de aludes **286** 2
~ de fijación **175** 38
~ de hormigón de la pila **149** 44
~ de madera dura **116** 96
~ de tala **85** 24
~ separadora de las cuerdas para afinarlas **304** 21
cuño **244** 40 y 41
~ inferior **244** 41
~ superior **244** 40
cupé **179** 3, **187** 10
Cupido **257** 20, **308** 26
cupón de caja **256** 7
~ de dividendos **243** 18
~ de intereses **243** 18
~ de respuesta internacional **232** 20
cúpula *[Arq.]* **316** 58, 72 y 73
~ *[Bot.]* **61** 50, **355** 5, **368** 52
~ en forma de cebolla **116** 25
cúpula fija **6** 12
~ giratoria **6** 8
~ principal **316** 72
cupulino **116** 14
cura de reposo **29** 21–25
~ de reposo al aire libre **262** 12–14
~ por inhalación **262** 6 y 7
cureta **28** 58
~ fenestrada **26** 60
curetaje **28** 58
curiana **341** 18
curling **284** 42
curricán **89** 44
curso **165** 12
~ del río **211** 9
cursor **331** 85
curva *[Geom.]* **329** 11
~ *[carretera]* **197** 31, **273** 29
~ con peralte **285** 10
~ de la fiebre **29** 16
~ de nivel **16** 62
~ de nivel submarina **16** 11
~ de ocho **284** 13
~ de segundo grado **329** 14
~ de tercer grado **329** 18
~ hipsométrica **11** 6–12
~ plana **329** 12
~ simple **284** 9
~ sinuosa **329** 13
curvador **130** 34
curvadora **126** 34
~ de tubos **120** 33
curvatón **94** 11
cúspide del punto de mira **87** 72
custodia **313** 33
cúter **215** 8
Cygnus **5** 23

Ch

chabota **133** 21, 29, 45
chacal **352** 11
chacó **247** 3
chacón **350** 36
chacra* **64** 1–60
chacha **30** 9, **49** 1, **258** 12
chaflán **116** 11, 17, **136** 60
~ del tejado **117** 10
chaîné **288** 19
chaira **96** 30, **99** 18
chaitya **319** 28
chalana **220** 22, 30
chalaza **75** 52
chaleco blanco **34** 59
~ de colores **34** 42
~ de corcho **224** 58
~ de esgrima **277** 29
~ de fantasía **34** 42
~ floreado **338** 75
~ salvavidas **224** 57
chamán **336** 24
chamariz **346** 8
chambergo **36** 9
chamico* **363** 8
Champaña **98** 63
champiñón de prado **365** 1
champú **104** 15
chancadora* **150** 19
chancleta de baño **100** 48
chanclo **53** 63, **100** 5
~ de goma **100** 27
chanchería* **96** 1–28
chancho* **74** 9
~ * *[dominó]* **265** 35
chao **71** 21
~ chao **71** 21
chapa **128** 53
~ base de la corredera **111** 9
~ de acero **141** 70
~ de bronce **309** 34
~ de carrocería **141** 70
~ de compresión **2** 25
~ de cumbrera **117** 99
~ de enhornar **42** 53
~ de hierro de la hilera de estacas **212** 6
~ de hierro del tablestacado **212** 6
~ de la cabeza del bastidor **133** 38
~ de limitación lateral **196** 34
~ del pie **283** 48
~ de policía secreta **247** 24
~ de unión de máquina y ténder **205** 2
~ directriz **183** 20
~ guía del aire **203** 4
~ lateral **212** 67
~ numerada **259** 10
~ ondulada **117** 98
~ sierra para cortar el papel **240** 59
~ troquelada **239** 43
chaparrón **8** 19, **9** 37
chapín **360** 27
chapita para borrar **240** 32
chapitel **312** 6
~ de la torre **252** 42
chapololo* **52** 51
chaqué **34** 55
chaqueta **34** 5
~ casera **33** 10, **34** 47
~ de cuero **190** 16
~ de deporte **31** 40, **34** 21
~ de encerado **224** 55
~ de escalada **282** 7
~ del pijama **33** 4
~ del smoking **34** 62
~ del traje **32** 2
~ del traje típico alemán **34** 26
~ de niña **31** 40
~ de niño **31** 57
~ de pieles **32** 45
~ de pieles con accesorios **32** 44
~ de punto sin botones **32** 41
~ galoneada **179** 23

chaqueta para la nieve **34** 67
~ "sport" **34** 2
~ y pantalón "sport" **34** 1
chaquetilla bolero **32** 29
~ de esgrima **277** 29
~ playera **267** 21
chaquetita de bebé **31** 20
charabán cubierto **179** 33
charca del pantano **13** 23
charlatana **53** 29
charmilla **355** 63
charnela inferior **193** 17
~ superior **193** 16
chasa **126** 5
chasis **181** 46, **185** 1–58
~ con bastidor **185** 59
~ de doble tubo **181** 9
chata **23** 24, **29** 13
~* **221** 45
chatarra ligera de hierro **140** 57
chaveta **136** 19, 71 y 72, 76
~ con talón **136** 72
~ de resorte **136** 71
~ embutida **136** 71
~ giratoria **181** 53
check **272** 41
Checoeslovaquia **14** 24
chef de partie **263** 3
chelín **244** 13, 37
chepecha **346** 12
cheque postal para transferir dinero de una Caja Postal de Ahorros a otra **232** 11
Chianti **98** 61
chibalete **169** 2
chibuquí **105** 32
chico **45** 3
chicote **258** 5
chifonía **301** 25
chigre del ancla **218** 44
Chile **14** 34
chile* **59** 42
chilicote* **341** 6
chilla* **296** 16
chimbilá* **351** 9
chimbo de cola roja **344** 3
chimenea **39** 10, **40** 5, **117** 13, **218** 1
~ *[volcán]* **11** 17, 28
~ *[montaña]* **282** 9
~ de la fábrica **145** 46
~ del convertidor **140** 60
~ del horno **41** 50
~ de refrigeración **145** 61
~ refrigeradora **145** 60
chimpancé **353** 14
China **14** 48, 49
~ Nacionalista **14** 49
china* **361** 11
chinarrosa* **361** 11
chinchada* **258** 35
chinche **341** 28
~ *[de metal]* **144** 52
~ de agua **342** 4
hiquillo de la calle **53** 11
chiquitín **30** 26
chircal* **16** 89
chirimía **301** 13
chismosa **53** 29
chitarrone **303** 1
Chitonactis **349** 20
choco* **71** 14
chocha **88** 83
chochín **346** 12
chochita **346** 12
chófer **187** 6
chopo lombardo **257** 53
choque **253** 58–69
chorizo **290** 42
chorlitos **343** 19–21
chorrera **33** 2
chorro **227** 45
~ de escape **226** 11
~ de vapor de agua **90** 51
chova **86** 50, **346** 2
choza de los negros **337** 21
~ de nieve **336** 4
~ en forma de colmena **337** 28
chubasco **8** 19, **9** 37
chubasquero **34** 35
chumacera **269** 29, 41
~ del árbol de la hélice **218** 53
~ giratoria **269** 41
chupamirto* **345** 4
chupete **30** 51
chupón de caramelo **257** 59
churumbela* **105** 33
chut a puerta **274** 39
chuzo* **342** 43

D

dado **265** 31
~ de embutir **106** 18
dador de sangre **29** 27
dados **265** 29
daga **277** 66
dalia decorativa **62** 23
dalmática **314** 45
dama **48** 16, **338** 59, 64, 68, 70, 79
~ *[ajedrez]* **265** 9
~ francesa **338** 51
damajuana **202** 14
damán sudafricano **351** 24
damas *[juego]* **265** 17–19
dandi **289** 33
Danebrog **245** 17
danza artística **288** 29–41
~ burlesca **288** 35
~ sobre hielo **284** 8
danzarina exótica **298** 14
~ hindú **289** 25
dársena del dique **217** 33
dátil **368** 9
datos del agua **267** 8
~ del aire **267** 8
~ de temperatura **267** 8
deambulatorio **311** 35
decena **326** 3
décima **326** 20
decimal **326** 20
declive del dique **211** 40
decoración **292** 33, **296** 2
~ del escaparate **253** 25
~ de los techos de las estanterías **256** 67
decorado **292** 7, **296** 2
dedal **102** 53
dedalera **363** 2
dedicatoria **312** 59
~ manuscrita **178** 50
dedil de goma **23** 30
~ protector de cuero **23** 31
dedo **21** 53, 54, 55
~ anular **21** 67
~ auricular **21** 68
~ chico **21** 56
~ del corazón **21** 66
~ gordo **21** 52
~ índice **21** 65
~ medio **21** 54
~ meñique **21** 68
defensa *[Deportes]* **268** 50, **274** 12, 13, **276** 43
~ *[Mar.]* **221** 50
~ *[madera]* **85** 10
~ contra el retroceso **128** 16
~ de árboles frutales **83** 24–45
~ de la piedra arenisca **141** 35
~ del retroceso **149** 6
~ de madera **213** 26
~ de popa **224** 5
~ de troncos **84** 33
defensas de las piernas **275** 15
defensor **248** 30
deflector del chorro de gas **229** 30
deflexión horizontal **237** 17
~ vertical **136** 28, **237** 17
delantal **32** 17
~ de adorno **32** 23, **45** 55
~ de cuero **132** 14
~ de niña **31** 48
~ "Dirndl" **32** 23
~ para servir **45** 55
delantera **274** 17–21
delantero *[Deportes]* **268** 51, **276** 55, **287** 27
~ *[Alpinismo]* **282** 26
~ centro **274** 19
~ curvado protector **285** 15
~ de enlace **274** 18
delegado oficial **281** 44
delfín **308** 31
~ *[estilo de natación]* **268** 35
delfín común **352** 24
delineante **144** 9
delta **13** 1
deltoide **328** 38
demodulador **237** 36
demonio **289** 14, **298** 27, **307** 58
Deneb **5** 23
denominador **326** 15,19
densímetro **192** 44, **331** 8
dentado *[Tecn.]* **169** 30
~ *[Bot.]* **354** 46
dentador de los lazos **102** 38
dentadura **21** 16–18
~ artificial **27** 28
~ postiza **27** 28
dentículo **316** 14
dentina **21** 31
dentista **27**
departamento **204** 27
~ de control **234** 18–20
~ de depósito **241** 54
~ de fumadores **203** 27
~ de grabación **234** 1–6
~ de la ropa interior **259** 31
~ de las botellas **42** 10
~ de las hélices **161** 25
~ de las fieras **339** 1–15
~ de la verdura **42** 12
~ del cajón **256** 6
~ de los animales de presa **339** 1–15
~ de los huevos **42** 9
~ de los lechones **76** 39
~ de los trajes **259** 30
~ del servicio **204** 52
~ de medias **256** 17
~ de no fumadores **203** 29
~ de peluquería **204** 48
~ de registro **238** 37–80
~ de teneduría de libros **238** 37–80
~ de un coche-cama **204** 15
~ reservado para mutilados **203** 28
dependencias del castillo **310** 27
dependienta **256** 18
deporte **287**
~ acuático **269–270**
~ de bucear **267** 41
~ de invierno **283–285**
~ de la esgrima **277** 1–66
~ de la esgrima de sable **277** 33–38
~ de la natación **268**
~ de la pesca con anzuelo **89**
~ de la vela **270** 1–60
~ del esquí **282** 1–34
~ del piragüismo **269** 1–66
~ del remo **269** 1–66
~ del vuelo sin motor **271**
~ de nieve **285** 5–20

deporte de trineos **285** 5–20
~ hípico **272**
~ sobre hielo **284** 1–48
depósito *[almacén]* **202** 54
~ *[Geogr.]* **13** 69
~ *[represa]* **212** 39
~ *[cisterna]* **51** 42
~ alimentador **239** 44
~ aluvial **211** 52
~ auxiliar de aire **206** 47
~ de ablandamiento **92** 2
~ de aceite **182** 34, **184** 23, 49
~ de aceite mineral **12** 27
~ de agriar la crema **77** 28
~ de agua **79** 29, **146** 17, **297** 51
~ de agua de estiércol **64** 54
~ de agua limpia **254** 13
~ de agua para retrete **119** 59
~ de aire **254** 50
~ de aire comprimido **147** 51
~ de alcohol **28** 44
~ de alimentación **156** 9
~ de almacenamiento **196** 35
~ de arena **205** 14, **211** 52
~ de cadáveres **312** 21
~ de cartuchos **87** 17
~ de cola **177** 46
~ de combustible **226** 47
~ de conservación **261** 45
~ de coque **148** 20
~ de distribución **212** 40
~ de doble fondo **218** 68
~ de escamas **164** 40
~ de expansión **40** 24
~ de expansión de aceite **147** 9
~ de fichas **241** 56
~ de fuel-oil **40** 44
~ de gas **148** 56–64
~ de gasolina **181** 45, **182** 28, **185** 65
~ de germinación **92** 8
~ de hidratación **153** 23
~ de husadas **158** 16
~ de insecticida **83** 32
~ de "klinker" **152** 10
~ de la leche **76** 26
~ de la mezcla del baño tintóreo **161** 70
~ del baño de blanqueo **161** 47
~ del barco **212** 33
~ del carbón **146** 2, **152** 13, **199** 44
~ de locomotoras **199** 6
depósito de los libros **250** 11
~ del tejido **160** 10
~ de madera **220** 57
~ de máquinas **199** 6
~ de material **196** 45
~ de oxígeno **229** 8
~ de películas **292** 5
~ de pienso verde **75** 19
~ de purín **64** 54
~ de semillas **83** 21
~ de tinta **175** 65, **239** 21
~ de tintura **161** 63
~ de toba **11** 26
~ de torpedos de reserva **223** 29
~ de vino **80** 24
~ de virutas **240** 72
~ de yeso **152** 15
~ elevado de agua **79** 2, **199** 48, **254** 18
~ especial para motocicleta **182** 28
~ para la cola **178** 32
~ para la pasta lejiada **167** 3
~ portátil de aceite para engranajes **191** 9
~ principal de aire **206** 48
depresión **9** 5
depurador centrífugo **168** 4
derivación **327** 13
desacidificación **163** 19
desagüe **166** 5, **211** 36, **254** 33
~ *[tejado]* **40** 10, **117** 29
~ de los orines **76** 44
~ subterráneo **254** 34
desangramiento **94** 15
desbarbador **67** 48
desbordamiento de fango **11** 51
descansapié **182** 37
~ para el pasajero **182** 57
descansapiés **104** 32, **181** 23, **204** 43
descansillo **118** 23, 34–41
~ intermedio **118** 52–62
descanso de la cabeza **104** 30
~ de los cuchillos **46** 11
~ para el equipaje **200** 45
descapsulador **46** 47
descarga del fondo **212** 62
descargador *[Fís.]* **331** 50, 57
~ *[Tecn.]* **156** 42
~ de muelle **221** 23
descenso **283** 17
~ con cuerdas **282** 29–34
~ "Dülfer" **282** 34
desconectador rápido de aire a presión **146** 34
descortezador de hierro **85** 25
descremadora **77** 24
descrescendo **300** 50
descuartizamiento del cerdo **94** 11–14
desecador **334** 51
desembarcadero **16** 59, **220** 17, **269** 19
desembarco en botes **216** 35
desembocadura del río **13** 1
desenrollador de carga automática **168** 33
desfibrado **163** 6
desfibradora de cadenas **167** 18
~ mecánica **167** 14
desfile de carnaval **289** 57–70
~ de la cabalgata **289** 57–70
desgasificador **146** 16
desgranador **67** 48, **68** 68
desherbador **58** 25
deshidrogenación **164** 19
deshollinador **40** 31
designación de la serie **244** 36
desinfección **94** 17
desinsectación de granos **83** 13–16
~ en seco **83** 13
~ por vía húmeda **83** 15
desintegración espontánea de un átomo **1** 9–12
desintegrador de pasta lejiada **167** 5
~ pulper de pasta de recorte **167** 8
~ pulper de pasta seca **167** 8
deslizadero de troncos **85** 7
deslizador **267** 13, **273** 48
~ *[Patin.]* **285** 3
~ de la película **295** 31
~ sobre nieve **286** 16
deslizamiento **288** 18
~ de terreno **11** 46
~ en bob **285** 5–10
~ en luge **285** 11 y 12
desmaquilladora **103** 11
desmontable de cubiertas **192** 5
~ de pie de cabra **192** 6
desmonte **16** 84, **84** 4–14
desnudo **321** 32
desodorante **51** 29
desove **89** 67
despabiladeras **47** 29
despacho **47**, **260** 1–11
~ de billetes **200** 34, **230** 5, **291** 7
~ de expedición y recepción de paquetes en trenes expresos **200** 1
~ de facturación y recepción de equipajes **200** 4
despacho del encargado de la estación de servicio **190** 9
~ de localidades para teatro y conciertos **256** 26
~ de negocios **238** 1–36
~ de venta por adelantado **256** 26
despedida **201** 59
despegador de pasta **42** 51
despegue a remolque **271** 7
~ del planeador **271** 1–12
~ del velero **271** 1–12
~ por torno **271** 4
~ remolcado por coche **271** 1
despejado **9** 20, 21
despeje de puños **274** 40
despensa **204** 19, **218** 38
desperdicios de la cocina **41** 34
despertador **107** 41
~ de viaje **107** 58
despiece **95**
desplazamiento de tierras **11** 50
desplomo **282** 3
desprendimiento de tierras **11** 46
destellante **185** 16
desteto **64** 47
destilación **164** 17
~ del alquitrán **164** 4
~ seca de la hulla **164** 2
destinatario **232** 37, **239** 5
destornillador **107** 29, **120** 46, **134** 66
~ angular **192** 30,
destructor **222** 16
~ de tipo grande **222** 17
desulfuración **163** 20
desulfurador del gas-oil **139** 65
desván **39** 4, **40** 1–29
~ superior **40** 12
desvanecedor **112** 22
desviación del río **211** 42
~ magnética **332** 22
desviadero de fábrica **145** 79
~ particular **145** 79
desviador de supertensión **146** 35
desvirador **99** 65
detective de la casa **263** 16
~ privado **263** 16
detector **234** 29–32
~ de frecuencia intermedia de imágenes **236** 10
detención **248** 1
detenido **248** 5
detergente **41** 29
deutopirámide **330** 20
devanadera ovalada **161** 6

devanadera redonda **161** 6
~ triplecardante **156** 25
développé **288** 8
devocionario **311** 59
devolución **276** 51
~ de derecho **276** 21
~ de revés **276** 20
día del vencimiento **242** 16
diábolo *[Teatro]* **298** 22
~ *[juguete]* **258** 25
diadema **38** 6, **338** 21
~ de perlas **338** 16
diafragma *[Anat.]* **22** 9, 26
~ *[Opt.]* **331** 29
~ laminar **2** 33
diagonal aforadora **126** 2
diagrama **144** 15
~ esquemático de vías **199** 68
~ luminoso **147** 8
diamante **27** 38
~ *[Impr.]* **170** 20
~ *[naipe]* **265** 41
~ *[béisbol]* **275** 39
~ de vidriero **122** 25
~ tallado **38** 26
diámetro **328** 45
~ de la nebulosa en espiral **6** 46
~ del cilindro **160** 16
Diana **308** 12
diapositiva **112** 48, **237** 20
~ estereoscópica **111** 29
diario **47** 8
diaula **301** 3
diávolo **258** 25
dibujante técnico **144** 9
dibujo **144** 26, **165** 10
~ de la moneda **244** 12
~ del trucaje **294** 34
~ técnico **144** 6
~ técnico de sección **144** 17
diccionario **250** 17
dicentra **62** 5
dictáfono **241** 24
didelfo **351** 2 y 3
diente *[Anat.]* **21** 28–37
~ *[rueda dentada]* **136** 81
~ de arrastre **149** 34
~ de león **63** 13
~ del peine de desprendimiento **160** 52
~ de madera **91** 9
~ de pivote **27** 34
~ de pivote con anillo **27** 34
~ de porcelana **27** 32
~ de sierra **85** 36
~ móvil **68** 51
dientes *["piolet"]* **282** 40
~ *[cajita de música]* **306** 4
~ de la horquilla **68** 44
dientes de la pala **196** 6
~ rompedores **196** 6
~ triscados **127** 6
diéresis **325** 34
diervilla **357** 23
diestro *[Blas.]* **246** 18, 20, 22
diezmillo* **95** 7
diferencia **326** 24
diferencial *[Mat.]* **327** 13, 14
~ *[coche]* **184** 36, **185** 50, **189** 27
difunto **312** 54
difusor **183** 68
~ variable **294** 5
digitado **354** 39
digital **363** 2
dignatario **289** 29
dije **38** 1
~ de cinturón **38** 1
~ de la cadena de reloj **38** 32
diligencia **179** 39
dimensiones **144** 58
Dinamarca **14** 4
dínamo **180** 8, **184** 44, **204** 22
dinamómetro **331** 2
~ de muelle **331** 2
dínamo-motor de arranque **183** 26
dinamotor **183** 26
dinar **244** 28
dinero **244**
~ metálico **244** 1–28
dintel de hormigón armado **113** 13
~ de la ventana **39** 25, **113** 9, **115** 57
dionea **361** 14
Dionisio **308** 32
Dionysos **308** 32
dios **319** 19
~ de la guerra **308** 9
~ de la luz **308** 15
~ del amor **308** 26
~ del mar **308** 29
~ del Olimpo **308** 1
~ de los caminos y del comercio **308** 21
~ de los pastores **308** 40
~ del vino **308** 32
diosa de la caza **308** 12
~ de la sabiduría **308** 17
~ de las artes **308** 17
~ de la venganza **308** 51
~ de la victoria **308** 43
~ del azar y de la suerte **308** 37
~ del destino **308** 53–58
~ del mar **307** 23
diploma de maestro **124** 20
dípteros **342** 16–20
dique **222** 2
~ basculante **212** 65–72
~ bombeado **217** 40
~ de cilindros **212** 65–72
dique de compuertas **212** 73–80
~ de contención **212** 73–80
~ de esclusas **16** 58
~ de inundación **211** 32
~ de invierno **211** 32
~ de seguridad **220** 62
~ de verano **211** 48
~ flotante **217** 31–40
~ seco **217** 27–30
~ vaciado **217** 40
dirección **232** 37, **239** 4
~ *[Máq.]* **68** 54
~ automática por cadena **68** 12
~ de la carrera **273** 4
~ del giro **210** 56
~ del viento **270** 60
~ del vuelo **4** 50
~ negativa **329** 7
~ por cables **285** 6
~ por volante **285** 6
~ positiva **329** 6
direccional giroscópico **228** 3
directo **281** 24
director **296** 26
~ artístico **297** 40
~ cinematográfico **292** 40
~ de doblaje **293** 26
~ de escena **292** 44
~ de la escuela **249** 23
~ del circo **290** 17
~ del hotel **259** 19
~ del juego **263** 3
~ de orquesta **262** 21
dirigible **226** 65
~ Zeppelin **226** 65
discípulo **249** 28
~ de natación **268** 17
disco *[Atletismo]* **280** 43
~ *[Mús.]* **306** 34
~ arrojadizo **280** 43
~ cortante **176** 12
~ de algodón **77** 37
~ de carborundo **27** 38
~ de caucho vulcanizado **284** 39
~ de color **297** 49
~ de ebonita **284** 39
~ de esmeril **27** 39
~ de esmerilar **323** 46
~ de freno **136** 96
~ de la grada **68** 36
"disco de las notas" **306** 9
disco del cinturón **309** 24
~ de plata **10** 49
~ de señales **201** 41
~ frotador **158** 21
~ giratorio **263** 31
~ indicador **2** 6
~ labial **337** 23
~ magnético registrador **241** 25
~ metálico perforado **306** 9
~ para la oscilación **173** 34
disco preamolador **173** 28
~ selector **233** 18, 26, **241** 34
~ solar **7** 19, **315** 12
diseño a tiza **321** 4
~ de un traje **296** 39
disfraz en la mascarada **289** 6–48
~ representativo **289** 33
disolución de amoníaco **52** 31
~ de caucho **181** 3
~ del reactor **3** 14
~ de uranio **3** 26
disolvente de esmalte **103** 13
disparador **87** 12, **90** 59
~ *[Fot.]* **111** 5
~ *[franqueadora]* **239** 53
~ automático **111** 24, 37, 47
~ de cable **111** 42
disparo **274** 39, **275** 8
~ final **86** 17
~ hacia atrás **274** 53
disposición general del dique **217** 33–40
dispositivo **331** 43
~ alimentador **157** 59
~ basculante **67** 59
~ basculante de recogida **195** 2
~ colgador **171** 58
~ compensador de la tensión de los hilos **158** 59
~ cortador **163** 30
~ de ajuste **141** 56–59
~ de amplificación **306** 42
~ de arranque **162** 20
~ de arrollamiento **156** 15
~ de caída **140** 38
~ de cierre **90** 27
~ de compensación de la presión del eje **206** 11
~ de control **230** 47
~ de control a distancia **207** 41
~ de control para los inyectores **192** 51
~ de defensa **128** 7, 12
~ de desenganche **125** 15
~ de elevación de la puerta **133** 60
~ de encuadrado **295** 29
~ de enmarcamiento de la película **295** 29
~ de escape **107** 22 y 23
~ de estiraje **157** 21
~ de fijación de la madera **128** 31
~ de giro **133** 32
~ de impulsión **306** 5
~ de marcación **176** 26
~ de paro **159** 43
~ de paro de seguridad **162** 19

dispositivo de plegado **176** 37
~ de plegado de la cinta **156** 62
~ de protección **273** 13
~ de puesta en marcha sin escalones **161** 24
~ de puntería **90** 57
~ de reglaje del paralelismo de las ruedas **192** 34
~ de rodillos múltiples **141** 74
~ de secado **174** 26
~ de seguridad **178** 5
~ de sincronización **147** 32
~ deslizable de trazado **173** 37
~ de subida y bajada **224** 32
~ de sujeción **2** 43, **143** 48
~ de suspensión **161** 27
~ de suspensión en cardán **219** 27
~ de tensión **125** 11, **149** 55
~ de tensión del cable auxiliar **209** 48
~ eléctrico de marcha **175** 26
~ electroconmutador **162** 58
~ elevador **221** 13
~ fundidor **169** 25
~ guía para el movimiento del balancín **157** 42
~ impulsor **159** 17
~ indicador de los pisos **256** 49
~ mecánico **305** 6–16
~ medidor **332** 15
~ para abanicar y empastar **177** 40
~ para arranque en frío **184** 45
~ para curvar tubos blindados **120** 33
~ para detener una imagen aislada **294** 30
~ para el contraste de las fases **110** 8
~ para el registro de la impresión de la segunda cara **175** 49
~ para el registro de la impresión de una cara **175** 48
~ para encanillar **102** 16
~ para establecer la coincidencia **110** 33
~ para girar el lomo y sacado **177** 41
~ para la navegación aérea **230** 22–38
~ para redondear el lomo y sacado **177** 41
~ para templar **305** 30
dispositivo pendular **2** 35
~ plegador del tejido **162** 35
~ reflectante **180** 45
~ registrador **10** 46
~ regulador **10** 15
~ tensor **160** 32
~ volcador **140** 43, 52
distancia **328** 5
~ del suelo **189** 5
~ en esgrima **277** 24
~ entre ejes **189** 4
~ entre los remaches **136** 58
~ variable **277** 24
distintivo **280** 59
distribución de la tintura **161** 28
~ del correo **231** 34–39
distribuidor *[motor]* **184** 7
~ *[Máq.]* **96** 55
~ *[empleado]* **231** 39
~ de aire **305** 12–14
~ de engrase **205** 43
~ de la cinta entintada **239** 50
~ de las hojas de propaganda **251** 9
~ del carbón **220** 68
~ de matrices **169** 20
~ de oxígeno **229** 17
distribuidora de hormigón **197** 5
distribuidores de la tinta **175** 28
distrito municipal **252** 16
~ postal **232** 38
diván **44** 1, **47** 46, **124** 21
~ de esquina **260** 38
~ tapizado **261** 10
dividendo **326** 26
divinidad infernal **307** 58
~ marina **307** 23
división **326** 26
divisor **326** 26
~ de amasijo **97** 64
do bemol mayor **300** 15
~ mayor **300** 1
~ menor **300** 11
~ sostenido mayor **300** 8
~ sostenido menor **300** 5
dobladillo de pespunte **102** 2
doblado **157** 5
doblaje **293** 25–29
doble *[tenis]* **276** 2–3
~ *[dominó]* **265** 35
~ bisel de encaje **116** 91
~ "bogie" **209** 68
~ casa para cuatro familias **39** 69–71
~ de caballeros **276** 2–3
~ de señoras **276** 2–3
~ filtro de sonidos **306** 40
~ fondo **217** 57
doble grupo de cola cruciforme **225** 66
~ listón **117** 43
~ litera **262** 34
~ llave de pierna **281** 12
~ mixto **276** 2–3
~ Nelson **281** 10
~ platillo agudo **303** 50
~ rebobinadora **168** 43
~ techo suspendido **116** 65
~ tres **284** 16
~ valla con seto **272** 33
docena intermedia **263** 26
doctor **26** 12
doctora ayudante **28** 28
documento que permite el paso de la frontera **247** 14
documentos del coche **253** 66
dodecaedro pentagonal **330** 8
~ romboide **330** 7
dodecatetraedro **330** 13
dogcart **179** 18
dogo alemán **71** 34
doguillo **71** 9
doguino **71** 9
doladera **126** 17
dólar **244** 33
doliente **312** 38
dolina **13** 71
dolmen **309** 16
doma libre **290** 30 y 31
domador **290** 31, 52
dominguejo* **55** 27
dominguillo **30** 29
Dominicana, República, *guarda* 16
Dominico **314** 19
dominó **265** 33
~ *[mascarada]* **289** 15
domo **195** 37
~ de la caldera **205** 12
~ de vapor **205** 12
Don Cristóbal **298** 25
doncel **310** 68
doncella **48** 48
dorado **177** 1
dorador **177** 2
dormido **270** 15
dormilona **39** 47
dormirlas **258** 1
dormitorio **48**
dorsal ancho **20** 59
dorso de la mano **21** 83
dos piezas **32** 9
~ por cuatro **299** 31
~ por dos **299** 32
~ por ocho **299** 30
dosel de la cama **50** 9
dosillo **300** 38
dosímetro **2** 8–23
~ anular **2** 11
~ de bolsillo **2** 15
~ de película **2** 8
douze derniers **263** 27
~ milieu **263** 26
~ premiers **263** 25
dovela **318** 22
dracma **244** 39
Draco **5** 32
draga **221** 63–68
~ aspirante de arena **211** 59
~ con cadena de cangilones **211** 56
~ de cangilones **221** 63–68
~ de succión **211** 59
~ flotante **211** 56
~ para vaciar gabarras **211** 59
dragaminas **222** 11
Dragón **5** 32
dragón **307** 1
~ de las siete cabezas de la revelación **307** 50
~ marino **213** 13–17
~ vikingo **213** 13–17
~ volador **342** 3
drenaje del subsuelo **196** 61
"drive" **276** 21, 63
"driver" **276** 69
"driver" de acero **276** 70
driza **245** 2
~ de señales **218** 10
droguería **253** 23
dromia velluda **342** 1
"drop" **276** 50
drops **98** 76
drupa **61** 1–36, 43 **354** 99
ducking **281** 26
ducha **268** 2
~ de mano **51** 4, **173** 7, **262** 45
~ de palangana **104** 37
~ de techo **51** 15
duchas **25** 1
duela **126** 21
dueño del coto **272** 61
dulcemele **301** 32
dulces **98** 75–86
dulzaina alemana **301** 13
duna deformada por efecto del viento **13** 42
~ en forma de hoz **13** 40
~ movediza **13** 39
duodeno **22** 14, 43
duramen **115** 84, **354** 13
durmiente **257** 66
~ *[madera]* **85** 8
~ de las bancadas **269** 31

E

eclipse completo de Sol **7** 22
~ total de Sol **7** 24
eclíptica **5** 2
eclisa **117** 48
eco **219** 41
ecuación **327** 9
~ de primer grado con una incógnita **327** 4
~ determinada **327** 9
~ idéntica **327** 5

Ecuador, *guarda* 6
ecuador **15** 1
~ celeste **5** 3
echadora de cartas **291** 36
échappé **288** 11
echona* **58** 28
Edad de la Piedra **309** 1–9
~ del Bronce **309** 21–40
~ del Hierro **309** 21–40
edelweiss **362** 9
edición extraordinaria **253** 45
edificio **3** 37
~ anejo **312** 13
~ céntrico **316** 55
~ comercial **252** 15
~ de Aduanas del puerto **220** 34
~ de atrás **53** 1
~ de la administración **217** 1, **292** 4
~ de la caldera **146** 1–21
~ del aeropuerto terminal **230** 5
~ de la estación **199** 2
~ de las turbinas **212** 43
~ del período neoclásico **318** 15
~ de servicio anejo **201** 13
~ histórico **252** 45
~ lateral **53** 1
~ público **16** 54, **252** 19
~ sagrado **319** 21
edificios del templo **319** 25
editorial **325** 40
edredón de plumas **30** 33, **48** 13
~ para paseo **258** 31
educanda **257** 28
EE.UU. **14** 30
egipcia **325** 8
efecto sonoro **234** 1 y 2
efectos **243** 11–19
efímera **342** 6
eje *[Veh.]* **131** 11, **180** 61, **204** 62–64
~ *[árbol]* **136** 59, **156** 24
~ *[escalera]* **118** 76, 78
~ *[Geom.]* **329** 17
~ acodado **323** 30
~ acoplado **205** 36
~ ajustable **221** 39
~ auxiliar **189** 54
~ cambiadiscos **306** 33
~ de coche automotor **207** 1–10
~ de declinación **6** 6, **109** 22
~ de desbobinado **295** 36
~ de dirección **68** 72, **131** 15
~ de giro *[molino]* **91** 5
~ de giro *[Mús.]* **306** 16
eje de hierro **91** 12
~ de impulsión **197** 13, **212** 49, **227** 31
~ de la cresta **12** 17
~ de la hoyada **12** 19
~ de la muela **167** 17
~ del ánima **87** 38
~ delantero **186** 49
~ de la rueda trasera **182** 40
~ de las abscisas **329** 2
~ de la sierra **149** 24
~ de las ordenadas **329** 3
~ de las x **329** 2
~ de las y **329** 3
~ del brazo de contacto deslizante **233** 36
~ del brazo de mando **186** 42
~ de locomotora **207** 1–10
~ del pedal **180** 81
~ del pistón **184** 71
~ del sacudidor **67** 53
~ del selector **233** 43
~ de simetría **328** 25, **330** 4
~ libre de "bissel" **205** 35
~ horario **6** 5, **109** 20
~ hueco **295** 49
~ mayor **329** 23
~ menor **329** 24
~ motor **205** 37
~ "pedalier" **180** 42
~ polar **6** 5
~ portafresa **143** 21
~ portante **205** 35
~ primario **186** 55
~ rígido **183** 47
~ secundario **186** 56
~ sin diferencial **183** 47
~ trasero **185** 51
ejercicio **277** 44
~ con aros **278** 39
~ con el extensor **278** 43
~ con mazas **278** 31
~ con palos **278** 37
~ con palos largos **278** 35
~ con pesas **278** 33
~ de baile clásico **288** 1–10
~ de equilibrio **279** 41
~ de escritura **249** 7 y 8
~ de remo **269** 20–22
~ en la barra **279** 11 y 12
ejercicios con aparatos de mano **278** 31–43
~ de defensa contra incendios **255** 1–46
~ gimnásticos **278–279**
eje-remolque **189** 54
ejes de coordenadas **329** 2 y 3
~ de cuchillas **149** 58
~ de mando de los alerones **228** 34
el que abre camino **273** 11
elástico **33** 22, 24
elatérido **81** 37
elecciones **251**
elector con derecho a voto **251** 24
electora **251** 22
electricista **120** 1,
~ *[Cine.]* **292** 37, **297** 20
electrocardiógrafo **24** 15
electrocardiograma **24** 16
electrodo **24** 13, **140** 45
~ *[soldador]* **135** 6, 20
~ de cuerno **332** 4
~ de operaciones **27** 46
~ de platino iridiado **27** 46
~ interior **2** 3
electroimán **233** 54
electrón **1** 3, 7, **4** 33
electroscopio **331** 62
elefante africano **351** 20
elemento **332** 2
~ de calefacción **149** 46
~ del radiador **40** 77
~ de medición **10** 22
~ estructural **217** 41–58
~ impreso **172** 32
~ sensitivo **10** 22
elevación al frente de brazos **278** 3
~ a potencia **327** 1
~ de brazos arriba **278** 5
~ de los brazos en cruz **278** 8
~ de manos **72** 6
~ de puntillas **278** 7
~ de rodilla **278** 4
~ lateral de una pierna con manos a las caderas **278** 21
~ sobre las puntas de los pies **278** 7
elevador **67** 51, **91** 47, **169** 22
~ *[arma]* **87** 18
~ de bananas **220** 63 y 64
~ de cangilones **197** 24
~ de grano **221** 56–58
~ de motocicletas **191** 33
~ de rosario **164** 36
~ hidráulico **191** 2
~ inclinado **151** 5
~ neumático de un eje **191** 30
eliminador de la naftalina **148** 32
elimo arenario **16** 7
elipse **329** 22, 25
elipsoide de revolución **329** 42
élitro **82** 10, **341** 7, **342** 36
elodea canadiense **362** 56
embaldosado del zócalo **118** 21
embarcación aduanera **245** 35
~ de recreo **269** 1
embarcación de vela **270** 1–10
~ especial de puerto **221** 37–70
embarcadero **211** 7, **220** 33, **269** 19
~ de botes **269** 19
embellecedor **185** 14
emberiza **346** 6 y 7
embocadura *[Mús.]* **303** 33, 72
~ *[cigarrillo]* **105** 15
~ *[tejado]* **117** 30
émbolo **133** 25, **184** 54, **297** 60
~ *[instr. médico]* **26** 29
~ *[pluma estilográfica]* ~ **239** 22
~ buzo **139** 50
embotellado **80** 25
embrague **133** 37, **181** 36, **185** 41
~ *[Carp.]* **127** 23
embrión **354** 86, **366** 21, **368** 22
embudo **41** 89, **334** 16
~ de cristal **112** 14
~ de separación **333** 3
~ de soldadura con termita **198** 28
~ de succión **212** 51
~ guía **157** 15
embutidos **98** 4
eminencia frontal **18** 4
emisión de las ondas **230** 42
~ de partículas alfa **1** 10
~ de partículas beta **1** 11
~ especial **232** 21
~ radiofónica **234** 1–20
emisor del avión **230** 27
~ de radar **230** 45
~ de sonidos **219** 39
emisora **237** 33
~ de onda corta **10** 62
emisor-receptor **230** 32, 33
~-receptor del avión **230** 31
empacadora de paja **65** 30
empalizada **55** 10
~ contra la nieve **286** 6
empapelado **121** 29–41
empapelador **121**
emparedado **46** 39
emparrillado **68** 60
~ basculante **205** 5
empastado **92** 26
empaste **27** 33
empavesado **216** 37
empedrado **194** 11
empedrador **194** 16
empeine **21** 61
empella **99** 40, 55
emperatriz bizantina **338** 15
empesa **162** 56
empetráceas **361** 23
empleada del salón de belleza **103** 33
empleado **238** 1

empleado de Banco **242** 8
~ de Banco representante en la Bolsa **243** 7
~ de Correos **231** 39
~ de información **200** 49
~ de la casa consignataria **221** 24
~ de la oficina de consignación **202** 40
~ del despacho **200** 9
~ del tren **201** 54, **203** 17
~ de pompas fúnebres **312** 40
~ de ventanilla **231** 10, **242** 8
empréstito convertible **243** 11–19
~ municipal **243** 11–19
empujador **30** 19
~ *[Tecn.]* **184** 28, 68
~ *[Mús.]* **304** 27
empujadora niveladora **196** 28
empuje de la aguja a través de la malla **160** 63
empuñadura **85** 45, **120** 55, **127** 55, **219** 8
~ de la cámara del objetivo **109** 4
~ de la puerta del hogar **205** 65
~ inferior **279** 54
~ para el deslizamiento del carro **160** 41
~ para la dirección **90** 58
~ superior **279** 53
~ tipo pistola **89** 25
emú **343** 1
enaguas **33** 26
enano **291** 22
encabezamiento **239** 8
encaje de Alençon **101** 30
~ de bolillos **101** 18
~ de la camisa **33** 2
~ de la chaveta **136** 64, 83
~ del electrodo **135** 24
~ del tope **159** 44
~ de Reticella **101** 30
~ de Venecia **101** 30
encajes **30** 34
encantador de serpientes **336** 45
encañizado de protección **113** 90
encargada del guardarropa **296** 6
encargado **198** 9
~ de la carga del equipaje **201** 30
~ de la desinsectación **83** 18
~ de la estación de servicio **190** 10
~ de la fermentación **93** 14
encargado de la limpieza **257** 67
~ de la oficina ambulante de correos **203** 21
~ de la recepción **259** 7
~ del aserradero **149** 25
~ del baño **262** 42
~ del coche-cama **204** 16
~ del departamento **256** 60
~ del freno **285** 8
~ del malteado **92** 12
~ del mostrador **260** 8
~ del parque **257** 68
~ del telar **297** 7
~ del tinglado **221** 22
encargados del orden **251** 10
encaro **86** 34
encarretadora de cruzado **158** 1
encasillado de la mesa de juego **263** 9
~ del juego de la ruleta **263** 17
encastre de ala con fuselaje **271** 50
encendedor **105** 29
~ del gas **41** 87
~ del soplete **135** 55
encendido **227** 4, 15
encerado *[Mar.]* **216** 51
~ *[pizarra]* **249** 2
encerador **52** 9, 13
encía **21** 15
enciclopedia **250** 17
enciende-cigarrillos **186** 20
encintado **194** 9
~ de la acera **53** 21, **210** 3
encofrado **114** 11
~ de hormigón **114** 54–76
~ de las jácenas **114** 12
~ del cielo raso **114** 54
~ inferior de la jácena **114** 56
~ lateral de las jácenas **114** 55
encolado a pleno **178** 31
~ de canto **178** 31
~ del lomo **177** 14
~ en tiras **178** 31
encomienda* **231** 3
encuadernación **177–178**
~ a mano **177** 1–38
encuadernador **177** 2
~ *[oficina]* **238** 43
encuadre **171** 26
enchufe **186** 20
~ bipolar **120** 24
~ colgante de acoplamiento **120** 22
~ de clavija **235** 7, 8, 9, 10, 11
~ para el acoplamiento neumático **206** 26
~ para tubería de freno **206** 26
enderezador del plegado **175** 53
endibia **59** 39
endosante **242** 27
endosatario **242** 26
endoso **242** 25
endrino **358** 27
enea **362** 21
enebrina **356** 52
enebro **356** 47
enema **23** 46
enfermedad cancerosa **29** 48–55
~ de la piel **29** 48–55
~ que causa la caída de la hoja **81** 20
enfermera **23** 23, **28** 1
~ titular de quirófano **28** 16
enfermo **262** 7
enfranque **99** 53
enfriador **77** 38
~ de hidrógeno **147** 27
~ de la crema **77** 26
~ de leche del día **77** 32
~ solidificador **77** 26
enfriamiento previo del mosto de la cerveza **93** 1
enfurtido **162** 1
enganche **189** 32, 48, **206** 23, **67** 39
~ articulado **181** 21
~ con paso de fuelle **188** 4
~ de vagones **203** 35–39
engaño **89** 36–43
engarce **38** 25
engranaje **136** 80–94, **197** 11, **222** 63
~ automático **96** 54
~ cónico **91** 25
~ de amarre del mástil **226** 67
~ de la dirección **185** 49
~ del molino de viento **91** 11
~ de tornillo **186** 39
~ de tornillo sin fin **167** 19
~ elevador **145** 3
~ en espiral **136** 90 y 91
~ escalonado **136** 80
~ helicoidal **136** 87
~ planetario **136** 92
~ sin escalones **156** 29
engranajes **141** 58, **223** 5
~ de regulación de la alimentación **149** 59
engrasador **180** 62
engrudo **121** 30
engullidor **90** 21
enjambre de abejas **78** 53
enjaretado **25** 5
~ del timonel **219** 17
enlaces por radar Tierra-Luna **4** 23
enlosado del estercolero **64** 52
enlucido **121** 1–3, **321** 42
~ de la pared **118** 60
~ del cielo raso **118** 72
~ del techo **118** 59
enredadera **55** 5
~ de campo **63** 26
enrejado **130** 1
~ contra los animales monteses **84** 7
~ de alambre **84** 7
~ de corte **135** 41
~ de mimbre **130** 4
~ para las fieras **290** 50
~ paranieves **40** 8
enrollador de la película **111** 4
enrolladora **168** 22
enrollamiento de alto voltaje **147** 15
~ de bajo voltaje **147** 16
~ de cable **271** 4
~ primario **147** 15
~ secundario **147** 16
ensaimada **97** 49
ensalada de carne **96** 21
ensaladera **46** 23
ensamblador de ingletes **122** 31
ensambladura **122** 4
ensamble a media madera **116** 89
~ con resalte **116** 87, 88
ensanchador **119** 58
~ del tejido **161** 14
ensayo **296** 20
ensenada **13** 7
enseñanza de la natación **268** 16–20
ensilado de patatas **64** 12
~ de remolacha forrajera **64** 12
entablado **115** 9, **116** 75
entablillado Braun **23** 43
~ de urgencia para fracturas **17** 10
entalla **169** 48
~ *[Mús.]* **305** 30
~ de corredera **305** 33
entalladura **85** 20
entarimado **118** 74
~ del tejado **117** 61
entenalla **134** 16
entero **354** 43
enterrador **312** 22
entierro **312** 34–41
entintador **323** 22
entrada **53** 19, **221** 30, **290** 19
~ *[billete]* **296** 11
~ a la autopista **197** 36
~ a la cámara acorazada **242** 4
~ a la pista **290** 11
~ al garaje **39** 52
~ al parque **257** 32
~ al urinario público subterráneo **194** 20
~ con dispositivo especial de cierre **75** 3

entrada de agua caliente **145** 66
~ de agua fría **3** 28
~ de aire caliente **44** 16
~ de aire frío **140** 16
~ de aire para la turbina **226** 13
~ de cine **295** 3
~ de combustible **227** 9
~ de hidrógeno **334** 12
~ de la cebada **92** 6
~ de la fiera **290** 51
~ del agua **119** 63, **254** 54
~ de la hidroxilamina **164** 21
~ del aire de ventilación **184** 3
~ de la materia **161** 38
~ del canal **212** 15 y 16
~ del gas **133** 7, **134** 21
~ del nido **343** 28
~ del subte* **252** 25
~ del tejido **162** 9, 26
~ de metro **252** 25
~ de oxígeno **334** 11
~ de vapor **3** 8
~ lateral **312** 15, **317** 13
~ para la renovación de aire **339** 40
~ primaria del aire para la emulsión **183** 62
~ primaria del aire para la mezcla **183** 62
~ trasera **193** 12
~ vertical de los depuradores **168** 5
entramado **64** 4
~ del tejado **115** 7
entrechat **288** 13
entredós **170** 27
entrega del balón **274** 61
~ de libros **250** 18
entrenador **274** 44
~ de remo **269** 20
entrenamiento de esgrima **277** 44
~ para el boxeo **281** 18–26
entrepuente **218** 66
entresaca **57** 5
entretela **102** 67
entrevigado **115** 43
entubación **139** 19
envés de la hoja **362** 19
envoltura completa **23** 19
~ de fibra de rafia **57** 35
~ del dirigible **226** 74
~ de plomo **147** 39, 47
~ hermética **97** 28
~ perforada **161** 61
envolvedero **30** 1
envolvedor **30** 1
envolvente de porcelana **120** 38
envolvimiento **277** 48
~ en círculo **277** 51
~ en cuarta **277** 49
~ en segunda **277** 52
envolvimiento en tercera **277** 50
epicentro **11** 33
epicondensador **110** 14
epidídimo **22** 73
epigastrio **18** 35
epiglotis **19** 51
epimanikión **314** 28
epistilo **316** 18
Epístola **311** 47
epitafio **312** 14
epitraquelión **314** 27
equilibrador **225** 35, 37
equilibrista **290** 48, **298** 16
equino **316** 21
equinoccio **5** 6 y 7
~ de otoño **5** 7
equinodermo ofiúrido **349** 11
equinodermos **340** 23y24, **349** 3, 17, 18, 19
equipaje **201** 4–12
equipo **274** 11–21
~ a la ofensiva **275** 46
~ de acabado **168** 21 y 22
~ de alpinismo **282** 35–56
~ de buzo **224** 20–30
~ de cabeza **233** 13
~ de calefacción por aire caliente **186** 24
~ de caza **87**
~ de esgrima **277** 25–31
~ de esquí **283** 35–58
~ defensor **275** 59
~ de fútbol **274** 11–21
~ de gimnastas **279** 31-32
~ de labios para aplicar el estucado **168** 35
~ del fumador **105** 40
~ del perro **71** 27–30
~ de magnetófonos **234** 1 y 2
~ de máquinas **241** 40–61
~ de minero **138** 54–58
~ de nado de relevo **268** 24–32
~ de radar de precisión **230** 38
~ de reparaciones **181** 1
~ de vigilancia de radar **230** 37
~ receptor **275** 58
equiseto **360** 18
equitación **72** 1–6, **272** 30
~ de alta escuela **72** 1–6
~ deportiva **272**
era **64** 38
Erato **308** 63
ergates carpintero **342** 38
erial **16** 5
ericácea **56** 12
Erídano **5** 12
Erinia **308** 51
erizo **351** 5
~ de mar **340** 24, **349** 19
ermita **16** 61
Eros **308** 26
eruca **63** 16
escabel **44** 36
escabiosa de Indias **359** 29
escafandra **224** 22
escala **212** 8
~ *[línea graduada]* **10** 25, **332** 13
~ *[mapa]* **15** 29
~ *[Mús.]* **299** 47–50
~ cromática **299** 49
~ de altura **149** 9
~ de campos de frecuencia **234** 37–40
~ de cuartos de tono **299** 50
~ de cuerda **216** 14, **290** 8
~ de cursor **333** 23
~ de do mayor **299** 47
~ de do menor **299** 48
~ de enfoque **111** 13, **294** 6
~ de exposición **111** 11
~ de gato **216** 14
~ de grises **320** 15
~ de ingletes **143** 51
~ del dispositivo de alimentación **149** 8
~ de letras para medir la agudeza visual **26** 1
~ del pie del alza **87** 68
~ de marginadores **240** 7
~ de medidas **241** 22
~ de presión del pisón **178** 7
~ de sectores **294** 16
~ de temperaturas **4** 58
~ en milibares **10** 3
~ en milímetros **10** 3
~ graduada **30** 47, **109** 25, **333** 35
~ indicadora **241** 26
~ micrométrica **142** 54
~ natural **299** 47
~ para la anchura del listón **149** 5
~ para regular el tamaño de los puntos **160** 42
~ real **216** 34
~ reguladora de medida del primer pliego **178** 11
escalada **282** 1–56
~ en hielo **282** 15–22
~ en rocas **282** 2–14
escalador **282** 6
~ *[carnicero]* **96** 34
~ de hielos **282** 16
~ en el descenso **282** 31
escalera **1** 43, **40** 4, **117** 63
~ circular de abanico **118** 76
~ de acceso al andén **201** 2
~ de acceso al sótano por la parte exterior **113** 4
~ de acero **255** 10
escalera de buzo **224** 16
~ de cámara **216** 41, **218** 24
~ de caracol **118** 76
~ de caracol de eje **118** 77
~ de cuarto de conversión **118** 75
~ de entrada **39** 66, **226** 33
~ de esclusas **212** 17–25
~ de ganchos **255** 16
~ de huerto **55** 8
~ del jardín **39** 39
~ del púlpito **311** 19
~ del sótano **53** 3, **118** 16
~ de madera **40** 25
~ de mano **40** 15, **113** 42
~ de pared **279** 4
~ de piedra **54** 24
~ de pintor **121** 4
~ de piso **118** 42–44
~ de tijeras **52** 1, **119** 31
~ de urgencia **138** 33
~ doble **52** 1, **121** 4
~ extensible **255** 10, 14
~ extensible giratoria a motor **255** 9
~ maciza **118** 16
~ mecánica *[almacenes]* **256** 22
~ mecánica *[camión de bomberos]* **255** 10
~ para la limpieza **201** 15
~ para las gallinas **75** 4
~ sin ojo **118** 42–44
~ truncada **118** 42–44
escalerilla del púlpito **311** 56
escalinata **315** 33
escalón **40** 27, **229** 39, 42
~ cuña **118** 31
~ de hielo **282** 18
~ estratificado **13** 49
~ final **4** 56
~ preliminar del cohete **229** 36
~ principal del cohete **229** 37
escalones **89** 13
escalpelo **26** 39
escama **350** 11, **356** 42, 43, 50
~ de cera **78** 25
~ de la bráctea **356** 5
~ de la piña **356** 8, 14, 27, 38
~ de la piña de flores **356** 34
~ del fruto **356** 67
~ seca de la poliamida **164** 39
escanciador **310** 69
escandalosa **214** 31, **270** 37
escandallo **219** 36
escaparate **98** 1, **253** 4, 41

escaparate* **48** 40
escaparate interior **256** 13
escape **223** 36, **227** 7
escápula **19** 7
escapulario **314** 15
escarabajas **52** 61, **53** 8
escarabajo **82** 1, 42, **342** 24–39
~ cornudo **342** 24
~ de la corteza **82** 22
~ de la patata **81** 52
~ de la remolacha **81** 45
~ del Colorado **81** 52
~ del estiércol **342** 39
~ de resorte **81** 37
~ elástico **81** 37
~ molinero **341** 19
~ omnívoro **342** 24–38
~ rapaz **342** 39
~ tipógrafo **82** 22
escaramujo **357** 25
escarapela **247** 4, **289** 34
escarbadero **75** 16
escarcela **310** 49
~ para las limosnas **257** 65
escardillo **58** 12
escariador **134** 25
~ de ángulo **119** 10
escarificadora *[Máq. agrícola]* **68** 45
~ *[Máq. para la construcción de carreteras]* **196** 19
escarola **59** 39
escarpa **13** 28
~ de la orilla **212** 28
~ del dique **211** 40
escarpe **310** 55
escena **297** 36, **316** 45
escenario **296** 14, **297** 1–60
~ de exteriores **292** 7
~ del cine **295** 8
~ en miniatura **298** 38
~ exterior **292** 1
~ giratorio **297** 31
~ para figuras **298** 38
~ radiofónico **234** 14
~ sonoro **292** 26–61
escenógrafo **296** 37
esclava **38** 15
~ de harén **289** 41
esclavina **314** 23
~ de gorguera **338** 39
esclavo de galera **213** 48
~ remero **213** 48
esclusa **212** 20
~ de aire **137** 16
~ del dique **211** 34
~ de retención **16** 69
escoba **195** 9
~ de deshollinar **40** 35
~ de mango **52** 20
~ de mano **40** 36
~ de palma **52** 78, **53** 45
~ de ramas **64** 39
~ de tamujos **64** 39
~ para hojarasca **54** 16
~-aljofifa **52** 11
escobilla de jazz **303** 53
~ de mano **52** 16
~ de mesa **106** 33
~ de metal **303** 53
~ para la limpieza de los cañones **87** 62
~ para limpiar botellas **41** 25
Escocia **69** 1
escofina **99** 36
~ de media caña **127** 29
~ de tabla **127** 30
escolar **249** 28
escollera **220** 32
escopeta **86** 4
~ de aire comprimido **258** 3
~ de tiro doble **87** 33
~ de tres cañones **87** 23
escoplo **322** 19, **323** 7
~ de acanalar **129** 24
~ de alfajía **127** 62
~ de descortezar **85** 32
~ de fijas **127** 63
~ en bisel **127** 65
~ para hacer mortajas **115** 72
~ plano **134** 18
escoplos **127** 25
escoria de la chimenea **11** 27
escorial **137** 9
Escorpión **5** 38, **6** 39
escorpión común **342** 40
~ de agua **342** 4
escorzonera **59** 35, **359** 45
escota **214** 68, **270** 52
~ de botavara **214** 69
escotadura para facilitar la digitación **303** 74
escote **32** 26, 40
escotilla de bodega **217** 61 y 62
~ de carga **226** 35
~ de entrada **226** 34
~ de la válvula de escape **226** 72
~ para los torpedos **223** 30
escotillón **40** 13, **297** 32
escribanía de pared **259** 16
escrito **239** 1–12
~ de acusación **248** 28
escritorio **47** 11, **238** 12
escritura **249** 48, **324–325**
~ arábiga **324** 2
~ armenia **324** 3
~ cuneiforme **324** 8
~ china **324** 5
~ de Braille **325** 15
~ del sánscrito **324** 9
~ de nudos de los incas **335** 22
~ fenicia **324** 14
~ fonética **325** 14
~ georgiana **324** 4
~ griega **324** 15
~ hebraica **324** 7
~ ideográfica **324** 1
escritura japonesa **32**
~ rúnica **324** 19
~ rusa **324** 20
~ siamesa **324** 10
~ sinaítica **324** 13
~ tamúlica **324** 11
~ tibetana **324** 12
~ uncial **324** 17
escroto **22** 71
escuadra **127** 15, **144** 5
~ a inglete **115** 82
~ con espaldón **145** 35
~ de acero **106** 28
~ de acoplamiento **111** 56
~ de hierro **115** 78
~ de vidriero para cortar **122** 21
~ respaldada **145** 35
escualo **350** 1
escudete **82** 5, **342** 30
escudilla de la comida **71** 36
escudito de unión **313** 31
escudo *[arma]* **213** 17, **337** 10
~ *[Blas.]* **246** 5
~ *[moneda]* **244** 23
~ *[Zool.]* **88** 55
~ contra la metralla **222** 42
~ de alianza **246** 10–13
~ de armas **246** 1–6, 10, 11–13
~ de armas de matrimonio **246** 10–13
~ de armas de una ciudad **246** 46
~ de armas nacional **244** 12
~ de la marca **180** 15
~ del cuello **342** 29
~ doble **246** 10–13
~ largo **310** 56
~ redondo **310** 57
~ torácico **342** 29
escuela **249**
escuerzo **350** 23
escultista **266** 40
escultor **322** 1
~ en madera **322** 28
escultura **322** 32
escupidera **30** 17
~ de mano **23** 16
escupidor de bolsillo **23** 32
escurreplatos **41** 19, **260** 2
escurridera **42** 47
escurrido de los tejidos **162** 14
escutelo **342** 30
escúter **183** 1–37
esencia de valeriana **23** 57
esfenoides **19** 38
esfera *[Geom.]* **329** 41
~ *[reloj]* **107** 2, **254** 58
~ conductora **331** 61
~ de cristal **99** 25
~ de cristal blanco **259** 4
~ de prueba **331** 46
esfera de vidrio deslustrado **259** 4
~ solar **7** 19
esfigmomanómetro **23** 1
esfigmómetro **29** 19
esfinge *[Mit.]* **307** 20
~ *[mariposa]* **342** 55, **348** 9
~ del pino **82** 17
~ egipcia **315** 11
esfíngido **82** 27
esfínter del ano **22** 63
esgrima **277**
~ de espada **277** 39–43
~ de florete **277** 15–32
~ deportiva **277** 15–43
esgrimidor **277** 17 y 18
esgrimista* **277** 17 y 18
esgucio **318** 50
eslabón **107** 11
~ de cadena **181** 29–31, 32
~ de enganche **203** 35
~ de enlace **181** 29–31
~ de repuesto **181** 28
~ giratorio **139** 9
eslinga **221** 11
esmaltador de porcelana **154** 17
esmalte **21** 30
~ *[Blas.]* **246** 24–29
~ de uñas **103** 12
esmerejón **347** 1
esófago **19** 49, **22** 23, 40, **78** 19
espacio **170** 17
~ *[Mús.]* **299** 46
~ cuneiforme **169** 24
~ de cuña **169** 24
~ del gas **148** 58
~ de temperatura invariable **6** 19
~ para el estacionamiento de aviones **222** 50
~ para las chispas **331** 73
~ talado **84** 13
~ termoconstante **6** 19
espada **277** 40
~ *[naipe]* **265** 43
~ *[corrida]* **287** 65
~ *[Máq.]* **159** 17, 22, **178** 29
~ de fantasía **338** 63
espadaña **62** 11
espádice **362** 22, **367** 55, **368** 4, 6
espadilla *[Mar.]* **269** 17, 35–38
~ *[planta]* **62** 11
~ *[herramienta del escultor]* **322** 12
espalda **18** 22–25, **73** 18, **95** 5, 9, 22
~ *[Tecn.]* **117** 86
~ de la montaña **12** 41
espaldar **47** 58
~ *[enrejado]* **39** 33
~ ajustable **29** 23
~ del sillón **104** 29
espaldera de arco **55** 12
espalderas **279** 1

espaldilla **95** 42
espantapájaros **55** 27
espantasuegras **291** 14
España **14** 23
esparadrapo **17** 7, **23** 54
esparavel **89** 6
esparceta **70** 10
esparcidor **195** 17
~ de arena **195** 16
~ giratorio **195** 18
esparcidora automotriz del recebo **196** 41
esparganura sappho **345** 4
espárrago **59** 14
~ *[tornillo]* **136** 22
esparrancador **94** 11
esparta **130** 26
esparteña **100** 7
espátula **27** 51
~ de modelar **322** 10
~ de pintar **321** 15
~ para la masilla **122** 27
especia **366**
especialista **26** 12
~ en desatarse **291** 28
~ en hormigón **114** 9
~ en saltos artísticos **268** 5
especiero **41** 10
espectador **284** 2, **291** 29, **296** 4
espectro solar **320** 14
espectrómetro **331** 34
espejo **6** 4, 15
~ *[Mont.]* **88** 20, 36, 74
~ *[embarcación]* **270** 18
~ cóncavo **6** 4, **108** 36, **291** 56
~ convexo **291** 57
~ chico **219** 6
~ de boca **27** 43
~ de iluminación **15** 58, 59
~ de la meta **272** 18
~ del armario **48** 43
~ del lavabo **51** 52
~ del recibidor **43** 5
~ del tocador **48** 24
~ del vestuario **296** 43
~ de mano **104** 1
~ de popa **213** 55
~ frontal **26** 4
~ grande **219** 6
~ hueco **295** 39
~ inferior **6** 18
~ parabólico **6** 4, **230** 40
~ parabólico de radar **230** 52
~ para el afeitado **51** 81
~ para el dibujo de la proyección **110** 7
~ plano **331** 33
~ retrovisor **185** 38
~ retrovisor de la motocicleta **190** 14
espejuelo **73** 27
espelta **69** 24
~ verde **69** 25
espérgula **70** 12
espesador de la pasta lejiada **167** 6
espesor **6** 50
~ del filón explotable **138** 22
espesura de la plantación joven **84** 11
espiche **336** 9
Espiga **5** 18
espiga **69** 2, **354** 67
~ *[cuchillo]* **46** 52
~ *[tornillo, clavo]* **136** 29, 51
~ de centeno **69** 2
~ de flores **367** 62, 66 **368** 63
~ del roblón **136** 56
~-guía **301** 40
~-guía del pestillo **134** 41
espigón **282** 37
~ *[Mar.]* **211** 20, **220** 32–36
~ de piedra **16** 48
~-tope **304** 31
espiguilla **69** 10, **70** 23, **359** 42
espiguita **70** 23
espina de la raíz **354** 81
~ de la rosa **62** 18
espinaca **59** 29
espineta **301** 45
espinillera **274** 30, **275** 15, **284** 40
espinillo de un pistilo* **358** 30
espino albar de un pistilo **358** 30
~ negro **358** 27
espiral **284** 8
~ de protección **120** 25
espírea **358** 23
~ del Japón **357** 28
espíritu del aire **307** 55
~ de sal **52** 35
espirografio **340** 18
espita **93** 22, **333** 5, 22
~ de carga y vaciado **40** 65
~ de desagüe **172** 27
~ de estrangulamiento **331** 11
~ de presión **331** 11
esplenio **20** 51
espliego **364** 7
espolín **72** 50
espolón **74** 26, **88** 23, 57, 82
~ *[puente]* **210** 29, **213** 9
~ del arco **210** 13
~ suelto **210** 14
espolvoreador **104** 19
espolvoreamiento de insecticida **83** 46
espongiario **340** 13
esponja **190** 26, **249** 4, **323** 25
~ artificial **112** 16
~ común **340** 13
~ cristalina **349** 7
~ de baño **51** 12
~ de lufa **51** 13
~ natural **112** 15
~ para fregar la vajilla **41** 26
esponja para la pizarra **249** 36
esponjilla humedecedora **238** 77
espora germinal **365** 8
esposas **248** 9
espuela **72** 50 y 51, **272** 55
~* **74** 26
espuela clavada **72** 50
~ de caballero **62** 13
~ de correílla **72** 51
~ de galán **56** 4
~ fija **72** 50
espuma **93** 14
~ de jabón **104** 27
~ de la cerveza **260** 4
espumadera **41** 2, **96** 51
espumilla* **261** 5
esqueje **57** 20, **79** 23
~ en agua **57** 19
esquela mortuoria **325** 51
esqueleto **19** 1–29, **322** 22
~ silíceo **340** 8
esquema **156** 63
esquí acuático **267** 16
~ de abajo **283** 26
~ de arriba **283** 25
~ de aterrizaje **225** 9
~ de fondo **283** 40
~ de paseo **283** 35
~ de saltos **283** 41
~ de slalom **283** 36
~ deslizante **283** 29
~ de turismo **283** 35
esquiador **283** 18
~ de fondo **283** 30
~ echándose hacia adelante **283** 18
esquife **269** 16
esquimal **336** 1
esquina **275** 7
~ de la calle **194** 5, **253** 15
~ de penalidad **275** 6
esquís **283** 35–41
esquiva rotativa **281** 26
esquizocarpio **354** 94
esquizoneura lanuda **81** 32
estabilizador **273** 50
~ horizontal **228** 43
establecimiento de baños **268** 1–32
establo **64** 47, **76** 17–38
estaca **84** 24, **275** 62
~ con yema de la vid **57** 22
~ de la alambrada **75** 24
~ de rama **57** 25
~ de viraje **275** 64
estacada de amarre **211** 18
estación *[parada]* **16** 27
~ *[radio]* **234** 47
~ balnearia **262** 1–49
~ carbonera **220** 49–51
~ central **252** 30
~ cósmica **4** 54
~ de aprovisionamiento **190** 1
estación de autobuses **199** 5
~ de bombeo **139** 23, **212** 39–44
~ de clasificación **202** 44–54
~ de control **212** 45
~ de cuarentena **220** 2
~ de elevación por bombas **212** 39–44
~ de enclavamiento **16** 24
~ de energía eléctrica **3** 33
~ de ferrocarril **16** 41
~ del valle **209** 39
~ de maniobras **202** 44–54
~ de mercancías **202**
~ de mezcla **197** 22
~ de montaña **209** 57
~ de origen **199** 1
~ de piscicultura **89** 55–67
~ de servicio **190** 1, 7, 8
~ de Vía Crucis **311** 57
~ exterior **4** 54, 55
~ generadora **146** 1–28, **212** 21
~ local de ferrocarriles **199** 4
~ meteorológica **9** 7
~ para la observación del tiempo **9** 7
~ purificadora de aguas residuales **252** 64
~ secundaria **199** 4, **252** 56
~ terminal **199** 1
~ término **199** 1
estadio **252** 53
~ con pista de hielo **284** 1
Estados Unidos de Norteamérica **14** 30
estalactita **13** 80
estalagmita **13** 81
estambre **354** 57, **356** 7, 18, **358** 3
estampa **132** 28–30
~ de banco **134** 11
~ de martillo superior **132** 36
~ de punzón **132** 28
~ de yunque **132** 30
~ inferior **132** 30, **133** 43
~ superior **133** 42
estampado de tejidos con plantilla **162** 59
estampadora *[Máq.]* **162** 53
~ *[herramienta]* **134** 61
estampilla de la franqueadora **232** 17
estanco de la estación **200** 47
estandarte de la caballería **245** 13
~ de la iglesia **312** 44
~ de la procesión **312** 44

estandarte del Presidente de la República Federal Alemana **245** 14
estanque **16** 79, **54** 19, **257** 50
~ de juegos **258** 10
~ de los peces de colores **257** 57
~ para chapotear **39** 44
estante con cierre de persiana a corredera **238** 5
~ de amplificación **293** 9
~ de carga **77** 14
~ de la música **44** 26
~ de la puerta **42** 8
~ de las botellas **260** 10
~ de las herramientas **127** 10–31
~ de libros **47** 53, **314** 12
~ de los periódicos **261** 8
~ de los tacos **264** 19
~ de los vasos **260** 9
~ de registro **238** 59
~ mural **314** 12
~ para ropa blanca **48** 42
~ rodante de periódicos **201** 17
estantería **98** 14, **169** 8
~ de acero **250** 12
~ de ficheros **250** 22
~ de las botellas **80** 32
~ de las revistas **250** 15
~ de los diarios **250** 16
~ de los periódicos **250** 16
~ de los vasos **262** 16
estaquilla **118** 11, **266** 28
~ de la oreja **337** 30
~ para habas **55** 28
estaquillador **99** 62
estatua **257** 10, **316** 5, **322** 32
~ de Buda **319** 20
~ de piedra **257** 2
estatuilla de marfil **309** 8
estay **214** 10
~ de foque **214** 14
~ del mastelero de mayor **214** 11
~ del mastelero de mesana **214** 11
~ del mastelero de trinquete **214** 11
~ de mayor **214** 10
~ de mesana **214** 10
~ de popa **270** 47
~ de proa **270** 48
~ de señales **218** 11
~ de trinquete **214** 10
~ de violín **270** 49
~ mastelerillo de mesana **214** 12
~ mastelerillo de trinquete **214** 12
estay mastelerillo sobrejuanete **214** 13
estela **218** 52
~ *[monumento]* **316** 33
~ de condensación **229** 38
~ de niebla **2** 27
estera de cáñamo **44** 15
~ de cañizo **79** 6
~ del baño **262** 49
~ del cuarto de baño **51** 21
~ de paja **79** 6
estercolero **64** 51
estéreo de madera **84** 24
estereóbato **316** 4
estereofotografía **111** 27
estereomicroscopio de ensayos **110** 17
estereoplanígrafo **15** 66
estereoscopio **111** 28
estereotipador **172** 4
estereotopo **15** 64
esterilizador **28** 60
esterilla del retrete **51** 34
~ regular **165** 11
esternocleidomastoideo **20** 34
esternón **19** 8, **95** 27
estetoscopio **26** 14
~ de madera **26** 26
~ de membrana **26** 14
esteva **68** 3
estibador **221** 23
esticarión **314** 26
estiércol de caballo **76** 8
estigma *[Bot.]* **60** 41, **61** 16, **354** 56
~ *[Zool.]* **342** 32
estilete **233** 58
~ *[Esgr.]* **277** 66
~ *[Med.]* **28** 46
estilo **324** 21
~ *[Bot.]* **60** 42, **61** 15, **354** 55
~ a la marinera **268** 37
~ Arte Nuevo **318** 18
~ de acero **324** 21
~ de delfín **268** 35
~ Imperio **318** 16
~ Luis XVI **318** 14
~ paje **35** 35
~ teléfono **35** 37
estilóbato **316** 32
estilos del tejado **116** 1–26
~ de natación **268** 33–40
estimulantes **98** 66–68
estípite con busto **316** 35
estípula **60** 48, **59** 5, **355** 73
estique **322** 13
estirador **94** 11
estiraje **157** 12, **164** 46, 55
~ de la mechera **157** 22
estirpia **131** 21
estola **314** 35, **338** 9
~ de pieles **32** 48
estolón **57** 16, **60** 20
estómago **22** 13, 41 y 42, **78** 16
estomiátido **349** 10, 13
estopa **125** 7
~ de limpieza **87** 63
~ selecta **125** 7
estopilla **125** 7
estopor **218** 46
estornino común **346** 4
estrado del testigo **248** 34
estramonio **363** 8
estrangulador **182** 30
estrapontín **187** 12, **204** 11
estratificación de las rocas sedimentarias **12** 1
estrato **8** 4
~ impermeable **12** 23, 28
estratocúmulo **8** 3
estratosfera **4** 12
estrecho **15** 24
Estrecho de Gibraltar **15** 24
estregadera de mango **52** 25
estrella **5** 9–48, 14
~ circumpolar **5** 5
~ de cabellera **7** 25
~ de cola **7** 25
Estrella del Norte **5** 1
estrella de mar **340** 23
~ de rabo **7** 25
~ de revista **298** 4
~ distribuidora **67** 19
~ doble **5** 29
~ fija **5** 1–35
~ fugaz **7** 28
Estrella Polar **5** 1, 34
estrella principal *[Astron.]* **5** 9
~ principal *[artista]* **292** 27
~ variable **5** 11
Estrellas y Bandas **245** 18
estría **87** 36
~ de molienda **91** 18
~ de refrigeración por aire **91** 17
estrías **316** 27
estribera* **72** 42
estribo **72** 43
~ *[Veh.]* **179** 13, **203** 25, 30
~ *[esquí]* **283** 47
~ *[Anat.]* **19** 61
~ *[Arq.]* **210** 32, **310** 26, **318** 20
~ de hierro **254** 28
~ del alambre **23** 45
~ del arco **210** 13
~ en consola **210** 8
estrígidas **347** 14–19
estróbilo **356** 2
estropajo de aluminio **41** 24
estructura básica **319** 9
~ de descarga **212** 44
~ de hormigón armado **114** 1
estructura de la suspensión **209** 54
~ del dique **217** 34 y 35
~ del modelo **271** 44
~ de los cristales **330** 1–26
~ en capas de la Tierra **11** 1–5
~ inferior **204** 2
estucador **113** 83
estuche de cigarros **105** 11
~ de la semilla **59** 6
~ de las gafas **108** 25
~ del instrumento **2** 5, 22
~ para el revelado de película **112** 13
estuches de las piezas pequeñas **192** 35
estudiante **250** 9, 10
estudio **47** 1–61, **321** 1–43
~ al óleo **321** 36
~ de dibujante **321**
~ del escultor **322**
~ de los astros **6** 1–51
~ de pintor **321**
~ de registro de sonidos **292** 14, **293** 1
~ de resonancia **293** 19
~ de televisión **237** 1–11
~ musical **292** 14
~ radiofónico **234** 7–12
estudios cinematográficos **292** 1–13
estufa **79** 4
~ cilíndrica de hierro **52** 64
~ de azulejos **260** 34
~ de gas **119** 65
~ de la sauna **25** 11
~ para los polluelos **75** 28
estuquista **113** 83
Etiopía **14** 36
etiqueta **57** 4, **201** 5
~ con la dirección **231** 4
~ de la botella **93** 42
~ del bulto enviado por expreso **200** 3
~ del hotel **201** 6
~ de reserva de asiento **204** 34
~ engomada para correo aéreo **232** 32
~ engomada para correo expreso **232** 31
~ engomada para los envíos como valores declarados **232** 28
~ para el correo certificado **232** 33
etmoides **19** 39
etnología **335–337**
Euchiostoma **349** 13
eufrasia **63** 27
Eulenspiegel **289** 38
Eurasia **15** 15 y 16
Europa **14** 1–26, **15** 15

Euterpe **308** 65
Evangelio **311** 48
evaporación del clorobenzol **164** 11
~ de la sosa cáustica **164** 11
evaporador **42** 3
~ de amoníaco **261** 48
examen de alimentos **110** 24
~ de gases **110** 25
~ de líquidos **110** 25
~ ginecológico **110** 11
~ microestereoscópico **110** 17
excavación de la caja de sótanos **113** 69–82
~ de un pozo **138** 27
excavadora **113** 81
~ con pala de empuje **196** 1
~ de cuchara **153** 2
~ del terreno de cobertura **151** 3
~ de varios cucharones **151** 3
~ grande **151** 3
~ universal **150** 13, **196** 1
excéntrica **159** 57, **182** 47
~ de gatillo de la espada **159** 66
exceso de presión **205** 3
excitador **183** 63
~ del carburador **182** 31
excrecencia **81** 33
~ vesicular de la raíz **81** 27
excremento **76** 22
excusado **51** 35, **204** 13
exhalación **17** 26
exhaustor del gas **148** 30
exhibición de animales **290** 63
~ individual **284** 4
exhibiciones artísticas **298** 9–22
ex libris **178** 51
exosfera **4** 14
expedientes **238** 9
expendedor automático de bebidas **260** 52
~ de billetes **200** 39
experto forense **248** 36
expiración **17** 26
explanación del trazado de la vía **198** 22
explanada **201** 16
~ de ensillado **272** 4
explorador **266** 40
~ magnético del sonido **295** 50
explotación a cielo abierto **150** 1
~ de ferrocarriles **199**
~ de un filón **138** 8
~ forestal **84** 1–34
~ minera **137** 14–40
~ por grandes puntales **138** 13
exponente **327** 1
exposición *[Fot.]* **241** 19
~ de valores **144** 3
exposímetro **111** 38
exprimidor **42** 42
~ de rodillo **112** 37
expulsión de los gases de combustión **227** 37
extensión al frente de la pierna derecha **278** 3
~ de la pierna izquierda atrás **278** 6
extensor *[Gimn.]* **278** 50
~ *[Med.]* **23** 41
~ *[Fot.]* **111** 8
~ común de los dedos **20** 57
~ de la pierna **20** 46
~ de los dedos **20** 63
exterior derecha **274** 21
~ izquierda **274** 17
exterminación de insectos **83** 17
extinción de incendios **297** 6
extintor de espuma **207** 24
~ de incendios **207** 24
~ de incendios accionado a mano **190** 34
~ de mano **255** 61
~ transportable **255** 63
extra **292** 29
extracción de calor **1** 28
~ de carbón **137** 14
~ del mosto de cerveza **92** 22–36
~ de raíces **327** 2
extractor **164** 37
~ centrífugo de zumo **42** 39
~ de aire **158** 63
~ de las botellas lavadas **77** 17
~ de líquido **192** 43
~ del papel **175** 24
~ de polvo **231** 34
~ de tornillos **192** 33
extremidades **18** 43–54
extremo **136** 23, **328** 17, 18
~ de la salchicha **96** 57
~ del malecón **13** 38
~ derecha **274** 21
~ izquierda **274** 17
~ redondeado **136** 20

F

fa mayor **300** 9
~ menor **300** 12
~ sostenido mayor **300** 7
~ sostenido menor **300** 4
fábrica **16** 37, **145**
~ de acero **140** 20–62
~ de benzol **148** 43
~ de cal **153**
~ de cemento **152**
~ de cerveza **92–93**
~ de conservas de pescado **220** 9
fábrica de coque **148** 17–24
~ de gas **148**
~ de harina **91** 45–67
~ de ladrillos **151**
~ de malta **92**
~ de medias **160** 1–66
~ de redes **220** 8
~ de tabaco **83** 10
~ siderúrgica **140**
fabricación de clisés **172** 23–30
~ de géneros de punto **160**
~ de la viscosilla **163** 1–34
~ del papel a mano **168** 44–50
~ del perlón L **164** 1–62
~ del rayón **163** 1–34
~ de medias de señora **160** 18
~ de papel **167–168**
~ de porcelana **154**
~ de vidrio **155**
~ de vidrio plano **155** 1–11
faceta **38** 27, **78** 20
facistol **311** 4
factor **326** 25
factura **238** 50
fachada **117** 25
~ del órgano **305** 1–5
faetón **179** 38
fagot **302** 28
fagote **302** 28
faisán **88** 77
~ común **88** 77
faja **33** 16
~ apilastrada **317** 11
~ de césped **197** 37
~ del cimiento **118** 2
~ de rizo **214** 72
~ intermedia **197** 37
~ verde **197** 37
fajina **211** 53
falange *[Anat.]* **19** 17, 29, **21** 77
falca **269** 43
falda *[carne]* **95** 2, 41
~ a la Margarita **338** 37
~ con tirantes **32** 11
~ corta de bailarina **288** 33
~ del traje **32** 4
~ de rafia **289** 18
~ fruncida **338** 37
~ plisada con tirantes **31** 34
~ trasera **95** 15
faldón **34** 58
~ lateral **72** 40, 47
faldoncillo **116** 17
falena del pino **82** 46
falsa escuadra **115** 81
~ lagarta **81** 13
falso tirante **116** 35
falta **274** 51
falla **12** 4, **137** 24
~ compleja **12** 8–11
~ en escalera **12** 8
~ oblicua inversa **12** 7
fallecido **312** 54
familia **45** 1–4
fanal **16** 49, **213** 44, **219** 44
~ de la quesera **45** 63
fanón **314** 55
farallón **13** 25
fardo **202** 4, **221** 34
fárfara **364** 8
faringe **21** 14–37
farmacia **253** 28
faro **16** 8, **180** 7, **185** 17
~ de corriente de gran intensidad **138** 34
~ de inundación del ciclorama **297** 14
~ de la motocicleta **182** 10
~ del ciclomoto **181** 40
farol **39** 62, **54** 8, **179** 9
~ *[Gimn.]* **278** 24
~ del establo **64** 37
~ de mano **76** 1
~ de papel **55** 15
~ de petróleo **76** 16
~ de popa **213** 44
~ indicador de posición de las agujas **198** 50
~ sobre los hombros **279** 29
farola **194** 19, **253** 16
~ de la calle **39** 62, **253** 16
farolillo **336** 36, **359** 14
~ a la veneciana **55** 15, **289** 4
fases de la Luna **7** 2–7
fauna abisal **349**
Fauno **308** 40
favorito **272** 15
Febo **308** 15
fécula de sagú **98** 39
fecha de expedición **242** 14
~ de la carta **239** 6
~ de libranza **242** 14
~ de rodaje **292** 35
fechador **231** 44, **238** 41
feligrés **312** 17
felino **353** 2–8
felonión **314** 30
felpudo **43** 34
fémur **19** 22
fenol **164** 14
fenómenos atmosféricos **9** 30–39
~ del karst **13** 71–83
~ meteorológicos **9** 30–39
féretro **312** 41
feria **291**
~ anual **291** 1–67
ferial **252** 5
feriante **291** 10
fermentación del mosto **93** 12–19
~ secundaria **93** 20–28
ferrobús Diesel mecánico **207** 25
ferrocarril aéreo de vagonetas **209** 19

ferrocarril de acarreo **149** 26
~ de cremallera **209** 7–11
~ de explotación **149** 26
~ de la carbonera de coque **148** 23
~ del puerto **221** 9
~ de montaña **209**
~ de montaña de carril **209** 1–14
~ de montaña de cremallera **209** 4 y 5
~ de vía estrecha **16** 25, **151** 4, **196** 23
~ eléctrico suspendido **148** 6
~ elevado **252** 4
~ funicular **209** 12
~ ligero de explotación **16** 90
~ local **199** 19
~ rural **151** 4
~ secundario **16** 23, **199** 19
~ urbano **252** 4
ferrocarriles **203–208**
ferry boat* **16** 12, **216** 16
fertilizante **65** 14
festón *[bordado]* **102** 11
~ *[Arq.]* **317** 54
~ con punto zigzag **102** 12
~ de uña **101** 6
festoneado **354** 48
festuca **70** 24
fetiche **337** 43
fiacre **179** 26
fiador **134** 38, **136** 27, **266** 29, **282** 44
~ de cuero **277** 65
fiambrería* **98** 1–87
fibra de cáñamo **125** 20
~ de caucho **124** 23
~ del nervio visual **78** 23
~ de perlón L **164** 61
fíbula **309** 27
~ de arco de violín **309** 27
~ de ballesta **309** 28
~ de doble espiral **309** 30
~ de navicella **309** 28
~ de placas **309** 30
~ serpentiforme **309** 28
ficha *[jeton]* **263** 12
~ *[cajón fichero]* **238** 72
~* **120** 7
ficha de damas **265** 18, 19
~ de dominó **265** 34
~ de halma **265** 28
~ del guardarropa con el número **296** 7
~ del salta **265** 21
~ guía **238** 73
~ para el juego del chaquete **265** 18
~ para el juego del tres en raya **265** 18
ficha perforada **241** 61
fichero **238** 5, 71
~ de pacientes **26** 5
~ fotográfico de los delincuentes **247** 22
~ principal **250** 21
fideos **98** 32
fiel **311** 29
~ *[balanza]* **333** 34
~ para cortado de hierros **114** 81
fieltro **168** 49, **323** 42
~ de la cerveza **260** 26
~ del empujador **304** 28
~ húmedo **168** 16
~ secador **168** 18–20
fiera **339** 6
fiesta mayor **291** 1–67
figura *[marioneta]* **298** 29
~ *[ajedrez]* **265** 14
~ burlesca **289** 63
~ de arcilla **322** 7
~ de cera **291** 43
~ de cuento de hadas **289** 65
~ de escuela **284** 13–20
~ de fábula **307**
~ de freno **284** 22
~ del antepasado **337** 17
~ de leyenda **307**
~ del mosaico **321** 38
~ del portal **315** 36
~ de mito **307**
~ de plomo **49** 25
~ elemental **284** 13–20
~ fundamental **284** 13–20
~ mitológica **307** 1–61
~ obligada **284** 13–20
~ simbólica **307** 20
~ simétrica **328** 24
figurante **297** 39
figurín **296** 40
figurinista **296** 38
fijación **283** 45–50
~ del carro **171** 15
~ del tejido **162** 24
~ Kandahar **283** 45–50
fijador **68** 33, **238** 61
~ *[peluquería]* **103** 29
~ del volquete **209** 35
fil tiré **101** 27
fila de portas **215** 27
filamento **163** 17
~ incandescente **26** 49
~ luminoso **120** 58
filástica **125** 21
fileta **157** 28, 58, **158** 25
~ de bobinas **157** 41
filete *[Arq.]* **118** 57, **317** 52
~ *[carne]* **95** 24, 44
~ *[tornillo]* **136** 16
~ a la plana **165** 24
~ de lomo de vaca **96** 20
~ de tope **114** 62
~ sacalíneas **169** 14
filibustero **289** 43
filigrana **101** 30
Filipinas **14** 54
filmación **292** 14–61
~ de interiores **292** 26–61
filo **46** 57, **85** 15, **90** 62
filomela **346** 14
filón de carbón **137** 23
~ de carbón de piedra **137** 22 **138** 9
filoxera **81** 26
filtro **89** 60, **164** 32, **254** 62, **333** 12
~ de aceite **184** 48
~ de aire **93** 18, **184** 17
~ de aspiración de aire para el compresor **206** 20
~ de banda **235** 18
~ de banda de frecuencia media **235** 15
~ de Büchner **333** 11
~ de café **41** 64, **45** 25
~ de color **111** 48
~ de frecuencia intermedia de video **236** 6
~ de frecuencia media **235** 18
~ de gasoil **184** 42
~ de gasolina y el grifo de paso de la reserva **182** 32
~ de la cerveza **93** 26
~ de la máscara antigás **255** 57
~ de las pavesas **145** 50
~ de los gases de combustión **146** 13
~ del polvo **255** 59
~ de luz **111** 48
~ de sonidos **306** 40
~ de succión **333** 11
~ de té **42** 43, **45** 48
~ de vacío **333** 11
~ eléctrico **146** 13
~-prensa **154** 12, **163** 12
fimbria **22** 82
fin de la ignición **229** 40
final de la pista **283** 12
finca rústica **16** 94
Finlandia **14** 6
firma **239** 12, **243** 15
firmamento **6** 1
~ artificial **6** 13
firmas **243** 16
~ facsímiles **244** 34
firme *[carretera]* **194** 14, **196** 60
~ del suelo **118** 12
fiscal **248** 25
fiscorno **302** 39
física solar **6** 20
físico atómico **1** 40
~ nuclear **1** 40
fisión **1** 21
~ nuclear **1** 13–17, **4** 28
fistol* **38** 31
fisura **11** 52
~ en forma de embudo **11** 49
flamear las velas **270** 53
flamenquilla **62** 20
flanco **18** 32, **88** 26
flanquera **310** 86
"flap" para reducir la velocidad de aterrizaje **228** 47
flauta **308** 66, **336** 47
~ alemana **302** 31
~ de Pan **301** 2, **308** 41
~ de pastor **301** 2
~ de pico **301** 7
~ dulce **301** 7
~ griega **301** 3
~ ovoide **303** 32
~ travesera **302** 31
flautín **302** 30
fleco **52** 12
flecha **307** 53, **308** 28, **335** 28
~ *[carro]* **72** 21, **131** 14
~ amorosa **308** 28
~ de la veleta **312** 4
~ que señala la dirección del viento **9** 9
fleje **202** 5
~ de acero **156** 5
~ de hierro **136** 11
flequillo **35** 36
flexibilidad **164** 46
flexible **36** 19
flexión **279** 3
~ completa de piernas **278** 15
~ contorsionada de espalda **298** 12
~ del tronco hacia adelante **278** 11
~ del tronco hacia atrás **278** 10
~ de rodillas **288** 6
~ de tronco **278** 9
flexor corto del pulgar **20** 41
~ largo del pulgar **20** 49
flor **63** 10, **70** 14, **354** 23
~ andrógina **358** 10
~ artificial **36** 36
~ de corazón **62** 5
~ de la amapola **63** 4
~ de la banana **368** 34
~ de la carroña **56** 15
~ de la judía **59** 9
~ del albaricoquero **61** 34
~ del ananás **368** 64
~ de la uva espina **60** 6
~ del cerezo **61** 3
~ del cuclillo **360** 21
~ del frambueso **60** 26
~ del guisante **59** 2
~ de lis **246** 13
~ del manzano **60** 54
~ del melocotonero **61** 27
~ del naranjo **368** 25
~ del peral **60** 38
~ del saúco **358** 36
~ del trébol **70** 7
~ del trigo **63** 1
~ deshojada **60** 55
~ destruida **81** 11
~ estaminífera **61** 39, 45

flor femenina **355** 6, 13, **368** 7, 14
~ hermafrodita **358** 10, **366** 12, 14
~ marchita **60** 55
~ masculina **61** 39, **368** 5, 15
~ suelta **355** 26
~ temprana **79** 24
florecilla del disco **359** 32
florero **44** 18, **154** 18
flores de jardín **62**
~ de linderos **359, 360**
~ de prados **359, 360**
florescencia **368** 31
florete **277** 25
~ francés **277** 60
~ italiano **277** 53
floretista* **277** 17 y 18
florín **244** 19, 37
florista **260** 28
floristería **200** 48, **253** 24
florón **317** 37
flósculo del disco **359** 32
flotador **119** 60, **183** 65, **211** 12, **225** 33
~ de ala de estabilización **225** 63
~ de corcho **89** 52, **90** 6
~ de fuera de bordo **225** 64
~ deslizante **89** 53
~ de superficie **225** 62
flotilla en remolque **211** 22
flox **62** 14
fluviómetro **16** 29
foca **352** 18–22
foco **329** 25, 27
~ del terremoto **11** 32
~ supletorio sobre trípode **292** 52
focha **343** 20
fofoque **214** 21
fogón **132** 7, **262** 36
~ de las muñecas **49** 8
fogonero **203** 10
foja **343** 20
folgo **286** 27
folículo *[Anat.]* **22** 84
~ *[Bot.]* **354** 91
folio **178** 66
~ de sellos **231** 13
follaje **317** 38
~ invertido **315** 24
folletón **325** 50
fonda **260** 1–29
fondillos **34** 34
fondo **130** 19, **217** 57
~ del canal **212** 30
~ del cárter **184** 23, 49
~ del dique **217** 27
~ del filtro **254** 11
~ del pozo **138** 1
~ del valle **13** 67
~ de tobera **140** 62
~ de tul **101** 16
fonendoscopio **26** 14
fontanero **119** 13
fontura **160** 21
~ de agujas **160** 27
foque **214** 22, **215** 2
~ de dentro **214** 21
~ de fuera **214** 22
~ genovés **270** 35
~ volante **270** 30
~-globo **270** 35
foraño **149** 40
fórceps **28** 59
forja industrial **133**
~ portátil **134** 4
~ de mano **168** 46
~ impuesta **175** 36
~ migratoria **82** 39
~ para entrar en máquina **175** 36
forjado del entramado **115** 59
~ del techo **118** 61
formas combinadas de los cristales **330** 1–26
~ de coraza **310** 62
~ de cosido **240** 41
~ de cruces **313** 49–66
~ de las flores **362** 10
~ de las hojas **362** 52
~ del casco de las embarcaciones de vela **270** 1–10
~ de popa de las embarcaciones de vela **270** 11–18
~ de precipitación **8** 18 y 19
~ de velas **215** 1–5
~ fundamentales de los cristales **330** 1-26
formón **115** 71, **322** 14
formones **127** 25
fórmula de despedida **239** 11
~ de interés simple **327** 7
forrajera anterior **131** 5
~ posterior **131** 23
forro **34** 18, **102** 69
~ a tope **270** 22
~ a tope en diagonal **270** 25
~ de cuero **275** 18
~ de la caña **99** 43
~ del costado **270** 19–26
~ del chaleco **34** 43
~ de lienzo blanco **338** 57
~ de lona impermeabilizada **269** 58
~ de pieles **34** 66
~ en tingladillo **270** 19–21
~ exterior **217** 41–46, **269** 33, 48, 58
~ interior **270** 26
~ interior del suelo de la bodega **217** 60
~ lateral interior de la bodega **217** 59
forsitia **357** 1
fortaleza **310** 1
forte **300** 58
fortepiano **300** 61
fortissimo **300** 59
~ possibile **300** 60
Fortuna **308** 37
forzudo **291** 27
fosa **312** 23, 34
~ aséptica **252** 65
~ de reparaciones **192** 63
~ lacrimal **88** 14
~ marina **4** 10
~ submarina **11** 12
~ tectónica **12** 11
~ yugular **18** 20
fosforera para guardar los fósforos **260** 24
fósforo **105** 26
foso **252** 38, **272** 26, **310** 33
~ circular **310** 37
~ de agua **272** 31, **280** 22
~ de caída **280** 31
~ de defensa **339** 18
~ de engrase **191** 27
~ de la orquesta **296** 24
~ de las murallas **310** 37
~ de la vía **145** 78
~ del cambio **198** 65
~ del castillo **310** 37
~ de reconocimiento **199** 50
~ lleno de agua **339** 18
~ para el tensor **209** 40
~ para tirar las escorias y cenizas **199** 51
fosos *[Teatro]* **297** 1–60
foto **112** 45
fotocopia **241** 23
fotocopiador **241** 18
fotografía **111–112**
~ de prensa **325** 44
~ en la cámara de nieblas **2** 26
~ tridimensional **111** 27
fotógrafo **112** 20
~ aficionado **257** 43
~ de prensa **281** 46
fotogrametría **15** 63–66
~ aérea **15** 63–66
fotómetro rápido **110** 26
fototeca **47** 37
fototopografía **15** 63–66
fouetté **288** 25
fox-terrier **71** 15
foxtrot **288** 43
foyer **296** 12 y 13
frac **34** 57
fracción compuesta **326** 17
~ decimal **326** 20, 21
~ decimal periódica **326** 21
~ decimal propia **326** 20
~ de diferente denominador **326** 19
~ impropia **326** 16, 18
~ inversa **326** 16
~ propia **326** 15
fraccionador catalítico **139** 63
fractocúmulo **8** 12
fractoestrato **8** 11
fragata **222** 13
~ aparejada completamente **215** 24–27
fragmento **1** 20
fragmentos volcánicos **11** 19,
fragua **132** 5
~ con fuelle de pedal **106** 16
~ portátil **134** 4
fraile **314** 3
~ mendicante **314** 19
Fraile Menor **314** 13
~ Negro **314** 19
fraile predicador **314** 19
frailecillo **343** 21
frambuesa **60** 28
frambueso **60** 25
francesilla *[planta]* **359** 8
~ *[panecillo]* **97** 39
Francia **14** 7
Franciscano **314** 13
franco *[moneda]* **244** 15, 16, 17, 18
franela* **33** 48
frángula **364** 13
franqueadora **239** 45
frasco cuentagotas **112** 12
~ de aceite **191** 14
~ de Erlenmeyer **334** 39
~ de filtraje **334** 40
~ de líquido para limpieza de los zapatos **99** 21
~ de perfume **48** 27
~ de tres cuellos **334** 57
fratás **113** 57
frecuencia **4** 20, 22
~ media **4** 21
fregadero **41** 17, 22
freidera* **42** 41
freidor eléctrico **97** 69
frenar **285** 20
frenillo **90** 14
freno *[caballo]* **72** 53
~ *[Máq., Veh.]* **136** 95–105, **179** 16, **185** 40
~ automático de la bobina **175** 47
~ combinado **189** 43
~ contrapedal **180** 63
~ de alarma **203** 43, **204** 36
~ de cinta **136** 102
~ de cubo **182** 27
~ de emergencia **209** 3, 71
~ de la rueda **91** 8
~ de la rueda delantera **181** 43
~ del automóvil **186** 50–54
~ del cable portante **209** 71
~ del carro **171** 15
~ del plegador de urdimbre **159** 59

freno de mano **180** 5, **181** 25, 37
~ de mordazas **136** 95
~ de pedal **182** 16
~ de pie **67** 31, **173** 12
~ de retención **202** 51
~ de servicio **182** 16
~ de tambor **182** 27
~ de zapatas **136** 95
~ eléctrico **193** 35
~ hidráulico **183** 49
~ tambor de cable **181** 43
~ trasero **182** 16
frente **18** 4 y 5, **73** 3
~ *[Meteor.]* **9** 25–29
~ *[Blas.]* **246** 18 y 19
~ cálido **8** 5–12, 5, **9** 26
~ de arranque **150** 3
~ de carbón **138** 12,22
~ frío **8** 13–17, 13, **9** 27
~ tormentoso **271** 21
fresa **60** 16, 21
~ *[Máq.]* **170** 51
~ *[dentista]* **27** 40
~ ananás **60** 16
~ avellanadora **127** 16
~ cilíndrica **143** 19
~ de fisuras **27** 42
~ de los Alpes **60** 16
~ de mango **143** 17
~ de planear **143** 19
~ de ranurar **143** 16
~ en forma de llama **27** 41
~ esférica **106** 7
~ para ranuras **143** 16
~ silvestre **60** 16
fresadora de cadena **128** 29
~ de cadena cortante **115** 17
~ de molduras **128** 42
~ de planear **143** 18
~ para metales **143** 18
~ universal **128** 22
fresa-pantógrafo para las matrices **170** 49
fresco **321** 40
fresno **355** 38
fresón **60** 16
freza **89** 67
fricción **24** 3
frigánea **342** 12
frígano **342** 12
fringilina **344** 1
friso **121** 34
~ babilónico **315** 19
~ de arcada redonda **317** 9
frontal **19** 30
frontalera **72** 9
frontera aduanera **247** 13
frontis lateral **39** 15
frontispicio **117** 25, **316** 3
frontón **116** 5, **316** 3, **317** 36
~ curvado **318** 5
frotador **105** 28, **323** 13
frotador *[tranvía]* **193** 15, 26
~ de las películas **112** 39
fructificación **63** 15, **355** 22, **357** 8
frunce **32** 38
fruncido del traje **32** 38
fruta de sartén **97** 7
frutas de baya **60**
~ de hueso **61**
~ de pepita **60**
frutero **46** 40
fruto **354** 91–102, **359** 47
~ capsular **368** 58
~ colectivo de drupas **354** 101
~ colectivo de nueces **354** 100
~ compuesto **60** 28
~ de hueso **61** 43
~ del haya **355** 37
~ del serbal **355** 45
frutos dehiscentes **354** 91–96
~ del campo **69**
~ de pepita **60** 31–61
~ indehiscentes **354** 97–102, **359** 43
~ meridionales **368**
fucsia **56** 3
fuego **259** 25
~ de andanada **213** 59
~ de leña **266** 50
fuel-oil **40** 50, **139** 42
fuelle **111** 7, **132** 9, **171** 18, 36, **303** 37
~ de goma **23** 3
~ de la máquina soplante **158** 4
~ de la pasarela **201** 47, **204** 7
~ del ventilador **158** 4
~ de pie **192** 49
~ plegable **204** 7
~ quitasol **294** 4
fuente **16** 82, **254** 40, **257** 21
~ curativa **262** 15–17
~ de agua potable **201** 31
~ de alimentación de red **236** 19
~ de asado **46** 26
~ del agua mineral **262** 15–17
~ de la ladera **12** 38
~ de la plaza del mercado **252** 44
~ de las abluciones **316** 68
~ del cortador **96** 38
~ de patatas **46** 31
~ de peltre **262** 31
~ de verdura **46** 25, 33
~ mural **257** 15
~ para escupir **27** 7
~ para tartas **45** 26
fuera bordo **273** 48
~ de combate **281** 36
~ de juego **274** 57
fuerte *[fortaleza]* **16** 74
~ *[Mús.]* **300** 58
fuerza centrífuga **4** 51
~ centrípeta **4** 52
fuina **352** 14
fúlica negra **343** 20
fulmar glacial **343** 12
fumarioidea **62** 5
funcionario de aduana **247** 15
~ del censo **251** 17
funciones trigonométricas de los ángulos **328** 32
funda **201** 10
~ de cutí **48** 10
~ de la afiladera **66** 20
~ de la almohada **48** 7
~ del edredón **48** 14
~ del relleno **124** 25
~ guardapolvo **256** 30
~ interior de la almohada **48** 8
fundación **118** 2
~ del apoyo **209** 81
fundas protectoras **120** 54
fundente **135** 45
fundería de hierro **141**
fundición cruda **141** 11
fundidor **141** 7
fundidora de plato curvado **172** 13
funicular **209** 12
~ aéreo **16** 67
~ aéreo bicable **209** 25
~ aéreo de cable sin fin **209** 19
~ aéreo de suspensión **209** 30
~ aéreo de viajeros **209** 15–38
~ bicable **209** 30
~ de lanzadera **209** 25
furgón **189** 14–50, **207** 32
~ de dos pisos para equipajes **208** 39
~ de gran capacidad **189** 39
~ de los equipajes **203** 11
~ de mudanzas **189** 41
~ taller **208** 33
furgoneta **189** 1–13, 7
~ de la policía de tráfico **253** 58
~ del sonido **292** 22
~ publicitaria **189** 9
fusa **299** 20
fuselaje **226** 17, **271** 47
~ cilíndrico **225** 50
~ con joroba **225** 47
~ cuadrado **225** 46
~ de hidroavión **225** 61
~ en forma de barril **225** 26
~ en forma de delta **225** 57
~ en forma de granada **225** 44
~ en forma de obús **225** 44
~ en forma de renacuajo **225** 65
~ en forma de torpedo **225** 16
~ suspendido **225** 17
fuselaje tipo caja **225** 46
fusible **43** 20, **120** 35, **235** 12
~ principal **206** 6
fusil de horquilla **336** 28
fusión **164** 35, 41
fusta **272** 53
fuste **315** 27, **316** 26
~ de la chimenea **145** 48
fútbol **274** 1–63
~ rugby **275** 19–27

G

gabán **34** 48
gabarra **211** 25, **220** 22, **221** 45
gabarrero **211** 26
gabinete de consulta **26** 1–25
~ para baños de calor por radiación **24** 9
gacela de Grant **352** 5
gafas **108** 12–24
~ combinadas con audífono **108** 22
~ de adaptación **29** 46
~ de ciego **108** 21
~ de concha **108** 12
~ de inmersión **267** 38
~ de motorista **190** 17
~ de nieve **282** 19
~ de sol **108** 20
~ de soldador **135** 58
~ protectoras **24** 18
~ sin aros **108** 18
gaita gallega **301** 8
galanto **62** 1
galena **234** 30
galeote **213** 48
galera **213** 44–50
~ *[Tecn.]* **169** 12, 44
~ de esclavos **213**
galería **1** 42, **39** 18, **296** 16, **311** 25
~ al aire libre **29** 21–25
~ cubierta **39** 73, **261** 32
~ de almenas **310** 6
~ de cabeza **138** 10
~ de columnas **316** 2
~ de extracción **137** 38
~ de fondo **137** 38, **138** 11
~ de la larva **82** 24
~ de popa **213** 56
~ de protección **286** 3
~ de trabajo **297** 5
~ de ventilación **137** 37
~ matriz para los huevos **82** 23
~ mortuoria **309** 16
~ para cambiarse de ropa **268** 3
~ para desnudarse **268** 3
~ por encima de las archivoltas **317** 33
~ secundaria **137** 36
~ transversal de enlace **137** 36

galería transversal principal **137** 35
galerita **346** 19
galgo **71** 24
gálibo **202** 27
galinsoga parviflora **63** 31
galope **73** 43, 44
~ a la izquierda **73** 42
~ de carrera **73** 43y44
~ tendido **73** 43y44
galopín **53** 11
galvanómetro registrador **11** 44
galvanoplastia **172**
gallarda **170** 25
gallardete característico del Código Internacional de Señales **245** 29
~ triangular **245** 30–32
gallardetes **245**, **266** 44, **267** 11
~ auxiliares **245** 30–32
~ de números **245** 33 y 34
gallardía **62** 19
gallina **74** 19–26, **75** 20, **98** 7
~ americana **75** 44
~ bantam **75** 44
~ clueca **75** 17
~ de Guinea **74** 27
~ enana **75** 44
~ ponedora **75** 45
gallinácea **343** 22
gallinero **75** 13
~ *[Teatro]* **296** 16
gallo **74** 19–26, **75** 9
~ montés **88** 72
~ silvestre **86** 11, **88** 72
gama *[Mús.]* **299** 47–50
~ *[Zool.]* **88** 40
~ de frecuencias **234** 47
~ sonora **300** 62–70
gamarrón* **72** 7–11
gambuza **218** 51
gamo europeo **88** 40
gamuza **352** 3
~ *[piel]* **190** 25
~ para los cristales **52** 28
ganado mayor **74** 1y2
ganancia **327** 7
ganchillo de sujeción **51** 47
gancho **41** 49, **117** 69, **281** 30
~ bífido **78** 8
~ candente **78** 55
~ circular **129** 17
~ de carga **145** 10
~ de carnicero **94** 16
~ de conexión **117** 64
~ de cumbrera **117** 65
~ de derribo **255** 15
~ de despedazar **90** 60
~ de hilar **125** 12
~ de horma **99** 11
~ de la grúa **133** 34, **145** 10, **221** 21
gancho del elevador **161** 41
~ del tejado **40** 6
~ del tirante **72** 14
~ del tubo **117** 23
~ de mano **221** 16
~ de palanca **85** 31
~ de remolque **224** 35
~ de sujeción del huso **157** 49
~ de tender la ropa **40** 22
~ de tiro **68** 19
~ de tracción **139** 8, **206** 25, **255** 49
~ doble **145** 10
~ para colgar abrigos **260** 14
~ para colgar sombreros **260** 13
~ para sujetar la escalera **117** 15
~ para traer a tierra el pez pescado **89** 12
~ para volver los troncos **84** 19
~ prensil intercambiable **23** 50
~ suspensor para el dedo **303** 67
ganchos **85** 29
~ articulados **90** 54
ganglio linfático **21** 10
gansa **74** 34
ganso **74** 34
ganzúa **134** 10
garabato **213** 11
garaje **39** 32, **190** 32, **255** 1
~ de autobuses **199** 8
~ de varios pisos **252** 62
garañón* **74** 2
garapullo **287** 64
garba **65** 23
garbanzo forrajero **70** 19
garbera **65** 21
garceta **88** 6
gardenia **313** 21
garduña **352** 14
garfio **136** 42
garganta *[Anat.]* **18** 19
~ *[Geogr.]* **13** 52
~ *[órgano]* **305** 18
~ de la culata **87** 7
gárgola **317** 30
gargolet **346** 12
garita* **247** 18
garita de freno de mano **208** 7
~ del guardafreno **208** 7
~ del revisor **200** 24
~ de señales de mando de bifurcación **199** 24
~ protectora **287** 6
~ termométrica **10** 53
garlopa **127** 46
~ de tonelero **126** 31
~ para el cuero **123** 8
garra **307** 3, **347** 7, **353** 4
garra *[Tecn.]* **149** 35
~ de ave **307** 61
~ de grifo **307** 13
~ de sujeción **102** 34, **149** 18
garrapata de los perros **342** 44
~ europea **342** 44
garras de hierro **285** 20
garrón **95** 5, 10
garrucha **129** 9
gárrulo **346** 1
garza **343** 18
~ común **343** 18
~ real **86** 46
~ real cenicienta **343** 18
gas combustible **135** 48, 52, **139** 36
~ de alumbrado **148** 1–46
~ de calefacción **148** 1–46
~ insecticida **83** 41
~ natural **12** 30, **139** 28
~ tóxico **83** 20
gasa **17** 6
gases de escape **133** 2 **184** 76, **227** 11
~ de la combustión **227** 24, 37
~ de reacción **227** 24
gasista **119** 23
gasógeno **135** 30
gas-oil **139** 40
gasolina **139** 28, 38
~ de aviación **139** 37
~ de limpieza **52** 30
gasolinera **269** 2
~ del puerto **220** 19
gasómetro **148** 46, 56–64
~ de campana sin agua de cinco secciones **148** 56
~ esférico de alta presión **148** 64
~ flotante de gas de agua **148** 26
~ espiral **148** 61
~ telescópico **148** 61
gasterópodo **340** 25
gata **74** 17
gatillo **87** 12, **90** 59
~ del trinquete **199** 60
gato **74** 17
~ *[Tecn.]* **115** 66, **192** 47
~ *[piano]* **304** 30
~ con ruedas **192** 66
~ de Angora **74** 17
~ de armar **126** 4
~ de cremallera **145** 21
gaucho **289** 31
gavia alta **214** 63
~ baja **214** 62
~ mayor **213** 38
gavilán *[Esgr.]* **277** 56
~ común **347** 12
~ de las palomas **347** 10
~ de los gorriones **347** 12
gavilla **65** 23
gaviota **343** 14
~ de cabeza negra **343** 14
gayuba **361** 15
géiser **11** 21
geisha **336** 39
gemela **185** 24
Gemelos **5** 28, **6** 34
gemelos *[joya]* **33** 60
~ *[Anat.]* **20** 62
~ con cristales para la visión nocturna **108** 38
~ de campo **86** 6
~ de caza **108** 38
~ de teatro **108** 40, **296** 9
Gemini **5** 28, **6** 34
genciana acaule **362** 13
generación de energía **3** 40–42
generador **218** 64
~ central **148** 16
~ de acetileno **135** 29, 30
~ de correa **331** 58
~ de impulso **237** 17
~ de tres fases **147** 26
~ de vapor **223** 8, **229** 20
~ de vapor de gas **227** 58
~ eléctrico **204** 6
~ electrostático **331** 54
~ principal **207** 7
~ trifásico **147** 1, 26
género **162** 36
~ estampado **162** 57
géneros de lana **162** 1
~ de punto **256** 56
geodesia **15** 46–62
geografía general **11–13**
geología **12** 1–33
geometría **328–329**
~ elemental **328** 1–58
~ euclidiana **328** 1–58
~ plana **328** 1–58
geometrino **82** 28
geotrupo **324** 39
geraniácea **56** 1
geranio **360** 24
~ de olor **56** 1
~ rosa **56** 1
gerente del hotel **259** 19
germen **354** 86
~ de la planta **69** 14
germinación **92** 8–12
gesneriácea **56** 7
gigante **291** 20, **307** 37 **308** 45
Gigantocypris agassicii **349** 1
gigantón **289** 63
~ *[Bot.]* **356** 69
gimnasia **279** 1–48
~ con balón medicinal **278** 41
~ de aparatos **279** 1-56
~ de sala **278** 49 y 50
~ en el suelo **278** 24–30

gimnasia sin aparatos **278** 1–23
gimnasio **279** 1–56
gimnasta **279** 16, 31
~ de gimnasia con aparatos **279** 31
ginecólogo **29** 3
girador **242** 21
giralda **64** 5
giraldilla **64** 5
girasol **55** 7
giro **242** 12
~ direccional **228** 3
~ postal **232** 12
girobús **188** 8
~ eléctrico **188** 8
giroscopio **229** 4, **331** 6
~ de horizonte **228** 4
giróscopo **229** 4
gitana **289** 36
glaciar del valle **12** 49
gladio **62** 11
gladíolo **62** 11
glande **22** 69
glándula de Cowper **22** 75
~ de la cabeza **21** 1–13
~ del veneno **78** 14
~ linfática **21** 10
~ parótida **21** 10
~ pituitaria **19** 43
~ submaxilar **21** 11
~ suprarrenal **22** 29
~ tiroides **22** 1
gleba **65** 7
glicerina **52** 33, **103** 22
glima de Islandia **281** 14
glissade **288** 18
globo **226, 291** 13
~ celeste **308** 73
~ de luz **259** 4
~ dirigible **226** 51
~ estratosférico **4** 41
~ libre **226** 51
~ ocular **21** 45
~ Scheidt **333** 1
~ sonda **4** 42 y 43
~ terráqueo **7** 8, **249** 14
glorieta **54** 2, **55** 14
gloxínea **56** 7
gluma **69** 11
glúteo mayor **20** 60
gobelino **47** 45
gobernalle **269** 51–53
gola **289** 20, **310** 42
goleró **90** 21
goleta **270** 27, 28–32
~ con vela de estay **270** 32
~ de cuatro palos **215** 28
~ de gavias **215** 11–13
~ de gavias de tres palos **215** 19
~ de tres palos **215** 18
golf **276** 59–71
golfillo **53** 11
golfo **13** 7
~ *[planta]* **362** 48
golilla **53** 52
golondrina común **346** 20
~ de mar **343** 11
~ de mar enana **343** 11
golosinas **98** 75–86
golpe a la cabeza **277** 1 a 2, 37
~ a la cara exterior **277** 7 a 8
~ alto **277** 13
~ al vientre **277** 5 a 6
~ arriba **300** 39
~ bajo **277** 14, **281** 31
~ con el canto de la mano **276** 46
~ de abajo arriba **281** 29
~ de esgrima **277** 1–14
~ de "martillo" **276** 56
~ de salida **276** 63
~ de voleo **276** 33
~ directo **277** 20
~ franco **274** 42
~ por debajo de la cintura **281** 31
~ recto **277** 20
goma **238** 75
~ de borrar **249** 52
~ de borrar de máquina **240** 33
~ de borrar lápiz **144** 53
~ de borrar tinta china **144** 54
~ de lanzamiento **275** 43
~ de pegar **238** 46
~ dura **282** 49
gomoso **289** 33
góndola de cable **209** 52
~ de la turbina **226** 18
~ del motor del avión **226** 6, 49
~ de popa **226** 77
~ lateral **226** 76
~ para la carga **208** 30
gonepteryx rhamni **348** 4
gong **281** 43
goniómetro de contacto **330** 27
~ por reflexión **330** 28
gordolobo **360** 9
gorga **86** 43
gorgojo del melolonta **82** 12
~ del pino **82** 41
~ del trigo **81** 49, **341** 17
Gorgona **308** 49
gorguera en muela de molino **338** 52
gorila **353** 16
gorra con orejeras **31** 47
~ con plumas **338** 28
~ de deporte **36** 18
~ de estudiante **31** 59
~ de ferroviario **203** 15
~ de marinero **31** 32
~ de marino **36** 23
~ de montar **272** 50
~ de paño **36** 18
gorra de seda **272** 57
~ de "sport" **31** 58
~ de viaje **36** 18
~ de yate **36** 23
~ roja **201** 42
gorrión **53** 43
~ doméstico **346** 5
gorrito de bebé **31** 21
gorro con cascabeles **289** 39
~ de astracán **36** 4
~ de baño **267** 29, 44
~ de bufón **289** 39
~ de casa **36** 5
~ de cosaco **36** 4
~ de dormir **36** 2
~ del abuelo **36** 5
~ de montaña **36** 26
~ de operaciones **28** 18
~ de papel **289** 45
~ de pastelero **97** 34
~ de piel de oveja **336** 23
~ de pieles **32** 46, **36** 4
~ frigio **36** 2
gorrón **136** 61
gota **45** 34
gotera labial **18** 12
gotero* **23** 56
gozne **134** 57
grabación **176** 1
~ de sonido panorámico **294** 45
grabado **38** 29
~ al agua fuerte **323** 14–24
~ a la manera de dibujo al lápiz **323** 14–24
~ a la manera negra **323** 14–24
~ de yeso **323** 14–24
~ en aguatinta **323** 14–24
~ en cobre **323** 14–24
~ en madera **323** 1–13, 2
~ en piedra **323** 25 y 26
~ longitudinal **323** 4
~ mezzotinto **323** 14–24
~ positivo **323** 3
grabador **170** 32
~ de números **85** 43
~ en cobre **323** 44
grabados **87** 28
grada **274** 32
~ *[Agr.]* **67** 5
~ armada **217** 19–21
~ de construcción **217** 11–26
~ de discos **68** 35
~ de grúa de cable **217** 11–18
~ de grúas **217** 23–26
~ de grúas moderna **217** 23-26
~ del altar **311** 8, 31
~ de mano **79** 21
gradería de los espectadores **290** 15
gradilla para la pluma **249** 64
grado **299** 46
~ de latitud **15** 6
grado de longitud **15** 7
~ de nubosidad **9** 20–24
graduación de la regla **249** 68
~ del diafragma **111** 12
~ del punto **102** 18
graduador de la rasqueta **176** 19
~ del rascador **176** 19
gráfica de temperaturas **29** 16
gráfico **144** 15
grafito **1** 26, **3** 18
gragea **23** 13
grajo **346** 2
grama **63** 30
~ canina **63** 30
~ de olor **63** 30
~ de playa **63** 30
gramil **115** 69, **127** 20
~ de carpintero **145** 29
~ de escuadra **145** 33
~ de trozador **145** 30
gramíneas **130** 26
Gran Bretaña **14** 9
~ Carro **5** 29
gran molinete **279** 12
~ rueda **291** 37
~ salto gigante **288** 24
grand jeté en tournant **288** 24
granada *[Bot.]* **368** 19
~ *[arma]* **90** 53
granado **368** 16
Grande de España **289** 26
grandes almacenes **256**
graneador **323** 19
granero **64** 34, **310** 13
~ abierto **65** 26
granetario **106** 35
granete **145** 32
granizo **9** 36
granja **64**
~ avícola **75**
granjera **64** 22
granjero **64** 21
grano **69** 13, **366** 5, **368** 20
~ de abatí* **69** 37
~ de arroz **69** 30
~ de cacao **366** 19
~ de café **366** 6
~ de maíz **69** 37
~ de pimienta **366** 39
granos panificables **69** 1–37
granulación **323** 47
grapa **116** 97, **240** 40, **334** 33
~ de coser **124** 7
~ del mantel **261** 40
grasa de riñón de cerdo **95** 45
~ vegetal **98** 23
grasilla **361** 13
grava **150** 24
gravilla de jardín **261** 43
~ triturada **150** 23
greba **310** 54
Grecia **14** 8
gredal **16** 88

"green" **276** 62
gregüescos **338** 31
grieta **11** 50, **13** 50, **282** 2
~ del glaciar **12** 50
~ del ventisquero **282** 24
grifo **119** 34, **262** 17
~ *[Mit.]* **307** 11
~ codillo **119** 34
~ de agua **119** 34
~ de doble cierre **119** 35
~ de enjuague a presión **119** 39
~ de la cerveza **260** 1
~ de la manguera **39** 41
~ de paso de la reserva **182** 32
~ de purga del nivel de agua **205** 45
~ de salida de la lejía de lavado **166** 16
~ giratorio **41** 23, **119** 37
~ que se acciona con el codo **28** 43
~ vertical de lavabo **119** 36
grigallo **88** 66
grillo doméstico **341** 6
griñón **338** 22
groschen **244** 13
grosella **60** 12
grosellero **60** 10
grotesca **325** 7
grúa **189** 52, 53
~ corredera **140** 40
~ de aviones **222** 29, 51
~ de brazo **145** 16
~ de cabeza de martillo **217** 7
~ de la cámara **292** 49
~ del dique **217** 31, **222** 4
~ de los botes **222** 47
~ del taller **145** 1–19
~ de mano **192** 60
~ de pared **145** 16, **221** 19
~ de popa **224** 10
~ de pórtico **217** 31
~ de pórtico móvil **198** 15
~ de pórtico móvil para las traviesas **198** 24
~ de remolque **255** 48
~ de techo **217** 20
~ de tenazas **141** 42
~ de trípode **217** 6
~ flotante **221** 37–46
~ giratoria **195** 26
~ giratoria con pala de doble concha **148** 5
~ giratoria de columna **221** 1–7
~ giratoria de pórtico **221** 1–7
~ giratoria de torre **114** 31, **217** 29
~ hidráulica **199** 52
~ móvil **217** 23
grúa mural giratoria **145** 16
~ oscilante giratoria **217** 23
~ para el carbón **199** 43
~ para el horno de recalentamiento **141** 42
grueso **170** 48
grujidor **122** 26
Grulla **5** 42
grupa **73** 31, **279** 36
grupera **310** 88
grupetto **300** 35
grupo acumulador **188** 9
~ adicional magnético de cuatro canales reproductor del sonido **295** 50
~ compresor para el freno **206** 13
~ de antena del avión **226** 44
~ de brújula giroscópica **219** 28–30
~ de cola del avión delta **225** 56
~ de cola en T **225** 59
~ de coristas **298** 6
~ de corte **176** 11
~ de distribución de tinta **175** 19
~ de estudios **292** 10
~ de hojas de sierra **149** 3
~ de impresión de la rotativa **176** 14
~ de impulsión **229** 12–24, **230** 41
~ de jugadores **287** 25
~ de la placa exterior **181** 30 y 31
~ de las fichas **241** 36
~ de los rodillos distribuidores y entintadores **175** 7
~ del tambor **241** 37
~ de máquinas **241** 40–61
~ dental **27** 6
~ de propulsión del cohete **229** 12–24
~ eléctrico de carga **192** 42
~ explorador de radar **230** 39
~ fotoeléctrico de reproducción del sonido **295** 45
~ generador **135** 15
~ impresor **176** 27, 36, **241** 58
~ impulsor de bombeo **139** 49
~ mezclador **196** 15
~ mojador **174** 16
~ moto-compresor para control **206** 17
~ móvil de poleas **139** 7
~ múltiple reproductor de sonidos **294** 52
grupo transformador **241** 38
~ turboalternador a vapor **147** 23–30
Grus **5** 42
gruta **257** 1
guadaña **66** 12
guadañadora **67** 27, **68** 49
guadañeta **89** 43
guagua* **188** 7
gualdrapa **310** 74
guanaco **351** 30
guante **314** 57
~ de boxeo **281** 23
~ de cuero con dos dedos **221** 17
~ de esgrima **277** 26
~ de goma **28** 20
~ de recogida **275** 47
~ de soldador **135** 4, 28
~ para esgrima de sable y espada **277** 35
~ protector **29** 47
guantelete **310** 50
guantera **186** 21
guarda *[libro]* **178** 49
~ *[Esgr.]* **277** 57
~ *[guadaña]* **66** 18
~* **193** 11
guarda de campo **65** 13
~ del dique **211** 45, 46
~ forestal del distrito **84** 35
~ jurado del distrito **84** 35
guardabarrera **198** 70
guardabarros **179** 6, **185** 3, **187** 21
~ delantero **180** 13
~ trasero **180** 43
guardabosque del distrito **84** 35
guardabrazos **310** 47
guardacabina **189** 19
guarda-cabio **39** 8
guardacable para evitar los descarrilamientos **209** 75
guardacalor de la cafetera **45** 41
~ de la tetera **45** 51
~ para los huevos **45** 39
guardacantón **53** 22
~ indicador de curva **197** 29
guardafaldas **181** 11
guardafango **180** 13
guardahélice **221** 54
guardainfante **338** 83
guardajoyas **38** 11
guardamancebo **216** 47
guardamano **183** 4, **277** 64
guardameta **274** 11, **275** 14, 58
guardamonte **87** 10
guardapolvo **32** 42, **183** 39
guardapuntas **249** 62
guardarropa **296** 5–11, 5
guardarropía **296** 43–52
guardavalla* **274** 11
guardia de la sala **251** 10
~ del príncipe **289** 68
guardián **339** 8
~ de la salina **262** 5
~ del parque **257** 30
~ de prisiones **248** 14
guardilla **116** 23
guardines del timón **269** 52
guare* **211** 16
guarnecido **118** 64
guarnición **108** 19
~ *[arma]* **277** 57
~ del bastidor **141** 56
~ del bolsillo **32** 53
~ del freno **136** 104
~ de piel **32** 53
guarnicionero **123** 16
guarniciones **72** 7–13 y 25
Guatemala, *guarda* 8
gubia **127** 64, **322** 17, **323** 6
~ triangular **322** 20
gubiador **126** 23
guepardo **353** 7
guerrera de servicio **216** 66
guerrero masai **337** 8
guía **273** 11, **282** 26
~ *[Tecn.]* **177** 17, **221** 61, **241** 5, **304** 22
~ automática del papel **168** 41
~ de bolsillo **200** 44
~ de cables **197** 7
~ de compresión **156** 16
~ de fondo **178** 6
~ de la cinta **157** 15
~ de la cinta de sierra **85** 47
~ de la persiana enrollable **39** 29
~ de la sierra **128** 3
~ del hilo **102** 22
~ de los lizos **159** 3
~ de presión **156** 18
~ de recogida **241** 10
~ lateral **283** 49
~ oficial de ferrocarriles **200** 50
~ principal **300** 46
~ telefónica **233** 3
~-hilos **158** 18, **160** 3, 54, 64
~-hilos móvil **159** 37
guíapapel deslizable **240** 6
guías prismáticas **170** 54
guiatipos **240** 12
güilogis **244** 38
guiloque **244** 38
guillame **127** 52
guillotina **178** 1
guimbarda **127** 60
guinche* **139** 10, **218** 44, **255** 56
guindola **216** 63
guión *[manuscrito]* **234** 10

guión *[puntuación]* **325** 28
~ del director artístico **297** 41
~ del remo **269** 35
~ técnico **292** 45
guirlache **98** 85
guirnalda **289** 17, **317** 54
~ de cabello trenzado **35** 32
guisante **59** 1, 7
guitarra **303** 12
~ *[herramienta]* **142** 7
~ de jazz **303** 73
~ de plectro **303** 73
~ hawaiana **303** 73
gulden **244** 19
gules *[Blas.]* **246** 27
Gulf Stream **15** 30
gusano **60** 64, **82** 31, **340** 16–21
~ artificial **89** 38
~ con filamentos **340** 18
~ de agrótido **81** 44
~ de anillos **340** 16
~ de elatérido **81** 38
~ de seda **342** 48
~ de tierra **340** 20
gymkhana **273** 32

H

haba común **70** 15
~ del ganado **70** 15
~ de los caballos **70** 15
~ gruesa **70** 15
~ panosa **70** 15
habano **105** 2
habitación de aire caliente **25** 7
~ de dos camas **29** 8–20
~ de hospital **29** 8–20
~ del hotel **259** 27–38
~ de los niños **49**
~ de matrimonio **259** 27–38
hábito **314**
~ monástico **314** 14–16
hábitos de órdenes religiosas **314** 13–24
habitual **260** 40
haces de zarzas **262** 2
hacienda **16** 94
hacina **65** 27
hacha **64** 20, **115** 73, **309** 1
~ de bombero **255** 43
~ de bronce **309** 23
~ de carpintero **115** 70
~ de carretero **131** 31
~ de desrame **85** 13
~ de enlistonar **117** 21
~ de guerra **335** 16
~ de hoja redonda **126** 8
~ de pala arqueada **131** 32
~ de piedra **309** 19
~ de rajar **85** 26
~ de tala **85** 13
hacha en forma de barco **309** 19
~ tubular **309** 23
hacheta **126** 12
hachuela **126** 12
hahona **97** 1–56
halcón **86** 46, **347** 1–4
~ peregrino **347** 2
halconería **86** 42–46
halconero **86** 42
halerz **244** 27
halogenación del benzol **164** 8
hall **259** 18–26
hallazgos prehistóricos **309** 1–40
hamaca **266** 38
hámster **351** 16
hangar **230** 6
~ de aviones **222** 30
~ de carga del aeropuerto **230** 21
~ del aeropuerto **230** 9
~ del planeador **271** 39
harina **91** 28, **97** 18 y 19
~ de centeno **97** 19
~ de malta **92** 24
~ de trigo **97** 18
harpía **246** 35, **307** 55
harpillera **124** 24
harpón **336** 10
hawaiana **289** 16
haya **355** 33
hayuco **355** 37
haz **65** 23
~ de astillas **52** 61
~ de leña **84** 17
~ de luz **219** 58
~ de paja **76** 9
~ de ramas **84** 17, **211** 53
~ de rayos **328** 19
~ de serpientes **308** 52
~ de vías de maniobra **199** 27
hebilla **37** 14, **100** 38, **249** 44
heladería **261** 45–51
helado de molde esférico **261** 34
heladora **42** 4, **97** 31
~ eléctrica **261** 47
helados **261** 45
helecho **361** 16
hélice **226** 10, 78, **227** 40
~ de empuje **226** 2
~ de la corredera **219** 32
~ del buque **217** 69
~ de tracción **226** 4
~ propulsora **226** 2
helicón **302** 44
helicóptero **83** 47
heliozoario **340** 7
hematites roja **106** 49
hembra **341** 21, **342** 21
hembrilla del motor **192** 32
hemiedro **330** 24
hemipirámide **330** 24
hemíptero **342** 4
hemisferio celeste **5** 36–48, **6** 1
henar **65** 35
hendidura **11** 52
~ branquial **350** 3
~ para el revelado **241** 20
~ para la exposición **241** 19
heneador **67** 29
henil **65** 36
Hera **308** 5
heráldica **246**
heraldo **310** 75
Hércules **5** 21
~ *[forzudo]* **291** 27
heredad **64** 1–60
herida **17** 8
herido **253** 68
hermana enfermera **29** 18
~ lega **23** 23
Hermes **308** 21
~ *[Arq.]* **316** 35
herradura de goma **272** 45
herramienta para acordonar el borde de la moneda **244** 44
herramientas **114** 77–89, **119** 33–67, **128** 24
~ agrícolas **66**
~ de cantero **150** 35–38
~ de carpintero **115** 60–82, **127** 10–31
~ del albañil **113** 50–57
~ del matarife **94** 4–10
~ del relojero **107** 27–31
~ de medición **142** 48–56
~ de mina **138** 37–53
~ de tornero **129** 14, 15, 24
~ de torno **142** 43–47
~ para reparaciones de automóviles **192**
herrería **132** 1–42
herrerillo **346** 9
herrero **132**
~ *[animal]* **343** 27
~ de grueso **132** 10
hervidor **41** 73
~ de salchichas **96** 15, 49
~ para las jeringas **28** 62
hexaedro **330** 2
hexágono **330** 15
hexaquioctaedro **330** 13
híbrido de asno **74** 8
~ de garañón **74** 8
hidno imbricado **365** 24
~ repandum **365** 31
Hidra **5** 16
hidra de Lerna **307** 32
hidroavión **225** 60
hidrocara **362** 29
hidrocarburo gaseoso **139** 41
~ pesado **139** 31
hidrofinador **139** 65
hidroformador **139** 64
hidrogenación del fenol **164** 16
hidroplaneador **271** 24
hidrovelero **271** 24
hidróxido cálcico **153** 27
hidroxilamina **164** 21
hiedra terrestre **359** 18
hielo de glaciar **12** 48–56
hiena **353** 1
~ rayada **353** 1
hierbabuena **364** 3
hierba callera **361** 9
~ cana común **63** 12
~ centella **359** 8
~ de la moneda **359** 26
~ de la Santa Catalina **361** 11
~ de las heridas **360** 16
~ de la Trinidad **63** 1
~ de los canónigos **59** 38
~ de los cantores **63** 16
~ de San Alberto **63** 16
~ de Santa María **364** 9
~ estoque **62** 11
~ hedionda **363** 8
~ mora **363** 5
~ velluda **359** 8
hierro **127** 57
~ cilíndrico **136** 8
~ crudo **140** 39, 48
~ cuadrado **136** 9
~ de ángulo **136** 1
~ de armadura **114** 23
~ de empalme **114** 10, 71
~ de pie cortador de forraje **66** 37
~ de plegar **123** 24
~ de punta **138** 52
~ de refuerzo **114** 23
~ en doble T **136** 6
~ en T **136** 3
~ en U **136** 7
~ para coser a mano **123** 20
~ perfilado **155** 19
~ plano **136** 10
~ redondo **136** 8
hígado **22** 10, 34 y 35
~ de cerdo **96** 28
higiafón **200** 38
higo **367** 35, **368** 13
higrógrafo **10** 54
higrómetro **10** 23, **25** 10, **166** 10
~ de cabello **10** 23
higuera **368** 11
~ loca **363** 8
hija del mar **307** 23
hijo **45** 3 y 4
hijuela **89** 30
hilada **113** 67, 68
hiladas **113** 59
hilado **157** 53, 56, **158** 46
hilador de seda **342** 48
hiladora **125** 8
hilatura de algodón **156–157**
hilera **163** 14, **164** 41, 42

Hostia **313** 26, 34, 46
~ grande **313** 34
hotel **259**
hoya de arena **276** 61
hoyada **12** 18
hoyo **276** 59–62, 67
~ de salida **280** 2
hoyuela **18** 20
hoyuelo de la barbilla **18** 16
~ en la comisura de la boca **18** 14
hoz **66** 25
~ *[ave]* **88** 68
~ de oja de guadaña **58** 29
~ redonda **58** 28
Hoz y Martillo **245** 21
huairona* **153** 12
hueco **136** 82
~ de la escalera **115** 46
~ de la garganta **18** 20
~ del ascensor **256** 51
huecograbado **176**
huecograbador **176** 3
huella **118** 32, 47
~ dactilar **247** 23
~ del patinazo **253** 62
huerto **55**
~ de árboles frutales **16** 108
huesa **312** 23
huesecillo **19** 61
hueso **19** 1–29, **71** 35
~ *[Bot.]* **358** 12
~ con tuétano **96** 8
~ de dátil **368** 10
~ de la cereza **61** 7
~ de la ciruela **61** 23
~ del carpo **19** 15
~ del metacarpo **19** 16
~ del metatarso **19** 28
~ del tarso **19** 26
~ hioides **22** 2
~ medular **96** 8
~ para sopa **96** 8
huesos del hombro **19** 6 y 7
huésped **260** 25
~ de la pensión **262** 24
~ del balneario **262** 18
~ del hotel **259** 14
hueva **89** 67
huevera **45** 38
huevo **75** 47, **82** 19, **342** 49
~ *[cochecito]* **183** 41
~ de gallina **75** 47
~ de zurcir **102** 63
huevos de pez **89** 67
huilla* **80** 29
hulla **164** 1
humareda **4** 4
humedecedor de los cereales **91** 54
humeral **314** 40
húmero **19** 12
humero **40** 40
humor vítreo **21** 46
hundimiento en forma de embudo **13** 71
Hungría **14** 25
hurgón **40** 42
hurón **86** 24
huronero **86** 25
husada **156** 2, **158** 15
~ de hilo **156** 2
~ de hilo retorcido **157** 60
husillo **68** 22, **127** 42, **177** 22
~ ajustable **127** 33
~ de elevación **212** 36
~ de presión del raspador **323** 62
~ elevador para la puntería **223** 67
~ madre **142** 5
~ para elevar la mesa **143** 56
~ patrón **142** 5
~ portabrocas **143** 25, 36
~ principal **142** 11
huso **157** 52
~ tipo de la continua de aros **157** 45
Hydra **5** 16
Hydrallmania **349** 9

I

íbice **352** 7
iceberg **90** 34
icosaedro **330** 11
icria **343** 13
idéntico **327** 16
identidad **327** 5
ídolo de la Edad de la Piedra **309** 8
~ de terracota **309** 20
iglesia **16** 64, **311–313**
~ barroca **318** 1
~ católica **311** 31–65, **313** 33–48
~ del pueblo **16** 107
~ evangélica **311** 1–30
~ gótica **317** 22
~ griega ortodoxa **252** 2
~ mayor **16** 53
~ principal **252** 28
~ protestante **311** 1–30
~ renacentista **317** 42
~ románica **317** 1–13
iglú **336** 4
igualdad del día y de la noche **5** 6 y 7
iguana **350** 32
~ verde **350** 32
íleon **22** 16
ilion **19** 18
iluminación de la escalera **43** 24
iluminador vertical **110** 20
ilusionista **298** 20
imagen **293** 16
~ del radar **219** 12, 13
~ del santo **311** 46
imago **342** 10
imán antidistorsivo **236** 26
~ de centrado **236** 24
~ de herradura **106** 32
imán en forma de herradura **332** 36
~ permanente **107** 40
impair **263** 23
imparipinado **354** 42
imperdible **37** 25, **102** 60
impermeable **31** 25, **32** 42, **34** 39
impertinentes **108** 29
impla **338** 22
importe de la letra **242** 18
imposición *[Tecn.]* **175** 40
~ de telegramas **231** 20
imposta **318** 21
~ del arco **210** 42
impregnación **163** 4
imprenta **323** 27–64
~ de chapas metálicas **239** 37
impresión cromolitográfica **323** 28
~ del modelo **141** 27
~ digital **247** 23
~ en color **323** 28
~ en hueco **323** 14–24
~ polícroma **323** 28
impreso **232** 16
~ a porte reducido **232** 24
~ autorizando al cartero para recoger dinero del destinatario **232** 7
~ bajo faja **232** 24
~ para la expedición de un paquete postal **232** 15
~ postal **232** 6–15
impresor **323** 35
~ Morse **233** 54–63
impulsión **294** 27
~ de manivela **212** 53
~ Diesel eléctrica **218** 58–64
~ por correa **158** 33, 61
impulso de la imagen **237** 17
~ de la onda sonora **219** 40
impulsor de papel **241** 3
incensación **313** 37
incensario **313** 37
incisión en forma de T **57** 32
incisivo **21** 16, 34
inclinación transversal **196** 57
inclinómetro **228** 5
incógnita **327** 4, 8
incrustaciones **87** 28
incubadora **75** 30, **89** 59
India **14** 46
indicación de intensidad del sonido **300** 55–61
~ de movimiento **300** 48
~ de velocidad **300** 48
indicador **10** 9, 26, **141** 60
~ de agua **333** 16
~ de alineación graduado **240** 13
~ de anchura **149** 7
~ de cifras **240** 45
~ de columnas **240** 61
~ de dirección **16** 110, **185** 16, **186** 27, **189** 46
~ de esfera **145** 42
~ de existencia de combustible **228** 21
~ de grabación **306** 19
~ de himnos **311** 24
~ de la corriente **211** 43
~ de la dirección de viento **10** 30, **230** 17
~ de la dirección y horario de trenes **201** 23
~ de la hora de partida **201** 25
~ de la inclinación longitudinal y transversal del avión **228** 5
~ del diámetro de la bobina cruzada **158** 7
~ del importe **190** 6
~ del interruptor de contactos escalonados **206** 32
~ del nivel del aceite **147** 11
~ del nivel del agua **40** 63, **205** 46, **220** 14, **297** 57
~ del nivel del fuel-oil **40** 54
~ del precio **190** 6
~ de llamadas **259** 5
~ de trenes y andenes **200** 18
~ de vacío **76** 29
~ luminoso **169** 36
~ oscilante de dirección **189** 46
~ visual del nivel de combustible **228** 26
indicativo de nacionalidad **186** 33
índice *[Mat.]* **327** 1
~ de la raíz **327** 2
Indico **15** 23
indio **335** 23
~ de las montañas **335** 23
~ de las praderas **335** 3
~ de las sabanas* **335** 3
~ de los bosques **335** 19
individual **276** 4–5
~ de caballeros **276** 4–5
~ femenino **276** 4–5
Indonesia **14** 53
inducido **331** 80
~ de tambor **331** 74
industria lechera **77**
~ portuaria **220** 25
infernáculo **258** 13

infiernillo campestre **266** 19
~ de alcohol **266** 19
~ de gasolina **266** 19
infiltración de un río **13** 73
infinito *[Mat.]* **327** 15
inflador* **180** 48
inflorescencia **61** 39, **354** 67–77
~ femenina **61** 46, **69** 32
~ masculina **355** 8
informador **248** 39
infraespinoso **20** 53
infraestructura **196** 59
infrutescencia **368** 32
infusorio ciliado **340** 9
ingeniería fluvial **211**
ingeniero **144** 23
~ de mezcla de sonidos **293** 24
~ de sonidos **237** 15, **292** 60
ingle **18** 38
inglete **122** 4
inhalación **17** 25, **262** 7
inhalador **23** 33
inhalatorio al aire libre **262** 6
inhumación **312** 34–41
iniciales **37** 4
injerto **57** 30–39
~ de cópula **57** 39
~ de empalme **57** 39
~ de púa **57** 36
~ en escudete **57**
inmersión **4** 9, **224** 13–19
inmortal **361** 3
inmovilizador **333** 37
inodorización **339** 11
inodoro **51** 35
inscripción del borde **244** 11
~ del canto **244** 11
insecticida **83** 14
insectívoros **351** 4–7
insectos **342** 3–23
~ dañinos **83** 1–48, **341**
~ dañinos para los alimentos **341** 16–19
~ dañinos para los tejidos **341** 14 y 15
~ domésticos **341**
~ nocivos **83** 1–48
~ nocivos a la agricultura **81** 37–55
~ novicos a los frutos **81** 1–19
insignia de la orden de carnaval **289** 60
~ del minero **137** 1 y 2
~ para el baile de máscaras **289** 34
insolación **9** 44
~ de hueco offset **173**
inspector **201** 39
~ de matadero **94** 14
~ de material rodante y vagones **201** 36
inspector de salvamento **224** 15
inspiración **17** 25
instalación **119** 33–67
~ ahogadora de cal **153** 21
~ al aire libre **146** 29–35, **339** 16
~ clasficadora **153** 8
~ colectora de polvos **152** 7
~ de aire acondicionado **339** 5
~ de apagado de cal **153** 21
~ de apagado del coque **148** 17
~ de blanqueo en continuo **161** 31
~ de circulación del gas **83** 22
~ de clasificación y lavado del carbón **137** 8
~ de comunicación recíproca **198** 76, **199** 72
~ de copiado **293** 15–18
~ de craqueo **139** 33
~ de desempolvadura **152** 7
~ de desenvenenamiento del gas **148** 41
~ de destilación **139** 57
~ de destilación del carbón **148** 10–12
~ de distribución del gas **148** 47–55
~ de ensacado **153** 28
~ de ensacado y pesaje **91** 67
~ de estabilización **139** 29
~ de filtraje rápido **254** 9
~ de gas de agua **148** 25 y 26
~ de goteo **145** 63
~ de la carga del coque **148** 24
~ de lavado por aspersión **163** 29
~ de limpieza, llenado y cierre de botellas **77** 13–22
~ de los altos hornos **140** 1–19
~ de los auto-choques **291** 62
~ de los coches-topes **291** 62
~ del transformador **212** 46
~ de peso y mezcla **197** 22
~ de prensa **297** 50
~ de purificación **139** 30
~ de purificación del agua residual **148** 27
~ de recuperación del benzol **148** 43
instalación de refrigeración **145** 60
~ de rociadura automática **297** 6
~ de separación del carbón **137** 8
~ de separación del gas **139** 62
~ de desinsectación por el vacío **83** 10
~ de telerregistrador abonado **241** 32–34
~ de transporte del coque **148** 19
~ de trituración y mezcla del carbón **148** 9
~ distribuidora de alta tensión **146** 29–35
~ envasadora **153** 28
~ hidratadora de cal **153** 21
~ intercambiadora de calor **152** 6
~ meteorológica del aeropuerto **230** 8
~ moledora de carbón **152** 12
~ moledora de cemento **152** 14
~ para carboneo **199** 42
~ para carga de arena **199** 54
~ para la mezcla de hormigón **197** 22
~ para la mezcla, secado y apisonado del asfalto **196** 48
~ para la obtención de betún **139** 35
~ para llenar los barriles **93** 29
~ para mando de señales **199** 56–72
~ para saltos **268** 5–10
~ productora de gas **148** 14–16
~ productora de grava **150** 18
~ trituradora y cribadora **153** 19
instalaciones de fondo **137** 14–40
~ de separación de isótopos **3** 39
~ de superficie **137** 3–11
~ de talleres y reparaciones **230** 7
~ químicas **3** 38
instalador-electricista **120**
Instituto de la Bienaventurada Virgen María **314** 22
instituto para enfermedades tropicales **220** 3
~ para medicina tropical **220** 3
institutriz **257** 27
instrumental **29** 54
instrumento **28** 14
~ de aporcar **67** 16
~ de control **237** 2
instrumento de cuerdas punteadas **301** 21
~ de medición **221** 29, **147** 30
~ de música **291** 38
~ de precisión **107** 61
~ de teclado **304** 1
~ especial **7** 22
~ para examen de superficies **110** 27
~ para la limpieza de dientes **27** 47
~ para la siembra a golpe **67** 18
~ registrador **229** 2
instrumentos astronómicos **109** 16–26
~ de arco **302** 1–27
~ de batería **302** 49–59
~ de cuerda **302** 1–27, **303** 1–31
~ de dibujo **144** 28–48
~ de escritura **324** 21–26
~ de jazz **303** 47–78
~ de la orquesta **302** 1–62
~ de la técnica microscópica **110** 1–23
~ de medidas de precisión **145** 38–43
~ de membrana **302** 51–59
~ de música popular **303** 1–46
~ de percusión **302** 49–59, **303** 47–58
~ de taladrar **127** 16–18
~ de trazado **145** 29–35
~ de viento-madera **302** 28–38
~ de viento-metal **302** 39–48
~ geodésicos **110** 30–38
~ médicos **26** 26–62
~ meteorológicos **10**
~ musicales **301–306**
~ oftalmológicos **109** 11–15
~ ópticos **109, 110**
~ ópticos de medición **110** 24–29
~ para medir la presión atmosférica **10** 1–18
~ quirúrgicos **28** 46–59
~ topográficos **110** 30–38
integración **327** 14
integrador **29** 49
integumento del huevo **75** 48
intercambiador de calor **3** 7
interés *[Mat.]* **327** 7
interferómetro **110** 25
interior del vagón **203** 40–47
~ derecha **274** 20
~ izquierda **274** 18
interlineado **170** 5

internada **274** 63
interruptor **251** 15
~ *[Electr.]* **120** 3 y 4, **171** 31, **331** 71
~ antideslumbrante **182** 23, **186** 3
~ automático **254** 47
~ basculante **120** 3
~ con caja de hierro fundido **120** 17
~ con mando basculante empotrable **120** 4
~ de adaptación al voltaje de la red **235** 6
~ de aire **305** 47
~ de contacto con muelle **233** 7
~ de control **145** 19, **147** 2
~ de corriente **305** 47
~ de distancia **306** 27
~ de exposición **241** 21
~ de gas a presión **206** 4
~ de gran potencia **147** 51–62
~ de la antena **235** 3
~ de la calefacción del tren **206** 36
~ de la grabación **241** 28
~ de la ignición **228** 28
~ del encendido **186** 12
~ del grupo compresor de aire **206** 37
~ del grupo ventilador **206** 34
~ del limpiaparabrisas **186** 5
~ del motor de arranque **207** 18
~ del timbre de aviso **295** 22
~ de pie **52** 10
~ de protección **120** 18
~ de protección del motor **254** 46
~ de repetición **306** 38
~ de 78 revoluciones por minuto **306** 36
~ de seguridad **42** 25, **294** 9
~ de tirador **120** 12
~ de toma de alta tensión **147** 13
~ de tres posiciones **23** 53
~ en aceite **206** 4
~ extrarrápido **206** 39
~ general **43** 19, **228** 27
~ para el borrado **241** 27
~ para las pausas **306** 39
~ para los discos microsurco **306** 37
~ para los intermedios **306** 39
~ por rotura de la película **295** 30
interruptor principal **206** 4
~ rotativo empotrable **120** 11
~ rotativo saliente **120** 10
~ tipo Tumbler **120** 3
intervalo *[Mús.]* **300** 20–27
intestino **22** 14–22, **78** 15
~ delgado **22** 14–16
~ grueso **22** 17–22
intradós de ventana **113** 10, **115** 31, 32
introductor automático **175** 22
~ automático de hojas **175** 5
intrusión **11** 30
inundación **211** 5
inválido **257** 55
invernáculo **79** 4
~ de naranjos **257** 3
invernadero **79** 4
~ frío **79** 33
~ templado **79** 32
inversor **206** 21
~ de corriente **294** 19
~ de interferencias **236** 13
invertebrados **340**
inyección de anestésico local **27** 54
inyectable **26** 32
inyectador de vapor **167** 23
inyector **184** 39, 65
~ de aire **40** 58
~ de aire fresco **223** 12
~ de arena **205** 19
~ de bisulfuro de carbono **83** 4
~ de gasolina **187** 27
~ de substancia aglutinante **196** 53
~ de suelos **83** 4
~ de vapor **205** 42
ionosfera **4** 13
Irak **14** 45
Irán **14** 44
iris **21** 42
~ *[planta]* **62** 8
Irlanda **14** 10
isla **13** 6
~ *[barco]* **222** 68
Islandia **14** 11
islote fluvial **211** 4
isobara **9** 1, 2, 3
isohelia **9** 44
isohipsa **16** 62
isoquímena **9** 42
isosísmica **11** 37
isótera **9** 43
isoterma **9** 40
~ cero **9** 41
isótopo **1** 5–8
~ de uranio **1** 48
isoyeta **9** 45
isquion **19** 19
Israel **14** 39
Italia **14** 12

J

jabalcón **116** 47
jabalí **86** 32, **88** 51
jabalina **88** 51
~ *[arma]* **280** 54
jabato **88** 51
jabladera para ruñar las cubas **126** 30
jabón **323** 26
~ blando **41** 31
~ de afeitar **51** 69, **104** 21
~ de baño **51** 11
~ de sastre **102** 82, **256** 39
~ de tocador **51** 68
~ en polvo **53** 55
jaboncillo de sastre **102** 82, **256** 39
jabonera **30** 22, **53** 71, **104** 34
jácena **114** 5, **116** 67
jack **233** 7
Jacobino **314** 19
jai alai **287** 51
jalones a babor **219** 76
~ a estribor **219** 75
jamba **113** 10, **116** 47
~ de la ventana **39** 26, **115** 51
jamboree **266** 40–52
jamón arrollado **96** 27
~ cocido **96** 18
Jano **308** 47
Japón **14** 50
jaque mate **265** 15
jarcia de labor **214** 67–71
~ firme **214** 10–19
~ muerta **214** 10–19
jardín **54**
~ adornado con rocas **54** 1
~ botánico **252** 57
~ casero **39** 57
~ de la infancia **50**
~ delantero **39** 58
~ de la villa **252** 61
~ del palacio **252** 55
~ de rocas **39** 40
~ modelo de una zona climática **339** 45
jardinera **79** 49
~ *[caja para flores]* **39** 20
~ *[carruaje]* **179** 33
~ de ventana **53** 18
jardinería **79**
jardinero **79** 20
~ municipal **257** 68
jareta **90** 26
jarete* **269** 34
jaro **363** 9
jarra de agua **30** 24, **190** 23
~ de cerveza **260** 6, 27
~ del cacao **45** 32
~ de leche **76** 34
~ de vino **80** 30, **260** 32
jarrete **95** 14, 22
~ de la espalda **95** 28
jarrete de la pierna **95** 10, 33
jarrita de crema de leche **45** 19
~ graduada **42** 45
jarrito de crema **261** 21
jarro **80** 17
~ de cerveza **260** 6, 27
~ de peltre **262** 29
~ de pesar **333** 24
jarrón de piedra **257** 35
~ de porcelana **319** 5
jaula **190** 33, **272** 2, **273** 41
~ *[mina]* **137** 19
~ al aire libre **339** 25
~ de botellas de leche **77** 23
~ de Faraday **331** 45
~ de fieras **290** 49, **339** 1
~ hospital y operatoria **339** 12
~ para aves **339** 23
~ portabolas **136** 73
~ protectora del árbol **113** 80
~ redonda **290** 49
jauría **86** 33, **272** 62
jazmín amarillo **357** 4
jeep **195** 3
jefe *[Blas.]* **246** 18 y 19
~ de bomberos **255** 36
~ de camareros **260** 30
~ de camareros del vagón-restaurante **204** 44
~ de carga **202** 34
~ de cocina **204** 23
~ de control **234** 20
~ de corte **293** 31
~ de escenografía **297** 45
~ de la sala **263** 7
~ de la sección **256** 60
~ de maniobras **202** 48
~ de oficina **238** 1
~ de producción **292** 26
~ de recepción **256** 33
~ de sección de gimnastas **279** 32
~ de tren **203** 13
~ indio **335** 11
jerbo **351** 15
jerga **124** 24
jeringa de aceite **107** 31
~ de agua caliente y fría **27** 11
~ de aire caliente **27** 10
~ de gas **331** 9
~ de goma **30** 20
~ de mano de jardín **58** 8
~ de oídos **26** 58
~ hipodérmica **26** 28, **27** 54
jeringuilla **357** 9
jeroglífico **324** 1
jersey **32** 12, 40, **274** 55
~ de bebé **31** 20
~ de ciclista **273** 9
~ de entrenamiento **280** 58

Jesuita **314** 13
jeta **88** 53
jeté **288** 21
~ passé **288** 33
jeton **263** 12
jibia **340** 22
jifero **94** 1, 9
jigger **161** 12
jilguero **344** 1
jinete **257** 42, **272** 49
~ profesional **272** 56
jinrikisha **336** 34
jirafa **352** 4
~ del micrófono **237** 7, **292** 30
jiu-jitsu **281** 15–17
jockey **272** 56
jofaina **30** 23
Jordania **14** 42
joven **261** 22, 23, **286** 18
~ del pensionado **257** 28
joyas **38**
joyero **38** 11
joyo **63** 29
juanete alto **214** 59
~ bajo **214** 58
~ mayor alto **214** 65
~ mayor bajo **214** 64
jubón **338** 30, 41
~ acuchillado **338** 33
judas* **248** 15
judía **59** 8, 11
~ común **59** 8
~ de enrame **59** 8
~ enana **59** 8
~ escarlata **59** 8, **70** 15
~ verde **59** 8
judo **281** 15–17
juego **258** 1–59
~ alemán del "Eisschießen" **284** 42
~ de azar **263** 1–33
~ de banderas **245** 22–34
~ de boccia **287** 21
~ de bochas **287** 21
~ de bowls **287** 21
~ de cartas **265** 36
~ de cilindros **141** 49 y 50
~ de combinación **265** 1–16
~ de construcción **49** 19
~ de destreza **258** 24
~ de dobles **276** 2–3
~ de habilidad **298** 22
~ de la comba **258** 53
~ de la gallina ciega **50** 5
~ del ajedrez **265** 1–16
~ de la pandereta **258** 45
~ de la pelota-honda **287** 48
~ de la pelota vasca **287** 51
~ de la porra **258** 4
~ del aro **258** 20
~ de las bolas **258** 56
~ de las bolitas **258** 56
juego de las canicas* **258** 56
~ de las damas **265** 17–19
~ de las gracias **261** 28
~ del balón a puños **276** 52–58
~ del billar **264** 1–19
~ del chaquete **265** 18
~ del diávolo (diábolo) **258** 24
~ del dominó **265** 33
~ del escondite **258** 1
~ del golf **276** 59–71
~ del halma **265** 26–28
~ de los bolos **287** 1
~ de los dados **265** 29
~ de los tarugos **50** 13
~ del pañuelo anudado **258** 4
~ del rugby **275** 19–27
~ del tejo **258** 13
~ del tenis **276** 1–35
~ del tres en raya **265** 18, 23–25
~ del trompo **258** 17
~ del volante **276** 36
~ del Yo-Yo **258** 48
~ de mosaicos **50** 18
~ de movimiento **258** 23
~ de muelas **91** 21
~ de naipes **265** 36
~ de paciencia **50** 14
~ de palancas **199** 57
~ de policías y ladrones **258** 23
~ de posición **265** 1–16
~ de ruedas **204** 62–64
~ de salta **265** 20
~ de sartenes **41** 84
~ de suerte **263** 1–33
~ de trinquete giratorio **233** 46
~ de trinquete vertical **233** 47
~ de turbinas **223** 6
~ de waterpolo **268** 47–51
~ individual **276** 4–5
juegos de agua **257** 8
~ de lengüetería **305** 41
~ de pelota **258** 42, **274–276**
~ de sociedad **265**
~ de tablero **265**
~ infantiles **258** 1–59
juez **248** 22, **276** 22
~ auxiliar **276** 25
~ de faltas de pie **276** 25
~ de línea **274** 23, 47
~ de llegada **268** 25, **273** 5, **280** 10
~ de meta **272** 20, **273** 5, **280** 10
~ de salida **268** 30, **272** 12, **280** 1
~ de viraje **268** 26
~ de vueltas **273** 6
~ que adjudica los puntos **281** 39
jugada **265** 14
~ antirreglamentaria **274** 51
jugador de ajedrez **261** 17
~ de baloncesto **275** 37
~ de balonmano **275** 8
~ de base **275** 50
~ de 2.ª base **275** 50
~ de 3.ª base **275** 50
~ de billar **264** 8
~ de bochas **287** 22
~ de bolos **287** 20
~ de cambio **275** 38
~ de centro **276** 57
~ de crocket **275** 65
~ de curling **284** 43
~ de equipo **275** 8
~ de golf **276** 63
~ de hockey **275** 16
~ de hockey sobre hielo **284** 37 y 38
~ del equipo receptor **275** 50
~ de ping-pong **276** 39
~ de polo en bicicleta **287** 30
~ de relevo **275** 38
~ de rugby americano **275** 28
~ de ruleta **263** 15
~ de tenis de mesa **276** 39
~ suplente **274** 45
~ zaguero **276** 58
jugadora de tenis **276** 16
jugo de frutas **98** 18
juguete **49** 5–29
juicio **248** 18
juilipío **53** 43
juncia **56** 17
junco **84** 26, **130** 28, **266** 3
~ *[barco]* **336** 32
~ florido **362** 39
junípero **356** 47
Juno **308** 5
junta cardán **185** 53
~ de expansión **197** 39 y 40
~ de los carriles **198** 42
~ de plomo **117** 103
~ de tabla **197** 46
~ de unión **117** 48
~ especial **119** 35
~ longitudinal **197** 39
~ soldada **135** 8
~ transversal **197** 40
~ universal **182** 5
Júpiter **308** 1
~ *[planeta]* **6** 27
jurado **248** 23
justa **310** 71
justificación **178** 59
juvia **368** 53

K

karst **13** 71–83
kayac **269** 4, **336** 12
~ doble **269** 5
~ groenlandés **269** 4
kerria **357** 28
"kickstarter" **181** 50
kilométrico **201** 55
kirri **337** 33
knickerbockers **34** 22
knock-out **281** 36
K. o. **281** 36
kogge **213** 18–26
~ anseática **213** 18–26
koller **338** 39
koruna **244** 27
Krakatoa **4** 4
Kuro-Sivo **15** 31

L

la bemol mayor **300** 12
~ bemol menor **300** 15
~ mayor **300** 4
~ menor **300** 1
~ 3-segunda **302** 9
~ sostenido menor **300** 8
laberinto **19** 62
~ bordeado de setos **257** 5
labio **71** 32
~ inferior *[Anat.]* **21** 26
~ inferior *[órgano]* **305** 26
~ superior *[Anat.]* **21** 14, **73** 8
~ superior *[órgano]* **305** 27
labios de la vulva **22** 87
labor de aguja **50** 30
~ de esculpido en laca **319** 6
~ de punto **258** 16
laboratorio **6** 20
~ de copia **292** 2
~ de investigación **292** 9
~ fotográfico **112** 1–61
~ técnico **292** 9
labores del campo **65** 1–46
~ femeninas **101**
laca para pintores **121** 10
lacayo **179** 20
lacolito **11** 29
lacón **96** 26
lacrimal **19** 40
lactama **164** 25, 37
ladera **271** 11
ladilla **341** 29
lado **136** 2, **328** 7, 27
~ *[Arq.]* **318** 40
~ de cuarta **277** 12
~ de la Epístola **311** 47
~ del cuello **73** 15
~ del Evangelio **311** 48
~ de tercera **277** 11
~ no pasa **142** 51
~ pasa **142** 50
ladrillar **151**
ladrillo **151** 16
~ aplantillado de establo **151** 27
~ colocado a soga **113** 63
~ colocado a tizón **113** 64
~ con perforaciones verticales **151** 21

ladrillo de chimenea **151** 25
~ de dimensiones normales **113** 58
~ de forma normal **113** 58
~ del relieve **315** 20
~ de revestimiento de chimenea **151** 28
~ de techar **151** 24
~ hueco con canales horizontales **151** 22
~ hueco con canales verticales **151** 23
~ hueco plano en boca de flauta **151** 26
~ macizo **151** 20
~ perforado **151** 21 y 22
~ radial **151** 25
~ refractario **135** 43
ladrinas **338** 58
lagar **80** 41
lagarta **81** 1
lagartija **350** 36
lagarto común **350** 27
lagartos **350** 27 y 31–37
lago **13** 3
laguna **13** 33
~ de la playa **13** 44
lambrequín **246** 3
lámina *[Bot.]* **354** 85
~ de celulosa **163** 2, 4, 6
~ de imágenes **249** 17, **250** 8
~ de la hoja **69** 20, **354** 28
~ de metal **303** 77
~ de vidrio **155** 11
laminadero de hierro **141**
laminador **141** 41–76
~ dúo **141** 48
~ en frío **141** 67
~ para alambre y chapa **106** 1
~ para discos de ruedas **141** 61
~ para llantas de ruedas **141** 61
~ Sendzimir **141** 67
laminadora **151** 9
laminaria **362** 48
laminilla **365** 4, 6
~ de cera **78** 25
~ del diafragma **111** 45
lámpara **171** 47
~ colgante **44** 22, **45** 30
~ con electrodos de carbón **173** 20
~ de aceite de ballena **336** 7
~ de alcohol para soldar **120** 32
~ de arco **331** 24
~ de arco voltaico para impresionar las planchas **173** 20
~ de área de representación **297** 15
~ de boca **27** 44
~ de bolsillo **120** 26
~ de brazo movible **47** 17
lámpara de cabeza **138** 55
~ de control **157** 8, **207** 21
~ de esclerótica **109** 11
~ de estudio **112** 59
~ de jardín **39** 38
~ de la escala **235** 20
~ de la marquesina **205** 47
~ del cuarto oscuro **112** 18
~ del dormitorio **48** 23
~ de lectura **93** 27
~ del microscopio **110** 22
~ del patio **53** 16
~ del sagrario **311** 44
~ del sonido **295** 48
~ del tablero de dibujo **144** 19
~ de luz directa **112** 59
~ de luz indirecta **112** 60
~ de luz roja **171** 48
~ de llamada **296** 52
~ de mano **186** 20
~ de mesa **44** 7, **47** 17, **238** 23
~ de minero **138** 57 y 58
~ de oficial **138** 58
~ de operaciones **27** 18, **28** 26
~ de pared **48** 1
~ de piano **44** 38
~ de pie **28** 15, **47** 49
~ de pilas **120** 26
~ de radiación **27** 20
~ de señal de cambio de aguja **193** 29
~ de señales **241** 47
~ de señalización **147** 3
~ de soldar a gasolina **119** 49
~ de trabajo **107** 67
~ de varios brazos **259** 21
~ espectral **331** 26
~ faro **216** 64
~ fluorescente **194** 19
~ fotográfica de nitrógeno **112** 61
~ maravillosa **349** 4
~ Morse **218** 7
~ para leer **47** 49
~ para leer en la cama **48** 1
~ piloto **235** 20
~ portátil **191** 20
~ reflectora de arco **295** 39
~ Reuter **331** 22, 28
~ rinconera **43** 24
~ testigo de la luz trasera **181** 44
~ ultravioleta **24** 17
lamparilla de alcohol **27** 57
lamparita **26** 51
lampión **55** 15
lampista **119** 13
lana de corcho **124** 23
lancéola **364** 11
lanceolado **354** 32
lanceta **28** 49, **171** 55
lancha a remolque **220** 20
~ automóvil **269** 2
~ con balancín **335** 35
~ con batanga **335** 35
~ de buzos **224** 13
~ de carga **211** 25
~ de pesca **89** 1
~ de salvamento **224** 31–43
lanchón **220** 30
~ de la draga **221** 67
landó **179** 36
langosta migratoria **342** 8
lanilla **245** 3
lansquenete **338** 32
lanza **308** 20, **310** 81, **337** 12
~ *[carro]* **72** 21, **131** 7 **179** 19
~ *[tubo]* **83** 34, **255** 33
~ para pescar **267** 40
~ rociadora **94** 18
lanzadera **101** 20, **159** 26
~ longitudinal **102** 37
~ para malla **101** 26
~ rotativa **102** 38
lanzador **275** 53
~ de cuchillos **290** 37
~ de disco **280** 42
~ de jabalina **280** 52
~ de martillo **280** 48
~ de peso **280** 45
lanzamiento **276** 50, **280** 29–55
~ de la jabalina **280** 52–55
~ del cohete **229** 28–31
~ del disco **280** 42–44
~ de martillo **280** 48–51
~ de peso **280** 45–47
laña **26** 38
lapicero automático **239** 35
~ de presión **144** 50
lápida **312** 64
~ conmemorativa **312** 14
~ mural con inscripción **312** 14
~ sepulcral **311** 65, **312** 26
lápiz **113** 51, **239** 31, **249** 60
~ de alumbre **51** 80
~ de carpintero **115** 77
~ de cejas **103** 16
~ de color **50** 24
~ de labios **103** 19
~ de maquillaje **296** 46
~ de tiza **321** 5
~ estíptico **104** 22
~ litográfico **323** 26
~ pastel **321** 19
Laquesis **308** 55
larguero **210** 20
~ de la cama **48** 5
larguero de la escalera **40** 16
~ del marco de la portería **274** 36
~ inferior **210** 49
~ principal **271** 53
~ superior **210** 48
laringe **22** 2 y 3
laringoscopio anterior **26** 61
laro ridibundo **343** 14
larva **60** 64, **81** 6, **342** 9
~ del geómetra de la uva espina **60** 5
~ joven **81** 54
lastra de ajuste **106** 26
~ de medidas **106** 25
lastre del globo **226** 61
lata **121** 10
~ de barniz **121** 7
~ de cerveza **93** 39
~ de la carnada **89** 18
~ de la carnaza **89** 18
~ de los gusanos **89** 19
~ de trementina **121** 8
lateral **274** 37
látigo **258** 19, **272** 38, **290** 53
~ de nueve colas **124** 18
~ de trillar **66** 27
latitud geográfica **15** 6
laúd **303** 1
laurel rosa **357** 13
laurente **168** 44
lauréola **361** 10
lavabo **28** 42, **51** 52–68, **48** 39
~ doble **259** 32
lavadero **53**
lavado **164** 56
~ al vapor **166**
~ de las bobinas **164** 48
~ de las trozas **149** 36
lavador **87** 61
~ de benzol **148** 42
~ de gas de agua **148** 25
~ del amoníaco **148** 34
~ de la naftalina **148** 32
lavadora de armario **166** 12
~ de botellas **93** 31
~ de coches **191** 25
~ de los cereales **91** 53
~ de ropa **42** 20
lavanda **364** 7
lavandera **53** 67
~ *[ave]* **344** 9
lavandería **166** 1–40
lavaojos **23** 40
lavativa **23** 46, **30** 20
~ para niños **23** 59
lawn tennis **276** 1–35
laya **58** 31
~ de puntas **58** 5
lazareto **220** 2
lazo **125** 25, **335** 5
~ de la coleta **35** 7
~ del pelo **31** 35
~ de marinero **31** 31

lebrato **88** 59
lección **249** 1–31, **250** 1
~ de piano **44** 32–37
lector **250** 24, **298** 40
~ de periódicos **261** 24
~ de sonido **295** 47
lectura **170** 28
~ para el viaje **201** 18
lecha **89** 66
leche **103** 11
~ condensada **98** 15
lechecillas **89** 66
lechera **76** 34, **77** 2
lecherita **45** 20
lecho **48** 3–15
~ de agujas **160** 55
~ de arena **118** 8
~ de hormigón **118** 13
~ de inundación **211** 41
~ del río **13** 68
~ para descansar **262** 44
lechón **74** 9, **76** 40
lechuga **59** 36
lechuguilla **37** 18
lechuguino **289** 33
lechuza **347** 17
ledo de los pantanos **361** 21
legón **66** 33
lejiadora rotativa para trapos **167** 21
~ vertical **167** 2
lengua **19** 52, **21** 25, **88** 2
~ bífida **307** 6
~ de buey **365** 31
~ de chocolate **98** 84
~ de gato **98** 84
~ de vaca **70** 13
lengüeta **99** 48, **144** 67, **306** 4
~ de la aguja **198** 52
~ del cambio **193** 33
~ de resorte **193** 33
~ doble **302** 29
~ guía **238** 74
~ portaplectro **301** 52
lente **111** 10, **171** 27, **330** 33
~ ampliadora telescópica **109** 9
~ anamórfica **294** 37
~ bicóncava **108** 2
~ biconvexa **108** 7
~ cilíndrica **294** 37
~ cóncava **108** 1–4
~ cóncava periscópica **108** 3
~ cóncavo-convexa **108** 8
~ convergente **108** 5–8
~ convexa **108** 5–8
~ convexa periscópica **108** 8
~ convexo-cóncava **108** 3
~ convexoplana **108** 5
~ de contacto **108** 26
~ de dispersión **294** 43
~ de distensión **294** 43
lente de distorsión **294** 37
~ divergente **108** 1–4
~ esférica **108** 1–8
~ planocóncava **108** 1
lenteja de agua **362** 35
lentes **284** 21
leña menuda **53** 8
leñador **84** 27
leñame **115** 85
Leo **5** 17, **6** 36
León **5** 17, **6** 36
león **353** 2
leontopodio alpino **362** 9
leopardo **353** 6
lepidópteros **348** 1–11
lepisma sacarina **341** 15
lepta **244** 39
letra **170** 38, 42, **249** 49
~ aceptada **242** 12
~ alemana **325** 3
~ cursiva **170** 7
~ de cambio **242** 12, 17
~ fina **170** 8
~ inicial **170** 1
~ mayúscula **170** 11
~ minúscula **170** 12
~ negrita **170** 3
~ seminegra **170** 2
~ supernegra **170** 9
~ versal **170** 11
~ versalita **170** 14
letrina **266** 39
leva **160** 14, **182** 45, **184** 60
~ de acoplamiento de las agujas **160** 57
~ de ascenso de las agujas **160** 59
~ de descenso de las agujas **160** 58
~ de desprendimiento de las agujas **160** 58
~ de elevación y descenso del cilindro **175** 3
~ de impulsiones **233** 21
~ de subida de las agujas **160** 59
levade **72** 4, **290** 30
levador **168** 47
levadura **93** 15–18
levantador de pesos **281** 1
levantamiento brusco con un brazo **281** 2
~ con dos brazos **281** 4
~ de pesos **281** 1–6
levas **160** 40
levita **34** 53, **338** 76
leyenda **15** 27–29
lezna **99** 62, **124** 9
~ de agujetear **123** 33
~ redonda **123** 26
Líbano **14** 41
libélula **342** 3
líber **354** 9
Liberia **14** 37
Libra **5** 19, **6** 38
libra esterlina **244** 37
librador **242** 21
librea **179** 21
~* **179** 20
librería **47** 4, **250** 12, **253** 3
~ de viejo **253** 3
librero* **47** 4
libreta **249** 30, 46
librito de papel de fumar **105** 19
libro **177** 32, **178** 36
~ de caja **238** 58
~ de citas **200** 10
~ de cocina **41** 7
~ de cuentas **238** 52
~ de entrega de certificados **231** 11
~ de franqueo **238** 48
~ de himnos **311** 30
~ de imágenes **50** 16
~ de la clase **249** 13
~ de lectura **249** 31
~ de música **44** 27
~ de registro para extranjeros **259** 8
~ de sellos **238** 49
Libro Mayor **238** 64
libro registro **238** 52, **249** 13
~ registro de acciones **243** 14
~ sin cubierta **178** 28
licena arion **348** 6
licerón **165** 20
licete **165** 20
licopodio **361** 12
licor **98** 58
lidia a caballo **287** 57
liebre **86** 35, **88** 59
lienzo **48** 9, **321** 21
liga **33** 19, 63
ligada **213** 32
ligadas en los aparejos **113** 62
ligado **170** 6
~-picado **300** 52
ligadura **113** 30, **277** 48
~ *[Mús.]* **300** 40, 51
~ de un vaso sanguíneo **17** 14–17
ligamento **83** 28, **165**
~ a la plana **165** 1
~ de la sarga batavia **165** 27
~ de la tela a dos caras **165** 26
~ para el tejido llamado "punto de tripa" **165** 29
~ suspensor del hígado **22** 34
~ tafetán **165** 1
ligazón longitudinal **270** 24
~ transversal **270** 20
lignocelulosa **167** 1–10
ligón **66** 33
lígula **69** 22, **354** 84
~ radiada **359** 31
ligustro **357** 6
lijadora y limpiadora de correa **128** 46
liliácea **56** 13
liliputiense **291** 22
lima **134** 3
~ acanalada **106** 51
~ bastarda **134** 8
~ de aguja **106** 50
~ de cascos **132** 41
~ de cinta **134** 3
~ de desbastar con estrías gruesas **132** 35
~ de sierra **127** 26
~ de uñas **103** 7
~ gruesa **99** 36
~ para alisar **134** 23
~ para hacer agujeros **134** 22
~ plana **99** 22, **134** 23
~ redonda **134** 22
~ triangular **127** 26
limadora **134** 1
~ de gran velocidad **143** 52
limahoya **116** 15, **117** 11, 82
limatesa **116** 2, 12
limbo graduado **219** 2, **331** 38
limitador de interferencias **236** 15
límite **65** 3
~ de la capa **13** 21
~ de la pleamar **13** 35
~ del jugador **275** 45
~ de los bajos **16** 9
~ de término municipal **16** 103
límites del crepúsculo **4** 26
limón **368** 23
limosna **311** 64
limosnera **257** 65, **311** 63
limpiabarros **43** 34, **68** 37, **261** 44
~ de la puerta **118** 25
limpiabotas **200** 11
limpiacoches **201** 14
limpiacristales **253** 42
limpiado de la cebada **92** 1–7
limpiador **157** 22, **162** 61
~ de algodón **156** 7
~ de la pipa **105** 43
~ del asiento del retrete **51** 32
~ de remolachas **67** 33
~ de tipos **240** 34
~ preliminar **91** 48
limpiadora **52** 52, **201** 38
~ de balasto **198** 3
~ de malta **92** 21
limpiapiés **261** 44
limpiaplumas **249** 51
limpiauñas **103** 8
limpieza de calles **195**
limusina **187** 8
~ de lujo **187** 9
linaria común **360** 26
lince **353** 8
linde **65** 3
lindero **65** 3

línea **170** 4, **277** 23, **299** 45, **328** 1–23
~ a cubrir **117** 81
~ a la central **233** 32
~ central **274** 8
~ colectora de retorno **40** 80
~ de alta tensión **16** 113
~ de banda **274** 7, **275** 9, **276** 2–3
~ de centro **275** 27
~ de cercanía **199** 34
~ de comunicación **233** 37, 40
~ de conducción eléctrica **16** 113
~ de contacto **206** 2
~ de diez metros **275** 26
~ de división del servicio **276** 8–9
~ de esgrima **277** 23
~ de fe **219** 25
~ de fondo **276** 3–10, 52
~ de gol **275** 21
~ de la cabeza **21** 73
~ de la columna **325** 43
~ de la mano **21** 72–74
~ de lanzamiento **280** 53, **287** 50
~ de la vida **21** 72
~ del corazón **21** 74
~ de los 6'4 metros **275** 10
~ de los 13 metros **275** 4
~ de los tiros libres **275** 5, 36
~ del receptor **275** 44
~ de medio campo **275** 27
~ de meta **274** 3, **275** 2, **280** 7
~ de 22 metros **275** 25
~ de rastrillo **275** 56
~ de salida **280** 3
~ de saque **275** 57
~ de servicio **276** 6–7
~ de tendido del trolebús **252** 24
~ de transmisión **233** 65
~ equinoccial **5** 3
~ fundida **169** 27
~ horizontal **326** 15
~ isobática **16** 11
~ lateral **275** 23
~ límite **117** 81
~ principal **199** 20
~ principal con vía doble **199** 20
~ principal de ferrocarriles **16** 21
~ principal de vía única **199** 26
~ principal electrificada **199** 25
~ recta **328** 2 y 3, 5
~ suburbana **199** 34
~ y espacio **299** 46
lineal **354** 31
linear **354** 31
líneas férreas **198**
lingote **169** 8
~ crudo **140** 39
~ de acero **140** 32
~ en bruto **141** 43
lingotera para chatarra **140** 25
lino **367** 6
~ silvestre **361** 18
linóleo **121** 42
linotipia **169** 19
linterna *[Arq.]* **116** 14, **317** 45, **318** 3
~ contra el viento **76** 16
~ de la cuadra **76** 1
linternón de salida de humos **199** 11
líquido para soldar **106** 36
~ pulverizado **83** 37
Lira **5** 22
lira **301** 14, **308** 64
~ *[moneda]* **244** 20, 21
~ *[cola]* **88** 67
~ *[Máq.]* **142** 7
lirio **62** 12
~ amarillo **62** 8
~ blanco **62** 12
~ de agua **62** 8
~ del valle **361** 2
~ de mar **349** 3
~ gigante del Amazonas **362** 17
lisiado **257** 55
lisimaquia numularia **359** 26
lista de abonados **233** 3
~ de platos **260** 21
~ de precios **79** 43, **98** 73, **256** 19
~ de vinos **260** 31
~ oficial de las cotizaciones **243** 8
listel **316** 57, **317** 52
listón **115** 45, **117** 17, 43, **280** 37
~ de apoyo de los apagadores **304** 39
~ de apoyo de los macillos **304** 26
~ de goma **43** 29
~ del borde **91** 3
~ del zócalo **118** 63
~ de llamada **280** 30
~ de protección **84** 8
~ de salida **280** 30
~ de soporte **118** 67
~ distante **110** 37
~ transversal **130** 8
listones **118** 70
litera **262** 34
"litewka" **216** 58
Lithodes **349** 16
litografía **323** 25 y 26
litógrafo **323** 45
litosfera **4** 1, **11** 1
lizo **159** 4
~ adicional para el orillo del tejido **165** 20
lobo **352** 13
~ marino **352** 19
lóbulo de la oreja **19** 57, **74** 23
~ del hígado **22** 35
~ del pulmón **22** 7
local de corte **292** 3
localización por radar **10** 61
localizador **29** 32
loción facial **103** 14
~ para después del afeitado **104** 14
loco **289** 69
locomotora **208** 44
~ (distintos tipos) véase **203–208**
~ accionada por acumulador de vapor **205** 69
~ articulada Garrat **205** 39
~ con condensador del vapor de escape **205** 70
~ con ténder para trenes expresos **205** 38
~ de acumuladores **138** 46
~ de línea de tendido **138** 47
~ del tren de balasto **198** 6
~ del tren de pasajeros **203** 2
~ de maniobras **202** 46
~ de mina **137** 28, **138** 46 y 47
~ de motor a gas **207** 45
~ de turbina de gas **207** 44
~ de vapor **203** 2
~ de vapor para servicio de mercancías **208** 1
~ de vía estrecha **196** 24
~ Diesel ligera **196** 24
~ Diesel para trenes expresos **207** 41
~ eléctrica **206** 1
~ eléctrica de cremallera **209** 4
~ eléctrica de mina **137** 28, **138** 46 y 47
~ eléctrica para excavaciones en zanja abierta **206** 56
~ eléctrica para maniobras **206** 59
~ industrial de dos tracciones **207** 43
~ por adherencia **205** 1
~ sin hogar **205** 69
~ ténder **205** 66
locomotoras de acoplamientos múltiples **207** 42
~ gemelas Diesel para mercancías **207** 42
locutor **234** 9
locutora de doblaje **293** 27
locutorio radiofónico **234** 7–12
~ telefónico público **233** 1
Lofocalyx philipensis **349** 7
logaritmación **327** 6
logaritmo **327** 6
logotipo **170** 6
lombriz **340** 20
~ intestinal **341** 20
lomo **73** 29, **95** 46, **178** 41
~ de piedras **211** 55
~ para las maniobras **202** 49
lona de salvamento **255** 18
~ impermeabilizada **216** 51
~ impermeable **224** 1, 2
~ para el salto **255** 18
~ protectora contra las salpicaduras **269** 56
longicornio **342** 38
longitud de fibra **164** 60
~ geográfica **15** 7
lonja de pescado **220** 11
"looping" **271** 17
losa **312** 64
~ de hormigón **197** 41
~ de techo **118** 38
loto de cuernecillo **360** 17
lubricación por cárter seco **182** 21
lubricador del eje **204** 66
lubrificador **180** 65
lucano ciervo **342** 24
lucernario **116** 21
luces de aproximación **230** 13
~ de la estación de servicio **190** 8
~ de pared **261** 9
lucio **350** 16
lucha **281** 7–14
~ con cinturón **281** 14
~ contra las plagas del campo **83**
~ de la cuerda **258** 35
~ de pie **281** 10 y 12
~ en el suelo **281** 8, 9, 11
~ grecorromana **281** 7–10
~ libre **281** 11 y 12
luchadera **88** 6
luchadero **269** 36
luchador **281** 7
~ aficionado **281** 7
luchán* **368** 23
lugar de expedición **242** 13
~ de libranza **242** 13
~ de pago **242** 15, 22
~ para el ensilado **64** 11
luge **285** 11
~ de carrera **285** 11

lugre para la pesca de arenques **90** 1
luis de oro **244** 5
lumbre **259** 25
lumbrera **39** 35, **64** 50, **116** 8, **318** 2
~ de admisión **184** 73
~ de escape **184** 74
~ del campanario **312** 8
~ del desván **40** 14
Luna **6** 24, **7** 1–12
luna *[Patin.]* **284** 5
Luna creciente **7** 3
luna del armario **48** 43
Luna llena **7** 5
~ menguante **7** 7
~ nueva **7** 2
lunar **289** 23
lunares **350** 39
lúnula **21** 81
lupa **26** 34, **108** 31–34, **170** 34
~ con empuñadura **108** 31
~ de contacto **108** 33
~ de relojero **107** 70
~ de soporte **108** 34
~ plegable **108** 32
lupino amarillo **70** 17
lur **301** 1
Luxemburgo **14** 14
luz *[puente]* **210** 34
~ acampanada **47** 51
~ azul **253** 59, **255** 6
~ cenital **28** 27
~ de advertencia **255** 6
~ de carretera **185** 17
~ de cruce **185** 17
~ de delimitación **182** 65
~ de freno **186** 28
~ de la máquina de coser **102** 47
~ de las estrellas **6** 20
~ del Norte **4** 35
~ del puerto **220** 58
~ del Sol **6** 20
~ del Sur **4** 35
~ del tráfico **253** 39
~ de pared **51** 53
~ de posición **185** 17
~ de posición del avión **226** 46
~ de punto **171** 49
~ de señal de parada **193** 9
~ intermitente **193** 20, **255** 6
~ larga **185** 17
~ lateral de estribor **218** 15
~ libre **189** 5
~ para iluminar la placa de matrícula **186** 37
~ para leer **204** 32
~ para marcha atrás **186** 38
~ polar **4** 35
~ trasera **180** 46, **182** 18, **186** 29
Lyra **5** 22

Ll

llama **351** 28
~ de la vela **47** 26
llamada local **231** 24
llamas de la resurrección **307** 10
llana **113** 56
llano del rompiente **13** 31
llanta **131** 30, **180** 28, **185** 30
~ de la cinta de sierra **85** 47
llantén de agua **362** 44
llanura **7** 11
llave **134** 44
~ *[instr. musical]* **302** 35
~ ajustable **119** 51
~ anti-robo **180** 50
~ con dinamómetro de torsión **192** 25
~ con pernos **192** 7
~ corrediza **119** 57
~ de afinar **304** 20
~ de bóveda **317** 32
~ de brazo **281** 11
~ de cambio **87** 24
~ de cierre **119** 27, **334** 44
~ de conversación **233** 12
~ de doble boca **191** 15
~ de dos bocas para tuercas **192** 1
~ de dos pasos **334** 49
~ de estrella para bujías **192** 8
~ de evacuación **334** 53
~ de gancho **192** 2
~ de hierro **309** 32
~ de horquilla **192** 7
~ de la boca **255** 27
~ de la flauta **302** 32
~ de la habitación **259** 9
~ de la ignición **182** 11
~ de las cuerdas **107** 44
~ del encendido **182** 11, **186** 13
~ del gas **41** 37
~ del patín **284** 27
~ de luces **181** 38
~ dentada **191** 16
~ de paso **51** 41, **254** 48
~ de retorno **334** 49
~ de ruedas **191** 13
~ de seguridad **134** 52
~ deslizante de seguridad **87** 25
~ de tapacubos **192** 26
~ de tapones de depósitos **192** 26
~ de templar **304** 20
~ de tres posiciones **331** 15
~ de tubo para bujías **192** 10
llave de tuercas **119** 52
~ de un solo paso **334** 42
~ falsa **134** 10
~ fija **191** 15
~ francesa **119** 52
~ inglesa **119** 53, **192** 3
~ maestra **134** 10
~ para tubos **119** 56
~ para tuercas hexagonales **192** 29
~ Peugeot **192** 9
~ plana **134** 52
~ plana de dos cabezas fijas **192** 1
~ tubular para bujías **192** 10
llaves de distribución **255** 32
llenadora de barriles **93** 29
llevador **156** 42
llovizna **9** 33
llueca **75** 17
lluvia **8** 10, **9** 32
~ *[regadera]* **79** 28
~ constante **8** 18
~ de oro **358** 32
~ fina **9** 33

M

"maar" **11** 25
macaco de la India **353** 12
~ Rhesus **353** 12
macaón **342** 52
macarrón **97** 51
macarrones **98** 33
maceración **92** 26
macerador **92** 25
maceta **113** 54
~ de pared **44** 23
~ *[para plantas]* **57** 9, **312** 61
macetón **79** 47, **312** 61
macferlán **179** 32
macia **366** 34
macillo **301** 35
~ cubierto de fieltro endurecido **304** 24
macis **366** 34
macizo **87** 37
~ de flores **79** 36
~ de montañas **12** 39
macolla **69** 5
macramé **101** 21
macronúcleo **340** 11
Macropharynx longicaudatus **349** 2
mácula **21** 50
maculatura **167** 11
macuto **266** 45
machacador **91** 57
machacadora **150** 20
~ de mandíbulas **153** 6
machiega **78** 38
machihembrado **118** 74
Machina Pictoris **5** 47
macho **341** 23
~ *[fundería de hierro]* **141** 29
macho de aterrajar **134** 64
~ de estampa de forja inferior **133** 15, 28, 43
~ de estampa de forja superior **133** 12, 27, 42
~ de fragua **132** 23
~ del borde **210** 9
~ del palo mayor **214** 5
~ del trinquete **214** 2
~ de mesana **214** 8
~ de roscar a máquina **143** 32
~ normal **143** 32
~ para afinar **143** 32
~ para afinar de un solo corte **143** 32
~ para desbastar **143** 32
~ para repasar **143** 32
madeja **161** 29
madera contrachapeada **127** 34 y 35
~ costera **149** 37
~ de construcción **113** 41, **115** 83–96
~ de cuarto de sección **115** 90
~ de hilo **115** 2
~ del clisé **172** 34
~ en bruto **129** 21
~ escuadrada **115** 10
~ larga **84** 15, **85** 6
~ número dos **276** 69
~ número tres **276** 69
~ número uno **276** 69
~ para construcciones **115** 10
~ preciosa **127** 34
maderaje de la fachada **115** 48
madero cortado en cruz **115** 90
madre **30** 30, **45** 2
~ *[Pesca]* **90** 28
~ de clavo **366** 29
madreperla **340** 32
~ de río **340** 31
madreselva verdadera **358** 13
madriguera **86** 23, 26
maduración **163** 7
maesa *[abeja]* **78** 4, 38
maestra *[abeja]* **78** 4, 38
~ del parvulario **50** 1
maestro **249** 10
~ barbero **104** 11
~ bodeguero **93** 24
~ de armas **277** 15
~ del maquillaje **296** 47
~ forjador **132** 10
~ tapicero **124** 19
~ zapatero **99** 23
magistrado **248** 22
magistral **107** 52
magmatismo plutónico **11** 29–31
magneto **2** 51, **91** 49
~ de control del cambio de dirección **193** 31

magneto de desenganche **233** 50
~ del freno **136** 100
~ de tracción **193** 32
~ giratoria **233** 48
~ sopladora **295** 39
~ vertical **233** 49
magnetófono **234** 1, **237** 13, **306** 13
~ de cinta estrecha **293** 7
magnolia roja **357** 15
mago **298** 18
maguillo **60** 51
maharajá **289** 28
maíz **69** 1, 31
majador **132** 13
majuelo de un pistilo* **358** 30
malabarista **298** 17
malacate de hortelano **64** 58
malacosoma neustria **81** 13
Malacosteus indicus **349** 10
malas hierbas **63**
malecón **13** 37, **211** 19, **212** 15
maléolo externo **21** 59
~ interno **21** 60
maleta **201** 4
~ de avión **259** 15
~ de la máquina **102** 49
~ ligera **259** 15
maletero **185** 23
maletín de excursiones **266** 21
maleza **16** 15
malta **92** 26
~ secándose **92** 13
~ triturada **92** 24
~ verde **92** 11
maltaje en caja **92** 8
malva silvestre común **360** 13
malvavisco **364** 12
malla **101** 22, **160** 62
~ de alambre **322** 35
~ de cadena **181** 32
~ del lizo **159** 27
malleta **90** 90
mamá **45** 2
~ señora* **258** 14
mamífero de escamas comedor de hormigas **351** 10
~ volador **351** 9
mamíferos **351–353**
mampara **39** 16
~ de madera **25** 9, **114** 25
~ para separación **114** 25
mamparo estanco **222** 54
~ longitudinal **222** 56
~ transversal **222** 54
manada **88** 1
~ a tiro **86** 15
~ de leones **339** 20
manager **281** 41
manantial **16** 82, **254** 40, **262** 15–17
~ del karst **13** 74
manatí **351** 23
mancera **68** 2
~ de dirección **68** 46
mancha blanca **88** 20, 36, 74
~ del pecho **88** 71
~ de tinta **249** 47
~ en forma de ojo **342** 54
~ solar **7** 20, 21
mandadero **238** 8
mandarín **289** 29
mandarina **368** 23
mandíbula **18** 17, **342** 25
~ inferior **343** 8
~ móvil **134** 13
~ superior **21** 27
mandil de amianto **135** 3
~ de cuero **132** 14, **135** 3
mando **138** 38, **234** 41–45
"mando" **298** 30
mando a mano **207** 19
~ a mano del interruptor principal **206** 53
~ de combustible **228** 32
~ de control de levas **206** 8
~ de embrague y desembrague **158** 17
~ de gases **228** 30
~ de la mezcla **228** 31
~ del arenero **206** 40
~ de las válvulas en cabeza **182** 43
~ de la válvula de cierre **205** 49
~ de la válvula de salida del vapor **205** 49
~ del cambio de marcha **205** 18
~ del extintor de incendios **228** 22
~ del freno automático del tren **206** 52
~ del freno de emergencia **206** 51
~ de los gases **182** 29
~ de los husos **157** 31
~ del tiro **97** 60
~ de paso variable de la hélice **227** 39
~ de puesta en marcha y paro **158** 65
~ para el deslizamiento transversal del objetivo **171** 6
~ para el deslizamiento vertical **171** 7
mandolina **303** 16
mandora **303** 1
mandos del avión **228**
mandril **353** 13
~ *[Máq.]* **240** 71
~ de acción rápida **128** 40
~ de agujero simple **129** 6
mandril de dos mordazas **129** 10
~ de forjador **132** 22
~ de sujeción **128** 33
~ portabroca **143** 30
mandriladora horizontal **143** 33
manecilla de la raqueta **107** 26
~ del toque **107** 43
~ de mando del arenero **207** 20
~ grande **107** 4
~ para el deslizamiento transversal del objetivo **171** 6
~ pequeña **107** 5
maneta del inversor de marcha **206** 33
manga **33** 43, **34** 17
~ *[aeropuerto]* **230** 17
~ *[Pesca]* **89** 10
~ abullonada **32** 22
~ afollada **338** 60
~ corta **32** 32
~ de acoplamiento de la calefacción **203** 38
~ de acoplamiento de la conducción del freno **203** 39
~ de aspiración **255** 67
~ de bullón **338** 60
~ de globo **32** 22
~ de llenado **226** 55
~ en forma de tonel **32** 50
~ festoneada **338** 46
~ galeonada **179** 24
~ hueca **338** 49
~ impermeable **224** 28
~ larga **32** 14
~ recortada **32** 32
~ térmica **271** 19
~ tres cuartos **32** 16
mango **46** 59, **85** 14, **303** 8
~ de la azada **66** 2
~ de la escoba **52** 21
~ de la raqueta **276** 28
~ del mayal **66** 29
~ del paraguas **43** 14
~ del stick **284** 37
~ del violín **302** 2
~ de madera **303** 62
manguera **113** 38, **190** 3
~ a presión **255** 31
~ de aceite **191** 7
~ de aire comprimido **191** 6
~ de aspiración **255** 30
~ de grasa a presión **191** 5
~ de jardín **39** 42, **58** 37
manguita **31** 23
manguito **32** 47
~ de baño **51** 7
~ del cable tractor **209** 73
~ del contracable **209** 74
~ de tubo **120** 41
manguito giratorio **127** 23
maní **367** 41
manicura **103** 1–8
manija **66** 17
~ de la puerta **185** 5
~ de la tapa del baúl **186** 26
~ de la ventanilla giratoria para ventilación **186** 1
~ del serrucho **127** 28
manillar **180** 2
~ de carreras **273** 18
~ de deporte **181** 12
~ del ciclomotor con los mandos y accesorios **181** 34–39
~ de paseo **180** 2
manillas **248** 9
manipulador **2** 38, **133** 49
~ de bola **2** 38
~ de marionetas **298** 36
~ gemelo **2** 47
~ master-slave **2** 47
~ Morse **233** 64
manípulo **314** 42
maniquí **102** 76, **256** 34, **277** 45
manivela **68** 21, **162** 52, **239** 42, **241** 11
~ de accionamiento **240** 51
~ de deslizamiento del carro **171** 11
~ de deslizamiento del objetivo en avance y retroceso **171** 9
~ de la parrilla basculante **205** 41
~ del emparrillado móvil **205** 41
~ para el avance **197** 18
~ para el deslizamiento posterior de la cámara **171** 12
~ para regular la altura **44** 5
mano **19** 15–17, **21** 64–83, **71** 6, **95** 42
~ de almirez **41** 3
~ delantera **73** 18–27
~ del mortero **27** 53, **41** 3, **333** 10
~ levantada para prestar juramento **248** 33
manodetentor **135** 31
manómetro **93** 28, **172** 9, **333** 19
~ de aceite **288** 17
~ de combustible **228** 20
~ de contacto **297** 56
~ de espejo **333** 20
~ de la caldera **205** 48
~ del aceite de engrase **207** 14
~ del aire a presión **228** 15
~ del aire comprimido **207** 16

manómetro de la presión del aceite **149** 15
~ del precalentador **205** 44
~ de mercurio **23** 5
~ indicador de freno **205** 52
manopla **135** 28, **310** 50
manos a la nuca **278** 7
~ a las caderas **278** 13, 15
~ a los hombros **278** 6
~ en las caderas **278** 9
manque **263** 22
manta **335** 24
~ bajera **30** 8
~ de envolver **30** 7
~ de frisa **30** 7
~ de lana **30** 7
~ de la silla **72** 44
~ de viaje **48** 55, **201** 8
~ eléctrica **48** 51
manteca de cerdo **96** 5
~ de coco **98** 23
~ en rama **95** 45
mantel **45** 6, **46** 2
~ adamascado **46** 2
~ de damasco **46** 2
mantelería de café **45** 6
mantelerías **256** 57
mantenimiento del coche **191**
mantequera **46** 36
~ de acero **77** 29
~ para mazar crema sin agriar **77** 30
mantequilla **98** 22
mantilla **30** 3
~ de caucho **171** 41
mantisa **327** 6
manto **338** 10, 26
~ de lana **338** 6
~ de púrpura **338** 18
~ guarnecido de encajes **338** 66
~ real **62** 10
manual **250** 17
~ *[órgano]* **305** 42–45
~ inferior **301** 47
~ superior **301** 46
manuar **157** 1
manubrio **131** 36, **162** 52
~* **180** 2
manubrio del freno **131** 4
manuscrito **250** 5
manzana **60** 56
~ espinosa **363** 8
manzanilla **364** 1
~ alemana **364** 1
~ del campo **63** 8
~ hedionda **63** 8
~ silvestre **63** 8
manzano **60** 51
mañanita **33** 30
mapa **15–16**, **249** 20 y 21
~ astronómico **5** 1–35
~ climático **9** 40–58
~ de Europa **249** 21
~ de la Tierra **15** 10–45
~ del firmamento **5** 1–35
mapa esquemático **200** 33
~ meteorológico **9** 1–35
~ mural **249** 20 y 21
mapache **353** 9
mapamundi **15** 10–45, **249** 20
maqueta de decoraciones **296** 42
~ de escenario **296** 41
maquillador **292** 36, **296** 47
maquilladora **103** 33
máquina **180** 1
~* **253** 35
máquina acepilladora para metales **143** 41
~ afiladora de aire comprimido **141** 39
~ amasadora **42** 30
~ automática expedidora de billetes de andén **200** 22
~ automática para venta de sellos **231** 29
~ barredora y recogedora de basuras **195** 12
~ batidora y amasadora **42** 30
~ calculadora electrónica **241** 35
~ centrífuga **166** 18
~ cepilladora **149** 56
~ clasificadora de huevos **75** 39
~ combinada para abrir la crin vegetal, llenar y destrenzar **124** 1
~ componedora monotipo normal **169** 32
~ copiadora **293** 16–18
~ copiadora de contacto **293** 16
~ copiadora de imágenes **293** 17
~ copiadora de imagen y sonido **293** 16
~ copiadora de sonidos **293** 18
~ cortadora de pienso en verde **75** 41
~ cortafiambres **96** 19
~ cosechadora **68** 41
~ Cotton **160** 18
~ de abonar **67** 7
~ de abrir la crin vegetal modelo de mesa **124** 2
~ de acanalar **123** 2
~ de afilar **134** 31
~ de agujerear tejas **117** 33
~ de ahormar **99** 20
~ de alianzas **106** 24
~ de almacén múltiple **169** 19
~ de amasar **42** 30
~ de barnizar de mesa circular giratoria **154** 16
~ de barrenar **128** 22
~ de biselar las cabezas de las duelas **126** 38
máquina de bobinar **163** 26
~ de calcular **240** 42
~ de cámara oscura **293** 15
~ de carga **140** 24
~ de carreras **273** 27
~ de cierre **77** 22
~ de cilindros enderezadora **141** 72
~ de colar lingotes **140** 33–43
~ de contabilidad **238** 60
~ de copiar **128** 22
~ de cortar cuero **123** 18
~ de cortar el carbón **138** 41
~ de cortar madera para chapas **128** 52
~ de cortar pan **41** 78
~ de cortar y adelgazar el cuero **123** 3
~ de coser **99** 2, **102** 14–47
~ de coser con alambre **177** 52
~ de coser eléctrica **102** 14–40
~ de coser libros **178** 16
~ de curvar **131** 35
~ de curvar chapa **119** 22
~ de descortezar **149** 49
~ de dibujar **144** 16
~ de embutir **96** 52
~ de empastar **178** 31
~ de encolar **128** 54
~ de encuadernación **178** 1–35
~ de entrar tapas **178** 25
~ de escribir **240** 1
~ de esmerilar válvulas **192** 55
~ de espolvorear **83** 43
~ de estampar **162** 53
~ de etiquetar **93** 33
~ de exprimir **53** 61
~ de extracción **137** 3
~ de fichas perforadas **241** 35–61
~ de franquear **239** 45
~ de grabados al agua fuerte **172** 23
~ de guarnicionero de coser a pedal **123** 23
~ de hacer café a presión **261** 2
~ de hacer punto a mano **160** 35
~ de hacer tapas **177** 43
~ de imprimir a mano **323** 29
~ de imprimir billetes **200** 40
~ de imprimir direcciones **239** 37
~ de imprimir en offset **174**
~ de imprimir en offset de un color **174** 1
~ de imprimir en offset tamaño pequeño **174** 33
máquina de imprimir películas **293** 16–18
~ de labio para aplicar el estucado **168** 34
~ de labio soplador **168** 31
~ de lavar al ancho **162** 8
~ de lavar a vapor **166** 1
~ de lavar de rodillos mojadores **174** 25
~ de lima de cinta **134** 1
~ de limar **134** 1
~ de limpia **91** 45–56
~ de limpiar balasto **198** 3
~ de limpiar botellas **93** 31
~ de limpieza pública **286** 7
~ de llenar y cerrar botellas **93** 32
~ de llenar y tapizar colchones **124** 3
~ de matasellar **231** 45
~ de modelar y empaquetar la mantequilla **77** 31
~ de oficina **240** 1–72, **241** 1–61
~ de ojetear **123** 17
~ de papel **168** 4, 6
~ de pesar camiones o carros **145** 88
~ de plastificar los lomos **177** 39
~ de platina **323** 29
~ de plegar **177** 42
~ de plegar con cuchillas y bolsas **178** 8
~ de probar la fuerza **291** 11
~ de queso de crema **77** 41
~ de rallar **41** 79
~ de requesón **77** 41
~ de rociar **83** 43
~ de rodillos para estampar diez colores **162** 53
~ descatizadora **162** 49
~ de secar tejido **162** 21
~ de taladrar **128** 32
~ de taponar **80** 27
~ de vaciar lingotes **140** 33–43
~ de vapor **205** 1
~ de vapor de émbolo **205** 1
~ de vaporizar **83** 43
~ de vidriar de mesa circular giratoria **154** 16
~ de Wimshurst **331** 54
~ distribuidora de grava **196** 31
~ doble **172** 23
~ eléctrica de picar carne **42** 37
~ eléctrica para correr la cortina **295** 19

máquina eléctrica para dividir la masa **97** 64
~ electrónica clasificadora de fichas **241** 52
~ encoladora **158** 40
~ engomadora **178** 31
~ envasadora de cemento **152** 18
~ especial fresadora **170** 49
~ espolvoreadora de árboles **83** 45
~ exprés **261** 50
~ fotográfica **171** 1
~ fresadora de carpintería **128** 18
~ fundidora monotipo **169** 39
~ gemela para la preparación de la carne **96** 36
~ graneadora para planchas **173** 29
~ italiana de hacer café **261** 50
~ lavadora de botellas **77** 13
~ limpiadora de calles **195** 1–40
~ limpiadora de grumos y bolas **91** 60
~ limpiadora de la cebada **92** 1
~ llenadora **77** 21
~ mecánica de ondas **331** 18
~ mezcladora de harina **91** 64
~ monotipo **169** 32–45
~ offset plana de imprimir **174** 38
~ Owens para soplar botellas **155** 12
~ para cortar papel **178** 1
~ para curvar duelas **126** 34
~ para dar forma al metal sin cortar virutas **133** 1–61
~ para desbastar los cascos **126** 37
~ para estampar el sello de franquicia **231** 46
~ para estirar vidrio **155** 7
~ para hacer pastas **97** 78
~ para la construcción de carreteras **196** 1–54, **197** 1
~ para la elaboración de madera **128** 1–59
~ para la encuadernación **177** 39–59
~ para la fabricación de botellas **155** 12
~ para la fabricación de harina **91** 57–67
~ para la fabricación de toneles **126** 34–38
~ para la labra de metales **142** 1–47, **143** 1–57
máquina para laminar vidrio **155** 7
~ para multiplicar **240** 55
~ para picar carne **96** 4
~ para restar **240** 55
~ para sumar **240** 55
~ perchadora **162** 31
~ pesadora de huevos **75** 39
~ pulidora **99** 24
~ quitanieves para ferrocarriles **208** 43
~ Raschel **160** 23
~ rociadora **83** 45
~ sacatiras **123** 19
~ secadora **166** 6
~ secadora de pisos para el rayón cortado **163** 31
~ secadora de ropa **42** 24
~ secadora múltiple para el rayón cortado **163** 31
~ sembradora de trébol **66** 39
~ semiautomática **143** 1
~ sola **182** 1–59
~ soplante **158** 3
~ soplante deslizable **158** 2
~ sumadora-calculadora **240** 55
~ tipográfica **175** 1–65
~ tipográfica de doble revolución **175** 1
~ tipográfica de parada de cilindro **175** 20
~ totalizadora de fichas perforadas **241** 55
~ tragaperras **253** 50
~ transportadora del papel carbón **176** 23
~ tundidora **162** 42
~ universal para acanalar y rebordear **119** 21
maquinaria **261** 48, **297** 1–60
~ agrícola **67–68**
~ de giro **210** 59
~ de mina **138** 37–53
~ de preparación del tisaje **158** 1–65
~ de propulsión **222** 60–63
máquinas-herramientas **142–143**
maquinilla **218** 44
~ de afeitar **51** 71
~ de coser papeles **240** 37
~ eléctrica de afeitar en seco **51** 79
~ eléctrica de cortar el pelo **104** 33
~ para cortar el pelo **104** 7
~ para liar cigarrillos **105** 18
maquinista **203** 9, **255** 13
~ de la locomotora eléctrica **206** 28
mar **13** 26, **15** 19–26, **90** 37
Mar del Norte **15** 26
mar lunar **7** 11
~ marginal **15** 26
Mar Mediterráneo **15** 25
maracas **303** 59
maravilla **62** 20
marbete **57** 4
~ con la dirección **200** 7
marca **221** 35
~ *[meta]* **284** 45
~ *[talla]* **26** 21
~ *[remero]* **269** 12
~ de alineación **323** 58
~ de la Casa de la Moneda **244** 9
~ del fabricante **182** 20
~ del gallo **75** 54
~ del record **280** 32
~ de propiedad **37** 4
~ de tope **219** 53
~ en aguas navegables **219** 59–76
~ del viento **13** 41
~ marítima **219** 43–76
~ rizada **13** 41
marcador *[Máq.]* **175** 4, 21, 30
~ de números **85** 43
~ de tantos **287** 17
marcas de calado **217** 70
marco *[bastidor]* **78** 40
~ alemán **244** 7, 29
~ de la diapositiva **112** 49
~ del asiento **44** 12
~ del cuadro **48** 17
~ de madera **249** 33
~ de madera atornillado **114** 74
~ de pie **47** 16, **112** 50
~ exterior **115** 31
~ exterior lateral de la ventana **113** 10
~ interior **115** 32
~ interior lateral de la ventana **113** 11
~ ornamental **318** 11
~ para itinerarios del maquinista **205** 54
marcha atlética **280** 24 y 25
~ de competición **280** 24 y 25
marchanta **98** 45
marchapié y estribos **214** 46
maremoto **11** 53
marfil **21** 31, **337** 39
marga **141** 33
~ calcárea **153** 10
margarina **98** 21
margarita **360** 4
~ del trigo **63** 7
margen **239** 2
~ de blanco de delante **178** 57
margen de blanco de la cabeza **178** 56
~ de blanco del lomo **178** 55
~ de blanco del pie **178** 58
margenes de blanco **178** 55–58
marginador **240** 7
margullo* **57** 12
marica **346** 3
marimba mejicana **303** 61
marimoña **359** 8
marioneta **298** 29
marionetista **298** 36
mariposa **82** 15, 18, **342** 48–56, **348**
~ *[natación]* **268** 34
~ blanca de la col **81** 47, 48
~ blanca ribeteada **82** 28
~ de la alheña **342** 55
~ de la escarcha **81** 16
~ de la manzana **60** 62
~ de la muerte **348** 9
~ del pino **82** 27
~ de tierra **81** 42
mariposas diurnas **348** 1–6
~ nocturnas **348** 7–11
mariquita **342** 37
marisma **16** 20
marlotte **338** 50
mármol de faena **41** 33
marmota **351** 18
~ de Alemania **351** 16
maroma del ancla **213** 18
marquesina **39** 67
~ de la estación de servicio **190** 7
~ de la locomotora **205** 51
marquesota **338** 74
marrajo **350** 1
marrano **74** 9
Marruecos, *guarda* 10
marsupial **351** 2 y 3
marta **86** 22, **352** 14–16
~ cebellina **352** 15
martagón **361** 4
Marte **308** 9
~ *[Astron.]* **6** 25, **7** 13, 14, 15
martellina **150** 35
martillo **133** 20, **150** 35, **304** 3
~ *[Anat.]* **19** 61
~ comprobador de ruedas **201** 37
~ con cabeza de bola **192** 18
~ de afilar **66** 21
~ de allanar **132** 31
~ de banco **127** 14
~ de boca acanalada **132** 36
~ de boca cruzada **132** 24
~ de cabeza de hierro **322** 16
~ de carpintero **115** 74, **127** 14

martillo de cincha **124** 12
~ de colocador **117** 73
~ de croquet **275** 66
~ de desbastar **135** 25, 57
~ de dos manos **132** 23
~ de embutir **119** 48
~ de empapelador **121** 39
~ de escalada **282** 52
~ de goma **192** 17
~ de guadañas **131** 33
~ de guarnicionero **123** 5
~ de hender **85** 26
~ de herrador **132** 38
~ de herrar **132** 42
~ de joyero **106** 41
~ de madera **322** 21
~ de mano **132** 15
~ de minero **137** 1
~ de orlar **119** 46
~ de planear **132** 31
~ de plomo **122** 11
~ deportivo **280** 49
~ de punzonar **323** 14
~ de rebordear **119** 48
~ de remachar **134** 17
~ destajador **126** 32
~ de tapicero **124** 13
~ de tejador **117** 20
~ de tonelero **126** 32
~ de vidriero **122** 18
~ formón **132** 32
~ inglés de matanza **94** 10
~ listo para ensamblar **115** 24
~ macho **137** 2
~ neumático de estampar **133** 8
~ para cincelar **106** 42
~ para clavar las tiras de reps **124** 12
~ para desabollar **192** 18
~ para quitar remaches **132** 37
~ para remachar **132** 12
~ percursor **26** 27
~ perforador **150** 11
~ picador neumático **138** 49
~ pilón **133** 10, 20, 41
~ taladro **132** 33
martín pescador **344** 8
martinete **301** 50
~ cubierto de fieltro endurecido **304** 24
~ de estampar de correa **133** 16
~ de estampar de gran velocidad **133** 35
~ de latón **301** 43
masa de crema de helado **261** 46
~ del barro terapéutico **262** 39
~ del embuchado **96** 44
~ de retropropulsión **227** 24
masa de turba de musgo **13** 20, 22
~ de vidrio para ser soplada **155** 15
~ estacionaria **11** 43
~ modelable **322** 8
~ pendular **11** 43
~ soplada **155** 23
masaje **24** 1
~ facial **103** 33
~ por fricción **24** 7
~ por vibración **24** 7
masajista **24** 2
máscara **289** 7
~ cómica **308** 62
~ contra gases **255** 40
~ de gas **83** 19
~ de madera **337** 16
~ de matanza **94** 4
~ trágica **308** 75
mascarada **289** 1–48
mascarilla **28** 19, **44** 31, **322** 37
mascarón de cabeza de dragón **213** 16
mascota **187** 3, **190** 35
masetero **21** 7
"mashie" **276** 70
masía **64** 1–60
masilla **122** 17
~ para el linóleo **121** 45
maslo **73** 34
mastelero de gavia **214** 6
~ del juanete de proa **214** 4
~ de juanete mayor **214** 7
~ de mesana **214** 9
~ de velacho **214** 3
mástil **245** 7
~ *[Mús.]* **302** 22, **303** 8
~ de la antena del radar **219** 10
~ de la bandera de proa **218** 47
~ de la tienda **290** 2
~ del cable de ignición **229** 31
~ de los gallardetes **267** 10
~ del violín **302** 2
~ de radar **223** 15, 16
~ de señales **220** 5
~ de sirga **211** 28
~ torre **219** 57, **222** 43
~ trípode **222** 25
mastín **86** 33
masto **57** 33
mastuerzo **359** 11
~ de agua **362** 30
matacán **310** 23
matacantos **123** 9
matadero **94, 252** 51
~ público **94** 11–15
matador **287** 65
matalobos **363** 1
matapieles **103** 3
matarife **94** 1
matasellado a mano **231** 40
matasellado circunstancial **231** 51
~ de ferrocarriles **231** 52
~ de mano **231** 49–52
~ de propaganda local **231** 50
~ de rodillo **231** 49
~ especial **231** 51
matasellos con la fecha **232** 39
~ de puño **231** 44
~ tipo martillo **231** 42
~ tipo rodillo **231** 43
matasuegras **291** 14
mate **265** 15
~ de caballo **265** 15
matemáticas **326–327**
materia base **163** 1–12
material de limpieza **52** 29
~ de relleno **169** 8
~ dragado **221** 68
~ escolar **249** 32–70
~ para el tapizado **124** 23
~ para envolver **98** 46–49
~ plástico **29** 55
~ que se ha de teñir **161** 7
materias primas **113** 36, **152** 1, **154** 1
~ primas textiles **163–164**
matiz **300** 55–61
matraca **289** 47
matraz cónico **334** 39
~ de destilación **334** 47, 50
~ de fondo plano **334** 36
~ de mezclas **334** 28
~ de tres cuellos **334** 55
~ redondo **334** 38
matriz **169** 31, **172** 7, **240** 38
~ de contracaja **169** 28
~ de linotipia **169** 29
~ punzonada **170** 37
mausoleo **319** 16
maxilar inferior **19** 35
~ superior **19** 36
máximo de la curva **329** 19
maya **359** 1
mayal **66** 27
mayor *[Mar.]* **214** 61
~ que **327** 19
mayoral **179** 40
mayúsculas latinas **324** 16
~ romanas **324** 16
maza **150** 36, **278** 32
~ de matanza **94** 8
~ de polo **287** 28
mazapán **98** 82
mazmorra **310** 5
mazo **66** 28, **126** 6, **302** 56
~ cuadrado **127** 9
~ de crocket **275** 66
mazo de la carne **41** 4
~ de matanza **94** 7
~ redondo **124** 15
mazorca **69** 36, **354** 71
meandro **13** 11
~ *[motivo ornamental]* **316** 43
~ aislado **16** 75
meato del canal auditivo **19** 34, 58
mecánico **191** 10
~ de a bordo **226** 41
~ de automóviles **192** 65
~ de carreras **273** 43
mecanismo **218** 44–46, **254** 55
~ aplicador del forro de tarlatana **177** 42
~ basculante **189** 20
~ contador rotativo **240** 43
~ Cruz de Malta **295** 38
~ de alimentación y expulsión de hojas de papel **175** 6
~ de anclaje **218** 44–46
~ de barra loca **176** 8
~ de contar **254** 55, 59
~ de deslizamiento del carro **145** 4
~ de distribución **169** 20, 30
~ de elevación de granos **68** 55
~ de enrollamiento **212** 74
~ de entrega **177** 53
~ de funcionamiento **147** 52
~ de giro **221** 4
~ de inversión de la barra de roscar **142** 5
~ de la cinta **178** 13
~ de la cuerda **107** 14–17
~ de la dirección **181** 26, **186** 39–49
~ del clavicémbalo **301** 48
~ del clavicordio **301** 37
~ del pedal **303** 54
~ del piano **304** 2–18
~ del reloj **107** 14–26
~ del teclado **304** 22–39
~ del tercer pliego **178** 14
~ de paro automático **158** 19
~ de percusión **304** 3
~ de prensa **177** 50
~ de relojería **306** 5
~ desconectador **254** 47
~ de sujeción de las botellas **77** 16
~ de suma **256** 9
~ de transmisión **68** 73, **212** 48
~ eléctrico **305** 6–16
~ elevador de la ventana **161** 3

mecanismo impulsor de la escalera **255** 11
~ motor **205** 2–37
~ neumático **305** 6–16
~ para dar la salida **272** 11
~ para el paso de la película **295** 27–38
~ que sirve para el control del cohete **229** 3
mecha **105** 31
~ *[voladura]* **150** 28
~ *[Text.]* **157** 29
~ de carda **156** 35, **157** 5
~ de cerdas de caballo
~ del arco de violín
~ de la vela **47** 25
~ del timón **217** 65
~ sencilla **116** 84
mechera en grueso **157** 19
~ intermedia **157** 27
mechero Bunsen **334** 1
~ de gas **133** 3, 53
~ Teclu **334** 4
mechones de plumas en forma de orjeas **347** 16
medallón circular **322** 36
~ colgante **38** 14
media *[fútbol]* **274** 14–16
~ corta **31** 39
~ de deporte **31** 39
~ de fútbol **274** 54
~ de lana **33** 34
~ de malla **33** 33, **289** 10
~ de nylon **33** 32
~ de perlón L **33** 32
~ de seda **33** 32
~ de seda artificial **33** 32
~ Jacquard **33** 34
Media Luna **245** 19
media Luna **7** 3, 4, 6, 7
~ luna *[panecillo]* **97** 41
~ peluca **35** 2
~ pilastra **317** 46
~ teja terminal **117** 4
~ vuelta a pie firme **283** 31
mediacaña **316** 29, **318** 10
mediana **95** 3, 17
medicamento **28** 7
~ inhalatorio **23** 35
medicina **26** 11
medición geométrica de la altura **15** 46
médico **26**
~ de accidentes **253** 69
~ de medicina general **26** 12
~ forense **248** 37
medida **144** 17
~ de cristal **42** 45
~ del campo **274** 24
~ tipográfica **170** 18
medidas para restañar la sangre **17** 14–17
medidor **221** 27
~ de agua **339** 34
~ *de agua **254** 53,
medidor de alta y baja presión **333** 19
~ de ángulo máximo de refracción **108** 35
~ de diámetros **85** 33
~ de distancia entre listones **117** 18
~ *de electricidad **43** 18
~ de espesores **145** 38
~ de filete de tornillo **145** 41
~ de gasolina **186** 14
~ * del gas **43** 21
~ del largo de la falda **256** 40
~ de lluvia **10** 37
~ de oxígeno **24** 20
medieval **325** 4
medio **276** 57
~ baño **51** 50
~ batín **47** 56
~ centro **274** 15
~ derecha **274** 16
~ izquierda **274** 14
~ tirabuzón **268** 45
Mediterráneo **15** 25
medium **291** 9
médula **354** 14
~ espinal **19** 48, **20** 25
~ oblonga **19** 47, **20** 24
~ oblongada **19** 47, **20** 24
Medusa **308** 49
medusa *[animal]* **340** 14
~ abisal **349** 5
megáfono **269** 21
meganúcleo **340** 11
Méjico **14** 31
mejilla **18** 9
Melanoceto **349** 6
"mêlée" **275** 19
melena **353** 3
~ de la brama **88** 27
melocotón **61** 31
melocotonero **61** 26–32
melodía imitativa **300** 74
~ principal **300** 46
melodión vertical **306** 8
meloextractor **78** 61
melolonta **82** 1
Melpómene **308** 74
membrana *[Mús.]* **302** 52, 58
~ *[Zool.]* **343** 7
~ de la cáscara **75** 49
~ de la yema **75** 53
~ de los dedos palmeados **74** 36
~ de piel **303** 31
~ pulsátil **76** 25
~ resonadora **305** 12–14
~ timpánica **19** 59
~ vitelina **75** 53
membrete **239** 3
membrillero **60** 46
~ japonés **357** 17
membrillo **60** 46
~ en forma de manzana **60** 49
membrillo en forma de pera **60** 50
Ménade **308** 35
mendigo **253** 20
menhir **309** 18
menisco cóncavo **108** 4
menor que **327** 20
mensajero de los dioses **308** 21
menta **364** 3
mentonera **302** 8
menú **260** 21
menudillo **73** 24
mercado central **252** 50
~ de viejo **291** 60
~ para valores **243** 2
mercancía en fardos **202** 4
mercancías **202** 33
~ de contrabando **247** 17
~ voluminosas **202** 23
mercería **37** 1–27
Mercurio **308** 21
~ *[estrella]* **6** 22
merengue **97** 17, **261** 5
mergo **343** 15
meridiano **15** 4
~ cero **15** 5
~ de origen **15** 5
meritorio **238** 44
merla **346** 13
mermelada **98** 52
mesa **17** 31, **279** 14, **323** 41
~ *[Geogr.]* **13** 59
~ auxiliar móvil **103** 4
~ con los rodillos **128** 15
~ curvada **162** 47
~ de ajedrez **47** 47
~ de alimentación **178** 34
~ de alimentación de hojas **174** 22
~ de alimentación de papel **178** 9
~ de amasar **97** 71
~ de billar **264** 14
~ de café **261** 11
~ de cama **29** 14
~ de cocina **41** 53
~ de comedor **46** 1
~ de contabilidad **238** 63
~ de control **141** 71, **147** 1–6, **234** 19
~ de control de la turbina **147** 30
~ de control y manejo **176** 39
~ de corte y escucha **293** 30
~ de depósito **241** 43
~ de despacho **47** 11, **238** 12
~ de dibujo **144** 1, 25
~ de enfermo **29** 14
~ de entrega **250** 20
~ de estampación **162** 63
~ de estampar el matasellos **231** 41
~ de estilo Imperio **318** 16
mesa de estilo Luis XVI **318** 14
~ de fusión de sonidos **234** 2
~ de irradiación **2** 36
~ de jardín **39** 50
~ de la cámara de sonidos **292** 57
~ de la máquina **102** 46
~ de la máquina de escribir **238** 32
~ de la taladradora **128** 35
~ de la tertulia **260** 39
~ del comedor **45** 5
~ del director artístico **297** 42
~ del glaciar **12** 56
~ de lijar **128** 49
~ del juego de la ruleta **263** 8
~ de los instrumentos **26** 20, **28** 12
~ de los niños **49** 28
~ del recibidor **43** 6
~ del servicio de fumador **47** 21
~ del tocador **48** 26
~ del traspunte **297** 29
~ de maquillaje **296** 45
~ de marcar **175** 4, 21, 30
~ de mármol **264** 14
~ de masaje **24** 4
~ de mezcla de imágenes **237** 24, 25
~ de mezcla de sonidos **237** 23
~ de operaciones **28** 23
~ de pintura **321** 25
~ de pizarra **264** 14
~ de planear **128** 13
~ de prisma **331** 35
~ de reconocimiento **26** 6
~ de registrar **174** 4
~ de retoque **171** 28
~ de saltos **279** 14
~ de soldar **135** 19, 40
~ de sutura **28** 2
~ de taladrar **143** 24
~ de trabajo **107** 56, **122** 15, **314** 10
~ de usos varios **44** 3
~ de verificación de los productos **145** 37
~ distribuidora de la tinta **175** 8
~ elevable **241** 4
~ escritorio **249** 12
~ especial **256** 64
~ eucarística **311** 7
~ giratoria **141** 36, **177** 36
~ mural **27** 21
~ ovalada **204** 46
~ para comer de pie **260** 53
~ para depositar la colada **166** 29
~ para el género **162** 37

mesa para hacer la alzada **177** 36
~ para hacer las matrices **172** 10
~ para la mezcla de sonidos **237** 12
~ para la radioscopia **29** 42
~ para los rayos X **29** 35
~ para trazados **173** 35
~ portapieza **143** 13, 20, 37, 42
~ portaplacas **170** 52
~ portaplantillas **170** 56
~ practicable **292** 20
~ presidencial **251** 3
~ rebobinadora **295** 23
~ receptora **177** 51
~ receptora del papel impreso **175** 31
~ rodante transportadora de lecheras **77** 3
~ servida **46**
~ servida para el café **45** 1–29
~-envase del radium **29** 54
mesana **213** 29, **214** 30
meseguero **65** 13
meseta **118** 23, 34–41
~ *[Geogr.]* **13** 46
~ de lava **11** 14
mesilla de la chimenea **259** 24
mesita abatible **204** 38
~ auxiliar de operaciones **28** 4
~ de azulejos **47** 21
~ de las flores **44** 17, **259** 36
~ de noche **48** 2
~ plegable **266** 5
mesogastrio **18** 36
mesón μ **4** 32
~ π **4** 31
meta **270** 59, **273** 35, **275** 1, **284** 45
metal **3** 22, 23, **246** 24 y 25
metazoarios **340** 13–37
meteorito **4** 37, **7** 28, 29
meteorología **8–9**
método del craqueo **139** 31
~ de librarse de la presa **17** 34
~ de música **44** 33
métodos de rescate en los accidentes sobre hielo **17** 28–33
metopa **316** 16
metrador de cinta **156** 61
metro aéreo **252** 4
~ plegable **115** 76
metrónomo **304** 19
mezcla **163** 2
~ adicional de colores **320** 10
~ de aceite-gasolina **190** 22
mezcla de bandas de sonidos **293** 22–24
~ de sonidos **293** 22–24
~ substractiva de colores **320** 12
mezclador **91** 55
~ de imágenes **237** 29
mezcladora de árbol doble **151** 10
~ de hormigón **113** 33
mezquita **319** 12
mi bemol mayor **300** 11
~ bemol menor
~ mayor **300** 5
~ menor **300** 2
micelio **365** 2
microbús **188** 1
micrófono **251** 7, **294** 46, **306** 28, **331** 20
~ a condensador **237** 5
~ de barbilla **233** 14
~ de boca **255** 41
~ de estudio **292** 31
~ de jirafa **292** 21, **293** 28
~ del estudio de resonancia **293** 21
~ de mango **241** 31
~ de mesa **234** 8
~ de peto **233** 14
~ suspendido **234** 7
~ suspendido de tres puntos **234** 13
microfotografía **110** 19
microfotómetro **110** 26
micrómetro de plancheta **110** 38
~ ocular **145** 43
micronúcleo **340** 12
microscopio **26** 2
~ binocular **110** 9
~ cámara **110** 19
~ de córnea **109** 14
~ de la escala **110** 31
~ de lectura **109** 26
~ de luz incidente **110** 13
~ electrónico **109** 1
~ monocular **110** 1
~ para la medición de herramientas **145** 43
~ quirúrgico **110** 9
microtécnica **110** 1–23
microteléfono **233** 30
midinette **289** 21
miel colada **78** 62 y 63
~ turca **291** 18
mielga **70** 9
miembro **298** 35, **335** 34
~ artificial **23** 48–50
~ de la Bolsa **243** 6
~ del jurado **248** 23
mies **64** 43
miga **97** 22
migajón ***75** 54
mijo **69** 28
mikrab **319** 14
milano real **347** 11
milano rojo **347** 11
mildeu **81** 20
mildin **81** 20
mildiu **81** 20
milenrama **360** 15
milésima **326** 20
milibar **9** 4
milibario **9** 4
mimbar **319** 15
mimbre **84** 26
mina **16** 34, **137–138**
~ de carbón **137** 1–40
~ de grafito **239** 36
~ de hulla **137** 1–40
~ del lapicero **239** 36
mineral **140** 2
minero **137** 19
Minerva **308** 17
minerva **175** 29
~ sin brazos **175** 13
mingo **264** 12
mínima **299** 16
mínimo de la curva **329** 20
minuendo **326** 24
minúsculas carolingias **324** 18
minuta **260** 21
~* **253** 54
minutero **107** 4
minutisa **62** 6
miñona **170** 24
miobara **9** 3
Mira **5** 11
mira **15** 47
~ telescópica **87** 29
mirador de popa **213** 57
miraguano **124** 23
mirilla **43** 31, **93** 16, **141** 4, **224** 23
~ de control **40** 62
~ de inspección **190** 4
~ del horno **42** 27
miriñaque **338** 72
~* **205** 34
mirística **366** 30
mirla **346** 13
mirlo **346** 13
mirtilo **361** 23
mirto **56** 11
~ de Brabante **357** 33
Misa **314** 37
~ rezada **311** 49
misal **311** 50
Misión de la estación **200** 53
misterio **313** 30
mitin electoral **251** 1–15
~ popular **251** 1–15
mitología clásica grecorromana **308**
mitra **314** 46
mixto **105** 26, **289** 49
mixtolobo **71** 31
Mizar **5** 29
mobiliario de las muñecas **49** 10
mocasín **100** 42, **335** 18
mochila **86** 3, **266** 42
mochuelo **347** 19
~ *[herramienta]* **126** 18
moda en vestidos **338**
modelador **322** 6
~ en arcilla **322** 6
modelo **1** 1–4, **321** 32
~ con motor de gomas **271** 59
~ de cera **322** 26
~ de planeador con motor auxiliar impulsor **271** 59–63
~ deportivo **182** 59
~ de propulsión a chorro **271** 63
~ desnuda **321** 32
~ de yeso **322** 4
~ dirigido a distancia **271** 60
~ pato **271** 42
~ recortable **50** 21
~ sin cola **271** 40
~ "sport" **182** 59
~ tándem **271** 43
moderador **1** 26, 34
modillón **116** 45, **318** 7
modista **102**, **256** 37
~ de sombreros de señora **36** 30
modulador **237** 33, 37
~ de sonidos **236** 18
moharra **245** 10
moho **83** 12
Moira **308** 52–58
moisés con ruedas **30** 32
mojón límite **65** 2
molde **97** 31, **140** 36, **155** 23, **175** 37
~ de cochura **154** 4
~ de fundición **140** 31, **172** 22
~ de imprenta **323** 32
~ de madera **42** 63, **323** 2
~ de sombreros **36** 32
~ para cubos de muestra **114** 84
~ para chatarra **140** 25
~ para el pie de la copa **155** 18
~ para pan **97** 80
~ para pasteles **42** 48 y 49
~ rectangular **42** 49
~ redondo con muelle **42** 48
moldeador **141** 30
moldeo **141** 25–32
moldura **122** 3
~ de adorno **183** 16
~ de protección **118** 20
molejón* **13** 25
molienda **91** 45
molinero **91** 15, **92** 23
molinete **279** 12, **291** 15
~ hacia atrás de rodilla **279** 11
molinillo **41** 79
~ de café **41** 62
~ de mano **42** 58
~ de moca **41** 63
~ eléctrico de café **98** 69

molino **91** **152** 4
~ de agua **16** 77, **91** 35–44
~ de aserrar **149** 1–59
~ de bolas **153** 25, **154** 1
~ de cilindros **91** 45–67
~ de dos cilindros **91** 57
~ de la malta **92** 22
~ de la segunda molienda **91** 62
~ de martillos **153** 18
~ de oraciones **336** 29
~ de trituración previa **153** 18
~ de viento **16** 31, **91** 1–34
~ de viento de caja giratoria **91** 31
~ de viento holandés **91** 29
molón **167** 26
moluscos **340** 25–34
mollete **97** 38
momia **335** 21
monaguillo **311** 52, **312** 45
monasterio **16** 63 **314**
mondador de patatas **41** 55
moneda de metal **256** 6
~ fiduciaria **244** 29–39
monedas **244**
~ de aluminio **244** 1–28
~ de cobre **244** 1–28
~ de níquel **244** 1–28
~ de oro **244** 1–28
~ de plata **244** 1–28 **309** 37
monigote de nieve **286** 12
monitor *[Mar.]* **222** 64
~ *[Gimn.]* **279** 32
~ *[Zool.]* **350** 31
monja del Instituto de la Bienaventurada Virgen María **314** 22
monje **314** 3, 13
mono **353** 12 y13
~ *[traje]* **183** 39
~ de niño **31** 9
monocarril telesférico **145** 53
monocerote **307** 7
monocromator reflectante **110** 28
monóculo **108** 27
~ con manija **108** 30
monograma **37** 4
~ de Cristo **313** 61
monolito **309** 18
monoplano **225** 1
~ de ala baja **225** 12
~ de ala semialta **225** 1
monotrema **351** 1
monstruo **307** 16
~ marino **307** 47
monta* **272** 56
montacargas **113** 31, **137** 18, **201** 62
~ automático **196** 14
~ de arcaduces **145** 70
montacargas de cartuchos **223** 71
~ de granadas **223** 70
~ inclinado **140** 2, **150** 16
~ llenador **196** 51
montador de escena **292** 25
~ de ingletes **122** 7
montadura de garras **38** 25
montaje del hierro **114** 54–76
~ de tubos lanzatorpedos **222** 15
montante **68** 8, **143** 43
~ de cilindros **141** 52
~ de la pizarra **249** 3
~ vertical **68** 5
montantes **317** 41
montaña **4** 2, **12** 39–47
~ de media altura **12** 34
~ plegada de fallas **12** 20
~ rusa **291** 39
~ secundaria **12** 34
montañas de bloques de fallas **12** 4–11
monte alto **84** 4
~ bajo **16** 15, **84** 5
~ causante del meandro **13** 12
montero **272** 58
montículo de la tumba **312** 24
montón de abono compuesto **55** 6
~ de heno **65** 37
~ de los bloques **113** 40
~ de loza **260** 11
~ de material **197** 51
~ de nieve **286** 24
~ de piedra arrancada **150** 4
~ de piedra suelta **150** 4
~ de ramas **84** 16
~ de tierra **79** 15
montura al aire **38** 25
~ de garras **38** 25
~ en arco **85** 40
~ intercambiable **112** 46 y 47
monumento **16** 92, **257** 10
monzón de verano **9** 52
moñito **88** 78
moño **35** 29, **338** 78
~ * **73** 2
moño de plumas eréctil **343** 26
Mopsea **349** 8
moquero **31** 8
mordaza **136** 98, **156** 65, 66
~ de conexión a tierra **135** 9
~ de sujeción **241** 5
mordazas de gas **134** 72
~ de mecánico **134** 72
~ para tubos **134** 72
mordente **300** 31
~ inferior **300** 34
mordente superior **300** 33
mordido del grabado al agua fuerte **323** 51
morena (morrena) de muralla **12** 53
~ (morrena)lateral **12** 53
~ (morrena) media **12** 54
~ (morrena) terminal **12** 55
morral **86** 3
morrión **310** 60
morro **271** 46
~ *[Zool.]* **350** 2
~ del cohete **229** 2
~ del fuselaje **226** 13
~ de pato **225** 38
~ inferior **212** 17
~ superior **212** 25
morsa **352** 20
mortadela **96** 17
mortero **27** 52, **333** 9
morueco **74** 13
mosaico **321** 37
mosca **35** 16
~ artificial **89** 36
~ azul **342** 18
~ de Hessen **81** 40
~ de la carne **342** 18
~ del cerezo **81** 18
~ del fruto del cerezo **81** 18
~ del queso **341** 16
~ del sueño **341** 32
~ de trencilla **342** 12
~ doméstica común **341** 2
~ taladradora **81** 18
~ tsetsé **341** 32
~ verde **342** 13
~ zumbadora **342** 18
moscarda **342** 18
moscardón **342** 18
moscón **342** 18
mosquetón **107** 12, **282** 56
mosquita doméstica **341** 1
mosquito **342** 16
~ de agalla **81** 40
~ de Hessen **81** 40
~ de la malaria **341** 33
~ del paludismo **341** 33
mostachón **97** 51
mostaza **98** 28
~ silvestre **63** 9, 18
mosto **92** 33
~ de cerveza **92** 22–36, **93** 1, 5
mostrador **79** 44, **96** 1, **260** 1–11
~ de aceites **191** 31
~ de depósitos **242** 7
~ de efectos **242** 6
~ de entrega de los artículos **256** 14
~ del bar **259** 54
~ de valores **242** 6
~ de venta **256** 61
~ de ventas en cuadro **256** 42
~ frigorífico **98** 74
mostrador para los corredores **243** 3
motivo **321** 27
moto **182**
~ campeón del mundo **273** 31
motobomba **255** 8
motocicleta **182**, **253** 61
~ con ruedas para carril **208** 42
~ con sidecar **182** 60
~ de carreras con sidecar **273** 29
~ individual **273** 27
~ que va abriendo camino **273** 12
motón **145** 20, **216** 49
motonave **216** 13, **218**
motor **68** 56, **76** 27, **139** 11
~ acoplado **157** 2, 33
~ bajo el piso **189** 26
~ ciclo Otto **187** 25
~ colgante para taladrar y fresar **106** 6
~ con carburador de ciclo Otto **184** 1–36
~ con ciclo de dos tiempos con admisión por el cárter **181** 49
~ de accionamiento **143** 21, 28
~ de aceite pesado **184** 37–80
~ de arranque **184** 50
~ de aviación **227**
~ de bastidor **206** 10
~ de ciclomoto **181** 49
~ de cilindros opuestos **182** 6
~ de colector trifásico **157** 35
~ de combustión interna **184**, **188** 1–7
~ de despedazar virutas **149** 57
~ de dos cilindros **182** 1–59
~ de dos cilindros ciclo de cuatro tiempos **182** 1–59
~ de explosión **184** 1–36
~ de explosión de cuatro tiempos **184** 1
~ de explosión de dos tiempos **184** 32
~ de gas-oil **184** 37–80
~ de gasolina **184** 1
~ de hélice **227** 1, 8
~ de impulsión **138** 38, **212** 47
~ de impulsión y sincronización **293** 12
~ de la bomba **161** 73
~ de la canoa **273** 47
~ de la varilla de control **1** 46
~ del cohete **229** 12–24
~ de mando **161** 18
~ de muelle de relojería **294** 27

motor de reacción **227** 19
~ de reserva **209** 64
~ de sirga **211** 29
~ de tracción **206** 10, **207** 8
~ de un cilindro **181** 49, **182** 21
~ de un cilindro cuatro tiempos **182** 61
~ de viento **79** 34
~ Diesel **184** 37–80, 63, 77, **207** 1–10, **223** 34
~ Diesel de cuatro tiempos **184** 37
~ Diesel de dos tiempos **184** 72
~ doble en estrella **227** 1
~ eléctrico **40** 59, **128** 25, **159** 18
~ elevador **143** 27
~ elevador del cañón **223** 66
~ espolvoreador **83** 43
~ fuera de bordo **269** 7, **273** 49
~ impulsor **156** 12, 23, 49
~ impulsor de la torre para la puntería en dirección **223** 65
~ mandado por eje-rey **182** 50
~ para pulir y raspar **106** 43
~ principal **209** 63, **218** 63
~ rociador **83** 43
~ turborreactor **226** 50, **227** 41
~ turborreactor de postcombustión **227** 42
~ vaporizador **83** 43
~-cohete de combustible sólido **271** 61
~-cohete de pólvora progresiva **271** 61
~-ventilador **206** 16
motorista **183** 38, **190** 15, **253** 68
~ del circuito de la muerte **291** 45
motosilla **183**
~ pesada **183** 1
motovelero **271** 27
movimiento **156** 24
~ *[jugada]* **265** 14
~ orogénico **12** 4–20
moza de establo **76** 17
mozo de bolas **287** 7
~ de caballos **179** 27, **290** 27
~ de cámara **216** 55
~ de cuadra **76** 10
~ de cuerda **201** 32
~ de equipajes **201** 32
~ de establo **179** 27
~ de granja **64** 60
~ de hotel **200** 17
~ de labranza **65** 5
~ de la panadería **97** 1
mozo del hotel **259** 17
~ del huerto **79** 50
~ del viñedo **80** 14
mucama* **45** 54, **48** 48
mucuy* **343** 23
muchacha **261** 23
~ apache **289** 9
~ de servicio **45** 54
muchacho **45** 3
mueble combinado **47** 53
~ de elementos adicionables **44** 25
~ de la máquina de coser **102** 13
~ del reloj **107** 33
~ de televisión **237** 41
~ de tubo **43** 23
~ -bar **47** 39
muebles de jardín **54** 3
muela **91** 16, **143** 11
~ *[diente]* **21** 18, 35
~ de esmeril **134** 34
~ fija **91** 23
~ redonda de piedra **167** 12
muelas de piedra **167** 11
muelle **10** 10, **134** 50, **144** 45
~ *[puerto]* **217** 5, **220** 32–36
~ aspirador **41** 67
~ de armamento **217** 5–9
~ de balanceo **193** 19
~ de carga **202** 28, **221** 10
~ de contacto **120** 28
~ de descarga **220** 17
~ de la corredera **183** 53
~ de la válvula **184** 61
~ del cebador **183** 64
~ del excitador **183** 64
~ del fiador **134** 42
~ del sillín **180** 23
~ de pasajeros **220** 16
~ de reparaciones **217** 10
~ de tensión trasera de los ganchos **125** 14
~ elevador **193** 18
~ en espiral **10** 18
~ en hélice **187** 24
~ espiral **52** 76, **107** 25, **124** 22, **283** 50
~ helicoidal **185** 26
~ presionador de la bomba **169** 41
~ real **107** 17
~ recuperador **166** 38, **233** 22, 51
~ recuperador de la espada **159** 68
~ resorte **107** 13
~ retráctil **233** 57
~ sujetador de la camilla **159** 33
~ tensor **52** 77
~ tensor en espiral **67** 32
muerto **312** 54
muesca **85** 20, **87** 66, **136** 47
~ del tornillo **136** 36
~ para accesorios **111** 21
~ para la fijación **283** 56
~ para la fijación del muelle **87** 70
muestra **79** 41
~ biológica **249** 18
~ en el portaobjetos **26** 3
~ sin valor **231** 17
mufla **134** 20
muguete **361** 2
mujer bosquimana **337** 34
~ de Basilea **338** 35
~ del propietario **64** 22
~ de Nuremberg **338** 38
~ de servicio **52** 52
~ exótica **289** 30
~ gorda **291** 21
~ griega **338** 1
~ herera **337** 25
~ india **335** 10
~ mundana **289** 37
~ oriental **289** 41
~ para la limpieza **52** 52
~ romana **338** 7
muleta **287** 66
mulo **74** 8
multicopista **241** 1
multiplicación **326** 25
multiplicador **326** 25
multiplicando **326** 25
multitud **251** 8
mundillo **357** 10
munición a punto **223** 72
muñeca **21** 76
~ *[juguete]* **50** 4
~ *[frotador]* **323** 13
muñeco **298** 29
muñequera **37** 1
muñón **136** 61
murajes **63** 27
~ rojos **70** 28
muralla **315** 30
~ circular **252** 34
~ de la ciudad **252** 34
murallas del templo **316** 6
murciélago orejudo **351** 9
múrgula comestible **365** 26
~ cónica **365** 27
muro **16** 95, **272** 25, 32
~ circular **310** 15
~ de ala **211** 35
~ de arena **254** 25
~ de contención **212** 58
~ de desviación **286** 2
~ de la ciudad **315** 30
~ de ladrillos **64** 13, **118** 15
~ del camposanto **312** 18
muro del castillo **315** 31
~ del cementerio **312** 18
~ del jardín **39** 37
~ del patio **64** 13
~ de muelle **212** 1–14
~ de tierra **272** 25
~ protector de plomo **2** 46
Musa **308** 59–75
musaraña **351** 7
músculo cervical **21** 12
~ contráctil **78** 17
~ cubital posterior **20** 58
~ de la cabeza **21** 1–13
~ del ojo **21** 44
~ del pie **20** 49
~ deltoide **20** 35
~ esternomastoideo **21** 1
~ facial **21** 6
~ frontal **21** 4
~ occipital **21** 2
~ occipitofrontal **20** 50
~ orbicular de los labios **21** 8
~ orbicular de los párpados **21** 5
~ supinador **20** 39
~ temporal **21** 3
museo **252** 21
muserola **72** 7
musette **301** 8
musgaño **351** 7
musgo **361** 17
~ capilar **361** 17
música mensurata **299** 4
músico ambulante **53** 24
~ de jazz **289** 3
musiquero **44** 26
muslo **17** 15, **18** 49
musmón **352** 6
mustang **335** 4
muta **86** 33
mutilado de guerra **257** 55
mútulo **316** 13

N

nácar **340** 32
Naciones Unidas **14** 55
naipe francés **265** 37
nalgas **18** 40
nana **30** 31
napa **156** 58, **157** 12
naranja **368** 23, 26, 27
~ confitada **98** 11
naranjada **261** 35
narcisácea **56** 8
narciso blanco **62** 4
~ de lechuguilla **62** 4
~ de los poetas **62** 4
~ de los prados **62** 3
~ tazetta **62** 4
~ trompón **62** 3
nardo **62** 9
narguilé **105** 39
nariz **18** 10, **73** 6, **350** 2

nariz *[Tecn.]* **117** 51
~ de cartón **289** 46
nasa **89** 9, 16
~ cangrejera **89** 15
~ de tijera **89** 14
nasal **19** 41
nasicornio **351** 25
nata batida **97** 11, **261** 5
natación bajo el agua **268** 39
naturaleza muerta **321** 27
naufragio **219** 59
~ a babor **219** 61
~ a estribor **219** 60
náufrago **224** 46
navaja **88** 54
~ de afeitar **104** 25
~ de bolsillo **266** 17
~ de injertador **58** 26
~ de injertar **57** 31
~ de jardinero **58** 23
~ de montaje **120** 63
~ de uso múltiple **120** 63
nave central **316** 62, **317** 1
~ del crucero **317** 3
~ de refrigeración **93** 1
~ espacial **4** 57
~ lateral **316** 63, **317** 2
navegación **3** 40, **219**
~ a la sirga **211** 27
~ a vela sobre hielo **284** 46
~ de superficie **223** 15
~ en inmersión **223** 16
naveta del incienso **313** 41
Navío Argos **5** 45
navío de tres puentes **213** 51–60
náyade **307** 23
nebulosa **6** 51
~ en espiral **6** 44–46
~ gaseosa **6** 51
neceser **201** 9, **266** 26
nectario de la hoja **61** 18
negativo **112** 41
negra **337** 22
~ *[Mús.]* **299** 17
~ *[ajedrez]* **265** 5
negrillo **355** 49
negro **246** 26, **263** 21, **320** 13
~ *[hombre]* **337** 13
neguilla **63** 6
nematodo **81** 51
nemorosa **361** 1
nena **45** 4
nene **30** 26, **49** 26
nenúfar **266** 1
Neptuno **308** 29
~ *[estrella]* **6** 30
nereida **307** 23
nervadura de la hoja **354** 29
~ del ala **342** 34
nervio **21** 33
~ auditivo **19** 64
~ ciático mayor **20** 30
~ cubital **20** 29
nervio de refuerzo **212** 78
~ femoral **20** 31
~ guía **133** 40
~ óptico **21** 51, **78** 23, 24
~ peroneo **20** 33
~ principal de la hoja **354** 30
~ radial **20** 28
~ tibial **20** 32
~ torácico **20** 26
~ visual **78** 23, 24
nervios **317** 31
neuma **299** 1, 5
neumático **180** 30, **185** 31, **189** 49
~ balón **181** 14
~ de baja presión **181** 10
~ de goma **274** 52
~ para todo terreno **189** 12
~ semibalón **181** 10
~ sin cámara **191** 32
neumatóforos **354** 82
neuróptero **342** 12
neutralización del ácido sulfúrico **164** 24
neutrón **1** 2, 14, 18, 21, 23, 24, 27, **4** 30
nevada **9** 34, **286** 4
~ amplia **8** 18
nevadera **361** 3
nevatilla **344** 9
~ blanca de los arroyos **344** 9
névé **12** 48
nevera **262** 35
nevisca **9** 35
niara **65** 28
"niblick" **276** 70
Nicaragua, *guarda* 11
nicho **212** 70
~ bolardo **212** 10
~ del ancla **217** 72
~ de las plegarias **319** 14
~ sepulcral **312** 63
nidada de huevos de avestruz **343** 3
nidal **75** 6
nido de invernación **81** 31
~ de la cigüeña **64** 6
~ excavado **343** 29
niebla **9** 31
~ alta **8** 4
nieve **8** 10
~ amontonada **286** 5
~ granulada **9** 35
Niké **308** 43
nimboestrato **8** 10, 11
ninfa **257** 2, **307** 23
~ *[Zool.]* **78** 30, **81** 43, **341** 3
niña **45** 4, **50** 3
niñera **30** 9, **49** 1, **258** 34
niño **45** 3 y 4, **49** 26
~ de pañales **30** 26
~ de pecho **30** 26
~ gótico **289** 33
níscalo **365** 23
nitrógeno comprimido **229** 5
nivel **15** 48
~ de agua de precisión **145** 39
~ de aire **113** 55
~ de burbuja **113** 55, **198** 31
~ de carriles **198** 31
~ de extracción **137** 12 al 13
~ del agua del karst **13** 77
~ del agua freática **254** 1
~ del agua subterránea **254** 42, 63
~ del índice de altura **110** 33
~ del mar **4** 8, **9** 1, **11** 11
~ transversal **15** 61
nivelación **15** 46
nivelador de ruedas **192** 57
niveladora **196** 17
~ del subsuelo **197** 1
~ de oruga **196** 16
~ de oruga de la explanación **198** 16
no idéntico **327** 18
noble **338** 44
nodriza **30** 30
nogal **61** 37–43
noir **263** 21
nombre y dirección del remitente **239** 15
nomeolvides **362** 26
no-me-toques **361** 11
nomparell **170** 23
nonio **134** 55, **219** 5, **331** 39
nonplusultra **170** 19
noray **212** 12
~ de doble cruz **212** 14
~ doble **212** 11
~ en forma de cruz **212** 13
noria gigante **291** 37
normas para la elección **251** 25
Norteamérica **14** 29 y 30, **15** 12
Noruega **14** 15
nota **249** 54
~ *[Mús.]* **299** 5–9
~ al pie de página **178** 62
~ marginal **178** 68
notable **289** 29
notación circunfleja **299** 2
~ cuadrada **299** 3
~ del canto gregoriano **299** 2 y 3
~ del canto llano **299** 2 y 3
~ medieval **299** 1–4
~ mensural **299** 4
~ neumática **299** 1–4
noticia breve **325** 53
noticias deportivas **325** 49
novena mayor **300** 27
novia **313** 14
novio **261** 22, **313** 15
nube **4** 7, **8** 1–4, 5–12
~ aborregada **8** 14, 15
~ de aguas de hielo **8** 6
~ de aguas de hielo en forma de velo **8** **7**
~ de buen tiempo **8** 1
~ de cúmulo **271** 16
~ de gas **7** 23
~ de lluvia **8** 10
~ de polvo insecticid **83** 48
~ de tormenta **8** 17
~ en capas **8** 9
~ fluida **8** 1, 17
~ nocturna **4** 36
~ en capas **8** 3
nubosidad **9** 20–24
nuboso **9** 23
nuca **18** 21, **73** 12
núcleo **11** 5, **147** 17, **332** 6
~ atómico **1** 1 y 2, 9, 13
~ de la célula **340** 2
~ de la nebulosa en espiral **6** 44
~ del cometa **7** 26
~ del sistema de la Vía Láctea **6** 47
~ del tronco **115** 84
~ de plomo **305** 20
~ de plomo blando **87** 56
~ metálico **135** 22
~ terrestre **11** 5
nudillo **21** 82
nudo **9** 12, 13, 14, 15, 16, 17, 18, 19, **69** 7
~ corredizo **335** 5
~ de cruz **125** 29
~ de la corbata **33** 46
~ de la malla **101** 23
~ de red **125** 29
nuégado **98** 81
nueta **157** 48
Nueva Zelanda **14** 28
nueve por cuatro **299** 42
~ por ocho **299** 41
nuez **61**, **354** 98
~ *[carne]* **95** 52
~ *[violín]* **302** 13
~ *[cerradura]* **134** 43
~ de Adán **21** 13
~ de betel **364** 20
~ del Marañón **368** 59, 60
~ moscada **366** 35
numerador **326** 15
~ giratorio de revólver **85** 43
número **326** 1–22
~ abstracto **326** 3
~ arábigo **326** 2
~ cardinal **326** 5
~ complejo **326** 14
~ concreto **326** 4
~ de circo **290** 25
~ de cuatro cifras **326** 3
~ de cuatro dígitos **326** 3

número de guarismos **326** 3
~ de equilibrio **290** 44
~ de fábrica **180** 51
~ de folio del libro registro de acciones **243** 14
~ de fuerza **298** 15
~ de la acción **243** 13
~ de la bicicleta **180** 51
~ de la habitación **259** 10
~ de la línea del tranvía **193** 22
~ de la locomotora **203** 6
~ de lanzamiento **290** 43
~ de la página **178** 63
~ de la partida de la bala **156** 6
~ de la serie **203** 6
~ de la toma **292** 35
~ del distrito postal **232** 38
~ del plano **292** 35
~ de matriculación **186** 34
~ de registro **251** 19
~ de salida **273** 28, **280** 18
~ entero **326** 10
~ fraccionario **326** 10
~ imaginario **326** 14
~ impar **326** 12
~ negativo **326** 8
~ ordinal **326** 6
~ par **326** 11
~ positivo **326** 7
~ primo **326** 13
~ quebrado **326** 10
~ real **326** 14
~ romano **326** 1
nutria **351** 14
~ marina **352** 17
núzcalo venenoso **363** 13
ñaña* **49** 1

O

oasis **337** 4
obelisco **315** 10
obenque **214** 16
~ de mastelerillo de trinquete **214** 18
~ de mastelero **214** 17
obi **336** 41
obispo **314** 43
objetante **251** 15
objetivo **111** 10–14, **112** 58
~ del proyector **295** 35
~ del registrador óptico de sonidos **295** 46
~ del visor **111** 17
~ intercambiable **111** 25
objeto de culto **313** 33–48
~ de loza **291** 66
~ litúrgico **313** 33–48
objeto sagrado **313** 33–48
oblicuo mayor **20** 43
obligación industrial **243** 11–19
oboe **302** 38
~ barítono **302** 38
~ da caccia **302** 38
~ de amor **302** 38
~ tenor **302** 38
obra **113** 1–49
~ de arte plástico **322** 32
~ de consulta **250** 17
~ de fábrica de ladrillo **113** 58–68
~ rústica **317** 51
obrador **106** 20
obras hidráulicas **212**
obrera *[Zool.]* **78** 1, 6–9, **342** 22
obrero de ferrocarriles **198** 20
~ del tinglado **262** 37
~ de transporte **145** 82
~ de Vías y Obras **198** 20
~ escenógrafo **297** 46
~ portuario **221** 23
observatorio **6** 2–11, **16** 68
~ astronómico **6** 2–11
~ del tiempo **220** 4
obstáculo **263** 30, **276** 60, **280** 21 y 22
obstrucción **274** 59
obtención del alquitrán **164** 3
~ del benzol **164** 6
~ del fenol **164** 3
obturador *[Fot.]* **331** 29
~ *[órgano]* **305** 28
~ a presión **180** 31
~ central **111** 44
~ de cortinilla **111** 44
~ de guillotina para caso de incendio **295** 16
~ de sectores **294** 15
~ instantáneo **111** 44
ocarina **303** 32
occipital **19** 32
occipucio **18** 2
oceánida **307** 23
océano **15** 19–26
Océano Atlántico **15** 20
~ Glacial Antártico **15** 22
~ Glacial Artico **15** 21
~ Indico **15** 23
~ Pacífico **15** 19
ocelo **74** 32, **78** 2
oclusión **9** 25
octaedro **330** 6, 14, 16
~ piramidal **330** 10
Octans **5** 43
Octante **5** 43
octava **300** 62, 63, 64, 65
~ alta **300** 44
~ baja **300** 45
~ de $^1/_8$ de pie **300** 70
~ de $^1/_4$ de pie **300** 69
~ de $^1/_2$ pie **300** 68
~ de 1 pie **300** 67
~ de 2 pies **300** 66
~ de 4 pies **300** 65
octava de 8 pies **300** 64
~ de 16 pies **300** 63
~ de 32 pies **300** 62
~ justa **300** 26
octógono **330** 17
ocular **6** 3, **26** 52, **110** 2
~ de enfoque **294** 10
~ de lectura **110** 32
~ del visor **294** 25
~ de microscopio **15** 53
ocho de carrera **269** 10
odalisca **289** 41
odontólogo **27** 1
odre **301** 9
~ de aceite **224** 48
oficial **224** 38
~ de Correos **231** 39
~ de guardia **216** 65
~ de navegación **219** 19
~ de zapatero **99** 1
oficina **204** 20, **238–241**
~ administrativa **230** 5
~ ambulante de correos **203** 18
~ comercial **238** 1–36
~ de cambio **200** 31
~ de información **200** 29
~ de información de hospedaje **200** 28
~ del capataz **199** 55
~ del contador **218** 40
~ del director de Correos **231** 23
~ del puerto **220** 13
~ de ventas a crédito **256** 27
~ de ventas a plazos **256** 27
~ forestal **16** 3
~ meteorológica **220** 4
~ técnica **144**
oficinas generales **217** 1
ofrenda **311** 64
oftalmómetro **109** 15
oftalmoscopio **26** 33
oído **305** 32
~ de la aguja* **102** 58
~ externo **19** 56–58
~ interno **19** 62–64
~ medio **19** 59–61
ojal **34** 7
~ de la lanzadera **159** 29
~ de la malla **159** 28
ojete **99** 46
ojo **18** 7, **21** 38–51, **73** 4, **88** 15
~ *[agujero]* **85** 18, **132** 20, **134** 45
~ *[claraboya]* **316** 75
~ *[letra]* **170** 41
~ afacetado **78** 20–24
~ compuesto **78** 20–24, **342** 7
~ de buey **216** 21
~ de facetas **342** 7
~ de insecto **78** 20–24
ojo de la aguja **102** 58
~ de la cerradura **134** 40
~ de la muela **91** 19
~ de pavo real **348** 2
~ mágico **234** 48
~ peduncular **340** 28
~ sencillo **78** 2
ola **11** 53, **25** 3
~ levantada por la proa **218** 71
~ ribereña **13** 36
~ sísmica **11** 53
oleaje **13** 27
oleoducto **139** 56
oliva auricular **26** 16
olivo **367** 29
olmo **355** 49
olla bombeada **309** 11
~ triple **41** 76
ollar **73** 7
ombligo **18** 34
~ del escudo **310** 58
ómnibus **179** 37
~ con imperial **179** 37
~ para vía férrea y carretera **208** 45
~ remolque **188** 3
omóplato **18** 23, **19** 7, **95** 30
onagrácea **56** 3
once *[fútbol]* **274** 11–21
onda corta **4** 22, **24** 12
~ electromagnética **230** 40
~ extracorta **4** 23
~ larga **4** 20
~ luminosa **110** 29
~ media **4** 21
~ sísmica **11** 36
~ superficial **11** 36
~ ultrasónica **24** 14
ondina **307** 23
ondulado del hilo **164** 59
Oneirophanta **349** 18
Opera **252** 20
operaciones avanzadas aritméticas **327** 1–10
~ fundamentales de aritmética **326** 23–26
~ de carga y descarga **141** 1–12
~ de la fundición **141** 1–12
operador *[Med.]* **28** 17
~ *[Cine.]* **292** 41, **295** 21
~ de la cámara **237** 3
~ del montacargas **297** 59
~ de máquinas **113** 32
operaria mechera **157** 24
operario autógeno **135** 38
~ especialista en hierro **114** 21
~ estampador **162** 65
opérculo **350** 5
óptica microscópica **110** 1–23
óptico **108**
oquedal **84** 4

ör **244** 24
orador **257** 49, **259** 40
~ electoral **251** 5
orangután **353** 15
orante **311** 58
orbicular **354** 34
órbita **4** 49, 55
~ aparente anual del Sol **5** 2
~ del electrón **1** 4, 8
~ lunar **7** 1
orden **242** 19
~ de detención **248** 4
~ para el ingreso en la cuenta postal del portador **232** 14
~ religiosa **314** 13–24
ordenación de los cilindros **141** 75
ordenada **329** 10
ordenanza **238** 8
ordeñadora automática **76** 23–29
~ mecánica **76** 23–29
oreja **18** 18, **73** 1, **88** 32
~ *[libro]* **178** 38
~ *[butaca]* **47** 59
~ de asno **70** 13
~ de gato **365** 25
~ del zapato **99** 48
~ de oso **362** 8
~ emplumada **88** 78
orejera **286** 28
orejeta **146** 48
orfebre **106**
organelo **340** 5
organillero **53** 27
organillo **53** 26
organistrum **301** 25
órgano *[Mús.]* **305** 1–52
~ automático **291** 38
~ de adherencia **341** 25
~ de control **229** 3
~ de coro **305** 42
~ de coro del manual I **305** 5
~ de fijación **362** 50
~ de iglesia **305** 1–52
~ de lengüetas **304** 43
~ del equilibrio **19** 56–65
~ del manual II **305** 1
~ del oído **19** 56–65
~ hilador **157** 51
~ portátil **301** 56
~ positivo **301** 56
~ real **301** 56
órganos internos **22** 1–57
~ sexuales femeninos **22** 79–88
~ sexuales masculinos **22** 66–77
orientación **12** 2
orientador de onda extracorta **230** 20
orificio **26** 55
~ de engrase **180** 65
~ de relleno **192** 40
~ externo del cuello uterino **22** 85
orificio gastro-esofágico **22** 41
~ germinativo **367** 57
~ nasal **352** 26
~ para inspección de la cadena **182** 56
~ para la carga **1** 38
~ para la carga de líquido **192** 40
~ para la chaveta **136** 25
~ para los radioisótopos **1** 44
~ para llenado de lubricante **186** 58
~ para paso del gorrón **204** 65
origen de las coordenadas **329** 4
original **169** 6
orilla **13** 4
orillo **159** 11
~ a la plana **165** 24
orinacamas **63** 13
orinal **30** 17
~ de cama **29** 13
~ de loza **30** 17
~ de vidrio **30** 17
Orión **5** 13
orla **112** 46 y 47
~ ataraceada **302** 26
~ de púrpura **338** 14
~ recamada **338** 67
ornamento del rococó **318** 13
~ griego **316** 38–43
~ románico **317** 14–16
ornitopo **70** 11
ornitorrinco **351** 1
oro *[Blas.]* **246** 24
~ *[naipe]* **265** 45
oronja **363** 10, **365** 21
oropéndola **344** 7
orquesta **296** 25, **316** 47
~ cinematográfica **292** 17
~ de baile **289** 2
~ de jazz **289** 2
~ del balneario **262** 20
orquestrión **291** 38
orquídea **360** 28
ortiga **63** 33
ortopinacoide **330** 25
ortóptero **342** 8
oruga **81** 3, 8, 44, **348** 10
~ *[planta]* **63** 16
~ de la 1.ª generación **81** 23
~ de la 2.ª generación **81** 24
~ de la mariposa **60** 64
~ de la pequeña mariposa de la col **81** 48
~ del gusano de seda **342** 50
orza **270** 52, **273** 50
~ fija **221** 55
~ lateral **215** 7
~ móvil **270** 10
orzaga **63** 24
Osa Mayor **5** 29
Osa Menor **5** 34
osamenta **19** 1–29
oscilador **236** 5
~ horizontal **236** 29
~ vertical **236** 28
oscilógrafo **237** 32
osito de felpa **49** 5
oso **353** 9–11
~ blanco **353** 11
~ lavador **353** 9
~ marino **352** 18
~ pardo **353** 10
~ polar **353** 11
osta de la cangreja **214** 70
ostensorio **313** 33
osteocola **127** 39
ostiaco **336** 17
ostra **340** 30
otoscopio **26** 59
outrigger **269** 9–16
outsider **272** 16
ovario **22** 83, **60** 40, **354** 54, 60
~ central **61** 14
~ ínfero **60** 7
oveja **74** 13
"over" **268** 37
ovillo de hilo **177** 11
ovoscopio **75** 46
óvulo **60** 39, **61** 14, **354** 63
oxer **272** 33
oxiacanta de un pistilo **358** 30
oxidación **164** 19
~ del betún **139** 58
óxido cálcico **153** 16
oxígeno **229** 8

P

pabellón **54** 2
~ *[Mús.]* **302** 42, 48, **303** 70, **305** 22
~ *[bandera]* **245** 15–21, **246** 14
~ de hidroterapia **262** 8
~ de la fuente **262** 15
~ de la música **272** 9
~ del oído **19** 56
~ de los conciertos **262** 19
pabilo **47** 25
paciente **26** 17, **27** 2
~ del balneario **262** 18
pacífico **15** 19
pacoyuyu fino **63** 31
pacuna* **335** 26
padre **45** 1
~ de los dioses **308** 1
padres **45** 1 y 2
padrino **313** 12
pagaya* **213** 8, **269** 34
pagoda **319** 1, 21
~ de varios pisos **319** 1
pailou **319** 3
pair **263** 20
paisaje **47** 6
~ de invierno **286**
~ de valle **13** 57–70
~ fluvial **13** 1–13
paja **130** 30
~ prensada **65** 29
pajar **64** 42, **65** 28
pajarera **339** 23
pajarilla **62** 10
pajarita **33** 44, **34** 60, 64
~ *[planta]* **360** 26
~ de las nieves **344** 9
pájaro bobo **343** 4
~ carpintero **343** 27
~ disecado **249** 16
~ mosca **345** 4
~ niño **343** 4
~ reclamo **86** 48
pájaros cantores **344** 1, 3, 4, 5, 7, 9
~ exóticos **345**
~ indígenas **344**
pajita **261** 36
pajuela* **105** 26
Pakistán **14** 47
pala **66** 9, **132** 26, **269** 38, **275** 60
~ *[bota]* **99** 40
~ de doble concha **145** 57
~ de empuje **66** 3
~ de hortelano **79** 14
~ de las patatas **66** 8
~ del pan **97** 66
~ del pescado **42** 66
~ del remo **269** 38
~ del stick **284** 38
~ del tenis de mesa **276** 40
~ del timón **217** 66, **269** 53
~ de madera **91** 24, **275** 60
~ de ping-pong **276** 40
~ de voltear **42** 56
~ matamoscas **83** 2
~ para batir alfombras **52** 19
~ para carbón **40** 43, **41** 47
~ para la nieve **286** 23
~ para las migas **45** 59
~ para remover la tierra **58** 1
~ para revolver la tierra **58** 1
~ para servir espárragos **46** 77
~ para servir la tarta **45** 28
~ quitanieves **286** 8
palabra **249** 8
~ espaciada **170** 13
palacio **252** 54, **310** 30
~ barroco **257** 7
~ de exposiciones **252** 6
Palacio de Justicia **252** 8
~ Municipal **252** 7
palacio renacentista **317** 47
paladar blando **21** 21
~ duro **21** 20
Palaeopneustes niasicus **349** 19
palafito **309** 15, **335** 33
palanca **10** 16, **119** 64, **142** 4, 5

palanca aflojapapeles **240** 16, 58
~ conmutadora **160** 44
~ cruciforme **143** 5
~ de accionamiento de los lizos **159** 58
~ de anulaciones **240** 62
~ de arranque **166** 13
~ de arranque y paro **174** 43
~ de ataque **186** 46
~ de avance de la distribución **205** 30
~ de cambio **186** 9, **199** 58
~ de cambio de altura de la cinta **240** 29
~ de cambio de color de la cinta **240** 29
~ de cerrojo **199** 58
~ de cierre **171** 45
~ de contacto **102** 14
~ de control **197** 8, **297** 58
~ de correcciones **240** 62
~ de cubiertas **192** 5
~ de desembrague **156** 40
~ de enfoque **112** 31, **294** 31
~ de impresión **323** 61
~ de inmovilización **2** 40
~ de interlineación **240** 30
~ de introducción automática del papel **240** 15
~ de la armadura **233** 56
~ de la bomba de mano de gasolina **228** 23
~ del aire del carburador **182** 22
~ del arenero **193** 36
~ del borrador del resultado **240** 52
~ del cierre de la palangana **51** 65
~ del engranaje intermedio **142** 3
~ de engranaje reductor **142** 3
~ del freno **159** 62, **180** 66, **182** 13
~ del freno de mano **186** 18
~ del freno trasero **182** 15
~ del hilo **102** 23
~ del malacate **64** 59
~ de los cinco metros **268** 8
~ de los diez metros **268** 7
~ de los indicadores de cambio de dirección **186** 8
~ del prensatelas **102** 25
~ del regulador **205** 49
palanca del regulador ajustable de tensión **158** 13
~ del silbato **206** 50
~ del silbato de vapor **205** 53
~ del tren de aterrizaje **228** 29
~ de mando **128** 38, **157** 32, **197** 12, **228** 35
~ de maniobra **142** 11
~ de mano **128** 41, **177** 31
~ de marcha de la máquina **157** 6
~ de más-menos **240** 60
~ de paro de la máquina **157** 6
~ de pie de cabra **192** 6
~ de poner y quitar la pisada **175** 32
~ de puesta en marcha **156** 17
~ de puesta en marcha y paro **159** 8
~ de rodilla **96** 53
~ de señales **199** 59
~ de suelta de las ruedas de cola **228** 33
~ de suelta de las ruedas de proa **228** 33
~ de vía libre **199** 61
~ elevadora **177** 18
~ interlineadora **240** 67
~ levadora **304** 32
~ libertadora del rodillo **240** 4
~ Norton **142** 10
~ para ajuste del asiento delantero **185** 58
~ para el aire frío o caliente **186** 16
~ para el cambio de velocidad **142** 6
~ para el freno de aire comprimido **193** 38
~ para la formación de valores de franqueo **239** 48
~ para los cambios de avance **142** 9
~ portatipos **240** 19
~ propulsora **181** 24
~ que acciona los apagadores **304** 23
~ registradora **10** 7, 21
~ reguladora **68** 39
~ reguladora de alimentación **156** 28
~ selectora **142** 10
~ selectora de interlineación **240** 5
~ tensora **203** 36
palancas de las zapatas del freno **182** 26
~ de mando **228** 34
palangana **30** 23, **51** 63
~ de pie **26** 24
~ de sublimado **28** 31
palanganita para los dedos **103** 2
palanquita para armar el obturador **111** 14
Palas Atenea **308** 17
palastro **134** 36
palco del circo **290** 16
paleador **286** 22
palenque **310** 31
paleta **113** 52
~ *[cuernas]* **88** 9
~ curva **91** 38
~ de distribución de la arena **195** 19
~ de escenógrafo **296** 36
~ de mano **321** 28
~ para probar el café **98** 72
~ recta **91** 40
paletas para licuar la nieve **10** 41
paletilla **86** 17
paleto **88** 40
paletón **134** 47
palillero **260** 23
~ *[portaplumas]* **239** 17
palillo **49** 22, **302** 54
~ del tambor **337** 19
palio **314** 56
palita de mano **58** 22
palizada **310** 36
palma **316** 41
~ *[cuernas]* **88** 9, 41
~ datilera **368** 1
~ de la mano **21** 71
~ oleífera **367** 54
palmar **337** 5
palmera **368** 1
~ *[pastel]* **97** 52
~ de aceite **367** 54
~ frutada **368** 2
palmeta Verrier **55** 1
palmípedas **343** 5–10
palo **274** 37, **278** 38
~ *[Mar.]* **214** 1–9, **215** 16
~ *[naipe]* **265** 38–45
~ de apoyo **53** 37
~ de batículo **270** 34
~ de carga **85** 5
~ de celosía **222** 7
~ de coger el aro **261** 30
~ de goleta **215** 15
~ de golf **276** 69 y 70
~ de hierro **276** 70
~ de juego **275** 17
~ de la escoba **40** 37
~ del aro **258** 22
~ de la tienda **266** 31
~ de madera **276** 69
~ de mesana **213** 31, **214** 8 y 9, **215** 23, 24
~ de mimbre **130** 15
~ de trinquete **213** 42, **214** 1–4
~ largo **278** 36
~ mayor **213** 40, **214** 5, 6 y 7, **215** 22
~ mayor central **215** 33
~ mayor popel **215** 30, 34
~ mesana **270** 42
paloma **74** 33, **343** 23
~ *[Gimn.]* **279** 15
~ de tonelero **126** 31
palomar **64** 8
palomilla **180** 29
palomo **64** 10, **74** 33
~ doméstico **64** 10
palpo **82** 3
~ labial **342** 42
palpos maxilares **342** 26
palla **338** 10
pallete de la vía de agua **224** 1
pamela **36** 39
pámpana **80** 5
pámpano **80** 3
pampelmusa **368** 23
pamplina roja **63** 27
pamporcino **56** 5
Pan **308** 40
pan **97** 22–24
~ abierto **46** 37
~ blanco **97** 27
~ cuscurroso **97** 21
~ de especias **97** 5
~ de jengibre **97** 5
~ de la merienda **249** 65
~ de lata **97** 27
~ de mezcla **97** 25
~ de miel **97** 5
~ de morcajo **97** 25
~ de oro **177** 5
~ inglés **97** 27
~ íntegro de centeno **97** 21
~ negro **97** 26
~ redondo **97** 26
~ trenzado **97** 6
panadería **97**, **253** 52
panal **78** 45
~ artificial **78** 42
~ de miel **78** 31–43
~ natural **78** 60
~ para la cría **78** 46
Panamá, *guarda* 12
panceta **95** 39
páncreas **22** 44
pandereta **258** 47, **303** 45
pandero **303** 45
pandora **301** 21
pandorga **258** 50
panecillo **46** 21, **97** 37–40
~ blanco **97** 37
~ redondo **97** 37
panel **124** 27
~ *[Electr.]* **147** 7
~ anterior levadizo **333** 27
~ del piso **185** 46
~ de madera **260** 37
~ de mandos para el control a distancia **306** 44
~ de registros **305** 39
~ de revisión **51** 6
~ lateral trasero **185** 2
paneles intercambiables de la pared **234** 12
pangolín **351** 10
panícula **354** 69, **362** 46
~ de flores masculinas **69** 35
panículo **366** 54

panocha **69** 36
panoja **69** 36, **366** 54
pantaleón **304** 1
pantalón a rayas **34** 56
~ bombacho **34** 22
~ corto **31** 54
~ de esgrima **277** 30
~ de franela **34** 3
~ de gimnasia **31** 13, **278** 47
~ de golf **34** 22
~ de salvamento **224** 51
~ "sport" **34** 3
pantaloncito de goma **30** 15
pantaloncitos de arrastrarse **31** 19
~ de verano **31** 5
~ para jugar **31** 5
pantalones **33** 21, **34** 10
~ bombachos **289** 42, **338** 34
~ con chorreras **338** 34
~ cortos **266** 9
~ de cuero para niño **31** 50
~ de entrenamiento **280** 57
~ de escalada **282** 8
~ de esquiar de niña **31** 44
~ del pijama **33** 5
~ de montar **34** 27
~ de niña **31** 41
~ de señora **33** 8
~ pirata **32** 57, **266** 12
~ playeros **267** 22
~ polainas **31** 27
pantalla **47** 52, **292** 16, **331** 32
~ acústica **234** 50
~ antideslumbrante **205** 62
~ con cambio de frente **294** 8
~ con ranuras **2** 45
~ de cabeza **135** 16
~ de la estufa **52** 65
~ del radar **230** 51
~ electrónica **230** 50
~ fluorescente **29** 41
~ giratoria de radar **230** 40
~ negra **292** 51
~ panorámica **294** 49
~ para impedir la vista del suelo **272** 43
~ protectora **29** 43
~ protectora de mano **135** 2, 26
~ receptora **237** 17
pantallas de proximidad de las señales avanzadas **198** 86
~ desviadoras del viento **221** 51
pantano **13** 14–24, **212** 57
~ alto **13** 19
~ superficial **13** 14
pantógrafo **15** 65, **170** 58, **193** 15–19
pantógrafo de toma de corriente **206** 3
pantorrilla **18** 53
panul* **59** 27
pañal de franela **30** 5
~ de muselina **30** 6
paño **103** 10, **162** 39, **245** 11
~ de cáliz **314** 41
~ de cocina **41** 14–16
~ del altar **311** 9, 51
~ de la vajilla **41** 16
~ de los basos **41** 14
~ de los cubiertos **41** 15
~ higiénico **23** 63
~ impermeable **30** 4
~ mortuorio **312** 53
~ para encerar el suelo **52** 36
~ protector **104** 26
pañol de víveres **218** 51
paños **321** 33
pañuelo **31** 8, **37** 2
~ con nudos **258** 5
~ de adorno **34** 63
~ de cuello **37** 9, **266** 47
~ triangular **17** 2
Papa **314** 54
papa* **69** 38, 40
papá **45** 1
papagayo **345** 1
papalina **257** 64, **289** 23
~ de encajes **338** 65
papaverácea **63** 2
papel asfaltado **147** 48
~ atrapamoscas **83** 3
~ carbón **176** 25, **238** 68
~ coloreado **168** 31
~ de dibujo **144** 2
~ de envolver **98** 46
~ de escribir **238** 27
~ de filtro plegado **334** 41
~ de lija **129** 25, **181** 7
~ engomado **238** 79
~ estucado **168** 37
~ filtro **41** 65
~ fotoestucado **168** 31
~ fotográfico **112** 24
~ heliográfico **241** 17
~ metálico **147** 44
~ moneda **244** 29–39
~ pintado **121** 32
~ rizado **51** 31, **104** 4
~ secante **249** 50
~ transparente de calco **144** 2
papelera **39** 63, **204** 39, **238** 28
papeleta **251** 20
~ de préstamo **250** 25
papialbillo **352** 14
papiro **367** 64
paquete **231** 3
"paquete" **285** 8
paquete de cigarrillos **105** 13
~ de grageas **23** 12
paquete de tabaco **105** 20
~ postal **231** 3
paquetito **231** 6
~ de añil **53** 58
par **116** 74, 80, **117** 19
~ de cilindros escurridores **158** 43
~ de cilindros pinzadores de los caballeros **158** 39
para **244** 28
parábola **329** 14, 15
parabrisas **182** 58, **183** 5
~ del sidecar **182** 66
~ panorámico **183** 43, **185** 18
paracaídas **228**
parachoques **185** 13, **199** 40
~ del sidecar **182** 63
~ trasero **186** 36
parada **16** 27
~ *[Esgr.]* **277** 21
~ del balón **274** 60
~ del girobús **188** 11
~ del tranvía **193** 4
~ de taxis **253** 35
~ en quinta **277** 38
~ en tercera **277** 22
paradero* **199** 36
parafina **139** 46
paraguas **43** 10–14, **201** 10
~ de bolsillo **43** 10
~ de señora **43** 12
~ plegable **43** 10
~-bastón **43** 11
Paraguay, *guarda* 13
paragüero **43** 8
paraíso **296** 16
paralela **327** 21, **328** 4
paralelas **279** 27
paralelepípedo **329** 36
paralelo **15** 2
paralelogramo **328** 33–36
paramecio **340** 9
parangón **170** 31
paranza **86** 9
parapeto **310** 21
parapiedras **187** 16
pararrayos **40** 30
~ de cuernos **332** 3
parásitos del hombre **341** 20–31
parasol **294** 3
~ *[bongo]* **365** 30
~ ajustable **54** 9
paratopes **199** 40
paravientos **210** 11
Parca **308** 53–58
parcómetro **253** 51
parche **99** 49, **181** 4, 5, **302** 52
~ cuadrado **181** 5
~ de ojo **23** 37
~ de piel **303** 31
~ de vigas **224** 2
~ ovalado **181** 4
pardal **346** 5
pardo **320** 5
pared almohadillada **287** 5
~ contrafuegos **116** 9
~ de cristal **260** 45, **339** 36
~ de fábrica hueca **113** 15
~ de fábrica ligera **113** 15
~ de fachada **116** 32
~ de hormigón **118** 1
~ de hormigón colado **114** 7
~ de hormigón en masa **114** 7
~ de la caja **131** 16
~ de la carbonera **199** 45
~ de la casa **115** 29
~ de ladrillo **113** 8
~ de ladrillos del primer piso **118** 29
~ del ánima **87** 39
~ del cilindro **184** 70
~ del corral **199** 45
~ del ovario **354** 61
~ del patio **53** 25
~ del sótano **118** 1
~ de piezas machihembradas **114** 17
~ de protección **117** 35
~ de retención del relleno **138** 17
~ de roca **150** 15, **282** 3
~ entramada **115** 48
~ exterior **116** 32, **117** 37
~ exterior de soporte **116** 77
~ lateral **196** 35
~ lateral del depósito de almacenamiento **196** 44
~ protectora antirradiactiva **2** 46
~ rococó **318** 9
pareja de aserradores **84** 20
~ de baile **288** 44 y 45
~ de novios **257** 44, **313** 14 y 15
~ de tenis **276** 18
paréntesis curvo **325** 24
~ rectangular **325** 25
párido **344** 4
parietal **56** 2
~ izquierdo **19** 31
parihuela **312** 41
paripinado **354** 41
parisina **170** 22
paro **346** 9
~ automático **158** 37, **162** 20
~ carbonero **346** 9
~ mayor **346** 9
párpado inferior **21** 40
~ superior **21** 39
parque **16** 97, **257**
"parque" **49** 4
parque barroco **257** 1–40
~ de atracciones **291**

parque de estacionamiento **252** 27
~ del balneario **262** 1–21
~ francés **257** 1–40
~ inglés **257** 41–69
~ municipal **252** 10
~ natural **257** 41–69
~ palaciego **257** 1–40
~ zoológico **339**
parrampán* **290** 23
parrilla **291** 33
~ de barras **153** 5
~ eléctrica **42** 29
~ limpiadora **67** 35
~-guía de los martinetes **301** 51
parroquiano **260** 40
~ del bar **259** 55
~ del café **261** 24
parte ancha de la mediana **95** 18
~ anterior de la taza del retrete **51** 36
~ central del pecho **95** 26
~ comida **81** 50
~ corroída no impresora **172** 36
~ delantera del pecho **95** 21
~ delgada de la falda **95** 15 y 16
~ de los pies ajustable de la cama **29** 11
~ del tejado **116** 1–26
~ de máquina **136**
~ desplomada de la orilla del río **211** 5
~ de tela metálica **168** 10–13
~ húmeda **42** 18
~ inferior de la mordaza **156** 65
~ inferior de la pierna **18** 52
~ interior del pie **274** 62
~ lateral del pie **21** 58
~ más estrecha de la espalda **18** 25
~ por donde se pliega el ala **342** 35
~ posterior de la cabeza **18** 2
~ pudenda **18** 39
~ sensitiva **78** 22
~ superior de encaje **33** 29
~ superior del abdomen **18** 35
~ superior de la mordaza **156** 66
~ trasera del pecho **95** 25
Partenón **316** 1
partera **29** 7
parterre redondo **54** 6
participante en la competición de natación **268** 28
~ en la procesión **312** 50
partícula alfa **2** 27
partícula cósmica **4** 27
~ de rayo cósmico **4** 27
partida *[juego]* **261** 17
~ *[pila]* **221** 36
~ de ajedrez **265** 6
partido **251** 20
~ de fútbol **274** 1
parturienta **29** 2
párvulo **249** 9
pas de chat **288** 17
pasacintas **102** 59
pasadera **16** 78, **267** 9
pasado del peine **165** 6
pasador **37** 22, **115** 26
~ *[coladero]* **254** 32
~ *[bicicleta]* **181** 30 y 31
~ * **313** 29
~ cilíndrico **136** 38
~ cónico **136** 35
~ con muesca **136** 38
~ de corredera **240** 49
~ del cuello **33** 61
~ del pelo **31** 3
pasaje **53** 19, **319** 4
pasajero **187** 7, **193** 3, **216** 52
~ del taxi **253** 38
pasamano **40** 28, **118** 53, **210** 10, **217** 63
pasamontaña **31** 47, **36** 26
pasaporte **247** 14, **259** 13
pasapurés **41** 80
pasarela **40** 3, **113** 29, **145** 5
~ de servicio **212** 72
~ de tablones **113** 79
~ inferior **113** 74
~ izable **1** 42
~ superior **113** 73
pasas **98** 8
~ de Corinto **98** 9
~ gorronas **98** 8
pasatapas aislante **147** 12, 35
pase raso **274** 61
paseante **257** 26
paseo **210** 2, **218** 27
~ a caballo **257** 42
~ del balneario **262** 10
~ en burro **257** 45
~ para los jinetes **257** 41
pasiflora **56** 2
pasillo **287** 19
~ central **203** 45, **311** 27
~ de subida **290** 20
~ enrejado **290** 51, **339** 12
~ extensible **203** 33
~ lateral **204** 10
~ mortuorio **309** 16
~ para la limpieza **76** 30
~ para repartir el pienso **76** 33
pasionaria **56** 2
Pasiphaea **349** 12
paso **72** 2, **73** 39, **280** 34
~ *[Geogr.]* **12** 47
~ *[Mont.]* **86** 16
paso a nivel **16** 26, **198** 67–78, **201** 20
~ a nivel sin guarda **198** 77
~ bajo el ferrocarril **16** 44
~ bajo la carretera **16** 22
~ corto **72** 2
~ de aduanas **220** 42
~ de aire para el ralentí **183** 58
~ de andadura **73** 40
~ de entrenamiento **288** 11–28
~ de escalera **283** 24
~ de escuela **72** 2
~ de gato **288** 17
~ de la carretera por encima de la vía férrea **16** 40
~ del aire **305** 24
~ de la vía férrea por encima de la carretera **16** 42
~ de los animales montaraces **86** 16
~ de montaña **12** 47
~ de patinador **283** 28
~ de peatones **194** 3, **253** 33
~ de tres **288** 31–34
~ español **72** 3
~ inferior **197** 33
~ para los peces anádromos **89** 13
~ superior **145** 52, **197** 32
pasos de gigantes **258** 41
paspartú **48** 18, **112** 46 y 47
passage **72** 3
passe **263** 19
"passepartout" **48** 18, **112** 46 y 47
pasta **97** 42
~ *[Med.]* **27** 17
~ de carne **96** 16
~ de dientes **51** 58
~ de escribir **239** 28
~ de hígado **96** 16
~ de madera **167** 11, 14–20
~ de papel **168** 3
~ de relleno **147** 38
~ de soldar **135** 45
~ lejiada **167** 4
~ plástica **240** 34
pastas de queso **45** 61
~ para sopa **98** 32–34
~ saladas **45** 61
pastel de hojaldre **97** 13
~ de molde alto **45** 29
pastelería **97** 1–56
pastelero **97** 33
pastelillo **45** 10
pastilla **23** 11
~ de jabón **30** 22
pastor **311** 22
pata **74** 35, **82** 6–8, **88** 81
~ *[Máq. de coser]* **102** 28
pata anterior **82** 6
~ de cabra **99** 64
~ de gallo **70** 25
~ de ganso **63** 25
~ de la mesa **47** 22
~ delantera **71** 5, **88** 25, 64
~ de la silla **44** 14
~ de liebre **198** 56
~ del trípode **111** 36
~ media **82** 7
~ prensil **342** 5
~ saltadora **342** 11
~ sola * **258** 13
~ trasera **71** 7, **78** 6–9, **88** 22
patada a la luna **268** 42
patata **69** 38, 40
~ de siembra **69** 39
patena **311** 12
pátera del sacrificio **308** 6
patilla **108** 16
~ * **113** 12
patilla batería **108** 24
~ micrófono **108** 23
~ para suspensión de la caja en el bastidor **186** 62
patillas **35** 24
~ corridas **35** 11
patín **284** 25–32, 47, **285** 3
~ *[Tecn.]* **196** 33
~ con mordaza **284** 25
~ corriente **284** 25
~ de aterrizaje **225** 43, **271** 33 45
~ de carreras **284** 29
~ de cola **225** 6
~ de hockey sobre hielo **284** 28
~ del carril **198** 35
~ de patinaje artístico **284** 31
~ de patinaje a vela **284** 30
~ de ruedas **287** 35
~ para el patinaje sobre hielo **284** 25–32
patinador artístico **284** 4
~ de velocidad **284** 24
~ sobre hielo **284** 4
~ sobre las olas **267** 14
patinadora de ruedas **287** 34
patinaje artístico sobre hielo **284** 4–22
~ a vela **284** 33
~ de figuras **284** 4–22
~ de ruedas artístico **287** 33
~ de velocidad sobre hielo **284** 23
~ en pareja **284** 7
~ libre **284** 7, 21, 22
~ sobre hielo **284** 1–32
~ sobre las olas **267** 13
patines de las agujas **198** 53
patinete **257** 60, **258** 8

patio **53**
~ con montera **252** 22
~ conventual **314** 2
~ de armas **252** 47
~ de butacas **296** 19
~ de las trozas **149** 30
~ del castillo **310** 2
~ interior **256** 11
pato **74** 35
~ * **29** 13
pato balancín **49** 15
~ sierra **343** 15
patricia de Augsburgo **338** 48
patrón **102** 68, **165** 27
~ para la esterilla regular **165** 11
~ picado **121** 25
patrulla volante de la policía de tráfico **247** 19
~ volante equipada con radio **248** 2
pausa de blanca **299** 24
~ de corchea **299** 26
~ de cuadrada **299** 22
~ de fusa **299** 28
~ de negra **299** 25
~ de redonda **299** 23
~ de semicorchea **299** 27
~ de semifusa **299** 29
pauta **249** 34
pava **74** 28
~ * **41** 73
pavimento **212** 1
~ de cemento **118** 14
Pavo **5** 41
pavo **74** 28
Pavo Real **5** 41
pavo real **74** 30
payacate* **31** 8, **37** 2
payaso músico **290** 23
peana de deslizamiento **196** 33
peatón **253** 32
pebetero **47** 28
pececillo **89** 41
Peces **6** 43
pecíolo **354** 27
pectoral mayor **20** 36
pechera **33** 42
~ *[armadura]* **310** 85
pechero **31** 6
pechina **316** 74
pechirrojo **346** 15
pecho **18** 28–30, **73** 19, **95** 4, 23
pedal **102** 42, **180** 40, **185** 39–41
~ de accionamiento de las bombas de inyección **207** 22
~ de aceleración **207** 22
~ de arranque **162** 48, **181** 50
~ de bicicleta **180** 78
~ de bloque **180** 78
~ de embrague **207** 23
~ de expresión **305** 50
~ de la tapa **41** 12
~ del cambio de velocidades **182** 36
pedal del embrague **185** 41
~ del freno **185** 40
~ del piano **304** 8 y 9
~ del piano de cola **304** 41
~ del timón de dirección **228** 38
~ de mando del freno trasero **182** 16
~ de notas alteradas **305** 52
~ de notas naturales **305** 51
~ de puesta en marcha **158** 35
~ de servicio **166** 39
~ dulce **304** 9
~ fuerte **304** 8
~ kickstarter **182** 35
~ neumático **304** 46
~ para inclinar el sillón de operaciones **27** 5
~ para subir y bajar el sillón de operaciones **27** 4
~ piano **304** 9
~ suave **304** 9
pedazo de muela preparado **27** 30
pedernal **309** 1
pedestal **257** 11, **290** 55
~ de la chimenea **145** 47
pedicura **25** 18
pedicuro **25** 19
pedrejón **65** 9
pedúnculo **60** 13, **61** 4, **354** 52
~ de la manzana **60** 61
~ de la pera **60** 34
pegador **150** 25
pegamento de caucho **181** 3
Pegaso **307** 26
~ *[Astron.]* **5** 10
Pegasus **5** 10
peinado **35, 104** 2, **337** 9
~ de cola de caballo **31** 62
~ del cáñamo **125** 1–7
~ de mujer **35** 27–38
~ de señora **35** 27–38
~ de señorita **35** 27–38
~ de trenzas **35** 30
~ de varón **35** 1–26
~ estilo corona **35** 31
~ estilo guirnalda **35** 31
~ rococó **338** 81
peinador **103** 26, **104** 5
~ para el maquillaje **296** 44
peinadora **103** 28
~ de algodón **156** 56, 63
peine **51** 77, **159** 10
~ ajustable **158** 26
~ circular **156** 68
~ de desprendimiento **160** 52
peine de expansión **158** 26
~ de montar **160** 49
~ de perro **71** 29
~ descargador **156** 39
~ en el batán **159** 41
~ extensible **158** 56
~ fijo **156** 67
~ metálico **306** 3
~ para el corte de pelo **104** 3
~ para roscado interior de madera **129** 14
~ rectilíneo **156** 67
~ tensor **160** 50
peinecillo **103** 36
peineta **38** 13
peladora descortezadora **91** 52
pelargonio **56** 1
peldaño **40** 17, **118** 18
~ de arranque **118** 18, 42
~ de descansillo **118** 19
~ en bloque enterizo **118** 17
~ macizo **118** 17
pelea a caballo **258** 44
~ de gallos **258** 40
peletería **253** 1
pelícano **343** 5
~ rosado **343** 5
pelícanos *[planta]* **62** 10
película **2** 10, 13, **171** 56
~ ancha **294** 36–44
~ de pantalla ancha y sonido en relieve **294** 36–44
~ estereofónica **294** 36–44
~ estrecha **293** 17, 18
~ normal **293** 17
~ panorámica **294** 45–52
~ para pantalla ancha **294** 36–44
pelo a la romana **35** 35
~ a lo garçon **35** 34
pelos absorbentes de la raíz **69** 18, **354** 18
~ de la axila **18** 27
pelota **258** 11, **281** 20
~ *[Med.]* **23** 39
~ base **275** 39–54
~ de béisbol **275** 54
~ de celuloide **276** 42
~ de corcho **276** 37
~ de croquet **275** 67
~ de golf **276** 71
~ de hockey **275** 18
~ del juego del volante **276** 37
~ del tenis de mesa **276** 42
~ de ping-pong **276** 42
~ de tempestad **267** 4
~ de tenis **276** 26
~ hueca **274** 52
~ marina **362** 54
~ para jugar en el agua **267** 18
~ que indica las tandas de baño **267** 5
~ rodante **290** 60
pelota-honda **287** 49
pelotari **287** 52
peluca **35** 2, **296** 49
~ a lo Mozart **35** 4
~ de bolsa **35** 4
~ de circunstancia **35** 2
~ de coleta **35** 5
~ de Estado **35** 2
~ de lazo **338** 77
~ larga **35** 2
peluquería **104** 1–38
~ para señoras **103** 1–34
peluquero **104**
~ cinematográfico **292** 36
~ de teatro **296** 48
~ para señoras **103**
pelusa del algodón **367** 19
pelvis **19** 18–21
~ renal **22** 31
pellejo de uva **81** 21
~ flotador **336** 11
pellizco **36** 13
penacho **308** 18, **310** 78
~ de branquias **350** 19
~ de pavo real **246** 36
~ de plumas **276** 38, **335** 12
penado **248** 12
pendiente **38** 7
~ de hielo **282** 15
~ de la montaña **12** 37
~ del valle **13** 65
~ escarpada **12** 43, **13** 57
~ suave **13** 58
péndola **107** 36
~ *[tranvía]* **193** 41
~ *[puente]* **210** 23
~ de acero niquelado **107** 39
~ giratoria **107** 46
pendolón **116** 68
pendón **245** 12
~ de la ciudad **213** 22
pendoncillo de torneo **246** 33
péndulo **11** 42
~ * **107** 36
péndulo compensador **107** 53
~ de parrilla **107** 53
~ de resonancia **331** 21
~ de torsión **107** 46
pene **22** 66
península **13** 5
penique **244** 37
pennatula **349** 14
pensamiento **62** 2
pensión **262** 22
Pentacrino **349** 3
Pentacheles **349** 15
pentágono **330** 9
pentagrama **299** 45 y 46
peña **132** 26
peñasco **282** 10
peón **64** 60, **113** 19
~ *[juguete]* **258** 18
~ *[ajedrez]* **265** 13
~ *[corrida]* **287** 59
~ *[pozo]* **138** 25
~ zapador **113** 76

peonza **258** 18
pepinillo en vinagre **98** 29
pepita **60** 23, 37
~ de la manzana **60** 60
peplo **338** 2
pequeño **30** 26
Pequeño Carro **5** 34
pequeño parangón **170** 31
pequeños animales de granja **74** 18–36
pequinés **71** 20
pera **60** 33
peral **60** 31
~ de monte **60** 31
peralte en curva **197** 30
percusor esférico **303** 64
percutor **87** 21
~ esférico **303** 64
percha **43** 1, **86** 49, **279** 8
~ *[Máq.]* **156** 34
~ de las herramientas **64** 41
~ del heno **65** 42
~ de los vestidos **256** 31
~ de pie **260** 12
~ para la ropa **52** 69
~ para sacudir alfombras **39** 51, **53** 46
perchero **43** 1, **260** 12
perdiguero **71** 41
perdiz **88** 70
perejil **59** 19
perezoso **37** 25
~ de dos dedos **351** 11
perfil de hierro laminado **136** 3–7
~ dentado **127** 6
~ guía **157** 17
perfiles **136, 283** 42
perfolla **69** 33
perforación petrolífera **4** 6, **139** 1–20
perforador calculador electrónico **241** 45–51
~ de fichas **241** 40, 48
perforadora **134** 30
~ de percusión **150** 11
~ de roca **150** 11
~ neumática **138** 49
perfumador **47** 28
pérgola **39** 80, **54** 5, **257** 17
pericarpio **61** 42
periclino **359** 33
pericote* **52** 74
pericotera* **83** 9
periferia **252** 31
periforantia **359** 33
periforanto **359** 33
perilla **35** 9
~ del rodillo **240** 17
~ del timbre **23** 18
perineo **22** 64
periódico **175** 56, **261** 25, **325** 37
~ remitido como impreso **232** 24
periodista **248** 39
período **326** 22
período de Hallstatt **309** 21–40
~ de la La Tène **309** 21–40
~ mesolítico **309** 1–9
~ neoclásico **318** 15
~ neolítico **309** 10–20
~ paleolítico **309** 1–9
periostio dental **21** 28
periscopio **223** 17
~ de gran alcance **223** 56
~ de pequeño alcance **223** 55
perisodáctilos **351** 25–27
peristilo **316** 2
perito forense **248** 36
peritoneo **22** 58
perla **340** 33
~ *[Impr.]* **170** 21
~ de cristal **50** 20
perlón L **164** 43
permanente en frío **103** 31
pernada **90** 29
pernera **29** 4, **33** 59, **34** 11
pernil **88** 21, 37, **95** 38
pernio **134** 56
perno de anclaje **136** 41
~ de arrastre **129** 9
~ roscado **116** 98
pero* **60** 31
perolero* **119** 13
peroné **19** 24
peroneo largo **20** 64
perpendicular **328** 6 27
~ bisectriz de los lados **328** 28
perra **74** 16
perrera **64** 23, **203** 12
perro **74** 16
~ afgano **71** 23
~ ártico **336** 2
~ cantonés **71** 21
~ de aguas **71** 14
~ de aguas cocker **71** 42
~ de caza **71** 25, 40–43, **86** 7, **272** 63
~ de jabalí **86** 33
~ de lanas **71** 14
~ del cortijo **64** 24
~ del infierno **307** 29
~ de mar **350** 1
~ de muestra **71** 43
~ de muestra alemán **71** 40
~ de muestra inglés **71** 41
~ de Pomerania **71** 19
~ de presa **71** 1
~ de Terranova **71** 39
~ de trineo **336** 2
~ dogo **71** 1
~ esquimal **71** 22, **336** 2
~ faldero **71** 20
~ gran danés **71** 34
~ guardián **71** 31
~ jabalinero **86** 33
~ Leonberg **74** 16
~ lobo alsaciano **71** 31
perro pastor alemán **71** 31
~ policía **71** 31, **248** 8
~ rastreador **71** 43
~ ratonero **71** 37
~ San Bernardo **71** 38
~ tejonero **71** 33
persecución y captura de la ballena **90** 44–62
persiana **91** 4
~ del chasis **171** 5
~ enrollable **39** 28
persona herida **17** 18–23
~ hundida en el hielo **17** 28
~ inconsciente **17** 18
~ que se está ahogando **17** 35
personal de la locomotora **203** 9 y 10
~ de lucha contra incendios **255** 34
pértiga **89** 5, **211** 16, **280** 39
~ de contacto **188** 9
~ de trole **188** 13
~ para descolgar las salchichas **96** 10
~ soporte del guía-hilos **160** 2
pertrechos para el torneo **310** 76
Perú, *guarda* 14
pesa **77** 40, **278** 34
~ * **96** 1–28
pesa corrediza **41** 61
~ de hierro **141** 18
~ de la marcha **107** 35
~ de los toques **107** 34
pesacartas **231** 22, **238** 38
pesador **221** 26
pesadora de cereales **91** 46
pesas extensoras **23** 42
pesca con anzuelo **89** 7–12
~ con palangre **90** 28 y 29
~ con red **89** 1–6, 13–19
~ con red barredera **90** 11–23
~ con red flotante **90** 1–10
~ costera **90** 24–29
~ de la ballena **90**
~ deportiva en agua dulce **89** 20–54
~ en agua dulce **89**
~ en alta mar **90** 1–23
~ marítima **90**
pescadería **253** 40
pescadito de plata **341** 15
pescador **89** 2
~ de caña **89** 7
~ submarino **267** 37
pescante **114** 36, **145** 17, **221** 37
~ del micrófono **237** 7
~ de los botes **222** 12
pesebre **76** 3, 32
~ del heno **76** 2
peseta **244** 22
peso **160** 32, **280** 46
~ *[báscula]* **98** 12
~ de fondo **90** 10, **224** 18
~ de la espalda **224** 26
~ del freno **136** 101
~ del pecho **224** 25
~ de pinza **112** 7
~ deslizante **333** 33
~ esférico para golpear **40** 32
~ inferior **224** 29
pespunte **32** 55, **101** 1
pesquero factoría **216** 6
pestaña **21** 41
~ *[Cost.]* **102** 3
~ de la rueda **204** 63
pestillo **53** 66, **134** 39
~ de golpe **134** 37
~ de la contraventana **39** 31
~ del trinquete **145** 25
petaca de puros **105** 11
pétalo **60** 43, **61** 11, **358** 21
petardo **289** 53
petaso **308** 23, **338** 4
petición de médico **245** 27
petifoque **214** 23
petimetre **289** 33
petirrojo **346** 15
peto **310** 46
~ *[traje de niño]* **31** 9
~ enguatado para esgrima **277** 28
petral **72** 28, **310** 85
petróleo **12** 27, 31, **139**
~ de alumbrado **139** 39
petrolero **216** 22
petunia **56** 6
pez **349** 13, **350**
~ anguila **350** 17
~ con huevos **89** 66
~ de fondo **89** 42
~ hembra **89** 66
~ lechal **89** 66
pezón **18** 28, **60** 13, **76** 20, **354** 52
~ de eje **186** 54
~ de goma **30** 48
~ hilador **342** 46
pezonera **131** 24
pezuña **88** 24
~ de macho cabrío **308** 42
pfennig **244** 7
philtrum **18** 12
phorbeia **301** 5
piafe **72** 1
pianino **304** 1
pianissimo **300** 56
~ possibile **300** 57
pianista **298** 1
pianito* **53** 70
piano **44** 32, **304** 1
~ *[matiz]* **300** 55
~ colín **304** 40
~ cuadrado **304** 40
~ de cola **304** 40
~ de concierto **304** 40

piano de cuarto de cola **304** 40
~ de media cola **304** 40
~ recto **304** 1
pica **287** 62
~ *[naipe]* **265** 39
picaderos **217** 36
~ de pantoque **217** 37
picado **165** 10
~ suave o ligero **300** 54
picador *[Taurom.]* **287** 61
~ de verdura **42** 36
picadora de carne **96** 39
picadura *[mordedura]* **81** 12
~ *[herramienta]* **134** 8
~ entrefina **105** 20
~ fina **105** 20
picamaderos **343** 27
picapedrero **150** 5
pícaro **289** 38
picatocino **343** 27
picaza **346** 3
piccolo **302** 30
pick-up **235** 9, **306** 35
pico **88** 84
~ *[cafetera]* **45** 15
~ *[montaña]* **12** 40
~ *[herramienta]* **150** 31, **282** 39
~ *[Patin.]* **284** 22
~ *[pájaro]* **343** 27
~ corvo **347** 6
~ de cabra **322** 20
~ de capataz **138** 53
~ de guaira **270** 46
~ de la cangreja **214** 45
~ del caldero de colada **140** 42
picobarreno **343** 27
picos de penetración regulable **196** 20
picoverde **343** 27
Pictor **5 47**
picuda **88** 83
pichinga* **50** 4
pichón **74** 33
pie **19** 26–29, **21** 52–63, **73** 33–37, **95** 38, 48
~ *[base]* **177** 25, **305** 23
~ cilíndrico **172** 11
~ de caballo **307** 42
~ de cerdo cocido **96** 24
~ de gato **361** 3
~ de imprenta **325** 39
~ de la fotografía **325** 45
~ de la lámpara **44** 8
~ del clisé **172** 34
~ del fusible **120** 39
~ del torno **142** 12
~ del trípode **111** 36
~ del yunque **132** 17
~ de rata **365** 32
~ derecho **113** 23, 86, **114** 47, 59, **116** 40
pie derecho de cerco **115** 51
~ derecho de esquina **115** 52
~ derecho de lección **115** 51
~ derecho de unión **115** 53
~ de rey **134** 53
~ de serpiente **307** 39
~ editorial **178** 48
~ libre **284** 11
~ palmeado **343** 6
~ para encaje en el portaaccesorios **111** 41
~ portador **284** 10
~ prensil **350** 34
~ reptante **340** 26
piedra **25** 12
~ bauta escandinava **309** 18
~ bautismal **311** 2, **313** 10
~ de aceite **323** 21
~ de alumbre **104** 22
~ de cal **153** 11
~ de chispa **41** 88
~ de esmerilar **323** 46
~ de la boya **219** 48
~ del bordillo **194** 9
~ del curling **284** 44
~ de los antepasados **309** 6
~ de mechero **105** 30
~ de moler **337** 24
~ de sillería **150** 30
~ litográfica **323** 25, 57
~ para soldar **119** 7
~ pómez **51** 78, **127** 10
~ preciosa **38** 26
~ pulverizada **150** 22
~ sin labrar **322** 5
piel **302** 52, 58
~ de foca **283** 43
~ de la cáscara **75** 49
~ de la manzana **60** 57
~ de pantera **308** 34
pierna **18** 49–54, **19** 22–25, **95** 1, 14, 38
~ artificial **23** 48
piernas abiertas *[Gimn.]* **278** 26
pierrette **289** 12
pierrot **289** 19
pies de la batea refrigeradora **93** 2
~ de la cama **48** 4
~ juntos *[Baile]* **288** 14
pieza *[ajedrez]* **265** 14
~ *[moneda]* **244** 1–28
~ a soldar **135** 63
~ blanca **265** 4
~ cambiable de la chabota **133** 222
~ cambiable del tajo **133** 22
~ colgada intermedia **297** 11
~ corredera **102** 33
~ corriente **117** 78
pieza de ángulo **118** 49
~ de conexión **334** 56
~ de decoración **297** 35
~ de distancia **114** 81
~ de forja **133** 8, 31
~ de fundición **141** 37
~ de halma **265** 28
~ del faldón **117** 80
~ de madera torneada **129** 19
~ de mano angulada **27** 15
~ de mano recta **27** 14
~ dentada para transportar **102** 31
~ de paño **256** 59
~ de pizarra **117** 85
~ de protección **102** 43
~ de quita y pon **297** 47
~ de sobrepuesta **117** 100
~ de tejido **162** 51
~ de tela **256** 59
~ de trabajo **143** 49
~ de unión **114** 60
~ en ángulo **117** 77
~ en bruto **154** 9, 10
~ forjada **132** 21
~ negra **265** 5
~ para laminar **141** 46
piezas cobradas **86** 38
~ de caza **88**
~ de la base **285** 14
~ de relleno **115** 43
~ de unión para tubos roscados **119** 40
pigargo **347** 5
pigmeo **337** 41
pihuelas con la lonja **86** 45
pijama (piyama) de caballero **33** 35
~ (piyama) de niño **31** 14
~ (piyama) de señora **33** 3
pila **64** 27
~ *[montón]* **221** 36
~ *[puente]* **210** 15
~ atómica **1** 31–46
~ bautismal **311** 3, **313** 11
~ Bunsen **331** 67
~ de agua **339** 37
~ de alimentación **174** 36
~ de cuartones **149** 28
~ de fermentación **93** 12
~ de grafito **1** 31–46
~ de hojas de papel para imprimir **174** 2
~ de leña **53** 31, **64** 16
~ de leños **64** 17
~ de llenado automático **64** 30
~ de madera **220** 57
~ de madera escuadrada **149** 28
~ de obra **113** 40
pila de papel **174** 12, 24
~ de papel impreso **175** 9, 25
~ de papel para ser impreso **175** 23, 30
~ de papel y fieltro **168** 48
~ de piedra **64** 28
~ de platos **260** 11
~ de ramas **84** 16
~ de reacción **1** 31–46
~ de recepción de leche **77** 6
~ de ropa blanca **48** 42
~ de tablas **149** 48
~ de tablones **149** 1
~ holandesa **167** 24, 27
~ para el enjuague de la boca **51** 64
~ pivote **210** 58
~ seca **120** 27
pilar **115** 25, **210** 32, **317** 20
~ de arranque **118** 43
~ de carga **216** 2
~ de la barandilla **40** 29
~ en haz **317** 34
~ gótico **317** 34
~ totémico **335** 1
pilastra **317** 46
píldora **23** 9
~ laxante **23** 61
~ purgante **23** 61
pileo **365** 4
pileta de enjuagar **41** 20
~ de fregar **41** 22
~ de la ducha **51** 17
pilón **64** 27
~ *[Arq.]* **315** 9
píloro **22** 42
pilote de acero **212** 4
~ de defensa **212** 9
pilotes *[embarcadero]* **211** 8
piloto **226** 38, **271** 29, **273** 39
~ *[Veh.]* **180** 46, **182** 18, **186** 29
~ *[piano]* **304** 33
~ automático mantenedor de rumbo y altura **228** 7
~ de delimitación **182** 65
pilluelo **53** 11
pimentero **366** 36
pimienta **366** 39
pimiento **59** 42
pimpinela escarlata **70** 28
pimpollo **57** 6
~ de la flor **61** 28
~ lateral **354** 21
pinabete **356** 1
pinacoide triclínico **330** 26
pináculo **317** 29
pinar **16** 1
pinatífido **354** 40
pincel de dorador **121** 23
~ de escribir **324** 24
~ de pelos **321** 7
~ jaspeador **121** 14

pincel para la primera capa **321** 9
~ para los radiadores **121** 16
~ para rótulos **121** 18
~ para vetear **121** 17
~ plano **121** 19, **321** 6
~ redondo **121** 15, **321** 8
ping-pong **276** 39–42
pingüino **343** 4
~ imperial **343** 4
pinjantes **338** 17
pino **356** 20
~ *[Gimn.]* **278** 24
~ blanco **356** 30
~ de Weymouth **356** 30
~ doncel **356** 55
~ enano **356** 21
~ piñonero **356** 55
~ vero **356** 55
pinta **265** 32
pintacilgo **344** 1
pintada **74** 27
pintadillo **344** 1
Pintor **5** 47
pintor **121**, **321** 2
~ de decoraciones **296** 35
pintura con grafio **321** 41
~ de guerra **335** 13
~ de paredes y techos **121** 1–28
~ de vidrio **311** 17
~ encolada **121** 11
~ en la roca **309** 9
~ en polvo **121** 9
~ esgrafiada **321** 41
~ luminosa **89** 50
~ mural **321** 40
~ seca **121** 9
pinza **53** 42
~ *[Zool.]* **342** 41
~ caudal **341** 11
~ de las manecillas **107** 27
~ de madera **112** 8
~ de metal para la prueba negativa **112** 6
~ de secado **112** 6, 8
~ de unión **114** 58
~ doble **116** 50
~ para los pantalones **48** 46
~ sencilla **116** 49
~ suctoria **78** 9
pinzas **26** 35, **107** 30, **116** 59, **169** 18
~ cortahuesos **26** 40
~ de caballete **123** 21
~ del crisol **334** 32
~ de manipulación **29** 53
~ de secuestro **28** 52
~ de sujeción **2** 44
~ de sujeción de la plancha **173** 8
~ de repostería **97** 8
~ para electrodos **135** 5
~ para el revelado **112** 38
pinzas para ligaduras **28** 50
~ sin dientes para arterias **28** 55
pinzón **344** 10, **346** 6–8
~ real **344** 5
piña **356** 2
~ de alerce **356** 36
~ de América **368** 61
~ de flores **356** 22
~ de fruto **356** 29
~ del abeto falso **356** 13
~ del pino **356** 26
piñón **136** 90. **180** 38, **186** 59
~ con dentado helicoidal **186** 59
~ de arranque **184** 33
~ de ataque **174** 21, **207** 9
~ de cambio **157** 40, **159** 19
~ del árbol cigüeñal **159** 51
~ del contraeje **186** 61
~ del eje intermediario **186** 61
~ de ruedas dentadas rectas **207** 9
~ libre **180** 63
piojo de las raíces de las vides **83** 4
~ de la ropa **341** 31
~ de las plantas **342** 13
~ de la vid **81** 26
piojuelo **342** 13
piola de trinca **216** 62
"piolet" **282** 17, 38
pipa **105** 32–39
~ ahumadora **78** 59
~ de barro **105** 34
~ de la paz **335** 6
~ larga **105** 35
~ mágica **337** 42
pipeta **80** 38
~ calibrada **334** 24
~ cuentagotas **26** 44
~ graduada **334** 24
~ ordinaria **334** 25
pipio **90** 29
pipirigallo **70** 10
piquera *[colmena]* **78** 48
~ *[tonel]* **126** 27
piqueta **113** 53
piquetes a babor **219** 74
piqueur **272** 59
piragua **213** 7, **335** 19, **337** 20
piral de las viñas **81** 22
pirámide **315** 1
~ con sus templos **315** 6
~ cuadrangular **315** 1, **329** 46
~ escalonada **315** 22, **335** 20
~ ortorrómbica **330** 23
~ tetragonal **330** 18
pirata **289** 43
pirheliómetro de disco de plata **10** 48
pirómetro **97** 63, **172** 16
~ del recalentador **205** 50
pirueta **72** 4, **284** 12, **288** 27
~ de puntillas **284** 12
pirulí **257** 59
pisador del forraje **66** 34
pisapapeles **238** 30
pisaverde **289** 33
piscicultor **89** 65
piscina **25** 2, **218** 23
~ al aire libre **268** 1–32
~ cubierta **25** 1–5
~ de los nadadores **268** 23
~ de los principiantes **268** 21
~ de natación **268** 21–23
~ para saltos **268** 11
Piscis **6** 43
piso **118** 41
~ de rejilla **191** 11
pisón *[Impr.]* **177** 18, **178** 4
~ de combustión interna **196** 26
~ de explosión **196** 26
~ de explosión tipo rana **196** 26
~ de mano **194** 17
~ para el hormigón **114** 83
pista **275** 34–36, **283** 19, **285** 11
~ de arena **273** 24
~ de asfalto **287** 2
~ de aterrizaje **222** 70, **283** 11
~ de baile **204** 25
~ de carreras **273** 1, 34 **280** 5
~ de ceniza **280** 5
~ de despegue **283** 9
~ de despegue y aterrizaje **230** 2
~ de emergencia **230** 3
~ de entrenamiento **272** 30
~ de esgrima **277** 16
~ de hielo **284** 3
~ de hielo artificial **284** 3
~ de la bolera **287** 2
~ de patinaje sobre hielo **284** 3
~ de saltos **283** 7
~ de tenis **276** 1
~ de tierra dura **276** 1
~ dura **272** 36
~ para bobs **285** 9
~ para bobsleigh **285** 9
~ para carreras **272** 1–35
~ para carreras de obstáculos **272** 23
~ para carreras lisas **272** 10
~ para la carrera de caballos trotones **272** 36
pista para los caballos **290** 21
pistachero **366** 49
pistacho **366** 51
pistero **29** 20
pistilo **61** 13, **69** 34
pistola **248** 7
~ con aire a presión **191** 21
~ de engrase **191** 21
~ para barnizado neumático **191** 19
~ pulverizadora **175** 34
~ rociadora de pintura **121** 12
pistolera **247** 8
pistón **184** 54, **227** 3
~ *[mixto]* **289** 49
~ *[Mús.]* **302** 40, **303** 66
~ a pedal **305** 48
~ elevador **145** 75
"pitcher" **275** 53
pitillera **105** 12
pitillo **105** 14
pito **41** 74, **203** 16
pitón de roca **282** 10
pivote **27** 37
~ copiador **128** 27
~ regulador **10** 17
pixidio **354** 95
piyama de caballero **33** 35
~ de niño **31** 14
~ de señora **33** 3
pizarra **249** 32
~ cepillada **117** 79
~ de anotaciones **264** 18
~ de cumbrera **117** 79
~ del alero **117** 76
~ del copete **117** 80
~ de pared **249** 2
~ para anunciar los retrasos de trenes **200** 51
pizarrero **117** 71
pizarrín **249** 57
pizpita **344** 9
placa *[Fot.]* **171** 56
~ aislante **331** 53
~ calentadora **42** 28
~ con el nombre de la calle **253** 2
~ con el nombre de la casa comercial **181** 18
~ con el nombre de la firma comercial **181** 18
~ con el número y modelo **182** 51
~ conmemorativa **322** 38
~ de advertencia **204** 37
~ de aislamiento **117** 44
~ de asiento **198** 36
~ de base **160** 34
~ de conexión **236** 21
~ de desviación **322** 26
~ de enchapado **127** 34

placa de identificación de las aves **75** 43
~ de la aguja **102** 32
~ de la capacidad **145** 6
~ de la empresa y técnicos constructores **113** 47
~ del nombre **270** 16
~ de matrícula **185** 43, **186** 31
~ de metal **331** 52
~ de ruta y destino **201** 34
~ de sujeción **198** 40
~ de toma de tierra **233** 52
~ exterior **181** 30
~ fotográfica **112** 41
~ giratoria **199** 10
~ incandescente **106** 37
~ para alisar **119** 4
~ para coser **102** 46
~ para enderezar **119** 3
~ prensada de techo **118** 38
~ soporte del freno **186** 50
placas superiores del abdomen **342** 31
~ tergales **342** 31
placa-zócalo del motor **157** 36
plagas de las vides **81** 20–27
~ del campo **81**
~ del jardín **81**
~ forestales **82**
plana *[cuchillo]* **126** 14 y 15
~ arqueada **126** 15
~ de fragua **132** 31
~ de Orleáns **126** 15
~ de papel **168** 19, 26, 30
~ recta **126** 14
~ recta de dos mangos **126** 10
~ rodillera **126** 13
plancha *[Gimn.]* **279** 30
~ *[Esgr.]* **277** 16
~ curvada fundida **172** 21
~ de cinc **172** 25, 33, **173** 9, 25, 26, **323** 52
~ de cobre **323** 53
~ de deslizamiento **267** 15, **285** 19
~ de la cocina **41** 41
~ de las gallinazas **75** 15
~ de los excrementos **75** 15
~ de madera cortada contra el grano **323** 1
~ de muelles **279** 17
~ de offset **173** 1, 24
~ de unión entre vagones **204** 57
plancha eléctrica **166** 33
~ inferior **166** 37
~ ligera **118** 58
~ longitudinal para el grabado en madera **323** 2
~ marginal del tanque **217** 48
~ para impresión **173** 9
~ para tenderse **285** 19
~ perforada **161** 28
~ protectora **161** 22
~ recogedora del colorante escurrido **161** 15
~ refrigeradora **96** 3
~ superior pulida **166** 36
planchada **269** 19
planchado a mano **166** 31
~ del género **162** 38
planchador **166** 25
planchadora **166** 28, 32
planchas de cubierta **217** 53
planeador **271** 28
~ de carga **271** 25
~ de concurso **271** 26
~ de transporte **271** 25
~ remolcado **271** 9
planeadora de oruga **196** 28
planeo **271** 18
planeta **6** 22–31, **7** 13–18
planetario **6** 12–14
planetoide **6** 26
planicie de erosión **13** 31
plano **132** 19, 25
~ *[Geom.]* **329** 31
~ central de proa a popa **222** 52
~ circular **329** 39
~ de arquitectos **144** 57
~ de cola **226** 81, **228** 43
~ de construcción **144** 57
~ de cubierta **222** 48
~ de dirección **226** 80, **228** 41
~ de estibación **222** 53
~ de falla **12** 5
~ de la ciudad **200** 15
~ del alumbrado **297** 3
~ de montea **115** 11
~ de profundidad **228** 43
~ de simetría **330** 5
~ fijo de cola **225** 41, **271** 56, 58
~ fijo de cola con el equilibrador **225** 35
~ fijo de cola con el equilibrador en el morro **225** 37
~ fijo de deriva **225** 3, 14, 22, 24, **271** 57
plano fijo de deriva en forma de aleta **225** 52
~ fijo de deriva sobre el ala **225** 31
~ fijo de deriva triple **225** 48
~ vertedor inclinado **221** 66
planografía **323** 25 y 26
planos de sustentación del avión **228** 45
plansichter **91** 58
~ clasificador **91** 59
planta *[Bot.]* **354** 15
~ *[suela]* **99** 50–54
~ *[trazado]* **144** 63
~ 1.ª **113** 14
~ anemófila **61** 44–51
~ baja **39** 2, **113** 7
~ carnívora **361** 13
~ con flor papilionácea **59** 1
~ de la vainilla **366** 46
~ del pie **21** 62
~ de maceta **79** 25
~ de macetón **79** 46
~ de palacio **315** 29
~ de tabaco **366** 40
~ generadora de energía **152** 19
~ generadora de fuerza **152** 19
~ madre **57** 15
~ trepadora **55** 5, **59** 8
~ tuberosa **69** 38
~ vivaz **55** 9
plantación de árboles frutales **55** 1–31
~ de hortalizas **55** 1–31
~ de lúpulo **16** 114
~ joven **84** 10 y 11, 12
~ nueva **84** 10
plantador **57** 7, **58** 2
plantas acuáticas **362**
~ alpinas **362**
~ de bosques **361**
~ de frutas de hueso **61** 1–36
~ de marjales **361**
~ de pantano **362**
~ de páramos **361**
~ de salón **56**
~ estimulantes **366**
~ forrajeras **70**
~ forrajeras de cultivo **70** 1–28
~ grosularieas **60** 1–15
~ industriales **367**
~ leguminosas **59** 1–11
~ medicinales **364**
~ para ensalada **59** 36–42
~ venenosas **363**
planteamiento **327** 8
plantel **16** 111, **79** 1–51, **84** 10
~ de árboles frutales **79** 3
plantilla **99** 4, 51
~ *[Ferr.]* **198** 37
~ *[patrón]* **170** 55
~ de cartón **323** 37
plantilla de corcho **99** 8
~ de curvas **144** 49
~ de espuma de goma **99** 7
~ de fieltro **99** 6
~ de la ropa **37** 5
~ de paja **99** 5
~ de tiras de madera de tilo **99** 9
~ de tonelero **126** 33
~ estampadora **162** 62
~ ortopédica **99** 29
~ para marcar la ropa **37** 5
plantones **84** 9
plastilina **50** 22
plata *[Blas.]* **246** 25
plataforma *[Constr.]* **114** 32, 52
~ *[Veh.]* **193** 13, **213** 49
~ *[Máq.]* **162** 23
~ aneja a la estación **201** 16
~ baja de carga **208** 41
~ basculante **145** 73, 74
~ base **141** 51
~ colgante **138** 31
~ continental **11** 7
~ corrediza **148** 4
~ de aterrizaje **222** 6
~ de carga *[Veh.]* **189** 25
~ de carga *[alto horno]* **140** 4
~ de celosía **139** 4
~ de defensa **310** 8
~ de despegue **283** 10
~ de la bomba de vacío **331** 14
~ de lanzamiento **275** 43
~ de lanzamiento del cohete **229** 29
~ de los cinco metros **268** 8
~ de los diez metros **268** 7
~ del proyector **222** 38
~ del reflector **222** 38
~ del tragante **140** 4
~ de observación **226** 71
~ de prensa **323** 31
~ de salida de las hojas impresas **174** 10
~ deslizante **148** 4
~ de tablones **113** 28
~ de trabajo **139** 2
~ elevable **145** 74, **220** 66, **221** 70
~ exterior **203** 31
~ giratoria **221** 44
~ giratoria de la torre **223** 63
~ interior **204** 9
~ intermedia **139** 4
~ para el artista **290** 5
~ submarina inferior **11** 10
~ submarina superior **11** 8
~ suspendida **145** 55

plataforma transbordadora de vagones **145** 76
plátano **368** 33
~ occidental **355** 67
~ oriental **355** 67
platea **296** 19
platelminto **341** 24
platero **106**
platillo **333** 36
~ con azúcar **261** 20
~ con campana protectora para piezas **107** 64
~ de la balanza **41** 60
~ de la taza **45** 8
~ del dinero **261** 3
~ giratorio **139** 14, **200** 37
~ grave **303** 51
platillos *[Mús.]* **302** 50
platina **175** 15, **177** 29, **323** 31
platito de compota **46** 29
plato *[bicicleta]* **180** 35
~ *[Cine.]* **293** 32
plató **292** 26–61
plato calentador **30** 18
~ de acoplamiento **293** 14
~ de cartón **201** 51
~ de comida **260** 17
~ de guías **177** 28
~ de impresión **175** 17
~ de laboratorio para comprobación **168** 2
~ de la fragua **106** 17
~ de la gorra **36** 24
~ del queso **46** 35
~ de peltre **262** 28
~ de postre **45** 9, **46** 6
~ giratorio **154** 11 **306** 41
~ hondo **46** 5
~ inferior **128** 57
~ llano **46** 4
~ magnético **143** 12
~ para papillas **30** 18
~ portapliegos a caballete **178** 24
~ presionador **177** 24
~ salvamanteles **46** 3
~ sopero **46** 5
~ superior **128** 58
~ universal con mordazas **129** 9
playa **13** 35–44
~ alzada **11** 54
plaza de juegos infantiles **258**
~ del mercado **16** 52, **252** 43
~ redonda **252** 12
pleca del componedor **169** 14
plectro **301** 19, 53, **303** 20
~ en forma de sortija **303** 27
plegadera **238** 47
plegado del hilo de perlón L **164** 44
plegador **161** 45, **175** 55, **176** 37
~ de distribución **160** 25
~ del tejido **159** 20, **160** 29
~ de urdimbre **158** 29, **159** 48, **160** 24
~ de urdimbre encolada **158** 57
plegadora **123** 24
pletina **167** 28
plexiglás **183** 43
plexo braquial **20** 27
Pléyades **5** 26
plié **288** 6
pliego **177** 37
pliegue **32** 5, **102** 1
~ *[Impr.]* **178** 54
~ corrido **12** 14
~ de las nalgas **18** 41
~ del codo **18** 44
~ inguinal **18** 42
~ oblicuo **12** 13
~ tendido **12** 15
~ vertical **12** 12
pliegues orogénicos **12** 12–20
plinto **114** 50, **316** 31
plínton **279** 43
pliobara **9** 2
plisado **32** 33
plomada **113** 50, 71
~ óptica **110** 34
plomo **89** 46 y 47, **219** 36
~ en espiral **89** 46
pluma *[estilete]* **233** 58, **239** 18
~ de acero **239** 18
~ de avestruz **246** 30
~ de caña **324** 23
~ de émbolo **239** 19
~ de escribir **144** 66
~ de faisán **36** 56
~ de ganso **324** 26
~ del pavo real **74** 31
~ de metal **324** 25
~ de oro **239** 20
~ deslizante **89** 51
~ estilográfica **239** 19
~ para grandes pesos **216** 3
plumas **287** 44
~ de gallo **36** 42
~ de garza **36** 35
~ del muslo **347** 3
plumero **52** 24
~ *[caja]* **249** 66
plumicornio **347** 16
plumilla **249** 59
~ de dibujo **144** 65
~ de estilográfica **239** 20
plúmula **354** 90
Plutón **6** 31
plutonio **1** 48, **3** 40–42
~ para el abastecimiento de energía **3** 41
~ para el armamento **3** 42
~ para navegación y vuelo **3** 40
pluviógrafo **10** 42
pluviómetro **10** 37
~ registrador **10** 42
poa anual **359** 39
pocilga **76** 39–47
pochette **301** 20
poda **84** 12
podadera de mango largo **58** 6
~ de varilla **58** 6
podenco **71** 25
podón **85** 30
pointer **71** 43
polaina **272** 44, **283** 57, **335** 17
~ de cuero **100** 30
polea **85** 4, **145** 9
~ *[aparato de extensión]* **23** 41
~ de accionamiento alternativo de los lizos **159** 36
~ de apoyo **255** 50
~ de apoyo del cable de tracción **209** 32
~ de contacto **188** 14
~ de cristal **163** 16
~ de elevación **210** 67
~ de garganta **125** 9
~ de impulsión **162** 4
~ de la correa **158** 62
~ de la torre **139** 3
~ del cable de tensión **209** 43
~ de paso de movimiento a la bomba de agua **184** 46
~ de tracción eléctrica **145** 18
~ fija **216** 5
~ guía del cable tractor **209** 61
~ motriz del cable tractor **209** 62
~ móvil **331** 4
~ para levantar las trampillas **339** 14
~ principal de accionamiento **156** 50
~ principal de mando **156** 50
~ tensora **156** 46
poleas de extracción **137** 6
poleíta de accionamiento **157** 48
polemonio **62** 14
polen **354** 65
poliadición molecular **164** 23
poliamida **164** 34, 35, 41
policía **247**, **253** 64
~ correccional **247** 18 y 19
~ de ferrocarriles **201** 22
~ de inspección industrial **247** 18 y 19
~ de investigación criminal **247** 21–24
~ de prevención **247** 1–8
~ de puertos y ríos **247** 18 y 19
policía de retén **247** 1–8
~ de tráfico **247** 18 y 19, **253** 64
polichinela **289** 69, **298** 25
poliedro **330** 11
~ de cuarenta y ocho caras **330** 13
~ de cuatro caras **330** 1
~ de ocho caras **330** 6
~ de seis caras **330** 2
~ de veinte caras **330** 11
polígono **328** 40
~ de cinco lados **330** 9
~ de ocho lados **330** 17
~ de seis lados **330** 15
~ regular **328** 41
polilla **341** 14
~ de agua **342** 12
~ del manzano **81** 5
polimerización **164** 33, 54
Polimnia **308** 67
polipasto **139** 7, **216** 4
pólipo **349** 9
~ coralígeno **340** 37
~ hidroide **349** 9
polipodio **361** 16
polisón **338** 69
polispasto **139** 7, **216** 4
polista **287** 27
polje **13** 72
polo **15** 3
~ *[Deportes]* **287** 26
~ celeste **5** 1
~ en bicicleta **287** 26, 29
~ norte **15** 3
~ terrestre **15** 3
Polonia **14** 17
Pólux **5** 28
polvera **48** 29
polvo dentífrico **51** 59
~ de yeso **322** 29
~ vulnerario **23** 60
pólvora sin humo **87** 53
polvos **103** 17
~ de talco para bebés **30** 38
~ para budines **98** 50
~ para el ante **52** 44
~ para la cara **103** 17
~ sulfurosos **103** 18
pollera **49** 3, **75** 18
pollita **261** 23
pollito **75** 33
pollo **74** 21, **98** 6
polluelo **75** 33
pomada para el cabello **104** 9
pomelo* **368** 23
pomo **354** 102
~ *[puño]* **45** 14, **72** 46
~ del florete **277** 54
pomos **60** 31–61
pómulo **18** 8, **19** 37
ponchera **45** 44
poncho **335** 24
ponedero **75** 1, 6
~ trampa **75** 5

ponedor de huevos **351** 1
pontifical **314** 54
pontón **210** 18, **221** 45
~ de salida **268** 27
"poodle" miniatura **71** 14
popa **217** 63–69, **226** 79, **270** 1
~ cuadra **270** 17
~ cuadrada **222** 77
~ de ballenera **270** 13
~ de crucero **270** 14
~ de charnela **224** 31
~ de espejo **270** 12, 17
~ de yate **270** 11
~ de yate cuadra **270** 12
~ noruega **270** 13
~ ornamentada **213** 55–57
~ redonda **213** 25
Pope **314** 25
porche **317** 24
porongo* **337** 27
porqueriza **64** 47, **76** 39–47
"porra" **302** 56
porra de goma **248** 10
porsiacaso* **266** 42
porta **213** 59, **216** 43
~ de achique **216** 44
~ de la sentina **216** 44
portaagujas **26** 37, **102** 29,**306** 35, **331** 65
portaaviones **222** 65–77
portabobinas **158** 9, **161** 54, **178** 17
portabroca **127** 24, **143** 30
portacadena guía **115** 15
portacarbón **295**
portacargas **202** 21
~ delantero **181** 16
portacristales **122** 9
portacubos **76** 11
portacuchillas **178** 2
portada **315** 9
~ *[Impr.]* **178** 45
~ de macho **141** 28
~ y portadilla **178** 43–47
portadiapositiva **112** 57
portadilla **178** 43
portador del baldaquín **312** 46
~ del baldaquino **312** 46
~ del grupo de cola **225** 40
~ de los palos **276** 64
~ del palio **312** 46
portaelectrodo **135** 5, 23
portaequipajes **180** 44, **185** 23
~ delantero **181** 16
portafiltro **110** 4, **294** 3
portafirma **238** 15
portafoto **112** 50
portafresa **170** 60
portaherramientas **143** 2, 57
~ múltiple **143** 3
portahilos **160** 37
portahojas **174** 11
portahusos **157** 50
portal de la iglesia **312** 16
~ del puente **210** 54
~ principal **315** 34
portalámparas de doble enchufe **120** 64
portalápiz **144** 29, **239** 34, **249** 61
portaligas **33** 18
portamadejas **161** 27–30
portamaterias **161** 60
portamatrices **27** 55, **170** 59
portaminas **144** 50
portanegativo **112** 30
portaobjetivo **110** 5
portaobjetos deslizante **110** 6
portaoriginal **171** 22,39
portaplegadores **161** 46
portaplumas **239** 17, **249** 58
portarrodillos **174** 31
portasellos **238** 21
portatacos **264** 19
portatubo **110** 15
porter **93** 40
portería **145** 83
~ *[Deportes]* **274** 2, **275** 1
~ de waterpolo **268** 47
portero **53** 28, **145** 87, **259** 1
~ *[Deportes]* **268** 48, **274** 11, **275** 14
portesia **81** 28
portezuela **179** 11, **185** 4
~ de la ceniza **40** 39
~ para los lechones **76** 46
pórtico **262** 9, **316** 50, 56
~ *[grúa]* **221** 7
~ de la grada **217** 11
~ del puente **210** 25
Portugal **14** 18
posaderas **18** 40
Poseidón **308** 29
posición **288** 10
~ a fondo **277** 19
~ de ayuda **279** 16
~ de cabeza **278** 27
~ de carga **140** 48, 49
~ de descarga **140** 51
~ de equilibrio sobre un pie **278** 22
~ de espera **281** 9
~ defensiva **281** 8
~ de firme **278** 1
~ de guardia **277** 43
~ de los pies **288** 1–5
~ de manos **278** 24
~ de piernas abiertas **278** 2
~ de salida **265** 1
posición de tenaza **265** 25
~ de trabajo **140** 50
~ dorsal **278** 29
~ en cuclillas con las manos en las caderas **278** 23
~ en guardia **277** 43
~ inicial para el saludo **277** 32
~ para el soplado **140** 50
~ para la devolución de derecho **276** 21
~ para la devolución de revés **276** 20
~ passé **288** 15
~ sentada **278** 14
poste **84** 25, **116** 81, **275** 62
~ de aire **190** 27
~ de alta tensión **146** 36
~ de amarre **226** 66
~ de amarre de defensa **217** 32
~ de anuncios **253** 21
~ de arranque **118** 43
~ de carga **188** 11, **216** 2, **218** 35
~ de celosía **146** 36
~ de giro **91** 34
~ de hormigón **193** 24
~ del altavoz **274** 35
~ de la luz **75** 12
~ de la meta **272** 18
~ del andamio **113** 23
~ de la portería **274** 37
~ de la red **276** 15
~ de la tienda **335** 8
~ del farol **253** 17
~ de línea aérea **233** 66
~ de parada del tranvía **193** 2
~ de viraje **280** 25
~ genealógico **335** 1
~ hectométrico **198** 83
~ kilométrico ferroviario **198** 82
~ telegráfico **233** 66
~ totémico **335** 1
postigo de la ventana **286** 11
postillón **179** 40
postino* **179** 26
postquemador **227** 44
~ de la turbina **226** 14
postrefrigerador **148** 14
~ del gas bruto **148** 33
postsincronización **293** 25–29
postura **263** 13
pote para hacer la cola al baño de María **127** 38
potencia **327** 1
potenciación **327** 1
potolina* **338** 69
potro **74** 2
~ *[Gimn.]* **279** 19
"poularde" **98** 7
pozal de transporte **138** 29
pozo **254** 40, **310** 3
~ artesiano **12** 26
~ ciego **137** 17, 33
~ de barro **151** 1
~ de extracción **137** 14
~ del flotador **212** 35
~ de polea **16** 100
~ de relleno **145** 72
~ de salida para el aire viciado **137** 15
~ de ventilación **137** 15, **194** 31
~ principal **137** 14
~ secundario **137** 14
práctica de baile **288** 1–10
~ del remo en balsa fija **269** 20–22
prado **16** 18, **65** 35
~ de juego **261** 31
~ pantanoso **16** 19
preamolador eléctrico **173** 26
precalentador de agua **146** 10
~ de aire **133** 58, **146** 11
~ de alta presión **146** 26
~ de baja presión **146** 25
~ del agua de alimentación **205** 23
~ de superficie **205** 23
precinta de la Hacienda **105** 21
precinto **203** 44
precipitación irregular **8** 19
~ uniforme **8** 18
precipitaciones *[Meteor.]* **8** 9, 10, 18 y 19
~ locales **8** 19
precipitado **93** 1
predicador **311** 22
preestabilización de la película **295** 30
pregonero **291** 8, 64
prehistoria **309**
premio **291** 48
prendas de cabeza **36**
prendedera * **260** 18, **261** 13
prendedor **38** 17
prensa **80** 41, **177** 20, **297** 53
~ aspirante **168** 14
~ continua **162** 38
~ de balas **163** 33
~ de contactos fotográficos **171** 40
~ de chapas de acción rápida **128** 56
~ de chapear **127** 32
~ de forja movida por vapor **133** 48
~ de haces **149** 53
~ de husillo para el queso **77** 39
~ de la lavandería **166** 35
~ de la levadura **93** 19
~ de la paja **68** 71

prensa de la raqueta **276** 30
~ de leva **177** 26
~ del fieltro húmedo **168** 17
~ de los corchos **80** 28
~ de mano **323** 29
~ de pasta **191** 24
~ de plancha de cobre **323** 36
~ de rosca **151** 11
~ de tornillo **127** 37
~ de uvas **80** 16
~ de vacío **154** 7
~ doradora y troqueladora **177** 26
~ filtradora **154** 12
~ hidráulica **192** 54, **331**
~ hidráulica de forja **133** 23
~ hidráulica de uvas **80** 42
~ hidráulica para hacer las matrices **172** 8
~ litográfica **323** 60
~ manual **177** 26
~ neumática para insolar **173** 13
~ offset **174** 1
~ para copias **112** 25
~ para sacar pruebas **174** 38
~ satinadora **177** 20
~ tubular **154** 7
prensado **163** 5, **164** 41
prensador **105** 41, 42
~ de paja **65** 30, **67** 54
~ en caliente **166** 25
prensaestopas **218** 54
prensa-limones **42** 42
prensas **283** 44
prensa-telas **102** 28
preparación **164** 57
~ *[Baile]* **288** 28
~ de la ballena **90** 30–33
~ de la malta **92** 1–21
~ de la pasta de papel **167** 24–27
~ del carbón **148** 10–12
~ del mosto de cerveza **92** 22–36
~ del stock de la pasta lejiada **167** 5 y 6
~ por vía húmeda de la mezcla de materias primas **154** 1
preparado líquido para enjuagarse la boca **51** 60
prepucio **22** 70
prerrefrigerador del gas bruto **148** 28
presa **16** 66, **211** 49, **212** 57–64
~ cilíndrica **212** 65–72
~ cubital **279** 55
~ de brazo **281** 15
~ de caderas **17** 38
~ de compuertas **212** 73–80
presa de contención **212** 73–80
~ de dos brazos **281** 6
~ del molino **91** 42
~ de pecho **17** 37
~ de pie **282** 29
~ de pierna **281** 11
~ de remolque **17** 37
~ de tijeras **281** 17
~ dorsal **279** 53
~ en la barra fija **279** 53–56
~ facial **279** 54
~ mixta **279** 56
presbiterio **311** 1, 36
preseas **38** 1–33
preselector **233** 33
presidencia **251** 1 y 2
presidente **248** 20
~ de la Comisión Directiva **243** 15
~ de la mesa electoral **251** 28
~ del Consejo Asesor **243** 15
~ del mitin **251** 1
presidiario **248** 12
presilla **282** 44
~ del cinturón **37** 15
~ del manto **338** 24
presión **333** 20
~ atmosférica **9** 1, 4
prestación de juramento **248** 31
prestidigitador **298** 19
prestímano **298** 19
pretina de reps **124** 16
primate **353** 12–16
primavera *[planta]* **360** 8
~ *[pájaro]* **344** 4
primer bailarín **288** 32, **298** 5
~ cabo **90** 47
~ hilo de urdimbre **165** 17
~ oficial **224** 38
~ peldaño **118** 18
~ piso **39** 3
~ premio **289** 11
~ punto de Aries **5** 6
~ punto de Libra **5** 7
primera *[Esgr.]* **277** 1 a 2
~ bailarina **288** 31, **298** 4
~ capa de revoque **118** 6
~ docena **263** 25
~ posición **288** 1
primeras materias **152** 1
primero *[cordada]* **282** 26
primulácea **56** 5
princesa alemana **338** 20
~ Carnaval **289** 61
principal *[Teatro]* **296** 18
~ *[Mús.]* **305** 31–33
príncipe Carnaval **289** 58
principio de la primavera **5** 6
~ de párrafo **170** 16
prioral **252** 37
prisionero **136** 22
prisma **145** 31, **331** 31, 36
~ de madera **239** 32
~ ditrigonal **330** 22
~ giratorio **200** 42
~ hexagonal **330** 21, 22
~ monoclínico **330** 24
~ rectangular **329** 34
~ triangular **329** 37
proa **217** 71–73, **271** 46
~ de cuchara **270** 2
~ lanzada **270** 2
~ rompehielos **222** 8
probador **256** 32
~ y limpiador de bujías **192** 56
probeta graduada **10** 40, **112** 35, **334** 26
~ graduada con tapón **334** 27
problema de ajedrez **265** 6
proboscidio **351** 20
procedimiento de control del tráfico aéreo **230** 22–38
~ de grabado de superficie **323** 25 y 26
procesado **248** 29
procesión **312** 42–50
~ religiosa **312** 42–50
~ ritual **312** 42–50
procesionaria **82** 14
proceso de cocción **154** 2
~ de cochura **154** 2
~ de la fabricación de la cerveza **92** 25–36
Proción **5** 15
proclama electoral **251** 14
producción **167** 1–10
~ de gas **148** 1–46
~ de gas de alumbrado **148** 1–46
~ de gas de calefacción **148** 1–46
~ del benzol **148** 43
~ de levadura biológicamente pura **93** 15–18
~ de películas sonoras **293** 1–34
~ de petróleo crudo **139** 48–55
producto **326** 25
~ terminado **91** 65
productor de televisión **237** 30
productos agrícolas **69** 1–45
~ de la limpieza **198** 8
~ del petróleo crudo **139** 36–47
proel **269** 13
profesor **249** 10
~ de esgrima **277** 15
~ de gimnasia **279** 39
profesor de natación **268** 16
~ de Universidad **250** 3
~ de vuelos sin motor **271** 29
profesora de piano **44** 37
profundidad **6** 50
~ del foco **11** 34
~ del pozo **137** 12 al 13
programa **296** 13
progresión aritmética **327** 11
~ geométrica **327** 12
propagación de la onda **11** 35
~ de las plantas **57**
~ por acodo **57** 11
~ por brotes rastreros **57** 14
propietario **64** 21
propileo **316** 7
propulsión atómica **223** 6–10
~ del cohete **227** 47
~ por cadena **180** 35–42, **180** 35–39
~ por turborreactor **225** 70
~ total **189** 11
~ V-1 **227** 12
~ Voith-Schneider **221** 53
proscenio **295** 9, **296** 15, **297** 25, **316** 46
próstata **22** 76
protección **156** 21
~ contra el viento **54** 12
~ de bosques y plantaciones **83** 46
~ del canto **118** 20
~ del cuello **277** 28
~ de los cilindros de estiraje **157** 7
~ de los dedos del pie **275** 15
protector de la correa **161** 11
~ de la suela **283** 55
~ del filo **66** 18
~ de los peldaños **43** 29
~ del polvo **2** 48
prótesis **23** 48–50
~ de brazo **23** 49
~ dental **27** 28
~ de pierna **23** 48
protón **1** 1, 5, **4** 29
protopirámide **330** 19, 20
protoplasma **340** 3
protoprisma **330** 20
protórax **82** 4, **342** 29
protozoarios **340** 1–12
protuberancia *[Meteor.]* **7** 23, **8** 12
~ del pico **343** 17
~ frontal **18** 5
Próximo Oriente **14** 39–45
proyección **144** 59–63
~ cartográfica **15** 8 y 9
~ cilíndrica **15** 9
~ cinematográfica **295** 1–25

proyección cónica **15** 8
~ de imágenes **293** 33
proyectil **87** 55
proyector **6** 14, **112** 55, **295** 53
~ casero **295** 53
~ de agua y espuma **255** 64
~ de diapositivas **112** 55
~ de imágenes **294** 48, **297** 17
~ de la derecha **295** 14
~ de la izquierda **295** 13
~ de pantalla ancha **294** 42
~ de películas **295** 26–53
~ de películas estrechas **237** 22, **295** 52
~ de películas normales **237** 21
~ de películas sonoras **295** 26
~ diapositivo **237** 20
~ graduable **296** 1
~ para diapositivas de anuncio **295** 25
~ por transparencia **112** 55
prueba **323** 43
~ de resistencia **273** 33
~ positiva **112** 9
psicrómetro **10** 56
~ de aspiración **10** 32
~ de Assmann **10** 32
púa **46** 60, **67** 23
~ *[Mús.]* **301** 19, **303** 20
~ *[erizo]* **351** 6
~ con yema **57** 37
~ cortante **138** 42
pubis **19** 20
publicación mensual **47** 9
público **251** 8, **296** 4
puck **284** 39
pucha* **313** 17
pudridero del barro **151** 6
pueblo *[población pequeña]* **16** 105
puente **210**
~ *[buque]* **218** 12–18, **224** 37
~ *[carro]* **68** 14
~ *[Arq.]* **113** 27, 87, **116** 35
~ *[Deportes]* **278** 28, **281** 8
~ *[gafas]* **108** 15
~ colgante **210** 22
~ cubierto **145** 52
~ de arcos **210** 35
~ de barcas **16** 46, **210** 17
~ de báscula **221** 32 y 33
~ de cable **210** 22
~ de cables en diagonal **210** 37
~ de cadenas **210** 22
puente de celosía **210** 47
~ de cuchillos **210** 30
~ de curvatura **108** 41
~ de elevación vertical **210** 65
~ de ferrocarril de una sola vía **210** 47
~ de hielo **282** 25
~ de hierro **16** 56, **210** 47
~ de hierro de vigas longitudinales **210** 35
~ de hormigón **210** 12
~ de iluminación **297** 19
~ de jácenas **210** 30
~ de la carretera **16** 55
~ de las cuerdas graves **304** 13
~ de las cuerdas triples **304** 11
~ del mecanismo de elevación por enrollamiento **212** 73
~ del oleoducto **220** 59
~ del violín **302** 5
~ de madera **210** 45
~ de mampostería **210** 30
~ de mando **218** 12–18 **221** 43, **222** 45
~ de maniobras **216** 17, **218** 33
~ de névé **282** 25
~ de nieve **282** 25
~ dental **27** 29
~ de piedra **16** 50
~ de pontones **210** 17
~ de tirantes **210** 37
~ de trabajo **296** 29
~ de urgencia **210** 17
~ de Varolio **19** 46
~ de vigas **210** 30
~ en arco **210** 12
~ en arco de celosía **210** 41
~ fijo **210** 1–54
~ giratorio **199** 10, **210** 55
~ grúa **145** 1, **199** 47
~ grúa de carga **220** 52
~ grúa del coque **148** 21
~ levadizo **210** 61, **310** 25
~ móvil **210** 55–70
~ plano **210** 30
~ provisional **210** 17
~ transversal de señales **199** 17
~ tubular **210** 47
~ volante **211** 10
puerca **74** 9
puerco **74** 9
~ espín **351** 13
~ marino **352** 23
puerro **59** 21
puerta **53** 20, **310** 22, **319** 11
~ *[Deportes]* **274** 2, **275** 1, 13, 24
~ central de dos batientes **204** 55
puerta de aire **137** 16
~ de busco **217** 28
~ de carga **166** 8
~ de cierre de la cámara **212** 32
~ de corredera **45** 43, **75** 32, **92** 30, **204** 28
~ de corredera de enganches giratorios **207** 35
~ de corredera para las operaciones **339** 13
~ de dos hojas en la galería **39** 21
~ de entrada **43** 30, **118** 24, **319** 24
~ de esclusa **212** 19
~ de establo **64** 49
~ de hierro forjado **257** 31
~ de la alambrada **75** 25
~ de la buhardilla **40** 20
~ de la caja de humos **205** 26
~ de la caja de la cámara **294** 18
~ de la cámara del objetivo **109** 3
~ de la casa **39** 65
~ de la ciudad **252** 39
~ de la iglesia **312** 16
~ delantera **183** 42
~ de la sacristía **311** 18
~ del balcón **48** 22
~ del campamento **266** 52, **312** 19
~ del cementerio **312** 19
~ del coche **179** 11, **185** 4
~ del corral **64** 1
~ del dique **217** 28
~ del fogón **41** 43
~ del granero **64** 36
~ del hogar **67** 58, **205** 63
~ del lavadero **53** 65, **113** 6
~ del parque **257** 31
~ del patio **53** 20, **64** 1
~ del piso **43** 30
~ del sótano **53** 2
~ del taller **115** 5
~ del tinglado **202** 41
~ de madera **39** 34
~ de quita y pon **113** 46
~ de salida de corredera accionada a distancia **193** 14
~ de salida plegable accionada a distancia **193** 14
~ de tiro **41** 44
~ doble **259** 27
~ "en ala de gaviota" **187** 30
~ fortificada **310** 32
~ giratoria de costado **208** 3
~ lateral **64** 2
puerta lateral de un solo batiente **204** 59
~ levadiza **133** 56
~ levadiza de corredera **212** 31, 38
~ para cargar **40** 61
~ trasera **53** 15
puerto **220–221**
~ *[Geogr.]* **12** 47
~ carbonero **220** 46–53
~ de depósito de mercancías a granel **220** 44–53
~ de la esclusa **212** 26
~ de transbordo **220** 28–31
~ franco **220** 25–62
~ industrial **139** 68
~ interior **220** 26
~ maderero **220** 56 y 57
~ pesquero **220** 8–12
~ petrolero **139** 68, **220** 59–62
Puerto Rico, *guarda* 15
puesta **263** 13
~ en dique **217** 38–40
puesto **86** 14–17
~ de frutas **291** 53
~ de los caballos **76** 7
~ del piloto **226** 69
~ de maniobra **199** 16
~ de mar del ancla **217** 72
~ de mercado **252** 46
~ de observación **6** 10
~ de refrescos y bebidas **291** 3
~ de salchichas asadas **291** 32
~ de socorro **200** 54, **267** 46, **291** 61
~ de verduras **79** 40
~ en alto **86** 14
~ para el fogonero **205** 40
~ rodante de refrescos y bocadillos **201** 49
púgil **281** 22
pugilismo **281** 18–46
pulga del hombre **341** 30
pulgar **20** 49, **21** 64
pulgón **81** 39, **342** 13
~ alado **342** 15
~ áptero **342** 14
~ de la flor del manzano **81** 10
~ del manzano **81** 10, 32
pulidor de acero **106** 52
pulmón de acero **24** 8
~ derecho **22** 6
~ eléctrico **17** 27
pulmonaria **361** 7
pulmones **20** 13, **22** 6 y 7
pulmotor **17** 27
pulóver **32** 12
pulpa **60** 24, 35, 58 **61** 6
~ dentaria **21** 32
púlpito **311** 20, 53, **319** 15
pulsador **145** 19, **162** 40, **234** 47

pulsador de contacto **120** 19
~ de control **172** 15
~ de control de las bujías de ignición **207** 17
~ de la bocina **182** 24, **186** 4
~ de la trama **159** 14
~ del dedo pulgar **302** 45
~ para cerraduras automáticas **120** 2
~ para el mecanismo de hombre muerto **206** 35
~ para luz **120** 2
~ para timbre **120** 2
pulsera **107** 8
~ de cadena **38** 18
~ de eslabones **38** 21
~ de metal **107** 8
~ para reloj **107** 8
pulsímetro **29** 19
pulverizador **27** 9, **48** 28, **83** 36
~ automático **175** 33
~ de agentes colorantes **83** 34–37
~ de agua de Colonia **104** 20
~ de arbustos **58** 8
~ de émbolo **83** 34–37
~ de mochila de árboles frutales **83** 34–37
pumpernickel **97** 28
punta **88** 31, **136** 52, **282** 37
~ *[vidriero]* **122** 24
~ *[Blas.]* **246** 22 y 23
~ arrojadiza **309** 2
~ con borla **36** 3
~ con filete **136** 46
~ de aluvión **13** 9
~ de arresto **277** 41
~ de contacto **142** 56
~ de costillas **95** 16
~ de la flecha **287** 42, **309** 4, **335** 29
~ de la mangueta **186** 54
~ de lanza **309** 21
~ de la plumilla del detector **234** 31
~ del corazón **198** 55
~ del dedo **21** 79
~ del eje **131** 13
~ del escudo **310** 58
~ del fuselaje **271** 46
~ del lápiz **239** 33
~ del malecón **13** 38
~ del pico **45** 16
~ del roblón **136** 57
~ del tubo de la bomba **254** 61
~ de París **136** 49
~ de trazar **145** 34
~ esférica **136** 48
~ fija **129** 8
~ metálica de la lanzadera **159** 25
~ redondeada **26** 47
~ seca **323** 16
~ tridente **129** 11
puntal **113** 86, **114** 13, 73
~ *[Gimn.]* **278** 24
~ *[arado]* **68** 8
~ con muescas para la ventilación **79** 18
~ de arriostramiento **114** 14
~ de la bodega **217** 58
~ de la red **276** 14
~ del asiento **285** 4
~ de la tienda **290** 13
~ del extremo **114** 59
~ del tendedero **53** 38
~ del toldo **216** 60
~ en diagonal **113** 25, **114** 51
~ para encofrados **114** 86
puntera **99** 38
~ de hierro **99** 58
puntería **86** 34
puntero **249** 22
~ *[escultor]* **322** 15
punterola **138** 52
puntilla de adorno **37** 3
~ de Bruselas **101** 18
~ de tul **101** 15
~ de Valenciennes **101** 18
puntillo **299** 9
punto **325** 16, **328** 1–23, **329** 8
~ *[Mús.]* **299** 5
~ *[dados]* **265** 32
~ cero **329** 4
~ ciego **21** 50
~ de adorno **101** 3, **102** 8
~ de arista **101** 9
~ de bola **239** 29
~ de cadeneta **101** 2
~ de contacto **328** 49
~ de cordón **101** 8
~ de cruz **101** 5
~ de ejecución del penalty **274** 6
~ de escapulario **101** 9
~ de espiga **101** 7
~ de inflexión **329** 21
~ de intersección de las cuerdas **113** 70
~ de la primavera **5** 6
~ del disparador **87** 11
~ de ligadura **165** 28
~ de mira **87** 71
~ de nudos **101** 13, **125** 29
~ de otoño **5** 7
~ de presión de la arteria **17** 14
~ de soldadura **120** 61
~ de tallo **101** 4
~ de trama **172** 32
~ equinoccial **5** 6 y 7
~ final de la trayectoria de los electrones **4** 34
~ neutro **147** 22
~ trigonométrico **15** 49
~ vernal **5** 6
~ y aparte **170** 15
~ y coma **325** 19
~ zigzag **102** 7
puntos suspensivos **325** 29
punzón **99** 63, **107** 63, **129** 15, **169** 17
~ copiador **170** 57
~ de mano **132** 33
~ de marcar **134** 68, **145** 32
~ listo **170** 36
~ para bordado inglés **101** 12
punzonadora de palanca **134** 30
puñal **336** 44
~ de bronce **309** 22
puño **18** 48
~ *[vestidos]* **33** 38, 53, **314** 28
~ *[mango]* **127** 4, **180** 3, **277** 54–57
~ de adorno **37** 7
~ de cuero **283** 52
~ del paraguas **43** 14
~ de piel **32** 53
~ de pistola **87** 6
~ de puntilla **37** 7
~ giratorio **181** 34, 35
pupila **257** 28
~ *[ojo]* **21** 43
pupitre **242** 11, **249** 27
~ alto para escribir en pie **242** 11
~ de la cabina de mando **207** 11
~ de mezclas **293** 23
~ de pared **259** 16
~ para escribir **231** 30
pupo* **18** 34
purgador de nudos **168** 9
purificación de azufre **148** 40
~ del gas **148** 28–46
purificador del gas **135** 33
puro **105** 1
"put" **276** 66
"putter" **276** 66

Q

quebrada **12** 44
quebrado común **326** 15 y 16
~ impropio **326** 16
~ propio **326** 15
quebrantadora de yeso **152** 16
~ giratoria **150** 19
quebrantahuesos **347** 5
queche **215** 9, **270** 41–44
~ con aparejo "wishbone" **270** 44
~ con vela de estay **270** 44
quechemarín **215** 10
queimatobia **81** 16
quemador de fuel-oil **40** 58–60
~ de gas **133** 3, 53
~ revestido **40** 60
quenopodio **63** 25
queso **98** 5
quevedos **108** 28
quiebra **13** 50, **282** 4
quijada **133** 50
~ inferior **73** 11
quijera **72** 8
quijote **310** 52
Quilla **5** 46
quilla **269** 32, **270** 3, **271** 31
~ de balance **217** 44
~ de lastre **270** 3
~ en grada **217** 22
~ exterior **269** 32
~ fija de plomo **270** 5
~ interior **269** 50
~ plana **217** 46
~ vertical **217** 50
quimera **307** 16
quimeras **246** 1, 11, 30–36
química **333–334**
quimono **48** 56, **336** 40
quimosfera **4** 15
quimpo* **355** 27
quino **364** 17
quinqué de petróleo **99** 26
quinta **39** 1–53, **64** 1–60
~ justa **300** 23
~ posición **288** 5
"quinta rueda" **189** 32
quintillo **300** 38
quiosco **54** 2
~ de libros de la estación **200** 26
~ de refrescos **257** 58
~ de refrescos y comidas para el viaje **201** 48
~ de la música **262** 19
quipo **335** 22
quirguíz **336** 22
quirófano **28** 1–45
quiróptero **351** 9
quitaesmaltes **103** 13
quitamanchas **53** 56
quitameriendas **363** 3
quitanieves **195** 1–40
~ de mano accionado por motor **195** 30
~ en cuña **195** 20
~ lateral **195** 15
~ de un solo frente **195** 30
quitapiedras **205** 34
quitasol **262** 14, **266** 6
quitilipi* **347** 17
quitón **338** 5

R

rabaniza **63** 21
rábano largo **59** 16
~ redondo **59** 15
~ rusticano **59** 20
rabillo **60** 13
~ de la manzana **60** 61
~ de la pera **60** 34
rabirrojo **344** 3
rabito **88** 62
rabo **88** 49, 58
~ de zorra **63** 30

racimillo **359** 21
racimo **80** 6, **354** 68
~ de bananas **220** 65
~ de flores **60** 15, **358** 33
~ de grosellas **60** 11
~ de las ventosas de goma **76** 23
racor **191** 18
~ del agua **185** 11
radarscopio **230** 48
radiación **3** 1
~ alfa **1** 10
~ beta **1** 11
~ de las ondas **230** 42
~ de rayos parecidos a los rayos X **1** 17, 29
~ gamma **1** 12, 17
radiado **340** 7
radiador **40** 76, **185** 9
~ de gas **119** 67
radial anterior **20** 40
radicación **327** 2
radical **327** 2
radicando **327** 2
radícula **69** 17, **354** 88
radio *[Geom.]* **328** 47
~ *[bicicleta]* **180** 27
~ *[Anat.]* **19** 13
~ *[aparato]* **234–235**
~ compás **228** 10
~ de curvatura **328** 22
~ del coche **186** 17
~ medular **354** 11
~ portátil **255** 41, **266** 10
radiodifusión **234–235**
radiofaro **230** 12
radiogramola **44** 28 y 29, **306** 45
radioisótopo **1** 36
radiolario **340** 8
radiólogo **29** 45
radionavegación **230**
radioscopia **29** 39–47
radiosonda **10** 59
radiotelegrafista de a bordo **226** 40
radioterapia **29** 30–38
radiumterapia **29** 48–55
raedera **127** 61, **130** 38, **162** 61
rafia **130** 29
raíces aéreas **354** 80
~ asideras **354** 80
~ trepadoras **354** 80
rail **92** 4
~ de corredera **202** 42
~ de defensa **158** 31
~ de la cinta de sierra **85** 47
railes de deslizamiento **256** 54
~ de rodamiento **93** 30
~-guía circulares de la corredera **6** 11
rail-guía **2** 37, **92** 10
raíz **21** 36, **69** 17, 45, **354** 16–18
~ adventicia **354** 78
~ cuadrada **327** 3
~ cúbica **327** 2
~ lateral **354** 17
raíz principal **60** 18, **354** 16
~ secundaria **354** 17
~ tuberosa **354** 79
rajador **126** 11, **130** 35
ralo acuático **343** 20
rallador **41** 79, 85
rallo **41** 85
~ *[regadera]* **79** 28
rama **354** 5, **355** 10, 25, **356** 36
~ *[Impr.]* **175** 39
~ con frutos **61** 30, 48, **355** 11, 18 **356** 63
~ con hojas **355** 27, **367** 61
~ de abedul **25** 13
~ de coral **340** 36
~ de grosellero **60** 14
~ del albaricoquero **61** 33
~ de la uva espina **60** 2
~ del avellano **61** 44
~ del cerezo **61** 1
~ del manzano **60** 52
~ del nogal **61** 37
~ del peral **60** 32
~ descendente de la aorta **20** 16
~ florida **61** 26, **355** 16, 32, **366** 3, 8
~ frutada **355** 47, 50, **356** 40, 59, 66, 70
~ horquillada **57** 13
ramal **119** 25
ramas de la espiral **6** 45
"rambata" **213** 49
ramillete **97** 10
ramito de flores **356** 6
~ de mirto **313** 21
ramo **354** 6, **368** 8
~ de flores **259** 37, **313** 17
~ florido **355** 2, 10
~ frutado **355** 3
rampa **114** 41, **118** 30
~ de acceso **16** 16, **202** 1
~ de caída **67** 41
~ de carga **202** 10, 24, 28
~ del dique **211** 47
~ del ganado **202** 1
~ del tinglado **202** 10, 24
~ de protección **339** 19
~ de recepción **77** 1
~ de vehículos **202** 1
~ lateral **202** 24
~ móvil **220** 49
~ para izar las ballenas **90** 33
rana de zarzal **350** 24
ránidos **350** 23–26
ranúnculo **359** 8
ranura **136** 47, **159** 32, **160** 15
~ de la urna **251** 30
~ del tornillo **136** 36
~ de trabajo **133** 4
ranura en forma de efe **302** 6
~ guía **283** 38
~ guía en zigzag **158** 11
~ para chaveta **136** 64, 83
~ para introducir el disco **306** 31
~ que guía la espiga **301** 41
rapé **105** 24
rappen **244** 15
raqueta **276** 27, 36
~ *[ruleta]* **263** 5
~ *[reloj]* **107** 24–26
~ de nieve **286** 13
~ de tenis **276** 27
rascacielos **39** 82, **252** 13
rascador **115** 79, **134** 67, **176** 18, 34, **241** 3
~ de cuchara **192** 16
~ de la pipa **105** 41
rascamoño **62** 22
rascón **343** 20
raspado **28** 58
raspador **40** 33, **105** 28, **144** 56, **323** 63
~ de árboles **58** 16
~ de corteza **58** 16, **83** 29
~ del carbón **138** 40
ráspano **361** 23
rasponera **361** 23
rasqueta **176** 18, 34
~ * **72** 54
rasqueta del limpiaparabrisas **186** 10
rastrillado y peinado del cáñamo **125** 1–7
rastrillador **125** 2
rastrillo **66** 31
~ *[castillo]* **310** 24
~ *[cricket]* **275** 55
~ de hierro **58** 3
~ del heno **67** 21
~ de madera **58** 4
~ fino **125** 5, 7
~ grueso **125** 4, 7
~ para el heno **66** 31
rastro **86** 8
~ artificial **272** 64
~ para el heno **66** 31
~ para las patatas **66** 24
rastrojera **65** 20
rata de agua **351** 17
~ del trigo **351** 16
râteau **263** 5
ratero **291** 16
ratilla **346** 12
ratón **52** 74
ratonera **83** 9
raya *[Gram.]* **325** 23
~ *[arma]* **87** 36
~ al lado **35** 13
~ de compás **299** 44
~ del pantalón **34** 12
~ de quebrado **326** 15
~ en medio **35** 19
rayador **119** 10
rayas indicadoras **194** 4
rayo *[Geom.]* **328** 20
~ *[rueda]* **131** 28, **136** 86
~ de luz **6** 17
rayón **163** 1–34
~ viscosa **163** 1–34
rayos **308** 2
~ cósmicos **4** 27–34
~ del Sol **7** 9
~ infrarrojos **4** 25
~ Roentgen **1** 17, 29
~ ultravioletas **4** 24, **24** 17
~ X **1** 12, 17, 29
razas de perros **71**
re bemol mayor **300** 13
~ mayor **300** 3
~ menor **300** 9
~ sostenido menor **300** 7
~ 3-tercera **302** 9
reabastecimiento de combustible en el aire **226** 25
~ en vuelo **226** 25
reacción en cadena **1** 18–21, 22–30
reactor **3** 12
~ atómico **1** 31–46, **3** 1–23
~ de agua a presión **3** 24, **223** 9
~ de agua hirviente **3** 1–11
~ de avión **225** 71
~ de sodiografito **3** 17–19
~ experimental modelo **3** 20–23
~ homogéneo **3** 12–16
~ nuclear **1** 31–46
real *[campo de feria]* **291** 1
~ *[moneda]* **244** 22
~ de la feria **252** 5
reanimación **17** 24–27
rebanada de pan **46** 22
rebarbador **141** 38
rebobinado **164** 50
~ de la película **295** 23
rebobinador **168** 28
reborde **102** 6
~ de la campana **148** 60
rebosadero **40** 69, **51** 66, **212** 60
rebozuelo **365** 14
recalentador del vapor **146** 9
recámara **87** 15
recambio **239** 28
recepción **259** 1–26
~ de carga **202** 32
~ de televisión **237** 40 y 41
~ radiofónica **234** 21–50
recepcionista **259** 7
receptáculo **354** 53
~ de la substancia **334** 61
~ de peces **89** 62
~ de rebosamiento **334** 60
receptor *[Teleg.]* **230** 28, 29, **234** 35, **237** 27

receptor *[Deportes]* **275** 47
~ de galena **234** 21–34
~ de imágenes **237** 26
~ de las chapas **239** 38
~ del avión **230** 25
~ del eco **219** 42
~ de microondas **332** 21
~ de radar **219** 11, **230** 46
~ de radio **234** 35, **235** 1–23, **306** 46
~ de sangre **29** 28
~ de televisión **237** 41
~ de televisión de control **237** 31
~ Morse **233** 54–63
~ telefónico **233** 15
receta **23** 6
recibidor **43** 1–34
recibo **238** 51
~ de la oficina de Correos **232** 9
recién nacido **29** 6, **30** 26
recinto de verano **339** 25
recipiente **166** 7
~ colector de lluvia **10** 39
~ de cinc para el agua **43** 9
~ de fusión **164** 30
~ del ácido **334** 62
~ del baño de tintura de muestra **161** 21
~ del lejiado y enjuagado **166** 4
~ del lejiado y enjuagadura **166** 4
~ del radium **29** 52
~ de mezcla **164** 53, **339** 33
~ de paso **334** 60
~ de tolva de la cal **140** 55
~ para la preparación del baño de blanqueo **161** 51
~ superior de la batidora **42** 35
recíproca **326** 16
reclamo de la codorniz **87** 45
~ de la liebre **87** 44
~ de la perdiz **87** 47
~ del ciervo **87** 46
~ del corso **87** 43
~ para atraer la caza **87** 43–47
reclinatorio **314** 9
recodo en el curso del río **211** 42
~ fluvial **13** 11
recogedero de bolas **287** 15
recogedor **52** 17
~ de basuras **195** 11
~ de colada **140** 33
~ de pelotas **276** 24
~ de polvo **106** 44
recogegotas **45** 33
recogemigas **45** 58 y 59
recogida de cartas **231** 31
~ del balón **274** 62
~ de madera **84** 15–34
~ y distribución del correo **231** 31–46
recolección **65** 19–24
~ del heno **65** 35–43
recorte **149** 53, **167** 11
rectángulo **328** 34
rectificador **295** 18
~ de selenio **236** 14
~ de vapor de mercurio **295** 18
~ de vapor de selenio **295** 18
rectificadora cilíndrica **143** 7
~ de superficie **143** 10
~ para metales **143** 7
~ planetaria **192** 53
recto **22** 22, 61
~ del abdomen **20** 44
rectoría **312** 20
recubrimiento de plástico **157** 11
recuperación de buques naufragados **224**
~ del azufre **139** 61
~ de un barco hundido **224** 9–12
Red **5** 48
red **90** 8, **276** 13
~ arrojadiza **89** 6
~ de carga **221** 14
~ de consumo **148** 53 y 54
~ de distribución **254** 22
~ de distribución de la ciudad **148** 53 y 54
~ de fondo **89** 17
~ de la pelota **258** 43
~ de la portería **274** 38
~ del globo **226** 53
~ del tenis de mesa **276** 41
~ de paralelos y meridianos **15** 1–7
~ de salvamento **224** 40
~ de seguridad **290** 14
~ flotante **90** 25
~ flotante para la pesca de arenques **90** 2–10
~ para retener el enjambre **78** 54
~ para el salto **224** 40
~ para caídas **290** 14
redecilla de los cabellos **103** 24
~ para el equipaje **203** 42, **204** 33
redestilación de la gasolina **139** 59
redil de ganado menor **202** 7
rédito **327** 7
redoma con sifón **333** 8
redonda *[Mús.]* **299** 15
~ *[Mar.]* **215** 13
redondo **114** 80
~ mayor **20** 55
~ menor **20** 54
reducción del fenol **164** 16
reembolso **232** 8
referencia **239** 7
refinación del petróleo **139** 21–35
refinería del aceite lubricante **139** 60
~ de petróleo **139** 56–67
refino **167** 9
~ cónico de pasta **167** 10
reflectante **180** 45
reflector **3** 13, **111** 52, **222** 39
~ con filtro de color **292** 38
~ de berilio **1** 50
~ de lente de espejo **297** 48
~ del estudio **237** 9
~ de mano **255** 42
~ de proscenio **297** 21
~ de señales **224** 41
reflexión de las ondas **230** 43
reformador catalítico **139** 64
refractómetro de inmersión **110** 24
refractor **109** 16
refrescos para el viaje **201** 48
refrigeración de la poliamida **164** 34, 35
~ del motor **183** 17
refrigerador **42** 1, **139** 27, **164** 5
~ de agua para el aceite **146** 46
~ de compresor **42** 1
~ de "klinker" **152** 9
~ del mosto **93** 6
~ de los rodillos **133** 17
~ de serpentín **333** 6
refuerzo **34** 32, **269** 46
~ del parachoques **186** 37
~ del tacón en forma de herradura **99** 57
~ temporal contra las inundaciones **211** 33
refuerzos **72** 41
~ longitudinales **217** 41–53
refugio **282** 1
~ contra el tráfico **253** 30
~ de espera **193** 7
~ de montaña **283** 6
refinería **148** 28–46
regadera **54** 17, **195** 39
~ a presión **195** 33
~ con asa **79** 26
~ mecánica del césped **58** 41
regala **269** 30
regata **269** 1–18, **270** 51–60
regata a vela **270** 51–60
~ de remos **269** 1–18
regate **274** 63
regatón **282** 36
región del sacro **18** 25
~ epicentral **11** 38
~ lumbar **18** 24, **73** 30
~ tenar **21** 58, 75
~ vinícola **80** 1–20
registrador de velocidad **205** 56
registro *[Mús.]* **304** 44, **305** 6, 16
~ *[abertura]* **40** 45, **93** 21, **254** 26
~ de cierre **199** 66
~ de fondo del cenicero **205** 7
~ del resultado **240** 48
~ del sonido **293** 2, 8
~ de octava aguda **303** 41
~ de timbres orquestales para el acompañamiento **303** 44
~ estereofónico de sonidos **294** 38
~ fijo **178** 70
~ suelto **178** 71
regla *[dibujo]* **144** 8
~ de cabecera **325** 41
~ de cálculo **144** 7
~ de dibujo **144** 8, 21
~ de nivelación **15** 47
~ de tres **327** 8–10
~ en forma de T **144** 20
~ graduada **249** 67
~ graduada triangular **144** 51
~ guía **177** 59
~ métrica **221** 28
~ para reducción de escalas **144** 51
~ portahusos **157** 50
reglaje por vacío del encendido **184** 16
reglamento del parque **257** 29
~ electoral **251** 25
reglas de la caja de entrada **168** 8
regleteado **170** 5
regoldo **355** 58
reguera del bebedero **140** 21
régula **316** 17
regulación de la alimentación **156** 31
~ de la alimentación de combustible **228** 32
~ del aire fresco **137** 15
~ del río **211** 31
regulador **42** 21, **157** 38, **240** 47
~ automático de la exposición **173** 22
~ central **108** 39
~ centrífugo **184** 41
~ de aire **174** 37
~ de baja tensión **206** 9

regulador de cambio de velocidad **207** 12
~ de contraste **236** 12
~ de la anchura del surco **68** 28
~ de la anchura del corte **149** 22
~ de la calefacción **203** 41, **204** 40
~ del aire **334** 3, 8
~ de la marcha **107** 24–26
~ de la presión para la ciudad **148** 48
~ de la refrigeración y la aireación **166** 23
~ de la temperatura **40** 78
~ de la temperatura de la manta **48** 52
~ de la tensión **147** 31
~ de la velocidad **106** 46
~ del cilindro impresor **176** 22
~ del entintado **241** 7
~ de leva de la velocidad **193** 35
~ del gas **334** 6
~ del tono **241** 29
~ del vapor **205** 13
~ del volumen **241** 30
~ de margen **241** 6
~ de pie **27** 12
~ de presión **323** 38
~ de temperatura **23** 53
~ de velocidad **207** 12 **241** 12
~ de volante **219** 33
~ para la calefacción del aire **158** 51
~ para la dirección automática por cadena **68** 12
Régulo **5** 17
régulo **346** 10
rehilete **287** 64
reina *[ajedrez]* **265** 9
~ *[Zool.]* **78** 4, 38, **342** 21
~ de la belleza **289** 64
~ del carnaval **289** 61
reinal **89** 30, **90** 29
reja **339** 2
~ *[arado]* **67** 12, 20, **68** 7, **196** 29
~ anterior **68** 11
~ cortadora **67** 28
~ del aporcador **66** 5
~ de aporcar **67** 17
~ de arado **309** 33
~ de pata de ganso **68** 34
~ escarificadora **196** 21
~ taladradora **67** 26
rejilla **42** 11, **156** 26, **254** 11
~ bajo el gran tambor **156** 55
~ bajo el tomador **156** 54
rejilla bajo la bota **156** 55
~ de aspiràción **254** 6, 14, 43
~ de curado **92** 15
~ de listones **53** 72, **262** 48
~ del radiador **185** 12
~ del sumidero **194** 24
~ de protección **162** 45, **166** 27, **175** 24
~ de secado **92** 14
~ laberinto **205** 29
~ parachispas **205** 24
~ para la nieve **40** 8
~ protectora **128** 28
~ que impide el paso de la reina **78** 47
~ removible **191** 28
rejo **69** 17
rejoneo **287** 57
relámpago de vacío **111** 53
~ electrónico **111** 54
relampagueo **9** 39
relator **248** 24
relieve de la cubierta antideslizante **189** 13
relinga de fondo **90** 18
~ superior **90** 17
reloj **107**
~ con la hora oficial **234** 11
~ controlador **264** 17
~ de a bordo **228** 8
~ de ajedrez **265** 16
~ de arena **107** 48
~ de arena para cocer huevos **42** 46
~ de bolsillo **107** 9
~ de cocina **42** 19, **107** 50
~ de control **145** 85, **176** 5
~ de cuclillo **107** 54
~ de cuco **107** 54
~ de 400 días de cuerda **107** 45
~ de exposiciones **171** 43
~ de hora oficial **200** 30
~ de la estación **200** 30
~ del andén **201** 53
~ de la Selva Negra **107** 54
~ de la torre **312** 7
~ del coche **186** 15
~ de pared **107** 52
~ de pesas **107** 32
~ de plato **107** 49
~ de precisión **107** 37
~ de pulsera **107** 1
~ de repetición **107** 47
~ de señales **112** 19
~ de sobremesa **107** 47
~ de sol **58** 39
~ despertador **107** 41
~ eléctrico **107** 37
~ interruptor **294** 29, 30
reloj registrador **145** 85
~ regulador **200** 30, **234** 11
relojero **107**
relleno **124** 23
~ *[mina]* **138** 55
~ con mortero **117** 55
~ con zafra y piedra **137** 40
~ de cascotes **118** 12
~ del bocadillo **46** 38
~ del suelo intermedio **118** 69
~ de piedras **211** 51
~ entre vigas **115** 44
remachado **136** 54
remachadora de embutir **107** 62
remache **136** 55–58
remate **276** 56
~ del alero **117** 49
~ de obra **117** 39
~ piramidal **317** 29
remero **213** 3, **257** 52, **269** 12
remetido de los hilos en los licetes **165** 20
~ de los hilos en los lizos del tejido **165** 21
~ del peine **165** 6
~ en los lizos **165** 5
remite **239** 15
remitente **232** 36
remo **213** 5, **269** 14, 26, 35–38, **336** 14
~ timón **213** 6
remolacha **69** 44, 45
~ azucarera **69** 44
~ forrajera **70** 21
remolcador **217** 39, **220** 21
~ de alta mar **221** 47–50
~ de puerto **221** 51–55
~ fluvial **211** 23
remolque **188** 15, **189** 50, **202** 39
~ capitoné **189** 42
~ con plataforma de góndola **208** 46
~ de carretera de seis ejes **208** 40
~ de ferrobús **207** 26
~ del escúter **183** 36
~ del tractor eléctrico **202** 3
~ del tranvía **193** 6
~ de un eje **189** 35
~ de un eje para equipajes **207** 27
~ para bicicleta **181** 20
~ para madera larga **85** 2
~ para camping **183** 36
remonte de la cometa **258** 49
removedor de la ropa **53** 73
rendija de la puerta **52** 67
~ purgadora **158** 20
reno **336** 16
renta de réditos fijos **243** 11–19
renuevo **57** 24, **356** 23
reóstato **171** 46
~ de conmutación **206** 21
~ de cursor **331** 83
~ de puesta en marcha **129** 3
~ inversor **206** 21
~ probador **192** 59
reportero **281** 45
repostería **261** 1–26
repostero **97** 33
represa **212** 39, 65–72
representación **335** 2
representante **281** 41
~ de los artistas **290** 18
reproducción de películas sonoras **237** 21
~ fotográfica **171**
~ fotomecánica **171**
~ mediante bulbos prolíficos **57** 27
reptiles **350**
República Dominicana, *guarda* 16
república popular **14** 48
res de matanza **94** 2
resbaladeras de las agujas **198** 53
resbaladero **84** 32, **286** 17
~ de troncos **85** 7
~ en espiral **137** 33
reserva **274** 45
resguardo **238** 51
~ del equipaje **200** 8
resistencia **147** 56, **331** 84
~ de frecuencia intermedia de salida de video **236** 8
~ eléctrica **173** 3
~ regulable **331** 83
resonancia **234** 12
resorte **10** 10, **185** 26, **187** 24
~ antagonista **186** 53, **233** 57
~ de cinta **134** 42
~ de la válvula **184** 61
~ del cebador **183** 64
~ del excitador **183** 64
~ del volante **107** 25
respaldo abatible **185** 56
~ almohadillado **47** 58
~ de rejilla **43** 23, **44** 10
respiración artificial **17** 24–27
respiradero **92** 20, **141** 23, **147** 10
~ para la salida del vapor **161** 4
respirador **17** 27
respuesta imitativa **300** 47
resta **326** 24
restador **276** 19

restañador **51** 80, **104** 22
restaurante **260–261**
~ automático para servirse uno mismo **260** 45–54
~ de la estación **200** 13
~ del hotel **259** 20
resto **326** 24
resultado **326** 23
resumidero* **194** 22
retablo del altar **311** 15
~ del altar mayor **311** 42
retacitos* **289** 62
retal **102** 81
retama de escobas **358** 20
retardador **294** 28
retención de la malla **160** 66
~ de leva **67** 61
retícula para formar el tramado **171** 35
retículo visual **87** 31 y 32
Reticulum **5** 48
retina **21** 49
retinoscopio **109** 12
retiración **175** 49
retocador **154** 19
retorcedora **157** 57
retoño **354** 19–25
~ enraizado **57** 17
retorta **333** 13
retrato marcado al agua **244** 32
retrete **51** 35, **266** 39
~ de la obra **113** 49
reunión al aire libre **257** 48
revelado **293** 15–18
~ de negativos de imágenes **293** 15
~ de negativos de sonidos **293** 15
~ de positivos de imágenes **293** 15
~ de positivos de sonidos **293** 15
reverbero* **266** 19
reverso **244** 10
revés **277** 5 a 6
~ de espalda **95** 32
revestimiento **27** 35, **271** 55, **334** 10
~ "acústico" de la pared **292** 15
~ de espejos **259** 66
~ de la base **67** 56
~ del alero **117** 42
~ del horno **153** 17
~ del portal **315** 35
~ del techo **234** 17
~ del tubo de rayos X **29** 31
~ de madera **10** 51
~ de tela **147** 46
~ de yute **147** 49
~ exterior **117** 38
~ fundente **135** 21
~ refrigerador de la cámara para el vuelo de crucero **227** 61
revestimiento refrigerador de la cámara principal de combustión **227** 63
revestimientos de la pared **234** 16
revisión de aduanas **220** 42 y 43
revisor **201** 54
~ de billetes **200** 25, **296** 10
revista **47** 9, **250** 15
~ de figurines **102** 71
~ de modas **102** 71, **256** 36
~ ilustrada **47** 10
revistero **47** 7
revocador **121** 2
revolcadero **75** 21
révoltade **288** 25
revolvedor de la malta **92** 16
revolvedora de la malta verde **92** 9
revólver de objetivos **110** 5
revoque **121** 1–3
rey **265** 8, **287** 12
~ de los juegos **265** 1–16
~ de zarza **346** 12
reyezuelo **346** 10
ribete *[vestido]* **32** 7, **102** 5
~ *[listón]* **43** 26
~ de adorno **37** 3
~ del borde **130** 17
~ de paja **36** 37
ricino **364** 14
riel de deslizamiento **269** 45
riendas **72** 25, 33, **179** 31
rifa **291** 44
rifle **86** 30
~ con depósito **87** 2
~ de caza de repetición automático **87** 2
~ de dos cañones superpuestos **87** 33
~ de repetición **87** 2
Rigel **5** 13
rikisha **336** 34
rimel **103** 9
rincón junto a la chimenea **259** 22
ring de boxeo **281** 32
rinoceronte africano bicorne **351** 25
riña de gallos **258** 40
riñón derecho **22** 28
~ izquierdo **22** 30 y 31
riñones **73** 30
río **13** 61, **16** 76, **211**
~ del cañón **13** 51
~ Eridanus **5** 12
~ subterráneo **13** 83
riostra **113** 25, **114** 51, **210** 50
~ de alambre **114** 66
~ del puente **210** 43
~ en forma de cruz **113** 88
ristre **310** 45, 80
ristrel **39** 9, **116** 31
rizo **35** 3
rizoma **60** 18
rizópodo **340** 1
roadster **187** 11
robinia **355** 70
roble **355** 1
roblón **136** 55–58
roblonadura **136** 54
roca **307** 38
~ depósito **12** 29
~ de profundidad **11** 29
~ estratificada **13** 48
~ natural **339** 17
rocaille **318** 13
rocalla **13** 29
~ *[jardín]* **39** 40
rocas calcáreas **13** 71–83
~ sedimentarias **12** 1
rociadera **79** 19
~ de jardín **58** 40
~ del césped **39** 43, **58** 41
rociador de insecticida **58** 8
~ de membrana de jardinería **83** 31
~ para la desinfección **94** 17
rocío del sol **361** 14
roda **213** 4, **217** 71
~ recta **270** 9
~ vertical **270** 9
rodada de transporte **222** 50
rodaje en exteriores **292** 18
rodamiento con mazas **278** 31
~ de bolas **136** 67
rodapié **121** 34
rodela **310** 57
rodeleja **310** 82
rodete **35** 29
rodilla **18** 50, **73** 33
~ delantera **73** 22
rodillera **272** 46, **275** 15, **285** 17
~ *[moto]* **182** 53
~ *[armonio]* **304** 45
rodillo *[cocina]* **42** 54
~ *[Agr.]* **67** 9
~ *[Máq. de escribir]* **240** 10
~ *[moto]* **273** 13
~ adelgazador **24** 5
~ cabeza de máquina **168** 10
~ cónico de golpeo **159** 67
~ de apoyo del cable tractor **209** 49
~ de arrastre **233** 59
~ de avance **131** 37
~ de cambio **295** 29
~ de control del crescendo automático **305** 37
~ de cuero **323** 23
~ de distribución de la cola **128** 55
~ de excéntrica **159** 67
rodillo de gelatina **323** 12
~ de impulsión **180** 73
~ de introducción **128** 43
~ del tren de poleas **209** 70
~ de pastelero **97** 67
~ de presión **141** 64
~ de salida **128** 44
~ de servicio **141** 62
~ desgotador **168** 9
~ de succión **24** 5
~ de tabla de fabricación **168** 11
~ de tinta **174** 40
~ de transmisión **180** 9
~ encalador **121** 6
~ engomador **178** 33
~ entintador **175** 18, 27, **239** 47
~ guía **141** 65, **149** 13, **162** 12
~ guía de la materia **162** 5
~ guía de la tela **168** 12
~ guía del papel **168** 20
~ guía-fieltros **168** 15
~ mojador **174** 7, 16
~ motriz **125** 13
~ para el patrón **121** 26
~ para empastar **177** 47
~ para las junturas **121** 40
~ para la tinta **174** 5
~ pisapapel **240** 8
~ recubierto de goma **176** 25
rodillos guía para la viga niveladora **197** 4
rododendro herrumbroso **362** 1
rodón* **127** 52
rodrigón **55** 31, **80** 7, **83** 27
roedores **351** 12–19
rojo **246** 27, **263** 24, **320** 1
rollizo **114** 13, **115** 2, 35
rollo de algodón **27** 25
~ de arcilla **322** 8
~ de cinta **233** 63
~ de crema **97** 12
~ de gasa **28** 11
~ de la escritura **308** 56, 60
~ de la manguera **255** 54
~ de la película **295** 33
~ de papel **240** 56
~ de papel con la pasta pegajosa **83** 24
~ de papel engomado **238** 78
~ de papel higiénico **51** 31
~ de salchicha **96** 7
~ de sellos **231** 18
~ de tabaco **105** 22

rollo de venda **17** 9
~ de venda esterilizada **28** 10
ron **98** 57
ronda* **258** 29
rombo *[Geom.]* **328** 35
~ *[naipe]* **265** 41
~ *[uniforme]* **247** 5
rombododecaedro **330** 7
romboedro **330** 22
romboide **328** 36
rompealudes **286** 2
rompecabezas **50** 14
rompedor de carbón **148** 7
rompehielos **210** 14, 29, **222** 5
rompenieve de dos rejas **195** 20
rompeolas **212** 16, **222** 46
rompiente **13** 27
ropa **53** 35
~ de estar por casa **33**
~ interior **33**, **338** 5
~ interior de caballero **33** 35–65
~ interior de hombre **33** 35–65
~ interior de señora **33** 1–34
~ talar **313** 4
ropas de cama **256** 57
ropita de cristianar **313** 8
roquete **314** 32, 34, 50
rorcual **90** 44
rosa *[color]* **320** 4
~ *[Mús.]* **301** 22, **303** 5
~ blanca de los Alpes **362** 9
~ canina **357** 26
~ china **62** 15
~ de agua **362** 14
~ de los Alpes **362** 1
~ de los vientos **219** 24
~ doble **62** 17
~ india **62** 15
~ náutica **219** 24
~ silvestre **361** 20
rosal **55** 13
~ de poda natural **55** 21
~ trepador **55** 12
rosario **313** 28, **314** 21
rosca **120** 60, **136** 16, 66
~ de paso empinado **142** 4
~ golosa **136** 45
~ normal **142** 4
roseta *[regadera]* **79** 28
~ *[Zool.]* **88** 5, 29
~ de pared **51** 16
rosetón **317** 23
~ cuadrifolio **317** 39
~ de cinco lóbulos **317** 40
rosolí **361** 14
rosquilla **97** 48
rota **130** 32
rotata **301** 25
rotativa **175** 57, **176** 8
~ en hueco multicolor **176** 27, 35
~ tipográfica **175** 41
rotograbado **176**
rotonda para locomotoras **199** 6
rotor **331** 80
~ en doble T **331** 78
rotorplano **226** 28
rótula **19** 23
~ de presión **175** 16
rótulo **57** 4
rotura de mecha **157** 4
rouge **263** 24
"roulotte" **266** 4
rovellón **365** 23
~ de cabra **363** 13
~ falso **363** 13
rubeta **350** 24
ruda de muros **361** 16
rueca **308** 54
rueda **29** 12, **131** 26, **180** 26–32
~ *[Gimn.]* **278** 30
~ *[pavo]* **74** 29
~ alada **201** 64
~ centrifugadora **68** 42
~ cilíndrica de dientes oblicuos **136** 87
~ conducida **136** 91
~ conductora **136** 90
~ de adherencia **209** 7
~ de agua **91** 35
~ de áncora **107** 22
~ de aspas **143** 5
~ de centro **107** 19
~ de cola **225** 8
~ de corona **107** 15
~ de corredera **202** 43
~ de dientes en ángulo **136** 85
~ de disco **185** 15
~ de fricción **301** 26
~ de fricción del bobinado **295** 37
~ de goma **30** 36
~ de la fortuna **291** 45
~ delantera **179** 4, **180** 26–32, **181** 17
~ de la plataforma transbordadora **145** 77
~ del diablo **291** 46
~ del escúter **183** 35
~ del macizo **68** 15
~ del sidecar **182** 64
~ del surco **68** 16
~ del tifón **291** 46
~ del timón **219** 15
~ del tren de poleas **209** 70
~ del vagón **204** 62
~ de mano **128** 37, **197** 9
~ de metal **287** 36
~ de molino **91** 35
~ de morro **225** 49
~ dentada **91** 7, **136** 80–94, **161** 17
~ dentada cilíndrica doble helicoidal **136** 85
rueda dentada cónica **136** 89
~ dentada delantera de la cadena **180** 35
~ dentada del árbol cigüeñal **159** 51
~ dentada del árbol de excéntrica **159** 55
~ dentada de tracción **209** 8
~ dentada para copiar **102** 62
~ dentada transportadora de la cinta **294** 20
~ dentada trasera de la cadena **180** 38
~ de paletas **79** 35, **172** 26, **212** 52
~ de plato **136** 91
~ de rayos **183** 12
~ de repuesto **183** 37, **185** 54, **189** 30
~ de Santa Catalina **107** 22
~ de segundos **107** 21
~ de transporte **68** 40
~ de trinquete **145** 24
~ de viento **16** 73
~ directriz **145** 81, **181** 27
~ estriada **111** 30
~ girante **287** 54
~ giratoria **68** 42
~ hidráulica de corriente alta **91** 35
~ hidráulica de corriente baja **91** 39
~ hidráulica de corriente media **91** 37
~ horaria **107** 20, 38
~ impulsora **160** 31, **167** 22, **233** 19
~ libre **184** 35
~ motriz **189** 38
~ minutera **107** 19
~ primera **107** 20
~ pulidora **134** 32
~ soporte **68** 26
~ tensora **295** 30
~ trasera **179** 17
~ volante **102** 44
ruedas gemelas **189** 33
~ gemelas de morro **226** 36
ruedecilla de apoyo **189** 34
~ de puntos **323** 18
~ de talabartero **123** 14
~ para las pastas **42** 50
ruedo **287** 58
~ de asbesto **42** 16
rugby **275** 19–27
~ americano **275** 28–30
ruina **16** 72, **80** 20
ruinas **80** 20
~ de un castillo **80** 20
ruiseñor **346** 14
~ mayor **346** 17
ruleta **263**
~ *[Cost.]* **102** 62, **123** 15
rulo **67** 10, **196** 37
rulo guía **197** 20
~ vibrador **197** 21
~ vibrador de carreteras **197** 19
Rumania **14** 19
rumbo* **345** 4
rumiante **74** 1, **351** 28–30, **352** 1–10
runa **324** 19
rundún* **345** 4
rutista **273** 8

S

sábana bajera **48** 9
~ bajera de goma **23** 22
~ de encima **48** 12
~ exterior **48** 12
~ húmeda **23** 20
sabandija **341** 28–33
sable *[Blas.]* **246** 26
~ de deporte **277** 34
~ ligero **277** 34, 63
~ pesado **277** 46
sabueso **71** 25
saca de cartas **203** 22
~ de paquetes **203** 23
sacabocados **119** 45, **123** 12
~ de revólver **123** 13
~ y fechador de billetes **201** 56
sacabotas **52** 47
sacabuche **305** 17–22
sacacorchos **46** 46, **266** 17
sacador **97** 32
~ del cartón **177** 45
sacapuntas **240** 68
sacatiras **123** 11
sacerdote **311** 49, **314** 32, 37
~ ruso ortodoxo **314** 25
saco **322** 29
~ * **34** 5
saco antipolilla **48** 44
~ de arena **211** 50, **281** 21
~ de cemento **113** 43
~ de grano **83** 16
~ de harina **91** 66
~ de mano **37** 8
~ de panecillos **97** 3
~ de papel **152** 18
~ de polen **356** 50
~ embrional **354** 64
~ envoltura del paracaídas **228** 51
~ guardapolvo **48** 44
~ para el casco **269** 65
~ para el forro **269** 65
~ para hollín **40** 34
~ para la armazón **269** 64
~ protector **48** 44
~ * "sport" **34** 2
sacra **311** 38
sacristán **311** 26, 62
sacristía **312** 13
sacro **19** 21, **22** 59
sacudidor **124** 18

sacudidor *[Máq.]* **52** 18, **67** 46
sacho **66** 33
saetilla **362** 51
sagita **87** 77
sagitado **354** 37
sagitaria **362** 51
Sagitario **5** 37, **6** 40
Sagittarius **5** 37, **6** 40
Sagrada Forma **313** 26
Sagradas Escrituras **311** 14
sagú **367** 58
sal **98** 40
~ común **164** 13
~ fumante **52** 35
sala cinematográfica **294** 51
~ cubierta **279** 1–56
~ de adobo **96** 29–57
~ de audiencia **248** 19
~ de baile **289** 1
~ de billar **264** 7–19
~ de bombas **216** 31
~ de calderas **145** 68, **146** 1–21
~ de cámara de sonido **293** 1
~ de cocción **92** 25–36
~ de cocimiento **92** 25–36
~ de conferencias **204** 50
~ de control **147** 1–8, **234** 18–20, **237** 31–34
~ de descanso **296** 12 y 13
~ de dibujo y proyectos **217** 2
~ de emisiones públicas **234** 13–17
~ de entrega **250** 18
~ de espectadores **234** 15
~ de espera **200** 14
~ de estar **44**
~ de ficheros **250** 18
~ de fiestas **259** 39, **289** 1, **298** 1–3
~ de gálibos y trazado **217** 3
~ de juego **263** 1
~ de la Bolsa **243** 1
~ de la matanza **96** 29–57
~ del auditorio **296** 16–19
~ de lavabos **28** 42–45
~ de lavado **166** 11
~ de lectura **250** 13
~ de máquinas **145** 67, **216** 26
~ de máquinas auxiliares **216** 27, **218** 60
~ de máquinas eléctricas **218** 58
~ de máquinas para el doblaje **293** 10
~ de máquinas principales **218** 62
~ de maternidad **29** 1
~ de mezcla de sonidos **237** 16
~ de música **44**
sala de operaciones **28** 1–45
~ de tertulias **204** 25
~ de turbinas **146** 22
~ de válvulas de compuertas **212** 42, 63
~ donde se calienta el barro **262** 37
~ para la proyección de películas **237** 20-24
~ principal **316** 51
salabre **89** 10
salamandra acuática **350** 20
~ terrestre **350** 22
salamandras **350** 20–22
salamandria **350** 36
salamanquesa **350** 36
salame* **96** 13
salchicha **96** 56
~ asada **291** 34
~ cocida **96** 14
~ de Francfort **96** 14
~ de Halberstadt **96** 14
~ de Viena **96** 14
~ para freír **96** 23
salchichón **96** 13
salero **45** 37
sales de baño **51** 23
salguera **355** 24
salguero **355** 24
salicional **305** 23–30
salida **64** 9, **178** 23, **270** 51, **290** 19
~ de agua fría **3** 29
~ de aire **254** 27, **339** 41
~ de aire caliente **47** 2
~ de fichas **241** 42
~ de humo **40** 81, **199** 11
~ de humo y de vapor de escape **205** 22
~ de la autopista **197** 36
~ de la broza **67** 52
~ del agua sucia **92** 7
~ del aire **186** 23
~ del alcohol **28** 45
~ de la materia **161** 39
~ del asfalto mezclado **196** 54
~ de la tela o papel empastado **178** 35
~ del gas **334** 63
~ del mosto **93** 11
~ del pliego **178** 15
~ del secador **162** 30
~ de urgencia **290** 33, **295** 7
~ de vapores **153** 22
~ por la ladera **271** 12
saliente **317** 43
~ de hormigón **197** 47
~ del tejado **116** 3
salina **16** 32, **262** 1–7
salivadera* **26** 24
salón **204** 50, **289** 1
~ corrido **204** 25
~ de belleza **103** 1–34
~ de fiestas **298** 1–3
~ de té **261** 1–26
salón de tertulias **218** 26
~ mirador **204** 50
salpicadero **185** 47
salpicón **96** 21
salsa picante de tomate **46** 43
salsera **46** 17
salsifí blanco **361** 5
~ negro **59** 35, **359** 45
salta **265** 20
saltador **268** 5
~ con esquís **283** 14
~ de altura **280** 36
~ de longitud **280** 29
~ de pértiga **280** 38
~ de salto mortal **298** 10
saltamontes verde **342** 8
salterio inglés **301** 32
salto **272** 30, **273** 32, **280** 29–55
~ con entrada de cabeza **268** 12
~ con entrada de pie **268** 13
~ con esquís **283** 7–14
~ con las piernas abiertas **279** 20
~ de altura **280** 36 y 37
~ de ambos pies sobre uno **288** 26
~ de anchura y altura **272** 33
~ de cama **33** 6
~ de corzo **284** 6
~ de gran distancia con esquís **283** 14
~ de la carpa **268** 41
~ de la falla **12** 6
~ de longitud **280** 29–32
~ del pez **278** 25
~ del potro **279** 18
~ de obstáculo **272** 31–34
~ de pértiga **280** 38–41
~ de salida **268** 29
~ de terreno sobre los bastones **283** 22
~ de un pie a otro **288** 21
~ encogido **268** 14
~ en cuclillas **279** 44
~ en el aire **288** 16
~ en el caballo **279** 49–52
~ en el patinaje sobre hielo **284** 6
~ en equilibrio con pase hacia adelante y salto inverso **268** 46
~ en ovillo **268** 14
~ entre manos **279** 44
~ entre manos con las piernas encogidas **279** 52
~ inesperado **288** 20
~ mortal hacia atrás **268** 43
~ pasando **288** 23
~ y vuelta **279** 49
saltómetro **279** 22, **280** 40
salto-viraje **283** 21
salvacabina **196** 10
salvador **17** 29, 36
Salvador, El, *guarda* 7
salvamanteles **45** 18
salvamento de náufragos **224**
~ de una persona en el agua **17** 34–38
~ por uno mismo **17** 33
salvator **93** 40
salvavidas **224** 45, **267** 3
salvilla del desecador **334** 54
sámago **115** 85, **149** 43, **354** 12
sámara **355** 12
"samovar" **45** 49
sampán **336** 31
samurai **336** 37
sandalia **100** 29
~ campestre **266** 13
~ de madera **100** 6
~ de playa **100** 34
~ de tacón **100** 44
sangrado **170** 16
sanguijuela **340** 16
sanguisorba **70** 28
sanícula **360** 16
sanitario **17** 19, **255** 21
Santa Misa **311** 49
santo **319** 10
sapo **350** 23
~ cubano **303** 60
saque **276** 17, 45
~ de banda **274** 49
~ de esquina **274** 58
~ de puerta **274** 41
~ inicial **274** 11–21
~ libre **274** 42
sarcófago **317** 53
sardinal **90** 20
sardinas en aceite **98** 19
sargazo azucarado **362** 48
sarmiento **80** 3
sarta de perlas **38** 12
sartén con mango **42** 41
sartorio **20** 45
sastresa **102** 75
satélite **6** 24, 25, 27, 28, 29
~ con instrumentos y animales de prueba **4** 53
~ experimental **4** 48
~ terrestre **4** 49
satirión **360** 28
Saturno **6** 28, **7** 16
sauce cabruno **355** 24
~ mimbrero **355** 29
saúco negro **358** 35
sauna **25** 7–16
sauquillo **357** 10
sauté **288** 12
saxífraga de hoja redonda **359** 1
saxofón **303** 69
saxófono **303** 69
sayo **338** 45

Scorpio **5** 38, **6** 39
Scorpius **5** 38, **6** 39
script girl **292** 39
schapel **338** 21
"schelf" **11** 8
schilling **244** 13
"Schuhplattler" **288** 42
sebo **52** 39
~ vacuno **96** 6
secadero **151** 17
~ de la cebada **92** 13–20
secado **152** 4, **162** 26, **163** 24
~ del hilo **164** 58
secador **164** 38
~ automático **42** 24
~ del cabello **103** 23
~ de madera de aire húmedo **149** 46
~ de mano eléctrico **103** 30
~ eléctrico de copias **112** 44
secante **328** 50
~ tipo rodillo **238** 19
sección **144** 59, **168** 38
~ cónica **329** 11–29
~ de artículos de fantasía y de lujo **256** 62
~ de artículos para caballeros **256** 12
~ de cajas a mano **169** 1
~ de cajistas **169–170**
~ de cola del cohete **229** 12–27
~ de cortinas **256** 66
~ de joyería **256** 62
~ de los instrumentos **229** 3–5
~ del tanque de combustible **229** 6–11
~ de prensas **168** 14–17
~ de secado **168** 18–20
~ de secaje **168** 18–20
~ de telas **256** 58
~ de vestidos para señoras **256** 28
~ forestal **84** 2
~ técnica **217** 2
~ transversal **196** 55
secoya **356** 69
secretaria **238** 10
~ de dirección **292** 39
secretario **251** 26
~ del tribunal **248** 24
~ de sala **248** 24
secreto *[Mús.]* **305** 12–14, 31
~ de corredera **305** 12–14
sector **328** 54
~ dentado **186** 42
seda artifical **163** 1–34
~ de coser **102** 50
sedal **89** 29
~ de algodón **90** 29
sedán **187** 8
~ dos puertas **187** 1
sedas **88** 52
sedimentación **13** 69
segador **341** 13
segadora-trilladora **68** 48
segmento **166** 3, **328** 52
~ *[Zool.]* **340** 21
~ de compresión **184** 79
~ de cuero **156** 69
~ guarnecido de agujas **156** 70
~ rascador de aceite **184** 80
~ rectilíneo **328** 16
segunda *[Esgr.]* **277** 2 a 1
~ mayor **300** 20
~ posición **288** 2
segundero **107** 6
segundo *[boxeo]* **281** 40, **282** 27
~ dedo **21** 53
~ hilo de urdimbre **165** 17
seguro **134** 38
~ de doble muslo **282** 33
~ de hombros **282** 30
~ de muslo **282** 32
~ exterior **192** 23
~ interior **192** 22
seico **65** 22
seis por cuatro **299** 37
~ por ocho **299** 36
seisillo **300** 38
seleccionador **162** 7
selector de alcance **2** 4, 23
~ de canales **236** 4
~ de dos movimientos **233** 42
~ de grupos **233** 38
~ de velocidades de la cinta **306** 18
~ de voltaje **236** 27
~ final **233** 41
~ para corregir la frecuencia **306** 40
selva tropical **335** 25
sello **232** 40
~ ajustable **238** 41
~ con sobretasa **232** 21
~ de asiento **238** 57
~ de caucho **238** 22
~ de contabilización de facturas **238** 56
~ de control **244** 35
~ de correo aéreo **232** 19
~ de Correos de beneficencia **232** 21
~ de franqueo **239** 46
~ de franqueo de carta neumática **232** 30
~ de lacre **232** 27
~ de la Hacienda **105** 21
~ del control de triquina **94** 13
~ de sanidad **94** 14
~ de urgente **232** 31
~ impreso **232** 3
~ para el franqueo extranjero **232** 40
~ para el franqueo interior **232** 40
sello para el franqueo local **232** 40
semáforo **253** 39
semanario **47** 10
sembrador **65** 10
sembradora **67** 7
~ de patatas **67** 11
~ en hileras **58** 32, **67** 24
semejante **327** 22
sementera **65** 10–12
sementero **65** 11
semibreve **299** 15
semicírculo **328** 46
semicorchea **299** 19
semicubierto **9** 22
semicupio* **51** 50
semiflexión de piernas **278** 13
semifusa **299** 21
semilla **57** 3, **59** 7, **356** 28
~ del arce **355** 57
~ del castaño **355** 60
semillero **57** 2
~ de árboles **84** 6
semi-remolque **189** 35
semisótano **79** 33
sémola **98** 36
sen **364** 16
senda **16** 43
sendero del huerto **55** 23
~ del parque **257** 38
~ enarenado **257** 18
seno *[Anat.]* **18** 30
~ *[Geom.]* **328** 32
~ esfenoidal **19** 54
~ frontal **19** 55
sensibilidad espectral **110** 28
sentido* **18** 6
señal **221** 35
~ avanzada **199** 38
~ avanzada de entrada **199** 41
~ de advertencia **194** 18
~ de agujas **323** 58
~ de ajuste **323** 58
~ de alto **199** 39
~ de anuncio de parada **198** 81
~ de banderas **218** 9
~ de blouqeo **199** 41
~ de cambio **198** 64
~ de cierre de vía **198** 84
~ de empalme **197** 50
~ de entrada **199** 37
~ de epidemia **245** 25
~ del alfabeto Morse **233** 62
~ del aparato de cambio **198** 50
~ del asiento ocupado **204** 30
~ del final de la cacería **272** 59
~ de limitación de velocidad **198** 79
~ de llamada **233** 6
~ de parada **198** 80, **199** 39
señal de paso a nivel **198** 71
~ de pasos navegables **219** 43–58
~ de proximidad **198** 71
~ de salida **201** 35, **245** 26
~ de tempestad **220** 6
~ de temporal **220** 6
~ de tope **219** 53
~ de tormenta **220** 6
~ de tráfico **253** 56
~ de tráfico ferroviario **198** 79–86
~ fija **178** 70
~ luminosa **201** 35, **233** 6
~ luminosa de aviso **198** 78
~ luminosa de llamada **259** 6
~ marítima **219** 43–76
~ obligatoria **253** 56
~ para el aterrizaje **230** 12
~ para taladrar **115** 23
~ pidiendo despacho de Aduanas **245** 37
~ prohibiendo el estacionamiento **253** 18
~ radiotelegráfica **230** 12
~ suelta **178** 71
señor de la casa **47** 55
señora **48** 16
~ compañera de mesa **259** 43
~ del bar **259** 63
señorita **105** 3
~ del mostrador **261** 7
sépalo **60** 44, **61** 12, **354** 58
separación de la parafina **139** 34
~ de los escalones **4** 46, **229** 39–42
~ del precipitado **93** 1
~ lateral de la pierna izquierda **278** 8
separador **78** 47
~ de alambre **28** 56
~ de cubiertas **192** 31
~ de gas **139** 21
~ del alquitrán **148** 31
~ de pasta lejiada **167** 5
~ de sincronización **236** 15
~ en espiral **91** 51
~ por aire **153** 24
sepelio **312** 34–41
sepia **349** 4
septillo **300** 38
séptima mayor **300** 25
sepultura **312** 23
sepulturero **312** 22
ser marino **307** 40
~ mixto **307** 52
serba **355** 45
serbal **355** 42
serbo **355** 42
sereno **9** 20

seres de fábula **307** 1–61
serie de agujas de lengüeta **160** 27
~ de anzuelos **89** 34
~ de bobinas **235** 18
~ de bobinas de entrada **235** 18
~ de bobinas osciladoras **235** 18
~ de cajas aneroides **10** 6
~ de cápsulas aneroides **10** 6
~ de casas escalonadas **39** 58–63
~ de moldes de lingotes **140** 35
~ de moldes de tochos **140** 35
Serpens **5** 20
serpentaria de Virginia **360** 10
serpentín de refrigeración del agua **3** 27
~ refrigerador de aceite **206** 19
serpentina **289** 66
Serpiente **5** 20
serpiente **336** 48, **350** 38–41
~ *[Patin.]* **284** 14
~ acuática **350** 38
~ lernea **307** 32
~ venenosa **350** 40
serradella **70** 11
serrato mayor **20** 42
serrería **149** 1–59
serreta **156** 39
serretas **217** 59
serrucho **85** 38, **115** 60, **127** 51
~ de calar **115** 63, **127** 27
~ de costilla **127** 51
~ de punta **127** 27
~ de puñal **127** 27
~ de vuelta **127** 27
servicio **260** 18
~ *[tenis]* **276** 17
~ * **204** 13
servicio de acompañamiento de tren **201** 38
~ de café **45** 7–21, **261** 18
~ de coctel **47** 40–43
~ de combinados **47** 40–43
~ de fumador **47** 21
~ de incendios **255**
~ del balón volea **276** 50 y 51
~ de mesa **46** 3–12
~ de radionavegación aérea **230** 22–53
~ de reparto de mercancías **202** 18
servidor **275** 61
servilleta **46** 9, **259** 48
servilletero **46** 10
serviola **216** 45, **218** 20
sésamo **367** 45
sesquiplano **225** 4
seta común **365** 1
~ de campo **365** 1
~ de chopo **365** 33
~ de la válvula **184** 31
~ de otoño **365** 16
~ de zurcir **102** 64
~ venenosa **363** 10–13
seto **16** 98
~ artificial **272** 27
~ de plantas **39** 59
~ de tuya **54** 13
~ vivo recortado **257** 37
setter **71** 41
seudocarpo **60** 21, **368** 12, 62
seudópodo **340** 4
seudotronco **368** 30
sexta mayor **300** 24
sextante **219** 1
shorts **266** 9
si bemol mayor **300** 10
~ bemol menor **300** 13
~ mayor **300** 6
~ menor **300** 3
sidecar **273** 30
~ del escúter **183** 3
siega otoñal **65** 35–43
siembra **57** 1, **65** 10–12
sien **18** 6
sierra **85** 34, **284** 32
~ *[Geogr.]* **13** 60
~ * **74** 22
sierra alternativa **149** 10
~ circular **114** 19, **128** 5
~ circular para cortar al hilo **149** 45
~ circular para listones y tablas **149** 2
~ circular para madera de construcción **149** 20
~ circular para metales **143** 46
~ de arco **85** 39, **106** 11, **130** 40
~ de balancín **143** 46
~ de ballesta **127** 1–8
~ de bastidor **127** 1–8
~ de cadena **115** 14
~ de calar **129** 12
~ de carro **143** 46
~ de cinta **128** 1
~ de contornear **126** 3, **127** 8, **129** 12
~ de embutir **126** 3
~ de leñador **58** 9, **85** 34–41
~ de mano **115** 61, **127** 1
~ de punta **115** 63
~ de relojero **107** 65
~ eléctrica par huesos **96** 40
~ individual **85** 38
~ mecánica individual **85** 44
~ para cortar en ingletes **122** 30
~ para gárgoles **126** 23
~ para jables **126** 23
~ para huesos **96** 35, 40
sierra para metales **134** 9
~ tronzadora **115** 14
Siete Estrellas **5** 26
sifón **47** 41, **333** 8
~ inodoro **119** 41
signatura **178** 69
signo de acentuación **325** 30–35
~ de admiración **325** 21
~ de ángulo **327** 23
~ de diferencial **327** 13
~ de división **326** 15, 26
~ de duración **300** 40, 42
~ de expresión **300** 51
~ de extracción de raíces **327** 2
~ de identidad **327** 16
~ de interrogación **325** 20
~ de la integral **327** 14
~ de la no identidad **327** 18
~ de la semejanza **327** 22
~ del tanto por ciento **327** 7
~ de más **326** 23
~ de multiplicación **326** 25
~ de octava **300** 44 y 45
~ de paralelismo **327** 21
~ de principio de párrafo **325** 36
~ de sustracción **326** 24
~ de triángulo **327** 24
~ francés para citas **325** 27
~ que aumenta la duración **299** 9
signos de identificación **186** 32
~ de la gente del hampa **247** 25
~ de los planetas **6** 21–31
~ del Zodíaco **6** 32–43
~ de pronunciación **325** 30–35
~ de puntuación **325** 16–29
~ geométricos **327** 21–24
~ matemáticos **327** 15–24
~ musicales **299–300**
sikhara **319** 26
sílaba **249** 7
silabario devanagari **324** 9
silbato de señales **203** 16
~ de vapor **41** 74
silenciador **185** 62
~ de escape **182** 8
silencio *[Mús.]* **299** 22–29
~ de blanca **299** 24
~ de corchea **288** 26
~ de cuadrada **299** 22
~ de fusa **299** 28
~ de negra **299** 25
~ de redonda **299** 23
~ de semicorchea **299** 27
~ de semifusa **299** 29
silencioso de escape **182** 8
sílex **309** 1
silicua **354** 92, **367** 4
silo **220** 44, **221** 56
~ de cal hidráulica **153** 26
~ de cal muerta **153** 23
~ de carbonera **199** 44
~ del cemento **197** 25
~ del forraje **64** 45
~ para el cemento **114** 30, **152** 17
~ para escorias **199** 53
~ para las primeras materias pulverizadas **152** 5
siluro **350** 12
~ de río **350** 12
silvicultura **84–85**
sílvidos **346**
silla **44** 9
~ de anilla improvisada **17** 22
~ de cocina **41** 52
~ de cubierta **216** 54
~ de extensión **29** 21, **262** 13
~ de inválido **23** 51
~ de jardín **39** 49
~ del altar **311** 6
~ del árbitro **276** 23
~ de la reina **17** 21
~ del juez **276** 23
~ de los niños **49** 27
~ de montar **72** 37–49
~ de oficina **238** 34
~ de paseo **72** 37–44
~ de ruedas **23** 51
~ de torneo **310** 87
~ de tubo de acero **43** 23
~ giratoria **238** 34
~ inglesa **72** 45–49
~ para el baño de irradiación **24** 11
~ pesada **272** 17
~ plegable **266** 11
sillar **150** 30
sillería **311** 28
~ de coro **311** 34
sillero **123** 16
sillico **23** 25
sillín **68** 38, **72** 17, 31, **180** 22
~ basculante **182** 19
~ de carreras **273** 17
~ de escúter para niño **183** 30
~ de muelles **180** 22
~ en cantilever **181** 48
~ para niños **180** 21
~ plegable **266** 14

sombrero de copa **36** 20, **179** 25
~ de copa alta **36** 20
~ de esterilla **36** 8
~ de hierro **310** 59
~ de jipijapa **36** 6
~ del púlpito **311** 21
~ de luto **36** 46
~ de muelles **36** 20
~ de niña **31** 38
~ de noche **36** 34
~ de paja **36** 6, 22
~ de paja de ala ancha **36** 39
~ de Panamá **36** 6
~ de pelo de liebre **36** 10
~ de playa **36** 57, **267** 20
~ de rafia **36** 8, 57
~ de señora **36** 48
~ de tela **36** 1
~ de tres picos **338** 62
~ de velillo **36** 40
~ flexible **36** 19
~ flojo **338** 55
~ forrado de seda **36** 20, 48
~ forrado de tul **36** 48
~ hongo **36** 7
"sombrero" metálico **305** 35
sombrero sueco **338** 55
~ tesalio **338** 4
sombrilla **32** 34, **319** 22
~ *[Zool.]* **340** 15
~ de jardín **39** 48
~ japonesa **340** 14
sonajero **30** 42
sonajeros de rumba **303** 59
sonda **219** 35–42
~ *[Med.]* **26** 43
~ acanalada **28** 47
~ de botón **28** 46
~ de eco **219** 38
~ de estómago **26** 9
~ de mano **219** 35
sondaleza **219** 37
sonido **293** 16
~ estereofónico **293** 23
~ monocanal **293** 23
~ natural **299** 47
sopera **46** 15
soplado con la boca **155** 13–15
~ del vidrio **155** 13–15
soplador* **297** 28
~ de vidrio **155** 13
soplete **106** 14, **334** 9
~ a pedal **106** 16
~ de mesa giratoria **141** 34
~ de soldar **135** 37, 49
~ especial para corte **135** 47
~ oxhídrico **135** 37, 49
soporte **6** 7, **51** 43, **116** 83, **183** 28
~ *[Blas.]* **246** 15 y 16
~ con el dispositivo de pedal **102** 41
soporte de ángulo **193** 45
~ de la armazón **322** 24
~ de la batería **185** 34
~ de la bureta **334** 22
~ de la herramienta de mano **129** 5
~ de la motocicleta **182** 38
~ de la plancha **172** 28
~ de la pluma estilográfica **47** 13
~ del apoyo **209** 79
~ de la tecla **301** 39
~ de la tela **156** 48
~ del batán **159** 53
~ del cable portante **209** 33, 58, 79
~ del canalón **117** 32
~ del enrejado paranieve **117** 16
~ del esmerilador **156** 41
~ del faro **180** 6
~ del mecanismo **301** 42, **304** 15
~ del micrófono **237** 6
~ del muelle **10** 13
~ de los anaqueles del pan **97** 29
~ de los carriles guía **197** 15
~ de los indicadores **161** 55
~ de los neumáticos **190** 31
~ de los tubos de ensayo **334** 35
~ del pantógrafo **170** 53
~ del papel **240** 9
~ del papel higiénico **51** 30
~ del portahilos **160** 38
~ del pórtico **217** 12
~ del sillín **183** 31
~ del vaso para los dientes **51** 54
~ de tres puntos **333** 28
~ giratorio del bote **156** 36
~ longitudinal de los dobles fondos **210** 7
~ metálico **303** 76
~ para las telas **156** 15
~ para los cepillos de dientes **51** 56
~ para los sombreros **43** 4
~ para probarse los guantes **256** 20
~ para sombreros **36** 51
~ y contrapeso de la tapa **161** 68
soportes **93** 2
sordina **302** 10, **303** 68
sortijero **48** 25, **106** 27
sosa **41** 28
sosa cáustica **163** 3, 4, **164** 10, 11
sosobre **215** 32
sospechoso **247** 10
sostén **33** 14, **267** 28
~ sin tirantes **33** 15
sostenedor de la bobina de papel **176** 40
sostenido **299** 51, 52
sotana **314** 33
sótano **39** 1, **113** 1
~ de cables **146** 21
~ para la caldera de calefacción **40**
sotileza **89** 30
soubresaut **288** 20
spaccato **287** 34, **288** 22
sparmannia **56** 9
sparring partner **281** 24
Spica **5** 18
"spoon" **276** 69
"sprinter" **273** 8
squaw **335** 10
staccato leggiero **300** 54
stapelia **56** 15
"stemm" **283** 33
"stick" **275** 17
stout **93** 40
stupa **319** 21, 28
suave *[Mús.]* **300** 55
suavizador **104** 24
~ de pelo de tejón **121** 20
subdrenaje **196** 61
subibaja **258** 55
subida **4** 45–47, **283** 24–27
~ de los mineros **137** 14
~ de percha **279** 7
~ en la térmica **271** 20
submarino **222** 18–20, **223** 18
~ atómico **222** 20, **223** 1
~ crucero **222** 19
~ de pequeño tonelaje **222** 18
subproducto **164** 13
substancias eliminadas **93** 14
subtítulo **178** 47
~ del capítulo **178** 67
suburbio **252** 11
sudadero **72** 44
Sudamérica **14** 32–34, **15** 13
Suecia **14** 20
suela **99** 50–54,
~ *[billar]* **264** 10
~ *[Constr.]* **114** 16
~ de corcho **100** 36
~ de crepé **100** 3
~ de cuero **99** 50 y 51
~ de goma estriada **99** 37
~ de madera **338** 43
~ de zapato **99** 50 y 51
~ estriada **282** 49
~ exterior **99** 50
~ interior **99** 51
suelo de baldosas **51** 28
suelo de cemento **53** 68
~ de la grada **217** 17
~ de la tienda **266** 33
~ del dique **217** 27
~ de tabletas **118** 62
~ de tiras **118** 62
~ falso **118** 73
~ intermedio **118** 68
sueltamargen **240** 28
suero **26** 32
suertero* **260** 20
sueste **224** 54
sufra **72** 19
sufridor* **72** 44
Suiza **14** 21
suiza* **258** 53
sujeción superior **29** 33
sujetador **2** 18, **181** 29, **239** 25
~ de la lista de la colada **166** 15
~ de las trenzas **31** 3
~ del cuello **33** 61
~ de periódicos **261** 26
~ de pie de carrera **273** 21
~ de planchas **173** 33
sujetamantel **261** 40
sujetaplumas de estilográficas **239** 30
sujetatubos **119** 12
sula loca **343** 9
sulfato amónico **164** 26
sulfuración **163** 9
sulfuro de carbono **163** 8
sulky **272** 39
suma **326** 23
~ del día **256** 10
sumando **326** 23
sumario **248** 21
sumergible **222** 18–20
sumidero **28** 32, **137** 12–13, **253** 49
~ de los orines **76** 45
~ del pozo **137** 30
suministro doméstico **194** 25
Sumo Pontífice **314** 54
supercalandria de acabado **168** 23
supercargador-turbina de gas de escape **227** 8
superestructura **222** 68
~ de la cámara **270** 8
~ de la sala de máquinas **216** 25
~ de la turbina **226** 17
~ de los motores **221** 46
~ del puente de navegación **216** 23
superficie convexa **329** 40
~ cribadora **68** 63
~ de deslizamiento **283** 37
~ de estabilización **226** 80 y 81
~ de impresión **323** 59
~ de juego **264** 15
~ de la carretera de hormigón **197** 42
~ de la Luna **7** 10

superficie de Marte **7** 13
~ de pintar **321** 22
~ de rodaje **212** 1
~ de sustentación del avión **228** 45
~ helada **286** 19
~ iluminada **171** 30
~ lateral **329** 40
~ para anuncios **113** 45, **252** 14
~ para escribir **249** 34
~ plana **108** 6, **328** 24–58
~ sustentadora **225** 45
~ terrestre **11** 6–12, **15** 1–7
supinador largo **20** 39, 56
suplemento **144** 30
~ de la lanza **83** 35
~ de tacón **99** 56
~ de yunque **132** 28–30
~ perforado para cocer a vapor **41** 77
~ portamina **144** 42
~ semicircular de la caja de resonancia **303** 26
~ tiralíneas **144** 43
suplente **250** 3
supositorio **23** 7
surco **65** 8
~ desde la nariz hasta la comisura de la boca **18** 11
~ longitudinal **323** 4
~ longitudinal anterior **22** 25
~ positivo **323** 3
~ subnasal **18** 12
suri* **343** 2
surtidor **54** 20, **257** 22
~ *[coche]* **183** 56
~ de aceite **190** 12
~ de agua **12** 26
~ de agua y vapor **11** 22
~ de gasolina **190** 2
~ de marcha lenta **183** 57
~ de ralentí **183** 57
~ termal **11** 21
suspensión de la línea aérea de contacto **193** 39
~ del coche **185** 24–29
~ de resortes **185** 24
~ telescópica **187** 30
~ tubular **182** 4
suspensores* **33** 47
suspiro de monja **97** 50
sustentación en el agua **268** 40
~ por el viento ascendente de la ladera **271** 14
~ por el viento ascendente de una nube **271** 15
sustracción **326** 24
sustraendo **326** 24
symphonia **301** 25

T

tabaco **105, 366** 43
~ para mascar **105** 23
tábano **341** 4
tabaquera **105** 24
tabaquero* **31** 8
taberna **260** 30–44
tabernáculo **311** 39
tabique de madera **40** 19
~ interventricular **22** 52
tabla **267** 8
~ *[vestido]* **32** 10
~ acabada a escuadra **115** 95
~ armónica **301** 18, 34, **303** 3, 18
~ central de corazón **115** 95
~ de contención **41** 18
~ de desviación **228** 12
~ de la mesa **47** 23
~ de la tela de batán **156** 19
~ de lavar **53** 70
~ del batán **159** 6
~ del cuello **73** 15
~ del toldo **216** 61
~ dentada **117** 26
~ de picar **41** 57
~ de planchar **52** 72, **166** 35
~ de revestimiento **118** 56
~ de sujeción **114** 63
~ de valores **144** 3
~ exterior **270** 19
~ no escuadrada **115** 94
~ para encofrados **114** 76
~ selectora **162** 7
~-clavijero **304** 18
tablado **296** 3
~ del escotillón **297** 34
~ de piso **297** 34
tablajería **96** 1–28
tablajero **96** 9
tablas de estiba **217** 59 y 60
~ del batán **159** 42
~ para dar sombra **79** 9
~ para encofrar **114** 18
tablazón **39** 84, **270** 19–26
tableau **263** 9
tablero **90** 13, **224** 2, **321** 23
~ *[billar]* **264** 14
~ *[avión]* **228** 3–16
~ ajustable de la mesa **29** 15
~ alimentador **241** 4
~ de advertencias **145** 45
~ de ajedrez **265** 1
~ de ajedrez incrustado **47** 48
~ de caballetes de empapelador **121** 41

tablero de colocación *[aparato de copias]* **241** 14
~ de colocación *[Deportes]* **272** 6
~ de conmutadores **40** 67
~ de contabilidad **238** 65
~ de contar **249** 38
~ de control **29** 40, **147** 4, **199** 67, **241** 39
~ de costado **118** 10
~ de dibujo **144** 1, 11, 14
~ de esquina **41** 33
~ de fibras **321** 24
~ de introducción del material **177** 57
~ de instrumentos **186** 1–21
~ de instrumentos de a bordo **228** 3–16
~ de instrumentos del escúter **183** 25
~ de instrumentos indicadores de temperatura y presión **77** 18
~ de interruptores para la iluminación de la sala **295** 17
~ de la base **112** 33
~ de la mesa **28** 24
~ de las damas **265** 17
~ de las horas de llegada **200** 19
~ de las horas de salida **200** 20
~ de las lámparas **224** 42
~ de las letras **249** 15
~ de las llaves **259** 3
~ del halma **265** 26
~ de los kilómetros **211** 44
~ de los mandos **193** 34
~ de los números *[Deportes]* **272** 6
~ de los números *[hotel]* **259** 5
~ de los timbres **259** 28
~ del puente **210** 21
~ del tres en raya **265** 23
~ de madera prensada **321** 24
~ de mando del bloqueo **199** 63
~ de mandos **168** 27, **171** 38, **173** 17
~ de mármol **261** 12
~ de meta **275** 32
~ de mezcla de bandas sonoras **292** 55
~ de modelar **50** 23, **322** 34
~ de posición de agujas **199** 69
~ de recogida **241** 9
~ de salidas **272** 6

tablero de trabajo **130** 7
~ de trazado **145** 28
~ elevable **210** 68
~ extensible **238** 33
~ guardamoldes **169** 10
~ interruptor **241** 50
~ para el juego del chaquete **265** 22
~ para plantar en macetas **79** 12
~ soporte del portaoriginal **171** 21
~ vertical **144** 1
tablestacado **212** 5
tableta **23** 11
~ de chocolate **98** 78
~ para el dolor de cabeza **23** 62
tablilla **17** 12, **292** 35
~ arrojadiza **336** 8
~ con números **204** 29
~ de advertencia **339** 22
~ de escritura **308** 69
~ de tensión para afinar **303** 22
~ indicadora del destino **201** 24
~ indicadora de retrasos **201** 26
~ para descalzarse la bota **52** 47
~ para el vuelo **78** 49
~ para los pies **287** 56
tablillas de loco **289** 48
tablón **115** 91
~ de advertencias **267** 6
~ de cotizaciones **242** 5
~ del duramen **115** 93
~ del núcleo **115** 93
~ de paso y trabajo **79** 22
~ puente **117** 70
~ que indica las horas de marea con el flujo y reflujo **267** 7
tablones **149** 1
~ de cubierta **192** 64
tabuladora **241** 55
taburete **314** 11
~ de fantasía **48** 31
~ del bar **259** 53
~ del cuarto de baño **51** 2
~ de los niños **50** 11
~ del tocador **48** 31
~ para los animales **290** 57
~ plegable **266** 14
tacada alta **264** 3
~ baja **264** 4
~ de billar **264** 2–6
~ de efecto **264** 5
~ de efecto contrario **264** 6
~ en el centro **264** 2
~ horizontal **264** 2
taco **53** 7, **274** 28
~ *[arma]* **87** 52
~ *[billar]* **264** 9

taco *[telar]* **159** 64
~ de goma **180** 85
~ de jabón de lavar **53** 60
tacógrafo **205** 56
tacómetro **175** 54, **192** 27, **206** 54
~ de bicicleta **180** 33
~ eléctrico **207** 15
~ incorporado **181** 39
tacón **99** 54
~ alto **100** 41
~ de goma **99** 56
~ en forma de cuña **100** 35
~ topolino **100** 35
tacuro* **265** 30
tachuela **99** 59, **136** 53
~ de adorno **124** 6
~ de tapicero **124** 6
tahona **97** 57–80
tajada de bresca **78** 64
tajadera **96** 46, **132** 29
tajadero **96** 45
tajamar **210** 14, 29
tajo **53** 9, **64** 18
~ *[Geogr.]* **12** 43
~ *[mina]* **138** 13
~ de extracción **137** 39
~ de heno **65** 40
~ del yunque **133** 21, 29, 45
~ guía **85** 22
~ redondo **95** 12, 37
~ redondo de la espalda **95** 31
tala **84** 4–14, 15–34, **85** 19
talabartería **123** 1–33
talabartero **123**
taladrador **238** 80
~ *[Máq.]* **192** 52
~ eléctrico **115** 21
taladradora de mano **106** 4, **134** 29
~ de nudos **128** 39
~ de roca **150** 11
~ longitudinal **128** 32
~ para metales **143** 23
~ radial **143** 23
taladro **128** 34, **134** 69, **139** 20
~ *[agujero]* **150** 12
~ de ballesta **139** 20
tálamo **354** 53
talar **308** 22
tálero **244** 6
Talía **308** 61
talo **362** 49
talón *[Anat.]* **21** 63
~ *[arado]* **68** 6
~ de expedición **202** 35
~ de fuste de la aguja **160** 60
~ de la flecha **287** 45
~ de la guadaña **66** 15
~ de renovación **243** 19
~ reforzado **282** 50
talonario de billetes circulares **201** 55
talud **113** 72
~ detrítico **11** 47, **12** 45
talla **309** 7
~ *[marca]* **26** 21
~ de goma **28** 3
~ esterilizada **28** 13
tallarines **98** 34
taller **145** 1–45, **292** 6
~ *[vinagreras]* **260** 22
~ de calderería **217** 9
~ de carpintería **127** 1–65
~ de cerrajería **134** 1–34
~ de reparaciones **199** 6 y 7
~ de la carpintería **115** 4
~ del escultor **322**
~ del guarnicionero **123** 1–33
~ del sillero **123** 1–33
~ del talabartero **123** 1–33
~ del tapicero **124** 1–27
~ de mantenimiento **191** 1
~ de maquinaria **217** 8
~ de mezclas **293** 22
~ de montaje **145** 1–45
~ de prefabricación **217** 4
~ de prueba **145** 1–45
~ de rebarbado **141** 33–40
~ de sincronización labial **293** 25
~ gráfico **323** 27–64
~ metalúrgico **140**
~ teatral **296** 29–42
talleres de entretenimiento y conservación **199** 6 y 7
tallista **322** 28
tallo **354** 20, **362** 31, **365** 18
~ *[Mús.]* **299** 6
~ de hierba **354** 83–85
~ de la hoja **61** 4
~ florido **367** 7
~ perforador **94** 5
~ rastrero **57** 16, **60** 20
~ trepador de la judía **59** 10
~ voluble de la judía **59** 10
támara **368** 8
tambor **302** 51, **303** 48
~ *[cilindro]* **10** 5, **67** 47, **169** 35
~ *[Arq.]* **317** 44
~ con muesca guía **158** 10
~ cortador **67** 36
~ de arrollamiento **209** 62
~ de enrollamiento **141** 69, **180** 72
~ de juguete **49** 21
~ de la cinta **233** 60
~ de lansquenete **289** 70
~ de las danzas **337** 14
~ de la tarlatana **178** 19
tambor de lavar **42** 22
~ del cable **255** 55
~ del freno **159** 60, **182** 12
~ del horario de trenes **200** 16
~ de mezcla **196** 15
~ dentado para el desenrollamiento de la película **295** 28
~ dentado para el enrollamiento de la película **295** 28
~ de revólver **159** 5
~ de salida **174** 20
~ de secado **166** 7
~ de señales **337** 18
~ de varillas para el secado **158** 48
~ exterior **166** 4
~ graduado **142** 55
~ impulsor **158** 32
~ inferior de películas protegido contra incendios **295** 27
~ limpiador **67** 37
~ mezclador **83** 14, **113** 34
~ micrométrico **219** 3
~ para la mezcla del asfalto **196** 50
~ protector antirradiactivo **2** 31
~ superior de películas protegido contra incendios **295** 27
~ trillador **68** 57
~ triturador **195** 22
tamiz **333** 12
~ de harina **42** 52
~ de la paja corta **68** 65
~ de salpicar **323** 24
~ fino **77** 34
~ grueso **77** 36
~ mediano **77** 35
~ para la harina **97** 68
~ para separar el salvado **91** 63
tampón **238** 20, **323** 22
tanaceto **364** 9
tangente **328** 32, 48
tangón del balón **270** 40
tanque **3** 2, **80** 24, **216** 30
~ aéreo **226** 26
~ de aceite combustible **218** 70, **223** 37
~ de aceite combustible para motores **216** 28
~ de agua **195** 38, **205** 67, **227** 50
~ de agua de estiércol **64** 57
~ de agua potable **218** 69
~ de alcohol etílico **229** 6
~ de almacenamiento **139** 22, 66
~ de almacenamiento de la leche **77** 10–12
tanque de almacenamiento de la refinería **139** 24
~ de alquitrán **196** 47
~ de combustible **227** 52, **229** 6
~ de depósito **220** 61
~ de estabilización **223** 43
~ de gas **148** 56–64, **216** 10
~ de gas de agua **148** 37
~ de gasolina **182** 28
~ de helio **229** 7
~ de hormigón para tomas acuáticas **292** 11
~ de incubación **89** 61
~ de inmersión **223** 19
~ de la leche completa **77** 10
~ de la leche desnatada **77** 11
~ de la leche natural **77** 10
~ del fijado **112** 3
~ del fondo **217** 35
~ del lavado **112** 4
~ del lavado intermedio **112** 2
~ del reactor **3** 25
~ de oxidante **227** 51
~ de permanganato potásico **229** 18
~ de peróxido de hidrógeno **229** 19
~ de purin **64** 57
~ de remojo **92** 2
~ de revelado **112** 1
~ de separación **148** 36 y 37
~ de suero de mantequilla **77** 12
~ esférico **139** 67
~ intermedio **220** 60
~ lateral **217** 34
~ revelador **112** 1
tanto por ciento **327** 7
tapa **208** 18
~ *[carne]* **95** 13, 37
~ abovedada **40** 48
~ armónica **302** 24
~ de corredera **231** 15
~ de cristal del recipiente **334** 52
~ de escotilla **217** 62
~ de la cartera **249** 42
~ de la cazoleta **105** 37
~ de la centrífuga **162** 18
~ de la máquina **102** 40
~ del aparato **161** 65
~ del baño **172** 30
~ del batán **159** 6
~ del baúl **185** 7
~ del braserillo del incensario **313** 39
~ del escotillón **297** 33
~ del libro **178** 26, 40
~ del maletero **185** 7
~ del portaequipajes **185** 7
~ del registro **40** 46, **194** 21

tapa del retrete **51** 39
~ del tanque **217** 51
~ de madera **53** 54
~ de muelle **23** 17
~ deslizante **173** 2
~ de tela **181** 6
~ de válvulas **184** 12
~ guardapolvo **180** 57, 82, **189** 24
~ plana **95** 51
~ protectora **293** 6
tapacubos **185** 14, **189** 24
tapadera **41** 71, **45** 13
~ automática **53** 33
~ de cristal **42** 23
~ del abrevadero **76** 37
~ de la caldera **53** 54, **92** 28
~ de resorte **53** 33
~ de seguridad **42** 23
tapado* **32** 52
tapadora* **77** 22
tapajuntas **118** 64
tapalodo* **185** 3
taparrabo **267** 43, **335** 38, **337** 31
tapete **44** 6
~ amortiguador de la máquina de escribir **238** 29
~ de piel **106** 21
tapicero **124**
~ de muebles **124** 19
tapir **351** 26
tapiz de pared tejido a mano **47** 45
tapizado de cuero **47** 19, **182** 19
tapón **186** 30
~ calibrador **142** 52
~ de corcho **80** 29
~ de cristal **112** 11
~ del radiador **185** 10
~ de vaciado del aceite **184** 24
~ engomador **238** 45
~ octogonal **333** 4
taponadora **126** 1
taqué **184** 27, 68
taquigrafía **325** 13
taquilla del cine **295** 2
~ de venta de billetes **200** 35
~ para las apuestas **272** 8
taquillero **200** 39
taquimecanógrafa **238** 10
taquímetro de reducción **110** 30
tarabilla **127** 2
tarara **91** 48
tarifa postal **231** 26
tarima **99** 28, **249** 11
~ de trabajo **161** 36, **162** 23
~ rodadiza del mecánico **192** 67
tarja **310** 56
tarjeta **46** 13
~ acuse de recibo **232** 6
tarjeta con la dirección **201** 5
~ de control **145** 86
~ de elector **251** 19
~ de visita **43** 22
~ postal **232** 2
~ postal con respuesta pagada **232** 4
~ postal ilustrada **232** 5
tarjetas de control **145** 84
tarjetero **240** 11
tarlatana **177** 33, **178** 20
tarraja **301** 22, **303** 5
tarrito de la paleta **321** 29
tarro de conservas **41** 69
~ de miel **78** 63
tarso **347** 4
tarta **261** 4
~ de crema **97** 35
~ de fruta **45** 27, **97** 16
~ de pastaflora **97** 15
tartita **45** 10
tarugo **53** 7
tas **119** 20
~ de banco **134** 11
tatetí* **265** 23–25
tatuaje **289** 44
Taumatolampas diadema **349** 4
Tauro **5** 25, **6** 33
Taurus **5** 25, **6** 33
taxi **253** 35
taxímetro **253** 36
taxista **253** 37
taza **45** 7
~ *[florete]* **277** 61
~ * **30** 23
taza de café **45** 7, **261** 19, 51
~ del retrete **51** 37
~ de moca **261** 51
~ de ponche **45** 46
~ superior de la fuente **257** 24
té **98** 68, **366** 9
~ de las cinco **259** 44-46
teatro **296–298**
~ al aire libre **257** 6
~ de cristobitas **298** 23
~ de figuras **298** 29–40
~ de marionetas **298** 29–40
~ de polichinelas **298** 23
~ de revistas **298** 4–8
~ de sombras chinescas **298** 28
~ de títeres **298** 23
~ de variedades **298** 4–8
~ griego **316** 44
~ tipo romano **296** 1–4
teca con las esporas **365** 13
~ conteniendo esporas **365** 12
tecla **301** 38, 49, **305** 8
~ blanca **304** 4
~ de apertura de emisión **306** 22
~ de apertura del micrófono **306** 21
~ de cero **240** 65
~ de control **241** 46, 60
~ de corrección **240** 44
~ de ébano **304** 5
~ de grabación **306** 21
~ de las mayúsculas **240** 26
~ del registro de timbre orquestal para la melodía **303** 42
~ del tabulador **240** 21
~ de marfil **304** 4
~ de multiplicación **240** 66
~ de reproducción **306** 22
~ de retroceso **240** 22
~ deslizante de control de cifras **240** 50
~ de suma y sigue **240** 63
~ fijamayúsculas **240** 27
~ negra **304** 5
~ para cerrar la emisión del sonido **306** 23
~ para enrollar la cinta **306** 24
~ "sub-total" **240** 63
~ "total" **240** 64
teclado **169** 37, **240** 25, **304** 4 y 5
~ alfabético-numérico **241** 44
~ inferior **301** 47
~ para los acordes fundamentales **303** 43
~ para perforación alfabética y numérica **241** 44
~ superior **301** 46
~-piano melódico **303** 39
teclas de números **256** 3
técnica microscópica **110** 1–23
técnico **1** 41, **144** 23
~ electricista **290** 4
~ en maquillaje **292** 36
~ en sonidos **234** 3
techo *[mina]* **138** 20
~ abatible **183** 9
~ con trampilla corredera **208** 5
~ corredizo **187** 8
~ de cristal **28** 27
~ de hormigón armado **118** 28
~ de losas y vigas de hormigón armado **118** 35
~ de los aviones de propulsión a chorro **4** 38
~ fijo **179** 14
techo intermedio **118** 61, 68 y 69
~ macizo **118** 28
~ monolítico **113** 16
~ suspendido **116** 65
"tee" **276** 59
teja **117** 45–60
~ acanalada **117** 54
~ de alero **117** 5
~ de caballete **117** 3, 52
~ de canal **117** 57
~ de casquete para tejado holandés **117** 9
~ de copete **117** 8
~ de cresta **117** 8
~ de cumbrera **117** 3, 52
~ de encaje **117** 59
~ de remate **117** 47
~ de ventilación **117** 7
~ plana **117** 6, 46
~ plana de doble falda **117** 2
~ superior **117** 58
~ terminal **117** 60
~ tipo de convento **117** 60
tejadillo del muro **64** 14
~ para todo tiempo **196** 38
tejado **40, 116–117**
~ acanalado **117** 53
~ a cuatro aguas **39** 64, **116** 10
~ colgadizo **39** 55
~ con buhardilla **116** 37
~ con eclisas **117** 45
~ cónico **116** 24
~ con viga de lima **116** 34
~ de atril **116** 7
~ de caballetes **116** 1
~ de caña **64** 35
~ de copete **116** 10
~ de cristal **79** 5
~ de junco **64** 35
~ de la iglesia **312** 11
~ de madera **116** 27–83
~ de pabellón **116** 22
~ de paja **64** 35
~ de pendiente asimétrica **39** 5
~ de pizarra **117** 61–89
~ de semicopete **116** 16
~ de teja árabe **117** 56
~ de teja de media caña **117** 56
~ de tejas **117** 1, 45–60
~ de una sola pendiente **39** 78
~ de una sola vertiente **116** 7
~ en diente de sierra **116** 20
~ en gradas **319** 2
~ imperial **116** 25
~ italiano **117** 53
~ piramidal de la torre **317** 7

tejado plano **39** 77
~ real **117** 50
tejador **117**
tejar **16** 89
tejeduría **158–159**
tejido **159** 12, **162** 8
~ acanalado **165** 19
~ contráctil **78** 17
~ de lana **162** 1
~ de mimbres **50** 29
~ de punto **160** 48
~ de punto tubular **160** 1
~ de Raschel **160** 29
~ fijado con goma para ser estampado **162** 64
~ húmedo **162** 22
~ inencogible **162** 49
~ sin cardar **162** 33
~ tubular **160** 9
tejo **356** 61
tejón **88** 48
tela **245** 11, **321** 21
~ *[araña]* **81** 7
~ asfáltica **117** 62
~ de batán **156** 47
~ impermeable **221** 47
~ metálica **334** 18
~ metálica con amianto **334** 19
~ metálica sin fin **168** 13
telar **159** 35
~ *[Teatro]* **297** 4
~ automático **159** 1
~ circular **160** 1
telaraña **341** 9, **342** 47
teleférico **16** 67, **209** 15–38
~ monocable de cable continuo **209** 15–24
telefio **361** 9
telefonista **233** 16
teléfono **233** 1–51
~ de fichas **233** 2
~ de habitación **259** 34
~ de mesa **47** 12, **238** 24
~ de monedas **233** 2
telegrafía **233** 52–67
telégrafo de maniobras **219** 21
~ de máquinas **219** 20
telegrama **232** 13
telemark **283** 23
telemecanografiador **241** 32
telémetro **111** 40, **222** 36, 37
teleobjetivo **111** 43
telera sin fin de alimentación **156** 8
~ sin fin reunidora **156** 13
telerín **131** 21
telero **85** 3, **131** 10
~ de acero **208** 6
~ desmontable **208** 8
telerradiación **2** 28
telescopio **108** 37–44, **219** 7, **331** 41
telescopio buscador **109** 19
~ de espejo **6** 2-7
~ de observación **108** 44, **330** 31
~ de reflexión **6** 2–7
~ de refracción **109** 16
telesilla **209** 16–18, **283** 1
~ de dos asientos **209** 17
~ de dos asientos acoplable **209** 18
~ individual **209** 16
~ ligera **209** 16
~ para dos personas **209** 17
telesquí **209** 15, **283** 2
teletermómetro **166** 9
~ del recalentador **205** 50
teletipo **241** 32
teletón por trama **165** 13, 14
televisión **236–237**
telón de boca **297** 22
~ de fondo **292** 33, **296** 33, **297** 10
~ de foro **296** 33
~ metálico **297** 24
telson **342** 1
tembladera **70** 26
temblador **89** 39
témpano de hielo **90** 35
temperatura **9** 8
tempestad **9** 38
templador **304** 20
templario **310** 73
templazo **159** 13
templén **159** 13
templo **319** 7
~ de los muertos **315** 7
~ del valle **315** 8
~ dórico **316** 1
~ etrusco **316** 49
~ maya **335** 20
temporal **19** 33
tenacillas de rizar **103** 38
~ para coger las salchichas **291** 35
~ para el azúcar **45** 23
tenaza de carpintero **127** 21
~ extensora para montar segmentos **192** 13
tenazas **41** 48, **85** 29, **342** 25
~ articuladas de corte **134** 71
~ de boca ancha **132** 3
~ de boca de lobo **132** 4
~ de control a distancia **2** 47
~ de cortar **134** 73
~ de corte **134** 73
~ de extracción **27** 48
~ de forja **132** 2
~ de gancho **132** 1
~ de gasista **119** 55
~ de herrador **132** 40
~ de herrero **132** 1–4
~ de ojetear cajas de bornes **120** 52
tenazas de seguros **192** 22 y 23
~ de soplador **155** 20
~ de vidriero **122** 19
~ para curvar tubos **120** 47
~ para desmantelar tubos **120** 51
~ para el coma eléctrico **94** 6
~ para el crisol **106** 10
~ para el cuero **99** 67
~ para el fuego **135** 14
~ para los carriles **198** 21
~ para montar muelles de freno **192** 28
~ para pastas **45** 36
~ para pasteles **45** 36
tendal **127** 7
tendedera* **53** 36
tendedero **53** 35–42
ténder **203** 8, **208** 1
~ para carbón **205** 68
~ para combustible **205** 68
~ para fuel-oil **205** 68
tendido aéreo con dos hilos para el doble contacto **188** 16
tendón de Aquiles **20** 48
tenebrio **341** 19
tenedor **46** 58
~ de libros **238** 37
~ de pescado **46** 65
~ para bocadillos **46** 76
~ para servir la ensalada **46** 68
~ para servir langosta **46** 79
~ para servir sardinas **46** 78
~ para tomar ostras **46** 80
tenia **341** 24
~ *[Arq.]* **316** 19
~ de óvulo **316** 42
tenis **276** 1–35
~ de anillas **267** 31
~ de mesa **276** 39–42
tensión **147** 8
tensor **203** 36, **240** 70, **283** 45
~ de cuello **37** 19
~ de la cadena **180** 39, **181** 53
~ de la red **276** 14
~ del cable portante **209** 41
~ del cable tractor **209** 42
~ del hilo **102** 24, **160** 5
~ del muelle de válvula **192** 12
~ de los lizos **159** 54
~ de plástico **37** 19
~ roscado **198** 62
tentáculo **340** 29
tentemozo **30** 29
tenuto **300** 53
teodolito **15** 52–62
Teoría de la Relatividad de Einstein **6** 20
teoría de tejidos **165**
terapia de ondas cortas **24** 12
tercer hilo de urdimbre **165** 18
tercera a la cara **277** 7 a 8
~ alta **277** 3 a 4
~ baja **277** 5 a 6
~ mayor **300** 21
~ posición **288** 3
terminación del tejado de copete **116** 11
terminal **147** 12, 35
~ de alta tensión **146** 43
~ de baja tensión **146** 44
~ del cable **184** 6
término *[Mat.]* **327** 11
~ de la suma **326** 23
termocauterio **26** 48, **27** 45
termógrafo **10** 55
~ de una estación meteorológica **10** 19
termómetro **10** 50, **112** 23, **161** 9
~ de aceite **228** 19
~ de baño **30** 21
~ de habitación **23** 26
~ de la caldera **40** 64
~ del agua **186** 14
~ del agua de la refrigeración **207** 13
~ del aire exterior **228** 14
~ de máxima **10** 57
~ de mínima **10** 58
~ de toma lejana **166** 9
~ en forma de cucharón **92** 36
~ "húmedo" **10** 34
~ para el baño **51** 8
~ para medir temperaturas extremas **10** 57 y 58
~ redondo **173** 4
~ "seco" **10** 33
termosifón **40** 68, **119** 66
termostato **77** 9, **339** 35
~ de la habitación **40** 78
ternera **74** 1, **95** 1–13
ternero **74** 1
Terpsícore **308** 70
terrado **39** 75
terraja **106** 15, **119** 42, **120** 48
~ de cojinetes **134** 26
~ oblicua **134** 27
~ ordinaria **134** 28
terramare italiano **309** 15
terraplén **16** 104, **198** 22, **254** 29
~ *[mina]* **138** 16
~ con zafra y piedra **137** 40
~ de la carretera **197** 35
terrario **339** 43
~-acuario **339** 38

terraza **39** 36, 75, **261** 27
~ de cristal **261** 32
~ de geiserita **11** 23
~ de grava **13** 64
~ de la playa **11** 54
~ de roca **13** 47, 63
~ estratificada **13** 49
~ para los baños de sol **39** 75
terremoto **11** 32–38, 45–54
~ por hundimiento **11** 32–38
~ tectónico **11** 32–38
~ volcánico **11** 32–38
terreno de asalto **277** 16
~ de cobertura **137** 20
~ de juego **274** 1, **275** 34–36
~ de rugby **275** 21–27
~ pantanoso **16** 20
~ para el rodaje de exteriores **292** 1
terrier **71** 15–18
~ alemán de pelo duro **71** 37
~ Bedlington **71** 18
~ de pelo duro **71** 15
~ Doberman **71** 26
~ escocés **71** 17
terrón **65** 7
~ de azúcar **45** 22
~ de sal amoníaco **119** 7
tertuliano **260** 40
terzuelo **86** 46
tesela para el mosaico **321** 39
testa de abajo **212** 17
~ de arriba **212** 25
testáceo **340** 25–34
testera *[caballo]* **72** 10, **310** 84
~ *[Máq.]* **158** 12
~ de accionamiento **156** 57, **157** 2, 39
~ de mecanismos **157** 33
testero **138** 12
testículo derecho **22** 72
testigo **248** 32, **313** 23
~ *[Deportes]* **280** 15
~ presencial **253** 67
tetera **45** 47
~ con hornillo **45** 49
tetero* **30** 46
tetilla **30** 48
tetradracma **244** 1
tetraedrita **330** 1
tetraedro **330** 1
texto **239** 9
~ *[Impr.]* **170** 29
~ a dos columnas **178** 64
~ de las aletas **178** 39
thymele **316** 48
tiara papal **246** 37
tibetano **336** 27
tibia **19** 25
tibial anterior **26** 47
tiburón **350** 1
"ticket" **256** 7
tiempo **327** 7
~ *[Mús.]* **299** 30–44
~ *[Meteor.]* **8** 1–4
~ débil **300** 39
tienda **266** 27
~ de antigüedades **253** 57
~ de campaña **266** 27
~ de campaña de playa **267** 45
~ de campaña redonda **266** 51
~ de esquina **253** 40
~ de flores **253** 24
~ de juguete **50** 10
~ del circo **290** 1
~ de los servicios sanitarios **273** 44
~ de pieles **253** 1
~ de soldar **135** 17
~ de sombreros de señora **36** 27–57
~ de ultramarinos **98**
~ de viejo **253** 54
~ en un piso **253** 1
~ vivienda **336** 19
Tierra **4** 1–10, **6** 24, **7** 8
tierra **118** 9
~ con mantillo **79** 15
~ de huerto **79** 15
~ de recubrimiento **150** 2
~ labrantía **65** 4
tierras sobrantes **198** 8
~ a vertedero **113** 78
tigre **290** 56, **353** 5
tija **134** 46
~ de la horquilla **180** 10
~ del sillín **180** 24
tijera **131** 8, **283** 27
~ angular **119** 2
~ cortapapeles **238** 76
~ curva **119** 33
~ de banco **119** 43
~ de doble filo para rosales **58** 15
~ de electricista **120** 45
~ de jardinero **58** 14
~ de mano para cortar hierro **114** 22, 87
~ de trinchar las aves **42** 64
~ para abrir agujeros **119** 33
~ para chapa **106** 23, **119** 1
~ para pizarra **117** 84
tijeras **279** 33, **308** 58
~ corrientes **102** 65
~ curvas **28** 48
~ de ramas altas **58** 6
~ de sastre **102** 70
~ de uñas **103** 5
~ de uñas del bebé **30** 45
~ de vaciar **103** 39
~ para cortar el cabello **104** 17
~ para hierba **58** 24
~ para ojales **102** 66
~ para puros **105** 8
~ para tochos **141** 47
tijereta **80** 4
~ *[Zool.]* **341** 10
tílburi **179** 44
tilde **325** 35
tiliea **56** 9
tilo **355** 46
timbal **302** 57, **303** 57
timbre **107** 42
~ de alarma **262** 41
~ de aviso a distancia **198** 69
~ de la bicicleta **180** 4
~ de la letra **242** 24
timón **213** 6, 24, **223** 25, **269** 51–53
~ *[molino]* **91** 32
~ de codaste **213** 24
~ de costado **213** 6
~ de dirección **226** 83, **228** 42, **271** 37
~ de dirección lateral **223** 41
~ de grafito **229** 27
~ del cohete **229** 27
~ de profundidad **223** 42, **226** 82, **228** 35, 36
~ de profundidad de popa **223** 26
~ de profundidad de proa **223** 51
~ izable **270** 6
~ Oertz **217** 66 y 67
timonel **213** 2, **219** 18, **269** 11
tímpano *[Mús.]* **301** 32
~ *[Arq.]* **317** 26
~ *[Impr.]* **175** 15, **239** 40
tina **168** 45
~ de cabeza de máquina **168** 1
~ de cinc **52** 59
~ de clarificación **92** 33
~ de la prensa **80** 43
~ de lavar **53** 69
~ de madera **262** 38
~ de mezcla **92** 26
~ de mosto **92** 35
~ de recolección **80** 8
~ de remojo **130** 13
~ de tintura **161** 8
~ para el agua de lluvia **55** 4
~ para el baño de asiento **262** 46
~ para el transporte de peces **89** 64
~ para la desinsectación **83** 15
tinada **64** 47
tinglado **220** 38
~ de las mercancías **202** 8, 31, **221** 30–36
~ de tránsito **220** 28
~ para la madera **220** 56
tingle **122** 12
tinta china **144** 55
~ fluida **176** 17
tinte **103** 32
tintero **174** 6, 15, **175** 57, **249** 63
tintero de tinta china **144** 55
tintura **23** 58
~ de la materia textil **161**
tiorba **303** 1
tiovivo **291** 2
tipi **335** 7
tipo **169** 7, 31, **170** 1–17
~ Clarendon **325** 8
~ de la caligrafía alemana **325** 11
~ de la caligrafía inglesa **325** 10
~ de la caligrafía latina **325** 12
~ de máquina de escribir **325** 9
~ en el componedor **169** 15
~ gótico **325** 1
~ individual **169** 44
~ negro chupado **170** 10
~ Schwabacher **325** 2
~ suelto **169** 44
tipografía **175**
tipos de aeroplano **225–226**
~ de arcos **318** 19–37
~ de autobuses **188** 1–16
~ de automóviles **187** 1–30
~ de balandros **270** 45–50
~ de barcos **216**
~ de barcos históricos **213**
~ de bóvedas **318** 38–50
~ de escritura **325** 1–15
~ de planeadores **271** 24–37
~ de veleros **271** 24–37
~ de yates **270** 27–50
típula **342** 16
Tique **308** 37
tira **117** 91, 95
~ de municiones **87** 19
~ de papel **169** 34, **240** 57
~ para cubrir los botones **31** 15
tirabuzón **268** 44
tirachinas **258** 9
~ de papel pegajoso **83** 3
tiradero **86** 14–17, 51
tirador **120** 13, **179** 12, **305** 6
~ de espada **277** 39
~ de florete **277** 17 y 18
~ de goma **258** 9
~ del retrete **51** 45
~ de sable **277** 33
tiradores manuales para combinaciones fijas **305** 46
~ manuales para combinaciones libres **305** 46

tiradores manuales para combinaciones mixtas **305** 46
tirafondo **198** 38
tiralanzas **335** 40
tiralíneas **144** 48
~ de compás **144** 41
tirante *[arreos]* **72** 22, 35
~ *[pantalón]* **31** 52, **33** 47
~ *[Mec.]* **136** 99
~ *[tejado]* **116** 73, 79
~ *[puente]* **210** 51
~ de la horquilla **180** 12
~ del techo **183** 10
~ de refuerzo de bastidor **208** 10
~ de tope **114** 67
~ de unión de las agujas **198** 51
~ de unión del cerrojo con las agujas **198** 60
tiraña **361** 13
tirapié **99** 15
tiras de papel de estaño **331** 56
tiro **72** 24, **131** 8 y 9
~ * **84** 3
tiro al arco **287** 37–47
~ al hoyo **276** 66
~ en tándem **179** 50
tirso **308** 33
tisaje **158–159**
titán **307** 37
títere **49** 14, **298** 24
titular **325** 42
titulillo **178** 66
título de la columna **325** 46
Título de la Deuda **243** 11–19
título de la obra **178** 44
~ de la película **294** 35
~ del capítulo **178** 60
~ del dibujo **144** 64
~ del film **292** 35
tiza **249** 6
tizate* **249** 6
tlacuache* **351** 2
toalla **51** 62
~ de baño **51** 23
~ para friccionar **25** 17
toallero **51** 22, 61
toalleta para lavar la cara **30** 27, **51** 74
toba **11** 19
tobera **140** 19, **171** 53, **227** 48
~ de escape **226** 11
~ de inyección del combustible **227** 28
~ del aire **185** 36
~ de hilar **163** 14
~ de propulsión **229** 24
tobo* **30** 52
tobogán **285** 13
~ *[deslizadero]* **258** 36, **291** 40
~ de troncos **84** 32
toca **36** 27, **338** 71
~ de plumas **36** 43
tocadiscos **44** 28, **237** 14, **306** 32
~ automático **306** 29
~ de cambio automático **306** 32
tocado de cuero **337** 26
tocón **84** 14
tocotoco **343** 5
tocho **140** 32
toga **248** 27
toldilla **218** 33
toldillo protector contra el calor solar **208** 16
toldo **39** 71, **79** 42, **213** 15
~ delantero **266** 37
~ de lona **189** 15
tolobojo* **343** 4
tolva **67** 34, **91** 13
~ aspiradora de polvo **156** 10
~ de autoalimentación **67** 45
~ de las patatas **67** 15
~ del carbón **220** 50, 66–68
tollo **86** 51
toma acuática **292** 11
~ a distancia **111** 43
~ de agua **3** 31
~ de aire **227** 2, 21
~ de aire de la turbina **226** 15
~ de entrada de antena **236** 3
~ de imagen ancha **294** 36
~ de imágenes **294** 23
~ de juramento **248** 31
~ de muestra de la cerveza **93** 10
~ de posiciones para la regata **269** 1–18
~ de sonidos **294** 23
~ de tierra **188** 10
~ de tierra protectora contra los rayos **234** 24
tomador *[Banco]* **242** 19
~ *[Máq.]* **175** 63
tomahawk **335** 16
tomate **59** 12
tómbola **289** 11, **291** 44
tom-tom **303** 49
tonadillera **298** 3
tonalidad **300** 1–15
~ mayor **300** 1–15
~ menor **300** 1–15
tondo **322** 36
tonel **93** 23, **126** 24
~ comercial **93** 45
~ de expedición **93** 45
tonelería **126** 1–33
tonelero **126**
tónico capilar **104** 13
tono grave **234** 44
tonsila **21** 23
tonsura **314** 17
tontillo **338** 83
tope *[Ferr.]* **114** 40
~ *[Carp.]* **128** 4, 20
tope *[cuchillo]* **46** 55
~ de bolas de la dirección **183** 23
~ de cierre **210** 60
~ de descanso del martillo **133** 47
~ de inglete **128** 10
~ del banco **127** 43
~ de parada **233** 28
~ paralelo **128** 8
topo **351** 4
topografía **15** 46–62
toque **268** 28
~ de cabeza **274** 56
~ para el viraje **268** 28
tórax **18** 28–30, **19** 8–11
torbellino **7** 21
torcecuello **343** 27
torcedor **82** 43
torcedora **53** 61
~ de la piel del fruto **81** 9
~ del manzano **81** 9
~ verde del roble **82** 43
torcido **103** 35
tordo común **346** 16
torera **279** 49, **287** 65
torii **319** 11
tormenta **9** 38
tornapunta **116** 58, 69, 82
tornavoz **311** 21
torneado **154** 14
torneo **310** 71
~ de ajedrez **265** 16
tornería **129** 1–26
tornero **154** 9
~ en madera **129** 20
tornillo **114** 75, **136** 13–48, **158** 36
~ articulado **134** 24
~ calibrador micrométrico **331** 1
~ con collar **136** 30
~ de acoplamiento **203** 36
~ de ajuste **114** 79, **128** 8, **136** 105, **144** 46
~ de ajuste del aire para el ralentí **183** 60
~ de brida **198** 44
~ de cabeza avellanada **136** 26
~ de cabeza cilíndrica **136** 34
~ de cabeza cuadrada **136** 37
~ de cabeza de martillo **136** 39
~ de cabeza en T **136** 39
~ de cabeza hexagonal **136** 13
~ de cabeza ranurada **136** 34
~ de cierre **38** 3, **161** 62
~ de elevación **212** 36
~ de escalera **118** 46
~ de fijación **29** 10, **111** 35
tornillo del torno con mango **127** 41
~ del trípode **111** 32
~ de mano **134** 16
~ de mordazas **134** 24
~ de nivelación **238** 40
~ de presión **141** 57, **144** 30
~ de reglaje del aire para el ralentí **183** 60
~ de retención del carril **198** 41
~ de rosca golosa **136** 43
~ de rosca para madera **127** 48
~ de sujeción **144** 36, **161** 43
~ de sujeción de las traviesas acopladas **198** 46
~ de sujeción de la tapa del plegador **161** 44
~ de sujeción del carril **198** 41
~ de sujeción del taco de goma **180** 84
~ embutido **136** 26
~ graduador **102** 19
~ micrométrico **142** 53
~ para el mando indirecto de elevación **15** 54
~ para el mando indirecto del movimiento lateral **15** 56
~ para la salida del aire **23** 2
~ paralelo **134** 12
~ para madera **117** 101, **136** 43
~ para piedra **136** 41
~ para sujetar la aguja **102** 30
~ prisionero **136** 46
~ regulador **144** 40
~ sin fin **68** 68, **186** 43
~ sin fin alimentador **68** 53
~ sin fin elevador de espigas **68** 69
~ sin fin hacia el desgranador **68** 68
~ tensor **198** 62, **302** 53
~ tensor para afinar **302** 59
torniquete **173** 1
~ de emergencia **17** 15
torno **139** 10, **142** 1, **189** 28
~ *[abertura]* **248** 16
~ al aire **129** 1
~ ballenero **90** 31
~ de alfarero **154** 11
~ de la carga **85** 4
~ del cable **145** 20
~ dental **27** 12–15
~ de pivotear **107** 57
~ de relojero **107** 55
~ de remolque **271** 6
~ elevador inclinado **148** 8

torno frontal **127** 40
~ para mecánica de precisión **107** 55
~ para metales **142** 1
~ para pulir **107** 57
~ rápido **142** 1
~ revólver **143** 1
~ trasero **127** 44
Toro **5** 25, **6** 33
toro **74** 1
~ *[Arq.]* **316** 28
~ de lidia **287** 67
~ furioso **246** 15
~ inferior **316** 30
~ marino **307** 47
toronjo **368** 23
torpedero **222** 14
torpedo **223** 32
torre **114** 34
~ *[ajedrez]* **265** 12
~ *[quinta]* **39** 1–53
~ * **145** 46
torre artillera **222** 41
~ central **317** 6
~ de acecho **310** 17
~ de agua **254** 18
~ de ángulo **310** 14
~ de apagado del coque **148** 17
~ de arranque **283** 8
~ de cañones **222** 24
~ de Einstein **6** 15–20
~ de enfriamiento **145** 60
~ de escalones **315** 32
~ de evaporación **262** 1
~ de exploración de radar **230** 4
~ de extracción **139** 48
~ de la antena de televisión **237** 38
~ de la iglesia **312** 2
~ de la muralla **252** 36
~ de las campanas **319** 8
~ del espejo giratorio **230** 53
~ del fanal **219** 57
~ del homenaje **310** 4
~ de los faros de iluminación **199** 46
~ de los jueces **283** 13
~ del pozo **137** 6
~ del puente **210** 25
~ del templo **315** 32, **319** 26
~ de madera **6** 16
~ de mando **222** 44
~ de montaje de los cohetes **229** 32
~ de observación **16** 68
~ de perforación **12** 33, **139** 1
~ de prácticas **255** 3
~ de saltos **268** 6
~ de señales accionada eléctricamente **199** 64
~ de señales de mando **199** 16
~ de señalización **15** 51
~ de vela **310** 35
torre de vigía **90** 39
~ elevadora **210** 66
~ emisora de radio **16** 33
~ flanqueante **310** 28
~ fraccionadora **139** 26
~ gemela **222** 24
~ humana **290** 28
~ mirador **252** 52
~ mortuoria **315** 21
~ principal **310** 4
~ reticular **146** 36
~ revólver **143** 3
~ templo **319** 1
~ triple **222** 27
~ triple acorazada **223** 57
~ triple giratoria **223** 57
torrecilla **183** 54
~ de los tubos de pedal **305** 4
torreta **223** 23
~ central de sustentación **209** 23
~ de los jueces **272** 35
~ de regulación del tráfico **247** 18
torrotito **218** 48
torsión de tronco **278** 12
~ preliminar **164** 45
torso **322** 7
torta del filtro-prensa **154** 13
tórtola **343** 23
tortor **17** 16
tortuga de carey **350** 28
torunda **28** 8
torvisco **361** 10
torzal de cera **78** 65
tostada **46** 34
tostador de pan **42** 33
tostadora de café **98** 70
total a pagar **256** 8
totalizador de la suma arrastrada **239** 51
totem **335** 2
totovía **346** 18
Touropa **204** 48
traba de la lengua **17** 24
trabajador del bosque **84** 27
~ del escenario **292** 24
~ forestal **84** 18
trabajo con horquillas **101** 28
~ con lanzaderas **101** 19
~ de construcción **50** 20–31
~ de dar forma **155** 13-15
~ de filigrana **38** 16
~ de frivolidad **101** 19
~ de frivolité **101** 19
~ de marquetería **47** 48
~ de mezcla **293** 24
~ de occhi **101** 19
~ en el tinglado **221** 22–36
~ por piezas en objetos de vidrio **155** 16–21
trabazón de la celosía **210** 52
trabilla **99** 42
traca de aparadura **217** 45
~ de cinta **217** 41
~ de fondo **217** 45
~ de pantoque **217** 43
~ central **217** 52
~ lateral **217** 42
tracción **209** 2
tracería **317** 39 y 40
tracto-camión **189** 31
tractor agrícola **65** 25
~ de carga **189** 11
~ de oruga **196** 3
~ de ruedas **85** 1
~ eléctrico **202** 2
~ para usos varios **67** 1
tráfico circular **252** 12
tragahumo **47** 30
tragaluz **40** 2, 7, **116** 8, **117** 12
tragaperras **260** 48
tragasables **291** 26
tragontina **363** 9
traílla **71** 30
trainera **90** 24
traíña **90** 25
traje **338**
~ cruzado **34** 4
~ chaqueta **32** 1, 9
~ de amianto **255** 46
~ de baño **267** 42
~ de baño de señora **267** 26
~ de buzo **224** 27
~ de caza **86** 2
~ de chaqueta redonda **34** 13
~ de deporte **34** 20
~ de encerado **224** 54–56
~ de esgrima **277** 29 y 30
~ de estar por casa **33** 7
~ de etiqueta **34** 57
~ de fin de semana **32** 56
~ de gimnasia **31** 11, **278** 44–48
~ de marinero **31** 28
~ de niño **31** 53
~ de noche **34** 61
~ de penado **248** 13
~ de playa **32** 56, **267** 19
~ de "tweed" **32** 58
~ "Dirndl" **32** 21
~ "Dirndl" para niña **31** 36
~ para jugar **31** 9
~ protector **255** 46
~ sastre **32** 1
~ "sport" **32** 58
trajes de caballero **34**
~ de hombre **34**
~ de niño **31**
~ de señora **32**
trama horizontal **130** 5
~ por debajo **165** 15
~ por encima **165** 16
~ puntillada **172** 32
tramo de descarga de las chispas **147** 62
tramo de puente **210** 17
~ de vía **198** 12
~ inferior *[tejado]* **116** 67
~ inferior *[canal]* **212** 29
~ recto **137** 34
~ superior **212** 37
tramoyista **297** 59
trampa "cuello de cisne" **87** 48
~ de arco **87** 48
~ de caja **86** 20
~ de iones **236** 17
~ de la pared de la caja **131** 17
~ para campañoles **83** 8
~ para ratas **83** 7
~ para ratones **58** 44
~ para roedores **83** 7–9
~ para topos **58** 43, **83** 8
trampero **289** 8
trampilla **339** 4
~ del aire frío **166** 24
~ para el humo **335** 9
trampolín **279** 17, 21, **283** 7, **290** 36
~ de saltos de tres metros **268** 9
~ de un metro **268** 10
trancanil **217** 47
trancha **119** 17
tranchete **99** 18, **132** 28–30
~ de zapatero **99** 60
~ para desvirar **99** 30
transacciones de Bolsa **243** 6
~ de mercado libre **243** 5
transatlántico **216** 32
transbordador **211** 11
~ con motor **211** 6
~ del puerto **220** 24
~ de pasajeros **16** 60
~ de trenes **16** 12, **216** 16
~ de vehículos **16** 47, **211** 10
transbordo **220** 63–68
transcripción fonética **325** 14
transformación del papel **168** 23–43
transformador **146** 39, **147** 9–18, **206** 7
~ de alta tensión **332** 32
~ de baja frecuencia **235** 2
~ de energía **146** 39
~ de fuerza **146** 39
~ de la corriente **147** 58
~ de la corriente de la red **235** 1
~ de la máquina de soldar **135** 11
~ de la tensión **147** 59
~ de salida de la deflexión vertical **236** 22

transformador de salida de sonidos **236** 31
~ de tensión **146** 30
~ de Tesla **332** 33
~ experimental **332** 5
~ principal **206** 7
~ transportable **146** 30, 39
transfusión de sangre **29** 26
translación (traslación) de la Luna alrededor de la Tierra **7** 1
translador de altavoz **235** 2
transmisión **237** 28, **305** 7
~ de fuerza **207** 1–10
~ de impulsos **237** 18
~ de las señales de imagen **237** 24
~ del cambio **198** 66
~ del sonido **237** 23
~ de televisión **237** 12–39
~ eléctrica de la tracción Diesel **207** 6
~ hidráulica de la tracción Diesel **207** 3
~ mecánica de la tracción Diesel **207** 1
~ por correa **158** 33, 61
transmisor **230** 23, 24
~ de la senda de planeo del sistema de aterrizaje a ciegas **230** 14
~ de microondas **332** 20
~ de radar **230** 35
~ de ruta para el aterrizaje **230** 11
transportador **138** 38, 39
~ *[dibujo]* **144** 4
~ de cangilones **221** 64
~ de cangilones basculantes **145** 70
~ de doble cadena **138** 14
~ de encofrados **114** 78
~ de galería **138** 15
~ de la paja **68** 61
~ del carbón **146** 3
~ del tajo **138** 24
~ de patín cruzado **169** 48
~ de retroceso **68** 64
~ de tierras **113** 77
~ de trozas **149** 32
~ raspador de cadena **138** 37
transporte **146** 48
~ de carga **207** 39
~ de correo **207** 39
~ de la cerveza **93** 34–38
~ del benzol **164** 6
~ del pliego paralelo **178** 13
transporte de una persona herida **17** 18–23
~ especial **216** 40
~ por carretera **85** 1–6
tranvía **193**
~ aéreo **209** 15–38
~ de gran capacidad con remolque **193** 1
trapecio **279** 45, **290** 6
~ *[Geom.]* **328** 37
~ *[Anat.]* **20** 52
trapecista **290** 7
Trapense **314** 13
trapo **249** 5
~ del polvo **52** 27
~ para limpiar los muebles **52** 45
trapos en pasta **167** 25
tráquea **19** 50, **22** 4
trasatlántico **216** 32
trasdós **318** 26
trasero **18** 40
~ del niño **30** 39
trasiego **93** 20–28
trasplantador **58** 13
trasplante **57** 8
traspunte **297** 30
traspuntín **187** 12, **204** 11
traste **303** 9
trasto **296** 30
trastos viejos **52** 73
tratamiento con ondas ultrasónicas **24** 14
~ con rayos X **29** 30–38
~ con rayos ultravioletas **24** 17
~ dental **27** 2
~ médico **26** 17
~ por radium **29** 48–55
~ por rayos gamma **29** 48–55
trautonio **306** 11
travesaño **114** 57, **115** 27, **210** 46
~ *[almohada]* **48** 15
~ de apoyo **114** 61
~ del pilón **210** 39
~ de presión **162** 13
~ de refuerzo **114** 64
~ de solera **115** 50
~ intermedio **115** 55
travesía **194** 2
traviesa **115** 41, **143** 44
~ de acero **198** 89
~ de fondo **208** 9
~ de hormigón **198** 87
~ de junta acoplada **198** 45. 88
~ del puente **210** 6
~ de refuerzo **210** 31
traviesas de junta acopladas **198** 45
~ de madera **114** 39
trayectoria **229** 41
~ balística **87** 79
~ de los electrones **4** 34
traza del esquí **283** 3
trazado **144** 59–63
trazado de arriates **58** 19
~ de líneas férreas **198** 1–31
trazador **145** 36
~ de líneas **121** 21
~ paralelo **145** 30
trazaingletes **127** 13
trazo que indica la fuerza del viento **9** 10
trebejo **265** 4, 5, 14
trébol **265** 38
~ blanco **70** 2
~ de cuatro hojas **70** 5
~ de la suerte **70** 5
~ del Rosellón **70** 4
~ de Suecia **70** 3
~ encarnado **70** 4
~ híbrido **70** 3
~ pie de pájaro **70** 11
~ rojo **70** 1
~ trepador **70** 2
trementina **52** 34
tren blooming **141** 45
~ de aterrizaje fijo **225** 5
~ de aterrizaje principal **226** 48
~ de aterrizaje retráctil **225** 51
~ de cercanías **252** 63
~ de cilindros inferior **162** 6
~ de cilindros superior **162** 3
~ de coches-camas **207** 38
~ de conducción de tramos de vía **198** 11
~ de estiraje de cuatro pares de cilindros **157** 9
~ de gran estiraje **157** 14
~ de juguete **49** 20
~ del infierno **291** 5
~ de pasajeros **201** 27, **203** 1
~ de poleas de rodadura **209** 36
~ de poleas de rodadura de la vagoneta **209** 66
~ de rodillos del cable tractor **209** 60
~ de ruedas **107** 19–21
~ de tendido de vía **198** 1
~ de vagones **199** 28
~ de vagonetas **137** 28 y 29
~ Diesel articulado **207** 37 y 38
~ Diesel de servicio normal **207** 37
~ Diesel hidráulico para largo recorrido **207** 29
~ fantasma **291** 5
~ para el transporte de traviesas **198** 25
~ planetario **136** 92
trenes **203–208**
trente **66** 8
trenza **97** 53
trenzado del fondo **130** 20
~ en series diagonales **130** 3
~ lateral **130** 18
~ simple **130** 4
trepadora **345** 6
tres **284** 15
~ en raya **265** 24
~ piezas **32** 35
~ por cuatro **299** 39
~ por dos **299** 40
~ por ocho **299** 38
tresillo **300** 38
tresnal **65** 21
triada **300** 16 y 17
triángulo **328** 26–32
~ *[Mús.]* **302** 49
~ acutángulo **328** 28
Triángulo Austral **5** 40
triángulo de arcilla cocida **334** 17
~ de giro de locomotoras **199** 13
~ determinante **110** 36
~ equilátero **328** 26
~ isósceles **328** 27
~ obtusángulo **328** 30
~ rectángulo **328** 32
Triangulum Australe **5** 40
tribu nómada **336** 19
tribuna **251** 6, **274** 31
~ cubierta **272** 7
~ de la banda de música **290** 9
~ de la prensa **248** 40
~ de los espectadores **273** 45, **274** 31
~ de los jueces de meta **272** 19
~ del templo **311** 25
~ del testigo **248** 34
tríceps **20** 38
triciclo de Correos **231** 33
~ de inválido **181** 22
~ de reparto **189** 1
Tricolor **245** 16
tricornio **338** 62
tricotaje **160**
tricotosa circular **160** 1
~ rectilínea **160** 35
tridente **308** 30
triforio **317** 33
trigal **65** 19
triglifo **316** 15
trigo **69** 1, 23
~ de siembra **65** 12
~ sarraceno **70** 20
trilladora **67** 44
trinchante **46** 70, **150** 38
trinche* **46** 58
trinchera de caballero **34** 40
trinchero **45** 57
trinchete curvo **99** 61
trineo con deslizadores en forma de cuernos **285** 2
~ de caballo **286** 25

trineo de empuje **286** 29
~ de mano **286** 29
~ de perros **336** 3
~ de silla **286** 29, **336** 18
~ dirigible **285** 5
~ Nansen **285** 1
~ para expediciones polares **285** 1
~ sin deslizadores **285** 13
trinitaria **62** 2
trino **300** 31
~ con mordente **300** 32
~ sin mordente **300** 31
trinquete **215** 21
~ *[Mec.]* **107** 18, **145** 24 y 25
~ cangrejo de goleta **270** 29
trío del bar **259** 44
tripa **105** 7
triplano **225** 10
triple control de velocidades **306** 36 y 37
~ salto **280** 33–35
tripleta central **274** 18, 19, 20
trípode **111** 31, **333** 15, **334** 14
~ ajustable **292** 50
~ de la cámara **237** 4
~ de madera **292** 23
~ para cocinar **266** 49
~ para el secado del heno **65** 39
tríptico **311** 42
tripulación del avión **226** 38–41
~ de superficie **224** 14
trirreme **213** 9–12
triscador **127** 49
tritón **307** 23, 40
~ de cresta **350** 20
trituración de los cereales **91** 57
triturador de la malta **92** 22
trituradora **151** 8
~ de grumos y bolas **91** 61
~ del carbón **146** 4
~ de martillos **152** 2
~ de mordazas **150** 20, **153** 6
~ de yeso **152** 16
~ giratoria **153** 6
~ giratoria en grueso **150** 19
~ previa **150** 17, **153** 6
~ secundaria **150** 19
trocar **26** 41 y 42
~ curvo **26** 42
~ recto **26** 41
trofeo de caza **262** 26
~ de guerra **335** 15, 30
troica **179** 45
troj **64** 34, **65** 26
troje **64** 34, **65** 26
trole **193** 15–19
trolebús **188** 8–16, **252** 23
trolebús con remolque **188** 12–16
trombón alto **302** 46
~ bajo **302** 46
~ de varas **302** 46, **305** 17–22
~ tenor **302** 46
trompa **272** 59
~ *[Zool.]* **342** 56, **351** 21
~ *[juguete]* **49** 24
~ * **205** 34
trompa chupadora **342** 1
~ de caza **87** 60, **272** 60
~ de cilindros **302** 41
~ de Eustaquio **19** 65
~ de Falopio **22** 81
~ de pistones **302** 41
trompeta **311** 55
~ de bronce **301** 1
~ de jazz **303** 65
~ de juguete **49** 18
trompo **258** 18
~ * **119** 58
trompo de música **49** 24
tronadora* **56** 10
tronco **84** 21, 34, **85** 6, **354** 2
~ *[Anat.]* **18** 22–41
~ de asiento **85** 9
~ de costado **85** 11
~ del árbol **354** 7
~ de león **307** 22
~ de sección entera **115** 87
~ de sección media **115** 88
~ para trepar y afilarse las uñas **339** 3
troncos **115** 2
tronera **213** 59
tronzador **85** 34, **115** 68
trópico **15** 10
~ de Cáncer **5** 4
troposfera **4** 11
troquel **244** 40 y 41
troquilo **316** 29
trote **73** 41
trotón **272** 40
trovador **310** 70
troza **84** 22, 31, **115** 83, **149** 31
~ aserrada **149** 38
trozo cortado **138** 45
~ de caña **367** 63
~ de carne **86** 43
~ de cristal **253** 63
~ de hielo **260** 44
~ de madera **52** 62, **167** 1
trucaje **293** 17
trucha de arroyo **350** 15
~ de montaña **350** 15
~ de torrente **350** 15
trufa **98** 86, **365** 9
truhán **289** 38
trulla **113** 56
trusas **338** 31
"tsunomi" **11** 53
tuba **302** 44
~ de contrabajo **302** 44
tubérculo madre **69** 39
tubérculos **69** 38–45
tubería **254** 22
~ a presión **254** 16, 49
~ circular **140** 46
~ de admisión **182** 9
~ de agua refrigerante **146** 27
~ de alimentación de aire **140** 28
~ de aspiración **40** 55
~ de bajada del agua **254** 21
~ de conducción **254** 12
~ de conducción del gas **133** 59
~ de desagüe **40** 10
~ de distribución **119** 30, **254** 52
~ del combustible **229** 11
~ del gas en bruto **148** 13
~ de retorno **40** 56
~ de salida **254** 12
~ de salida del aire **162** 29
~ de subida del agua **254** 19
~ de ventilación **161** 34
~ de viento **141** 2
~ para el agua residual amoniacada **148** 35
~ para la calefacción a vapor **158** 52
~ para la entrada de agua **92** 31
~ principal de vapor **223** 7
tuberías de gas a presión **148** 53 y 54
tubito de cristal **26** 46, **234** 29
tubo **10** 52, **28** 41, **334** 7
~ *[Mús.]* **301** 57, **305** 16
~ *[rueda]* **180** 31
~ *[peluquería]* **103** 35
~ abierto labial **305** 23–30
~ acústico **305** 17–35
~ acústico de la fachada del órgano **305** 1–3
~ aislante **120** 44
~ aislante para conductores desnudos **120** 43
~ aspirador **221** 57
~ aspirador de aire fresco **223** 35
~ aspirante **10** 36
~ Bergmann **120** 44
~ blindado **120** 48
~ Braun de rayos catódicos **230** 49
~ capilar **331** 44
~ contador **2** 21
~ contra la luz **294** 4
~ de admisión **182** 9
~ de aire a presión **169** 38
~ de aire comprimido **138** 44
tubo de alimentación **40** 74, **119** 24, **141** 33
~ de alimentación del combustible **229** 15
~ de alquitrán **148** 12
~ de aspiración **254** 5, 14, 41
~ de barro **254** 35
~ de Braun **332** 23
~ de caída **140** 56
~ de carga **40** 47, **195** 14, **221** 58
~ de celosía **6** 2
~ de cemento **196** 62
~ de cloruro cálcico **334** 43
~ de color al óleo **321** 11
~ de condensación **166** 22
~ de conducción del agua **92** 3
~ de cristal para observar la cerveza **93** 27
~ de desagüe **39** 13
~ de descarga **331** 16
~ de drenaje **65** 44
~ de drenaje *[Med.]* **28** 53
~ de embocadura desmontable **303** 71
~ de enchufe **305** 17
~ de ensayo **334** 34
~ de entrada **117** 30
~ de entrada de agua fría **93** 8
~ de entrada del agua **89** 55, **339** 27
~ de entrada del aire **168** 36
~ de entrada del gas **334** 2
~ de entrada del mosto **93** 7
~ de escape **185** 63, **205** 25
~ de evacuación de aire **40** 51
~ de expresión del pedalero **305** 3
~ de extracción del fango **139** 12
~ de fundición **39** 14
~ de gasolina **184** 10
~ de goma del gas **135** 35
~ de goma del oxígeno **135** 36
~ de imágenes **236** 1
~ de inyección de aire **140** 61
~ de la boca de riego **255** 26
~ de la bomba **64** 26, **93** 3
~ de la caldera **53** 50
~ de la calefacción **79** 8
~ del agua **79** 30, **146** 7
~ del aire **224** 21
~ de la pipa **105** 38
~ del cañón **90** 56, **223** 68

tubo del combustible **227** 56
~ de lengüeta **305** 17–22
~ del escobén **217** 73
~ del freno **206** 46
~ del horno **41** 50
~ del humo **205** 8
~ del microscopio **109** 2–10
~ del nivel del fuel-oil **40** 53
~ del polen **354** 66
~ del pozo **12** 25
~ del pulsorreactor intermitente **227** 12
~ del recalentador **205** 17
~ del sillín **180** 18
~ de luz fluorescente **256** 23
~ de luz neón **256** 23
~ de llenado de aceite **184** 47
~ de llenado del depósito de gasolina **186** 30
~ de metal **52** 4
~ de oxígeno **135** 32
~ de paja para sorber **261** 36
~ de pedal **305** 3
~ de perforación **139** 5
~ de plástico para sorber **261** 36
~ de platino **29** 52
~ de plomo **119** 58
~ de popa **223** 27
~ de presión **212** 50, **297** 54
~ de rayos catódicos **332** 22
~ de rayos X **332** 28
~ de refrigeración **93** 25
~ de respiración **267** 39
~ de retorno **40** 79
~ de salida **53** 50, **83** 6
~ de salida de agua fría **93** 8
~ de salida de arena **205** 15
~ de salida del agua **89** 58
~ de salida del gas **140** 13
~ descendente de aspiración **211** 59
~ de seguridad **333** 7
~ deslizante **89** 54
~ de soplador **155** 14
~ de succión **137** 31, **297** 52, **333** 21
~ de tabletas **23** 10
~ de unión **334** 5
~ de vacío **184** 15
~ de ventilación **138** 35
~ de Wehnelt **332** 25
~ electrónico **234** 48
~ elevador de la bomba **139** 51
~ en U **333** 2
~ en Y **334** 56
tubo flexible **171** 54
~ flexible del agua **185** 11
~ flexible para el descongelador **185** 35
~ fluorescente **204** 47
~ forrado **254** 64
~ fotográfico **109** 17
~ Geiger **29** 50
~ horizontal **114** 48
~ inclinado **110** 3
~ inferior **180** 17
~ inferior del cuadro **180** 17
~ labial **331** 19
~ labial abierto de madera **305** 31–33
~ labial tapado **305** 34
~ lanzatorpedos de popa **223** 27
~ metálico resonador **303** 78
~ neumático de rellenar **138** 18
~ ocular inclinado **110** 12
~ ocular recto **110** 10
~ para el aire **76** 23
~ para el llenado de combustible **229** 12
~ para el llenado de oxígeno **229** 13
~ para la bajada del agua **51** 44
~ para la diseminación del cebo envenenado **83** 1
~ para la leche **76** 23
~ para proteger las ampollas contra los rayos solares **10** 35
~ para radioisótopos **1** 36
~ perpendicular a la pared **114** 49
~ principal del aire **206** 46
~ quitalimaduras **134** 2
~ refrigerador **1** 35
~ relámpago **111** 58
~ Roentgen **332** 28
~ sifón **10** 47
~ snorkel **223** 11
~ sonda **254** 64
~ soporte del sillín **180** 18
~ superior **180** 16
~ superior del cuadro **180** 16
~ vertical **168** 5
~ vertical de revestimiento **139** 16
~ visual **109** 18
tubos de combustible de la cisterna **229** 33
~ de refrigeración **93** 13
~ gemelos inclinados del binocular **110** 18
tubular **273** 19
~ de repuesto **273** 23
tucán negro **345** 6
tuerca **180** 53
~ *[Gimn.]* **279** 49
~ alada **136** 40
tuerca corona **136** 24
~ de ajuste **136** 33
~ de ajuste de las barras de acoplamiento **186** 45
~ de aletas **183** 13
~ de fijación **136** 33
~ de fijación de la elevación **15** 55
~ de fijación lateral **15** 57
~ de orejas **136** 40
~ de seguridad **180** 64
~ de sujeción **185** 32
~ de tensión **186** 48
~ hexagonal **136** 18
~ hexagonal con entalladuras **136** 24, 75
~ mariposa **136** 40
~ redonda con agujero **136** 33
tul bordado **101** 30
tulipa de la lámpara **45** 31
tulipanero **358** 1
tulipero **358** 1
tumba **312** 23, **319** 16
~ * **84** 4–14
tumba de niño **312** 30
~ de piedra **309** 17
~ de soldado **312** 33
~ de urnas **312** 31
~ familiar **312** 27
~ megalítica **309** 16
~ real **315** 1
~ roqueña **315** 38
~-urna **309** 39
"tumbler" **166** 6
tumbo* **56** 2
tumbona **54** 10
~ transportable **58** 38
túmulo **312** 52
~ cupuliforme **309** 16
túnel **16** 70, **209** 6
~ de acceso a los andenes **200** 23
~ de cables **146** 20
~ de entrada **336** 6
~ de espera de los artistas **290** 12
~ del andén **201** 2
~ del árbol de la hélice **218** 56
~ de secado de aire caliente **168** 38
~ para el árbol de transmisión **185** 44
túnica **314** 26, **338** 12
~ ceñida **338** 25
~ de lino **338** 5
tunicela **314** 44
tupé **31** 7, **338** 8
tupi **128** 18, 22
turba de aliso **13** 18
~ de cañas y juncos **13** 17
turbante **336** 46
turbina **183** 18, **226** 16
~ de gas de escape **227** 10
~ de transmisión hidráulica **207** 4
~ de vapor **146** 23, **147** 23–30, **227** 54
turbina en el borde exterior del ala **226** 20
turbogenerador **3** 6
~ de electricidad **3** 32
turbohélice **227** 38
turbomotor de momento de torsión **207** 4
turborreactor **227** 25, 30, 38–45
turbosoplador refrigerador de la película **295** 34
túrdidos **344** 3
346 13–17
turismos **187**
Turquía **14** 40, **245** 19
tusílago **364** 8
tutú **288** 33
tuya **312** 29, **356** 39
Tyche **308** 37

U

uapití **352** 2
ubre **76** 19
ujier de la Bolsa **243** 9
última docena **263** 27
último *[cordada]* **282** 28
ultrarradiación **4** 27–34
umbela **354** 72, **362** 40
Umbellula encrinus **349** 14
unau **351** 11
ungüento **26** 10
~ antirreumático a base de veneno de abejas **78** 68
ungulados **351** 20–31, **352** 1–10
~ de dedos impares **351** 25–27
~ de dedos pares **351** 28–31
unicornio **246** 16, **307** 7
unidad eléctrica de tres coches **206** 60
~ ferroviaria accionada por Diesel **206** 1–43
~ motriz para mercancías **207** 39
unidades **326** 3
~ de millar **326** 3
uniforme **179** 21, **247** 2
unión **117** 94
~ a caja y espiga **116** 84
Unión de las Repúblicas Socialistas Soviéticas **14** 22
unión en espiga de doble mecha **116** 85
~ giratoria **139** 9
Union Jack **245** 15
unión oblicua con resalte **116** 88
~ recta a media madera **116** 86
Unión Soviética **14** 22
~ Sudafricana **14** 38
uniones de madera **116** 84–98

unísono **300** 19
universidad **250**
uña **21** 57, 80
~ para el dispositivo de paro **159** 43
~ de caballo **364** 8
~ de oso **335** 14
uppercut **281** 29
upupa **343** 25
Urania **308** 72
uranio **3** 20, 21
Urano **6** 29
urdidor **158** 22, 41
urdimbre **158** 41, 46, **159** 39, **160** 24
~ seca **158** 55
uretra **22** 32, 68
uría común **343** 13
urinario público subterráneo **194** 20
urna **251** 29, **312** 32
~ abullonada **309** 38
~ cineraria **309** 38
~ de cuello cónico **309** 40
~ en forma de cara **309** 38
~ en forma de casa **309** 38
urogallo **88** 72
~ haciendo la rueda **86** 11
urraca **346** 3
Ursa Maior **5** 29
~ Minor **5** 34
U.R.S.S. **14** 22
Uruguay, *guarda* 17
usuario de la biblioteca **250** 24
~ del servicio de tranvías **193** 3
~ del teléfono **233** 4
utensilios de cocina **42** 1–66
~ de pintura **321** 6–19
útero **22** 79
útil para dar forma al pie de la copa **155** 18
~ para la destrucción de insectos nocivos **83** 1–48
útiles de carnicero **96** 29–35
~ de caza **87** 41–48
~ de escritura **239** 17–36
~ de fumador **105**
~ de jardinería **58**
uva crespa **60** 1
~ dañada **81** 21
~ espina **60** 1, 9
~ lupina **363** 1
uvaduz **361** 15
uvas de gato **359** 21
~ estrujadas **80** 14
úvula **21** 22

V

vaca **74** 1, **76** 18
~ de San Antón **342** 37
vaccinium uliginosum **361** 23
vaciado **2** 52, **197** 9
~ en yeso **322** 4
vaciador **141** 8
vacío **136** 82, **177** 57
vacuola contráctil y pulsátil excretoria **340** 5
~ de alimentación **340** 6
vacuómetro **76** 29, **171** 44
~ de espejo **333** 20
~ indicador de freno **205** 52
vade **238** 16
vagina **22** 86
vagón cerrado **208** 34
~ cerrado de descarga automática **208** 24
~ cerrado para mercancías **208** 4
~ cerrado para transportes varios **208** 32
~ cisterna **208** 11
~ cisterna de uso múltiple **208** 13
~ cisterna para fluidos a presión **208** 15
~ con cajas volquetes **208** 22
~ con descarga lateral **208** 19
~ con piso a doble pendiente **208** 23
~ con viga giratoria y teleros **208** 20
~ de baile **204** 24
~ de bordes abatibles **208** 23
~ de bordes máximos **208** 21
~ de bordes medios para mercancías **208** 2
~ de cine **204** 24
~ de circo **290** 34
~ de compartimientos aislados **203** 24
~ de descarga rápida por los laterales **208** 23
~ de dos pisos para el transporte de automóviles **208** 31
~ de feriantes **202** 26
~ del ferrocarril **216** 19
~ de mercancías **208** 2–34
~ de metal ligero **203** 34
~ de pasajeros de 2.ª clase **203** 26
~ de plataforma abierta **203** 26
~ de reconocimiento de tendido de línea **206** 57
~ de servicio de la estación **199** 30
~ de tren expreso **204** 1
~ de varios compartimientos **208** 28
~ frigorífico **208** 27
~ góndola de 14 ejes **208** 29
vagón grúa automóvil para la brigada de tendido de carriles **208** 36
~ grúa para el tendido preliminar de secciones de vía y de puentes **208** 37
~ jaula **290** 62
~ para cuerpos pulverulentos **208** 17
~ para el transporte de traviesas **198** 19
~ para transportar postes de madera **208** 20
~ para transporte de minerales **208** 19
~ plataforma **208** 6
~ plataforma con "containers" **208** 25
~ rápido de mercancía en fardos **202** 6
~ recolector de tierras sobrantes **198** 5
~ telero **202** 30
~ tolva **198** 4, **208** 14
~ vivienda **290** 34
~ volquete **208** 17
~-cocina **204** 51
vagones apartados en la vía muerta **199** 28
vagoneta **138** 48 **140** 57, **209** 20
~ automóvil **208** 35
~ basculante **114** 28
~ cisterna del benzol **148** 44
~ cisterna para el alquitrán **148** 38
~ cisterna para el gas de agua **148** 39
~ cuba **140** 12
~ de carbón **148** 1
~ de control **198** 2
~ de extracción **137** 29
~ de gran capacidad **150** 14
~ del coque apagado **148** 18
~ de mina **137** 29
~ de remolque **196** 25
~ estibadora para el transporte de los rimeros de ladrillos **151** 18
~ para el transporte de traviesas **198** 23
~ para viajeros **209** 28, 52
~ volquete **153** 4
~ volquete para el traslado de los lingotes **141** 44
vagra **217** 49
vaina **59** 6, **63** 11, **354** 33
~ de cartón **87** 50
~ del aguijón **78** 12
~ de la hoja **69** 9, 21
~ de la vainilla **366** 48
~ trivalva **354** 93
~-fruto **368** 46
vainica **101** 14
vainilla **98** 43
vajilla de las muñecas **49** 11
~ de peltre **262** 28–31
valeriana **364** 5
~ de huerta **59** 38
valor de duración de las notas **299** 14–21
~ de la abscisa **329** 9
~ de la ordenada **329** 10
~ de la potencia **327** 1
~ de la raíz **327** 2
~ del franqueo **232** 22
~ nominal **232** 22 y 23
~ nominal de la acción **243** 12
valores **243** 11–19
válvula **40** 73, **180** 31, **302** 40
~ amplificadora **235** 17
~ amplificadora de alta frecuencia **235** 15
~ amplificadora de frecuencia media **235** 15
~ aórtica **22** 49
~ automática **229** 10
~ compuesta **235** 14
~ con obturador móvil **227** 14
~ de admisión **184** 29
~ de alimentación **205** 20
~ de amplificación final **235** 13
~ de cierre **254** 30, **339** 30
~ de descarga al freno **205** 60
~ de descarga de gas **111** 58
~ de deslizamiento **212** 53–56
~ de distribución del vapor **161** 48
~ de Eustaquio **22** 48
~ de entrada del combustible **227** 14
~ de escape **184** 29, **227** 18
~ de fondo **254** 6, 14, 43
~ de fondo del depósito **40** 49
~ de freno **205** 55
~ de inundación **223** 20
~ de la conducción principal del gas **148** 52
~ del aire comprimido **138** 50
~ del altavoz **235** 13
~ del combustible **227** 59
~ del corazón **22** 46 y 47
~ del flotador **183** 69
~ del freno de emergencia **205** 59
~ del gas combustible **135** 53
~ de limpiado de retroacción **211** 61

válvula del neumático **189** 23
~ de mando del freno **206** 22
~ de mando del pantógrafo **206** 38
~ de mariposa **183** 61
~ de mezcla **235** 16, **339** 32
~ de neumático **180** 31
~ de oxígeno **135** 50
~ de pistola **255** 62
~ de salida **119** 61
~ de salida del aire **224** 24
~ de salida de la tintura **161** 26
~ de seguridad **40** 70, **185** 10, **205** 3
~ de vaciado **254** 31
~ hidráulica de depresión **135** 34
~ inyectora **83** 5
~ magnética **339** 29
~ mitral **22** 47
~ múltiple **235** 14
~ osciladora **235** 16
~ preamplificadora **235** 17
~ pulmonar **22** 50
~ reductora de la presión **135** 31
~ reguladora **40** 75, **147** 29
~ semilunar **22** 48
~ tricúspide **22** 46
valla **272** 26, 28, 31, **274** 33, **280** 12
~ * **275** 1
valla del huerto **55** 10
~ de madera **55** 10, **113** 44, **284** 41
~ de protección **113** 44
vallado de anillos **79** 37
valle fluvial **13** 57–70
~ infantil en forma de V **13** 53
~ joven en forma de V abierta **13** 54
~ maduro **13** 55
~ seco **13** 75
~ viejo **13** 56
vampiresa **289** 32
vanesa antíopa **348** 5
~ atalanta **348** 1
~ io **348** 2
vapor **3** 34
~ a alta presión **3** 30
~ de agua **3** 5
~ de recreo **216** 45–66, **220** 18
vaporizador **23** 34, **27** 9
vaqueriza **64** 47, **76** 17–38
vaquero **289** 31
vara **72** 21, **131** 7, **179** 19
~ alada **308** 25
~ corredera **302** 47
~ de bambú **290** 46
~ de las Bacantes **308** 33
~ de Mercurio **308** 25
vara de tiro **68** 18, 30
~ de tirso **308** 33
~ para rellenar **124** 14
varano del desierto **350** 31
varas **179** 30
varenga **217** 56
variable **327** 14
variador de velocidad **156** 29
varilla **33** 17, **135** 6, **161** 30
~ conductora **331** 49
~ cortadora **67** 28
~ de ajuste **68** 29
~ de aportación **135** 39
~ de carbón **331** 68
~ de carga **1** 39
~ de centraje **110** 35
~ de combustible atómico **3** 17
~ de conexión giratoria **10** 17
~ de control **1** 45, **3** 4
~ de correr la cortina **48** 38
~ de descarga **331** 57
~ de empalme **114** 10
~ de fusión **135** 39
~ de junta **118** 64
~ de la bomba **139** 52
~ de la escoria **141** 17
~ de la malla **101** 25
~ del cambio de velocidades **185** 45
~ del orificio de colada del horno **141** 9
~ del visillo **52** 54
~ de madera **125** 27
~ de medición **150** 26
~ de mimbre **130** 14
~ de modelar **154** 20
~ de plomo **122** 13
~ de refuerzo **118** 37
~ de soldar **106** 38
~ de sonda **139** 17
~ de uranio **1** 39
~ elástica **287** 39
~ fiadora **139** 13
~ guía **130** 24
~ para colgar los embutidos **96** 48
~ para medir el nivel de aceite **184** 18
~ pulimentada **139** 54
~ registradora **10** 7, 21
~ sujetadora **43** 28
~ tapón **141** 10
~ transmisora **305** 9
varillaje **130** 25
~ de admisión **207** 19
~ del freno trasero **182** 15
varillas de guía y control **196** 27
~-guía **173** 19
varilla-soporte del platillo **303** 52
variómetro indicador de las variaciones eventuales de altura de vuelo **228** 6
variómetro para medir las velocidades de subida y bajada **228** 13
vasija adornada con espirales **309** 13
~ de agua **339** 9
~ de aprovisionamiento **77** 33
~ funeraria **309** 34
~ para el lavado **112** 43
~ para la miel **78** 62
~ para leche **77** 2
vasito de aguardiente **46** 90
vaso **261** 35, **266** 41
~ campaniforme **309** 14
~ de cerveza **46** 91, **260** 1
~ de coctel **47** 43, **259** 56
~ de limonada **261** 16
~ de los niños **49** 29
~ de medidas **259** 60
~ de papel **201** 50
~ de precipitación **334** 20
~ de whisky **259** 57
~ griego **316** 37
~ para los dientes **51** 55
vasos comunicantes **331** 42
~ sanguíneos **17** 14–17 **21** 33
vástago **57** 24
~ *[Mec.]* **136** 15
~ *[Mús.]* **299** 6
~ de la lezna **123** 27
~ de la válvula **184** 30
~ del distribuidor **205** 30
~ del nuevo año **356** 25
~ del pistón **205** 33
~ del remache **136** 56
~ del tope del paro **159** 45
~ elevador **191** 3
~ femenino **356** 46, 48
~ joven **356** 31
~ lateral **354** 21
~ masculino **356** 44, 49, 56
~ rastrero **57** 16
~ reproductor **356** 43, 62, 68
vecino de mesa **259** 41
vedado **86** 1–8
Vega **5** 22
vega **13** 13, 62
vegetal para sopa **69** 25
vehículo articulado **188** 2, **189** 31
~ de doble aplicación **208** 45
~ de propulsión a mano **181** 22
~ de tracción universal **67** 1
vehículos **179** 1–54
~ de un caballo **179** 18
~ especiales para carreteras **208** 35–47
vehículos especiales para vías férreas **208** 35–47
vejiga **22** 33, 78
~ del veneno **78** 13
vela **47** 24, **311** 60
~ al tercio **215** 4
~ cangreja **214** 30, **215** 1
~ cuadra **213** 33, **214** 55–66, **215** 16
~ cuadrada **213** 21
~ de abanico **215** 5
~ de batículo **270** 33
~ de bote de recreo **269** 62
~ de bote plegable **269** 62
~ de cuchillo **214** 20–31, **215** 15
~ de estay **215** 2
~ de estera **336** 33
~ de juanete del palo mayor **213** 53
~ de juanete de mesana **213** 54
~ de juanete de proa **213** 52
~ del estay de gavia **214** 24
~ del estay de juanete **214** 25
~ del estay de mesana **214** 27
~ del estay de perico **214** 29
~ del estay de sobrejuanete **214** 26
~ del estay de sobremesana **214** 28
~ de mano **284** 34
~ de mesana **215** 26
~ de trinquete **213** 41, **214** 55
~ latina **213** 29, **215** 3
~ mayor **213** 33, **214** 61, **270** 28
~ mesana **270** 41
~ suplementaria **270** 39
velacho alto **214** 57
~ bajo **214** 56
velador **261** 11
velamen **214** 1–72
velas cazadas **270** 54, 58
velero **271** 28, 41
~ de carga **271** 25
~ de concurso **271** 26
~ de transporte **271** 25
~ remolcado **271** 9
~ sobre hielo **284** 47 y 48
veleros de cuatro palos **215** 28–31
~ de dos palos **215** 11–17, **270** 28–32
~ de palo y medio **215** 9 y 10, **270** 33–36
~ de tres palos **215** 18–27
~ de un solo palo **215** 6–8

veleta **10** 31, **64** 5, **312** 3
~ *[Pesca]* **89** 52
velo **36** 47, **314** 24
~ contra las abejas **78** 58
~ de cristianar **313** 9
~ del paladar **21** 21
~ de luto **312** 39
~ de novia **313** 19
~ de viuda **312** 39
~ peinado **156** 72
velocímetro **186** 7
~ incorporado **181** 39
velocípedo **180** 1
~ para vía férrea **208** 42
velódromo cubierto **273** 1
velum **365** 5
vena **20** 2
~ cava inferior **20** 15, **22** 57
~ cava superior **20** 9, **22** 53
~ de la espuela **73** 28
~ del ala **342** 34
~ frontal **20** 6
~ ilíaca **20** 18
~ porta **22** 39
~ pulmonar **20** 12, **22** 56
~ subclavia **20** 8
~ temporal **20** 4
~ torácica larga **73** 28
~ yugular **20** 2
vencedor **281** 35
vencejo **65** 24
~ *[pájaro]* **343** 24
venda **28** 8–11
~ de gasa **23** 55
~ de goma **23** 47
~ de los ojos **50** 6
~ escayolada **26** 8
~ umbilical **30** 44
vendaje **23** 47
~ de brazo **17** 1
~ de cabeza **17** 3
~ de compresión **17** 17
~ de emergencia **17** 1–13
~ de pie **17** 4
~ de urgencia **17** 5
~ de yeso **29** 25
~ escayolado **29** 25
~ quirúrgico **28** 6
vendedor **98** 13, **291** 17
~ a domicilio **253** 53
~ ambulante **53** 30, **253** 5, 53, **291** 12
~ callejero **253** 5, **291** 51
~ de cigarrillos **291** 51
~ de décimos de lotería **260** 20
~ de frutas **253** 10
~ de helados **291** 30
~ de periódicos **201** 19, **253** 44
vendedora **98** 31, **256** 18, **291** 65
~ de flores **260** 28
vendedora de novedades **256** 63
vendimia **80** 1
vendimiador **80** 18
vendimiadora **80** 9
Venezuela, *guarda* 18
ventana **78** 50, **224** 23
~ al exterior **115** 30
~ con frontón **317** 49
~ con frontón curvo **317** 50
~ con plantas **44** 21
~ de apertura graduable **204** 58
~ de control para el productor y gerente del estudio **234** 4
~ de corredera para la ventilación **79** 11
~ de cristal emplomado **122** 14
~ de dos abras* **39** 22
~ de dos batientes **39** 22
~ de inspección **161** 35
~ de la almajara **79** 17
~ de la caja de la escalera **53** 14, **118** 65
~ de la cubierta del radiador **286** 11
~ de la iglesia **311** 16
~ de las flores **39** 68
~ de las plantas **39** 68
~ del desván **40** 7
~ del establo **64** 48
~ del lavadero **113** 5
~ del retrete **53** 13
~ del sótano **39** 27, **113** 3
~ del techo **64** 50
~ del visor **111** 22
~ de mansarda **116** 19
~ de puerta **185** 20
~ de tracería **317** 39–41
~ de un batiente **39** 23
~ de ventilación **79** 10, **249** 24
~ enrejada **248** 17
~ graduable **75** 2
~ lanceolada **317** 39–41
~ lateral **213** 57
~ mirador **261** 33
~ móvil **75** 2
~ redonda **317** 12
~ trasera **185** 21
~ vidriera **161** 2
ventanal amplio **261** 33
~ de cuatro hojas **39** 86
~ de la caja de la escalera **39** 81
~ del estudio **321** 1
~ de luz cenital **321** 1
ventanilla **40** 2, **179** 10, **295** 34
~ de caja **242** 1
~ de cambio de monedas extranjeras **242** 10
~ de cambios **242** 1
~ de efectos **242** 1
ventanilla de la cabina de proyección **295** 15
~ de los paquetes **231** 1
~ del sobre **239** 16
~ de pagos de rentas y pensiones **231** 19
~ de venta de sellos **231** 9
~ giratoria para ventilación **185** 19
~ oscilante para ventilación **185** 19
~ trasera **183** 48
~ trasera para ventilación **185** 22
ventanillo de servicio **45** 62
ventilación **186** 22–24, **339** 41
~ con aire fresco **186** 22
~ del cárter **184** 20
ventilador **40** 58, **148** 15, **158** 23
~ axial **149** 46
~ de la mina **137** 10
~ de pared **260** 15
~ para el transformador **206** 18
~ primario **152** 11
ventisquero **286** 5
~ cubierto de névé **282** 23
~ cubierto de nieve **282** 23
ventosa *[Zool.]* **340** 17, **341** 26, **350** 26
~ *[Med.]* **26** 56
ventrículo **22** 51
venturi **183** 68
Venus **6** 23
veraneante **262** 24
verbasco **360** 9
verbena **291** 1–67
verde **246** 29, **320** 8
~ *[naipe]* **265** 43
verdecillo **364** 8
verderol **346** 6
verderón **346** 6
verduras **79** 43
vereda **16** 112
~ del bosque **84** 1
verga **214** 32–45
~ de gavia alta **214** 40
~ de gavia baja **214** 39
~ de juanete alto de proa **214** 36
~ de juanete bajo de proa **214** 35
~ de juanete mayor alto **214** 42
~ de juanete mayor bajo **214** 41
~ de la gavia mayor **213** 39
~ de la vela de mesana **215** 25
~ de mesana **213** 30
~ de popa **213** 28
~ de sobrejuanete de proa **214** 37
~ de sobrejuanete mayor **214** 43
~ de trinquete **214** 32
verga de velacho alto **214** 34
~ de velacho bajo **214** 33
~ latina **213** 30
~ mayor **213** 37, **214** 38
verificador jefe **145** 44
verja aduanera **220** 41
~ del parque **257** 33
vermes **340** 16–21
Vermut **98** 62
verónica **359** 22
verraca* **76** 42
verraco **74** 9
vértebras cervicales **19** 2
~ coccígeas **19** 5
~ dorsales **19** 3
~ lumbares **19** 4
vertedera **68** 4
vertedor **39** 14
vertical **278** 24
vértice **328** 1, **329** 16, 28, 33
~ *[Anat.]* **18** 1
~ de la trayectoria del cohete **229** 44
~ geodésico de segundo orden **16** 71
vertiente continental **11** 9
vesícula biliar **22** 11, 36
~ germinativa **75** 55
~ seminal **22** 77
vestíbulo **43**, **259** 1–26 **316** 50
~ central de la oficina de Correos **231** 1–30
~ chaitya **319** 27
~ de la estación de ferrocarril **200**
~ del andén **201** 1
~ del hotel **259** 44–46
~ público con mostradores **242** 1–11
vestidito **31** 22
vestido **338** 19
~ a lo Biedermeier **289** 22
~ confeccionado **256** 29
~ de bebé **31** 16
~ de coctel **32** 28
~ de corte **338** 79
~ de estar en casa **32** 15
~ de fantasía **289** 32
~ de lana **32** 37
~ de niña **31** 22
~ de noche **32** 25
~ de sociedad **32** 25
~ de tarde **32** 28
~ de verano **32** 31
~ exterior **338** 36
~ sastre **32** 8
~ "sport" **32** 8
~ teatral **296** 51
vestidos de bebé **31** 1–60
~ de mujer **32**
~ de niñas **31** 1–60
~ de niños **31** 1–60
vestidura **314**
~ de ceremonia **314** 49
~ litúrgica **314** 25–58

vestimenta de entrenamiento **280** 57 y 58
~ de gimnasia **278** 44–48
~ de playa **267** 19–23
~ protectora **275** 47
~ protectora de cuero **273** 26
vestuario **296** 43–52
~ de los corredores **273** 7
veta de carbón **137** 22
~ de piedra **138** 23
veterinario **76** 15
veza **70** 18
vía **199** 71
~ con vagonetas cargadas **138** 2
~ con vagonetas vacías **138** 4
~ de agua **224** 1 y 2
~ de circulación de locomotoras **199** 21
~ de estacionamiento **199** 12
~ de la grúa **217** 24
~ del ferrocarril de acarreo **149** 26
~ del ferrocarril de explotación **149** 26
~ del puerto **220** 47
~ de llegada **199** 14
~ de mango **199** 29
~ de playa para locomotoras **199** 12
~ de reparaciones **199** 7
~ de salida **199** 14
~ diagonal de maniobras **199** 15
~ en pendiente **220** 51
~ muerta **199** 29
~ provisional **198** 13
~ radial de la rotonda de locomotoras **199** 9
Vía Láctea **5** 35, **6** 47–50
viaducto **197** 32
viaje aéreo **259** 15
viajero **201** 3
víbora **350** 40 y 41
~ común **350** 40
vibrador **24** 7, **91** 14, **197** 13
~ de señal **206** 45
~ de superficie **197** 10
~ para hormigón armado **114** 88
vibráfono **303** 75
viburno **357** 10
víctima **253** 68
~ desmayada **255** 24
Victoria **308** 43
victoria *[coche de caballos]* **179** 51
Victoria regia **362** 17
vid **80** 3–6
vida en el parque **257** 41–69
vidriería **122** 1
vidriero **122**, **155** 16
~ artístico **122** 8
~ de construcción **122** 8
~ de marcos **122** 8
vidrio armado **122** 6
~ basto **122** 6
~ compuesto **122** 5
~ de colores **122** 6
~ de fundición **122** 6
~ de ojo de buey **122** 6
~ de ventana **122** 5
~ esmerilado **122** 5
~ fundido **155** 8
~ grueso **122** 5
~ inastillable **122** 5
~ luna **122** 5
~ mate **122** 5
~ muselina **122** 5
~ opalino **122** 5
~ ornamental **122** 6
~ plano **122** 5
viella **301** 25
viento **9** 9–19
~ *[cuerda]* **266** 30
~ ascendente **271** 13
vientos del Oeste **9** 50
~ polares **9** 51
vientre **18** 35–37
viga **114** 3, **115** 19, **136** 3–7
~ apisonadora **196** 32, **197** 2
~ de acero **212** 3
~ de alma llena **116** 72
~ de arco **210** 36
~ de celosía **145** 7
~ de equilibrio **279** 42
~ de falso tirante **116** 38
~ de la cubierta **116** 29
~ de la cumbrera **116** 48
~ de la grúa **145** 7
~ de la limatesa **116** 48
~ del descansillo **118** 34, 55
~ de lima **116** 35, 38
~ del techo **115** 38, **116** 54
~ de retallo **115** 40
~ de trabazón **116** 70
~ de unión **116** 53
~ inferior rígida **210** 27
~ maestra **116** 67
~ niveladora **197** 3
~ para sostener pared **115** 39
~ principal **116** 66
~ principal del descansillo **118** 66
~ secundaria **115** 41
~ solera **115** 49
~ suspendida **116** 66
~ vibradora **197** 13
~ voladiza de techo **138** 26
vigas **316** 52
vigía **90** 38, **310** 9
vigilante de la playa **267** 34
~ de la vía **198** 73
~ de los baños **267** 1
~ de piscina **268** 15
vilano **362** 11
villa urbana **252** 60
vinagre **98** 25
vinagreras **46** 42, **260** 22
vinicultor **80** 11
vinicultura **80**
vino blanco **98** 60
~ embotellado **98** 60–64
~ espumoso **98** 63
~ tinto **98** 64
viña **16** 65
~ virgen **358** 16
viñatero **80** 2
viñedo **80** 1
~ joven **83** 21
viola **301** 23, **302** 27
~ da gamba **301** 23
~ discanto **301** 23
~ tenor **301** 23
~ tiple **301** 23
~ tricolor **62** 2
violeta **320** 9
~ bulbosa **361** 8
violín **302** 1
~ de bolsillo **301** 20
violón **302** 23
violoncelo **299** 13, **302** 16
violonista de pie **259** 45
vira **99** 52
virada hacia el viento **270** 52
~ por avante **270** 52–54
~ por redondo **270** 56–58
viraje cristiania **283** 32
~ "stemm" **283** 33
~ telemark **283** 23
Virgen **5** 18, **6** 37
virginal **301** 45
Virgo **5** 18, **6** 37
vírgula **299** 6
viril **313** 35
virola **46** 53
~ del bastón **43** 16
viruta **115** 80, **127** 47, **129** 26
viscaria vulgar **360** 20
viscosa **163** 1–12, 13–27
viscosilla **163** 1–34
visera **246** 9, **310** 40
~ *[gorra]* **36** 25, **276** 35
~ *[Veh.]* **183** 15, **187** 4
~ * **72** 26
visera contra la lluvia **266** 34
visillo **52** 53
~ corredizo **48** 21
visitante de la feria **291** 67
~ del Zoo **339** 21
visor **111** 6, **294** 8
~ de la imagen final **109** 8
~ de la imagen intermedia **109** 7
~ de la luz **2** 34
~ lateral **294** 17
vista **248** 18
~ de frente **144** 60
vista de proa **222** 65
~ desde arriba **144** 62
~ frontal **144** 60
~ lateral **144** 61
viticultor **80** 11
vitrina de exposición **249** 18, **256** 13
~ frigorífica **96** 2, **98** 3
viuda de jardín **358** 29
vivar **86** 26
vivero **79** 1–51
vivienda estudio **39** 74
~ lacustre **309** 15
vocal **251** 2
vocalista **298** 3
voladizo **210** 28
voladora **91** 22
voladoras **291** 4
volandera **91** 22
volante **258** 46
~ *[Mec.]* **102** 17, **143** 35, **156** 18
~ *[reloj]* **107** 24
~ compensador **107** 37
~ de ajuste de la presión **174** 44
~ de control **162** 40
~ de dirección **67** 4, **186** 2
~ de dirección en profundidad **223** 42
~ de dirección lateral **223** 41
~ del combinador **206** 31
~ de mando del cambio de marcha **205** 58
~ en estrella **323** 39
~ para el deslizamiento de la mesa **143** 14
~ para la impulsión a mano **160** 30
~ plisado **37** 18
~ semicircular de la dirección **183** 52
volantes **32** 30
~ de puntilla **30** 34
volantín* **258** 50
volatero* **289** 54
volatinera **290** 40
volatinero **298** 9
volcador de vagonetas **148** 2
volcán **4** 3
~ activo **11** 15
~ apagado **11** 28
~ compuesto **11** 15
~ en escudo **11** 13
~ subterráneo **11** 20
volcanismo **11** 13–20
volquete **195** 12, **196** 7
~ con motor hidráulico **189** 18
volteador a caballo **290** 32
voltejear **270** 52–54
volteo **279** 51
voltereta **258** 6
voltímetro **120** 42, **305** 38
~ de tensión de catenaria **206** 42

voltímetro de tensión de línea **206** 42
~ para la tensión de la calefacción **206** 41
voluta *[Arq.]* **315** 26, **316** 23, **318** 8
~ *[violoncelo]* **302** 17
~ corrida **316** 39
volva **365** 5
vuelcavagones **145** 73
vuelo **3** 40
~ acrobático sin motor **271** 17
~ a través de la atmósfera **4** 38–47
~ de cohetes **229**
~ de crucero **227** 60
~ del saltador con esquís **283** 14
~ en el espacio cósmico **4** 48–58
~ en frente tormentoso **271** 22
~ en una cuña de aire caliente **271** 23
~ extraatmosférico **4** 57
~ instrumental **228** 3–16
~ sin motor **271** 1–23
vuelta **279** 50, **284** 19, **288** 27
~ *[zapatilla]* **100** 46
~ María **283** 31
~ de campana **258** 6
vulneraria **70** 6

W

watercloset **51** 35
W. C. **51** 35
wigwam **335** 7

X

xantogenato de celulosa **163** 9
xilófono **303** 61
xilografía **323** 1–13

Y

yacente **138** 21
yacimiento de mena **11** 31
yaro manchado **363** 9
yate **270** 27–50
~ a motor **216** 20
~ aparejado de cúter **270** 37–40
~ de crucero de quilla fija **270** 1–4
~ de orza **270** 6–10
~ de regatas **270** 5
~ particular **216** 20
yate sobre hielo **284** 47 y 48
yegua **74** 2, 8
yelmo **246** 4, 7–9
~ abierto **246** 9
~ cerrado **246** 7
~ con cimera **308** 10
~ de grilletas **246** 8
~ de rejillas **246** 8
~ de torneo **246** 7, **310** 77
yema **57** 23, **61** 47, **366** 28
~ amarilla **75** 57
~ blanca **75** 56
~ de abeto **356** 11
~ del abeto falso **356** 19
~ del dedo **21** 78
~ injertada **57** 34
yesque* **96** 10
yeyuno **22** 15
yol **270** 33–36
yola **269** 26–33
~ de a cuatro **269** 26–33
yuca **357** 24
yugo **68** 14
Yugoeslavia **14** 13
yunque **119** 19, **132** 16
~ *[Anat.]* **19** 61
~ de afilar **131** 34
~ de cola **132** 11
~ de espiga **132** 11
~ del guadañero **66** 23
~ para las manecillas **107** 66
~ redondo **192** 19
yunta de bueyes **65** 16
yuntas* **33** 60
yurta **336** 19
yute **367** 25

Z

zafra **137** 23
zagual **213** 8
zahurda **76** 41
zampeado del fondo **212** 79
zanahoria de cascabel **59** 18
~ de Flandes **59** 17
zanca **118** 44
~ mural **118** 45
zanco **258** 38
zancuda **344** 9
zancudo* **342** 16
zancudo común **343** 19
zanfonía **301** 25
zángano **78** 5
zanja de avenamiento **211** 37
~ de cimentación **113** 75
~ de desagüe **65** 45
~ de drenaje **196** 63, **211** 36
zapata **136** 98, **186** 51
~ de extremidad de cable **147** 33
~ del freno **131** 19, 67
~ lijadora **128** 48
zapatería **99** 1–37
zapatero **99**
zapatilla **48** 34, **100** 45
~ de baile **288** 34
~ de baño **51** 20
~ de carreras **280** 26
~ de esgrima **277** 31
~ de gimnasia **278** 48
~ de punta **288** 34
~ de tenis **100** 24
zapato bajo **100** 1, **335** 18
~ con botón **100** 9
~ con hebilla **100** 37
~ de ante **100** 2
~ de baile **100** 32
~ de caballero **100** 2
~ de calle **100** 20
~ de correílla **100** 39
~ de cuero **100** 1
~ de fieltro **100** 11
~ de golf **100** 25
~ de goma **28** 22
~ de lona **100** 4
~ de noche **100** 32
~ de oreja suelta **100** 23
~ de piel de serpiente **100** 33
~ de pizarrero **117** 75
~ de playa **267** 23
~ de señora **100** 44
~ de trencilla **100** 43
~ de vestir **100** 40
~ en pico **338** 42
~ para bebés **100** 14
~ para deportes **100** 22
~ "sport" con cordones **100** 13
~ "sport" sin cordones **100** 12
zaranda **79** 13
zarcillitos **70** 26
zarcillo **38** 2
~ *[Bot.]* **80** 4
~ del guisante **59** 4
~ espinoso **60** 30
~ foliáceo **59** 4
zarigüeya norteamericana **351** 2
zarpa **353** 4
zarza **60** 29
zarzamora **60** 29
zarzarrosa **361** 20
zarzo* **40** 1–29
Zéro **263** 18
Zeus **308** 1
zíngara **289** 36
zócalo **39** 17
~ de hormigón **113** 2
~ de la bombilla **120** 60
zócalo de la casa **115** 28
~ de la pared **43** 25
~ del batán **159** 42
~ de los tubos **305** 15
~ pintado al óleo **121** 5
Zodíaco **6** 32–43
zofra* **261** 11
zona de caída **212** 61
~ de captación **12** 24
~ de combustión **153** 15
~ de incandescencia **153** 15
~ de los vientos polares **9** 51
~ de los vientos variables del Oeste **9** 50
~ de lluvias tropicales **9** 53
~ de peligro **2** 50
~ de reducción **140** 8
~ de saque **276** 12, 44
~ de sedimentación **13** 10
~ desértica **9** 54
~ de vientos del Oeste **15** 44
~ de viviendas **252** 11
~ esteparia **9** 54
~ fluida **11** 2
~ industrial **252** 58
~ límite formada por nebulosas oscuras **6** 49
~ lluviosa templada **9** 55
~ residencial **252** 59
~ saturada de agua **13** 24
~ seca **9** 54
~ verde **252** 10
zonas de calmas **9** 46 y 47
~ de calmas ecuatoriales **9** 46
~ de calmas subtropicales **9** 47
Zoo **339**
zoquete **64** 19, **127** 58
~ *[órgano]* **305** 20
zorra **88** 42
zorro común **88** 42
~ rojo **88** 42, **352** 12
zorros **124** 18
zorzal **346** 16
zostera marina **362** 54
zueco **360** 27
zulú **337** 36
zumbel **258** 19
zumo **98** 18
~ de uvas **80** 45
zuncho perimetral **115** 34
zunzún de la carabela* **258** 4
zurcido **102** 9
zuzón **63** 12

NOS COMPLACE EXPRESAR NUESTRO AGRADECIMIENTO

a las entidades y particulares que han colaborado en la confección de esta obra, muy especialmente a:

D. Eduardo Admetlla (Centro de Recuperación e Investigación Submarinas, CRIS); Coronel de Ingenieros, Sr. Arias Paz, ex-Director de la Escuela Superior de Automovilismo del Ejército; D. Agustín Bas; Sr. J. M. Canal Antonell (Escuela de Peritos Industriales de Tarrasa); Dr. Antonio Castells Más, profesor de la Facultad de Medicina de Barcelona, colaborador de la Organización Mundial de la Salud (Ginebra); Club Alpino Nuria; Club de Béisbol Habana; D. Lorenzo Cortés (Encuadernaciones Cortés Eguarás Hnos., S. L.); D.ª Herminia Dauer de Martos; D. Juan Durán (Encuadernaciones Messeguer); Sr. J. V. Foix; Sr. M. Fonseca Tomás; Fotograbados Calbó; Sr. J. L. Hausmann, ingeniero de la Red Española Nacional de Ferrocarriles (RENFE); Iberia Radio; D. José M.ª Martínez-Hidalgo, Director del Museo Marítimo de Barcelona; Sr. F. Mauich (Escuela de Peritos Industriales de Barcelona); Sr. A. Menéndez Aleixandre; Sr. E. Ponsa Baldebey, ingeniero textil; Sr. T. Ponsa Escuín, técnico en Artes Gráficas; Srta. M.ª Antonia Roura Alier; Sr. J. Rabasseda; Sr. J. Sans Masana (Papelera Godó); D. Francisco J. Santamaría, Numerario de la Academia Mejicana de la Lengua; D. Erwin Schwarz; Sr. J. Stadler; D. Vicente Tardiu (Fotograbados Tardiu); D. Carlos Tomás; D. Juan Torras (Comercial Papelera Torras); Sr. J. Trías (Real Club Deportivo Español de Hockey sobre ruedas); D. Juan Vilarrubís; Sr. J. Winstorf y a los técnicos y correctores que, anónimamente, han querido contribuir a este trabajo.

THE ARRANGEMENT OF THE ENGLISH INDEX

The numbers in heavy type refer to the plate numbers, which are given at the top outer edge of each page.

To avoid repetition of the headwords a tilde (~) has been used; it stands for the whole of the preceding headword, or for that part of it which is followed by a point (·); when a tilde refers to a hyphened headword, only the part of the word preceding the hyphen is meant.

Americanisms are marked with an asterisk(*).

The alphabetical order ignores prepositions such as *of*, *with*, *from*, *under*, and the conjunction *and*, etc. (thus *bridge over railway* is arranged alphabetically as *bridge railway*), but takes into account the second parts of compound words such as *man-of-war*, *built-in*, *hide-and-seek*.

The following abbreviations are used in the index:

Agric.	Agriculture
Anat.	Anatomy
app.	apparatus
Arch.	Architecture
Astr.	Astronomy
Bak.	Bakery
Bot.	Botany
Box.	Boxing
Broadc.	Broadcasting
Build.	Building
Chem.	Chemistry
Cloth.	Clothing
Comm.	Commerce
Danc.	Dancing
Educ.	Education
El.	Electricity
Fenc.	Fencing
Fish.	Fishing
Footb.	Football
f.	for
fr.	from
furn.	furniture
Geol.	Geology
Geom.	Geometry
Gymn.	Gymnastics
Her.	Heraldry
Hunt.	Hunting
Hyg.	Hygiene
instr.	instrument
Just.	Justice
Knitt.	Knitting
loc.	locomotive
mach.	machine
Math.	Mathematics
Mech.	Mechanics
Med.	Medicine
Met.	Meteorology
Mineral.	Mineralogy
Mus.	Music
Mythol.	Mythology
mus. instr.	musical instrument
n.	noun
Nav.	Navigation
newsp.	newspaper
Opt.	Optics
Phot.	Photography
Print.	Printing
Railw.	Railway
rept.	reptile
Skat.	Skating
Sledg.	Sledging
Spinn.	Spinning
subst.	substance
Tech.	Technics
teleph.	telephone
Text.	Textile
T.V.	Television
Typ.	Typography
typewr.	typewriter
w.	with
Weav.	Weaving
Wrestl.	Wrestling
Zool.	Zoology

A

air compressor **191** 26, **206** 17, **227** 6
~ compressor switch **206** 37
~-conditioning installation **339** 5
~-conditioning system **186** 22–24
~ container manometer **206** 47, 48
~ control cable **182** 30
~-cooling louvre **183** 14
aircraft **222** 29, 30, 50, 51, 74, **225**, **226**
~ aerial unit **226** 44
~ antenna unit **226** 44
~ cargo hatch **226** 35
~-carrier **222** 65–77
~ clock **228** 8
~ compass **228** 11
~complement **226** 38–41
~ control **228**
~ control surfaces **228** 39 – 47
~ crane **222** 29
~ crew **226** 38–41
~ elevator* **222** 67,74
~ engine **227**
~ engine nacelle **226** 6, 49
~ flying-controls system **228** 39–47
~hangar **222** 30
~ instrument board **228** 3–16
~ instrument panel **228** 3–16
~ kitchen **226** 43
~ lift **222** 67, 74
~ navigation light **226** 46
~ passenger compartment **226** 45, 68
~ reactor **225** 71
~ receiver **230** 25
~ storage position **222** 50
~ tail-wheel **225** 8
~-towed take-off **271** 7
~ transmitter **230** 27
~ wing unit **228** 45
~ wireless operator **226** 40
air·crew* **226** 38–41
~ current **9** 25–29
~ cushion **23** 28
~ door **137** 16
~drome* **230** 1
~ duct **97** 59, **133** 5
~ duct handle **97** 60
~ feed pipe **140** 28
~ field* **230** 1
~ filter **93** 18, **184** 17
~ foam **255** 64
~-fuel-mixture **227** 36
air gun **258** 3
~-heater **133** 2
~-heating chamber **140** 29
~ hose **185** 36
~-impeller blade **183** 19
~ injector **40** 58
~ inlet **255** 60
~-inlet duct **47** 3
~-inlet valve **138** 50
~ intake **227** 2, 21
~ intake duct **47** 3
~ intake stage **227** 34
~ jet **183** 59
~-jet base **140** 62
~-knife **168** 31,34, 35
~layer **1** 32
~ letter* **232** 18
~liner **226** 30
~lock **137** 16
~mail box* **231** 28
~-mail label **232** 32
~-mail letter **232** 18
~-mail posting box **231** 28
~-mail stamp *[U.S.A.]* **232** 19
~man* **226** 38
~ mattress **266** 36
~ navigation aid **230** 22–38
~ outlet **162** 29, **186** 23, **339** 41
~ outlet duct **166** 30
~ outlet pipe **166** 30
~ outlet slot **187** 20
~ outlet valve **224** 24
~ passage **315** 4
~ passenger **226** 31
~ pipe **190** 29
airplane* **225** **226**
~ radio operator* **226** 40
airport **230**
~ administration office **230** 5
~ freight hangar **230** 21
~ meteorological station **230** 8
~ operational control **230** 5
~ radio beacon **230** 12 + 18
~ repair hangar **230** 9
~ restaurant **230** 5
~ terminal building **230** 5
air pre-heater **133** 58, **146** 11
~ pump **175** 6
~ pump bell-jar **331** 12
~ pump column **190** 27
~ pump plate **331** 14
~-purifier **51** 29
~ radio **230** 22-53
~ refuelling **226** 25
air-regulating screw **183** 60
~ regulator **334** 3, 8
~ separator **153** 24
~ shaft **1** 33, **92** 20
airscrew **226** 10
~-driven aeroplane **226** 1–8
~ power unit **227** 1, 8
~ reduction gear **227** 39
airship **226** 65
~ anchor mast **226** 66
~ envelope **226** 74
~-mooring mast **226** 66
~ pilot post **226** 69
~ propeller **226** 78
~ screw **226** 78
~ stern **226** 79
~ tail unit **226** 80–83
air sifter **153** 24
~ space **75** 50
airspeed indicator **228** 16
~ meter* **228** 16
air suction filter **206** 20
~ supply **168** 36
~ tanker **226** 26
~ temperature **267** 8
~ thermometer **228** 14
~ top *[toy]* **258** 25
~ traffic control procedure **230** 22–38
~ tube **76** 23, **224** 21
~ valve **180** 31,
~ vessel **254** 17, 50
airway **137** 25
air whistle lever **206** 50
aisle *[church]* **311** 27, **316** 63, **317** 2
~ *[forest]* **84** 1
à-jour-work **101** 27
akene **60** 23
Akropolis **316** 1–7
alarm *[clock]* **107** 41
~ bell **107** 42, **262** 41
~ clock **107** 41, **112** 19
Alaudidae **346** 18 + 19
alb **314** 38
Albania **14** 1
album **112** 52
~ cover **112** 53
albumen **75** 51
albuminous substance **75** 52
album leaf **112** 54
alburnum **115** 85, **354** 12
~ side **149** 43
alcohol **52** 32, **98** 56–59
~ container **28** 44
alcoholic liquor **98** 56–59
alcohol tap **28** 45
Alcor **5** 29
Aldebaran **5** 25
alder **355** 30
~ buckthorn **364** 13
~-fen peat **13** 18
ale-hoof **359** 18
Alençon lace **101** 30
alfalfa **70** 9
~ grass **130** 26
alga **362** 43, 48
algarroba **368** 41
algebra **327** 4 + 5
algebraic symbol **326** 9, **327** 5
alighting board **78** 49
aligning mark **323** 58
alignment guide **240** 13
alinement guide* **240** 13
alining mark* **323** 58
alison **63** 17
alkali cellulose **163** 7
~ and rinsing water casing **166** 4
alkylation **139** 31
~ plant **139** 31
aller **355** 30
alley **252** 40, **287** 2
~way* **252** 40
all-heal *[fam.]* **364** 5
all-in wrestling **281** 11 + 12
allotment **252** 68
all-purpose· excavator* **196** 1
~ table **44** 3
~ tank wagon **208** 13
~ tractor **67** 1
all-round-view·cabin **221** 5
~ windscreen **183** 43
all-steel body **185** 1
alluvial deposit **211** 52
all-weather roof **196** 38
~-wing model **271** 40
almond **45** 50, **368** 36, 40
almonds **46** 41
alms **311** 64
~ basket* **311** 63
~ box **311** 61
aloe **56** 13
alpenstock **282** 35
alphabetical flag **245** 22–28
alphabetic-numerical keyboard **241** 44
alpha particle emission **1** 10
~ radiation **1** 10
alpine climbing **282** 1–56
Alpine goat **352** 3
~ hut **282** 1
~ jacket **282** 7
~ marmot **351** 18
~ plant **362** 1–13
~ rose **362** 1
~ snowbell **362** 3
~ Soldanella **362** 3

Alsatian [dog] **71** 31
alsike (clover) **70** 3
Altair **5** 9
altar **311** 7, 37, **316** 48, 69
~ bell **313** 47
~ bells **313** 43
~ candle **311** 10, 41
~ carpet **311** 6
~ cloth **311** 9, 51
~ fire **311** 44
~ picture **311** 15
~ piece **311** 42
~ rails **311** 32
~ step **311** 8
alternating-current slip ring **331** 81
alternator **146** 23, **147** 26
altimeter **228** 6, 9
altitude **328** 27
alto clef **299** 12
alto-cumulus castellanus **8** 16
~ cloud **8** 15
~ floccus **8** 16
alto-stratus cloud **8** 8
~ praecipitans **8** 9
alto trombone **302** 46
alum **104** 22
aluminum* see aluminium
aluminium coin **244** 1–28
alyssum **63** 17
A major **300** 4
amalgam **27** 17
amaranth **62** 21
Amaranthus **62** 21
Amaryllis **56** 8
amateur camera **294** 24
~ gardener **55** 24
~ observation telescope **108** 44
~ photographer **257** 43
~ rider **272** 49
Amazon water lily **362** 17
amble **73** 40
ambulance **255** 19
~ attendant **255** 21
~ car **255** 19
~ station **200** 54, **291** 61
ambulatory **311** 35
ambush shed **86** 51
America **14** 29–34, **15** 12 + 13
American bison **352** 9
~ buggy **179** 49
~ football **275** 28–30
~ Organ **304** 43
~ softball **275** 39–54
amice **314** 40
A minor **300** 1
ammonia **164** 24
~-evaporator **261** 48
~ solution **52** 31
~-washer **148** 34
ammonia-water waste pipe **148** 35
ammonium sulphate solution **164** 26
ammunition **223** 72
amoeba **340** 1
amoretto **257** 20
amorino **257** 20
amount of bill **242** 18
~ of moisture **10** 23
~ to be paid **256** 8
amphibian [Zool.] **350** 20–26
~ [aircraft] **225** 32
amphitheater* **296** 17
amphora **309** 10
amplifier **236** 7, 16, **292** 59, **295** 20
~ rack **293** 9
~ valve **235** 15, 17
amplifying device **306** 42
ampoule **26** 32
ampulla **26** 32
amulet **337** 40
amusement machine **260** 48
anaesthesimeter **28** 37
anaesthetist **28** 30
anaesthetizer **28** 34-41
anaesthetizing apparatus **28** 34–41
anaglyph **322** 33
anal fin **350** 9
analytical balance **333** 25
anamorphic lens **294** 37
anamorphoscope **294** 43
anamorphote front lens **294** 43
anamorphous lens **294** 37
ananas **368** 61
~ flower **368** 64
ancestor **337** 17
'ancestor stone' **309** 6
anchor **217** 75, 76
anchorage **210** 40, **211** 13
anchor cable **213** 18, **217** 74, **218** 45
~ chain **210** 19, **218** 45
~ gear **218** 44–46
~ hawser **213** 18
~ mast **226** 66
androgynous flower **358** 10, **366** 14
Andromeda **5** 24
anemometer **10** 27, **230** 19
anemone [Bot.] **359** 5, **361** 1
anemophilous plant **61** 44–51
aneroid **10** 8
~ barometer **10** 8
~ box **10** 6
aneroid chamber **10** 6
anesthetist **28** 30
anesthetizer **28** 34–41
anesthetizing apparatus **28** 34–41
angel **311** 54
~ cake* **97** 44
angle [Geom.] **328** 1–23
~ [iron] **136** 1
~ brace **116** 57
~ of departure **87** 75
~ of descent **87** 78
~dozer **196** 28
~ drive **91** 25
~ of elevation **87** 76
~ handpiece **27** 15
~ hinge **134** 58
~ iron **136** 1
angler **89** 7
~ fish **349** 6
angle ring **141** 66
~ screwdriver **192** 30
~ shears **119** 2
~ stitch **102** 8
~ symbol **327** 23
~ tie **116** 57
~ tower **310** 14
angling **89** 7–12
Angora cat **74** 17
angular point **328** 1
~ reamer **119** 10
animal **74, 351–353**
~ awaiting slaughter **94** 2
~cule **340** 7, 9
~ glue **127** 39
~ on show **339** 20
~ trainer **290** 52
ankle gaiter **283** 57
~-sock **33** 64
annelid **340** 16
annex **53** 1
announcer **298** 2
annual clock **107** 45
~ fair **291** 1–67
~ meadow grass **359** 39
~ ring **84** 23
annuent muscle **20** 34, **21** 1
annuity **243** 11–19
annular kiln **151** 19
annulus **328** 57
anode **332** 30
~ rod **172** 2
Anopheles **341** 33
anorthic crystal system **330** 26
anserine bird **343** 15–17
ant **342** 21 + 22
Antarctic **15** 18
~ Current **15** 44
~ Drift **15** 44
~ Ocean **15** 22
antarctic sea **90** 37
ant-eater **351** 10
antechamber **184** 66
antelope **352** 5
antenna [aerial] **235** 4
~ [Zool.] **82** 3, **342** 27
~ switch **235** 3
anther **60** 45, **61** 10, **356** 35
anthozoon **340** 35
anthropoid *n.* **353** 14 – 16
anti-aircraft defence **222** 35
~ gun **223** 44
anti-cathode **332** 31
~cline **12** 16
~cyclone **9** 6
~-dazzle light **185** 17
~-dazzle shield **205** 62
~-distortion magnet **236** 26
~-friction bearing **136** 67
antique shop **253** 57
anti-roll bar **184** 13
antiseptic **104** 16
anti-set-off spray **175** 10
~-skid tread **189** 13
anti-syphon trap **119** 41
antlers **88** 5–11, 29–31
anuran **350** 23–26
anus **22** 62
anvil [smith] **119** 19, **132** 16, **133** 21
~ [Anat.] **19** 61
~ bed **133** 29
~ block **133** 21
~ block insert **133** 22
~ body **132** 17
~ chisel **132** 29
~ cutter **132** 29
~ face **132** 19
~ fuller **132** 28-30
~ hardy **132** 28–30
~ plate **132** 19
~ tool **132** 28–30
aorta **20** 10, **22** 54
aortic arch **20** 10
~ valve **22** 49
apache girl **289** 9
apartment hotel* **252** 49
~ house* **53** 12, **252** 49
ape **353** 14–16
Apenodytes **343** 4
aperture diaphragm knob **109** 5
~ f. radio-isotopes **1** 44
apex **87** 77
aphid **82** 38, 39
aphis **342** 13–15
apiarist **78** 57
apiary **78** 56
apiculture **78**
Apocalypse **307** 50
Apollo **308** 15

art of the Renaissance period **317** 42–54
~ of riding **72** 1–6
~ of the Rococo period **318** 9–13
art of self-defence **281** 15–17
~ of variety **298** 9–22
arum **363** 9
asbestos apron **135** 3
~-cement roof **117** 97
~ mat **42** 16
~ suit **255** 46
~ wire net **334** 19
Ascaris **341** 20
ascending arpeggio **300** 36
ascension* **4** 40
ascent **4** 40
~ of the curve **329** 12
~ of two-step rocket **4** 45–47
asci containing spores **365** 12, 13
ash *[Bot.]* **355** 38, 42
A sharp minor **300** 8
ash box **67** 57
~ box door **40** 39
~ bunker **199** 53
~cake **97** 44
~can* **53** 32, **195** 2
~-catcher **173** 21
ashes of resurrection **307** 10
ashlar **150** 30
ash-pan **41** 45, **205** 6
~-pan drop bottom **205** 7
~ pit **146** 8
~ pit door **40** 39
~-tray **47** 31, **260** 5
~-unloading pit **199** 51
Asia **14** 39–54, **15** 16
asp *[Zool.]* **350** 41
asparagus **59** 14
~ bed **55** 25
~- cutter **58** 27
~ knife **58** 27
~- server **46** 77
~ slice **46** 77
aspen **355** 21
aspergillum **313** 48
asphalt **139** 47
~ alley **287** 2
asphalted paper **147** 48
asphalt ground **323** 56
asphaltic bitumen **139** 47
asphalt-mixing drum **196** 50
~ roofing **117** 90–103
~ surface **196** 58
~-surfacing machine **196** 43
asphodel **70** 13
aspirator **91** 48
ass **74** 3
assailant **277** 19
assault **277** 17+18
assay balance **106** 35
assemblage point **210** 52
assemblé **288** 14
assembler **169** 23
~ box **169** 23
assembly hall **262** 8
~ house **262** 8
~ shop **145** 1–45
~ tower **229** 32
assessor **248** 22
ass-foal **74** 3
assistant **250** 6
~ director **292** 46
~ gardener **79** 50
~ judge **248** 22
~ to medical lecturer **250** 7
~ producer **297** 43
~ radiographer **29** 38
~ sound engineer **292** 61
~ surgeon **28** 29
Assize Court **248** 18
association football **274** 1
asterisk **178** 61
asteroid **6** 26
astrakhan cap **36** 4
Astrantia **360** 7
astride position **278** 2
~ vault **279** 20
a′-string **302** 9
astringent lotion **103** 14
astronautical flight **4** 48–58
astronomer's observing position **6** 10
astronomical instrument **109** 16–26
~ observatory **6** 2–11
astronomy **5–7**
astrophysics **6** 20
asymmetrical fold **12** 13
asymptote **329** 29
Athena **308** 17
Athene **308** 17
athlete **280** 56
athletics **280, 281**
athletic sports **280**
athodyd **227** 19
atlantic liner **216** 32
Atlantic Ocean **15** 20
Atlas **308** 45, **316** 36
atmosphere **4**
atmospheric pressure **9** 4
atoll **13** 32
Atolla **349** 5
atom **1–3**
~ bomb **1** 47
atomic aircraft **225** 71
~ bomb **1** 47
~ fission **1** 13–17
~ fuel **3** 3
~ fuel rod **3** 17
atomic nucleus **1** 1+2, 9, 13, 15
~ physicist **1** 40
~ pile **1** 31–46
~ reactor **1** 31–46, **3** 1–23
atomiser **27** 9, **83** 40, **184** 39
atomising air-intake **183** 62
atrium *[Art]* **316** 66
~ *[heart]* **22** 45
Atropos **308** 57
attached collar **33** 40
attachment bracket **111** 56
attacker **277** 19
attack position **277** 19
attendant **262** 42, **290** 27
attendant's room **190** 9
attenuator **332** 16
attic *[loft]* **40** 1–29
~ storey **316** 60
attitude *[Danc.]* **288** 10
~ effacée **288** 10
attorney and counselor-at-law* **248** 30
attribute *[Mythol.]* **308** 2–4
audience **296** 4
audio amplifier **306** 42
~ detector **236** 18
auditorium **250** 2, **296** 16–19
~ lighting control **295** 17
auditory meatus **19** 34
~ nerve **19** 64
~ tube **19** 65
auger **68** 53, 68, 69, **115** 65, **126** 1
~ feeder **68** 53
auk **343** 13
aulos **301** 4
aural null loop* **218** 5
~ syringe **26** 59
aureus **244** 3
auricle **19** 56, **22** 24
auricularia **362** 8
Auriga **5** 27
auriscope **26** 59
Aurora Australis **4** 35
~ Borealis **4** 35
auscultation apparatus **26** 14
Australia **14** 27, **15** 17
Australian *n.* **335** 37
Austria **14** 16, **244** 13
autobahn **16** 16
~ construction **197** 1–27
autobus* **188** 5
autoclave **28** 60, **164** 12
autocycle engine **181** 49
~ handlebar fittings **181** 34–39
autocycle headlight **181** 40
autodrome **291** 62
autogenous welding **135** 29–64
autogiro **225** 69
autogyro **225** 69
auto highway* **16** 83
automat* **260** 45–54
automatic brake **162** 20
~ camera* **15** 63
~ dryer **42** 24
~ exchange **233** 24–41
~ extending ladder **255** 10
~ feeder **174** 3
~ gears **207** 4
~ linker **96** 54
~ loom **159** 1
~ mixing plant **197** 22
~ musical instrument **291** 38
~ organ **291** 38
~ paper feed **240** 15
~ pilot **228** 7
~ record-changer **306** 32
~ record-player **306** 29
~ restaurant* **260** 45–54
~ sliding door **256** 50
~ stop motion **158** 19
~ synchronizer **147** 32
~ train brake **206** 52
~ trough **76** 35
~ valve **229** 10
~ web guide **168** 41
~ weighing plant **197** 22
automobile **185** 1–65
autopilot **228** 7
auto railcar **208** 35
~ railcar luggage van **208** 39
autorist* **187** 6
auto·timer **111** 24,37
~- tow launch (or take-off)* **271** 1
autumn **5** 7
autumnal point **5** 7
~ equinox **5** 7
auxiliary airfoil **228** 47
~ contact **147** 57
~ crane hoist **140** 54
~ engine **218** 61
~ engine room **216** 27, **218** 60
~ machinery room **223** 2
~ motor drive **271** 59–63
~ scaffold **209** 80
~ vessel **222** 1–8
~ wire **193** 42
avalanche **286** 1
~ barrier **286** 2
~-breaker **286** 2
~ chock **286** 2

avalanche gallery **286** 3
avant-bras **310** 47
Ave bead **313** 30
avenging goddess **308** 51
avenue **262** 11
~ * **252** 32
aviary **339** 23
aviation gasoline **139** 37
~ ground **230** 1
~ spirit **139** 37
awl **123** 27, 32, 33, **124** 9
awn **69** 12
awner **67** 48
awning **39** 71, **79** 42, **213** 15, **216** 59
~crutch **213** 14
~ spar **216** 61
~ stanchion **216** 60
ax* see axe
axe **64** 20, **85** 13, **115** 73, **150** 38
axil *[Bot.]* **354** 25
axillary bud **354** 25
axis *[Bot.]* **356** 3
~ *[Geom.]* **108** 10, **329** 2, 3, 23, 24
~ of abscissae **329** 2
~ of anticline **12** 17
~ of coordinates **329** 2 + 3
~ of ordinates **329** 3
~ of parabola **329** 17
~ of symmetry **328** 25, **330** 4
~ of syncline **12** 19
axle **131** 11, **180** 76
~ * **183** 13
~ arms **131** 13
~ bearing **204** 66, **205** 10
~-pressure equalizer **206** 11
~ shaft **204** 64
~ suspension spring **204** 68
~ tree **131** 11
~-tree bed bolster **131** 6
azalea **56** 12
azimuth **218** 6
azure **246** 28, **320** 6

B

babe in arms **30** 26
babies' clothes **31** 16
~ wear **31** 1–60
baboon **353** 13
babouche **48** 34
baby **30** 26
~ bathtub* **30** 25
~ buggy* **258** 30
~ bus **188** 1
~ car **183** 41
~ carriage **258** 30
~ doll **50** 4
baby enema syringe **23** 59
~ equipment **30**
~ hygiene **30**
Babylonian art **315** 19 + 20
~ frieze **315** 19
baby powder **30** 38
~ rabbit **74** 18
baby's bath **30** 25
~ bonnet **31** 21
~ bootee **31** 18
~ bottle **30** 46
baby scales **30** 28
baby's cap **31** 21
~ coat **31** 20
~ cot **30** 11
~ crib* **30** 11, **49** 2
~ dressing table **30** 1
~ jacket **31** 20
~ nail-scissors **30** 45
~ rattle **30** 42
~ rompers **31** 19
~ shoe **100** 14
~ socks **30** 16
~ vest **31** 17
baby-walker* **49** 3
Bacchante **308** 35
Bacchic staff **308** 33
Bacchus **308** 32
back *[body]* **18** 22–25
~ *[knife]* **46** 56
~ *[windmill]* **91** 2
~ *[Sports]* **268** 50, **276** 58
back·band **72** 19
~-bend **278** 28, **298** 12
~board **275** 32
~-bone **19** 2–5
~ of book **178** 41
~ brush **51** 26
~ building **53** 1
~ of chair **47** 58
~ check **304** 27
~-cloth **297** 10
~-comb **38** 13, **103** 36
~ corner pin **287** 14
~-door **53** 15
~-drop **297** 10
~ fat **95** 40
~ filling **212** 7
~ garden **39** 57
~ gauge **177** 17, **178** 6
~ground **292** 33
~ of hand **21** 83
~-hand stroke **276** 20
~ of head **18** 2
backing *[linen]* **102** 67
~ *[Tech.]* **254** 29
~ gauze **178** 20
~ material **177** 33
~ mull **178** 20
back of knee **18** 51
~ margin **178** 55
~ pad **72** 17, 31
~-pedal brake **180** 63
~ player **276** 43
back pressure valve **135** 34
~ rest **159** 37
~ row pins **287** 13
~-scouring valve **211** 61
~ seat **183** 8, **185** 57
~ shield **350** 29
~side **18** 40
~sight leaf **87** 67
~sight slide **87** 69
~ spacer **240** 22
~ spin **264** 4
~ square **127** 15, **145** 35
~-stage loudspeaker **294** 44
~stay **214** 19
~stiched seam **101** 1
~ stop **304** 31
~ strap **99** 42
~ stroke **268** 36
~ tooth **21** 35
~ trouser pocket **34** 33
~ vault **279** 49
~ weight **224** 26
~ wheel **179** 17
~ wheel brake linkage **182** 15
~ wheel swinging arm **182** 5
~yard **53** 1–49
bacon **96** 11, 26, 27
~-slicer **96** 19
Bactrian camel **351** 29
badge **247** 24, **280** 59
~ f. masked ball **289** 34
badger **88** 48
~-baiter **71** 33
~ dog **71** 33
badgerer **71** 33
badger-hair softener **121** 20
bad land* **65** 1
badminton **276** 36
bad visibility landing **230** 22–38
baffle board **234** 50,
bag *[hand~]* **37** 10
~ *[paper~]* **98** 48, 49
~ *[bagpipe]* **301** 9
~ *[booty]* **86** 38
~ of cement **113** 43
baggage* **200** 21
~ car * **203** 11
~ elevator* **201** 62
~ man* **200** 17, **259** 17
~ net* **203** 42
~ rack* **203** 42, **204** 33
baggy breeches **338** 34
bag net **89** 14
~pipe **301** 8
~ f. rods **269** 64
bag of letter mail **203** 22
~ of parcels mail **203** 23
~ of rolls **97** 3
bags **34** 10
bag wig **35** 4
bailey **310** 2
bails **275** 55
bait **83** 1, **86** 21
~ can **89** 18
~ tin **89** 18
baked-clay· crucible **334** 31
~ triangle **334** 17
bakehouse **97** 57–80
bakelite pad **159** 64
baker-boy beret **36** 55
baker's boy **97** 1
~ cap **97** 34
~ oven **97** 61
~ scraper **42** 51
~ shop **253** 52
~ shovel **97** 66
bakery **97**
baking-dish **42** 40
~-sheet **42** 53
~-tin **42** 40
balalaika **303** 28
Balances **5** 19, **6** 38
balance *[scales]* **98** 12
~ *[watch]* **107** 24
~ beam **333** 30
~ book **238** 64
~ bridge **210** 61
~ column **221** 33, **333** 29
~ rail **301** 39
~ spring **107** 25
~ weight **212** 76, **221** 38, **238** 39
~ wheel **102** 17
balancing act **290** 44
~ exercise **279** 41
~ form **279** 40
~ pole **279** 42, **290** 42
balata **121** 44
balcony *[house]* **39** 18, **262** 23
~* *[Theatre]* **296** 18
~ apartment **39** 72–76
~ door **48** 22
~ flat **39** 72–76
~ flower box **39** 20
baldachin **312** 49
baldaquin **312** 49
bald head **35** 22
~ part **35** 21
~ pate **35** 22
bale **202** 12
~-breaker **156** 7
baleen bone **37** 19
bale gauge **221** 29
~ of goods **221** 34
~ of perlon staple **164** 62
~ of rayon staple **163** 34
~ of straw **65** 29, **202** 29, **273** 40
baling press **163** 33

balk **65** 3
ball *[playing]* **258** 11, **274** 52, **275**, **276**
~ *[Danc.]* **289** 1–48
~ *[Tech.]* **136** 68, **180** 56
~-and-socket joint **111** 33
ballast consolidator **198** 17
~ keel **270** 3
~-roller **198** 18
~-tamping machine **198** 26
~ tank **223** 19
~ train locomotive **198** 6
~-washing machine **198** 3
ball bearing **136** 67
~ boy **276** 24
~ cartridge **87** 54
~ coupling **181** 21
ballerina **288** 30, 31
ballerino **288** 32
ballet **288** 29–34
~ dancer **288** 30
~groupe **288** 29
~ shoe **288** 34
~ skirt **288** 33
ball of foot **21** 58
~ game **274–276**
~-headed pin **309** 29
~ housing **180** 68
ballistic line **87** 79
ballistics **87** 73
ball lamp **259** 4
~-mill **154** 1
~ net **258** 43
balloon **10** 60, **226**
~ *[toy]* **291** 13
~ *[sail]* **270** 35
~ anchor **226** 62
~ ascension* **4** 40
~ ascent **4** 40
~ ballast **226** 61
~ basket **226** 60
~ car **226** 60
~ cover **226** 52
ballooner **226** 64
balloonist **226** 64
balloon jib **270** 35
~ nacelle **226** 60
~ netting **226** 53
~ pilot **226** 64
~ rigging **226** 53
~ sail **270** 35
~ sonde **4** 42, 43
~ tyre **181** 14
ballot box **251** 29
~ envelope **251** 21
~ paper **251** 20
ball out of play **274** 50
ball-pane hammer **192** 18
~ pen **239** 26
~ point **239** 29
~ point pen **239** 26
ballroom **289** 1
~ dance **288** 43
ball of sewing thread **177** 11
~-shaped nozzle **26** 47
~ of thumb **21** 75
~valve **119**63
Baltic Sea sloop **270** 50
baluster **118** 51
~ bend **118** 52
balustrade **40** 25, **118** 50
bamboo **367** 60
~ cane **130** 31
~ pole **290** 46
banana **368** 33
~ boat **216** 8
~ cluster **220** 65
~ elevator **220** 63 + 64
~ flower **368** 34
~ leaf **368** 35
~ plant **368** 28
~ plug **234** 33
~ shed **220** 35
band *[strap]* **72** 18 **136** 103
~ *[Mus.]* **289** 2
bandage **23** 47, **28** 8–11
~ *[horse]* **272** 48
band brake **136** 102
banderilla **287** 64
banderillero **287** 63
bandora **301** 21
band pass filter **235** 18, **236** 6
~ pulley **125** 9
bands *[vestment]* **313** 5
band-saw **128**1, **134** 1
~ saw blade **128** 2
~stand **262** 19, **272** 9, **290** 9
bandy **275** 9–18
~ ball **275** 9–18
bang **35** 36
banger **289** 51
bangle **38** 15, 16
banister **40** 25
banjo **303** 29
bank *[Comm.]* **242**
~ *[pool]* **263** 11
~ *[Racing]* **272** 25
~ contact **233** 35, 45
~ customer **242** 3
banked bend **285** 10
bank employee **243** 7
~ indicator **228** 5
banking* **196** 57
~ *[street]* **197** 30
~ indicator* **197** 29
bank note **244** 29–39
~ official **242** 8
~ protection **211** 50–55
~ scarp **212** 28
~ slope **212** 28
~ stabilization **211** 50–55
banner *[flag]* **245**12, 13, **312** 44
banner* *[newsp.]* **325** 42
~ head* **325**42
~ line* **325** 42
banquet **259** 40–43
banqueting hall **259** 39
~ party **259** 40–43
banquette* **39** 60
bantam **75** 44
baptism **313** 1
baptismal font **311** 2
baptistery **313** 2
bar *[iron]* **136** 8, 10
~ *[Gymn.]* **279** 2, 10, 28
~ *[counter]* **259** 54, **260** 1–11
~ *[room]* **259** 51
barb *[animal]* **78** 10,
~ *[Tech.]* **90** 54, **136** 42
bar band **259** 44
barbed dart **78** 10, **287** 64
barbel **350** 13
bar bell **281** 3
barber **104** 11
barber's assistant **104** 6
~ chair **104** 28
barber shop* **104** 1–38
barber's shop **104** 1–38
barbette **222** 59, **223** 61
bar and blocks **279** 26
bar of cage **290** 50
~ of chocolate **98** 78
~ compartment **204** 26
~ customer **259** 55
bargain counter **256** 64
barge **220** 20
~ board **39** 8
~ course **39** 8
bargee **211** 26
barge·man **211** 26
~ sucker **211** 59
~ in tow **211** 25
baritone oboe **302** 38
bark *[wood]* **115** 86, **354** 8
~ *[ship]* **214** 1–72, **215** 21–23
~ beetle **82** 22
~ brush **58** 21, **83** 30
barkeeper **259** 62, **260** 8
barker **291** 8, 64
barking head **149** 50
~-iron **85** 25
~ machine **149** 49
~-spade **85** 32
bark-scaler **85** 25
~-scraper **58** 16, **83** 29
~ spud **85** 32
bark-stripping machine **149** 49
barley **69** 26
~-bearder* **67** 48
~-cleaner **92** 1
~-cleaning machine **92** 1
~ grass **63** 28
~ inlet **92** 6
~-weighing machine **92** 5
bar line **299** 44
~maid **259** 63
~man **259** 62, **260** 8
~ of milk chocolate **98** 84
barn **64** 34
~-door **64** 36
barnous **337** 7
barn owl **347** 17
~-swallow **346** 20
barograph **10** 4
barometer **10** 1, 4, 8
barometric pressure **9** 4
baronet's coronet **246** 43
baron's coronet **246** 44
Baroque castle **257** 7
~ church **318** 1
~ Latin **325** 5
~ park **257** 1–40
~ Roman *[type]* **325** 5
barouche **179** 35
barque **214** 1–72, **215** 21–23, 29
~ schooner **215** 20 51
barracks **252** 47
barrage **212** 57–64
barred passage **290**
~ rubber sole tread **99** 37
~ window **248** 17
barrel *[cask]* **80** 37, **93** 45
~ *[box]* **45** 35
~ *[syringe]* **26** 30
~ *[watch]* **107** 16
~ *[rifle]* **87** 26, 27
~ casing **87** 35
~-cleaning brush **87** 62
~-filler **93** 29
~-filling machine **93** 29
~-maker **126** 16
~-organ **53** 26
~ for rainwater **55** 4
barrel-shaped· aircraft **226** 19
~ fuselage **225** 26
barrel unit **241** 37
~ vault **318** 38
barret **248** 26
barrier **198** 68, **212** 65, **274** 33
barrister **248** 30
barrow **145** 80
bars *[saddle]* **72** 41

bar screen **153** 5
~ of staples **240** 40
~ stool **259** 53
~tender* **259** 62, **260** 8
~ trio **259** 44
barysphere **11** 5
basal leaf **367** 2
~ pinacoid **330** 20
bascule **210** 62
~ bridge **210** 61
base *[mach.]* **172** 11, **177** 25
~ *[Math.]* **327** 1,6, **328** 27, **329** 35
~ *[Her.]* **246** 22 + 23
~ * **198** 36
~ bag **275** 51
baseball *[ball]* **275** 54
~ *[game]* **275** 39–54
~ bat **275** 52
~ field **275** 39–45
~ park* **275** 39–45
baseboard **111** 9, **112** 33, **118** 21, **285** 14
~ swivel catch **171** 8
base concrete **197** 45
~ line **276** 3 to 10, 52
~ log **85** 9
~ of machine **162** 15
~man **275** 50
basement **39** 1
~ stairs **118** 16
~ wall **118** 1
~ window **39** 27, **113** 3
base paper **168** 32
~-paver **196** 31
~ plate **10** 14, **141** 51, **160** 34, **198** 36
~ plate screw **198** 38
~ wall of house **39** 17
basher **36** 22
basic material **163** 1
~ position **278** 1
basidiospore **365** 7
basidium **365** 7
basilar leaf **359** 12
basilica **316** 61
basilisk *[Zool.]* **350** 30
~ *[Mythol.]* **307** 34
basin **51** 52–68, **217** 33, **311** 3
basinet **310** 61
basin shower **104** 37
~ stand **26** 24
basket **130** 11, 16, **275** 33
~ ball **275** 31–38
~ ball court **275** 34-36
~ baller **275** 37
~ ball player **275** 37
~ cord **226** 59
~ crib on wheels **30** 32
~-maker **130** 33
~-maker's plane **130** 39
~-making **130** 1–40
basket ring **226** 58
~ of rolls **97** 2
~ rope **226** 59
basketry **130** 1–40
basket weave **165** 11
~-work **130** 1–40
bas relief **322** 33
bass **302** 23
~ belly bridge **304** 13
~ bridge **304** 13
~ button **303** 43
~ clarinet **302** 34
~ clef **299** 11
~ drum **302** 55, **303** 47
bassinet on wheels **30** 32
bassoon **302** 28
basso relievo **322** 33
bass register **303** 44
~ stop **303** 44
~ string **303** 24, **304** 12
~ stud **303** 43
~ tone control **234** 44
~ trombone **302** 46
~ tuba **302** 44
~ viol **301** 23
~ violin **302** 16
bast **130** 29
bastard title **178** 44
bast binding **57** 35
~ hat **36** 8
basting thread **102** 52
bast shoe **100** 7, **117** 75
bat **351** 9
batch **81** 2, 30
bateau **210** 18
~ bridge **210** 17
bath **25** 6
~* **51** 1–28
Bath chair **23** 51
bath crystals **51** 25
bather **267** 30
bathing beach **267**
~-cap **267** 29, 44
~-gown **267** 25
~ platform **267** 9
~-shoes **267** 23
~-suit **267** 26
~-trunks **267** 27
~-wrap **267** 25
bath lid **172** 30
~-mat **51** 21, **262** 49
~ mit **51** 7
batholith **11** 29
bathrobe* **33** 6, **48** 56
bathroom **51** 1–28, **262** 40
~ cabinet **51** 82
~ mirror **51** 52
~ scales **51** 1
~ stool **51** 2
baths **25** 1–6, **268** 1–32
bath salts **51** 25
~ slipper **51** 20, **100** 48
~ soap **51** 11
bath sponge *[Zool.]* **340** 13
~ sponge **51** 12
~ thermometer **30** 21, **51** 8
~ towel **25** 17, **51** 23
~ water **51** 9
bathysphere **11** 5
baton *[conductor]* **296** 27
~ *[Sports]* **280** 15
~ *[Police]* **248** 10
~-changing **280** 14
~-exchange area **280** 16
~ roll **97** 38
batrachian **350** 23–26
batsman **275** 46, 59
batsman's lines **275** 40
bat's wing **307** 4
battement **288** 7
batten gauge **117** 18
battens **117** 17, **217** 59, **297** 13
batter's box **275** 41
battery **138** 56, **185** 33, **192** 38
~ bow* **108** 24
~ box **192** 41
~ case **111** 50, **183** 22
~ cell tester **192** 46
~-charger **192** 42–45
~ leg **108** 24
~ locomotive **138** 46
~ master switch **228** 27
~ railcar **206** 58
~ room **223** 40
~ stand **185** 34
~ terminal **192** 39
batting crease **275** 57
~ side **275** 46, 59
battle axe **335** 16
~ cruiser **222** 26
~dore **258** 45
~field **16** 93
~ment **310** 6, 7
~ship **213** 51–60, **222** 31
battue **86** 34–39
baulk **65** 3, **115** 87
Bauta stone **309** 18
Bavarian leathers **31** 50
bay *[lake]* **13** 7
~ *[barn]* **64** 42
~ *[window]* **115** 59
bayadere **289** 25
bay antler **88** 7
B-deck **218** 32–42
B/E **242** 12
beach **13** 35–44, **267**
~ attendant **267** 34
~-bag **267** 24
~-ball **267** 18
~ debris **13** 29
~-guard **267** 1
~-hat **36** 57, **267** 20
~-jacket **267** 21
~ lagoon **13** 44
~ mattress **267** 17
beach rubble **13** 29
~ sandal **100** 34
~ -shoes **267** 23
~-suit **267** 19
~ tent **267** 45
~-trousers **267** 22
~-wear **267** 19–23
beacon **16** 10, 49, **230** 12, 18
bead **50** 20
~ *[abacus]* **249** 39
~ *[rosary]* **313** 29, 30
~ *[antlers]* **88** 30
~ -and-dartmoulding **316** 38
~ buoy **219** 55
beading kammer **119** 46
~ iron **119** 9, 47
~ machine **119** 21
~ swage **119** 46
beagle **272** 63
beak *[Tech.]* **26** 54, **132** 18
~ *[Skat.]* **284** 22
beaker *[cup]* **49** 29
~ *[Chem.]* **334** 20
beak iron **132** 11, 18
beam *[Tech.]* **114** 57
~ *[Weav.]* **158** 41, **159** 48
~ *[antlers]* **88** 11
~ balance **97** 77
~ bearing roller **158** 58
~ bleaching plant **161** 40
~ compass(es) **119** 44, **144** 13
~ flange **158** 30, **159** 49, **160** 26
~ head **116** 33
beaming machine **158** 22
beam of light **219** 58
~ of roof **116** 29
~ ruffle **159** 60
~ trammel* **119** 44, **144** 13
bean *[plant]* **59** 8, **70** 15
~ *[coffee]* **366** 5
~ blossom **59** 9
~ flower **59** 9
~ plant **59** 8
~ pole **55** 28
~ stalk **59** 10
~ stem **59** 10
~ stick **55** 28
bear **353** 9–11
~berry **361** 15
~ claw **335** 14
beard **35**
~ *[animal]* **88** 73
~ *[Bot.]* **69** 12
Bear Driver **5** 30
bearer **312** 40, 43, 46
~ certificate of shares **243** 11
bearing *n.* **116** 83, **136** 67
~ plate ***219** 30

bear's bilberry **361** 15
beast of prey **339** 6, **352** 11-17, **353** 1-11
beat *[Hunt.]* **86** 34-39
~* *[newspaper]* **325**42
~ board **279** 21
beater *[Hunt.]* **86** 37
~ *[mus. instr.]* **303** 64
~ *[Tech.]* **68** 58, **167** 24
~ roll **167** 26
~ shaft **156** 24
beat forester **84** 35
beating board **279** 21
~ machine **97** 79
~ wood **322** 12
beau **289** 33
beautician* **103** 33
beauty cream **103** 11
~ parlor* **103** 1–34
Beauty Queen **289** 64
beauty salon **103** 1–34
~ shop* **103** 1–34
~ specialist **103** 33
~ spot **289** 24
beaver *[Zool.]* **351** 14
~ *[helmet]* **310** 41
beck **161** 19
~ iron **119** 20, **132** 18
bed *[furn.]* **48** 3–15, **262** 33
~ *[billiards]* **264** 15
~ *[garden]* **55** 18, 25, 26, **79** 16, 36
~ *[street]* **194** 15
Bedawee **337** 6
Bedawi **337** 6
Bedawy **337** 6
bed bolster **131** 6
~ bottle **29** 13
~ bug **341** 28
bedder **91** 23
bed-jacket **33** 30
~ linen **256** 57
Bedlington terrier **71** 18
Bedouin **337** 6
bed pan **23** 24
~ plate **167** 28, **323** 64
~ rock **13** 70
bedroom **48**
~ cupboard **48** 40
~ lamp **48** 23
bedside carpet runners **48** 33
~ reading lamp **48** 1
~ rug **48** 35
~ table **48** 2
bed·stead **48** 3–5
~ stone **91** 23
~ table **29** 14
~ terrace **13** 49
Beduin **337** 6
bee **78** 1–25
~ cell **78** 26–30
beech **355** 33
~ leaf gall **82** 37
~ marten **352** 14
beech nut **355** 37
bee culture **78**
~-eater **344** 2
beef **74** 1, **95** 14–37
~ fat **96** 6
~ steak **96** 20
beehive **78** 45–50
~-shaped hut **337** 28
bee house **78** 56
~keeper **78** 57
~keeping **78**
~ man **78** 57
~ poison ointment **78** 68
beer **93** 40, **260** 27
~ barrel **93** 34
~ bottle **93** 40
~ bottle lever-stopper **93** 41
~-bottling machine **93** 32
~ cart **93** 36
~ case **93** 35
~ on draught **93** 34
~ filter **93** 26
~ froth **260** 4
~ glass **46** 91, **260** 3
~ lorry **93** 38
~ mat **260** 26
~ mug **260** 6
~ saloon* **260** 1–29
~ tent **291** 23
~ tin **93** 39
~ transport **93** 34–38
~ truck* **93** 38
bee shed **78** 51
~ smoker **78** 59
beeswax **78** 67
beet **69** 45
~ eelworm **81** 51
beetle **342** 24–39
~ collection **47** 35
~ head *[Tech.]* **221** 60
beet-lifter **66** 35
~ root **69** 44
bee veil **78** 58
beggar **253** 20
begonia **56** 10
belay **282** 10, 11
belfry window **312** 8
Belgian carrot **59** 18
Belgium **14** 2
believer **311** 58
bell **107** 42, **251** 4
~ *[mus. instr.]* **302** 37, 42, 48
~ *[blast furnace plant]* **140** 6
~ *[cistern]* **119** 61
belladonna **363** 7
Bellatrix **5** 13
bell beaker **309** 14
~ boy* **259** 18
~ buoy **219** 49
~ button **120** 2
~ capital **315** 16
~-crank lever **186** 46
~ flower **359** 14
~ guard **277** 57
bell heather **361** 19
~ hop* **259** 18
~ jar **107** 61, **331** 12
~ morel **365** 27
bellows **111** 7, **132** 9, **171** 18, 36, **303** 37
~ pedal **304** 46
~ strap **303** 38
bell push **23** 18
~ tent **266** 51
~ tower **319** 8
~ type flushing cistern **119** 59
~ and whistle sign **198** 85
belly *[abdomen]* **18** 35–37, **95** 41
~ *[archery]* **287** 39
~ *[pot]* **45** 12
~ *[net]* **90** 20
~ *[cello]* **302** 3, 24
~ band **72** 18, 23, 36
~ bridge **304** 11, 13
belt **33** 54, **278** 46
~ buckle **37** 14
~ conveyor **113** 77, **153** 7
~ decoration **38** 1
~ disk **309** 24
~ drop hammer **133** 16
~ generator **331** 58
~ guard **161** 11
~ line **255** 45
~ loop **37** 15
~ pulley **158** 62
~ sander **128** 46
~-wrestling **281** 14
belvedere **252** 52
bench *[seat]* **260** 36
~ *[table]* **296** 45
~ *[workshop]* **127** 40–44, **134** 15
~ *[Geol.]* **13** 31
~ brush **106** 33
~ hammer **127** 14, **134** 17
~ oven **134** 20
~ pan **106** 21
~ plane **127** 52–61
~ f. taking rest **25** 16
~ shears **119** 43
~ stop **127** 43
bend *[curve]* **13** 11, **197** 31
~ *[shoe]* **99** 50
~ of arm **18** 44
bending bar **108** 41
~ iron **114** 77
~ roller **155** 10
~ table **114** 20
~ tool **130** 34
bend leather **99** 50
~ mark **197** 29
~ sinister undee **246** 6
~ sinister wavy **246** 6
~ of upper thigh **18**42
Benedictine **314** 13
Benguela Stream **15** 43
benniseed **367** 45
bent chisel **322** 18
~-grass **63** 30
~ snips **119** 2
benzene chlorination **164** 8
~ dispatch **164** 6
~ extraction **164** 6
~ plant* **148** 43
~ truck* **148** 44
~ washer* **148** 42
benzole (recovery) plant **148** 43
~ truck **148** 44
~ washer **148** 42
bereaved **312** 38
beret **31**, 43, **36** 54
berlin(e) **179** 1
berm **211** 38
bernouse **337** 7
berry **354** 97
~-bearing bush **55** 19
~ bush **60**1–30
berth *[bed]* **262** 34
~ *[Tech.]* **217** 11–18
beryllium **1** 50
besom **52** 78, **53** 45, **64** 39
best-end of loin of veal **95** 7
bes tine **88** 7
beta·particle emission **1** 11
~ radiation **1** 11
Betelgeuse **5** 13
betel nut **364** 20
~ (nut) tree **364** 19
between decks **218** 66
bevel **115** 81, **136** 60, **170** 43
~ arm **143** 50
~ gear **91** 25
~ gear wheel **136** 89
~ shoulder notch **116** 90
~ wheel **91** 25, **136**89
bevelled edge **172** 37
bez tine **88** 7
B flat major **300** 10
B flat minor **300** 13
bib **30** 14
Bible **311** 14
bib tap **119** 34
bi-cable· aerial ropeway **209** 25
~ ropeway **209** 25
biceps **20** 37,61
~ of thigh **20** 61
bickern **132** 18
bick iron **132** 18
biconcave lens **108** 2
biconvex lens **108** 7
bicycle **180, 181**
~ bell **180** 4
~ frame **180** 14–20
~ frame number **180** 51
~ lamp **180** 7
~ lock **180** 49

block pedal **180** 78
~ of registration forms **259** 12
~ of rock **150** 8
~ section panel **199** 63
~ signal **199** 41
~ of snow **336** 5
~ of stone **322** 5
~ and tackle **216** 48
~ of wax **78** 67
~ of wood **322** 27
blood **20** 11, 12
~ circulation **20** 1–21
~-donor **29** 27
~-recipient **29** 28
~stone **106** 49
~-stone **154** 20
~ transfusion **29** 26
~ transfusion apparatus **29** 29
~ vessel **21** 33
bloomer* **193** 8
~ loaf **97** 25
bloomers **33** 21
blooming train **141** 45
bloom shears **141** 47
blossom **70** 7
blossoming plant **60** 17
~ twig **60** 32, 52, **61** 26
blot **249** 47
blotter **238** 19
blotting paper **249** 50
blouse **32** 6, **33** 9
blow below the belt **281** 31
blower *[Tech.]* **132** 9, **134** 6,
~ aperture **158** 5
~ chamber **168** 40
~ magnet **295** 39
~-type snow plough **195** 21
blow fly **342** 18
~gun **335** 26
~ gun dart **335** 28
~ hole **352** 26
blowing **155** 13–15
~ assembly **158** 4
~ iron **155** 14
~ machine **162** 49
~ tube **155** 14
blow·lamp **119** 49, **135** 37
~pipe **135** 37, 64 **334** 9, **335** 26
~pipe-lighter **135** 55
~ pit **167** 3
~tube **335** 26
blubber hook **90** 60
~ lamp **336** 7
blue **320** 3
~bell **359** 14
~ bottle *[Zool.]* **342** 18
~bottle *[Bot.]* **63** 1
~-headed tack **136** 53
~ light **253** 59, **255** 6
Blue Peter **245** 26
blue print **241** 17
~-print apparatus **241** 13
~ shark **350** 1
~ tit **344** 4
blunt chisel **132** 37
~ hook **28** 56
~ tool **132** 37
blurb **178** 39
B major **300** 6
B minor **300** 3
boar **74** 9, **86** 32, **88** 51
board *[wood]* **115** 91
~ *[Church]* **311** 24
~ *[diving]* **268** 7
~ *[Exchange]* **243** 8
~ *[Tech.]* **233** 6–12
~ f. backgammon **265** 22
~-cutting machine **177** 56
boarder **257** 28, **262** 24
board feed hopper **177** 44
~ game **265**
boarding **113** 44, **115** 9, **116** 75
~ door **193** 12
~ house **262** 22
~ platform **193** 13
board f. 'Mühle' **265** 23
~ platform **113** 28
~ sucker plates **177** 45
~ to lie on **285** 19
boards **113** 87, **284** 41
boar hound **86** 33
~ hunt **86** 31
boat *[Sports]* **269**
~ *[vessel]* **218** 1–71
~ axe **309** 19
~ carriage **269** 63
~ deck **218** 19–21
~ derrick **222** 47
boater **36** 22
boat ferry **211** 15
~ house **269** 24
boating straw hat **36** 22
boat race **269** 1–18
~ skin **269** 58
boats' davits **222** 12
boat's number **90** 45
boatswain **216** 57
bob *[Sports]* **285** 5
~ *[timber]* **85** 27
~* *[plummet]* **219** 35
bobbed hair **35** 34
bobbin **102** 35, 36, **157** 23
~ creel **157** 28
~ of doubled yarn **157** 60
bobbing **285** 5–10
bobbin lace **101** 18
~- winder **102** 16
bobby **247** 1
bob-rider **285** 7
~sled **285** 5
bobsleigh **285** 5
~ chute **285** 9
~ course **285** 9
bob-sleighing **285** 5–10
bobsleigh run **285** 9
~ for two **285** 5
bob·stay **214** 15
~-steerer **285** 7
~ wig **35** 2
boccia **287** 21
bodhisat(tva) **319** 10
bodhisattwa **319** 10
bodkin **169** 17
~ f. elastic **102** 59
body *[man]* **18** 1–54
~ *[dead]* **312** 54
~ *[mus. instr.]* **302** 3, **303** 2, 15
~ *[Tech.]* **136** 15, **185** 1 – 58
~ *[casing]* **52** 6, **111** 3
~ *[letter]* **170** 46
~ of airship **226** 73
~ brush **72** 55
~ friction brush **51** 27
~ of letter **239** 9
~ louse **341** 31
~ of pipe **305** 29
~ standard **131** 17
~ of wall **212** 2
bog **13** 14–24, **16** 20
~ asphodel **70** 13
bogie **114** 32, **193** 5, **204** 3
~ bolster wagon **202** 30, **208** 6
~ (centre) pin hole **204** 65
bog plant **361**
~ pool **13** 23
boiled ham **96** 18
~ shirt **33** 41
boiler **40** 68, **203** 3
~ barrel **205** 16
~ casing **205** 16
~ feed pump **146** 18
~ house **146** 1–21
~ lid **92** 28
~ pressure gauge **205** 48
~ room **79** 7, **145** 68
~ shell **205** 16
~ shop **217** 9
~ tube **205** 17
boiling-plate **42** 14
~-ring **41** 82
~-water reactor **3** 1–11
bola(s) **335** 31
bold condensed (letters) **170** 10
~ letters **170** 9
bole **84** 21, **354** 2
bolero *[dance]* **288** 39
~ (jacket) **32** 29
Boletus **365** 15, 16, 21, 22
~ luteus **365** 21
~ satanus **363** 12
bolide **7** 28
boll **367** 18
bollard **212** 12
~ niche **212** 10
bolster *[cushion]* **48** 15, 54
~ *[carriage]* **131** 6
~ *[knife]* **46** 53
~ *[log]* **85** 8
~ *[wagon]* **202** 30, **208** 6
bolt *[screw]* **94** 5, **136** 13–48
~ *[rifle]* **87** 20
~ cover **87** 16
bolter **91** 26
bolt handle **87** 22
~ lever **87** 22
~ w. thumb nut **114** 75
~ring **107** 13
bomb **1** 47
bombard pommer **301** 13
bombardment by neutron **1** 14, 23
bombardon **302** 44
bombed site **252** 26
bonbon **98** 75
bond **243** 11–19
bonding **113** 58–68
bone *[skeleton]* **19** 1–29, **71** 35, **96** 8
~ *[Cloth.]* **33** 17
~ chisel **27** 50
~ cutting forceps **26** 40, **28** 57
~ framework **336** 13
~ harpoon head **309** 3
~ lace **101** 18
~ nippers **28** 57
~ saw **96** 35
~ of upper arm **19** 12
bongoes **303** 58
bonnet *[hat]* **36** 29, **246** 39, 40, 41, **289** 23, **338** 71
~ *[car]* **185** 8, **187** 2
~ *[sail]* **213** 34
book **178** 36, **249** 46, **250** 17
~ of accounts **238** 52
~-back glueing **177** 14
~binder **177** 2
~binder's knife **177** 13
bookbinding **177**, **178**
~ machine **178** 1–35
~ machinery **177** 39–59
~ workshop **177** 1–38
book blade **178** 29
~case **47** 4, **178** 26
~ cover **178** 26, 40
booking clerk **200** 39
~ hall **200**
~ office **200** 34
~ stamp **238** 56
book jacket **178** 37
~-keeper **238** 37

C

chestnut tree **355** 58
chestpiece **26** 15
chevron ornament **317** 16
chew **105** 23
chewing tobacco **105** 23
chianti **98** 61
chibouk **105** 32
chibouque **105** 32
chick **75** 33
~ box **75** 40
chicken **74** 19–26, **75** 20
~ ladder **75** 4
~ run* **75** 18
~ yard* **75** 18
chick hopper **75** 38
~ pea **70** 19
~ trough **75** 34
chicory **360** 25
~ plant **59** 40
chief *[Her.]* **246** 18 + 19
~ camera man **292** 41
~ clerk **238** 1
~ inspector **145** 44
~ judge **248** 20
~ respectionist **259** 7
~ star **5** 9
chignon **35** 29
child **45** 3+4, **50** 3
~ in arms **30** 26
~ carrier seat **180** 21
children's clothing **31**
~ games **258** 1–59
~ nurse **30** 9, **258** 12
~ playground **258**
~ play room **49** 1–29
~ wear **31**
child's bicycle **181** 13
~ bike* **181** 13
~ boot **31** 45
~ buttocks **30** 39
~ chair **49** 27
child under school age **49** 26
child's coat **31** 37
~ cot **49** 2
~ cycle **181** 13
~ dress **31** 22
~ frock **31** 22
~ grave **312** 30
~ hat **31** 38
~ milk-beaker **49** 29
~ overcoat **31** 37
~ rattle **30** 42
~ seat **180** 21
~ shoe **100** 9
~ stool **50** 11
~ table **49** 28
~ tricycle **258** 59
Chile **14** 34
chilled iron roller **168** 24
chimaera **307** 16
chimbre **126** 30
chimera **307** 16
chimney **40** 5, **113** 21, **146** 15, **205** 22
~ *[rock]* **282** 9
~ base **145** 47
chimney bond **113** 66
~ brick **151** 28
~ cleaner* **40** 31
~ cooler **145** 60
~ flashing **117** 14
~ hood **132** 6
~ piece **259** 24
~pot* **36** 20
~ shaft **145** 46
~ stack **145** 48
~-swallow **346** 20
~ sweep **40** 31
~ top **145** 49
chimpanzee **353** 14
chin **18** 15
China **14** 48, 49
china cupboard **41** 1
China-ink attachment **144** 41
china painter **154** 17
China rose **62** 15
~ rush string **130** 27
chinch* **341** 28
chinchona **364** 17
chine bone **22** 59
Chinese art **319** 1–6
~ lantern **55** 15, **336** 36
~ notable **289** 29
~ script **324** 5
~ shadow show **298** 28
chinook wind soaring **271** 23
chin rest **302** 8
chip *[shavings]* **130** 12
~ *[jetton]* **263** 12
~ basket **130** 11
~ container **164** 40
~-extractor opening **128** 17
~ hat **36** 57
chipper motor **149** 57
chipping hammer **135** 25, 57
chippings **150** 23, **197** 51
~-spreader **196** 41
chips *[shavings]* **127** 47, **129** 26
chiropodist **25** 19
Chiroptera **351** 9
chisel **115** 71, **127**, **132** 37, **150** 37
chitarrone **303** 1
chiton **338** 5
Chitonactis **349** 20
chivalry **310**
chives **59** 22
chlorine **164** 7
chock **141** 56, **189** 51, **286** 2
chocolate **98** 78
~ box **98** 79
~ liqueur **98** 83
chocolates **98** 80
choir *[Arch.]* **311** 36, **317** 4
~ organ **305** 5
~ stalls **311** 34
choker **338** 74
choke tube **183** 68
chopped wood **53** 8
chopper *[tool]* **96** 46
~ * *[ticket collector]* **200** 25
~ *[scissors]* **177** 16
chopping block **53** 9, **64** 18
~ board **41** 57, **96** 45
~ hoe **66** 32
choral poetry and dance *[symbol]* **308** 70
~ vestments **314** 32
chord *[Tech.]* **210** 48, 49
~ *[Geom.]* **328** 51
~ *[Mus.]* **300** 16–18
~ of the seventh **300** 18
chorus **296** 21
~ girl **298** 7
chow(-chow) **71** 21
christening **313** 1
~ dress **313** 8
~ robe **313** 8
~ veil **313** 9
Christian baptism **313** 1
~ crosses **313** 49–66
christiania **283** 32
Christian monogram **313** 61
christie **283** 32
Christmas cake **97** 6
christy **283** 32
chromatic scale **299** 49
chromo-board **168** 31
chromolithographic print **323** 28
chrysalis **81** 4, 43, **82** 13
Chrysanthemum **63** 7
chuck **127** 24, **129** 6, 10, **240** 71
~ key **142** 39
~ rib **95** 19
~ slot **142** 36
~ spindle **128** 23
chulo **287** 59
church **311–313**
~ banner **312** 44
~ bell **312** 9
~ clock **312** 7
~ door **312** 16
~-goer **311** 29, **312** 17
~ organ **305** 1–52
~ owl **347** 17
~ pew **311** 28
~ porch **312** 16
~ roof **312** 11
~ spire **312** 6
~ tower **312** 2
~ w. two towers **16** 53
~ window **311** 16
churchyard **312** 21–41
~ gate **312** 19
~ wall **312** 18
churn **76** 34, **77** 2
~ conveyor **77** 3
chute *[Tech.]* **67** 41, **221** 66
~ *[slide, etc.]* **258** 36, **291** 40
~ *[Sledg.]* **285** 11
~ *[parachute]* **228** 48
ciborium **313** 46
cicatricle **75** 55
cicatricula **75** 55
cicatricule **75** 55
Ciconiiformes **343** 18
C. I. D. officer **248** 3
cigar **105** 2
~-box **47** 33
~ case **105** 11
~ and cigarette boy **259** 49
~-cutter **105** 10
cigarette **105** 14, 15
~-box **47** 32
~ case **105** 12
~-holder **105** 17
~-lighter **186** 20
~ machine **105** 18
~ packet **105** 13
~ paper **105** 19
~ seller **291** 51
~ tip **105** 15
~ tray **259** 50
cigar-holder **105** 9
~ scissors **105** 8
ciliate(d) **354** 49
ciliate infusorian **340** 9
cilium **340** 10, **354** 50
cinchona **364** 17
cincinnus **354** 77
cinder oval* **280** 5
~ track **280** 5
cinema **295** 1
~ box office **295** 2
~ car **204** 24
~-goer **295** 5
~ gong **295** 22
~ projector **295** 26
~ stage **295** 8
~ ticket **295** 3
cinerary urn **309** 38
cingulum **314** 20
cinnamon **98** 44
~ bark **366** 25
~ tree **366** 22
cinquefoil **317** 40
cipher *[letter]* **170** 1
~ *[0]* **263** 18
circle **275** 12, **280** 44, 47
~ *[Math.]* **328** 42
~ *[Gymn.]* **279** 12
~ of feathers **276** 38
circling crossing **277** 51
circuit-breaker **120** 18, **147** 51–62
~ diagram **147** 8
circular adjustment **15** 62
~ medallion **322** 36
~ place* **252** 12
~ plane **329** 39
~ saw **128** 5, **143** 46, **149** 45

clothes-basket **53** 41
~-brush **52** 66
~-drying place **53** 35–42
~ hanger **256** 31
~-line **40** 23, **53** 36
~-line post **53** 38
~ louse **341** 31
~ moth **341** 14
~-peg **53** 42
~-peg bag **53** 40
~-pin **53** 42, **260** 14
~-pin bag **53** 40
~-prop **53** 37
~-rack **43** 1, **52** 69, **260** 12
~ section **259** 30
cloth-finishing **162**
~ gaiter **100** 31
~ hat **36** 1
clothing accessories **37**
~ requisites **37**
Clotho **308** 53
cloth-printing machine **162** 53
~ operative **162** 65
cloth roller **159** 20
~-shearing machine **162** 42
~ spat **100** 31
~ take-up motion **159** 19
~ take-up roller **159** 47
~ temple **159** 13
cloud **8** 1–19
~ chamber **2** 24
~ chamber photograph **2** 26
~ chamber track **2** 27
cloudiness **9** 20–24
cloudless **9** 20
cloud soaring **271** 15
cloudy **9** 23
clout **116** 94
~ iron **131** 12
~ nail **117** 96
cloven-hoofed animal **74** 9
clover **70** 1–5
clove tree **366** 26
clown **289** 69, **290** 23, 24
club *[Sports]* **276** 69, 70
~ * *[baton]* **248** 10
~ flag **274** 34
~ house **269** 23
~-moss **361** 12
~ rush **130** 28, **362** 21
clubs *[cards]* **265** 38+42
club's flag **269** 25
club-swinging **278** 31
clump of grass **359** 44
clumping machine **99** 24
cluster **368** 32
~ of blossoms **60** 15
~ of eggs **81** 2
~ of flowers **60** 15
cluster of fruits **367** 56
~ of grapes **80** 6
~ of stars **5** 26
clutch **181** 36, **185** 41
~ gear **207** 2
~ hub **186** 60
~ lever **181** 36
~ of ostrich eggs **343** 3
~ pedal **185** 41, **207** 23
clyburn **119** 51
C major **300** 1
C major scale **299** 47
C minor **300** 11
C minor scale **299** 48
coach *[vehicle]* **179**, **204** 1
~ *[Sports]* **269** 20
~ body **179** 5, **204** 4
~ box **179** 8
~ coupling **203** 35–39
~ door **179** 11
~ horse **179** 28
~ kitchen **204** 21
~man **179** 32
~ roof **179** 14
~ top **179** 14
~ wheel **204** 62
~ window **179** 10
~work **185** 1–58
~work sheet **141** 70
coal **164** 1
~-box **41** 46, **52** 55
~-breaker **148** 7
~ bunker **146** 2, **148** 3, **199** 44
~ carbonization **148** 10–12
~ chute **220** 50
~ chute crane **220** 66–68
~ conveyor **146** 1, 3
~-crusher **146** 4, **148** 9
~-crushing plant **148** 9
~-cutting machine **138** 41
~ depot **220** 48
~ distributor **220** 68
~ face **137** 39, **138** 12
~ gas **148** 1–46
~-grinder **146** 4
~ haulage **148** 1–9
~-hod **52** 56
coaling crane **199** 43
~ plant **199** 42
~ station **220** 49–51
coal lorry **253** 26
~man **253** 27
~ measures **137** 21
~ mill **146** 4, **152** 12
~ mine **137** 1–40
~-mixer **148** 9
~-mixing plant **148** 9
~ plough **138** 38, 40
~-processing **148** 10–12
coal pulverising plant **152** 12
~ seam **137** 22, **138** 22
~ separation plant **137** 8
~ separator **152** 11
~shovel **41** 47
~ storage **148** 3
~ store **152** 13
~ trimmer **220** 68
~ truck **148** 1
~ tub **137** 29
~ water-heater **51** 3
~ wharf **220** 46–53
~ winding **137** 14
coarse altimeter **228** 9
~ breaker **153** 6
~ cut **132** 35
~ cut sausage **96** 17
~ hackle **125** 4, 7
~ sieve **77** 36
coast **13** 25-31, 35-44
coastal craft **216** 38
~ fishery **90** 24–29
~ submarine **222** 18
~ trade **216** 38
coaster *[ship]* **216** 38
~ *[Sports]* **285** 12
~ brake **180** 63
coasting *[Sports]* **285** 11+12
~ motorship **216** 38
~ path **285** 11
~ slide **285** 11
coat *[Cloth.]* **31** 20, **32** 36, **34** 36
~ *[Her.]* **246** 1–6
~ of arms **246** 10
~ button **34** 50
~ collar **34** 49
~-dress **32** 8
coated paper **168** 37
coat hook peg **43** 3
coating *[paint]* **118** 5
~ *[Tech.]* **138** 32
coat-of-arms **246** 1–6
~ peg **260** 14
~ pocket **34** 37, 51
~ rack **43** 1
~-tail **34** 58
cob **69** 36
~* **362** 22
cobalt tele-radiation apparatus **2** 28
cobbler **99** 23
cobbler's boy **99** 13
~ knife **99** 60
~ stand **99** 27
~ thread **99** 19
~ wax **99** 16
cob nut **61** 49
~web **342** 47
Coccinellidae **342** 37
coccygeal vertebrae **19** 5
coccyx **19** 5, **22** 60
cochlea **19** 63
cock *[Zool.]* **74** 21, **75** 9, **86** 11
cock *[bay]* **65** 37
cockade **247** 4
cockatoo **345** 1
cockatrice **307** 34
cockchafer **82** 1
~ larva **82** 12
cock-drunks **355** 42
cockerel **74** 21
cocker spaniel **71** 42
cock fight **258** 40
cocking lever **111** 14
cockle **63** 6
cock pigeon **74** 33
cockpit **269** 8, **270** 7
cockroach **341** 18
cockscomb **74** 22
cock's feather **36** 42
cocksfoot grass **70** 25
cockshead **70** 10
cock's head **307** 35
~-head **70** 10
~ plume **36** 42
~ tail **74** 25
cock stopper **334** 44
cock's tread(le) **75** 54
cocktail cabinet **47** 39
~ dress **32** 28
~ glass **47** 43, **259** 56
~ set **47** 40–43
~-shaker **259** 61
cock of the woods **88** 72
cocoa **98** 66
~ bean **366** 19
~ jug **45** 32
~ tree **366** 16
coconut **367** 53
~ fat **98** 23
~ tree **367** 48
cocoon **81** 4, **82** 21, **342** 51
cocotte **289** 37
code **245** 29
cod end **90** 22
C. O. D. form **232** 8
codilla **125** 7
cod line **90** 23
codling moth **60** 62
coefficient **327** 4
coelenterate **340** 14, **349** 9, 14, 20
coelostat **6** 15–18
coffee **98** 67
~ bean **366** 6
~ cosy **45** 41
~ cup **45** 7
~ filter **41** 64
~ garden **261** 27–44
~-grinder **41** 62
~-grinder, el. **98** 69
~house **261** 1–26
~-maker* **41** 64
~-mill **41** 62
~-mill, el. **98** 69
~ plant **366** 1
~ pot **45** 12–17
~-roaster **98** 70
~ set **45** 7–21, **261** 18
~ spoon **45** 11

coffee-strainer **42** 44, **45** 25
~ substitute **98** 65
~ tree **366** 1
~ urn **261** 2
coffer dam **216** 29
coffin **312** 35, 51
~-bearer **312** 40
cog *[Tech.]* **91** 9
~ *[ship]* **213** 18–26
cognac **98** 59
cog wheel **136** 80–94
~wheel railway **209** 4+5
coiffeuse **103** 28
coiffure **35** 27–38
coil **332** 8, 9
~ assembly **235** 18
coiled condenser **333** 6
~ filament **120** 58
coiler top **156** 62
coiling drum **141** 69
coil oil cooler **206** 19
~ spring **185** 26, **187** 24
coin **244** 1–28
coinage *[money]* **244** 1–28
coin box **233** 2
~ bracelet **38** 5
coincidence-setting device **110** 33
coin collection **47** 38
~ image **244** 12
coining die **244** 40+41
coin slot **260** 50
~ stamp **244** 40+41
coke **139** 45
~ bunker **148** 20
~ bunker railway **148** 23
~ crane bridge **148** 21
~-firing system **40** 38
~-grading plant **148** 22
~-heating system **40** 38
~-loading plant **148** 24
~-oven plant **148** 17–24
~ plant **148** 17–24, **164** 2
~-processing **148** 17–24
~-quenching plant **148** 17
~-quenching tower **148** 17
~-quenching truck **148** 18
coker nut **367** 53
coke-sorting plant **148** 22
~ storage **148** 20
~-transporting unit **148** 19
colander **42** 47
cold air current **9** 29
cold-air store **94** 16–18
~ supply **92** 20
cold blast main **140** 16
~ chisel **132** 37
~ front **8** 13, **9** 27
~-house **79** 33
~ rolling mill **141** 67
~ saw **143** 46
~-start device **184** 45
cold-storage· chamber **94** 16–18
~ house **220** 40
~ room **218** 50
cold vulcanization **191** 24
~-water bath **25** 14
~-water entry **3** 9
~-wave lotion **103** 31
Coleoptera **342** 24–39
coleopter aircraft **225** 70
colibri **345** 4
collapsible boat **269** 54–66
~ hood **179** 52, **187** 14
~ table **204** 38
~ top **187** 14
collar *[Cloth.]* **33** 37, 40, 55
~ *[coin]* **244** 42
~ *[shoe]* **100** 46
~ *[dog]* **71** 13
~ *[horse]* **72** 15
~ *[rept.]* **350** 39
~ *[stag]* **88** 27
~ *[Tech.]* **136** 31
~ awl **123** 33
~ badge **247** 5
~ beam **116** 35, 38, 70
~-beam roof **116** 34
~ bolt **136** 30
~ bone **19** 6
~-button* **33** 61
collared amphora **309** 12
~ beef **96** 22
collar harness **72** 7–25
~-headed bolt **136** 30
~-stiffener **37** 19
~ stud **33** 61
collecting bin **197** 23
~ box **257** 65
~ jar **10** 39
~ trough **93** 9
~ vessel **10** 39
~ well **254** 4
collection **47** 34–38
~ bag **311** 63
~ box **257** 65
~ of photos **47** 37
~ plate **311** 63
~ fr. post box **231** 31
collective consignment **202** 4
~ drupe **354** 101
~ nut fruit **354** 100
collective shipment **202** 4
~ stone fruit **354** 101
collector *[official]* **200** 25
~ *[El.]* **193** 15-19
colliery **137** 1–40
collimator **330** 30, **331** 40
collision **253** 58–69
cologne* **103** 20
Cologne **103** 20
~ water* **103** 20
colon *[Anat.]* **22** 19, 20, 21
~ *[punctuation]* **325** 17
colonnade **262** 9, **316** 67
colophony **302** 11
color* see colour
Colorado beetle **81** 52
colored* see coloured
colors* *[ship]* **216** 37
colour **320**
~ box **321** 10
coloured cloak **338** 10
~ crayon **50** 24
~ glass **135** 27
~ light **320** 10
~ pencil **50** 24
colour filter **111** 48
~ medium **292** 38
~ print **323** 28
~ ribbon **240** 14
colours of racing stud **272** 57
colposcope **110** 11
colt **74** 2
colter **67** 26, **68** 10, 11
coltsfoot **364** 8
Columbian **170** 30
columbine **62** 10
Columbine **289** 27
column *[Art]* **315**, **316** 8–34
~ *[Tech.]* **143** 26, **170** 50, **221** 1
~ *[Print.]* **178** 65, **325** 47
~ base **316** 28–31
~ heading **325** 46
~ indicator **240** 61
~ line **325** 43
~-setting indicator **240** 45
~ shaft **316** 26
~ sleeve **143** 26
comb *[brush]* **51** 77
~ *[cock]* **74** 22
~ *[Spinn.]* **156** 67
combed material **156** 72
comber **156** 56, 63
~ draw box **156** 60
comb foundation **78** 43
~ f. haircutting **104** 3
combinable two-seat chair **209** 18
combination **96** 36
~ brake **189** 43
~ compasses **144** 28
~ consignment **202** 4
~ furniture **47** 53
~ lever **205** 30
~ pliers **120** 53
~ shipment **202** 4
combinative game **265** 1–16
combine* **68** 48
combined filter and petrol tap **182** 32
~ grip **279** 56
~ sewer **194** 36
~ wardrobe **48** 40
combine harvester **68** 48
combing cylinder **156** 68
combustion chamber **146** 6, **184** 26, **227** 17, **229** 22
~ chamber cooling jacket **227** 63, **229** 23
~ gas valve **135** 53
comedy *[symbol]* **308** 61
~ act **290** 25
~ number **290** 25
comestible **46** 38
comet **7** 25
comet's head **7** 26
~ nucleus **7** 25
~ tail **7** 27
~ train **7** 27
comfortable* **48** 11
comforter *[baby]* **30** 51
~* *[quilt]* **48** 11
comfort station* **194** 20
comfrey **359** 45
comic mask **308** 62
comma **325** 18
commanding officer* **223** 46
commercial advertisement **325** 52
~ aircraft **226** 30
~ motor vehicle **189** 1–13
commère **298** 2
commissaries* **201** 48
commissary* **218** 51
commissionaire **256** 44, **296** 10
committee **251** 1+2
~ member **251** 2
~ table **251** 3
commode **23** 25, **48** 2
~ *[hat]* **338** 65
common anchor* **217** 76
~ bean **59** 8
~ brick **113** 58
~ buckwheat **70** 20
~ chord **300** 16 + 17

copper skin* **335** 11
~ sulfate* **330** 26
copy block **238** 17
~-board **171** 21
~ book **249** 46
~-holder **171** 22, 39
~-holder frame **171** 20
copying apparatus **241** 13
~ camera **171** 1
~ glass plate **171** 50
copy milling machine **128** 22
coquille **277** 57
Coraciidae **343** 24-29
coral branch **340** 36
~ polyp **340** 37
~ reef **13** 32
~ zoophyte **340** 35
cor anglais **302** 38
corchorus **357** 28
cord **125** 18, **280** 55
cordate **354** 35
corded ware **309** 10
cord-grip pendant **44** 22
cording **202** 13
cordon **55** 1, 2, 17, 29
cord of wood **84** 24
core *[Bot.]* **60** 36, 59
~ *[Earth]* **11** 5
~ *[Tech.]* **141** 29, **147** 17, **332** 6
~ *[bullet]* **87** 56
~ bit **139** 20
~-print impression **141** 28
Corinthian column **316** 10
~ helmet **308** 19
cork **80** 29
~ ball **275** 18, **276** 37
~ belt **268** 19
~ compressor **80** 28
~ float **89** 52, **268** 32
corking machine **80** 27
cork jacket **224** 58
~ life belt **224** 58
~ ring **268** 19
~screw **46** 46
~screw staircase **118** 76
~ sock **99** 8
~ sole **100** 36
~ tip **105** 15
cormorant **343** 10
corn **69** 1–37
~* **69** 31
~ camomile **63** 8
~ chamomile **63** 8
~ cob **69** 36
~ cockle **63** 6
~-dressing **83** 13–16
cornea **21** 47
~ microscope **109** 14
cornel berry **357** 32
~ bush **357** 30
~ cherry **357** 32
corner *[Geom.]* **329** 33
~ *[Footb.]* **274** 10, 58
~ *[balma]* **265** 27
~ area **274** 10
~ bench **260** 38, **262** 32
~ board **41** 33
~ bottom slate **117** 77
~ brace **115** 26
~ bulkhead fitting **43** 24
~ chisel **127** 65, **322** 19
~ flag **274** 10
~ kick **274** 58
~ of mouth **21** 19
~ pin **287** 11
~ seat **204** 42
~ shop **253** 40
~ stile **115** 52
~ store* **253** 40
~ strut **115** 52
~ stud **115** 52
~ tower **310** 14
cornet **302** 43
cornett **301** 12
corn·field **65** 19
~ flower **63** 1
~ husker **91** 52
cornice **39** 9, **115** 34, **282** 14, **316** 11–14
corn leaf **69** 19
~ marigold **63** 7
~ mill **91** 45–67
corno **302** 41
corn-polisher **91** 56
~-polishing machine **91** 56
~ poppy **63** 2
~ rick **65** 27
~ salad **59** 38
~ sheaf **65** 23
~ spurrey **70** 12
~ stack **65** 27
~ stem **69** 5
~ thistle **63** 32
cornucopia **308** 39
corolla **354** 59, **362** 4
corona **7** 22
Corona Borealis **5** 31
corona of sun **7** 22
coronet *[crown]* **246** 43, 44, 45
~ *[jewellery]* **38** 6
~ *[horse]* **73** 25
corps de ballet **288** 29
corpse **312** 54
corpus callosum **19** 44
~ cavernosum and spongiosum **22** 67
correction button **256** 4
corresponding angle **328** 12
corrida **287** 57
corrugated asbestos-cement roofing **117** 90–103
~ paper **83** 25
~ paper band **83** 24
~ sheet **117** 98
corseted waist **338** 53
corvette **222** 13
Corvidae **346** 1–3
corvine bird **346** 1–3
cosmetics trolley **103** 4
cosmic particle **4** 27
~ radiation **4** 27–34
~ ray particle **4** 27
cosmotron **2** 49
Cossack cap **36** 4
costal cartilage **19** 11
coster **253** 11
costermonger **253** 11
costume **32** 1, 58
~-designer **296** 38
~ jacket **32** 2
~ skirt **32** 4
cosy **45** 41, 51
cot **30** 11, **49** 2
~* **266** 7
cottage* **39** 84–86
cotton *[Bot.]* **367** 16, 19
~ *[wool]* **30** 50
~ bale **156** 3
~ bandage **23** 55
~ boll **156** 1
~ disk **77** 37
~ grass **361** 18
Cotton's Patent knitting machine **160** 18
cotton line **90** 29
~ plant **367** 16
~-spinning mill **156, 157**
~ waste **192** 69
~-wool **28** 9, **30** 50
~-wool roll **27** 25
cotyledon **354** 87
couch *[sofa]* **47** 46, **48** 53, **124** 21
~ *[Bot.]* **63** 30
~ covering **124** 26
~ grass **63** 30
couching stitch **101** 8
couch f. massage **24** 4
couchman **168** 47
couch roll **48** 54
coudière **310** 48
coulee* **13** 45
coulter **67** 12, 26, **68** 10, 11
counsel **248** 30
counselor-at-law* **248** 30
counter *[table]* **96** 1, **242**, **260** 1–11, **261** 1
~ *[Tech.]* **2** 21, **240** 43
~ *[ship]* **222** 77
~ *[shoe]* **99** 39
~ *[Skat.]* **284** 19
~ *[letter]* **170** 41
~ *[jetton]* **263** 12
~ *[School]* **249** 39
~ f. brokers **243** 3
~ clerk **231** 10
~ envelope **2** 20
counter drawer **231** 16
~ gear assembly **254** 55
~-jump **284** 6
~poise **212** 76
counters **254** 59
counter·sink **127** 16
~-spin stroke **264** 6
countersunk head **136** 44
~-head bolt **136** 26
counter top **242** 9
~weight **114** 33, **212** 76
counting bead **249** 39
~ detector tube **2** 19
~ frame **249** 38
~ out **281** 38
country road* **197** 28
~ seat **16** 94
count's coronet **246** 45
coupé *[vehicle]* **179** 3, **187** 10, 13
~ *[Railw.]* **204** 27
couple **259** 46, **288** 44+45
~ of dancers **259** 46
coupled axle **205** 36
~ sleeper **198** 45
couple of lovers **257** 44
coupler **305** 48
coupling **133** 37, **189** 48
~ bolt **198** 46
~ device **189** 48
~ hook **117** 64
~ link **203** 35
~ screw **203** 36
~ spindle **141** 53
~ unit **189** 32
coupon **243** 18
~ sheet **243** 17
courbette **72** 6
course *[Arch.]* **113** 63, 64, 67, 68
~ *[windmill]* **91** 21
~ *[Sports]* **272** 1–35, **283** 19
~-counter **160** 43
~ judges' box **272** 35
~ of outer station **4** 55
~ of river **211** 9
~ of rocket **4** 44
~-transmitter **230** 11
court *[yard]* **53** 1–49
~ *[Just.]* **248** 19
~ *[Sports]* **276** 1
court doctor **248** 37
~ dress **338** 79
courting couple **257** 44
Court of Justice **248** 18
~ of Law **248** 18
court room **248** 19
~ shoe **100** 40
courtyard **53** 1–49
~ wall **53** 25
coute **310** 48

cover *[lid]* **45** 63
~ *[tyre]* **180** 30
~ *[Text.]* **161** 5
~ *[table]* **46** 3–12
covered *[sky]* **9** 24
~ bridge **145** 52
~ chaise **179** 54
~ goods wagon **208** 4
~ market **252** 50
~ storage reservoir **254** 13
~ wagon **208** 34
~ walk **54** 5
~ way **39** 73
covering **147** 39
~ board **79** 9
~ a frame **130** 22–24
~ ground **323** 56
~ shutter **79** 9
cover slide **2** 32
coving **318** 10
cow **74** 1, **76** 18
~boy **289** 31
~ calf **74** 1
~-catcher **205** 34
~ chain **76** 31
~ droppings **76** 22
~ dung **76** 22
~hand* **289** 31
~hide whip **124** 18
~ horn **76** 38
~ house **76** 17–38
cowl **314** 16
cowling **185** 47
Cowper's gland **22** 75
cowshed **76** 17–38
cowslip **360** 8
cox **269** 11
~comb **289** 33
coxswain **224** 38, **269** 11
~less four **269** 9
coxswain's seat **269** 27
Crab **6** 35
crab *[Zool.]* **342** 1
~ *[Tech.]* **140** 3, **145** 2, 56, **217** 14
~ guard **196** 10
~ louse **341** 29
~-traversing gear **145** 4
crack **52** 67, **282** 4
cracker* *[rusk]* **97** 43
~ *[firework]* **289** 50
cracking plant **139** 33
crack shot **290** 38
cracowes **338** 42
cradle *[baby]* **50** 15
~ *[teleph.]* **233** 29
~ *[gun]* **223** 69
~ *[tool]* **323** 19
craft *[air~]** **225**
crakeberry **361** 23
cramp **114** 58, **115** 66
~ iron **114** 58
crampon **283** 51
~ strap **282** 48
cranberry **361** 23
Crane **5** 42
crane *[Tech.]* **145** 1-19, **189** 53, **221** 1–7
crane arm **145** 17
~berry **361** 23
~ boom **192** 62
~ bridge **145** 7, **148** 21
~ cable **217** 13
~ camera **292** 19
~ chain **133** 33, **161** 59
~ column **192** 61
~ dolly **292** 19
~-driver **145** 12
~-driver's cabin **114** 35, **217** 16, **221** 40
~ frame **221** 41
~ girder **145** 7
~ gully and cesspit emptier **195** 25
~ hoist **140** 54
~ hook **133** 34, **221** 21
~ jib **145** 17
~ lorry **189** 52
~man **145** 12
~ navvy **196** 1
~-operated ladle **140** 53
~-operator **145** 12
~ portal **221** 7
~ rail **145** 14
~ rope **145** 8
crane's-bill **360** 24
crane slipway **217** 23–26
~ track **114** 27, **217** 24
~ truck* **255** 47
~ wagon **208** 37
cranium **19** 30–41
crank **145** 23, **162** 52, **180** 41, **323** 33
~ axle **85** 28
crankcase scavenging **181** 49
~ ventilation **184** 20
crank-connecting arm **159** 52
~ drive **212** 53
cranked wing **225** 20
crank handle **162** 52, **197** 18
~ shaft **159** 50, **184** 56
~ shaft wheel **159** 51
crannog(e) **309** 15
crap game* (or craps, crap shooting) **265** 29
crash helmet **190** 18, **273** 3, **285** 16
crate **202** 19
crater *[volcano]* **11** 16
~ *[carbon]* **295** 44
craw **74** 20
crawfish net* **89** 15
crawl(ing) **268** 38
crayfish net **89** 15
crayon **50** 24, **321** 5, **323** 26
~ method **323** 14–24
crazy pavement **54** 22
~ paving **54** 22
cream *[milk]* **97** 11
~ *[cosmetic]* **51** 70, **103** 11
~ cake **97** 35
~-cheese machine **77** 41
~-cooler **77** 26
creamer* **261** 21
cream-heater **77** 25
~ jug **45** 19, **261** 21
~-maker **42** 38
~-maturing vat **77** 28
~-pitcher* **261** 21
~ puff **97** 50
~ roll **97** 12
~-separator **77** 24
~-server **261** 21
crease *[fold]* **34** 12
~ *[Cricket]* **275** 56, 57
~ *[dagger]* **336** 44
~ of trousers **34** 12
creek* **13** 8, 13, **16** 80
creel **89** 9, **157** 28, 41
creeper **55** 5, **59** 8
~-type truck* **189** 36
creeping wheat grass **63** 30
~ thistle **63** 32
creese **336** 44
crenate **354** 46
crenel **310** 18
crenellated battlements **310** 6
crenellations **310** 6
crepe bandage **23** 47
~ paper **51** 31
~ rubber sole **100** 3
crescendo **300** 49
~ roller **305** 49
Crescent **245** 19
crescent *[moon]* **7** 3, 7
~ * *[croissant]* **97** 41
crescentic dune **13** 40
crescent-shaped knife **123** 7
~ roll **97** 41
crescent wing **225** 68
~-wing aircraft **225** 67
cress **362** 30
crest *[animal]* **73** 12, **74** 22, **350** 21
~ *[Her.]* **246** 1, 11, 30–36
~ coronet **246** 12
~ crown **246** 12
crested helmet **308** 10
~lark **346** 19
crevasse **12** 50, **282** 24
crew* **84** 20, **141** 13
~ haircut* **35** 10
crib **30** 11, 32, **49** 2
cricket *[Zool.]* **341** 6
~ *[Sports]* **275** 55–61
~ bat **275** 60
~-cap **31** 58
~ shirt **31** 49
crier **291** 8
criminal investigation department **247** 21–24
~ records office **247** 21
criminals' photograph register **247** 22
crimping the tow **164** 59
crimson clover **70** 4
crinoline **338** 72
cripple **257** 55
crisp bread **97** 21
criss-cross stitch **102** 9
croaking sac **350** 25
crockery board **41** 18
~ cloth **41** 16
crocket **317** 38
crocodile **298** 26
croisé derrière **288** 8
croissant **97** 41
cro' jack yard **215** 25
cromorne **301** 6
crook of arm **18** 44
~ handle **43** 14
crooner **298** 3
crop *[harvest]* **65** 35–43
~ *[hen]* **74** 20
croquet **275** 62–67
~ ball **275** 67
~ mallet **275** 66
~ player **275** 65
crosier **314** 48
cross *[symbol]* **5** 44, **313** 49–66
~ *[hybrid]* **74** 8
~ ancrée **313** 63
~ arm **146** 37
~ arms* **10** 29
~ bar **44** 13, **76** 14, **131** 3
~ beam **76** 14
~-bearer **312** 43
~ bond **113** 65
~ botonée **313** 65
~ chisel **132** 37
cross-country path **16** 102
~ race **273** 33, **280** 23
~ racer **283** 30
~ tyre **189** 12
cross crossletted **313** 62
~ w. cups **10** 29
~ cut *[mine]* **137** 35, 36
cross-cut chisel **134** 19
~ circular saw **149** 45
~ saw **85** 34, 38, **115** 14
cross-cutting **128** 10
cross fall **196** 57
~ feed bar **177** 59
~-fold knife **178** 12
~ gear **295** 38
~-grain timber **115** 92
~ grip **279** 55

currant **60** 12, **98** 9
~ bush **60** 10
~ cake **97** 6
~ twig **60** 14
current-collector **193** 15–19
~-collector valve **206** 38
~ indicator **211** 43
~ lead **145** 15
~ of river **211** 9
~-transformer **147** 58
curry comb **72** 54
curtain **41** 13, **297** 23
~ department **256** 66
~-drawing machine **295** 19
~-rod **48** 20, **52** 54
~ on runners **48** 36
~ wall **310** 15, 19
curve *[bend]* **197** 31
~ *[Geom.]* **329**
~ *[Skat.]* **284** 9
~ *[Tech.]* **144** 49
curved front **285** 15
~ gable **318** 5
~ line **328** 21
~ plate **172** 21
~-plate casting machine **172** 13
~ point **123** 32
~ scissors **28** 48
~ scray **162** 47
~ screen **294** 49
~ sewing needle **123** 29
~ shears **119** 33
~ stool **48** 50
~ surface **329** 40
~ vane **91** 38
curve mark **197** 29
~ of second degree **329** 14
~ of third degree **329** 18
cushion *[couch]* **44** 2
~ *[billiards]* **264** 16
~ capital **317** 21
~ tyre **189** 49
cuspis **22** 48
customer **98** 45, **256** 55, **260** 25
~ at bar **259** 55
customs entrance **220** 42+43
~ fence **220** 41
~ flag **245** 35–38
~ frontier **247** 13
~ house **220** 34, 43
~ launch **216** 39
~ officer **247** 15
~ pennant **245** 35
cut *[file]* **132** 35
~ *[mine]* **138** 45
~ *[meat]* **95**
~ *[Sports]* **276** 46, **277**
~-at-cheek **277** 7 to 8
cut-at-chest **277** 9 to 10
~-at-flank **277** 65 to
~-at-head **277** 1 to 2, 37
~-away **34** 55
~ cloth **297** 11
~ diamond **38** 26
~ in first **277** 1 to 2
cuticle-remover **103** 3
~ scissors **103** 6
cut-in bottom **114** 56
cutlery chest **260** 41
~ cloth **41** 15
~ drawer **41** 9
cut of meat **95**
cut-out· section **177** 57
~ sheet **50** 21
cutter *[Tech.]* **96** 37, **127** 57, **128** 34 **170** 33, 51, **195** 23
~ *[ship]* **215** 8, **270** 37–40
~* *[sleigh]* **286** 25
~ bar **67** 28, **68** 52
~ block **149** 58
~ bowl **96** 38
~ guard **128** 12
~ spindle **128** 19
~ yacht **270** 37–40
cutting *[defile]* **16** 84
~ *[Film]* **293** 30–34
~ *[Bot.]* **57** 20
~ blowpipe **135** 47
~-breadth regulator **149** 22
~ console **293** 30
~ desk **293** 30
~ drum **67** 36
~ edge **66** 14, **85** 15, **90** 62
~ grating **135** 41
~ hair **104** 6
~ head **128** 45
~ jib **138** 42
~ nozzle **135** 64
~ metal-working machine **142**, **143**
~-off tool **142** 45
~-out scissors **102** 70
~ out shears **102** 65
~ pick **138** 42
~ point **130** 35
~ roller **175** 42, **176** 12
~ room **292** 3
~ spindle **170** 60
~ table **170** 52
~-off table **151** 15
~ tool **142** 43–47
~ torch **135** 47
~ the tow **164** 60
~ unit **176** 11
~ in water **57** 19
~ weapon **277** 63
~ wheel **163** 30
~ of wood **84** 15–34
cuttlefish **340** 22
cuttling device **162** 35
cutwater **210** 29
cutworm **81** 44
cyclamen **56** 5
cycle **180** 1
~ polo **287** 26, 29
~ racing **273** 1–23
cycling track **273** 1
cyclist **253** 31
cyclo·hexanol **164** 18
~hexanone **164** 20
~hexanonoxime **164** 22
~meter **180** 33
cyclone **9** 5
cyclorama **292** 12, **297** 9
~ floodlights **297** 15
Cygnus **5** 23
cyke **297** 9
cylinder *[Geom.]* **329** 38
~ *[cleaner]* **52** 6
~ *[motor]* **184** 52
~ *[typewr.]* **240** 10
~ block **184** 25
~ bore **184** 70
~ under casing **156** 55
~ diameter **160** 16
~ glass **334** 45
~ head **182** 7, **184** 53
~-inking apparatus **175** 7
~ inlet **227** 5
~ press **175** 20
~ f. removing weed seeds **91** 50
~ f. second colour **175** 52
~ separator **91** 50
~ trolley **135** 59
cylindrical brush **195** 32
~ cutter **143** 17, 19
~ fuselage **225** 50
~ grinding machine **143** 7
~ lens **294** 37
~ pin **136** 38
~ projection **15** 9
cyma **316** 42
cymaticum **316** 11
cymbal **302** 50, **303** 51
~ stand **303** 52
cyme **354** 70, **358** 36
Cyperaceae **56** 17
Cyperus **56** 17
cypress **356** 58
~ tree **356** 58
cystic duct **22** 38
cystoscope **26** 50
Czechoslovakia (or Czecho-Slovakia) **14** 24

D

dabber **323** 22
dachshund **71** 33
dad **45** 1
daddy **45** 1
dado **121** 5
daemon **307** 58
daffodil **62** 3
dagger **309** 22
Dahlia **62** 23
daily newspaper **47** 8
dairy **77**
~maid **76** 17
daisy **360** 1
dalmatic **314** 45
dam *[river]* **212** 57-64
~ *[Zool.]* **74** 2, **88** 1, 34
~ *[draughts]* **265** 18
damage **224** 4
damaged ship **224** 3
damask cloth **46** 2
damboard **265** 17
dambrod **265** 17
dam crest **212** 59
damp course **118** 4
damper **11** 40, **91** 54, **238** 77, **301** 54, **304** 37
~ block **304** 37
~ lever **304** 23, 38
~ pedal **304** 9
~ rail support **304** 15
~ rest rail **304** 39
damping roller **174** 7, 16, 25, 28
~-roller washing machine **174** 25
~ sponge **238** 77
~ unit **174** 7
dampproof course **118** 4
damp-proof junction box **120** 15
dams *[draughts]* **265** 17-19
dam sill **212** 79
~ top **212** 59
dance **288** 29-41
~ band **289** 2
~ band percussion instrument **303** 47–78
~ band player **289** 3
~ drum **337** 14
~ floor **204** 25
~ hall **289** 1
~ orchestra **289** 2
dancer **288** 40
dance f. three **288** 31–34
~ f. two **288** 39
dancing **288**
~ car **204** 24
~ exercise **288** 1–50
~ finery **337** 36
~ partner **288** 44
~ partner **288** 44+45
~ shoe **100** 32
~ snake **336** 48
~-stick **337** 37
~ troupe **298** 6
dandelion **63** 13
dandruff **103** 27
dandy **289** 33
Dannebrog **245** 17

derailment guard **209** 75
derby* *[hat]* **36** 7
Derby brogue **100** 2
~ casual **100** 13
~ tie **100** 1
derivation **327** 13
Dermaptera **341** 10
derrick **12** 33, **139** 1, 48, **216** 3
descant viol **301** 23
descending branch of the aorta **20** 16
~ arpeggio **300** 37
~ climber **282** 31
~ colon **22** 21
~ line **224** 17
~-line weight **224** 18
descent indicator **228** 13
desert belt **9** 54
~ zone **9** 54
deshabille **48** 16
desiccator **334** 51
~ insert **334** 54
designation of series **244** 36
designer **144** 9, **296** 37, 38
designing engineer **144** 23
desk **47** 11, **238** 12, **249** 27, **293** 23
~ chair **47** 18
~ clerk* **259** 7
~ lamp **47** 17, **238** 23
~ microphone **234** 8
~ pad **238** 65
~ scale **200** 41
~ telephone **47** 12, **238** 24
dessert plate **46** 6
destination board **201** 24
~ plate **201** 34
destroyer **222** 14, 16, 17
desulfurization* **163** 20
desulphurizing **163** 20
detachable collar **33** 37
~ piece **303** 71
~ snow plough **286** 8
~ stanchion **208** 8
detached houce **39** 1–53
detaching roller **156** 71
detachment **247** 1–8
detective **248** 3, **263** 16
detective's badge **247** 24
detector **234** 29–32
detent screw **29** 10
detergent **41** 29
~ casing **166** 4
determinant triangle **110** 36
detonating rammer **196** 26
detonator cap **87** 58
detritus **12** 45
deuteropyramid **330** 20
Devanagari **324** 9
developer **278** 49, 50
developing dish **112** 36
~ slot **241** 20
~ tank **112** 1, 13
development **293** 15-18
développé **288** 8
deviation card **228** 12
~ table **228** 12
device *[Tech.]* **335** 31
devil **289** 14, **298** 27
devil's grandmother **298** 24
~ wheel **291** 46
de-waxing plant **139** 34
dew claw **88** 23, 57
~lap **74** 24
dexter **246** 18, 20, 22
D. F. aerial **218** 5
D. F. loop **218** 5
D flat major **300** 13
3D-grouping **235** 22+23
diabolo **258** 24, **298** 22
diadem **38** 6, **338** 21
diaeresis **325** 34
diagonal **328** 33
~ brace **113** 88, **114** 51
diagonal board **114** 63
~ bracing **114** 14
~ cable **210** 38
~-cable anchorage **210** 40
~-cable bridge **210** 37
~ carvel planking **270** 25
~ dip-shear action **178** 3
~ stay **113** 25, 88
~ tie **116** 30
diagram **144** 15
diagrammatic map **200** 33
dial *[watch]* **107** 2
~ *[teleph.]* **233** 18, **241** 34
~ balance **98** 12
~ bench gage* **145** 38–43
~ indicator **145** 42
dialogue tape **293** 13
~ track **293** 13
dial piece **107** 2
~ plate **107** 2
diameter **328** 45
~of fabric **160** 16
~ of spiral nebula **6** 46
diamond *[stone]* **38** 26
~ *[baseball]* **275** 39
~ *[Typ.]* **170** 21
~ bit **139** 20
~ crossing **199** 32
~ disc **27** 38
~ formation **287** 8
~ glass-cutter **122** 25
~ horseshoe* **296** 18
~ necklace **38** 8
~ necklet **38** 8
~ ring **38** 24
~ wheel **27** 39
diamonds *[cards]* **265** 41+45
Diana **308** 12
diapason bass **305** 31–33
diaper **30** 6
diaphragm *[Med.]* **22** 9, 26, **27** 36
~ *[Tech.]* **10** 52, **331** 29
~ blade **111** 45
diaphragmatic shutter **111** 44
diaphragm leaf **111** 45
~ knapsack sprayer **83** 31
~ shutter **111** 44
diapositive projector **295** 25
diary **238** 31
diaulos **301** 3
dibber **57** 7, **58** 2
dibble **57** 7, **58** 2
dibbler **67** 18
~ star **67** 19
dice **265** 31
~ box **265** 30
~ game **265** 29
dicing **265** 29
dick(e)y seats **187** 12
dictaphone **241** 24
dictating machine **241** 24
didelphic marsupial **351** 2
die **106** 15, **151** 13, **244** 40+41
~ hammer **85** 43
~ head **136** 55
dieresis* **325** 34
diesel compressor **196** 39
diesel electric· drive **218** 58-64
~ power transmission **207** 6
~ railcar* **201** 27
~ ship drive **218** 58–64
diesel engine **184** 37–80
~ goods traction rail-car **207** 39
diesel hydraulic· long-distance railcar train **207** 29
~ power transmission **207** 3
diesel mechanical· light-alloy (or light-metal) railcar **207** 28
~ power transmission **207** 1
~ rail omnibus **207** 25
diesel observation railcar **207** 40
~ oil **139** 43
~ railcar **207** 28-40
~ rail coach **207** 28–40
~ railway vehicle **207** 1–43
~ traction railcar **207** 39
~ train **207** 37+38
die-sinking machine* **128** 22
~ stock **120** 48
~ wrench **134** 27
differential *[Math.]* **327** 13,14
differential *[Tech.]* **184** 36, **185** 50
~ gear **185** 50
~ housing **189** 27
~ quotient **327** 13
diffuser **294** 5
digester **167** 2
digger **312** 22
digging fork **58** 5, **66** 30
digit **326** 3
Digitalis **363** 2
digitate(d) **354** 39
dihedral angle **225** 45
dike **211** 32
~ batter **211** 40
~ drainage lock **211** 34
~ drainage sluice **211** 34
~-keeper **211** 46
~-keeper's cottage **211** 45
~ ledge **211** 38
~ ramp **211** 47
~ reeve **211** 46
~ slope **211** 40
~ summit **211** 39
~ top **211** 39
diligence **179** 39
dimension **144** 17
~ line **144** 58
dim light* **185** 17
dimmer* **186** 3
dimple in chin **18** 16
~ at the corner of mouth **18** 14
dimswitch* **186** 3
diminuendo **300** 50
dinar **244** 28
diner* *[car]* **204** 17
~ headwaiter* **204** 44
dining car **204** 17
~ car headwaiter **204** 44
~ chair **204** 45
~ compartment **204** 18, 52

dining room
45, 259 20
~ saloon **218** 39
~ table **45** 5
dinkel **69** 24
dinner jacket **34** 62
~ plate **46** 4
~ suit **34** 61
~ suit bow tie **34** 64
~ table **46** 1
Dionysus **308** 32
dip *[Geol.]* **12** 3
~ *[notch]* **85** 20
diploma **124** 20
dipole aerial **237** 40
dipole antenna **235** 4
dipper *[car]* **185** 17
~ stick **196** 4
dipping refractometer
110 24
dip-shear action **178** 3
~switch **182** 23,
186 3
Diptera **342** 16–20
dipteran **342** 16–20
dipterous insect
342 16–20
direct-current slip ring
331 77, 82
direction **7** 9, **9** 9
directional gyro **228** 3
direction of flight **4** 50
~ indicator **186** 27,
189 46, **228** 3
~ indicator* **185** 16
~ light* **186** 27
~ of rotation **210** 56
~ of sunlight **7** 9
~ of wind **9** 9, **270** 60
~-light lamp **112** 59
director *[Film, etc.]*
293 26, **297** 30
~ of photography
292 41
directory **238** 35
direct thrust **277** 20
dirigible *n.* **226** 65
~ balloon **226** 51
~ rigid airship
226 65
~ sledge* **285** 5
Dirndl apron **32** 23
~ dress **31** 36, **32** 21
dirt bands **138** 23
dirty-linen basket
48 49
~-water outlet **166** 5
~-water outlet cock
166 16
disabled ex-service
man **257** 55
~ ex-soldier **257** 55
~ veteran **257** 55
disc see disk
discharge **140** 41
~ cone **227** 33
~ opening **212** 56
~ flume **91** 41
discharger **331** 57
discharge structure
212 44
~ tube **331** 16
discharge tunnel
212 62
discharging door
148 12
~ position **140** 51
~ rod **331** 57
~ tongs **331** 50
~ valve **205** 60
discoid flower head
354 74
discomedusa **340** 14
disconnecting iso-
lating switch **206** 6
~ switch **206** 6
discus **280** 43
~-thrower **280** 42
~-throwing
280 42–44
disease causing leaf
fall **81** 20
disembarkation
216 35
disengaging device
125 15
diseuse **298** 3
dish **46**
dishabille **48** 16
dish-cloth **41** 30
dish fitting **45** 31
~-washer **41** 26
disinfectant **27** 22
disintegration of atom
1 9–12
disk **280** 43
~ cooler **133** 17
~ coulter **68** 25
~ floret **359** 32
~ gear wheel **136** 91
~ harrow **68** 35
~ impregnated w.
hydrogen cyanide
83 20
~ loading bar bells
281 5
~ weighting **158** 21
~ wheel **185** 15
dispensary **253** 28
displacement of land
11 50
display **253** 4, 25
~ case **256** 13
~ window **256** 13
dissecting knife **26** 39
dissing mechanism
169 20
distance **328** 5
~ base **110** 37
~ block **114** 81
~ piece **78** 41, **114** 69
~ runner **280** 17
~ staff **110** 37
~ thermometer **166** 9
distant signal **199** 38
~-signal sign **198** 86
distemper **121** 3, 11
~ roller **121** 6
distempering **121** 1–3
distillation **164** 17
~ apparatus **334** 46
~ column **139** 26
~ plant **139** 57
distilled water **192** 45
distilling apparatus
334 46
~ flask **334** 47, 50
distorting lens **294** 37
distributary **13** 2
distributing beam
160 25
~ gutter **145** 62,
262 3
~ pipe **119** 25
distribution main
254 22
distributor **169** 20, 22
175 7, **184** 7
~ drum **175** 62
~ of election leaflets
(or pamphlets) **251** 9
~ shaft **184** 21
district **252** 16, 58, 59
~ attorney* **248** 25
~ border **16** 103
~ heating main
194 30
ditch and hedge **272** 26
~ reed **362** 21
ditrigonal biprism
330 22
diurnal bird of prey
347 1–19
~ Lepidoptera
348 1–6
divan **48** 53
~ roll **48** 54
dive *n.* **268** 41–46
diver **135** 46, **268** 5
divergent lens
108 1–4
diverging junction
199 23
diver's boots **224** 30
~ helmet **224** 22
~ ladder **224** 16
~ outfit **224** 20–30
~ suit **224** 27
divided circle
331 38
~ door **64** 49
dividend **326** 26
~ coupon **243** 18
divider **96** 55, **97** 64
dividers **144** 34, 44
dividing **326** 26
~ beam **160** 25
~ breeching **255** 32
diving **224** 13–19,
267 41, **268** 41–46
~ arrangements
268 5–10
~ board **268** 9
~ boat **224** 13
~ flipper **267** 41
~ goggles **267** 38
~ helmet **224** 22
~ plug **89** 42
~ pool **268** 11
~ suit **224** 27
~ tower **268** 6
division *[Math.]*
326 26
~ sign **326** 26
divisions of compass
300 62–70
divisor **326** 26
D-layer **4** 16
D major **300** 3
D-mark **244** 7
D minor **300** 9
Doberman terrier
71 26
dock basin **217** 33
~ crane **217** 31
docked tail **71** 12
docker **221** 23
dock floor **217** 27
~ gates **217** 28
docking a ship
217 38–40
~ telegraph
219 21
dock laborer* **221** 23
~ labourer **221** 23
~ landing ship
222 1
~ layout **217** 33–40
~ pontoon **217** 28
docks **220** 25–62
dockside activity
221 1–21
dock stocks **217** 36
~ structure
217 34+35
~yard **217** 1–40
doctor **26** 12
~ blade **176** 18, 34
~ giving first aid
253 69
doctor's coat **26** 13
~ overall **26** 13
dodecahedron
330 7, 8
dodger **218** 17
doe **74** 18,
88 34, 40, 59
doffer **156** 42
~ comb **156** 39
dog *[Zool.]* **71**
~ *[Tech.]* **114** 58,
116 97, **149** 17, 35
~ bowl **71** 36
~ box **203** 12
~ brush **71** 28
~- carrier **142** 42
~cart **179** 18
~ collar **71** 13
~ comb **71** 29
~ lead **71** 30
~-leg(ged) staircase
118 42–44
~ plate **142** 41
~-rose **357** 26
~-sled* **336** 3
~-sledge **336** 3
dog's outfit **71** 27–30
~ tail **71** 12
dog tick **342** 44
doldrum belt **9** 46
doldrums **9** 46
dolina **13** 71
doline **13** 71
dollar **244** 33
doll's bed **50** 8
~ cradle **50** 15
~ furniture **49** 10
~ house **49** 6

druggist's shop **253** 23
drug f. inhalation **23** 35
drugstore* **253** 23
drum *[mus. instr.]* **49** 21, **302** 51, 55
~ *[Arch.]* **317** 44
~ *[Tech.]* **10** 20
~ armature **331** 74
~ head **302** 52
~stick **302** 54
~-type ladle **141** 6
drupe **61** 43, **354** 99
drupes **61** 1–36
dry bulb hygrometer **10** 32, 56
~ bulb thermometer **10** 33
~ cell **120** 27
~-cooper **126** 16
~ dock **217** 27–30
~-dressing **83** 13
dryer **42** 24
~ felt **168** 18-20
~ section **168** 18-20
drying **163** 24
~ cabinet **97** 57, **112** 5, **171** 56, **173** 24
~ chamber **158** 64, **162** 28, **171** 57
~ channel **168** 38
~ clip **112** 6
~ cylinder **158** 48, **168** 18
~ device **164** 38, **174** 26
~ drum **166** 7
~ floor **92** 14
~ kiln **92** 13–20
~ machine **163** 31
~ malt **92** 13
~ rack **84** 28, **112** 40
~ shed **151** 17
~ stove **162** 28
~-up cloth **41** 14-16
~ yard **53** 35–42
dry sterilizer **28** 61
~sump lubrication **182** 21
~ valley **13** 75
D sharp minor **300** 7
d′-string **302** 9
dual carriageway **16** 16
~ motor road (or way) **197** 32–50
~ tyre **189** 33
~ wheel **189** 33
dubbing *[shoe]* **52** 39
~ *[Film]* **293** 25–29
~ *[knighting]* **310** 66
~ director **293** 26
~ editor **293** 24
~ machine room **293** 10
~ mixer **293** 24
~ studio **293** 22
~ theatre **293** 22
ducal bonnet **246** 39
duck *[Zool.]* **74** 35
~ *[Box.]* **281** 26
~-bill **351** 1
~boards **25** 5, **53** 72, **262** 48
~-hawk* **347** 2
~-hunting* **86** 40
ducking *[Box.]* **281** 26
duckling **74** 35
duck meat **362** 35
~-mole **351** 1
~pins* **287** 1
ducksfoot tine **68** 34
duck-shooting **86** 40
duck's meat **362** 35
duckweed **362** 35
duct **22** 37, 38
~ roller **175** 64
dude* **289** 33
due date **242** 16
duellist **277** 39
duffle-coat **31** 57 **34** 36, **256** 21
dugong **351** 24
dug-out **213** 7, **337** 20
Duk-duk dancer **335** 34
dulcimer **301** 32
dumb-bell **278** 34
~-bell exercise **278** 33
~-waiter **45** 53
dummy *[baby]* **30** 51
~ *[tailor]* **102** 76, **256** 34
~ *[Fenc.]* **277** 45
dump* **195** 12
dumper* **141** 44
dump fire bars **205** 5
dumping bucket* **209** 34
~ device* **140** 43, 52, **195** 2
~ platform* **145** 74
~ truck* **189** 18
dune **13** 39
dung **65** 15
dung barrow **64** 46, **76** 47
~ beetle **342** 39
~-cart **64** 53
dungeon **310** 5
dung fork **66** 7
~-heap **64** 51
~-heap floor **64** 52
~ hoe **66** 10
~load* **65** 15
~-spreader **67** 7
dunnage **217** 59+60
duodenum **22** 14, 43
duplex house* **39** 64–68
duplicate list **251** 27
duplicating machine **241** 1
duplicator **241** 1
duramen **115** 84, **149** 41, **354** 13
duration of note **299** 14–21
dust **150** 22
~-bag **52** 8
~ bath **75** 21
dustbin **53** 32
~-emptying lorry **195** 1
dust cap **180** 57, 82
~-catcher **106** 44, **140** 14
~ chimney **156** 22
~-coat **32** 42, **183** 39
~ collection plant **146** 13, **152** 7
~ collector **106** 44, **140** 14, **152** 7, **153** 20
~ cover **178** 37, **234** 29, **256** 30
duster *[household]* **52** 18, 27
~* *[coat]* **32** 42, **183** 39
dust extraction fan **156** 10
~-extractor **231** 34
~-extractor duct **128** 50
~-extractor hood **128** 51
~ filter **145** 50, **255** 59
~ guard **2** 48
~ pan **52** 17, **195** 11
~road* **16** 102, **65** 18
Dutch clover **70** 2
~ myrtle **357** 33
~ pipe **105** 34
duty annex **201** 13
~ jacket **216** 66
dwale **363** 7
dwarf **291** 22
~ fruit tree **55** 1, 2, 16, 17, 29
dwarf pine **356** 21
~ rose **55** 13
~ tree **261** 42
dwelling house **39**
~ tent **336** 19
dye beck **161** 19
dyeing machine **161** 1, 20, 58
~ unit **161** 21–26
dye liquor· container **161** 63
~ drip pan **161** 15
~ pipe **161** 66
dye mixing tank **161** 70
~ oat **161** 8
dyke **211** 32
dynamic microphone **241** 31
dynamo **180** 8, **184** 44, **204** 22
~meter **331** 2
dynastarter **183** 26

E

Eagle **5** 9
eagle **347** 5–9, **308** 4
~ owl **86** 48, **347** 15
eagle's head **307** 12
ear *[Med.]* **18** 18
~ *[mus. instr.]* **305** 32
~ *[Bot.]* **69** 2
~ drum **19** 60
~ elevator auger (or screw) **68** 69
~-flap **31** 47
~-lifter **68** 52
~ lobe **74** 23
early-Christian art **316** 61–71
Early Stone Age **309** 1-0
ear peg **337** 30
ear pendant **38** 7
earphone *[hair]* **35** 38
~ *[Tech.]* **233** 15
earphones *[Tech.]* **29** 17, **234** 34
earphone style **35** 37
ear·ring **38** 2, 7
~ of rye **69** 2
~ syringe **26** 58
~ tab **286** 28
Earth **6** 24
earth **4** 1–10, **7** 8
~ cable **135** 10
~ clamp **135** 9
earthenware chamber-pot **30** 17
~ pipe **254** 35
earth moth **81** 42
~ plate **233** 52
~quake **11** 32–38
~ return lead **135** 10
~ satellite **4** 48, 49
earth satellite's course (or path) **4** 49
earth's crust **4** 1, **11** 1
~ surface **11** 6–12
earth-tamper **196** 26
~worm **340** 20
ear-tuft **347** 16
~wig **341** 10
easel **321** 3, 26
East Australian Current **15** 38
easy chair **47** 57, **256** 35, **259** 26
Eau de Cologne **103** 20
eaves **116** 4, **117** 36
~ course **117** 49, 76
~ lining **117** 42
ebonite disk **284** 39
~ sole **282** 49
ebony key **304** 5
eccentric **182** 47
~ lever double claw intermittent motion **294** 21
ecclesiastical vessels **313** 33-48
échappé **288** 11

elevated water tank **79** 2, **199** 48
elevating motor **223** 66
~ spindle **223** 67
elevation *[ship]* **222** 65
~ lock nut **15** 55
elevator *[mach.]* **67** 51, **145** 70, **169** 22
~ *[aircr.]* **226** 82, **228** 44
~ *[lift]* **151** 5, **256** 45
~ boy* **256** 47
~ bucket **145** 71
~ car* **256** 46
~ man* **256** 47
~ platform* **220** 66
~ potato-digger **67** 38
~ push-pull rod **228** 36, 39
~ runner* **256** 47
~ scoop **145** 71
~ shaft* **256** 51
eleven *[Footb.]* **274** 11–21
elk **352** 1
~* **352** 2
ellipse **329** 22
ellipsis **325** 29
ellipsoid of revolution **329** 42
elm **355** 49
~ tree **355** 49
elocutionist **298** 3
elytron **82** 10, **342** 36
elytrum **342** 36
E major **300** 5
embankment **16** 104
embossing platen **177** 29
~ stick **154** 20
embrace **201** 61
embroidery **50** 30 **101** 11, 31
embryo *[Bot.]* **69** 16, **354** 86, **366** 21
~ plant **69** 14
~ sac **354** 64
emcee* **234** 9
emergency bandage **17** 1–13
~ belly band **72** 23
~ brake **204** 36, **209** 71
~ brake valve **205** 59
~ bridge **210** 17
~ cable **209** 47
~-cable tensioning mechanism **209** 48
~ exit **290** 33, **295** 7
~ ladder **138** 33
~ landing runway **230** 3
~ light **295** 6
~ splint **17** 10
~ stretcher **17** 23
~ tender **255** 53
~ tourniquet **17** 15
emery paper **129** 25
~ wheel **134** 34
eminence *[hill]* **13** 66
~ *[Med.]* **18** 4
E minor **300** 2
emission of waves **230** 42
empennage **226** 80–83
emphasized line **239** 10
Empire style **318** 16
~ table **318** 16
employed foot **284** 10
employee **238** 1
empress **338** 15
emptying cock **40** 65
~ faucet* **40** 65
~ of post box **231** 31
~ system **195** 2
empty tubs return **138** 7
emu **343** 1
enamel *[tooth]* **21** 30
enamel remover* **103** 13
encaustum **21** 30
enchasing hammer **106** 42
enclosure **339** 16
encyclopaedia **250** 17
encyclopedia* **250** 17
end *[knife]* **46** 55
~ *[Geom.]* **328** 17, 18
~ crust **97** 24
~ dumping truck* **195** 12
~ dump truck* **196** 7
endemic bird **344**
end-grain block **323** 1
~-grain timber **115** 92
endive **59** 39
~* **59** 40
endless cableway **209** 19
~ chain **149** 33
~ elevator* **164** 36
~ ropeway **209** 15–24
~ track **189** 37
end man **282** 28
~ moraine **12** 55
endorsee **242** 26
endorsement **242** 25
endorser **242** 27
end paper **178** 49
~-piece **303** 4
~ plate **157** 26
~ stage **4** 56
~-tip lorry **196** 7
~ tipper **196** 7
endurance race **273** 11–15
end vice **127** 44
~ wall **211** 35
enema **30** 20
~ syringe **23** 59
engaged column **317** 35
engagement *[Fenc.]* **277** 48
~ calendar **238** 31
engaging dog **149** 35
engine **139** 11, **184**, **205** 1
~ arm **27** 13
engine block **184** 25
~ bonnet **185** 8
~ car **207** 30
~ compartment **207** 31
~ cooling system **183** 17
~ crew **203** 9+10
~-driver **203** 9
~-driver's timetable **205** 54
engineer **144** 23
~* **203** 9
engineering **211**
engineer's cab* **201** 63
engine hood* **185** 8
engine in inclined position **187** 25
~ lifting eye bolt **192** 32
~ line **199** 12, 21
~ nacelle **226** 6
~ oil container **191** 14
~ room **145** 67, **216** 26, 27, **223** 33 **255** 1
~ room superstructure **216** 25
~ room telegraph **219** 20
~ shed **199** 6
~ shed turntable roads **199** 9
~ spur **199** 12
~ staff **203** 9+10
~ superstructure **221** 46
~ workshop **217** 8
English *[Typ.]* **170** 29
~ asphodel **70** 13
~ bond **113** 62
~ buggy **179** 48
~ catch-fly **360** 20
~ daisy* **360** 1
~ handwriting **325** 10
~ horn **302** 38
~ Royal Crown **246** 42
~ setter **71** 41
~ type of park **257** 41–69
engraver **323** 44
engraving *[ring]* **38** 29
~ *[method]* **172** 23–30
~ ball **106** 34
enlargement **112** 51
~ frame **112** 34
enlarger **112** 28
enrockment **211** 51
ensign of head of state **245** 14
~ staff **218** 31
entablature **316** 52
entangling device **335** 31
entertainment car **204** 24
entire *[Bot.]* **354** 43
entrance *[door]* **39** 65
~ *[bridge]* **210** 54
~ *[hive]* **78** 48
~ and exit **290** 19
~ gateway **316** 7
~ hall **43** 1-34
~ hatch **226** 34
~ steps **226** 33
~ to the nest **343** 28
~ tower **319** 24
~ tunnel **336** 6
entrechat (quatre) **288** 13
entry* **43** 1–34
~ stamp **238** 57
envelope *[letter]* **239** 13
~ *[airship]* **226** 74
~ flap **232** 26, **239** 14
~ window **239** 16
epaulet(te) **247** 6
épée **277** 40, 62
~ fencer **277** 39
~ fencing **277** 39–43
~ play **277** 39–43
ephemerid **342** 6
epicentral region **11** 38
epicentre **11** 33
epi-condenser **110** 14
epicontinental sea **15** 26
epicyclic gear **136** 92
epidemic signal **245** 25
epididymis **22** 73
epiglottis **19** 51
epimanikion **314** 28
episcopal ring **314** 47
epistle side **311** 47
epistyle **316** 18
epitaph **312** 14
epitrachelion **314** 27
equalizing magnet **236** 26
equation **327** 4, 5, 9
equator **5** 3
Equator **15** 1
equatorial climate **9** 53
Equatorial Counter Current **15** 33
equestrian **290** 26
equestrianism **72** 1–6
equilateral triangle **328** 26
equilibrist **290** 48, **298** 16
equinoctial *n.* **5** 3
equinox **5** 6+7
equipment of deep-see diver **224** 20–30
~ shed **220** 12
equisetum **360** 18
equitation **72** 1–6
erase cut-out button **306** 25
eraser **144** 56, **171** 55
~ shield **240** 32
~ switch **241** 27

eye [Bot.] **57** 23
~ [peacock] **74** 32
~ball **21** 45
~ bath **23** 40
~brow **21** 38
~brow pencil **103** 16
~-cutting **57** 22
~ glass **108** 27
~lash **21** 41
~lash brush **103** 9
eyelet [Tech.] **99** 46, **122** 23
~ [peacock] **74** 32
~ machine **123** 17
~ pliers **120** 52
~ punch **123** 12
~ reinforcement **99** 44
eye muscle **21** 44
~ of needle **102** 58
~ patch **23** 37
eyepiece **2** 16, **26** 52, **110** 2
~ micrometer **145** 43
~ tube **110** 10, 12
eye shade **276** 35
~ shield **23** 37
~spot **342** 54
~ string **21** 44
~ tooth **21** 17
~ witness **253** 67

F

fabric **160** 29, 48, 62
~ container **160** 10
~ department **256** 58
~ drum **160** 10
~ aft. printing **162** 57
~ shoe **100** 4
fabulous animal **307** 1–61
~ creature **307** 1–61
face [head] **18** 4–17
~ [letter] **170** 42
~ [watch] **107** 2
~ [hammer] **132** 25
~ [mine] **137** 39, **138** 12, 13
~ [arch] **318** 24
~ block **134** 11
~ chuck **142** 35
~-cloth **30** 27, **51** 74
~ conveyer **138** 24
~-flannel **30** 27, **51** 74
~ grinding machine **143** 10
~ mask **255** 40 **289** 7
~ massage **103** 33
~ panel **233** 8
~ plate **142** 35
~ powder **103** 17
~ of rock **13** 28
facet **38** 27
~ [insect eye] **78** 20
facetted eye **342** 7
face urn **309** 38
~ value **232** 22, 23
~ vault **279** 50
~ veil **36** 40
facia **79** 41
facial* n. **103** 33
~ cloth* **30** 27
~ disk **347** 18
~ massage* **103** 33
~ muscle **21** 6
~ treatment* **103** 33
facing [tooth] **27** 35
facsimile signature **244** 34
factory **16** 37, **145**
~ chimney **145** 46
~ number **180** 51
~ -ship **90** 30-33
~ siren **145** 69
~ trawler **216** 6
~ workshop **145** 1–45
fade shutter adjustment **294** 15
fag **105** 14
faggot **84** 17
~-bundling press **149** 53
fagot* **84** 17
fair [sky] **9** 21
~ n. **291**
faired-in fin and rudder **225** 52
fair-ground **291** 1
fairway **211** 21, **219** 68, 69
~ mark **219** 43–58
fair-weather cloud **8** 1
fairy-tale figure **289** 65
falcon **347** 1–4
falconer **86** 42
falconry **86** 42–46
falcon's hood **86** 44
fall [tumbling] **283** 4
~ [rope] **331** 5
~* [water] **11** 45
falling collar **338** 56
~ off **270** 56
~ star **7** 28
~ track **220** 51
Fallopian tube **22** 81
fallow n. **65** 1
~ buck **88** 40
~ deer **88** 40
~ ground **65** 1
fall pipe **140** 56
false acacia **355** 70
~ ceiling **118** 61, 68 + 69
~ floor **115** 43
~ nose **289** 46
~ ribs **19** 10
~ stem **368** 30
family **45** 1–4
~ grave **312** 27
~ medicine chest **23** 54–63, **51** 82
~ tomb **312** 27
fan **336** 42
~ [Tech.] **134** 6, **183** 18, **184** 19
~ [tail] **88** 75
~ [ventilator] **112** 17
~ belt **184** 14
fanciful costume **289** 32
fancy apron **32** 23, **45** 55
~ baker **97** 33
~ bakery **97** 1–56
~ collar **37** 6
~ cuff **37** 7
~ diver **268** 5
~ dress **289** 6–48
~-dress ball **289** 1–48
~ edge **37** 3
~ handkerchief **34** 63
~ lace **37** 3
~ pendant **38** 32
~ pullover **32** 40
~ tabouret **48** 31
~ waistcoat **34** 42
~ work **101**
fan drift **137** 11
~ for circulating hot air **158** 49
fang **21** 36, **352** 22
fanlight **39** 35
fanning section **177** 41
fanon **314** 55
fantail **74** 29
fantoccino **298** 29
fan- tracery vault **318** 46
~ vault **318** 46
Faraday cage **331** 45
fare **260** 21
farinaceous grain **69** 13
~ plant **69** 1–37
farm **64** 1–60
~-cart **64** 33, **131** 1
~ crop **69** 1–45
~ equipment **66**
farmer **64** 21
farmer's girl **64** 31
~ man **64** 60
~ tool **66**
~ wife **64** 22
farm gear* **131** 1
~hand **64** 60
~ house **64** 3
farming **65**
farm labourer **65** 5
~ product **69** 1–45
~ road **65** 18
~stead **64** 1–60
~ tractor **65** 25
~ wagon **131** 1
farrier's hammer **132** 38
~ rasp **132** 41
~ tongs **132** 40
fascia board **113** 47
~ infraspinata **20** 53
fascine **211** 53
fashion in clothes **338**
~ journal* **102** 71, **256** 36
fast and loose driving pulley **156** 50
~ magazine **102** 71, **256** 36
fastener **37** 20, 21
fastening ribbon **23** 31
~ strap **249** 43
fat n. **98** 23
Fates **308** 53–58
fat-hen **63** 25
father **45** 1
~ of gods **308** 1
fattened cock **98** 6
~ hen **98** 7
fat woman **291** 21
faucet* **28** 43, **41** 23, **333** 5, 22
~ hole* **126** 29
~ hole borer* **126** 1
fault [Geol.] **12** 4, 8-11, **137** 24
~ block **12** 10
~ block mountain **12** 4–11
faulted fold mountains **12** 20
fault-plane **12** 5
~ trough **12** 11
fauna **349**
Faunus **308** 40
faustball **276** 52–58
favourite **272** 15
fawn **88** 1,39
F clef **299** 11
F_1-daytime layer **4** 18
feather [bird] **74** 31
~ [key] **136** 71
~ bed **48** 13
~-bed cover **48** 14
~-brush **52** 24
~ decoration **335** 12
~-duster **52** 18
feathered ball **276** 37
~ ear **88** 78
~ game **86** 41
feathering **287** 44
feather pillow **48** 6
~ quilt **30** 33
~ shape **36** 43
feed **174** 35, 36
~ bar **102** 33
~ board **175** 4, 21,30, **241** 4, 14
~ box **156** 9
~ chain **167** 20
~ change lever **142** 9
~ control gears **149** 59
~ door **40** 61
feeder [bottle] **30** 46
~ [trough] **75** 8
~ [Tech.] **65** 32, **160** 6
~ road **197** 36
~ selecting bolt **160** 40
feed faucet* **40** 65
~ gate **140** 21
~ gauge **178** 6
~ gear box **142** 8
~ hole **96** 42
feeding apparatus **175** 22
~ the baby **30** 30
~ bottle **30** 46
~ chain **149** 23

feeding cup **29** 20
~-in of roving **157** 15
~ passage **76** 33
~ place **86** 28
~ plate **160** 6
~ roller **149** 4
~ site **81** 50
~ station **177** 55
~ trough **76** 43
feed opening **133** 54, **196** 52
~pawl **241** 3
~ pedal **207** 22
~-pipe **141** 33
~ plate **102** 32
~ point **102** 31
~ roller **149** 13, **241** 15
~ scale **149** 8
~ shaft **142** 33
~ slide **240** 39
~ spring **87** 18
~ table **177** 49, 57, **178** 34
~ tap **40** 65
~ trip **142** 18
~ trough **86** 28
~ valve **205** 20
feed-water· tank **146** 17
~ cleaner **205** 29
~ pre-heater **205** 23
~ pump **205** 9
feeler *[Zool.]* **82** 3, **342** 27
~ gauge **134** 62
feller **84** 27
fellies **131** 29
felling axe **85** 13
~ wedge **85** 24
~ of wood **84** 15–34
felloes **131** 29
felt **168** 49
~ blanket **162** 56
~ boot **336** 30
~ buffing wheel **134** 32
~ casual **100** 11
~ cloche **36** 33
~ cloth **323** 42
~-covered buck **166** 37
~ covering **336** 20
~ damper **304** 37
~-drier **168** 18–20
~ guide roll **168** 15
~ hat **36** 7, 19
~ shoe **100** 11
~ sock **99** 6
~ underlining **117** 62
~ wad **87** 52
female bee **78** 1
~ dancing partner **288** 45
~ fish **89** 66
~ flower **61** 38
~ flower cone **356** 4
~ grape-gatherer **80** 9
female moth **82** 30
~ part **362** 24
~ partner **288** 45
~ roe **88** 34
~ secretary **238** 10
~ shoot **356** 46
~ spadix **368**6
~ vocalist **296** 23
~ voter **251** 22
femoral artery **20** 19
~ biceps **20** 61
~ nerve **20** 31
femur **19** 22
fence **128** 4, 8, 20, **272** 28
fencer **277** 17+18
fencer's salute **277** 32
fencing **277** 1–66
~ breeches **277** 30
~ clothes **277** 29+30
~ cut **277** 1–14
~ distance **277** 23, 24
~ equipment **277** 25–31
~ glove **277** 26
~ instructor **277** 15
~ jacket **277** 29
~ master **277** 15
~ shoe **277** 31
~ terrain **277** 16
~ weapon **277** 53-66
fender **84** 33, **205** 34, **221** 50
~ dolphins **217** 32
~ side* **187** 21
~ skid **85** 10
fennel **364** 6
fen peat **13** 18
fermata **300** 42
fermentation of beer **93** 20–28
~ cellarer **93** 14
~ of wort **93** 12–19
fermenting cabinet **97** 57
~ vessel **93** 12
fern **361** 16
ferrel **43** 16
ferret **86** 24
ferreter **86** 25
ferreting **86** 23
ferris wheel **291** 37
ferrite rod· aerial **235** 5
~ antenna control **234** 43
ferroconcrete ceiling **114** 8
~ construction **114** 1–89
~ frame **114** 2
~ skeleton structure **114** 1
ferrule **43** 16, **282** 36
ferry **16** 12, **211**
~ boat **211** 11, **216** 16, **220** 24
~ bridge **216** 16
~ deck **216** 18
~ landing stage **211** 7
~man **211** 2
~man's house **211** 45
ferry rope **211** 3
fertilizer **65** 14
fescue (grass) **70** 24
fess point **246** 17
festoon **289** 5, **317** 54
fetish **337** 43
fetlock **73** 24, 25
feuilleton **325** 50
f-hole **302** 6
fiacre **179** 26
fiber* see fibre
fibre **162** 43
~ of visual nerve **78** 23
fibrous bark **354** 9
fibula **19** 24
fiddle **302** 1
~ bow **302** 12
fiddler **259** 45
fiddlestick **302** 12
fiddle string **302** 9
field *[land]* **65** 4, 19
~ *[Footb.]* **274** 1
~ *[horses]* **272** 14
~ barn **65** 26
~ base **275** 42
~ of beet **65** 46
~ bindweed **63** 26
fielder **275** 61
field event **280**
~ flower **359**, **360**
~ glass **86** 6, **108** 37-44
~ guard **65** 13
~ hockey* **275** 9–18
fielding side **275** 50, 58
field jump **283** 22
~ mangel **70** 21
~ mushroom **365** 1
~ pests **81** 37–55
~ poppy **63** 2
~ produce **69**
~ railway **16** 90, **196** 23
fields **65** 17
field scabious **359** 29
fieldsman **275** 61
field storage tank **139** 22
~ team **275** 8
~ work **65** 1–46
fifth *[Mus.]* **300** 23
~ *[Fenc.]* **277** 38
fight **287** 57
fighting ship **222**, **223**
figure *[Art]* **321** 38, **322** 7
~ *[number]* **107** 3
~ *[Skat.]* **284** 13–20
~ of eight **284** 13
~ fr. fable (or legend) and myth **307**
~ of figure-skating **284** 13–20
~ skate **284** 31
~-skater **284** 4
~-skating **284** 4–24
~ of three **284** 15
filagree work **101** 30
filament bulb **120** 56
~ lamp **120** 56
~ rayon yarn **163** 1–34
filbert **61** 49
file *[office]* **238** 4, 9, **248** 21
~ *[tool]* **134** 3, 8, 22
~ of letters **238** 15
filer **238** 4, 53
file w. records **238** 9
file-stabling machine **240** 37
filet **101** 22
filigree work **38** 16, **101** 30
filing block **132** 28
~ cabinet **238** 3
~ case **238** 13
~ machine **134** 1
~ margin **239** 2
~ pin **106** 22
filler *[cigar]* **105** 7
~ hoist **196** 51
~ opening **196** 52
~ rod **135** 39
fillet *[meat]* **95** 24
~ *[lath]* **115** 45, **118** 57, 67
~ of beef **95** 24, **96** 20
~ of pork **95** 44
filling *[Tech.]* **254** 29
~ *[tooth]* **27** 33
~ *[cigar]* **105** 7
~ appendix **226** 55
~ cloth **124** 25
~ compound **147** 38
~ hole **192** 40
~ machine **77** 21, **124** 1
~ pit **145** 72
~ plant **77** 13–22
~ rod **1** 39
~ sleeve **226** 55
~ sleeve cord **226** 57
~ sleeve line **226** 57
~ station **190** 1
fillister **127** 59
~-head screw **136** 34
filly **74** 2
film **292–295**
~ archives **292** 5
~ break contact **295** 30
~ camera **292** 47, **294** 1–35
~ cement **295** 24
~ clip **112** 6, 8
~-cooling turbo-blower **295** 34
~-counter **294** 26
~-cutter **293** 31
~-developing machine **293** 15
~ director **292** 40
~ dosimeter **2** 8
~ extra **292** 29
~ gate **295** 34
~-goer **295** 5

fissure **11** 52
~ bur **27** 42
fist **18** 84
'fist ball' **276** 52–58
fitted body **185** 61
~ coat **32** 52
fitter **119** 23, **134** 7
fitter's trolley **192** 67
fitting **119** 38, 40
~ mark **323** 58
~-out quay **217** 5-9
~ parts **119** 33–67
~ room **256** 32
~ tool **119** 33–67
~ yard **115** 1–59
fivefold cross **313** 66
five-four time **299** 43
~-lift waterless piston gasometer **148** 56
~-line octave **300** 70
~-masted bark (or barque) **215** 32–34
~-mast full-rigged ship **215** 35
~-metre platform **268** 8
~-section waterless piston gasometer **148** 56
~-sided polygon **330** 9
~-times accented octave **300** 70
~-times marked octave **300** 70
fixed furnace **140** 22
~ star **5** 9–48
~ undercarriage **225** 5
fixing bearings **230** 22, 26
~ tank **112** 3
fizz **98** 63
flacon **48** 27
flag *[banner]* **14, 245**
~ *[Bot.]* **62** 8
~ cloth **245** 3, 11
~ of Council of Europe **245** 4
~pole **245** 7
~ signal **218** 9
~staff **245** 1, 7
~ stick **276** 68
~stone paving **118** 26
flail **66** 27
~ handle **66** 29
~ helve **66** 29
~ staff **66** 29
flaked length of hose **255** 54
flame **47** 26
flames of resurrection **307** 10
flame tube **227** 60-63
flan *[cake]* **45** 27, **97** 15
~ *[metal]* **244** 43
flancards **310** 86
flanchards **310** 86
flange **204** 63, **271** 50
~ ring **141** 66
flanging beading **119** 21
flank *[Anat.]* **18** 32, **88** 26, **95** 2
~ *[Arch.]* **114** 6
~ vault **279** 51
flannel diaper* **30** 5
~ napkin **30** 5
flannels **34** 3
flannel square **30** 5
flap *[envelope]* **232** 26, **239** 14
~ *[saddle]* **72** 40, 47
~ *[Fish.]* **90** 21
~ *[aircr.]* **228** 47, **229** 26
~ hinge **134** 7, 57
~jack* **97** 7
~ pantile **117** 60
~ valve **227** 14
flare brush **103** 37
flare fat **95** 45
flash bulb **111** 53
~ contact **111** 46
~ gun **111** 49–59
flashing **117** 14
~ light **255** 6
flash lamp **111** 49–59
flash-light· *[torch]* **120** 26
~ *[Phot.]* **111** 49–59
flashlight* *[blinker]* **193** 20, **255** 6 **186** 8
~ lever* **186** 8
flash plug **227** 43
~ stick **111** 57
~ tube **111** 58
~ unit **111** 49–59
flask **273** 10, **334**
~-shaped puffball **365** 20
flat *[house]* **39** 74
~ *[Mus.]* **299** 53
~* *[Nav.]* **219** 62, 72
~ *[set piece]* **296** 31
~ arch **318** 28
~ bar **136** 10
~ beach **13** 35-44
flat-bed offset· machine **174** 38
~ proofing press **174** 38
flat belt **156** 49
~-bottomed flask **334** 36
~ bridge **210** 30
~ brush **121** 19, **321** 6
~ cake **97** 30
~ chisel **134** 18
~ cleaner **156** 44
~ coast **13** 35–44
~ course **272** 10
~ crown **36** 24
~ file **134** 23
~-glass manufacture **155** 1–11
~-knitting machine **160** 35
flat net **89** 17
~ plate **46** 4
~-plate keel **217** 46
~ pliers **134** 70
~ race **272** 1–29
~ racing **272** 1–29
~ rasp **99** 22
~ rib **95** 21
~ roof **39** 75, 77
flats *[Spinn.]* **156** 45
flat scorper **323** 7
~ seam **102** 4
flat's heating system **44** 16
flat stitch work **101** 10
flattening-out **114** 9
flat tile **117** 46
~-trained fruit tree **55** 1, 2, 16, 17, 29
~ vane **91** 40
~ware drawer* **41** 9
~worm **341** 24
flauto piccolo **302** 30
flax **367** 6
~ plant **367** 6
flea **341** 30
fleecy cloud **8** 14, 15
fleet destroyer **222** 16
flensing deck **90** 32
~ knife **90** 61
flesh *[Bot.]* **60** 24, **61** 6
~ brush **51** 26
~-coloured clover **70** 4
~ fly **342** 18
fleshy spike **354** 71
fleur-de-lis **246** 13
flew **71** 32
flex **120** 23
flexible arm **47** 50
~ conduit **120** 43
~ cord **120** 23
~ metal hose **52** 4
flexor carpi· radialis **20** 40
~ ulnaris **20** 58
flickers* **295** 1
flicks **295** 1
flies *[Theatre]* **297** 1-60
~ *[trousers]* **34** 30
flight into the atmosphere **4** 38–47
~ board **78** 49
~ deck **222** 69–74
~ of duck **86** 41
~ engineer **226** 41
~less bird **343** 1–4
~ of locks **212** 17–25
~ ticket office **230** 5
flint **41** 88, **105** 30
~ axe **309** 1
~ corn **69** 31
~-lock **336** 28
flipper **267** 41, **352** 28
flitch of bacon **96** 11
flitter mouse **351** 9
flivver* **183** 41
float *[cork, etc.]* **89** 4, 52, **119** 60, **212** 34
~ *[aeroplane]* **225** 33
~ *[level]* **113** 56
~ *[Theatre]* **297** 26
~ bowl* **183** 66
~ chamber **183** 66
floater *[volley]* **276** 51
floating bridge **16** 46
~ crane **221** 37–46
~ dredger **211** 56
~ dry dock **217** 31–40
~ ice **90** 35
~ quill **89** 51
~ ribs **19** 10
~ rope **90** 4
~ tube **89** 54
float needle **183** 67
~ shaft **212** 35
~ valve **183** 69
flong **172** 7
flood bank **211** 32
~ bed **211** 41
~ dam **211** 32
~ damage **211** 5
~ dike embankment **211** 32
~gate **212** 77, **217** 28
flooding valve **223** 20
flood·lamp **112** 61
~light **138** 34, **199** 46
~ protection **211** 33
floor *[room]* **118**
~ *[Film]* **292** 26–61
~ *[mine]* **138** 21
~ acrobat **298** 9
~ board **115** 36
~ contact **231** 25
floored *n.* **281** 36
floor-filling **115** 44, **118** 69
~ indicator **256** 49
~ lamp **47** 49
~ plate **217** 56
~-polish **52** 37
~-polisher **52** 9, 13
~-polishing cloth **52** 36
~ panel **185** 46
~ socket **120** 31
~ tank **217** 35
~walker* **256** 33
~ wax **52** 37
~ work **292** 26–61
floppy hat **36** 9
florin **244** 19, 37
florist's **253** 24
~ kiosk **200** 48
flounce **30** 34, **32** 30
flour **91** 28, **97** 18+19
flour beetle **341** 19
~ bin **97** 73
~ mill **91** 45–67
~ milling machine **91** 57-67
~-mixer **91** 64
~-mixing machine **91** 64

frame blocking oscillator top mark **219** 53
~ building* **64** 3
~ f. carpet-beating **39** 51
~ drum **336** 26
~ end plate **157** 26
~ of folding boat **269** 66
~ head plate **133** 38
~ home* **252** 48
~ house* **39** 84–86, **252** 48
frameless construction **185** 1
frame motor **206** 10
~ number **180** 51
~ output stage **236** 28
~ output transformer **236** 22
framer control **295** 29
frame reinforcement **208** 10
~ saw **115** 61, **127** 1–8
~ side **158** 27
~ slipway **217** 19–21
~ timber **114** 64
~ window **79** 17
~ wood **114** 74, **122** 3
framework **19** 1-29, **64** 4, **130** 25
~ substructure **199** 49
~ truss **116** 78
framing chisel **127** 63
~ ornament **318** 11
franc **244** 15, 16, 17, 18
France **14** 7, **244** 5, 16, **245** 16
Frankfort sausage **96** 14
frankfurter* **96** 14
Frankfurter **96** 14
franking **231** 46
~ machine **231** 46 **239** 45
~ value **232** 22, **239** 48
franks* **96** 14
freak show **291** 19
free balloon **226** 51
~ combination button **305** 40
~ foot **284** 11
~ gymnastics* **278** 1–23
freeing port **216** 44
free kick **274** 42
~ port **220** 25–62
~ port boundary **220** 41–43
~ rappel **282** 34
~-skating **284** 7, 21 +22
~-standing espalier **55** 16
~-standing exercise **278** 1–23
~ stock broker **243** 5
free-style swimming race **268** 24-32
~-throw area **275** 35
~-throw line **275** 5, 36
~ wheel **184** 35
~-wheel hub **180** 63
~-wheel ratchet **192** 21
freezer **42** 5, **98** 74
freezing compartment **42** 5
freight **202** 33
~ agency* **202** 32
~barge **211** 25
~ car* **207** 39
~-carrying glider **271** 25
~ depot* **202** 8, 31
~ diesellocomotive* **207** 42
~ engine* **208** 1
~ hangar **230** 21
~ shed **202** 8
~ traction railcar* **207** 39
~ train steam locomotive* **208** 1
~ wagon **202** 18
French billiards **264** 7
~ curve **144** 49
~ foil **277** 60
~ game of boules **287** 21
~ horn **302** 41
~ knot **101** 13
~ lady **338** 51
~ marigold **62** 20
~ park **257** 1–40
~ playing cards **265** 37
~ quotation marks* **325** 27
~ roll **97** 39
~ roof **116** 18
~ window **39** 21
frequency amplifier **235** 15, **236** 7
~ calibration scale **234** 37-40
~-changer **235** 16
fresco **321** 40
fresh air **184** 75
fresh-air· blower **223** 12
~ inductor **223** 35
~ inlet **339** 40
~ lever **186** 16
~ regulator **166** 23
~ shutter **166** 24
fresh-milk cooler **77** 32
~-water eel **350** 17
~water fishing **89**
~water fishing tackle **89** 20–54
~-water pearl mussel **340** 31
~-water tank **218** 69
fret *[mus. instr.]* **303** 9
fretless clavichord **301** 36
fret saw **129** 12
~ saw blade **129** 13
fretted clavichord **301** 36
~ string **303** 25
friar **314** 19
Friar Preacher **314** 19
friction engine **205** 1
~ massage **24** 7
~ tape* **120** 34
~ wheel **301** 26
frieze **315** 19
~ blanket **30** 7
~ ornament **316** 16
~ of round arcading **317** 9
frigate **222** 13
frill **30** 34, **289** 20
fringe **35** 36
~ of darkness **4** 26
fringed tongue **100** 23
Fringillidae **346** 6–8
fringing sea **15** 26
frock **314** 8, 14
~-coat **34** 53, **338** 76
frog *[Zool.]* **350** 24
~ *[Tech.]* **159** 44, **193** 30
~ *[Railw.]* **198** 55
~ *[Agric.]* **68** 8
~bit **362** 29
~ spindle **159** 45
~-type jumping rammer* **196** 26
front *[Met.]* **9** 25–29, **271** 21
frontal artery **20** 5
~ bone **19** 30
~ bump **18** 4
~ eminence **18** 4
~ feeder **155** 2
~ muscle **21** 4
~ sinus **19** 55
~ soaring **271** 22
~ vein **20** 6
front armour **223** 59
~ blinker **185** 16
~ brake **180** 5
~ car **193** 8
~ corner pin **287** 9
~ direction indicator* **185** 16
~ door *[house]* **39** 65, **43** 30, **118** 24
~ door *[car]* **183** 42
~ edge **117** 88
~ elevation **144** 60
~ fender* **180** 13
~ foot **73** 22–26
~ fork **180** 10–12
~ garden **39** 58
~ of house attendant **296** 10
frontier check **247** 12
front jack knife **268** 41
~ lamp visor **183** 15
~ leg **82** 6
~let **72** 9
~ license plate* **185** 43
front luggage-carrier **181** 16
~ matter* **178** 43–47
~ mudguard **180** 13
~ number-plate **185** 43
~ pane **333** 27
~ quarter vent **185** 19
~ quarter vent handle **186** 1
~ row pins **287** 10
~ scale **240** 7
~ seat **183** 7, **185** 55
~ soaring **271** 22
~ support position **278** 16, 17
~ suspension cross-member **186** 49
~ tooth **21** 34
~ vault **279** 50
~ view **144** 60
~ vice **127** 40
~ wheel **179** 4, **180** 26–32
front-wheel·hub **180** 52
~ leading link **182** 3
frontyard* **39** 58
frost blanket **196** 60, **197** 44
frosted-glass globe **259** 4
~ screen **294** 8
froster **42** 3
fruit **63** 15, 20, **354** 91-102
~ barrow **253** 10
~ basket **202** 11
fruit-bearing· plant **60** 17
~ twig **61** 19
fruit bowl **46** 40
~ cake **97** 44
~ capsule **59** 6, **366** 44
~-carrier **216** 8
~ cart **253** 10
~ cone **356** 2, 13, 26
fruiterer **253** 11
fruit flan **45** 27, **97** 16
~ garden **55** 1–31
~-gatherer **58** 7
fruiting female plant **367** 10
~ body **365** 2
~ palm **368** 2
~ stem **366** 2
~ twig **368** 38
fruit juice **98** 18
~ knife **46** 71
~ pest **81** 1–19
~ pie* **97** 16
~ pip **60** 60
~ w. pips **60** 31–61
~ pod **368** 46
fruits *[fructification]* **358** 18
fruit scale **356** 67
~-seller **253** 11
~ shed **220** 36
~-stall **291** 53
~-stand **291** 53

fruit surface eating tortrix moth **81** 9
~ tart **45** 27
~ tree **55** 1, 2, 16, 17, 29
~ tree spraying machine **83** 42
~ twig **368** 38
frustum of cone **329** 45
frying-pan **41** 84, **42** 41
~ sausage **96** 23
fry tank **89** 57
F sharp· major **300** 7
~ minor **300** 4
fuchsia **56** 3
fudge **98** 81
fuel **1** 39
~ cock **228** 32
~ contents gauge **228** 21
fuel feed· control **227** 57, **228** 32
~-pipe **229** 15
~ pump **184** 40
fuel-filler neck **229** 12
~ filter **184** 42
~ injection nozzle **227** 28
~ injection pump **187** 28, **228** 24
~ injection pump feed pedal **207** 22
~ inlet valve **227** 14
~ intake **227** 9
~ jet **227** 28, 59
~ lead **227** 13
~ level visual indicator **228** 26
~ manifold **227** 13
~ nozzle **227** 59
~ oil **40** 50, **139** 42
~ of pile **1** 39
~ pipe **227** 56, **229** 11
~ piping **227** 13
~ pipes from tank **229** 33
~ pressure gauge **228** 20
~ pump **184** 9, **229** 14
~ tank **226** 47, **229** 6
~ tank section **229** 6–11
~ tender **205** 68
full beard **35** 14
~-bottomed wig **35** 2
~- cone indicator **158** 7
~ cop **156** 2
~-dress wig **35** 2
fuller **132** 28–30
full gallop **73** 43+44
~-grown insect **342** 10
~ width hub brake **182** 27
~-jacket ball **87** 55
~-jacket bullet **87** 55
full-jacket projectile **87** 55
~-length bath **51** 5
~ moon **7** 5
~ Nelson **281** 10
~-rigged mast **215** 16
~-rigged ship **215** 24–27, 31, 35
~ stop **325** 16
fulmar (petrel) **343** 12
Fumariaceae **62** 5
fumigating apparatus **83** 38
~ candle **47** 28
fumigation chamber **83** 21
~ pastil(le) **47** 28
~ plant **83** 10
funeral **312** 34–41
funerary candle **312** 55
~ temple **315** 7
~ vessel **309** 34
fungus **363** 10–13, **365**
funicular (railway) **209** 12
~ railway coach **209** 13
funnel **10** 38, 44, **41** 89, **333** 3
~ *[ship]* **218** 1
~ capping **222** 40
~-forming machine **119** 22
~ marking **218** 2
~-shaped cavity **13** 71
~-shaped fissure **11** 49
fur **32** 49
~ bonnet **32** 46
~ cap **32** 46, **36** 4
~ coat **32** 49, **34** 65
~ collar **32** 53, **34** 68
~ cuff **32** 53
~ hat **32** 46
~ jacket **32** 44, 45
~ lining **34** 66
furnace **97** 58, **141** 1, **146** 6
~ bed(ding) **40** 66
~-charger **140** 24
~man **141** 7
~ pot **155** 22
~ room **40**
~ thermometer **40** 64
furniture *[room]* **43** 23, **44** 25
~ *[printing]* **175** 40
~ *[Typ.]* **169** 8
~ polish **127** 12
~-polishing cloth **52** 45
~ truck* **189** 41
~ van **189** 41
~ van trailer **189** 42
furred game **86** 35
furrier's shop **253** 1
furrier store* **253** 1
furring **34** 66
furrow *[field]* **65** 8
~ *[mill]* **91** 17
furrow-closer **67** 13
~ slice **65** 8
~ wheel **68** 16
~-width adjuster **68** 28
fur scarf **32** 48
~ seal **352** 18
~ trapper **289** 8
~ trimming **32** 53
Fury **308** 51
fuse **120** 35, **150** 28, **235** 12
~ body **120** 38
~ box **159** 23
~ cap **120** 37
~ cartridge **120** 35
~ contact **120** 39
~ element **120** 35
fuselage **225**
fuse link **120** 35
~ pliers **192** 22+23
fusible element **120** 35

G

gable **39** 15, **116** 5
~ end **39** 15, **117** 25
~ roof **116** 1
~ slate **117** 80
gaff *[Fish.]* **89** 12
gaffer* **292** 37
gaff-rigged sloop **215** 6
~sail **215** 1
~ topsail **214** 31
gag (bit) **72** 53
gage* see gauge
gage f. pressure* **77** 18
~ f. temperature* **77** 18
gaging rod* **126** 2
gaillardia **62** 19
gain control **236** 12
Gainsborough hat **36** 39
gaiter **100** 30, 31
gaits of horse **73** 39–44
galactic system **6** 47
Galaxy **5** 35
gale **357** 33
galingale **56** 17
galinsoga **63** 31
gall *[on leaf]* **82** 34
~ bladder **22** 11, 36
~ caused by wooly aphid **81** 33
gallery *[church]* **311** 25
~ *[platform]* **1** 42
~ *[theatre]* **296** 16
~ under bark **82** 23+24
galley *[ship]* **213** 44–50
~ *[Typ.]* **169** 12, 44
~ convict **213** 48
~ slave **213** 48
~ of slugs **169** 27
gall midge **81** 40
gallinaceous bird **343** 22
gallooned coat **179** 23
~ collar **179** 22
~ sleeve **179** 24
gallop **73** 42, 44
gall wasp **82** 33, 35
galosh **100** 27
galvanometer **11** 44
gamba **301** 23
gambling game **263** 1–33
~ hall **263** 1
~ spot* **263** 1
~ table **263** 8
gambrel **94** 11
~ roof **116** 18
game *[Zool.]* **88**
~ *[play]* **258** 1-59, **274-276**
~ of ball **258** 42
~ of boules **287** 21
~ cart **86** 18
~ of chance **263** 1–33
~ of chess **261** 17
~ of the devil **258** 24
~ of draughts **265** 17–19
~ of marbles **258** 56
~ path **86** 16
~ of skill **258** 24
~ of tag (or tig, or touch) **258** 23
gamma radiation **1** 12, 17
~-ray treatment **29** 48–55
gamut **299** 47–50
gander **74** 34
gang boarding **40** 3
ganger **198** 30
gang foreman **198** 30
~ mill* **149** 10, 16
~ plank* **216** 24, 34
gangway **40** 3, **140** 37, **201** 47, **204** 7, **216** 24, 34
gangwayed corridor compartment coach **204** 1
gangway plate **203** 33
gannet **343** 9
gantry **146** 31, **199** 17, **220** 52, **221** 7, **292** 53
~ crane **217** 20
~ support **209** 24
gap gage* **142** 49
garage **39** 32, **190** 32, **252** 62
~ approach **39** 52
~ compartment **190** 33
~ man* **190** 10
garbage **253** 48
~ basket **253** 46
~ can* **41** 11, **53** 32, **195** 2
garboard strake **217** 45
garde de bras **310** 48

German flute **302** 31
~ handwriting **325** 11
germanium **234** 30
German mark **244** 7
~ pointer **71** 40
~ princess **338** 20
~ print **325** 3
~ terrier **71** 37
~ text **325** 1
Germany **14** 5
germinal disk **75** 54
~ vesicle **75** 55
germinating barley **92** 11
~ hole **367** 57
~ spore **365** 8
germination of barley **92** 8–12
~ box **92** 8
Gesneriaceae **56** 7
gesso **322** 29
geyser *[Geol.]* **11** 21
~ *[app.]* **119** 66
geyserite terraces **11** 23
G flat major **300** 14
gherkin **98** 29
ghost train **291** 5
Giant **307** 37
giant **291** 20, **307** 37, **308** 45
~ cypris **349** 1
~ figure **289** 63
~ ostracod **349** 1
~ salamander **350** 22
giant's stride **258** 41
giant stride **258** 41
~ waterlily **362** 17
~ wheel **291** 37
gib **136** 72, **215** 2
~ crane **217** 31
~-headed key **136** 72
gig *[vehicle]* **179** 34
~ *[boat]* **269** 26–33
Gigantocypris Agassizi **349** 1
gilded stern **213** 55-57
gilder **177** 2
gilder's brush **121** 23
gilding **177** 1
~ press **177** 4
~ tool **177** 3
gill *[Zool.]* **74** 24
~ *[Bot.]* **365** 6
~ cover **350** 5
~ slit **350** 3
gilly-flower **62** 7
gimbals **219** 27
gimlet **115** 65, **127** 19
gimp **314** 23
gimping **101** 28
~ needle **101** 29
gimp needle **123** 30
~ pin **124** 6
gingelly **367** 45
gingerbread **97** 5
gin glass **46** 90
gipsy moth **81** 1
~ woman **289** 36
giraffe **352** 4
~ house **339** 24
girder **136** 3–7, **145** 7, **210**
~ bridge **210** 30, 35
girdle **33** 16, **314** 20, 29
girdled robe **338** 25
girl **45** 4, **298** 7
~ assistant **290** 39
~ at counter **261** 7
girls' clothing **31** 1–61
girl's coat **31** 37
~ Dirndl dress **31** 36
girls' hair styles **35** 27–38
girl's hat **31** 38
~ jacket **31** 40
~ night dress **31** 1
~ night gown **31** 1
~ nightie **31** 1
~ nighty **31** 1
~ pinafore **31** 48
~ shoe **100** 23
~ ski trousers **31** 44
~ slacks **31** 41
~ spotted blouse **31** 60
girl student* **250** 10
girl's vest **31** 4
girls' wear **31** 1–60
girl's wind-jacket **31** 42
girth **72** 18
glacier **12** 49
~ covered with névé **282** 23
~ ice **12** 48–56
~ snout **12** 51
~ stream **12** 52
glade **16** 2, 112
gladiolus **62** 11
gland *[Anat.]* **21** 9, 10, 11
~ *[Tech.]* **218** 54
~ of head **21** 1–13
glans penis **22** 69
glare screen **292** 51
glass *[material]* **122** 5, 6, **155**
~ *[objects]* **46** 82–86, 87–91, **108** 31, 37, **296** 9
~ bead **50** 20
~ of beer **260** 27
~-blower **155** 13
~-blower's tongs **155** 20
~-blowing **155** 13–15
~ bowl lid **334** 52
~ bulb **120** 57
~ case **339** 39
~ chamber-pot **30** 17
~-cloth **41** 14
~-cutter **122** 25+26
~ cylinder **10** 40, **26** 30, **93** 27
~-drawing machine **155** 7
~ dropper **26** 44
glasses **108** 12–14
~ case **108** 25
~ and hearing aid **108** 22
glasses finisher **155** 16
glass funnel **112** 14
~ globe **99** 25
~ holder **122** 9
~ lid **42** 23
glass-maker's bench **155** 21
~ chair **155** 21
~ stool **155** 21
glass manufacture **155**
~ melt **155** 8
~ pane **173** 15, 18
~ observation panel **40** 62
~ of orangeade **261** 35
~ paper **129** 25, **181** 7
~ reflector **180** 86
~ rod **89** 24
~ roller **163** 16
~ roof **28** 27, **79** 5
~-roof car **207** 40
~-roofed well **252** 22, **256** 11
~ sand **323** 48
~ sheet **155** 11
~ shelf **259** 65
~ slide **26** 3
~ sponge **349** 7
~ stopper **112** 11
~ top **173** 36
~-towel **41** 14
~ tube **26** 46, **234** 29
~ veranda **261** 32
~ wall **260** 45
~ware **155** 16–21
~ window **161** 2
~ wool insulation **229** 9
glauke **244** 1
glazier **122** 8
glazier's beam compass **122** 22
~ diamond glass-cutter **122** 25
~ hammer **122** 18
~ lath **122** 21
~ pincers **122** 19
~ square **122** 20
~ workshop **122** 1
glazing **321** 42
~ machine **154** 16
glede **347** 11
glen **13** 52
glider *[pilot]* **271** 29
~ *[plane]* **271** 28
~ hangar **271** 39
~ launching methods **271** 1-12
~ pilot **271** 29
~-pilot pupil **271** 30
~ type **271** 24–27
gliding **271** 1–23
~ club **271** 39
~ field* **271** 38
~ flight **271** 18
~ plane **271** 28
~ ring **282** 42
~ site **271** 38
gliding ski **283** 29
~ step **288** 18
glima **281** 14
glissade **288** 18
globe *[Earth]* **249** 14
~ *[glass]* **333** 1
~ lamp **259** 4
~-shaped tree **257** 12
~ stop valve **254** 48
~ thistle **56** 14
globose flower head **354** 75
globular acacia **54** 11
Glossina morsitans **341** 32
glossy paint **121** 10
glove **135** 4
~ compartment* **186** 21
~ w. cross **314** 57
~ drawer **43** 7
~ stand **256** 20
glower plug **184** 64, **207**
~ plug control device **207** 17
gloxinia **56** 7
glue **127** 39
~-dispenser **238** 45
glueing machine **178** 31
~ section **177** 41
glue pot **127** 39, **177** 15, **231** 5
~ rollers **178** 27, 33
~ spreader **128** 54
~ tank **177** 46, **178** 32
~ well **127** 38
glume **69** 11
gluteal muscle **20** 60
glycerine **52** 33, **103** 22
G major **300** 2
G minor **300** 10
gnat **342** 16
goaf packed with dirt **137** 40
goal **274** 2, **275** 1, 13, 24
~ area **274** 4, **275** 3
goaler* **248** 14
goalie **274** 11, **284** 36
~keeper **274** 11, **284** 36
goal kick **274** 41
~ line **274** 3, **275** 2, 11, 21, 34
~ post **274** 37
Goat **5** 36, **6** 41
goat **74** 14
goatee (beard) **35** 9
goat pen **64** 47
goat's beard **74** 15
~-beard *[Bot.]* **361** 5, **365** 32
~ foot **308** 42
~ head **307** 18
goat willow **355** 24
gob packed with dirt **137** 40
gobbler **74** 28

great organ **305** 1
~ tit **346** 9
~ toe **21** 52
~-toe flexor **20** 49
greave **310** 54
Greece **14** 8, **244** 39
Greek art **316** 1-48
~ cross **313** 50
~ lace **101** 30
~ man **338** 3
~ ornamentation **316** 38–43
~-Orthodox church **252** 2
~ point **101** 30
~ script **324** 15
~ theatre **316** 44
~ vase **316** 37
~ woman **338** 1
green **320** 8
~ agaric **365** 29
~ alga **362** 43
~ baize covering **264** 15
~ brick **151** 16
~-cloth covering **264** 15
~ fly **342** 13
~gage **61** 24
~house **79** 33
~ locust **342** 8
~ malt **92** 11
~-malt turner **92** 9
~ oak tortrix **82** 43
~ plover **343** 21
~ spelt **69** 25
green-stuff· cutter **75** 41
~ silage **75** 19
~ silo **75** 19
greeting **239** 8
grenade **90** 53
grey hen **88** 66
~hound **71** 24
~ scale **320** 15
grid **68** 60, **291** 33
~ *[Theatre]* **297** 4
~ bars **156** 26
griddle cake **97** 30
gridiron* *[Sports]* **275** 21-27
grief stem **139** 13
griffin **307** 11
griffin's claws **307** 13
grill **291** 33
grille **166** 27, **185** 12
grilled sausage **291** 34
grinder shaft **167** 17
grinding cylinder **154** 1
~ disk **323** 46
~-dust extractor **143** 15
~ machine **134** 31, **141** 39, **143** 7, 10
~-roller bearing **156** 41
~ stone **337** 24
~ wheel **143** 11
~-wheel head **143** 8
grip *[grasp]* **17** 37, 38, **279** 53-56
grip *[bag]** **201** 7
~ hand* **297** 46
~ on horizontal bar **279** 53–56
gripper carriage **174** 11
gripping arm **2** 47
grip·sack* **201** 7
~-testing dumb-bell **278** 49
grist **92** 24
~mill* **91** 45–67
grit filter **145** 50
~ guard **141** 35
grits-cleaner **91** 60
grit-spreader **195** 5,16
~-spreading attachment **195** 17
grits-reducing roller **91** 61
groats-cleaner **91** 60
~-reducing roller **91** 61
grocer **98** 41
grocer's **98** 1–87
~ assistant **98** 13
~ shop **98**
~ store* **98** 1–87
groceteria* **98** 1–87
groin **18** 38
groined vault **318** 42
groom *[stableman]* **179** 27
~ *[bridegroom]* **313** 15
groove *[body]* **18** 12
~ *[Tech.]* **141** 54
grooved bowl **287** 24
~ pin **136** 38
groove milling tool **143** 16
groover **99** 66
grooving **149** 14
~ tool **129** 24
groschen **244** 13
grotto **257** 1
ground **219** 62, 72
~ avalanche **286** 1
~ clearance **189** 5
grounded plate* **233** 52
ground floor **39** 2, **113** 7
~-floor brick wall **118** 29
~-glass screen **294** 8
~ hog* **351** 18
~ ivy **359** 18
~ mouthpiece **334** 4, 37
~ plan **144** 63
groundsel **63** 12
ground stopper **333** 4
~ water **12** 21
ground-water· level **254** 42, 63
~ stream **254** 3
ground work **278** 24–30
~-wrestling **281** 8, 9, 11
group **241** 40–61, **287** 25
groupe **288** 29
grouping of stars **5** 9–48
group of machines **241** 40–61
~ of players **287** 25
~ selector **233** 38
~ of stages **292** 10
grouse **88** 66, 69, 72
grove **337** 5
groved rod **122** 13
grove of urns **312** 31
growler **179** 26
groyne **13** 37, **211** 19
~ head **211** 20
grub **60** 64, **81** 54, **82** 12
grubber **68** 31
Grus **5** 42
G sharp minor **300** 6
g-string **302** 9
guanaco **351** 30
guard *[protection]* **161** 11
~ *[Railw.]* **201** 54, **203** 13, 17
~ *[watchman]* **310** 9
~ *[Techn.]* **128** 28
~ *[Fenc.]* **277** 43, 57, 64
~ plate **303** 18
~ rail **84** 8, **114** 43, **158** 31
guard's compartment **201** 57
guard tower **310** 17
gudgeon wrist (pin) **184** 71
guelder rose **357** 10
guests at table **259** 40-43
guide *[Tech.]* **133** 13
~ arm **234** 32
~ bar **157** 17, **158** 38, **160** 28
~ cable **2** 30
~ card **238** 73
~-card tab **238** 74
~ column **133** 30
~ groove **212** 75
~ pin **134** 41
~ rail **2** 37, **6** 11, **158** 3, **256** 54
~ rib **133** 40
~ roll **141** 65
~ roller **128** 44, **141** 65, **158** 47, **162** 5
~ roll for paper **168** 20
~ rope **226** 63
~ f. shaft **159** 3
guiding cross **298** 30
~ cross piece **68** 12
~ groove **283** 38, **301** 41
~ handle **173** 27
~ kerb **197** 38
~ pin **301** 40
guiding rod **196** 27
~ roller **149** 13
guillemot **343** 13
guilloche pattern **244** 38
guillotine *[paper-cutter]* **178** 1
~ *[plumber]* **119** 15
guinea fowl **74** 27
~-hen **74** 27
~ pig **351** 12
guitar **303** 12, 73
gulden **244** 19
gules *[Her.]* **246** 27
Gulf Stream **15** 30
gull **343** 14
gullet **18** 19, **19** 49, **22** 23, 40, **88** 12
gull wing **225** 20
'gull-wing' door **187** 30
gully *[drain]* **39** 14, **194** 22
~ *[Geol.]* **12** 44
~ drain **253** 49
~-emptier **195** 25
~ hole **253** 49
gum **21** 15
gummed tape **238** 79
gun *[rifle]* **86** 4, **87** 1–40
~ *[hunter]* **86** 1
~ barrel **90** 56, **223** 68
~ cradle **223** 69
~ dog **86** 7
~man **290** 38
gunnel **269** 30
gunner **90** 43
gun openings **213** 59
~ port **213** 60
gunter gaff **270** 46
gun turret **222** 24, 41
gunwale **269** 30
gutta-percha tree **367** 37
gutter **117** 28, 92, **194** 7
~ bracket **117** 32
~ f. deodorand **339** 11
guttering **40** 9
gutter pipe **117** 29
~ tile **117** 59
guy-rope **266** 30
gym **279** 1–56
~ belt **278** 46
~ clothes **278** 44–48
~ instructor **279** 39
gymkhana **273** 32
gym leader **279** 32
~ mat **279** 13
gymnasium **279** 1–48
gymnast **279** 31
~ on apparatus **279** 31
gymnastic lesson **279** 1–48
gymnastics **278, 279**
~ w. apparatus **279** 1–56
~ on bar **279** 11+12

head beam **177** 21
~ of bed **48** 3
~ of cabbage **59** 32
~ clerk **238** 1
~ croupier **263** 6
~ of department **256** 60
~ dress **335** 12
header *[Footb.]* **274** 56
~ bond **113** 60
~ course **113** 64
head frame **137** 6
~ gear *[harness]* **72** 7–13, 25
~gear *[hats]* **36**
~ of Gorgon **308** 50
~ guard* **203** 13
heading **239** 8, **325** 38
~ chisel **127** 63
~ of letter **239** 3
head·lamp **185** 17
~less screw **136** 46
~ of lettuce **59** 36
headlight **181** 40, **185** 17
~ beam setter **192** 58
head·line **21** 73, **325** 42
~ lock ring **180** 11
~ margin **178** 56
~master **249** 23
~ of Medusa **308** 50
~ muscle **20** 50
~phone **332** 18
~phones **29** 17
~piece *[harness]* **72** 7–11
~piece *[Arch.]* **318** 12
~ pin **287** 12
~ post **115** 53, **118** 54
~race **91** 41
~ receiver **29** 17, **332** 18
~-rest **17** 13, **47** 59, **104** 30
~ rope **90** 7, 17
~ rules **325** 41
~ set **233** 13, **332** 18
~ shield **135** 16
~ stake **119** 17
~stall **72** 7–11
~stand **278** 27
headstock **142** 2, **157** 39
~ spindle **142** 20
head·stone **312** 26
~ strap **72** 10
~ string **298** 31
~ tube **180** 14
~waiter **260** 30
~way structure **212** 44
~wear **36**
~ wheel **91** 7
heald **159** 27
~ eye **159** 28
~ shaft **159** 4
health resort **262** 1–49
heap of branchwood (or brushwood) **84** 16
~ cloud **8** 1, 2
~ of earth **79** 15
~ of snow **286** 24
hearing aid **108** 22
heart *[Anat.]* **20** 14, **22**
~ *[wood]* **149** 41
~ line **21** 74
~ point **246** 17
hearts *[cards]* **265** 40 + 44
~ease **62** 2
heart's-ease **62** 2
heartwood **115** 84, **354** 13
~ plank **115** 93
~ side **149** 40
he-ass **74** 3
heat colours **320** 16
heater plug **184** 64
~ plug control device **207** 17
heat-exchanger **3** 7, **152** 6, **184** 51
heath *[moor]* **16** 5
~ *[Bot.]* **361** 19
~ bird **88** 66
~ cock **88** 66
heather **361** 19
heath hen **88** 66
~land **16** 5
~ plant **361**
heating **339** 42
~ beaker **334** 20
~ blanket **48** 51
~ chamber **92** 19
~ element **173** 3
~ gas **148** 1–46
~ pad **23** 52
~ pipe **79** 8
~ pressure gauge **205** 45
~ system **92** 19
~ tension gauge **206** 41
heat regulator **204** 40
heavens **6** 1, **308** 46
heavy concrete **114** 72
~ dressing axe **150** 38
~-duty boot **100** 21
~-faced letters **170** 2, 9
~ gymnastics **279** 1–56
~ lift cargo ship **216** 1
~ lift derrick **216** 2
~ lorry **196** 7
~-oil engine **184** 37–80
~ sabre **277** 46
~ truck* **196** 7
~ warship **222** 18–64
Hebraic script **324** 7
Hebrew script **324** 7
heckelphone **302** 38
heckler *[meeting]* **251** 15
heckling **125** 1–7
~ bench **125** 3
hectometre post **198** 83
hedge **16** 98, **257** 37
~-clipper **58** 14
~hog **351** 5
~ mustard **63** 16
~row flower **359**, **360**
~ shears **58** 14
heel *[Anat.]* **21** 63
~ *[shoe]* **99** 54, 56
~ bone **19** 27
~-clamp **284** 25
~-glazing iron **99** 64
~ grip **283** 56
~ iron **99** 57
~-parer **99** 61
~ protector **100** 18
heels raised **278** 7
heel string **20** 48
'Heidelberg' *[machine]* **175** 29
heifer **74** 1
height-adjustment handle **44** 5
~ of cone **329** 44
~ gauge **145** 29
~-index level **110** 33
~-measuring **26** 21
~ scale **149** 9
~-to-paper **170** 44
helical gearing **136** 87
~ gear wheels **186** 59
~ spring **52** 76, **185** 26
~ spur wheel **136** 87
helicoid cyme **354** 76
helicopter **83** 47
~ landing field **230** 15
~ platform **222** 6
heliozoon **340** 7
helium nucleus **1** 10
~ tank **229** 7
hellbender **350** 22
hell hound **307** 29
helm *[ship]* **213** 13
~ *[Her.]* **246** 4, 7–9
helmet **138** 54, **264** 4 **285** 16, **310** 39–42
~ affrontée with open visor **246** 9
~ w. bars **246** 8
~ bowl **310** 39
~ plume **308** 18
helmsman **219** 18, **224** 39
helmsman's grating **219** 17
help* **45** 54
helper **17** 20
helter-skelter **291** 40
helve **132** 27
helvella **365** 25
hem **102** 2
hematite* **106** 49
hemicycle **328** 46
hemidemisemi-quaver **299** 21
~ rest **299** 29
hemihedron **330** 24
hemipteran **342** 4
hemi·pyramid **330** 24
~sphere **5** 1–35
hem line **256** 37
~-line marker **256** 40
hemlock **363** 4
hemming **102** 11
hemp **125** 6, **367** 9
~ fibre **125** 20
~hard **125** 7
~ seed **367** 15
~ shoe **117** 75
~ tow **125** 7
hemstitch **101** 14, **102** 10
hen **74** 19, **75** 20
~bane **363** 6
~ drunks **355** 42
~ house **75** 13
Henri Quatre beard **35** 8
hen's egg **75** 47
hepatic duct **22** 37
Hera **308** 5
herald of gods **308** 21
heraldic arms **246** 1-6
~ colour **246** 24–29
heraldry **246** 1–36
Hercules **5** 21
herd of deer **86** 15
Herdsman **5** 30
Herero woman **337** 25
here we go round the mulberry bush **258** 29
herma **316** 35
hermaphrodite flower **358** 10, **366** 14
hermes **316** 35
Hermes **308** 21
hero **292** 28
heroine **292** 27
heron **86** 46, **343** 18
heron's feather **36** 35
herring **350** 14
~-bone **283** 27
~ gear **136** 85
~ stitch **101** 9
~ driftnet **90** 2-10
hessian **124** 24
Hessian fly **81** 40
hexagon **330** 15
hexagonal biprism **330** 22
~ crystal system **330** 20–22
~ headed bolt **136** 13
~ nut **136** 18
~ prism **330** 21
hexahedron **330** 2
hexakis-octahedron **330** 13
hexoctahedron **330** 13
H. F. amplifier valve **235** 15
H. F. first stage **236** 2

I

insectivore **351** 4-7
insert **161** 60
inserted ceiling **118** 61
~ eye **57** 34
~ floor **115** 43
inserting section **177** 40
insertion ring **333** 17
insert f. snow **10** 41
inset pocket **32** 59
inshore fishery **90** 24–29
inside calipers* **129** 23
~ forward **274** 18
~ keel **269** 50
~ left **274** 18
~ margin **178** 55
~ pocket **34** 19
~ right **274** 20
insole *[shoe]* **99** 51
~ *[sock]* **99** 4
inspection glass **190** 4, **239** 23
~ hole **141** 4
~ lamp **191** 20
~ manhole **254** 51
~ panel **51** 6, **158** 50
~ pit **191** 27, **199** 50
~ trolley* **208** 42
~ window **171** 60
inspector **201** 39
inspiration **17** 25
installation **40** 38–81
instalment office **256** 27
instantaneous gas water heater **119** 66
~ shutter **111** 44
instep **21** 61
institute f. tropical diseases (or tropical medicine) **220** 3
instruction **249** 1–31
instructor **279** 39
instrument *[tool]* **26** 26-62, **28**, **109**, **110**
~ *[Mus.]* **301–306**
instrumental music *[symbol]* **308** 65
instrument board* **186** 1-21
~ box **10** 62, **144** 10
~ cabinet **26** 18, **27** 23
~ case **2** 5, 22
instrumented satellite **4** 48, 53
instrument landing **230** 22–38
~ landing system course-transmitter **230** 11
instrument f. measuring· angles **15** 52–62
~ atmospheric pressure **10** 1–18
instrument f. microscopy **110** 1–23
~ panel **77** 18, **183** 25 **186** 1–21, **207** 11
~ section **229** 3–5
~ stand **161** 55
~ table **27** 24, **28** 12
~ trolley **26** 20
insulated handles **120** 54
~ jumper **234** 28
insulating conduit **120** 44
~ contact **193** 28
~ plate **117** 44, **331** 53
~ tape **120** 34
~ tube **120** 44
insulation **40** 72
~-stripping pliers **120** 51
insulator **234** 22, **331** 64
insured registered letter **232** 25, 35
intaglio printing **176**
~-printing method **323** 14–24
~-printing process **323** 14–24
intake **183** 62, **227** 2, 21
~ airway **138** 10
~ chamber **212** 40
integer **326** 10
integral **327** 14
~ collar **136** 31
~ constant **327** 14
~ sign **327** 14
integrating meter **29** 49
integration **327** 14
integrator **29** 49
intensity coil **184** 8
interchangeable filter **112** 18
~ lens **111** 25
~ mount **48** 18, **112** 46+47
interest **327** 7
~ coupon **243** 18
~ formula **327** 7
interference comparator **110** 29
~ inverter **236** 13
interferometer **110** 25
interior angle **328** 26
~ work **292** 26–61
interleaving paper feeder **175** 11
interlinear space **170** 5
interlocking board **199** 66
intermediate drill **143** 32
~ floor **115** 43, **118** 68
~ frame **157** 27
intermediate-frequency·amplifier valve **235** 15
~ filter **235** 18
~ transformer **235** 15
intermediate gear lever **142** 3
~ house **79** 32
~ landing **118** 52–62
~ layer **11** 3
~ mast **209** 29
~ screen-viewer **109** 7
~ support **209** 29
~ tank **220** 60
interment **312** 34–41
intermission* **249** 65
intermittent jet tube **226** 21
~ kiln **154** 3
~ pulse-jet tube **227** 12
intern* **28** 29
internal calipers **129** 23
~ combustion engine **184**
~-combustion punner **196** 26
~ ear **19** 62–65
~ electrode **2** 3
~ organ **22** 1–57
~ toothing **136** 93
interne* **28** 29
interrogation point* **325** 20
intersection **253** 9
~ of curve **329** 12
interstellar craft **4** 57
~ flight **4** 48–58
interurban coach **204** 53
interval **300** 19, 20-27
~ selector **306** 39
intestinal tube **26** 9
intestine **22** 14–22
intrados **318** 25
intrusion **11** 30
intrusive rock **11** 29
inundation area **211** 41
invalid carriage **181** 22
~ chair **23** 51
~ tricycle **181** 22
Inverness **179** 32
invertebrates **340**
inverted bowl fitting **45** 31
~ mordent **300** 34
~ pleat **32** 5
inverter **236** 13
investigation department **247** 21–24
investigator* **263** 16
invoice **238** 50
involucral calyx **359** 33
involution **327** 1
involving **327** 1
ion chamber **2** 2, 17
Ionic column **316** 9
ionization chamber **2** 2, 17
ionosphere **4** 13
ion trap magnet **236** 17
Irak **14** 45
Iran **14** 44
Iraq **14** 45
Ireland **14** 10, **244** 37
iris *[Anat.]* **21** 42
~ *[Bot.]* **62** 8
Iris **62** 8
iron *[metal]* **136**, **141** 11
~ *[stirrup]* **72** 43
~ *[Golf]* **276** 70
Iron Age **309** 21–40
iron band **156** 5
~ bar **339** 2
~ bridge **16** 56
ironer **166** 25, 32
iron foundry **141**
~ frame **304** 2
~-headed hammer **322** 16
~ heel-protector **99** 57
ironing **166** 31
iron in-gate **140** 34
ironing-board **52** 72, **166** 29, 34
~ woman **166** 32
iron key **309** 32
~ last **99** 27
~ lung **24** 8
~ pyrites **330** 8
~ rake **58** 3
~ sleeker **99** 30
~ square **115** 78
~ stove **52** 64
~ tap-hole **140** 11
~ weight **141** 18
~ wire **136** 12
~works **140**
irradiation chair **24** 11
~ lamp **24** 17
~ table **2** 36
irregular curve **144** 49
~ quadrilateral **328** 39
irrigator **23** 46
isander **268** 42
ischium **19** 19
Islam(it)ic art **319** 12–18
island **13** 6
~ superstructure **222** 68
islet **211** 4
isobar **9** 1
isobaric line **9** 1
isocheim **9** 42
isohel **9** 44
isohyet **9** 45
isolated farm **16** 101
isolating switch **206** 6
isometric crystal system **330** 1–17

keel blocks **217** 36
~ in position **217** 22
~ plate **217** 46
keelson **217** 50
keel yacht **270** 1-4, 5
keep *n.* **310** 4
keeper *[zoo]* **339** 8
~ *[Tech.]* **332** 37
~ of wild animals **339** 8
keeping the balance (or equilibrium) **279** 41
~ of fowls **75** 1-46
keg **89** 63
kelly **139** 13
kelson **217** 50, **269** 50
kennel **64** 23
kerb **53** 21, **194** 8, **210** 3
~stone **53** 22, **194** 9
kerchief **266** 47
kerf **85** 20, **138** 45
kernel **61** 8, **69** 13
kernelled fruit **61**
kerosene* **139** 39
~ lamp* **76** 16
kerosine **139** 39
ketch **215** 9, **270** 41–44
ketchup **46** 43
kettle **41** 73
~ cart **309** 36
kettledrum **302** 57
~ skin **302** 58
~ vellum **302** 58
Kevenhuller **338** 62
key *[f. lock]* **134** 44
~ *[rivet]* **136** 71+72
~ *[Build.]* **118** 71
~ *[mus. instr.]* **302** 35, **304** 4, 5, **305** 8
~ *[telephone]* **233** 12
~ *[typewr.]* **240** 26
~ *[Mus.]* **300** 1–15
keyboard **169** 37, **240** 25, **301** 28, **304** 4+5
~ instrument **304** 1
keyed instrument **304** 1
keyhole **134** 40
~ saw **115** 63, **127** 27
key lever **301** 38, 49
~ rack **259** 3
keys **301** 28
key seat **136** 83
keyshelf **233** 10
key slot **136** 83
keysmith vice **134** 24
key·stone **318** 23
~ way **136** 64, 83
kibble **138** 29
kick **274** 53, 58
~-back fingers **128** 16
kicking-sack **30** 31
kick-off **274** 11–21
~ stand **180** 34
kickstarter **181** 50, **182** 35
~ turn **283** 31
kidney **22** 28, 30+31
~ dish **26** 62
~-shaped bowl **26** 62
~ vetch **70** 6
kid's bike* **181** 13
kiln **151** 19
~ charge **153** 14
~-charger **153** 13
~ drying chamber **149** 46
~ shell **153** 17
kilometer* see kilometre
kilometre board **211** 44
~ post **198** 82
kimono **48** 56, **336** 40
kindergarten **50**
~ teacher **50** 1
kindling **53** 8
~ wood **52** 61
king *[chess]* **265** 8
~ *[skittles]* **287** 12
~ carp **350** 4
~-cup **359** 8
~fisher **344** 8
~ penguin **343** 4
~-post roof truss **116** 42
king's chamber **315** 2
~ tomb **315** 1
kiosk **200** 26, 46, 47, 48
Kipp apparatus **334** 59
Kirghiz **336** 22
kiri* **337** 33
Kirschner beater **156** 25
kiss **201** 60
kit *[tools]* **87** 61–64
~ *[mus. instr.]* **310** 20
~-bag **266** 22
kitchen **41**, **42**
~ cabinet **41** 8
~ car **204** 51
~ chair **41** 52
~ clock **42** 19, **107** 50
~ cupboard **41** 8
~ department **302** 49–59
~ garden **55**
~ implement **42** 1–60
~-knife **41** 56
~ machine **42** 1–60
~ range **41** 39
~ scales **41** 59
~ table **41** 53
~ utensil **42** 1–66
~ waste **41** 34
~ window curtain **41** 13
kite *[Zool.]* **347** 11
~ *[paper~]* **258** 50
~ *[Geom.]* **328** 38
~ cord **258** 52
~- flying **258** 49
kite's tail **258** 51
kite string **258** 52
kitten **74** 17
kitty wren **346** 12
Kletterschuh **282** 51
knapping hammer **137** 2
knapsack **86** 3, **266** 42
knapweed **70** 10, **360** 12
kneading arm **97** 75
~ machine **42** 30
~ pan **97** 76
~ table **97** 71
~ trough **97** 72
knee *[Anat.]* **18** 50
~ bend **278** 15
~ bending **278** 15
~ breeches **34** 22
~cap *[Anat.[* **19** 23, **73** 33
~ cop *[armour]* **310** 53
~ full-bending **278** 15
~ grip **182** 53
~ lever **102** 14, **304** 45
kneeling desk **314** 9
knee pad **275** 15, **285** 17
~ pan **73** 33
~ piece **310** 53
~-raising **278** 4
~ roll **72** 48
knees full bend **278** 13, 15
knee-sock **31** 39
~ strap **99** 15
~ swell **304** 45
~ swing **279** 11
knickerbockers **34** 22
knickers **33** 13, 21
knife **46** 50, 69, **178** 3
~ beam **177** 19, **178** 2
~ folding machine **178** 8
~ and fork **46** 7
~ rest **46** 11
~-thrower **290** 37
knight *[Chivalry]* **310** 67
~ *[chess]* **265** 11
knighting **310** 66
knight's armour **310** 38–65
~ coronet **246** 43
~ mate position **265** 15
Knight Templar **310** 73
knitted band **36** 45
~ fabric **160** 48
~ hat **36** 53
~ waistband **34** 25
knittie* **32** 12
knitting action **160** 51
~ factory **160** 1–66
~ head **160** 21
~ machine **160** 1, 23, 35
~ mill **160**
knob **45** 14, **234** 41–45
~ on the bill **343** 17
knobkeerie **337** 33
knobkerry **337** 33
knockout **281** 36
~ blow **281** 36
knot *[cord]* **33** 46, **117** 68
~ *[hair]* **35** 29
~ *[measure]* **9** 12–19
~-borer **128** 39
~-boring machine **128** 39
~-driller **128** 39
knotted cords **335** 22
~ record **335** 22
~ work **101** 21
knotter **168** 9
knot of tie **33** 46
knotting point **125** 29
knuckle **21** 82
knurling iron **244** 44
K. O. **281** 36
K. O.'d opponent **281** 36
kohlrabi **59** 26
Kollergang **167** 11
konimeter **110** 23
Korea **14** 51, 52
kris **336** 44
krona **244** 25
krone **244** 24, 26
krum(m)horn **301** 6
Kuro Shio **15** 31
Kursaal **262** 8

L

label **201** 5, **232**
~ f. air mail **232** 32
~ f. express mail **232** 31
labelling machine **93** 33
label f. partly insured registered mail **232** 33
~ f. registered insured mail **232** 28
~ f. reserved seat **204** 34
labial pipe **331** 19
laboratory **6** 20
~ dish **168** 2
labourer **113** 19
Labrador Current **15** 40
laburnum **358** 32
labyrinth *[Anat.]* **19** 62
~ *[maze]* **257** 5
laccolite **11** 30
laccolith **11** 30
lace **101** 18
~ bonnet **338** 65
~ collar **37** 6
~ cuff **37** 7

laundress 53 67
laundry 166 1–40
~ basket 48 49
~ centrifuge 166 18
~-drier 166 19
~-drying machine 166 6
~-list holder 166 15
~ press 166 35
~ room 166 11
~ soap* 53 60
~ trolley 166 17
laurel 357 13
~ tree 312 60
lauter tun 92 33
lava plateau 11 14
~ stream 11 18
lavatory 51 29–82
~ bowl 51 36
~ brush 51 33
~ cover 51 39
~ lid 51 39
~ pan 51 37
~ paper-holder 51 30
~ seat 51 38
~ seat-cleaner 51 32
~ window 53 13
lavender 364 7
~ water 103 21
law courts 252 8
lawn 54 21, 257 36
~-mower 58 34
~ f. resting 262 12
~-sprinkler 39 43, 58 41
~ tennis 276 1–35
laxative pill 23 61
lay-by 212 26
layer *[Geol.]* 12 22
~ *[Met.]* 4 16–19
~ *[Bot.]* 57 12, 60 20, 365 17
~ of atmosphere 4 11–15
~ cake 97 9
layering 57 11
layer above seam 138 20
~ below seam 138 21
~ of tubes 365 17
layette 31 16
lay figure 321 31
laying hen 75 45
~ house 75 1
~-out plate 145 28
~ press 177 4
~ shed 75 1
lay judge 248 23
layout 293 10
layshaft toothed wheel 186 61
lay sister 23 23
lead *[sinker]* 89 46+47, 219 35–42
~ *[conductor]* 218 4
~ *[leash]* 71 30
~ ball 89 47
~ covering 147 39
~ cupboard 29 51
leaded lights 122 14
leader* *[fishing rod]* 89 30
leader *[horse]* 179 46
~ *[newsp.]* 325 40
~ of Muses 308 15
lead figure 49 25
~ hammer 122 11
lead-in 218 4
leading article 325 40
~ lady 292 27
~ man 292 28
~ part 300 46
lead keel 270 5
~ knife 122 12
~ line 219 37
~ pencil 239 31
~-pipe expander 119 58
~ safe 29 51
~ screw 142 32
~-screw reversing gear lever 142 5
~-seal wall 2 46
~ sheath 147 39, 47
~ shield 223 10
~ soldier 49 25
~ sulphide 234 30
~ wall 1 30
~ washer 117 103
leaf *[Bot.]* 354 19, 26, 31–42
~ *[album]* 112 54
~ *[bridge]* 210 62
~ of able 355 23
~ of aspen 355 21
~ axil 359 38
~ blade 69 20, 354 28
~ bud 61 47, 354 90
~-eating weevil 81 49
~ in bud 61 29
~ fat 95 45
~ gate 212 19
~let 251 9
~ margin 354 43–50
~ midrib 354 30
~ nectary 61 18
~ nerve 354 29
~ ornament 316 40
~ of poplar 355 23
~ rib 354 29
~roller 82 43
~ rosette 368 62
~ sheath 69 9, 354 83
~ spring 185 25
~ stalk 354 27
~ tendril 59 4
~ vein 354 29
leafy stipule 59 5
leak 224 1
lean-to 53 47
~-to roof 39 55, 116 7
learner 268 17
lease rod 159 38
leash 71 30
leather 99 38–49
~ 'apron' *[Cloth.]* 132 14, 135 3
~ apron *[Spinn.]* 157 16
~ bag 106 29
~ belt 37 16
~ cap 337 26
leather clothing 273 26
~ cover 275 18
~-cutting machine 123 18
~ gaiter 100 30
~-grooving machine 123 2
~ knob 283 52
~ jacket 190 16
~ loop 277 65
~ mitten 221 17
~ pad 106 29, 159 64
~ paring machine 123 3
~ patch 99 49
~ pincers 99 67
~ plane 123 8
~ pliers 123 10
~ roller 323 23
leathers 31 50
leather shoe 100 1
~ shorts 31 50
~ skiving machine 123 3
~ sole 99 50+51
~ spat 100 30
~ tip 264 10
~ toggle 282 44
~ upholstery 47 19
leave-taking 201 59
Lebanon 14 41
lectern 311 4
lector 250 3
lecture 250 1
~ desk 250 4
~ manuscript 250 5
~ notes 250 5
lecturer 250 3
lecture room 250 2
~ theatre 250 2
ledge 113 12
ledger 113 26, 238 64
ledge of rock 282 5
ledger tube 114 48
lee board 215 7
leech 340 16
leek 59 21
left *[Her.]* 246 19, 21, 23
~ back 274 12
~ concert grand pedal 304 41
~ full back 274 12
~ half 274 14
~ half back 274 14
~-hand projector 295 13
~-luggage (deposit) office 200 27
~-luggage withdrawal office 200 27
~ pedal 304 9
~-and-right printing unit 176 36
~ wing 274 17
leg *[Anat.]* 18 49–54, 19 22–25, 88 63
~ *[triangle]* 328 27
~ armour 310 54
legato 300 51
legend 244 11
legerdemainist 298 19
leggings 31 27, 335 17
leg w. hind knuckle 95 1
~-hold 281 11
~ of mutton piece 95 22
~ of pants 33 59
~ piece 310 54
~ prosthesis 23 48
~ ring 75 42, 337 38
~ support 29 4
legume 59 6, 354 92, 93
leguminous plant 59 1–11
lemon 368 23
lemonade 261 15
~ glass 261 16
lemon-peel 98 10
~-squeezer 42 42
lending library room 250 18
length of cane 367 63
~-recorder 158 28
~ of wallpaper 121 36
lens *[Anat.]* 21 48
~ *[Opt.]* 108, 111 10–14, 112 58, 331 30
~ front 171 19
~ front adjustment 171 9
~ mount 111 10–14
Lent lily 62 3
Leo 5 17, 6 36
Leonberg 74 16
leopard 353 7
Lepidoptera 348 1–11
lepta 244 39
Lernaean serpent 307 32
Lesser Bear 5 34
lesser celandine 359 36
~ house fly 341 1
lesson 44 32-37, 249 1–31
~ in gymnastics 279 1–48
less than 327 20
letter *[communication]* 239 1–12
~ *[single ~]* 249 49
~ *[Typ.]* 169 7, 170
~ balance 238 38
~ box 43 33
~ card 232 1
~-carrier* 231 47
~ collection bag 231 32
~ collector 257 67
lettered edge 244 11
letter file 238 26
~-head 239 3
lettering brush 121 18
letter matrix 169 47
~ perforator 238 80

letterpress printing **175**
~ printing method **323** 1–13
~ rotary printing press **175** 41
letter punch **238** 80
~ rack **259** 2
~ scales **231** 22
~ seal **232** 27
~ slot **203** 20, **231** 27
~ sorting frame **231** 37
~ tray **238** 25
lettuce **59** 36
~ leaf **59** 37
levade **72** 4
levee **13** 9
~* **16** 104, **211** 49
level *[surface]* **13** 77
~ *[Geodesy]* **15** 48
~ *[Building]* **113** 55
~ area **7** 11
~ crossing **16** 26, **198** 67–78, **201** 20
~ layer **118** 39
levelling **15** 46
~ beam **197** 3
~ staff **15** 47
level road **137** 34
lever **142, 144** 14
leverage **119** 43
leveret **88** 59
lever f. raising and lowering **157** 42
~ set hand-operated calculator **240** 42
~-stopper **93** 41
~-top collar stud **33** 61
lewis bolt **136** 41
Leyden jar **331** 48, 55
L. F. transformer **235** 2
Liberia **14** 37
liberty cap **36** 2
~ horses **290** 30+31
Libra **5** 19, **6** 38
librarian **250** 14, 19
library **250** 11–25
~ ticket **250** 25
~ user **250** 24
license number* **186** 34
~ plate* **185** 43, **186** 31
lich house **312** 21
licker-in roller **156** 53
lid **45** 13, **208** 18
lidded ashtray **203** 46
~ inkstand **249** 63
lido **268** 1–32
~ deck **218** 22
liege lord **310** 67
lierne vault **318** 44
life-belt **224** 45, 58
~boat **218** 19
~ buoy **216** 63, **224** 45
~-guard *[person]* **267** 1
life guard *[locomotive]* **205** 34
~-guard station **267** 46
~ jacket **224** 57
~ line *[band]* **21** 72
~ line *[rope]* **224** 49, **267** 2
~ mortar **224** 52+53
~-preserver* **224** 58
~ rope **224** 49
~-saver **17** 36
~-saving service at sea **224**
lift **209** 15, **214** 47, **256** 45, **297** 34
~boy **256** 47
~ chair **209** 16
~ controls **256** 48
~ drop hammer* **133** 16
lifter *[Sports]* **281** 1
~ rail **157** 30
lifting blocks **331** 3
~ block and tackle **331** 3
~ chain **133** 39
~ device **221** 13
~ door **133** 56
~ gear **145** 3
~ height **210** 70
~ hook **85** 31
~ motor **143** 27
~ plan **165** 4
~ plant **297** 50
~ platform **1** 42
~ ramp **191** 3
~ rope **224** 11, **256** 52
~ screw **212** 36
~ span **210** 68
~ spindle **212** 36
~ tackle **216** 4, **331** 3
~ truck **145** 27
~ a wreck **224** 9–12
lift operator **297** 59
~ platform **220** 66, **221** 70
~ room **39** 83
~ shaft **256** 51
ligature *[letters]* **170** 6
~ of blood vessel **17** 14–17
~-holding forceps **28** 50
light *n.* **47** 24, **219** 58, **256** 23
~-alloy passenger coach **203** 34
~ alloy prop **138** 25
~-alloy railcar **207** 28
~ aluminium construction **207** 25
~ and bell buoy **219** 49
~ button **120** 2
~ diesel locomotive **196** 24
~-faced letter **170** 8
lighter *[device]* **105** 29
~ *[ship]* **220** 20, 22
~ *[person]* **292** 37
light four **269** 9
~ gun **222** 34
~house **16** 8
lighting aperture **316** 75
~ gas **148** 1–46
~ plot **297** 3
~ rail **292** 53
~ technician **290** 4
light literature **325** 50
~-metal passenger coach **203** 34
~-metal railcar **207** 28
lightning protector earth connection **234** 24
light overcoat **34** 52
~ railway **16** 90, **196** 23
~-railway track **149** 26
~ sabre **277** 34, 63
~ shaft **6** 17
~ship **16** 13, **219** 56
~ switch **181** 38
~-vessel **219** 56
~ visor **2** 34
~ warship **222** 14–17
light-weight· picture camera **294** 22
~ slab **118** 58
~ suitcase **259** 15
light and whistle buoy **219** 43
ligula **354** 84
ligule **69** 22, **354** 84
Liliaceae **56** 13
lily **62** 12
~ of the valley **361** 2
limb *[Anat.]* **18** 43–54
~ *[tree]* **354** 5
~ *[Tech.]* **219** 2
~ *[sun]* **7** 22
lime *[Bot.]* **355** 46
~ brush **121** 24
~ bunker **140** 55
~ crusher **153** 18
~ kiln **16** 86, **153** 12
~light flap* **296** 1
~ slaking plant **153** 21
~stone **153** 10
~ tree **355** 46
~ works **153**
limit gauge **142** 49
limousine **187** 1, 9
linch pin **131** 24
linden **355** 46
~ tree **355** 46
line *[Typ., etc.]* **170** 4, **249** 35, **299** 45
~ *[Geom.]* **328** 1–23
~ *[Railw.]* **198**
~ *[cord]* **89** 29, **125** 18
~ *[harness]* **72** 25, 33
linear **354** 31
line of azimuth **87** 74
~ block **172** 35
~ dancers **298** 6
~ diagram of the card **156** 51
~ of equal atmospheric pressure **9** 1
~ furrow **18** 11
~ of fault **12** 5
~ fisher **89** 7
~ fishing **89** 7–12
~ of flight **4** 49
~ of geographical latitude **15** 2
~ of geographical longitude **15** 4
~ of hand **21** 72–74
~ of head **21** 73
~ of heart **21** 74
~ inspection car* **208** 38
~ inspection trolley **208** 38
~ inspector **198** 73
~ of latitude **15** 2
~ of life **21** 72
~ of longitude **15** 4
linen **33** 1–34, **48** 42, **256** 57
~ button **37** 26
~ compartment **259** 31
~ cupboard **48** 40
~ goods **256** 57
~ gown **338** 5
~ initials **37** 4
~ lining **338** 57
~ monogram **37** 4
~ sheet **48** 9
~ shelf **48** 41
~ stencil **37** 5
~-tester **171** 25
line-of-battle-ship **213** 51–60
~ oscillator **236** 29
liner *[ship]* **216** 32
liners *[tool]* **121** 21
lines *[Theatre]* **297** 8
line schedule* **200** 32
~-setting composing machine **169** 19
linesman **274** 23, 47
linesman's flag **274** 48
line space· gauge **240** 5
~ lever **240** 30, 67
~ plunger **240** 31
line of terrestrial latitude **15** 2
~ of terrestrial longitude **15** 4
~ timetable **200** 32
~ of type **169** 15
ling **361** 19
lining *[cloth]* **34** 18, **99** 43, **102** 69
~ *[brake]* **136** 104
~ *[Bot.]* **365** 17
~ board **114** 18, **118** 56

M

machine f. chipless machining **133** 1-61
~ drum **302** 57
~ f. etching blocks **172** 23
~ fell **102** 4
~ housing **196** 2
~ f. making bottles **155** 12
~ f. multiplying **240** 55
~ part **136**
machinery **261** 48
~ and apparatus for pest control **83** 1–48
~ room **223** 2
machine-starting handle **156** 17
~-stitched seam **102** 1–12
~ f. subtracting **240** 55
~ tap **143** 32
~ tool **142**, **143**
machinist* **113** 32
mackerel cloud **8** 14
mackintosh **34** 39
macramé work **101** 21
macronucleus **340** 11
Macropharynx longicaudatus **349** 2
Madeira cake **97** 10
madonna lily **62** 12
Maenad **308** 35
Mae West **268** 18
magazine *[journal]* **47** 9, **102** 71
~ *[Tech.]* **87** 17, **169** 21
~ creel **158** 25
~ rack **47** 7
~ racks **250** 15
~ rifle **87** 2
~ spring **87** 18
~ stand **47** 7
maggot **60** 64, **81** 41, **342** 19
~ hole **60** 65
~-like larva **78** 28
magic eye **234** 48
magician **298** 18
magic pipe **337** 42
magmatism **11** 29–31
magnet **106** 32, **136** 100, **332** 36
magnetic-barrel calculating machine **241** 35
~ brake **136** 100
~ chuck **143** 12
~ compass **219** 23
~ needle **332** 38
~ recording disk **241** 25
~-sound camera **293** 2
~ soundhead **295** 51
~-sound reproducing unit **295** 50
magnetic sound-scanner **295** 50
~ tape recorder **234** 1
~ valve **339** 29
magnifier **108** 31–34
~ adjustment **294** 12
magnifying glass **108** 31–34
~ glass w. handle **108** 31
~ lens **26** 34, **170** 34
magnolia **357** 15
magpie **346** 3
maharaja **289** 28
maid **45** 54
maiden trip **216** 36
~ voyage **216** 36
maid's apron **45** 55
~ cap **45** 56
mail *[Post]* **231** 35
~ bag* **231** 48
~ belt* **231** 36
~ box* **231** 31, 35
~-carrier* **231** 47
mailcoach **179** 39, 53
~ driver **179** 40
mail collection bag* **231** 32
~ compartment* **207** 33
~ conveyer belt* **231** 36
mailing clerk* **231** 39
mail·man* **231** 47
~-sorting frame* **231** 37
main *n.* **148** 47, 53 +54, **194** 26, 27, 29, 30
~ air pipe manometer **206** 46
~ altar **311** 37
~ arterial road **197** 32–50
~ artery **252** 32
~ beam **115** 38, **116** 66
~ business street **252** 32
~ cable **210** 24
~ carrying rope **228** 52
~ catalogue **250** 21
~ chassis ***226** 48
~ combustion chamber **227** 62
~course **213** 33
~ deck **218** 32–42
~ dike **211** 32
~ distributing pipe **40** 71
~ dome **316** 72
~ drive **209** 63
~ driving pulley **156** 50
~ engine **218** 63
~ engine room **218** 62
~ fairway **219** 68
~ floor* **39** 2, **113** 7
main gate conveyor **138** 15
~ gateway **315** 34
~ generator **207** 7
~ girder **145** 7, **210** 7
~ ground gear* **226** 48
main landing· beam **118** 66
~ gear **226** 48
~ undercarriage **226** 48
main line **199** 20
~ line railway **16** 21
~ market **252** 50
~mast **213** 40, **215** 22
~ outlet road **252** 1
~ portal **315** 34
~ post **91** 34
~ post office **252** 19
~ producer **148** 16
~ pump **254** 15
~ ring **228** 53
~ road **197** 28
~ rocket-stage **229** 37
~ roll bearing **141** 55
~ root **354** 16
main royal· sail **214** 66
~ staysail **214** 26
~ yard **214** 43
main·sail **213** 33, **215** 11, **270** 28
~ screw **141** 57
~ shaft **137** 14
~spring **107** 17
~ station **252** 30
~ stay **214** 10
~ steam piping **223** 7
~ stem **88** 11
mains transformer **235** 1
main street **252** 32, **253** 8
~ swing-tree **131** 8
~ switch **43** 19, **206** 4
~-switch hand release lever **206** 53
~ switch tower* **199** 16
maintenance shop **199** 6+7
main tent **290** 1
~ through-line **199** 35
~ top **214** 52
main topgallant· mast **214** 7
~ sail **213** 53
~ staysail **214** 25
main topmast **214** 6
main topmast· cross tree **214** 53
~ staysail **214** 24
main topsail **214** 62, 63
~ transformer **206** 7
main trunk **88** 11
~ truss **210** 5
~ web **210** 7
~yard **213** 37, **214** 38
maize **69** 31
~ cob **69** 36
~ kernel **69** 37
major chord **300** 16
~ key **300** 1–15
~ ninth **300** 27
~ road **253** 8
~ second **300** 20
~ seventh **300** 25
~ sixth **300** 24
~ third **300** 21
majuscule **170** 11
maker's badge **182** 20
make-up **103** 15
make-up· artist **292** 36, **296** 47
~ expert **292** 36
~ galley **169** 12
~ man **296** 47
~ smock **296** 44
~ table **296** 45
Malacosteus indicus **349** 10
malamute **71** 22
malaria mosquito **341** 33
Malay dagger **336** 44
male *[stag]* **88** 4
~ bee **78** 5
~ catkin **61** 45, **355** 26
~ fish **89** 66
~ flower **61** 39
~ flower spike **367** 55
~ inflorescence **61** 39
~ moth **82** 29
~ partner **288** 44
~ part of spike **362** 22
~ shoot **356** 44
~ spadix **368** 4
~ vocalist **296** 22
malleable iron pipe fitting **119** 40
malleolus **21** 59, 60
mallet **115** 67, **132** 39, **275** 66, **322** 21
Mallet-type locomotive **205** 39
malleus **19** 61
mallow **364** 12
malt-cleaner **92** 21
~-cleaning machine **92** 21
Maltese cross gear **295** 38
malthouse **92**
malting **92** 1–21
malt kiln **92** 13–20
~man **92** 12
~ mill **92** 22
maltster **92** 12
malt-turner **92** 16
mamilla **18** 28
mammae **18** 28 + 29
mammal **351–353**

material **161** 7, **163, 164, 197** 51
~ bill **144** 64
~ bin **196** 45
~ delivery **161** 39
~ department **256** 58
~ to be dyed **161** 7
~ intake **161** 38
mathematical instruments **144** 28–48
~ symbol **327** 15–24
mathematics **326, 327**
matrix *[Typ.]* **169** 29, 31, **240** 38
~ *[dentist]* **22** 79
~ case **169** 42, 46
~ chuck **170** 59
~ clamp **170** 59
~-cutter **170** 49
~ f. hand insertion **169** 28
~-holder **27** 55
mat sail **336** 33
matter *[Typ.]* **175** 37
~ *[Post]* **232** 24
mattock **58** 10
mattress **48** 10
~-covering machine **124** 3
~-filling machine **124** 3
matt weave **165** 11
mature grub **81** 53
~ timber **84** 4
~ valley **13** 55
mat-wrestling **281** 8, 9, 11
mausoleum **319** 16
mavis **346** 16
maw worm **341** 20
maxilla **19** 36
maxillary antenna **342** 42
~ feeler **342** 42
maximum of curve **329** 19
~ thermometer **10** 57
May *[Zool.]* **358** 30
Maya temple **335** 20
May bug **82** 1
~ fly **342** 6
maze **257** 5
M. C.* **234** 9, **298** 2
meadow **13** 13. **16** 18, 19, **65** 35
~ buttercup **359** 8
~ crowfoot **359** 8
~ fescue (grass) **70** 24
~ flower **359, 360**
~ foxtail **70** 27
~ grasshopper **342** 8
meal beetle **341** 19
mealies **69** 31
meal worm beetle **341** 19
meander *[river]* **13** 11
~ *[Art]* **316** 43
~ core **13** 12
measure *[glass]* **112** 35, **334** 26
measure *[tape]* **102** 73
~ *[Mus.]* **299** 30–44
measurement **144** 58
~ of height **15** 46
measuring apparatus **2** 1
~ area **171** 26
~ beaker **259** 60
~ device **221** 29
~ element **10** 22
~ field **171** 26
~ glass **112** 35, **334** 27
~ jug **42** 45
~ rod **150** 26
~ scale **142** 54, **241** 22
~ tape **102** 73, **256** 38
~ tool **85** 33, **142** 48–56
meat **95, 96** 25, 44
~-beater **41** 4
~-chopper **96** 39
~ dish **46** 26
~ inspector's grade stamp **94** 14
~ machine **96** 36
~ market* **96** 1–28
~-mincer **42** 37
~-mixing trough **96** 43
~ paste **96** 16
~ salad **96** 21
~-shredder **96** 39
mechanic **192** 65
mechanical dog **149** 17
~ musical apparatus **306** 1–10
medallion **322** 36
mediaeval notation **299** 1–4
medial moraine **12** 54
medical instrument **26** 26–62
~ man **26** 12
~ treatment **26** 17
medicinal plant **364**
medicine **26** 11, **28** 7
~ ball **278** 42
~ ball exercise **278** 41
~ bottle **26** 11
~ cabinet **26** 19
~ chest **23** 54–63, **51** 82, **266** 15
~ cupboard **23** 54-63, **26** 19
Mediterranean (Sea) **15** 25
medium *n.* **291** 9
~-cálibre gun **222** 33
~ cut **105** 20
~ frequency **4** 21
~-pressure cylinder **147** 24
~ sieve **77** 35
~ wave **4** 21
~-wave range **234** 38
medulla *[Anat.]* **19** 47, **20** 24
medulla *[Bot.]* **354** 14
~ oblongata **19** 47, **20** 24
medullary rays **354** 11
medulla spinalis **19** 48
Medusa **308** 49
medusa **340** 14
meeting **251** 1–15
meg* **269** 21
megalithic grave **309** 16
~ pottery **309** 12
meganucleus **340** 11
megaphone **269** 21
megger* **269** 21
meiobar **9** 3
Melanocetes **349** 6
melodeon **306** 8
melody **300** 46
~ key **303** 39
~ pipe **301** 10
~ strings **301** 30, **303** 25
Melolontha **82** 1
melon **59** 23
Melpomene **308** 74
melting bath **155** 3
~ pot **106** 8, 9, **164** 30
member *[Anat.]* **18** 43–54
~ *[Tech.]* **210** 17, **271** 50
~ of Exchange **243** 6
membrana putaminis **75** 49
membrane *[bird]* **343** 7
~ stethoscope **26** 14
membranous wing **82** 11
membraphonic instrument **302** 51-59
memo calendar **238** 31
~ pad ***238** 17
memorial archway **319** 3
~ chapel **312** 12
~ plate **312** 14
~ slab **311** 65
~ tablet **312** 14
men *[chess]* **265** 4
~ *[balma]* **265** 28
menagerie **290** 63
mending wool **102** 51
~ yarn **102** 51
menhir **309** 18
meniscus lens **108** 4
men's clothing **34**
~ hair fashion **35** 1–26
~ Oxford tie-shoe **100** 20
~ pants **33** 57
~ pyjamas **33** 35
~ secret society **335** 34
men's short pants **33** 57
~ underclothing **33** 35–65
mensural notation **299** 4
men's wear department **256** 12
menu **260** 21
~card* **260** 21
merchant* **98** 41
~ ship **216** 1
Mercury *[Myth.]* **308** 21
~ *[planet]* **6** 22
mercury barometer **10** 1
~ column **10** 2
~ manometer **23** 5
Mercury's staff **308** 25
mercury-vapour· lamp **24** 17
~ rectifier **295** 18
mereles* **265** 18
meridian *n.* **15** 4
~ circle **109** 24
meringue **97** 17, **261** 5
merlin **347** 1
mermaid **307** 23
merman **307** 23
merry-andrew **289** 69
~-go-round **291** 2
mesa **13** 59
mesh **125** 25
~ connection **147** 21
~ gauge **101** 25
~ pin **101** 25, **125** 27
mesolithic period **309** 1–9
messenger god **308** 21
mess kit **266** 43
metacarpal bone **19** 16
metal **3** 22, 23
'metal' *[glass]* **155** 8
metal *[Her.]* **246** 24+25
~ ball **335** 32
~ balustrade **118** 22
~ bar **303** 77
~ bed **196** 60
~ box **10** 11
~ camera cover **292** 48
~ clip **112** 6
~ comb **306** 3
~ contact sleeve **159** 31
~-cutting circular saw **143** 46
~-cutting saw blade **143** 47
~ disk **306** 9
~-drilling machine **143** 23
metal-dust remover **143** 15
~ frame **303** 76
~-grinder **143** 7
~ hose **52** 4
~ hot-water bottle **23** 14

mixing drum **113** 34, **196** 15
~ machine **42** 34, **97** 79
~ panel **292** 55
~ pot **164** 53
~ set **47** 40–43
~ of sound tracks **293** 22–24
~ tool **261** 49
~ unit **196** 15
~ valve **339** 32
~ vessel **339** 33
mixture of colours **320** 10, 12
~ control lever **228** 31
~ throttle **183** 61
Mizar **5** 29
mizen mast **214** 8+9
mizzen **213** 29
~ mast **214** 8+9, **215** 30, 33, **270** 34, 42
~-masted sailing boat **215** 9+10
~ sail **270** 33, 41
~ staysail **214** 27
~ top **214** 54
~ topgallant sail **213** 54
~ topgallant staysail **214** 29
~ topmast **214** 9
~ topmast staysail **214** 28
μ-meson **4** 32
μ-mesotron **4** 32
moat **252** 38, **310** 37
mobile car jack **192** 66
~ diesel compressor **196** 39
~ platform **29** 44
moccasin **100** 42, **335** 18
~ flower* **360** 27
mocha cup **261** 51
~-grinder **41** 63
~ machine **42** 17, **261** 50
~ mill **41** 63
~ percolator **42** 17
~ urn **42** 17
mock orange **357** 9
model of atom **1** 1–4
~ of climatic zone **339** 45
modeler* see modeller
model framework **271** 44
~ glider construction **271** 40–63
modeling* see modelling
model of isotope **1** 5–8
modeller **322** 6
~ in clay **322** 6
modelling board **50** 23, **322** 34
~ clay **322** 31
~ loop **322** 11
~ material **50** 22
~ spatula **322** 10
modelling stand **322** 9
~ substance **322** 8
model skid **271** 45
moderator **1** 26, 34
modern dance **288** 41
modified rib weave **165** 19
modillions **316** 14
modulator **237** 36, 37
module **126** 33
Moirai **308** 53–58
moiré ribbon **36** 41
moistener **238** 78
moistening sponge **238** 78
molar *n.* **21** 18, 35
mold* see mould
molded* see moulded
molder* see moulde
moldery* **141** 25–32
molding* see moulding
mole *[canal]* **212** 15 **220** 32
~ *[Zool.]* **351** 4
~-trap **58** 43, **83** 8
mollusc **340** 25–34
Mollusca **340** 25–34
mollusk **340** 25–34
molten glass **155** 8
monastery **16** 63, **314** 1–12
~ cell **314** 4
monastic habit **314** 14–16
money **244**
~ compartment **256** 6
~ letter* **232** 25
~ order **232** 12
~ rake **263** 5
~ tray **200** 37
monitor *[Zool.]* **350** 31
~ *[ship]* **222** 64
~ *[water gun]* **255** 66
~ *[dosimeter]* **2** 15
~ for transmitted picture **237** 27
monitoring apparatus **237** 19
~ console **293** 30
~ desk **293** 30
~ loudspeaker **234** 5
~ receiver **237** 31
~ room **237** 31–34
monk **314** 3
monkey *[Zool.]* **353** 12+13
~ *[ram]* **221** 60
~ island **218** 4–11
~ wrench **119** 52, **192** 9
monk's cell **314** 4
~ frock **314** 8
~-hood *[Bot.]* **363** 1
monocable ropeway **209** 15–24
monoceros **307** 7
mono·chlorobenzene **164** 9
~chromator **110** 28
monocle **108** 27
monoclinic crystal system **330** 24, 25
monocoque construction **185** 1
monocular field glass **108** 42
~ microscope **110** 1
mono·gram **37** 4
~plane **225** 1
~symmetric crystal system **330** 24, 25
~treme **351** 1
monotype **169** 32–45
~ caster **169** 39
~ keyboard **169** 32
~ standard composing machine **169** 32
monster **307** 47
monstrance **312** 48, **313** 33
monthly *n.* **47** 9
~ rose **62** 15
monument **16** 92, **257** 10
monumental gateway **315** 9
monument pedestal **257** 11
moon *[satellite]* **6** 24, **7** 1–12
~ *[finger]* **21** 81
~ crater **7** 12
moon's limb **7** 24
~ orbit **7** 1
~ phases **7** 2–7
moor **16** 5
~ buzzard **347** 13
~ harrier **347** 13
~ hawk **347** 13
~land **16** 5
mooring gear **226** 67
moor plant **361**
moose* **352** 1
mop **52** 11
~ board **118** 21
moped **181** 33
Mopsea **349** 8
moraine **12** 53–55
mordent **300** 33
morel **365** 26, 27
morion **310** 60
morning coat **34** 55
morris **265** 18
morse *[Zool.]* **352** 20
Morse alphabet **233** 62
~ code **233** 62
~ cone **143** 29
~ key **233** 64
morse lamps **218** 7
Morse printer **233** 54–63
~ receiver **233** 54–63
~ telegraph sytsem **233** 52–64
mortar *[tool]* **27** 52, **333** 9
mortar *[gun]* **224** 52+53
~ bed **118** 27
~ pan **113** 39
~ trough **113** 20, 39, 84
~ tub **113** 39
mortgage debenture **243** 11–19
mortice **115** 54, **134** 35
mortise **115** 54
~ axe **115** 72
~ chain **128** 30
~ chisel **127** 63
~ gauge **127** 20
~ lock **134** 35
mortising machine **115** 17
mortuary *n.* **312** 21
mosaic *n.* **321** 37
~ figure **321** 38
~ game **50** 18
~ tesserae **321** 39
mosque **319** 12
mosquito **341** 33, **342** 16
moss **361** 17
~ berry **361** 23
moth **82**, **341** 14, **342** 48, 55, **348**
mother *[wife]* **45** 2
~ *[deer]* **88** 1, 34
~ of cloves **366** 29
~-of-pearl **340** 32
motif **181** 42, **321** 27
motion **159** 19
~-picture camera* **294** 1
~ work **107** 14–17
motor **76** 27, **128** 25, **161** 18, **182** 1, 21, 61
~ air pump **206** 17
~ automatic safety switch **254** 46
~ base plate **157** 36
~ bicycle **182**
~boat **269** 2
~boat landing stage **211** 7
~ f. brake-lifter **206** 13
~ bus **188** 5
~ cabin **183** 41, 50
motor-car, motorcar **185**, **207** 30
~ boot **187** 5
~ carrier unit **208** 31
~ implement **192**
~ race **273** 34–45
~ repair tool **192**
~-tow launch **271** 1
~ type **187** 1–30
motor chain saw **85** 44
motorcycle **182**
~ battery **182** 54
~ boots **190** 19
~ carburettor **183** 53–69

motorcycle combination **182** 60
~ dual seat **182** 55
~ driving mirror **190** 14
~ gymkhana **273** 32
~ headlight **182** 10
~ race **273** 24–28
~ ramp **191** 33
~ and sidecar **182** 60
~ stand **182** 38
~ tool box **182** 41
motorcyclist **190** 15, **253** 68
motor-driven air pump **190** 27
~ ferry **211** 6
motoring goggles **190** 17
motorist **187** 6, **253** 65
motorised dusting machine **83** 43
~ spraying machine **83** 43
~ traffic patrol **247** 19
~ vaporising machine **83** 43
motor launch **216** 20, **269** 2
motorless aerobatics **271** 17
~ flight **271** 10
~ model glider **271** 40–58
~ stunt flying **271** 17
motor lifeboat **224** 31–43
~ lorry **189** 14–50
~man* **193** 21
~ passenger ship **216** 33
~ pump **255** 8
~ railcar* **201** 27, **209** 1
~ rail coach **209** 1
~ room **223** 28
~ scooter **183** 17–35
motorship **218**
~ f. cabotage* **216** 38
motor snow plough **195** 30
~ spirit **139** 38
~ sport **273** 24–50
~ truck **189** 14–50
~ truck f. refuse collection **195** 1
~ turntable ladder **255** 9
~ vehicle **189** 1–13
~ ventilator **206** 16
~ ventilator switch **206** 34
motorway **16** 16, **197** 32–50
~ approach **197** 36
~ exit **197** 36
~ under bridge **197** 33
mouflon **352** 6
mould *[Tech.]* **140** 36, **155** 23, **198** 29
~ *[earth]* **79** 15
~board **68** 4
moulder **141** 30
moulding box **141** 19, 25
~ machine **97** 64, **115** 17
~ sand **141** 26
~ shop **141** 25–32
mould loft **217** 3
mound **312** 24, **319** 21
mount **89** 43, **112** 47
mountain **12** 4–20
~ ash **355** 42
~ building **12** 4–20
~ climate **9** 56
~-climbing **282** 1–56
~ cock **88** 72
~ cudweed **361** 3
mountaineer **282** 6
mountaineering **282** 1-56
~ boot **282** 49
~ equipment **282** 35-56
~ party **282** 26–28
mountaineer's cap **36** 26
mountain everlasting **361** 3
~ hut **282** 1
~ pass **12** 47
~ railway **209**
~ range **12** 39
~ ridge **12** 36
~ saddle **12** 42
~side **12** 43
~ slope **12** 37
~ station **209** 57
~ top **12** 40
mourning cloak **348** 5
~ hat **36** 46
~ veil **312** 39
mouse **52** 74
~ trap **83** 9
moustache *[beard]* **35** 12, 18, 26
~ *[Zool.]* **352** 21
mouth *[Anat.]* **18** 13
~ *[organ pipe]* **305** 25
~ *[river]* **13** 1
~-binder **301** 5
~-blowing **155** 13–15
~-blown goblet **155** 17
~ lamp **27** 44
~ mirror **27** 43
~ organ **303** 35
~ parts **342** 26
~piece **302** 29, 36, **303** 33, 72
~-rinsing basin **51** 64
~ wash **51** 60
move *[chess]* **265** 6
movement *[Fenc.]* **277** 20
~ *[watch]* **107** 14–26
~ weight **107** 35
moves of pieces **265** 14
movie projector* **295** 26
movies* **295** 1
movie theater* **295** 1
moving bridge **210** 55–70
~-coil instrument **332** 10
~ picture camera* **294** 1
~ staircase **256** 22
~ van* **189** 41
mower **67** 27
mowing machine **67** 27
mucilage-dispenser* **238** 45
muck-spreader **67** 7
mud **262** 39
~ bath **262** 37–49
~ collector **205** 28
~ cone **11** 51
mudguard **180** 13, 43, **185** 3
~ side **187** 21
mud hose **139** 12
~ layer **13** 15
~ pump **139** 15
~ trap **194** 23
~ tub **262** 38
muff **32** 47
muffle furnace **134** 20
muffler **182** 8
~* **182** 42, **185** 62
mug **260** 6, **266** 41
,Mühle' **265** 23–25
mule *[Zool.]* **74** 8
~ *[shoe]* **48** 34, **100** 48
muleta **287** 66
mull-applying section **177** 42
~-holder **178** 19
mullein **360** 9
mullion **39** 35
mullioned window **39** 86
mullions **317** 41
multi-bucket excavator **151** 3
~-bucket ladder dredger **211** 56
~cellular animal **340** 13–37
~-channel stereo-sound reproduction **295** 45
~-colour rotogravure press **176** 27, 35
~-deck partitioned wagon **208** 28
~-engined turboprop **226** 12
~-light fitting **259** 21
~-light pendant fitting **45** 30
multiple drying machine **163** 31
~ sound-reproducing unit **294** 52
multiple unit-car* **207** 29
multiplicand **326** 25
multiplication **326** 25
~ key **240** 66
~ sign **326** 25
multiplier **326** 25
multiplying **326** 25
multi-point **119** 66
~-purpose cupboard **44** 25
~-purpose wagon **208** 32
~-roller plant **141** 74
multi-stage· air compressor **227** 27
~ rocket **229** 34
~ satellite rocket **4** 56
multi-stor(e)y· block of flats **39** 77–81,
~ building **39** 82 **252** 13
~ garage **252** 62
multi-tool holder **143** 3
mum **45** 2
mummy *[mother]* **45** 2
~ *[embalmed body]* **335** 21
municipal bond **243** 11–19
~ gardener **257** 68
~ hall **252** 7
~ park **252** 10
~ ward **252** 16
mural *n.* **321** 40
~ crown **246** 46, **308** 38
~ painting **321** 40
muriatic acid **52** 35
Musagetes **308** 15
muscle **20** 34–36
~ of head **21** 1–13
muscular foot **340** 26
~ system **20** 34–64
Muse **308** 59–75
Muses' steed **307** 26
musette **301** 8
museum **252** 21
mushroom **365** 2, 3
music *[sheet, etc.]* **44** 33, 34, **306** 9
musical apparatus **306** 1–10
~ box **306** 1
~ clown **290** 23
~ instrument **301–306**
~ interval **300** 20–27
~ notation **299, 300**
musica mensurata **299** 4
music hall **298** 4–8
musician **53** 24
music light **44** 38
~-recording studio **292** 14
~ rest **305** 36
~ room **44**
~ shelf **44** 26

music stand **44** 30
~ stool **44** 35
~ tape **293** 13
~ track **293** 13
musk-ox **352** 10
muslin lap **147** 46
~ square **30** 6
mussel **340** 30–34
~ shell **340** 34
mustang **335** 4
mustard *[Bot.]* **63** 16
~ *[spice]* **98** 28
mute *n.* **302** 10, **303** 68
~ swan **343** 16
mutton **74** 13
mutule **316** 13
muzzle *[animal]* **71** 4, **73** 6–10, **88** 45
~ *[dog]* **71** 27
mycelium **365** 2
myrtle **56** 11, **313** 21
~ wreath **313** 18
mythological animal **307** 1–61
~ being **307** 1–61
mythology **308**

N

nacelle **226** 76, 77
nacre **340** 32
nail **136** 49
~ *[finger]* **21** 80
~ bag **117** 72
~ box **99** 17
~ brush **51** 67
~-cleaner **103** 8
~ enamel* **103** 12
~ file **103** 7
~ of flag **245** 8
nailing *[boot]* **99** 33
~ *[stapling]* **240** 41
nail lacqueur* **103** 12
~ polish **103** 12
~-scissors **30** 45, **103** 5
~ varnish **103** 12
naked boys **363** 3
~ lady **363** 3
name **239** 15
~ of plant **57** 4
~-plate **113** 47, **181** 18, **270** 16
~ of street **253** 2
names of stars **5** 9–48
nanny **30** 9, **258** 34
Nansen sledge **285** 1
nape band **36** 38
~ of neck **18** 21
naphta **139**
naphthalene-washer **148** 32
napkin *[serviette]* **23** 63, **46** 9
~ *[diaper]* **30** 6
~ ring **46** 10
Narcissus **62** 3
narcissus **62** 4
narghile(h) **105** 39
narrow-film· camera **294** 24
~ cinema projector **295** 52
~ scanner **237** 22
narrow-gage railroad track* **149** 26
narrow-gauge· locomotive **196** 24
~ tramway **151** 4
narrow-necked amphora **309** 12
~ pass **16** 84
~-tape recorder **293** 7
nasal bone **19** 41
~ cavity **19** 53
nasicorn **351** 25
nasturtium **56** 4
natatorium* **25** 2
natatory* **25** 2
national coat-of-arms **244** 12
~ colors* **245** 15–21
~ colours **245** 15–21
~-costume jacket **34** 26
~ dance **288** 39
~ flag **245** 15–21
Nationalist China **14** 49
nationality sign **186** 33
native **335** 37
natural *[accidental]* **299** 47, 55
~ gardens **257** 41–69
~ gas **12** 30
~ history collection **47** 34–36
~ honeycomb **78** 60
~ rock **339** 17
~ scale **299** 47
~ sponge **112** 15
~ stone **194** 12
nautical mark **219** 43–76
naval cap **36** 23
nave *[Art]* **316** 62, **317** 1
~ *[Tech.]* **131** 27
~ plate **185** 14
navel **18** 34
navigable channel **211** 21
navigating bridge **218** 12–18
~ bridge superstructure **216** 23
navigation **219**
~ light **226** 46
navigraph* **228** 7
navvy **113** 76, **150** 13, **198** 20
~ excavator **153** 2
navy yard* **217** 1–40
near beer* **93** 40
Near East **14** 39–45
near wheeler **179** 47
nebula **6** 44–46
neck *[Anat.]* **18** 19-21
neck *[vaulting horse]* **279** 34
~ *[Tech.]* **136** 62, **229** 12, 13, **269** 37
~ *[mus. instr.]* **303** 7
~ *[peninsula]* **13** 5
~ brush **104** 18
~ cushion **48** 54
~ duster **104** 18
neckerchief **37** 9, **266** 47
neck flap **255** 38, **277** 28
~ grasp **278** 7
~ guard **255** 38, **277** 28, **310** 83
~lace **38** 8, 12, **309** 25
~let **38** 8
~line **32** 40
~ pommel **279** 37
~ ring **309** 26
~ strap **72** 30
~-tie **33** 45
~ of veal **95** 3
~ of violin **302** 2
nectary of leaf **61** 18
needle *[Tech., etc.]* **102** 55–57, **136** 74, **160** 53, **331** 66
~ *[Bot.]* **356** 11
~ bar **102** 29
~ bed **160** 55
~ butt **160** 60
~ clamp screw **102** 30
~craft **101**
~ cylinder **160** 8, 11
needled half-lap **156** 70
needle-holder **26** 37, **331** 65
~ hook **160** 64
~ jet **183** 56
~-made lace **101** 30
~ roller bearing **136** 73, **182** 49
~-shaped **354** 34
~ thread **102** 21
~ tricks **160** 15
~work **50** 30, **101**
negative *n.* **112** 41
~ carbon **295** 41
~-carrier **112** 30
~ cyanotype machine **241** 13
~ direction **329** 7
~-holder **112** 30
~ number **326** 8
~ sign **326** 8
négligé **48** 16
negress **337** 22
negrillo **337** 41
negrito **337** 41
negro **337** 13
~ hut **337** 21
neighbor* see neighbour
neighbour **259** 41
neighbouring house **53** 23
nematode **81** 51
Neo-Classic style **318** 15
neolithic period **309** 10–20
neon lamp **194** 19
Neptune *[Myth.]* **308** 29
~ *[planet]* **6** 30
Neptune's horse **307** 44
Nereid **307** 23
nerve *[Anat.]* **20** 28–33
~ *[Bot.]* **354** 29
~ fibre **21** 33
nervous system **20** 22–33
nervure **342** 34
nest **343** 28
nesting box **75** 6
~ cavity **343** 29
Net **5** 48
net *n.* **89**, **90** 8
~ adjuster **276** 14
~ background **101** 16
~-cutter **223** 52
~ factory **220** 8
~ fishing **89** 1–6, 13–19
Netherlands **14** 14, **244** 19
nether millstone **91** 23
net knot **125** 29
~-making **125** 24
~ player **276** 48
~ post **276** 15
N. E. Trades **9** 48
net stocking **33** 33, **289** 10
~ strap **276** 14
netting **101** 22
~ loop **101** 23
~ needle **101** 26, **125** 28
~ thread **101** 24, **125** 26
nettle **63** 33
net wing **90** 16
network *[main]* **148** 53+54
~ of meridians **15** 1–7
~ of parallels **15** 1–7
neumatic notation **299** 1–4
neumes **299** 1
neums **299** 1
neuropteran **342** 12
neutral corner **281** 34
~ point **147** 22
neutron **1** 2, 6, **4** 30
névé **12** 48, **282** 23
newborn child **30** 26
~ baby **29** 6
newel **118** 78
~ post **118** 43
Newfoundland dog **71** 39
new moon **7** 2
news·agent* **201** 19
~boy **253** 44
~ in brief **325** 53
~dealer* **201** 19

O

oak **355** 1
oar **269** 14, 35–38
~ blade **269** 38
~lock* **269** 29, 41
~ shaft **269** 35
oarsman **257** 52, **269** 12
oarsman's seat **269** 28
~ thwart **269** 28
oasis **337** 4
oath **248** 31
oats **69** 27
obelisk **315** 10
Oberwerk **305** 2
obi **336** 41
object chamber handle **109** 4
objective *n.* **110** 5
~ slide changer **110** 16
object stage **110** 6
~ stage adjustment **109** 6
~-teaching **249** 17
oblianus abdominis **20** 43
oblique crystal system **330** 24, 25
~ randing **130** 3
~ scarf joint **116** 88
oblong cake **97** 45
oboe **302** 38
~ da caccia **302** 38
~ d'amore **302** 38
observation car **207** 40
~ hole **93** 16
~ panel **42** 27
~ platform **226** 71
~ ship **9** 7
~ telescope **108** 44, **330** 31
~ window **224** 23, **234** 4
observatory **6** 2–11
observing aperture **6** 9, **295** 15
~ position **6** 10
obstacle **272** 25, **280** 21+22
obstetrical forceps **28** 59
obstetrician **29** 3
obtuse angle **328** 11
~-angled triangle **328** 30
obverse **244** 8
ocarina **303** 32
occasional postmark **231** 51
occipital bone **19** 32
~ muscle **21** 2
occluded front **9** 25
ocean **15** 19–26
~ current **15** 27, 28, 30–45
~ depth **4** 10
~-going liner **216** 32
ocean going seaplane* **226** 30
~-going tug **221** 47–50
oceanic deeps **11** 12
Oceanid **307** 23
ocean ship **216** 13
~ steamship **216** 32
~ tanker **216** 22
ocellate spot **74** 32
ocellus **74** 32, **78** 2
octagonal ground stopper **333** 4
octahedron **330** 6, 10, 13, 14, 16
Octans **5** 43
Octant **5** 43
octave **300** 26, 62–70
~ sign **300** 44+45
octogon **330** 17
ocular **6** 3
odalisque **289** 41
odd number **326** 12
~ pinnate **354** 42
~-toed ungulate **351** 25–27
odometer* **186** 7
Oertz rudder **217** 66+67
oesophagus **19** 49, **22** 23
off-end framing **158** 14
off-the-peg dress **256** 29
offering **311** 64
office **231** 1–30, **238**, **239**
~ *[train]* **204** 20
~ apprentice **238** 44
~ block **252** 15
~ boy **238** 8
~ chair **238** 34
~ duplicator **241** 1
~ machine **240** 1-71, **241** 1-61
~ paste **238** 46
officer **219** 19, **221** 8
officer's cabin **218** 21, **223** 47
officer of the watch **216** 65
official at counter **242** 8
~ list **243** 8
official's electric hand lamp **138** 58
offset **57** 27, 29
~ machine **174** 1, 38
~ press **174** 1
~ printing **174**
~ printing machine **174** 1
~ process **173**
~ proofing press **174** 38
~ sheet-fed press **174** 33
offshoot **57** 17
offside **274** 57
off-the-road tire* **67** 2, **189** 12
off wheeler **179** 47
ogee arch **318** 36
ogre **307** 37
O.H.V. single-cylinder motor **182** 21
oil *[salad~]* **98** 24
~ *[petroleum]* **139**
~ bottle **46** 42
~ brake switch **206** 4
~ burner **40** 58–60
~-burning system **40** 44–60
~ cabinet **190** 11
~ can **102** 48
~-circulating pump **146** 45
~ colour **321** 11
~ conservator **146** 42, **147** 9
~ container **191** 14
~ cooler **146** 46, **206** 19
~ dip-stick **184** 18
~ drilling **139** 1–20
~-driven vacuum pump **331** 17
~ engine **184** 37–80
oiler **107** 31
~ clip **180** 62
oil-filler pipe **184** 47
~-filler sleeve **186** 58
~ filter **184** 48
~-firing system **40** 44–60
~ fuel tank **216** 28, **218** 70, **223** 37
~ furnace **40** 57
~ gauge **40** 54
~-heating system **40** 44–60
~ injection pump **228** 25
~ level gauge **147** 11
~ level pipe **40** 53
~ manometer **149** 15
~ f. massage **24** 6
~-painted dado **121** 5
~ painting **47** 6
~ palm **367** 54
~ pan **184** 49
~ pressure gauge **149** 15, **207** 14, **228** 17
~ production **139** 48–55
~ pump **184** 22, **190** 12
~ pump shaft **184** 21
~ refinery **139** 56–67
~ refining **139** 21–35
oils **224** 54–56
oil scraper ring **184** 80
oilskin coat **224** 56
~ jacket **224** 55
oil·skins **224** 54–56
~ stand **191** 31
~stone **323** 21
~ sump **184** 23
~ switch **206** 4
~ tank **40** 44, **182** 34
oil temperature gauge **228** 19
~ trough **143** 6
~ wharf **220** 59–62
ointment **26** 10
~ tin **26** 10
old English **325** 1
Old Glory* **245** 18
old style **325** 4
~ town **252** 34–45
~ valley **13** 56
'old woman's tooth' **127** 60
oleander **357** 13
oleiferous seed **367** 5
olive **367** 29
~ oil **98** 24
~-pointed probe **28** 46
~-shaped ear nib **26** 16
~ tree **367** 29
Olympian god **308** 1
Olympic flag **245** 5
omnibus **179** 37, **188**
omni-directional radio beacon **230** 18
~-range radio beacon **230** 18
Onagraceae **56** 3
on-and-off switch **306** 27
once accented octave **300** 66
~-marked octave **300** 66
one-and-a-half plane* **225** 4
~-axle railbus luggage trailer **207** 27
~-berth cabin **218** 41
~-celled animal **340** 1–12
~-channel sound **293** 23
~-color offset machine* **174** 1
~-cut finishing drill **143** 32
~-direction traction car **193** 8
~-hand snatch **281** 2
~-horse carriage **179** 29
~-horse vehicle **179** 18
Oneirophanta **349** 18
one-line octave **300** 66
one-man· canoe **336** 12
~ crosscut saw **85** 38
~ motor chain saw **85** 44
one-mast support **209** 23
~-metre board **268** 10
~-piece collar-stud **33** 61

one-seeded fruit **60** 23
~-sided snow plough **195** 30
~-side print **323** 27
~-tower support **209** 23
~-way cock **334** 42
~-way plough **68** 20
~-way ticket* **200** 36
on-guard position **277** 43
onion **59** 24
onsetter **138** 5
~ skin **59** 25
opaque glass **122** 5
open-air cure **29** 21–25
~ inhalatorium **262** 6
~ meeting **257** 48
~ pool **268** 1–32
~ rest cure **262** 12–14
~ theater* **257** 6
~ veranda **29** 21–25
open-cast excavation locomotive **206** 56
opencast working **150** 1
open compartment **204** 56
~ fire **259** 25
~ flue pipe **305** 23-30, 31-33
~ freezer **96** 2
~ goods wagon **208** 2, 21
opening **117** 24
~ f. cleaning purposes **93** 21
~ joint **144** 32
~ f. lift **297** 32
~ position **265** 1
~ f. stairs **115** 46
~ f. washing material **166** 14
open-line pole **233** 66
~-necked shirt **266** 8
~ platform **203** 31
~-platform coach **203** 26
~ string **303** 24
~ visor **246** 9
~ well **269** 8
~-width scouring machine **162** 8
~ wood **305** 31–33
~work **101** 27
opera glass **108** 40
~ hat **36** 20
~ house **252** 20
operating bridge **298** 37
~ cap **28** 18
~ desk **176** 39
~ handle **240** 51
~ glove **28** 20
~ gown **28** 21
~ lamp **27** 18, **28** 26
~ lever **128** 38, **197** 12, **239** 42
~ mask **28** 19
operating overall **28** 21
~ platform **298** 37
~ position **140** 50
~ room **28** 1-45
~ sister **28** 16
~ surgeon **28** 17
~ table **28** 4, 23
~ theatre **28** 1–45
operation area **28** 25
operative's platform **162** 23
operator **135** 1, 38, **233** 16, **255** 13
~* **136** 100
~ brake* **136** 100
operator's cabin **145** 11
~ platform **162** 23
operculum **350** 5
ophiuroid echinoderm **349** 11
ophthalmometer **109** 15
ophthalmic instrument **109** 11–15
ophthalmoscope **26** 33
opium poppy **364** 15
opossum **351** 2
opponent **281** 24, 36
opposed-cylinder engine **182** 6
optical bench **331** 27
~ instrument **109**, **110**
~ measuring instrument **110** 24–29
~ plummet **110** 34
~ system **108** 9
optician **108**
optic nerve **21** 51, **78** 24
or *[Her.]* **246** 24
orach(e) **63** 24
orale **314** 55
orange *[Bot.]* **368** 27
~ *[colour]* **320** 7
orangeade **261** 35
orange flower **368** 25
~-peel **98** 11
orangery **257** 3
orange-tip butterfly **348** 3
orang (o)utan **353** 15
orator **257** 49
orbicular **354** 33
orbicularis oculi **21** 5
~ oris **21** 8
orbiculate **354** 33
orbit **1** 4, 8, **5** 2
~ of sun **5** 2
orbspinner **342** 45
orchard **16** 108
orchestra *[band]* **296** 25
~ *[Greek Theatre]* **316** 47
~ *[seat]* **296** 19
~ chair* **296** 19
orchestral instrument **302** 1–62
orchestra pit **296** 24
~ seat* **296** 19
~ stall **296** 19
orchestrion **291** 38
orchid **360** 28
orchis **360** 28
order *[religous]* **314**
~ *[Comm.]* **232** 12, **242** 19
~ on bill **242** 19
ordinal *n.* **326** 6
~ number **326** 6
ordinary grip **279** 53
ordinate **329** 10
ordinates' intersection of curve **329** 22
ore deposit **11** 31
~ transport wagon **208** 19
öre **244** 24
organ *[Anat.]* **22** 1–57
~ *[Mus.]* **53** 26, **305** 1–52
~ of attachment **341** 25
~ case **305** 1–5
~ casework **305** 1–5
~ console **305** 36–52
~ of equilibrium **19** 56–65
~-grinder **53** 27
~ of hearing **19** 56–65
organistrum **301** 25
organ pipe **305** 17–35
oriental slave **289** 41
~ woman **289** 41
orifice of stomach **22** 41
origin **11** 32, **329** 4
original sum invested **327** 7
origin of earthquake **11** 32
~ of ordinates **329** 4
oriole **344** 7
Orion **5** 13
~ nebula **6** 51
ornament *[Art, etc.]* **38** 4, **317** 14–16, **338** 17
~ *[Mus.]* **300** 28–38
ornamental band **316** 38
~ bush **257** 14
~ flower bed **257** 39
~ hub cap **185** 14
~ park **257** 1–40
~ shrub **54** 4, **257** 14, **357**, **358**
~ stitch **101** 3
~ tree **357**, **358**
~ waistcoat **34** 42
ornamentation **316** 38–43
ornamented column **315** 18
Ornithopoda **70** 11
orographic lift **271** 13
orpin(e) **361** 9
orrery **6** 12–14
orthopaedic instep support **99** 29
~ shoe **99** 34
orthopedic instep support **99** 29
~ shoe **99** 34
ortho-pinacoid **330** 25
orthopteran **342** 8
orthopterous insect **342** 8
orthorhombic pyramid **330** 23
ortolan **346** 7
~ bunting **346** 7
oscillator **236** 5
~ coil assembly **235** 18
~ valve **235** 16
oscillatory circuit **234** 25–28
~ circuit coil **234** 25
oscillograph **237** 32
osier stick **130** 14
~ twig **130** 14, **355** 29
osseous framework **19** 1-29
ossicles **19** 61
Ostiak **336** 17
ostrich **343** 2
~ egg **343** 3
~ plumes **246** 30
os uteri **22** 85
ottava alta **300** 44
~ bassa **300** 45
~ sopra **300** 44
~ sotto **300** 45
otter board **90** 13
Otto engine **187** 25
~ motor **184** 1–36
outboard float **225** 64
~ motor **269** 7, **273** 49
~ motorboat **269** 6
~ tail fin **225** 15
out counter **250** 20
outdoor cage **339** 25
~ enclosure **339** 16
~ filming ground **292** 1
~ inhalatorium **262** 6
~ rest cure **262** 12-14
~ shooting **292** 18
~ substation **146** 29–35
outer bailey **310** 31
~ case **166** 7
~ casing **162** 17
~ container **161** 47
~ cover **180** 30
~ gate **310** 32
~ hall **269** 58
~ home signal **199** 41
~ keel **269** 32
~ moat **310** 33
~ race **136** 69
~ skin **217** 41–46, **269** 33,48

P

pair-skating **284** 7
~ of steps **52** 1
pajamas* seepyjamas
Pakistan **14** 47
palace **16** 96, **252** 54, **317** 47
~ buildings **315** 29
~ garden **252** 55
~ gardens **257** 1–40
Palace of Sargon **315** 29
palaeolithic period **309** 1–9
Palaeopneustes niasicus **349** 19
palatine tonsil **21** 23
paleolithic pepori **309** 1–9
palet **177** 3
palette **321** 28
~ dipper **321** 29
~ knife **321** 14
paling **39** 53, **55** 10, **115** 96
palisade **310** 36
pall *[cloth]* **312** 53
~ *[pallium]* **314** 56
~ *[Her.]* **313** 55
palla *[cloak]* **338** 10
pallet **305** 10
pallets *[watch]* **107** 23
pallette **310** 45
pallium **314** 56
palm *[Bot.]* **368** 2
~ *[hand]* **21** 71
~ *[horn]* **88** 41
Palma Christi **364** 14
palmate antlers **88** 40
palm column **315** 17
palmette capital **315** 25
palm of hand **21** 71
palm leaf *[Bot.]* **368** 3
~ leaf *[ornament]* **316** 41
~-leaf capital **315** 25
pamphlet **251** 9
Pan **308** 40
pan *[trough, etc.]* **41** 70, **115** 59
~ *[Anat.]* **73** 33
Panama hat **36** 6
pancreas **22** 44
Pandean pipes **301** 2
pandore **301** 21
pane *[glass]* **122** 16
~ *[hammer]* **66** 22, **132** 26
~ of glass **57** 10, **122** 16
panel **40** 67, **115** 59, **124** 27
panelled mirror **259** 66
panelling **260** 37
panel rotary switch **120** 11
~ saw **115** 60
pangolin **351** 10
panicle **354** 69, **366** 54
paniculate phlox **62** 14
paniered skirt **338** 83
pan-lid **41** 71
pannier **64** 40
~ bag **190** 21
panorama film **294** 45–52
panoramic screen **294** 49
~ sound-recording **294** 45
Pan-pipes **301** 2, **308** 41
Pan's pipes **301** 2
pansy **62** 2
panther's skin **308** 34
panties **33** 20
pantile **117** 54
pantiled roof **117** 53
pantograph *[instr.]* **15** 65, **170** 58
~ *[conductor]* **193** 15–19, **206** 3
~-carrier **170** 53
~ current-collector **193** 15–19
pantry **204** 19, **218** 38
pants **33** 56
papal cross **313** 60
Papaver **63** 2
paper **51** 31, **167**, **168**, **175** 43
~-bag **98** 48 + 49
~ ball **289** 55
~ chain **289** 5
~ chase **272** 58–64
~ clip **238** 42
~ cup **201** 50
~-cutter **178** 1
~cutting machine **178** 1
~ delivery **175** 14
~-fastener **238** 43
~ feed **175** 14, **240** 15
~ feeder **175** 11
~ feed release **240** 16
~ guide roll **240** 8
~hanger **121**
~hanger's hammer **121** 39
~hanger's trestle **121** 41
~hanging **121** 29–41
~ hat **289** 45
~-holder **51** 30, **240** 8
~ kite **258** 50
~ knife **238** 47
~ lantern **55** 15, **289** 4
~ machine **168** 6
~ manufacture **167**, **168**
~ money **244** 29–39
~ plate **201** 51
~-reel **175** 46
~ reel holder **176** 40
~ release **240** 58
~ rest **240** 9
~ ribbon **169** 34
~ roll **240** 56
~ scissors **238** 76
paper serpent **291** 14
~-stapling machine **240** 36
~stock preparation **167** 24–27
~ streamer **289** 66
~ strip **240** 57
~ tape **233** 61, **240** 57
~ tower **169** 33
~ web **168** 19
~ weight **238** 30
papilionaceous flower **59** 1
papoosh **48** 34
pap plate **30** 18
pappus tuft **362** 11
paprika **59** 42
papyrus column **315** 15
~ plant **367** 64
para **244** 28
parabola **329** 14
parabolic arch **318** 29
~ girder **210** 36
~ mirror **6** 4, **230** 40
~ radar mirror **230** 52
~ reflector **6** 4
parachute **228** 48
~ bag **228** 51
~ canopy **228** 49
~ harness **228** 54
parachute rigging line **228** 50
~ rip cord **228** 55
parachuter's harness* **228** 54
parachutist's harness **228** 54
parade **289** 57–70
~ ground **252** 47
paraffin **139** 39, 46
~ lamp **99** 26
~ lantern **76** 16
~ oil **139** 39
~ wax **139** 46
paragon **170** 31
paragraph-indention **170** 16
Paraguay tea **366** 11
parallel *n.* **15** 2, **327** 21, **328** 4
~ bars **279** 27
~ brake levers **182** 26
~ christiania **283** 32
parallelepiped **329** 36
parallel guide **144** 8
parallelism **327** 21
parallel keys **300** 1-15
~ of latitude **15** 2
parallelogram **328** 33–36
parallel swing **283** 32
~ vice **134** 12
Paramecium **340** 9
parapet **39** 19, **310** 21
~ walk **310** 20
parasite **341**
~ of man **341** 20–31
parasol **32** 34
~ mushroom **365** 30
~-wing aircraft **225** 21
Parcae **308** 53–58
parcel **231** 3, **200** 2
~ counter **231** 1
~ form **232** 15
parcels label **200** 3
~ office **200** 1
parcel-weighing machine **231** 2
parclose **311** 32
parent aircraft **226** 23
'parent-child' aircraft **226** 22
'parent-child' arrangement **226** 22–24
parentheses (or parenthesis) **325** 24, 25
parent plant **57** 15
parents **45** 1+2
parietal bone **19** 31
parietales **56** 2
paring chisel **127** 65
parish church **252** 28
parison **155** 15
park **16** 97, **257**
~ bench **257** 16
~ entrance **257** 32
~ gate **257** 31
parking ground **252** 27
~ light **185** 17
~ lot* **252** 27
~ meter **253** 51
~ place **252** 27
park keeper **257** 30, 68
~ life **257** 41–69
~ path **257** 38
~ pond **257** 50
~ railings **257** 33
~ regulations **257** 29
parlor* **39** 70, **44**, **103** 1–34
~ car * **204** 49
parlour **39** 70
parotid gland **21** 9
parquet* **296** 19
~ floor **118** 74
parrot **345** 1
parry **277** 21
~ of fifth **277** 38
~ of tierce **277** 22
parsley **59** 19
parson **311** 22
parsonage **312** 20
part **136**, **233** 47
parterre *[beds]* **257** 39
~* *[Theatre]* **296** 19
Parthenon **316** 1
participant in procession **312** 50
parti-coloured· hose **338** 47
~ tights **338** 47
parting *[hair]* **35** 13, 19
~-off tool **142** 45
~ tool **129** 24, **323** 9
partition **114** 25

partitioned plate-tray **260** 54
~ wall **114** 25
partly bald head **35** 20
~ insured registered letter **232** 35
partner **259** 42, **288** 44
partridge **88** 70
~ call **87** 47
part of roof **116** 1–26
party **259** 40–43
~ wall **53** 25
pas de chat **288** 17
~ de trois **288** 31–34
Pasiphaea **349** 12
pass *[defile]* **12** 47
~ *[calibre]* **141** 63
~ *[Footb.]* **274** 61
passage **53** 19, **319** 4
~way **53** 19
Passe **263** 19
passegarde **310** 44
passenger **187** 7, **201** 3, **216** 52, **226** 31
~ aircraft **226** 30
~ cabin **209** 28, 52
~ cable railway **209** 15–38
~ car **209** 28
~ car* **203** 26
~ and cargo motor-ship **218** 1–71
~ coach **203** 26, **204** 1
~ and commercial motor vehicle **189** 2
~ ferry **16** 60, **211** 1
~ and freight boat (or vessel) **218** 1–71
~ gondola **226** 68
~ lift **256** 45
~ liner **216** 32
~ motor vehicle **187**
~ nacelle **226** 68
~ quay **220** 16
~ ship **216** 33
~ sled* **336** 18
~ sledge **336** 18
~ steamer **216** 32
~ train **201** 27, **203** 1
passenger train-engine **203** 2
~ locomotive **203** 2
~ luggage van **203** 11
passé-position **288** 15
passerine *n.* **346**
pass guard **310** 44
passiflora **56** 2
passing the ball along the ground **274** 61
~ place **212** 27
~ precipitations **8** 19
passion flower **56** 2
pass key* **134** 10
passport **247** 14, **259** 13
~ check **247** 14+15
paste *[meat]* **96** 16
paste *[soldering]* **135** 45
~ *[tooth]* **51** 58
~ *[plastic]* **240** 34
pasteboard distance piece **323** 37
~-brush **50** 27, **121** 37
~ foods **98** 32–34
pastel pencil **321** 19
paste pot **50** 26, **231** 5
pastern **73** 25
~ joint **73** 24
paste-work **50** 28
pastor *[clergy]* **311** 22
~ *[Zool.]* **346** 4
pastoral staff **314** 48
pastry cook **97** 33
~-cutter **42** 62
~ wheel **42** 50
patch **181** 4, 5, **289** 24
~ pocket **32** 3
pate *[head]* **35** 22
patella **19** 23
paten **311** 12
patent anchor **217** 75
~ key **180** 50
~-leather strap **203** 14
~ log **219** 31
~ valve **180** 31
paternoster bead **313** 29
~ lift **164** 36
path **16** 102, **257** 18
~ border **257** 37
~ of the sun **5** 2
patient **26** 17, **27** 2, **262** 7, 18
patients' bed **29** 8
~ table **29** 14
patriarchal cross **313** 58
patrician lady **338** 48
patrol car **248** 2
~man* **247** 1
~ wagon* **248** 2
patter **113** 57
pattern **102** 68, **121** 25, **170** 55
~ book **102** 72
~-holder **171** 29
~ repeat **165** 12
~ sheet **102** 72
~ table **170** 56
patty **97** 13
pauldron **310** 44
pause **300** 42
~ sign **300** 42
paved footpath **194** 6
pavement **39** 60, **194** 6, **212** 1
~* **210** 2, **253** 34
~ concrete **197** 43
~ snow plough **195** 4
paver *[worker]* **194** 16
~ *[tool]* **194** 17
pavilion **246** 14, **262** 15
~ roof **116** 22
paving **118** 14, 26
~ brick **151** 27
~ sett **194** 12
pavior **194** 16
paviour **194** 16
pavise **310** 56
Pavo **5** 41
paw **88** 50, **353** 4
pawl **107** 18, **145** 25
pawn **265** 13
payee **242** 19
paying-in counter **231** 19
pea **59** 1, **70** 19
~ blossom **59** 2
peach **61** 31
~ blossom **61** 27
~ flower **61** 27
~ leaf **61** 32
~ tree **61** 26–32
Peacock **5** 41
peacock **74** 30
~ butterfly **348** 2
peacock's feather **74** 31
pea flower **59** 2
~hen **74** 30
peak **11** 6
~ pendant **214** 49
pea nut **367** 41
~ plant **59** 1
pear **60** 33
~ blossom **60** 38
~ flower **60** 38
pearl **340** 33
~ *[Typ.]* **170** 22
~-barley **98** 35
~ diadem **338** 16
~ hen **74** 27
~ necklace **38** 12
pear pip **60** 37
~ quince **60** 50
~ seed **60** 37
~-shaped flower head **354** 75
~ stalk **60** 34
~ tree **60** 31
~ twig **60** 32
~ twig in flower **60** 32
peascod **338** 30
peat bed **13** 20, 22
~ dust **79** 31
pea tendril **59** 4
peat moss* **79** 31
~-moss litter **75** 29
pectoral cross **314** 52
~ fin **350** 7
~ muscle **20** 36
pectoris major **20** 36
pedal **27** 4, 5, **180** 40, 78, **185** 39-41, **302** 62
~ ball-race **180** 59
~ car **258** 2
~ frame **180** 83
~ harp **302** 60
~ key **305** 51, 52
~ lever **156** 28
~ mechanism **303** 54
~ pin **180** 81
~ pipe **305** 3
~ rod **304** 42
pedal roller **156** 27
~ spindle **180** 60
~ tower **305** 4
peddler* **253** 11
pedestal **290** 55
~ mat **51** 34
pedestrian **253** 32
~ crossing **194** 3, **253** 33
Pediculati **349** 6
pedicure **25** 18
pediment **316** 3, **317** 49
pedlar **53** 30, **253** 53
peduncle **61** 4
peek-a-boo **258** 1
peel **97** 66
peeling iron **85** 25
~ knife **85** 42
peen **132** 26
peep hole **43** 31, **248** 15
peewit **343** 21
peg **118** 11, **260** 13, 14, **303** 11
Pegasus *[Myth.]* **307** 26
~ *[Astr.]* **5** 10
peg box **302** 20, **303** 10
~-box cheek **303** 19
pein **132** 26
~ ***66** 22
Pekinese spaniel **71** 20
Pekin(g)ese **71** 20
pekin(g)ese dog **71** 20
pelargonium **56** 1
pelican **343** 5
~ eel **349** 2
pelota **287** 51
~ player **287** 52
pelvic fin **350** 8
pelvis **19** 18–21, **22** 31
pen *[writing]* **239** 19
~ *[play~]* **49** 4
~ *[enclosure]* **202** 7
penalty area **274** 5
~ corner **275** 6
~ spot **274** 6
pencil *[writing]* **239** 31, **249** 60
~ *[Geom.]* **328** 19
~ attachment **144** 29, 42
~ box **249** 66
~ cap **239** 34
~-holder **239** 34, **249** 61
~ india rubber **144** 53
~ lead **239** 36
~ point **239** 33
~ of rays **328** 19
~ rubber **144** 53
~-sharpener **240** 68
~-sharpening machine **240** 69
~ shield **249** 62
pendant *[jewellery]* **31** 61, **38** 14, 32
~ *[pennant]* **245** 22
~ fitting **45** 30

piano [soft] 300 55
~ action 304 2–18
~ case 304 6
~forte 304 1
~ hammer 304 3
~ lesson 44 32-37
~ mechanism 304 2–18
~ pedal 304 8+9
~ teacher 44 37
piazza* 39 18
pica 170 28
picador 287 61
piccolo 302 30
pick 138 52, 150 31, 282 39, 301 19
pick-a-back· aircraft 226 22
~ fight 258 44
pick-counter 159 2
picker 159 64
~ head 177 48
picking bowl 159 67
~ cam 159 66
~ -machine 124 1, 2
~ stick 159 17
~ stick buffer 159 65
~ stick return spring 159 68
~-up bearings 230 22
pickled cucumber 98 29
pick f. plucking 301 19
pickpocket 291 16
pick-up 306 35
picnic case 266 21
~ stove 266 19
Pictor 5 47
picture 311 15
~-book 50 16
~ camera 292 47, 294 22
~ caption 325 45
~ of Christ 311 15
~ frame 48 17
~ gate 295 31, 34
~ hat 36 39
~ house 295 1
~ light 44 38
~ line adjustment 295 29
~ monitor 237 26
~ in outline 321 4
~ palace 295 1
~ paper 47 10
~ postcard 232 5
~-printing machine 293 17
~ projection 293 33
pictures 295 1
picture of saint 314 7
~ signal 237 24
~-sound camera 294 23
~-sound-printing machine 293 16
~ tube 236 1
~ writing 324 1
pie* 97 16
piece [part, etc.] 30 22, 95, 260 44, 310 53, 54, 88
~ [games] 265
~ [Theatre] 297 35
~ of cloth 162 51
~ of combination furniture 47 25
~ of furniture 44 25
~ of ice 260 44
~ of meat 86 43
~ of scenery 297 35
pieces of meat 95
piece of soap 30 22
~ of type 170 38
~ of wood 52 62
~ work 155 16–21
pied woodpecker 343 27
pier [landing stage] 16 59, 220 17
~ [bridge] 210 32
~ [Art] 317 34
piercing saw 106 11
piercing-saw· blade 106 13
~ frame 106 12
pierrette 289 12
pierrot 289 19
pig [pork] 74 9, 88 51, 95 38–54
~ [iron] 140 39
~-bristle scraper 96 34
~-casting machine 140 33–43
~ creep door 76 46
pigeon 64 10, 74 33, 343 23
~ hole 231 21, 259 2
~ house 64 8
piggin 126 9
piggy back* 226 22
pig-iron 141 11
pig-iron· ladle 140 12, 20, 41
~ outlet 140 11
piglet 74 9, 76 40
~ creep 76 39
pigmy 337 41
pig's ear 74 11
~-ear [pastry] 97 52
~ head 95 43
~ liver 96 28
~ snout 74 10
pigsties 76 39-47
pigsty 76 39–47
pigtail [wig] 35 6
~ [tobacco] 105 22
~ tress 35 30
~ wig 35 5
pig trough 76 43
pike [Zool.] 350 16
~ dive 268 41
pilaster 317 46
~ strip 317 11
pile [stake] 211 18
~ [heap] 177 37, 221 36
~ [reactor] 1 31–46
~ of boards 115 1
pile of branchwood 84 16
~ of bricks 113 40
~ of brushwood 84 16
~ carpet 47 61
~-driven well 254 60
~-driver 221 59–62
~ dwelling 309 15, 335 33
~ feed 174 36
~ foundation 211 8
~ house 335 33
~ of linen 48 42
~ of logs 64 16, 84 24
~ of plates 260 11
~ of sheets of paper 168 48
~ of unprinted sheets 174 24
pileus 365 4
pile wall 114 17 212 5
~ of wood 53 31
~wort 359 36
piling 114 17
pill 23 9
pillar 13 82
~ crane 221 1–7
~ stand 2 29
~ tap 119 36
pill box 23 8
pillion 183 32, 190 20
~-rider's foot-rest 182 57
~ seat 183 32, 190 20
pillow 48 6
~ lace 101 18
~ slip 48 7
pilot [aircr.] 226 38
~ [Tech.] 183 57
~ [piano] 304 33
~ balloon 28 40
~ jet 183 57
~ lamp 207 21
~ required signal 245 23
pilot's cabin 228 1–38
~ cockpit 226 37, 228 1–38
~ seat 228 1
pilot wire 304 34
pimpernel 63 27
pin 102 78, 136 19, 29, 303 11
pinacoid 330 20, 24, 25, 26
pinafore 31 48, 32 17
~ dress 32 11
~ slip 31 34
pince-nez 108 28
pincers 127 21, 130 37
pinchbar* 150 32
pinchers 134 73
pin cushion 102 77
pine [fir] 356 20
~ [ananas] 368 61
~apple 368 61
~apple gall 82 40
~ beauty moth 82 46
pine cone 356 26
~ forest 16 1
~ hawk moth 82 27
~ looper 82 31
~ moth 82 28
~ tree 356 20
~ weevil 82 41
~ wood 16 1
ping-pong 276 39–42
ping-pong· ball 276 42
~ bat 276 40
~ player 276 39
pin groove 136 47
~ head 102 79
pinion [Tech.] 136 90, 210 64
~ [bird] 88 76
pink [Bot.] 62 7
~ [colour] 320 4
pinnacle 317 29
pinnate 354 41, 42
pinnatifid 354 40
pinned barrel 306 2
pinning 240 41
pinniped n. 352 18–22
pinny 32 17
pin slit 136 47
~ slot 136 47
~ spanner 192 7
~ tumbler cylinder 134 48
Piorry's wooden stethoscope 26 26
pip [Bot.] 60 60
~ [dice] 265 32
pipe [conduit] 119 24–30, 140 13, 17
~ [organ] 305 17–35
~ [smoking] 105 32–39
~ [Mus.] 301 3
~ bend 53 51
~ bowl 105 36
~ bridge 220 59
~-cleaner 105 43
~ clip 117 31
~ connection 203 35–39
~-cutter 119 54
~ elbow 53 51
~-fitter 119 23
~ knee 53 51
~line 119 30, 139 56, 212 41
~ of one stop 305 19
~ of peace 335 6
pipes [organ] 301 57
pipe-scraper 105 41
~ stem 105 38
~ still 139 25, 32
pipette 26 44, 334 24
pipe union 334 5
~ vice 119 12
~ vise* 119 12
~ wrench 119 56
piping [pipes] 227 13
~ [braid] 102 6

pirate **289** 43
pirn **159** 7, 30
~-holder **159** 33
pirouette **284** 12, **288** 27
Pisces **6** 43
pisciculturist **89** 65
pissabed **63** 13
pistachio nut **366** 51
~ tree **366** 49
piste **277** 16
~ fencing **277** 15–43
pistil **61** 13, **69** 34
pistol **248** 7
~ grip **87** 6
~ holster **247** 8
~-type handle **89** 25
piston **148** 59, **184** 54, **239** 22
~ aero engine **227** 1
~-edge packing **148** 60
~ knapsack sprayer **83** 34–37
~ pen **239** 19
~ ring **184** 79, 80
~ ring fitting tool **192** 13
~ rod **205** 33
~ sprayer **83** 34–37
pit *[mine]* **137** 1–40
~ *[Agr.]* **64** 11, 12
~ *[Theatre]* **296** 19
~* *[Exchange]* **243** 1
~ *[Sports]* **273** 41, **280** 31
~ bank circulation hall **137** 7
~-bottom **137** 27, **138** 1
pitch *[Tech.]* **136** 58
pitched roof **39** 5
pitcher **30** 24, **309** 35
~ ***42** 45
~ *[Baseb.]* **275** 53
pitching **194** 13
~ plate **275** 43
~ rubber **275** 43
pitch of rivets **136** 58
pith cylinder **354** 14
pit-head gear **137** 5
~ house **79** 33
pith ray **354** 11
pit hydrant **255** 25
~man* **243** 5
Pitman shaft **186** 42
pit mechanic **273** 43
piton **282** 52, 54
pituitary gland **19** 43
pivot bearing **91** 10
~-buffing machine **107** 57
~ drive **210** 59
pivoted lamp-arm **171** 23
~ saddle **182** 19
~ spring **193** 19
pivoting bearing **221** 62
pivot pier **210** 58
pix* **295** 1
placard **98** 2, **253** 22
~ advertising bargains **256** 65
place **252** 43
~ card **46** 13
~ for clamps **64** 11
~ of coinage **244** 9
~ of issue **242** 13
placing of hands **276** 49, 50, 51
place of meteorological observation **9** 7
~ of mintage **244** 9
placental flying animal **351** 9+10
place of observation **9** 7
~ of payment **242** 15, 22
~ f. pits **64** 11
~ of registration **186** 35
~ where the wing folds **342** 35
plain pipette **334** 25
~ segment **156** 69
~song notation **299** 2+3
~ tile **117** 6, 46
~-tile double-lap roofing **117** 2
~-turning slide **142** 24
~ weave interlacing **165** 1
~ web girder **210** 30
~ white ball **264** 11
plains Indian **335** 3
plait **35** 30
plaited belt **37** 13
~ bun **97** 53
plaiting device **162** 30, 35
plan *[Arch.]* **144** 62
~ *[ship]* **222** 48
planche **277** 16
plane *[tool]* **115** 64, **127** 52–61
~ *[aircr.]* **225**, **226**
~ *[Geom., etc.]* **329** 31, **330** 5
~ *[Bot.]* **355** 67
~ carried by another aircraft **226** 24
~ curve **329** 12
~ geometry **328** 1–58
~ iron **127** 57
~ mirror **331** 33
planer **143** 41
plane stock **127** 58
~ surface *[lens]* **108** 6
~ surface *[Geom.]* **328** 24–58
~ of symmetry **330** 5
~ table **128** 13
planet **6** 22-31, **7** 13-18
plane-table micrometer **110** 38
planetarium **6** 12–14
planetary gear **136** 92
~ system **6** 21–31
plane tree **355** 67
~ triangle **328** 26–32
plan-filing cabinet **144** 27
~ of game **263** 9
planing machine **143** 41
~ shed **149** 29
~ shop **149** 1–59
~ slide **143** 45
~ table **143** 42
planishing hammer **132** 31
planisphere **5** 1–35
plank **115** 91
~ cut **323** 4
~ fence **113** 44
planking *[Build., etc.]* **113** 44, **115** 9
~ *[boat]* **270** 19–26
plank platform **113** 28
~ roadway **113** 79
~-wood block **323** 2
plano-concave lens **108** 1
~-convex lens **108** 5
planographic printing process **323** 25+26
plansifter **91** 58
plant *[Bot.]* **354** 15
~ *[works, etc.]* **140** 1–19, **146**, **147**
plantain **70** 10, **364** 11
plantation **84** 10+11, 12
~ protection **83** 46
plant body **362** 49
~ bowl **44** 18
~ disease **81** 20
~ in bloom **366** 53
~ in flower **60** 17, **362** 36
~ in fruit **60** 17
planting stick **57** 7, **58** 2
plant label **57** 4
~ louse **342** 13
~-marker **57** 4
~ in pot **79** 25
plant protection **83**
~ tub **79** 47, **312** 61
~ used f. industrial purposes **367**
plaque **322** 38
plaster *[coating]* **117** 38, **118** 59, 60 **321** 42
~ *[Med.]* **17** 7, **23** 54
~ cast **322** 4
plasterer **113** 83
plaster floor **53** 68
plastering **113** 83–91
plaster key **118** 71
~ model **322** 4
~ mould **154** 15
~-of-Paris bandage **26** 8, **29** 25
plastic art **322** 32
plastic ball **264** 1
~ curtain **51** 19
plasticine **50** 22
plastic material **29** 55
~ paste **240** 34
~ rain cape **34** 35
~ stiffener **37** 19
~ substance **322** 8
plate *[Tech.]* **136** 91
~ *[Phot.]* **112** 41
~ *[dish]* **46** 3–6
plateau **13** 46
~ climate **9** 56
plate armour **310** 65
'plate' brooch **309** 30
plate clamp **173** 33
~ clock **107** 49
~ condenser **331** 51
~ cylinder **174** 8, **175** 51, 60
~ dinner* **260** 54
~ feed **239** 44
~ of food **260** 17
~ girder bridge **210** 30
~-heater **77** 8
~layer **198** 20
~layers' railcar crane **208** 36
~ lunch* **260** 54
~-mark **38** 30, **112** 46
~ mill* **141** 67
platen *[Typ.]* **175** 13, 15, **177** 29, **323** 31
~ *[typewr.]* **240** 10
~ machine **175** 13, 29, **323** 29
~-turning knob **240** 17
plate rack **172** 28
~-receiver **239** 38
~ rod **172** 3
~ shears **119** 1
~ showing model number **182** 51
~ showing type number **182** 51
~ f. sweet course* **46** 6
~-warmer **46** 45
~-whirler **173** 1
platform *[elevated surface]* **1** 42, **139** 2
~ *[Railw.]* **201**
~ f. artiste **290** 5
~ clock **201** 53
~ edge **201** 21
~ indicator **200** 18
~ loudspeaker **201** 28
~ mail box* **201** 46
~ pillar box **201** 46
~ post box **201** 46
~ railing **113** 24
~ refreshment stall **201** 48
~ roofing **201** 1
~ scale **221** 32
~ seat **201** 43
~ stairway **201** 2

Pullman* **204** 49
pull-off spring **186** 53
~-on strap **99** 42
pull-out· extension **238** 33
~ leaf **44** 4
~ switch panel **241** 50
pullover **32** 12
pull rod **136** 99
~ switch **120** 12
~ switch cord **120** 13
~-through **87** 64
~-thru* **87** 64
pulmonary artery **20** 11, **22** 55
~ valve **22** 50
~ vein **20** 12, **22** 56
pulmotor* **17** 27
pulp *[Bot.]* **60** 24
~ *[Tech.]* **167** 11
~ *[tooth]* **21** 32
~ board **321** 24
pulper **167** 8
pulpit **311** 20, 53, **319** 15
~ balustrade **311** 23
~ step **311** 19, 56
pulsator **76** 25
pulse **20** 21
~-counter **29** 19
~-jet tube **226** 21, **227** 12
pulsojet tube **226** 21, **227** 12
pulverisor **153** 25
pulverising plant **153** 19
pumice stone **51** 78, **127** 10
pump **2** 52, **64** 25, **137** 32, **139** 49, **164** 31
~ barrel **64** 26
~ delivery pipe **254** 49
pumpernickel **97** 28
pump-fed power station **212** 39–44
~-hold **224** 7
pumping station **139** 23, **212** 43, **217** 30
~ unit **139** 49
pumpkin **59** 23
pump motor **161** 73
~ pipe **93** 3
~ pressure-spring **169** 41
~-room **216** 31, **262** 8, 15
pumps **100** 40
pump storage station **212** 39–44
~-tripod **292** 50
~ unit **227** 53
Punch **298** 25
punch **106** 31, **323** 15
~ bag **281** 18
~ blank **170** 35
~ bowl **45** 44
punch cup **45** 46
~-cutter **170** 32
punched card **241** 61
punched-card· accounting machine **241** 55
~ machine **241** 35–61
~ sorting machine **241** 52
punching bag **281** 18
~ ball **281** 19, 20
~ the ball clear **274** 40
~ hammer **323** 14
~ sack **281** 21
Punch and Judy show **298** 23
punch ladle **45** 45
~ pliers **123** 13
~ f. riveting **107** 63
punctuation mark **325** 16–29
~ sign **325** 16–29
punner **196** 26
punt **269** 1
~ ferry **211** 15
~ pole **89** 5, **211** 16
pup **74** 16
pupa **82** 13, **342** 20
pupil **21** 43, **249** 28
puppet **298** 24
~ body **298** 34
~ man **298** 36
~ show **298** 29–40
~ stage **298** 38
puppy **74** 16
purchase *[tackle]* **216** 4, 48
purchaser **256** 55
pure-yeast· culture **93** 15–18
~ culture apparatus **93** 15
purfling **302** 26
purgative pill **23** 61
purifier **91** 60
purlin **114** 3, 4, **116** 39, 51, 76
purple border **338** 14
~ cloak **338** 18
~ medic(k) **70** 9
purse *[bag]* **308** 24
~ *[Anat.]* **22** 71
~ net **86** 27
purser's office **218** 40
push-bike **180** 1
~ button **234** 47, **239** 27
push-button· contact* **120** 2
~ control **162** 40
~ panel **176** 28
~ release* **111** 5
~ switch **145** 19
pushcart* **76** 47, **253** 10
pusher **30** 19
~ aircraft **226** 1
~ airscrew **226** 2
pushing **160** 63
~ frame **196** 30
pushing handle **160** 41
push hoe **66** 3
~ pin* **144** 52
~-pull rod **228** 36, 39
~-pull track **295** 45
~ rod **184** 28, 68
~ rod* **184** 27
~ sledge **286** 29
puss **74** 17
pussy-cat **74** 17
putlog **113** 27
putter **276** 66
putting *[Golf]* **276** 66
~-on the brake **131** 4
~ circle **280** 47
~ green **276** 62
~ the shot **280** 45–47
~ the weight **280** 29–55
putty **122** 17
~ knife **122** 27
puzzle **50** 14
pyjama jacket **33** 4
~ trousers **33** 5
pyjamas **33** 3, 35
pylon *[Art]* **315** 9
pylorus **22** 42
pyramid *[Geom.]* **329**, **330** 23
~ *[tomb]* **315** 1, 22
~ *[tree]* **55** 16
~ *[Acrob.]* **290** 28
~ *[Maya]* **335** 20
pyramidal tower roof **317** 7
pyramid fruit cake **97** 44
~-temple **335** 20
~-trained tree **55** 16
pyrheliometer **10** 48
pyritohedron **330** 8
pyrometer **97** 63, **172** 16
pyrometric cone **154** 6
pyrotechnical article **289** 49–54
pyx **311** 11
pyxidium **354** 95

Q

quadrant *[Geom.]* **329** 5
~ *[plate]* **142** 7
~ *[lath]* **118** 64
quadratic prism **329** 34
quadrilateral *n.* **328** 33–39
~ pyramid **329** 46
quadripartite vault **317** 31+32
quadruple cordon **55** 1
~ magnetic sound-head **295** 51
~ platform **139** 4
quadrupod **65** 43
quail *[Zool.]* **343** 22
~ call **87** 45
quaking grass **70** 26
quarantine flag **245** 27
~ station **220** 2
quarry **16** 87, **150**, **153** 1
~ face **150** 15
~ labourer **150** 5
~man **150** 5
~ wagon **150** 14
quarte crossing **277** 49
quarter *[district]* **252** 16
~ *[shoe]* **99** 41
~ bars **91** 33
~-elliptic cantilever leaf spring **183** 45
~ gallery **213** 57
quartering **246** 18–23
quarter·master **219** 18
~master's grating **219** 17
~-newelled stairs **118** 75
~ note* **299** 17
~ piece **310** 88
~ post **115** 53
quarters *[horse]* **73** 35
~ *[station]* **255** 2
quarter timber **115** 90
~-tone accidental **299** 56–59
~-tone scale **299** 50
quartz lamp **24** 17
quatrefoil **317** 39
quaver **299** 18
~ rest **299** 26
quay **217** 5, **220** 32–36
~ road **220** 15
quayside activity **221** 1–21
quay wall **212** 1–14
Queen *[Beauty~]* **289** 64
queen *[chess]* **265** 9
~ *[bee]* **78** 4
~ ant **342** 21
~ bee **78** 4
~ emerging **78** 38
~-excluder **78** 47
~ post **116** 68
~-post roof truss **116** 46
queen's cell **78** 37
~ chamber **315** 3
~ transport box **78** 44
queen truss **116** 65
quenching tank **132** 8
~ trough **132** 8
question mark **325** 20
quick-acting circuit-breaker **206** 39
quick-action· chuck **128** 40
~ veneer press **128** 56
quick balance **98** 12
~beam **355** 42
quick-change· gear **142** 8
~ gear box **142** 8
quick-firing· anti-aircraft gun **223** 44
~ gun **223** 45
quicklime **153** 16

quick lunch* **260** 45–54
~-lunch restaurant **602** 45–54
~-motion camera **294** 30
quicksilver column **10** 2
quid **105** 23
quiff **31** 7
quill **89** 49, **324** 26
~ float **89** 48
quillons **277** 56
quilt **30** 33, **48** 11
~ cover **48** 12
quilting seam **101** 1
quince **60** 49, 50
~ leaf **60** 47
~ tree **60** 46
quinquefoliate **354** 39
quinte *[Fenc.]* **277** 38
quintuple cross **313** 66
quipu **335** 22
quirle **42** 58
quitch **63** 30
~ grass **63** 30
quiver **287** 46, **308** 13, **335** 27
quoin **175** 39
quoit **261** 29, **267** 32, **291** 47
quoits **261** 28, **267** 31
quotation mark **325** 26
quotient **326** 26

R

rabbet plane **127** 59
rabbit **88** 65
~ fence **84** 7
rabbit's earth **86** 26
race *[Sports]* **269** 1–18, **272**, **273**
~ *[mill]* **136** 69, 70
~ *[Tech.]* **136** 69, 70
~ board **159** 42
~ committee **273** 4
racecourse **272** 1–35
~ f. flat race **272** 10
~ f. steeplechasing **272** 23
racehorse **272** 14
raceme **354** 68, **358** 33
racer *[competitor]* **273** 2, 8, 14
~ *[vehicle]* **273** 16, 38
racer's shirt **273** 9
racers' pavilion **273** 7
raceway* **91** 44
racing bicycle **273** 15, 16
~ boat **269** 9–16. **273** 46–50
~ car **187** 19–30, **273** 38
~ cycle **273** 16
~ cyclist **273** 8
~ dive **268** 29
~ driver **273** 39
~-eight **269** 10
~ handlebars **273** 18
~ keel-yacht **270** 5
racing machine **273** 16, 27
~ motorboat **269** 6
~ motorcycle **273** 29
~ motorcyclist **273** 25
~ number **280** 18
~ plunge **268** 29
~ saddle **273** 17
~ sculler **269** 16
~ shell* **269** 16
~ skate **284** 29
~ ski **283** 40
~ sledge **285** 11
~ toe cap **273** 21
~ track **273** 34
rack *[clothes~]* **43** 1,
~ *[shelf]* **262** 16
~ *[Tech.]* **209** 9, 11, **221** 3, **253** 43, **301** 51
rack-and-pinion· railway **209** 7–11
~ winch **145** 21
rack f. conditioning the paper **174** 32
racket *[tennis]* **276** 27
~ *[snowshoe]* **286** 13
~ handle **276** 28
~ press **276** 30
rack f. furniture **169** 8
~ f. glasses **262** 16
~ head **156** 16
racking apparatus **93** 29
~ back **113** 61
~ back the beer **93** 20–28
rack mountain railway **209** 4+5
~ railroad car* **209** 5
~ railway **209** 4+5
rack railway· coach **209** 5
~ locomotive **209** 4
rack wagon **64** 44
racoon **353** 9
racquet **276** 27
radar connection **4** 23
~-controlled blind landing **230** 34
~ display unit **219** 11
~ image **219** 13
~ map **230** 51
~ mast **223** 15, 16
~ mirror **230** 52
~ receiver **230** 46
~ scanner **218** 8, **230** 4, 40
~scope **230** 48
~ sounding **10** 61
~ transmitter **230** 35, 45
~ unit **219** 9–13, **222** 75
radial artery **20** 21
~ bearing **136** 67
~ brick **151** 25
~ drilling machine **143** 23
~ nerve **20** 28
~ side of hand **21** 69
radiant-heat bath cabinet **24** 9
~ heater **119** 65
radiation lamp **27** 20
~-measuring instrument **2** 1–23
~ meter **2** 1–23
~-monitoring instrument **2** 1–23
~ shield **2** 31
~ shielding **2** 31
~ of waves **230** 42
radiator *[heating]* **40** 76
~ *[motorcar]* **185** 9
~ bonnet **286** 10
~ brush **121** 16
~ cap **185** 10
~ grille **185** 12
~ hood* **286** 10
~ mascot **187** 3
~ rib **40** 77
~ shutter **286** 11
~ shutter opening **286** 11
radical *n.* **327** 2
~ leaf **359** 9
~ quantity **327** 2
~ sign **327** 2
radicle **354** 88
radio *[Broadc.]* **234**, **235**
~ *[air~]* **230**
~* *[set]* **234** 35, **235** 1–23, **306** 46
~active cobalt **29** 55
~ announcer **234** 9
~ beacon **230** 12, 18
~ cabin* **218** 12, **223** 14
~ cabinet* **234** 36
~ casting* **234** 1–20
~ communicator* **234** 9
~ detecting and ranging apparatus **219** 9–13
radio direction· finder station **230** 20
~ indicator **228** 10
radio-equipped patrol car **248** 2
radiogram **44** 28, 29, **306** 45
radio·grapher **29** 38
~-isotope **1** 36, 44
radiolarian **340** 8
radio location· service **230** 22–33
~ system **230** 22–33
radiologist **29** 45
radio navigation service **230** 22–53
~ play studio **234** 7–12
~ receiver **234** 35
~ reception **234** 21–50
radioscopy **29** 39
radio set **234** 35
~ signal **230** 12
~-sonde **10** 59
radio-sounding apparatus **10** 59
~ stage **234** 14
~ station concert hall **234** 13–17
~ set **306** 46
~ therapy **29** 30–38
~ tower* **16** 33
~ transmission **234** 1–20
radish **59** 15, 16, 20
radium container **29** 52
~ cupboard **29** 51
~-packing table **29** 54
~ therapy **29** 48–55
~ treatment **29** 48–55
radius *[Geom.]* **328** 47
~ *[Anat.]* **19** 13
~ *[windmill]* **91** 2
~ of curvature **328** 22
raffia **130** 29
~ binding **57** 35
raffle **289** 11
rafia **130** 29
raft **266** 2
~ channel **269** 60
~ chute **269** 60
rafter **116** 28, 36, **117** 19
~ cornice **39** 9
~ head **116** 45, **117** 41
~ roof **116** 27
rag *[bolt]* **136** 41
ragamuffin **53** 11
rag boiler **167** 21
~ bolt **136** 41
ragged robin **360** 21
rag halfstuff **167** 21
raglan **34** 41
rail *[bar]* **2** 37, **160** 45 **198** 32, **209** 10
~ *[Zool.]* **343** 20
~ bicycle **208** 42
~ bottom **198** 35
~bus **207** 25, 27
~bus trailer **207** 26
~car **201** 27, **208** 35
~car train **207** 29
~ cycle **208** 42
~ drainage system **194** 32
~ fish-plate **198** 43
~ foot **198** 35
~ guard **205** 34
~ head **198** 33
railing **113** 89, **257** 34
rail joint **198** 42
~ level **198** 31
~ motorcycle **208** 42
~ omnibus **207** 25
railroad* see railway
rail/road bus **208** 45
railroad car* **216** 19
~ car cleaner* **201** 14
~ depot* **16** 41
~ laborer* **198** 20
~ mail car* **203** 19

rifle *[barrel]* **87** 36
~ butt **87** 3
rifled gun barrel **87** 34
rifle range **291** 58
~-shotgun **87** 33
rifling **87** 36
riftvalley **12** 11
rig **214** 1–72
Rigel **5** 13
rigging *[sailing ship]* **214** 1–72, **226** 53, 56
~ line **228** 50
right *[Her.]* **246** 18, 20, 22
~ angle **328** 9, 32
~-angled triangle **328** 32
~ back **274** 13
~ cylinder **329** 38
~ full back **274** 13
~ half **274** 16
~ half-back **274** 16
~-hand projector **295** 14
~ leg forwards **278** 3
~ pedal **304** 8
rigid axle **183** 47
~ dirigible **226** 65
rim **130** 17, **180** 28, **185** 30
~ of gear wheel **136** 88, **180** 74
~ of lenses **108** 14
~less spectacles **108** 18
rind **354** 8
ring *[jewellery, etc.]* **38** 20, 24, 28, **107** 10, **350** 39
~ *[Geom.]* **328** 57
~ *[Sports]* **272** 5, **281** 32, **290** 21
~-a-ring-a-roses **258** 29
~ attendant **290** 27
~ cake **45** 29
ringed boletus **365** 21
~ snake **350** 38
~ worm **340** 16
ring entrance **290** 11
~ fence **290** 22
~ finger **21** 67
~ frame **157** 34
~ gauge **106** 25
~ horn **132** 22
~ of investiture **314** 58
ringlet **35** 2
ring master **290** 31
~ net **90** 25
~ pipe **140** 46
~-rounding tool **106** 26
rings *[Gymn.]* **279** 47
ring size gauge **106** 27
~ snake **350** 38
ring spanner **191** 16
~ spindle **157** 45
~ spinning frame **157** 34
rings of Saturn **7** 17
ring stand **48** 25
~ and traveller **157** 51
rink **284** 3
rinsing bath **262** 47
~ pipe **173** 6
~ sink **41** 20
~ tank **112** 2
~ water **41** 21
~ water casing **166** 4
rip cord **226** 54, **228** 55
~ panel **226** 54
ripper **196** 20
ripping chisel **322** 19
ripple **13** 41
~ marks **13** 41
riprap **211** 55
riser *[iron foundry]* **141** 23
~ *[stairs]* **118** 33, 48
rising gas pipe **119** 24
~ ground **13** 66
Rising Sun **245** 20
rising table **241** 4
ritual cart **309** 36
~ procession **312** 42–50
river *[stream]* **13** 61, **16** 45, **211**
~ *[tool]* **126** 11
~ arm **13** 2
~ bed **13** 68
~ bend **211** 42
~ branch* **13** 2
~ course **211** 42
~ dam **211** 49
~ engineering **211**
River Eridanus **5** 12
river ferry **211** 10
~ islet **211** 4
~ landscape **13** 1–13
~ mouth **13** 1
~ mussel **340** 31
~ outfall **13** 1
~ pier **210** 32
~ regulation **211** 31
~ tug **211** 23
~ valley **13** 57–70
~ works **211**
rivet **136** 55–58, **181** 31
~ head **136** 55
riveting **136** 54
~ hammer **134** 17
~ stand **107** 62
rivet point **136** 57
~ shank **136** 56
riving hammer **85** 26
~ knife **128** 7
road **194** 10, **253** 34
~ bridge **16** 55
~-building machine **197** 1
~-cleaner's barrow **195** 7
road clearance **189** 5
~ construction **197**
~ embankment **197** 35
~ engineering **197**
~-grader **196** 19
~ machine **196** 1-54
~-making **197**
~-making machine **196** 1–54
~-metal spreading machine **196** 31
~plow* **196** 20
~ race **273** 8–10
~ racer *[person]* **273** 8
~ racer *[vehicle]* **273** 16
~-racing bicycle **273** 16
~ roller **196** 36, 37, **197** 19
~-scarifier **196** 20
roadster *[bicycle]* **180** 1
~ *[motorcar]* **187** 11
road surface **212** 1
~ surfacing **210** 2
~-sweeper *[person]* **195** 8, **253** 47
~-sweeper *[mach.]* **195** 6, 12
~-sweeper's barrow **195** 7
~-sweeping machine **195** 12
~ trailer **208** 40
~way **194** 10, **210** 2, **253** 34
~ wheel **68** 40
roaring **86** 12
roasting drum **98** 71
roast meat **46** 27
robe **248** 27
~* **48** 55, 56
robes **311** 22, **313** 4
robin *[Zool.]* **346** 15
~ *[Bot.]* **360** 21
robinia **355** 70
robin redbreast **346** 15
Rob Roy **269** 4
rocaille **318** 13
rochet **314** 50
rock **13** 28, **307** 38
~ bit **139** 20
~ climber **282** 6
~-climbing **282** 2–14
~ drill **150** 11
rocker *[tool]* **323** 19
~ *[lever]* **182** 44
~ arm **184** 58
~ bearing **221** 62
~ switch **120** 4
rockery **39** 40, **54** 1
rocket **224** 53, **227** 46, 49, **229**, **289** 54
~ apparatus **224** 52+53
~ assembly tower **229** 32
rocket car **187** 18
~ combustion chamber **227** 60–63, **229** 22
~ control operating mechanism **229** 3
~-driven car **187** 18
~-driven model **271** 61
~ flight **229**
~ head **229** 2–5
~-launching **229** 28–31
~-launching platform **229** 29
~ motor **229** 12–24
~ nose **229** 2
~ power unit **229** 12–24
~ propulsion charge **227** 47
~ propulsive charge **227** 47
~ ready for launching **229** 28
~-stage **229** 36, 37
~ steering vane **229** 27
~ tail section **229** 12–27
rock face **150** 3, 15, **282** 3
~ garden **39** 40, **54** 1
rocking-duck **49** 15
~-horse **49** 13
~-seat **49** 15
~ tablet **305** 39
~ tool **323** 19
rock layer **13** 78
~ painting **309** 9
~ pile **150** 4
~ piton **282** 55
~ technique **282** 2–14
~ terrace **13** 47, 63
~ tomb **315** 38
~ wall **282** 3
Rococo ornament **318** 13
~ period **318** 9-13
~ wall **318** 9
rod **1** 39, **158** 54, **159** 54, **228** 36
rodent *n.* **351** 12–19
~ trap **83** 7–9
rod fisher **89** 7
~ fishing **89** 7–12
~ rest **89** 11
roe *[deer]* **88** 28–39
~ *[fish eggs]* **89** 66, 67
~ antlers **262** 27
~buck **88** 28
~ call **87** 43
~ deer **88** 28-39
roentgen apparatus **29** 39
~ film **2** 10, 13
~-like radiation **1** 17
~ therapy **29** 30–38
rogue **289** 38

rutting mane **88** 27
~ season **86** 9–12
rye flour **97** 19
~ grass **63** 29

S

sabbaton **310** 55
saber* see sabre
sable *[Zool.]* **352** 15
~ *[Her.]* **246** 26
sabre **277** 34, 46, 63
~ fencer **277** 33
~ fencing **277** 33–38
~ glove **277** 35
~ helmet **277** 36
~ mask **277** 36
~ play **277** 33–38
sabreur **277** 33
sac *[Zool.]* **350** 25
~ *[Bot.]* **356** 45
sack **91** 66
~ barrow **202** 15
~ coat* **34** 2
~ of corn **83** 16
~-filling plant **91** 67
sacking **91** 67
sack race **258** 7
~ f. soot **40** 34
~ truck **202** 15
~-weighing plant **91** 67
sacrament **313** 24
sacramental wine **313** 27
sacrarium **311** 36
sacred building **319** 21
~ song *[symbol]* **308** 67
~ vessels **313** 33-48
~ vestments **314** 37
sacrificial bowl **308** 6
sacristan **311** 26, 62
sacristy **312** 13
~ door **311** 18
sacrum **19** 21, **22** 59
saddle *[horse]* **72** 17, 31, 37–49
~ *[bench]* **126** 22
~ *[vaulting horse]* **279** 35
~back roof **116** 1
~ bag **266** 23
~ blanket **72** 44
~-bottomed wagon **208** 23
~ bow **72** 38
~ bracket **183** 31
~ cloth **272** 17
~ cover **182** 19
~ fungus **365** 25
~ grip **183** 33
~ horse **272** 47
~ post **126** 19
~ post head **126** 20
saddler **123** 16
~* **272** 47
saddle roof **116** 1
saddler's hammer **123** 5
~ needle **123** 28–33
sadler's roulette **123** 14
~ tracing wheel **123** 14
~ treadle sewing machine **123** 23
~ workshop **123** 1–33
saddlery **123** 1–33
saddle seat **72** 37
~ springs **180** 23
safety belt **30** 12
~ catch **2** 40, **87** 8, 25
~ chain **38** 19, **119** 32
~ contact **206** 35
~ curtain **297** 24
~ dam **220** 62
~ device **178** 5
~ door chain **43** 32
~ glass lid **42** 23
~ hat **150** 10
~ helmet **150** 10, **183** 40
~ key **134** 52
~ net **290** 14
~ nut **180** 64
~-pin **37** 25, **102** 60
~ platform **139** 4
~ razor **51** 71
~ stop device **162** 19
safety strap **30** 12
~ switch **42** 25, **254** 46, **294** 9
~ tube **333** 7
~ valve **40** 70, **205** 3
safe vault **242** 4
saffron **363** 3
saggar **154** 2
Sagittarius **5** 37, **6** 40
sagittate **354** 37
sago **98** 39
~ palm **367** 58
~ tree **367** 58
sail *[boat]* **214**, **215**, **270**, **284** 34
~ *[basket]* **130** 6
~ axle **91** 5
~boat* **215** 6–8, 9+10, **270** 1-10
~ f. folding boat **269** 62
sailing **270** 1–60
~ boat **270** 1–10
~ dinghy **270** 6–10
~ regatta **270** 51–60
~ ship **214**, **215**
~ skate **284** 30
~ vessel **215**
~ before the wind **270** 56–58
sailor-blouse **31** 29
~-cap **31** 32
~-collar **31** 30
~-knot **31** 31
sailor's knot **125** 29
sailor-suit **31** 28
~ tie **31** 31
sailplaning **271** 1–23
sail top **91** 6
sainfoin **70** 10
saint **311** 46, **314** 7
St. Andrew's cross **313** 54
St. Anthony's cross **313** 53
St. Bernard (dog) **71** 38
saintfoin **70** 10
St. Peter's cross **313** 52
salad bowl **46** 23
salade **310** 61
salad fork **46** 68
~ oil **98** 24
~ plant **59** 36–42
~-server **46** 24
~ set **46** 24
~ spoon **46** 67
salamander **350** 22
salame **96** 13
salami **96** 13
sal-ammoniac block **119** 7
sales assistent **256** 18
sales·clerk* **98** 13 **256** 18, 63
~ counter **256** 42, 61
~girl* **98** 31 **256** 18, 63
~ lady **256** 18, 63
~-lady* **98** 31
~woman **98** 31, **256** 18
salicional **305** 23–30
salient **310** 16
salina **16** 32, **262** 1–7
~ attendant **262** 5
saliva ejector **27** 8
sallow **355** 24
saloon *[motorcar]* **187** 8
~ *[Railw.]* **204** 50
~* *[inn]* **260** 1–29
~ car **204** 49
~ w. sliding roof **187** 8
salt **98** 40
Salta **265** 20
~ piece **265** 21
salted almond **45** 50
~ roll **97** 54
~ stick **97** 54
saltier **313** 54
saltire **313** 54
salt pot **45** 37
~ refinery **262** 1-7
~ shaker **45** 37
~ sticks* **45** 61
~ straws **45** 61
~ works **16** 32
salutation **239** 8
salvage inspector **224** 15
~ vessel **224** 5–8
~ of wrecks **224**
Salvation Army· band **257** 61
~ cadet **257** 63
~ soldier **257** 62
salvationist **257** 62
samara **355** 12
samovar **45** 49
sampan **336** 31
sample **231** 17
~ container **231** 17
~ of frames **122** 2
sample of frame wood **122** 2
~ saggar **154** 2
~ scoop **98** 72
~ seggar **154** 2
sampling of the beer **93** 10
samurai **336** 37
Sanctissimum **313** 33
sanctuary **311** 36
Sanctus bells **313** 43
sand **16** 6, **41** 27
sandal **100** 29, **266** 13
sand bag **211** 50, **279** 24
~ ballast **226** 61
~bed **118** 8
~ box **205** 14
~ bucket **258** 27
~-castle **267** 35
~-deflecting blade **195** 19
~ deposit **211** 52
sander control **193** 36, **206** 40
~ control lever **207** 20
sand-feeder **199** 54
~ glass **107** 48
sanding apparatus **195** 17
~ belt **128** 47
~ gear **205** 19, **206** 15
sanding gear· control **193** 36, **206** 40
~ control lever **207** 20
sanding machine **195** 17
~ pad **128** 48
~ shoe **128** 48
~ table **128** 49
sand lizard **350** 27
~ lorry **195** 16
~lot* **258** 26
~ pail **258** 27
~ paper **129** 25, **181** 7
~ pipe **141** 33
~ pit **258** 26
~-pump dredger **211** 59
~ spade **258** 28
~-spinner **195** 18
~-spreader **195** 5, 18
~ track **273** 24
~-track race **273** 24–28
~ tube **205** 15
sandwich **46** 37, 39
~ fork **46** 76
~ f. mid-morning break **249** 65
~ loaf **97** 27
~man on stilts **291** 49
sanitary napkin **23** 63
~ towel **23** 63
sanitation **195**
San-José scale **81** 35
Sanscrit **324** 9
sanserif (print) **325** 7
sap *[wood]* **115** 85
sapling **84** 10+11

sapo cubano **303** 60
sappho **345** 4
sapwood **115** 85, **354** 12
~ side **149** 34
sarcophagus **317** 53
sardine in oil **98** 19
~-server **46** 78
sartorius **20** 45
sash **32** 27
~ window **204** 58
satchel **249** 41
~* **201** 7
~ flap **249** 42
satellite **4** 48, 49, **6** 24
~ rocket **4** 56
satin stitch **101** 10
satirical figure **289** 63
saturated zone **13** 24
Saturn **6** 28, **7** 16–18
Saturn's atmosphere **7** 18
sauce boat **46** 17
~ ladle **46** 18
~pan **41** 75, **42** 15
saucer **45** 8
sauna **25** 7–16
~ stove **25** 11
sausage **96**, **98** 4
~ boiler **96** 15, 49
~ end **96** 57
~-filler **96** 52
~ knife **96** 31
~ machine **96** 37
~ meat **96** 44
~ ring **96** 7
~-slicing machine **96** 19
~ tongs **291** 35
~ of unminced meat **96** 17
sauté **288** 12
savoy **59** 33
Savoy biscuit **97** 20
savoy cabbage **59** 33
saw **85** 34–41, **127** 1–8
~ axle **149** 24
~bill **343** 15
~ blade **85** 35, **127** 5, **149** 11
~ buck **53** 6
~ chain **85** 46, **115** 16
~ cut **85** 21
~ f. cutting branches **58** 9
~ file **127** 26
~ frame **149** 12
~ guide **85** 47, **128** 3
~ handle **85** 37
~ horse **53** 6
sawing shed **115** 3, **149** 29
saw jack **53** 6
~ mill **149**
saw mill· foreman **149** 25
~ worker **149** 19
sawn log **149** 38
saw set **127** 49
saw tooth **85** 36, **284** 32
~-tooth roof **116** 20
~ trestle **53** 6
sawyer* **149** 19
saxboard **269** 43
saxifrage **359** 1
saxophone **303** 69
scabious **359** 29
scaffold **15** 50
~ *[Tech.]* **229** 32
~ angle brace **113** 25
scaffolding **217** 18
scaffold pole **113** 23
scalder **28** 62
scale *[map]* **15** 29
~ *[pan]* **41** 60, **272** 3
~ *[Mus.]* **299** 47–50
~ *[Bot.]* **356** 42
~ armour **310** 64
~ insect **81** 35
~ lamp **235** 20
~ microscope **110** 31
~ ornament **317** 15
~ pan **333** 36
Scales **5** 19, **6** 38
scalloped **354** 46
~ sleeves **338** 46
scalloping **101** 6
scalpel **26** 39
scalper **323** 7
scaly animal **351** 10
~ ant-eater **351** 10
~ urchin **365** 24
scandalmonger **53** 29
scanner **237** 20, 21, 22
scanning radar set **230** 37, 39
scansorial bird **345** 6
scantling **115** 10, **149** 28
scape **354** 52
scapula **19** 7
scapular **314** 15
scapulary **314** 15
scar **11** 48
scarab beetle **342** 39
Scarabeidae **342** 39
scarboards **269** 31
scarecrow **55** 27
scarehead* **325** 42
scarf **37** 9, **266** 47
~ joint **116** 87
~-pin **38** 17
scarlet pimpernel **63** 27, **70** 28
scauper **323** 7
scenario **292** 45
scene **237** 10, **296** 2, **297** 36
~ number **292** 35
~-painter **296** 35
scenery **296** 2
scene-shifter **297** 46
scenic artist **296** 35
~ artist's palette **296** 36
~ railway **291** 5, 39
scent *[Hunt.]* **86** 8
~ bottle **48** 27
~ spray **48** 28, **104** 20
scepter* see sceptre
sceptre **289** 59, **308** 3, 8
schalmeys **301** 13
schedule* *[Railw.]* **200** 20
~* *[School]* **249** 26
~ drum* **200** 16
schilling **244** 13
schizocarp seed· capsule **354** 95
~ vessel **354** 94
schnap(p)s **98** 56
schnauzer **71** 37
schnorkel **267** 39
scholar **249** 28
school *[Educ.]* **249**
~ *[shoal]* **90** 52
~ bag **249** 55
~boy **249** 28
~ cap **31** 58, 59
~ cupboard **249** 25
~ desk **249** 27
~ figure **284** 13–20
schooling lane **272** 30
school ma'am* **257** 27
~man* **249** 10
~ map **249** 20+21
~master **249** 10
~ materials **249** 32-70
~ mistress **257** 27
~ room **249** 1
~ utensil **249** 32–70
~ of whales **90** 52
schooner **215** 14, 18, 20
~ foresail **270** 29
~ yacht **270** 27, 28–32
Schwabacher type **325** 2
sciatic nerve **20** 30
science of light **331** 22–41
~ of sound **331** 18–21
scimitar wing **225** 68
~-wing aircraft **225** 67
scion **57** 37
scissors *[tool]* **102** 66, **103** 5
~ *[Gymn.]* **279** 33
~-hold **281** 17
sclera lamp **109** 11
scolex **341** 25
scoop *[tool]* **28** 58, **323** 6
~ *[Tech.]* **67** 43, **221** 65
~ bucket **113** 82
scooter *[child's ~]* **258** 8
~ *[motor ~]* **183** 1–37
~ *[snow ~]* **286** 16
~ carburettor **183** 53–69
~ combined seat and pillion **183** 2
~ rider **183** 38
~ seat f. child **183** 30
~ seat and pillion **183** 2
scooter sidecar **183** 3
~ w. sidecar **183** 1
~ trailer **183** 36
~ wheel **183** 35
score board **287** 17
~ marker **287** 17
scorer **287** 17
scoring a goal **275** 37
scorper **323** 7
Scorpio **5** 38, **6** 39
scorpioid cyme **354** 77
Scorpion **5** 38, **6** 39
scorpion **342** 40
scorzonera **59** 35
Scotch fir **356** 20
~ kale **59** 34
~ tape* **238** 79
~ terrier **71** 17
Scottie *[coll.]* **71** 17
Scots fir **356** 20
~ pine **356** 20
scourer **41** 24, **91** 53
scouring machine **162** 8
~ nozzle **211** 62
~ rush **360** 18
scour outlet **212** 62
scout **266** 40
scrag and neck **95** 6
scrap of cloth **102** 81
scraper *[tool]* **130** 38, **134** 67, **171** 55, **323** 17, 63
~ *[mach.]* **196** 17
~ *[door ~]* **118** 25
~ chain conveyor **138** 14, 37
~ flight **149** 34
scrap-iron· box **135** 42
~ feed **140** 58
scrap paper* **238** 18
~-steel feeder **140** 25
scratching ground **75** 16
~ space **75** 16
scratch pad* **238** 17
scray **162** 37
screech owl **347** 17
screed **197** 14
screen *[sieve]* **113** 85, **153** 9
~ *[shield]* **52** 65, **331** 32
~ *[Film]* **292** 16, **295** 11
~ *[Met.]* **10** 53
~ apron **67** 42
~ on carriage **162** 60
~ counterweight **171** 3
~ curtain **295** 10
~ dot **172** 32
screening *[Phys.]* **331** 63
~ *[T. V.]* **236** 23
~ glass **135** 27
~ hood **293** 6
~ plant **137** 8, **153** 8, 19
screen plate **254** 11

ski joring **283** 5
~ jump *[jump]* **283** 14
~-jump *[bill]* **283** 7
~ jumper **283** 14
~-jumping **283** 7
~ kjoring **283** 5
~-lift **209** 15, **283** 2
skim co(u)lter **68** 11
skimmer *[spoon]* **41** 2, **96** 51
skim milk tank **77** 11
skin *[integument]* **75** 49
~ *[glider]* **271** 55
~ *[ski]* **283** 43
~ float **336** 11
~ freshener lotion* **103** 14
~ knife **96** 33
~ lotion **103** 14
skip *[bucket]* **113** 35
~ *[hive]* **78** 52
~ *[jump]* **280** 33–35
~ *[wagon]* **196** 25
~ bucket **140** 5
ski pole **283** 52–54
skipping **258** 53
~ rope **258** 54
skirt **32** 4
skirting **118** 21, 63, **121** 34
~ board **118** 21, **121** 34
ski stick **283** 52–54
~ track **283** 3
~ trousers **31** 44
skittle **287** 9-14
~ alley **287** 2
~ ball **287** 3
~ bowl **287** 3
~ boy **287** 7
~ frame **287** 8
~ player **287** 20
skittles **287** 1
skittle yard **287** 2
skiving machine **123** 3
ski wax **283** 58
skull **19** 1, 30–41
sky-blue **320** 6
~light **28** 27, **116** 8
~sail **215** 32
slab **115** 96, **149** 39
~ ingot **141** 43
~ junction **197** 46
~ of chocolate **98** 78
~ wood **149** 37
slacks **31** 41, **34** 3
slag bunker **199** 53
~ ladle **140** 10
~ outlet **140** 9
~ rod **141** 17
~ runner **141** 12
slaked lime silo **153** 23
slaking plant **153** 21
slalom **283** 15
~ race **283** 15
~ ski **283** 36
slashed doublet **338** 33
slate *[roofing]* **117** 85
~ *[writing~]* **249** 32
slate* *[election]* **251** 20
~ nail **117** 74
~ pencil **249** 57
slater **117** 71
slate roof **117** 61–89
slater's hammer **117** 73
~ plank **117** 66
~ shears **117** 84
~ shoe **117** 75
slate sponge **249** 36
~ stone **323** 57
~ surface **249** 34
~ table **264** 14
slath **130** 19
slaughter house **94**
slaughtering club **94** 8
~ cudgel **94** 8
~ hammer **94** 7
~ hatchet **94** 10
~ knife **94** 9
~ mallet **94** 7
~ mask **94** 4
~ tool **94** 4–10
slaughterman **94** 1
slaughterman's assistant **94** 3
~ findings* **94** 4–10
~ tools **94** 4-10
slave **289** 41
~ bangle **38** 15
~ driver **213** 47
~ galley **213** 44–50
~ tongs **2** 44
slay **159** 41
~ cap **159** 6
~ sword **159** 53
sled* **285** 11
~ dog* **336** 2
sledge *[sleigh]* **285**
~ *[hammer]* **132** 23, 24
~ dog **336** 2
~ hammer **137** 1, **150** 6
~ w. horn-shaped runners **285** 2
~ f. polar expeditions **285** 1
sledger **285** 12
sledge runner **285** 3
~ slip **285** 3
~ slipper **285** 3
~ sport **285** 5–20
sledging **285** 11+12
sleeker **99** 30, 31
sleeking iron **99** 30
~ stick **99** 31
sleeper *[person]* **257** 66
~ *[car]* **204** 14
~ *[railw. track]* **198** 87–89
~ *[log]* **85** 8
~ attendant **204** 16
~ conveyor truck **198** 24
~-layer **198** 19
~ train* **207** 38
~ transport **198** 25
~ truck **198** 23
sleeping car **204** 14
sleeping car· attendant **204** 14, 16
~ train **207** 38
sleeping man **257** 66
sleet **9** 35
sleeve *[Cloth.]* **34** 17
~ *[Tech.]* **186** 30, **209** 73
sleeveles gown **338** 50
sleigh **285** 11
~ bells **286** 26
sleight-of-hand artiste **298** 19
slewing **130** 2
~ crab **217** 21
~ crane **145** 16, **195** 26
~ gear **221** 4
~ pillar crane **221** 1–7
~ porting crane **221** 1—7
~ trolley pole **188** 13
sley **159** 41
~ cap **159** 6
~ sword **159** 53
slice *[piece]* **46** 22
~ *[server]* **42** 56, 66
~ of bread **46** 22
slicker *[tool]* **99** 30, 31
~* *[Cloth.]* **34** 39,
~* *[Insect]* **341** 15
slide *[Tech.]* **84** 32, **212** 55, **333** 33
~ *[chute, etc.]* **258** 36, **286** 17
~ *[Mus.]* **300** 30
~ *[mus.instr.]* **302** 47
~ *[organ]* **305** 7
~ *[photogr.]* **112** 48
~ calipers **85** 33
~ chair **198** 53
~ frame **112** 49
~-holder **112** 57, **333** 32
~ key **240** 50
~ plate **198** 53
~ projector **112** 55, **295** 25, **297** 17
slider *[weight]* **41** 61
~ *[organ]* **305** 7
~ *[Clothing]* **37** 22
sliderless chest **305** 12-14
slide rail **333** 31
slider soundboard **305** 12-14
slide rule **144** 7
~ saw **143** 46
~-scanner **237** 20
~ spring **183** 53
~ valve **212** 53–56
sliding *[on ice]* **286** 18
~ block **145** 30
~ cam **37** 22
~ contact **193** 27
~ door **75** 32, **92** 30, **256** 50
sliding drawer **339** 4
~ exit door **193** 14
~ gate **212** 18
~ handwheel **142** 13
~ keel **270** 10
~ lid **173** 2
~ object stage **110** 6
~ platform **148** 4
~ ring **282** 42
~ roof **187** 8, **208** 5
~ safety catch **87** 25
~ scale **333** 23
~ seat **269** 41—50
~ shelf f. the formes **169** 10
~ shutter **39** 28
~ shutter guide **39** 29
~ shuttle **102** 37
~ swivel door **207** 35
~ tray **339** 4
~ weight **41** 61, **333** 33
~-weight balance **41** 59
slim fuselage **225** 50
sling **282** 12
~* **258** 9
~ ring **87** 5
slingshot* **258** 9
slip *[slipway, etc.]* **217** 11–26, **285** 3, **291** 40
~ *[Cloth.]* **33** 28
~ *[Bot.]* **57** 20
~ *[shingle]* **117** 48
~ *[mus. instr.]* **302** 29
~* *[landslip]* **11** 46
~ board **285** 19
~-on casual **100** 12
~ galley **169** 12
~-on nib **144** 67
~ of paper **238** 18
slipper *[shoe]* **48** 34, **100** 45, 48
~ *[sledge]* **285** 3
~ animalcule **340** 9
slip ring **331** 77, 81, 82
~ road **16** 16
slipway **90** 33, **217** 11–26
~ crane **217** 23
~ floor **217** 17
~ frame **217** 19
~ portal **217** 11
slit *[screw]* **136** 36, 47
~ *[trousers]* **34** 30
~ gong **337** 18
slitting unit **176** 11
~ roller **176** 12
slit web **176** 9
sliver **156** 38, **157** 12, 13, 21
~ can **157** 3, 20
~ after drafting **157** 13
sloe **358** 27
sloop **215** 6, **270** 45
~ rigging **270** 45–50
slope **13** 57, 58, 65

soft rusk **97** 46
~ soap **41** 31
~-water pipe **161** 50
soil covering **196** 64
~-grader **196** 19
~ injector f. killing the vine root louse **83** 4
~ pulverizer* **68** 35
solan (goose) **343** 9
Solanaceae **56** 6, **363** 7
solar disk **7** 19, **315** 12
~ eclipse **7** 24
~ globe **7** 19
~ physics **6** 20
~ spectrum **320** 14
~ sphere **7** 19
~ system **6** 21–31, 48
Soldanella **362** 3
soldering bit **106** 39
~ blowlamp **106** 14
~ borax **106** 40
~ disk **106** 17
~ fluid **119** 8
~ flux **106** 36, **119** 8
~ iron **106** 39, **119** 5, 6, 50
~ stone **119** 7
~ tool **119** 5–8
soldier's grave **312** 33
sole *[foot]* **21** 62
~ *[shoe]* **99** 50+51
~ *[plough]* **68** 6
~ bar reinforcement **208** 10
~ of foot **21** 62
~ leather **99** 50
solenoid* **233** 54
~ brake* **136** 100
sole plate **196** 33, **198** 36
~ plate screw **198** 38
~-protector **283** 55
solid *[Geom.]* **329** 30–46
~ brick **151** 20
~ ceiling **113** 16, **118** 28
~ coal **138** 9
~ cooler **77** 26
~-fuel rocket **227** 46, **271** 61
solidification of perlon threads **164** 43
~ of polyamide **164** 35
solid newel **118** 77
~ stairs **118** 16
~ screw chaser **134** 28
solid-web· girder **210** 30
~ girder bridge **210** 30
~ wooden girder **116** 72
~ wooden truss **116** 72
solid wheel **185** 15
solitary farm **16** 101
solo *[mach.]* **182** 1–59
solo dancer **298** 4, 5
~ machine **182** 1–59, **273** 27
~ organ **305** 45
~-skating **284** 4
solstice **5** 8
solution **327** 10
somersault **258** 6, **268** 43
somersaulter **298** 10
somewhat cloudy **9** 22
sonde **4** 42, 43
song-bird **344**, **346** 1–20
songster **346** 1–20
soothsayer **291** 36
sordino **302** 10, **303** 68
sorosis **368** 12
sorter **231** 39
sorting machine **241** 52
~ plansifter **91** 59
~ plant **148** 22
soubresaut **288** 20
sound-absorbing wall panel(ling) **234** 6
~ blimped studio camera **294** 1
~-board **301** 34, **303** 3, **305** 12–14, **311** 21
~-board groove **305** 13
~ body **301** 29
~ box **303** 2, 15
~ cable **293** 29
~ camera **292** 56
sound camera· room **293** 1
~ table **292** 57
sound chest **301** 18, 33
~-cutter **293** 24
~ demodulator **236** 18
~-doubling **293** 22-24
~-dubbing **293** 22–24
~ emission microphone **219** 39
~-emitter **331** 20
~ engineer **234** 3, **292** 60, **293** 24
sounder *[Nav.]* **219** 38
sound film· projector **295** 26
~ studio **292** 26–61
sound·head **295** 51
~ hole **301** 22, **312** 8
sounding balloon **4** 42, 43
~ board **301** 34
~ lead **219** 35–42
~ line **219** 35–42
sound intermediate-frequency amplifier **236** 16
~ lamp **295** 48
~-mixing **293** 22–24
sound-mixing· desk **237** 12
~ room **237** 16
sound-monitoring desk **237** 12
sound-on-film recording· camera **293** 8
~ studio **293** 1
sound output transformer **236** 31
~-projector **295** 26
~-recording equipment **234** 1+2
~ recording studio **292** 14
~-registering strip **294** 41
sound-reproducing· set **293** 13
~ unit **294** 52
sound rose **303** 5
~ scanning **295** 47
~ signal **219** 40
~ stage **292** 26–61
~ strip **293** 32
~ table **301** 34
~ track **293** 13
~-track printing machine **293** 18
~ transmitter **219** 39, **237** 37
soup bone **96** 8
~ cube **98** 26
~ flavouring **98** 30
~ ladle **46** 14
~ plate **46** 5
~ spoon **46** 61
~ tureen **46** 15
~ vegetable **69** 25
soutane **314** 33
South America **14** 32–34, **15** 13
~-East trade winds **9** 49
~ Equatorial Current **15** 34
Southern Cross **5** 44
southern fruits **368**
~ light **4** 35
Southern Ocean **15** 22
Southern stellar heavens **5** 36–48
~ Triangle **5** 40
South Polar Ocean
southwester **224** 54
sou' wester **224** 54
Soviet Union **14** 22
sow **74** 9, **76** 42
~bread **56** 5
~ bug **341** 12
sower **65** 10
sowing **57** 1, **65** 10–12
~ pan **57** 2
spa **262** 1–49
space **218** 28, **252** 14
~ *[Print.]* **170** 17
~ *[Mus.]* **299** 46
~band **169** 24
~ bar **240** 24
~ between words **170** 17
~ craft **4** 57
spaced letters **170** 13
~-out letters **170** 13
space flight **4** 48–58
~ betw. paragraphs **170** 15
spacer **114** 81, **240** 22
spaceship **4** 57
space station **4** 54
~ betw. teeth **136** 82
spacing piece **114** 69
spade **58** 1, 31
spades *[cards]* **265** 39+43
spadix **367** 55
spaghetti **98** 32
spa hotel **262** 8
Spain **14** 23, **244** 22
span *[bridge]* **210** 34, 68
~-bending **279** 3
Spanish hat **36** 17
~ pepper **59** 42
~ style dress **338** 27
~ walk **72** 1
spanker **213** 29, **270** 41
~ boom **213** 28, **214** 44
~ yard **213** 30
spanner **192** 1–3, 7–10
spanning **279** 3
span of oxen* **65** 16
~ saw **115** 61, **126** 3
spa orchestra **262** 20
~ park **262** 1–21
~ promenade **262** 10
spar **131** 21, **271** 53
~boom **271** 50
~ buoy **219** 54
~ ceiling **217** 59
spare lead **239** 36
~ tubular tyre **273** 23
~ wheel **185** 54
sparhawk **347** 12
spark *[dandy]* **289** 33
~-arrester **205** 24
~ coil **184** 8
~ gap **331** 73
sparking plug **184** 4
sparking plug· cleaner **192** 56
~ spanner **192** 8
~ tester **192** 56
sparkling wine **98** 63
spark plate **205** 24
~ plug* **192** 56
Sparmannia **56** 9
sparred frame **131** 20+21
sparring partner **281** 24
sparrow **53** 43
~ owl **347** 19
~ hawk **347** 12
spat **100** 30, 31
spatula **27** 51, **322** 10
spawn **89** 67
spawner **89** 66
speaker proposing the toast **259** 40
speaker's desk **251** 6

speaking membrane **200** 38
~-tube appliance **198** 76
~ window membrane **200** 38
spear* *[Nav.]* **219** 74
~-head **309** 2
~ thrower **335** 40, **336** 9
special bib tap **119** 35
~ bicycle **181** 15
~ camera **294** 28–35
~-delivery letter **232** 34
~ drilling machine **170** 49
~ issue **232** 21
specialist **26** 12, **248** 36
special postmark **231** 51
~ vessel **216** 40
specie **244** 1–28
specimen **26** 3, **249** 18
specs *[glasses]* **108** 12–24
~ *[Skat.]* **284** 21
'spectacle' brooch **309** 30
spectacle case **108** 25
~ frame **108** 14–16
~ glass **108** 13
~ lens **108** 13
spectacles **108** 12–24
spectator **291** 29
spectator's seat **296** 28
spectators' stand **274** 31
spectral analysis **6** 20
~ lamp **331** 26
spectrometer **331** 34
spectrum **320** 14
speed·boat **269** 6
~ change lever **142** 6
~ frame **157** 19
~ gauge **206** 54
~ indicator* **206** 54
~ jumping **272** 31–34
speedometer **180** 33, **186** 7
~* **206** 54
speed regulator **241** 12
~ roller skating **287** 33
~-skater **284** 24
~-skating **284** 23
~ switch **306** 36
~way* **16** 16
~well **359** 22
spelt **69** 24
spencer **215** 1
spermaceti whale **352** 25
spermatic duct **22** 74
sperm whale **352** 25
sphenoidal sinus **19** 54
sphenoid bone **19** 38
sphere **7** 19, **329** 41
~ conductor **331** 61
sphincter of anus **22** 63
Sphinx *[Myth.]* **307** 20
~ *[Art]* **315** 11
sphinx *[Zool.]* **342** 55, **348** 9
sphygmograph **29** 19
sphygmomanometer **23** 1
Spica **5** 18
spice biscuit **97** 5
~ rack **41** 10
spicula **70** 23
spider **341** 8, **342** 44–46
spider's web **341** 9, **342** 47
spigot hole **126** 27
spike *[shoe]* **280** 27, **282** 10, 37
~ *[bolt]* **94** 5
~ *[Bot.]* **69** 2, **354** 67
spikelet **69** 3, 10, **359** 41
spikes **280** 26
spillway **212** 60
spin *[billiards]* **264** 5
spinach **59** 29
spinal cord **19** 48
~ marrow **20** 25
spindle **142** 20, **180** 80, **308** 54
~ catch **157** 49
~ drive **157** 31
~ shaft **157** 46
~ wharve **157** 48
spine *[Anat.]* **19** 2–5
~ *[Zool.]* **351** 6
~ *[thorn]* **62** 18
~ of book **178** 41
spinet **301** 45
spinnaker **270** 39
~ boom **270** 40
spinner *[fish]* **89** 40
spinneret **342** 46
spinner gritter system **89** 45
~-type potato-digger **68** 41
spinning bath **163** 15
~ box **163** 17
~ device **157** 51
~ head **164** 41
~ jet **163** 14, **164** 42
~ machine **125** 8
~ pump **163** 13
~ reel **89** 27
~ rod **89** 20
~ top **258** 18
~ the top **258** 17
~ tower **164** 43
spiracles **342** 32
spiraea **358** 23
spiral *[Skat.]* **284** 8
~ arm **6** 45
~-chute in staple pit **137** 33
~ gasometer **148** 61
~ guide rails **148** 63
~ lead **89** 46
~-meander ware **309** 13
spiral mixer **261** 49
~ nebula **6** 44–46
~ oil cooler **206** 19
~-ornamented bowl **309** 13
~ separator **91** 51
~ spring **283** 50
~ staircase **118** 76
~ toothing **136** 90+91
spire **312** 6
spirit *[alcohol]* **98** 56–59
~ *[fuel]* **52** 32
~ *[Myth.]* **307** 55
~ blowlamp **120** 32
~ lamp **27** 57
spirits of salt **52** 35
spirit stove **266** 19
Spirographis **340** 18
spit **96** 48
~ rod **158** 54
spittoon **23** 16, 32
~ dodger **27** 7
Spitz **71** 19
splash board **179** 6
~ dodger **221** 47
splasher **269** 56
splash form **187** 19
~ guard **161** 22
splatter sieve **323** 24
spleen *[Anat.]* **22** 12, 27
splenius **20** 51
splice-grafting **57** 39
splint **17** 10, 12
~ bone **19** 24
splinter **131** 15
~ bar **131** 15
~ screen **222** 42
split guiding drum **158** 10
~ nucleus **1** 20
~ pin **136** 19, 76
splits **288** 22
split-tiled roof **117** 45
splitting hammer **85** 26
spoke **131** 28, **180** 27
~shave **126** 14, **127** 61
sponge **249** 4
~ cake **97** 14
~ string **249** 37
spongy lining **365** 17
sponson **222** 66, **225** 62
sponsor **313** 12
spool **295** 32
~* **102** 35
~ box **295** 27
~ of thread* **102** 20
spoon **45** 11, **46** 61, **266** 20
~ *[Golf]* **276** 69
~ bait **89** 41
~ bit **129** 16
~ chisel **322** 18
~-edged scraper **192** 16
spoon-shaped bow **270** 2
spoon-shaped rasp **99** 36
spoor **86** 8
spore **365** 13
sport **269**, **270**, **273**, **283–285**, **287**
~ boat **269** 9–16, **273** 46–50
~ fencing **277** 15–43
~ fishing **89**
sporting dog **71** 40–43
~ gun **87** 1–40
~ rifle **87** 1–40
~ single **269** 54
~ sledge **285** 11
~ weapon **87** 1–40
sports bicycle **181** 8
~ bike **181** 8
~ cap **36** 18
~ car **187** 11
~ coat **34** 2, 21, 41
~ deck **218** 22
~ handlebar **181** 12
~ jacket **31** 40
~man **86** 1
~ model **182** 59
~ news **325** 49
~-racing car **187** 19-30
~ shirt **31** 49, **33** 39
~ shoe **100** 22
~ stadium **252** 53
spot **21** 50
~ *[Film]* **292** 52
~ bar lamps **297** 16
~ light **171** 49
~-light printing arc lamp **173** 20
spotlight(s) **292** 52, **297** 16, 21, 48
~ flap **296** 1
spot remover* **53** 56
spotted hemlock **363** 4
spot white ball **264** 13
spout *[pot]* **45** 15
~ *[whale]* **90** 51
~ hole **352** 26
spray *[atomizer]* **48** 28, **121** 12
~ *[Bot.]* **367** 30
sprayer **83** 34–37
~ f. disinfection **94** 17
spray gun **121** 12, **175** 34, **191** 19, 21
~ head **104** 38
spraying apparatus **27** 9
~ machine **83** 43
~ tube **94** 18
~ liquid **83** 37
spray of leaves **367** 61
~ outlet **83** 6
~ screen **269** 56
~ tank **83** 32
spread-eagle **284** 5
~ fences **272** 33
spreading box **67** 8
~ flap **196** 42
~ roller **128** 55

studio hairdresser **292** 36
~ lamp **112** 59
~ manager **292** 25, 44
~ microphone **292** 31
~ skylight **321** 1
~ sound booth **292** 54
~ sound box **292** 54
~ spot **237** 9
~ spotlight **237** 9
study *[room]* **47** 1–61
~ in oil **321** 36
stuff chest **168** 1
stuffed bird **249** 16
stuffing **124** 23
~ box **205** 32, **218** 54
stump *[stub]* **84** 14
~ orator* **251** 5
stumps *[Cricket]* **275** 55
stupa **319** 21, 28
sty **76** 39–47
style *[Art, etc.]* **116** 1–26, **318**
~ *[pen]* **324** 21
~ *[Bot.]* **60** 42, **354** 55
~ dress **338** 27
~ of hair dressing **337** 9
~ of swimming **268** 33-40
stylobate **316** 32
stylus **324** 21
styptic pencil **51** 80, **104** 22
~ powder **23** 60
sub* **222** 18–20
sub-base· drainage **196** 61
~ grader **197** 1
sub clavian **20** 7, 8
~contra octave **300** 62
~-drainage **196** 61
~floor **118** 38, 73
~-grader **197** 1
~head **178** 47
~-heading **178** 47, **325** 46
subject* **143** 49
sublimate bowl **28** 31
submarine **222** 18-20, **223** 18
~ contours **16** 11
~ diesel engine **223** 34
~ centaurs **16** 11
sub-maxillary gland **21** 11
submergible roller **212** 68
subscriber **233** 31
subscriber's teleprinter **241** 32–34
subsidiary float **225** 63
subsoil drainage **196** 61
substance container **334** 61
sub-standard· camera **294** 24
~ cinema projector **295** 52
~ film-scanner **237** 22
substation **146** 29-35
substitute **98** 65, **274** 45, **275** 38
~ flag **245** 30-32
substratum **11** 2
substructure **199** 49, **316** 4
sub-surface **196** 59
subterranean river **13** 83
subtitle **178** 47, 67
~ camera **294** 33
sub-total key **240** 63
subtracting **326** 24
subtraction **326** 24
subtractive mixture of colours **320** 12
subtrahend **326** 24
suburb **16** 28, **252** 11
suburban estate **252** 69
~ line **199** 34
~ railway **199** 19, **252** 63
~ terminal railway station **199** 4
subway* **252** 25
succory **360** 25
sucker **340** 17, **341** 25, 26
~ rods **139** 52
sucking proboscis **342** 17
suckling **30** 26
sucting box **157** 44
suction arm **177** 48
~ basket **254** 6
~ box **168** 14
~ couch **168** 14
~ dredger **211** 59
~ feed **174** 35
~ filter **333** 11
~ funnel **212** 51
~ gully **195** 28
~ hose **255** 67
~ line **297** 52
~ pipe **40** 55, **137** 31, **221** 57, **254** 5, 14
~ pump **26** 57, **211** 62
~ roller **24** 5
~ rose **254** 6, 43
~ tube **10** 36, **333** 21
suctorial organ **341** 25
~ pad **78** 9
sudden precipitation **8** 19
suède brush **52** 43
~ cap **36** 44
~ powder **52** 44
~ shoe **100** 2
sugar **98** 53–55
~ basin **45** 21
~ beet **69** 44
~ bowl **45** 21, **261** 20
sugar cake **261** 5
~ cane **366** 52
~-coated pill **23** 13
~ mite **341** 15
~-server **45** 24
~ tongs **45** 23
suit *[Cloth.]* **34** 4, 13, **278** 44-48
~ *[cards]* **265** 38–45
~ of armour **310** 38
suitcase **201** 4
~ for air travel **259** 15
sulcus longitudinalis anterior **22** 25
sulfate*, etc., see sulphate, etc.
sulky **272** 39
sullage pipe **141** 23
sulpherate pulp **167** 11
sulphurated head **105** 27
~ tip **105** 27
sulphuration **163** 9
sulphuric acid **164** 23, 24
sulphurous powder **103** 18
sulphur purification **148** 40
~ recovery plant **139** 61
sultana **98** 8
sum **326** 23
Sumatra cigar **105** 2
summer *[Arch.]* **115** 50, **116** 67
~ boarder* **262** 24
~ cage **339** 25
~ coat **32** 54
~ dike **211** 48
~ dress **32** 31
~ fruit tortrix moth **81** 9
~ house **54** 2, **55** 14, **262** 25
summerite* **262** 24, **267** 30
summer monsoon **9** 52
~ sausage* **96** 13
~ solstice **5** 8
~ visitor **262** 24
summit **12** 40
~ of rocket trajectory **229** 44
sump *[mine]* **137** 30
~ *[motor]* **184** 49
~ drain plug **184** 24
~ oil pail **191** 9
sun **6** 21, **7** 19–23
~ *[artificial ~]* **24** 17
~ animalcule **340** 7
~bathing **268** 4
~bathing lawn **39** 46
~ blind **39** 71
~ canopy **262** 14
~-couch on wheels **58** 38
~ deck **218** 22
~dew **361** 14
sundial **58** 39
~ disk **315** 12
~flower **55** 7
~ gear **136** 92
~ glasses **108** 20
~ guard **208** 16
sunk key **136** 71
sun monstrance **313** 33
~ parlour **39** 70
~ roof **39** 75
sun's energy **10** 48
sunshade **39** 71, **266** 6
~ bellows **294** 4
~ with filter holder and gauze clamp **294** 3
sun's halo **7** 22
sun shelter **75** 10
~ shield **187** 4
sunshine roof **187** 8
sun's limb **7** 22
sun·spot **7** 20, 21
~suit **31** 5
~ trap **39** 70
~ visor* **187** 4
~ window **39** 68
super *[Film]* **292** 29
~-automatic vertical process camera **171** 33
~charger **227** 6
superciliary arch **18** 5
super·elevation of curve **197** 30
~heated-steam supply pipe **166** 21
~heater **146** 9
~-highway **16** 16, **197** 32–50
~-hive **78** 45
~imposed roof **319** 2
~intendent of bath **268** 15
superior vena cava **20** 9, **22** 53
supers *[Theatre]* **297** 39
supersonic wave· apparatus **24** 14
~ treatment **24** 14
superstructure **216** 23, 25
supervisor* **256** 33
supervisory control apparatus **147** 5
supple-jack* **49** 14
supplementary angle **328** 14
supply **254** 1–66
~ can **77** 33
~ package **158** 15
~ package container **158** 16
~ tank **161** 51
support *[Tech.]* **116** 83, **141** 15
~ *[Acrob.]* **290** 29, 45
~ and counterweight for lid **161** 68
supporter *[Her.]* **246** 15+16

synchronizing device **147** 32
~ motor **293** 12
syncline **12** 18
syncopation **300** 39-45
synking **293** 25–29
synthetic fertilizer* **65** 14
syphon **47** 41
Syria **14** 43
syringa **357** 9
syringe **27** 11
~-scalder **28** 62
syrinx **301** 2
system of caves **13** 76
~ of coordinates **329** 1, 8
~ of lenses **108** 9
~ point **210** 52

T

tab **297** 23
tabby ribbon **36** 41
tabernacle **311** 39
table *[furniture, etc.]* **26** 20, **46**, **128** 35, 49, **143** 20, **204** 38
~ *[Geol.]* **254** 1
~ *[mus. instr.]* **303** 3
~-adjustment handwheel **143** 14
~ cloth **45** 6, **46** 2
~ covering **135** 43
~ decoration **46** 19
~-elevating screw **143** 56
~ feed drive **143** 22
~ game **265**
~ lamp **44** 7
~land **13** 46
~-leg **47** 22
~ linen **256** 57
~ model **124** 2
~ napkin **46** 9
~ roll **168** 11
~ w. rollers **128** 15
~ runner **44** 6
~ set f. coffee **45** 1–29
~ spoon **46** 74
tablet **23** 11
table tennis **276** 39–42
table tennis· ball **276** 42
~ bat **276** 40
~ net **276** 41
~ player **276** 39
table-top **47** 23, **264** 15
tablet tube **23** 10
tabloid **23** 11
tabouret **48** 31
tabulator clearance **240** 3
~ key **240** 21
tacheometer **110** 30
tachograph **205** 56
tachometer **205** 56
tachometric warning appliance **184** 46
tachymeter **110** 30
tack **136** 53
~ hammer **122** 18
tacking *[sail]* **270** 52–54
~ stitch work **101** 10
~ thread **102** 52
tackle **214** 1–72, **216** 4, 50, **331** 3
~ fall **331** 5
~ f. predatory fish **89** 34
tack line **245** 2
tadpole-shaped fuselage **225** 65
taenia **316** 19
taffrail log **219** 31
taffy* **98** 77
tag *[game]* **258** 23
tail *[animal]* **71** 12, **88** 80, **307** 43
~ *[flag]* **245** 9
~ *[page]* **178** 58
~band **178** 42
~-cable sleeve **209** 74
~ fin **225** 15
tail-first· aircraft **225** 36
~ model **271** 42
tail-fluke **352** 29
~ lamp **186** 29
tailless amphibian **350** 23–26
~ fin **225** 31
~ model **271** 40
tail light **182** 18, **186** 29
~ light indicator lamp **180** 47, **181** 44
~ line **117** 81
tailored blouse **32** 6
~ costume **32** 1
~ dress **32** 8
~ suit **32** 1
tailor-made suit **32** 1
tailor's chalk **256** 39
~ dummy **256** 34
tail·piece **302** 7, **303** 13, 17
~plane **225**, **226** 81
~pole **91** 32
tails *[suit]* **34** 57
tail section **229** 12–27
~ shaft passage **218** 56
~ skid **225** 6
~ sting **342** 43
tailstock **129** 7, **142** 29
~ centre **142** 26
~ centre sleeve **142** 27
~ sleeve adjusting handwheel **142** 30
~ sleeve clamping (or locking) handle **142** 28
tail unit **226** 80–83
~ unit bearers **225** 40
~ wheel **225** 8
~ wheel release lever **228** 33
take-board **292** 35
~-down weight **160** 32
take number **292** 35
take-off **271** 1, 4, **280** 33, **283** 10
take-off· board **280** 30
~ box **280** 41
~ deck **222** 72
~ platform **283** 10
~ spindle **295** 36
~ sprocket **295** 28
taker-in· roller **156** 53
~ under casing **156** 54
take-up· reeling friction **295** 37
~ roller **161** 16
~ sprocket **295** 28
taking aim **86** 34
~ an inhalation **262** 7
~ the logarithm **327** 6
~ of the oath **248** 31
~ a root* **327** 2
~ a sample **93** 10
talking picture projector* **295** 26
~ screen **295** 11
talky* **293** 1–34
tall fin **225** 24
tally **57** 4, **75** 43
tallyho* **257** 54
tallyman **221** 27
talon *[bird]* **307** 61, **347** 7
~ *[Comm.]* **243** 19
talus **11** 47
tambourine **258** 47
~-type body **303** 30
tamer **290** 52
tame rabbit **74** 18
Tamilian (or Tamilic) script **324** 11
tammy **31** 43
tam-o'-shanter **31** 43
tamped concrete **113** 1
tamper of beryllium **1** 50
tamping beam **196** 32, **197** 2
~ rod **150** 26
tampon *[Med.]* **28** 8
~ *[tool]* **323** 22
Tamulic (or Tamulian) script **324** 11
tan bark **84** 29
tandem **179** 50
~ kayak **269** 5
~-wing model **271** 43
tang **46** 60
tangent *[Geom.]* **328** 48
~ *[mus. instr.]* **301** 43
tangerine **368** 23
tank **52** 6, **185** 65, **229** 6, 7, 8
tankard **260** 6
~ of beer **260** 27
tank cap remover **192** 26
~ car* **208** 15
~ f. cooled water **145** 65
~ crown **217** 51
tanker **216** 22
~ terminal **139** 68
tank filler **40** 47
~ filler sleeve **186** 30
~ frame **181** 46
~ furnace **155** 1
~ inlet **40** 47
~ locomotive **205** 66
~ margin plate **217** 48
~ of liquid oxygen **229** 8
~ top plating **217** 51
~ wagon **208** 11, 13, 15
~ wagon f. chemicals **208** 11
tansy **364** 9
tap **119** 34–41
~ dancer **298** 5
tape **233** 61, **238** 79, **276** 53
~ measure **102** 73, **256** 38
~ needle* **123** 33
taper *[Bot.]* **360** 9
~ *[wax]* **78** 65
~ drill **143** 32
tape-recorder **237** 13, **306** 13
~-recording machine **293** 7, **306** 13
tapered pin **136** 35
~ file **106** 50
~ slacks **33** 8
~ tailplane **225** 35
~ trousers **33** 8
~ wing **225** 18
tape reel **306** 15
~-reproducer **293** 13
taper hole diameter gauge **134** 63
tapering glass **46** 85
tape roll **233** 63
tapestry **47** 45
tap f. evacuation **334** 53
tapeworm **341** 24
tap hole **126** 27
tap-hole· borer **126** 1
~ channel **140** 47
~ rod **141** 9
taping machine **158** 40
tapir **351** 26
tap operated by elbow **28** 43
tappet **159** 57, **184** 68
~ shaft **159** 56
tapping iron **141** 9
~ lead **147** 18
~ spout **141** 3
~ a spring **254** 24–39
tap wrench **134** 26
tar distillation **164** 4
tare *[Bot.]* **70** 18
~ *[wrapping]* **156** 4
tarefitch **70** 18
tar-finisher **196** 43
~ and gas water separator pump **148** 29

U

Vandyke beard **35** 8, 12
vane *[weathercock]* **64** 5, **312** 4
~ *[rocket]* **229** 27
~ pump **212** 47–52
~ spindle **91** 5
~ wheel **212** 52
vang **214** 70
vanilla **98** 43
~ plant **366** 46
~ pod **366** 48
vanity* **48** 26
~ bag **201** 9
~ case **201** 9
vantbrace **310** 47
vapor* see vapour
vaporizer **23** 34
vaporizing machine **83** 43
vapour bath **25** 7–16
~ trail **229** 38
~ vent **153** 22
varan **350** 31
varanus **350** 31
variable *[Math.]* **327** 14
~ change-speed gear **156** 29
~ condenser **234** 26, **235** 19
~ diffuser **294** 5
~ resistance **331** 83
~-speed spindle **157** 38
~ star **5** 11
variety **298** 4–8
~ show **298** 4–8
~ theatre **298** 4–8
varnish **121** 7, **321** 12
~ remover **103** 13
varsity **250** 1–25
vascular cylinder **354** 14
~ rays **354** 11
vase **44** 23
vaseline **30** 43
vastus lateralis **20** 46
~ medialis **20** 46
vat **161** 8, **168** 1, 45
~ w. the crushed grapes **80** 15
Vatican State **14** 26, **244** 21
vat·man **168** 44
~ truck **80** 44
vaudeville **298** 4–8
~ theatre **298** 4–8
vault *[Art]* **318** 38-50
~ *[cellar]* **80** 22
~ *[Sports]* **279** 20, 49–52
vaulter **290** 32
vault of heaven **6** 1
~ over the horse **279** 49–52
vaulting **318** 38–50
~ over the buck **279** 18
~ horse **279** 34–38
~ pole **280** 39
~ system **317** 17
V-belt **184** 14
veal **95** 1–13
Vega **5** 22
vegetable basket **79** 45, **202** 11
~ bed **55** 26, **79** 38
~-chopper **42** 36
~ compartment **42** 12
~-cutter **42** 36
~ dish **46** 25, 33
~ fat **98** 23
~ garden **55** 1–31
~ plant **59**
~ platter **46** 33
vegetables **59**
vegetable spoon **46** 74
~ stall **79** 40
vehicle **179, 203-208**
veil *[face]* **312** 39, **314** 24
~ *[fungus]* **365** 5
vein *[Anat.]* **20** 2
~ *[Bot.]* **354** 29
veining brush **121** 17
vellum **302** 52, **303** 31
velocipede trolley **208** 42
velours *[hat]* **36** 10
velour(s) carpet **259** 35
velum *[Anat.]* **21** 21
~ *[fungus]* **365** 5
velvet band **36** 41
~ ribbon **36** 41
vena cava **20** 15
venation **354** 29
vender **253** 5
~* **253** 11
vendor **253** 5, **291** 17
veneer **128** 52, 53
veneering press **127** 32
veneer press **128** 56
Venerabile **313** 33
Venetian lace **101** 30
venireman* **248** 23
venous blood **20** 11
vent **11** 17, **183** 58
~ cap **40** 52
~ channel **140** 47
~ of extinct volcano **11** 28
~ hole **126** 27
ventilating prop **79** 18
ventilation **204** 8
~ duct **138** 35, **161** 34
~ inlet **184** 3
~ jacket **40** 52
~ shaft **194** 31
~ tile **117** 7
~ window **79** 10, 11
ventilator **185** 37
~ head **218** 36
~ hood **145** 51
~ switch **206** 34
vent pipe **40** 51, 69
~ part of belly **95** 39
~ part of spring **95** 39
ventricle **22** 51
ventricular septum **22** 52
venturi **227** 48
Venus **6** 23
Venus's fly trap **361** 14
~-slipper **360** 27
veranda(h) **261** 32
~ in the open **29** 21–25
verge *[roof]* **116** 3
~ *[road]* **196** 56, **197** 47
verger **311** 26, 62
Vermes **340** 16–21
vermin **341** 28–33, **342** 3–23
vermouth **98** 62
vernier **219** 5, **331** 39
~ calipers **134** 53
~ depth gauge **134** 54
~ scale **134** 55
versatile hat **36** 53
vert *[Her.]* **246** 29
vertebra(e) **19** 2, 3, 4, 5
vertebral column **19** 2–5
vertex *[head]* **18** 1
~ *[Geom.]* **328** 26, **329** 28
~ of parabola **329** 16
~ refractionometer **108** 35
vertical adjustment **143** 44
~ blocking oscillator **236** 28
~ centre plate **217** 50
~ cordon **55** 2
~ cutting action **178** 3
~ fin **228** 41
~ illuminator **110** 20
~ kiln **153** 12
~ leg **136** 4
~ log frame **149** 10, 16
vertical lift· bridge **210** 65
~ gate **212** 31, 38
vertical process camera **171** 33
~ shaft overhead valve engine **182** 50
~ stabilizer **228** 41
vertically opposite angles **328** 8+13
vertical magnet **233** 49
~ movement knob **171** 7
~ pipe **168** 5
~ ratchet **233** 47
~ stide **143** 54
~ storage tank **139** 66
~ stride vault **279** 20
very high· frequency **4** 23
~ frequency range **234** 40
vessel *[boiler]* **93** 12
~ *[ship]* **215** 11–27
~ *[Bot.]* **354** 94, 95
~-shaped flute **303** 32
vest *[shirt]* **33** 11, 48, 49
~* *[waistcoat]* **34** 43, 44, 45, **338** 75
vestibule *[hall]* **43** 1–34
~ *[railw. coach]* **204** 9
~ train passenger car* **204** 1
vestments **313** 4
~ of religious orders **314**
vestry **312** 13
~ door **311** 18
vet **76** 15
vetch **70** 18
veteran **257** 55
veterinarian* **76** 15
veterinary surgeon **76** 15
vexillum **312** 44
V. H. F.· aerial **235** 4
~ radio direction finder station **230** 20
~ range **234** 40
vial **26** 32
Vibrams **282** 49
vibraphone **303** 75
vibrating cylinder **114** 89
~ road roller **197** 19
~ roller **197** 21
~ screen **150** 21, **153** 9
vibration absorber **171** 17
~ damper **171** 17, **209** 55
vibrator **24** 7
~ roller **175** 63
vibratory ballast consolidator **198** 17
~ massage **24** 7
vicar **311** 22
vicarage **312** 20
vicar's house **312** 20
vice **127** 40, 44, **134** 16
~ handle **134** 14
~ head with handle **127** 41
~ jaws **134** 13
~ screw **127** 42
victim **253** 68
victoria *[coach]* **179** 51
Victoria **308** 43
~ regia **362** 17
video amplifier **236** 11
~-mixer **237** 29
~-mixing desk **237** 25
~ signal **237** 24
vielle **301** 25
Vienna roll **97** 40
~ sausage **96** 14
viewfinder **111** 6, 22, **294** 8
~ hood **111** 16
Viking ship **213** 13–17
village church **16** 107

W

warp-knitting machine **160** 23
~ let-off motion **159** 59
~ protector motion **159** 43
~ thread **159** 39, **165** 2, 7, 8, 17
warren **86** 26
warrior **337** 8
warship **222, 223**
warty newt **350** 20
wash basin **28** 42, **30** 23, **51** 52–68
washboard *[stairs]* **118** 21
~* *[scrubbing~]* **53** 70
wash-bottle **333** 8, **334** 58
~-bowl* **30** 23
~ cloth* **30** 27, **51** 74
washer **136** 17, 32
~woman **53** 67
washery f. grading and cleaning the coal **137** 8
~-house **53** 50–73
wash glove **51** 7
wash-house door **53** 65
washing **53** 35, **163** 19
~ basin **112** 43
~-blue **53** 58
~ bottle **333** 8
~ brush **195** 32
~ drum **42** 22, **166** 2
~ lorry **195** 31
~-machine **42** 20, **166** 1, 12
~ niche **48** 39
~ nozzle **195** 33
~ plant **163** 29
~ recess **48** 39
~ roller **174** 30
~-soap **53** 60
~ tank **112** 4
~-up powder **41** 29
~-up sink **41** 22
wash-rag* **30** 27
~ room **28** 42–45, **166** 11
~room* **194** 20
~-tub **53** 69
~ water casing **166** 4
~woman* **53** 67
wasp **82** 35
~ waist **338** 53
waste *[refuse]* **198** 8
~ *[Hackling]* **125** 7
~ basket* **238** 28
~-bin **41** 11
~ box **204** 39
~-can* **41** 11
~ heap **137** 9
~-oil collecting pan **191** 32
~ outlet **28** 32
~ packed w. dirt **137** 40
~-paper basket **238** 28, **257** 69
waste-steam exhaust **205** 22
~ truck **198** 5
watch **107** 1
~ bracelet **107** 8
~ chain **107** 11–13
~ charm **38** 32
~-dog **64** 24, **71** 31
~ glass **107** 7
~ guard **107** 11–13
~maker **107** 69
watchmaker's anvil **107** 66
~ eye glass **107** 70
~ findings* **107** 27–31
~ lathe **107** 55
~ magnifying glass **107** 70
~ saw **107** 65
~ tool **107** 27–31
~* watchman *[gatekeeper]* **198** 70
watchman's box* **198** 72
~ cabin* **198** 72
watch spring **107** 17
~ strap **107** 8
~ tower **310** 17, 35
water **51** 9, **211** 17, **254**
~ ballast **218** 68
~ barrel **55** 4
~ basin **339** 9
~ bath **174** 29, **333** 14
Water-bearer **6** 42
water-bearing layer **12** 22
~ stratum **12** 22, **254** 2, 38
water bicycle **267** 12
~ boat **220** 29
~-bottle **266** 16, 41
~ bug **342** 4
~ butt **55** 4
~ can **190** 23
~ cap **13** 16
Water-carrier **6** 42
water-cart **64** 29
~ chamber **212** 40
~ channel **149** 36, **316** 54
~ clerk **221** 24
~ closet **51** 35
water-closet bowl **51** 36
~ pan **51** 37
water colour *[paint]* **321** 18
~ colour *[picture]* **44** 19
~ column **11** 22, **199** 52
~ connection **173** 5
~ cress **362** 30
~ discharge pipe **89** 58
~-distiller **28** 63
~-distilling apparatus **28** 63
~-extracting roller **174** 27
water fall **11** 45
~ feed pipe **176** 7
~-filled tank **3** 2
~ flask **273** 10
~ foam **255** 64
~ fountain **11** 22
~fowl-shooting **86** 40
water-gas holder **148** 26
~ plant **148** 25+26
~ washer **148** 25
water gauge **16** 29, **205** 46
~ gun **297** 18
~-heater **41** 40, **51** 3
~ hose **113** 38
~-inflow pipe **89** 55, **339** 27
~ inlet **254** 54
watering can **54** 17, **79** 26
~ device **79** 19
~ lorry **195** 36
~ lorry driver **195** 40
~ nozzle **195** 33
~ pail **75** 35
~ table **254** 1
~ trough **64** 28, **75** 37
~ vehicle **195** 3
water inlet **3** 31
water inlet connection **184** 11
~ pipe **89** 55
water jet **11** 22
~ jug **30** 24
~ jump **272** 31, **280** 22
~ level **13** 77, **145** 39
~ level indicator **220** 14
~-lily **266** 1
~ main **194** 27, 29
~ meadow **13** 13, 62
~ meter **339** 34
~-meter dial **254** 58
~ mill **16** 77, **91** 35–44
~-mole **351** 1
~ moth **342** 12
~ newt **350** 20
~ nixy **307** 23
~ nymph **257** 2
~ outflow pipe **89** 58
~ outlet **51** 18, **254** 57
~ overfall **91** 43
~ pail **30** 52
~ pipe **79** 30
~ pitcher* **30** 24
~ plantain **362** 44
~ polo **268** 47–51
~ polo ball **268** 49
~-polo goal **268** 47
~ pre-heater **146** 10
waterproof *n.* **34** 39
~ coat **34** 41
waterproofed coating **118** 5
•~ seal **118** 5
water pump **64** 25, **254** 7
~-pumping plant **212** 39–44
~ rail **343** 20
~ reservoir **79** 2
~ scorpion **342** 4
~ seal **148** 62
~-ski **267** 16
~-slater **342** 2
Water Snake **5** 16
water snake **350** 38
~ sports **269, 270**
~ supply **254**
~ supply pipe **92** 31
~ tank **51** 42, **79** 2, **195** 38, **227** 50
~ tap **41** 23, **119** 34
~ temperature **267** 8
~ tender **255** 51
~-thrower **247** 20
~ table **13** 77
watertight bed **12** 23
~ deck **224** 43
~ layer **12** 23
~ stratum **12** 23
water tower **16** 81, **254** 18
~ trough **64** 27
~ tube **146** 7
~ tube boiler **146** 5
waterway **211** 21
water wheel **91** 35
~ wings **268** 18
~ works **212**
wattle **74** 24
wave *[water]* **13** 36, **25** 3
~ *[Radio]* **4** 20–23
~ *[hair]* **103** 25
~ band **316** 39
wave-cut notch **13** 30
~ platform **13** 31
wave machine **331** 18
~ path **11** 35
~ soaring **271** 23
waving lotion **103** 31
wax **78** 67
~ candle **78** 66
waxed thread **99** 19
wax figure **291** 43
~ ground **323** 55
~ model **322** 26
waxing moon **7** 3
wax scale **78** 25
~ taper **78** 65
~work **291** 43
~works **291** 42
way **16** 57, **53** 19
~ bent **63** 28
~bill **202** 35
wayside crucifix **80** 19
~ station* **16** 27
~ train* **203** 1
W. C. (w. c.) **51** 35
W. C. window **53** 13
weapon **87, 277** 63
~-cleaning kit **87** 61-64
wear **31, 34, 36**
wearing *[veering]* **270** 56-58

weasel **352** 16
weather **8** 1–19
~ bureau* **220** 4
~ chart **9** 1-39
~cock **64** 5, **312** 3
~ map **9** 1-39
~ phenomenon **9** 30–39
~ ship **9** 7
~ station **9** 7
~-vane **312** 4
weave **165**
weaver's beam **158** 57
weaving **50** 29
~ machinery **158** 1–65
~ mill **158, 159**
~ pattern **130** 1–4
~ shed **158, 159**
web *[key]* **134** 47
~ *[bird]* **343** 7
~ *[spider]* **342** 47
webbed foot **74** 36, **343** 6
webbing **124** 16
~ hammer **124** 12
~-stretching pliers **123** 11
web brake **175** 47
~ feed f. folder **176** 8
~ foot **343** 6
~-footed bird **343** 5–10
~ tent **81** 7
wedding **313** 13
~ ceremony **313** 13
~ ring **313** 16
~-ring sizing machine **106** 24
wedge **85** 23, 24, **114** 15, **150** 7
~ *[Typ.]* **175** 39
wedged stretcher **321** 20
wedge heel **100** 35
~ script **324** 8
wedge-shaped bolster **48** 15
~ head rest **29** 9
~ slit **57** 38
~ stone **318** 22
wedge sprig **122** 24
~ step **118** 31
weed **63**
weeder **58** 25
weeding hoe **66** 33
weekend cottage **262** 25
~ house **39** 84-86
weekly *n.* **47** 10
weevil **82** 42, **341** 17
weft *[basket]* **130** 5
~ bobbin **159** 7, 30
~ feeler **159** 14
~ pirn **159** 7
~ rib **165** 13
~ rib fabric **165** 14
~ thread **165** 3, 15, 16
Wehnelt tube **332** 25
Weigel(i)a **357** 23
weighbridge **145** 88, **202** 45
~ office **202** 44
weigher **221** 26
weighing bottle **333** 24
~ bunker **220** 46
~ jar **333** 24
~-machine **26** 22, **200** 5
~ shed **202** 44
weight **40** 32, **159** 63, **221** 20
~ *[Sports]* **280** 46
~ cloth **272** 17
weighting **158** 21
~ bar **160** 49
weight lever **159** 62
~-lifter **281** 1
~-lifting **281** 1–6
weightometer* **92** 5
weight-putter **280** 45
weir **16** 66, **91** 42
~ service gangway **212** 72
~ sill **212** 79
weld **135** 8
welded joint **135** 8
welder **135**
welder's gauntlets **135** 28
~ glove **135** 4, 28
~ goggles **135** 58
welding bead **135** 8
~ blowlamp **135** 37
~ blowpipe **135** 37, 49
~ booth **135** 17
~ cabel **135** 12
~ crew* **198** 27
~ flux **135** 45
~ funnel **198** 28
~ paste **135** 45
~ rod **135** 6
~ set **135** 15
~ team **198** 27
~ tent **135** 17
~ torch **135** 49
~ transformer **135** 11
well *n.* **252** 22, **254** 40
~ head **254** 65
~ hole **118** 76
Wellingtonia **356** 69
well pipe **254** 64
~ staircase **118** 76
~ wagon **208** 29
wels **350** 12
welt **99** 52
~-cutter **99** 65
~ nail **282** 47
~ pincers **99** 67
West Australian Current **15** 45
westerlies **9** 50
westerly winds **9** 50
Western Asia **14** 39–45
western plane tree **355** 67
wet bulb thermometer **10** 34
~ compress **23** 15
wet-cooper **126** 16
~ and dry bulb hygrometer **10** 32, 56
~ end **168** 10–17
~ felt **168** 16
wether **74** 13
wet-nurse **30** 30
~-nursing the baby **30** 30
~ pack **23** 19
~ pack sheet **23** 20
~-pan mill **151** 8
~ press **168** 17
Weymouth pine **356** 30
Whale **5** 11
whale **352** 23–29
~ blowing **90** 50
~ fishery **90** 30–43
~-fishing **90** 30–43
~ harpooned **90** 49
~ held fast **90** 49
~line **90** 40
whaler **90** 38–43, 46
whalery **90** 30–43
whale spouting **90** 50
~ winch **90** 31
whaling **90** 30–43
wharf **220** 32–36
~ shed **221** 22–36
wharve **157** 48
wheat **69** 23
wheaten flour **97** 18
wheat and rye bread **97** 25
wheel **136** 80–94, **160** 7, **180** 26–32
~* *[bicycle]* **180** 1
~barrow **76** 47, **113** 37
~ base **189** 4
~ bed **29** 8
~ bolt **185** 32
~-braking cylinder **186** 52
~ chair **23** 51
~ control **162** 40
~-disk rolling mill **141** 61
wheeled stretcher **28** 33
~ tractor **85** 1
wheeler *[cartwright]* **131** 25
wheel flange **204** 63
~ of fortune **291** 45
~ f. height adjustment **128** 37
~ horse **179** 46
~ house **218** 18, **219** 14–22
~ hub cover **185** 14
~ pipe-cutter **119** 54
~ plough **68** 1
~ race **210** 57
~ rim **131** 29, **136** 88, **185** 30
~ spanner **191** 13
~ spindle **183** 13
~ set **204** 62–64
~ shaft **91** 5
wheelsman* **219** 18
wheelsman's grating* **219** 17
wheel-steering **285** 6
~-testing hammer **201** 37
~ tyre **131** 30
wheelwright **131** 25
whelp **74** 16
whetstone **66** 19
~ sheath **66** 20
whetting anvil **66** 23
~ hammer **66** 21
whiffletree **131** 9
whip **124** 18, **258** 19
~ *[rope]* **224** 50
whipped cream **97** 11, **261** 5
whipper-in **272** 59
whipping top **258** 18
~ the top **258** 17
whirl **125** 12
whirling apparatus **173** 1
whirl pull-back spring **125** 14
whisk **42** 32, 55
whisker *[Tech.]* **234** 31
whiskers **35** 11
whisk(e)y **47** 44
~ glass **259** 57
whistle **41** 74
~ pig* **351** 18
white *[colour]* **320** 11
~ *[billiards]* **264** 11
~ ash **355** 42
~ ball **264** 11, 13
~ bear **353** 11
~ bow-tie **34** 60
~ white cabbage **81** 47
~ chessmen **265** 4
~ clover **70** 2
~ cooper **126** 16
~ of egg **75** 51
~horn **358** 30
~ key **304** 4
~-line block **323** 1
~ loaf **97** 27
~ owl **347** 17
~ pine **356** 30
~ poplar **355** 23
~ square **265** 2
~-tailed eagle **347** 5
~ waistcoat **34** 59
whitewash **121** 3
~ brush **121** 1
whitewashing **121** 1-3
whitewash roller **121** 6
white wine **98** 60
~-wine glass **46** 82
~wood **358** 1
whole-fruit jam **98** 51
~-meal bread **97** 21, 28
~ milk tank **77** 10
~ number **326** 10
whortleberry **361** 23
wick **47** 25, **105** 31

wicker baby carriage **258** 30
~ basket **64** 40, **202** 11
~ beach chair **267** 36
~-covered bottle **202** 14
~ fence **211** 54
~ perambulator **258** 30
~ pram **258** 30
~ racket **287** 53
wickerwork **130** 4
~ back **44** 10
wicket **275** 55
~keeper **275** 58
wickiup **335** 7
wide collar **338** 39
widening of duct **227** 22
~ of tube's diameter **227** 22
wide-screen film making **294** 36
~ film projector **294** 42
~ stereophonic film **294** 36-44
wide sleeve **32** 50
~ window **261** 33
widow's veil **312** 39
width **117** 91, 95
~ of carriageway **197** 49
~ indicator **149** 7
~ scale **149** 5
~ of slab **197** 48
~ of spanner jaw **136** 21
wig **35** 2
wigwam **335** 7
wild animal **339** 6
~-animal cage **290** 49
~ arum **363** 9
~ barley **63** 28
~ boar **88** 51
~ chamomile mayweed **63** 8
~ chicory **360** 25
~-fowling **86** 40
~fowl-shooting **86** 40
~ mallow **360** 13
~ mustard **63** 18
~ oat **70** 22
~ pig **88** 51
~ radish **63** 21
~ sheep **352** 6
~ sow **88** 51
~ swine **88** 51
willow rod **130** 15
~ stick **130** 14
~ twig **130** 14
Wilson cloud chamber **2** 24
wimple **314** 23, **338** 22
wince dyeing machine **161** 1
winch *[Tech.]* **145** 21, **255** 56
~ *[Text.]* **161** 6
winch dyeing machine **161** 1
winched launch **271** 4
~ take-off **271** 4
wind *n.* **9** 9–19, 51
~ avalanche **286** 1
~ bracing **210** 11, 53
~ break **39** 16, **337** 35
~-breaker **34** 67
~-breaking wall **39** 16
~ chest **305** 12–14
~ cone **230** 17
~-deflecting screen **221** 51
~ direction indicator **10** 30
winder **111** 47, **168** 22
wind flower **361** 1
~ gauge **10** 27
~ guide **203** 4
winding **147** 15, 16, **163** 25, **332** 8, 9
~ engine **137** 3
~ gear **212** 74
~ knob **111** 4
~ pulley **137** 6
~ rope **137** 4
~ shaft **137** 14
~ spindle **306** 16
~ staircase **118** 76, 77
~ wheel **107** 15
wind instrument **302** 28–38, 39–48
~-jacket **31** 42, 46, **34** 67
~lass **218** 44, **255** 56
~ speed counter **10** 28
windmill *[mill]* **16** 31, **91** 1–34
~ *[toy]* **291** 15
~ arm **91** 1
~ cap **91** 30
~ gearing **91** 11
~ motor **79** 34
~ sail **91** 1
~ sail arm **91** 1
~ vane **91** 1
window **39** 22, **78** 50, **98** 1, **239** 16
~ *[envelope]* **239** 16
~-box **53** 18
~-cleaner **253** 42
~-cleaning pail **190** 24
~ curtain **48** 21
~ display **253** 4, 25
~ envelope **239** 13
~ head **113** 9, **115** 57
~ jamb **39** 26
~ leather **52** 28
~ ledge **44** 20, **113** 12
~-lifting mechanism **161** 3
~ lintel **115** 57
~ membrane **200** 38
~ opening **115** 30
~ w. pediment **317** 50
~ f. placing bets **272** 8
window shutter **39** 30
~ sill **44** 20, **113** 12
windpipe **19** 50, **22** 4
wind ripples **13** 41
windrow **65** 40
windscreen **183** 5, **185** 18
~ wiper **186** 10
~-wiper button **186** 5
windshield* **182** 58, 66, **183** 5, 43, **185** 18
~ wiper* **186** 10
~ wiper button* **186** 5
wind sock **230** 17
~ spirit **307** 55
~-swept tree **13** 43
~ systems **9** 46–52
~ trunk **305** 11
~- up window **187** 17
~ vane **10** 31
~ velocity counter **10** 28
~ way **305** 24
~ wheel **16** 73, **79** 35
~ wheel *[toy]* **291** 15
wine **98** 60–64
~ barrel **80** 23, 37
~ bottle **80** 33
~ in bottle **98** 60–64
~ cask **80** 23, 37
~ cellar **80** 21
~ connoisseur **80** 40
~ container **80** 24
~-cooler **260** 42
~ cork **80** 29
~ decanter **260** 32
~ glass **46** 82, 83, 84
~-grower's cottage **80** 2
~-growing **80**
~-growing district **80** 1–20
~ jug **80** 30
~ list **260** 31
~ press **80** 16, 42
~-press shed **80** 41
~ restaurant **260** 30–44
~ room **260** 30–44
~ storage cellar **80** 21
~ tank **80** 24
~-taster *[expert]* **80** 40
~-tasting **80** 36
~ vaults **80** 21
wing *[bird]* **88** 76, **342** 33
~ *[armchair]* **47** 59
~ *[altar piece]* **311** 43
~ *[car]* **185** 3
~ *[aircraft]* **225**
~ of bridge **218** 16
~ chair **47** 57
~ collar **33** 55
~ cover **82** 10, **342** 36
winged aphid **82** 39
~ hat **308** 23
~ horse **307** 26
~ sandal **308** 22
~ seed **355** 57
~ wand **308** 25
~ wheel **201** 64
wing end **95** 18
~ fence **225** 55
~ flap **228** 47
~ girder **217** 48
~ nut **136** 40, **180** 29, **183** 13
~ pump **212** 47–52
~ rail **198** 56
~ tally **75** 43
~-tip float **225** 33, 64
~-tip former **271** 49
~ unit **228** 45
~ vein **342** 34
~ wall **210** 28, **211** 35
~ wheel **212** 52
~ w. marked dihedral angle **225** 45
winker *[horse]* **72** 26
winner **281** 35
winning face **137** 39, **138** 12
~ post **272** 18
winnower **67** 50, **68** 67
winter coat **32** 52, **34** 65
~ dike **211** 32
~ feeding place **86** 28
~ greens **59** 34
~ harbour **211** 14
~ landscape **286**
~ moth **81** 16
~ sport **283** – **285**
wiper **186** 5, **233** 34
wippen **304** 32
wire **136** 12, **304** 34
~ *[telegram]* **232** 13
~ basket **66** 38
~ brace **114** 66
~ brush **135** 13, 56, **303** 53
~-covered rollers **162** 34
~ cutters **134** 71
~ fence **16** 39
~ frame **322** 35
~ gate **75** 25
~ guide roll **168** 12
~-haired terrier **71** 15
~ heald **159** 27
wireless *[set]* **234** 35, **235** 1–23
~ apparatus **255** 41
~ cabin **218** 12, **223** 14
~ operator **226** 40
~ receiver **234** 35
~ set **234** 35, **306** 46
~ transmission **234** 1–20
~ wave **4** 16–19
wireman **120** 1
wire modelling tool **322** 11

[illegible]